ERPÉTOLOGIE

GÉNÉRALE

ou

HISTOIRE NATURELLE

COMPLÈTE

DES REPTILES,

PAR A.-M.-C. DUMÉRIL,

MEMBRE DE L'INSTITUT, PROFESSEUR DE LA FACULTÉ DE MÉDECINE,
PROFESSEUR ET ADMINISTRATEUR DU MUSÉUM D'HISTOIRE NATURELLE, ETC.

EN COLLABORATION AVEC SES AIDES NATURALISTES AU MUSÉUM,

FEU G. BIBRON,

PROFESSEUR D'HISTOIRE NATURELLE A L'ÉCOLE PRIMAIRE SUPÉRIEURE DE LA VILLE
DE PARIS ;

ET A. DUMÉRIL.

PROFESSEUR AGRÉGÉ DE LA FACULTÉ DE MÉDECINE POUR L'ANATOMIE ET LA PHYSIOLOGIE.

TOME SEPTIÈME. — PREMIÈRE PARTIE.

COMPRENANT L'HISTOIRE DES SERPENTS NON VENIMEUX.

OUVRAGE ACCOMPAGNÉ DE PLANCHES.

PARIS.

LIBRAIRIE ENCYCLOPÉDIQUE DE RORET,

RUE HAUTEFEUILLE, 12.

—

1854.

AVANT-PROPOS.

La rédaction de cet ouvrage sur les Serpents était très-avancée dès l'année 1844 ; mais chaque jour de nouvelles observations venaient se joindre à la masse des faits nombreux recueillis dans toutes les régions du globe et l'auteur avait le regret de ne pouvoir les publier. C'est une satisfaction, à l'âge avancé auquel il est parvenu, et depuis plus de cinquante années consécutives qu'il professe au Muséum, de pouvoir enfin terminer cette histoire des Reptiles commencée il y a vingt ans.

L'abondance des matières que doit renfermer ce volume a rendu indispensable sa division en deux tomes, ainsi que cela avait été annoncé dans la préface du sixième volume.

Cette première partie est consacrée toute entière à la description des couleuvres, ou des espèces de Serpents dont toutes les dents sont lisses et qui n'ont pas de venin. Elle renferme l'histoire complète des deux premiers sous-ordres, commencée dans le volume précédent et qui sont ici divisés en quatorze familles bien distinctes.

Dans les deux premières, dont les trente-trois espèces sont étrangères et peu connues, il n'y a des dents, ou des crochets isolés, qu'à l'une ou à l'autre de leurs deux mâchoires ; les douze familles suivantes sont divisées en soixante-quinze genres qui comprennent deux cent soixante-seize espèces.

La seconde partie de ce septième volume, dont l'impression est très-avancée, renferme l'histoire des trois derniers sous-ordres du groupe des Ophidiens; c'est-à-dire de tous les Serpents dont la mâchoire supérieure est armée de quelques dents sillonnées ou venimeuses.

L'auteur ne croit pas devoir se dispenser de faire connaître, dans cette note préliminaire, les services qu'il a reçus de la collaboration de ses deux aides-naturalistes au Muséum d'histoire naturelle.

Il doit nommer d'abord son ami feu BIBRON, dont les titres acquis dans la science de la zoologie avaient si honorablement justifié l'appréciation du talent et du mérite que l'Auteur s'était plu à lui reconnaître, lorsqu'en 1834 il avait associé son nom au travail qu'ils commençaient ensemble pour publier cette Erpétologie. La courte notice biographique qu'il a cru devoir placer au commencement de ce volume, sera un juste tribut rendu à sa mémoire.

Ce n'est pas sans une émotion profonde et cependant, c'est sans craindre que le public instruit accuse l'illusion paternelle, que l'auteur doit parler de son second collaborateur.

Depuis quatre années, son fils A. DUMÉRIL s'occupe spécialement de l'étude des Reptiles et des Poissons; aussi a-t-il pris la part la plus active à la rédaction définitive et à la publication de ces derniers volumes. Il s'est chargé en particulier de l'histoire de plusieurs genres et il a apporté quelques utiles modifications dans certaines familles. Dans cette circonstance, qu'il me soit permis de rappeler simplement ses titres et ses études antérieures. Nommé au Concours agrégé de la Faculté de médecine, il a été deux fois, pendant les neuf années de son exercice, appelé à professer l'anatomie d'abord et ensuite la physiologie. Enfin ce qui l'a mieux fait connaître des Naturalistes, c'est que l'an dernier, il m'a suppléé au Muséum dans les fonctions de Professeur que j'ai exercées, sans interruption, pendant cinquante-deux années.

Je crois devoir également désigner ici nominativement l'un des employés du Muséum, *Séraphin Braconnier,* dont l'adresse, la mémoire et l'intelligence m'ont été d'un grand secours pour les préparations des têtes osseuses et pour l'arrangement ou le classement définitif des innombrables individus déposés aujourd'hui dans la collection des Serpents.

Toutes ces espèces sont maintenant réunies dans un ordre méthodique et le présent ouvrage est en quelque sorte un Catalogue méthodique et descriptif propre à en faciliter l'étude.

C. DUMÉRIL,

Au Muséum d'histoire naturelle de Paris,
le 25 février 1854.

NOTICE SUR G. BIBRON.

———◆———

Gabriel Bibron était le fils de l'un des plus anciens employés du Muséum d'histoire naturelle de Paris. Sa famille, à défaut de fortune, s'était imposé de grandes privations pour lui donner une éducation libérale, dont il eut le bonheur de profiter dans les voyages successifs qu'il fit en Italie, en Angleterre et en Hollande. Il pouvait en effet, s'exprimer en plusieurs langues et traduire les ouvrages dans lesquels il avait puisé une solide instruction.

Dès l'âge de dix-huit ans, étant attaché déjà, comme élève, aux laboratoires de la Zoologie, les Professeurs-Administrateurs du Muséum, témoins de son ardeur et de sa capacité, l'autorisèrent à faire un voyage en Italie dans l'intérêt de l'établissement. Il y resta près de quinze mois, pendant lesquels il se livra avec le plus grand zèle à l'observation et à la recherche des animaux. Il y recueillit un très-grand nombre d'Oiseaux, de Poissons et de Reptiles, qui sont aujourd'hui

rangés dans les galeries, dont ils sont l'ornement par leur belle
conservation. Il rendit surtout ces collections précieuses par
des notes intéressantes sur les mœurs et sur les habitudes des
espèces qu'il a pu observer. Le résultat de ses excursions fut
si utile au Muséum, qu'il détermina les Professeurs à sollici-
ter, quelques années après, une autorisation du Gouvernement
pour faire retourner Bibron dans les mêmes contrées, avec le
titre de Voyageur Naturaliste, plutôt que de le faire adjoindre,
comme on le demandait, à l'expédition qui se préparait alors
pour la Morée. Ce second voyage en Sicile ne fut pas moins
utile aux progrès de la Zoologie, ainsi que le prouvent les re-
gistres de la science et les nombreux documents qui s'y trouvent inscrits sous son nom.

En 1832 , Bibron me fut adjoint , comme aide-naturaliste ,
pour la chaire de l'Histoire naturelle des Reptiles et des Poissons. Dès l'année suivante , et je me suis fait un devoir
de l'énoncer dans la Préface de cette Histoire naturelle des
Reptiles que nous avions entrepris de publier en commun, je
déclarais, qu'ayant besoin d'être aidé dans les recherches im-
menses et consciencieuses exigées par ce travail pour la détermination et le classement de toutes les espèces, je l'avais choisi
pour mon Collaborateur. Depuis plusieurs années qu'il m'avait
aidé dans les démonstrations publiques, j'avais pu apprécier
son instruction et la justesse de son esprit observateur. Comme
il connaissait ces animaux aussi bien que moi-même , il avait
consenti à se charger de beaucoup de détails relatifs à la détermination , à la synonymie et à la description des nombreuses
et nouvelles espèces qui faisaient l'objet de nos études.

Il ne m'appartient pas de porter ici un jugement sur la valeur de nos travaux, mais si cet ouvrage, qui a pris de si grandes
proportions et demandé à tant de recherches, obtient quelque faveur auprès des Naturalistes, il le devra, en partie, au
zèle de Bibron, à sa patience , à son talent pour l'observation

et même à son érudition. C'est peut-être le principal titre qu'il s'est acquis dans l'estime générale dont il jouissait auprès des Naturalistes français, ses contemporains, et parmi les étrangers.

Les Membres de l'Institut de France, composant la section d'anatomie et de zoologie, avaient reconnu son mérite et lui avaient rendu justice, lorsque nous plaçâmes son nom sur la liste des savants proposés à l'Académie des sciences pour remplir une des dernières places vacantes dans son sein. C'est au même titre de zoologiste, que Bibron avait été nommé, en 1840, membre de la Société philomathique, correspondant de plusieurs Académies nationales et étrangères, et qu'il avait été décoré comme chevalier de la Légion d'honneur. Depuis longtemps d'ailleurs, il professait avec un grand succès l'Histoire naturelle dans l'une des plus anciennes écoles primaires supérieures de la ville de Paris (Collége municipal de Turgot.)

Je ne dois pas oublier de rappeler ici sa savante collaboration à plusieurs Recueils scientifiques, et parmi les différentes relations de voyage auxquelles il a prêté son utile concours, nulle n'est plus digne de mention que l'Histoire de Cuba, par M. Ramon de la Sagra, dans laquelle il a si dignement achevé l'œuvre de son ami Cocteau, arrêté comme lui, au milieu de sa trop courte carrière.

Bibron avait été obligé de suspendre ses travaux pour aller, trop tardivement peut-être, chercher loin de Paris un remède contre une maladie de poitrine qui ne nous laissait qu'une vaine et décevante espérance de guérison. Il a succombé à l'âge de quarante-deux ans (le 27 mars 1848), aux eaux de Saint-Alban, département de la Loire, loin des amis nombreux que sa loyauté et son excellent caractère lui avaient acquis et conservés. Heureusement, il était encouragé dans ses longues souffrances, et soutenu constamment dans sa fermeté, par la sollicitude éclairée, par les soins affectueux d'une épouse toute dévouée, qui faisait le bonheur réel et la consolation d'une existence douloureuse, dont il avait prévu l'inévitable et trop funeste terminaison.

Si la science doit déplorer la mort prématurée de Bibron, sa famille, à laquelle il était si tendrement dévoué, et ses amis, qui avaient eu tant d'occasions d'apprécier la droiture, l'énergie et la générosité de son cœur, ne peuvent trouver quelques adoucissements à leurs profonds regrets que dans le souvenir consolant des belles qualités de son âme et des travaux qui ont si honorablement rempli sa vie toute consacrée à l'étude de la Nature.

C. DUMÉRIL.

TABLE MÉTHODIQUE

DES MATIÈRES

CONTENUES DANS CETTE PREMIÈRE PARTIE DU SEPTIÈME
VOLUME.

SUITE DU LIVRE CINQUIÈME.

DE L'ORDRE DES SERPENTS OU DES OPHIDIENS.

INTRODUCTION POUR CE SEPTIÈME VOLUME OU CONSIDÉRATIONS
PRÉLIMINAIRES ET TRANSITOIRES.

CHAPITRE IV.

PREMIÈRE SECTION OU PREMIER SOUS-ORDRE DES OPHIDIENS.

LES SERPENTS OPOTÉRODONTES OU SCOLÉCOPHIDES
dits *VERMIFORMES*.

I.ʳᵉ FAMILLE LES ÉPANODONTIENS.

CHAPITRE V.

SECONDE SECTION OU SECOND SOUS-ORDRE DES OPHIDIENS.

LES SERPENTS AGLYPHODONTES ou AZÉMIOPHIDES.

a.*

NOTA. Ici se terminent l'analyse et l'indication de la partie descriptive du sixième volume.

SUITE DU CHAPITRE V OU DU SOUS-ORDRE DES SERPENTS AGLYPHODONTES.

III.ᵉ FAMILLE LES ACROCHORDIENS.

IX.ᵉ FAMILLE LES LYCODONTIENS. 352

FIN DE LA TABLE MÉTHODIQUE
DES SERPENTS NON VENIMEUX.

HISTOIRE NATURELLE

DES

REPTILES.

SUITE DU LIVRE CINQUIÈME

DE L'ORDRE DES SERPENTS.

INTRODUCTION POUR CE SEPTIÈME VOLUME

OU CONSIDÉRATIONS PRÉLIMINAIRES ET TRANSITOIRES.

Ce volume, ainsi que celui qui le précède, est entièrement consacré à l'histoire des Serpents, qu'il doit terminer. Ayant été empêchés, par les circonstances politiques qui ont entravé les entreprises de la librairie, de continuer la publication que M. Bibron et moi avions commencée, je n'ai cependant pas cessé de m'occuper de ce travail. Depuis huit ans que la première partie a été imprimée, le nombre de ces Reptiles, arrivés à ma connaissance et que j'ai pu étudier comparativement, est devenu tellement considérable; tant de faits nouveaux me sont parvenus, que j'ai été dans la nécessité d'apporter quelques modifications importantes aux idées premières que j'avais énoncées et que j'ai exposées successivement dans les cours publics que je suis chargé de faire au Muséum. Voyant que quelques auditeurs pouvaient donner ces faits nouveaux comme un résultat de leurs propres observations, j'ai cru devoir, dans ces derniers temps, prendre date de mes études, en communiquant à l'Institut quelques extraits de mes travaux par une sorte d'analyse ou de prodrome; une première partie est imprimée dans le tome XXIII des mémoires de l'Académie des Sciences et une autre a commencé à être publiée dans le vingt-unième cahier des comptes-rendus de ses séances pour le mois de mai 1853.

La classification que je propose est établie sur une série de considérations liées entre elles et suivies dans leurs conséquences les plus importantes. Elle est tout-à-fait différente des arrangements systématiques qui avaient dirigé jusqu'ici les Ophiologistes qui nous ont précédé.

Nous avions à écrire l'histoire complète, autant que possible, de plusieurs centaines d'espèces, dont un grand nombre étaient encore inconnues, et qu'il a fallu d'abord distinguer entre plus de trois mille individus, dont les exemplaires se trouvaient souvent réunis et confondus pêle-mêle dans des bocaux divers. Tous ces Reptiles sont aujourd'hui rapprochés d'après leur conformation et désignés sous des noms qui permettent de les distinguer et de les faire reconnaitre dans l'immense collection que renferment les galeries du Musée de Paris.

Parmi les caractères généraux propres à fournir aux Naturalistes un moyen d'arrangement facile, en même temps méthodique et naturel, dans l'ordre des Serpents, nous n'en avons pu trouver de meilleur que celui qui nous était fourni par l'examen de leurs dents toujours très apparentes au dehors et qui ne manquent jamais. Quoique ces organes ne soient que des crochets destinés à piquer, à retenir ou à arrêter seulement la proie saisie, laquelle ne peut être et n'est jamais mâchée, leurs variations en nombre, en formes, et surtout le mode de leur distribution sur les os des mâchoires, sont tellement diversifiées, que l'observateur a pu en extraire de très-bons caractères d'après leur examen. Déjà nous nous.

étions servis des formes variables et de la disposition de ces différents crochets, pour indiquer surtout les mœurs et les habitudes de certains groupes parmi ces Reptiles; mais en étudiant avec plus de soin encore la structure apparente, la distribution de ces organes, la composition et le jeu mécanique des mâchoires, nous avons constaté que les nombreuses modifications observées étaient assez constamment en rapport avec le genre de vie des individus et qu'elles pouvaient être employées avec avantage pour caractériser les races d'une manière certaine, même en se bornant d'abord au simple examen extérieur.

Ainsi, c'est tantôt la manière dont ces crochets sont implantés sur les divers os qui composent les mâchoires; tantôt la conformation extérieure de ces dents et leur structure, leur longueur relative et proportionnelle, ou leur arrangement réciproque qui nous ont procuré les moyens commodes de classer ces Serpents et de subordonner les détails de leur histoire en cinq grands groupes d'une manière utile pour leur étude. Aussi ces observations nous ont-elles suggéré la pensée de remplacer les dénominations que nous avions proposées d'abord pour désigner ces grands sous-ordres, par des termes nouveaux, propres à exprimer matériellement, et par un seul mot, les caractères essentiels qui dénotent chacun d'eux.

L'examen des dents des Ophidiens devient donc la clef de la méthode suivant laquelle les Serpents se trouvent divisés et rapportés à cinq sous-ordres principaux, et ceux-ci partagés en un assez grand nombre de Familles qui réunissent les genres sous des noms distincts, propres à indiquer quelque particularité notable, commune à ces réunions d'espèces.

Nous rappelerons, comme nous l'avons exposé dans le sixième volume de cette Erpétologie, que les deux premiers sous-ordres réunissent les seuls Serpents dont les morsures ne peuvent être dangereuses, parce que leurs crochets,

1.*

quoique très piquants et acérés, ne sont destinés réellement qu'à retenir momentanément la proie qu'ils ont saisie et lorsqu'elle jouit encore de la vie et des moyens de résistance.

Ces crochets, lisses sur toute leur surface, pointus, courbés tous dans le même sens, de devant en arrière, espacés entre eux et distribués sur les deux mâchoires, sont arrangés sur chacune d'elles comme les pointes des fils métalliques dont sont garnies les plaques des cardes employées pour agir sur les filaments qui doivent composer le tissu de nos étoffes. Ces crochets retiennent la proie vivante que les mâchoires ont saisie et qui y demeure accrochée, comme par des hameçons multiples ; puis le jeu de ces mâchoires agissant alternativement de devant en arrière, fait avancer cette proie peu à peu vers le pharynx, pour aider l'acte de la déglutition, cette action d'avaler ne pouvant s'opérer que sur la totalité de la masse saisie et non par portions séparées, distinctes, comme cela a lieu chez la plupart des animaux carnivores.

Telle est la principale différence, reconnue et bien établie, pour les deux premiers sous-ordres de cette section des Reptiles qu'on nomme les Ophidiens ou les Serpents. Tous, (nous le répétons à dessein), ont constamment les dents ou les crochets sus-maxillaires courbes, lisses sur toute leur surface ou sans cette entamure longitudinale qu'on nomme cannelure ou sillon. Nous avons cru pouvoir indiquer ces deux premiers sous-ordres par la désinence d'un nom caractéristique et notable qui leur reste commun ou général, et qui signifie *dents : Odontes* ; mais nous faisons précéder cette marque distinctive d'un terme rappelant la particularité qui dénote ces deux sous-ordres, selon la différence du mode d'implantation de ces crochets sur l'une ou sur les deux mâchoires.

Les trois autres sous-ordres, dont le caractère se trouve inscrit dans la rainure, l'entaille ou le sillon que l'on peut aisément reconnaître à la surface de l'une ou de plusieurs de leurs dents, ont reçu également un nom dont la désinence, restant aussi la même pour chacun d'eux, indique la présence de cette sorte de gouttière destinée à laisser couler et à inoculer chez la victime, piquée par cette pointe, l'humeur vénéneuse dont toutes ces espèces paraissent armées. Cette rainure, ou le sillon longitudinal inscrit sur les dents, dites crochets à venin, est exprimé par la terminaison d'un mot composé d'ailleurs, mais qui, par sa désinence, rappelle cette ligne enfoncée et creuse. C'est une expression grecque, souvent empruntée en français et dans presque toutes les autres langues vivantes, surtout dans les arts: c'est le mot *Glyphe*, qui peut se joindre facilement à d'autres termes initiaux indiquant la position ou la forme de ces dents sillonnées.

Dans l'un des premiers sous-ordres, dont tous les crochets sont lisses ou sans cannelures, on n'a observé leur présence ou leur absence que sur une paire de mâchoires seulement : tantôt sur celles du côté du crâne ; tantôt sur les branches de l'os sous-maxillaire. Or, c'est là un caractère unique et très-évident qui réunit plusieurs genres dont les espèces sont jusqu'ici peu connues, parce qu'aucune ne parait vivre en Europe. Ces Serpents, très-petits et très-faibles, ne peuvent être rapportés qu'à un seul sous-ordre, subdivisé lui-même en deux familles et en huit genres distincts. Toutes les espèces ont un corps arrondi, dont les deux extrémités sont à peu près de même grosseur ; leur bouche est fort petite et leurs crochets très-grêles. Comme ces Serpents sont de petite taille, de la grosseur au plus d'une plume à écrire, que leur corps est couvert de très-petites écailles polies et luisantes, qu'ils ressemblent un peu, pour la forme, à des vers de terre, aux Lombrics avec lesquels on a pu les comparer à cause de leurs habitudes et de leur manière de vivre en se retirant dans des galeries sous terre : nous les avions d'abord nommés *Scolécophides*, ce qui signifie Vermiformes. Maintenant, nous préférons une désignation qui porte spécialement sur cette particularité que l'une des deux mâchoires n'a pas de dents, lorsque l'autre en est garnie, mais dans ces deux cas, comme les os de la partie moyenne du palais sont dentés, ces dents médianes remplissent les fonctions de la mâchoire supérieure, quand celle-ci en est privée; c'est ce que nous avons cherché à exprimer en indiquant qu'il y a toujours des crochets dentaires, tantôt sur l'une, tantôt sur l'autre des machoires : en un seul mot OPOTÉRODONTES (1).

Nous croyons devoir rappeler ici la subdivision de ce groupe, ou de ce premier sous-ordre, d'ailleurs peu nombreux en espèces que nous avons décrites dans le volume précédent, et divisées en deux familles : la première sous le nom de Typhlopiens que nous préférons aujourd'hui appeler les *Epanodontiens*, à cause de la présence des crochets dentaires sur la mâchoire supérieure seulement. Nous conservons à la seconde famille la dénomination de *Catodontiens*, propre à indiquer l'existence des dents à la mâchoire inférieure. Nous mentionnerons au reste cette distribution dans un exposé abrégé de ce travail publié en 1844, pour le lier à celui qui va suivre.

Dans le second sous-ordre, nous avons réuni tous les Serpents dont les deux mâchoires sont constamment armées de crochets ou de dents toujours lisses et polies à la surface, sans cannelures ni sillons. C'est à cause de ce caractère que nous donnons aujourd'hui à cette grande et nombreuse division des Serpents, dont les morsures ne sont jamais dangereuses, et que nous avions appelés pour cette raison les Azémiophides, un nom nouveau par lequel nous traduisons cette note, ou ce caractère essentiel inscrit : des *Dents sans rainure* : AGLYPHODONTES.

Comme, au contraire, la présence de ce sillon est un indice visible et non douteux de la nature dangereuse d'un grand nombre d'autres espèces, on trouve donc, par opposition, une sorte de caractère négatif dans l'absence de cette même

---

. (1) Voir l'étymologie sur le tableau synoptique ci-après, page 14.

gouttière, le long de laquelle peut s'écouler et s'insinuer le venin que produisent certaines glandes qui n'existent pas chez les Serpents rapportés à ce second sous-ordre.

C'est un fait important que ce défaut de cannelure ; car lorsque les mâchoires des Serpents de ce sous-ordre s'écartent l'une de l'autre et qu'elles se rapprochent ensuite, quoique les crochets dont elles sont armées puissent pénétrer assez profondément dans la peau et dans les chairs de l'animal mordu, il n'en résulte pour lui aucune action directe que celle d'être harponné, ou retenu ainsi accroché solidement. Voilà pourquoi nous avions d'abord désigné ce sous-ordre comme des *Azémiophides*, mais nous préférons maintenant le terme qui se trouve composé de manière à mieux exprimer la particularité caractéristique de ces Reptiles.

Ces Serpents à dents pointues, recourbées, arrondies, coniques, pleines, lisses et sans cannelure, les ont toujours implantées dans les deux mâchoires, chacune séparément sur un point distinct et non dans une rainure commune. Ce sous-ordre est très-nombreux en espèces et en genres. Ces derniers sont distribués en douze familles sous des noms divers dont la plupart indiquent des particularités notables, soit pour l'arrangement différent que les dents présentent dans leurs séries ou leur distribution ; soit dans le mode plus ou moins régulier de leurs rangées longitudinales ; soit d'après leurs proportions relatives ou leurs distances réciproques ; soit d'après la forme et la courbure des mâchoires, la conformation générale de la tête et l'écaillure du tronc et de la queue. Enfin, quelques-uns des termes par lesquels nous désignons ces familles ont été empruntés à la comparaison ; à la ressemblance, à l'analogie remarquables qu'ont entre elles certaines espèces parmi celles qu'on a indiquées comme appartenant à des genres dont les noms avaient été antécédemment adoptés par la plupart des auteurs qui nous ont précédé.

Nous n'entrons pas ici dans plus de détails, ayant l'intention de reproduire par la suite les noms et les caractères de ces familles ; d'ailleurs, une partie de l'histoire générale de ces Serpents se trouve indiquée dans le volume précédent. Cependant, nous avons cru devoir modifier légèrement ce travail, ainsi que l'exigeaient les connaissances que nous avons acquises depuis par les études auxquelles nous nous sommes livré.

Il nous reste à faire connaître les trois autres sous-ordres de Serpents dont tous les individus, sans exception, offrent un caractère inscrit sur quelques-unes de leurs dents. Celles-ci sont toujours plus longues et plus fortes, plus solides que les autres, et elles ont une partie de leur surface entamée par une rainure en longueur. C'est ce signe, ce caractère principal que nous avons voulu indiquer par une dénomination semblable, appliquée à chacun des trois sous-ordres en y faisant entrer la finale extraite du mot grec *glyphe*, qui signifie une ligne creuse, une entamure enfoncée de la surface. Ce nom a pu être grammaticalement joint à d'autres termes très-courts, propres à dénoter la position relative ou la structure de ces dents sillonnées.

Dans les trois circonstances distinctes que nous avons pu signaler, ces crochets cannelés sont l'apanage, l'essence ou ce qui constitue la nature des Serpents venimeux à divers degrés, suivant leur longueur, leur force, leur situation relative et leur structure. Ce sont des instruments vulnérants, qui servent de gorgerets ou de tuyaux de conduite à une humeur vénéneuse plus ou moins abondante. Ce poison est constamment sécrété par des organes spéciaux, par des glandes dont les canaux, ou les conduits aboutissent à ces crochets plus ou moins avancés dans la bouche ; mais qui sont toujours implantés dans les os de la mâchoire, supérieure et qui sont terminés par une gouttière le long de laquelle s'écoule le venin pour faciliter ainsi l'inoculation de ce virus délétère.

D'après ces considérations, le troisième sous-ordre des

Ophidiens est caractérisé par la présence d'une ou de plusieurs dents qui excèdent les autres par la longueur, et qui sont cannelées vers leur pointe. Comme ces crochets sont fixés *en arrière* des os sus-maxillaires, ils terminent la rangée longitudinale des autres dents, qui sont plus grêles et non sillonnées.

Nous avons cherché à indiquer cette disposition, en désignant, par un seul mot, la rainure des dents postérieures, et nous avons appelé les Serpents compris dans ce sous-ordre les OPISTHOGLYPHES.

Ces dents sillonnées, qui sont vénénifères, se trouvent toujours logées dans une cavité peu profonde où l'on rencontre ordinairement, par la dissection, les rûdiments d'autres crochets semblables. Ce sont des germes destinés à être fixés à leur tour, afin de remplacer les crochets cannelés, dont l'importance est très-grande dans l'économie animale ou l'organisation de ces Reptiles, puisque ce sont des armes destinées d'avance à faciliter leur alimentation.

On distingue aisément ces crochets par leur longueur et par la place qu'ils occupent; en outre, ils sont très-reconnaissables, parce qu'ils sont séparés ou distincts de la série longitudinale des dents lisses qui occupent le bord inférieur des os sus-maxillaires. Il y a là un espace, un intervalle marqué, tout-à-fait libre et sans dents, qui semble isoler les crochets cannelés, lesquels sont réunis dans une cavité dont la largeur est augmentée par une sorte de dilatation de l'extrémité postérieure de l'os qui les reçoit.

Il résulte de cette disposition que les Serpents ainsi constitués ne peuvent être considérés comme très-dangereux, au moins pour les animaux dont le diamètre excède l'écartement possible des mâchoires, car leur bouche ne peut éprouver que peu d'ampliation. Ce n'est que quand la proie vivante est engagée dans le pharynx, qu'elle se trouve soumise à la piqûre vénéneuse des crochets postérieurs. Comme les derniers Serpents de ce groupe ressemblent, en apparence, à nos couleuvres, lesquelles ne passent pas pour être dangereuses, nous les avions nommés les *Aphobérophides* et nous les avons placés à la suite du sous-ordre des Aglyphodontes auxquels ils semblent former une transition naturelle.

Nous divisons ce groupe des Opisthoglyphes en six familles, d'après la longueur proportionnelle et l'ordre relatif que conservent entre elles les autres dents toujours lisses et situées en avant, sur le bord libre de la mâchoire supérieure. Tantôt ces crochets lisses sont inégaux pour la longueur, ou très-irréguliers pour la grosseur et l'implantation; tantôt, au contraire, tous ces crochets sont semblables entre eux; mais la physionomie comparée de ces Ophidiens permet de les distinguer au premier aperçu, à cause des dimensions et de la forme différentes de la tête pour son étendue en longueur et en largeur. Dans l'une des familles, par exemple, le devant de la tête est prolongé et la face rétrécie en pointe vers le museau comme une sorte de groin, ou bien cette tête reste étroite et ne diminue pas sensiblement en largeur sur le devant, quoique son étendue soit à peu près la même en travers. Dans trois autres familles, qui peuvent être rapprochées par cette observation que toutes les dents ou les crochets lisses et cannelés sont à peu près tous égaux en courbure et en longueur, l'une de ces familles réunit les espèces qui ont la tête très-large en arrière avec un museau tronqué en avant, comme déprimé et aplati. Dans les deux autres familles, le museau est bien arrondi en avant, mais ces espèces ont une sorte d'analogie avec deux types de Serpents depuis très-longtemps désignés sous des noms que nous n'avons cru devoir changer que par leur désinence. Ce sont les Scytales et les Dipsas. Au reste, les caractères plus détaillés de ces six familles des Opisthoglyphes se trouveront mieux énoncés dans la suite de ce travail dont nous ne donnons ici que l'analyse succincte pour indiquer les légers changements apportés aux divisions que nous avions proposées en 1841, quand nous avons publié le volume précédent.

Le quatrième sous-ordre comprend les Serpents beaucoup plus venimeux, ceux dont les dents cannelées ou les crochets, marqués d'un simple sillon, sont constamment placés *en avant* de l'os sus-maxillaire, à l'inverse de ce qui a lieu dans les Opisthoglyphes, dont les crochets sillonnés sont toujours situés *en arrière* de la rangée des dents lisses qui les précède. Le plus ordinairement, après ces crochets cannelés, il existe un espace libre entre ces dents antérieures à sillon, et celles qui suivent et qui sont lisses. Par cette position en avant des crochets venimeux, ce sous-ordre se lie au suivant chez lequel, au reste, on n'observe jamais de dents sus-maxillaires lisses ; c'est ce que nous avons cherché à rappeler par le nom de PROTÉRO-GLYPHES, sous lequel nous réunissons en un sous-ordre les genres et par conséquent les espèces ainsi conformées. Cette dénomination empruntée à la disposition anatomique évidente qu'elle exprime, nous a paru devoir être préférée à celle que nous avions d'abord employée pour désigner ce groupe, car l'expression d'*Apistophides*, que nous abandonnons maintenant, ne faisait qu'indiquer rationnellement les dangers auxquels pouvait exposer la morsure de ces Serpents, malgré leur apparence trompeuse.

Deux familles partagent ce sous-ordre ; dans chacune d'elles, les mœurs et la manière de vivre sont, pour ainsi dire, comme écrites et dénoncées d'avance par la forme de la queue, car les espèces qui vivent habituellement sur la terre, ou à l'air libre, sur les arbres, ont cette région postérieure de leur corps ronde et conique ; tandis que chez les autres, qui sont des espèces aquatiques, la queue est comprimée, aplatie de droite à gauche et plus haute dans le sens vertical que sur sa largeur.

Enfin le cinquième sous-ordre des Ophidiens, par lequel nous terminons l'histoire de ces Reptiles, réunit tous les Ser-

pents dont les morsures sont extrêmement dangereuses et
même fatales et mortelles ; aussi les avions-nous nommés
d'abord les *Thanatophides* ; mais cette expression ne provenant que de l'expérience acquise par l'observation, ne portait pas sur un fait matériel facile à vérifier ; aujourd'hui,
nous proposons un nom fondé sur un caractère tiré de la
forme, de la position et surtout de la structure spéciale des
dents venimeuses. Ces crochets très-longs et sillonnés, excessivement développés, ont, en effet, un caractère tout particulier, parce que leur base est perforée par un long canal
intérieur dont l'orifice distinct aboutit au sillon externe.
Voilà ce qui nous a engagé à désigner ce groupe sous le nom
caractéristique de SOLÉNOGLYPHES, comme indiquant réunis
tout à la fois un tuyau et une rainure. En outre, ces Serpents sont les *seuls* de l'ordre entier chez lesquels la mâchoire
supérieure se trouve réduite, de l'un et de l'autre côté, en une
masse osseuse, solide, mobile en bascule, excavée pour recevoir les crochets vénéneux qui s'y soudent ; mais encore
pour admettre dans sa cavité intérieure une série de germes
ou d'autres crochets, plus ou moins développés, afin de suppléer ou de subvenir à la déperdition des dents soudées et vénénifères qui se cassent ou se détruisent dans les actes de la
défense, ou de la préhension de la proie.

Deux familles font partie de ce dernier sous-ordre ; elles ont
été établies d'après des observations qui avaient servi depuis
longtemps à distinguer les deux genres primitivement reconnus et qui sont aujourd'hui subdivisés en douze autres parfaitement caractérisés.

Nous venons d'exposer l'état actuel de nos connaissances
sur la classification des Serpents. Il nous était impossible de
poursuivre l'étude de ces Reptiles, sans revenir sur les idées
premières que nous avions adoptées, il y a maintenant plus
d'une douzaine d'années et telles que nous les avons exposées dans le volume précédent. Nous proposons aujourd'hui

de substituer un autre tableau analytique à celui qui s'y trouve imprimé à la page 71 et que nous avions annoncé de rechef page 357. Cet arrangement synoptique nouveau ne présente réellement que quelques modifications dans les noms des cinq sous-ordres qui restent à peu près les mêmes ; mais il en est résulté plusieurs légers changements dans les trois familles, dont l'histoire est consignée dans ce sixième volume.

Afin de donner une idée complète de la classification de l'ordre des Serpents, ou de la méthode analytique à laquelle nous avons soumis toutes nos études sur ce sujet, et pour offrir ce travail dans son ensemble, il est nécessaire de présenter d'abord ce tableau synoptique, puis de reproduire, avec les additions devenues nécessaires, un extrait de la première partie du prodrome que nous avons publié dans le vingt-troisième volume des mémoires de l'Académie des Sciences, dans l'intention de prendre date du résultat de nos travaux. On conçoit qu'il devenait indispensable d'y comprendre l'analyse de la partie descriptive du sixième volume de l'Erpétologie générale qui traite des espèces rapportées aux deux premières grandes familles ; mais nous indiquerons ici les légers changements que nos recherches consécutives ont dû y apporter.

Nous plaçons le tableau dont il s'agit à la page 14.

Chacun des chapitres qui suivent est consacré à l'histoire de l'un des sous-ordres dont la section des Ophidiens se compose.

TROISIÈME ORDRE DE LA CLASSE DES REPTILES. LES OPHIDIENS.

CARACTÈRES. { *Corps allongé, étroit, sans pattes ni nageoires paires ; bouche garnie de dents ou crochets courbes, pointus ; mâchoire inférieure à branches désunies, non soudées, plus longues que le crâne ; tête à un seul condyle arrondi, sans cou distinct ; pas de conque ni de conduit auditif externe ; point de paupières mobiles ; peau extensible, recouverte d'un épiderme caduc d'une seule pièce.*

SOUS-ORDRES.

DES DENTS

à l'une des deux mâchoires seulement, soit en haut, soit en bas. . . . . I. Opotérodontes.

aux deux mâchoires {

toutes lisses, pleines et sans sillon profond . . . . . . II. Aglyphodontes.

plusieurs sillonnées { devant { seules, isolées, perforées. . . . . V. Solénoglyphes.

suivies de crochets lisses. . . . . IV. Protéroglyphes.

derrière et plus longues. . . . . III. Opisthoglyphes.

ÉTYMOLOGIES.

1. ὉΠΟ΄ΤΕΡΟΣ, de deux manières ; *alter-uter*, et de ΄ΟΔΟΥΣ, ὀδόντος ; dent.
2. ΄A privatif ; *sine.* ΓΛΥΦΗ΄ sillon ; *sulcus, rima,* et de ΟΔΟΥΣ, dent.
3. ΄ΟΠΙΣΘΕΝ, en arrière ; *ponè, retrò,* et de ΓΛΥΦΗ΄, rainure.
4. ΠΡΟ΄ΤΕΡΟΝ, en avant, *anteriùs,* et de ΓΛΥΦΗ΄, entainrure, *incisio.*
5. ΣΩΛΗ΄Ν, un tuyau, un canal ; *fistula, ductus canaliculatus,* et de ΓΛΥΦΗ΄.

CHAPITRE IV.

PREMIÈRE SECTION OU PREMIER SOUS-ORDRE DES OPHIDIENS.

LES SERPENTS OPOTÉRODONTES DITS SCOLÉCOPHIDES OU VERMIFORMES, NON VENIMEUX.

CARACTÈRES ESSENTIELS. *Serpents vermiformes, à crochets lisses, non venimeux, dont le corps est à peu près de même grosseur de la tête à la queue, recouvert partout, même sous le ventre, d'écailles lisses, polies, luisantes, entuilées ; à tête petite, à museau arrondi et à bouche en dessous ; n'ayant de dents ou de crochets qu'à l'une des deux mâchoires seulement.*

Tous ces Serpents se ressemblent entre eux par la forme cylindrique du corps, analogue à celle des Lombrics dont ils ont les habitudes, se mettant à l'abri sous des pierres ou dans l'intérieur de la terre, restant ainsi cachés pendant le jour dans des galeries souterraines, creusées probablement par d'autres animaux. Leur bouche, excessivement petite, n'est garnie de dents maxillaires que dans le haut ou dans le bas ; cependant leur palais offre toujours de petites pointes, ou des crochets courts, situés obliquement et quelquefois en travers. La fente étroite de leur bouche est constamment située au-dessous d'un museau obtus, proéminent ou plus ou moins avancé.

Les os de la face paraissent solidement unis à ceux du crâne et sont peu dévéloppés. Les sus-maxillaires courts, les intermaxillaires, dits incisifs, sont souvent unis ou soudés entre eux et comme impairs, ce qui leur donne plus de solidité ; cependant, ils ne portent pas de crochets. La mâchoire inférieure est plus courte en avant que la supérieure. Les yeux sont petits, souvent recouverts par une plaque cornée, ou tout à fait nuls.

Ces Serpents diffèrent de tous les autres Ophidiens par leur écaillure entuilée, semblable à celle des Lézards Scincoïdiens et par la structure particulière des os de la face.

Ce sous-ordre des Ophidiens a été établi par nous ; quoique les Serpents qui s'y trouvent compris semblent faire suite aux Sauriens des deux familles dites les Scincoïdiens et les Glyptodermes, tels que les Orvets et les Amphisbènes, M. Müller les désignait sous le nom de *petites bouches* ou *microstomata*, au moins pour la plupart, car il y avait joint quelques autres genres.

Nous ne croyons pas devoir entrer ici dans beaucoup d'autres détails, les caractères des genres, des espèces et toutes les synonymies étant établis dans le sixième volume. Nous ne les reproduirons donc pas, mais nous en présenterons l'analyse, leurs descriptions étant à peu près complètes. Après avoir donné quelques indications sur certaines espèces dont nous avons eu connaissance depuis , nous en décrirons plusieurs en parlant des genres auxquels elles doivent être rapportées.

Voici donc cette analyse : Deux familles partagent ce sous-ordre d'après le mode d'implantation des crochets soit sur la mâchoire supérieure seulement, soit sur l'inférieure uniquement. Cet arrangement reste le même que celui que nous avons présenté dans le tableau synoptique publié à la page 253 ; seulement, nous donnons à la première division un autre nom , qui se trouve en opposition avec celui par lequel nous désignons la seconde, afin d'aider en cela la mémoire.

PREMIÈRE FAMILLE. LES ÉPANODONTIENS (1) OU *Typhlopiens*.

CARACTÈRES ESSENTIELS : Des dents ou des crochets lisses à la mâchoire supérieure seulement.

G. I. PILIDION. Tome VI, page 257. Caractères. Tête revêtue de plaques , pas de préoculaires ; bout du museau arrondi.

1. P. rayé. P. *Lineatum*. Ajoutez à la Synonymie, p. 259. Typhlinalis. Gray British muséum , p. 134.

G. II. OPHTHALMIDION. Tome VI, page 263. Narines placées sous le museau. Caractères du genre précédent, plus des plaques pré-oculaires , quatre espèces, dont deux seulement avaient été décrites, les deux autres l'ont été par mon fils dans le Catologue de la collection des Reptiles du Musée de Paris , pages 201 et suivantes. Nous en copierons ici la description. Les deux premières espèces ont les yeux cachés , les deux autres les ont apparents.

1. O. très-long. *Longissimum*. p. 263.

2. O. épais. *Crassum*. A. Dum. Catal. cité p. 202. Origine douteuse. Donné par M. L. Rousseau.

3. O. d'Eschricht. *Eschrichtii*. p. 265.

4. O. brun. *Fuscum*. A. Dum. Même catal. p. 203 , n° 2 bis , de Java. Donné par M. Müller.

G. III. CATHÉTORHINE. T. VI, p. 269. Tête couverte de plaques ; narines latérales; bout du museau tranchant. Une seule espèce. Peut-être celle que M. Gray indique comme Saurien dans le catalogue du musée britannique , sous le nom d'Onychophis Olivaceus, provenant des Philippines , appartient-elle à ce genre dans lequel nous n'avons inscrit que la suivante?

1. C. Tête noire. *Melanocephalus*. p. 270. Provenant des voyages de Péron?

G. IV. ONYCHOCÉPHALE. T. VI, p. 272. Tête couverte de grandes plaques ; narines inférieures. Cinq espèces ont été décrites par nous et trois autres l'ont été par M. Smith (André) dans sa zoologie du sud de l'Afrique où il les a figurés, comme nous l'indiquerons, surtout les têtes en dessus et en dessous.

1. O. de Delalande. *Delalandii*. p. 273. M. Smith l'a très-bien fait figurer pl. 54, fig. 1.

2. O. multi-rayé. *Multilineatus*. p. 276.

3. O. uni-rayé. *Unilineatus*. p. 278.

(1). De Επανῶ en haut en dessus, *suprà* et de οδους—;δεντος dents.

4. O. museau pointu. *Acutus.* p. 333.

5. O. trapu. *Congestus.* p. 334.

6. O. de Bibron. *Bibronii.* Smith. Ouvrage cité, pl. 51, fig. 2 et 54, fig. 5-8 pour les détails.

7. O. du Cap. *Capensis.* Idem. pl. 51, fig. 3 et pl. 54, fig. 9 à 16.

8. O. vertical. *Verticalis.* Idem. pl. 54, fig. A et fig. 17 à 20.

G. V. TYPHLOPS. T. VI, p. 279. Tête couverte de plaques; narines atérales; bout du museau arrondi. 12 espèces décrites dans l'Erpétologie.

1. T. réticulé. *Reticulatus.* p. 282, fig. dans l'atlas pl. 60.

2. T. lombric. *Lumbricalis.* p. 287. Argyrophis. Gray. Catal. Liz. p. 137.

3. T. de Richard. *Richardii.* p. 270. De la Havane.

4. T. platycéphale. *Platycephalus.* p. 293. Martinique.

5. T. noir et blanc. *Nigro-albus.* p. 295. Sumatra.

6. T. de Muller. *Mulleri.* p. 298. Anilios ruficauda? Gray. Catal. p. 136.

7. T. de Diard. *Diardii.* p. 300. Indes Orientales.

8. T. lignes nombreuses. *Polygrammicus.* Nouvelle-Hollande. Argyrophis. Gray. Catal. p. 138.

9. T. vermiculaire. *Vermicularis.* p. 303. De Chypre.

10. T. filiforme. *Filiformis.* p. 307. Type unique. Origine inconnue.

11. T. Brame. *Braminus.* p. 309. Côte du Malabar. Manille.

12. T. noir. *Ater.* p. 312. Anilios ater. Gray, Catal. of Lizards p. 136.

G. VI. CÉPHALOLÉPIDE. T. VI, p. 314. Toutes les écailles de la tête semblables à celles du tronc.

1. C. Tête blanche. *Leucocephalus. Anilios Squammosus.* Gray. Cat. cité p. 136.

DEUXIÈME FAMILLE. LES CATODONIENS.

CARACTÈRES ESSENTIELS : Pas de dents aux sous-maxillaires.

G. I. CATODONTE. Yeux à peine distincts; museau large.

1. C. à sept raies. *Septem lineatus.* p. 319. Patrie inconnue.

G. II. STÉNOSTOME. *Stenostoma.* Yeux bien distincts, latéraux.

1. S. du Caire. *Cairi.* p. 223. Individu au musée de Strasbourg.

2. S. noirâtre. *Nigricans.* p. 326. Glauconia. Gray. Catal. of Liz. p. 139. Bien décrit par Smith. Fig. pl. 51 et 54.

3. S. front-blanc. *Albifrons.* p. 327. Epictia. Gray. Catal. p. 140.

4. S. de Goudot. *Goudotii.* p. 330. Nouvelle-Grenade.

5. S. Deux raies. *Bilineatum.* p. 331. Martinique.

CHAPITRE V.

DEUXIÈME SECTION OU SOUS-ORDRE DES OPHIDIENS.

LES SERPENTS AGLYPHODONTES,

DITS AZÉMIOPHIDES.

CARACTÈRES ESSENTIELS. *Serpents à dents recourbées, coniques, arrondies, pleines, lisses, sans cannelure sur leurs pointes, implantées sur les deux mâchoires.*

Tous ces Serpents ressemblent à nos Couleuvres. Généralement ils ont le corps cylindrique ; leur queue pointue est conique. Quelques-uns semblent avoir conservé des indices ou être pourvus de rûdiments de pattes en arrière ou sur les bords de l'ouverture transversale qui se voit à l'origine de la queue, et le Reptile en fait usage comme de crochets ou de grappins qui lui servent de points d'appui lorsqu'il rampe ou quand il grimpe.

Leur tête varie beaucoup pour la forme et la longueur du crâne, comparée à celles de la face. Ce sont surtout les os incisifs ou inter-maxillaires, ainsi que ceux dits les nasaux qui modifient la forme du museau lequel est plat, prolongé en boutoir dans les espèces qui fouissent la terre, arrondi et court dans les espèces aquatiques, dont les narines sont rapprochées entre elles au-dessus du museau. Enfin ce museau est moyen, très-variable dans les individus qui vivent habituellement sur la terre ou sur les arbres. Les os sus-maxillaires sont constamment gárnis de dents nombreuses, lisses, pointues et crochues. Cette mâchoire supérieure est toujours très-longue, au moins en apparence, quoiqu'elle soit matériellement plus

2.*

courte que les branches inférieures qui ne sont jamais soudées en avant vers la symphise, et dont l'étendue dépasse presque toujours la longueur du crâne.

Comme la conformation générale reste à peu près la même chez tous ces Serpents, elle offre peu de prise aux observations propres à fournir des caractères de premier ordre. On voit rarement des appendices, des crêtes, des tentacules, ou d'autres expansions de la peau, telles que des fanons, des goîtres, des lignes saillantes au crâne ou sur les parties latérales du corps, organes extérieurs dont la présence est en général si utile aux zoologistes pour la désignation de certains autres ordres de la classe des Reptiles.

Il est important de rappeler que la plupart des familles établies par nous dans ce sous-ordre des Aglyphodontes ont été fondées sur les modifications nombreuses et importantes qui ont été observées dans l'examen comparé du nombre, de la forme, de la longueur proportionnelle et de la distribution relative des crochets qui garnissent la mâchoire supérieure ou des dents ptérygo-palatines.

Pour un petit nombre, cependant, la conformation générale de la tête et des maxillaires supérieurs et inférieurs a été employée comme moyen de classification. Les divisions secondaires ont eu pour base l'apparence générale du corps et l'habitude extérieure, ainsi que les dimensions comparées de la queue et du tronc.

Ce sont surtout les plaques de la tête qui varient dans leur nombre et dans leur distribution, comme par leur forme particulière, de même que celles de la gorge et que toutes les autres écaïlles du tronc, soit sur le dos, sur les flancs et sur la région de la queue; ce sont surtout les plaques qui recouvrent le dessous du ventre et de la queue, que nous avons désignées sous les noms de Gastrotèges et d'Urostèges qui ont servi à distinguer certains genres dans les familles établies sur d'autres caractères plus importants.

Ainsi les écailles sont plus ou moins distinctes les unes des autres, par leurs formes très-diverses, par la nature et le mode de leur distribution en séries plus ou moins régulières, ou par rangées en quinconce, dont les lignes de jonction varient pour l'obliquité, par la forme et par la longueur. Ces écailles diffèrent en outre, suivant l'apparence de leur surface lisse, striée, cannelée ou carénée; puis selon leur largeur, leur fixité ou la mobilité qu'elles éprouvent; ainsi que par la dilatation ou les resserrements de la peau dans telle ou telle région. On observe également le dessous du corps pour les scutelles abdominales et sous-caudales qui varient beaucoup par leur forme, leur largeur et surtout par leur nombre, lequel est beaucoup moins constant que ne l'avaient pensé et que l'ont écrit la plupart des auteurs qui y mettaient une telle importance que le plus souvent ils avaient seulement indiqué ce nombre, comme le caractère distinctif des espèces, et cependant, nous le déclarons, il ne nous reste aujourd'hui aucune incertitude sur la variabilité de ces plaques dans les individus évidemment de la même race.

Voici le procédé analytique qui conduit à la distinction facile du groupe nombreux ou de ce grand sous-ordre, dont la description des espèces exigera la plus grande partie de ce volume. Dans l'état actuel de nos connaissances, nous sommes parvenus à les distribuer en douze familles qui nous paraissent assez naturelles par le rapprochement des genres.

Nous n'indiquerons d'abord que les noms et les distinctions comparatives de chacun de ces groupes dont les caractères seront plus développés par la suite, mais dont l'ensemble se trouvera présenté dans un tableau synoptique par lequel nous proposerons de remplacer celui que nous devions mettre en regard de la page 357 du VIe volume; notre classification n'étant pas, à cette époque de 1844, aussi perfectionnée que nous l'avions espéré.

Nous établissons deux divisions principales parmi les Ophidiens Aglyphodontes qui se trouvent aujourd'hui répartis en douze familles, suivant que ces Serpents ont leurs dents ou leurs crochets dentaires à peu près de même forme ou de même longueur et régulièrement distribués, au moins sur les os maxillaires supérieurs, ou au contraire, quand il y a des différences évidentes dans leurs proportions diverses ou dans leur arrangement respectif.

A la première division, celle des Serpents dont toutes les dents ou les crochets étant de longueur et de dimensions semblables, ont, par une sorte d'anomalie ou d'exception rare, la surface de leur tronc revêtue de plaques rugueuses, comme serties sur leur pourtour dans l'épaisseur de la peau où elles sont saillantes et comme chagrinées, ont pu être designées par cette particularité que leurs tégumens sont comme verruqueux. C'est ce qui a été d'abord indiqué pour l'un des genres qui a servi de type à cette Famille et dont nous avons emprunté le nom d'ACROCHORDIENS sous lequel nous la désignons.

Chez tous les autres, ce sont de véritables lames écailleuses, placées en recouvrement les unes sur les autres, comme des tuiles, et qui garnissent toute la surface du corps, principalement sur le dos et sur les flancs ; les genres ainsi conformés, sont rangés dans les cinq familles suivantes :

Dans l'une, celle des LEPTOGNATHIENS, ainsi que nous avons cherché à l'exprimer par le nom, on remarque la faiblesse des os sus-maxillaires, en raison du peu de matière osseuse qui entre dans leur constitution.

Chez tous les autres, la mâchoire supérieure est forte et robuste ; mais par une circonstance remarquable, on reconnaît que quelques espèces n'ont pas de crochets ou de dents implantées sur la partie moyenne du palais, ce qui rend cette partie lisse au toucher ou lorsqu'on y fait frotter quelque corps solide ; singularité qui les distingue de tous les autres

Serpents; ce qui nous a servi, en indiquant l'idée de palais lisse, à les réunir sous la dénomination d'UPÉROLISSIENS.

Cependant, ces dents palatines offrent une autre particularité dans un groupe voisin : c'est que ces crochets ptérygo-palatins, quoiqu'ils existent réellement, sont malgré cela peu saillants, parce que leurs pointes sont dirigées obliquement en travers, ou comme opposées les unes aux autres de droite à gauche et réciproquement. Voilà pourquoi nous avons nommé cette famille les PLAGIODONTIENS, comme pour signifier espèces de Serpents qui ont des dents en travers.

Dans tous les Ophidiens qui suivent, les pointes des dents maxillaires et des ptérygo-palatines sont, au contraire, dirigées dans le même sens, c'est-à-dire de devant en arrière vers la gorge. Parmi ceux-ci les uns ont la tête si petite, qu'elle se confond avec le tronc, et généralement le corps est réduit à des dimensions si exigues et de même calibre sur toute sa longueur, qu'on a comparé leur corps, pour la grosseur, à celui d'un tuyau de plume à écrire. De là, le nom donné à un genre et que nous avons adopté pour la famille entière, en modifiant la désinence : les CALAMARIENS.

Enfin, la tête est tout à fait distincte, ou plus étroite que le cou qui la supporte chez toutes les autres espèces réunies, et qui, avec des crochets de mêmes forme et grosseur, n'offrent aucune des particularités caractéristiques indiquées ci-dessus ; elles restent donc réunies en une famille sous le nom d'ISODONTIENS.

Dans la seconde division analytique du sous-ordre des Aglyphodontes, nous rangeons les Serpents dont les mâchoires, et surtout la supérieure, sont garnies de crochets inégaux en forme et en longueur. Tantôt, cette inégalité est surtout remarquable dans la région antérieure, tantôt, à la partie postérieure.

Ces derniers, dont les crochets postérieurs sont plus longs, portent la désinence de *crantériens*, qui signifie les grosses dents de derrière chez les animaux. Quand cette rangée est continue, ou quand il n'y a pas d'intervalle entre les plus longues dents postérieures et toutes celles qui les précèdent sur la même rangée, la famille est désignée sous le nom de SYNCRANTÉRIENS.

L'orsqu'on voit une interruption ou un intervalle libre évident entre la série des dents antérieures et ce groupe de quelques plus gros crochets postérieurs, cet espace libre ou cet écartement est indiqué par le nom de la famille qui est celle des DIACRANTÉRIENS.

Quand les dents, dont la longueur n'est pas la même, sont plus courtes en avant que celles qui les suivent, et que d'ailleurs, les Serpents ainsi conformés, n'ont aucun des caractères exprimés ci-dessus, nous avons donné à ces espèces peu nombreuses, le nom de CORYPHODONTIENS, propre à indiquer cette disposition des crochets qui se suivent en augmentant successivement de longueur. (*Colubriens* du Prodrome.)

Si ces crochets antérieurs, au contraire, sont plus longs que ceux qui sont situés sur la même rangée, on remarque alors que les dents peuvent être au grand complet, car, outre les dents ordinaires, il y en a qui sont implantées dans les os incisifs, dits intermaxillaires antérieurs, ce qui ne s'observe jamais chez les autres Ophidiens; et cette particularité du plus grand nombre possible de dents a été indiquée par le nom de famille : les HOLODONTIENS.

Enfin, quand avec tous les autres attributs du groupe précédent, les espèces sont privées de dents inter-maxillaires antérieures, il se joint cette différence notable que dans une famille, celle des APROTÉRODONTIENS, les plaques sous-caudales ou les Urostèges, ne forment qu'un seul rang ou ne sont pas divisées ; tandis que ces mêmes plaques forment une double série ; nous avons appelé cette dernière subdivision, d'après l'un des genres dont les dents ont été comparées à celles des chiens ou des loups, les LYCODONTIENS.

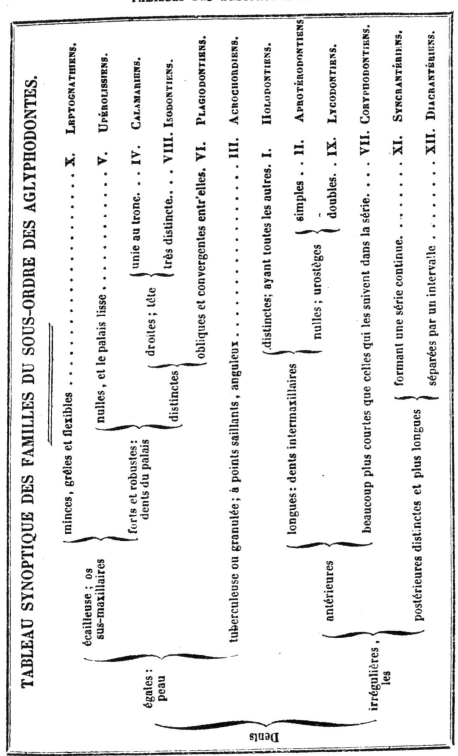

TABLEAU SYNOPTIQUE DES FAMILLES DU SOUS-ORDRE DES AGLYPHODONTES.

Dents

irrégulières, les

égales : peau

écailleuse ; os sus-maxillaires

minces, grêles et flexibles . . . . X. LEPTOGNATHIENS.

forts et robustes : dents du palais

nulles, et le palais lisse . . . . V. UPÉROLISSIENS.

droites ; tête

unie au tronc. . . IV. CALAMARIENS.

très distincte. . . VIII. ISODONTIENS.

distinctes

obliques et convergentes entr'elles. VI. PLAGIODONTIENS.

tuberculeuse ou granulée ; à points saillants, anguleux . . . . III. ACROCHORDIENS.

antérieures

longues : dents intermaxillaires

distinctes ; ayant toutes les autres. I. HOLORONTIENS.

nulles ; urostèges

simples . . II. APROTÉRODONTIENS.

doubles. . IX. LYCODONTIENS.

postérieures distinctes et plus longues

beaucoup plus courtes que celles qui les suivent dans la série. . . . VII. CORYPHODONTIENS.

formant une série continue. . . . . XI. SYNCRANTÉRIENS.

séparées par un intervalle . . . . XII. DIACRANTÉRIENS.

LES OPHIDIENS AGLYPHODONTES ,

OU SERPENTS NON VENIMEUX , AYANT SUR LES DEUX MACHOIRES DES CROCHETS LISSES OU SANS CANNELURES.

(NOTA.) Comme les deux premières familles sont décrites dans le tome VI. Nous avons cru ne devoir en présenter ici que l'extrait avec les changements devenus nécessaires.

PREMIÈRE FAMILLE. LES HOLODONTIENS (1).

CARACTÈRES ESSENTIELS. *Serpents ayant des dents lisses ou crochets sans cannelures, de diverses force et longueur aux deux mâchoires, au palais et particuliérement sur les os incisifs ou intermaxillaires antérieurs (2).*

Ce sont des Serpents chez lesquels les dents se trouvent enchassées dans tous les os de la bouche et plus particulièrement, ce qui ne s'observe dans aucune autre espèce, sur les pièces antérieures du museau, c'est-à-dire dans les os qui occupent l'intervalle compris entre les bords ou les extrémités antérieures des pièces qui sont les véritables mâchoires supérieures, ou les sus-maxillaires.

Cette famille dont l'histoire complète est contenue dans le tome VIe depuis la page 358 à 460 , ne comprenait que les

---

(1). Ce nom est composé des deux mots Ὄλος complet, *totus, cunctus* et de Ὀδοῦς dent.

(2). Voir la copie des têtes osseuses que nous avons donnée dans le prodrome cité pl. 1 , fig. 3 à 8, et que nous reproduisons dans l'atlas du présent ouvrage.

Pythoniens, comme une sous-famille que nous avions cependant désignée sous le nom de Pythonides ; mais nous y avons apporté quelques changements que nous allons indiquer ; ainsi nous y avons réuni les Erycides ; parce que les dents intermaxillaires sont distinctes comme dans les Pythonides.

Maintenant ces *Holodontiens* sont divisés en deux groupes, suivant 1° que les espèces, et par suite les genres, offrent une queue enroulante ou préhensile à l'aide de laquelle ils s'accrochent aux branches et 2° suivant que cette queue ne peut s'enrouler et que les espèces sont terrestres.

Nous jugeons inutile de présenter un tableau analytique des genres compris dans cette famille, celui que nous avons fait insérer à la page 577 du volume précédent pouvant servir à la détermination, avec les légers changements ou les additions que nous allons indiquer : d'abord, en joignant les Tortricides aux Pythonides, quoique leurs habitudes soient différentes, d'après les mouvements des os de la queue qui peut s'enrouler chez les uns, mais non chez les autres ; mais ces Serpents restent rapprochés par la présence des crochets implantés dans les os intermaxillaires.

Nous réunissons six genres dans cette famille des Holodontiens, dont quatre sont compris dans le groupe des *Pythonides* qui ont le museau épais, tronqué en avant, la queue préhensile, plus ou moins allongée et des fossettes ou des enfoncements sur l'une ou sur les deux lèvres, et qui offrent de plus, sur les bords du cloaque, deux crochets ou ergots, sorte de pointes raides, osseuses, revêtues d'un étui de corne qui servent à ces Serpents comme des rudiments de pattes ou des crocs pour les aider dans l'action de grimper.

Quatre genres sont inscrits dans cette division, dont l'histoire complète a été publiée dans le volume précédent.

G. I. Morélie de Gray qui n'a de plaques que sur le bout du museau.

1. M. *argus* de la Nouvelle-Hollande. T. VI, p. 385.

G. II. Python dont les plaques sus-craniennes s'étendent au-delà du front.

1. P. *de Séba* d'Afrique. p. 400. Figuré dans l'atlas pl 61.

2. P. *de Natal* (Smith). *Hortulia* de Gray , p. 409.

3. P. *Royal.* p. 412. Du Sénégal.

4. P. *Molure* de Gray. *Bivittatus* de Schlegel. p. 417.

5. P. *réticulé* de Gray. *Schneiderii* Schlegel. p. 426.

G. III. LIASIS. Fossettes labiales peu profondes ; plaques sus-crâniennes ne dépassant pas les orbites.

1. L. *Améthyste*. Gray. T. VI , p. 433. D'Amboine.

2. L. *de Children.* Gray. p, 438. Du musée Britannique.

3. L. *de Macklot.* p. 440: De Timor et de Samao.

4. L. *Olivâtre.* Gray. T. VI , p. 442. Nouvelle-Hollande.

G. IV, NARDOA. Gray. *Bothrochilus* Fitzinger. Fossettes à la lèvre inférieure seulement.

1. N. *de Gilbert.* T. VI , p. 446. De l'Australie.

2. N. *de Schlegel.* *Tortrix boa* de Schlegel. Nouvelle-Hollande.

Le groupe des *Tortricides* comprend des espèces qui vivent sur des terrains mobiles , sablonneux , dans l'intérieur desquels ils peuvent vivre cachés ; quelques-uns ont encore des vestiges des membres postérieurs ; mais leur queue est extrêmement courte et non préhensile ou accrochante. Nous avions rangé le premier des genres de ce groupe dans une famille à part sous le nom de Fouisseurs. T. VI , p. 581.

G. V. ROULEAU. *Tortrix.* Tête confondue avec le tronc , cylindrique comme lui, mais déprimée : queue excessivement courte, presqu'aussi grosse que le ventre,

1. R. *Scytale.* T. VI , p. 585. De l'Amérique du Sud. Brésil,

G. VI. XÉNOPELTIS. Reinwardt , Isis 1827. Deux écussons au milieu du vertex ; les Gastrostèges à six pans. Nous n'avions pas inscrit ce genre dans le sixième volume ; mais depuis nous en avons reçu deux individus et nous nous sommes assurés qu'ils se rapprochaient davantage du genre Rouleau que de celui du Cylindrophis décrit dans la famille suivante après celui de l'Eryx.

1. X. *unicolor.* M, Schlegel l'a décrit T. II , p. 20 , comme une espèce de Tortrix. Mais il avait cru qu'il y avait deux espèces. Nous regardons l'individu qu'il a nommé tête blanche *Leucocéphale*, d'après M. Reinwardt , Isis 1827 , p. 564 , comme une variété. Il a donné la figure de la tête pl, 1, fig. 8 à 10.

Wagler, dans son système des Amphibies, p. 194 , G. 93 , a donné ainsi l'étymologie (1) du genre de Reinwardt. C'est un Serpent de Java et

_____

(1). Ξενος Singulier, *Inusitatus* et de Πελτη bouclier *Clypeus* à cause du grand écusson ou de la plaque impaire qui se trouve placée entre les occipitales.

de Sumatra. M. Guérin a figuré la tête d'après un individu du muséum de
Paris, pl. 21, fig. 3 du Règne animal de Cuvier. La description donnée
complètement par M. Schlegel doit suffire. Nous ajouterons cependant,
d'après nos exemplaires, que les yeux sont latéraux, petits, à pupile ronde;
que la quatrième plaque sus-labiale touche à l'œil ; que les écailles
du tronc sont distribuées sur cinq rangées ; qu'elles sont lisses et à six pans.
La queue forme, au plus en longueur, le huitième de celle du reste du
corps, elle est cylindrique et une forte plaque termine la partie postérieure
en l'emboîtant comme un dé.

DEUXIÈME FAMILLE. LES APROTÉRODONTIENS (1).

CARACTÈRES ESSENTIELS. *Semblables aux Pythons, dont ils
diffèrent surtout, parce que leurs os incisifs ou intermaxillaires antérieurs ne sont pas garnis de crochets ou de dents.*

Nous les avions décrits tome VI, page 450, comme formant
une sous-famille, partagée elle-même en deux autres tribus,
suivant que leur queue peut se recourber sur elle-même pour
que le Serpent puisse l'employer comme un crochet qui sert à
le faire se suspendre ou que cette queue n'est pas enroulante,
et nous avons laissé à chacune le nom du chef de la tribu.
Ce sont, d'après les genres, les ERYCIDES et les BOEIDES.

Les ERYCIDES, (tome VI, page 451,) se rapprochent des
Rouleaux ou *Tortrix*, du groupe précédent, parce que leur
queue n'est pas préhensile. Cependant, ce ne sont pas des
Serpents fouisseurs, quoiqu'ils puissent s'enfoncer dans les
sables en raison de la forme particulière de leur museau et du
développement remarquable de l'os intermaxillaire antérieur
qui est unique ou impair, ce qui donne à la portion la plus
avancée de la face la fonction d'un boutoir solide sur lequel
peuvent s'arcbouter les os du nez qui sont aussi trés-dévé-
loppés. Il n'y a, au reste, que deux genres inscrits dans cette
division.

_____

(1) De ΄A privatif, sans, *sine* Πρότερον en avant, *ante* et de οδ´οντος
dents; qui n'ont pas de de dents en avant ou dans les os intermaxillaires
comme les précédents.

G. I. Eryx. T. VI, p. 454. Tête couverte d'écailles , excepté sur le bout du museau ; toute l'écaillure du dos et de la queue est formée de plaques carénées ou tectiformes. Les urostèges en rang simple.

1. E. *de John.* T. VI, p. 458, du Malabar; côte de Coromandel.

2 E. *Javelot. Jaculus.* p. 463 , du midi de l'Europe , de l'Asie et de l'Afrique.

3. E. *De la Thébaïde.* p. 468. d'Egypte.

4. E. *Queue conique. Conicus.* p. 470. Malabar, Pondichéry, Bengale.

G. II. Cylindrophis. (Wagler). Semblables aux Rouleaux (*Tortrix*); mais pas de dents intermaxillaires. Voilà pourquoi nous ne les avons pas laissés parmi les Holodontiens. Leur histoire se trouve consignée dans le tome VI , page 590.

1. C. *Dos noir. Melanota.* (Wagler*).* Schlegel. pl. 33. Célébes.

2. C. *Roussâtre. Rufus.* p. 593. Java, Bengale.

3. C. *Tacheté. Maculatus.* p. 597. Ceylan.

Les boæides, T, VI, p.377, ont la queue enroulante, et ressemblent en cela aux Pythons ; mais ils n'ont pas comme eux des crochets osseux ou des rudiments de pattes sur la marge de leur cloaque, ni les dents inci- sives , mieux nommées intermaxillaires antérieures. Dix genres sont in- scrits dans ce groupe naturel, qui peut être encore partagé en deux grandes sections , car chez les uns, les écailles sont carénées ou portent une petite crête saillante, tandis que l'écaillure est lisse chez les autres.

A la première section se rapporteraient quatre genres.

G. III. Enygre (Wagler) qui ont la tête revêtue d'un pavé d'écailles ou de petites squames irrégulières. Pas de fossettes aux lèvres ; dos et flancs garnis d'écailles carénées. t. VI, p. 476.

1. E. *Caréné* (Wagler) de Java, d'Amboine, p. 479.

2. E. *de Bibron.* p. 483. Hombron et Jacquinot. Océanie.

G. IV. Leptoboa. p. 485. Des plaques symétriques sur le museau ; pas de fossettes labiales.

1. L. *de Dussumier.* p. 486. Ile ronde , près celle Maurice.

G. V. Tropidophide. T. 6 , p. 488. Les plaques sus-craniennes symé- triques jusqu'auprès de l'occiput.

1. T. *Mélanure.* p. 491. Ile de Cuba. MM. Ricord, Ramon de la Sagra.

2. T. *Tacheté. Maculatus.* p. 494 , de Cuba.

G. VI. Platygastre. Nobis. *Urolepis* de Fitzinger. De grandes plaques sus-craniennes jusqu'au dessus de l'occiput, narines au milieu d'une plaque. p. 496. Ce genre a beaucoup de rapports avec celui nommé Xéno- peltis.

1. **P.** *Multicaréné.* Ecailles du dos hexagones, à trois carènes. Nouvelle Hollande.

Les genres dont les écailles sont lisses sont au nombre de six.

G. VII. BOA t. VI, p. 500. Leur tête est revêtue d'écailles et non de plaques, et ils n'ont pas de fossettes labiales.

1. **B.** *Constricteur.* p. 507. Amér. méridionale.

2. **D.** *Prédiseur. Diviniloqua.* p. 513. Des Antilles.

3. **B.** *Empereur.* p. 519. Du Méxique.

4. **B.** *Chevalier. Eques.* p. 521. Du Pérou. Eydoux, Souleyet.

G. VIII. PÉLOPHILE. *Pelophilus.* Ecailles lisses; pas de fossettes labiales; des plaques sur le devant de la tête, des écailles derrière.

1. **P.** *De Madagascar.* T. VI, p. 524. M. Bernier.

G. IX. EUNECTE (Wagler.) Ecailles lisses; pas d'excavations sur les lèvres; crâne recouvert de plaques irrégulières; narines s'ouvrant entre trois plaques et pouvant se clore hermétiquement. t. VI, p. 527.

1. **E.** *Rativore. Murinus.* De Surinam. Cayenne.

G. X. XIPHOSOME (Wagler.) T. VI. p. 536. Corps très-comprimé; des fossettes labiales; des plaques symétriques sur le museau seulement; ventre plus étroit et moins long que le dos.

1. **X.** *Canin. Caninum.* Surinam, Cayenne, Rio-de-Janeiro.

2. **X.** *Parterre. Hortulanum.* p. 545. Guyane.

3. **X.** *De Madagascar.* p. 549. M. Sganzin.

G. XI. EPICRATE (Wagler.) Tous les caractères des Xiphosomes, mais des plaques nombreuses en avant du museau. T. VI. p. 552.

1. **E.** *Cenchris.* p. 555. Amér. mérid. Brésil.

2. **E.** *Angulifère.* p. 560. De Cuba. M. Ramon de la Sagra.

G. XII. CHILABOTHRE. Point de fossettes labiales; des plaques symétriques sur les deux premiers tiers de la tête; écailles lisses, t. VI, p. 562.

1. **C.** *Inorné.* De la Jamaïque.

Ici, se termine la partie descriptive du sixième volume de l'Erpétologie générale dont nous venons de présenter l'analyse; c'est un simple extrait qui devenait nécessaire pour donner une idée exacte de l'ensemble de nos travaux. Nous allons maintenant étudier les familles suivantes, dans l'ordre indiqué par ces premières pages. (Voir le tableau synoptique. page 25) et continuer ainsi cette étude par celle de la troisième famille des Aglyphodontes.

SUITE DU CHAPITRE V.

DEUXIÈME SOUS-ORDRE.   AGLYPHODONTES.

IIIᵉ FAMILLE. LES ACROCHORDIENS.

CARACTÈRES ESSENTIELS. *Le corps revêtu de tubercules gra-*
nulés, enchâssés ou sertis dans la peau, même sur le vertex qui
n'a pas de plaques symétriques paires ou impaires ; le dessous
de la gorge sans grandes écailles, mais recouvert de tubercules
plus petits.

Ces caractères suffisent, parce que cette petite famille, qui
a quelques affinités par la forme générale et les habitudes
avec celle des Boas ou des Aprotérodontes, ne réunit cependant jusqu'ici que trois genres et même que trois espèces bien
distinctes qui n'ont entr'elles de rapports réels que ceux exprimés dans les caractères généraux indiqués ci-dessus et surtout
par les tubercules des téguments.

Ces trois genres diffèrent d'ailleurs en ce que l'un d'eux a
le dessous du ventre couvert de grandes plaques transversales
ou de gastrotèges larges, telles qu'on les voit dans la plupart
des Ophidiens ; et, comme les tubercules offrent des saillies
distribuées par lignes longitudinales, semblables à celles de
quelques genres de Sauriens et jamais dans les Serpents, on
a nommé ce singulier Reptile le Xénoderme. C'est un genre
tout à fait anormal par ses téguments. En outre, et par opposition à ce qui existe dans les deux genres suivants, il faut
noter que ce Serpent a la queue très-longue, puisqu'elle dépasse de près d'un quart l'étendue du reste du tronc.

Quoique dans ce premier genre, presque toute la peau soit
couverte de petites verrues, rangées en apparence par lignes

obliques et régulières, distribuées en quinconces, jamais les deux autres genres, ceux qui nous restent à étudier, n'ont le dessous du tronc recouvert de véritables gastrostèges ou de grandes écailles larges, transversales; on ne voit là que des tubercules semblables à ceux qui garnissent les flancs; seulement ils sont un peu plus petits. Chez eux aussi, la queue est proportionnellement très-courte; car elle atteint, à peine, le dixième de la longueur du tronc.

Dans l'un de ces genres, celui des *Acrochordes*, serpents qui se trouvent habituellement sur la terre ou hors de l'eau, le ventre est applati; la queue, relativement au tronc, est très-courte, arrondie ou presque trigone et tronquée et peut se recourber en dessous. Le ventre est plat, quoique présentant une légère saillie correspondant à la série des tubercules, qui se joignent deux à deux par une sorte de suture.

Chez les *Chersydres*, qui vivent habituellement dans l'eau, le corps est comprimé de droite à gauche, le dos convexe et très-épais, relativement aux côtés et surtout au ventre, qui est étroit, en ligne saillante, comme une lame de couteau, ou courbé en faucille concave, ainsi que la queue qui se recourbe en dessous.

Le principal caractère des *Xénodermes* réside dans la grande étendue de la queue, qui est garnie, ainsi que le ventre, de grandes plaques; les urostèges distribuées sur deux rangées.

Ces trois genres, très-distincts, renferment les seules espèces que nous puissions jusqu'ici rapporter à cette famille. Leurs descriptions devant être très-détaillées, il nous suffira de dire que tous ces Serpents ont été recueillis dans les Indes, à Java, à Sumatra. Comme notre musée les possède tous, nous avons pu vérifier, sur les objets mêmes, les détails qui nous ont été transmis par trois auteurs principaux, dont deux, en particulier, ont pu observer ces Serpents dans l'état frais ou lorsqu'ils venaient d'être recueillis.

Voici, d'ailleurs, leurs caractères essentiels, tels qu'ils se manifestent par l'analyse ou l'observation comparée.

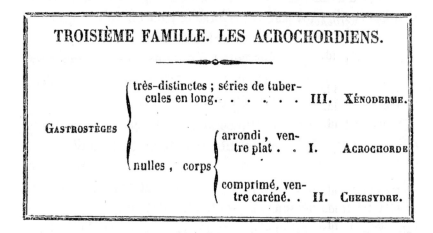

TROISIÈME FAMILLE. LES ACROCHORDIENS.

GASTROSTÈGES {
  très-distinctes ; séries de tubercules en long. . . . . . . III. XÉNODERME.
  nulles , corps {
    arrondi , ventre plat . . I. ACROCHORDE
    comprimé, ventre caréné. . II. CHERSYDRE.
}

Ier GENRE.　ACROCHORDE (1). — *ACROCHOR-DUS*. (Hornstedt).

CARACTÈRES : *Corps arrondi, légèrement comprimé, couvert de tubercules saillants, enchâssés dans l'épaisseur de la peau; ventre plat, sans gastrostèges distinctes.*

Comme il n'y a dans ce genre qu'une seule espèce; qu'elle a été décrite pour la première fois par HORNSTEDT et que cette description est parfaite, nous en copions la traduction, car c'est d'après ce premier observateur que la plupart des auteurs en ont parlé, en reproduisant la figure assez exacte qui se trouve dans les actes de l'Académie des Sciences de Stockholm, en 1787. Nous avons l'intention d'extraire aussi les observations importantes que M. CANTOR, médecin anglais attaché au service médical du Bengale, a fait connaître en 1847, en publiant dans le journal de la Société Asiatique,

(1). Du mot grec qui signifie une verrue, un tubercule Ἀκροχορδὼν.

à Calcuta, le savant catalogue des Reptiles qui se rencontrent dans la péninsule de Malacca et les îles environnantes.

Voici d'avance la synonymie de la seule espèce décrite.

1787. *Acrochordus Javanicus*. Hornstedt. Actes de l'Académie de Stockholm. p. 306.

1789.   id.   Lacépéde. Quad. Ovip. Serpents. T. II, p. 472. fig. copiée.

1798.   id.   Donndorf. Zool. Beitr. III, p. 223.

1801.   id.   Latreille. Rept. T. IV, p. 229.

1801.   id.   Schneider. Hist. nat. Amphib. fasc. II, p. 344. *Anguis granulatus vel Acrochordus*.

1802.   id.   *dubius*. Shaw. Gen. Zool. T. III, p. 2. pag. 575. fig. 128.

1803.   id.   Daudin. Rept. T. VII, p. 388.

1811.   id.   Oppel. Rept. p. 61.

1825.   id.   Gray. Ann. Phil. X. p. 207. Cat. coll. British Mus. 1849.

        id.   Merrem. Tent. Syst. Amph. p. 81.

1827.   id. ·   Boie. Isis. p. 511.

1829.   id.   Cuvier. Rég. anim. T. II, p. 72.

1837.   id.   Schlegel. Phys. Serp. T. II, p. 424.

1844.   id.   idem.   Abbildungen 55. T. XVII. fig. 12-14.

1847.   id.   Cantor. Cat. of Rept. Malayan. p. 58.

Voici la traduction que le journal de l'abbé Rozier a donnée en 1788, tome XXII, avril, pag. 284. — Description d'un nouveau Serpent de l'île de Java, extraite des actes de l'Académie des Sciences de Stockholm, 1787, page 506. par M. Claude-Fréd. Hornstedt, doct. méd.

« Pendant mon séjour à Java, en 1783 et 1784, j'eus le plaisir, dans un voyage de Bantom, de découvrir un des plus grands Serpents qui se trouvent dans les Indes et qui, jusqu'ici, s'est dérobé à l'observation des Naturalistes attentifs. Il fut trouvé dans une vaste forêt de Poivriers, près de Sangasan. Un Chinois de notre compagnie le transportait vivant à Batavia, le tenant par la tête avec une canne de bambou, dont l'extrémité était fendue. Comme il était trop grand pour être conservé dans l'esprit de vin, je le fis écorcher ; la chair

3.*

fut taillée en pièces par les Chinois présents, qui la firent
bouillir et frire, ce qui fut pour eux un mets exquis. La
peau fut mise dans l'arak et elle est déposée dans le cabinet
d'Histoire naturelle du roi de Suède.

» En ouvrant ce serpent, on trouva, *outre une quantité de
fruits non digérés*, cinq petits, chacun de neuf pouces de
longueur, qui probablement étaient la cause du gros ventre
de celui-ci, qui était une femelle. Quoique cet animal eût
toutes les apparences des autres serpents ordinaires, il me
parut néanmoins d'abord fort singulier, lorsque je trouvai
que non-seulement il lui manquait les écailles (*Scuta et
Squamœ)* sous le ventre et la queue, qui sont les seuls instruments dont ce genre nu a été pourvu par la nature pour se
transporter avec assez de vitesse d'un endroit à un autre et
qui font le caractère entre les genres des Serpents décrits
jusqu'ici. Je trouvai aussi qu'il lui manquait les anneaux et
plis *(Annuli et Rugœ)* qui distinguent les deux derniers genres de Serpents dans le système de Linné. Au lieu que d'autres Serpents ont une peau unie, celui-ci était surtout couvert de tubercules qui étaient raboteux et couvraient tant la
partie supérieure que l'inférieure. Voilà pourquoi il ne peut
être rapporté à quelqu'un des genres connus; mais il fait un
nouveau genre que je nomme Acrochordus, dont je donne la
description.

Acrochordus. *Verrucœ trunci caudœque. Javanicus.* (Pl. I.)
Caput. *Truncatum, depressum, squamatum.*
Maxillæ *œquales : Superior subtus emarginata, inferior adunca.*
Oculi *ante medium capitis, laterales. Iris livida.*
Nares *circulares, parvœ, proximœ supra apicem rostri.*
Rictus *oris, respectu corporis, parvus.*
Dentes *lethiferi nulli. Denticuli in utraque maxillâ subulati, acu-
    tissimi, reversi.*
Ossicula *duo in palato longitudinalia, denticulis minutissimis.*
Lingua *crassa, cylindrica, gulœ annexa. Setœ duœ accuminatœ
    flexiles nigrœ sub linguâ prodeunt.*

CORPUS *verrucosum, (absque scutis, squamis, annulis et rugis).,
juxta caudam crassissimum, ab ano versus caput attenuatum.*

CAUDA *teres, angustissima, apice truncata. Apertura ani parva.*

VERRUCÆ *scabræ, latere anteriori tri-carinatæ corpus totum et caudam tegunt.*

MAGNITUDO. *Longitudo corporis ped. suec. 8; caudæ ped. 1. crassi-
ties colli, maxima polli. 1 ; cauda, ad basim, polli. 1 1/2 versus
apicem, digiti minimi.*

COLOR. *Supernè, corpus nigrum, infernè, albidum, latera albida
maculis nigris.*

LOCUS. *In systemate Linnœi antè amphisbœnœ genus* (1).

Nous ajoutons ici les observations plus récentes qui se
trouvent consignées dans le catalogue cité plus haut, de M.
Cantor.

Comme l'auteur fait une famille à part des *Boïdœ* du Prince
Ch. Bonaparte, qu'il distribue en trois groupes, les fouisseurs, les terrestres et les aquatiques, c'est parmi ces derniers qu'il range l'Acrochorde et il le caractérise ainsi :
Narines verticales, yeux entourés d'un anneau de petites
écailles ; corps comprimé, allant en diminuant vers chaque
extrémité ; queue également diminuant et comprimée, toutes
les écailles petites, trifides, fortement carénées.

Il est évident que l'auteur, désirant faire entrer comme
sous-genre l'espèce qui est l'*Acrochordus granulatus*, le
Chersydrus fasciatus de Cuvier, a indiqué comme caractère le
tronc et la queue comprimés. Nous nous sommes assurés sur
plusieurs exemplaires d'âges divers, que ces parties sont
arrondies comme nous l'avons indiqué, et que l'espèce, dite
de Java, est bien terrestre.

Mais voici d'autres détails auxquels nous attachons un
grand prix : La couleur du tronc est, en dessus, d'un brun
sombre, presque noir, avec des bandes noires, ondulées dans
le jeune âge, — plus tard et chez les vieux individus, les

· (1) .Le pied Suédois comprend à peu près onze pouces du pied Français,
note des rédacteurs.

flancs portent des taches brunes ou noires bien distinctes.
La langue nous a paru noire et non blanche. Une femelle,
prise sur la grande montagne (Great Hill) à Pinang, et loin
de l'eau, avait de longueur 5 p. 5. 1/2 anglais, et sa circonférence, dans le point le plus volumineux du tronc, un pied.

Malgré le volume du ventre, le serpent se déplaçait sans
difficulté, mais lentement : il préférait le repos, et ne cher-
chait à mordre que quand on le touchait; quelquefois, et sous
l'influence de la lumière, il manquait son but. Peu de temps
après qu'il avait été capturé, on remarqua que les côtes des
régions postérieures étaient saillantes, que le reste du corps
restait immobile, et dans l'espace de 25 minutes environ, il
donna successivement naissance à 27 jeunes, et après la sortie de chacun d'eux, il s'échappait du cloaque de la mère une
sérosité sanguinolente. A deux exceptions près, tous les fœtus
sortirent la tête la première; ils étaient très-actifs et cher-
chaient déjà à mordre. Leurs dents étaient fort développées,
et peu de temps après leur naissance, leur épiderme se dé-
tacha par grands lambeaux, ce qui arrive, dit M. Cantor,
aux fœtus de divers Homalopsis.

Ces jeunes Acrochordes furent placés dans l'eau, ce qui parut leur déplaire, car ils cherchèrent aussitôt à en sortir. Ils
avaient presque tous quarante-huit centimètres de longueur.

Les Malais de Pinang assurent que cette espèce est très-
rare. Durant un séjour de 20 années à Singapoure, le docteur Montgomerie ne l'a observée qu'une seule fois.

La physionomie de cet Acrochorde est d'une ressemblance
frappante avec celle des chiens de la race pure des boule-
dogues. Le nom malais de cette espèce est *u'lar Karong*,
ou *u'lar laut*.

Telle est la description de M. Cantor; on voit qu'elle est
en rapport avec celle de M. Hornstedt, mais plus complète.

Nous avons dans la collection du musée plusieurs individus
dont l'un, le plus ancien, vu par M. de Lacépède, consistait

en une peau que l'on a bourrée depuis; mais comme cette dépouille avait été altérée, on y avait remplacé les lambeaux qui manquaient par des morceaux de peau de chien de mer, de même teinte brune.

Un très-grand individu de plus d'un mètre et demi de longueur, certainement adulte, est très-bien conservé dans l'alcool. Son dos est noir, les côtés gris-sale, tachetés irrégulièrement de noir, le ventre pâle. La mâchoire supérieure est profondément échancrée au museau et l'inférieure, dont les branches sont bien séparées, offre, dans la région antérieure, un tubercule solide, destiné à fermer l'orifice qui serait resté béant en haut par la forte échancrure du museau. Les tubercules présentent une ligne saillante sur un promontoire entouré de beaucoup d'aspérités régulièrement distribuées en cercle.

Un individu plus jeune offre tout-à-fait les mêmes particularités, excepté que les tubercules sont moins saillants. Tous ces individus proviennent de Java. Plusieurs ont été rapportés par M. Leschenault.

Voici quelques notes particulières que nous ajouterons à celles qui précèdent. La tête est plus longue que large, et cependant elle est plus grosse que le cou; les narines sont tout-à-fait en avant sur le museau, qui est comme tronqué; les bords des lèvres portent des plaques et non des tubercules, dont celles du bas sont plus petites. Les yeux sont petits, entourés de granulations plus grêles; la queue, beaucoup plus étroite à sa base que le tronc, finit en pointe hérissée de tubercules.

Dans quelques individus mieux conservés, tout le fond de la peau est d'une teinte jaune, avec des lignes parallèles d'un brun noirâtre; mais elles ne se suivent pas dans toute la longueur. La queue porte de petites taches transversales à partir du milieu. On voit, derrière l'œil, un trait d'un brun foncé qui se dirige obliquement vers la commissure des mâchoires en arrière. On remarque aussi chez les jeunes individus quelques marbrures noirâtres sur le ventre.

L'article que Schneider a consacré à la description de cette espèce est évidemment extrait de celle de Hornstedt et de Shaw qui a vu un individu de trois pieds déposé au Musée britannique et dont il a donné une seconde figure gravée, bien meilleure que celle copiée et altérée d'après la planche de Hornstedt et du journal de l'abbé Rosier.

Nous avons eu soin de souligner dans la traduction de la notice de Hornstedt la quantité de fruits, non encore digérés. Nous ne connaissons pas un seul Serpent qui se nourrisse de fruits ou de matières végétales, comme on sait que le font plusieurs Iguaniens, ainsi que nous en avons acquis la certitude dans la ménagerie des Reptiles confiée à nos soins.

IIe GENRE. CHERSYDRE. — *CHERSYDRUS* (1).
(Cuvier).

CARACTÈRES. *Corps très-notablement comprimé; dos convexe et ventre formant une tranche saillante sans gastrostèges. Tout le dessus de la peau et de la tête couvert de tubercules enchâssés.*

Quoique ce genre ne comprenne réellement qu'une seule espèce, qui a été décrite sous deux noms divers, il est toutà-fait distinct des deux autres que nous avons rangés dans la même famille, parce qu'il en diffère essentiellement par les habitudes ou les mœurs aquatiques qui sont, comme on doit le penser, tout-à-fait en rapport avec la conformation générale.

Décrit d'abord comme analogue aux Orvets, par Schneider,

(1). C'est le nom grec, à ce qu'il paraît, du *Tropidonotus Natrix* χέρσυδρος qui, quoique terrestre, va dans l'eau.

à cause de la régularité des écailles, sous le nom d'*Anguis granulatus vel Acrochordus*, d'après un individu du musée d'Houttuyn, cet auteur l'a mieux fait connaître dans la description parfaite qu'il a donnée du même Serpent observé dans la collection de Lampi, en l'inscrivant dans le genre *Hydrus* sous le nom spécifique de *granulatus* (Fasc. II, p. 245, n° IV), et que nous traduirons ici tant elle est exacte. L'auteur ayant eu occasion de voir ensuite la peau parfaitement conservée avec la tête et la queue provenant d'un Serpent des Indes envoyée à Bloch par le missionnaire John, a reconnu une espèce nouvelle, mais il est probable que c'était la dépouille de l'Acrochorde douteux.

Cuvier, trompé par le rapport verbal que lui avait fait le voyageur Leschenault sur ce Serpent qu'il regardait comme venimeux, l'a considéré comme très-voisin du *Fasciatus* de Shaw, lequel est, en effet, la même espèce.

M. Cantor, qui a vu et décrit très savamment ce Chersydre a levé toutes les difficultés à cet égard. Comme ce dernier auteur nous a procuré tous les renseignements désirables, nous profiterons de sa notice pour faire connaître complètement ce Serpent, en y ajoutant ce que nous avons observé nous-mêmes d'après les individus que renferme notre Musée national.

1. CHERSYDRE A BANDES. *Chersydrus fasciatus.* (Cuvier).

CARACTÈRES. *Corps partagé par des bandes brunâtres, transversales, incomplètes ou irrégulières à la partie moyenne du dos où quelques-unes se bifurquent ; les espaces remplis par des bandes jaunes plus larges en dessous ; le dessus de la tête brun, tacheté et piqueté de jaune. La queue comprimée et repliée en dessous.*

SYNONYMIE.

1799. *Hydrus granulatus.* SCHNEIDER. Hist. nat. Amphib. fasc. I, pag. 245.

1802. *Acrochordus fasciatus.* SHAW. Gen. zool. T. III. p. 11. pag. 576. p. 130.

    Pelamis granulatus. DAUDIN. Rept. serp. vol. VIII. p. 370.

1829. *Chersydrus fasciatus.* CUVIER. Règne animal. T. II. p. 98.

1830. *Chersydrus granulatus.* WAGLER. Syst. amph. p. 168. gen. 13.

1820. *Chersydrus granulatus.* MERREM. Syst. amphib. p. 138. n° 50.

1825. *Chersydræus.* GRAY. Ann. phil. pag. 207.

1837. *Acrochordoïde.* SCHLEGEL. Phys. serp. T. II. pag. 429.

1849. *Acrochordus granulatus.* CANTOR. Cat. of Rept. Malayan. p. 59.

Voici d'abord la traduction de l'article de Schneider cité, sur l'Hydre granulé :

« Corps couleur de suie, rude au toucher, entouré de bandes blanches, plus larges sur le ventre. Notre exemplaire provenant du musée de Lampia de petites squammes qui ne sont pas entuilées, mais comme de petites pièces distinctes, arrondies, dont la carène devient d'autant plus saillante qu'elles se rapprochent plus du ventre ; ce qui rend le milieu du ventre et de la queue plus saillant en dessous et y produit l'effet d'une suture ; la tête, plate en dessus, est large et recouverte en dessus et en dessous de petites squammes ; le museau est comme tronqué ; la mâchoire supérieure est échancrée en avant ; l'inférieure, un peu plus courte et plus large, présente au milieu une saillie qui peut remplir le vide de la supérieure ; les branches osseuses de cette mâchoire inférieure sont retenues par une membrane lâche, de manière que cette mâchoire peut beaucoup plus se dilater ou s'élargir que chez d'autres serpents. Les yeux sont petits, pas plus grands que les orifices des narines et placés au-dessus et en avant du museau sur la même ligne ; les dents des deux mâchoires sont semblables. L'auteur dit que la langue lui a paru entière et non divisée ; le corps, plus mince en avant, augmente de dimension vers le milieu ; puis ensuite, il diminue de grosseur vers la queue ; il est comprimé et se termine en lame de couteau, la partie supérieure étant plus épaisse. La longueur totale du corps était de plus de deux pieds, la queue n'avait guère que deux pouces et demi d'étendue. »

» Cette espèce est voisine de l'Acrochorde d'Hornstedt. »

Nous extrayons également du Catalogue des Reptiles de M. Cantor les détails qui suivent. Après avoir donné la synonymie, il ajoute : « Noir, avec des taches alternes transversales, ovalo-lancéolées, situées de chaque côté; tête tachetée de blanc; queue avec des taches blanches, rondes. » Il indique les particularités offertes par les divers individus de la collection du British muséum. 1re variété, presqu'adulte. Noir, avec de petites bandes blanches étroites, de chaque côté. De l'Inde : c'est celle qui a été figurée par Shaw, pl. 150. La seconde variété est noire, mais avec la carène ventrale blanche. Quelques petites bandes blanches, étroites, sur les côtés des régions inférieures.

L'auteur regarde ensuite comme une espèce distincte qu'il nomme *annelée*, celle que M. Gray a décrite comme une variété, p. 63 de ses Zool. miscell. Elle est noire, avec de larges anneaux jaunes, interrompus sur le dos; beaucoup de taches jaunes sur la tête; la queue annelée de jaune.

(C'est justement celle dont notre musée possède plusieurs exemplaires).

Ce Serpent se recueille dans les rivières et sur le bord de la mer, dans la presqu'île de Malacca, dans les îles voisines, la baie de Manille, Nouvelle Guinée, Timor, Java, Sumatra, côte de Coromandel.

La taille ne paraît pas dépasser trois pieds; le corps est moins gros et la peau moins lâche que dans l'Acrochorde de Java, il est plus comprimé, surtout vers la queue, qui est en forme d'épée ou d'aviron semblable à celle des Serpents de mer venimeux (nos Protérodontes Platycerques), ce qui est la preuve du genre de vie aquatique.

Les écailles ou tubercules ressemblent aussi à celles de l'Acrochorde; celles du dos sont un peu plus grandes, en forme de rhombe arrondi; chacune d'elles porte une petite saillie au centre. La peau entre ces écailles est fine et ridée. Celles

de l'abdomen sont pointues et cette pointe centrale est oblique. La ligne médiane est relevée par deux ou trois rangs
d'écailles disposées en quinconce et dont les pointes se touchent
presque entre elles.

L'orbite est entouré par un anneau d'écailles un peu plus
grandes que les autres. Les narines percées sur le dessus du museau sont presque verticales et tubulaires ou pourvues d'un pli
membraneux qui peut clore hermétiquement leur ouverture.

La bouche est protégée de la même manière par une échancrure arquée et par deux protubérances latérales qui correspondent à une saillie et à deux cavités de la lèvre inférieure.

A l'exception des caractères tirés des dents, M. Cantor,
croyant que ces Chersydres sont venimeux ou qu'ils ont des
dents cannelées, les regarde, par cela même, comme distincts
de l'Acrochorde. Il a observé le grand développement du poumon qui occupe les trois quarts de la longueur de l'abdomen,
comme dans les Homalopsis. En décrivant les dents, l'auteur
ne parle pas des crochets cannelés, il remarque seulement
que les trois antérieurs sont plus courts que ceux qui suivent.
Il en compte 20 sus-maxillaires et trois ou quatre de moins à
la mâchoire inférieure ; 21 dents ptérygo-palatines.

Ce Chersydre n'est pas rare dans la mer des côtes de Malacca ; on le trouve souvent parmi les poissons pris dans les
filets, à trois ou quatre milles de distance de la côte à Pinang.

Une femelle portant six œufs avait près de trois pieds de
long et en circonférence quatre pouces. L'œuf, cylindrique,
mou, ou à coque membraneuse blanchâtre, avait un pouce et
demi de longueur ; chaque œuf contenait un petit vivant qui
avait environ 11 pouces.

Par son mode d'alimentation et par ses habitudes générales,
cette espèce ressemble, répète-t-il, aux Serpents de mer venimeux. Dans l'eau, elle est vive ; mais sur la terre et surtout à
la lumière du jour, ce Chersydre paraît aveuglé et ses mouvements sont lents et incertains.

IIIᵉ GENRE. XÉNODERME. — *XENODERMUS* (1).
(Reinhardt).

CARACTÈRES. *Corps couvert en dessus , sur les côtés et sur la tête, de tubercules enchâssés, Des gastrostèges larges , des urostèges sur un rang simple.*

XÉNODERME JAVANAIS.— *X. Javanicus* , (Reinh.)

Une seule espèce est rapportée à ce genre : elle diffère de tous les Serpents par une particularité notable des téguments, inconnue jusqu'ici dans cet ordre des Ophidiens, et qu'on n'a observée que parmi quelques Sauriens à peau granulée. Les tubercules du dos forment deux rangées latérales et sont disposés de manière que, placés sur une même ligne, ils constituent deux arêtes longitudinales qui s'étendent même sur la queue. Ces gros tubercules, dont le centre est saillant, forment ainsi une double carène, ou plutôt une petite crête de chaque côté. Sur le milieu du dos, il y a deux lignes longitudinales, très-rapprochées, de gros tubercules suivis, de deux en deux, d'un impair ; de sorte que le dos, ainsi que la queue, est saillant sur la ligne médiane et sur les côtés.

M. Gray, qui a adopté ce genre dans le catalogue des Serpents du musée Britannique publié en 1849, donne la synonymie suivante :

1836. Reinhardt, Oversigten over, Videnskabernes Selskabs Forhandlinger, Xenodermus Javanicus.
1837. Wiegmann. Archiv. III , p. 136.
1843. Kongelige Danske, V. Sels. X , p. 257 ; tabl. II , fig. 1 à 8.

(1). De ξένος étrange, étranger , et de δέρμα peau.

1846. Gray. *Gonionotus plumbeus*. In Stokes's Australia, Appendix
          5 , tab. 4.

1849. Gray. Catal. of Snakes. p. 81, n° 38. *Xenodermus*.

La tête est ovale , déprimée, sub-cordiforme, couverte de
très-petits tubercules granuleux; on voit deux paires de petites plaques en arrière de la rostrale qui est triangulaire,
échancrée en dessous; les narines un peu concaves, situées
au milieu d'une seule plaque assez grande, offrent une petite
fente en arrière. Le bord des lèvres est garni de tubercules un
peu plus grands que ceux qui les avoisinent. Quelques-uns
paraissent concaves ou avoir leur centre légèrement enfoncé.

Les yeux sont grands, beaucoup plus convexes que chez la
plupart des Serpents, la pupille nous a paru arrondie.

L'ensemble du corps, quoique rond en dessous, paraît en
dessus un peu plus plat, parce que les deux arêtes saillantes
cachent la région moyenne qui, par cela même, semble plate
ou même enfoncée. D'un autre coté , les flancs paraissent
comprimés, de sorte que le diamètre transversal decroît jusqu'aux gastrostèges, qui, elles-mêmes, sont convexes et
contrastent ainsi par leur courbure régulière avec le bord des
flancs où il faut remarquer que les tubercules vont en grossissant , les plus inférieurs ayant le double de la grosseur de
ceux qui suivent les lignes saillantes du dos , et leur carène
est aussi plus marquée.

La queue est très-longue et va continuellement, dès sa base,
en diminuant peu à peu de diamètre , pour se terminer en
pointe aiguë et prolongée. Il est remarquable, comme nous
l'avons noté, que les urostèges sont simplement diminuées
graduellement, il en résulte que les dernières ne sont plus
distinctes.

M. Reinhardt, d'après lequel M. Gray a pu le répéter, dit
que dans l'état de vie, ce Xénoderme est en dessus d'un bleu
grisâtre et que le ventre, ainsi que les flancs sont blanchâtres.

L'individu que nous avons sous les yeux, conservé depuis longtemps dans l'alcool, et qui nous a été confié, est d'un brun foncé roussâtre un peu plus pâle sous le ventre. Il a environ deux pieds de longueur, la queue en constitue près du tiers.

Il nous a été prêté par M. Lischtenstein, par l'entremise de M. Laurillard ; il appartient à la collection de Berlin.

Nous n'avons aucun renseignement sur les mœurs de ce Serpent qui a été recueilli à Java. Voyez la planche 65 de l'Atlas de cet ouvrage. Elle représente l'animal entier. On a joint à cette figure des détails amplifiés, pour montrer la disposition des tubercules cutanés et des plaques de la tête.

IV.ᵉ FAMILLE. LES CALAMARIENS.

CARACTÈRES ESSENTIELS. *Corps très-grêle, arrondi et presque de même grosseur, depuis la tête jusqu'à la queue.*

Nous désignons cette famille sous le nom de l'un des
genres principaux qui s'y trouvent compris et qui a été d'a-
bord distingué comme un démembrement de celui des Couleuvres, parce que les espèces qu'on y rapporte ont toutes
le corps très-grêle, cylindrique, ou à peu près de même grosseur depuis la tête jusques et compris une grande partie de la
base de la queue ; de là le nom de *Calamaria*, tiré de la comparaison de leur diamètre à celui d'un tuyau de plume de même
grosseur dans toute son étendue, à peu près comme le corps
d'un lombric ou d'un ver de terre.

Toutes les espèces qui se trouvent réunies sous ce nom sont
terrestres. Elles aiment l'obscurité et cherchent à s'abriter
sous les pierres, ou dans des touffes de végétaux, soit sous leurs
débris, parce qu'elles sont faibles et qu'elles ne peuvent
grimper sur les branches. En outre, leur bouche étroite est
tellement exiguë, à cause de la brièveté de leurs mâchoires ;
elle est si peu armée, en raison de la faiblesse des dents ou des
crochets qui les garnissent, que tous ces petits Serpents, afin
de pourvoir à leur nourriture, sont forcés de se contenter
d'insectes, de vers, ou de mollusques de petites dimensions
en général et jamais de vertébrés.

Cette famille, ainsi que nous venons de le dire, comprend
le plus grand nombre des espèces que les auteurs qui nous
ont précédé ont, pour la plupart, placées dans le genre Calamaire, établi en 1827 par Boié l'aîné, dans l'ouvrage qui
n'a pas été publié et qui devait porter le titre d'Erpétologie de
Java. C'est à son frère Henri qu'on en doit la première men-

tion, comme nous le dirons par la suite ; il distinguait seulement ce groupe, par cette note caractéristique : Semblables aux Coronelles, mais à écailles lisses et à museau étroit.

Wagler, en 1830, adopta l'opinion de Boié, mais il assigna à ce genre des caractères plus précis, tels que : Corps longuet, rond et d'égale grosseur partout, obtus à ses deux extrémités ; queue très-courte ; écailles du dos lisses, rhomboïdales ; puis il n'indiquait que quatre des espèces inscrites par Boié.

M. Schlegel, dans son grand ouvrage sur la Physionomie des Serpents, réunit vingt-deux espèces dans ce genre. Il reprend à peu près les mêmes caractères que ceux qui avaient été énoncés par Wagler. Nous allons transcrire ici, en note (1), la liste alphabétique qu'il en a donnée, afin que nous puis-

---

(1). *Table alphabétique des espèces inscrites par M. Schlegel dans le genre Calamaria.*

1. C. *Amœna.* G. CARPOPHIS. N° 1.
2. C. *Arctiventris.* G. HOMALOSOMA. H. lutrix.
3. C. *Atrocincta.* C'est un Opisthoglyphe Homalocranion atr.
4. C. *Badia.* G. RABDOSOMA. N° 2.
5. C. *Blumii.* G. ELAPOMORPHUS. N° 6.
6. C. *Brachyorrhos.* G. LEPTOGNATHIEN, Brachyorrhos albus.
7. C. *Coronata.* Espèce dont la détermination reste encore douteuse.
8. C. *Coronella.* Homalosome (Calamarien).
9. C. *Diadema.* Protéroglyphe. Furine. N° 1.
10. C. *Elapoïdes.* Genre Elapoïdes.
11. C. *Linnœi.* Calamaire. N° 1.
12. C. *Lumbricoidea.* Calamaire. N° 12.
13. C. *Maculata.* Cal. Linnœi. var. A.
14. C. *Melanocephala.* Sténocéphalien. G. Homalocranion. N° 2.
15. C. *Multipunctata.* Cal. Linnœi var. B.
16. C. *Oligodon.* Genre OLIGODON. N° 1.
17. C. *Orbignyi.* G. Elapomorphus. N° 1.
18. C. *Punctata.* G. ABLABÈS.
19. C. *Reticulata.* Cal. Linnœi. var. D.

sions indiquer les espèces que nous laissons dans ce genre et celles que nous avons dû en distraire, soit pour en constituer des genres distincts, soit pour les rapporter à d'autres familles du groupe des Aglyphodontes, soit enfin parce qu'elles appartiennent à celui des Opisthoglyphes, car M. Schlegel n'avait pas fait, comme nous, cette distinction des espèces à dents cannelées, en arrière ou en avant, et par conséquent différentes des Aglyphodontes, dont tous les crochets sont lisses.

Voici comment nous avons cru pouvoir faire distinguer entr'eux les neuf genres maintenant rapportés par nous à cette famille, et qui comprend un assez grand nombre d'espèces offrant une grande analogie dans leur conformation extérieure et par leur structure.

D'abord le premier genre, celui de l'*Oligodon* (n° 1) diffère de tous les autres par la distribution des dents qui est absolument la même que celle qui caractérise les Upérolissiens, puisque la région moyenne du palais est dépourvue de crochets. D'un autre côté cependant, les plaques ventrales ou les gastrostèges, sont larges et non semblables, pour la forme, aux écailles qui recouvrent le tronc, et les urostèges, en rang double, ne garnissent pas la queue comme une sorte de bouclier par des écailles dures, solides et pointues. Ainsi, ce genre établit une sorte de transition naturelle entre ces deux familles qui doivent être rapprochées, puisqu'il y a également ici l'absence de dents ptérygo-palatines, mais avec des gastrostèges très-distinctes ou d'une certaine largeur.

Tous les autres genres de ce groupe ont le palais garni de dents ou de petits crochets. Ils se ressemblent d'ailleurs parce que dans la plupart, le corps, toujours de même grosseur,

---

19 *bis.* C. *Scytale.* G. Aspidura. N° 1.

20. C. *Striatula.* G. Conocephalus. N. 1.

21. C. *Tessellata.* Cal. Linnœi var. C.

22. C. *Virgulata.* Jeune. Cal. Lumbricoidea. N° 1.

depuis l'occiput , compris même la base de la queue, est le plus souvent recouvert de petites écailles lisses et un peu entuilées. Cependant, deux de ces genres ont des écailles comme bombées dans leur région centrale et offrant là une légère saillie longitudinale, une petite carène, dont la série successive laisse, sur les côtés, des lignes enfoncées, de sorte que leur surface paraît comme striée ou cannelée. Deux genres sont dans ce cas ; mais ils diffèrent l'un de l'autre par la forme du museau ou par la partie antérieure de la tête, qui est mousse, arrondie dans les *Elapoïdes* (n° 6), dont le tronc, quoique cylindrique dans toute son étendue, offre un diamètre plus considérable que dans la plupart des Calamariens.

Le genre qui, comme le précédent, présente des carènes sur les écailles, en diffère d'abord par la forme conique du museau, qui l'a fait désigner sous le nom de *Conocéphale* (n° 9), parce que dans les espèces qu'il réunit, la tête se termine en pointe légèrement déprimée; en outre, le tronc est réduit à des dimensions minimes et véritablement exiguës.

Parmi les espèces dont les écailles sont lisses et qui sont en plus grand nombre, il est facile de séparer un genre bien caractérisé, car il est le seul de cette famille dont les plaques sous-caudales ou les urostèges, formant une série unique ou une rangée simple, prennent par cela même une très-grande largeur et ressemblent tout-à-fait et paraissent faire suite aux écailles ventrales ou gastrostèges. Ces lames servant comme d'une sorte de bouclier pour la queue, le genre qui présente cette disposition a été désigné par nous sous le nom d'*Aspidure* (n° 7).

Chez tous les autres Calamariens, les urostèges sont distribuées sur deux rangées et comme ce sont de très-petites espèces, ces plaques sous-caudales ne sont guères plus larges que les autres écailles. Parmi ces petits Serpents, il en est de très-grêles, dont le devant du crâne se prolonge en mu-

4.*

seau conique, déprimé; leur tête grêle, à peine distincte, se termine ainsi en pointe aiguë; on les a nommés *Carpophis* (n° 8). Ils se trouvent, par cette conformation, rapprochés des Conocéphales, dont ils diffèrent en ce que les écailles sont surmontées d'une petite carène chez ces derniers.

Les genres à écailles lisses, dont le devant de la tête est arrondi et légèrement déprimé, diffèrent entre eux par la forme de la queue qui est généralement courte et obtuse ou terminée brusquement dans les espèces assez nombreuses du genre *Calamaria* (n° 2), tandis que le tronc se prolonge insensiblement en diminuant de grosseur, et se terminant en pointe aiguë, dans les autres genres à écailles lisses.

Tantôt, cette queue est très-longue et forme près du quart de la totalité du corps. C'est le cas du genre *Rabdosome* (n° 3).

Tantôt, cette queue est courte, relativement à la longueur du tronc; deux genres offrent cette particularité. Dans l'un, les gastrostèges sont étroites, car elles ne couvrent que le quart de la circonférence: c'est ce qui distingue les *Homalosomes* (n° 4). Ces mêmes plaques ventrales sont relativement très-larges et occupent le quart du diamètre dans les espèces réunies sous le nom générique de *Rabdion* (n° 5).

On conçoit que cette simple indication mentionne seulement les caractères différentiels que nous avons cherché à faire saillir ou apparaître par une comparaison continue dans le tableau synoptique qui va suivre; mais dans chacun des articles consacrés à l'étude des genres, on trouvera beaucoup d'autres détails destinés à faire mieux apprécier les différences qui peuvent s'observer d'après l'organisation.

Nous devons faire remarquer que toutes les espèces qui appartiennent à la famille des Calamariens sont généralement étrangères à l'Europe. Voici, dans un tableau analytique, la distribution des genres de cette famille.

TABLEAU SYNOPTIQUE DES GENRES FORMANT LA FAMILLE DES CALAMARIENS.

CARACTÈRES. *Ophidiens Aglyphodontes à corps grêle, cylindrique, dont la tête, en arrière, et la queue, à sa base, sont de la grosseur du tronc.*

Palais à dents

distinctes : écailles

lisses ; urostèges

doubles. Museau

arrondi ; queue

obtuse. . . . . II. CALAMAIRE.

longue. . . . . III. RABDOSOME.

pointue

courte ; gastrostèges

étroites. IV. HOMALOSOME.

larges. V. RABDION.

conique, mais déprimé. . . . . . . VIII. CARPOPHIS.

simples et très-larges. . . . . . VII. ASPIDURE.

carénées ; tête

obtuse : corps cylindrique, épais. . . VI. ELAPOÏDE.

conique et très petite ; corps grêle. . IX. CONOCÉPHALE.

nulles, semblables aux Upérolissiens de la famille suivante. . I. OLIGODON.

GENRE OLIGODON. — *OLIGODON*. H. Boïe.

CARACTÈRE ESSENTIEL. *Pas de dents palatines. D'ailleurs, toute la conformation des Calamaires et surtout des Homalosomes.*

CARACTÈRES NATURELS. Corps grêle, très-alongé, de même grosseur partout, même à l'origine de la queue, qui est courte, terminée en pointe obtuse; la tête courte, de même grosseur en arrière que le cou; à bouche oblique, fendue jusqu'à la nuque; yeux latéraux, situés vers le tiers antérieur du crâne, fort petits et à pupille ronde; les narines percées entre deux plaques; écailles du dos rhomboïdales, lisses; celles du ventre, ou les gastrostèges, grandes et larges, du tiers de la circonférence du tronc.

CARACTÈRES ANATOMIQUES tirés de la tête osseuse : Les os palatins très-grêles et sans dents, ainsi que les ptérygoïdiens, qui sont larges et unis à l'os sus-maxilllaire par des os transverses excessivement courts. Celui-ci est armé de sept à huit crochets, allant successivement en grossissant jusqu'au sixième, qui est, ainsi que les deux postérieurs, quatre ou cinq fois plus fort, et comprimé latéralement; la mâchoire inférieure garnie de quatre ou cinq petits crochets très-espacés et tous de même grosseur. Le dessus du crâne solide, convexe, incliné en avant, où il est de moitié plus étroit sur les côtés et s'arrondit vers la base; les mastoïdiens sont si courts qu'ils semblent se confondre avec l'occipital. L'os carré ou intra-articulaire est lui-même si peu développé que, quoique placé dans une direction verticale, il laisse l'os maxillaire inférieur parallèle à la mâchoire qu'il supporte.

Ce genre, dans lequel on n'avait inscrit qu'une seule espèce, en réunit maintenant quatre très-distinctes les unes des autres; cependant le groupe qu'il forme semble établir véritablement le passage naturel entre la famille des Upérolissiens et celle des Calamariens, où nous avons dû le laisser, parce qu'il s'en rapproche évidemment par la conformation générale, surtout par les gastrostèges, ou les grandes plaques sous-ventrales, qui sont si étroites dans les Upérolissiens et aussi par la présence des urostèges qui, chez ces derniers, sont semblables aux autres écailles de la partie supérieure de la queue qu'elles protègent par leur solidité.

Cependant, l'absence des dents au palais et la même conformation des mâchoires dans les Oligodons, peut servir comme de trait d'union entre ces deux familles si voisines.

Toutes les espèces d'Oligodon, paraissant être originaires des Grandes-Indes, voici comment nous avons cru pouvoir aider les naturalistes dans la distinction des quatre espèces que nous rapportons à ce genre.

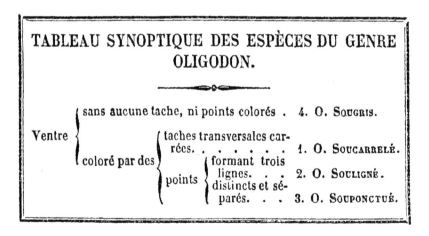

TABLEAU SYNOPTIQUE DES ESPÈCES DU GENRE OLIGODON.

Ventre — sans aucune tache, ni points colorés . 4. O. SOUGRIS.
coloré par des — taches transversales carrées. . . . . 1. O. SOUCARRELÉ.
points — formant trois lignes. . . 2. O. SOULIGNÉ.
distincts et séparés. . . 3. O. SOUPONCTUÉ.

1. OLIGODON SOUS-CARRELÉ. *Oligodon sub-quadratum.*
(nobis).

CARACTÈRES. *Ventre portant de grandes taches noires, carrées et transverses.*

Le dessus du tronc d'un brun rougeâtre, parsemé de petits points blancs, distribués par lignes obliques, de manière à former des chevrons ouverts en arrière ; mais quelquefois constituant des rhombes par leur jonction. On dit que pendant la vie, ces points sont de couleur rouge. Sur la ligne médiane du dos, on voit une douzaine de taches ovalaires jaunâtres, comme formées de deux lignes plus ou moins jointes et distribuées à des intervalles à peu près égaux, mais non pas constamment, car dans quelques individus, on n'en observe que deux ou trois, et alors elles sont situées vers la région de la queue.

La note, qui pour nous, devient le caractère principal, réside dans le dessous du ventre, dont les gastrostèges larges, sont blanches, peut-être rouges, mais partagées régulièrement par des taches carrées noires, un peu allongées transversalement, placées entre deux ou trois de ces grandes plaques. La plupart de ces grandes taches en damier ne se joignent pas dans la ligne médiane.

Sur quatre individus que nous avons eu occasion d'examiner, nous avons reconnu, sur chaque côté du cou, une raie oblique jaune, qui se joignait à l'autre vers la nuque; ce qui a fait désigner cette espèce sous le nom de *torquatum* ou à collier ; mais cette tache ne paraît pas constante, à en juger d'après les figures qu'en ont données les auteurs, comme nous allons l'indiquer.

SYNONYMIE.

1801. RUSSEL, Indian Serpents. T. II, pag. 39. pl. XXXIV.

1827. H. BOIÉ. Isis. p. 519. et son frère, dans l'Erpétologie de Java (non publiée) pl. XXIV, citée par M. Schlegel.

1830. WAGLER. Natur. syst. der Amphib. p. 191. Genre 83.

1837. SCHLEGEL. Phys. des Serpents. T. 1. p. 132, n° 12 et T. II, p. 41. pl. 1. fig. 27-28-29, la tête écailleuse : *Calamaria Oligodon*.

1844. Du même. Abbildungen Amphibien. p. 69. pl. 25.

Parmi les quatre individus que possède notre musée, trois proviennent de Java et nous ont été donnés par le musée de Leyde. Le dernier, bien conservé d'ailleurs, mais auquel manque la tête osseuse préparée pour l'étude, nous a été cédé par M. Adolphe

Delessert, sans indication d'origine ; il est probable qu'il vient de l'Inde.

Le nombre des gastrostèges paraît varier de 130 à 160 , et celui des urostèges de 28 à 44. Suivant M. Schlegel, il y a dix-sept rangées d'écailles et la longueur totale varie de 30 à 40 centimètres.

2. OLIGODON SOULIGNÉ. *Oligodon sublineatum.* Nobis.

CARACTÈRES. *Le dessous du ventre portant trois séries de points formant des raies.*

Cette espèce est surtout remarquable, comme son nom est destiné à l'indiquer, par trois raies noires, qui règnent le long du ventre et sont tracées par une suite de points qui se touchent. Les deux extérieures aux plaques ventrales forment une ligne continue jusque sous la queue, mais la médiane est évidemment produite par des points distincts au centre des gastrostèges. Ces points sont larges, arrondis en arrière, plus évasés et comme légèrement échancrés en avant ; mais cette ligne médiane ne se continue pas sous la queue.

Le dessus du tronc est gris, parsemé de lignes ou de petites taches allongées, irrégulièrement distribuées ; cependant , vers le tiers antérieur du tronc et latéralement , on remarque trois de ces taches plus grandes , à bords arrondis , étranglées au milieu et bordées d'un peu de blanc. Le derrière des mâchoires est occupé par une grande tache qui se porte obliquement du cou en arrière, où elle se prolonge en pointe dirigée en sens inverse du collier caractéristique de la première espèce.

Les écailles du dos sont très-lisses, fort rapprochées ou serrées entr'elles ; situées un peu en recouvrement les unes sur les autres, comme entuilées, surtout dans la région de la queue, et sous ce rapport, ces écailles ressemblent à celles des Scinques.

La plaque rostrale est échancrée en croissant; les autres plaques qui recouvrent la tête sont grandes et bien distinctes, comme dans les couleuvres.

Nous n'avons pu observer qu'un seul individu parfaitement conservé, mais il n'y avait sur le bocal d'autre indication que celle de la provenance (les Philippines), et le nom d'Oligodon tor-quatus avec la lettre R.

Un autre individu, évidemment plus jeune, et dont la ligne mé-diane est formée par des points plus séparés, moins distincts, avait été rapporté de Ceylan par M. Leschenault. Cet exemplaire porte bien tous les caractères précédemment indiqués : la grande tache brune post-maxillaire, dirigée en arrière sur la nuque où elle représente un croissant ; une autre tache latérale noire s'é-tend sur le tiers antérieur du tronc.

On a compté sur cet individu quinze rangées d'écailles, 155 gastrostèges et 25 urostèges.

La longueur totale est de cent quatre-vingt centimètres ; dont 0, 155 au tronc et 0, 025 à la queue.

3. OLIGODON SOUPONCTUÉ. *Oligodon subpunctatum.* Nobis.

Caractères. *Le dessous du ventre et de la queue portant des points noirs distincts et ronds.*

Il est aussi très-facile de distinguer cette jolie espèce. D'a-bord, parce que sur un fond gris uniforme qui couvre toute la partie supérieure du tronc, on voit une rangée dorsale de points noirs, exactement arrondis, et paraissant d'autant plus foncés que chacun est bordé d'un petit cercle blanc. Ensuite, les plaques ventrales ou les urostèges, qui sont larges, plates et d'une teinte blanchâtre, portent chacune en dehors, ou sur leur bord externe, un petit point noir parfaitement distinct et si régulière-ment espacé, que leur série offre, en raison de sa symétrie, un dessin des plus agréables à l'œil, et d'autant plus, qu'au-dessus de ces points noirs, on en distingue d'autres d'une ténuité extrême, occupant le centre des écailles lisses du tronc. Celles-ci sont d'une forme losangique, mais tronquées à leur extrémité libre, qui dépasse et recouvre le tiers de celle sur laquelle elle appuie, comme les tuiles d'un toit.

Tout le dessous du ventre est sans taches.

La tête offre cette particularité qu'elle est noire en dessus, mais cette teinte, qui s'étend au delà de la nuque, est séparée transversalement par deux lignes blanches, dont l'antérieure est interrompue sur la région médiane, à la hauteur de l'occiput ; l'autre bande blanche termine carrément la grande tache noire placée au delà de la nuque. Ce n'est qu'après ce second collier blanc que commence la série des points latéraux, ainsi que celle des plus grands points noirs de la région du dos.

Cette jolie espèce a été rapportée du Malabar par M. Dussumier.

4. OLIGODON SOUGRIS. *Oligodon Sub-griseum.* Nobis.

CARACTÈRES. *La région ventrale n'offre ni taches, ni lignes longitudinales, ni série de points.*

Les écailles qui garnissent le dessus du tronc ont, par leur distribution et leurs taches, et surtout par la série de petits points blancs, quelque ressemblance avec celles du Soucarrelé.

Sous un autre rapport, le Serpent que nous décrivons se rapproche par les couleurs et la disposition des taches de la tête et les lignes noires qui parcourent obliquement le diamêtre supérieur du tronc de ce que nous avons dit exister dans la seconde espèce. Ces traits noirs obliques, un peu isolés les uns des autres, et distribués à des distances égales, se voient principalement au-dessus de la grande largeur des gastrostèges, puisqu'elles occupent près de la moitié du tronc ; mais le caractère principal peut être tiré de ce que aucune des gastrostèges n'est tachetée.

Dans l'individu que nous décrivons, toute la partie inférieure du tronc est d'une teinte grise uniforme ; peut-être sa couleur est-elle rouge ou jaune dans l'état de vie, mais jamais tachetée.

L'exemplaire principal observé par nous a plus de quarante centimètres de longueur. Un autre individu est tellement décoloré qu'il nous eût été difficile de le reconnaître si nous n'avions aperçu quelques restes des taches dorsales et surtout s'il n'était évident que le ventre n'a jamais été tacheté ou ponctué.

Ces deux individus proviennent de M. Leschenault qui les avait recueillis à Pondichéry.

GENRE CALAMAIRE. — *CALAMARIA* (1). (Boié).

CARACTÈRES ESSENTIELS. *Corps grêle, de même grosseur partout, cylindrique, à écailles très-lisses. La tête de même diamètre que le tronc; des dents palatines ou ptérygo-maxillaires; queue très courte, grosse à la base et peu pointue, ou obtuse.*

CARACTÈRES NATURELS. Point de plaque inter-nasale; mais les sept autres lames sus-céphaliques ordinaires. Une seule nasale formant autour de l'orifice des narines un petit cadre enchâssé entre la rostrale et la pré-frontale et la première lame sus-labiale. Pas de plaque frénale, sa place étant occupée par une portion descendante de la pré-frontale. Une pré-oculaire, quatre ou cinq plaques labiales supérieures, dont la 2e et la 3e, ou la 3e et la 4e touchent à l'œil. Ecailles lisses, losangiques ou carrées. Gastrostèges se redressant à peine contre les flancs. Les urostèges divisées. Côtés du ventre un peu arrondis. Narines circulaires ou ovalaires s'ouvrant dans la plaque nasale; pupille ronde.

CARACTÈRES ANATOMIQUES. La tête osseuse deux fois au moins plus longue que large; généralement plane en dessus, mais offrant de l'un et l'autre côté, en arrière, une ligne saillante oblique, partant de l'apophyse orbitaire postérieure et allant joindre l'occiput à la hauteur des saillies mastoïdiennes. La fosse orbitaire est complète et tout-à-fait ronde; elle occupe près du sixième de la face latérale.

Les dents sont, relativement à l'exiguïté de la tête, assez solides, serrées et transparentes. Celles de la mâchoire inférieure sont plus fortes, opaques et en moindre nombre. L'os carré ou intra-articulaire est court, de sorte que l'écartement

---

(1) De *Calamus* un tuyau long et de même grosseur, comme le chaume du blé ou le tuyau d'une plume à écrire, *Calamus scriptorius.*

des mâchoires est très-borné dans le sens transversal. Ce genre Calamaire comprenait un très-grand nombre d'espèces dans l'ouvrage de M. Schlegel, comme nous l'avons indiqué en traitant de la famille en général, et quoique nous en ayons distribué plusieurs dans les huit autres genres, il en reste ici douze espèces. Toutes sont originaires de Java, de Sumatra, de Bornéo ou des Célébes.

Tout ce qui concerne les détails de ce genre se trouve indiqué dans les généralités de la famille à laquelle les espèces ont servi de types, de sorte que nous n'avons pas d'autres renseignements à donner que ceux qui sont consignés dans la description particulière des espèces. Notre collaborateur Bibron avait préparé les recherches qui concernent cette famille, Il s'était procuré les moyens d'étudier les individus d'après lesquels ses descriptions ont été rédigées. Malheureusement, il avait mis trop d'importance à l'examen du nombre des plaques qui garnissent les bords de l'une et de l'autre mâchoire et cela lui avait paru suffisant pour distinguer les espèces entre elles, par le tableau synoptique qu'il nous en a laissé et que nous faisons imprimer. Comme plusieurs des individus qu'il avait eus sous les yeux n'étaient plus à notre disposition, nous n'avons pas eu la possibilité de confirmer nous-mêmes la justesse de ses observations, pour nous diriger dans cette classification systématique. Nous aurions préféré faire emploi de la distribution des couleurs et des taches particulières que nous auraient offerts les exemplaires ainsi comparés, mais nous n'avons pas été plus heureux sous ce rapport, parce qu'il nous manquait un assez grand nombre d'espèces. Ainsi, nous n'avons pu voir celles qui sont indiquées sous les N°s 2, 7, 8, 9, 11, et par conséquent nous avons été forcés d'employer cette classification à laquelle nous espérons que pourra remédier la description particulière de chacune des espèces. Voilà pourquoi nous n'avons pas isolé, à notre grand regret, les caractères essentiels et comparés de ce genre nombreux.

TABLEAU SYNOPTIQUE DES ESPÈCES COMPRISES DANS LE GENRE CALAMAIRE.

Plaques sus-labiales au nombre de

Cinq : premières sous-labiales

- conjointes derrière la mentonnière ; frontale ayant ses bords . . . , .
  - de la longueur des autres . . . 4. MODESTE.
  - beaucoup plus courtes . . . 9. LEUCOCÉPHALE.
- non conjointes; mais entre les inter-maxillaires
  - une squamme : corps.
    - court. . . . 8. DE SCHLEGEL.
    - très-allongé. . . 10. VERMIFORME.
  - pas de squamme; rostrale.
    - couchée sur le museau . .
      - légèrement. . 6. DE GERVAIS.
      - fortement . . 11. DE TEMMINCK.
    - non rabattue : tronc. .
      - peu allongé. . 7. BICOLORE.
      - très-long. . . 12. LOMBRICOÏDE.

Quatre : premières sous-labiales . .

- conjointes; angle au-devant de la frontale ouvert. . . , .
  - médiocrement. . 3. PAVÉ.
  - excessivement. . 4. QUATRE TACHES.
- non réunies ; entre les plaques inter - sous-maxillaires. . .
  - une squamme . . 2. VERSICOLORE.
  - pas de squamme . 1. DE LINNÉ.

1. LE CALAMAIRE DE LINNÉ. *Calamaria Linnæi.* H. Boié.
(*Coluber Calamarius*, Linné.)
Pl. 64 de l'Erpétologie générale N°^{os} 1, 2, 3, 4.

CARACTÈRES. Ventre et dessous de la queue marquetés de noir
ou bien divisés transversalement par des bandes de cette couleur,
sur un fond rouge pendant la vie, d'un blanc jaunâtre après la
mort. Quatre plaques sus-labiales dont la 2e et la 3e touchent à
l'œil ; sous-labiales de la première paire ne se joignant pas
derrière la mentonnière. Sommet de la rostrale rabattu sur le
museau. Frontale plus longue que large, offrant un angle obtus
en avant et un aigu en arrière. Pas de squamme entre les quatre
plaques inter-sous-maxillaires.

SYNONYMIE. = VARIÉTÉ A. 1754. *Coluber Calamarius.* Linné
Mus. Adolph. Freder. pag. 23, tab. 6, fig. 3.

1758. *Coluber Calamarius.* Linné. Syst. nat. Edit. 10, tom. I,
pag. 216.

1766. *Coluber Calamarius.* Linné. Syst. nat. Edit. 12, tom. I,
pag. 375.

1768. *Anguis Calamaria.* Laurenti. Synops. Rept. pag. 68,
(d'après Linné).

1771. *Le Calcmar.* Daubenton. Anim. Quad. Ovip. Serp. Encyclop. méth. pag. 596 (d'après Linné).

1788. *Coluber Calamarius.* Gmelin. Syst. nat. Linn. tom. I,
part. 3, pag. 1086, n° 162.

1789. *Le Calmar.* Lacépède. Hist. quad. ovip. Serp. tom. II,
pag. 318 (d'après Linn.).

1790. *Le Calemar.* Bonnaterre. Ophiol. Enclyclop. méth. pag.
43, pl. 8, fig. 5 (Cop. du Mus. Adolph. Fr. de Linn.).

1802. *Coluber Calamarius.* Latreille. Hist. Rept. tom. IV,
pag. 180 (d'après Linn.).

1802. *Die Kohrnatter.* Beschtein Laceped's naturgesch. Amph.
tom. IV, pag. 117 (1).

---

(1). La fig. N° 2, pl. 14, qu'il joint à sa description n'est point celle
d'un *Calamaria*.

1803. *Coluber Calamarius.* Daudin. Hist. Rept. tom. **VII**, pag. 180 (d'après Linn.).

1820. *Natrix Calamarius.* Merrem. Tent. Syst. amph. pag. 96. Exclus. var. в et var. г (Ophidiens étrangers au genre *Calamaria*).

..... *Calamaria Linnœi.* H. Boié. Erpét. de Java. pl. 22, fig. 2. (inédite.)

..... *Calamaria maculata.* Ejusd. loc. cit.

1827. *Calamaria* (*Coluber calamarius* , Linn.). F. Boié. Isis. tom. **XX**, pag. 519.

1827. *Calamaria Linnœi.* Ejusd. loc. cit. pag. 539.

1827. *Calamaria maculosa.* Ejusd. loc. cit. pag. 540.

1828. *Calamaria maculosa.* H. Boié. Bijdrag. natuurkund. Wetenschapp. Verzam. door Van Haal, W. Vrolik en Mulder tom. **III**, p. 249.

1830. *Calamaria Linnœi.* Wagler. Syst. amph. pag. 192.

1837. *Calamaria Linnœi.* Schlegel. Ess. physion. Serp. tom. **I**, pag. 130; tom. 2, pag. 28 ; Exclus. Synonym. N° 8. tab. 53, tom. **I**, Séba. (qui est une mauvaise figure de scincoïdien à deux membres postérieurs seulement) ; n° 5, tab. 2, tom. **II**, Séba. (fig. indéterminable).

1838. *Calamaria Linnœi.* Schlegel. Abbild. amphib. pàg. 15, pl. 4, fig. 3 ; exclus. synon. n°ˢ 1, 2, 3 et 5, tab. 2, tom. **II**, Séba. (fig. absolument indéterminable) (1).

= Variété B. **1735.** *Anguis scytale minor.* Séba tom. **II**, pag. 92, tab. 86, fig. 4.

..... *Calamaria multipunctata.* H. Boié. Erpét. de Java.

1827. *Calamaria multipunctata.* F. Boié. Isis. tom. **XX**, pag. 540.

1828. *Calamaria multipunctata.* H. Boié. Bijdrag. natuurkund. Wetenschapp. Verzam. door, Van Haal, W. Vrolik en Mulder, tom. **III**, pag. 249.

_____

(1). M. Schlegel cite également ici , comme il l'avait déjà fait dans sa physionomie des Serpents , une fig. 4 , pl. 82, tom. **II**, Séba ; mais c'est évidemment par erreur , car il n'existe que trois figures sur cette pl. 82 et toutes trois représentent des Serpents d'arbres , conséquemment très-différents des espèces du genre Calamaire.

1830. *Calamaria multipunctata.* Wagler. Syst. amph. pag. 192.

1837. *Calamaria Linnœi*, *variet. multipunctata.* Schlegel. Ess. Physion. Serp. tom. II, pag. 28.

1838. *Calamaria Linnœi*, *variet. multipunctata.* Schlegel. Abbild. amph. pag. 15, pl. 4, fig. 2.

= Variété C. *Calamaria tessellata.* H. Boié. Erpét. de Java.

1828. *Calamaria tessellata.* H. Boié. Bijdrag. Natuurkund. Wetenschap. Verzam. door Van Haal, W. Vrolik en Mulder, tom. III, pag. 249.

1837. *Calamaria Linnœi*, *variet, tessellata.* Schlegel. Ess. physion. Serp. tom. II, pag. 28; pl. 1, fig. 17-18.

1838. *Calamaria Linnœi*, *variet. tessellata.* Schlegel. Abbild. amphib. pag. 15, pl. 4, fig. 1.

= Variété D. *Calamaria reticulata.* H. Boié. Erpét. de Java.

1827. *Calamaria reticulata.* F. Boié. Isis. tom. XX, pag. 540.

1837. *Calamaria Linnœi*, *variet. reticulata.* Schlegel. Ess. physion. Serp. tom. II, pag. 28.

Vlar-Lema est le nom que les Malais de Java donnent à cette espèce de Calamaire.

DESCRIPTION.

Formes. Le *Calamaria Linnœi* a le corps peu allongé et conséquemment assez robuste, en comparaison de celui du *Vermiformis*, du *Temminckii* et du *Lombricoidea*. Chez lui, la tête, considérée relativement à sa configuration générale, ressemble plus à un cône que chez la plupart de ses congénères; attendu qu'elle est moins déprimée que dans plusieurs de ceux-ci et un peu moins élargie à son extrémité antérieure que dans presque toutes les autres espèces. Parfois, la queue est tellement courte, qu'elle a l'apparence d'une sorte de moignon conique. D'autres fois, sa brièveté est moindre et, dans ce cas, comme elle ne commence à diminuer fortement de grosseur d'avant en arrière qu'au moment de se terminer, elle offre une forme à peu près cylindrique dans la plus grande partie de son étendue; l'extrême pointe de cet organe est toujours très-obtuse.

Les narines viennent s'ouvrir extérieurement de chaque côté et tout près du bout du museau.

REPTILES, TOME VII. 5.

ECAILLURE. La plaque rostrale, plus haute qu'elle n'est large à sa base, a l'apparence triangulaire, mais elle est réellement taillée à cinq pans inégaux, savoir : un inférieur, assez grand, échancré au milieu; deux latéraux, un peu moins longs que celui-ci, soudés aux supéro-labiales de la première paire ; et deux supérieurs, chacun plus étendu que le basilaire, formant ensemble un angle aigu, qui s'enfonce profondément entre les pré-frontales.

Les pré-frontales, aussi dilatées transversalement que longitudinalement, offrent chacune huit bords d'inégale grandeur, par l'un desquels elles tiennent ensemble, et par les sept autres à la frontale, à la sus-oculaire, à la préoculaire, à la seconde ainsi qu'à la première supéro-labiale, à la nasale et à la rostrale.

La frontale a six pans, deux antérieurs, réunis sous un angle obtus, deux postérieurs donnant ensemble un angle aigu, et deux latéraux un peu convergents d'avant en arrière et plus longs chacun qu'aucun des quatre autres.

Les sus-oculaires sont oblongues et coupées presque carrément à leurs deux extrémités, dont la postérieure est distinctement moins étroite que l'antérieure.

Les pariétales, qui n'ont qu'une longueur égale à leur plus grande largeur, offrent six bords inégaux, un par lequel elles se conjoignent; un qui se soude à la frontale; un qui s'unit à la sus-oculaire ainsi qu'à la post-oculaire, et trois respectivement en rapport avec la quatrième supéro-labiale, la squamme temporale et la première écaille de la série médiane du dos ; le bord qui s'appuie sur la quatrième supéro-labiale fait un angle très-ouvert avec celui qui touche à la squamme temporale, et ce dernier, un angle aigu, arrondi au sommet, avec celui qui tient à la première écaille de la série médio-dorsale.

La plaque nasale forme autour de l'orifice de la narine un simple cadre trapézoïde à bords très-étroits, circonscrit par la rostrale, la préfrontale et la première supéro-labiale.

La pré-oculaire est très-petite, quadrangulaire et beaucoup plus dilatée en hauteur qu'en largeur.

La post-oculaire est pentagone et aussi haute, mais moins étroite que la pré-oculaire.

La première des quatre plaques qui revêtent la lèvre supérieure de chaque côté représente tantôt un carré ; tantôt un quadrilatère rectangle. La deuxième, qui est légèrement oblongue et dont le bord inférieur et les deux latéraux font ensemble deux angles droits, offre, à sa partie supérieure, trois petits pans en rapport avec la pré-frontale, la pré-oculaire et le globe de l'œil. La troisième, de moitié moins large que la seconde, est, comme elle, coupée carrément en bas, tandis que en haut, elle l'est en angle obtus, dont l'un des côtés touche à l'œil et l'autre à la post-oculaire. La quatrième, pentagone sub-oblongue et beaucoup plus développée qu'aucune de ses congénères, a son angle inféro-postérieur fortement arrondi; elle tient par un très-petit pan à la post-oculaire, par un moins court que celui-ci, à la squamme temporale, et par un bien plus long à la plaque pariétale.

L'unique squamme temporale qui existe est fort grande, à cinq angles inégaux, et plus dilatée suivant le diamètre transversal, que selon le sens longitudinal de la tête ; elle se trouve située de façon qu'elle appuie l'un de ses trois petits bords sur une grande écaille, arrondie en arrière, faisant suite à la quatrième supéro-labiale, et qu'elle enclave le grand angle obtus qu'elle présente en avant, entre cette dernière plaque de la lèvre supérieure et la pariétale.

La plaque du menton est grande et en triangle équilatéral ; son sommet postérieur pénètre un peu entre les plaques inter-sous-maxillaires antérieures. Il y a cinq ou six paires de plaques inféro-labiales. Celles de la première paire, qui ne se joignent point derrière la mentonnière, ont la figure de quadrilatères rectangles placés en travers de la lèvre. Celles de la seconde paire sont carrées ; celles de la troisième, quadrangulaires oblongues, plus larges en arrière qu'en avant ; celles de la quatrième, courtes, pentagonales et plus élargies en avant qu'en arrière. Celles de la cinquième paire ont l'apparence de quadrilatères oblongs, de même que celles de la sixième, lorsqu'elles existent.

Les plaques inter-sous-maxillaires antérieures composent ensemble un grand carré ayant le sommet de ses angles de devant assez fortement tronqué.

Les inter-sous-maxillaires postérieures, qui ne sont guère moins allongées que les précédentes, offrent chacune deux angles droits en avant et un aigu entre deux obtus en arrière.

Ici, ces quatre plaques n'entourent pas une petite lame losangique, comme elles le font chez l'espèce suivante.

La ligne médio-longitudinale de la gorge est occupée par une rangée de trois squammes ressemblant plus ou moins à des losanges ; squammes, immédiatement après lesquelles commence la série des scutelles du dessous du corps. A leur droite, ainsi qu'à leur gauche, se trouvent trois rangs obliques d'écailles oblongues.

La squamme emboîtante de l'extrémité caudale a la forme d'un cône court, à sommet obtus.

Ecailles : 13 rangées longitudinales au tronc, 6 à la queue.

5.*

Scutelles : 130-160 ventrales , I anale non divisée , 9-20 sous - caudales.

Dents. Maxillaires $\frac{10}{8}$ Palatines , 6-7. Ptérygoïdiennes , 10-11.

= Coloration. Variété A. Dans cette variété , la couleur qui domine sur toutes les parties de l'animal est un beau rouge pendant la vie , un blanc jaunâtre ou faiblement roussâtre après la mort. La tête a sa face supérieure et les latérales uniformément lavées de noirâtre , ou bien semées de gouttelettes d'un brun plus ou moins foncé. Le dos et le dessus de la queue présentent une suite de petites bandes transversales noires et assez espacées , qui parfois se décomposent en un nombre variable de macules de figure irrégulière et d'inégale grandeur. Des taches noires , les unes carrées , les autres rectangulaires, sont répandues plus ou moins abondamment sur le dessous du corps , qui se trouve être ainsi comme marqueté.

=Variété B. Chez celle-ci , la région ventrale et la sous-caudale n'ont point un système de coloration différent de celui de la variété précédente ; mais la totalité du dessus et des côtés du corps offre un fond brun roussâtre, chargé d'une multitude de taches noires, quadrangulaires, la plupart deux ou trois fois plus longues que larges. Il existe une série de petits points blancs le long du bas de chaque flanc ; quelquefois, on en voit une seconde au-dessous de la première.

= Variété C. Cette troisième variété, qui ne nous est connue que par la figure qu'en a publiée M. Schlegel , se distingue de la deuxième en ce qu'elle n'offre aucune autre teinte qu'un noir bleu, aussi bien sur ses parties latérales que sur les supérieures.

=Variété D. Celle-ci, que nous n'avons pas non plus eu l'occasion d'observer nous mêmes, se reconnaît plus particulièrement, suivant le savant ophiologiste précité, à la présence d'un dessin noir, réticuliforme sur les côtés du corps.

=Variété. E. Cette cinquième variété est peinte en dessous de la même manière que les précédentes ; mais , en dessus, elle a pour principale couleur une teinte roussâtre ; la tête est marquée de gouttelettes foncées, et le tronc, longitudinalement parcouru par cinq ou sept lignes brunes, qui se prolongent sur la queue.

Un individu du voyage de la Bonite.

=Variété F. Ici, les régions inférieures offrent encore une marquetterie semblable à celle qu'on observe chez les variétés déjà mentionnées ; tandis que le dos et le prolongement caudal portent une suite de très-grandes taches d'un noir d'ébène , encadrées de blanchâtre , lesquelles sont au nombre d'une vingtaine et d'une figure à peu près rhomboïdale. Les pièces de l'écaillure , situées entre ces taches et sur les flancs , présentent une teinte d'un blanc jaunâtre assez fortement nuagé ou comme saupoudré de brun.

Un individu de Java donné a notre collection par le musée de Leyde.

= VARIÉTÉ G. Chez cette dernière variété, le dessous du corps est alternativement coupé dans toute son étendue par une bande transversale d'un noir profond et par une autre d'un blanc jaunâtre, qui couvrent respectivement soit deux, soit trois scutelles. La tête est marbrée de brun et de blanchâtre. Une vingtaine de très-grands rhombes noirs sont tracés à la suite l'un de l'autre en travers du dessus et des côtés du tronc, dont chacune des écailles, occupant les aires et les intervalles de ces figures géométriques, porte une tache noirâtre entourée de blanc sale. La queue a sa face supérieure presque entièrement noire.

L'unique sujet qui nous offre la présente variété appartient au musée de Leyde.

DIMENSIONS. La tête a, en longueur, le double de sa largeur prise vers le milieu des tempes, largeur qui est triple de celle que présente le museau au niveau des narines.

Les yeux ont en diamètre le tiers du travers de la région sus-inter-orbitaire.

Le tronc est aussi haut et de 34 à 41 fois aussi long qu'il est large à sa partie moyenne.

La queue entre au moins pour le vingt-deuxième ét au plus pour le onzième dans la longueur totale, qui donne 32 centimètres et 4 millimètres chez notre plus grand individu.

Tête. long. 0^m,01. *Tronc.* long. 0^m,30. *Queue.* long. 0^m,014.

PATRIE. Le Calamaire de Linné habite l'île de Java, où, à ce qu'il paraît, il est extrêmement commun. Kuhl écrivait qu'on le rencontre jusque dans le jardin du palais du gouverneur, à Buitenzorg. M. Cantor l'a observé à Pinang et l'a fait connaître en 1847 dans son catalogue des Reptiles de la presqu'île de Malacca.

OBSERVATIONS. Les nombreuses variétés que présente ce Calamaire, relativement à son système de coloration, ont donné lieu à l'établissement de plusieurs espèces, qui ne se rapportent réellement qu'à une seule.

2. LE CALAMAIRE VERSICOLORE. *Calamaria versicolor.* Ranzani.

CARACTÈRES. Ventre marqueté de noir sur un fond blanchâtre; dessous de la queue de cette dernière teinte, avec une raie noire sur la ligne médio-longitudinale. Quatre plaques supéro-labiales dont la deuxième et la quatrième touchent à l'œil. Inféro-labiales de la première paire ne se joignant pas derrière la mentonnière. Sommet de la rostrale rabattu sur le museau. Frontale oblongue, offrant un angle obtus en avant et un aigu en arrière. Une squamme entre les quatre plaques inter-sous-maxillaires.

SYNONYMIE. 1820. *Calamaria versicolor*. Ranz. memor. matem. fis. Societ. Ital. scienz. resid. in Moden. Tom. **XXI**, pag. 101 tav. **V, 3**.

DESCRIPTION.

FORMES. Le Calamaire versicolore ne nous paraît différer en rien du Calamaire de Linné, quant à la forme de sa tête et aux proportions relatives de son tronc et de sa queue.

ECAILLURE. Nous ne trouvons même dans sa vestiture céphalique qu'une seule particularité qui puisse le faire distinguer de cette dernière espèce ; c'est la présence d'une squamme pentagonale entre les quatre plaques inter-sous-maxillaires, dont les deux postérieures en s'écartant un peu laissent arriver jusqu'à la petite pièce sus-mentionnée une autre squamme, qui est la première d'une rangée de trois, située sur la ligne médio-longitudinale de la gorge.

Ecailles : 13 rangées longitudinales au tronc, 6 à la queue.

Scutelles : 164 ventrales, 11 sous-caudales.

DENTS maxillaires. Palatines. Ptérygoïdiennes.

COLORATION. Les parties supérieures, suivant la manière dont elles se trouvent éclairées, paraissent ou d'un blanc-bleu ou d'une teinte cendrée, brune. La région antérieure du dos présente une ligne longitudinale noire, d'abord continue, puis interrompue. Les écailles de la série la plus inférieure de chaque flanc portent une petite tache d'un blanc jaunâtre ; les premières sont longitudinalement traversées par cette tache, qui n'atteint pas l'extrémité des suivantes et qui se rapetissent graduellement à mesure qu'on approche de la queue. Les écailles qui commencent la troisième série latérale, en comptant de bas en haut, ont aussi leur angle postérieur marqué d'une macule jaunâtre, mais les autres n'en offrent pas la moindre trace. Le mode de coloration des pièces de l'écaillure caudale ressemble à celui de la seconde moitié de la face dorsale. Les côtés de la tête et la gorge sont comme marbrés de brun et de jaunâtre. Parmi les scutelles abdominales, il y en a d'entièrement brunes, d'autres le sont seulement dans leur moitié droite ou dans leur moitié gauche, et d'autres ont toute leur surface jaunâtre. Sur certains points du ventre, les deux couleurs se mon-

trent distribuées avec symétrie : c'est sur ceux où les taches presque carrées, n'occupant que l'une ou l'autre moitié d'une scutelle, forment pour
ainsi dire un damier. Dans les portions jaunes des scutelles on voit, çà et là
quelques petites taches d'un brun clair. Le dessous de la queue est d'un
blanc jaunâtre, avec une raie médio-longitudinale brune.

DIMENSIONS. Le sujet qui a servi à la présente description mesure 32 centimètres du bout du museau à l'extrémité caudale. Il fait partie du Musée
de Leyde.

PATRIE. Le Calamaire versicolore est originaire de Java.

OBSERVATIONS. Les détails descriptifs qui précèdent sont extraits du mémoire dans lequel M. Ranzani a fait connaître cette espèce, que nous n'a-
vons pas encore eu l'avantage d'étudier par nous-mêmes, car elle manque
à la collection du Muséum.

3. LE CALAMAIRE PAVÉ. *Calamaria pavimentata.* Nobis.

CARACTÈRES. Ventre d'un blanc jaunâtre ; dessous de la queue
aussi, mais avec une raie médio-longitudinale noire. Quatre plaques supéro-labiales, dont la deuxième et la troisième touchent
à l'œil. Inféro-labiales de la première paire se joignant derrière
la mentonnière. Sommet de la rostrale un peu rabattu sur le museau. Frontale oblongue, offrant un angle obtus en avant et un
aigu en arrière. Pas de squamme entre les quatre plaques inter-
sous-maxillaires.

DESCRIPTION.

FORMES. Le *Calamaria pavimentata* a la tête aussi épaisse que le C
Linnœi, mais le museau est un peu plus élargi. C'est un de ceux don
le tronc est proportionnellement le plus grêle après le *Vermiformis*, le
Temminckii et le *Lombricoïdea ;* et aucun autre, excepté le *Schlegel i*
et le *Leucocephala*, n'a la queue plus longue que lui. Cet organe conserve
la forme cylindrique qu'il présente à sa naissance jusqu'à son bout terminal, où il prend celle d'un cône légèrement comprimé et à sommet très
obtus.

Les narines sont situées latéralement et placées presque à l'extrémité
du museau.

ECAILLURE. La plaque frontale du Calamaire pavé offre bien, comme
celle du Calamaire de Linné, six bords, dont les deux antérieurs forment
un angle obtus, et les deux postérieurs, un angle aigu ; mais chez l'espèce

du présent article, ce sont ces derniers qui ont plus de longueur qu'aucun des quatre autres, et non pas les latéraux, qui eux-mêmes sont parallèles, au lieu d'être convergents d'avant en arrière.

Quand on compare les quatre supéro-labiales du *Calamaria pavimentata* avec les quatre mêmes plaques du C. *Linnæi*, on trouve : d'abord que la seconde et la quatrième sont proportionnellement plus allongées dans l'un que dans l'autre ; puis, que celle-ci est plus haute et que celle-là tient, non par deux bords, mais par un seul à la pré-frontale et à la pré-oculaire.

On remarque aussi que la pièce squammeuse, placée à la suite de ces quatre plaques de la lèvre supérieure, ressemble moins aux écailles des côtés du cou, en raison de sa figure plus franchement pentagonale, chez le *Calamaria pavimentata* que chez le C. *Linnæi*.

La squamme temporale ne représente pas un héxagone irrégulier, comme dans ce dernier, mais un quadrangle oblong, qui côtoie la pariétale dans la moitié postérieure de son étendue.

La plaque du menton du Calamaire pavé a son pan antérieur plus long que les deux autres ; tandis que celle du Calamaire de Linné a les trois siens égaux.

Enfin, les plaques inféro-labiales de la première paire, qui sont quadrilatères et non réunies dans le *Calamaria Linnæi*, sont pentagones et soudées ensemble derrière la mentonnière dans le *Calamaria pavimentata*.

Celui-ci n'offre point une squamme, comme quelques-uns de ses congénères, entre les quatre plaques dites-inter-sous-maxillaires.

Sa queue se terminant en pointe extrémement obtuse, il en résulte que l'écaille protectrice de cette dernière a la forme d'un cône fortement tronqué et arrondi au sommet.

Toutes les pièces de l'écaillure du Calamaire pavé dont nous n'avons point parlé ressemblent aux mêmes pièces du Calamaire de Linné.

Ecailles : 13 rangées longitudinales au tronc, 6 à la queue.

Scutelles : 151 ventrales, I anale non divisée, 27 sous-caudales.

DENTS. Maxillaires $\frac{8}{?}$? Palatines ? Ptérygoïdiennes ?

COLORATION. Le dessus de la tête, ses côtés et la nuque sont noirs. Le cou, sa face supérieure et les latérales coupés transversalement par une bande d'un blanc jaunâtre. Cette couleur est répandue sur les lèvres, les régions sous maxillaires, le ventre et le dessous de la queue ; une raie noire partage longitudinalement celui-ci en deux moitiés égales. Les écailles de toutes les autres parties du corps offrent chacune une teinte blanchâtre avec un encadrement noir.

DIMENSIONS. La tête a en longueur un peu plus de deux fois la largeur qu'elle offre vers le milieu des tempes, largeur qui est double de celle que présente le museau au niveau des narines.

Les yeux ont en diamètre le quart du travers de la région sus-inter-orbitaire.

Le tronc est aussi haut et 38 fois aussi long qu'il est large à sa partie moyenne.

L'étendue longitudinale de la queue est contenue neuf fois environ dans a longueur totale du corps chez l'unique sujet que nous possédions, qui mesure 20 centimètres et 7 millimètres depuis le bout du museau jusqu'à l'extrémité caudale.

Tête. long. 0^m,007. *Tronc.* long. 0^m,175. *Queue.* long. 0^m,025.

PATRIE. C'est l'île de Java qui produit cette espèce de Calamaire, que possède notre collection nationale.

4. LE CALAMAIRE QUATRE-TACHES. *Calamaria quadri-maculata.* Nobis.

CARACTÈRES. Ventre et dessous de la queue d'un blanc jaunâtre; celle-ci ayant en dessus quatre taches jaunes situées, deux à sa partie antérieure, deux à sa partie postérieure. Quatre plaques supéro-labiales, dont la deuxième et la troisième touchent à l'œil. Inféro-labiales de la première paire se réunissant derrière la mentonnière. Sommet de la rostrale un peu rabattu sur le museau. Frontale sub-oblongue, offrant un angle aigu en arrière et un autre excessivement ouvert en avant. Pas de squamme entre les quatre plaques inter-sous-maxillaires.

DESCRIPTION.

FORMES. Le *Calamaria quadri-maculata* a la tête de la même forme que celle du *pavimentata*; il est celui de tous ses congénères chez lequel le tronc offre le moins de longueur, et un de ceux qui ont la queue la plus courte. Celle-ci, presque aussi forte que la partie du corps à laquelle elle fait suite, ne diminue de diamètre, en s'en éloignant, que dans sa portion terminale, qui représente un cône à sommet un peu pointu. Les narines sont percées à droite et à gauche du museau, très-près de son extrémité.

ECAILLURE. Les seules différences qui existent entre le bouclier céphalique du Calamaire à queue quadrimaculée et celui du Calamaire pavé sont offertes par la frontale. Elles consistent simplement en ce que l'angle antérieur de cette plaque est excessivement ouvert chez l'un, tandis qu'il ne l'est que médiocrement chez l'autre ; et que ses bords latéraux divergent d'avant en arrière chez le premier, au lieu qu'ils sont parallèles chez le second.

La squamme emboîtante de l'extrémité caudale ressemble à un dé conique ayant sa pointe légèrement obtuse.

Écailles : 13 rangées longitudinales au tronc, 6 à la queue.

Scutelles : 136 ventrales, 1 anale non-divisée, 13 sous-caudales.

DENTS maxillaires. Palatines, ptérygoïdiennes.

COLORATION. Ce Calamaire a le dessus du crâne d'un brun olivâtre ; on retrouve au cou la même couleur sur une étendue égale à la longueur de la tête, et immédiatement en arrière de l'occiput, il existe une bande traversale d'un blanc jaunâtre. Une pareille teinte couvre la totalité des régions inférieures de l'animal, ainsi que les lèvres, d'où elle monte au-dessus des angles de la bouche. Le tronc et la queue offrent sept raies noires, séparées par des intervalles d'un brun jaunâtre. L'une de ces raies est tracée sur les pièces de l'écaillure qui occupent la ligne longitudinale du dos ; les six autres s'étendent, trois à droite et trois à gauche, en comptant de bas en haut, une entre la première et la seconde série d'écailles, une sur la troisième et une sur la cinquième.

La face sus-caudale présente deux grandes taches jaunes placées côte à côte tout-à-fait en avant, et deux autres semblables situées tout-à-fait en arrière.

DIMENSIONS. La tête a en longueur le double de la largeur qu'elle offre vers le milieu des tempes et quatre fois celle que présente le museau, au niveau des narines.

Les yeux ont en diamètre le quart du travers de la région sus-inter orbitaire.

Le tronc est aussi haut et 33 fois aussi long qu'il est large à sa partie moyenne.

La queue prend le treizième de la longueur totale du corps, qui donne 13 centimètres chez notre unique exemplaire.

Tête, long. 0^m,005. *Tronc*, long. 0^m,115. *Queue*, long. 0^m,01.

PATRIE. Cette espèce habite l'île de Java, comme l'indique l'étiquette du bocal qui la contient dans la collection nationale.

5. LE CALAMAIRE MODESTE. *Calamaria modesta.* Nobis.

CARACTÈRES. Gastrostèges d'un brun plombé sur leur moitié

antérieure, d'un blanc sale sur la postérieure. Dessous de la queue jaunâtre, avec une raie noirâtre sur sa ligne médio-longitudinale. Cinq plaques supéro-labiales, dont la troisième et la quatrième touchent à l'œil. Inféro-labiales de la première paire se joignant derrière la mentonnière. Sommet de la rostrale un peu rabattu sur le museau. Frontale sub-oblongue, offrant un angle obtus en avant et un autre sub-aigu en arrière. Pas de squamme entre les quatre plaques inter-sous-maxillaires.

DESCRIPTION.

Formes. Le *Calamaria modesta* n'a ni la tête autrement conformée, ni les narines autrement situées que le *quadri-maculata* et le *pavimentata*. Son tronc offre la même gracilité que celui de ce dernier. Sa queue, d'une longueur moyenne pour celle d'un Calamaire, diminue graduellement de grosseur, depuis sa naissance jusqu'à son extrémité terminale, qui est obtusément pointue.

Écaillure. Dans l'espèce, objet de la présente description, la plaque rostrale, les nasales, les oculaires et toutes les sus-céphaliques, autres que la frontale, ressemblent à celles de ses congénères déjà décrits. La squammure temporale ne diffère pas de celle des Calamaires nommés pavé et quadrimaculé.

Ici, la lame du front a ses six bords à peu près égaux, bords dont les latéraux sont presque parallèles et les antérieurs, ainsi que les postérieurs, réunis, ceux-ci sous un angle très-faiblement aigu, ceux-là sous un angle distinctement obtus.

Le *Calamaria modesta* a bien ses inféro-labiales de la première paire soudées ensemble derrière la mentonnière, de même que le *quadri-maculata*. Il manque encore comme celui-ci, comme le *Linnœi* et le *pavimentata* de la squamme qu'on observe entre les quatre inter-sous-maxillaires du *versicolor*; mais sa lèvre supérieure, au lieu de n'offrir que quatre plaques de chaque côté, ainsi que celle des espèces précitées, en présente cinq, dont la troisième et la quatrième se trouvent situées positivement au-dessous de l'œil, ou de telle sorte que le sommet de l'angle supéro-antérieur de l'une touche à la pré-oculaire et que le sommet, un peu tronqué, de l'angle supéro-postérieur de l'autre soutient la post-oculaire.

La première, la seconde et la troisième supéro-labiales du Calamaire modeste sont presque carrées. La quatrième, plus haute que large, s'élève un peu derrière l'œil pour s'unir à la post-oculaire. La cinquième, qui est fort grande, représenterait exactement un carré long, si postérieurement, elle offrait un pan rectiligne-perpendiculaire, au lieu d'un angle extrêmement obtus et si l'angle par lequel elle tient à la post-oculaire n'avait point son sommet légèrement tronqué.

La squamme en forme de dé conique dans laquelle s'emboîte l'extrémité caudale a une pointe médiocrement obtuse.

Ecailles : 13 rangées longitudinales au tronc , 8 à la queue.

Scutelles : 190 gastrostèges, 1 anale non divisée et 18 urostèges.

Dents maxillaires? Palatines ? Ptérygoïdiennes.

Coloration. La tête, en dessus et latéralement, est d'un brun olivâtre. Sauf quelques macules jaunes jetées sur les côtés du cou, il n'existe aucune autre teinte qu'un brun vert extrêmement foncé ou presque noir sur les régions supérieure et latérales du tronc et de la queue. Les lèvres et la gorge sont jaunâtres ; les lames sous-collaires aussi, mais pas sur toute leur surface, le milieu de leur marge antérieure offrant un brun plombé ou pareil à celui qui couvre les scutelles du ventre dans la première moitié, tandis que la seconde est d'un blanc-sale. La couleur franchement jaunâtre du dessous de la tête reparaît sur la face sous-caudale, qu'une raie noirâtre partage longitudinalement en deux portions égalés.

Dimensions. La tête a en longueur un peu plus du double de la largeur qu'elle offre au milieu des tempes, largeur qui est un peu moins de la moitié de celle du museau, prise au niveau des narines.

Les yeux ont en diamètre le tiers du travers de la région sus-interorbitaire.

Le tronc est à peine plus haut et 38 fois aussi long qu'il est large à sa partie moyenne.

La queue fait un peu plus du seizième de la longueur totale du corps, qui est de 15 centimètres et 7 millimètres chez le seul individu par lequel cette espèce nous est connue.

Tête, long. 0^m,07. *Tronc,* long. 0^m,14. *Queue,* long. 0^m,04.

Patrie. Ce Calamaire provient de l'île de Java, comme tous ces congénères précédemment décrits. Il existe dans la collection nationale.

6. LE CALAMAIRE DE GERVAIS. *Calamaria Gervaisii.* Nobis.

Caractères. Ventre jaunâtre , tantôt uniformément, tantôt avec du noir sur la marge antérieure de ses scutelles ; dessous de la queue jaunâtre , divisé longitudinalement par une raie médiane noire. Cinq plaques supéro-labiales, dont la troisième et la qua trième touchent à l'œil. Inféro-labiales de la première paire ne se réunissant pas derrière la mentonnière. Sommet de la rostrale un peu rabattu sur le museau. Frontale plus longue que large, offrant un angle obtus en avant et un aigu en arrière. Pas de squamme entre les quatre plaques inter-sous-maxillaires.

SYNONYMIE. 1837. *Calamaria virgulata.* Gervais magaz. Zool. Guérin. Rept. pag. 16. pl. 16, fig. 7-10.

1839. *Calamaria virgulata.* Gervais. Voy. autour du monde de la corvette *la Favorite.* Zool. part. II, page 75, pl.   fig.

DESCRIPTION.

FORMES. Nous retrouvons chez cette espèce la même forme de tête et la même position des narines que chez ses trois précédentes congénères. Elle a le tronc plus étendu que le *Calamaria quadri-maculata,* le *Linnæi* et le *Schlegelii*, mais moins allongé que le *Pavimentata*, le *modesta*, le *bicolor,* le *vermiformis,* le *Temminckii* et le *lumbricoïdea.* Sa queue la placerait près des Calamaires qui ont cet organe le moins développé, conique dans son ensemble, et très-obtusément pointu à son extrémité terminale.

ÉCAILLURE. Les seules dissemblances qui existent entre la vestiture céphalique du Calamaire de Gervais et celle du Calamaire modeste sont les suivantes : dans l'un, les plaques inféro-labiales de la première paire ne se trouvent pas réunies derrière la mentonnière, au lieu que dans l'autre, elles s'y joignent ; chez le premier, l'angle postérieur de la frontale est assez aigu ; tandis qu'il l'est à peine chez le second.

La squamme qui se moule sur l'extrémité de la queue du *Calamaria Gervaisii* offre la forme d'un cône très-court et à sommet fortement obtus.

Écailles : 13 rangées longitudinales au tronc, 6 à la queue.

Scutelles : 152-172 ventrales, 1 anale non divisée, 14-16 sous-caudales.

DENTS maxillaires ? Palatines ? Ptérygoïdiennes ?

COLORATION. Le Calamaire de Gervais a le dessus de la tête marbré de brun plus ou moins foncé et de fauve ou de jaunâtre. Cette dernière teinte règne seule sur les régions sous-céphaliques, les lèvres et l'arrière des tempes, d'où elle monte quelquefois vers la nuque et le cou est alors orné d'une sorte de collier.

Toutes les écailles sont fauves ou jaunâtres et plus ou moins chargées de vermiculations brunes ; celles d'entr'elles qui dépendent des trois séries de chaque flanc ont leurs bords supérieur et inférieur uniformément brunâtres ou noirâtres ; celles qui appartiennent aux deux plus externes des sept rangs longitudinaux de la face supérieure du corps, ainsi qu'aux deux que sépare l'un de l'autre le rang de la ligne médio-dorsale, ont chacune leur milieu occupé par une tache oblongue et noire, ce qui produit, le long du dos et de la queue, quatre raies parallèles d'une couleur plus intense que celle du fond.

Les scutelles ventrales portent toujours une tache brune ou noire à chacun de leurs angles latéraux ; mais elles ont le reste de leur surface coloré en jaunâtre, tantôt sur la totalité, tantôt sur la moitié postérieure seulement, l'antérieure l'étant en brun ou en noir.

Le dessous de la queue est jaunâtre, avec une raie médio-longitudinale brune ou noire.

DIMENSIONS. La tête a en longueur une fois et demie la largeur qu'elle offre vers le milieu des tempes, largeur qui est double de celle du museau au niveau des narines.

Le diamètre de l'œil est égal au quart du travers de la région sus-interorbitaire.

Le tronc est aussi haut et 36 à 43 fois aussi long qu'il est large à sa partie moyenne.

La queue entre au moins pour le dix-neuvième, au plus pour le treizième, dans la longueur totale du corps, qui est de 19 centimètres et 4 millimètres chez le moins court des trois sujets que nous avons présentement sous les yeux.

Tête, long. 0^m,006. *Tronc,* long. 0^m,178. *Queue,* long. 0^m,01.

PATRIE. Ces petits Ophidiens ont été recueillis à Java par MM. Eydoux et Souleyet dans le voyage de la Favorite.

OBSERVATIONS. C'est l'un de ces trois Serpents dont M. Gervais a donné le portrait, sous le nom de *Calamaria virgulata,* dans la relation du voyage de la corvette la Favorite, ce naturaliste croyant son Calamaire spécifiquement semblable à celui que Boié avait désigné ainsi dans l'Isis : mais c'était une erreur ; car le Calamaire figuré par M. Gervais appartenait à une espèce encore inédite et très-différente du *Calamaria virgulata* de Boié, qui a été établie d'après un jeune sujet du *Calamaria lumbricoidea.*

7. LE CALAMAIRE BICOLORE. *Calamaria bicolor.* Schlegel.

CARACTÈRES. Ventre d'un blanc sale, ainsi que le dessous de la queue, qui est divisée longitudinalement par une raie médiane, noire. Cinq plaques supéro-labiales, dont la troisième et la quatrième touchent à l'œil. Inféro-labiales de la première paire se réunissant derrière la mentonnière. Sommet de la rostrale non rabattu sur le museau. Frontale à peu près aussi large que longue, offrant un angle obtus en avant et un aigu en arrière. Pas de squamme entre les quatre plaques inter-sous-maxillaires.

SYNONYMIE. 1845. *Calamaria bicolor*. Schlegel. Mus. de Leyde.

DESCRIPTION.

FORMES. Le Calamaire bicolore a la tête distinctement moins épaisse que celle d'aucun de ses congénères précédents, et aussi peu élargie en avant qu'elle l'est dans le *Calamaria Linnœi*. Il n'y a que le tronc du *vermiformis,* du *Temminckii* et du *lombricoidea* qui soit plus grêle que celui de l'espèce du présent article ; et le *leucocephala,* le *Schlegelii,* ainsi que le *pavimentata,* ont seuls une queue plus longue que la sienne. Chez le *bicolor,* cet organe diminue graduellement de grosseur, depuis son origine jusqu'à son extrémité terminale, qui est très-pointue.

Ses narines se trouvent situées, non pas de chaque côté du bout du museau, mais à chaque coin du devant de celui-ci, qui est à peine arrondi, tandis qu'il l'est assez fortement dans la plupart des autres Calamaires.

ÉCAILLURE. Ici, la plaque rostrale, en raison de ce qu'elle se borne à couvrir la face antérieure du museau, est proportionnellement moins développée que dans les espèces précédentes et que dans les suivantes ; elle offrirait exactement la figure d'un triangle équilatéral, si son bord inférieur n'était assez fortement échancré et si celui de droite, comme celui de gauche, ne se trouvait former trois pans égaux, respectivement en rapport avec l'une des pré-frontales, des nasales et des supéro-labiales de la première paire ; cette rostrale a sa surface bombée, excepté dans sa portion basilaire, qui offre un profond enfoncement demi-circulaire.

Les deux bords par lesquels les pré-frontales tiennent à la rostrale forment ensemble un angle rentrant, beaucoup plus ouvert que chez les Calamaires, où le haut de cette dernière plaque se rabat sur le museau.

La frontale présente deux bords antérieurs réunis sous un angle obtus, deux postérieurs donnant un angle aigu et deux latéraux convergeant d'avant en arrière ; ces derniers sont plus courts que les postérieurs et ceux-ci moins longs que les antérieurs.

Les sus-oculaires ont leur bout terminal une fois plus large que l'antérieur.

Les plaques pariétales, les pré-oculaires et les post-oculaires ne se distinguent en rien de celles qui portent les mêmes noms dans les espèces des articles précédents.

Les nasales sont triangulaires.

Les cinq supéro-labiales qui existent de chaque côté, augmentent graduellement en hauteur à partir du commencement jusqu'à la fin de la rangée qu'elles constituent. La première d'entr'elles est pentagonale et la
deuxième carrée, ainsi que la troisième, qui ne touche au globe oculaire
que par l'extrémité postérieure de son bord supérieur.

La quatrième, bien moins étroite en bas qu'en haut, où elle se trouve
en rapport avec l'œil et avec la post-oculaire, a l'apparence d'un trapèze
rectangle, dont le sommet aigu est ici le postéro-inférieur. La cinquième,
beaucoup plus développée qu'aucune de ses congénères, tient à la post-
oculaire et à la squamme temporale par deux très-petits pans opposés l'un
à l'autre et entre lesquels en est un assez grand qui s'articule avec la pariétale ; cette dernière plaque de la lèvre supérieure offre immédiatement à sa
suite deux grandes écailles pentagones, inéquilatérales, placées toutes deux
au-dessous de la squamme de la tempe.

La vestiture de la mâchoire inférieure et de la gorge du Calamaire bicolore ressemble à celle des espèces du même genre qui, comme lui, ont leurs
lames inféro-labiales de la première paire réunies derrière la mentonnière, et qui manquent de squamme entre les quatre plaques inter-sous-
maxillaires.

Le dé squammeux dans lequel s'emboîte l'extrémité de la queue a la
forme d'un cône légèrement comprimé, dont le sommet est une pointe
très-dure et assez effilée.

Écailles : 13 rangées longitudinales au tronc, 6 à la queue.

Scutelles : 152 ventrales, 1 anale non divisée, 24 sous-caudales.

DENTS. Maxillaires $\frac{10}{?}$ Palatines ? Ptérygoïdiennes ?

COLORATION. Le dessus et les côtés de tout l'animal sont d'un noir
bleuâtre ; une teinte blanchâtre règne seule sur les lèvres, sous la tête, sur
le ventre et sur les écailles des deux séries qui bordent celui-ci à gauche et
à droite. La région sous-caudale offre aussi une teinte blanchâtre, mais pas
sur toute sa surface, attendu qu'elle est divisée longitudinalement en deux
moitiés égales par une raie d'un brun roussâtre.

DIMENSIONS. La tête a en longueur le double de sa largeur prise vers le
milieu des tempes, largeur qui est triple de celle que présente le museau au
niveau des narines.

Les yeux ont en diamètre le quart du travers de la région sus-inter-orbitaire.

Le tronc est aussi haut et 39 fois aussi long qu'il est large à sa partie
moyenne.

La longueur de la queue n'est tout au plus que de neuf fois et demie la longueur totale du corps, qui donne 28 centimètres et 5 millimètres chez le sujet unique, d'après lequel nous venons de faire cette description.

Tête, long. 0ᵐ,009. *Tronc*, long. 0ᵐ,246. *Queue*, long. 0ᵐ,03.

PATRIE. Cet Ophidien, qui appartient au muséum de Leyde, a été recueilli dans l'île de Bornéo. Notre collection nationale ne le possède pas.

8. LE CALAMAIRE DE SCHLEGEL. *Calamaria Schlegeli.* Nobis.

CARACTÈRES. Ventre jaunâtre ; la queue aussi, mais ayant le bord latéro-interne de ses scutelles brunâtre. Cinq plaques supérolabiales dont la troisième et la quatrième touchent à l'œil. Inférolabiales, de la première paire ne se conjoignant pas derrière la mentonnière. Sommet de la rostrale très-distinctement rabattu sur le museau. Frontale aussi large que longue, offrant un angle très-obtus en avant et un aigu en arrière. Une squamme entre les quatre plaques inter-sous-maxillaires (1).

DESCRIPTION.

FORMES. La tête du *Calamaria Schlegeli* est aussi déprimée, mais moins étroite tout-à-fait en avant, que celle du bicolore.

Son tronc n'est pas beaucoup moins court que celui du *Linnœi*; tandis que sa queue, dont l'ensemble est conique et le bout terminal fort pointu, offre plus de longueur que n'en présente celle de tous les autres Calamaires, à l'exception du Leucocéphale.

Ses narines, qui sont grandes, ovalaires et baillantes, s'ouvrent un peu plus en arrière que de coutume, à droite et à gauche du bout du museau.

Le devant de celui-ci est fort arrondi et chacun de ses côtés, très-distinctement concave au-dessus de l'orifice nasal.

ÉCAILLURE. La présente espèce est du petit nombre de celles du même genre qui offrent une grande écaille sub-losangique entre les quatre plaques inter-sous-maxillaires, écaille dont l'extrémité postérieure se trouve en contiguïté avec le sommet antérieur de la première des trois squammes qui occupent la ligne médio-longitudinale de la gorge.

_____

(1) L'individu par lequel cette espèce nous est connue manque de préoculaires, ou plutôt, chez lui, ces plaques ne sont pas distinctes des préfrontales.

REPTILES, TOME VII.   6.

Elle n'a pas ses plaques inféro-labiales de la première paire soudées en-semble derrière la lame triangulaire du menton, laquelle est élargie et non enclavée entre les plaques inter-sous-maxillaires antérieures.

La plaque rostrale du Calamaire de Schlegel, qui est plus dilatée en lar-geur qu'en hauteur et néanmoins assez fortement rabattue sur le museau, présente cinq pans inégaux, savoir : un de moyenne étendue et profondé-ment échancré pour la sortie de la langue, deux très-courts articulés avec les supéro-labiales de la première paire, et deux fort longs formant un angle obtus, bordé de chaque côté par les nasales et les pré-frontales. Cette plaque rostrale a sa surface creusée d'un grand sillon demi-circulaire, tout près de sa marge inférieure.

La frontale offre deux bords antérieurs très-grands et réunis dans un angle obtus, deux postérieurs très-grands aussi et réunis sous un angle aigu, et deux latéraux de plus de moitié moins étendus que les précédents et distinctement convergents d'avant en arrière.

Les sus-oculaires sont extrêmement petites, sub-oblongues et plus élar-gies à leur extrémité postérieure qu'à leur extrémité antérieure.

La nasale a la figure d'un triangle rectangle, dont le plus grand côté, ici le supérieur, est curviligne.

Bien que le sujet d'après lequel nous faisons cette description ne pré-sente point de pré-oculaires, nous n'en concluons pas que l'absence de ces plaques soit un caractère propre à l'espèce : nous croyons au contraire que si elles ne se laissent pas apercevoir chez cet individu, où elles sont sans doute, par extraordinaire, confondues avec les pré-frontales, elles doivent se montrer distinctes et séparées de celles-ci dans d'autres sujets. Ce qui nous porte à penser ainsi, c'est qu'aucun des Calamaires déjà décrits ou qui nous restent à décrire n'est dépourvu de plaques pré-oculaires.

Les cinq plaques qui revêtent la lèvre supérieure, à droite comme à gauche, augmentent graduellement de hauteur d'avant en arrière. La première représente un carré et la seconde un trapèze; la troisième et la quatrième, qui sont un peu plus hautes que larges et coupées carrément à leur base, ont leur bord supérieur brisé sous un angle obtus dont l'un des côtés touche au globe de l'œil; la cinquième aurait exactement la figure d'un carré si, postérieurement, elle se terminait par un pan perpendiculo-rectiligne et non par un angle obtus.

La seule squamme temporale qui existe de chaque côté est quadrilatère et oblongue.

L'écaille dans laquelle s'emboîte l'extrémité caudale a la forme d'un cône légèrement effilé, dont le sommet est une pointe solide.

Ecailles : 13 rangées longitudinales au tronc, 6 à la queue.

Scutelles : 158 ventrales, 1 anale non divisée, 33 sous-caudales.

Dents. Maxillaires $\frac{10}{?}$ Palatines, ? ; Ptérygoïdiennes, ?.

Coloration. Une couleur olivâtre couvre le dessus de la tête en entier et ses côtés dans leur moitié antérieure seulement ; la moitié postérieure de ceux-ci est d'un blanc jaunâtre, ainsi que la gorge et les régions sous-céphaliques.

La face supérieure du tronc et de la queue est d'un noir violet, au travers duquel on aperçoit des nuances d'un brun roussâtre. Cette dernière teinte, qui se montre plus franchement sur les flancs, forme un glacis sur le blanc jaunâtre dont se trouvent peintes les scutelles abdominales et les sous-caudales en grande partie du moins ; car elles ont, les unes leur marge recouvrante, les autres cette même marge et leur extrémité latéro-interne colorées en brun de suie.

Dimensions. La tête a en longueur le double de la largeur qu'elle offre vers le milieu des tempes et le quadruple de celle que présente le museau au niveau des narines.

Les yeux ont en diamètre le cinquième du travers de la région sus-inter-orbitaire. Le tronc est aussi haut et 35 fois aussi long qu'il est large à sa partie moyenne.

La queue entre pour le septième de la longueur totale du corps, qui est de 25 centimètres et 9 millimètres chez l'unique exemplaire de cette espèce que nous ayons encore vu, lequel appartient au musée de Leyde.

Tête. Long. $0^m,01$. *Tronc.* Long. $0,^m212$. *Queue.* Long, $0^m,037$.

Patrie. Ce Calamaire est originaire de l'île de Bornéo.

9. LE CALAMAIRE LEUCOCÉPHALE. *Calamaria leucocephala.* Nobis.

Caractères. Tête, cou, ventre et dessous de la queue blancs; dessus de celle-ci et dos noirs. Cinq plaques supéro-labiales dont la troisième et la quatrième touchent à l'œil. Inféro-labiales de la première paire se conjoignant derrière la mentonnière. Sommet de la rostrale non distinctement rabattu sur le museau. Frontale plus large que longue, offrant un angle obtus en avant et un autre en arrière. Pas de squamme entre les quatre plaques inter-sous-maxillaires.

DESCRIPTION.

Formes. Le *Calamaria leucocephala* ressemble au *Schlegeli* par la

6.*

forme de sa tête , par celle de sa queue et par la position de ses narines ; mais il en diffère par la longueur un peu plus grande de son tronc et de son prolongement caudal.

ECAILLURE. Ce qu'il y a de plus caractéristique dans la vestiture squammeuse de la tête de cette espèce, c'est d'abord la jonction que forment entr'elles les plaques inféro-labiales de la première paire derrière la lame du menton, puis l'absence de squamme entre les quatre plaques inter-sous-maxillaires , ensuite l'abaissement fort peu sensible du haut de la rostrale sur le museau ; Enfin , la figure toute particulière de la frontale. En effet, cette dernière plaque, contre l'ordinaire, est plus dilatée transversalement que longitudinalement et elle a ses deux bords postérieurs à peu près aussi étendus que les deux antérieurs et réunis , de même que ceux-ci , sous un angle obtus ; en outre, ses deux bords latéraux sont presque de moitié moins longs que les autres et presque parallèles ou à peine convergents d'avant en arrière.

Les plaques sus-oculaires, proportionnellement moins courtes que chez le Calamaire de Schlegel , ont leur bout antérieur plus étroit que le postérieur ; celui-ci est coupé carrément et celui-là fait un angle obtus qui tient à la pré-frontale et à la pré-oculaire.

La plaque nasale représente un trapèze.

La première des cinq plaques supéro-labiales n'est pas absolument carrée, parce qu'elle a sa partie inférieure un peu moins élargie que la supérieure. La seconde, qui est un peu rétrécie inférieurement, a son bord supérieur brisé sous un angle très-obtus, dont l'un des côtés touche à la pré-frontale et l'autre à la pré-oculaire. La troisième , qui diminue de largeur de bas en haut, offre ici deux très-petits pans respectivement en rapport avec la pré-oculaire et le globe de l'œil. La quatrième, qui forme presque à elle seule la portion inférieure du cercle squammeux de ce dernier organe , serait carrée sans la présence d'un cinquième pan , extrêmement court , sur lequel s'appuie la post-oculaire. La cinquième aurait exactement la figure d'un quadrilatère rectangle, si le sommet de son angle supéro-antérieur, qui s'articule avec la post-oculaire, n'était pas légèrement tronqué.

La squamme conique de l'extrémité caudale est forte , assez effilée et très-pointue.

Ecailles : 13 rangées longitudinales au tronc , 6 à la queue ; 136 gastrostèges, 1 anale non divisée, 37 urostèges.

DENTS. Maxillaires — Palatines. Ptérygoïdiennes.

COLORATION. Un noir profond couvre le dessus et les côtés du tronc et de la queue. Une teinte blanche règne seule sur la totalité de la tête , autour du cou, sur la face ventrale et la sous-caudale, ainsi que sur les écailles des deux rangées les plus voisines des scutelles abdominales.

DIMENSIONS. La tête a en longueur le double de la largeur qu'elle offre vers le milieu des tempes, et le quadruple de celle que présente le museau au niveau des narines.

Les yeux ont en diamètre le cinquième du travers de la région sus-inter-orbitaire.

Le tronc est un peu plus haut et 36 fois aussi long qu'il est large à sa partie moyenne.

La queue entre pour un peu plus du sixième dans la longueur totale du corps, laquelle donne 22 centimètres et 4 millimètres chez l'individu unique qui vient de servir à la présente description.

Tête. long. $0^m,008$. *Tronc.* long. $0^m,18$. *Queue.* long. $0^m,036$.

Ce Serpent appartient au musée d'Histoire naturelle du fort Pitt, à Chatham ; nous en devons la communication à la complaisance de notre savant ami , M. le docteur Smith.

PATRIE. Il nous a été envoyé sans l'indication du lieu d'où il est originaire.

10. LE CALAMAIRE VERMIFORME. *Calamaria vermiformis.* Nobis.

CARACTÈRES. Bas des flancs blanchâtre ; ventre et dessous de la queue de la même teinte , mais coupés dans toute leur largeur, de distance en distance, par des carrés bruns ou noirs. Cinq plaques supéro-labiales, dont la troisième et la quatrième touchent à l'œil. Inféro-labiales de la première paire ne se conjoignant pas derrière la mentonnière. Sommet de la rostrale non rabattu sur le museau. Frontale sub-oblongue, offrant un angle obtus en avant et un aigu en arrière. Une squamme entre les quatre plaques inter-sous-maxillaires.

DESCRIPTION.

FORMES. La tête du *Calamaria vermiformis* est semblable à celle des *Calamaria pavimentata, quadri-maculata, modesta, Gervaisii.* Comme ceux-ci, il a les narines ouvertes latéralement, tout près du bout du museau, dont le devant est à peine arqué , son tronc surpasse de

beaucoup en longueur celui de toutes les espèces précédentes ; tandis que
sa queue, sub-conique dans son ensemble et brusquement très-pointue à
son extrémité terminale, est au contraire plus courte que celle de la plupart des Calamaires.

ÉCAILLURE. La plaque rostrale, qui ne se rabat point sur le museau, offre
sept pans inégaux, savoir : deux petits soudés aux nasales, deux, moins
courts que ceux-ci, articulés avec les supéro-labiales de la première paire,
deux, plus longs que les précédents, formant un angle très-obtus en rapport
avec les pré-frontales, et un, plus grand qu'aucun des autres, présentant
une forte échancrure demi-circulaire servant de passage à la langue.

La frontale, un peu plus étendue longitudinalement que transversalement, a six bords sub-égaux entr'eux, deux antérieurs donnant un angle
fort ouvert, deux postérieurs réunis sous un angle aigu, et deux latéraux
qui convergent légèrement d'avant en arrière.

Les sus-oculaires sont sub-oblongues ; elles ont leur extrémité postérieure
coupée carrément et plus élargie que l'antérieure, qui fait un angle obtus
dont le côté interne tient à la pré-frontale et le côté externe, plus court
que l'autre, s'articule avec la pré-oculaire.

La plaque nasale ressemble à un trapèze rectangle, dont le sommet aigu
se trouve être ici le postéro-inférieur.

La pré-oculaire est tantôt quadrangulaire, tantôt pentagonale, mais toujours plus large en bas qu'en haut.

La première et la seconde supéro-labiales sont d'égale grandeur et carrées ou presque carrées. La troisième leur ressemblerait, si elle n'avait
point son bord supérieur brisé sous un angle très-obtus et à côtés inégaux, qui touchent, le plus petit à la plaque pré-oculaire, le plus grand au
globe oculaire.

La quatrième, dont le bord inférieur fait un angle droit avec l'antérieur
et un angle aigu avec le postérieur, a deux pans supérieurs inégalement
courts en rapport, l'un avec l'œil, l'autre avec la plaque post-oculaire.

La cinquième et dernière, hexagone inéquilatérale, tient par ses deux
plus petits bords à la plaque post-oculaire et à la squamme temporale.

Celle-ci est comme de coutume assez grande, oblongue et articulée avec
la pariétale.

La lame du menton, derrière laquelle ne se conjoignent point les plaques
inféro-labiales de la première paire, a très-souvent son angle postérieur
plus ou moins arrondi, angle dont le sommet ne s'enclave pas dans les deux
plaques placées à sa suite.

Il existe une squamme irrégulièrement losangique entre les quatre plaques inter-sous-maxillaires, de même que chez le Calamaire de Schlegel et
le C. versicolore.

L'écaille conique qui se moule sur l'extrémité caudale offre une forte pointe cornée.

Écailles : 13 rangées longitudinales au tronc, 6 à la queue.

Scutelles : 177-194 gastrostèges, 1 anale non divisée, 17-25 urostèges.

Dents. Maxillaires. $\frac{10}{8}$ Palatines, 7-9. Ptérygoïdiennes, 10-11.

Coloration. Le tronc et la queue sont, en dessus et latéralement, d'un brun roussâtre, avec des reflets bleus. La face sus-céphalique offre une couleur semblable, tantôt d'un bout à l'autre, tantôt sur la première moitié seulement, la seconde, dans ce cas, étant d'un blanc-jaunâtre, teinte qui existe toujours sur les lèvres, assez ordinairement autour du cou et qui, parfois, envahit la totalité de la tête. Ce même blanc-jaunâtre, indépendamment qu'il couvre les écailles des deux ou trois séries inférieures de chaque flanc et qu'il se montre sur le devant du dos d'une manière plus ou moins distincte, sous la forme de petites taches disposées par bandes transversales, est encore la principale couleur du dessous du corps. En effet, la région ventrale et la sous-caudale présentent bien de grands carrés bruns ou noirs ; mais ceux-ci ne commencent qu'assez loin en arrière de la gorge et, pour deux scutelles que chacun d'eux occupe, il y a trois scutelles d'un blanc-jaunâtre qui les séparent l'un de l'autre.

Dimensions. La tête a en longueur le double de la largeur qu'elle offre vers le milieu des tempes, et le quadruple de celle que présente le museau au niveau des narines.

Les yeux ont en diamètre un peu moins du tiers du travers de la région sus-inter-orbitaire.

Le tronc est aussi haut et de 47 à 63 fois aussi long qu'il est large à sa partie moyenne.

La queue entre, au plus, pour le onzième et, au moins pour le dix-huitième, dans la longueur totale du corps, qui est de 43 centimètres et 4 millimètres chez le plus grand des sept individus, objets de notre examen.

Tête, long. 0m,01. Tronc, long. 0m,40. Queue, long. 0m,024.

Patrie. Le Calamaire vermiforme habite l'île de Java. Notre collection nationale possède plusieurs individus provenant de Mme. Alexandre qui les a cédés à notre Musée.

11. LE CALAMAIRE DE TEMMINCK. *Calamaria Temmincki.* Nobis.

Caractères. Flancs d'un brun chocolat comme le dessus du corps ; ventre et dessous de la queue jaunatres, coupés dans toute leur largeur, de distance en distance, par des carrés noirs. Cinq plaques supéro-labiales, dont la troisième et la quatrième touchent à l'œil. Inféro-labiales de la première paire ne se conjoignant pas derrière la mentonnière. Sommet de la rostrale fortement rabattu sur le museau. Frontale beaucoup plus longue que large, offrant un angle obtus en avant et un aigu en arrière.

DESCRIPTION.

Formes. Le *Calamaria Temmincki* a le tronc aussi grêle et la queue, aussi peu développée que le *Vermiformis* ; mais le devant de son museau, bien que faiblement arqué, l'est cependant plus que celui de ce dernier, auquel il ressemble par la manière dont ses narines se trouvent situées.

Écaillure. Relativement à la vestiture squammeuse de la tête, le Calamaire de Temminck diffère du Vermiforme : 1° en ce que sa plaque frontale est proportionnellement plus longue et plus étroite ; 2° en ce que le haut de sa rostrale, indépendamment qu'il se rabat fortement sur le museau, fait un angle presque aigu et non pas extrêmement ouvert ; 3° en ce qu'il manque de squamme entre les quatre plaques inter-sous-maxillaires.

L'écaille dans laquelle s'emboîte l'extrémité caudale a la forme d'un cône court, dont le sommet se prolonge en une pointe cornée, très-solide.

Ecailles : 13 rangées longitudinales au tronc, 6 à la queue.

Scutelles : 178 ventrales, 1 anale non divisée, 17 sous-caudales.

Dents. Maxillaires $\frac{10}{8}$ Palatines ? Ptérygoïdiennes ?

Coloration. Le dessus et les côtés de la tête sont d'un brun olive, et ceux du tronc, ainsi que de la queue d'un brun chocolat foncé, avec des reflets bleus. Une couleur jaunâtre se montre sur une grande partie de la dernière plaque supéro-labiale, la lèvre inférieure', les régions sous-maxillaires, la gorge et le dessous du cou. Le ventre et la face sous-caudale offrent une suite de grands carrés noirs qui, en général, couvrent chacun la surface entière de deux scutelles et que sépare l'un de l'autre un espace jaunâtre occupé par trois de ces lames squammeuses.

Dimensions. La tête a en longueur le double de la largeur qu'elle offre vers le milieu des tempes et le quadruple de celle que présente le museau au niveau des narines.

Les yeux ont en diamètre le tiers du travers de la région sus-inter-orbitaire.

Le tronc est à peine plus haut et 60 fois aussi long qu'il est large à sa partie moyenne.

L'étendue longitudinale de la queue est contenue seize fois et un tiers dans la longueur totale du corps.

Le seul individu de cette espèce que nous ayons encore observé mesure 46 centimètres et 6 millimètres du bout du museau à l'extrémité caudale ; il appartient au musée de Leyde.

Tête. long. 0m,12. *Tronc*. long. 0m,428. *Queue*. long. 0m,26.

Patrie. C'est de Sumatra ou de Bornéo qu'on a reçu ce Serpent.

12. LE CALAMAIRE LOMBRIC. *Calamaria lumbricoidea.*
H. Boié.

Caractères. Ventre blanc, avec une série de taches noires de chaque côté ; dessous de la queue blanc aussi et ayant, soit le bord antérieur et le latéro-externe, soit ce dernier seulement coloré en noir. Cinq supéro-labiales, dont la troisième et la quatrième touchent à l'œil. Inféro-labiales de la première paire ne se conjoignant pas derrière la mentonnière. Sommet de la rostrale non rabattu sur le museau. Frontale sub-oblongue, offrant un angle obtus en avant et un aigu en arrière. Pas de squamme entre les quatre plaques inter-sous-maxillaires.

Synonymie. *Calamaria lumbricoidea*. H. Boié. Erpét. de Java. Pl. 22 , fig. 1.

Calamaria virgulata. Ejusd. loc. cit.

1827. *Calamaria lumbricoidea*. H. Boié. Isis. Tom. XX, p. 540.

Calamaria virgulata. Ejusd. loc. cit.

1830. *Calamaria lumbricoidea*. Wagler. Syst. amph. p. 192.

1837. *Calamaria lumbricoidea*. Schlegel. Ess. physion. Serp. Tom. I, pag. 130 ; Tom. II , pag. 27 ; pl. 1, fig. 14-16.

1847. *Idem*. Cantor. Catal. of Malayan Rept. pag. 61. Célèbes. Pinang, Singapore.

DESCRIPTION.

Formes. Aucun Calamaire n'a le bout du museau plus large et en même temps plus arrondi que le Lombricoïde, ce qui, joint à la forte dépression de sa tête, donne à l'ensemble de cette dernière une forme qui rappelle celle de la même partie du corps chez les Elaps. Aucun autre, non plus, n'a le tronc plus allongé, et il en est peu dont la queue soit plus courte ; cet organe, dans la présente espèce, ne diminue que faiblement de grosseur d'avant en arrière, où il se termine brusquement par une pointe cônique.

Les narines du Calamaire lombricoïde se font jour sur les côtés et tout près de l'extrémité rostrale.

ECAILLURE. Son bouclier céphalique ressemble à celui du Calamaire vermiforme, à cette seule différence près qu'on n'y voit point, comme chez ce dernier, une squamme losangique entre les quatre plaques inter-sous-maxillaires.

L'écaille terminale de la queue est robuste, cônique, un peu comprimée et pointue à son sommet.

Ecailles : 13 rangées longitudinales au tronc, 6 à la queue.

Scutelles : 185-217 ventrales, 1 anale non divisée, 16-23 sous-caudales.

DENTS. Maxillaires $\frac{10}{10}$ Palatines ? Ptérygoïdiennes ?

COLORATION. Les sujets de cette espèce conservés dans l'alcool sont, en dessus et de chaque côté, ou d'un gris schisteux, ou d'un brun grisâtre ou d'un noir bleuâtre, ou bien encore d'un brun légèrement roussâtre. Quelques-uns ont en travers, soit de l'occiput, soit de la nuque, une bande blanchâtre, c'est-à-dire d'une teinte semblable à celle qui est répandue sur les lèvres. D'autres sont tachetés çà et là de blanc d'argent sur leurs parties supérieures.

Les régions inférieures du corps sont blanches, ainsi que les écailles de la première série de chaque flanc, écailles qui parfois ont leur angle terminal peint en noir. Tantôt les scutelles abdominales n'offrent aucune tache, tantôt, au contraire, elles en présentent une noire à chacune des extrémités de leur bord antérieur, et tantôt une troisième au milieu de ce même bord. Les scutelles sous-caudales ne manquent pas non plus toujours de taches latérales ; elles ont même quelquefois leur marge antérieure colorée en brun ; et la ligne qui sépare l'une de l'autre les deux bandes longitudinales qu'elles constituent se trouve toujours indiquée par une raie noire.

M. Schlegel dit que Boié a décrit dans son Erpétologie de Java, sous le nom de *Calamaria virgulata*, un jeune *lumbricoïdea* ayant un anneau blanc autour du cou et un autre près de l'anus et toutes les écailles des flancs, ainsi que les scutelles du dessous du corps, bordées de blanc grisâtre.

DIMENSIONS. La tête a en longueur le double de la largeur qu'elle offre vers le milieu des tempes, largeur aux deux tiers de laquelle est égale celle que présente le museau au niveau des narines.

Les yeux ont en diamètre le tiers du travers de la région inter-sus-orbitaire.

Le tronc est aussi haut et de 56 à 67 fois aussi long qu'il est large à sa partie moyenne.

Le maximum de l'étendue longitudinale de la queue est le quatorzième, et son minimum le vingtième de la longueur totale du corps, qui est de 50 centimètres et 4 millimètres chez le plus grand des individus soumis à notre examen.

Tête. long. 0ᵐ,01. *Tronc.* long. 0ᵐ,47. *Queue.* long. 0ᵐ'024.

PATRIE. Le Calamaire lombricoïde habite les îles de Java et des Célèbes. Les individus qui se trouvent dans la collection nationale de notre muséum offrent les dimensions les plus grandes parmi les espèces de ce genre : ils ont été donnés à notre musée national par celui de Leyde.

IIIᵉ GENRE. RABDOSOME. — *RABDOSOMA* (1). Nobis.

CARACTÈRES ESSENTIELS. *Corps cylindrique, grêle, à écailles lisses ; urostèges en rang double, sous une queue pointue et allongée.*

CARACTÈRES NATURELS. Les neuf plaques sus-céphaliques ordinaires. Deux nasales ; une frénale allongée, touchant à l'œil. Point de pré-oculaire le plus souvent, quelquefois une petite au-dessus de l'extrémité postérieure de la frénale ; une ou deux post-oculaires ; cinq à sept supéro-labiales dont la troisième seulement, ou la troisième et la quatrième, ou bien la quatrième et la cinquième bordent l'œil. Ecailles lisses, losangiques sur le dos, carrées ou à peu près carrées le long du bas des flancs. Scutelles abdominales ne se redressant pas contre ceux-ci, les sous-caudales divisées ; côtés du ventre sub-arrondis. Narines sub-circulaires, s'ouvrant dans la première des deux plaques nasales, tout près de la seconde. Pupille ronde.

---

(1) Ῥάβδος, ου, baguette ; Σωμα, ατος, corps.

Ce genre, ou plutôt l'espèce qui en est le type, faisait partie du genre *Calamaria* de M. Schlegel.

CARACTÈRES ANATOMIQUES. Les têtes osseuses sont beaucoup plus longues en proportion de leur largeur que celles des Calamaires; car ici, le diamètre transversal mesurerait quatre fois la longueur. Le dessus du crâne est plus arrondi et la saillie post-orbitaire est bien moins saillante, la fosse orbitaire étant incomplète derrière et portée plus en avant. Les mâchoires sont aussi moins solides, les os sus-maxillaires ne se joignant pas à l'os incisif. Sur une courbure aussi évasée, leur longueur est moindre; les dents qui les garnissent sont longues, espacées et ne dépassent guère le nombre de sept. Les ptérygo-palatins sont très-longs et garnis de crochets sur toute leur étendue. La mâchoire inférieure, quoique très-longue, ne porte pas plus de crochets que les os sus-maxillaires.

Cette description a été faite d'après l'étude de quatre espèces différentes.

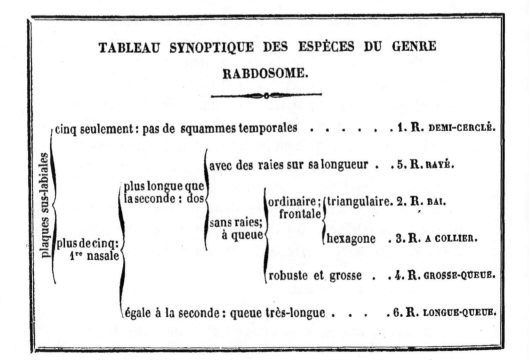

TABLEAU SYNOPTIQUE DES ESPÈCES DU GENRE

RABDOSOME.

cinq seulement : pas de squammes temporales . . . . 1. R. DEMI-CERCLÉ.

avec des raies sur sa longueur . . 5. R. RAYÉ.

plus longue que la seconde : dos

ordinaire; triangulaire. 2. R. BAI.
frontale

sans raies; à queue

hexagone . 3. R. A COLLIER.

robuste et grosse . . 4. R. GROSSE-QUEUE.

égale à la seconde : queue très-longue . . . . 6. R. LONGUE-QUEUE.

plaques sus-labiales

plus de cinq : 1re nasale

1. LE RABDOSOME DEMI-CERCLÉ. *Rabdosoma semi-do-liatum.* Nobis.

CARACTÈRES. Cinq plaques sus-labiales; pas de squamme temporale. Dessus du corps coupé en travers par de grandes taches noires, sur un fond blanc. Plaque rostrale fort grande; bord antérieur de la frontale brisé sous un angle très-ouvert; sus-oculaires extrêmement courtes; première nasale ne descendant pas plus bas que la seconde; point de pré-oculaire; une seule post-oculaire; cinq supéro-labiales, dont la 3e seule touche à l'œil; deux paires de plaques inter-sous-maxillaires. Queue robuste.

DESCRIPTION.

ECAILLURE. La plaque rostrale, qui est extrêmement développée, couvre non-seulement tout le devant, mais aussi un peu du dessus du bout du museau. Elle offre sept pans inégaux : un en bas, très-grand et largement échancré ; deux en haut, bien moins étendus que celui-ci et réunis sous un angle obtus s'enclavant dans les inter-nasales ; et deux de chaque côté, dont l'un, soudé à la première supéro-labiale, est de beaucoup plus court que l'autre, qui est au contraire plus long que chacun des supérieurs et qui s'articule avec la nasale antérieure.

Les inter-nasales représentent des trapèzes et n'ont guère en surface que le tiers de celle des préfrontales.

Ces dernières, conséquemment beaucoup plus grandes à proportion, sont heptagones inéquilatérales.

La frontale, dont le développement est à peu près égal à celui des précédentes considérées séparément, a six bords inégaux, savoir : deux latéraux excessivement courts, rectilignes et parallèles; deux antérieurs extrêmement longs, formant un angle obtus ; deux postérieurs encore plus étendus que leurs opposés et réunis sous un angle aigu.

Les sus-oculaires sont d'une petitesse extrême et en trapèzes rectangles, dont le sommet aigu est ici un peu tronqué et en contiguité avec le post-oculaire.

Les pariétales sont au contraire très-grandes et plus dilatées en long qu'en large ; elles offrent six pans ; un petit à chacune de leurs extrémités et deux beaucoup plus longs de chaque côté, donnant un angle fort obtus.

La plaque nasale antérieure n'est pas bien distinctement plus petite que la postérieure avec laquelle elle se trouve positivement de niveau à sa partie inférieure comme à sa partie supérieure ; l'une représente un carré long ayant son grand diamètre perpendiculaire à la lèvre ; l'autre , qui est hexagone inéquilatérale, s'appuie de même que sa congénère sur la première plaque supéro-labiale , mais aussi sur la seconde.

La frénale est oblongue et coupée à cinq pans , dont un petit à chaque bout, un grand rectiligne en haut , et deux moins étendus que celui-ci en bas , réunis sous un angle très-obtus ; cette plaque touche nécessairement au globe de l'œil , attendu qu'il n'existe pas de pré-oculaire.

La post-oculaire , tantôt pentagone , tantôt quadrangulaire , offre une surface de moitié moindre que la sus-oculaire.

Il n'y a qu'une seule squamme temporale , mais elle est extrêmement développée ; elle est oblongue, pentagone inéquilatérale et située le long de la plaque pariétale au dessus de la dernière supéro-labiale.

On ne compte que cinq plaques de chaque côté de la lèvre supérieure , plaques dont la dimension augmente graduellement d'avant en arrière jusqu'à la quatrième inclusivement ; la cinquième est au contraire moins grande que la pénultième. La première à deux angles droits en bas et trois obtus en haut. La seconde serait carrée si elle manquait du cinquième petit pan par lequel elle tient à la nasale postérieure. La troisième, coupée carrément à sa partie inférieure, présente à sa partie supérieure trois bords inégalement petits qui touchent respectivement à la pré-oculaire , à l'œil et à la post-oculaire. La quatrième, qui est oblongue et en rapport dans toute sa longueur avec la pariétale, offre un très-petit pan soudé à la post-oculaire, indépendamment de cinq autres plus ou moins étendus situés, un en avant, un en haut, un en bas et deux en arrière ; ces derniers forment ensemble un angle obtus s'enclavant entre la squamme temporale et la cinquième plaque supéro-labiale. Celle-ci , la dernière de sa rangée, est quelquefois pentagonale , mais plus souvent trapézoïde ou rhomboïdale.

La plaque mentonnière, moins petite que chez les espèces suivantes , a trois bords dont l'antérieur est plus long que chacun des deux autres , qui sont réunis sous un angle assez ouvert.

Nous trouvons six paires de plaques inféro-labiales. Celles de la première paire ont chacune cinq pans inégaux, dont celui par lequel elles tiennent aux plaques inter-sous-maxillaires antérieures et celui par lequel elles se conjoignent elles-mêmes, en arrière de la mentonnière et forment un angle droit. Celles de la seconde sont carrées , celles de la troisième rectangulaires et celles de la quatrième oblongues, taillées carrément en avant et en angle sub-aigu en arrière. Celles de la cinquième et de la sixième représentent des quadrilatères ou des pentagones allongés.

Les plaques inter-sous-maxillaires antérieures sont grandes et en carré long. Les postérieures de moitié plus courtes que les précédentes, simulent des trapèses. Il existe entre celles-ci et la première scutelle gulaire deux ou trois squammes losangiques placées l'un à la suite de l'autre. La gorge offre de chaque côté quatre rangs obliques d'écailles sub-quadrilatères oblongues.

Les pièces de l'écaillure du tronc, lorsque la peau est bien distendue, ont la figure de carrés réguliers tous à peu près de même grandeur.

Ecailles : 15 rangées longitudinales au tronc, 6 à la queue.

Scutelles : 172 ventrales, 1 anale non divisée, 24 sous-caudales.

DENTS. Maxillaires $\frac{7-8}{6-7}$ Palatines, 14-15 ? Ptérygoïdiennes, 15-16.

COLORATION. Une teinte blanche règne seule sur toutes les parties inférieures du corps; en dessus et latéralement, elle sert de fond à de grandes taches quadrilatères d'un beau noir, ou d'un brun foncé, imprimées en travers du tronc et de la queue de façon à simuler des demi-anneaux. Ces taches, au nombre d'une trentaine, sont tellement rapprochées entr'elles que l'étendue des espaces qui les séparent est de beaucoup moindre que la leur propre.

La tête semble être recouverte d'une calotte noire, qu'un petit collier blanc empêche de se confondre avec la première tache du dos, laquelle, ainsi que les deux ou trois suivantes est plus longue que large, tandis que les autres sont moins dilatées longitudinalement que transversalement et la plupart rétrécies à leurs extrémités.

DIMENSIONS. La tête a en longueur un peu plus que le double de sa largeur prise vers le milieu des tempes et environ le quadruple de celle que présente le museau au niveau des narines.

Les yeux ont en diamètre le cinquième du travers de la région sus-inter-orbitaire.

Le tronc est un peu moins haut et 45 fois aussi long qu'il est large à sa partie moyenne.

La queue ne prend que le onzième ou le douzième de la longueur totale, qui est de 31 centimètres chez notre plus grand sujet, soit : *Tête*. long. 0m,008. *Tronc*. long. 0m,275. *Queue*. long. 0m,027.

PATRIE. Cette espèce est originaire du Mexique. La collection du musée de Paris s'en est procuré cinq individus par M. Parduracki

2. LE RABDOSOME BAI. *Rabdosoma badium*. Nobis.
(*Brachyorrhos badius*, H. Boié).

CARACTÈRES. Sept ou huit plaques sus-labiales; frontale triangulaire; queue grêle, pointue; pas de raies sur le dos. Dessus du

corps offrant en travers, sur un fond roussâtre ; de larges bandes noires géminées (var. A), ou bien des bandes blanchâtres ou
jaunâtres non géminées (Var. B.). Plaque rostrale petite; frontale triangulo-équilatérale; sus-oculaires peu allongées; première nasale descendant plus bas que la seconde ; point de pré-
oculaire ; normalement deux post-oculaires, accidentellement
une seule ; sept supéro-labiales dont la 3e et la 4e touchent à l'œil ;
une seule paire de plaques inter-sous-maxillaires. Queue déliée.

SYNONYMIE. *Brachyorrhus badius*. H. Boié. Erpét. de Java.

? *Brachyorrhos Schach*. Ejusd. loc. cit.

? *Brachyorrhos flammigerus*. Ejusd. loc. cit.

1827. *Brachyorrhos badius*. F. Boié, Isis, Tom. XX, pag. 540.

? *Brachyorrhos Schach*. Ejusd. loc. cit.

? *Brachyorrhos flammigerus*. Ejusd. loc. cit.

1830. *Brachyorrhos badius*. Wagl. Syst. amph. pag. 190.

? *Brachyorrhos Schach*. Ejusd. loc. cit.

? *Brachyorrhos flammigerus*. Ejusd. loc. cit.

1837. *Calamaria badia*. Le Calamaire brun. Schlegel. Ess.
physion. Serp. Tom. I, pag. 131, n° 7 ; Tom. II, pag. 35. exclus.
synon. (*Rabdosoma torquatum*. Nobis).

DESCRIPTION.

FORMES. Le Rabdosome brun ayant le dos plus étroit que le ventre et
celui-ci excessivement peu bombé, il en résulte que la coupe transversale
de son tronc donnerait la figure d'un triangle sub-équilatéral arrondi à chacun de ses trois sommets. La queue, bien que courte, est très-déliée, contrairement à ce qu'on observe chez quelques-unes des espèces du même
genre et en particulier chez le *crassicaudum*.

ECAILLURE. La plaque rostrale est petite et en apparence triangulo-équilatérale, mais elle a réellement sept pans parmi lesquels quatre excessivement courts, qui se trouvent en rapport; deux forment un angle obtus avec
les inter-nasales, et deux avec le bas du bord antérieur des plaques supéro-
labiales de la première paire ; les trois autres, également longs entr'eux,
sont le basilaire, qui est légèrement échancré, et les deux soudés comme
d'ordinaire aux premières plaques nasales.

Les inter-nasales. qui offrent ensemble une surface à peine aussi grande
que celle de la rostrale, ont cinq angles, dont l'un, sub-aigu ou peu ouvert,
s'enclave entre les deux nasales.

Les pré-frontales sont au contraire extrêmement développées, sub-oblongues et moins élargies en avant qu'en arrière ; considérées séparément, leur
figure simule celle d'un trapèze, dont, ici, les angles latéro-antérieur et la
téro-postérieur ont le sommet tronqué, d'où il résulte que chacune de ces
plaques, indépendamment de quatre bords très-inégalement longs, en a
deux autres fort courts, qui touchent respectivement au globe de l'œil et à
la seconde nasale (1).

La frontale, quoique assez dilatée, ne l'est cependant pas tout-à-fait autant que les plaques précédentes ; si elle ne représente pas toujours exactement un triangle équilatéral, c'est que parfois ses trois bords, les latéraux
aussi bien que l'antérieur, sont alors brisés chacun sous un angle considérablement ouvert.

Les sus-oculaires, dont la longeur est égale, ou à peu près, à la moitié de
celles des bords latéraux de la frontale, ont moins d'étroitesse à leur extrémité postérieure qu'à l'antérieure, mais celles-ci sont toutes deux coupées
carrément.

Les pariétales sont allongées et assez rétrécies en arrière, où leur pan
latéro-externe, qui est sub-rectiligne, forme avec un autre très-court soudé
à la première écaille de la série médiane du cou, un angle tantôt obtus,
tantôt aigu ; ces plaques descendent un peu, chacune de son côté, le long
de la post-oculaire supérieure.

Les plaques nasales ont entr'elles une dimension peu sensiblement différente, mais la seconde ne descend pas aussi bas sur la lèvre que la première. Celle-ci, dont le bord postérieur est plus petit que l'antérieur, a la
figure d'un trapèze isoscèle placé ici de façon que l'un de ses deux sommets
aigus s'élève entre l'inter-nasale et la rostrale, et que l'autre descend fortement entre cette dernière et la première supéro-labiale ; la seconde nasale,
hexagone équilatérale, enfonce sa base, qui est un angle aigu, entre la
première et la deuxième supéro-labiales.

La frénale, qui touche au globe de l'œil, a en longueur le double ou
même plus du double de sa plus grande largeur ; elle offre cinq bords, un
antérieur et un postérieur excessivement courts, un supérieur comparativement long et rectiligne, et deux inférieurs moins étendus chacun que
leur opposé et réunis sous un angle très-ouvert.

Cette espèce, de même que toutes celles du même genre, manque de

_____

(1) L'un des individus de cette espèce , qui appartient au Musée de
Leyde, a, du côté droit une petite pièce simulant une plaque pré-oculaire,
mais qui, en réalité, est une dépendance de la pré-frontale dont une mi-
nime portion se trouve ainsi séparée du reste par une scissure située tout
près de l'œil.

REPTILES, TOME VII: 7.

plaque pré-oculaire. Normalement, elle a deux post-oculaires et accidentellement une seule, car quelque fois celles-ci se confondent ensemble, tantôt
d'un côté de la tête seulement, tantôt de l'un aussi bien que de l'autre ; ces
plaques sont pentagonales et également petites.

Chaque tempe est revêtue de six squammes rhomboïdales ou sub-rhomboïdales ; l'une d'elles, moins petite que ses congénères, se trouve située
immédiatement derrière les post-oculaires, ayant ainsi à sa suite les cinq
autres, dont deux superposées, précédent les trois dernières, qui sont superposées aussi (1).

Les rangées de plaques de la lèvre supérieure en comprennent chacune
sept (2), qui sont bien sensiblement de plus en plus hautes à partir de la
première jusqu'à la troisième. La première a deux angles droits en arrière
et trois obtus en avant. La seconde, la quatrième, la cinquième et la sixième
en ont deux droits en bas et trois obtus en haut. La troisième, plus étendue longitudinalement que les précédentes et que les trois suivantes, simule
un trapèze rectangle dont l'angle aigu, ici de beaucoup plus grand que les
autres, aurait son sommet tronqué, ce qui donne à cette plaque un cinquième pan extrêmement court et en rapport avec le globe de l'œil ;
organe auquel touche aussi l'un des deux petits bords supérieurs de la
quatrième supéro-labiale, dont l'autre bord supérieur sert d'appui à la post-
oculaire inférieure. La septième et dernière plaque supéro-labiale, qui est
oblongue, présente deux angles droits ou presque droits en avant et un
aigu entre deux obtus en arrière.

La plaque mentonnière est assez petite et taillée à trois pans, dont les
deux latéraux, réunis sous un angle ouvert, sont chacun plus courts que
l'antérieur.

L'on compte sept paires de plaques inféro-labiales. Celles de la première
paire, fort peu développées et une fois plus étendues transversalement que
longitudinalement, se conjoignent derrière la mentonnière, mais ne s'enclavent nullement entre les plaques inter-sous-maxillaires antérieurees ;
elles ont cinq bords, un très-court à chacune de leurs extrémités, un assez
long en avant, puis deux moins grands que celui-ci, égaux entr'eux et réunis sous un angle extrêmement obtus, en arrière. Celles de la seconde paire

_____

(1) On rencontre des individus chez lesquels les deux dernières des trois
squammes temporales qui bordent la plaque pariétale, sont soudées ensemble sans trace de suture ; dans ce cas elles ne forment conséquemment
qu'une seule pièce très-allongée sub-rectangulaire.

(2) On y en compte bien huit quelquefois, mais alors, c'est que l'une des
trois premières se trouve, par accident, divisée en deux pièces, ainsi qu'il
est facile de le vérifier.

sont très-petites et rhomboïdales, ou losangiques, ou en trapèze ou bien carrées. Celles de la troisième paire ressemblent par la figure et la grandeur aux plaques qui leur correspondent à la lèvre supérieure. Celles de la quatrième paire, aussi larges, mais de moitié moins longues que les précédentes, ont l'apparence losangiques, mais elles sont réellement pentagones. Celles de la cinquième paire offrent une figure en losange et un développement notablement moindre que celui des plaques qu'elles suivent immédiatement. Enfin celles de la sixième paire et de la septième représentent des quadrilatères allongés et assez étroits.

Les plaques inter-sous-maxillaires antérieures, les seules qu'on observe ici, car il n'y en a point de postérieures, ont une certaine dimension et une étendue longitudinale au moins double de leur diamètre transversal; ce sont conséquemment des lames oblongues qui seraient rectangulaires si, postérieurement, leur extrémité n'était pas, soit arrondie, soit obtusément anguleuse, et si leur bord latéro-externe ne se trouvait brisé sous un angle extrêmement ouvert, dont le sommet correspond à la suture commune des plaques inféro-labiales de la seconde et de la troisième paire

Il existe, intermédiairement à ces plaques inter-sous-maxillaires et à la première scutelle gulaire, trois rangées longitudinales de chacune trois ou quatre squammes losangiques, dont les médianes sont un peu plus dilatées que les latérales; puis à la droite et à la gauche de celles-ci sont trois séries obliques d'écailles affectant la figure de quadrilatères rectangles.

Les pièces de l'écaillure du tronc se montrent un peu plus grandes sur les flancs que sur le dos; ici elles simulent des carrés, là des losanges arrondis à leur sommet postérieur.

Écailles : 15-17 rangées longitudinales au tronc, 6-7 à la queue.

Scutelles : 2 gulaires, 142-155 ventrales, 1 anale non divisée, 19-44 sous-caudales.

DENTS. Maxillaires $\frac{6\text{-}7}{8\text{-}9}$ Palatines, 6-8; Ptérygoïdiennes, 11-12.

COLORATION. — VARIÉTÉ A. La tête est noire en dessus et latéralement; le menton présente souvent la même couleur. Il exite en travers de chaque commissure des lèvres une tache jaunâtre qui tantôt se dilate plus ou moins sur la tempe, tantôt monte même jusque sur l'occiput pour se réunir à sa congénère du côté opposé. Le cou offre à son origine une large bande noire simulant un demi-collier. Le tronc et la queue ont leur face supérieure et les latérales coupées en travers par des bandes semblables à la précédente, lesquelles sont géminées ou disposées par paire; c'est-à-dire que la seconde est plus voisine de la première qu'elle ne l'est de la troisième; que la quatrième l'est plus de celle-ci que de la cinquième et ainsi de même jusqu'au bout du prolongement caudal. Ces bandes sont bien plus

7.*

apparentes sur la partie antérieure que sur la partie postérieure du corps , attendu que , ici , la teinte de leurs intervalles est très-foncée ou d'un brun sombre ; tandis que , là , elle est assez claire ou d'une nuance soit roussâtre , soit jaunâtre , souvent marquée de petites taches brunes ou noirâtres disposées une par une à l'arrière de chaque écaille.

Le mode de coloration des régions inférieures du corps est très-variable; néanmoins leur couleur dominante est un blanc jaunâtre , que même parfois aucune autre teinte n'accompagne. Le ventre peut n'avoir que la marge recouvrante de ses scutelles colorée en brun; chez certains sujets il a la totalité de la longueur , chez d'autres sa seconde moitié seulement plus ou moins tachetée de noir; et il en est où sa ligne médio-longitudinale se trouve parcourue dans toute ou partie de son étendue par une bande noirâtre.

Le dessous de la queue , lorsqu'il n'offre point tout entier cette dernière teinte , est peint de la même manière que la face abdominale.

Un séjour prolongé dans l'alcool change en roussâtre ou en rougeâtre le noir et le brun foncé que présentent à leur état frais les individus de cette variété **A**.

Variété **B**. Ici la couleur du fond , sur le dessus , les côtés du tronc et de la queue, est partout un brun roussâtre plus ou moins clair , plus ou moins foncé , et les bandes que l'on y voit sont blanches ou jaunâtres et non pas noires ; en outre de cela , ces bandes , au lieu d'être larges , plus rapprochées entr'elles de deux en deux et de ceindre entièrement le dos et les flancs , sont étroites , à peu près également espacées et n'occupent que le travers des côtés du corps , et de telle façon que celles de droite ne correspondent pas à celles de gauche , mais alternent au contraire avec elles.

Les parties inférieures sont d'un blanc sale , avec ou sans un semis de très-petits points bruns.

Dimensions. La tête a en longueur à peu près le double de la largeur qu'elle présente vers le milieu des tempes , largeur qui est le triple de celle du museau prise au niveau des narines.

Les yeux ont en diamètre le tiers environ du travers de la région sus-inter-orbitaire.

Le tronc est à peine plus haut et de 30 à 36 fois aussi long qu'il est large à sa partie moyenne.

La queue entre au moins pour le douzième et au plus pour la sixième dans la longueur totale , qui nous donne 42 centimètres chez le plus grand de nos exemplaires , soit :

Tête, long. 0m014. *Tronc*, long. 0m355. *Queue*, long. 0m058.

Patrie. Le Rabdosome brun nous a été envoyé de Cayenne et de Surinam ; nous ne l'avons jamais reçu du Brésil, où très-probablement il se trouve aussi.

Observations. C'est sous la responsabilité de M. Schlegel que nous citons en tête du présent article, comme synonymes du *Rabdosoma badium*, les *Brachyorrhos Schaoh* et *flammigerus* de Boié ; attendu que nous n'avons pu vérifier si l'on doit réellement les y rapporter, l'Erpétologie de Java, dans lequel ils se trouvent décrits ou figurés, étant comme on le sait un ouvrage demeuré jusqu'ici en manuscrit. Quant au *Brachyorrhos torquatus* de Boié, signalé aussi par M. Schlegel comme spécifiquement semblable au *Brachyorrhos badius* du premier de ces deux auteurs ﹜ nous pouvons au contraire affirmer qu'il en est bien distinct, ayant eu l'avantage d'examiner les individus mêmes d'après lesquels le célébre voyageur a établi cette espèce, dont la deséription fait l'objet de l'article suivant.

3. LE RABDOSOME A COLLIER. *Rabdosoma torquatum.* Nobis.

(*Brachyorrhos torquatus*, H. Boié).

Caractères. Sept ou huit plaques sus-labiales ; frontale hexagone ; pas de raies sur le dos ; queue grêle et effilée. Dessus du corps marqué, sur un fond plus ou moins clair, de taches noires ou d'un brun sombre formant le plus souvent des bandes transversales assez rapprochées. Plaque rostrale petite ; frontale hexagone ; sus-oculaires peu allongées ; première nasale descendant plus bas que la seconde ; point de pré-oculaire ; normalement une post-oculaire, accidentellement deux ; huit supéro-labiales dont la 4e et la 5e touchent à l'œil ; une seule paire de plaques inter-sous-maxillaires Queue déliée.

Synonymie. *Brachyorrhos torquatus.* H. Boié. Erpét. de Java.
1827. *Brachyorrhos torquatus.* F. Boié, Isis, Tom. XX, pag. 540.
1830. *Brachyorrhos torquatus.* Wagler. Syst. amph. pag. 190.
1837. *Calamaria badia*, variet. *torquata.* Schlegel. Ess. physion. Serp. Tom. II, pag. 35.

DESCRIPTION.

Ecaillure. Le Rabdosome à collier diffère du Rabdosome brun :
1° en ce que sa plaque frontale est un peu plus allongée et bien distinctement hexagone au lieu d'être triangulo-équilatérale ;

2° en ce que sa frénale a son bord inférieur brisé, non sous un, mais sous deux angles obtus, et qu'elle repose sur trois et non point sur deux des supéro labiales ;

3° en ce qu'il offre, à droite comme à gauche, normalement une seule et accidentellement deux post-oculaires, au contraire de ce qui existe chez son congénère déjà cité ;

4° en ce que ses rangées de plaques supéro-labiales en comprennent chacune huit, c'est-à-dire une de plus que dans le *Rabdosama badium* ; cette huitième plaque fait partie de celles qui sont situées en avant du dessous de l'œil et dont le nombre se trouve ainsi élevé de trois à quatre ;

5° en ce que sa lèvre inférieure n'est pas non plus revêtue de chaque côté que de sept, mais bien de huit plaques, dans la série desquelles la supplémentaire, qui représente un trapèze, occupe la troisième place ;

6° en ce que, enfin, ses plaques inféro-labiales de la première paire enfoncent un peu assez ordinairement la base du V, qu'elles forment ensemble entre les plaques inter-sous-maxillaires.

Ecailles : 15-17 rangées longitudinales au tronc, 6-7 à la queue.

Scutelles : **2** gulaires, 140-162 gastrostèges, **1** anale non-divisée, 36-40 urostèges.

DENTS. Maxillaires $\frac{8\text{-}9}{9}$ Palatines, 7-8, Ptérygoïdiennes, 11-12.

COLORATION. Ce Rabdosome a le dessus et les côtés du corps soit fauves, soit légèrement roussâtres, soit d'un brun de schiste mouillée. L'une ou l'autre de ces teintes, ordinairement plus claire au centre qu'au pourtour des écailles, est toujours marquée d'un grand nombre de taches noires ou brunâtres, tantôt isolées, tantôt plus ou moins rapprochées, tantôt réunies de façon à produire des bandes transversales entières ou interrompues. Assez souvent l'une de ces bandes, plus nettement formée qu'aucune des autres, ceint les faces supérieures et latérales du cou en manière de demi-collier.

Le ventre et le dessous de la queue offrent sur un fond blanchâtre ou jaunâtre un semis de très-petits points bruns, généralement plus serrés sur la seconde que sur le premier, où quelquefois ils ne sont ni nombreux, ni très-apparents. Chez certains individus, les scutelles sous-caudales ont, au lieu de points bruns, une bordure de la même couleur.

La région sus-céphalique ne se montre pas recouverte d'une calotte noire, comme dans l'espèce précédente ; elle est de la teinte qui domine sur le corps.

DIMENSIONS. La tête a en longueur un peu plus du double de sa largeur prise vers le milieu des tempes, largeur qui est elle-même un peu plus que le triple de celle offerte par le museau au niveau des narines.

Les yeux ont en diamètre le tiers du travers de la région sus-inter-orbitaire.

Le tronc est juste aussi haut et de 35 à 37 fois aussi long qu'il est large à sa partie moyenne.

La queue prend le septième ou le huitième sur la longueur totale, qui est de 59 centimètres et 4 millimètres chez le plus grand des individus que nous avons observés, lequel appartient au musée de Leyde.

Tête. long. 0ᵐ0070. *Tronc.* long. 0ᵐ5050. *Queue.* long. 0ᵐ0720.

PATRIE. Les divers sujets de cette espèce que MM. Temminck et Schlegel ont bien voulu nous envoyer en communication sont originaires de Surinam ; nous en possédons un qui a été recueilli par M. D'Orbigny dans les environs de Santa-Cruz, de la Sierra dans la Bolivia.

OBSERVATIONS. Les huit individus du Rabdosome à collier que nous avons pu comparer avec une dizaine d'autres appartenant au Rabdosoma brun, nous ont mis à même de reconnaître que Boié avait eu parfaitement raison de considérer ces deux espèces comme réellement distinctes et que c'est au contraire à tort qu'elles ont été réunies par M. Schlegel.

4. LE RABDOSOME A GROSSE QUEUE. *Rabdosoma crassicaudatum.* Nobis.

CARACTÈRES. Sept ou huit plaques sus-labiales ; pas de raies longitudinales ; queue courte et robuste. Dessus du corps noirâtre ou bleuâtre avec un nombre variable de taches blanches ordinairement disposées par bandes transversales, entières ou interrompues au milieu. Plaque rostrale petite ; frontale triangulo-équilatérale ; sus-oculaires peu allongées ; première nasale descendant plus bas que la seconde ; point de pré-oculaires ; deux post-oculaires ; sept supéro-labiales, dont la 3ᵉ et la 4ᵉ bordent l'œil ; une seule paire d'inter-sous-maxillaires.

DESCRIPTION.

FORMES. Le *Rabdosoma crassicaudatum* a le museau un peu moins étroit que le *badium*, et sa queue est forte, robuste, au lieu d'être grêle, effilée comme celles de ce dernier.

ÉCAILLURE. Les pièces squammeuses, grandes et petites, qui protègent la totalité de la tête du Robdosome crassicaude ne diffèrent ni par le nombre (1), ni par la figure de celles dont est revêtue la même partie du corps chez le Rabdosome brun.

L'écaillure du tronc et du prolongement caudal est aussi pareille dans ces deux espèces.

Écailles : 17 rangées longitudinales au tronc, 6 à la queue.

Scutelles : 157-161 ventrales, 1 anale non divisée, 19-26 sous-caudales.

DENTS. Maxillaires $\frac{6 \cdot 7}{8 \cdot 9}$ Palatines, 7-8. Ptérygoïdiennes, 20.

COLORATION. Quant au mode de coloration, il ne ressemble à celui d'aucun des Rabdosomes connus jusqu'ici. Les parties supérieures et latérales du corps sont d'un bout à l'autre d'un brun noir ou bleuâtre, avec ou sans petites taches blanches sub-arrondies, distribuées çà et là, ou bien formant des barres transversales ordinairement interrompues vers le milieu de leur étendue. Une bande blanche va en se dilatant de l'arrière de l'œil à la commissure des lèvres. Il existe une série tantôt simple, tantôt double, tantôt triple de macules de la même couleur le long du bas de chaque flanc. Parfois, le ventre est irrégulièrement quadrillé de noir sur un fond blanc ; d'autrefois, au contraire, quadrillé de blanc sur un fond noir. Le dessous de la queue a toute sa surface de cette dernière teinte ; à moins qu'il ne soit peint de la même manière que la région abdominale.

DIMENSIONS. La tête a en longueur le double de la largeur qu'elle offre vers le milieu des tempes, largeur qui n'est pas tout-à-fait le triple de celle que présente le museau à l'aplomb des narines.

Les yeux ont en diamètre un peu plus du quart du travers de la région inter-sus-orbitaire.

Le tronc est à peine plus haut et de 30 à 35 fois aussi long qu'il est large à sa partie moyenne.

La queue entre au moins pour le treizième, au plus pour le neuvième dans la longueur totale, qui nous donne 42 centimètres et 5 millimètres chez le plus grand des onze sujets que nous avons présentement sous les yeux.

Tête, long. 0m0105. *Tronc*, long. 0m370. *Queue*, long. 0m0400.

PATRIE. Cette espèce habite la Nouvelle-Grenade ; M. Goudot et M. Riéfer l'ont trouvée dans les environs de Bogota. Le Musée national en a réuni un assez grand nombre.

---

(1) Si nous avons trouvé quelquefois huit, et d'autres fois six plaques au lieu de sept, qui est le nombre normal, c'est que dans le premier cas, la deuxième de ces plaques était accidentellement divisée par la moitié, et que dans le second les deux avant-dernières ou la cinquième et la sixième se trouvaient soudées ensemble sans trace de suture.

5. LE RABDOSOME RAYÉ. *Rabdosoma lineatum*. Nobis.

CARACTÈRES. Sept ou huit plaques sus-labiales; des raies longitudinales sur le dos. Dessus du corps parcouru longitudinalement par trois lignes noirâtres sur un fond clair. Plaque rostrale
petite; frontale sub-triangulo-équilatérale; sus-oculaires peu
allongées ; première nasale descendant plus bas que la seconde;
point de pré-oculaire; deux post-oculaires ; huit supéro-labiales
dont la 4e et la 5e touchent à l'œil ; une seule paire de plaques inter-sous-maxillaires. Queue forte.

DESCRIPTION.

Cette espèce, ainsi qu'on le verra plus loin, diffère complètement des
quatre précédentes , et par son mode de coloration, et par le pays d'où
elle est originaire.

FORMES. Loin d'avoir la queue déliée comme le Rabdosome brun, elle
l'a même parfois au moins aussi forte que le *Rabdosoma crassicaudatum*.

ECAILLURE. Quant à la vestiture squammeuse de sa tête , elle ressemble
à celle du *Rabdosoma torquatum*, à ces deux exceptions près que les plaques post-oculaires s'y trouvent au nombre de deux de chaque côté , au
lieu d'une seule, et que la frontale s'y montre, non distinctement hexagone, mais sub-triangulo équilatérale, attendu que le bord antérieur et
les latéraux n'en sont brisés chacun que sous un angle excessivement ouvert.
Les écailles carrées qui revêtent le bas des flancs et les losangiques qui
existent sur le reste du tronc n'ont les unes ni les autres le sommet de leu
angle postérieur aussi arrondi que chez les Rabdosomes brun, à collier et à
grosse queue.

Écailles : 15 rangées longitudinales au tronc ; 6 à la queue.

Scutelles : 2 gulaires , 128-140, ventrales , 1 anale non divisée, 12-18
sous-caudales.

DENTS. Maxillaires, 8 ; Palatines ; Ptérygoïdiennes.

COLORATION. Trois raies brunes, situées l'une sur la ligne médiane , les
deux autres sur les côtés du dos , parcourent celui-ci non-seulement dans
toute sa longeur, mais se prolongent même jusqu'au bout de la queue. Elles
sont tracées sur un fond de couleur café au lait , du moins en apparence ,
car lorsqu'on examine à la loupe les écailles qui semblent colorées ainsi ,
on reconnait que chacune d'elles est blanchâtre, nuagée d'une teinte rousse.
Un blanc assez pur règne seul sur toutes les régions inférieures.

DIMENSIONS. La tête a en longueur le double de sa largeur prise vers le milieu des tempes, largeur qui est le triple de celle que présente le museau au niveau des narines.

Les yeux ont en diamètre le cinquième du travers de la région sus-inter-orbitaire.

Le tronc est d'un tiers plus haut et de 31 à 36 fois aussi long qu'il est large à sa partie moyenne.

La queue prend au plus le onzième, au moins le dix-huitième de la longueur totale qui n'est que de 241 millimètres chez le moins court des trois individus d'après lesquels vient d'être faite cette description.

Tête, long. 0^{m}8. *Tronc*, long. 0^{m}215. *Queue*, long. 0^{m}15.

Patrie. Ces petits Ophidiens, dont deux appartiennent à notre Musée et l'autre à celui de Leyde ont été rapportés de l'île de Java.

6. LE RABDOSOME A LONGUE QUEUE. *Rabdosoma longicaudatum*. Nobis.

Caractères. Queue longue, effilée. Dessus du corps offrant des taches brunes sur un fond plus clair; le dessous divisé par carrés, les uns noirs, les autres blancs, comme la table d'un damier. Plaque rostrale assez grande; frontale réellement hexagone, mais affectant une figure triangulaire; sus-oculaires courtes; première nasale ne descendant pas plus bas que la seconde; une pré-oculaire située au-dessus de l'extrémité postérieure de la frénale, celle-ci touchant à l'œil (1); deux post-oculaires; sept supéro-labiales, dont la 3e et la 4e bordent l'œil; une seule paire d'inter-sous-maxillaires.

DESCRIPTION.

Formes. Cette espèce au lieu d'avoir comme toutes les précédentes le tronc plus ou moins fort et la queue plus ou moins courte, a au contraire celle-ci proportionnellement assez longue et celui-là d'une certaine gracilité: aussi offre-t-elle un ensemble de formes svelte, élancé, qui lui donne plutôt la physionomie d'une petite couleuvre que d'un Babdosome.

Ecaillure. La plaque rostrale présente sept pans inégaux, savoir: un grand semi-circulairement échancré, lequel est le basilaire; deux beaucoup moins longs, soudés aux nasales antérieures; quatre aussi courts ou un peu plus courts que ces derniers, dont deux tiennent aux supéro-la-

---

(1) Lorsque cette pré-oculaire n'est pas distincte, ainsi que cela arrive quelquefois, c'est qu'elle se trouve confondue avec la pré-frontale, sans la moindre trace de suture.

biales de la première paire, et les deux autres, réunis sous un angle ouvert, aux inter-nasales.

Les Inter-nasales sont pentagones et d'un tiers moins développées que les préfrontales ; les deux bords par lesquels elles touchent aux nasales forment un angle excessivement obtus.

Les pré-frontales ont sept côtés, dont trois également longs , un très-distinctement moins étendu que ceux-ci et trois encore plus courts : les trois plus grands sont celui par lequel elles se conjoignent et les deux qui les fixent à la frontale et aux inter-nasales ; les trois plus petits se trouvent respectivement en rapport avec la sus-oculaire, la pré-oculaire et la nasale postérieure ; celui qui n'est ni aussi grand que les uns, ni aussi petit que les autres, s'appuie sur la frénale.

La frontale a deux pans latéraux très-courts, droits et presque parallèles, deux antérieurs un peu moins courts que ceux-ci et 'réunis sous un angle très-ouvert, deux postérieurs plus longs que leurs opposés, et réunis sous un angle aigu ou sub-aigu.

Les sus-oculaires sont courtes , inéqui-sexangulaires, et beaucoup plus larges en arrière qu'en avant : ici elles offrent un angle obtus tenant à la pré-oculaire et à la préfrontale , là un bord très-oblique soudé à la pariétale ; latéralement et en dehors elles ont deux pans , un petit que soutient la post-oculaire supérieure , un moins petit dont l'inflexion correspond à la courbure du globe de l'œil : enfin leur sixième bord est celui qui s'articule avec la frontale.

Les pariétales sont allongées et assez fortement rétrécies à leur extrémité postérieure, où elles présentent un angle aigu formé par un petit bord terminal et leur bord temporal , qui est brisé sous un angle extrêmement ouvert : leur pan antérieur tient à la sus-oculaire et à la post-oculaire supérieure.

La plaque nasale antérieure et la postérieure sont de même grandeur et situées ni plus haut, ni plus bas l'une que l'autre ; la première est à peu près carrée et la seconde hexagonale.

La frénale représente un losange qui aurait le sommet de chacun de ses angles aigus plus ou moins fortement tronqué.

La pré-oculaire est très-petite et quadrangulaire équilatérale (1).

---

(1) Chez l'un des quatre Rabdosomes à longue queue que nous avons présentement sous les yeux, cette plaque préo-culaire n'est pas distincte , attendu qu'elle se trouve complétement confondue avec la pré-frontale ; chez le même individu, le bord supérieur de la frénale est rectiligne et non brisé sous un angle obtus.

Les deux post-oculaires offrent une égale petitesse et une figure penta-gonale.

Il y a de chaque côté trois squammes temporales inégalement dilatées en longueur ; deux placées bout à bout, immédiatement derrière les post-ocu-laires, côtoient la pariétale dans toute son étendue ; l'autre soutient la moitié antérieure de la seconde de ses deux congénères en s'appuyant elle-même sur la dernière supéro-labia 3 ; la première de ces squammes temporales est moins allongée que la deuxième, mais elle l'est plus que la troisième.

Les bords de la lèvre supérieure sont garnis chacun d'une rangée de sept plaques, dont la première est un peu plus petite que les quatre qui la sui-vent immédiatement, tandis que la sixième est plus développée, surtout en hauteur, que celles-ci et que la dernière. La troisième et la quatrième touchent seules au globe de l'œil. La première représenterait, soit un carré, soit un trapèze: si son bord supérieur n'était brisé sous un angle excessivement ouvert. La troisième, la quatrième, la cinquième et la sixième ont chacune cinq pans, mais celle-ci est rétrécie inférieurement, au lieu que celles-là ne le sont pas. La septième est irrégulièrement pen-tagonale oblongue.

La plaque mentonnière a son bord antérieur plus long que les deux la-téraux, dont l'angle tres-obtus qu'ils forment ne s'enclave pas dans les plaques inter-sous-maxillaires.

Nous comptons sept paires de plaques inféro-labiales. Celles de la pre-mière paire ne se conjoignent point derrière la mentonnière, attendu qu'elles sont fort petites et presque carrées ; celles de la seconde ressem-blent aux précédentes ; celles de la troisième, qui sont oblongues et d'une certaine dimension, mais à partir desquelles toutes les suivantes diminuent graduellement de grandeur, ont deux angles droits en avant et un aigu entre deux obtus en arrière. Celles de la quatrième offrent cinq bords iné-gaux ; celles de la cinquième sont rhomboïdales, et celles de la sixième et de la septième ont l'apparence de carrés longs.

Les deux seules plaques inter-sous-maxillaires qu'il y ait sont très-dila-tées et beaucoup plus longitudinalement que transversalement ; elles ont leur extrémité antérieure moins étroite que la postérieure, et leur bord latéro-externe brisé sous quatre angles extrêmement obtus.

Entre ces plaques et la première scutelle gulaire, il existe une rangée médio-longitudinale de quatre grandes squammes hexagones légèremen^t élargies, à droite et à gauche de laquelle est une autre rangée de cinq squammes sub-losangiques dont le chef de file se trouve reserré entre la paire de plaques inter-sous-maxillaires, et la troisième et la quatrième inféro-labiales.

En outre de cela, la gorge offre de chaque côté quatre séries obliques d'écailles quadrilatères oblongues.

Les pièces de l'écaillure du tronc sont en losanges et assez étroites partout ailleurs que sur le bas des flancs, où elles paraissent carrées.

Ecailles : 17 rangées longitudinales au tronc, 6 à la queue.

Scutelles : 171-182 ventrales, 1 anale non divisée, 64 sous-caudales.

DENTS. Maxillaires, $\frac{8}{7}$; Palatines, 8 ; Ptérygoïdiennes, 17.

COLORATION. Ce qu'il y a de plus caractéristique dans le mode de coloration de cette espèce, c'est la présence de grands carrés noirs sur le fond blanc de toute la face inférieure du corps, carrés qui sont disposés en un double rang, mais de telle sorte que cette dernière se trouve offrir un dessin semblable à celui de la table d'un damier.

Le dessus et les côtés de l'animal sont couverts de nombreuses taches brunes qui se perdent dans une teinte roussâtre ou d'un brun marron.

DIMENSIONS. La tête a en longueur un peu plus du double de sa largeur, prise vers le milieu des tempes et le quadruple de celle que présente le museau au niveau des narines.

Les yeux ont en diamètre le tiers du travers de la irgéon sus-interorbitaire.

Le tronc est à peine plus haut et de 42 a 59 fois aussi long qu'il est large à sa partie moyenne.

La queue entre au moins pour le cinquième et au plus pour le quart dans la longueur totale qui nous donne 38 centimètres et 8 millimètres chez l'un de nos trois individus.

Tête, long., 0m011. Tronc, long., 0m315. Queue, long. 0m068.

PATRIE. Cette espèce est originaire de Java.

IV.e GENRE. HOMALOSOME. — *HOMALOSOMA* (1), Wagler (2).

CARACTÈRES ESSENTIELS. *Corps cylindrique de même grosseur depuis la tête jusqu'à la base de la queue qui est courte,*

(1) Ὁμαλὸς, plan, uni ; Σωμα, corps.

(2) Syst. amph. pag. 190.

pointue, écailles lisses, museau arrondi, urostèges sur deux rangs.

CARACTÈRES NATURELS, Les neufs plaques sus-céphaliques ordinaires; une seule nasale oblongue, à surface légèrement convexe; une frénale, courte; une pré-oculaire; deux post-oculaires; six supéro-labiales, dont la 3ᵉ et la 4ᵉ bordent l'œil. Ecailles lisses, sans carènes, losangiques sur le dos, sub-hexagones et plus grandes sur les flancs. Gastrostèges se redressant un peu contre ces derniers; les urostèges divisées. Côtés du ventre arrondis. Narines sub-circulaires, s'ouvrant dans la plaque nasale. Pupille ronde.

CARACTÈRES ANATOMIQUES. Les têtes osseuses des Homalo-somes ont la plus grande similitude avec celles des Cala-maires; cependant le museau étant moins arrondi les extré-mités antérieures des os sus-maxillaires sont moins courbées et les dents qui sont en moindre nombre sont plus grosses et moins serrées. Le bord sub-orbitaire est plus saillant, l'ar-cade postérieure est incomplète.

I. L'HOMALOSOME LUTRIX. *Homalosoma lutrix.* Nobis.
(*Coluber lutrix*, LINNÉ.)

CARACTÉRES. Dos d'un brun rougeâtre, flancs de cette couleur, ou bien d'un bleu grisâtre; ventre jaune, avec une série de taches noires de chaque côté.

SYNONYMIE. 1734. *Hydra zeylanica, Duberria dicta cingulen-sibus.* SÉBA, Tom. I, pag. 2, tab. I, fig. 6 (1).

1735. *Serpens eximia africana, crocea, fronte albâ.* SÉBA, Tom. II, pag. 92, tab. 86, fig. 5.

1758. *Coluber lutrix.* LINNÉ, Syst. nat. Edit. 10, Tom. I, pag. 216.

---

(1) Cette figure, d'ailleurs assez bonne, représente l'espèce sous un tout autre mode de coloration que celui qui lui est naturel.

1766. *Coluber lutrix.* Linné, Sys. nat. Edit. 12 , Tom. I, pag. 375. (275 par erreur typographique).

1788. *Coluber lutrix.* Gmelin. Syst. nat. Linné. Tom. I, Pars. III , pag. 1086.

1771. *Le lutrix.* Daubenton. Anim. Quad. Ovip. Serp. Encyclop. Méth. pag. 649. (d'après Linné).

1789. *Le lutrix.* Lacépède. Hist. Quad. Ovip. Serp. Tom. II, pag. 175. (d'après Linné).

1789. *Le lutrix.* Bonnaterre. Ophiol. Encyclop. méth. p. 63. (d'après Linné).

1790. Merrem. *Schmahlbauchigte natter.* Beitr. Heft. I, pag. 7, taf. I. (Descrip. et fig. origin).

1801. *Elaps Duberria. Schneider.* Hist. Amph. Fasc. II , pag. 297.

1804. *Coluber erathon.* Hermann. Observat. zoolog. p. 273.

1820. *Coluber arctiventris.* Merrem. Tent. Syst. Amph. pag. 100 , n⁰ 34.

1820. *Coluber arctiventris.* Kuhl. Beitr. zool. pag. 82.

1826. *Duberria arctiventris.* Fitzinger. Neuc Classif. Rept. pag. 55.

1830. *Homalosoma arctiventris.* Wagler. Syst. Amph. p. 191.

1837. *Calamaria arctiventris.* Schlegel. Ess. Physion. Serp. Tom. I, pag. 131; tom. 2 , pag. 36; pl. I , fig. 24-26.

1840. *Calamaria arctiventris.* Filipp. de Filipp. Catalog. Rogion. Serp. Mus. Pav. (Bibliot. Ital. Tom. 99 , pag.

1801. *Die gelbe Natter.* Bechstein de la Cepedès naturgesch. Amph. Tom. 3 , pag. 332.

1802. *Die schmahlbauchige.* Ejusd.loc. cit. Tom. IV, pag. 221, tab. 34 , fig. I. (d'après Merrem).

1802. *Coluber lutrix.* Shaw. Gener. Zoolog. vol. 3, part. 2, pag. 472 et

Coluber lutrix var. ? (Schmahlbauchigte, Merr.) pag. 473.

1802. *Coluber lutrix.* Latreille. Hist. Rept. Tom. 4, pag. 143. (d'après Linné).

1803. *Coluber lutrix.* Daudin. Hist. Rept. Tom. VII, pag. 199. (d'après Linné).

Coluber arctiventris. Ejusd. loc. cit. pag. **221.** (d'après Merrem).

Coluber duberria. Ejusd. loc. cit. pag. 202. (d'après la descript. de l'*Elaps duberria* de Schneider).

Schaapsteker (pique-brebis) des colons Hollandais du cap de Bonne-Espérance.

DESCRIPTION.

ÉCAILLURE. La plaque rostrale, qui est grande et à peu près aussi haute que large, offre sept pans, par six desquels, presque également petits, elle tient aux inter-nasales, aux nasales et aux supéro-labiales de la première paire ; le septième ou le basilaire est beaucoup plus étendu qu'aucun des autres et légèrement arqué en dedans. Cette plaque rostrale a le centre de sa surface distinctement bombée et présente un enfoncement semi-circulaire près de son bord inférieur.

Les inter-nasales, moins dilatées en long qu'en large, ont l'apparence de trapèzes rectangles, dout le sommet aigu est ici le postéro-externe.

Les pré-frontales, dont la dimension est supérieure à celle des inter-nasales, sont comme elles plus étendues transversalement que longitudinalement. On leur compte sept côtés fort inégaux, savoir : trois petits tenant respectivement à la nasale, à la frénale et à la pré-oculaire (1) ; un moins court que ceux-ci, qui est celui par lequel elles se conjoignent ; un très-long parfaitement droit et soudé à l'inter-nasale ; et deux, chacun moins grand que ce dernier, formant ensemble un angle obtus en rapport avec la frontale et la sus-oculaire.

La frontale a six bords, deux latéraux, deux antérieurs et deux postérieurs ; les premiers, droits et parallèles sont plus longs que les seconds ; ceux-ci, qui font ensemble un angle plus ou moins ouvert, ont une longueur à peu près égale à celle des troisièmes, qui se trouvent réunis sous un angle plus ou moins aigu.

Les sus-oculaires affectent chacune la figure d'un carré long.

Les pariétales sont courtes, fortement élargies en avant et arrondies ou obliquement tronquées à leur extrémité terminale ; leur pan qui s'attache à la sus-oculaire tient aussi à la post-oculaire supérieure.

La nasale est oblongue et pentagone ou quadrangulaire, suivant que

(1) Cependant, quelquefois l'extrémité latéro-externe de ces pré-frontales ne s'appuie que sur la pré-oculaire et la frénale, et d'autres fois même sur cette dernière plaque seulement.

l'angle par lequel elle touche à la pré-frontale a son sommet tronqué ou non.

La frénale est presque carrée et de moitié ou de deux tiers moins développée que la nasale, avec laquelle elle se confond parfois.

La pré-oculaire, légèrement plus haute que large, offre six pans, un postérieur beaucoup plus grand qu'aucun des autres, deux antérieurs respectivement en rapport avec la pré-frontale et la frénale, deux inférieurs formant un angle obtus soutenu par la seconde et la troisième supéro-labiales, et un supérieur transverso-rectiligne vers lequel la sus-oculaire descend un peu afin de s'y appuyer,

Les post-oculaires, qui bordent l'arrière de l'orbite dans toute ou presque toute sa hauteur, présentent chacune quatre ou cinq bords inégaux, mais l'inférieure est généralement un peu plus petite que la supérieure ; quelquefois ces deux plaques sont confondues ensemble.

Une grande squamme temporale ayant la figure d'un losange, dont l'un des sommets aigus serait tronqué, tient justement par ce sommet aux plaques post-oculaires et repose sur la cinquième et la sixième supéro labiales ; derrière cette première squamme temporale, il y en a deux autres superposées et assez régulièrement losangiques ; puis viennent des écailles peu différentes de celles du cou.

La première des six plaques qui garnissent la lèvre supérieure, à gauche ainsi qu'à droite, représente un trapèze rectangle dont le sommet aigu est ici le supéro-postérieur ; elle est un peu plus petite que les trois suivantes, qui semblent carrées, mais qui sont réellement pentagones, leur bord supérieur étant brisé sous un angle obtus à côtés inégaux. La cinquième, d'un développement légèrement plus grand que les précédentes, offre deux angles droits en bas et trois obtus en haut. La sixième ou dernière est oblongue, trapézoïde et un peu moins élevée que la pénultième.

La plaque mentonnière a trois pans sub-égaux.

Il y a six paires de squammes inféro-labiales. Celles de la première paire ressemblent à des lames sub-quadrilatères assez étroites formant un V dont les branches embrassent la mentonnière et dont la base s'enfonce profondément entre les inter-sous-maxillaires antérieures. Celles de la seconde paire sont à peu près carrées et plus petites que celles de la troisième, qui ont deux angles droits en haut et trois obtus en bas. Celles de la quatrième paire sont plus développées que les précédentes et que les suivantes et taillées à cinq angles inégaux. Celles de la cinquième, dont la figure est très-variable et presque toujours irrégulière, n'ont cependant jamais que quatre pans. Enfin, celles de la sixième paire, en raison de leur petitesse, pourraient être prises pour des écailles plutôt que pour de véritables plaques.

Les inter-sous-maxillaires antérieures offrent cinq angles inégaux, don le postéro-interne est le plus grand de tous et le seul aigu ; elles pénètrent par leur extrémité terminale entre les inter-sous-maxillaires postérieures. Celles-ci, non moins grandes que celles-là, sont tantôt quadrilatères, tantôt pentagones, tantôt hexagones inéquilatérales.

Derrière elles se trouvent quelques squammes gulaires, puis commence immédiatement la série des scutelles du dessous du corps.

La pointe de la queue s'emboîte dans une grande écaille en forme de dé conique, très-effilé ou spiniforme, fendu à sa face inférieure.

Ecailles : 15 rangées longitudinales au tronc, 6-8 à la queue.

Scutelles : 2 gulaires, 117-138 gastrostèges, 1 anale non divisée, 27-40 urostèges.

Dents. Maxillaires $\dfrac{10}{17\text{-}18}$ Palatines; Ptérygoïdiennes.

COLORATION. — VARIÉTÉ A. La tête, le tronc et la queue ont leur face supérieure colorée en brun plus ou moins rougeâtre, et leurs parties latérales en bleu grisâtre. Le ventre et la région sous-caudale sont d'un jaune vif, excepté pourtant sur chacun des bouts latéraux de leurs scutelles, qui porte une tache noire et présente, en dehors de celle-ci, une teinte pareille à celle des flancs. Ces derniers, que nous venons de dire être d'un bleu grisâtre, paraissent effectivement tels, vus à une certaine distance ; mais lorsqu'on les examine de très-près et surtout au travers d'une loupe, on s'aperçoit que les écailles en sont vermiculées de noir sur un fond jaunâtre. Le dessous de la tête offre généralement une marbrure jaune et noirâtre. Il existe souvent sur la ligne médiane du dos une série de très-petits points noirs, tantôt entière, tantôt interrompue de distance en distance.

VARIÉTÉ B. Cette seconde variété diffère de la première en ce que le brun du dessus du corps se mêle à la couleur bleue de ses côtés, ou bien la recouvre même tout-à-fait.

DIMENSIONS. La tête a en longueur le double de la largeur qu'elle offre vers le milieu des tempes, largeur qui est le triple de celle que présente le museau au niveau des narines.

Les yeux ont en diamètre le tiers du travers de la région sus-inter-orbitaire.

Le tronc est d'un tiers plus haut et de 28 à 42 fois aussi long qu'il est large à sa partie moyenne.

La queue entre au plus pour le cinquième et au moins pour le septième dans la longueur totale du corps qui donne 36 centimètres et 8 millimètres chez le plus grand des individus que nous possédons.

Tête, long. 0^{m},014. *Tronc*, long. 0^{m},30. *Queue*, 0^{m},054.

PATRIE. L'Homalosome lutrix n'a été rencontré jusqu'ici que dans les contrées australes de l'Afrique, et particulièrement dans les environs du Cap de Bonne-Espérance. C'est à feu Delalande et à MM. Jules et Edouard Verreaux que le Muséum est redevable des nombreux sujets qu'il renferme de cette espèce. Nous en devons aussi à MM. Quoy et Gaimard.

MŒURS. Nous savons par ces voyageurs qu'elle se cache sous les pierres et sous les mottes de terre dans les champs cultivés. Elle fait sa nourriture d'insectes de divers ordres et de petits mollusques terrestres sans coquilles. M. Schlegel a reconnu dans les oviductes d'une femelle cinq petits entièrement formés, ce qui prouve que ce Serpent est ovo-vivipare.

V.ᵉ GENRE. RABDION. — *RABDION* (1). Nobis.

CARACTÈRES ESSENTIELS. *Corps étroit, grêle, cylindrique, de même grosseur, à écailles lisses; queue courte et pointue, à gastrostèges larges; museau arrondi.*

CARACTÈRES NATURELS. Les neuf plaques sus-céphaliques ordinaires. Une seule nasale; une pré-oculaire, tantôt fort grande, tantôt très-petite et se confondant accidentellement avec la pré-frontale; point de frénale, sa place étant occupée soit par une portion descendante de la pré-frontale, soit par la pré-oculaire. Une post-oculaire. Six supéro-labiales, dont la 3.ᵉ et la 4.ᵉ bordent l'œil inférieurement. Écailles lisses, losangiques sur le dos, carrées le long du bas des flancs. Scutelles abdominales ne se redressant pas contre ceux-ci; les sous-caudales divisées. Côtés du ventre sub-arrondis. Narine ovalaire, baillante, s'ouvrant dans la plaque nasale seulement. Pupille ronde.

CARACTÈRES ANATOMIQUES. Le crâne est très-allongé, étroit, plat en dessus, les pré-frontaux sont longs, légèrement courbés de droite à gauche et en avant pour se joindre à l'os in-

---

(1) Ῥαβδίον ου, petite verge.

cisif qui est un peu prolongé en pointe reçue aussi dans une échancrure. Les frontaux forment les bords antérieur et postérieur et le dessus de l'arcade orbitaire qui est grande et terminée en bas par l'os sus-maxillaire.

Les pariétaux forment la portion la plus large du vertex ; après avoir produit latéralement une ligne saillante qui se continue avec l'arc postérieur de l'orbite, ils s'arrondissent et se dirigent tout-à-fait à la base du crâne, qui offre dans toute sa longueur basilaire un plan oblique relevé en avant.

Dents sus-maxillaires coniques, assez effilées, toutes égales entr'elles, à l'exception de la première ou des deux premières et de la dernière ou des deux dernières, qui sont moins longues que les autres. Dents sous-maxillaires de même forme, mais moins allongées que les précédentes et se raccourcissant graduellement jusqu'à la dernière inclusivement, à partir de la troisième ou de la quatrième, qui sont plus longues que les deux ou les trois premières. Pas de dents inter-maxillaires. Les palatines se montrent d'abord de moins en moins, ensuite de plus en plus courtes ; les palatines se raccourcissent graduellement jusqu'à la fin de leurs rangées, qui se terminent presque aux extrémités postérieures des os auxquels elles sont fixées.

1. LE RABDION DE FORSTEN. *Rabdion Forsteni*. Nobis.

CARACTÈRES. Point de tache jaunâtre sur la tempe, ni de demi-collier de la même couleur. Plaques pré-oculaires fort grandes, empêchant les pré-frontales de descendre jusque sur les supéro-labiales. Plaques inféro-labiales de la première paire se joignant derrière la mentonnière

SYNONYMIE. 1845. *Calamaria unicolor*. mus. de Leyde.

DESCRIPTION.

ECAILLURE: La plaque rostrale, malgré son apparence triangulaire, a réellement cinq pans, dont deux très-petits soudés aux supéro-labiales de a première paire, un grand échancré pour le passage de la langue, et deux chacun un peu plus étendu que le précédent, légèrement curvilignes et réunis sous un angle obtus, qui se trouve en rapport avec les nasales et les inter-nasales; cette plaque rostrale, qui est très-développée, présente un enfoncement semi-circulaire près de sa base, tandis que le reste de sa surface est bien distinctement bombé.

Les inter-nasales, chacune plus petite que la rostrale, sont assez dilatées en travers, quadrangulaires et beaucoup plus étroites à leur extrémité interne, par laquelle elles se conjoignent, qu'à leur extrémité externe, qui s'appuie sur la plaque nasale.

Les pré-frontales ont une dimension double de celle des inter-nasales et cinq bords inégaux, dont un très-court et quatre comparativement jort longs : le petit s'articule avec la sus-oculaire ; un des quatre grands est celui par lequel ces plaques pré-frontales se soudent entr'elles ; un autre s'attache à la frontale ; le troisième et le quatrième touchent, celui-ci à la frénale, celui-là à l'inter-nasale, ainsi qu'à la nasale, en formant ensemble un angle sub-aigu.

La frontale, qui est très-grande, a cinq pans sub-égaux entre eux, savoir : deux latéraux droits et parallèles, deux antérieurs donnant un angle obtus, deux postérieurs réunis sons un angle aigu.

Les sus-oculaires sont assez allongées et plus étroites à leur bout antérieur qu'à leur bout postérieur ; celui-ci est coupé carrément, celui-là en angle obtus, qui s'enclave entre la pré-frontale et la pré-oculaire.

Les pariétales sont oblongues, heptagones, inéquilatérales et rétrécies en arrière, où elles laissent entre elles un petit écartement dans lequel s'enfonce à moitié la première écaille de la série médiane du cou.

La nasale, d'une moyenne grandeur et légèrement oblongue, représente un trapèze rectangle, dont le sommet aigu est ici l'inféro-postérieur.

La pré-oculaire est fort grande et en apparence triangulaire, mais elle a réellement cinq pans inégaux, savoir : un extrêmement court servant d'appui à la sus-oculaire, un assez étendu bordant une portion du globe de l'œil, et deux encore plus longs formant ensemble un angle aigu, resserré entre la pré-frontale et les supéro-labiales de la seconde et de la troisième paire, angle dont le sommet touche à l'extrémité postérieure de la nasale (1).

La seule post-oculaire qui existe est très-petite, pentagonale et située

_____

(1) Cependant quelquefois, ainsi que nous le voyons chez un de nos individus, la nasale et la pré-oculaire ne se touchent point, parce que l'inter-nasale, par suite d'un excès de développement, enfonce le sommet d'un d ses angles entre elles deux.

positivement au-dessus de la suture commune de la quatrième et de la cinquième supéro-labiales.

Il n'y a qu'une squamme temporale, à la vérité assez développée ; elle est pentagone oblongue et placée obliquement en travers de l'arrière de la tempe, le long de la moitié postérieure de la pariétale et ayant son extrémité inférieure, qui forme un angle obtus, appuyée mi-partie sur la pénultième, mi-partie sur la dernière supéro-labiale.

Les six plaques qui bordent la lèvre supérieure, de chaque côté, ne sont que faiblement de moins en moins petites, à partir de la première jusqu'à la quatrième inclusivement; tandis que la cinquième offre un développement triple ou presque triple de celui de l'une ou de l'autre des deux qu'elle sépare.

La première de ces plaques supéro-labiales représente un trapèze, la seconde un carré, et la troisième, ainsi que la quatrième, un pentagone, mais toutes quatre ont leur diamètre vertical à peu près égal à leur diamètre longitudinal. La cinquième, qui est au contraire plus étendue longitudinalement que verticalement, offre cinq bords, dont les deux supérieurs, réunis sous un angle obtus, s'articulent, l'un avec la plaque pariétale, l'autre avec la squamme temporale. La sixième supéro-labiale reproduit en beaucoup plus petit la figure de la cinquième.

La plaque mentonnière a trois côtés sub-égaux.

On compte six paires de plaques inféro-labiales. Celles de la première paire, à peine plus larges que longues, ont l'apparence de trapèzes et se conjoignent derrière la mentonnière. Celles de la seconde paire et celles de la troisième sont quadrilatères oblongues et plus étroites, les unes à leur extrémité postérieure qu'à leur extrémité antérieure ; les autres, au contraire, à leur extrémité antérieure qu'à leur extrémité postérieure. Celles de la quatrième paire diffèrent de celles de la troisième, en ce que leur bord postérieur est brisé sous un angle obtus, au lieu d'être rectiligne. Enfin, celles des deux dernières paires ressemblent à des quadrilatères.

Les plaques inter-sous-maxillaires antérieures sont grandes et assez allongées; elles ont leur bout postérieur sub-arrondi et bien moins étroit que le bout opposé ; leur bord latéro-externe forme un angle très-ouvert en rapport avec les inféro-labiales de la deuxième et de la troisième paires. Les inter-sous-maxillaires postérieures, qui présentent une longueur égale ou presque égale à celle des inter-sous-maxillaires précédentes, sous l'extrémité terminale desquelles se trouve cachée leur extrémité antérieure, vont en se rétrécissant graduellement d'avant en arrière, où elles offrent une pointe fortement obtuse (1).

_____

(1) Chez l'un de nos individus, les plaques inter-sous-maxillaires postérieures se trouvent unies aux antérieures, sans la moindre trace de suture.

Entre les plaques inter-sous-maxillaires postérieures, s'enclave une squamme losangique qui en précède une semblable, laquelle est suivie d'une autre ayant la figure d'un trapèze isocèle. Puis, immédiatement après ces trois squammes, commence la série des scutelles abdominales. La gorge a ses régions latérales revêtues chacune de quatre rangs obliques d'écailles oblongues sub-rectangulaires.

Ecailles: 15 rangées longitudinales au tronc, 8 à la queue.

Scutelles: 137-154 ventrales, 1 anale non divisée, 28-31 sous-caudales.

DENTS. Maxillaires. $\dfrac{10\text{-}12}{12\text{-}14}$ Palatines, 17-18. Ptérygoïdiennes, 14-15.

COLORATION. Tout le dessus de l'animal est d'un brun noir, mais sur ses côtés, le pourtour des écailles est seul de cette teinte, car elles ont leur centre d'une nuance plus claire, laquelle tire tantôt sur le fauve, tantôt sur le rougeâtre.

Les régions inférieures seraient uniformément d'un brun blanchâtre, si les scutelles du ventre, ainsi que celles de la queue, n'avaient point leurs bords brunâtres.

DIMENSIONS. La tête a en longueur le double environ de la largeur qu'elle offre vers le milieu des tempes, largeur qui est triple de celle du museau prise au niveau des narines.

Les yeux ont en diamètre un peu moins du tiers du travers de la région sus-inter-orbitaire.

Le tronc est aussi haut et 35 fois aussi long qu'il est large à sa partie moyenne.

La queue entre au plus pour le sixième, au moins pour le onzième, dans la longueur totale, qui nous donne 39 centimètres et 9 millimètres chez le moins petit de nos trois individus, soit:

Tête, long. 0ᵐ013. *Tronc*, long. 0ᵐ318. *Queue*, long. 0ᵐ068.

PATRIE. Cette espèce est originaire des iles Célèbes, où elle a été découverte par le voyageur à qui nous la dédions et que nous possédons.

2. LE RABDION A COLLIER. *Rabdion torquatum.* Nobis.

CARACTÈRES. Une tache jaunâtre sur chaque tempe; cou orné d'un demi-collier de la même couleur. Plaques pré-oculaires très-petites, accidentellement confondues avec les pré-frontales, qui descendent jusque sur les supéro-labiales de la seconde paire et de la troisième. Plaques inféro-labiales de la première paire ne se joignant pas derrière la mentonnière.

SYNONYMIE. 1845. *Calamaria conica.* Musée de Leyde.

DESCRIPTION.

ECAILLURE. La plaque rostrale est petite, équi-triangulaire et légèrement échancrée à sa base.

Les inter-nasales, chacune à peu près aussi peu développée que la rostrale, représentent des trapèzes.

Les pré-frontales, qui sont extrêmement grandes, descendent le long des régions frénales pour s'appuyer sur les supéro-labiales de la seconde paire et de la troisième) : elles seraient carrées si, postérieurement, elles offraient, comme en avant et de chaque côté, un pan unique au lieu d'en présenter trois, qui tiennent respectivement à la frontale, à la sus-oculaire et à la pré-oculaire.

La frontale a six bords ; deux latéraux droits et parallèles, deux postérieurs formant un angle aigu, et deux antérieurs un peu moins longs que les autres et réunis sous un angle très-ouvert.

Chacune des deux sus-oculaires est oblongue et à peine plus étroite à son bout antérieur qu'à son bout postérieur, qui sont [l'un et l'autre coupés carrément; latéralement et en dehors, elle offre deux très-petits pans qui reposent sur la pré-oculaire et la post-oculaire, indépendamment de celui assez étendu par lequel elle se trouve en rapport avec l'œil.

Les pariétales ont exactement la même figure que dans l'espèce précédente.

La nasale, qui a l'apparence d'un trapèze rectangle, touche à la pré-frontale, à moins qu'elle n'en soit empêchée par l'inter-nasale.

La pré-oculaire est une plaque quadrangulaire extrêmement petite, mais néanmoins assez haute, qui va en se rétrécissant de sa base à son sommet.

La post-oculaire en diffère en ce qu'elle offre une petitesse un peu moindre et qu'elle a son bord inférieur brisé sous un angle obtus, lequel s'enclave entre la quatrième et la cinquième supéro-labiale.

La squamme temporale ressemble à celle du *Rabdion Forsteni*.

Rien ne distingue non plus de celles de cette espèce la première et les trois dernières plaques de la lèvre supérieure du *Rabdion torquatum* ; mais il n'en est pas de même de la troisième qui, au lieu d'avoir son diamètre vertical et le longitudinal égaux ; a celui-ci beaucoup plus grand que celui-là : cette troisième supéro-labiale, qui est pentagone et conséquemment oblongue, offre à sa partie supérieure deux pans très-inégaux, dont le plus court touche à l'œil et le plus long sert d'appui à la pré-oculaire et à la seconde moitié du bord inférieur de la pré-frontale.

Au premier aspect, la plaque mentonnière semble être triangulo-équilatérale, mais en l'examinant avec plus d'attention, on reconnaît qu'elle est pentagone, attendu que ses deux bords latéraux sont brisés chacun sous un angle très-obtus; elle ne s'enfonce pas bien dististement entre les plaques inter-sous-maxillaires placées à sa suite.

Ici, les plaques inféro-labiales de la première paire étant carrées, elles ne peuvent point se conjoindre derrière la mentonnière. Celles de la deuxième paire représentent des quadrilatères rectangles assez courts.Celles de la troisième paire, qui sont oblongues, élargies d'avant en arrière et plus développées que les précédentes et que celles des deux dernières paires, ont quelquefois cinq pans; mais le plus souvent, leur figure est trapézoïde. Celles de la quatrième paire offrent deux bords latéraux inégaux, droits et parallèles, un antérieur oblique et deux postérieurs formant un angle obtus. Celles de la cinquième paire et de la sixième sont en quadrilatères oblongs.

Ni les plaques inter-sous-maxillaires antérieures, ni les postérieures ne diffèrent de celles du Rabdion de Forsten. La vestiture squammeuse de la gorge est aussi pareille à celle de ce dernier.

Ecailles : 15 rangées longitudinales au tronc; 5 à la queue.

Scutelles : 2 gulaires; 140-165 ventrales, 1 anale non divisée, 12-18 sous-caudales.

DENTS. Maxillaires $\frac{11\text{-}12}{15\text{-}14}$ Palatines, 9-10 ; Ptérygoïdiennes, 21-22.

COLORATION. L'un des trois individus que nous possédons de cette espèce n'offre, sur le milieu de la tempe, que la trace d'une tache jaunâtre, qui est au contraire bien distincte chez les deux autres, où l'on voit en outre une raie, jaunâtre aussi, placée en manière de demi-collier en travers du cou. Le premier a tout le reste de son corps uniformément brun-noirâtre; le second et le troisième ont le leur d'un brun rougeâtre ou purpurescent, irisé de bleu; mais cette teinte est moins foncée ou plus claire sur les parties inférieures que sur les supérieures.

DIMENSIONS. La tête a en longueur le double de sa largeur prise vers le milieu des tempes et le quadruple de celle que présente le museau à l'aplomb des narines.

Les yeux ont en diamètre un peu plus du quart ou un peu moins du tiers du travers de la région sus-inter-orbitaire.

Le tronc est aussi haut et de 52 à 38 fois aussi long qu'il est large à sa partie moyenne.

La queue entre au plus pour le douzième, au moins pour le vingtième dans la longueur totale.

Celle-ci, mesurée chez le moins petit de nos individus, donne 24 centimètres et 8 millimètres; soit :

Tête, long. 0m 008. *Tronc*, long. 0m 222. *Queue*, long. 0m 018.

PATRIE. C'est de Macassar que cette espèce a été envoyée au Musée de
Leyde par les voyageurs naturalistes de cet établissement, qui a bien voulu
céder au nôtre deux des trois sujets d'après lesquels nous venons de faire
cette description. Le troisième existait depuis longtemps dans notre collection, sans l'indication du lieu de son origine.

VI.ᵉ GENRE. ELAPOIDE. — ELAPOIDIS (1).
H. Boié.

CARACTÈRES ESSENTIELS. *Corps étroit, cylindrique, épais ;
des dents palatines ; tête à museau obtus, arrondi. Queue
pointue, de près du quart de la longueur du tronc. Tête un peu
plus large que le cou. Écailles du dos et des flancs carénées.
Gastrostèges très-larges entourant presque la moitié du tronc.*

CARACTÈRES NATURELS. Les neuf plaques sus-céphaliques
ordinaires ; la seconde nasale est concave ; une frénale
touchant à l'œil ; point de pré-oculaires ; six supéro-labiales, dont l'avant-dernière est très-allongée et dont la 3ᵉ et
la 4ᵉ bordent l'œil. Écailles striées, fortement uni-carénées,
losangiques, allongées. Scutelles abdominales ne se redressant
pas contre les flancs ; les sous-caudales divisées. Côtés du
ventre arrondis. Narine grande, circulaire, latérale, s'ouvrant entre les deux plaques nasales. Yeux petits, à pupille
ronde.

La tête osseuse a les plus grands rapports de conformation avec celles des Rabdions, surtout avec l'espèce de
Forsten. Cependant l'arcade orbitaire n'est pas incomplète en
arrière, comme l'indique M. Schlegel (Tome II, page 44); il
est vrai que cet encadrement postérieur est très-grêle, toute-

---

(1) D'Elaps ('Ελαψ) nom d'un genre d'Ophidiens de la section des
Protéroglyphes et de ειδος, forme.

fois le petit rebord osseux atteint l'os maxillaire supérieur justement au point où s'opère l'articulation de l'os transverse avec le sus-maxillaire. Le crâne est allongé et offre une assez grande différence entre ses extrémités antérieure et postérieure, surtout depuis l'origine des os frontaux jusqu'au trou occipital. Les os mastoïdiens sont excessivement courts , ainsi que les intra-articulaires. Les sus-maxillaires sont remarquables par leur brièveté, qui est rendue plus apparente encore, parce que les palatins qui leur correspondent et semblent même les remplacer sont eux-mêmes très-courts, rapprochés et courbés en dedans et que les ptérygoïdiens ont pris comparativement une grande longueur ; qu'ils se sont considérablement écartés entr'eux ou portés en dehors et que les crochets nombreux qui les garnissent sont très-serrées et au-delà de 50.

1. L'ELAPOIDE BRUN. *Elapoïdis fuscus.* H. Boié.

CARACTÈRES. Parties supérieures brunes ou noirâtres, tantôt uniformément, tantôt avec des taches blanchâtres.

SYNONYMIE. *Elapoidis fuscus* ou Elapodes fusca?. H. Boié. Erpet. de Java. Pl. 45. (non publiée).

1827. *Elapoidis fuscus.* F. Boié. Isis, Tom. 20, page 519.

1830. *Elapoidis fuscus.* Wagl. syst. Amph. page 194.

1837. *Calamaria elapoides.* Schleg. Ess. Physion. Serp. Tom. I. page 133 ; tome II, page 44 ; pl. I. fig. 31-33.

1853. *Osceola élapsoidea* BAIRD et GIRARD. Catal. p. 133.

DESCRIPTION.

ECAILLURE. La plaque rostrale, qui est bien développée, se rabat un peu sur le dessus du museau et offre un fort enfoncement semi-circulaire occupant toute la largeur de sa surface, dans le tiers inférieur de sa hauteur. Sa figure simule celle d'un demi-disque , taillé à sept pans inégaux, savoir : un grand, qui est le basilaire , échancré en croissant pour le passage de la langue ; quatre , beaucoup moins étendus, en rapport avec les inter- nasales et les nasales antérieures ; et deux, comparativement assez petits, soudés aux supéro-labiales de la première paire.

Les inter-nasales, dont le diamètre transversal et le longitudinal sont égaux, ont deux angles droits en arrière, deux obtus opposés à ceux-ci, et un autre obtus aussi, ayant son sommet situé positivement au-dessus de la narine.

Les pré-frontales sont d'une grandeur au moins double de celle des inter-nasales, et plus allongées dans leur moitié latéro-externe que dans leur moitié latéro-interne. Elles offrent sept côtés très-inégaux, dont le plus long tient à la frontale et le plus court à la sus-oculaire; le plus petit après ce dernier, est celui qui touche à l'œil.

La frontale, qui est fort grande, a six bords, deux latéraux extrêmement courts et convergents d'avant en arrière, deux antérieurs, au contraire très-étendus, formant ensemble un angle bien ouvert, et deux postérieurs non moins longs que leurs opposés, mais réunis sous un angle aigu.

Les sus-oculaires, qui sont d'une petitesse peu ordinaire et qui descendent derrière les yeux, ont chacune six pans, dont deux très-petits respectivement soudés à la pré-frontale et à la post-oculaire, et trois, presque également grands entre eux, en rapport, l'un avec la frontale, l'autre avec la pariétale, et le troisième avec le globe de l'œil.

Les pariétales offrent chacune quatre bords, dont le temporal et son opposé forment ensemble un long angle aigu ayant son sommet obliquement tronqué, ce qui permet à ces plaques de laisser s'enfoncer un peu entre elles deux la première écaille de la série médio-dorsale; celui de leurs bords qui s'articule avec la sus-oculaire tient aussi à la post-oculaire.

La première nasale est moins large, mais plus haute que la seconde; celle-ci est presque carrée et celle-là pentagonale.

La frénale qui, vu l'absence de pré-oculaire, s'étend jusqu'à l'œil, est oblongue ou sub-oblongue; elle a cinq pans : un supérieur parfaitement droit, deux inférieurs faisant ensemble un angle fort obtus, que soutiennent la troisième et la quatrième supéro-labiales, un antérieur et un postérieur, tous deux perpendiculaires, mais dont l'un est moins court que l'autre.

La post-oculaire est une très-petite plaque pentagone, qui s'appuie sur la quatrième supéro-labiale et sur la cinquième.

Il existe, de chaque côté, trois squammes temporales inégalement allongées : celle qui l'est le moins repose sur la sixième supéro-labiale; celle qui l'est le plus côtoie la moitié postérieure de la pariétale; l'autre se trouve resserrée entre la première moitié de cette dernière plaque et la cinquième supéro-labiale, ayant son extrémité antérieure contigue à la post-oculaire.

La première des six plaques qui garnissent chacun des bords de la lèvre supérieure a presque la figure d'un quadrilatère rectangle. La seconde, un peu moins petite que la précédente, offre deux angles droits en bas et un très-ouvert entre deux peu obtus, en haut. La troisième, une fois plus élevée que la deuxième, présente cinq bords inégaux, savoir : un supérieur fort petit, touchant à l'œil ; un inférieur d'une étendue triple de celle de son opposé ; un postérieur très-haut et parfaitement perpendiculaire; et deux antérieurs dont l'un, soudé à la supéro-labiale précédente, est aussi perpendiculaire, tandis que l'autre se penche fortement en arrière, afin de se glisser sous la frénale pour pouvoir monter jusqu'à l'orbite. La quatrième, qui est plus haute que large, serait régulièrement quadrangulaire, si son bord supérieur n'était pas brisé sous un angle obtus, dont l'un des côtés touche au globe oculaire et l'autre à la plaque post-orbitaire. La cinquième est sub-quadrilatère oblongue et d'un développement égal à celu[i] de trois de ses congénères; Enfin la sixième, de près de moitié moins grande que celle qui la précède immédiatement, offre deux angles presque droits en avant et un sub-aigu entre deux obtus en arrière.

La plaque du menton a ses deux bords latéraux beaucoup moins étendus que l'antérieur et réunis sous un angle très-ouvert.

Il y a sept paires de plaques inféro-labiales. Celles de la première paire, pentagones inéqui-latérales, se conjoignent derrière la mentonnière sans s'enfoncer entre les plaques inter-sous-maxillaires antérieures. Celles de la seconde paire sont presque carrées. Celles de la troisième et de la quatrième représentent des trapèzes. Celles de la cinquième offrent deux angles droits en avant et un aigu entre deux obtus en arrière. Celles de la sixième et de la septième sont quadrilatères et fort étroites, mais la longueur des unes est presque triple de celle des autres.

Les plaques inter-sous-maxillaires antérieures et les postérieures sont aussi étendues longitudinalement les unes que les autres : les premières ressemblent à des rectangles et les secondes à des triangles isocèles, dont les côtés égaux sont les plus longs des trois. Ces dernières plaques s'écartent l'une de l'autre à la manière des branches d'un V. Dans leur écartement, se trouvent logées deux petites squammes de figure irrégulière, immédiatement après lesquelles commence la série des scutelles du dessous du corps.

Les parties latérales de la gorge présentent chacune, indépendamment d'une grande squamme allongée côtoyant les trois dernières plaques inférolabiales, quatre rangs obliques d'assez petites écailles sub-quadrangulaires, oblongues.

Ecailles : 15 rangées longitudinales au tronc, 6 à la queue.

Scutelles : 4 gulaires ; 140-144 gastrostèges larges ; 1 anale non divisée ; 75-78 sous-caudales,

Dents. Maxillaires $\frac{21\text{-}22}{30\text{-}31}$. Palatines , 16-17. Ptérygoïdiennes, 35.

Coloration. Cette espèce , dont les parties inférieures sont d'un bleu d'azur pâle et les supérieures d'un rouge carmin brillant et irisé pendant la vie , ne conserve rien de cette riche coloration après la mort. En effet , quelques-uns des individus conservés dans l'alcool, que nous avons eu l'occasion d'observer , ont le dessus et les côtés du corps uniformément noirâtres ; d'autres offrent , au lieu de cette couleur, un brun tirant sur le rougeâtre ; et il en est qui diffèrent des précédents, en ce que leurs plaques labiales et sus-céphaliques , ainsi qu'un plus ou moins grand nombre de leurs écailles du dos et des flancs , sont blanchâtres ou roussâtres avec un encadrement brun ou noir. Mais chez tous , les régions inférieures présentent une teinte d'un blanc jaunâtre , assez fortement lavée de brun sur la marge recouvrante des scutelles abdominales et des sous-caudales.

Dimensions. La tête a en longueur un peu moins du double de la largeur qu'elle offre vers le milieu des tempes, largeur qui est presque triple de celle que présente le museau en avant des narines.

Les yeux ont en diamètre le cinquième du travers de la région inter-sus-orbitaire.

Le tronc est aussi haut et de 38 à 42 fois aussi long qu'il est large à sa partie moyenne.

La longueur de la queue est contenue de trois fois et demi à quatre fois dans la longueur totale du corps, qui donne 47 centimètres et 4 millimètres chez l'un de nos exemplaires.

Tête, long. 0ᵐ014. *Tronc ,* long. 0ᵐ538. *Queue*, long. 0ᵐ122.

Patrie. L'Élapoïde brun habite l'île de Java. C'est à Kuhl et Van-Hasselt qu'on en doit la découverte. Plusieurs individus que notre Musée possède lui ont été donnés par celui de Leyde.

VII.ᵉ GENRE. ASPIDURE. — ASPIDURA (1). Wagler

CARACTÈRES ESSENTIELS. *Les urostèges en rang simple et très-large sur une queue courte, conique ; corps d'une même grosseur que le tronc ; à plaque inter-nasale ou frontale unique impaire et non divisée.*

CARACTÈRES NATURELS. Huit plaques sus-céphaliques seulement, l'inter-nasale n'étant pas divisée en deux. Deux nasales; point de frénale, dont la place est occupée par une portion descendante de la pré-frontale ; une pré-oculaire; deux ou accidentellement trois post-oculaires. Six supéro-labiales, dont la quatrième borde l'œil inférieurement. Ecailles lisses, losangiques, très-distinctement oblongues sur le dos et plus petites que le long du bas des flancs où elles sont presque carrées. Gastrostèges se redressant à peine contre ces derniers ; les urostèges entières. Côtés du ventre sub-arrondis. Narine petite, sub-ovalaire, s'ouvrant entre les deux plaques nasales et la première supéro-labiale. Pupille ronde. La plaque frontale antérieure ou inter-nasale impaire ou non divisée. Queue conique à urostèges simples.

CARACTÈRES ANATOMIQUES. La tête osseuse est au moins quatre fois plus longue que large et de même largeur dans les quatre cinquièmes postérieurs, en arrière des orbites qui s'y trouvent comprises ; les os nasaux s'avancent en pointe aigue pour s'unir à l'inter-maxillaire et se trouvant ainsi encadré entre les frontaux latéraux qui forment l'arcade orbitaire antérieure et donnent un point d'appui aux sus-maxillaires. Ceux-ci sont longs, garnis de beaucoup de dents ou crochets serrés, un peu courbés en dehors. Les palatins, qui se confondent avec les ptérygoïdiens sont dentés dans toute

---

(1) Aʹσπὶς, *Clypeus,* bouclier ; ϟρὰ, queue.

L'espèce type de ce genre fait partie de celui que M. Schlegel nomme *Calamaria* ; Boié, dans son Erpétologie de Java, qui n'a pas été publiée, l'avait rangée parmi les Scytales de Merrem.

leur longueur. Les os transverses sont si courts, qu'on peut à peine les distinguer et croire à leur existence.

1. L'ASPIDURE SCYTALE. *Aspidura Scytale.* Wagler.

Caractères. Dos d'un brun plus ou moins clair avec de petits points noirs généralement disposés sur une rangée médio-longitudinale. Une grande tache noire de chaque côté du cou.

Synonymie. *Scytale Brachyorrhos.* H. Boié. Erpet. de Java, pl. 25. (manuscrit.)

1827. *Scytale Brachyorrhos.* F. Boié. Isis, Tom. 20, pag. 517.

1830. *Aspidura scytale.* Wagl. Syst. Amph. pag. 191.

1837. *Calamaria scytale.* Schleg. Ess. Physion. Serp. Tom. I. pag. 132 et tom. 2 , pag. 42 , n° 12.

DESCRIPTION.

Ecaillure. La plaque rostrale est extrêmement petite; sans la troncature que présente son sommet, elle aurait la figure d'un triangle équi-latéral ; sa surface offre un profond enfoncement semi-circulaire tout près de son bord basilaire.

L'inter-nasale , dont le développement est de beaucoup supérieur à celui de la plaque précédente , a cinq bords dont deux très-longs formant un angle sub-obtus enclavé dans les pré-frontales, deux moins étendus soudés chacun de son côté aux deux nasales; et un fort court articulé avec le haut de la rostrale.

Les pré-frontales qui descendent sur les régions frénales pour s'appuyer sur la seconde et la troisième supéro-labiales, ont huit pans fort inégaux, les deux plus grands touchent respectivement à cette dernière plaque et à l'inter-nasale ; les deux plus petits tiennent à la nasale postérieure et à la deuxième supéro-labiale; par les quatre autres , elles se trouvent en rapport d'abord ensemble , puis avec la frontale, ensuite avec la sus-oculaire, enfin avec la pré-oculaire. La frontale offre cinq côtés égaux.

Les sus-oculaires représenteraient exactement des carrés longs si leur bout antérieur n'était pas un tant soit peu plus large que le postérieur ; le sommet de leur angle antéro-externe est contigu à celui de l'angle supérieur de la pré-oculaire.

Les pariétales sont allongées et se terminent, en arrière, par un angle sub-aigu à sommet arrondi.

Les deux plaques nasales sont extrêmement petites ; l'antérieure est trapézoïde et la postérieure pentagone sub-équilatérale.

La pré-oculaire représente un trapèze rectangle, dont le sommet aigu est ici dirigé en haut ou de façon qu'il se trouve en contiguïté avec celui de l'angle antéro-externe de la sus-oculaire.

La post-oculaire supérieure est à peu près carrée et l'inférieure sub-pentagone, plus haute que large ; celle-ci est souvent divisée en deux.

Les tempes sont revêtues chacune de trois squammes, dont l'une, grande et losangique, touche à la post-oculaire inférieure et s'appuie sur les deux dernières supéro-labiales ; la seconde, rhomboïdale et plus allongée que la première, est placée à sa suite le long de la pariétale ; la troisième, en losange et de moitié moins développée que la précédente, est située entre elle et l'extrémité postérieure de la sixième supéro-labiale.

La première supéro-labiale, qui est fort petite, affecte une figure carrée, mais elle est réellement hexagone, attendu qu'en haut, elle offre trois petits pans, dont l'un borde une partie de l'orifice de la narine, et les deux autres soutiennent les deux plaques nasales.

La seconde supéro-labiale est d'une petitesse un peu moindre que la première et bien distinctement pentagonale.

La troisième présente à elle seule une surface plus étendue que celles des deux précédentes réunies ; elle ressemblerait assez exactement à un quadrilatère oblong, si l'angle par le sommet duquel elle tient à la pré-oculaire n'était pas légèrement tronqué.

La quatrième offre à peu près la même longueur que la seconde, mais elle a plus de largeur dans sa moitié postérieure, qui touche au globe de l'œil et à la plaque post-oculaire inférieure.

La cinquième, seulement un peu plus courte que la précédente, est pentagonale et beaucoup moins haute en arrière qu'en avant, où elle se trouve en rapport avec la post-oculaire d'en bas.

La sixième et dernière est assez allongée, coupée presque carrément à son extrémité antérieure et en angle aigu à l'extrémité postérieure.

La plaque mentonnière étant très-dilatée transversalement a son bord antérieur beaucoup plus étendu que chacun des deux autres, qui forment un angle fort ouvert.

Il y a six paires de plaques inféro-labiales. Celles de la première paire sont des lames oblongues, placées en travers au dessous du menton, qui ont chacune le bout par lequel elles se touchent coupé carrément, tandis que son opposé l'est en angle aigu. Celles de la seconde et de la troisième paires ont l'apparence de trapèzes. Celles de la quatrième offrent deux angles presque droits en avant et un aigu entre deux obtus en arrière. Enfin, celles de la cinquième et de la sixième sont, tantôt rectangulaires, tantôt sub-rhomboïdales.

Les plaques inter-sous-maxillaires antérieures sont excessivement déve-

REPTILES, TOME VII.   9.

loppées, et chacune d'elles est à peu près un quadrilatère oblong. Les inter-sous-maxillaires qui n'ont guère que le tiers de la grandeur des précédentes, présentent cinq angles peu inégaux.

Immédiatement derrière, vient une suite de quatre ou cinq scutelles gulaires, puis commence la série de celles dites abdominales.

Il existe, de chaque côté de la gorge, trois rangées obliques d'écailles hexagones oblongues.

Ecailles : 17 rangées longitudinales au tronc, moins à la queue.

Scutelles : 4-5 gulaires ; 137-148 ventrales ; 1 anale entière ; 25-33 urostèges.

Dents. Maxillaires. $\dfrac{20}{24\text{-}25}$ Palatines, 15-18. Ptérygoïdiennes, 26-28.

Coloration. Cette espèce, telle que nous la possédons dans les collections ou conservée dans l'alcool, offre tantôt une teinte fauve ou jaunâtre, tantôt une couleur brunâtre sur toutes ses parties supérieures ; celles-ci présentent soit une seule, soit trois séries longitudinales de points noirs oblongs, toujours fort espacés. Une raie brune s'étend de chaque côté de l'animal depuis la tête jusqu'à l'extrémité de la queue. Il existe parfois des marbrures d'un brun plus ou moins foncé sur les flancs et les régions sous-maxillaires.

Le cou porte latéralement deux grandes taches noires qui, chez certains individus, se réunissent en manière de demi-collier ; une troisième tache noire, beaucoup plus petite que les précédentes, occupe le milieu de l'occiput. La face inférieure du corps est d'un blanc sale ou jaunâtre.

Dimensions. La tête a en longueur environ le double de la largeur qu'elle présente vers le milieu des tempes.

Les yeux ont en diamètre au plus le tiers du travers de la région sus-inter-orbitaire.

Le tronc est à peu près aussi haut et 38 ou 39 fois aussi long qu'il est large à sa partie moyenne.

La queue entre au plus pour le sixième, au moins pour le dixième dans la longueur totale, qui nous donne 40 centimètres chez l'un de nos plus grands individus.

C'est en raison du rang simple de l'écaillure sous-caudale qui est semblable à ce qu'on observe dans le Scytale, que Merrem a eu l'idée d'imposer à cette espèce d'Aspidure le nom qui la désigne aujourd'hui.

Tête, long. 0m 009. Tronc, long. 0m 35. Queue, long. 0m 041.

Patrie. L'Aspidure scytale n'a jusqu'ici été trouvé qu'à Ceylan et aux Philippines ; c'est une découverte dont la science est redevable à feu Leschenault de la Tour. M. Schlegel qui a fait connaître cette espèce d'après Boié, rappelle que ce dernier l'a décrite d'après deux individus provenant du Muséum de Paris et que c'est à tort qu'on l'avait indiquée comme originaire de Java.

VIIIe GENRE. CARPHOPHIS — *CARPHOPHIS* (1). Nobis.

CARACTÈRES ESSENTIELS. *Corps cylindrique, très-grêle, à écailles lisses; urostèges en double rang, à museau conique, arrondi, non déprimé.*

CARACTÈRES NATURELS. Les neuf plaques sus-céphaliques ordinaires (2); une seule nasale, grande, à surface convexe; une frénale oblongue; point de pré-oculaire; cinq supérolabiales, dont la 5e et la 4e bordent l'œil. Écailles lisses, hexagones, sub-équilatérales. Gastrostèges se redressant à peine contre les flancs; les urostèges divisées. Côtés du ventre sub-anguleux. Narine tout-à-fait ronde, s'ouvrant près du bord antérieur de la plaque nasale. Pupille ronde.

CARACTÈRES ANATOMIQUES. Tête conique, un peu déprimée, excessivement petite, peu distincte du tronc qui est un peu plus gros. Ce genre a beaucoup de rapports avec celui des Conocéphales; mais il s'en distingue par ses écailles supérieures lisses et non carénées.

Ce genre ne comprend que deux espèces qui diffèrent entre elles par les couleurs.

1. LE CARPHOPHIS AGRÉABLE. *Carphophis Amœna*. Nobis. (*Coluber amœnus*, SAY).

CARACTÈRES. Parties supérieures du corps d'un brun marron; régions inférieures rouges pendant la vie, blanches après la mort.

(1) Κάρφη, fétu; ὄφις, serpent.

(2) A moins, comme cela arrive quelquefois, que les inter-nasales ne se trouvent complétement confondues avec les pré-frontales, ce qui réduit à sept le nombre des plaques sus-céphaliques.

9.*

SYNONYMIE. 1825. *Coluber amœnus.* Say. Journ. Acad. nat. Sc. Philad. vol. 4, pag. 237.

1827. *Coluber amœnus.* Harl. Gener. North amer. Rept. (Journ. Acad. nat. Sc. Philad. vol. 5, Part. II, pag. 355.)

1837. *Calamaria amœna.* Schleg. Ess. Physion. Serp. Tom. I, pag. 130 ; tom. II, pag. 31 ; pl. I, fig. 19-20.

1839. *Coluber amœnus.* Storer, Report on the Rept. of Massachusetts, pag. 226.

1842. *Brachyorrhos amœnus.* Holbr. North Amer. Rept. vol. 3, pag. 115, pl. 27.

1844. *Coluber amœnus.* Linsley. Amer. Journ. scient. by Silliman. vol. 45, pag. 43.

1843. *Carphophis amœna.* Gerv. Dict. d'Hist. nat. Ch. D'orbigny Tom. III, pag. 191.

Carphophiops vermiformis. Ejusd. loc. cit.

1853. *Celata amœna.* Baird et Girard. cat. Serp. Am. p. 129.

DESCRIPTION.

ÉCAILLURE. La plaque rostrale, qui, en raison de son grand développement, protège le dessus et le dessous du museau, a la surface de sa portion inférieure creusée d'un sillon semi-circulaire. Elle offre sept pans inégaux, savoir : deux fort longs, soudés aux nasales, un également assez étendu, fortement échancré pour le passage de la langue, deux comparativement très-courts, formant un angle obtus enclavé dans les inter-nasales, et deux encore plus courts, articulés avec les supéro-labiales de la première paire.

Les plaques inter-nasales se trouvent parfois confondues avec les pré-frontales, mais, le plus souvent, elles en sont bien distinctes et séparées; elles présentent une dimension considérablement moindre que celle de ces dernières, une figure sub-triangulaire et un diamètre transversal beaucoup plus étendu que le longitudinal.

Les pré-frontales, qu'elles soient ou non réunies aux inter-nasales, ont chacune sept bords inégaux par deux des plus petits desquels elles touchent à l'œil et à la sus-oculaire.

La frontale, qui est excessivement grande, a six pans (1), deux latéraux très-courts et distinctement convergents d'avant en arrière, deux anté-

---

(1) C'est à tort que M. Holbrook signale cette plaque, nommée par lui la *verticale*, comme étant sub-triangulaire ; car elle a réellement six côtés bien distincts.

rieurs forts longs, réunis sous un angle plus ou moins obtus, deux postérieurs non moins étendus que leurs opposés et formant ensemble un
angle aigu et avec les latéraux deux angles extrêmement ouverts.

Les sus-oculaires, à peine plus longues qu'elles ne sont larges en arrière,
ont leur extrémité postérieure coupée carrément, ainsi que l'antérieure qui
est beaucoup plus étroite que celle-ci et soudée aux pré-frontales.

Les pariétales sont hexagones ou heptagones inéquilatérales, sub-oblongues et, contre l'ordinaire, peu rétrécies à leur partie terminale, qui, par
cela même, est largement tronquée ; un de leurs pans tient à la plaque
post-oculaire.

La nasale représente un trapèze rectangle ou sub-rectangle, dont le
sommet aigu monte plus ou moins entre la rostrale et l'inter-nasale.

La frénale n'est pas exactement un quadrilatère oblong, parce que son
bord inférieur est brisé sous un angle excessivement ouvert et que son
bout en rapport avec l'œil est un peu plus étroit que celui qui touche à la
nasale.

La post-oculaire est pentagonale et près de moitié moins développée que
la frénale.

Il existe sur chaque tempe deux grands squammes allongées placées bout
à bout le long de la plaque pariétale : l'une, de figure sub-rectangulaire,
repose sur la cinquième supéro-labiale et tient par son extrémité antérieure
à la post-oculaire et à la quatrième supéro-labiale : l'autre, dont le bord
inférieur est légèrement arqué, a au-dessous d'elle deux ou trois écailles
peu différentes de celles du cou.

Les quatre premières plaques de chacune des deux rangées qui revêtent
la lèvre supérieure augmentent graduellement en hauteur d'avant en arrière. La cinquième et dernière offre au contraire moins d'élévation, mais
une longueur beaucoup plus grande que les précédentes. La première ressemble à un trapèze rectangle, dont le sommet aigu est ici le supéro-
postérieur. La seconde a la même figure, quand elle n'est pas carrée (1).
La troisième et la quatrième ont deux angles droits en bas et trois obtus
en haut. La cinquième est quadrilatère, oblongue et moins étroite à son
extrémité terminale qu'à son bout antérieur.

La plaque mentonnière a son bord libre légèrement curviligne et un peu
plus étendu que les deux autres, qui forment un angle obtus.

Il y a six paires de plaques inféro-labiales. Celles de la première paire,
qui sont pentagones inéquilatérales, se conjoignent par un de leurs plus
petits pans en arrière de la mentonnière, mais elles ne s'enclavent point

_____

(1) Chez un de nos individus, cette seconde plaque supéro-labiale se
trouve confondue avec la première.

entre les inter-sous-maxillaires antérieures. Celles de la seconde paire re-présentent des trapèzes rectangles, dont le sommet aigu est ici l'antéro-supérieur. Celles de la troisième paire seraient des quadrilatères rectan-gles, si leur bord postérieur n'était pas un peu plus élevé que son opposé. Celles de la quatrième paire, sub-oblongues et un peu élargies à peu près au milieu, offrent deux angles presque droits un antérieurement et un aigu entre deux obtus postérieurement. Celles de la cinquième paire et de la sixième sont rhomboïdales.

Les plaques inter-sous-maxillaires antérieures sont des quadrilatères oblongs dont l'un des angles, ici l'antéro-externe, aurait son sommet tronqué.

Les inter-sous-maxillaires postérieures, d'un tiers plus courtes que les précédentes, offrent quatre angles dont les deux postérieurs sont arrondis.

On voit, intermédiairement à ces dernières plaques et à la première scu-telle du dessous du corps, une rangée longitudinale de trois ou quatre squammes sub-hexagones un peu dilatées en travers et, latéralement à celles-ci, quatre séries obliques de chacune trois écailles sub-rhomboï-dales presque aussi développées que les squammes médio-gulaires sus-mentionnées.

Très-souvent, les deux rangs médians des pièces de l'écaillure du dessus de la queue n'en forment qu'un seul sur une plus ou moins grande partie de l'étendue de cet organe, dont la pointe s'emboîte dans une grande squamme conique, tellement effilée, qu'elle a l'apparence d'une épine.

Écailles : 13 rangées longitudinales au tronc, 6-8 à la queue.

Scutelles : 117 ventrales (1), I anale divisée, 29-36 sous-caudales.

DENTS. Maxillaires $\frac{10}{?}$ Palatines ? Ptérygoïdiennes, 25

COLORATION. Un brun marron très-brillant, plus ou moins clair, plus ou moins foncé, est répandu sur les parties supérieure et latérales de la queue. Après la mort, une teinte blanche et pendant la vie, une couleur rouge assez semblable à celle de la chair du saumon, règne uniformément sur les lèvres, sur les régions sous-maxillaires, sur la gorge, sur les scu-telles abdominales, sous la queue et sur les deux séries d'écailles qui bordent le ventre de chaque côté.

DIMENSIONS. La tête a en longueur deux fois la largeur qu'elle offre vers le milieu des tempes, largeur qui est un peu plus que double de celle que présente le museau en avant des narines.

_____

(1) Schlegel dit en avoir compté jusqu'à 127, et M. Thomas Say, de 125 à 154.

Les yeux ont en diamètre le cinquième environ du travers de la région sus-inter-orbitaire.

Le tronc est à peu près aussi haut et 26 fois aussi long qu'il est large à sa partie moyenne.

La queue fait presque le sixième ou un peu moins du septième de la longueur totale du corps.

L'un de nos sujets mesure du bout du museau à l'extrémité de la queue 0ᵐ, 145, qui se décomposent ainsi :

Tête, long. 0ᵐ, 006. *Tronc*, long. 0ᵐ, 112. *Queue*, long. 0ᵐ, 027.

Mais l'espèce devient un peu plus grande, car M. Schlegel nous apprend que le Musée de Leyde en renferme un individu qui est long de 24 centimètres.

PATRIE. Le *Carphophis amœna* est originaire de l'Amérique du nord : M. Holbrook dit qu'il se trouve dans tous les états atlantiques depuis le New-Hampshire jusqu'en Floride inclusivement, et qu'on le rencontre aussi dans ceux de l'Alabama, du Mississipi et de la Louisiane.

Notre Musée en possède deux individus.

MœURS. Cette espèce se tient habituellement sous les pierres et sous les troncs d'arbres tombés de vétusté ; le savant naturaliste, que nous venons de nommer, assure qu'elle se nourrit d'insectes. Il n'est guerre possible, en effet, que l'exigu diamètre de la bouche admette une proie plus volumineuse.

2. CARPHOPHIS DE HARPERT. *Carpophis Harperti.* Nobis.

CARACTÈRES. Régions supérieures et latérales du corps d'un gris jaunâtre ou olivâtre, clair-semées de très-petits points noirâtres.

DESCRIPTION.

ÉCAILLURE. La plaque rostrale, dont la figure est triangulaire, a sa surface un peu bombée et creusée d'un petit sillon curviligne près de son bord inférieur.

Les inter-nasales représentent des triangles équilatéraux.

Les pré-frontales sont très grandes et un peu rabattues sur les régions frénales ; elles seraient trapézoïdes, si leur angle postéro-externe n'avait point son sommet un peu tronqué, ce qui donne à chacune de ces plaques un cinquième pan, fort petit en comparaison des autres, lequel borde en partie le devant du globe de l'œil.

La frontale, qui est oblongue, offre cinq bords, un transverso-rectiligne en avant, un légèrement infléchi en dedans de chaque côté, et deux réunis sous un angle très-aigu en arrière.

Les pariétales sont bien développées surtout en longueur et leur largeur est un peu moindre postérieurement qu'antérieurement ; elles abaissent sur la tempe leur angle antéro-externe, dont le sommet s'unit à celui de la cinquième supéro-labiale juste derrière la post-oculaire du milieu (1).

La première plaque nasale est inéqui-quadrilatère et plus haute que large ; la seconde est hétéro-pentagonale et moins élevée, mais un peu plus étendue transversalement que la précédente.

La frénale est sub-rectangulaire et fort allongée. Aussi s'avance-t-elle jusqu'au globe de l'œil, où elle sert d'appui à la portion descendante de la pré-frontale, laquelle tient lieu de pré-oculaire.

Des trois post-oculaires qui existent, la médiane est la plus grande ; ses deux congénères sont carrées, tandis qu'elle offre cinq angles dont un seul, le postérieur, est aigu. Toutes trois se trouvent enclavées dans un chevron (➤) que forment un bord descendant de la pariétale et un bord montant de la cinquième supéro-labiale.

Une très-grande squamme occupe sur chaque tempe l'espace compris entre la plaque pariétale et les supéro-labiales de la cinquième et de la sixième paires ; à sa suite en viennent d'abord deux autres superposées, puis trois, superposées aussi, ayant la même figure, mais un développement beaucoup moindre.

La première plaque supéro-labiale simule un trapèze et la seconde un rectangle ; celle-ci est moins petite que la précédente, mais elle l'est un peu plus que la suivante, qui est pentagone. La quatrième est sub-trapézoïde et située toute entière sous l'œil, au lieu que la troisième, qu'elle n'égale pas en hauteur, n'a que sa moitié postérieure placée sous cet organe. La cinquième, dont la surface est fort grande en comparaison de ses congénères, offre cinq angles, deux droits en bas et trois obtus en haut, dont le médian se trouve en contiguïté par son sommet avec celui de l'angle antéro-externe de la plaque pariétale. La sixième est beaucoup moins développée, mais de même figure que la cinquième.

La plaque mentonnière a ses deux bords latéraux réunis sous un angle très-ouvert et notablement plus courts que l'antérieur.

On compte six paires de plaques inféro-labiales. Celles de la première paire sont pentagones, inéquilatérales et beaucoup plus étendues transversalement que longitudinalement. Celles de la seconde sont petites et à peu

_____

(1) Il faut se souvenir qu'il y a ici trois post-oculaires de chaque côté.

près carrées; celles de la troisième, quadrangulaires oblongues et plus étroites en avant qu'en arrière; celles de la cinquième, sub-rectangulaires, de même que celles de la cinquième et de la sixième, dont le développement est moindre que celui des précédentes.

Les plaques inter-sous-maxillaires antérieures sont fort allongées et les postérieures aussi : les unes donnent ensemble une figure disco-elliptique; les autres s'écartent à la manière des branches d'un Λ, entre lesquelles se trouve enclavée une squamme triangulaire.

Immédiatement après celle-ci, commence la série des scutelles du dessous du corps.

Écailles : 15 rangées longitudinales au tronc, 11 ou 13 à la queue.

Scutelles : 111 gastrostèges, I anale double, 32 urostèges.

DENTS. Maxillaires $\frac{22}{?}$ Palatines, 20. Ptérygoïdiennes, 25.

COLORATION. Ce Serpent a le dessus et les côtés du corps d'une teinte grise, lavée de jaunâtre ou d'olivâtre et marquée çà et là de très-petits points noirâtres; ses parties inférieures sont blanches.

DIMENSIONS. La queue n'a guère que le quart de l'étendue du tronc, qui est environ vingt-six fois aussi long qu'il est large à sa partie moyenne.

Les yeux, plus grands que chez le Conocéphale strié, ont en diamètre le tiers environ du travers de la région sus-inter-orbitaire.

Le seul individu que nous possédions de cette espèce offre une longueur totale de 16 centimètres et 8 millimètres, soit :

Téte, long. 0ᵐ,007. *Tronc*, long. 0ᵐ,13. *Queue*, long. 0ᵐ,031.

PATRIE. Il nous a été envoyé de Savannah (Caroline du Sud) par M. Harpert.

IXe GENRE. CONOCÉPHALE. — *CONOCE-PHALUS* (1). Nobis.

CARACTÈRES ESSENTIELS. *Tête excessivement petite, tout-à-fait conique; corps légèrement plus gros dans sa région moyenne; les écailles carénées comme celles des Elapoïdes; la queue grêle, longue et pointue formant près du quart de l'étendue totale du corps.*

CARACTÈRES NATURELS. Une seule inter-nasale, mais les sept autres plaques sus-céphaliques ordinaires. Deux nasales, une frénale allongée, pas de pré-oculaire, une post-oculaire. Cinq supéro-labiales, dont la troisième et la quatrième bordent l'œil inférieurement. Ecailles unicarénées, toutes losangiques, oblongues, étroites, à l'exception de celles des deux séries du bas des flancs, qui sont presque carrées et plus développées que les autres; côtés du ventre sub-arrondis. Gastrostèges ne se redressant pas contre les flancs; les sous-caudales divisées. Narines s'ouvrant chacune dans la première plaque nasale. Pupille ronde.

Les Conocéphales, ainsi nommés de la forme de leur tête qui représente un cône à sommet obtus très-faiblement aplati sur quatre faces, n'ont leur bouclier sus-céphalique composé que de huit pièces, attendu que la plaque inter-nasale n'y est pas divisée en deux comme cela a lieu, au contraire chez la grande majorité des Ophidiens.

Ils manquent de pré-oculaire, mais ils sont pourvus d'une longue frénale qui touche au globe de l'œil, et de deux nasales ayant à peu près la même grandeur. Celles-ci offrent

---

(1) Κῶνος, ον, cône; Κεφαλή, ῆς, tête.

Ce genre est un démembrement de celui du *Calamaria* de Schlegel.

une surface presque plane, et c'est seulement dans la première d'entre elles, tout près de la seconde, que se trouve pratiqué l'orifice extérieur de la narine, qui est bâillant, ovalaire et tourné vers l'horizon, suivant l'axe transversal du museau. La plaque dite rostrale ne rabat nullement son sommet sur ce dernier.

Les régions préoculaires ne sont point concaves et les surciliaires ne s'avancent pas sur les yeux, de manière à les abriter, ainsi qu'on le remarque quelquefois.

La fente de la bouche est légèrement curviligne. Chacune des deux rangées de plaques qui protègent la lèvre supérieure en comprend cinq, dont la troisième et la quatrième concourent à l'encadrement squammeux de l'orbite.

L'écaillure du tronc et de la queue ressemble à celle des Tropidonotes; c'est-à-dire que les pièces losangiques qui la composent sont, d'une part, très-allongées, et fort étroites partout ailleurs que le long du ventre, où elles affectent une figure carrée, et que d'une autre part, elles présentent une petite échancrure à leur extrémité terminale, en même temps qu'une arête bien prononcée les partage longitudinalement en deux moitiés égales.

Quoique très-larges, les scutelles abdominales ou gastrostèges ne se redressent point contre les flancs et les urostèges forment un double rang d'un bout à l'autre de la queue.

DENTS. Les sus-maxillaires et les sous-maxillaires peu fortes, coniques, diminuant graduellement de longueur à partir, les unes de la seconde ou de la troisième, les autres de la quatrième ou de la cinquième jusqu'à la dernière inclusivement. Point d'inter-maxillaires. Les palatines et les ptérygoïdiennes de même forme que les précédentes et se raccourcissant de plus en plus depuis l'extrémité antérieure jusqu'à l'extrémité postérieure de chacune des deux rangées non interrompues qu'elles constituent, rangées qui s'étendent presque jusqu'au bout terminal des os ptérygoïdes.

Le présent genre a pour type une espèce qui se trouve inscrite sous le nom de *Coluber striatulus* dans le *systema na-*
turæ de Linné, espèce que M. Schlegel avait placée dans le
groupe générique si peu naturel de ses *Calamaria*. Par ses
écailles carénées, ce genre se rapproche de celui des Éla-
poïdes; malgré de très grandes analogies, il se distingue de
celui des Atropides dont les écailles sont lisses, mais dont les
formes et les dimensions sont à peu près les mêmes. Enfin, ces
trois genres diffèrent des Calamaires par la longueur proportionnelle de la queue qui atteint presque le quart de celle du
reste du corps.

1. LE CONOCÉPHALE STRIÉ. *Conocephalus striatulus.* Nobis.
(*Coluber striatulus*. LINNÉ.)

CARACTÈRES. Grisâtre ou d'un brun de suie en dessus, blanchâtre en dessous.

SYNONYMIE. 1766. *Coluber striatulus*. Linn. Syst. nat. Edit. 12,
Tom. I, pag. 275, n° 173.

1771. *Le Serpent strié.* Daub. Dict. Quad. Ovip. Serp. Tom. II,
pag. 684.

1788. *Coluber striatulus.* Gmel. Syst. nat. Linn. Tom. I,
Part. 3, pag. 1087, n° 173.

1789. *La Striée.* Lacép. Hist. Quad. Ovip. Serp. Tom. II,
pag. 285.

1802. *Coluber striatulus.* Donnd. Zool. Beytr. Linn. Syst.
Tom. III, pag. 153.

1802. *Coluber striatulus.* Latr. Hist. Rept. Tom. IV, pag. 84.

1802. *Die Gestreifte natter.* Bescht. Lacep. naturg. Amph.
Tom. IV, pag. 59.

1803. *Coluber striatulus.* Daud. Hist. Rept. Tom. VII,
pag. 200.

1820. *Natrix striatulus.* Merr. Tent. Syst. Amph. pag. 118.

1827. *Coluber striatulus.* Harl. Gener. North Amer. Rept.
(Journ. Acad. nat. scienc. Philad. vol. 5, pag. 354.

1837. *Calamaria striatula.* Schleg. Ess. Physion. Serp. Part. I, pag. 133; part. II, pag. 43.

1842. *Calamaria striatula.* Holbr. North Amer. Herpet. vol. 3, pag. 123, pl. 29.

1842. *Calamaria striatula.* Dekay. New-Yorck Fauna, Part. III, pag. 49.

1853. *Haldea striatula.* Baird et Girard, cat. p. 122.

DESCRIPTION.

ÉCAILLURE. La plaque rostrale représente un triangle équilatéral. L'inter-nasale, qui est assez dilatée en travers, à l'apparence d'un losange dont, ici, les deux sommets aigus, parfois un peu tronqués obliquement, touchent aux secondes nasales. Les pré-frontales sont fort grandes et à sept pans inégaux qui, abstraction faite de celui par lequel elles se conjoignent, se trouvent respectivement en rapport avec le globe de l'œil, la sus-oculaire, la frontale, l'inter-nasale, la nasale postérieure et la frénale. La frontale, qui est large et sub-oblongue, a deux bords latéraux rectilignes et paral-lèles, deux antérieurs réunis sous un angle obtus et deux postérieurs for-mant un angle aigu.

Les sus-oculaires sont assez allongées et coupées presque carrément à leurs deux extrémités, dont la postérieure est un peu moins étroite que l'antérieure, qui s'articule avec la pré-frontale seulement. Les pariétales, qui ont sept ou huit pans inégaux, offrent un certain développement et une largeur distinctement moindre en arrière qu'en avant.

La première plaque nasale est trapézoïde et la seconde hexagone iné-quilatérale. La frénale a une longueur double de sa plus grande largeur; ses deux bouts sont coupés carrément, le postérieur est plus étroit que l'an-térieur; son bord supérieur est rectiligne et l'inférieur brisé sous un angle très-ouvert. La post-oculaire est pentagonale et médiocrement développée.

Il y a trois squammes temporales de chaque côté : deux, dont la pre-mière tient par son angle antérieur à la post-oculaire et à la quatrième supéro-labiale, sont oblongues, quadrangulaires ou pentagones inéquilaté-rales et placées à la suite l'une de l'autre le long de la pariétale; la troi-sième est sub-losangique et située au-dessous de la seconde et au-dessus de l'arrière de la cinquième supéro-labiale.

Les supéro-labiales augmentent graduellement en hauteur et en lon-gueur à partir du commencement jusqu'à la fin de leur rangée. La pre-mière simule un trapèze rectangle. Les trois suivantes offrent chacune deux angles droits en bas et trois obtus en haut, dont le médian, à la qua-trième, est tronqué à son sommet, sur lequel s'appuie la post-oculaire. La cinquième diffère des précédentes en ce que son bout terminal forme un angle aigu, au lieu de présenter un bord vertical.

La plaque mentonnière a trois côtés, dont l'antérieur est plus long que chacun des deux autres.

Il existe six paires de plaques inféro-labiales. Celles de la première paire, qui sont plus dilatées transversalement que longitudinalement, se-raient rectangulaires, si celui de leurs cinq bords, par lequel elles tiennent ensemble, était droit et non pas oblique. Celles des trois paires suivantes représentent des trapèzes rectangles, dont le sommet aigu se trouve être, ici, l'inféro-antérieur pour les secondes, l'inféro-postérieur pour les troi-sièmes et les quatrièmes. Celles de la cinquième paire sont des quadrilatères oblongs et celles de la sixième offrent deux angles droits antérieurement et un aigu entre deux obtus postérieurement.

Les deux plaques inter-sous-maxillaires antérieures sont grandes, oblon-gues et taillées obliquement en arrière, en angle obtus en avant; les pos-térieures le sont obliquement en avant, en angle aigu en arrière.

Il n'y a qu'une seule squamme médio-gulaire, affectant la figure d'un triangle enclavé en partie entre les plaques inter-sous-maxillaires de la première paire. Puis immédiatement derrière elle, commence la série des scutelles du dessous du corps. A droite et à gauche de la première de celle-ci et de la squamme médio-gulaire est une très-grande écaille sub-rhomboïdale d'une longueur triple de sa largeur.

Écailles : 17 rangées longitudinales au tronc, 15 à la queue.

Scutelles : 121-133 ventrales, I anale (entière), 41-50 sous-caudales

Dents. Maxillaires $\frac{18}{?}$. Palatines, 19-20. Ptérygoïdiennes ?

Coloration. Toutes les parties supérieures du corps, chez les individus conservés dans l'alcool, sont uniformément soit grisâtres, soit d'un brun de suie, à l'exception des carènes des écailles qui paraissent blanchâtres, quand on les examine à la loupe; les régions inférieures offrent cette dernière teinte.

D'après M. Holbrook, ce petit serpent, pendant la vie, est en dessus entièrement d'un brun rougeâtre et en dessous, d'une couleur semblable à celle de la chair du saumon.

Dimensions. Cet Ophidien, l'un des plus petits que nous connaissions, a le tronc de 25 à 28 fois aussi long qu'il est large à sa partie moyenne. Ses yeux ont un diamètre un peu plus de la moitié du travers de la région sus-inter-orbitaire. Sa queue entre environ pour le cinquième dans la longueur totale du corps, laquelle nous donne 21 centimètres et 8 milli-mètres chez celui de nos individus qui est le plus allongé, soit :

Tête, long. 0^m 011. *Tronc,* long. 0^m 152. *Queue,* long. 0^m 055.

PATRIE. Le Conocéphale strié est originaire de l'Amérique du nord ; les sujets que nous en possédons proviennent, pour la plupart, de la Nouvelle-Orléans, d'où ils nous ont été envoyés par M. Barabino. Les autres faisaient partie des collections zoologiques recueillies dans la Caroline par M. Bosc.

M. Schegel a signalé la présente espèce comme habitant aussi les Antilles ; mais c'est une erreur fondée sur ce que ce savant a considéré fort à tort comme des Conocéphales striés deux petits serpents, au contraire fort différents de celui-ci (1), que notre Musée avait reçus de la Martinique par les soins de MM. Droz et Plée.

MŒURS. M. Holbrook nous apprend que le Conocéphale strié se trouve constamment sous les pierres ou bien sous l'écorce des arbres morts, et qu'il ne se nourrit que d'insectes.

——— ———

(1) Ces deux petits serpents appartiennent à l'espèce décrite plus loin sous le nom de **Streptophore de Droz** (famille des **Leptognathiens**).

Vᵉ FAMILLE. — LES UPÉROLISSIENS (1).

CONSIDÉRATIONS PRÉLIMINAIRES.

CARACTÈRES ESSENTIELS. *Corps écailleux; tête dont les os sus-maxillaires sont forts, garnis de crochets de même grosseur, pas de dents sur la région moyenne du palais.*

La place naturelle qui peut être assignée à ces Serpents est assez douteuse au moins quand on compare les genres avec ceux qui se trouvent compris dans le même sous-ordre des Aglyphodontes. Ils ressemblent, il est vrai, aux Rouleaux et aux Cylindrophis par la forme générale du corps qui est court, cylindrique; leur écaillure est à peu près la même excepté sous le ventre où il n'y a cependant pas les grandes scutelles qu'on nomme gastrostèges.

Leur queue courte et tronquée se termine par une série d'écailles de forme particulière, plus solides et propres à protéger cette partie; aussi ces genres avaient-ils été rapprochés par M. Muller (2) sous le nom d'*Uropeltea* que nous avions nous-même adopté d'abord, mais il n'était pas applicable à tous ceux que nous avons réunis et nous l'avons remplacé par un autre qui indique en effet une disposition plus importante.

Nous devons prévenir qu'il y a un peu d'inégalité dans la longueur proportionnelle de la rangée supérieure des crochets, ceux qui garnissent la région moyenne des os sus-maxillaires étant un peu plus longs et plus forts que ceux qui les précèdent et qui les suivent. Cette disposition fait que la proie, lorsqu'elle est saisie entre les deux mâchoires, se trouve

(1) Ὑπερῴα-η, le palais, *palatum.*, Λισσός, lisse, plane. *læve palatum planum.*
(2) Voir tome VI, page 347, la note.

beaucoup plus solidement retenue sur les bords de la bouche, ce qui semble d'autant plus nécessaire, que la victime ne pouvait être accrochée et arrêtée dans la région moyenne du palais, puisqu'il n'y a pas là de crochets.

Le caractère différentiel le plus notable que nous avons cherché à exprimer par le nom imposé à cette famille est donc l'absence complète des dents au palais, qu'on retrouve au contraire constamment sur les bords des os ptérygo-palatins chez les autres Serpents, tandis qu'ici, le palais est tout-à-fait lisse.

Un seul genre fait évidemment le passage à la famille précédente, qui est celle des Calamariens et semble lier ces deux groupes; c'est celui qui a été nommé Oligodon ; mais ici, les gastrostèges sont un peu plus distinctes et le bout de la queue est terminé brusquement, comme si il avait été tronqué et protégé par une sorte d'étui d'une solidité remarquable, tandis que chez les Calamaires il est terminé en pointe conique et la bouche est plus ample ou plus fendue.

Les espèces rapportées à ce groupe des Upérolissiens ont le corps court, arrondi, et cependant comme nous venons de l'indiquer, un peu plus épais vers la queue. D'ailleurs, leur tête confondue en arrière avec le tronc et le museau prolongé au-dessus de la fente de la bouche qui est petite, nous semblent devoir les faire considérer comme plus rapprochés des derniers Aprotérodontiens; mais outre qu'ils n'ont pas le moindre vestige des pattes postérieures, il y a de plus l'absence des dents ptérygo-palatines et quelques autres particularités de structure importantes à noter par la comparaison que nous aurons à en faire par la suite. Nous dirons cependant que les pièces osseuses des mâchoires supérieure et inférieure, qui sont bien distinctes et isolées, sont semblables et analogues par leur développement. Les crochets maxillaires sont grands, forts, coniques, acérés et un peu tranchants à leur portion postérieure, faiblement courbés et penchés en

REPTILES, TOME VII.   10.

arrière, quoique graduellement plus allongés à partir des deux extrémités jusque vers le milieu de chaque rangée. Les branches osseuses de l'os sus-maxillaire de moitié moins longues que la tête sont droites, distinctement comprimées dans leur première moitié d'où s'élève une sorte d'apophyse angulaire s'articulant avec les os frontaux antérieurs; ceux-ci sont assez développés, sub triangulaires et entiers. Les ptérygoïdiens sont droits, ils ne sont pas garnis de crochets : c'est le caractère important de la famille. La boîte crânienne forme la moitié ou la base d'un cône sous lequel se présente tout le reste de la tête.

Cette articulation des os sus-maxillaires est à peu près la même que celle indiquée pour la grande famille des Aprotérodontiens, mais leurs dents et leur crâne sont tout-à-fait différents. Ici, les mâchoires sont les seules régions de la bouche qui soient armées de dents, mais ces crochets, relativement à l'exiguité du corps, sont véritablement forts et même plus tranchants que ne le sont la plupart de ces dents.

Il est bon de remarquer encore que chez les Upérolissiens, la mâchoire supérieure est dentée dans toute son étendue ou d'un bord à l'autre, tandis que dans d'autres genres on ne voit ces dents que sur une certaine étendue, surtout en arrière. Cette circonstance semble avoir été prévue par la nature, afin que la proie fût retenue sur les bords externes de la bouche, puisqu'elle ne pouvait l'être sur le palais.

La tête osseuse des Upérolissiens rappelle un peu celle des Dryophis par sa forme allongée, l'étroitesse de sa partie antérieure, la grandeur des os du nez et le prolongement en boutoir de l'os inter-maxillaire, mais ce sont les seules analogies ostéologiques que présentent entre eux ces Serpents si différents sous beaucoup d'autres rapports. Le crâne vu en dessus a la forme d'un triangle isocèle plus ou moins aigu au sommet, suivant qu'on l'examine dans les genres Rhinophis, Uropeltis, Colobure ou Plectrure; assez large en arrière, il l'est beaucoup moins vers le milieu de la longueur des os nasaux, et il est encore un peu plus étroit entre les orbites.

Le pariétal est un grand os simple, légèrement convexe et parfaitement uni en dessus, un peu rétréci en avant où son bord est rectiligne. Il est presqu'aussi long à lui seul que les frontaux, les os du nez et l'inter-maxillaire, considérés dans leur ensemble.

La boîte cérébrale est fermée de toutes parts; elle est assez volumineuse relativement à celle de la plupart des Ophidiens. Aussi, avons-nous lieu de nous étonner que M. J. Müller ait dit, en parlant de la tête osseuse du Rhinophis ponctué : « C'est le crâne d'un animal vertébré le plus petit que j'ai vu. » Nous savons aujourd'hui qu'un très-grand nombre d'Ophidiens l'ont proportionnellement moins développé que celui des Upérolissiens.

Les frontaux ressemblent à deux rectangles placés côte à côte, ils sont à peu près moitié moins longs que le pariétal. Les os du nez un peu plus élargis et un peu plus allongés que les frontaux, se terminent chacun en un angle sub-aigu très-court. Entre ces deux os nasaux, s'enfonce plus ou moins l'incisif dit inter-maxillaire antérieur qui est étroit et saillant en avant, pointu chez les Rhinophis mais obtus et même très-faiblement échancré chez les Uropeltis et les Plectrures.

Il n'y a pas de frontaux postérieurs, du moins chez les espèces que nous connaissons, d'autres pourraient en être pourvues; mais elles appartiendraient à un groupe différent de celui par lequel la famille des Upérolissiens nous est maintenant connue.

Les mastoïdiens sont deux petites lames longues et très-minces, adhérant intimement au crâne au-dessus des rochers. L'occipital supérieur est simple. Son condyle est remarquable par sa longueur et sa convexité parfaite. Nous ne connaissons aucun Serpent chez lequel cette protubérance soit aussi développée.

10.*

Les maxillaires supérieurs s'étendent sur les côtés de la tête jusqu'à la moitié environ de sa longueur ; assez grêles à leurs deux extrémités, ils deviennent brusquement très-hauts en formant un angle sub aigu au-dessous des frontaux antérieurs avec lesquels ils s'articulent, non tout-à-fait fixement, ainsi que le dit M. Müller, mais de manière à pouvoir exercer un très-léger mouvement, comme cela a lieu chez les Tortriciens. En avant, ces os sus-maxillaires sont réunis à l'incisif par un simple ligament et en arrière, leur portion terminale s'unit à l'os transverse, qui est médiocre et va rejoindre obliquement le ptérygoïde.

Celui-ci et son congénère se soudent, comme à l'ordinaire, bout à bout avec les palatins qui sont assez forts ; les os ptérygoïdes se prolongent un peu en lignes courbes jusqu'aux os carrés. Il n'y a de dents ni aux palatins, ni aux ptérygoïdes.

Les branches de la mâchoire inférieure sont courtes, attendu qu'elles ne s'étendent pas au-delà des rochers ; le ligament qui les retient ensemble à leur extrémité antérieure ne leur permet de s'écarter que très-faiblement ; leurs deux principales pièces, le dentaire et l'articulaire, sont à peu près aussi longues l'une que l'autre et articulées fixement ensemble.

L'os carré ou intra-articulaire est petit, très-comprimé et seulement un peu moins long que haut ; la mobilité dont il jouit est fort limitée.

Les Upérolissiens ne paraissent point avoir de vestiges de membres postérieurs suspendus dans les chairs, comme il en existe chez les Tortriciens et les Typhlops.

On trouve sur la planche 76 de l'Atlas de cet ouvrage, fig. 1, un dessin de la tête osseuse d'un Upérolissien, et la pl. 59 de ce même Atlas où sont représentées très-agrandies la tête et la queue d'une espèce de chacun des quatre genres de la famille, montrent fort nettement les remarquables caractères distinctifs de ces genres.

DE LA CLASSIFICATION DES UPÉROLISSIENS.

C'est à J. Müller, comme nous l'avons indiqué, qu'on doit d'avoir établi la présente famille, dans laquelle il a réuni les *Rhinophis* de Hemprich et les *Uropeltis* de Cuvier, après avoir reconnu que, sous le rapport de leur organisation tant externe qu'interne, ces Serpents qu'on avait jusque-là placés séparément, les uns auprès des Typhlops (1), les autres à côté des Rouleaux (2), se ressemblent entre eux, au moins autant qu'ils diffèrent des espèces appartenant à ces deux derniers groupes, surtout par le défaut des dents inter-maxillaires et des palatines.

M. Schlegel considérant, au contraire, nos Upérolissiens comme beaucoup plus voisins des *Typhlops* que d'aucun autre Ophidien, en a tout simplement fait un sous-genre qu'il a appelé *Pseudo-Typhlops*.

Aux deux genres qui composaient la famille des Upérolissiens lors de sa création, nous en ajoutons deux autres, celui des *Colobures* qui est un démembrement des *Uropeltis* de Cuvier et celui des *Plectrures* établi pour une espèce fort intéressante nouvellement découverte aux Indes-Orientales.

Ces quatre genres n'appartiennent qu'à un seul et même groupe qui représente ici la famille des Upérolissiens, en répétant que ces caractères et même le nom tirés de l'absence des dents à la partie supérieure et moyenne de la bouche se retrouve dans un autre genre de la famille des Calamariens (celui des Oligodons,) mais dont l'écaillure est tout-à-fait différente. Voici d'ailleurs, et par anticipation, un tableau synoptique dans lequel les notes les plus faciles à reconnaître font distinguer ces quatre genres.

---

(1) Schneider appelait *Typhlops oxyrhincus* l'une de nos espèces de *Rhinophis*.

(2) C'est Cuvier qui avait assigné cette place aux *Uropeltis*.

TABLEAU DES GENRES DE LA FAMILLE des UPÉROLISSIENS.

CARACTÈRES. *Corps très-grêle, de même diamètre et cylin-drique d'un bout à l'autre, à gastrostèges ou plaques ventrales à peine distinctes des autres écailles du tronc; tête conique, confondue en arrière avec le tronc, à museau dépasssant la mâchoire inférieure; narines latérales; pas de dents inter-maxillaires, ni palatines, ni ptérygoïdiennes, queue très-courte, un peu renflée, le plus souvent tronquée et protégée à son extré-mité par une sorte de bouclier écailleux; pas de vestiges de mem-bres postérieurs.*

Queue	tronqu	sub-conique, enveloppée d'une seule plaque cornée.		1. RHINOPHIS.
		plate, terminée par	une seule écaille épineuse.	2. UROPELTIS.
			plusieurs écailles carénées, épineuses.	3. COLOBURE.
	non tronquée, emboîtée dans une seule plaque épineuse.			4. PLECTRURE.

DISTRIBUTION GÉOGRAPHIQUE. Nous connaissons, tant par nous-mêmes que par les auteurs, sept espèces d'Upérolissiens. Pour l'une d'elles, le Rhinophis de Schlegel, on reste dans le doute sur la patrie, qu'on a pourtant lieu de croire être les Grandes-Indes; une seconde, le Rhinophis ponctué, est, dit-on, américaine, ce qui nous paraît très-douteux. Les cinq au-tres sont réparties entre l'archipel des Philippines, l'île de Ceylan et le continent de l'Inde. Ce sont le *Rhinophis philip-pinus*, l'*Uropeltis philippinus*, le *Coloburus ceylanicus*, qui proviennent des pays dont ils portent les noms; puis le *Rhino-phis oxyrhincus* et le *Plectrurus Perrotetii*, qui habitent l'In-doustan et le Bengale.

On reconnaît, comme noùs l'avons dit, les Upérolissiens à leur tronc arrondi, à leur tête conique, à la situation de leur bouche sous le museau, lequel se prolonge plus ou moins en avant, et surtout à la singulière conformation de leur queue.

Celle-ci a la forme d'un cylindre légèrement comprimé, ou bien elle est obliquement tronquée en dessus et d'avant en arrière. Dans le premier cas, elle est garnie à son extrémité d'une grande squamme emboîtante, armée de quelques épines; dans le second, elle a sa troncature protégée soit par un disque ellipsoïde composé d'écailles épaisses, carénées, soit par une plaque ovalaire d'une seule pièce, à surface rugueuse ou spinifère, tantôt aplatie, tantôt en forme de cône obtus.

Le bouclier céphalique de ces petits Ophidiens se compose de plaques généralement bien développées, mais en moindre nombre que chez la plupart des autres espèces. Ces plaques sont une rostrale, une paire de fronto-nasales, une frontale, une paire de pariétales, une nasale de chaque côté, une oculaire plus ou moins transparente placée en plein au-devant de l'œil et quelquefois une sus-oculaire. Il manquerait donc une paire d'inter-nasales, une frénale à droite et à gauche, une pré-oculaire, une post-oculaire et dans quelques cas, une sus-oculaire; mais l'absence de ces plaques n'est qu'apparente, à en juger par la dimension insolite de quelques-unes des autres, avec lesquelles il semble, en effet, qu'elles soient jointes d'une manière intime et sans trace de soudure; telles paraissent être les inter-nasales avec les nasales, et les frénales avec les fronto-nasales. Quant à la pré-oculaire, à la post-oculaire et à la sus-oculaire, elles se réunissent évidemment ensemble pour former l'oculaire; car celle-ci diminue d'étendue à mesure que celles-là apparaissent, ainsi qu'il est aisé de le reconnaître en observant la série des espèces appartenant à cette famille.

Les squammes qui revêtent la lèvre supérieure sont ordinairement très-grandes, tandis que celles qui garnissent l'inférieure ne sont toujours que fort médiocrement dilatées. Aucun de ces Serpents n'a de sillon gulaire, mais tous ont des écailles à quatre ou six pans, peu imbriquées, lisses, luisantes et même irisées. L'ouverture du cloaque est une fente

transversale , comme chez les autres Ophidiens , mais tellement
courte, qu'on croirait cet orifice arrondi.

C'est un fait remarquable que la dégradation insensible qui
s'opère chez les quatre genres de ce groupe dans les parties
d'où sont tirés plusieurs de leurs caractères distinctifs : nous
voulons dire leur bouclier caudal et leur plaque rostrale.
Celle-ci , extrêmement épaisse , saillante et assez développée
dans le premier genre pour protéger une grande portion du
museau , s'amincit et diminue distinctement d'étendue dans
le second ; elle est considérablement plus petite dans le troisième , et elle n'a plus que la dimension d'une plaque rostrale
ordinaire dans le quatrième. Le bouclier caudal , d'une grande
solidité et d'un volume tel , dans le genre *Rhinophis* , qu'il
enveloppe une immense partie de la queue , est encore dans
le genre *Uropeltis* une plaque assez forte , mais d'un diamètre
moindre que celui de la troncature caudale ; dans le genre
Coloburus , il est remplacé par un disque composé d'écailles
que leur grande épaisseur et les carènes qui les surmontent
distinguent seules des pièces de l'écaillure du corps ; enfin ,
dans le genre *Plectrurus* , il se réduit à une simple squamme en
forme de dé , armée de quelques épines , laquelle emboîte seulement l'extrémité de la queue , qui n'est même plus tronquée.

Nous pouvons ajouter qu'à partir du premier genre jusqu'au
dernier , les yeux deviennent graduellement moins petits
et la plaque qui les recouvre augmente de transparence.

Les Upérolissiens ont les mêmes mœurs , les mêmes habitudes que les Tortriciens obscuricoles (1).

_____

(1) Voyez tom. VI, pag. 581, où ils se trouvent désignés par le nom de
Tortriciens fouisseurs.

Ier GENRE. RHINOPHIS — *RHINOPHIS* (1).
Hemprich.

(Comprenant une partie des *Typhlops* de SCHNEIDER et de CUVIER et des
Pseudo-Typhlops de SCHLEGEL.)

CARACTÈRES ESSENTIELS. Queue tronquée, un peu en cône,
dont la pointe est enveloppée dans une seule écaille cornée.

CARACTÈRES NATURELS. Narines s'ouvrant latéralement chacune dans une seule plaque. Yeux latéraux, petits, à pupille
ronde, recouverts chacun par une plaque peu transparente.
Une paire de plaques nasales se conjoignant sur le chanfrein,
point de frénales, de préoculaires, ni de post-oculaires, mais
une paire d'oculaires; point d'inter-nasales, ni de sus-oculaires, mais les cinq autres plaques sus-céphaliques ordinaires; la rostrale très-épaisse et ayant sa portion supérieure
beaucoup plus longue que l'inférieure ou s'étendant jusque
sur les fronto-nasales. Queue emboîtée en partie dans un dé
de corne à surface rugueuse, ayant la forme d'un cône à base
ovalaire et à sommet obtus. Ecailles lisses. Les Rhinophis ont
les yeux excessivement petits, plus petits que ceux des Uropeltis, des Colobures et des Plectrures; la plaque qui recouvre chacun de ces organes est aussi plus épaisse, et conséquemment moins transparente que chez les trois genres
suivants.

Ils manquent de sus-oculaires, de même que les Uropeltis
et les Colobures, tandis que les Plectrures en sont pourvus.

Leur plaque rostrale offre une certaine épaisseur et un développement beaucoup plus grand dans sa portion rabattue

_____

(1) Ρ'ἰυ-ινὸς , *nasus*, nez, et de Ό'φις ,serpent. Serpent dont le museau
forme un nez.

sur le museau, que dans sa partie qui garnit le dessous de celui-ci.

La queue des Rhinophis est à peu près conique; sa région basilaire est revêtue d'écailles, et dans le reste de son étendue elle est emboitée dans un dé de corne à base elliptique et à surface plus ou moins rugueuse.

Le présent genre a été établi par Hemprich, qui s'est le premier aperçu que les espèces qui devaient en faire partie ne se trouvaient nullement à leur place naturelle parmi les Typhlops, où elles avaient été rangées par Schneider, Boié et Cuvier.

TABLEAU DES ESPÉCES DU GENRE RHINOPHIS.

Dos	avec un point noir sur chaque écaille. . 3. PONCTUÉ.
	unicolore : ventre { sans taches. . . . 2. OXYRHINQUE.
	à taches irrégulières . 1. DES PHILIPPINES.

1. LE RHINOPHIS DES PHILIPPINES. *Rhinophis Philippinus.* Müller.

(ATLAS pl. 59, fig. 1.)

CARACTÈRES. Plaque rostrale ayant sa portion emboitante conique et son prolongement sus-céphalique en forme de carène obtuse. Nasales quadrangulaires, à peine plus hautes que larges, fronto-nasales à peu près aussi hautes que larges; oculaires pentagones; 176 rangées transversales d'écailles sur le tronc et 4 sous la queue; 168 scutelles ventrales.

SYNONYMIE. *Typhlops Philippinus.* Cuv. Mus. Par.

1827. *Typhlops Philippinus.* Boié. Isis. Tom. XX, pag. 513, sous la lettre A.

1829. *Typhlops Philippinus.* Cuv. Règne anim. 2e édit. tom. II, pag. 74, note 2.

1831. *Typhlops Philippinus.* Anim. Kingd. Cuv. by Griff. vol. 9, pag. 249.

1831. *TyphlopsPhilippinus.* Gray, Synops. Rept. pag 77, in Griff. anim. Kingd. Cuv. vol. 9.

1832. *Rhinophis Philippinus.* Müll. Zeitsch. Physiol. Tiedm. Trevir. vol. 4, pag. 249, ligne 15.

DESCRIPTION.

FORMES. La tête de ce Rhinophis, qui est un peu moins courte que la queue ou d'une longueur égale au diamètre du milieu du tronc, fait environ le trente-cinquième de la totalité de l'étendue longitudinale du corps. La plaque rostrale a sa portion qui emboîte la partie saillante du museau en forme de cône assez distinctement aplati en dessous ; le prolongement par lequel elle se continue sur le chanfrein, presque jusqu'à la moitié des fronto-nasales, représente une bandelette excessivement épaisse, angulairement rétrécie en arrière et dont la surface est un peu en dos d'âne. Les plaques nasales ne sont pas beaucoup moins grandes que les fronto-nasales; elles offrent chacune quatre pans inégaux ; deux inférieurs, qui s'appuient sur la première et la seconde supéro-labiales, et deux latéraux formant un angle aigu, dont le sommet s'enfonce un peu sous la portion sus-céphalique de la rostrale. Les fronto-nasales, dont la figure est heptagonale, sont soudées ensemble et en rapport, chacune de son côté, avec la nasale, la rostrale, la frontale, l'oculaire, la seconde et la troisième supéro-labiales. La frontale a quatre bords, deux très-courts, en avant, réunis à angle obtus ; deux très-longs, en arrière, donnant au contraire un angle aigu enclavé en partie entre les pariétales ; ces dernières plaques, qui sont rhomboïdales et qui ne tiennent l'une à l'autre que par le sommet tronqué d'un de leurs angles, présentent postérieurement un écartement dans lequel s'avance la première écaille de la série médio-dorsale. Les oculaires sont oblongues, pentagones et inéquilatérales. Les quatre plaques qui revêtent la lèvre supérieure de chaque côté augmentent de grandeur d'avant en arrière : la première est sub-rhomboïdale, la seconde pentagone inéquilatérale, ainsi que la troisième, mais la quatrième offre six pans inégaux aussi et par l'un desquels elle s'articule avec la pariétale. Il y a à la lèvre inférieure, indépendamment de la squamme mentonnière, qui est en triangle sub-équilatéral, trois paires de plaques rectangulaires et à peu près d'égale grandeur.

La queue, bien qu'un peu déprimée en arrière, a l'apparence d'un cône court, à sommet obtus, dont la moitié basilaire est entourée de quatre anneaux ellipsoïdes d'écailles sub-hexagones, très-élargies, et la moitié terminale emboîtée dans un grand dé de corne ayant la forme d'un cône à base elliptique, et sa surface rugueuse ou relevée de petites lignes saillantes, entremêlées de tubercules granuliformes excessivement fins.

Les scutelles ventrales sont plus dilatées en travers que les écailles qui les bordent.

En dessus, l'extrémité postérieure du corps offre sept ou huit écailles beaucoup plus grandes que les autres, hexagones et très-dilatées en travers, constituant une série médiane qui s'étend jusqu'au bouclier caudal.

Les yeux sont peu distincts, étant très-petits et les plaques qui les recouvrent fort épaisses,

COLORATION. Toutes les pièces de l'écaillure ont leur centre d'un brun noirâtre et leurs bords d'un fauve roussâtre ; cette dernière teinte est celle que présentent le museau et le bouclier corné qui protège une partie de la queue.

DIMENSIONS. *Longueur totale*, 0^m, 264. *Tête*, long. 0^m, 007. *Tronc*, long. 0^m, 25. *Queue*, long. 0^m, 007.

PATRIE. Le seul individu de cette espèce que nous ayons encore vu appartient à notre Musée national, où nous l'avons trouvé étiqueté comme provenant des îles Philippines.

OBSERVATIONS. Cet exemplaire est celui qui a été brièvement décrit par Boié dans l'Isis, sous le nom de *Typhlops Philippinus*, que lui avait assigné Cuvier dans notre collection, plusieurs années avant qu'il en fît mention dans la seconde édition du Règne animal, où il est signalé, bien à tort, comme étant entièrement aveugle.

2. LE RHINOPHIS OXYRHINQUE. *Rhinophis oxyrhincus.* Hemprich.

CARACTÈRES. Deux cent vingt-deux rangées transversales d'écailles sur le tronc et huit sous la queue.

SYNONYMIE. 1801. *Typhlops oxyrhincus.* Schneider. Histor. Amph. Fasc. II, pag. 341.

1803. *Anguis oxyrhincus.* Daudin. Hist. Rept. Tom. VII. pag. 314.

1820. *Rhinophis oxyrhincus.* Hemprich. Verh. Gessell. nat. Fr. in Berl. vol.... pag....

1830. *Rhinophis oxyrhincus.* Wagler. Syst. Amph. pag. 195.

1832. *Rhinophis oxyrhincus.* Müller. Zeitsch. Physiol. Tied. Trevir. vol. 4, pag. 249.

DESCRIPTION.

FORMES. Schneider avait observé dans la collection de Bloch, le célèbre ichthyologiste, deux petits Ophidiens qu'il a appelés *Typhlops oxyrhincus*. La description qu'il en a donnée ne permet pas de douter qu'ils appartiennent à une espèce du genre Rhinophis, voisine, mais néanmoins distincte de la précédente, attendu que les écailles de leur corps constituent un plus grand nombre de rangs transversaux que celles du *Rhinophis Philippinus*, c'est-à-dire huit au lieu de quatre pour la queue, et deux cent vingt-deux au lieu de cent soixante-seize pour le tronc.

COLORATION. Le Rhinophis oxyrhinque a ses parties supérieures d'un brun obscur et ses régions inférieures d'une teinte plus claire.

PATRIE. Schneider le dit originaire des Indes-Orientales.

OBSERVATIONS. Cette espèce ne nous est connue que par la description malheureusement fort incomplète que Schneider en a publiée.

Schneider, en parlant des plaques labiales, qui sont au nombre de quatre de chaque côté, dit qu'au-dessus d'elles, il y en a quatre autres un peu plus grandes, que les narines s'ouvrent entre les deux premières, et que par la troisième, les yeux sont recouverts (*tertio oculi tecti*), d'où **Wagler** a donné pour caractère *oculis nullis*.

3. LE RHINOPHIS PONCTUÉ. *Rhinophis punctatus*. Müller.

CARACTÈRES. Plaque rostrale ayant son extrémité antérieure triangulo-conique et sa portion sus-céphalique en forme de carène aigue. Nasales quadrangulaires, distinctement plus hautes que larges et pointues à leur sommet ; fronto-nasales pentagones, mais ayant l'apparence de quadrilatères oblongs, presque perpendiculaires ; oculaires offrant quatre angles, dont un, le supérieur, très-aigu. 278 rangées transversales d'écailles sur le tronc et 7 sous la queue.

SYNONYMIE. 1832. *Rhinophis punctatus*. Müller. Zeitsch. Physiol. Tiedm. Trevir. vol. 4, pag. 249, pl. 22, fig. a-f.

1838. *Pseudo-Typhlops oxyrhincus*. Schlegel Abbild. Amph. pag. 43, pl. 12.

DESCRIPTION.

FORMES. Cette espèce se distingue au premier aspect des deux précédentes par un mode de coloration tout-à-fait différent et par la longueur

proportionnellement plus grande du corps, qui est entouré de deux
cent soixante-dix-huit verticilles d'écailles ; tandis qu'on n'en compte que
cent soixante-seize chez le *Rhinophis Philippinus* et deux cent vingt-
deux chez l'*oxyrhincus*.

Le Rhinophis ponctué est cinquante-cinq ou cinquante-six fois plus long
qu'il n'est large vers le milieu de son étendue; il a la queue un peu moins
courte et du double plus longue que la tête. Celle-ci très-petite à proportion de la grosseur du tronc, se présente sous la forme d'un cône légèrement effilé, et aplati sur trois faces, l'inférieure étant plane et les latérales
penchées l'une vers l'autre ou offrant une disposition tectiforme ; la saillie
que fait la mâchoire supérieure au-devant du menton est d'une longueur
égale à la moitié de celle de la fente de la bouche.

La plaque rostrale est un énorme étui trigono-conique emboîtant tout le
bout du museau et s'étendant jusque sur le front en forme de crête ou carène assez élevée, légèrement concave à droite et à gauche, tranchante et
faiblement arquée au sommet. Les plaques nasales sont plus hautes que
larges et à quatre angles, dont un très-aigu à leur partie supérieure ; elles
se trouvent complètement séparées l'une de l'autre par la rostrale, dont
elles longent la portion frontale, chacune de son côté, s'appuyant inférieurement sur les deux premières supéro-labiales et étant bordées postérieurement par une grande partie des fronto-nasales. Celles-ci, malgré leurs
cinq pans, ont l'apparence de quadrilatères oblongs, obliques de chaque
côté de la tête, ayant devant eux la rostrale et les nasales, derrière eux la
frontale et les oculaires, et au-dessous d'eux les secondes et les troisièmes
supéro-labiales ; elles offrent tout-à-fait à leur sommet un très-petit bord
longitudinal par lequel elles se conjoignent entre l'extrémité caréniforme
de la rostrale et le bord antérieur de la frontale. Cette dernière, qui est
presque de moitié plus petite que les pariétales, représente exactement
un triangle équilatéral. Les oculaires offrent quatre côtés, deux en bas
donnant un angle fort obtus, enclavé entre la troisième et la quatrième
supéro-labiales, deux en haut donnant un angle très-aigu dont la pointe
touche à la frontale. Les plaques pariétales ont quatre bords inégaux, le
postérieur est fortement arqué et par le plus petit qui est rectiligne,
elles tiennent l'une à l'autre ; elles reçoivent entre elles d'eux, en
avant la frontale, en arrière la première écaille de la série médio-dorsale.
Il y a quatre paires de plaques à la lèvre supérieure : celles de la première
paires sont petites, quadrangulaires et un peu plus hautes que larges ;
celles de la seconde et de la troisième sont pentagones et plus grandes
que les précédentes ; celles de la quatrième sont presque aussi développées
et à peu près de même figure que les pariétales, au-dessous desquelles elles
se trouvent placées. La lèvre inférieure n'offre que deux plaques de chaque

côté, toutes deux étroites et allongées, mais la seconde, qui est pointue en arrière, est moins petite que la première. La mentonnière ressemble à un disque d'un très-petit diamètre.

Les pièces de l'écaillure du corps sont hexagones et dilatées en travers sur les régions qui avoisinent la tête, mais plus en arrière, elles sont quadrangulaires. On remarque que les scutelles ventrales ne sont pas distinctement plus développées que les écailles, auxquelles elles touchent latéralement, ce qui est le contraire chez le Rhinophis des Philippines. Le bord postérieur de la fente anale est garni de trois squammes ayant une dimension un peu plus grande que celle des scutelles sous-caudales. Le nombre des rangées longitudinales, que forment les écailles du tronc est de dix-sept, indépendamment de la série qui occupe la ligne médiane du ventre.

Les yeux du *Rhinophis punctatus* sont un peu plus distincts au travers des plaques oculaires que ceux du *Rhinophis Philippinus*.

Son bouclier caudal a, de même que celui de ce dernier, la forme d'un cône obliquement coupé à sa base, mais le sommet en est plus obtus ou comme tronqué ; il est aussi hérissé de petites aspérités qui s'atténuent à mesure qu'elles se rapprochent de l'extrémité de la queue.

COLORATION. Les écailles du tronc sont d'un jaune blanchâtre et, toutes, à l'exception de celles des deux rangées latérales à la série médio-dorsale, portent une tache noire qui envahit plus ou moins leur surface ; la queue offre également de petites taches noires, mais en dessus et en dessous seulement ; la tête et la portion cuirassée du prolongement caudal sont d'une teinte roussâtre. Tel est du moins le mode de coloration qui nous est offert par le seul individu d'après lequel la présente description a été faite, individu dont le Musée de Leyde, d'où il nous a été communiqué, doit la possession à MM. les membres de l'Académie d'Utrecht.

Un autre sujet, qui a été brièvement décrit par M. J. Müller, avait les écailles du corps marquées chacune d'un point brun, et la face supérieure de son bouclier caudal colorée en vert foncé.

DIMENSIONS. Les mesures suivantes sont celles que nous a données l'exemplaire du Rhinophis ponctué, appartenant au Musée de Leyde ; celui de M. Müller était long de dix pouces, sur deux lignes et demie d'épaisseur.

Longueur totale, 0m 047. *Tête*, long. 0m, 008. *Tronc*, long., 0m, 457. *Queue*, long. 0,m 013.

PATRIE. On ignore où l'un des deux petits serpents dont il vient d'être question a été recueilli. Quant à l'autre, M. Müller le dit provenir de la Guyane, mais c'est sans doute par erreur, car il est présumable que le Rhinophis ponctué est originaire des Grandes-Indes, de même que ses deux congénères.

Ce petit serpent manque à la collection nationale du Musée de Paris.

IIᵉ GENRE. UROPELTIS. — *UROPELTIS*(1). Nobis.

(Comprenant une partie des *Uropeltis* de Cuvier et des *Pseudo-Typhlops* de Schlegel.)

CARACTÈRE ESSENTIEL. *Queue comme tronquée, plate, terminée par une seule écaille épineuse ; les autres écailles étant lisses.*

CARACTÈRES NATURELS. Narines s'ouvrant latéralement chacune dans une seule plaque. Yeux latéraux, assez grands, à pupille ronde, recouverts chacun par une plaque assez transparente. Une paire de plaques nasales se conjoignant sur le chanfrein ; point de frénales, de pré-oculaires, ni de post-oculaires, mais une paire d'oculaires ; point d'inter-nasales, ni de sus-oculaires, mais les cinq autres plaques sus-céphaliques ordinaires ; la rostrale médiocrement épaisse et ayant sa portion supérieure plus longue que l'inférieure. Queue tronquée obliquement de haut en bas, à troncature plate, donnant la figure d'un ovale rétréci à son extrémité supérieure, et recouverte à sa surface d'une lame cornée, hérissée d'épines. Ecailles lisses.

Le genre *Uropeltis*, tel que nous l'admettons, ne comprend plus qu'une des deux espèces pour lesquelles Cuvier l'avait établi, l'autre étant le type du nouveau groupe générique que nous nommons *Coloburus*.

Comparés aux Rhinophis, nos Uropeltis ont pour principaux caractères distinctifs : 1° des yeux beaucoup moins petits et placés sous des plaques d'une transparence beaucoup plus grande ; 2° une queue, qui, au lieu d'être conique, offre une énorme troncature oblique, recouverte par une lame cornée, plate et hérissée d'épines.

_____

(1) De Οὐρά, la queue, et de Πέλτη, un bouclier-écusson ; la queue protégée par un écusson.

On verra dans l'article du genre suivant quels sont les différences qui existent entre eux et les Colobures.

1. UROPELTIS DES PHILIPPINES. *Uropeltis Philippinus.*
Cuvier.
(ATLAS Pl. 59. Fig. 2).

CARACTÈRES. 19 rangées longitudinales et 135 rangées transversales d'écailles sur le tronc; 130 scutelles ventrales; 7 doubles scutelles sous-caudales.

SYNONYMIE. 1829. *Uropeltis Philippinus.* Cuvier. Règne anim. 2ᵉ édit. Tom. II, pag. 76, note 3.

1830. *Uropeltis Philippina.* Wagler. Syst. Amph. pag. 194.

1831. *Uropeltis Philippinus.* Cuvier. anim. Kingd. by Griff. vol. 9, pag. 251.

1832. *Uropeltis Philippinus.* Müller. Zeitsch. Physiol. Tiedem. Trevir. vol. 4, pag. 252, pl. 22, fig. 2-3 et pl. 21, fig. 4-5, (la tête osseuse.)

1833. *Uropeltis Philippina.* Schinz. Naturgesch. abbildung. Rept. pag. 132.

1837. *Uropeltis Philippinus.* Gervais Magas. Zool. Guér. Class. III, pl. 13.

1838. *Pseudo-Typhlops Philippinus.* Schlegel. Abbild. Amph. pag. 44.

1839. *Uropeltis Philippinus.* Gervais. voy. Corvette Favorite. Tom. V, pag. 66, pl. 26.

Uropeltis Philippinus. Dict. univers. d'hist. natur. D'Orbigny. Rept. pl. 7, fig. 2.

DESCRIPTION.

FORMES. L'Uropeltis des Philippines a, en longueur totale, vingt-cinq fois environ la largeur qu'il offre vers le milieu du tronc. Le dessus de sa tête est distinctement aplati, ainsi que le dessous de la portion saillante de son museau, qui dépasse le menton d'une longueur égale au tiers de la fente buccale.

Il y a huit ou neuf dents de chaque côté à la mâchoire supérieure et une ou deux de plus à la mâchoire inférieure.

La partie de la plaque rostrale qui s'étend sur le chanfrein a la figure d'un long triangle isocèle entièrement enclavé entre les nasales ; celles-ci, qui se joignent par le sommet de leur angle le plus aigu, ont l'apparence de triangles scalènes, bien qu'elles aient réellement cinq côtés, dont les deux plus petits sont ceux qui se trouvent en rapport avec la première et la seconde supéro-labiales. Les fronto-nasales sont hexagones, inéquilatérales et plus hautes que larges. La frontale, dont le développement n'est pas moindre que celui des pariétales, offre six pans, un de chaque côté, assez court et rectiligne, deux en avant plus longs, formant un angle obtus, deux en arrière encore plus longs et réunis à angle aigu. Les pariétales sont hexagones, inéquilatérales, séparées l'une de l'autre par la frontale dans plus de la moitié de leur longueur, unies ensemble par le plus petit de leurs six côtés et ayant entre elles deux, en arrière, la moitié antérieure de la première écaille de la série médio-dorsale. Les oculaires sont coupées à cinq pans sub-égaux. La première des cinq plaques qui garnissent la lèvre supérieure de chaque côté est rhomboïdale et de petite dimension ; la seconde est pentagone et assez grande ; la troisième pentagone aussi, mais plus longue que la précédente ; la quatrième est hexagone et beaucoup plus développée qu'aucune des autres ; la cinquième enfin est pentagone et presque aussi petite que la première. La lèvre inférieure a son pourtour revêtu de cinq paires de plaques, toutes rectangulaires, assez étroites et presque de même grandeur, indépendamment de la squamme mentonnière, qui est en triangle équilatéral, à côté antérieur distinctement arqué. Les pièces de l'écaillure du dos et des flancs sont carrées et fortement arrondies à leur angle postérieur ; celles du ventre sont hexagones et d'autant plus élargies qu'elles se trouvent plus près de la ligne médio-longitudinale de cette région inférieure du corps.

La queue n'a pas une longueur tout-à-fait égale à celle de la tête ; sa troncature, un peu plus grande que le bouclier caudal, forme à son pourtour, une sorte de bourrelet ; les épines qui hérissent ce bouclier ne sont régulièrement disposées que près de sa circonférence, où l'espèce de cercle qu'elles constituent en comprend une cinquantaine ; le nombre de celles qui sont répandues sur le reste de sa surface est d'environ soixante. Les écailles de la région caudale sont sub-hexagones, sub-égales entre elles, assez dilatées en travers et plus imbriquées que sur les autres parties du corps.

COLORATION. Un brun roussâtre et un blanc jaunâtre sont les seules teintes que présente le corps de ce petit Ophidien ; elles se trouvent distribuées de telle sorte, qu'en dessus, c'est la première qui sert de fond aux taches sous la forme desquelles la seconde est irrégulièrement répandue ; tandis qu'en dessous, c'est exactement le contraire. Les taches des parties supérieures semblent être les vestiges de demi-anneaux d'un blanc jaunâtre qu'aurait offerts ce petit Serpent dans son jeune âge.

DIMENSIONS. *Longueur totale*, 0m,228. *Tête*, long. 0m,012; épaiss. 0m,006. *Tronc*, long. 0m,207; épaiss. 0m,009. *Queue*, long. en dessus, 0m,004; longueur en dessous, 0m,009. *Bouclier caudal*, diamètre vertical, 0m,009; diamètre transversal, 0m,007.

PATRIE. Cette espèce, dont il n'existe qu'un seul exemplaire dans notre collection, est originaire des îles Philippines.

III.e GENRE. COLOBURE. — *COLOBURUS* (1).
Nobis.

CARACTÈRE ESSENTIEL. *La queue comme tronquée, aplatie, terminée par des rangées d'écailles bi-carénées et épineuses.*

CARACTÈRES NATURELS. Narines s'ouvrant latéralement chacune dans une seule plaque. Yeux latéraux, assez grands, à pupille ronde, recouverts chacun par une plaque assez transparente. Une paire de plaques nasales se conjoignant sur le chanfrein; point de frénales, de préoculaires, ni de post-oculaires, mais une paire d'oculaires. Point d'inter-nasales ni de sus-oculaires, mais les cinq autres plaques sus-céphaliques ordinaires; rostrale peu épaisse, et n'ayant pas şa portion supérieure plus longue que l'inférieure. Queue tronquée obliquement de haut en bas; troncature ovalaire et revêtue d'un pavé d'écailles bi-carénées. Ecailles du tronc lisses.

Ce qui différencie les Colobures des Uropeltis c'est que : 1° leur plaque rostrale n'offre pas plus de développement dans sa partie supérieure que dans sa portion inférieure; 2° que la troncature oblique de leur queue, donne la figure, non

(1) Κολοϐὸς, ϛ, mutilée, tronquée; ȣρα, queue,

11 a

d'une ellipse, mais d'un ovale rétréci à l'une de ses extrémités, dont la terminale est revêtue d'un pavé d'écailles bi-carénées, au lieu de l'être d'une lame de corne d'une seule pièce et hérissée d'épines.

1. COLOBURE DE CEYLAN. *Coloburus Ceylanicus.* Nobis.

(*Uropeltis Ceylanicus*, Cuvier.)

(ATLAS. Pl. 59. Fig. 3).

CARACTÈRES. 17 rangées longitudinales et 135 rangées transversales d'écailles sur le tronc ; 132 scutelles ventrales ; 6 ou 7 doubles scutelles sous-caudales.

· SYNONYMIE. 1829. *Uropeltis ceylanicus.* Cuv. Règne anim. 2ᵉ édit. Tom. II, pag. 76, note 3.

1830. *Uropeltis ceylanica.* Wagl. Syst. Amph. pag. 194.

1831. *Uropeltis ceylanicus.* Cuvier. Anim. Kingd. Griff. vol. 9, pag. 251.

1833. *Uropeltis ceylanicus.* Cocteau, Magas. Zool. Guér. Class. III, pl. 2.

1833. *Uropeltis ceylanica.* Schinz, Abbild. Rept. pag. 132.

1834. *Uropeltis ceylanicus.* Guér. Iconog. Règne anim. Cuv. Rept. pag. 13, pl. 19, fig. 3. (la queue).

1838. *Pseudo-Typhlops ceylanicus.* Schlegel. Abbild. Amph. pag. 45.

DESCRIPTION.

FORMES. Le Colobure de Ceylan offre en totalité une étendue longitudinale à peu près vingt-sept fois plus grande que le diamètre transversal de la partie moyenne du tronc, lequel est égal à la longueur de la tête ou de la queue, car ces deux parties opposées du corps sont aussi courtes l'une que l'autre. Dans cette espèce, la tête a la même forme que chez l'*Uropeltis Philippinus*; seulement l'extrémité antérieure en est plus obtuse.

La portion supérieure dè la plaque rostrale, au lieu de former un triangle scalène et de se prolonger jusqu'au front, comme chez cette dernière espèce, se présente sous la figure d'un triangle équilatéral et ne s'étend sur le museau qu'un peu au-delà du niveau des narines. Les plaques dans lesquelles celles-ci viennent s'ouvrir ont cinq pans inégaux, un très-petit par lequel elles se conjoignent ; deux moins courts par lesquels elles s'appuient sur les supéro-labiales de la première et de la seconde paires, et deux plus grands par l'un desquels elles touchent à la rostrale et par l'autre aux fronto-nasales. Les fronto-nasales sont sub-oblongues , hexagones , inéquilatérales ; la frontale offre, de chaque côté , un petit bord oblique tenant à la sus-oculaire, en avant un grand angle sub-aigu qui s'avance entre les fronto-nasales, et en arrière, un autre grand angle aigu, qui s'enclave dans les pariétales. Celles-ci offrent six côtés inégaux, ou deux grands s'articulant, l'un avec la frontale , l'autre avec l'oculaire, un moyen soudé à la quatrième supéro-labiale , et quatre petits par l'un desquels elles se conjoignent, tandis que les trois autres touchent aux écailles de la nuque et des tempes. Les plaques oculaires sont pentagones , sub-équilatérales et très-transparentes dans leur moitié antérieure , celle sous laquelle l'œil se trouve placé. Il y a quatre plaques de chaque côté à la lèvre supérieure ; la première est très-petite et rhomboïdale ; la seconde, un peu plus grande, pentagone et moins étendue longitudinalement que verticalement ; la troisième pentagone aussi , mais plus haute que longue et encore plus développée que la précédente ; la quatrième, qui a de même cinq pans inégaux, offre une hauteur à peu près égale à sa longueur et a une plus grande dimension que les autres. La dernière des trois plaques qui revêtent chacun des deux côtés de la lèvre inférieure est triangulaire et la plus petite ; les deux qui la précèdent sont presque de même grandeur et ont la figure de rectangles un peu courts.

Les écailles du dessus et des parties latérales du tronc sont carrées , excepté sur les régions qui avoisinent la tête. Là, effectivement, elles semblent être un peu élargies et coupées à six pans, disposition que présentent bien distinctement les pièces de l'écaillure de la ligne médio-longitudinale du ventre.

Les écailles qui revêtent la surface de la troncature caudale sont losangiques , un peu imbriquées , épaisses, solides , égales entre elles et surmontées de deux ou trois carènes longitudinales assez écartées ; leur nombre est de trente-trois chez l'un de nos sujets et de vingt-cinq seulement chez l'autre , sans compter la squamme en forme de dé conique très-déprimé, dans laquelle s'emboîte l'extrémité terminale de la queue; squamme qui est carénée en dessus, mais parfaitement lisse en dessous, ainsi que les pièces de l'écaillure sous-caudale. Ces pièces, qui constituent six rangées transversales, sont sub-hexagones , élargies, très-imbriquées et arrondies en arrière.

COLORATION. Un brun châtain règne sur le dessus et les côtés du corps , dont la face inférieure est d'un blanc jaunâtre marqué de grandes taches irrégulières et confluentes, d'une teinte plus foncée que celle des parties supérieures. La tête et la troncature caudale sont peintes en noir ; il existe sous la queue une grande tache oblongue de cette dernière couleur, largement environnée de blanc. Une raie blanchâtre , qui prend naissance sur la lèvre supérieure, au-dessous de l'œil , va se terminer sur les côtés du cou ou un peu au-delà.

DIMENSIONS. *Longueur totale*, 0ᵐ,175. *Tête*, long. 0ᵐ,007; larg. 0ᵐ,004. *Tronc* , long. 0ᵐ,16; larg. 0ᵐ,006. *Queue* , long. 0ᵐ,008.

PATRIE. C'est dans l'île de Ceylan que cette intéressante espèce d'Ophidien a été découverte par Leschenault de la Tour , à qui nous sommes redevables des deux exemplaires que renferme notre Musée.

IV.ᵉ GENRE. PLECTRURE. — *PLECTRURUS* (1). Nobis.

CARACTÈRE ESSENTIEL. *Queue un peu pointue, courte , enveloppée à son extrémité par une seule plaque hérissée d'épines.*

CARACTÈRES NATURELS. Narines s'ouvrant latéralement chacune dans une seule plaque. Yeux latéraux, grands, à pupille ronde, recouverts chacun d'une plaque bien transparente. Une paire de plaques nasales se conjoignant sur le chanfrein; point de frénales, de pré-oculaires, ni de post-oculaires, mais une paire d'oculaires; point d'inter-nasales, mais une paire de sus-oculaires et les cinq autres plaques sus-céphaliques ordinaires ; la rostrale n'ayant pas plus d'épaisseur que les autres, ni sa portion supérieure plus longue que l'inférieure. Queue triangulo-conique revêtue d'écailles jusqu'à son extrémité terminale, qu'emboîte un dé squammeux , armé de deux épines. Pièces de l'écaillure du tronc lisses, celles du dessus de la queue carénées ; une double série de scutelles sous-caudales.

Chez les Plectrures, les yeux sont plus grands et protégés par des plaques plus transparentes que chez aucun des trois genres précédents; la rostrale n'emboîte que l'extrême bout du museau; le bouclier sus-céphalique comprend deux plaques de plus que celui des Rhinophis, des Uropeltis et des

---

(1) De Πλῆκτρον , *aculeus*, un aiguillon , *calcar* , un éperon , et de ϑρα , queue, *cauda*. Queue terminée par une pointe.

Colobures, attendu qu'il y existe une paire de sus-oculaires ; enfin, la queue est autrement conformée que celle des autres Upérolissiens. Elle est effectivement moins courte, triangulo-conique et entièrement garnie d'écailles jusqu'à son extrémité terminale, sur laquelle se moule une grande squamme armée de deux épines.

1. PLECTRURE DE PERROTET. *Plectrurus Perroteti.*
Nobis.

(ATLAS Pl. 59. Fig. 4).

CARACTÈRES. Ecailles du tronc formant 15 séries longitudinales et 162 rangées transversales ; 162 scutelles ventrales et 8 doubles scutelles sous caudales.

DESCRIPTION.

FORMES. Cette espèce a en étendue longitudinale trente-deux ou trente-trois fois la largeur de la partie moyenne de son corps, largeur à laquelle est égale la longueur de la tête, et que celle de la queue excède d'un tiers ou d'un quart seulement.

La plaque rostrale offre la figure d'un triangle isocèle ; sa moitié inférieure, dont le bord labial ou basilaire est semi-circulaire ment échancré, occupe le dessous du museau, et sa moitié supérieure le dessus du bout de celui-ci. Les nasales sont situées verticalement et se rétrécissent en angle aigu à partir de leur base, qu'elles appuient sur la première et la seconde supéro-labiales, jusqu'à leur sommet, qui est un peu tronqué, et par lequel elles se conjoignent. Les fronto-nasales sont plus hautes que larges et coupées à sept pans inégaux qui les unissent, l'un des cinq plus petits entre elles : les quatre autres à la seconde et la troisième supéro-labiales, à l'oculaire et à la sus-oculaire, et les deux plus grands à la nasale et à la frontale. Cette dernière plaque, qui est fort allongée, offre en avant un angle obtus enclavé entre les fronto-nasales, et en arrière, un très-long angle aigu bordé par les sus-oculaires et les pariétales. Les sus-oculaires, beaucoup plus petites qu'aucune des autres plaques sus-céphaliques sont en quadrilatères un peu rétrécis en avant. Les pariétales seraient assez exactement rhomboïdales, si le sommet de l'angle par lequel elles se joignent n'était pas tronqué ; elles reçoivent entre elles deux, en arrière, la moitié antérieure de la première écaille de la série médio-dorsale. Les oculaires sont pentagones, inéquilatérales, oblongues, offrant antérieurement un petit bord vertical rectiligne ; postérieurement, un assez grand angle obtus. La lèvre supérieure est garnie de quatre plaques de chaque côté ; la première est très-petite et rhomboïdale ; la seconde un peu moins petite, plus haute que large et pentagone inéquilatérale ; la troisième très-oblongue, plus élevée en avant qu'en arrière, est aussi pentagone inéquilatérale : la quatrième enfin beaucoup plus grande que les précédentes est hexagone inéquilatérale. La plaque mentonnière offre à peu près la figure d'un triangle équilatéral, légèrement arrondi à son sommet postérieur. Derrière elle, se joignent les plaques inféro-labiales de la première paire, qui sont assez petites et trapèzoïdes ; celles de la seconde paire sont, au contraire, très-développées et quadrilatères ; celles de la troisième et dernière paire sont d'une dimension beaucoup moindre, oblongues aussi, mais sub-triangulaires. Il existe une paire de plaques inter-sous-maxillaires allongées, irrégulièrement quadrangulaires, qui reçoivent entre elles, à leur extrémité postérieure, une petite squamme losangique, composant avec trois autres une série médio-longitudinale, de chaque côté de laquelle la gorge est revêtue d'écailles rhomboïdales, disposées par rangées obliques. Les pièces de l'écaillure du tronc sont toutes hexagones, équilatérales ou sub-équilatérales sur le dos et le haut des flancs, un peu élargies sur le bas de ceux-ci et les côtés du ventre, très-dilatées transversalement sur la ligne médio-longitudinale inférieure.

La queue, à sa partie supérieure est distinctement plus étroite qu'à la face inférieure, qui est légèrement aplatie, suivant un plan horizontal, tandis que en dessous elle est un peu arquée et manifestement inclinée d'avant en arrière. Les écailles caudales sont élargies, hexagones, arrondies à leurs deux angles postérieurs, et toutes, à l'exception de celles du dessous, relevées longitudinalement de trois ou quatre petites carènes assez espacées. La squamme, en forme de dé conique fortement comprimé, qui en protége la portion terminale, est armée de deux fortes épines placées l'une au-dessous de l'autre, et à pointe recourbée en haut ; autour de leur base, il y en a plusieurs autres excessivement petites.

COLORATION. Ce Plectrure offre partout sur le corps une teinte olivâtre, plus ou moins foncée en dessus, plus claire en dessous, où toutes les pièces de l'écaillure présentent chacune une petite bordure brune à leur marge extérieure.

DIMENSIONS. Voici les mesures du moins petit des quinze à vingt individus que nous avons été à même d'observer, tant dans la collection du Muséum que dans celles du *british Museum* et de la Société zoologique de Londres.

Longueur totale, 0m, 248. *Tête*. long. 0m, 007. *Tronc*. long. 0m, 24. *Queue*. long. 0m, 001.

PATRIE. Ceux qui nous appartiennent ont été recueillis dans les monts Nilgerrhy (Indes-Orientales), par M. Perrotet.

VI.ᵉ FAMILLE. LES PLAGIODONTIENS (1).

CARACTÈRES ESSENTIELS. *Les crochets ou dents sus-maxillaires et surtout les pointes acérées et nombreuses des os ptérygopalatins tout-à-fait dirigées en dedans ou portées transversalement les unes vers les autres et dans la ligne médiane du palais.*

Cette disposition bizarre dans la direction des dents de la mâchoire supérieure qui nous a servi pour caractériser cette famille de Serpents Aglyphodontes est très-remarquable et peut-être unique dans les animaux vertébrés, excepté chez quelques-uns des derniers poissons cartilagineux cyclostomes et chez plusieurs Annelides dont les mâchoires paires garnies d'une substance cornée et tranchante offrent une organisation qui paraît correspondre à un même usage, qui serait de retenir la proie dans la région moyenne de la bouche ou de maintenir comme accrochées les surfaces que l'animal est occupé à sucer pour se nourrir de leur sang.

D'un autre côté, la faiblesse des mâchoires et la direction inclinée des dents vers la ligne moyenne du palais semble rapprocher le genre unique, qui ne comprend même jusqu'ici que deux espèces, des deux familles précédentes : d'une part, des Upérolissiens et de l'autre, des Calamariens par le genre Oligodon et peut être aussi sous quelques autres rapports avec les Leptognathiens.

Tous, comme Aglyphodontes, ont les dents lisses ou sans sillons; ici, elles sont toutes à peu près égales pour la longueur; mais leur brièveté et leur convergence vers la ligne moyenne est une particularité trop notable pour que nous ne

_____

(1) De Πλάγιος, oblique, en travers, *transversus*, et de Ὀδούς, ὀδόντος, dent

l'ayons pas saisie avec empressement pour en former le type d'une famille dans laquelle on aura sans doute occasion de faire entrer d'autres espèces par la suite, quand elles offriront la même conformation.

Le corps de ces Serpents Plagiodontiens ou à dents transversales est revêtu sur les côtés d'écailles lisses à peu près de mêmes formes; cependant, celles du dos offrent une petite ligne saillante. Les gastrostèges se relèvent un peu contre les flancs; celle qui recouvre l'orifice du cloaque est unique, tandis que les urostèges qui suivent sont distribuées sur deux rangs; mais le bout de la queue est enveloppé dans une plaque conique qui porte en dessus la trace d'un sillon.

Comme il n'y a qu'un seul genre et deux espèces seulement inscrites dans cette famille, nous allons passer à leur description.

Nous avons fait figurer les mâchoires sur la première planche au n° 6 de notre Prodrome inséré dans le XXIIIᵉ volume des Mémoires de l'Académie des Sciences. Nous faisons copier ce dessin dans l'atlas de cette Erpétologie.

1. PLAGIODONTE HÉLÈNE. *Plagiodon Helena.* Nobis.

(*Coluber Helena*, Daudin.)

CARACTÈRES. Tête peu distincte du tronc, légèrement allongée étroite, plane; plaque rostrale à peu près aussi haute que large, faiblement rabattue sur le museau, qui est arrondi et non proéminent; 9 et anormalement 10 plaques supéro-labiales, dont la dernière est distinctement moins développée que l'avant-dernière; plaques inter-sous-maxillaires postérieures plus courtes que les antérieures. Sur les écailles dorsales, des lignes saillantes à peine apparentes.

SYNONYMIE. 1796. *Mega Rekula Poda.* P. Russel. An account of Indian Serpents. part. 1, pag. 37, tab. XXXII.

1804. (An XI.) *La Couleuvre Hélène.* Daudin. Hist. nat. des Rept. Tom. VI, pag. 277, pl. 76, fig. 1. copiée.

1820. *Coluber. Natrix Helena.* Merrem. Tentamen Syst. Amphib. pag. 104, n° 46.

1837. *Herpétodryas Hélène.* Schlegel. Essai sur la phys. des Serp. part. 1, pag. 152 et part. 2, pag. 192.

1853. *Plagiodon.* Duméril. Mém. de l'Institut. Acad. des Sc. Tom. XXIII, pl. 1, fig. 6, pour les mâchoires et les dents.

DESCRIPTION.

FORMES. La tête est petite, un peu plus large que le tronc, ovalaire, déprimée et légèrement acuminée. Le corps est un peu comprimé et les côtés du ventre sont anguleux.

ÉCAILLURE. Il n'y a rien d'autre à noter relativement à la disposition des plaques de la tête, que la ligne faiblement anguleuse qui établit la limite entre le dessus et les côtés de la tête, et qui résulte de ce que la plaque pré-oculaire se reploie un peu sur le front et la pré-frontale vers la lèvre supérieure. Les écailles du tronc sont losangiques et peu imbriquées. Les dorsales seules offrent une ligne saillante médiane, qui est si peu apparente qu'elle ne se voit bien manifestement que sur le plus gros de nos individus.

Écailles : 27 rangées longitudinales au tronc, 8 à la queue.

Scutelles : 2 gulaires, 219-237 ventrales, 1 anale entière, 79-90 sous-caudales divisées.

DENTS. Maxillaires $\frac{21}{24}$. Palatines, 11. Ptérygoïdiennes, 22. Ces dernières, dont la pointe est très-manifestement dirigée en dedans, s'étendent jusqu'au niveau de l'articulation du crâne avec la première vertèbre.

PARTICULARITÉS OSTÉOLOGIQUES. La tête a, dans son ensemble, une forme allongée et peu de largeur; sa face supérieure est plane.

COLORATION. Si nous ne possédions la description faite par Russel sur le vivant et la figure coloriée qu'il y a jointe, il nous serait impossible, à voir la teinte brun-jaunâtre de ce serpent, sur laquelle se détachent seulement quelques lignes noirâtres à la région antérieure et deux longues bandes d'un brun foncé, prolongées jusqu'à l'extrémité de la queue, de deviner les jolies nuances dont il était orné. Voici comment Russel les décrit :

La tête est d'un vert-olive tirant sur le jaune et qui se prolonge sur la région médiane du tronc, dans une assez grande étendue. Derrière chaque œil, il existe une raie bleu-noirâtre; deux longues lignes du même bleu commençant sur la nuque par deux taches en massue, selon l'observation fort juste de M. Schlegel, et réunies entre elles par deux ou trois anneaux

ovales, de nuance semblable, ornent le cou, et deux autres bandes traversent obliquement la gorge. Le reste du cou et les parties latérales du tronc
sont d'un rose-pourpre. Immédiatement après les taches ovalaires qui
viennent d'être indiquées, il apparaît sur le dos une fine rayure d'un bleu
foncé en zig-zag, marquée à chacun de ses angles d'un point blanc. Elle
s'arrête à une certaine distance de l'origine de la queue, dont les couleurs, ainsi que celles de la portion du tronc, privée de cet élégant dessin
et de leurs teintes verte et rose, présentent plus d'uniformité. La rayure
en zig-zag s'affaiblit graduellement et le vert-jaunâtre du dos s'obscurcit ;
un filet brun-noirâtre, où s'appuie, de chaque côté, à la partie antérieure
du tronc, le sommet des angles formés par la rayure dont il vient d'être
question, se prolonge jusqu'à l'extrémité de la queue. Sur le flanc, entre ce
filet et l'extrémité relevée des gastrostèges et des urostèges, il y a un double
rang d'écailles blanches, lesquelles, à ce qu'il résulterait de la belle figure
coloriée donnée par Russel, seraient remplacées par des points blancs
arrondis, correspondant aux angles saillants de la ligne ondulée étroite
qui occupe la partie moyenne du dos. Toute la face inférieure a un aspect
nacré. Mais ni la peinture, ni les expressions du langage, dit Russel, ne
peuvent donner une idée exacte de l'élégante coloration de ce serpent,
quand il est provoqué et qu'il se gonfle de colère, les nuances se modifiant
sans cesse en jetant le plus vif éclat.

DIMENSIONS. La longueur de la tête n'est pas tout-à-fait le double de sa
largeur à la région temporale, laquelle est presque le triple de celle du
museau au devant des narines. Le diamètre transversal de l'espace sus-
inter-orbitaire est à peine le double du diamètre antéro-postérieur de l'œil.
La largeur du tronc, à égale distance de la tête et de l'origine de la queue,
est à sa longueur, dans le rapport, en moyenne, de 1 à 55, et la queue est,
également en moyenne, le cinquième environ des dimensions longitudinales du corps.

Dimensions du plus grand de nos individus : *Tête*, long. 0m,022.
Tronc, 0m,62. *Queue,* 0m,19. Longueur totale, 0m,832.

PATRIE. Le type de cette espèce est originaire du Bengale. C'est à Vizagapatam qu'avait été trouvé l'individu décrit dans l'histoire des serpents de
l'Inde, de Russel. Mais, ainsi que nous l'indiquons plus loin, il y a des représentants de l'espèce à Java et au Malabar, assez différents cependant
par leur système de coloration, pour que nous ayons cru devoir les faire
connaître séparément comme variétés de climat.

MOEURS. Nous trouvons dans Russel quelques remarques sur l'animal
vivant, et dont il nous semble intéressant de donner ici une traduction
abrégée. Un de ces serpents, apporté au naturaliste anglais une ou deux
heures après qu'il avait été pris, lui parut singulièrement alerte dans ses

mouvements; il se jetait sur tous les objets qui lui étaient présentés. Pour se préparer à l'attaque, il contournait en spirale serrée son cou et la partie antérieure du tronc; puis, rentrant, en quelque sorte, sa tête, il avait parfois, vu à une certaine distance, l'aspect d'un serpent à coiffe. Au moment où il s'élançait, le corps étant soulevé par les contractions musculaires de la queue, le tronc était rapidement déroulé et la tête était lancée obliquement en avant avec une telle promptitude, que l'animal, quoique ne quittant pas le sol, semblait fondre sur sa proie comme un oiseau. Aussi, pouvait-il, de cette façon, saisir inopinément un objet qui paraissait cependant hors de sa portée.

Un poulet, destiné à une expérience, s'étant échappé dans la pièce où le serpent vivait en liberté, on poursuivit l'oiseau; mais aussitôt que le Pl. Hélène l'eût aperçu, il se jeta sur lui avec fureur, et, l'atteignant chaque fois qu'il passait auprès de lui, il l'eût bientôt saisi et s'en rendit promptement maître en l'enveloppant de ses replis; puis, en deux minutes, il l'étouffa par les contractions de sa queue. Il faut noter enfin que ce serpent, quelque ardeur qu'il mît d'ordinaire à attaquer, ne put jamais être excité, quand on le tenait à la main, à se jeter sur les poulets qu'on lui présentait comme appât.

= 1.ʳᵉ Variété de climat (*de Java*). Nos collections possèdent un jeune serpent qui, par tous ses caractères, se rapproche tellement des individus provenant du Bengale, que, sans cette différence de patrie, nous aurions presque pu ne pas le séparer du groupe principal qui représente la couleuvre Hélène de Daudin si bien caractérisée pour la première fois par Russel. A part, en effet, une teinte générale d'un brun légèrement rougeâtre, avec un pointillé de taches blanches, résultant peut-être d'une décoloration par l'alcool, et occupant la nuque et la partie antérieure du dos, nous ne trouvons aucune particularité suffisante pour créer une espèce nouvelle.

= 2.ᵉ Variété de climat (*du Malabar*). Nous croyons également convenable de rapprocher de ce groupe un autre Ophidien qui, malgré des différences de coloration tranchées, nous semble cependant ne devoir constituer, comme le précédent, qu'une variété de climat : nous voulons parler d'un Serpent rapporté du Malabar par M. Dussumier, qui en a recueilli deux individus, l'un jeune et l'autre probablement adulte. Ce qui, au premier abord, paraît établir une distinction assez marquée, c'est la teinte brune générale du plus volumineux de ces deux animaux, car il n'y a plus là aucun des caractères de cette coloration si remarquable décrite par Russel, et mentionnée par nous, d'après son texte et d'après la figure coloriée qui l'accompagne. Peut-être, au reste, et cette remarque ne doit point être omise, ne connaissons-nous pas l'espèce du Bengale à l'état adulte; le seul spécimen vu par le naturaliste anglais, et d'après lequel sa description a été faite, et ceux de notre collection ne dépassent guère 0m,80, tandis que le plus grand, dans la variété dont il s'agit, est long de 1m,27. Or, n'y aurait-il pas lieu de supposer qu'en augmentant de taille, le *Mega Rekula poda* subit des changements plus ou moins notables, et qui, si nous les connaissions, pourraient rendre moins frappantes les dissemblances que nous avons à signaler. Il n'existe pas d'ailleurs, de véritable différence spécifique entre le plus petit de ces deux échantillons et le PL. HÉLÈNE. Ils offrent même certaines analogies faciles à constater; aussi ce rapprochement nous semble-t-il justifié par l'examen comparatif des individus originaires du Malabar avec ceux du Bengale.

Si d'abord, nous passons en revue les caractères génériques auxquels nous renvoyons pour abréger, nous les trouvons tout aussi convenables pour la variété que pour l'espèce. Ce que nous avons dit de la forme générale et de celle de la tête est également applicable ici ; il en est de même de l'écaillure, si ce n'est cependant que la carène des écailles dorsales est assez apparente sur le plus gros individu, mais elle l'est aussi peu sur le plus petit que sur la plupart des échantillons, types de l'espèce qui nous sert de terme de comparaison. Quant au nombre des rangées longitudinales des écailles du tronc, il est de même de 27 sur l'animal le plus jeune, mais sur l'autre il est de 25 ; chez les uns comme chez les autres, le nombre de ces rangées est de 8 à la queue. Notons enfin, sans attacher à ces différences plus d'importance qu'elles n'en méritent, que le nombre des scutelles est le suivant : 2-3 gulaires, 228-245 ventrales, 80-94 sous-caudales divisées. Comme dans le type, la scutelle anale est entière.

La comparaison du système dentaire démontre aussi une frappante analogie, tant pour la direction caractéristique des ptérygoïdiennes, que pour le nombre propre à chaque os.

	Pl. Hélène.	Variété du Malabar.
Maxillaires,	$\frac{21}{24}$	$\frac{19}{24}$
Palatines,	11	11
Ptérygoïdiennes.	22	21

Nous ne voyons dans la conformation de la tête osseuse aucune différence.

C'est donc, en définitive, dans le système de coloration et dans les dimensions que résident surtout les dissemblances. Celles qui ont trait à ce dernier caractère se résument dans les chiffres suivants :

Dimensions totales du plus grand individu : Pl. Hélène, 0m,832. Variété du Malabar., 1m,275.

Quant aux teintes, dont sont revêtus les individus de la variété que nous décrivons, nous devons nécessairement les indiquer avec quelques détails.

La différence la plus frappante, nous l'avons déjà dit , résulte d'abord de l'aspect beaucoup plus sombre de tout l'animal , surtout de l'échantillon le plus volumineux et qui ne permet guère de supposer qu'il y ait eu , à une époque antérieure de la vie , un assemblage de teintes vives et variées comme celles qui font du type de cette espèce un animal si élégant. Mais à côté de cette disparité , on trouve quelques analogies importantes à mentionner. La plus caractéristique consiste dans la dissemblance bien marquée , particulièrement sur le plus jeune individu du Malabar, de la partie antérieure du tronc et de la postérieure qui , dans les spécimens Bengaliens , comme nous l'avons noté , devient d'une teinte à peu près uniforme sur laquelle se détachent deux bandes d'un brun noirâtre , prolongées jusqu'à l'extrémité de la queue. Ici , précisément, ces deux bandes se retrouvent , et quoique peu apparentes sur le grand individu, elles se voient cependant , mais elles sont très-visibles sur le plus petit. Nous retrouvons en outre la ligne noire située derrière chaque œil , et sur la partie supérieure et antérieure du tronc une réunion de taches, dont les deux premières sont en forme de massue et rappelant, par leur ensemble, ce qui reste du dessin dont cette région est ornée chez le Pl. Hélène proprement dit.

2. PLAGIODONTE A QUEUE ROUGE. *Plagiodon erythrurus.* Nobis.

Herpetodryas erythrurus. Sal. Müller.

CARACTÈRES. Tête peu distincte du tronc, légèrement allongée, étroite, plane chez l'adulte , mais plus ramassée, plus élargie au niveau des tempes, et à museau plus court dans le jeune âge. Plaque rostrale de hauteur et de largeur à peu près égales, faiblement rabattue sur le museau, qui n'est pas proéminent; 9 plaques supéro-labiales, dont la sixième est plus haute que dans l'espèce précédente et entre pour une plus grande part dans la formation du bord postérieur du cercle squameux de l'orbite ; d'où il résulte que la post-oculaire inférieure a de petites dimensions. Plaques inter-sous-maxillaires postérieures de même longueur que les antérieures. Sur les écailles dorsales, des lignes saillantes sont généralement assez apparentes.

Les caractères distinctifs entre cette espèce et la précédente peuvent se résumer ainsi :

Dans le *Pl. Hélène* : les rangées longitudinales des écailles sont

au nombre de 27 au tronc ; plaques inter-sous-maxillaires postérieures plus courtes que les antérieures ; le système de coloration
est très-remarquable dans la variété du Bengale et quelques unes
de ses particularités se retrouvent dans celle du Malabar.

Dans le *Pl. à queue-rouge*, les rangées longitudinales des
écailles du tronc sont au nombre de 21 et les plaques inter-sous-
maxillaires postérieures de même longueur que les antérieures ;
le système de coloration est uniforme au tronc, la queue est rouge.

Synonymie. *Herpetodryas erythrurus.* Sal. Müller. Musée de
Berlin.

DESCRIPTION.

Formes. La conformation générale de ce Serpent a le plus grand rapport
avec celle de la variété du Malabar de l'espèce précédente ; les individus
jeunes offrent cependant la particularité déjà mentionnée d'une tête plus
large et plus courte, avec des yeux d'une dimension proportionnelle assez
considérable.

Ecaillure. La ligne légèrement anguleuse résultant du reploiement peu
marqué, au reste, de la plaque pré-oculaire en haut et en dedans et de la
pré-frontale en bas et en dehors se retrouve ici, mais pas plus marquée
que dans le *Plagiodon* qui vient d'être décrit.

Les écailles du tronc rhombo-losangiques et d'autant plus rhomboïdales
qu'on les examine plus près de l'extrémité terminale, portent, sur la région
moyenne du dos, une ligne saillante, moins apparente dans le jeune âge que
chez l'adulte.

Ecailles : 21 rangées longitudinales au tronc, 8 à la queue.

Scutelles : 2 gulaires, 211-222 abdominales, 1 anale entière, 90-99 sous-
caudales divisées.

Dents. Maxillaires, $\frac{25}{26}$; Palatines, 13. Ptérygoïdiennes, 27.

Ces dernières, surtout les postérieures, ont leur pointe dirigée en dedans,
un peu moins cependant que dans la première espèce. Elles se prolongent
jusqu'à l'articulation de l'occipital avec l'atlas.

Particularités ostéologiques. Nous n'avons que la tête d'un jeune
individu. Elle a assez de largeur au niveau des caisses, et le cercle osseux
de l'orbite a un grand diamètre ; il en résulte que l'espace compris entre
la partie antérieure de ce cercle et l'extrémité du museau a moins d'étendue que chez l'adulte.

Coloration. Peu de mots nous suffisent ici : l'animal adulte, en effet, offre à la région supérieure du tronc une teinte brune uniforme, plus foncée en arrière qu'en avant. Les gastrostèges d'un jaune brunâtre acquièrent graduellement une nuance plus obscure et se couvrent aussi de plus en plus de taches d'un gris noir qui n'existent pas sur les urostèges. Le caractère le plus saillant de la coloration de cet Ophidien est l'aspect rougebrique de la queue, beaucoup plus apparent en dessus qu'en dessous, et qui, un peu visible sur un individu moins développé que l'adulte, manque sur les plus petits échantillons, dont toute la coloration générale est un brun jaunâtre peu foncé, tirant sur le blanc à la face inférieure, Un seul individu, celui-là même dont l'extrémité céphalique du squelette a été détachée, porte une livrée particulière. Au bas des flancs, on voit des taches noires circulaires, distantes les unes des autres de 0^m,01 environ, bien apparentes dans le premier quart de la longueur du tronc, diminuant ensuite d'intensité et disparaissant bientôt. De ces taches partent de petites lignes blanches remontant directement jusqu'à la ligne médiane du dos ; d'abord alternes, elles sont ensuite placées sur le même plan d'où il résulte qu'à l'exception des sept ou huit premières, les autres se rejoignent à leur extrémité supérieure et constituent ainsi des anneaux blancs, finement bordés de noir en avant et en arrière. Plus longtemps apparents que les taches noires latérales, ces demi-cercles s'éteignent à peu près au point de jonction des deux tiers antérieurs du tronc avec le tiers postérieur. La queue prend en dessus une teinte rougeâtre. Toute la face inférieure de l'animal est blanchâtre. Disons enfin que sur l'adulte, comme sur les jeunes, on remarque toujours une ligne noire oblique, allant de l'œil à la lèvre supérieure en avant de la commissure.

DIMENSIONS. La tête, au niveau de la région temporale, a des dimensions en largeur qui sont sensiblement la moitié de sa longueur et le double environ de l'intervalle qui sépare les narines au bout du museau. Le diamètre antéro-postérieur de l'orbite, égal à la moitié de l'espace sus-inter-orbitaire chez l'adulte, est un peu plus considérable dans le jeune âge. Il existe environ 0^m,02 à 0^m,03 de différence entre la hauteur et la largeur du tronc à sa partie moyenne; cette dernière est à sa longueur comme 1 à 48. La queue est comprise quatre fois et demie dans les dimensions totales. Voici, au reste, celle du plus grand de nos individus.

Tête, long. 0^m,032. Tronc, 0^m,965. Queue, 0^m, 283. En tout, 1^m,28.

PATRIE. Les échantillons de cette espèce sont tous originaires de Java, et ont été donnés au Musée de Paris par M. le Professeur J. Müller, de Berlin.

VIIᵉ FAMILLE. LES CORYPHODONTIENS.

CARACTÈRES ESSENTIELS. *Serpents à crochets lisses, inégaux ; les antérieurs beaucoup plus courts que ceux qui les suivent et croissant successivement en longueur de devant en arrière.*

Nous avions désigné cette famille, à laquelle jusqu'ici nous ne rapportons qu'un seul genre, sous le nom de *Coluber* ou de couleuvre, depuis longtemps adopté et que Wagler avait le premier proposé comme dénomination de genre ; mais en y réfléchissant, comme toutes les espèces sont étrangères et que le nom a été généralement appliqué à un très-grand nombre de Serpents bien connus, qui se trouvent aujourd'hui distribués, d'après leur caractères, dans trois familles de ce sous-ordre des Aglyphodontes et en particulier dans celles des Isodontiens, des Syncrantériens et des Diacrantériens, nous avons du, afin d'éviter les erreurs, abandonner la désignation que nous avions inscrite dans notre prodrome imprimé parmi les Mémoires de l'Académie des Sciences. C'était celle de *Colubriens* et nous proposons la nouvelle dénomination qui dénote le caractère essentiel tiré de la particularité que présen. tent les crochets dentaires, lesquels vont en croissant de longueur de devant en arrière et par suite, nous désignons ce genre peu nombreux en espèces sous le nom de *Coryphodon* (1) dont nous avons formé celui de Coryphodontiens, en modifiant la désinence.

D'après l'arrangement systématique adopté pour la classification comparée des divers groupes de ce grand sous-ordre des Aglyphodontes, la famille que nous proposons d'établir sous ce nom se fait aisément distinguer de toutes les autres, ainsi que nous l'avons indiqué dans le tableau qui précède

(1) De Κορυφή Sommet-*Cacumen*, *Summum in quâvis re.* Allant en moutant, et de Οδους-Οδοντος. Dents.

page 25. C'est par la longueur proportionnelle des dents et particulière à ce genre, qu'il nous a été facile de séparer ces espèces d'avec tous les autres Serpents qui ont aussi les dents lisses, ou sans sillon tracé sur leur convexité, puisqu'ici les crochets vont en augmentant successivement de devant en arrière. D'ailleurs les mœurs et les habitudes sont probablement tout-à-fait semblables : aussi la plupart des auteurs avaient-ils réuni toutes les espèces sous la dénomination générique de *Coluber*, mais avec des caractères trop généraux ; car ils convenaient à la plupart des Serpents.

Le genre Coryphodon, ainsi caractérisé par la manière dont les crochets lisses augmentent successivement en longueur du bord antérieur de l'os sus-maxillaire, à son extrémité postérieure, réunit des Serpents de grande taille, à formes élancées, dont le tronc est un peu comprimé, mince derrière la tête qui est conique, plus large que le cou, et dont le museau est mousse, le ventre rond ; mais les gastrostèges se relèvent vers les flancs, sans former cependant une ligne anguleuse. La queue est le plus souvent mince et comme effilée, ou diminuant insensiblement de diamètre vers la pointe. Il y a, parmi les espèces, une différence notable pour la forme et la surface des écailles rhomboïdales qui sont plus ou moins allongées, lisses ou carénées.

Jusqu'ici, nous n'avons pu rapporter au genre *Coryphodon*, tel que nous venons de le caractériser, que les espèces suivantes qui sont toutes exotiques, car elles proviennent de l'Amérique ou des Indes.

Wagler avait reconnu la nécessité de séparer les deux premières des espèces que nous réunissons ici et il les avait indiquées dans son Système naturel, page 179, comme devant former un genre particulier auquel il avait donné le nom de *Coluber*, n° 49, ainsi qu'au Serpent qu'il avait décrit dans l'ouvrage de Spix sous le nom de *Natrix scurrula*, page 24, planche 8 ; mais nous avons eu occasion de reconnaître, d'a-

12.

près cette même planche, que ce Serpent est le même que l'*Herpetodryas fuscus* qui a la plaque anale simple. C'était afin de ne pas innover que nous avions adopté d'abord et même employé dans le prodrome cette dénomination de *Coluber* que nous remplaçons ici par une désignation qui indique la disposition relative des crochets dentaires. La synonymie des espèces montrera que la Couleuvre de Lichtenstein n'est pas distincte de la C. Panthérine.

GENRE UNIQUE. — CORYPHODON. Nobis.

Mêmes caractères et étymologie que ceux de la famille.

Toutes les espèces rapportées à ce genre sont certainement de véritables Couleuvres, comme la plupart des Aglyphodontes. Ce n'est réellement qu'à cause du nombre infini d'espèces qui ont entre elles la plus grande analogie, que le Système a cherché un moyen commode de les grouper. Ici, la particularité que présentent les crochets qui garnissent la mâchoire supérieure et dont la longueur va croissant de devant en arrière a fourni le caractère propre au genre unique qui se trouvant dans ce cas, nous a paru devoir former une petite famille distincte. On pourra peut être y adjoindre quelques autres Serpents, qui offriront le même caractère, mais avec des modifications dans la conformation permettant de les rapporter à de nouveaux genres.

Nous ne pouvons donner ici que la description des espèces qui, étant toutes étrangères à l'Europe, n'ont pu être étudiées que sur les lieux par des voyageurs; mais ils ont seulement recueilli les notions bien vagues acquises par les indigènes qui n'ont pu apprendre que par hazard ou par ouï-dire les quelques faits relatifs à leur histoire.

Nous rapportons à ce genre et par conséquent à cette division principale ou à la septième famille des Aglyphodontes les six espèces que nous y avons inscrites, pour lesquelles nous avons rédigé le tableau synoptique suivant.

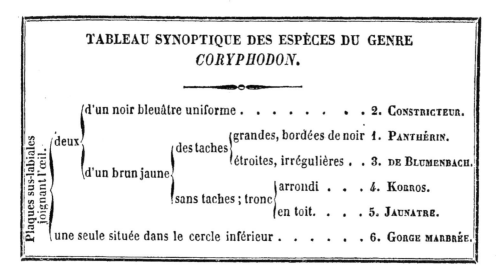

TABLEAU SYNOPTIQUE DES ESPÈCES DU GENRE *CORYPHODON*.

Plaques sus-labiales joignant l'œil.

deux — d'un noir bleuâtre uniforme . . . . 2. Constricteur.

d'un brun jaune — des taches — grandes, bordées de noir 1. Panthérin.

étroites, irrégulières . . 3. de Blumenbach.

sans taches ; tronc — arrondi . . . 4. Korros.

en toit. . . . 5. Jaunatre.

une seule située dans le cercle inférieur . . . . . . 6. Gorge marbrée.

1. CORYPHODON. PANTHÉRIN. *C. Pantherinus.* Nobis.

CARACTÈRES. D'un brun jaunâtre sur le dos, avec de grandes taches irrégulières ou arrondies, inégalement et dont quelques unes sont dirigées en travers ; le cou et le dessus de la tête offrent des lignes plus foncées que les parties voisines.

SYNONYMIE. 1790. MERREM. Beiträge II, pl. 11, fasc. 2, pag. 49, pl. 11 , en a donné une figure.

1803. DAUDIN. Hist. des Rept. Tom. VI, pag. 318, qui a copié un tronçon de la fig. de Merrem et a décrit ce serpent pag. 247 sous le nom de comprimé.

1804. HERMANN. Observat. zoolog. I. pag. 285.

1820. MERREM. Syst. pag. 102 , n° 39.

1837. SCHLEGEL. Phys. des Serp. Tom. II, pag. 143. la tête pl. V, fig . 13-14.

A cette synonymie déjà indiquée par M. Schlegel, il faudrait ajouter, suivant cet auteur, celle du *Coluber Capistratus*, indiqué par M. Lichstenstein, qu'il a fait connaître, en 1796, dans son Catalogue, pag. 104, n.° 171, et à laquelle M. le prince de Neuwied a donné le nom de Lichstenstein, ainsi que celle que Wagler a décrite sous le nom de *Natrix Scurrula*, qui est un Herpétodryas.

Le nom spécifique semblerait indiquer que ce serpent est orné de taches en rosaces irrégulières, comme celles de la peau de panthère; mais il n'y a réellement aucun rapport de ces maculatures distinctes, il est vrai, et bordées de noir, presque toutes distribuées sur la longueur du dos où elles sont plus larges ; puis elles s'étendent latéralement des deux côtés sur les flancs : le fond de la coulenr est d'un jaune brun et le ventre est plus pâle.

Ce serpent atteint, à ce qu'il paraît, une très-grande taille. Nous avons vu deux des individus qui ont près de deux mètres de longueur. Le plus grand que le Musée de Paris possède est long en tout de 1 mètre 77 centimètres, dont la tête et le tronc mesurent 1 mètre 28 centimètres et la queue 49 centimètres.

M. le prince de Neuwied, qui a eu occasion d'observer ce serpent vivant au Brésil, dans les contrées sud de la côte orientale dit qu'il atteint jusqu'à une toise de longueur et même davantage. Il en a également recueilli des individus près de Rio de Janéiro, aux bords des rivières, il dit qu'il fréquente les lieux boisés, mais qu'on le trouve aussi dans les marais et dans les fonds sableux, au milieu des plantes aquatiques et même dans les eaux stagnantes où ces grands serpents s'exposent aux rayons du soleil dans une sorte de sommeil et roulés en spirale; de sorte qu'on peut s'en approcher sans qu'ils en montrent de l'inquiétude. Il ajoute que leurs mouvements paraissent plus lents que ceux des autres couleuvres; que leurs proies ordinaires sont des crapauds et des grenouilles.

M. Schlegel ajoute que feu Boié a trouvé dans l'estomac de l'un de ces serpents de grande taille un exemplaire peu altéré de l'*Uromastyx Cyclurus* qui correspond à notre Oplure n.º 2, Erpétologie Tom. IV, pag. 365.

Nous possédons plusieurs grands individus provenant du Brésil. M. Schlegel dit que M. Dieperink en a adressé également à Leyde comme recueillis à Surinam. L'un de ces individus nous a été donné pour la collection de notre Musée. Ceux du Brésil proviennent de MM. Gaudichaud de Castelnau, et E. Deville, Vautier, Gallot, Gay, Langsdorff, Delalande. Ceux de Cayenne ont été envoyés par M. Leprieur.

2. CORYPHODON CONSTRICTEUR. *C. Constrictor.* Nobis.

(*Coluber Constrictor.* Lin.)

CARACTÈRES. D'un noir bleuâtre foncé, plus pâle sous le ventre, le dessous de la gorge blanchâtre, ainsi que le bord des mâchoires.

SYNONYMIE. 1743. CATESBY. Hist. nat. Caroline. Tom. II, pl. 48. Black snake.

1753. KALM. Dans son voyage dans l'Amérique du nord en parle à la page 171.

1789. LACÉPÈDE. Hist. natur. Serpens. Tom. II, pag. 309. La couleuvre lien.

1791. LINNÉ. GMELIN. Syst. natur. pag. 1109.

1802. SHAW. General Zoology. Tom. III, pag. 464.

1800. LATREILLE. Hist. nat. Rept. Tom. IV, pag. 178.

1804. DAUDIN. Hist. des Rept. Tom. VI, pag. 402. Couleuvre lien. — 1837. SCHLEGEL. Phys. Serp. Tom. II, pag. 133, n° 2. — Holbroch, III, 55, pl. XI. — Storer, Rept. 225.

1853. *Bascanion constrictor*, BAIRD et GIRARD, Catal. p. 93.

Ce serpent est très-commun dans l'Amérique du Nord. Ses habitudes et ses mœurs ont été décrites par la plupart des voyageurs naturalistes, Catesby, Bartram, Palissot-Beauvois, Bosc. C'est une espèce peu volumineuse, qui atteint de grandes dimensions, de sept à huit pieds de longueur et d'un pouce et demi de diamètre. Sa couleur noirâtre est quelquefois d'une teinte plombée. Il rampe avec une grande rapidité, il grimpe sur les arbres et pénètre partout dans les maisons, même sur les toits pour y faire la chasse aux rats, aux écureuils et aux oiseaux. On ne le craint pas, et même, dans quelques habitations de la campagne, on ne cherche pas à le détruire, parce qu'il est en effet fort utile pour protéger les grains et les fruits, en éloignant les souris et les autres animaux nuisibles.

On dit que le nom de Constricteur, que Daubenton et Lacépède ont traduit par l'épithète de *lien*, provient de la manière dont ce reptile enlace et saisit sa proie, en s'entortillant autour du corps, comme la plupart des gros serpents, pour étouffer leur victime en l'empêchant de respirer. Bartram raconte que, voyageant à cheval dans la Floride, il vit sur la terre, et à une distance assez éloignée, une grande espèce d'Épervier se débattre avec force sans pouvoir s'envoler, et que, lorsqu'il s'en fut approché, il reconnut que ce gros oiseau était entortillé par plusieurs cercles que le corps d'un serpent faisait autour de son tronc et de l'une de ses ailes. Il présuma que l'oiseau avait voulu s'emparer du serpent, mais que celui-ci, plus alerte, avait adroitement garotté son ennemi par de nombreux circuits. Bientôt ces animaux se séparèrent, car l'oiseau s'envola et le serpent s'enfuit également, sans avoir reçu de fortes blessures.

Les exemplaires que possède notre Muséum de Paris proviennent, les uns de la Nouvelle-Orléans et de M. Barabino ; de la Caroline par M. Bosc, et de la Martinique par M. Plée ; de New-York par M. Milbert ; de Virginie, par MM. Poussielgue et Trécul ; d'Oaxaca, par M. Ghuisbreght ; de Charles-Town par M. Noisette, et des Etats-Unis par M. Gratiolet.

3. CORYPHODON DE BLUMENBACH. *C. Blumenbachii.*
(*Coluber mucosus*, Lin.)

CARACTÈRES. D'un brun olivâtre pâle avec des bandes transversales étroites, irrégulières ; écailles bordées de noir, celles du dos légèrement carénées, surtout en arrière des gastrostèges ; le dessous du ventre jaunâtre, à bord postérieur, souvent bordé d'une bande brune.

SYNONYMIE.

1754. LINNÉ. Museum. Adolph. Frider. Balk. I, pag. 37, tab. 23, fig. 1.

1802. RUSSEL. Serp. des Indes. Tom. II , pl. 18, fig. 2, pag. 20.

1789. LACÉPÈDE. Quad. Ovip, Tom. II, pag. 238 et pl. 34, pag. 40 , n° 36.

1800. LATREILLE. Hist. Rept. in 18. Tom. IV, pag. 156. Couleuvre muqueuse.

1804. DAUDIN. Hist. Rept. 8. Tom. VI, pag. 355.

1820. MERREM. Tentam. Syst. Amphib. pag. 119, n° 102.

1837. Schlegel. Phys. Serp. Tom. II, pag. 137, n° 5. tête pl. V, fig. 7-8.

Cette espèce provient des Indes et principalement du Bengale. C'est Linné qui, l'ayant remarquée dans le Musée du prince Adolphe-Frédéric, l'indiqua d'abord sous le nom de Couleuvre muqueuse, nom qui a été répété par la plupart des ophiologistes, sans que la raison puisse en être donnée par Laurenti, Daubenton ; Merrem est le premier qui paraît avoir le premier appliqué le nouveau nom spécifique d'après la description et la figure citée de Russel qui l'avait fait connaître sous le nom malais de Ieri-Potou.

Il est évident que ce serpent appartient au genre Coryphodon. M. Schlegel a eu soin d'indiquer le premier que les crochets de la mâchoire supérieure vont en augmentant de grosseur ; il aurait pu dire aussi de longueur, à mesure qu'ils s'approchent du bord postérieur de cet os ; que l'œil est grand et les orbites spacieuses.

Les individus paraissent varier pour la couleur qui est plus ou moins foncée, suivant leur développement. Généralement, le ventre est plus clair, mais le bord postérieur des gastrostèges est le plus souvent orné d'une bande brunâtre ; quand elle manque, chacune des extrémités de ces gastrostèges, dans la région postérieure du corps, porte une tache de la même nuance. Les écailles postérieures du dos sont bordées de brun foncé ; de sorte que leur milieu semble être marqué d'une tache ovale plus claire.

Nous apprenons de Russel que ce Coryphodon est très-souvent observé à Vizagapatam, où il parvient à de grandes dimensions. M. Schlegel dit que le professeur Reinwardt l'a retrouvé à Java ; que cependant il est rare. Diard l'y a également recueilli. Les individus que possède le Musée de Paris proviennent de M. Eydoux qui les a pris dans son voyage sur la *Bonite* en Chine et à Pondichery ; de M. Dussumier et de M. Bélanger, comme provenant du Malabar. Plusieurs ont été recueillis au Bengale par M. Duvaucel. On en doit également à MM. Reynaud, Ad. Delessert et Moquier qui les ont rapportés des Indes-Orientales.

Les dimensions du plus grand individu de la collection sont les

suivantes : longueur totale, 2ᵐ, 25. La tête et le tronc mesurent
Iᵐ, 60, et la queue 0ᵐ. 65.

4. CORYPHODON KORROS. *C. Korros.* Nobis.

(*Coluber Korros*, Reinwardt.)

CARACTÈRES. D'un brun olivâtre plus ou moins foncé en dessus
et d'une teinte citron en dessous ; jamais de bande brune au bord
postérieur des gastrostèges. Toutes les écailles du tiers postérieur
du corps étant bordées de noir semblent par leur arrangement
former des X croisées.

SYNONYMIE.

C'est M. Schlegel qui a le premier décrit cette espèce dans son
Essai sur la physionomie des serpents, Tome II, page 139, n.º 6,
d'après des individus envoyés de Java et de Sumatra au Musée
des Pays-Bas, par M. Reinwardt. Dans notre Musée, M. Oppel
avait donné à ce serpent le nom de *Coluber Cancellatus*, probablement à cause des lignes croisées qui s'observent sur la région
postérieure du tronc. C'est ce que nous constatons sur cet individu et sur tous ceux du Musée de Paris.

L'absence absolue de carènes sur les écailles du *C. Korros* semblerait être un bon caractère distinctif relativement au C. de Blumenbach ; mais un C. Korros, faisant partie d'un envoi du Musée
de Leyde, portant à la partie postérieure du dos quelques carènes
peu-saillantes, cette exception ôte un peu de sa valeur à ce caractère, auquel il serait plus convenable de substituer celui qui peut
être tiré de la hauteur des plaques labiales, laquelle est moindre
chez le C. Korros que dans le Coryphodon de Blumenbach.

De même que M. Schlegel, nous comptons sur tous les échantillons quinze rangées longitudinales d'écailles, tandis qu'on en
trouve toujours dix-sept chez le C. de Blumenbach.

PATRIE. De Sumatra, par M. Duvaucel, M. le Capitaine Martin
et M. Kunhardt ; des Philippines, par M. Challaye ; de Java, par
MM. Leschenault et Bosc. *Idem*, Musée de Leyde.

Dimensions du plus grand. Total, 1ᵐ, 82. Tête et tronc, 1ᵐ, 23.
Queue, 0ᵐ, 59.

5. CORYPHODON JAUNATRE. *C. Sub-lutescens*. Nobis.

CARACTÈRES. Le dessus du tronc en dos d'âne beaucoup plus brun en dessus que sur les côtés qui sont inclinés en toit aigu; toutes les écailles rhomboïdales bordées de brunâtre.

Tout le dessous du corps d'un jaune vif, à gastrostèges très-larges ; la queue formant le tiers du corps, grosse à la base et diminuant insensiblement, avec des urostèges sur un double rang.

Nous n'avons aucun renseignement sur cette espèce dont nous avons fait préparer la tête osseuse. Elle provient de Java, par M. Diard. Nous trouvons aussi sur l'étiquette le nom de M. Reinwardt qui, le premier, a donné à cette couleuvre le nom de *Sublutescens*.

Dimensions du Coryphodon jaunâtre : Tête et tronc, 1^m, 7. Queue, 0^m, 40.

6. CORYPHODON GORGE MARBRÉE. *C. Mento-varius*. Nobis.

CARACTÈRES. Dos d'un brun verdâtre, n'ayant qu'une seule plaque sus-labiale qui entre comme partie constituante du bord inférieur du pourtour de l'œil.

Cette espèce, qui ne paraît point avoir encore été décrite offre beaucoup d'analogie avec celle que l'on a désignée sous le nom de Constricteur ; elle s'en distingue cependant par le caractère tiré du bord inférieur de l'œil. Sa tête est en outre comparativement plus allongée et l'œil lui-même est plus grand. Les plaques inter-sous-maxillaires postérieures sont plus longues que les antérieures : ce qui est le contraire de ce que l'on observe dans le C. Constricteur qui provient des États-Unis, tandis que l'espèce que nous faisons connaître ici est représentée par des individus envoyés du Mexique. Nous ne connaissons aucune des particularités qui concernent ce Coryphodon.

VIIIᵉ FAMILLE. LES ISODONTIENS.

CARACTÈRES ESSENTIELS. *Serpents dont les dents lisses, ou sans sillons, sont semblables les unes aux autres, toutes également espacées, et dont la tête est distinguée du cou par sa grande largeur.*

Ainsi que le nom attribué à ce groupe est destiné à le faire connaître, cette Famille (1) comprend généralement les espèces de Serpents dont toutes les dents sont sans cannelures, et dont celles qui garnissent en particulier les bords des os sus-maxillaires sont implantées presqu'à égale distance entre elles, et offrent, en même temps, la plus grande similitude pour la longueur et les proportions.

Rangés dans le sous-ordre des Aglyphodontes, les genres placés dans ce groupe nombreux réunissent toutes les espèces qui auraient pu être considérées comme de véritables Couleuvres, lorsqu'on en connaissait moins; mais pour la facilité de l'étude et celle de la classification, nous avons dû les rapprocher entre elles et les distinguer de toutes les autres Familles, d'après les considérations suivantes.

D'abord, des *Syncrantériens* et des *Diacrantériens* dont les crochets postérieurs sont beaucoup plus longs et plus forts que ceux qui les précèdent sur la même rangée.

Secondement, des *Holodontiens* et des *Aprotérodontiens*, dont les dents sus-maxillaires vont en diminuant de longueur de devant en arrière, avec cette particularité, que les premiers offrent en avant des crochets particuliers implantés dans les os incisifs ou pré-maxillaires, dents qui ne se retrouvent chez aucun autre Serpent.

---

(1) Du mot Ἴσος, semblables, égales, *œquales*, et de Ὀδεύς, Ὀδόντος, dents.

Viennent ensuite les *Lycodontiens*, dont plusieurs dents de l'une ou de l'autre mâchoire sont beaucoup plus longues que celles qui font partie de la même série ou du même rang; les *Leptognathiens* dont les dents sus-maxillaires supérieures sont courtes et les crochets très-faibles; puis les *Upérolissiens* ayant les os ptérygo-palatins lisses, et la portion moyenne du palais privée de crochets, ce qui les distingue par cela même de tous les autres Serpents.

Près de cette Famille, peut se ranger celle qui réunit quelques petits Serpents dont les mâchoires sont très-faibles, mais chez lesquels les os palatins, ainsi que les sus-maxillaires, sont garnis de fort petits crochets dont les pointes sont dirigées en dedans, c'est-à-dire inclinées et tournées vers la région médiane intérieure. Nous les avons nommés, à cause de cette particularité, les *Plagiodontiens*.

Il y a en outre deux Familles que la forme particulière des écailles, ou l'apparence extérieure, fait distinguer de prime-abord, savoir : les *Acrochordiens*, dont la peau est garnie de tubercules enchâssés, rugueux et saillants comme des aspérités ; puis les *Calamariens*, qui ont au contraire des écailles lisses et situées en recouvrement les unes sur les autres, à la manière des tuiles superposées, ce qui rend la surface de leur peau lisse, luisante et polie, en même temps que la totalité de leur corps est, le plus souvent, à peu près de la même grosseur d'un bout à l'autre, ou de la tête à la queue.

Il ne reste donc que les *Coryphodontiens*, qui sont analogues à ceux que nous étudions maintenant, mais ils en diffèrent par cela seul que les crochets dentaires de leur mâchoire supérieure vont successivement en croissant de longueur de devant en arrière; tandis qu'ici, ces dents sont toutes semblables en force et en longueur, et espacées à peu près à des intervalles égaux.

Les neuf genres que nous avons inscrits dans cette Famille réunissent, comme on va le voir, un grand nombre d'espèces

ayant entre elles beaucoup de rapports et une si grande analogie que nous avons été obligés, pour établir leur arrangement systématique, de nous arrêter à des caractères extérieurs
qui nous ont offert un moyen assez commode pour déterminer
le rapprochement des espèces.

Ainsi, dès la première vue, on reconnaîtra le genre *Dendrophide*, parce que chez ces Serpents, semblables aux Bongares sous le rapport de la distribution et de la forme des
écailles, on voit, le long du dos, une série de plaques polygones, plus grandes que les écailles des parties latérales du
tronc, lequel est très long et terminé par une grande queue.

Un second moyen, artificiel, il est vrai, mais utile pour
séparer dans cette famille deux autres genres ; c'est l'examen
de la forme générale du tronc qui, au lieu d'être arrondi et à
peu près régulièrement cylindrique, se trouve comprimé sur
les côtés, de sorte que la hauteur verticale l'emporte évidemment sur la coupe qui en serait faite en travers ou horizontalement. Dans l'un, celui des *Spilotes*, la tête est courte,
presque aussi haute que large et assez distincte du tronc.
Dans les autres espèces qui ont encore le tronc comprimé, on
remarque que la tête est mince et très-allongée ; on les a réunis sous le nom générique de *Gonyosome*.

Chez toutes les autres couleuvres à dents lisses, égales en
longueur et rangées à des intervalles à peu près égaux,
le tronc est arrondi et tellement cylindrique, que si on le
tranchait en travers, la hauteur et la largeur seraient absolument les mêmes. Parmi ces espèces, nous distinguons celles
dont le museau est prolongé et paraît s'avancer comme une
sorte de groin ; elles constituent le genre que M. Michaelles a
désigné sous le nom de *Rhinechis* et qui offre cette particularité que chez les uns les écailles sont lisses, et que chez d'autres, elles offrent une petite saillie longitudinale en carène.

Dans les Isodontiens, dont le museau est mousse ou arrondi,
il en est, comme les espèces rapportées au genre *Herpétodryas*,

dont la queue est fort prolongée et atteint près de la moitié de la longueur du corps, tandis que cette région est au contraire très-courte et fort robuste dans le genre que nous nommons *Calopisme*. Lorsqu'il se joint à une queue médiocre pour la longueur et les dimensions, des écailles lisses et polies, ce sont pour nous des *Ablabès*; ou bien ces écailles sont garnies d'une petite arête saillante, et il y a deux genres qui ont ainsi des écailles carénées. Dans l'un, qui comprend les espèces qui vivent habituellement dans l'eau, les narines sont verticales, ou leurs orifices externes sont situés au-dessus du museau, ce sont les *Trétanorhines*; dans l'autre, les trous des narines sont latéraux, ces Serpents constituent alors le genre *Elaphe*, dont les espèces n'habitent pas les eaux ou nagent rarement.

Les quatre premiers genres comprennent les espèces à formes sveltes et élancées, à queue longue, et dont tout l'ensemble de la physionomie, en prenant ce mot dans le sens où l'a employé avec tant de bonheur M. Schlegel, dénote des Couleuvres organisées pour rester surtout sur les arbres.

Le dernier genre offre, au contraire, dans sa conformation générale et dans la disposition des narines, des particularités tout-à-fait spéciales aux Ophidiens qui vivent dans l'eau et y cherchent leur proie.

Les espèces réunies dans les quatre autres genres se tiennent habituellement hors de l'eau et s'emparent, pour leur nourriture, de petits mammifères ou de reptiles terrestres.

Le tableau synoptique suivant présente l'analyse de cet arrangement systématique dans lequel l'ordre des numéros place successivement les genres dont les espèces aiment à grimper et à se mettre en embuscade sur les arbres, puis ceux qui restent plus habituellement sur la terre ou dans l'eau.

TABLEAU SYNOPTIQUE DES GENRES DE LA FAMILLE DES ISODONTIENS.

CARACTÈRES ESSENTIELS. *Aglyphodontes à crochets égaux et uniformément espacés.*

Écailles du dos.

égales; à tronc
- comprimé ou beaucoup plus haut que large et à tête
  - courte, épaisse . . . . 4 SPILOTES.
  - longue, mince . . . . 3 GONYOSOME.
- rond; museau
  - mousse; queue
    - peu longue
      - médiocre; écailles
        - à carènes; narines
          - latérales . 6 ÉLAPHE.
          - verticales. 9 TRÉTANORHINE.
        - lisses ou sans carène . . 7 ABLABÈS.
      - très-courte et robuste. . . . . . 8 CALOPISME.
    - très-longue, de moitié du tronc; yeux grands. . . . 2 HERPÉTODRYAS.
  - pointu, terminé par une sorte de boutoir . . . . . 5 RHINECHIS.

beaucoup plus grandes dans la rangée médiane ou supérieure. . . . . 1 DENDROPHIDE.

Iᵉʳ GENRE. DENDROPHIDE. — *DENDROPHIS* (1).
Boié.

CARACTÈRES ESSENTIELS. *Serpents aglyphodontes, dont toutes les dents sont de mêmes longueur et proportions, et dont les écailles qui recouvrent la région médiane du dos sont beaucoup plus grandes que toutes les autres.*

CARACTÈRES NATURELS. Corps grêle, très-alongé, cou fort mince, très-distinct de la tête, qui est longue et élargie en arrière, à museau mousse et à yeux généralement fort grands ; queue très-longue et très-effilée ; régions latérales du ventre et de la face inférieure de la queue presque toujours carénées, par suite du redressement des gastrostèges qui sont convexes à leur bord postérieur et des urostèges qui sont en rang double. Écailles complètement lisses, en forme de quadrilatères allongés, disposées en deux séries latérales, très-imbriquées, séparées par des écailles polygonales, occupant la ligne médiane, généralement plus grandes, non imbriquées et formant une seule rangée, excepté chez une espèce où la rangée est double (*D. viridis*).

Relativement à l'écaillure de la tête, on peut noter les particularités suivantes : Les neuf plaques sus-céphaliques ordinaires ; plaque rostrale généralement très-large à sa base, nullement ou à peine rabattue sur le museau ; frontale moyenne longue, large à sa base, se terminant, en arrière, par un angle plus ou moins obtus ; une naso-rostrale et une naso-frénale entre lesquelles la narine est percée ; une frénale presque toujours plus longue que haute ; une pré-oculaire ; deux post-oculaires ; neuf plaques supéro-labiales, dont la

_____

(1) De Δένδρος , arbre, et de ὄφις , serpent.

REPTILES, TOME VII.   13.

cinquième et la sixième, qui se prolongent en haut et en arrière, touchent à l'œil, si ce n'est dans une espèce (*D. vert*) où la quatrième contribue aussi à former le bord inférieur du cercle orbitaire par son angle supérieur et postérieur, et où la sixième ne fait pas partie de son bord postérieur, comme dans les autres espèces; plaques inter-sous-maxillaires postérieures, généralement plus longues que les antérieures; dans deux espèces, cependant, elles leur sont égales.

Ce genre a été fondé par Boié (*Isis*, 1827, p. 520). Il en a présenté une diagnose, dont les principaux traits sont indiqués dans celle que nous en donnons nous-mêmes.

Il a pris pour type le *Coluber ahœtulla*, de Linné, et, à la p. 541 et suivantes, il indique et décrit sommairement les espèces qu'il rapporte à ce genre Dendrophis.

Ce sont :

1796. 1. *D. chairecacos.* H. Boié, d'après Russell, t. II, pl. 26.

2. *D. maniar.* Russell, t. II, pl. 25.

1803. 3. *Col. tristis.* Daudin.

1843. 4. *Col formosa.* Reinwardt. Erpét. de Java.

1788. 5. *Col. picta.* Gmelin.

1803. 6. *Col. polychroa.* Reinwardt.

1789. 7. *Col. ahœtulla.* Linné.

1823. 8. *Col. liocercus.* Neuwied.

Nous n'entrons à présent dans aucun détail sur ces espèces, nous réservant d'indiquer, en leur lieu, le nom générique propre à chacune d'elles. Nous faisons remarquer seulement que parmi ces espèces, il en est, telles que le *Liocercus* et l'*Ahœtulla*, qui paraissent n'être qu'une seule et même espèce et ne présentent pas le caractère essentiel du genre Dendrophide, consistant en cette particularité indiquée de la manière suivante par Boié lui-même :

« *Squamœ spinœ dorsalis magnœ, scutiformes, directione* » *rectœ, laterales trunci angustœ per series transversas obliquè* » *dispositœ.* »

Il semble donc convenable de suivre l'exemple de Wagler et d'adopter pour ces différentes espèces arboricoles, et pour celles qui leur ressemblent dans leur aspect général, un classement dans deux genres.

Ainsi, nous plaçons dans le genre DENDROPHIDE les espèces dont les écailles de la rangée médiane sont polygonales et non imbriquées, et dont toute l'écaillure est lisse, prenant, comme Wagler, le *Coluber pictus* pour type et nous rapportons au genre LEPTOPHIDE de Bell, tel qu'il est compris par Wagler, les espèces à écailles carénées et toutes imbriquées. C'est le *Coluber ahœtulla seu liocercus* qui devient pour nous, comme pour Wagler, le type de cet autre genre.

Il y a d'ailleurs, selon notre méthode de classement, un motif bien autrement important pour séparer ainsi ces Ophidiens, c'est que les Dendrophides sont des Isodontiens, tandis que les Leptophides appartiennent à la famille des Syncrantériens.

La distinction entre ces deux genres n'est pas admise par M. Schlegel, qui rapporte au genre Dendrophide dix espèces, dont deux seulement sont pour nous de vrais Dendrophides.

Ce sont les *D. picta* et *D. formosa* ou *Adonis*.

Les huit autres espèces ont dû être placées dans des genres différents, en raison des caractères fournis par leur système dentaire. Ainsi :

Le *Dendrophis liocercus* est le *Leptophis liocercus* (Syncrantérien).

—	*catesbyi*	—	l'*Uromacer catesbyi* (Diacrautérien)
—	*aurata*	—	?
—	*rhodopleuron*	—	genre *Oligotropis*. (Opisthoglyphe).
—	*ornata*	—	*id.* (Opisthoglyphe).
—	*præornata*	—	*id.* (Opisthoglyphe).
—	*smaragdina*	—	*Leptophis smaragdinus* (Syncrantérien).
—	*colubrina*	—	*Dipsas colubrina* (Opisthoglyphe).

13.*

TABLEAU SYNOPTIQUE DES ESPÈCES DU GENRE *DENDROPHIDE*.

CARACTÈRE ESSENTIEL: ÉCAILLES MÉDIANES DU DOS NON IMBRIQUÉES ET PLUS GRANDES QUE LES AUTRES.

Écailles du dos, sur
- un seul rang
  - plus grandes; yeux
    - ordinaires. . . . . 1 D. PEINT.
    - très-grands; région sus-oculaire
      - bombée . . 2 D. ADONIS.
      - plane. . . 3 D. LINÉOLÉ.
  - à peine plus grandes . . . . 4 D. HUIT-LIGNES.
- deux rangées . . . . 5 D. VERT.

1. DENDROPHIDE PEINT. *Dendrophis picta.* Boié.

CARACTÈRES. Corps d'une teinte uniforme ; presque constamment, sur chaque flanc, une bande blanche entre deux bandes noires, dont l'inférieure touche le bord des gastrostèges ; cette dernière rarement remplacée par une série de points noirs ; plus rarement encore, absence de bandes noires.

SYNONYMIE. Les indications données par Boié (*Isis*, 1829, p. 530), sont les suivantes :

1726. Scheuchzer, Bibl. Nat. pl. 629.

1788. *Coluber pictus.* Gmelin, Syst. naturæ, p. 1116 ; Séba, t. I, pl. 99, n.° 3.

1826. Dipsas schokari Kuhl. *Beiträge*, p. 80.

1807. *Bungarus Filum.* Oppel. Musée de Paris.

A cette synonymie, on ne peut joindre qu'avec doute les deux espèces suivantes de Lacépède, lesquelles, d'après M. Schlegel, doivent être rapportées au D. peint :

Le fil, Lacépède, 1788. Quadr. ovip., t. II, p. 234, pl. 11, fig. (jeune âge) ; *La double raie*, Id. p. 220, pl. 10, fig. 2.

Quoique l'un des bocaux qui contiennent des échantillons de ce Dendrophide porte sur une ancienne étiquette les mots Couleuvre sombre, *Col. fuscus*, Lacép., il ne nous est pas possible de reconnaître dans les serpents que ce bocal contient les représentants de l'espèce décrite sous ce nom, en huit lignes, par ce zoologiste, t. II, p. 229. — Il renvoie d'ailleurs au Musée du Prince Ad. Fr., p. 32, tab. 17, fig. 1.

1837. *D. picta.* Schlegel, Essai sur la physion. des Serp. T. I. p. 157, et t. II, p. 228, pl. 9, fig. 5, 6 et 7.

Ce naturaliste, enfin, mentionne l'*Erpétologie de Java*, pl. 34.

Cette espèce, par sa taille élancée et par tout l'ensemble de sa conformation, s'éloigne peu de ses congénères, dont elle se distingue cependant d'une façon très-nette par les dimensions proportionnelles moins considérables des yeux et par la direction plane des régions sus-oculaires, ce qui est une bonne marque distinctive, relativement au Dendrophis Adonis.

La teinte générale est d'un vert brunâtre qui, dans l'alcool, après la chute de l'épiderme, devient bleuâtre, comme on l'observe chez les autres serpents du même genre.

Les différences offertes par les individus rassemblés au Musée de Paris, et signalées par M. Schlegel, permettent de les grouper en plusieurs *Variétés*.

A. La variété la plus commune est celle où les nuances vertes de l'animal sont relevées par la présence, sur chaque flanc, d'une bande jaunâtre ou blanchâtre, bordée en dessus, comme en dessous, par une bande noire; cette dernière touchant le bord des gastrostèges.

B. Dans la deuxième variété, cette bande inférieure est remplacée par une série longitudinale de points noirs. On voit alors quelquefois un dessin sur la partie antérieure du tronc, dessin que M. Schlegel a très-bien décrit en disant : « Les côtés du cou sont souvent ornés d'une suite de bandes de bleu et de noir alternes et se dirigeant obliquement en arrière. »

C'est surtout dans le jeune âge que ces taches se voient, et on ne peut méconnaître l'analogie qui existe entre un jeune individu et celui dont on trouve la représentation sur la pl. 11, fig. 2 de M. de Lacépède (*Le fil*).

C. Nous pouvons enfin considérer comme constituant une troisième variété un grand spécimen, offrant une particularité signalée par M. Schlegel, et consistant en l'absence complète de bandes latérales et de taches obliques.

Ce Dendrophide peut atteindre une taille de 1m,15, la queue entrant dans ces dimensions pour 0m,35,

Les échantillons de la première variété proviennent, les uns d'Amboine, et sont dus à MM. Lesson et Garnot, ou au Musée de Leyde; d'autres de Mindanao, où ils ont été recueillis par MM. Hombron et Jacquinot. Le Musée de Paris en possède, en outre, de Manille, rapportés par Eydoux et Souleyet; de Sumatra, par M. Bourdas, par M. Kunhardt, ou ayant appartenu à la collection de Bosc; de Ceylan, par les naturalistes de l'expédition de M. de Freycinet, et enfin de Cochinchine, par Diard.

Des individus plus jeunes, et représentant la deuxième variété, ont été adressés de Manille, par M. Busseuil ; de Pondichéry, par Leschenault, par M. Perrotet et par M. Léclancher; de la côte de

Malabar, par M. Dussumier; de Sumatra, par M. le Capitaine Martin.

C'est à MM. Quoy et Gaimard que nous devons la connaissance de la troisième variété d'une teinte uniforme, par un sujet de grande taille qu'ils ont pris dans la Nouvelle-Irlande.

2. DENDROPHIDE ADONIS. *Dendrophis formosa*. Schlegel.

(ATLAS, pl. 79, fig. 2. Ecaillure).

CARACTÈRES. Corps d'un beau vert bleuâtre foncé, marqué sur chaque flanc de deux lignes ou raies noires.

M. Schlegel a fait connaître cette espèce d'après des individus qui avaient été envoyés de Java au Musée de Leyde par M. le professeur Reinwardt, et il les a décrits dans son ouvrage sur la physionomie des serpents. T. II. page 232, n.° 5.

Ce serpent a de la ressemblance avec l'espèce nommée *picta*, mais il en diffère notablement par les couleurs et surtout par la grandeur proportionnelle plus considérable des yeux, par la forme bombée des régions sus-oculaires, par le moins de longueur du museau qui, par cela même, paraît plus obtus, par les dimensions un peu supérieures des écailles du tronc.

Les individus que M. Schlegel a observés et qui avaient perdu de leurs écailles, avaient pris dans l'alcool une couleur d'un vert émeraude ; le ventre était plus clair et comme nacré, les écailles bigarrées de noir et de blanc, étaient bordées de noir.

Voici une description plus détaillée que celle de M. Schlegel et qui a été faite sur les individus que possède le Musée de Paris.

La tête est très-large, surtout en arrière et, par conséquent, très-distincte du tronc ; elle est longue et plate. La mâchoire supérieure est arquée; la plaque rostrale, large à la base, remonte à peine sur le museau. Il y a deux frontales carrées, un peu arrondies en avant; deux sous-oculaires bombées, larges, proéminentes, un peu pointues en avant ; une frontale unique, dont le bord antérieur très-large finit en pointe en arrière où elle vient s'emboîter entre les pariétales, qui sont presque aussi larges que longues. Les orifices des narines larges, percés entre deux plaques ; les yeux très-grands à pupille arrondie.

Toutes les écailles sont lisses (celles de la ligne médiane plus grandes, comme c'est le caractère du genre). Elles sont distribuées sur quinze rangées longitudinales, un peu obliques. 179 gastrostèges, 2 anales et 144 urostèges. La queue atteint près de la moitié de la longueur totale.

Cette espèce a été découverte à Java par M. Reinwardt, qui en a envoyé cinq exemplaires au Musée de Leyde, d'où nous en avons reçu un. — Un second, parfaitement identique au premier nous a été rapporté de la même île par M. Busseuil.

3. DENDROPHIDE LINÉOLÉ. *Dendrophis lineolata.* Nobis.

Caractères. Corps d'un vert bronzé, sans bandes latérales; sur le bord inférieur de chaque écaille, une petite ligne jaune.

La tête est très-distincte du tronc, comme dans toutes les espèces de ce genre, desquelles celle-ci se distingue d'une manière très-nette par son système de coloration plus foncé, et caractérisé par les légers traits jaunes qui représentent une multitude de petites lignes, d'où le nom de linéolé que nous lui avons donné.

C'est seulement avec les deux Dendrophides qui viennent d'être décrits, que celui-ci pourrait être confondu, comme l'indique le tableau synoptique. Or, non-seulement les couleurs, ainsi que nous venons de le dire, s'opposent à cette confusion, mais tout l'ensemble de ce D. linéolé est très-caractéristique, car ses formes sont moins élancées, ses écailles plus grandes et, par cela même, moins nombreuses. On n'en trouve, en effet, que treize rangées longitudinales, tandis qu'il y en quinze dans les D. peint et Adonis, les seuls dont le D. linéolé ne se distingue pas à la première vue.

Cette espèce inédite, dont nous possédons plusieurs individus, proviennent, les uns de MM. Hombron et Jacquinot, et ils sont figurés dans le voyage de Dumont d'Urville en 1842, et décrits dans la relation de ce voyage par M. Guichenot.

Les autres ont été recueillis probablement à la Nouvelle-Hollande par M. J. Verreaux, par M. Freycinet et par MM. Quoy et Gaimard, en 1824, dans les îles Waigiou.

4. DENDROPHIDE A HUIT RAIES. *Dendrophis octo-lineata* (1). Nobis.

(ATLAS, pl. 79 , fig. 3. Ecaillure).

CARACTÈRES. Corps d'un vert bronzé, orné de bandes longitu-dinales noires, au nombre constant de huit, à partir du milieu de la longueur du tronc, souvent au nombre de dix, et un peu con-fuses à la région antérieure du corps.

Tête distincte du tronc, large et longue; museau plane, à bord du vertex un peu en carène; yeux grands; pupille ronde et grande; plaque rostrale, large à la base, remontant à peine sur le museau; deux fronto-nasales de forme presque carrée, cepen-dant un peu arrondies en avant. Deux frontales antérieures, plus larges que longues, très-rabattues sur la région frénale. Deux sus-oculaires très-larges en arrière, mais plus étroites en devant. Une frontale longue, étroite, terminée en pointe obtuse en ar-rière. Deux pariétales longues, étroites, un peu bombées; na-rines grandes, ouvertes entre les deux plaques dites : la nasale an-térieure et la postérieure. Une plaque frénale longue, étroite; la pré-oculaire concave, à peine remontant sur le crâne; deux post-oculaires petites. Écailles temporales au nombre de six : les deux dernières plus grandes. Neuf sus-labiales, dont la 5.ᵉ et la 6.ᵉ touchent à l'œil : cette dernière plus haute que les autres. Dix sous-labiales; mentonnière très - petite. Quatre inter - sous-maxillaires, dont les antérieures sont les plus petites.

Les écailles médianes du dos, à peine plus grandes que les autres, ont la même forme, mais elles s'en distinguent très-nette-ment par leur disposition en série longitudinale et parce qu'elles ne sont pas entuilées, tandis que les latérales, distribuées sur treize rangées, sont très-imbriquées et peu obliques.

Les gastrostèges sont arquées vers la région moyenne et, en remontant sur les côtés, constituent une carène, ainsi que le font également les urostéges.

La queue forme un peu moins de la moitié de la longueur du

(1) Cette espèce a été désignée par erreur sous les noms de *Dendrophis sex lineata*, dans le **Prodrôme** inséré dans le t. **XXIII** des **Mém.** de l'Acad. des Sciences.

tronc. On a compté dans l'un des individus **177** gastrostèges,
2 anales et **112** urostèges, formant les deux rangées.

Les exemplaires que possède notre Musée proviennent de
Java, par M. J. Müller ; de la Chine, par MM. Eydoux et Souleyet, et de Sumatra, par M. Kunhardt.

5. DENDROPHIDE VERT. *Dendrophis viridis*. Nobis.

(ATLAS, pl. 79, fig. 1 et 1 a.).

CARACTÈRES. Corps d'un vert uniforme, sans taches ni bandes ;
sur le dos, deux rangées médianes d'écailles polygonales, plus
grandes que les autres.

Les rangées longitudinales des écailles du tronc sont en nombre
pair (dix). Ce caractère, ainsi que la présence sur le milieu du
dos de ces deux rangées d'écailles polygonales, non imbriquées,
plus grandes que les autres, établissent une différence très-
remarquable entre cette espèce et ses congénères. Les côtés du
ventre et ceux de la queue ne sont pas anguleux le long de la
ligne au niveau de laquelle les gastrostèges et les urostèges se
relèvent sur les côtés du corps.

La tête est épaisse, à museau incliné en bas. Sa teinte est un
vert uniforme.

Comme l'ensemble général de l'animal et la disposition des
écailles du tronc sont tout-à-fait analogues à ce qui se voit dans
les autres Dendrophides, celui-ci n'est pas devenu le type d'un
genre nouveau, dont la distinction aurait pu être motivée par la
disposition, sur le milieu du dos, des rangées longitudinales d'é-
cailles en nombre pair.

Nous devons ajouter maintenant, comme particularités spécifiques moins importantes que les précédentes, que la plaque rostrale, qui se replie un peu sur le museau par son extrémité supérieure, est moins large à sa base que dans les autres espèces ; que
non-seulement, les cinquième et sixième plaques supéro-labiales
touchent à l'œil, mais que la quatrième, ce qui est une exception
dans le genre, contribue aussi à former le bord inférieur du cercle
orbitaire par son angle supérieur et postérieur ; que la sixième
ne se prolonge pas en arrière de l'œil, et que la plaque frénale,

beaucoup moins basse que dans les autres Dendrophides, est à peu près carrée, enfin que la plaque anale est simple.

L'épiderme est complètement détruit sur l'échantillon unique du Musée, lequel paraît avoir dû être d'un vert uniforme, tirant sur le jaunâtre, dans les régions inférieures.

La queue est longue et effilée, comme dans les autres espèces ; elle est égale au tiers de la longueur totale de l'animal et porte en dessous 108 urostèges doubles ; il y a 155 gastrostèges.

Ce serpent est long de 0^m,74. Il a été acquis, mais sa patrie est inconnue.

Au lieu de la dénomination de Dendrophide vert, il serait peut-être préférable d'en donner une qui indiquât une particularité fort remarquable qu'il présente et qui ne se rencontre que très-rarement chez les serpents. Cette particularité consiste en ce que les rangées longitudinales des écailles du tronc sont en nombre pair. Comme cette disposition paraît résulter de ce que la rangée des écailles polygonales et non imbriquées de la région médiane du dos est double et non unique, comme dans les autres espèces de ce genre, peut-être le nom de *Zygolépide*, ou quelque autre analogue, serait-il une bonne désignation spécifique, indiquant tout d'abord le caractère le plus remarquable de l'espèce.

IIᵉ GENRE. HERPÉTODRYAS. — *HERPETODRYAS* (1). Boïé.

CARACTÈRES. *Tête allongée, déprimée, plane ; yeux grands ; corps généralement très-long, et dont la moitié est formée par la queue ; écailles du dos grandes, lisses ou carénées, toutes semblables entre elles.*

Nous avons rangé, comme la plupart des auteurs, ces Couleuvres avec les Serpents non venimeux. Ce sont des Aglyphodontes Isodontiens, parce que leurs crochets dentaires

_____

(1) De Ἑρπετός, Reptile, et de Δρῦς, Δρυας, qui habite les forêts, Boïé. Isis, 1827. p. 521.

placés sur une même ligne, sans intervalles marqués, sont à peu près égaux en force et en longueur, et que jamais ils ne sont creusés par un sillon longitudinal ; ensuite, parce que le ventre , un peu étroit, est séparé des flancs par une ligne saillante produisant ainsi un angle sur toute la longueur.

Cependant, avec une forme générale de Serpents arboricoles, ils ne sont pas aussi élancés que les Dendrophides, et la rangée médiane des écailles dorsales n'a pas les grandes dimensions qui caractérisent ces derniers, dont les autres écailles sont distribuées en deux séries latérales très-imbriquées. Ici, au contraire, l'arrangement de ces lames écailleuses est le même que chez la plupart des Couleuvres.

Comparés aux Spilotes et aux Gonyosomes, chez lesquels la compression du tronc est notable, ceux-ci ne peuvent en être rapprochés. La conformation du museau, qui est arrondi et comme mousse, les éloigne des Rhinechis, et les formes élancées du tronc, ainsi que la longueur de la queue, les séparent, de la manière la plus tranchée , des Calopismes , chez lesquels cette région est courte et robuste. Ce même caractère est aussi suffisant pour s'opposer à la confusion avec les Elaphes et les Ablabès. Un autre caractère des Herpétodryas qui y met encore plus d'obstacles, peut-être, c'est la grandeur proportionnelle des yeux, dont le diamètre est moindre chez tous les individus de ces deux derniers genres. Enfin , la position verticale des ouvertures nasales, tout-à-fait propre au genre Trétanorhine, comme le nom l'indique, autant que le peu de longueur de la queue , éloigne ce dernier genre des Herpétodryas.

Plusieurs des espèces rangées par nous dans ce genre font partie de celui que M. Schlegel a admis, mais qui comprend dans son Essai dix-neuf espèces. Celles que nous y laissons , comme il l'a fait lui-même, sont les suivantes : *Carinatus* et *Fuscus, Boddaertii, Æstivus* , et les deux qu'il a malheureusement désignées sous des noms de genres employés par lui-même, et dont il s'est ensuite servi comme dénominations spé-

cifiques , *Psammophis* et *Dendrophis*. Les quinze autres espèces de M. Schlegel ont été distribuées dans plusieurs autres
Familles , d'après la disposition des crochets dentaires que
nous avons pris pour base de notre classification naturelle.

D'ailleurs, dans l'ouvrage de M. Schlegel, les espèces réunies dans ce genre ne sont pas très-homogènes. Outre celles
que nous venons ne nommer, nous y plaçons les suivantes :
le *Coluber fuscus* de Linné , admettant la distinction que ce
célèbre naturaliste a établie entre ce Serpent et celui qu'il
avait nommé *Carinatus*. Nous ne pensons donc pas , et ce ,
contrairement à M. Schlegel , qu'on doive admettre comme
une même espèce , des individus à écailles lisses (*Col. fuscus*)
et d'autres à écailles carénées (*Col. carinatus*).

Nous regardons aussi comme espèce distincte la Couleuvre
figurée dans l'Atlas de notre Erpétologie , sous les noms
d'*Elaphre de Bernier*, dénomination qui ne doit pas être
conservée. M. Schlegel considère , mais bien à tort , cet
Ophidien comme une variété du *Psammophis moniliger*. Les
échantillons du Musée de Paris qui , suivant lui , constituent
cette variété , sont précisément les types de notre *Elaphre de
Bernier*, qui devient maintenant pour nous l'*Herpétodryas de
Bernier*.

Enfin , des individus, originaires de Madagascar , doivent
être les types d'une espèce , jusqu'ici inédite , que nous nommons *Herpétodryas quatre-lignes*, en raison de son système
de coloration.

Voici comment , par l'analyse , on peut distinguer les huit
espèces que nous rapporterons à ce genre à l'aide du tableau
suivant :

TABLEAU SYNOPTIQUE DES ESPÈCES DU GENRE HERPÉTODRYAS.

Écailles à carènes
- très-distinctes et sur
  - quelques rangées seulement . . . . H. 1. CARÉNÉ.
  - toutes les écailles; queue
    - aussi longue que le tronc . . . . . . H. 2. DE POITEAU.
    - plus courte que le tronc . . . . . . H. 3. ESTIVAL.
- nulles; par rangées
  - paires et symétriques . . . . H. 4. BRUN.
  - impaires; sur le tronc
    - des lignes en long; sur la tête
      - six taches jaunes . . . H. 8. QUATRE-LIGNES.
      - pas de taches . . . H. 7. DE BERNIER.
    - pas de lignes; dessus du dos
      - brunâtre . . . H. 5. FLAGELLIFORME.
      - vert . . . H. 6. DE BODDAERT.

I. *Espèces à écailles carénées* (Nᵒˢ 1, 2 et 3).

1. HERPÉTODRYAS A DOS CARÉNÉ. *H. Carinatus* Schl.

(*Coluber carinatus*, Lin.)

CARACTÈRES. Rangées longitudinales des écailles du dos, toujours en nombre pair (dix ou douze) ; les deux rangées médianes à surface carénée, et quelquefois les plus voisines de celle-ci, également carénées. La couleur varie du vert au brun rougeâtre.

SYNONYMIE. Linné et Merrem citent :'

1742. SÉBA, Thes. Tom II. pl. 54. fig. 2 : pl. 56. fig. 3 et tom. I. pl. 71 et 72.

1754. LINNÉ, Mus. Adolph. Frid. p. 384.

1788. LACÉPÈDE, Quad. Ovip. T. II. pag. 231.

1803. DAUDIN, Rept. Tom. VII. pag. 115.

1837. SCHLEGEL, Phys. Serpents. Tom. II. pag. 175. pl. 7. fig. 5 et 6.

L'histoire et la détermination de cette espèce sont des plus embrouillées, à cause des variétés nombreuses que les auteurs ont considérées successivement comme tout-à-fait distinctes, ainsi que M. Schlegel s'en est assuré en trouvant cette espèce décrite sous les noms de Coluber ou de Natrix *carinatus* (Neuwied), *bicarinata* (Wagler)', *quadricarinata* (Fitzinger), *sex carinata* (Spix ou Wagler, Serpents du Brésil).

Après avoir examiné une centaine d'individus, recueillis en différents points du Brésil, à Surinam, à Cayenne, il les a trouvés différents les uns des autres pour la taille, les couleurs et même pour l'ensemble général, et il a cru devoir en faire figurer, sur la planche indiquée ; deux sujets tellement disparates qu'il lui a semblé utile d'en exposer dans la galerie de Leyde une vingtaine d'individus, montrant le passage des variétés principales.

Ce même zoologiste cite également les différences notables qu'offrent dans leur nombre les gastrostèges et les urostèges.

Tous les détails donnés par M. Schlegel sont intéressants, parce qu'ils indiquent les modifications nombreuses qu'il a observées.

Nous ne reproduirons pas les notions très-exactes que l'auteur avait reçues de MM. Fitzinger, Wagler, et du prince de Neuwied.

La plupart de ces Ophidiens, comme ceux qui sont conservés dans notre cabinet du Muséum, proviennent de l'Amérique du Sud et, en particulier, du Brésil et de Surinam. M. le prince de Neuwied, qui a pu observer les mœurs de ce serpent, que les Brésiliens nomment *Cépo*, dit qu'il est très-commun dans les petits bois des terrains sabloneux des environs de Rio de Janéiro, du cap Frio et aux embouchures des rivières et dans les lieux marécageux. Il grimpe sur les plantes frutescentes, fuit avec célérité quand on s'en approche, et il fait la chasse aux crapauds et aux autres reptiles Batraciens.

Nous avons au Muséum des individus de cette espèce, qui nous ont été adressés du Brésil par M. Clausen ; d'autres de Cayenne, parvenus en 1851, mais dont le donateur n'est pas connu. Enfin, il en est qui portent pour suscription : de l'Amérique du Sud, par M. Dubois.

2. HERPÉTODRYAS DE POITEAU. *H. Poitei*. Nobis.
Herpetrodryas Dendrophis Schlegel.

CARACTÈRES. Tronc d'un brun olivâtre, avec des bandes transversales étroites, plus foncées, et quelques taches plus claires ; quoique le dessous du ventre soit convexe, celui de la queue est comme déprimé. Toutes les écailles sont carénées et elles sont distribuées sur quinze rangées longitudinales.

1837. M. Schlegel, dans sa physionomie des Serpents, T. II, pag. 197, ayant désigné cette espèce par un nom qui est celui d'un genre appartenant à cette même famille parmi les Aglyphodontes, nous n'avons pas cru devoir lui conserver cette désignation, et, comme sa description a été faite justement sur les mêmes individus que notre Musée possède et qui ont été envoyés de Cayenne par le botaniste qu'il cite lui-même, nous l'appellerons H. de Poiteau. D'après la caractéristique qui précède, on voit que ce serpent ressemble beaucoup au *caréné*, mais il n'a que deux plaques qui bordent ses yeux en arrière, et ces organes sont beaucoup plus grands.

Ce serpent a été recueilli à Cayenne par M. Poiteau, et au Peten (Amér. centrale) par M. Morelet.

3. HERPÉTODRYAS ESTIVAL. *H. Æstivus.* Schlegel.

(Coluber Æstivus, Lin.*)*

CARACTÈRES. Corps d'un beau vert en dessus, avec 17 rangs d'écailles lancéolées et carénées; le dessous est très-pâle.

SYNONYMIE. 1743. CATESBY. Hist. Carol. T. II pl. 57.

C'est LINNÉ qui lui a donné le nom d'*Æstivus* dans le Syst. Nat. I. p. 387. LATREILLE et DAUDIN l'ont décrit d'après M. de LACÉPÈDE. Quad. Ovip. t. II. pag. 395. MERREM, SCHLEGEL l'ont désigné sous le nom d'*Æstivus*. *Leptophis Æstivus,* Holbrook, t. IV, p. 17, pl. 3.

Ce serpent de l'Amérique du Nord, nous a été envoyé en très-grand nombre par MM. Plée, Noisette, Holbrook, Milbert, de Castelnau et Lherminier. — Sa couleur, d'une belle couleur verte le fait parfaitement distinguer des espèces dont la description précède et auxquelles il ressemble cependant.

II. *Espèces à écailles non carénées* (Nos 4-8).

4. HERPÉTODRYAS BRUN. *Herpetodryas Fuscus.*

(Coluber Fuscus, Lin.*)*

CARACTÈRES. Semblable à l'Herpétodryas à dos caréné, mais avec les écailles du dos tout-à-fait lisses ou sans carènes.

La plupart des auteurs, à l'exception de M. Schlegel, ont considéré cette espèce comme distincte, et lui ont donné ce nom, ainsi qu'on le voit par la synonymie.

1754. LINNÉ. Mus. princ. Adolph. Frid. p. 32. pl. 17. fig. 1. et dans la 1re édition du *Systema nat.* p. 383.

1788. LACÉPÈDE. Quad. Ovip. T. II, p. 229. Coluber fuscus.

1792. SHAW. Général Zool. T. III, pag. 498.

1803. DAUDIN. Rept. T. VII. p. 112. Mais M. SCHLEGEL le regarde comme l'une des variétés du *Carinatus.* Pag. 177. T. II.

Au reste, il se rencontre dans les mêmes contrées, et nous ne connaissons aucune particularité sur ses mœurs. L'un des individus nous est parvenu de Cayenne par M. Poiteau, et d'autres du Brésil par MM. Deville et de Castelnau.

REPTILES, TOME VII.   14,

5. HERPÉTODRYAS EN FOUET. *H. Flagelliformis.* Nobis.
(*Herpetodryas Psammophis* Schlegel).

CARACTÈRES. Corps d'un vert foncé, avec des taches jaunes, beaucoup plus pâle en dessous, mais avec des taches brunes, distribuées sur deux rangs ; le dessous de la tête est d'une teinte jaune avec des taches brunes. Les écailles sont lisses.

Voilà encore un serpent dont nous avons cru devoir changer le nom spécifique, puisque ce nom a été attribué à un genre, et nous avons dû lui donner celui qui avait été proposé par Catesby.

Holbrook. North Amer. Herpet. T. IV. p. 11. pl. 2. Psammophis flagelliformis.

M. Schlegel a fait connaitre ce serpent d'après des exemplaires du Musée de Paris. T. II.. pag. 195. n° 15.

On a compté sur un individu 198 gastrostèges, 2 anales et 119 urostèges sur un double rang. L'un de nos exemplaires nous a été envoyé de New-York par M. Milbert, et un autre de la Nouvelle-Orléans par M. Barabino.

L'excellente description de Holbrook et la figure qui l'accompagne dispensent de longs détails sur ce Serpent.

On trouve également, à la suite de cette description, une synonymie complète ; elle débrouille bien la confusion qui règne dans les ouvrages des naturalistes. C'est dans les travaux de M. Schlegel et dans les siens qu'il faut chercher les caractères précis de cette espèce.

On comprend, sans qu'il soit nécessaire d'y insister, pourquoi nous ne laissons pas cette Couleuvre dans le genre Psammophis, où M. Holbrook l'a placée. Nous avons, en effet, affaire ici à un serpent Aglyphodonte Isodontien, et non pas à un Opisthoglyphe Anisodontien.

6. HERPÉTODRYAS DE BODDAERT. *H. Boddaertii.* Schl.

(*Coluber Boddaertii,* Seetzen.)

CARACTÈRES. Le corps est un peu comprimé, à écailles lisses ; la tête est obtuse, peu distincte du cou et déprimée. La couleur générale est d'un gris olivâtre.

1742. Séba. Thes. Rer. nat. T. II. pag. 67. fig. 1-2.
1795. Seetzen in Meyers Archiv. zool. 11. pag. 59.
1820. Merrem. Syst. amph. pag. 110. n° 68.
1837. Schlegel. T. II. p. 185. Herpetodryas Boddaertii.

C'est plutôt encore par des caractères négatifs, que par un ensemble de particularités qui lui soient bien spéciales, qu'on peut distinguer cet Herpétodryas de ceux dont les écailles sont également lisses. Il diffère de l'*H. brun*, en ce que ses écailles forment des rangées en nombre impair. Sa teinte est uniforme et sans lignes longitudinales, contrairement à ce qui se voit chez les espèces qui portent les n°s 7 et 8, et si cette absence de rayures et de taches sur la tête le rapproche de l'*H. flagelliforme*, la teinte brunâtre de celui-ci est fort différente de la nuance verte de l'*H.* de *Boddaert* qui, d'ailleurs, est originaire de l'Amérique du Sud, tandis que le précédent ne vit que dans le continent septentrional du Nouveau-Monde.

C'est une espèce de Surinam ; mais elle nous a été également adressée de Cayenne par M. Poiteau, de la Vera-Paz par M. Morelet, et du Brésil par MM. de Castelnau et Emile Deville.

7. HERPÉTODRYAS DE BERNIER. *H. Bernierii.* Nobis.

(Voyez, dans l'atlas de cet ouvrage, la planche 66, fig. 1-2-3-4.)

Caractères. Corps gris en dessus pour le fond de la couleur, quoique les écailles à quatre pans rhomboïdaux soient presque toutes bordées de noir. Des lignes noires, larges, de véritables raies, formées par quatre rangées d'écailles plus foncées, se voient de chaque côté ; le dessous du ventre est jaunâtre et forme plus du tiers de la circonférence ; la queue est grêle, très-pointue.

M. Schlegel regardait ce Serpent comme une variété du *Psammophis moniliger*, dont il connaissait plusieurs des échantillons. Malheureusement, M. Bibron lui avait mis pour étiquette : *Elaphre de Bernier.* Nous n'avons pu conserver ce nom de genre qui a été attribué à d'autres animaux. Cependant, il a été inscrit par erreur au bas de la planche indiquée.

Nous nous sommes assurés des caractères du genre qui ne sont pas ceux des Anisodontiens, et, par conséquent, du sous-ordre des Opisthoglyphes. Ce n'est donc pas un vrai Psammophis.

14.

Au reste, la figure que nous avons donnée est fort exacte dans tous ses détails. Les exemplaires que possèdent nos Galeries d'Histoire naturelle proviennent de l'Ile de France, par MM. Lesson et Garnot, et de Madagascar, par M. Hérail et par M. Bernier.

8. HERPÉTODRYAS QUATRE-RAIES. *H. Quadrilineatus.* Nobis.

CARACTÈRES. Corps très-allongé, d'un ton brunâtre, dont le dessus porte quatre raies longitudinales ; les deux internes et parallèles sont larges et formées par deux écailles noires, lisses comme les trois qu'elles limitent ; celles-ci sont rhomboïdales, mais les deux extérieures de cette triple rangée médiane sont comme coupées par les lignes noires ; quant aux raies latérales, elles occupent chacune une seule rangée d'écailles.

Cette espèce, qui a les plus grands rapports de conformation avec la précédente, dite de Bernier, est beaucoup plus considérable en étendue de longueur et de largeur. Cependant, comme elle nous est parvenue également de Madagascar, il se pourrait qu'avec l'âge, les couleurs aient pu changer. C'est surtout sur le derrière de la tête que nous trouvons des marques distinctives. En effet, tout l'occiput est d'un noir gris, avec deux lignes latérales blanches, courtes et un peu courbées, qui naissent peu après l'œil, qu'elles ne touchent pas. Ces raies se réunissent au-delà par un gros point blanc tout-à-fait en arrière des mâchoires ; puis commence l'une des lignes blanches latérales qui semble avoir été interrompue, mais se continue plus loin entourée de deux raies noires. Tout-à-fait en arrière de l'occiput, on voit deux lignes blanches parallèles, analogues à celle qui commence près de l'œil sur la tempe. Ces deux petites lignes laissent ensuite un espace noir, et sur le milieu du dos, on voit paraitre la plus grande raie blanche.

Tout le dessous du ventre et de la queue est blanc, sans taches. L'un des individus qui nous ont servi de types a été envoyé, en 1847, de Madagascar, par M. Clouet. D'autres ont été recueillis dans cette même île par M. Bernier, et, enfin, le Muséum en a acquis plusieurs de la même provenance.

IIIᵉ GENRE. GONYOSOME. — *GONYOSOMA* (1). Wagler.

CARACTÈRES ESSENTIELS. *Corps très-long, fortement comprimé, beaucoup plus haut que large, à ligne médiane du dos saillante, à écailles lisses; ventre plat, ainsi que la queue et formant de chaque côté une ligne anguleuse, résultant du redressement des gastrostèges et des urostèges; queue longue; tête allongée, plane en dessus, à museau long, mais peu effilé.*

Ces caractères ne permettent la confusion de ce genre avec aucun de ceux de la famille des Isodontiens. Les Spilotes seuls, ont, avec le Gonyosome, une certaine analogie plus apparente que réelle, comme nous le démontrons dans l'article relatif au premier de ces deux genres.

CARACTÈRES NATURELS. Il y a neuf plaques sus-céphaliques ordinaires; deux nasales, une frénale allongée et basse, une pré-oculaire, deux post-oculaires, huit à dix plaques supérolabiales, mais leur nombre normal paraît être de neuf; les écailles sont en losange, moins allongées sur la ligne médiane du dos que sur le reste du tronc; narines ouvertes entre deux plaques; pupille ronde. Ce genre ne comprend seule espèce.

GONYOSOME OXYCÉPHALE. *Gonyosoma oxycephalum.*

(*Coluber oxycephalus*, Reinwardt.)

CARACTÈRES. Tête allongée, plane à sa partie supérieure; plaque rostrale à peu près aussi haute que large, oblique d'arrière en avant, non rabattue sur le museau, qui est à peine proéminent; frénale longue et étroite; pré-oculaire unique, grande, se re-

_____

(1) De γονυ, angle, et de σωμα, corps; par allusion à la forme anguleuse du tronc.

ployant distinctement sur le front ; neuf plaques supéro-labiales, dont la dernière a des dimensions en longueur doubles de celles de la huitième ; plaques inter-sous-maxillaires postérieures presque de moitié plus courtes que les antérieures.

SYNONYMIE. 1826. *Tyria oxycephala.* (*Colub. oxycephalus*, REINW.) FITZINGER Neue Classif. Rept. pag. 60.

1827. *Coluber oxycephalus.* F. Boïé. Isis, tom. XX, p. 537.

1829. *Gonyosoma viride.* WAGLER. Icon. descript. amphib. Tab. 9. (Exclus Synonym. fig. 1 , tab. 83, tom. II, Séba (*Triglyphodon cyaneum.* Nobis. *Natrix cœruleus* Merrem , pag. 132, n° 169.

1830. *Gonyosoma viride.* WAGLER. Syst. amph. p. 184.

1837. *Herpetodryas oxycephalus.* SCHLEGEL. Ess. physion. Serp. Tom. I, pag. 152; tom. II, pag. 189 ; pl. 7 , fig. 8-9. Exclus. Synonym. *Coluber cœruleus.* LINNÉ. Mus. Adolph. Frid. Pl. 20, fig. 2 (citée comme douteuse).

1847. Id. Cantor. Cat. of the Malayan Rept. p. 80.

DESCRIPTION.

FORMES. Tête plate, peu distincte du cou, allongée, formant une sorte de cône à sommet tronqué, plane à sa face supérieure et anguleuse au devant des yeux, de sorte que les parties latérales forment des pans verticaux réunis presque à angle droit avec le plan supérieur constitué par les plaques inter-nasales, par la plus grande partie des frontales antérieures, par la portion supérieure des pré-oculaires, par la frontale et enfin par les sus-oculaires qui recouvrent peu les yeux, dont la saillie se trouve ainsi apparente. Le tronc est allongé, haut et étroit, car il est très-comprimé ; l'abdomen est plane et sa jonction avec les flancs est fortement anguleuse, en raison du redressement presque à angle droit des scutelles abdominales à leurs deux extrémités. La queue, longue et effilée, n'est point arrondie, mais plane inférieurement comme la région ventrale.

ECAILLURE. Rien de particulier à signaler relativement aux plaques céphaliques dont l'indication ne se trouve déjà dans ce qui précède. Il y a quelques irrégularités dans le nombre des plaques supéro-labiales; on en compte, par exception, huit ou dix, mais le nombre normal est neuf, et la neuvième est une fois plus longue que l'avant-dernière.

Les écailles du tronc sont de dimensions à peu près égales, si ce n'est les antérieures qui sont plus petites; celles-ci sont lancéolées : les autres deviennent ensuite de plus en plus manifestement rhomboïdales, puis à la queue, les angles antérieur et postérieur s'émoussent : elles deviennent alors hexagonales à cette région ; toutes sont obliques. Les dorsales et une partie des latérales, mais non celles des rangées les plus inférieures des flancs, portent sur leur ligne médiane une petite carène très-peu saillante, qui n'est même pas toujours visible. Sur quatre individus, un seul nous offre ce caractère, ce qui explique comment Wagler et M. Schlegel ont pu ne pas les rencontrer sur les Gonyosomes soumis à leur examen, et ont dit que les écailles sont lisses.

Une squamme cornée emboîte l'extrémité libre de la queue.

Écailles : 23-25 rangées longitudinales au tronc, 6 à la queue.

Scutelles : 3 à 4 gulaires, 236-252 ventrales, 1 anale divisée, 129 ou 143 sous-caudales également divisées.

Dents. Maxillaires $\dfrac{20\text{-}23}{22\text{-}25}$. Palatines, 10. Ptérygoïdiennes, 12. Ces dernières s'étendent jusqu'au niveau de l'articulation de l'occipital avec le sphénoïde.

Particularités ostéologiques. Le seul fait important à mentionner, parce qu'il explique la forme plane de la région supérieure de la tête, est la disposition sur un même plan, presque complètement horizontal, des larges nasaux, des frontaux et de la partie antérieure des pariétaux. L'extrémité rostrale des os du nez est amincie, mais beaucoup moins prolongée que dans les Serpents fouisseurs, et d'ailleurs, la branche montante de l'inter-maxilaire, un peu oblique d'avant en arrière, est faible, ainsi que sa portion transverse.

A la description qui précède, on peut ajouter les détails suivants :

La tête a, dans son ensemble, une forme conique assez notable, due à l'élargissement qu'elle présente en arrière, en raison de la direction des os intra-articulaires qui forment un angle droit avec les os mastoïdiens ; ils s'écartent presque horizontalement de ces derniers pour aller s'articuler avec la mâchoire inférieure. Les os sus-maxillaires ont leur extrémité postérieure déjetée en dehors par l'écartement des os ptérygoïdiens et par la brièveté et l'articulation des os transverses, qui servent de lien aux uns et aux autres. En dedans de l'extrémité postérieure, et non dans la même direction, il y a une particularité notable de la mâchoire supérieure , c'est qu'elle offre, vers sa partie moyenne, une apophyse, ou éminence osseuse qui s'applique sur la jonction des pièces palato-ptérygoïdiennes qui éprouvent également dans ce point une sorte de renflement.

Le crâne, lui-même, est large, non-seulement au niveau des arcades orbitaires postérieures, mais aussi en avant des os frontaux, dont le diamètre transversal dépasse un peu toute la portion postérieure du crâne.

Le crâne est allongé, plat et large en dessus, surtout entre les orbites, dont le diamètre est considérable et qui est entièrement rempli par les os frontaux postérieurs, dont les arcades surciliaires sont très-relevées. Les frontaux antérieurs sont quadrilatères, enclavés derrière les nasaux excessivement développés. Une crête occipitale saillante occupe toute la région postérieure du crâne, entre les deux mastoïdiens qui ne se prolongent pas au-delà du trou occipital.

Les crochets dentaires des deux mâchoires, ainsi que ceux des os ptérygo-palatins, sont égaux, longs, très-distants, ou séparés les uns des autres.

Les os transverses, ou ptérygo-sus-maxillaires, sont courts, aplatis, plus larges dans la portion qui emboîte, comme dans une fourche, le dessus du bout postérieur de l'os sus-maxillaire, lequel présente encore au-delà trois ou quatre crochets fort rapprochés. Le sphénoïde offre en dessous, sur une ligne transverse, trois petites éminences osseuses, dont la pointe courte est dirigée en arrière.

Il faut noter les dimensions comparatives de la totalité de la tête, depuis le trou occipital jusqu'à la partie la plus antérieure de l'os inter-maxillaire, et l'espace compris entre ce dernier point et le bord antérieur de l'orbite, formant ce que l'on nomme le museau. Or, le rapport entre ces deux longueurs est de $0^m,034$ à $0^m,014$.

COLORATION. Les différences remarquables offertes dans leur système de coloration, par les individus appartenant à cette espèce, obligent à en faire deux variétés que nous allons décrire successivement :

1° *Variété verte.* C'est la seule qu'ait connue Wagler qui, en raison même de ses belles nuances vertes, lui a imposé le nom de *Gonyosoma viride.* Le dessin qu'il en a donné (*Descript. et icones amphibior. Tab.* 9) représente ce Serpent avec un bel aspect vert qui se perd par l'immersion dans l'alcool et passe au bleu, surtout dans les parties dépouillées de leur épiderme. Le dessin, fait d'après le vivant, par ordre de M. Reinwardt montre, comme le dit M. Schlegel, que le dessus est d'un beau vert de mer luisant plus ou moins foncé, qui passe insensiblement au jaune vers les parties inférieures. Le dessous de la tête, d'un vert plus foncé, tire un peu sur le brun. Les lèvres sont jaunes et séparées des côtés de la tête par une raie noirâtre peu distincte. Une particularité remarquable, omise dans la figure de l'ouvrage de Wagler, est l'existence sur les parties supérieures et latérales d'une ligne transversale jaune d'ocre, précisément au niveau de l'origine de la queue, qui est d'un gris verdâtre ou même d'un brun d'ombre, et dont la teinte diffère, par conséquent, d'une façon notable de celle du reste du corps. Par l'examen, pendant la vie, on constate que la pupille est entourée d'un cercle rouge et que l'iris est bleu. Notons enfin, d'après M. Schlegel, la similitude des jeunes avec les adultes ; les premiers ont cependant quelquefois les écailles des flancs bordées d'un trait noir formant des bandes transversales comme une sorte de réseau.

2° *Variété brune et noire.* Les individus appartenant à cette variété ont tous les caractères spécifiques propres au *G. Oxycéphale :* il n'y a donc pas lieu d'en faire une espèce particulière ; mais le système de coloration est tellement différent, qu'il est indispensable de décrire à part cette variété. Ici, en effet, la belle teinte verte des parties supérieures et la teinte jaune des inférieures sont remplacées par un brun olivâtre, qui passe au noirâtre sur le sommet de la tête. A cette coloration du tronc il s'en joint une autre, sous laquelle elle finit même par disparaître à l'extrémité terminale du tronc et à la queue, car il existe, sur chacune des parties latérales, une bande noire commençant, soit à une certaine distance de la tête, soit près d'elle, et qui, étroite d'abord, va s'élargissant de plus en plus, de façon qu'elle finit par se réunir avec celle du côté opposé, en dessus et en dessous, vers l'extrémité terminale du tronc qui, par cela même, est noir, ainsi que la queue. Les scutelles abdominales, dans les points où le ventre est encore brun, ont, à l'exception des plus antérieures, une ligne noire à leur bord postérieur.

DIMENSIONS. La longueur de la tête est presque le double de la largeur qu'elle présente au niveau des tempes ; comparée à celle-ci, la largeur du museau au-devant des narines n'en est guère que le quart ; l'espace intersus-orbitaire a des dimensions presque triples du diamètre longitudinal des yeux.

Le rapport de la largeur du tronc à sa partie moyenne est à sa longueur comme 1 est à 70, et, enfin, si l'on compare cette longueur à celle de la queue, on voit qu'elle lui est, en moyenne, à peine quatre fois supérieure.

Les dimensions du plus long de nos individus de la variété verte sont les suivantes : *Tête,* long. 0m,044. *Tronc,* 1m,55. *Queue,* 0m,456 *Longueur totale,* 1m,85. Le plus considérable des individus de la variété noire présente ces dimensions : *Tête,* long. 0m,055. *Tronc,* 1m,67. *Queue,* long. 0m,525. *Longueur totale,* 2m,25.

PATRIE. Le Gonyosome, décrit et représenté par Wagler, lui avait été rapporté du Brésil et, en particulier, de la province de Bahia. Ceux de la variété verte, que le Musée de Paris possède, sont originaires de Java, et ceux de la variété brune et noire ont été rapportés des Célèbes par MM. Quoy et Gaimard.

MŒURS. Nous trouvons dans l'ouvrage de M. Schlegel les lignes suivantes, transcrites d'une note manuscrite communiquée par le professeur Reinwardt : « Ce Serpent est doué d'une force musculaire et d'une agilité prodigieuses ; il se jette avec impétuosité sur ses agresseurs, et se défend

avec fureur contre les attaques de ses ennemis. » La forme alongée, comprimée et anguleuse de ce Gonyosome, et d'où lui vient ce nom, indiquent, ainsi que les grandes dimensions de sa queue, qu'il doit habituellement vivre sur les arbres.

IVᵉ GENRE. SPILOTES.— *SPILOTES* (1). Wagler.

CARACTÈRES. Tronc comprimé, plus haut que large ; gastrostèges fortement relevées sur les flancs ; tête épaisse, plus
ou moins distincte du tronc, généralement courte et aussi
haute que large.

Les écailles du tronc sont grandes, à peu près rhomboïdales, à peine entuilées, lisses ou carénées ; celles de la tête
ne présentent pas de particularités notables, les plaques sont
courtes et ramassées, surtout la frontale, qui est terminée par
un angle très-obtus, et dont la largeur est égale à la longueur,
surtout au niveau du bord antérieur. Les frontales antérieures
se rabattent sur la région frénale, où l'on voit une plaque
plus ou moins régulièrement quadrilatère.

La lèvre supérieure est garnie de huit lames dont la 4ᵉ et
la 5ᵉ paires ont la forme d'un triangle à sommet dirigé en
avant ; les deux dernières lames sus-labiales, en particulier la
pénultième, sont beaucoup plus grandes que les autres. Il y
a une pré-oculaire un peu concave et deux ou trois post-
oculaires.

Les narines, qui sont grandes, allongées et tout-à-fait
latérales, sont ouvertes entre deux plaques.

Le genre Spilotes, fondé par Wagler pour la Couleuvre
qui avait reçu du prince de Neuwied le nom de *C. Variabilis*,
est également ici le type dont nous avons rapproché plusieurs

(1) σπιλωτος, tacheté, *maculosus*.

espèces, et, en particulier, celle que Cuvier avait appelée *Coraïs*, dont il faut distinguer des individus originaires du Mexique et à queue noire (S. *Melanurus*).

La grande taille à laquelle ces Serpents peuvent parvenir (l'un de ceux que nous possédons au Muséum a $2^m,21$), la forme comprimée du tronc et la conformation de la tête, établissent des analogies assez frappantes, pour qu'on puisse les réunir très-naturellement, comme nous l'avons fait. Leurs dents, a peu près d'égale longueur, sont nombreuses, courtes dans les troisième et quatrième espèces, et un peu plus allongées dans les deux premières.

Le *Coluber oxycephalus* de Boié (*Gonyosoma oxycephalum*, Reinwardt, dénomination que nous acceptons), ressemble en apparence aux Spilotes ; mais il s'en distingue par l'élévation plus considérable du tronc, par sa moindre largeur et par la forme plus allongée de la tête, qui est aussi plus plane et moins épaisse. Aussi, à l'exemple de Wagler, nous l'avons distingué comme formant un genre qui se trouve décrit ci-dessus sous le nom de Gonyosome lequel ne comprend que cette seule espèce et qui forme ainsi la transition entre les deux genres.

M. Schlegel n'a pas adopté le genre Spilotes proposé par Wagler ; il a rangé la plupart des espèces dans la vaste réunion générique à laquelle il a laissé le nom de Couleuvre.

Le genre Spilotes rapproche ici quatre espèces, dont le tableau synoptique suivant présente par l'analyse quelques uns des caractères principaux et différentiels.

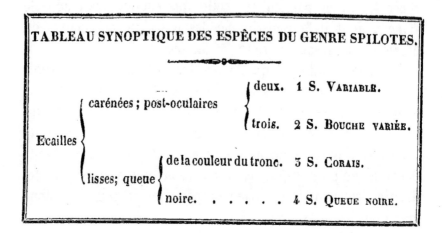

1. SPILOTES CHANGEANT. *Spilotes variabilis.* (Wagler).

(*Coluber variabilis*, Neuwied).

CARACTÈRES. Tronc marqué de bandes jaunes ou blanches, obliques, irrégulières, et de bandes noires plus larges, quelquefois confluentes en grandes taches très-variables. Tête noire en dessus ou maculée de jaune ; à plaques labiales blanches ou jaunes, bordées de noir foncé ; ventre blanc, avec quelques traits noirs rares et incomplets ; écailles du dos et des flancs très-grandes et fortement carénées.

SYNONYMIE.

1734. SÉBA. Thes. nat. Tom. II. pl. 20. fig. 1. *Col. novæ Hispaniæ.*

1736. SCHEUCHZER. Biblia sacra. pl. 747. n. 3 et 662. fig. 11.

1754. LINNÉ. Mus. princ. Adolph. Frid. pl. 20. fig. 3.

1768. LAURENTI. Synops. Rept. pag. 83. *Cerastes mexicanus.*

1788. LINNÉ. Gmelin. Syst. naturæ. Amph. pag. 1088.

1802. DAUDIN. Hist. Rept. T. VI. pag. 324. *Col. plutonius.*

1820. MERREM. Tentamen Syst. amphib. pag. 121. *Col. caninana.*

1824. NEUWIED, (Pr. Max.) Abbildungen zur naturgesch. Brasil. (Livr. XIV. fig. 3, 4, 5 et 6.)

1830. WAGLER. Syst. Amph. p. 179. g. 48. *Spilotes pullatus.*

1837. SCHLEGEL Essai Phys. Serp. T. II. pag. 149.

La planche citée du Trésor de Séba est parfaite, et la collection du Muséum possède des exemplaires tellement semblables pour la distribution des taches, qu'ils semblent avoir servi de types au dessinateur. Cependant, ainsi que l'avaient remarqué la plupart des zoologistes, on reconnaît que les taches présentent beaucoup de variations.

Le tronc est un peu en toit saillant, parce que les flancs sont comprimés; le ventre est arrondi, convexe; la queue est longue, conique, un peu obtuse à son extrémité.

Les écailles sont grandes, de forme rhomboïdale ; les plaques qui recouvrent le crâne sont larges ; celles de l'occiput allongées. Les sus-labiales sont grandes, ainsi que celles de la mâchoire inférieure, dont les branches sont fort élevées.

L'œil est bordé en arrière par deux plaques post-oculaires, ce qui, avec les autres caractères, sert à distinguer cette espèce de la suivante.

Ce Serpent est originaire du Brésil (de Bahia). On dit qu'il se rencontre également à Surinam. Nous avons pu suivre les allures d'un grand individu qui a vécu dans notre ménagerie et qui avait été envoyé de Cayenne par M. Mélinon. D'autres proviennent de MM. le comte de Castelnau et Émile Deville, qui a récemment succombé à Rio-Janéiro pendant la dernière épidémie de fièvre jaune.

Les dimensions de l'un des plus grands individus est de deux mètres trois centimètres, car la tête et le tronc étaient de 1^m,70, et la queue 0^m,33. Nous avons fait compter les gastrostèges qui varient en nombre de 196 à 212, et celui des urostèges de 99 à 111.

2. SPILOTES BOUCHE—VARIÉE. *Spilotes poëcilostoma.*

(*Coluber poëcilostoma*, Neuwied.)

CARACTÈRES. Tronc de couleur variable, garni de très-grandes écailles, dont les carènes longues se suivent et forment le long du dos et des flancs des saillies en lignes longitudinales brunes ; les deux mâchoires recouvertes de grandes plaques dont les bords verticaux sont colorés en brun.

Nous sommes fort embarrassés pour donner la synonymie de

cette espèce qui acquiert de grandes dimensions en grosseur et en longueur égales à celles de quelques Boas.

M. Schlegel a indiqué dans la pl. vi de son atlas, fig. 5 et 6, les modifications que présente la tête comparée à celle de l'espèce précédente qu'il a également figurée sur la même planche et sous les nᵒˢ 1 et 2. Il résulte de cette comparaison, vérifiée sur les individus mêmes, que le *Spilotes à bouche-variée* a la tête plus courte et le museau plus obtus. Ces deux espèces ont cependant été confondues sous le nom de *Coluber pullatus*.

Nous croyons, avec M. Schlegel, que l'animal représenté par Linné sous ce nom (Mus. Ad. Frid. Tab. 20, 3) réprésente un jeune *Spilotes variable*.

Le *Sp. bouche variée*, dont les couleurs se trouvent maintenant fort altérées sur deux des individus de la collection, par leur séjour dans l'alcool, diffère essentiellement du *Spilotes variable* par la forme, la grandeur et la distribution des rangées d'écailles et par la forme plus ramassée des plaques de la tête et, en particulier, de celles de l'occiput.

Tous les deux sont originaires du Brésil ; il y a un spécimen, recueilli à la Mana (Cayenne), par Leschenault et Doumerc. Un très-grand individu, que possède notre Musée, a été acquis en octobre 1846, mais sans autre indication. Il est en parfait état de conservation.

M. Schlegel décrit ce serpent sous le nᵒ 16 du Tom. II, p. 153, de son Essai. Voici ce qu'il en dit : « Belle espèce de grande taille, » rare à Surinam ; vient aussi du Brésil ; reconnaissable à sa tête » très-grosse, ramassée, élargie, revêtue de lames assez larges ; à » ses écailles lancéolées, carénées et disposées sur 21 rangs ; à sa » queue effilée et aux teintes qui sont d'un jaune tirant sur le » brun ou le vert. La tête est d'un brun rouge, et les parties » postérieures sont souvent foncées, tandis que l'abdomen est » jaunâtre. La femelle a le dessous de la tête rougeâtre ; l'œil est » volumineux et bordé de trois lames. »

M. Schlegel ajoute que ce Serpent habite les lieux marécageux dans les grands bois, et que, par ses mœurs, il se rapproche des Tropidonotes. Il nage avec facilité et grimpe sur les arbres ; mais il est moins agile sur la terre ; ses mâchoires longues et

très-dilatables permettent à ce reptile d'avaler de très-gros crapauds, et même les œufs des oiseaux, d'après les observations de
M. le prince de Neuwied. Wagler dit, dans l'ouvrage de Spix sur
le Brésil, que ce serpent a été également recueilli près la rivière
Japura.

3. SPILOTES CORAIS. *Spilotes corais.* Nobis.

(*Coluber coraïs*, Cuvier.)

CARACTÈRES. Corps d'une même teinte rouge-brun plus ou
moins vif, mais blanchissant dans l'alcool; les écailles très-
grandes, lisses, à peine entuilées, distribuées par rangées obliques; les gastrostèges très-larges, unicolores; tête volumineuse
et courte comme dans la première espèce.

Le nom spécifique de cette espèce a été placé par G. Cuvier
sur les exemplaires de notre Musée, ainsi que l'a indiqué Boié,
et il a été adopté par M. Schlegel qui, en la rangeant sous le
nom de Couleuvre, T. I, p. 145, et T. II, p, 139, a aussi donné la
figure ou la physionomie de la tête. Pl. v, nos 9 et 10.

Ce Serpent atteint, à ce qu'il paraît, de très-grandes dimensions,
car M. Schlegel parle d'individus de la grosseur du bras et de
huit pieds de long. Il remarque aussi, et nous en avons été convaincus, qu'en apparence ce Spilotes a beaucoup de rapports avec
les Serpents à coiffe, ou Najas, par la distribution et l'isolement
presque complet des rangées d'écailles, qui permet au tronc de
s'élargir considérablement et de se prêter ainsi à la déglutition
d'animaux d'un gros volume.

D'ailleurs, nous retrouvons ici tous les caractères assignés au
genre. Les mâchoires fortes, hautes et solides, protégées par des
plaques cornées larges et longues; une bouche très-fendue, les
dents fortes, nombreuses et toutes à peu près de la même longueur sur l'une et l'autre mâchoire; elles sont d'ailleurs plus
courtes et plus robustes que celles des deux premières espèces.

M. Schlégel, qui a eu occasion de voir de jeunes individus,
leur a reconnu une sorte de livrée, le corps étant, à cet âge, orné
de bandes transversales obliques, étroites et serrées ou rapprochées les unes des autres, qu'il compare à celles que présente sa

Couleuvre de Blumenbach, qui est pour nous un Coryphodon. Nos observations sur un jeune sujet du Musée de Paris confirment celles de ce savant ophiologiste.

Les individus qui ont été à sa disposition provenaient, à ce qu'il pense, de Surinam, et sont déposés au Musée de Leyde par M. Dieperink.

Les nôtres ont été adressés de Cayenne par M. Le Prieur. L'un des individus mâle paraît avoir été pris à l'époque de la copulation, l'un des pénis présentant un très-gros tubercule hérissé d'épines. D'autres ont été recueillis au Brésil par MM. de Castelnau et Emile Deville. Le Musée de Leyde nous a donné un spécimen originaire de Surinam.

S PILOTES QUEUE-NOIRE. *Spilotes melanurus.* Nobis.

CARACTÈRES. Absolument les mêmes pour la forme du tronc et de l'écaillure que ceux de l'espèce précédente, mais tête moins allongée et moins épaisse; museau moins obtus, et tiers postérieur du tronc d'une teinte noire foncée dans toute sa circonférence.

Cette espèce et la précédente offrent entre elles une très-grande analogie. On serait même tenté de ne les considérer que comme représentant deux variétés d'une même espèce. Si cependant, d'une part, on tient compte des différences signalées dans la diagnose relativement au volume de la tête, à sa forme, ainsi qu'à celle du museau et, d'autre part, à la particularité remarquable du système de coloration, puis à la différence d'origine, on est en droit de supposer que ces deux Spilotes représentent des espèces vraiment distinctes.

Tandis que tous les Spilotes coraïs proviennent de l'Amérique du Sud, les trois échantillons du Spilotes mélanure, conservés au Muséum, ont été recueillis au Mexique.

Les caractères donnés plus haut, et qui signalent les différences spécifiques, dispensent, avec les observatisns qui précèdent, d'une description détaillée de cette espèce jusqu'ici inédite.

Il suffit d'ajouter qu'elle peut atteindre une taille aussi considérable que celle du Spilotes coraïs, car le plus grand spécimen de notre Musée a une longueur totale de 2^m,217 ainsi répartie :

Tête, long. 0^m067. *Tronc*, long. 1^m,88. *Queue*. long. 0^m27. La circonférence, au milieu du tronc, est de 0^m,20 à 0^m,22.

On trouvera plus loin, dans le genre Elaphe, la description d'une espèce que M. Schlegel a, le premier, fait connatîre sous le nom de *Coluber melanurus*. Malgré la similitude de nom, elle est différente du Spilotes mélanure. Elle a les écailles carénées et appartient à notre sous-genre Compsosome.

Ve GENRE. RHINECHIS. — *RHINECHIS* (1). Michahelles.

CARACTÈRES. *Tête volumineuse, conique, à museau pointu ; plaque rostrale épaisse, fortement arquée dans le sens vertical, plus haute qu'elle n'est large, reployée en dessus, et formant par sa proéminence en avant une sorte de boutoir ; corps robuste ; queue courte.*

Les caractères tirés de la forme du museau, et particulièrement de la plaque rostrale ne permettent la confusion de ce genre avec aucun de ceux de la Famille des Aglyphodontes Isodontiens, où cette conformation générale tout-à-fait caractéristique des espèces qui fouissent le sol et se creusent des terriers, ne se rencontre que chez les Serpents dont il s'agit ici.

Les détails contenus dans les descriptions particulières de chaque sous-genre, montrent que la forme extérieure du museau est en rapport intime avec la structure tout-à-fait remarquable de l'extrémité antérieure de la tête et surtout des os nasaux et de l'os inter-maxillaire.

Ces derniers sont larges et arrondis à leur bord postérieur où se fait leur articulation avec les os frontaux. Ils se portent

---

(1) De ρ'ιν, nez, et de E"χις, serpent, vipère. Serpent à nez pointu,

bientôt en avant et en bas, et se terminent en pointe, de façon que, par leur accollement à leur bord interne, ils simulent tout-à-fait un bec de plume effilé et recourbé. La branche transversale de l'os inter-maxillaire est étroite et épaisse. Sa portion montante est unie à l'horizontale par une base élargie qui, ainsi que les dimensions qu'elle offre d'arrière en avant, lui donne de la solidité. Elle est mince à son bord antérieur, et présente, au niveau de sa jonction avec les os du nez, un tubercule pointu, qui contribue à la proéminence du museau.

En voyant une telle disposition de l'extrémité antérieure de la face, on comprend comment ces animaux ainsi munis d'un robuste boutoir, peuvent facilement fouiller le sol.

Si l'on compare aux dimensions du reste du corps, celles de la queue, on voit qu'elle est très-courte. Si sa longueur est représentée par 1, celle du tronc seul avec la tête l'est, en moyenne, par : : 7 : 2.

Nous réunissons dans ce genre Rhinechis des Couleuvres qui sont les représentants de deux genres, le Rhinechis de Michahelles, et le Pituophis de M. Holbrook établi par lui pour l'espèce dite Pituophis noir et blanc, auquel nous avons joint un grand serpent méxicain inédit, et une couleuvre de plus petite taille nommée par de Blainville *Coluber vertebralis*. Entre le Rhinechis qui, jusqu'ici ne comprend qu'une seule espèce et les Pituophis, il y a des différences assez manifestes pour qu'il soit convenable de les laisser séparés. Aussi, deviennent-ils les types de deux sous-genres; l'un est le Rhinechis proprement dit, l'autre le Pituophis.

TABLEAU DE LA DIVISION DU GENRE RHINECHIS EN DEUX SOUS-GENRES.

Écailles du dos	lisses. . . . . 1. RHINECHIS.
	carénées. . . . 2. PITUOPHIS.

I.ᵉʳ SOUS-GENRE. RHINECHIS. — *RHINECHIS.* Michahelles.

CARACTÈRES ESSENTIELS. *Neuf plaques sus - céphaliques ; écailles losangiques, lisses ; queue égale à la septième ou à la sixième partie de la longueur totale.*

CARACTÈRES NATURELS. Deux plaques nasales, une frénale allongée et large, une pré-oculaire, deux ou trois post-oculaires ; scutelles abdominales se redressant contre les flancs ; les sous-caudales divisées ; côtés du ventre anguleux ; narine circulaire ouverte entre les deux plaques nasales ; pupille ronde.

Ces caractères suffisent pour faire distinguer du sous-genre suivant celui-ci, dont les particularités les plus notables sont indiquées dans la description de l'unique espèce qu'il comprenne jusqu'à présent.

La description du sous-genre Pituophis montrè les différences qu'ils offrent entre eux.

1. RHINECHIS A ÉCHELONS. *Rhinechis scalaris.* Ch. Bonaparte.

(*Coluber Scalaris* , Schinz.)

CARACTÈRES. Tête distincte du tronc, courte, large à la base, conique ; museau pointu, terminé par la saillie de la plaque rostrale ; deux bandes longitudinales noires, parallèles, occupant les côtés du dos et de la queue, et le plus souvent réunies en travers par des raies noires régulièrement espacées.

SYNONYMIE. 1735. SÉBA Thes. rer. natur. T. II, pag. 106, pl. 100, n° 2.

Coluber dorsalis. OPPEL. Mus. de Paris.

15.*

Coluber Meiffrenii. Oppel. Mus. de Paris.

Coluber bitœniatus. Duméril. Mus. de Paris.

Ces trois noms sont cités par M. le prince Ch. Bonaparte.

1822. *Coluber scalaris.* Schinz. Traduct. allem. du Règne an. de Cuv. Tom. II, pag. 123.

1826. *Couleuvre Hermanienne.* Desmarets. Faun. Franc. Ophid. Pl. 19, sans texte.

1827. *Coluber lœvis.* (variété). Dugès. Ann. scienc. nat. 1re série. Tom. XII, pag. 369 et 394.

1827. *Coluber scalaris.* F. Boié. Isis, tom. XX, pag. 536.

1833. *Rhinechis Agassizii.* Michahelles in Icon. et Descript. Amphib. Wagler Tab. 25.

1835. *Coluber Agassizii.* Dugès. Ann. scienc. nat. Série 2, tom. III, pag. 139.

1837. *Coluber Agassizii.* Gervais. Ann. scienc. nat. Série 2, tom. VI, pag. 312.

1837. *Xenodon Michahelles.* Schlegel. Ess. Physion. Serp. Tom. I. p. 140 ; tom. II, p. 92.

1838. *Rhinechis scalaris.* Ch. Bonaparte. Faun. Ital., pag. et pl. sans nos. Rinechide bilineato, pl. 70. Exclus. Synonym. *Serpens corallina.* Séba. Tom. II, pag. 107.

Il ne faut pas exclure de cette synonymie Séba, tab. 100, fig. 4.

1840. *Rhinechis scalaris.* Ch. Bonaparte. Amphib. Europ. , pag. 48 ; et Memor. real. Academ. Scienc. Torin., sér. 2, t. II , pag. 432.

1841. *Coluber Hermanni.* Lesson. Act. Societ. Linn. Bord. Tom. XII, pag. 58.

DESCRIPTION.

Formes. Le corps est cylindrique, les angles du ventre étant à peine saillants , la queue est courte et conique, mais la particularité la plus remarquable est la forme conique et pointue du museau.

Écaillure. La plaque rostrale est épaisse, arquée dans le sens vertical du museau ; aussi, selon la remarque de Michahelles et celle de Dugès (Ann. des sc. nat., 2e serie, t. III, p. 139), le museau est-il saillant au-devant de la mâchoire inférieure, et coupé obliquement, mais cette saillie est moins prononcée que dans les deux premières espèces du sous-genre

Pituophis (*P. melanoleucus* et *P. Mexicanus*). La hauteur de la rostrale est égale à la largeur de sa base, et sa forme est celle d'un pentagone à côtés inégaux : les deux supérieurs, un peu concaves, se dirigent en arrière et constituent par leur réunion un angle aigu, dont le sommet se place entre les deux plaques inter-nasales. Les deux autres bords latéraux, inférieurs aux précédents, sont en rapport, chacun de son côté, avec le bord antérieur de la première plaque supéro-labiale. La frontale est plus étroite en arrière qu'en avant, courte, large, pentagonale et campaniforme. On compte sept et quelquefois huit plaques supéro-labiales, dont la quatrième et la cinquième touchent à l'œil. Une seule pré-oculaire grande; deux post-oculaires. Chez deux individus seulement, elles sont au nombre de trois, et alors la quatrième supéro-labiale touche seule à l'œil.

Les inter-nasales forment des pentagones irréguliers se touchant sur la ligne médiane par un de leurs côtés ; par leur côté supérieur, ces plaques sont en contact avec les pré-frontales, et par l'inférieur, avec le bord latéral supérieur correspondant de la rostrale ; les deux côtés externes forment, par leur réunion, un angle obtus, dont le sommet est en rapport avec la partie supérieure du pourtour de l'orifice de la narine entre les nasales .

Il y a deux plaques pré-frontales, dont la largeur dépasse d'un tiers la hauteur : ce sont des parallélogrammes se touchant par leur bord interne.

Les sus-oculaires, à peu près aussi longues que la frontale, représentent assez exactement un triangle inéquilatéral, dont le côté le plus petit est postérieur.

Les pariétales, plus grandes que la frontale, ont la forme d'un pentagone.

La première nasale a la figure d'un trapèze dont le bord antérieur est convexe pour se mettre en contact avec la rostrale et le postérieur concave, puisqu'il contribue à former le pourtour de l'orifice nasal. La seconde nasale est un pentagone irrégulier, dont le côté antérieur, qui achève ce pourtour, offre également une concavité.

La frénale est un trapèze à bords supérieur et inférieur parallèles.

La pré-oculaire est plus haute que large,

Les post-oculaires représentent de petits trapèzes concaves en avant.

Il faut noter, relativement aux écailles de la région temporale, qu'il y en a deux antérieures plus longues que les autres, qui tiennent en avant à la seconde post-oculaire.

La lame du menton est un triangle à peu près équilatéral : son côté antérieur est convexe et les deux latéraux sont concaves.

Les plaques inter-sous-maxillaires antérieures ont la figure de pentagones irréguliers, allongés, formant par la réunion de leurs deux bords antérieurs un angle obtus logé entre les deux premières inféro-labiales.

Les plaques inter-sous-maxillaires postérieures sont de moitié environ plus petites que les précédentes.

Les écailles de la région dorsale sont planes.

Ecailles : 27-29 rangées longitudinales au tronc, 6-8 à la queue.

Scutelles : 2-3 gulaires, 206-216 gastrotèges, 2 anales, 48-62 urostèges divisées.

DENTS. Maxillaires, $\frac{15}{17}$. Palatines, 10. Ptérygoïdiennes, 8.

PARTICULARITÉS OSTÉOLOGIQUES. La plus grande analogie se remarque entre le crâne des individus appartenant au sous-genre Rhinechis et celui des Serpents que comprend le sous-genre Pituophis. Chez les uns, comme chez les autres, le caractère remarquable consiste dans la forme toute particulière des os nasaux et de l'os inter-maxillaire. Celui-ci, en effet, a sa portion basilaire triangulaire et épaisse, mais il est surtout singulier par l'espèce de boutoir formé par sa branché montante, terminée supérieurement par une saillie, véritable protubérance, qui va rejoindre, en se recourbant un peu en arrière, l'extrémité antérieure des os du nez. La forme de ces derniers, quand on les examine en place et réunis, rappelle celle qu'on donne d'ordinaire aux jouets d'enfants, nommés cerfs-volants, ou, mieux encore, celle du bec fendu d'une plume à écrire.

COLORATION. Le Rhinechis à échelons est d'un fauve roussâtre à l'état adulte. Sur toute la longueur du dos et de la queue, s'étendent deux lignes noires, réunies de distance en distance, et à des intervalles à peu près égaux, par de larges bandes transversales, noirâtres qui, moins apparentes à la partie antérieure du corps que partout ailleurs, ne se voient même plus, en quelque sorte, sur certains individus, les mâles en particulier, selon Dugès. C'est là ce qui avait motivé la dénomination de *bitœniatus*, sous laquelle nous avions autrefois désigné cet Ophidien, et que sembleraient justifier les figures qui se trouvent dans Wagler et dans *la Faune* du prince Ch. Bonaparte ; mais l'existence bien constatée des taches transversales doit faire préférer l'epithète de *scalaris* ou *à échelons*, que nous avons adoptée d'après Schinz qui l'a employée le premier en parlant de cet animal.

Les flancs portent de petites taches noires, peu volumineuses, qui, par leur réunion, forment de petites barres obliques, alternant le plus souvent avec les taches transversales du dos. Le ventre, qui est blanchâtre, est parsemé, dans presque toute son étendue, de taches d'un gris noir.

La coloration, dans le jeune âge, est différente. Le fond, en effet, au lieu d'être d'un fauve roussâtre, est gris-clair. Les lignes noires latérales du dos n'existent pas encore, de sorte que les taches noires de la ligne médiane, qui sont très-apparentes, ne sont pas encore réunies les unes aux autres; c'est à la partie antérieure, que ces lignes apparaissent d'abord. Les lignes obliques des flancs sont très-foncées, ainsi que les taches du ventre où le noir l'emporte de beaucoup sur le blanc.

Dimensions. La tête a en longueur le double de sa largeur prise vers le milieu des tempes ; cette largeur est presque triple de celle que le museau présente au-devant des narines. D'un des côtés de la région sus-inter-orbitaire à l'autre côté, il existe un espace, qui est à peu près le double de celui qu'occupe le diamètre longitudinal des yeux. Il n'y a pas de différence notable entre la hauteur et la largeur du tronc mesuré à sa partie moyenne ; sa longueur totale, sans y comprendre la queue, est de 65 à 90 fois plus considérable que sa hauteur moyenne.

Telles sont les comparaisons fournies par la mensuration de plusieurs individus adultes ; mais, dans le jeune âge, les rapports que nous venons d'indiquer ne sont plus tout-à-fait les mêmes. Ainsi, la différence entre la longueur et la largeur de la tête est moins considérable. L'espace sus-inter-orbitaire est précisément le double du diamètre longitudinal des yeux et enfin, la longueur du tronc n'est plus égale que de 25 à 35 fois à sa hauteur moyenne,

Le plus grand individu de nos collections a une longueur totale de $1^m,05$.

Tête, long. $0^m,036$. *Tronc*, long. $0^m,85$. *Queue*, $0^m,176$.

Patrie. Ce Serpent se trouve dans toute l'Italie et dans les îles environnantes. D'après M. le prince Ch. Bonaparte, on le rencontre dans le voisinage de la mer et non dans l'intérieur des terres. Les individus de Paris viennent du midi de la France où cette espèce n'est pas rare. Nous en devons à la générosité de MM. les professeurs Laurent et P. Gervais de Toulon et de Montpellier. D'autres ont été obtenus par voie d'échange au Musée de Marseille.

IIᵉ SOUS-GENRE. PITUOPHIS. — *PITUOPHIS* (1).
Holbrook (2).

CARACTÈRES ESSENTIELS. *Onze plaques sus-céphaliques ; écailles losangiques ou ovalo-losangiques, plus étroites en dessus que de chaque côté ; les dorsales uni-carénées, les latérales sans carènes ; queue ne dépassant pas le septième de la longueur totale et n'en atteignant parfois que la neuvième partie.*

CARACTÈRES NATURELS. Quatre pré-frontales placées sur une rangée transversale, deux nasales, une frénale sub-oblongue; une pré-oculaire très-grande et le plus souvent, au-dessous d'elle, une seconde fort petite ; trois ou quatre post-oculaires; parfois une ou deux sous-oculaires; huit ou neuf supéro-labiales dont la quatrième ou la cinquième touche à l'œil; plaques sous-caudales divisées; squamme emboîtant l'extrémité de la queue, longue, offrant en dessous un sillon ; côtés du ventre anguleux ; narine ouverte entre les deux plaques nasales ; pupille ronde.

Malgré les analogies qui rapprochent le Rhinechis des Pituophis, on voit, par quelques-uns des caractères qui précèdent, qu'il existe entre eux des différences assez tranchées pour motiver leur classement dans deux sous-genres distincts.

Les principaux de ces caractères sont la forme plus conique du museau des Pituophis , la saillie plus prononcée de leur plaque rostrale , d'où résulte une conformation plus remarquable encore de l'extrémité antérieure de la tête; la présence d'une carène sur les écailles du dos, qui sont manifestement plus petites que les latérales, et enfin le nombre plus considérable des plaques sus-céphaliques, résultant de ce qu'il y a quatre pré-frontales au lieu de deux, qui se voient ordinairement.

---

(1) De Οφις , serpent; Πιτυς-ος , des pins.
(2) North. Amer. Herpet. vol. IV. page 8.

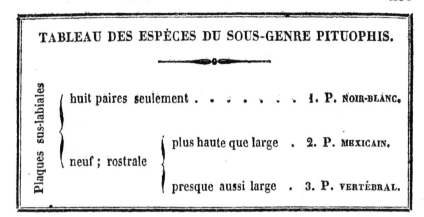

TABLEAU DES ESPÈCES DU SOUS-GENRE PITUOPHIS.

Plaques sus-labiales

huit paires seulement . . . . 1. P. NOIR-BLANC.

neuf ; rostrale

plus haute que large . 2. P. MEXICAIN.

presque aussi large . 3. P. VERTÉBRAL.

I. PITUOPHIS NOIR ET BLANC. *Pituophis melano-leucus.* Holbrook.

(*Coluber melanoleucus.* Daudin).

CARACTÈRES. Huit paires de plaques sus-labiales; la rostrale en triangle isocèle. Plaque rostrale très-épaisse, triangulaire, fortement arquée dans le sens vertical du museau, beaucoup plus haute qu'elle n'est large à sa base, ne présentant bien distinctement que trois bords, dont les deux latéraux forment ensemble un angle aigu. Frontale beaucoup plus étroite en arrière qu'en avant. Quelquefois sept, mais ordinairement huit plaques supéro-labiales, dont la quatrième touche à l'œil. Point de petite pré-oculaire au-dessous de la grande ; trois post-oculaires.

SYNONYMIE. 1791. *Pin-snake or Bull-snake.* BARTRAM. Trav. in Florid., pag. 276.

1799. *Le Serpent pin ou Taureau.* BARTRAM. Voy. part. Sud de l'Amér. sept. Traduct. franç. par Benoist. Tome II, p. 18

1803. *Coluber melanoleucus.* DAUDIN. Hist. Rept. Tom. VI , p. 409 (d'après Bartram).

1827. *Coluber melanoleucus.* HARLAN. Journ. académ. natur. Scienc. Philadelph. Vol. V. p. 359.

1835. *Coluber melanoleucus.* HARLAN. Medic and Physic. Researches pag. 122.

1842. *Pituophis melanoleucus.* HOLBROOK. North Americ. Herpet. Vol. IV, pag. 7, pl. 1.

1852. *Pityophis.* Hallow. proceed. acad. nat. Soc. Philadelph. T. vi. p. 181.

1852. *Churchillia-bellona.* Baird et Girard. Reptiles in Stansbury's exploration of the valley of the great salt lake p. 350.

1853. Bair and Girard. Catal. Amer. Rept. part. 1, pag. 65, n° 1, d'après Holbrook.

DESCRIPTION.

Formes. Le bout du museau s'avance d'une manière notable au-delà du menton ; il est haut , étroit et coupé perpendiculairement suivant une ligne fortement penchée en avant.

Ecaillure. La plaque rostrale est extrêmement épaisse et très-arquée de bas en haut ; elle a la figure d'un triangle isocèle , où les deux côtés égaux, qui sont ici les plus longs , forment un angle aigu et bordent , à gauche comme à droite, la nasale antérieure ainsi que la supéro-labiale de la première paire, dont le sommet s'enfonce plus ou moins profondément entre les inter-nasales.

Les inter-nasales sont pentagones , inéquilatérales, et à peu près aussi larges que longues ; leur pan le plus petit est celui par lequel elles se joignent et un de leurs angles s'enclave tout entier entre les deux nasales.

Il y a quatre pré-frontales également allongées et placées sur une rangée transversale ; les deux latérales ont l'apparence de parallélogrammes oblongs , et les deux médianes simulent des triangles isocèles , celles-ci sont en rapport par leur base avec les inter-nasales , par leur sommet avec la frontale ; les latérales ou externes tiennent , chacune de son côté , par leur bout postérieur à la frontale ; par leur bout antérieur à l'inter-nasale, à la seconde nasale et à la frénale , et par leur bord externe à la sus-oculaire et à la pré-oculaire.

La frontale a un bord antérieur rectiligne ou sub-rectiligne , deux postérieurs réunis sous un angle obtus, et deux latéraux plus ou moins convergents d'avant en arrière.

Les sus-oculaires, dont la longueur est égale à celle de la frontale, sont bien plus larges en avant qu'en arrière.

Les pariétales sont pentagones, inéquilatérales, oblongues, si ce n'est quand les écailles occipitales se portent par anomalie beaucoup plus en avant qu'à l'ordinaire.

La première plaque nasale est un trapèze, et la seconde un pentagone irrégulier.

La frénale est petite et faiblement oblongue.

La pré-oculaire, car il n'y en a qu'une seule , est plus haute que large et taillée à cinq pans inégaux.

Les trois post-oculaires sont pentagonales et inégalement petites.

La région temporale est revêtue d'un grand nombre d'écailles irrégulièrement polygones et à surface lisse, dont trois, ordinairement oblongues, sont en rapport avec les deux plaques post-oculaires supérieures.

Les deux rangs de plaques qui garnissent la lèvre supérieure en comprennent normalement chacun huit, dont la quatrième et fort souvent la cinquième complètent inférieurement le cercle squammeux de l'orbite.

La lame du menton est sub-équi-triangulaire.

Il existe douze paires de plaques inféro-labiales.

Les plaques inter-sous-maxillaires antérieures sont beaucoup plus longues que larges; elles se terminent en arrière par un angle aigu à sommet un peu tronqué.

Les inter-sous-maxillaires postérieures sont de moitié plus petites que les antérieures.

Les écailles dorsales sont légèrement concaves à droite et à gauche de l'arête qui les divise longitudinalement en deux moitiés égales.

Ecailles : 29-31 rangées longitudinales au tronc; 8 à la queue.

Scutelles : 2 gulaires; 210-220 gastrostèges; 1 anale entière; 56-60 urostèges divisées.

DENTS. Maxillaires $\dfrac{14}{16\text{-}17}$ Palatines, 10. Ptérygoïdiennes, 9.

PARTICULARITÉS OSTÉOLOGIQUES. La portion basilaire ou transverse de l'os inter-maxillaire est moins robuste que sa branche montante; celle-ci très-comprimée dans la totalité de sa hauteur, est assez fortement protubérante près de son sommet qui se renverse un peu en arrière pour s'articuler bout à bout avec l'extrémité antérieure des os nasaux.

Ces derniers sont rétrécis à la manière d'un bec de plume dans la première moitié de leur longueur.

COLORATION. — VARIÉTÉ A. Elle a pour fond de couleur un blanc parfois assez pur, mais ordinairement plus ou moins sale ou bien très-légèrement lavé soit de fauve, soit d'olivâtre. Les régions sus-céphaliques sont maculées de la même teinte qui couvre les sutures des plaques labiales.

Il règne d'un bout à l'autre du corps, en dessus, une suite de grandes taches noires a peu près carrées, oblongues ou non oblongues que relie latéralement, entre elles et par leurs angles, une raie noire, excepté sur la queue. D'autres taches noires, moins dilatées que les précédentes, forment une première série le long de chaque flanc; et une seconde le long de chaque côté du ventre; ces taches sont disposées de telle sorte que celles d'une série alternent avec celles de l'autre série.

Aux carrés noirs de l'arrière du dos et de la face sus-caudale en sont opposés de semblables, dont les supérieurs restent distincts ou bien avec lesquels ils se confondent, ce qui produit des bandes annulaires autour de la partie terminale du corps.

— Variété B. Cette deuxième variété offre un dessin noir pareil à celui que présente la première, mais on ne l'aperçoit qu'au travers d'une couche de brun roussâtre abondamment répandue sur toutes les régions supérieures et latérales de l'animal.

Dimensions. La tête a en longueur le double de sa largeur, prise vers le milieu des tempes, largeur qui est un peu plus que triple de celle du museau en avant des narines.

Les yeux ont leur diamètre longitudinal égal à un peu plus de la moitié du travers de la région sus-inter-orbitaire.

Le tronc est une fois et un tiers aussi haut et une cinquantaine de fois aussi long qu'il est large à sa partie moyenne.

La queue prend le septième ou le huitième de l'étendue longitudinale de tout le corps.

Le plus grand de nos individus mesure 1^m 43, ce qui n'est guère que la moitié de la grandeur à laquelle l'espèce parvient avec l'âge.

Tête, long. 0^m 04. *Tronc*, long. 1^m 20. *Queue*, long. 0^m 19.

Patrie. Les contrées de l'Amérique du Nord où se trouve le Pituophis melanoleucus sont, suivant M. Holbrook, le New-Jersey, le Maryland, la Virginie, les Carolines, la Georgie et la Floride.

Moeurs. Le même naturaliste nous apprend que cette espèce habite les forêts de pins préférablement à tout autre lieu : qu'elle se nourrit d'écureuils, de lapins, d'oiseaux, etc., et qu'elle a pour demeure d'énormes terriers dans lesquels elle se retire au moindre danger qui la menace.

2. PITUOPHIS MEXICAIN. *Pituophis mexicanus:* Nobis.

(Voy. pl. 62 de l'Atlas, sous le nom d'Anasime méxicain.)

Caractères. Neuf paires de plaques sus-labiales; la rostrale en triangle isocèle.

Plaque rostrale très-épaisse, triangulaire fortement arquée dans le sens vertical du museau, beaucoup plus haute qu'elle n'est large à sa base, ne présentant bien distinctement que trois bords, dont les deux latéraux forment ensemble un angle aigu. Frontale beaucoup plus étroite en arrière qu'en avant. Neuf plaques supéro-labiales, dont la cinquième touche à l'œil. Généralement, une petite pré-oculaire au-dessous de la grande; quatre post-oculaires, quelquefois une sous-oculaire.

DESCRIPTION.

Formes. Le Pituophis méxicain a le bout du museau conformé de la même manière que celui du Pituophis noir et blanc ; mais malgré cette analogie, la dernière partie de la diagnose montre qu'il y a des différences notables entre ces deux espèces, comme le prouvent mieux encore les détails qui suivent.

Ainsi, le revêtement écailleux de la tête n'est pas absolument semblable. En effet, l'espéce du présent article offre presque toujours une seconde plaque pré-oculaire qui est très-petite et située au-dessous de l'autre.

Elle a quatre post-oculaires, au lieu de trois, et treize paires d'inférolabiales, au lieu de douze.

On compte de chaque côté de la lèvre supérieure, non pas huit plaques , mais neuf, dont la deuxième, la troisième et la quatrième sont fort étroites, relativement à leur hauteur, et dont la cinquième touche seule à l'œil , quand elle n'en est pas séparée cependant par une sous-oculaire.

Ordinairement, il y a quatre pré-frontales disposées sur un rang transversal ; mais parfois on n'en voit que deux, par suite de la soudure des deux plaques les plus externes avec les deux médianes. Un exemple remarquable de cette anomalie est offert par un des sujets du Musée de Paris, chez lequel cette soudure a lieu d'un côté et manque de l'autre. Une autre anomalie consiste en la présence d'une cinquième petite plaque médiane située en avant de la frontale moyenne, et en arrière des deux préfrontales médianes beaucoup plus courtes alors que les externes.

Ecailles : 35-35 rangées longitudinales au tronc , 10-12 à la queue.

Scutelles : 5 gulaires , 229-239 gastrotèges , 1 anale entière , 57-65 urostèges divisées.

Dents. Maxillaires $\frac{17}{20}$ Palatines 12 Ptérygoïdiennes 12-13.

Particularités ostéologiques. L'os inter-maxillaire et les nasaux ne diffèrent en rien de ceux de l'espèce précédente, si ce n'est cependant que les nasaux sont plus arqués.

Coloration. Un fauve plus ou moins rougeâtre est la principale teinte du dessus et des côtés de la tête. Le front porte un bandeau noir qui s'étend de l'extrémité antérieure de l'un des bords surciliaires à l'autre. Les pariétales sont marquées de plusieurs taches noires, et les sus-oculaires , ainsi que la frontale, en offrent chacune une à leur bout terminal. Une bande brune, fortement lisérée de noir, monte obliquement de l'angle de la bouche vers l'arrière de l'œil. Les lèvres sont coupées de bas en haut par des traits noirs qui occupent le bord postérieur des plaques labiales et celui qui se trouve justement placé au-dessous du globe oculaire s'élargit plus ou moins en s'élevant vers cet organe.

Le fond des parties supérieure et latérales du tronc et de la queue varie du blanc fauve au fauve plus ou moins rougeâtre, couvert de nombreuses taches qui sont tantôt d'un brun plus ou moins clair, entourées de noir, tantôt entièrement de cette dernière teinte. Ces taches, relativement à leur configuration et à leur mode d'arrangement, peuvent se distinguer en régulières et en irrégulières : celles-ci, inégalement petites, se pressent plus ou moins les unes contre les autres sur les flancs ; d'autres à peu près également grandes, assez régulièrement carrées ou rectangulaires et ayant, sous cette dernière figure, leur grand diamètre situé en travers, occupent toute l'étendue des régions supérieures, disposées sur une seule série qui en comprend de cinquante à cinquante-six dans sa portion dorsale, de dix à quinze dans sa portion sus-caudale. En avant, les régions inférieures sont d'un blanc assez pur ou très-faiblement lavé de jaune; mais les scutelles abdominales offrent toujours, soit de deux en deux, soit de trois en trois, une tache anguleuse noire dans le point où elles se redressent contre le bas des flancs et, en général, les intermédiaires de ces scutelles ainsi bimaculées latéralement ont sur leur milieu une autre tache noire, grande et ordinairement élargie, tantôt triangulaire, tantôt en forme de trapèze isocèle. Les lames sous-caudales sont irrégulièrement tachetées de noir.

Dimensions. La taille du Pituophis méxicain n'est pas inférieure à celle du Pituophis noir et blanc, car nous possédons un sujet qui a 2^m,064 de long, soit :

Tête. long. 0^m,06. *Tronc.* long. 1^m,75. *Queue.* long. 0^m,254.

La tête offre les mêmes proportions et les yeux présentent la même grandeur que chez l'espèce précédente.

Le tronc est un peu moins d'une fois et demie aussi haut et de 46 a 56 fois aussi long qu'il est large à sa partie moyenne.

La queue entre au moins pour le neuvième, au plus pour le septième, dans la longueur totale du corps.

Patrie. Cette espèce nous a été envoyée du Mexique par plusieurs voyageurs et, entre autres, par M. Ghuisbreght auquel le Muséum est redevable d'un certain nombre de Reptiles fort intéressants, originaires du même pays.

3. PITUOPHIS VERTÉBRAL. *Pituophis vertebralis.*
Nobis.
(*Coluber vertebralis.* Blainville).

Caractères. Neuf paires de plaques supéro-labiales ; plaque rostrale à sept pans.

Plaque rostrale peu épaisse, à portion montante légèrement arquée dans le sens vertical du museau, à peine plus haute qu'elle n'est large à sa base et offrant bien distinctement sept bords, dont deux supérieurs, petits et réunis sous un angle obtus. Frontale à peine moins large en arrière qu'en avant. Neuf plaques supéro-labiales, dont la cinquième touche à l'œil; une petite pré-oculaire au-dessous de la grande. Trois post-oculaires.

SYNONYMIE. 1835. *Coluber vertebralis*. BLAINVILLE. Nouv. Ann. Mus. d'hist. nat. Tom. V, pag. 293, pl. 27. fig. 2, 2 *a*, 2 *b*.

1853. Baird and Girard. Catal., part. 1, p. 152. n° 4. *Coluber vertebralis.*

DESCRIPTION.

FORMES. Le corps est allongé et grêle dans sa partie antérieure ; la tête petite, assez distincte ; le museau est atténué, ainsi que le dit de Blain-ville ; il est cependant un peu pointu, mais moins que ne le représente la figure jointe à la description. La queue est très-courte, conique et aiguë.

Par ces particularités, ainsi que par la configuration du museau, cette espèce se distingue très-facilement des deux précédentes, car si par sa plaque rostrale elle leur ressemble évidemment, cette plaque est cependant moins proéminente. De plus, la frontale est beaucoup plus large en arrière chez ce Pituophis que chez ses congénères.

ECAILLURE. Les écailles sont petites, losangiques, imbriquées ; les mé-dianes, à partir du tiers postérieur du tronc jusque vers l'extrémité de la queue, portent une petite carène.

Ecailles : 33 rangées longitudinales au tronc, 10 à la queue.

Scutelles : 2 gulaires, 242 gastrotèges, 1 anale entière, 64 urostèges divisées.

DENTS. Maxillaires $\frac{15}{20}$ Palatines, 10. Ptérygoïdiennes, 13-14.

PARTICULARITÉS OSTÉOLOGIQUES. La branche montante de l'os inter-ma-xillaire n'offre pas de protubérance comme dans les deux espèces précé-dentes. Les os nasaux ne présentent pas non plus, d'une manière aussi marquée, la forme caractéristique, en bec de plume, que nous avons indiquée. On retrouve cependant bien dans la conformation générale de ces os les caractères distinctifs du genre.

COLORATION. L'Ophidien qui a servi à cette description avait pour fond de couleur, avant la destruction de son enveloppe épidermique, une teinte de feuille morte, dont il reste encore des traces sur le museau et les lèvres, mais toutes les autres parties du corps sont maintenant d'un blanc sale. Chacune des plaques labiales est finement bordée de noirâtre en arrière.

Il règne sur toute la région supérieure du tronc et de la queue une suite de soixante taches, dont les trente dernières, à partir du tiers postérieur, sont d'un noir profond, très-régulièrement carrées et bien nettement séparées l'une de l'autre. Les trente premières, au contraire, sont brunes ou d'un noir pâle, adhérentes entre elles et différentes des précédentes par leur forme qui, selon la remarque de M. de Blainville, rappelle celle des vertèbres de poissons. On y remarque, en effet, sur leurs bords antérieur et postérieur une profonde échancrure angulaire. Au niveau du point où les taches deviennent régulièrement quadrilatères, des marbrures également noires règnent le long des flancs et des côtés de la queue, dont la moitié postérieure est couverte inférieurement par une bande de la même teinte. La première partie de la face sous-caudale et tout le ventre sont d'un blanc jaunâtre.

Dimensions. La tête a en longueur le double de sa largeur prise vers le milieu des tempes, largeur qui est triple de celle que présente le museau au niveau des narines.

Les yeux ont leur diamètre longitudinal égal à la moitié du travers de la région sus-inter-orbitaire.

Le tronc est environ une demi-fois plus haut et 50 fois plus long qu'il n'est large à sa partie moyenne.

La queue prend un peu moins du septième sur la longueur totale.

Le sujet chez lequel nous trouvons ces proportions est long de 0m,535.

Tête, long. 0m,02. *Tronc*, long. 0m,44. *Queue*, long. 0m,075.

Patrie. L'échantillon unique de cette espèce a été recueilli en Californie par M. Botta.

VIe GENRE. ÉLAPHE. — *ELAPHIS* (1).

CARACTÈRES. *Serpents colubriformes à tronc le plus souvent cylindrique, mais un peu comprimé chez les espèces qui se tiennent habituellement sur les arbres* (COMPSOSOMES) ; *à queue de dimensions variables, plus longue chez ces derniers que dans les espèces qui ne sont pas arboricoles, et qui, d'ailleurs, ne l'ont jamais très-courte; la tête est généralement assez peu distincte du tronc.*

Nous réunissons dans ce genre un assez grand nombre de Couleuvres qui, sans avoir des caractères distinctifs bien saillants, ne peuvent cependant pas être confondues avec la plupart des autres Isodontiens. Ainsi, les *Élaphes* n'ont pas les formes élancées et l'écaillure remarquable des *Dendrophides*.

Ils ont aussi un port plus lourd, même ceux qui peuvent monter sur les arbres, que les *Herpétodryas* dont les yeux, d'ailleurs, sont plus grands.

Ils sont cependant bien moins ramassés et bien moins trapus que les *Calopismes*. Leur tronc n'offre pas la forme comprimée si caractéristique des *Spilotes* et surtout des *Gonyosomes*, et si deux espèces, dans le sous-genre Compsosome, sont moins cylindriques que leurs congénères, elles s'éloignent cependant beaucoup, même sous ce rapport, des genres que nous venons de nommer, et dont le tronc est bien plus haut que large.

Un ou deux Élaphes ont le museau conformé à peu près comme celui des *Rhinechis,* mais tous les autres ont le museau mousse et arrondi.

Il ne reste que le genre nombreux des *Ablabès* avec lequel

---

(1) Nom par lequel Aldrovandi a désigné, d'après Nicander, l'espèce de ce genre la plus anciennement connue : c'est l'*Elaphis quater-radiatus.* Gesner, et par suite, Brisson, ont désigné sous ce nom un oiseau qui est probablement la Barge.

celui-ci offre des rapports assez frappants de conformation ; mais outre certaines différences qui sont énumérées dans l'histoire du genre Ablabès , toutes les espèces que nous avons cru devoir y rapporter ont les écailles lisses, tandis que chez tous les Élaphes, elles portent une carène, qui est très-peu saillante dans quelques espèces , mais très-apparente , au contraire , dans le plus grand nombre.

Certaines dissemblances entre les Ophidiens groupés dans ce genre, et qui sont en rapport avec la manière de vivre, ont permis leur subdivision en deux sous-genres : l'un comprenant les espèces essentiellement terrestres (*Élaphes proprement dits*), l'autre renfermant celles dont la conformation générale semble indiquer qu'elles doivent vivre surtout sur les arbres (*Compsosomes*).

C'est dans son vaste genre Couleuvre que M. Schlegel a rangé les diverses espèces que nous plaçons dans cette division.

Ier SOUS-GENRE. ÉLAPHE PROPREMENT DIT.

CARACTÈRES. Tête généralement peu distincte du corps, et le plus souvent un peu conique, à museau légèrement incliné en bas ; tronc presque toujours cylindrique ; côtés du ventre peu anguleux ; queue médiocre ; écailles du tronc fortement ou faiblement carénées.

Le tableau synoptique ci-joint fournit les moyens de distinguer entre elles les treize premières espèces rapportées à ce sous-genre. Quant à la quatorzième, dite *de Sarmatie,* décrite par Pallas et qui appartient à la division des Élaphes dont l'anale est divisée et la pré-oculaire double, nous ne pouvons indiquer , d'une façon plus précise, le rang qui lui convient réellement.

TABLEAU DES ESPÈCES DU SOUS-GENRE ÉLAPHE.

Plaque anale

entière; pré-oculaire

  unique; flancs { piquetés de noir . . . . 1. E. COTÉS PIQUETÉS.
              { non piquetés . . . . 7. E. DE DEPPE.

  double et trois post-oculaires . . . . 2. E. RÉTICULÉ.

  de grandes taches; tête { brune . . . . . . 8. E. TACHES OVALAIRES.
                  { rougeâtre . . . . 9. E. TÊTE ROUGEÂTRE.

  très-fortes; { pas de raies { pas de taches . . . . . . 10. E. D'HOLBROOK.
  sur le corps {

  des raies noires; deux le long du dos . . . . 6. E. QUATRE BANDES.

  tout le dos

  faibles; dos largement tacheté . . . . 11. E. TACHETÉ.

  unique;
  carènes sur
  l'arrière du dos et très-faibles; plaques sus-labiales { huit . . . 12. E. D'ESCULAPE.
                                           { sept . . . 13. E. A LUNETTES.

divisée; pré-oculaire

  double; suture des internasales avec les frontales { en angle obtus, à sommet en avant . . . 3. E. DIONE.

  noires sur le dos . . . . 4. E. RAYÉ.

  transversales; raies { blanches ou jaunes . . . 5. E. QUATRE RAIES.

1. ÉLAPHE A CÔTÉS PIQUETÉS. *Elaphis pleurostictus.* Nobis.

CARACTÈRES. Une seule plaque anale, une pré-oculaire unique; flancs piquetés de noir.

Sommet de la rostrale assez fortement rabattu sur le museau ; une pré-oculaire ; normalement deux, accidentellement trois post-oculaires ; quatrième et cinquième sus-labiales touchant à l'œil. Scutelle anale non divisée. Point de lignes noires sur la tête, ni de bandes longitudinales sur la nuque ; ni de raie s'étendant depuis l'œil jusqu'à l'angle de la bouche.

SYNONYMIE. *Coluber pleurostictus.* Musée de Berlin.

DESCRIPTION.

FORMES. Malgré une analogie assez remarquable dans la conformation de la tête de cette espèce et celle des Rhinechis, la forme du museau n'est pas tout-à-fait semblable : plus court, plus ramassé que chez ces derniers, il dépasse à peine en avant le bord de la lèvre inférieure.

ECAILLURE. Nous avons déjà mentionné la conformation de la plaque rostrale qui, aussi haute que large, se rabat sur le museau, mais son sommet, formé par la réunion des angles latéraux supérieurs, loin de former un angle aigu comme dans les espèces qui fouillent le sol, constitue au contraire un angle obtus. Au lieu d'être saillante en avant, à sa partie moyenne, elle forme une courbe régulière, en se relevant pour venir gagner l'intervalle qui sépare antérieurement, sur la ligne médiane, les deux plaques inter-nasales, dont la ligne de jonction avec les frontales antérieures est directement transversale. La pré-oculaire est unique; il y a tantôt deux, tantôt trois post-oculaires; c'est ce dernier nombre qui s'observe sur l'individu de notre collection ; il en résulte que des huit plaques sus-labiales, la quatrième seulement touche à l'œil.

Les écailles du tronc sont ovalo-losangiques ; les dorsales plus petites que celles des flancs, présentent à leur partie moyenne une saillie longitudinale assez apparente, qui ne se retrouve pas sur les écailles latérales. Il existe un sillon en dessus et en dessous de la squamme qui emboîte le bout de la queue.

Ecailles : 29 rangées longitudinales au tronc, 8 à la queue.

Scutelles : 4 gulaires, 219 gastrostèges, 1 anale entière, 51 urostèges divisées.

Dents. Maxillaires $\frac{17}{20}$. Palatines, 10. Ptérygoïdiennes, 15.

Ces dernières dépassent à peine l'articulation du sphénoïde avec l'os basilaire.

Particularités ostéologiques. Ce qui frappe tout d'abord dans l'aspect général de la tête osseuse de cette espèce, c'est l'analogie de conformation de sa partie antérieure avec celle de la tête des individus appartenant aux sous-genres Rhinechis et Pituophis. C'est surtout l'os inter-maxillaire qui est comparable par la proéminence de sa branche montante formant, comme dans ces derniers, une sorte de petit boutoir. Mais dans l'espèce dont il s'agit ici, il est uniquement constitué par la base de cette apophyse dont la partie supérieure est, au contraire, aplatie d'avant en arrière. Les os du nez sont plus courts ; tandis que le museau des Rhinechis et Pituophis se termine en une pointe allongée, celui de l'espèce qui nous occupe a moins de longueur ; il a aussi plus de largeur, parce que l'os inter-maxillaire est lui-même plus large dans toutes ses parties.

Coloration. La teinte générale est un brun fauve ; sur toute la région dorsale du tronc, on remarque des taches en parallélogrammes, presque toutes égales entre elles, longues de 0m,03 environ, séparées par des espaces de 0m,015 d'un brun plus clair. Noires à la partie antérieure du tronc, ces taches sont brunes dans tout le reste de son étendue ; devenant plus foncées vers la queue, elles sont tout-à-fait noires à la face supérieure de cet organe et vont en diminuant à mesure qu'elles approchent de son extrémité terminale. Sur les flancs, il existe en avant une double série de taches noires qui disparaissent bientôt pour être remplacées dans presque tout le reste de la longueur du corps par de petites mouchetures noires, isolées, régulièrement placées sur chaque écaille, ce qui fait paraître les flancs comme piquetés de noir, d'où la dénomination que nous empruntons au Musée de Berlin où l'on s'en est servi pour désigner la Couleuvre que nous décrivons. Ces points noirs se retrouvent sur les écailles qui séparent les plaques céphaliques de la première tache du dos. La tête est brune, sans aucune ligne ou bande. La région inférieure est jaunâtre, avec quelques taches irrégulières plutôt grises que noires et qui deviennent beaucoup plus apparentes sous la queue.

Dimensions. La longueur de la tête n'est pas tout-à-fait le double de sa largeur prise au niveau des tempes ; le museau a, au devant des narines, une largeur qui est égale aux deux cinquièmes de celle de la région temporale ; la largeur enfin de la région sus-inter-orbitaire est au diamètre longitudinal des yeux à peu près dans le rapport de 2 à 1. Le tronc est, à sa partie moyenne, une fois et un sixième aussi haut que large. Cette largeur est, relativement à la longueur du tronc, dans le rapport de 1 à 42 environ. La queue occupe le septième de la longueur de tout l'animal. Les dimensions de l'individu du Musée de Paris sont les suivantes :

Longueur totale : 1ᵐ,188. *Tête* , long. 0ᵐ,038. *Tronc* , long. 1ᵐ,135. *Queue* , long. 0ᵐ,15.

Patrie. La Couleuvre dont la description précède appartient à l'Amérique du Sud ; c'est de Montevideo que le Musée de Berlin a reçu l'échantillon qui appartient maintenant au nôtre par les soins de M. le professeur Valenciennes. Elle est désignée dans le catalogue de la collection dont elle provient sous le nom vulgaire de Couleuvre de Montevideo.

2. ÉLAPHE RÉTICULÉ. *Elaphis reticulatus*. Nobis.

Caractères. Plaque du cloaque simple, deux pré-oculaires, et trois derrière l'œil.

Sommet de la rostrale assez distinctement rabattu sur le museau, deux pré-oculaires ; trois post-oculaires ; quatrième suslabiale touchant seule à l'œil. Scutelle anale non divisée. Point de lignes noires sur la tête, ni de bandes longitudinales sur la nuque, ni de raie allant de l'œil à l'angle de la bouche.

DESCRIPTION.

Formes. La plus grande analogie existe entre cette espèce et la précédente, dont la distinguent cependant bien nettement 1° le caractère spécifique tiré du nombre des plaques pré-oculaires, qui est de deux , tandis qu'il n'y en a qu'une dans l'Élaphe à côtés piquetés, et 2° le système de coloration. Si, comme dans l'espèce qui vient d'être décrite, la disposition de la plaque rostrale donne à cette deuxième espèce une certaine ressemblance avec les Rhinechis, il faut cependant noter encore ici que le museau est bien moins proéminent que chez les Serpents construits pour fouiller le sol , et que même, il est peut-être un peu plus obtus chez l'Elaphe à côtés piquetés.

Ecaillure. Les indications, relatives aux plaques et aux écailles, données dans l'article précédent conviennent en tout point à l'É. réticulé. Il y a cependant une particularité qui est peut-être propre à notre individu unique du Musée de Paris, c'est la soudure, dans la moitié de leur étendue environ, des deux plaques pré-frontales sur la ligne médiane. Il y a, en outre, cette petite différence que ces plaques, en se réunissant par leur bord antérieur aux inter-nasales, forment une ligne courbe, dont la con-

cavité regarde en arrière et non pas une ligne droite. Des deux pré-oculaires, la supérieure est grande et l'inférieure beaucoup plus petite ; il y a
trois post-oculaires de dimensions à peu près égales.

Une anomalie, analogue à celle que nous venons de signaler pour les
pré-frontales, s'observe au côté gauche de la lèvre supérieure, où une
soudure complète a fait disparaître la cinquième plaque ; aussi n'y a-t-il de
ce côté que sept plaques, tandis qu'elles sont au nombre de huit à droite.
C'est la quatrième, d'un côté comme de l'autre, qui touche à l'œil. Les
écailles du tronc sont ovalo-losangiques ; les dorsales, plus petites que
celles des flancs, sont faiblement uni-carénées. La squamme emboîtant
l'extrémité de la queue porte en dessus un sillon.

Ecailles : 31 rangées longitudinales au tronc, 8 à la queue.

Scutelles : 3 gulaires, 224 gastrostèges, 1 anale entière, 68 urostèges
divisées.

Dents. Leur nombre ne peut pas être indiqué, parce que l'individu
étant unique, nous n'en détachons pas la tête. Le peu de différence que
présentent ces organes dans les différentes espèces du genre Elaphe nous
fait supposer que celle-ci doit en avoir le même nombre à peu de chose
près.

Quant aux *particularités ostéologiques*, il nous semble probable, en
raison de la forme de la plaque rostrale, que l'os inter-maxillaire doit avoir,
dans sa conformation, beaucoup de ressemblance avec celui de l'E. à côtés
piquetés.

Coloration. La teinte générale est brune, mais elle disparaît presque
complètement, çà et là, sous de nombreuses taches noires, irrégulières, occupant le dos et les flancs à la partie antérieure du tronc et seulement la région dorsale sur le reste du corps. Entre elles, on voit la coloration propre
de l'animal sous la forme de lignes qui, circonscrivant chacune des taches,
simulent jusqu'à un certain point les mailles peu régulières, il est vrai,
d'un réseau, comme cela se voit surtout aux régions antérieures. Les espaces
qui séparent les taches de la queue sont plus grands que sur le tronc.

La tête est brune et ne présente d'autres raies que des lignes noires, peu
marquées, qui bordent les plaques labiales. Aux régions ventrale et sous-
caudale, on voit de nombreuses taches noires, plus grandes en avant que
partout ailleurs, mais de dimensions variables et irrégulièrement alternes.

Dimensions. La longueur de la tête n'atteint pas tout-à-fait le double de
sa largeur au niveau des tempes ; cette dernière est deux fois et demie aussi
considérable que celle du museau au devant des narines. Le diamètre longitudinal des yeux est à peine égal à la moitié de l'espace sus-inter-orbitaire.
Ces dimensions sont identiques à celles que nous avons indiquées pour
l'espèce précédente. Le tronc est 56 fois aussi long et une fois et demie aussi

haut qu'il est large à sa partie moyenne. La queue a une longueur qui est le cinquième de celle du tronc. Voici, au reste, les dimensions de l'unique échantillon du Musée de Paris sur lequel nous avons établi les comparaisons qui viennent d'être mentionnées.

Longueur totale, 1ᵐ,104. *Tête*, long. 0ᵐ,034. *Tronc*, long. 0ᵐ,90. *Queue*, long. 0ᵐ,17.

Patrie. Aucun renseignement ne nous est fourni sur la patrie de cette espèce, dont Bibron a acquis, par échange du Musée de Marseille, notre échantillon, lorsqu'en 1846, le triste état de sa santé l'obligeait déjà à aller chercher dans le midi de la France un climat plus doux.

C'est lui qui a nommé ainsi cet Elaphe dans ses manuscrits, où il avait laissé l'indication des espèces du sous-genre dont il s'agit ; mais il n'avait donné que les diagnoses, dont il s'était servi pour construire le tableau synoptique placé en tête de cette sous-division.

3. ÉLAPHE DIONE. *Elaphis Dione*. Nobis.

(*Coluber Dione.* Pallas) (1).

Caractères. Deux plaques anales et deux pré-oculaires, les inter-nasales formant avec les frontales antérieures un angle obtus à sommet en avant.

Sommet de la rostrale faiblement rabattu sur le museau ; deux pré-oculaires ; normalement deux, accidentellement trois post-oculaires ; quatrième et cinquième supéro-labiales touchant à l'œil. Scutelle anale divisée. Des lignes noires sur la tête, deux bandes de couleur foncée sur la nuque, une autre bande allant de l'œil à l'angle de la bouche.

Synonymie. 1771. *Coluber Dione.* Pallas. Itin. t. II, p. 717.

1788. *Coluber Dione.* Gmelin. Syst. naturæ. Tom. I, pars. 3, p. 1106 (la *Variété* à 3 bandes blanches longitudinales).

1789. *La Dione.* Lacépède. Hist. nat. des Quadr. ovipares et

---

(1) « Il semble, dit Lacépède, que c'est à la déesse de la beauté que M. Pallas a voulu, pour ainsi dire, consacrer cette Couleuvre, dont il a, le premier, publié la description ; il lui a donné, en effet, un des noms de cette déesse, et cette dénomination était due, en quelque sorte, à l'élégance de la parure de ce Serpent, à la légèreté de ses mouvements et à la douceur de ses habitudes. » (*Hist. nat. des Quadrupèdes ovipares et des Serpents*, t. IV, p. 95. Edit. stéréot. in-18.)

des Serpents, Tom. II, p. 244 (d'après Pallas), et même ouvr. , éd. stéréot. in-18, 1799, t. IV, p. 95.

1794. *Coluber Dione.* Pallas. Voyage dans plus. prov. de l'empire russe; trad. franç. t. VIII , p. 95 (la *Variété* à 3 bandes blanches longitudinales).

1802. *Coluber Dione.* Shaw. Gener. Zoolog. Tom. III, part. 2, p. 541 (d'après Pallas).

1802. *Coluber Diana.* Latreille. Hist. natur. des Rept. T. IV, p. 159 (d'après Pallas).

1802. *Coluber Dione.* Beschtein de Lacepede's naturgesch. amphib. Tom. IV, p. 5.

1803. *Couleuvre Dione.* Daudin. Hist. nat. des Rept. Tom. VI, p. 339 (d'après Pallas).

1811. *Coluber Dione.* Pallas Zoogr. Rosso-Asiatica, pars 3, p. 39. (la *Variété* à 3 bandes blanches longitudinales).

Id. loc. cit. p. 40 (la *Variété* sans bandes blanches longitudinales).

1820. *Natrix Dione.* Merrem. Tentamen syst. amphib. p. 133, n° 175.

1826. *Coluber Dione.* Lichtenstein. Addit. au voyage de Meyendorff et d'Eversmann en Bucharie. Traduct. franç. p. 464.

1826. *Chironius Dione.* Fitzinger. Neue Classif. Rept. p. 60.

1831. *Coluber Eremita.* Eichwald, Zool. spec. Rossiæ et Poloniæ, pars 3, p. 174.

Dans sa Faune Caspio-Caucasique, publiée en 1841, c'est-à-dire dix ans après sa Zoologie spéciale, il a reconnu que cette Couleuvre décrite par lui comme une espèce particulière n'est qu'une Var. de la Coul. Dione (la var. sans bandes blanches longitudin).

1832. *Coluber Dione ?* Menestrié. Catal. raisonné des objets de zool. recueillis dans un voyage au Caucase, p. 68, n° 229 (1).

(1) .Voici ce que cet auteur dit à ce sujet : Mes exemplaires diffèrent un peu de la description de Pallas , en ce que les taches noires qui recouvrent le corps sont très-variées par leur position , quelquefois alternes , mais le plus souvent parallèles ; l'espace, en dessous de chaque tache , qui la sépare de la suivante, est brun , ce qui ferait plutôt dire que l'animal est orné de quatre bandes brunes sur lesquelles seraient des taches de couleur plus foncée ; entre ces bandes , les intervalles sont jaunes , ce qui forme également des bandes longitudinales. Comme cette espèce varie beaucoup,

1837. *Coluber trabalis*. Schlegel. Essai sur la physion. des Serp., partie descript., p. 167 (1).

1837. *Coluber mæoticus* (Pallas). Rathke Fauna der Krym. Mém. présentés par les savants étrangers à l'Acad. impér. des sciences de Saint-Pétersbourg. T. III, p. 433. (*Videtur esse Cœlopeltis Dione ad ostia Uralis fluvii obvia*, dit Eichwald in *Fauna Caspio-Caucasica*, p. 121).

1840. *Coluber* (Elaphe et Chironius Fitzinger) *pœcilocephalus*. Brandt. Revue zool. de Guérin-Méneville. T. III, p. 302.

1841. *Cœlopeltis Dione*. Eichwald. Fauna Caspio-Caucasica, p. 120, pl. 28 fig. 1-3.

DESCRIPTION.

Les détails descriptifs que nous allons indiquer seront surtout empruntés à Pallas (*Zoographia Rosso-Asiatica, pars tertia, p.* 40) et à M. Eichwald qui en a publié aussi une description et de plus, une figure dans sa Faune Caspio-Caucasique (p. 120, pl. 28). Le Musée de Paris ne possède que deux jeunes individus, dont l'un est mutilé. Nous avons pu cependant constater sur celui des échantillons qui est entier l'exactitude des caractères indépendants de l'âge, mentionnés par ces deux zoologistes.

FORMES. Le corps est grêle, et quoique l'un des caractères génériques consistant dans le redressement des scutelles abdominales contre les flancs se retrouve, il est peu marqué ; aussi Pallas et Eichwald ont-ils pu dire que le tronc est cylindrique et qu'à l'origine de la queue, il est moins volumineux qu'à sa partie moyenne.

La conformation de la tête de notre exemplaire justifie la description suivante qu'en donne le second de ces naturalistes plus explicite que le premier : « La tête est petite, ovalo-tétragonale, le museau est très-faible-

---

selon Pallas, je n'ai pas cru que les différences dont je viens de faire mention fussent assez importantes pour séparer de l'espèce citée les individus que je trouvai.

(1). Le Serpent que M. Schlegel a décrit sous le nom de *Coluber trabalis*, et dont l'identité avec l'Elaphe Dione fut reconnue par Bibron, à qui il avait été envoyé en communication, doit cette dénomination à feu Boïé. Or, c'est par erreur que ce naturaliste l'a appelé ainsi, car la vraie Couleuvre à rubans (Col. trabalis) appartient à la division des Aglyphodontes diacrantériens et sa véritable place est auprès des Coul. verte et jaune, à bouquets, etc.

ment comprimé à son extrémité terminale, qui présente une légère acuité et se prolonge au-delà de la lèvre inférieure. »

ECAILLURE. Le sommet de la plaque rostrale est faiblement rabattu sur le museau, et cependant elle proémine légèrement en avant. Les deux plaques pré-oculaires sont inégales ; la supérieure est plus grande que l'inférieure, et comme le montre faiblement, à la vérité, notre Elaphe, il existe au devant de l'œil, ainsi que l'a noté l'auteur de la Faune Caspio-Caucasique, un sillon longitudinal formé par la surface concave de ces deux plaques. L'anomalie signalée dans les caractères spécifiques relativement aux plaques post-oculaires existe sur ce jeune animal où, au-dessous des deux plaques égales entre elles, il s'en trouve une troisième de très-petite dimension. La suture séparant les inter-nasales d'avec les pré-frontales forme un angle obtus dont le sommet est dirigé en avant. Pour le reste de l'écaillure de la tête, il n'y a rien de particulier à signaler.

Ecailles : 25 rangées longitudinales au tronc ; c'est également le nombre indiqué par M. Eichwald et par M. Schlegel dans sa description de la Couleuvre à rubans (Col. trabalis), qui n'est autre que l'E. Dione comme l'a mentionné Bibron qui avait rédigé la synonymie de cette espèce ; il y en a huit rangées à la queue.

Quant aux scutelles, notre numération se rapproche beaucoup de celle de M. Eichwald : comme lui, en effet, nous comptons sur notre Dione : 5 gulaires, 198 gastrotèges, 1 anale divisée, et au lieu de 62 urostèges, 63 également divisées.

DENTS. Maxillaires $\frac{18}{17}$. Palatines, 9. Ptérygoïdiennes, 12.

Les rangées de ces dernières se terminent au niveau de l'articulation du sphénoïde avec le basilaire.

Il n'y a à noter dans la conformation de la tête osseuse que la légère proéminence de l'os inter-maxillaire, laquelle cependant est très-peu marquée sur notre squelette et le serait sans doute davantage à une époque plus avancée de la vie.

COLORATION. Pallas, d'après les différences de couleur, admet deux variétés. Il donne la description suivante de la première que nous pouvons nommer :

Variété A ou à trois bandes longitudinales blanchès. « La teinte générale de la partie supérieure du corps est agréable ; elle est d'un gris cendré sur laquelle se détachent trois larges raies longitudinales, plus blanches, entre lesquelles se voient des espaces ronds, alternes, couverts d'un réseau noir et disposés sur deux rangs ; de plus, il y a, sur chaque flanc, une autre raie moins apparente, prolongée jusque sur la queue. L'abdomen est blanc et orné de petits traits noirs et de points rouges. La

tête porte des lignes noires qui , sur le sommet , occupent surtout le pourtour des plaques et en rendent ainsi les sutures plus apparentes. »

« Dans la variété de la Cumanie que nous désignons comme une *Va-*
riété B ou *sans bandes blanches* , on remarque sur la tête une tache ronde,
foncée, bordée de noir, et en avant des yeux, un espace allongé et linéaire
brun. Deux taches longitudinales, bordées de brun, descendent de la nuque.
Les stries longitudinales sont pâles et les taches placées entre elles sont
presque annulaires et interrompues par ces stries. »

Voici maintenant ce que M. Eichwald dit de la coloration : « Le fond
de la teinte générale est couleur de chair, mais à la partie supérieure , il
est plutôt gris olivâtre. De la réunion de taches noires unies entre elles par
leurs bords latéraux, il résulte des bandes transversales. Deux taches olivâtres, allongées, descendent de l'occiput ; d'autres olivâtres , maculées de
noir, semblables aux précédentes, mais plus petites , partent des yeux et
se portent vers l'angle de la bouche, comme le montre la planche 28 de
la Faune. Sur chaque flanc, il règne une bande longitudinale, d'un blanc
olivâtre, et une troisième, qui leur est pareille, suit toute la ligne médiane du
dos. L'abdomen est plus nettement couleur de chair ; sur chaque scutelle,
on voit des taches noires au nombre de quatre ou plus nombreuses , assez
régulièrement disposées. La queue, à sa partie supérieure, porte des bandes
noires transversales, et à sa partie inférieure, qui est couleur de chair, elle
est pointillée de noir. »

M. Eichwald admet aussi la variété que Pallas désigne sous le nom de
Variété de la Cumanie. Il l'avait d'abord décrite sous le nom de *Col. ere-*
mita , mais il la rapporte à la C. Dione, quoiqu'elle en diffère un peu par
son système de coloration. Les stries longitudinales, dans cette espèce, sont
en effet si peu apparentes, dit-il , qu'elles semblent manquer tout-à-fait ,
mais cependant, en raison de l'espace linéaire brun qui existe au devant
des yeux et des deux taches longitudinales descendant de la nuque et qui
sont si constantes, il est impossible de méconnaître une variété de la
C. Dione.

Pour compléter ce sujet auquel nous ne pouvons presque rien ajouter
par nous-mêmes, faute d'animaux de cette espèce, nous croyons devoir
consigner les réflexions et observations suivantes de M. Lichtenstein contenues dans les additions d'histoire naturelle qu'il a faites au voyage de
Meyendorf, qui a exploré tout le pays compris entre Orenbourg et Bou-
khara. « Ce Serpent, dit-il, offre plus de variétés que ne le pense l'illustre
Pallas. Les trois raies blanches du dos , ne paraissent être propres qu'aux
individus les plus vieux ; sur les plus petits, elles sont à peine visibles, à
cause d'un grand nombre de dessins réticulaires, noirs, disposés en travers,
ou bien elles ne se font apercevoir que sur la partie antérieure du tronc, »

Cette remarque est parfaitement confirmée par l'aspect général de notre jeune individu privé de lignes blanches et dont le tronc et la queue présentent dans toute leur étendue des bandes transversales noires, réticulées, se détachant sur un fond gris cendré. Son examen nous donne aussi la preuve de l'exactitude parfaite de ce qui suit : « Outre le nombre assez constant des plaques du ventre et de la queue, il me semble qu'une tache brune, double, qui se trouve sur la nuque, aux deux côtés de la raie du milieu du dos, est le signe le plus caractéristique de l'espèce ; car je trouve ce signe sur chacun de nos six individus, qui d'ailleurs diffèrent beaucoup entre eux en couleurs et en dessins. »

C'est surtout d'après ce caractère et quelques autres détails donnés par M. Schlegel, et surtout aussi d'après l'égalité de nombre dans les rangées longitudinales des écailles du tronc, que Bibron, qui avait vu les individus de la collection de Leyde désignés sous la dénomination de C. à rubans (C. trabalis) et en avait même reçu en communication un exemplaire rendu par lui à ce Musée, a pu reconnaître l'erreur dans laquelle Boïé était tombé en désignant sous ce nom l'animal dont il s'agit. La véritable Coul. à rubans de Pallas est, comme nous en donnerons la preuve par la suite, un Aglyphodonte diacrantérien voisin du *Coluber viridiflavus*. Il faut donc voir dans les phrases suivantes de M. Schlegel des caractères propres à l'E. Dione, bien qu'elles se trouvent dans la description de l'espèce qu'il nomme, d'après Boïé, *C. trabalis*. « On ,voit sur les flancs deux larges raies plus foncées que la teinte générale et dont *les moyennes se prolongent sur l'occiput en forme de massue bordée de noir ;* on voit une autre figure, de forme indéterminée, sur le sommet de la tête ; *une large raie noirâtre s'étend depuis l'œil jusqu'à l'angle de la bouche; il y a 25 rangées d'écailles.* »

DIMENSIONS. En étudiant un exemplaire appartenant au Musée de Leyde, Bibron a pris les notes suivantes : la tête a, en longueur, le double de la largeur qu'elle offre vers le milieu des tempes, largeur qui est le triple de celle que présente le museau en avant des narines. Les yeux ont leur diamètre longitudinal égal à un peu moins de la moitié du travers de la région sus-inter-orbitaire. Le tronc est d'un quart ou d'un tiers plus haut et de 48 à 50 fois aussi long qu'il est large à sa partie moyenne. Notre individu n'est long que de $0^m,39$, tandis que cette espèce atteint jusqu'à $0^m.83$ ou $0^m,85$, au rapport de Pallas et de M. Eichwald ; mais nous constatons, comme ces deux zoologistes, que la queue n'occupe que le sixième de la longueur du corps, car sur notre exemplaire, cette partie de l'animal est longue seulement de $0^m,06$. Sur l'E. Dione de la collection hollandaise, Bibron a constaté que la queue entre pour un peu plus ou pour un peu moins du cinquième de la longueur totale du corps.

PATRIE. Pallas dit dans son Voyage dans plusieurs provinces de l'empire russe et de l'Asie septentrionale et dans sa Zoographie, que ce Serpent habite les environs de la mer Caspienne, dans des déserts dont la terre est, pour ainsi dire, imprégnée de sel. On le voit aussi sur les collines nues et salées qui sont près de l'Irtish et dans les lieux arides, exposés au midi près du Kouma et de l'Oural. On le rencontre accidentellement dans toute la grande Tatarie. Cette espèce a enfin été envoyée de Perse, ajoute-t-il, par Gmelin.

M. Eichwald rapporte que la Dione habite les petites collines sablonneuses des îles du Volga, dans le voisinage de la mer Caspienne. M. Lichtenstein suppose qu'elle est répandue assez généralement sur toute la steppe des Kirghiz. C'est de la Tartarie que provient l'individu décrit par M. Schlegel, et notre Musée doit celui qu'il possède, à M. de Nordmann qui l'a envoyé d'Odessa.

MŒURS Elle est agile, dit Pallas, et se replie sur elle-même en décrivant d'élégantes circonvolutions quand elle est blessée; elle aime les collines arides et sablonneuses et parfois on la rencontre dans les buissons.

4. ÉLAPHE A QUATRÉ RAIÉS. *Elaphis quater-radiatus.* Nobis.
(

La Couleuvre à 4 raies. 'Lacépède. *Coluber quadri-radiatus,* Gmelin.)

CARACTÈRES. Deux raies noires de chaque côté du dos; la plaque anale double ainsi que les pré-oculaires.

Sommet de la rostrale très-faiblement rabattu sur le museau; deux pré-oculaires; deux post-oculaires; quatrième et cinquième sus-labiales touchant à l'œil. Scutelle anale divisée. Point de lignes noires sur la tête, ni de bandes longitudinales sur la nuque, mais un ruban noir allant de l'œil à l'angle de la bouche; deux raies noires s'étendant tout le long de chaque côté du corps.

SYNONYMIE. 1640. *Elaphis cervone.* Aldrovandi. Serp. Drac. Hist. pag. 267, cum fig.

1657. *Elaphis.* Jonst. Hist. natur. Serp. Tab. 5, fig. 2. (Copie de celle d'Aldrov.)

1693. *Elops seu Elaps.* Ray. Synops anim. pag. 290.

1742. *The Elops or Elaphis.* Owen; natur. Hist. Serp. p. 85.

1765. *Elaphis cervone*.. Aldrov. Serp. Drac. Hist. pag. 267, cum fig.

1789. *La Quatre-Raies.* Lacépède.Hist. nat. Quad. ovip. Serp. Tom. II, p. 163. pl. 7, fig. 1 (très-mauvaise).

1790. *La Quatre-Raies.* Bonnaterre. Tabl. encyclop. Méth. Ophid. p. 44, pl. 39, fig. 1. (Copie de celle de Lacép.)

1799. *Coluber quater-radiatus.* Gmelin in der naturforsch. T. X. p. 158, pl. 3, fig. 1.

1800. *Coluber quadri-lineatus.* Latreille. Hist. nat. Salam. franç. pag. 31.

1801. *Die Vierstreisige natter.* Bechstein de Lacepede's natur-gesch. Amph. Tom. III, p. 314, pl. 12, fig. 2.

1802. *Coluber Elaphis.* Shaw. Gener. Zoolog. vol. III, part. 2; pag. 450.

1802. *Coluber quadrilineatus.* Latreille. Hist.Rept. Tom. IV. pag. 52 (d'après Lacépède.)

1802. ? *Coluber Nauii.* Beschtein. De La cepede's naturgesch. amph. Tom. IV, pag 215, pl. 31 fig. 2.

1803. *Coluber quadrilineatus.* Daudin. Hist. Rept. Tom. VI, pag. 266.

1814. *Coluber elaphis.* Rafinesque. Specch delle sciencze. O Giorn. encyclop. sicilian. Tom. II, pag. 103.

1817. *La Couleuvre à 4 raies.* Cuvier. Règne anim. 1re édit. Tom. II, pag. 71.

1820. *Coluber elaphis.* Merrem. Tent. Syst. amph. pag. 117, n° 98.

1823. *Coluber elaphis.* Metaxa (L.) Monograf. Serp. Rom. p. 37 et Bibliot. ital. o sia Giornale litter. Scienze. ed. arti. Tom. XXXII, pag. 207, où est donnée une analyse de la Monographie de Metaxa.

1823. *Coluber elaphis.* Frivaldszki. Monograp. Serpent. Hungar. pag 44.

1826. *Coluber elaphis.* Risso. Hist. natur. Eur. mér. Tom. III, pag. 89.

1827. *Coluber elaphis.* F. Boïé. Isis. Tom. XX, pag. 536.

1828. *Coluber quadrilineatus.* Couleuvre à quatre raies. Millet Faune de Maine-et-Loire. pag. 628.

1829. *La Couleuvre à 4 raies.* Cuvier. Règne anim. 3ᵈ édit. T. II, pag. 84.

1830. *Tropidonotus elaphis.* Wagler, Syst amph. pag. 179.

1832. *Coluber elaphis. Die vierstreifige natter.* Lenz. Schlangentunde. pag. 520.-7.

1833. *Coluber elaphis.* Telem. Metaxa. Memor. zoologico-medich. pag. 36.

1837. *Coluber quater-radiatus.* Schlegel. Ess. physion. Serp. Tom. I, pag. 148 ; tom. II, pag. 159. pl. 6, fig. 9.-10.

1838. *Natrix elaphis.* Ch. Bonaparte. Faun. ital. pag et pl. sans nᵒˢ. nᵒ 71. Iconog. Fasc. 7.

1840. *Elaphis quadrilineatus.* Ch. Bonaparte. Amph. Europ. pag. 49. et Memor. real. Academ. Scienz. Torin. Ser. 2. Tom. II, pag. 433.

1841. *La Couleuvre à 4 raies.* Cuvier. Règne anim. Edit. illust. Tom. II, pag. . . . .

DESCRIPTION.

Formes. Rien de particulier n'est à signaler dans la conformation générale de cet Elaphe, si ce n'est la taille assez considérable à laquelle il peut atteindre et que nous ferons connaître plus loin. La tête est légèrement élargie au niveau de la région temporale, le museau est peu proéminent. La queue est plus effilée qu'elle ne l'est dans les Elaphes déjà décrits.

Ecaillure. La plaque rostrale, une fois et un tiers aussi large que haute, est un peu bombée à sa partie moyenne, mais son sommet est faiblement rabattu sur le museau, et il se termine par un angle obtus. La ligne de jonction du bord postérieur des inter-nasales avec le bord antérieur des pré-frontales est directement transversale. Les sus-oculaires assez larges dépassent un peu l'œil, ce qui, comme le fait observer M. Schlegel, rend la physionomie de ce Serpent un peu farouche. Il y a deux plaques pré-oculaires ; l'une, supérieure, est grande et concave d'avant en arrière, et forme ainsi, au devant de l'œil, un sillon assez marqué, analogue à celui dont nous avons parlé en décrivant l'E. Dione et qui se continue au niveau de la suture du bord supérieur de la frénale avec le bord externe de la pré-frontale. En arrière de l'œil ; on trouve deux plaques post-oculaires. Des huit sus-labiales, la quatrième et la cinquième touchent à l'œil. Pour les autres plaques céphaliques, il n'y a pas de particularités méritant une description spéciale.

Les écailles du tronc sont généralement ovalo-losangiques ; celles de la partie antérieure et moyenne du dos sont cependant un peu lancéolées ; mais on les trouve avec une forme de losange d'autant plus distincte, qu'on les examine plus loin de la tête ; elles offrent toutes sur leur partie moyenne une carène très-saillante, qui se voit même encore sur celles de la queue où elle est , à la vérité, bien moins apparente. Les écailles des flancs, plus grandes que les précédentes, sont lisses. Un sillon à peine indiqué se remarque à la face inférieure de la squamme qui emboîte l'extrémité de la queue.

Ecailles : 25-25 rangées longitudinales au tronc, 8 à la queue.

Scutelles : 3 gulaires ; 200-207 gastrostèges ; 224 même, au rapport de Metaxa et de M. Millet; 1 anale divisée ; 65-77 urostèges divisées.

Dents. Maxillaires $\frac{19}{21}$. Palatines 10. Ptérygoïdiennes, 14

Tels sont les nombres trouvés sur une belle tête provenant d'un individu envoyé de Bologne par M. Ranzani. Ils diffèrent à peine de ceux qui ont été fournis par la tête d'un autre individu donné par Olivier ; sur cette dernière, en effet, on compte :

Maxillaires $\frac{17}{21}$. Palatines, 10. Ptérygoïdiennes, 12.

Ces dernières se terminent au niveau de l'articulation du crâne avec l'atlas , chez les adultes, et un peu en avant de cette articulation , chez les jeunes individus.

Particularités ostéologiques. En comparant ces deux têtes à celle de la première espèce du genre , c'est-à-dire de l'Elaphe à côtés piquetés , nous trouvons des différences assez tranchées et qui , en raison du volume des os , sont plus apparentes que sur notre petite tête osseuse d'E. Dione où cependant elles se retrouvent. Ainsi, le point de jonction des branches transverse et montante de l'os inter-maxillaire est moins saillant et cette dernière est plate, au lieu d'offrir une surface légèrement angulaire, comme sur l'animal qui nous sert de terme de comparaison ; les os du nez sont aussi plus courts et plus arrondis. Dans l'E. à quatre raies enfin , les os intra-articulaires sont dirigés un peu plus transversalement en dehors, d'où la saillie légèrement plus prononcée que présente la tête au niveau des tempes.

Coloration. La teinte générale est un brun jaune plus ou moins foncé, d'une nuance plus claire à la région inférieure où elle est uniforme et où l'on n'observe que des maculatures plus ou moins nombreuses, grisâtres. Ce qu'il y a de plus caractéristique dans la coloration de cette espèce, c'est la rayure qui lui a valu le nom spécifique sous lequel on la désigne, et qui consiste en quatre raies latérales d'un brun noir, deux sur chaque flanc , parallèles, séparées entre elles par une distance d'un centimètre environ, commençant à 12 ou 15 millimètres de la commissure des lèvres et se prolongeant jusqu'à l'origine de la queue où elles se perdent graduellement. Celle-ci ne diffère du tronc que par l'absence de ces lignes. La tête est brune et n'offre d'autres taches que deux lignes noires qui se dirigent obliquement en arrière et un peu en bas, de l'œil à l'angle de la bouche. La coloration générale de cet Elaphe subit des changements à mesure que l'animal se développe. Les détails que nous avons donnés sur les modifications dues aux différences d'âge, toutes les fois que cela nous a été possible, ont montré que dans beaucoup d'espèces les jeunes ont une véritable livrée qui se transforme peu à peu et vient graduellement à être remplacée par les teintes et les dessins caractéristiques de l'adulte. L. Metaxa, et plus tard, son fils Télémaque Metaxa ayant insisté sur ces différences à propos du Serpent qui nous occupe, nous croyons devoir présenter, en résumé, le résultat de leurs observations à cet égard. Ainsi, L. Metaxa (*Monogr. de Serpenti di Roma*, p. 38) dit que la Couleuvre Elaphis, alors qu'elle n'avait pas encore atteint tout son développement, lui avait paru être une espèce nouvelle dont les caractères tirés du système de coloration étaient fort différents de ce qui s'observe chez la même Couleuvre quand elle est adulte. Mais il s'aperçut plus tard de son erreur, ainsi qu'il le raconte lui-même : « Ayant ensuite poursuivi et examiné attentivement divers exemplaires, j'ai reconnu, dit-il, que cette description se rapportait à un état intermédiaire entre les jeunes et les adultes ; et déjà, en comparant la couleur des lignes dans le premier état avec les quatre raies dorsales de l'animal parfait, on voyait que ces lignes étaient la première indication de celles-ci. Ce qui démontre, ainsi qu'il l'ajoute, la nécessité de connaître la même espèce aux diverses époques de son existence. »

Metaxa fils examinant de nouveau un grand nombre d'exemplaires, reconnut qu'ils appartenaient à la même espèce, surtout à cause de l'existence constante de deux lignes noires partant du bord inférieur de l'orbite et descendant obliquement jusqu'à l'angle de la mâchoire inférieure, bien que les taches du dos et de la tête fussent très-variables. Il crut devoir décrire avec détail l'Elaphe dont il s'agit au moment de sa naissance, à deux époques différentes de sa jeunesse, à l'état adulte et dans sa vieillesse.

Il nous semble utile, surtout pour fixer l'attention des naturalistes sur les modifications curieuses que l'âge peut imprimer à l'aspect général des téguments, de donner une traduction du passage qui contient ces descriptions. On lit dans le livre intitulé : *Memorie zoologico-mediche*, publié par ce naturaliste en 1835, à Rome, ce qui suit à la p. 39.

« 1.° *Elaphe nouvellement né :* Tête noirâtre avec deux taches semi-lunaires jaunes. Dos gris-fauve avec des taches noires variables entre elles, disposées en cinq séries ; lignes dorsales à peine indiquées entre les taches. La tête est allongée, un peu effilée à son extrémité antérieure et un peu anguleuse, légèrement convexe en dessus. Sur le dos , les écailles sont à peine carénées. La couleur est un gris-fauve ; les taches du milieu du dos sont les plus grandes , elles sont transversales ; il y en a aussi d'allongées qui sont parallèles ; il s'en trouve des rondes , des carrées et quelquefois même des triangulaires. Les taches latérales sont plus petites , elles sont rhomboïdales et alternes ; les plus postérieures sont très-petites et irrégulières. Les rudiments des quatre lignes dorsales sont difficilement visibles entre les taches. L'abdomen est d'un gris-brun marbré , avec des lignes flexueuses, blanchâtres sur chaque scutelle. La queue est courte et porte , à la partie moyenne de chacune de ses scutelles, une tache blanchâtre. Les taches marginales sont irrégulières et plus petites.

» 2,º *Elaphe très-jeune.* Tête d'un fauve tendré ; tache postérieure diminuée de volume, l'antérieure forme des lignes d'un blanc roux, tacheté de brun ; les quatre lignes un peu plus évidentes.

» 3.º *Elaphe jeune.* Tête d'un blanc jaunâtre ; taches presque nulles , celles du dos plus pâles que dans l'état précédent ; lignes latérales un peu plus évidentes.

» 4.º *Elaphe adulte.* Tête jaunâtre , tirant plus sur le blanc que chez le jeune ; taches nulles ; taches du dos transformées en quatre lignes.

» 5.º *Elaphe vieux.* Dos gris portant quatre raies ; point de taches ni sur la tête, ni sur le dos ; abdomen d'un jaune paille.

» *Observations.* Les lignes allant de l'œil à l'angle de la bouche existent à tout âge.

» L'Elaphe nouvellement né se trouve très-difficilement. Il en a été pris un en mai 1828 sur le rivage de la Méditerranée , près du lieu vulgairement nommé Pratica. »

Ainsi, en résumé, le fond de la couleur de la tête s'éclaircit à mesure que les taches qui s'y observaient dans le jeune âge disparaissent ; de noir qu'il était , le vertex devient jaune blanchâtre ; le dos s'étant également éclairci , ses taches ne se voient plus et les lignes ou raies noires sont plus apparentes.

Dimensions. La tête est une fois plus longue qu'elle n'est large au niveau de la région temporale et dans ce point , sa largeur représente deux fois et demie celle qu'elle porte au devant des narines. Les dimensions transversales de l'espace sus-inter-orbitaire sont un peu plus du double de celles du diamètre longitudinal des yeux. Le tronc est, à sa partie moyenne, une fois et un tiers aussi haut que large. Cette épaisseur est, relativement à la longueur du tronc , dans le rapport de 1 à 53 environ. La queue occupe presque le cinquième de la longueur du corps. Telle est du moins la men-

17.*

suration donnée par Lacépède qui dit que l'animal sur lequel il a fait sa description était long en tout de 3 pieds 9 pouces, et que la queue avait 8 pouces 6 lignes. Mais chez nos deux individus, nous ne savons si c'est par exception, la queue entre pour un quart dans la longueur totale. Il faut noter cependant que M. Schlegel rapporte que l'individu dont il a fait figurer la tête avait 0ᵐ020, dont 0ᵐ30 pour la queue, ce qui établit une proportion conforme à notre observation.

Dimensions du plus grand des deux individus du Musée de Paris :

Longueur totale, 1ᵐ409. *Tête,* long. 0ᵐ043. *Tronc,* 1ᵐ000. *Queue,* 0ᵐ376.

Mais cet Elaphe, le plus grand de tous les Serpents d'Europe, peut atteindre une taille beaucoup plus considérable, car L. Metaxa parle de 6 à 7 pieds, la queue n'ayant qu'un pied, et Millet, dans la Faune du département de Maine-et-Loire, mentionne un exemplaire mesurant en totalité 6 pieds, dont il faut déduire 14 pouces pour la queue. Cet organe serait-il donc proportionnellement plus court, quand le corps est plus long ? La comparaison de l'épaisseur du corps à sa partie moyenne avec sa longueur ne donne plus les mêmes résultats que sur des exemplaires où cette longueur est moitié moindre, puisque d'après les chiffres du Professeur L. Metaxa, la proportion ne serait plus, comme nous l'avons noté, de 1 à 53, mais de 1 à 23 à peu près. Il dit, en effet, que sur une Couleuvre longue de 7 pieds, l'épaisseur est de 43 lignes.

Le fait suivant rapporté par Pline (*De animalibus*. lib, 8, cap. 14, t. 1, p. 363 , *éd. Ajasson de Grandsagne. cum notis*, G. CUVIER) est-il vrai ? « Les Serpents appelés Boas en Italie , atteignent de telles dimensions , dit-il, que sous l'empereur Claude, on trouva un enfant tout entier dans les entrailles de l'un de ces animaux tué dans le Vatican. » Et si ce n'est point une fable, est-ce de l'Elaphe à quatre raies qu'il est fait mention sous la dénomination de Boa, comme Metaxa le suppose ? « Les plus grands Serpents d'Italie, la Coul. d'Esculape et la Coul. à quatre raies, dit Cuvier dans ses Annotations à Pline, ne dépassent pas deux mètres. Il faut donc supposer que le Serpent tué dans le Vatican était véritablement un Boa ou un Python. Mais, ajoute-t-il, comment un semblable Ophidien se trouvait-il là ? »

PATRIE. On trouve l'Elaphe à quatre raies dans différentes parties de l'Europe méridionale, où, d'après Risso, il se tient sur les collines, comme l'ont aussi observé Metaxa, le prince Ch. Bonaparte et M. Cantraine.

C'est dans l'Italie moyenne et inférieure surtout qu'il est le plus répandu. Nous en possédons un envoyé de Bologne par M. Ranzani, et L. Metaxa le dit commun aux environs de Rome.

Nous avons eu occasion de voir à Paris une cinquantaine de ces grands Serpents vivants qui y avaient été apportés par suite d'une fausse spéculation. Nous ne savons ce qu'en ont fait les dames auxquelles ces couleuvres à quatre raies avaient occasionné beaucoup de frais pour leur transport. A cette époque, nous n'avions pas de ménagerie destinée à conserver et à observer des Reptiles vivants.

On rencontre aussi ce Serpent auprès d'Athènes , car c'est de cette partie de la Grèce que provient notre second exemplaire donné par M. Domnando. L'Espagne en fournit également, au rapport de Gmelin , qui en avait reçu de l'Aragon et de la Catalogne. Le Musée des Pays-Bas a des échantillons de Dalmatie dûs à M. Cantraine. Frivaldsky dit qu'elle habite plusieurs points de la Hongrie , dans la région que l'on nomme le Bannat. et surtout autour du grand bourg de Méhadia, En France enfin , ce Serpent se trouve particulièrement dans les parties méridionales. Ainsi , la description de Lacépède a été faite d'après un E. à quatre raies de Provence, et même dans le département de Maine-et-Loire, cette espèce a été vue, puisque M. Millet, dans la Faune de ce département, décrit un individu pris par M. Tréton du Mousseau dans le parc de Verrie près Saumur; mais le naturaliste que nous citons la regarde comme y étant très-rare.

MŒURS. L. Metaxa dit que c'est le plus familier des Serpents d'Europe, qu'il est sociable et intelligent ; c'est ce que M. Cantraine a également indiqué dans les notes remises par lui à M. Schlegel.

5. ÉLAPHE RAYÉ. *Elaphis virgatus.* Nobîs.
Coluber virgatus. Schlegel.

CARACTÈRES. Des raies blanches ou jaunâtres de chaque côté du ventre ; deux plaques anales et deux post-oculaires.

Sommet de la rostrale nullement rabattu sur le museau ; deux pré-oculaires; deux post-oculaires; quatrième et cinquième sus-labiales touchant à l'œil. Scutelle anale divisée. Point de lignes noires sur la tête, ni de bandes longitudinales sur la nuque, mais un ruban foncé allant de l'œil à l'angle de la bouche. Pas de raies noires sur le dessus du corps, mais une blanche ou jaunâtre parcourant la ligne anguleuse de l'un et de l'autre côté de l'abdomen.

SYNONYMIE. 1837. *Coluber virgatus.* Schlegel. Ess. physion. Serp. Tom. I. pag. 146 ; tom. II. pag. 145.

1838. *Coluber virgatus.* Schlegel. Fauna Japonica. Rept. p. 83; pl. 2 (sur laquelle, par erreur, l'espèce porte le nom de *quadri-*

virgatus. (Nom reproduit page 145, n° 11 du tome **II** de la Physionomie des Serpents.

DESCRIPTION.

FORMES. Il existe entre la conformation de cette espèce et celle de la précédente une grande analogie, Le corps est un peu comprimé et la queue plus effilée que dans les trois premières espèces du genre Elaphe.

ÉCAILLURE. Les caractères spécifiques ont déjà fait connaître la forme de la plaque rostrale , dont le sommet n'est nullement rabattu sur le museau ; elle est une fois et un tiers environ aussi large que haute. Des deux pré-oculaires, l'inférieure est petite, tandis que la supérieure est grande et concave, d'où résulte, au devant de l'œil, un sillon, qui se prolonge sur la plaque frénale et au niveau de la suture du bord inférieur de cette plaque et du bord supérieur des deuxième et troisième plaques sus-labiales. Ces plaques sont au nombre de huit et en contact avec l'œil par les quatrième et cinquième. Il y a deux post-oculaires d'égale dimension. Les sus-oculaires, moins larges que dans l'espèce qui vient d'être décrite , ne dépassent pas l'œil. La réunion du bord antérieur des pré-frontales avec le bord postérieur des inter-nasales représente une ligne directement transversale.

Quant aux écailles du tronc, elles sont ovalo-losangiques , mais comme dans l'Élaphe à quatre raies, elles sont plus allongées aux parties antérieure et moyenne du tronc, qu'à sa partie postérieure et à la queue où elles reprennent plus distinctement la forme d'une losange. Les carènes des écailles dorsales se voient moins distinctement dans la portion du corps la plus rapprochée de la tête, que sur le reste du tronc, bien qu'elles existent sur toute la longueur de la partie médiane de sa face supérieure. Les écailles des flancs plus grandes que les précédentes sont lisses. Un petit sillon se voit à la surface inférieure de la squamme dont l'extrémité de la queue est emboîtée.

Ecailles : 23-25 rangées longitudinales au tronc, 6 à la queue.

Scutelles : 3 gulaires, 229-234 gastrostèges, 1 anale divisée, 106-117 urostèges divisées.

DENTS. Maxillaires $\frac{18}{24}$. Palatines, 11. Ptérygoïdiennes, 16.

Celles-ci arrivent à peu près au niveau de l'articulation du basilaire avec l'atlas.

PARTICULARITÉS OSTÉOLOGIQUES. La conformation de l'os inter-maxillaire est telle qu'on devait s'y attendre, d'après la forme de la plaque rostrale, qui a perdu toute analogie avec ce qui s'observe dans les espèces destinées à fouiller le sol, c'est-à-dire que la branche montante de cet os est plane et ne présente en avant aucune saillie. Les os intra-articulaires ont la même direction que dans l'Élaphe à quatre raies.

COLORATION. La teinte générale de cet Ophidien est un brun tirant sur le vert olive et uniforme sur toutes les parties supérieures et latérales du tronc. Nous ne constatons pas sur les deux individus les plus avancés en âge parmi ceux que nous possédons, les deux ou quatre bandes longitudinales foncées, le plus souvent interrompues et peu distinctes, dont M. Schlegel parle dans la *Faune du Japon.*

Ce qui est bien caractéristique de cette espèce, c'est la présence, sur les plaques abdominales, dans le point même où elles se recourbent pour se redresser vers les flancs, d'une ligne blanchâtre ou plutôt jaunâtre qui règne de chaque côté, depuis la région gulaire jusqu'à l'origine de la queue. Au-dessus de cette ligne, on voit des taches noires quadrangulaires, occupant la largeur d'une scutelle abdominale, presque toujours séparées, soit par deux scutelles, soit, plus souvent, par une seule où n'existent point ces maculatures. Toute la région inférieure est d'un brun à peine plus clair que sur le dos, si ce n'est en avant où la teinte est d'un jaune nuancé, marbré de brun. La tête n'offre pas de différence avec le tronc et elle n'a d'autres taches que deux lignes noires plus ou moins apparentes, allant de l'œil à l'angle de la bouche.

La coloration est fort différente chez les jeunes sujets de ce qu'elle est chez l'adulte. Sur un fond brun clair, jaunâtre même en dessous, surtout à la région antérieure, on voit des taches transversales, plus ou moins régulières, d'un brun plus foncé, bordées de noir, et qui disparaissent à mesure que l'animal avance en âge. Il en existe une autre série de plus petites, tout-à-fait noires, sur les flancs : ce sont les taches qui persistent et que nous avons décrites chez l'adulte, comme régnant au-dessus de la raie jaunâtre de l'angle de l'abdomen. La raie noire allant de l'œil à l'angle de la bouche est très-apparente, et l'on remarque de petits dessins noirs, irréguliers, sur les plaques céphaliques.

On peut juger par les détails dans lesquels nous venons d'entrer, surtout en parlant des Elaphes rayés arrivés à leur état de développement le plus parfait, et en comparant ces détails aux descriptions données dans l'article correspondant à celui-ci dans l'histoire de l'Elaphe à quatre raies, que le système de coloration doit servir ici de caractère différentiel important, surtout si l'on considère que les animaux appartenant à ces deux espèces voisines proviennent de contrées très-éloignées. Aussi, en tenant compte des analogies d'une part, et de l'autre, des différences de coloration et de patrie, on peut dire que l'Elaphe rayé est comparable à l'Elaphe à quatre raies : remarque déja faite par M. Schlegel,

DIMENSIONS. En mesurant trois individus, dont un jeune, nous trouvons les dimensions suivantes : La tête est, à peu de chose près, une fois plus longue qu'elle n'est large au niveau de la région temporale, et dans ce point, sa largeur représente presque exactement deux fois et demie celle du museau au devant des narines. Les dimensions transversales de l'espace sus-inter-orbitaire sont le double du diamètre longitudinal des yeux. Le tronc, chez les adultes, offre, à sa partie moyenne, une hauteur qui est sensiblement égale une fois et demie à sa largeur. Dans le jeune âge, ce rapport est un peu moindre : il n'est plus que de 1 1/3 à 1. Le tronc est assez comprimé, car à sa partie moyenne, son épaisseur est, relativement à sa longueur, comme 1 est à 69, et chez les jeunes comme 1 est à 50.

La queue occupe environ le quart de la longueur du corps.

Dimensions du plus grand de nos individus :

Longueur totale, 1^m 338. *Tête*, long. 0^m, 038. *Tronc*, long., 1^m, 07. *Queue*, long. 0,^{m} 23.

Au rapport de M. Schlegel, cet Elaphe peut atteindre jusqu'à 2 mètres de longueur et il appartient à l'espèce japonnaise qui parvient à la plus grande taille.

PATRIE. On n'a encore trouvé ce Serpent qu'au Japon, et les échantillons du Musée de Paris proviennent de celui de Leyde.

MŒURS. On lit ce qui suit dans la Faune Japonaise : « Cette Couleuvre fréquente ordinairement les lieux cultivés et s'établit souvent sous les toits de paille, ou même sous le plancher des maisons, dont la construction particulière contribue à offrir à ces animaux un asile commode et sûr : c'est là qu'ils font la chasse aux jeunes rats et qu'ils s'emparent des jeunes moineaux et des hirondelles. Certain auteur japonais ajoute à ces faits, que ce Serpent poursuit les femelles des rats lorsqu'elles sont pleines, afin de leur ouvrir le ventre pour dévorer les fœtus dont il est assez friand. Il porte, dans la langue du pays un nom qui signifie *Chasseur aux rats* ; il est aussi connu sous une dénomination qui veut dire *se promenant autour des villages*. »

OBSERVATIONS. M. Schlegel, en décrivant cet Ophidien sous le nom de Couleuvre à bandes (*Col. virgatus*), et sous le nom de Couleuvre à quatre bandes (*Col. quadrivirgatus*) celui qui constitue pour nous le Compsosome à quatre raies (*Comps. quadrivirgata*), parle de la difficulté qu'il a éprouvée à distinguer l'une de l'autre ces deux espèces, toutes les deux originaires du Japon, et dont la disposition des rayures est insuffisante pour établir des distinctions spécifiques. En comparant entre eux un grand nombre d'individus appartenant à chacune de ces deux espèces, cet habile naturaliste est cependant parvenu à reconnaître des caractères différentiels suffisants pour en faire deux groupes distincts. Ces caractères dont nous avons vérifié l'exactitude sont les suivants : le museau est plus court et plus obtus dans l'Elaphe rayé que dans le Compsosome à quatre raies où la tête est un peu conique. Le premier a 23-25 rangées longitudinales d'écailles au tronc et 229-234 scutelles ventrales, tandis qu'il n'y a que 19 de ces rangées et 195-102 de ces scutelles chez le second. Le genre de vie, en outre, nous a fait classer parmi les Serpents arboricoles la Couleuvre à quatre raies de M. Schlegel ; elle se tient , en effet , dans les buissons , tandis que notre Elaphe à bandes est un humicole. Mais il faut reconnaître cependant que les analogies entre ces animaux sont nombreuses,

6. ÉLAPHE A QUATRE BANDES. *Elaphis quadri-vittatus.*
Nobis.

(*Coluber quadri-vittatus.* Holbrook.)

CARACTÈRES. Ecailles du dos carénées avec deux raies noires de chaque côté ; la plaque anale divisée, mais la pré-oculaire simple.

Sommet de la rostrale nullement rabattu sur le museau ; une pré-oculaire , deux post-oculaires ; quatrième et cinquième sus-labiales touchant à l'œil ; scutelle anale divisée. Point de lignes noires sur la tête, ni de bande allant de l'œil à l'angle de la bouche ; deux raies noires s'étendant tout le long de chaque côté du corps , raies qui sont bien distinctes, quand le fond est d'une teinte claire , mais à peine visible, quand il est d'une couleur sombre.

SYNONYMIE. 1791. *Chicken snake.* Bartr. Trav. in Florida , Carol., Georg. pag. 275.

1799. *Le Serpent poulet.* Bartr. Voy. part. Sud de l'Amér. septent. Traduct. franç. par Benoist. Tom. II, pag. 17.

1842. *Coluber quadri-vittatus.* Holbrook. North Amer. Herpet. Vol. III, pag. 89, pl. 20.

1842. *Coluber quadri-vittatus.* De Kay. New-York. Fauna, part. 3, pag. 41. Ce n'est point le *Coluber quadri-virgatus* de M. Schlegel.

1853. Baird and Girard Catalogue, part 1, pag. 80, n° 7. *Scotophis quadri-vittatus.*

DESCRIPTION.

FORMES. Le corps est long, un peu fusiforme ; la tête légèrement ovalaire, est plus allongée chez les jeunes sujets que chez les adultes.

ECAILLURE. Le museau n'est pas proéminent. La plaque rostrale, dont le
sommet n'est nullement rabattu sur le museau, a une largeur presque double de sa hauteur. La ligne de jonction des plaques pré-frontales et des
inter-nasales forme un angle obtus ouvert en arrière. On remarque au devant de l'œil, comme dans les autres Elaphes, un sillon longitudinal surtout formé par la concavité de la plaque pré-oculaire.

Les écailles du tronc sont ovalo-losangiques, d'autant plus ovalaires,
qu'elles sont plus antérieures et acquièrent de plus en plus la forme losangique, qu'elles occupent une région plus voisine de l'extrémité terminale
du tronc. Celles du dos sont manifestement carénées jusqu'à l'origine de
la queue. Comme dans tous les Elaphes, les latérales qui sont plus grandes
sont lisses.

Ecailles : 25-27 rangées longitudinales au tronc, 8 à la queue.

Scutelles : 2-5 gulaires, 231-237 gastrostèges, 1 anale divisée, 82-89 urostèges divisées.

COLORATION. Les indications données par M. Holbrook sont parfaitement exactes, comme nous le prouve l'examen d'un individu encore jeune,
donné en 1847 par ce naturaliste dans un état parfait de conservation et
d'un autre déjà adulte qui vit depuis 11 années dans notre ménagerie. La
figure contenue dans le 3ᵉ vol. de l'*Erpét. de l'Amér. du Nord*, pl. 20, et
qui est la représentation d'un Elaphe à quatre bandes encore jeune est très-
exacte. Toute la surface supérieure est verdâtre, couleur d'argile, avec
quatre lignes d'un brun foncé, dont les deux supérieures seulement s'é-
tendent depuis le col jusqu'à l'extrémité de la queue. La région inférieure
est d'un blanc jaunâtre, maculé de petits points noirs, plus apparents vers
l'origine de la queue et sous cet organe que partout ailleurs. Voici maintenant la description de l'individu que possède notre ménagerie, et qui paraît
avoir acquis tout son développement : La teinte générale est un brun jaunâtre, qui devient verdâtre au niveau de la jonction des flancs avec l'abdomen, mais principalement sur les parties latérales du cou et sur la tête.
Cette nuance est plus claire encore sur les plaques sus-labiales et à
l'extrémité du museau. Quatre lignes d'un brun foncé commençant à une
très-petite distance de l'occiput règnent sur toute la longueur du tronc :
deux sont latérales et deux sont dorsales : il n'y a que celles-ci qui se continuent sur la queue. Le dessous du corps qui est blanc jaunâtre, tirant un
peu sur le vert à la partie antérieure devient, dans sa seconde moitié, jaune
rougeâtre marbré de gris noirâtre ; dans cette étendue, on remarque une

tache noire à l'une et à l'autre extrémité de chaque scutelle abdominale ;
ces taches constituent par leur succession une bande noire qui se continue
à la face inférieure de la queue. L'œil est brun jaunâtre, la pupille est
ronde, noire et bordée d'un cercle jaune, d'un aspect métallique,
comme un petit anneau d'or. Il n'y a pas de lignes noires sur la tête. A
la face inférieure de la squamme qui emboîte l'extrémité de la queue, il y
a un sillon très-marqué ; à la face supérieure de cette squamme, on en remarque un autre beaucoup moins prononcé. Cette description convient
bien à un autre grand individu dont les teintes sont malheureusement assez
altérées par l'alcool.

Dimensions. La tête a en longueur une fois et deux tiers la largeur qu'elle
présente vers le milieu des tempes, largeur qui est triple de celle du museau en avant des narines.

Les dimensions transversales de l'espace sus-inter-orbitaire sont presque
le triple du diamètre longitudinal des yeux. Le tronc est près d'un tiers
plus haut qu'il n'est large à sa partie moyenne, et sa longueur est à cette
largeur dans le rapport de 60 à 1 environ. La queue occupe plus du cinquième ou même le sixième seulement de la longueur totale qui est, chez
le plus grand de nos individus, de 1^m 81, soit :

Tête, long. 0^m 05. Tronc, long. 1^m 44. Queue, long. 0^m 52.

M. Holbrook donne les dimensions d'un Élaphe plus petit que celui
dont nous venons de parler, mais il dit que cette Couleuvre peut atteindre
six à sept pieds (anglais), ce qui diffère peu de notre exemplaire.

Patrie. M. Holbrook dit qu'on la rencontre depuis le nord de la Caroline jusqu'à la Floride, et à l'ouest jusqu'au Mississipi, mais qu'elle est entièrement inconnue dans les contrées septentrionales et moyennes des
Etats-Unis.

Mœurs. Bartram (W) (Voy. dans les part. Sud de l'Amér. sept.,
trad. par Benoist, p. 17) dépeint l'E. à quatre bandes comme un Serpent
familier qui fréquente le voisinage des maisons et des jardins. « Il pourrait
même être utile à l'homme, dit-il, si l'on savait le dresser à un certain
point, car c'est un grand mangeur de rats ; mais il est sujet à troubler les
poules dans leur incubation et à manger les poulets ; il n'a aucun venin, et
s'apprivoise très-aisément. » Les observations de M. Holbrook sont analogues aux précédentes.

Observations. Cet animal, dit ce naturaliste, quoique décrit par Bartram
dès 1791, n'avait été jusqu'alors indiqué par aucun écrivain systématique,

7. ÉLAPHE DE DEPPE. *Elaphis Deppei.* Nobis.

(*Coluber Deppei.* Musée de Berlin.)

CARACTÈRES. Une seule plaque anale, ainsi qu'une pré-oculaire; flancs non piquetés.

Sommet de la rostrale assez distinctement rabattu sur le museau ; une pré-oculaire, deux post-oculaires ; quatrième et cinquième sus-labiales touchant à l'œil. Scutelle anale entière. Point de lignes noires sur la tête, ni de bandes longitudinales sur la nuque, ni de raie allant de l'œil à l'angle de la bouche.

DESCRIPTION.

ECAILLURE. Ecailles : 27 rangées longitudinales au tronc, 8 à la queue. Scutelles : 2 gulaires, 235 gastrostèges, 1 anale non divisée, 67 urostèges divisées.

DENTS. — COLORATION. Les notes que Bibron avait sans doute prises sur les particularités du système dentaire et sur les couleurs n'ayant point été trouvées dans le petit nombre de feuillets manuscrits qu'il avait laissés sur le grand genre Elaphe, il nous est malheureusement impossible de compléter ce qui manque à cette description, puisque l'Elaphe de Deppe a été rendu au Musée de Leyde qui l'avait envoyé en communication au Musée de Paris.

DIMENSIONS. La tête a en longueur une fois et deux tiers sa largeur prise vers le milieu des tempes, largeur qui est triple de celle du museau , en avant des narines.

Les yeux ont leur diamètre longitudinal égal à la moitié de l'espace sus-inter-orbitaire.

Le tronc est d'environ un tiers plus haut et 58 fois aussi long qu'il est large à sa partie moyenne.

La queue entre ou moins pour un septième dans la longueur totale.

Le sujet qui nous offre ces diverses proportions est long de 1m 658 du bout du museau à l'extrémité de la queue, soit :

Tête, long. 0m 048. *Tronc*, long. 1m 58. *Queue*, long. 0m 23.

PATRIE. Le Musée de Leyde, à qui appartient ce Serpent , l'a reçu du Mexique.

OBSERVATIONS. Il nous a été envoyé en communication par M. Schlegel, sous le nom de *Coluber Deppei*, adopté dans le Musée d'histoire naturelle de Berlin.

8. ÉLAPHE A TACHES OVALAIRES. *Elaphis spiloides.*
Nobis.

CARACTÈRES. Écailles du dos très-fortes et carénées; de grandes taches ovales, mais pas de raies en longueur ; la tête brune.

Sommet de la plaque rostrale légèrement rabattu sur le museau ; une pré-oculaire, deux post-oculaires ; quatrième et cinquième plaques sus-labiales touchant à l'œil. Scutelle anale divisée. Point de lignes ni de taches noires sur la tête , qui est uniformément brune.

DESCRIPTION.

FORMES. La tête est assez distincte du tronc, qui est mince dans sa partie antérieure , un peu grêle et légèrement comprimé dans toute sa longueur. Le museau n'est pas proéminent.

ÉCAILLURE. La plaque rostrale, dont la hauteur est égale à la moitié de sa largeur, est très-faiblement rabattue par son sommet sur le museau. La ligne de jonction des plaques pré-frontales et des inter-nasales forme un angle obtus ouvert en arrière. Il existe un petit sillon au devant de l'œil , mais il est peu marqué.

On trouve dans cette espèce des carènes bien visibles sur les écailles de tout le dos, ce qui est un caractère commun à cette espèce et aux trois autres dites *Elaphes à quatre bandes, à tête rouge et d'Holbrook.* La squamme terminale de la queue porte un petit sillon à sa face supérieure.

Écailles : 25 rangées longitudinales au tronc , 8 à la queue.

Scutelles : 3 gulaires, 234 gastrostèges , 1 anale divisée , 80 urostèges également divisées.

DENTS. Maxillaires $\frac{16}{19}$. Palatines , 10. Ptérygoïdiennes, 19.

Ces dernières occupent sur les os qui les supportent une étendue prolongée jusqu'au niveau du corps de la deuxième vertèbre. La branche montante de l'os inter-maxillaire est légèrement élargie.

COLORATION. Le système général de coloration de cette espèce se rapproche beaucoup de celui que présente l'*Elaphe à tête rougeâtre.* Comme chez ce dernier, en effet, la teinte générale est d'un brun jaunâtre plus foncé en dessus qu'en dessous , et trois rangées de taches noires occupent la région dorsale et les flancs. Dans l'une comme dans l'autre espèce, celles de la série médiane sont à peu près quadrangulaires, mais ici, les latérales ont une forme elliptique allongée, caractéristique, et différente de la con-figuration des taches analogues de l'autre espèce, où elles sont arrondies. C'est cette particularité qui nous a fourni la dénomination spécifique de cet Ophidien.

L'abdomen est d'un brun jaunâtre assez vif à la partie antérieure ; cette teinte devient de plus en plus foncée vers les régions postérieures, et sur-tout sous la queue, par suite de l'accumulation de maculatures noires, qui ne commencent à paraître qu'à 0^m 12 ou 0^m 15 en arrière de la région gu-laire ; assez distantes d'abord les unes des autres, et irrégulièrement al-ternes, elles finissent par se confondre, tandis que sur l'abdomen de l'É-laphe à tête rouge, ce sont des taches assez régulières. Immédiatement au-dessus de l'angle formé par la ligne de jonction du flanc et de l'abdomen, on voit de chaque côté, comme sur l'espèce qui nous sert de terme de comparaison, une série de taches noires régulières. La tête est uniformé-ment brune.

DIMENSIONS. La largeur du museau au devant des narines est égale aux deux cinquièmes de celle qu'elle présente au niveau des tempes ; cette der-nière est un peu plus de la moitié de la longueur de la tête. L'espace sus-inter-orbitaire a des dimensions doubles de celles du diamètre longitudinal des yeux. Le tronc est cinquante-huit fois aussi long et une fois et un tiers environ aussi haut qu'il est large à sa partie moyenne. La longueur de la queue est comprise quatre fois et un tiers dans celle du tronc.

Telles sont les dimensions comparatives fournies par l'individu du Musée de Paris. Sa longueur totale est de 1^m 176, dont il faut déduire pour celle de la queue 0^m 21, et pour celle de la tête 0^m 036, de sorte que le tronc est long de 0^m 93.

PATRIE. Ce spécimen unique de l'espèce inédite que nous venons de dé-crire, est comme l'*Élaphe à tête rouge* et comme l'*Élaphe de Holbrook*, originaire de l'Amérique du Nord : il provient de la Nouvelle-Orléans.

9. ÉLAPHE A TÊTE ROUGEATRE. *Elaphis rubriceps*.
Nobis.

CARACTÈRES. Les mêmes que ceux de l'espèce qui précède, mais le dessus de la tête rouge et non noir.

Sommet de la rostrale nullement rabattu sur le museau ; une pré-oculaire, deux post-oculaires ; quatrième et cinquième sus-labiales touchant à l'œil. Scutelle anale divisée. Point de lignes noires sur le bouclier céphalique, ni de bande sur les tempes, qui sont uniformément rougeâtres, ainsi que le dessus de la tête.

DESCRIPTION.

Nous ne possédons qu'un seul représentant de cette espèce, et comme il est monté, nous ne pouvons pas attacher une grande importance à l'ensemble de sa conformation générale et à celle de sa tête en particulier, dont les parties molles, en se desséchant, ont nécessairement altéré un peu la forme.

ÉCAILLURE. La plaque rostrale n'est nullement rabattue sur le museau. La ligne de jonction des plaques pré-frontales et des inter-nasales représente un angle obtus ouvert en arrière. Comme dans les Élaphes jusqu'ici décrits, il y a au devant de l'œil, un petit sillon, par la concavité de la plaque pré-oculaire. Comme chez les *Élaphes à quatre bandes*, et d'*Holbrook*, il y a, sur les écailles de la partie médiane du dos, des carènes qui se voient bien sur toute la longueur du tronc. La scutelle anale est-elle divisée ? Il y a tout lieu de le croire, à cause des nombreures analogies qui rapprochent cette espèce, des deux que nous venons de nommer où cette division existe, mais le mauvais état de conservation des plaques dans cette région s'oppose à un examen direct. Il en est de même pour la squamme terminale de la queue ; elle manque : ni l'existence, ni la position de son sillon ne peuvent être indiqués.

Nous ne donnons pas le nombre des DENTS, ne possédant point de tête osseuse séparée de cet Élaphe.

Écailles : 25 rangées longitudinales au tronc, 12 à la queue.

Scutelles : 1 gulaire, 200 gastrostèges, 66 urostèges divisées.

COLORATION. Il existe dans la disposition des couleurs dont les téguments de cet Ophidien sont revêtus, des particularités bien propres à le distinguer des espèces dont il est le plus voisin. Sur un fond brun jaunâtre uniforme, plus foncé cependant en dessus qu'en dessous, il existe trois séries longitudinales de grandes taches noires ; l'une de ces séries occupe le milieu du dos ; les deux autres sont latérales et les maculatures qui constituent ces dernières, un peu plus petites que celles de la région médiane, leur sont alternes, mais elles occupent une position symétrique sur l'un et l'autre flanc.

Toute la face inférieure de l'abdomen et de la queue est ornée de taches noires assez grandes, plus ou moins irrégulièrement quadrangulaires, presque partout alternes et formant trois rangées, dont les deux latérales occupent l'angle formé par la jonction du flanc et de l'abdomen.

Un fait très-notable enfin est la couleur rougeâtre prononcée des parties supérieure et latérales de la tête, qui ne porte aucune bande ou raie noire.

L'altération légère, il est vrai, qu'entraîne dans les formes le montage, nous oblige à omettre l'indication des dimensions comparatives des différentes régions de la tête et de celles de la hauteur ainsi que de la largeur du tronc à sa partie moyenne. La longueur totale de notre *Élaphe à tête rougeâtre* est de 1ᵐ 83, dont 0ᵐ 042 pour la tête, 1ᵐ 728 pour le tronc, et 0ᵐ 260 pour la queue, dont la longueur, par conséquent, n'est guère que le sixième de celle du corps.

PATRIE. Nous ne connaissons pas exactement le lieu d'origine de ce Serpent, mais il est de l'Amérique du Nord d'où il a été rapporté par M. de Castelnau.

10. ÉLAPHE D'HOLBROOK. *Elaphis Holbrookii*. Nobis.

CARACTÈRES. Dessus du tronc recouvert de grandes écailles carénées ; pas de taches ni de raies sur les flancs ; l'anale divisée.

Sommet de la rostrale nullement rabattu sur le museau ; une pré-oculaire, deux post-oculaires ; quatrième et cinquième sus-labiales touchant à l'œil. Scutelle anale divisée. Point de lignes noires sur la tête ; une apparence de bande allant de l'œil à l'angle de la bouche.

DESCRIPTION.

FORMES. La tête, assez distincte du tronc, est ovalaire ; le museau n'est pas proéminent.

ECAILLURE. La plaque rostrale, dont le sommet n'est nullement rabattu sur le museau, a une largeur presque double de sa hauteur. La ligne de jonction des plaques pré-frontales et des inter-nasales forme un angle obtus ouvert en arrière. Il existe, au devant de l'œil, un sillon peu profond, surtout formé par la concavité de la plaque pré-oculaire. La forme des écailles, leurs dimensions relatives, la disposition de leurs carènes ont la plus grande analogie avec ce qui s'observe, sous ces différents rapports, dans l'*Élaphe à quatre bandes*.

Nous ne parlons pas de la squamme qui emboîte l'extrémité de la queue, parce que cette squamme manque sur nos deux individus.

Ecailles ; 25-27 rangées longitudinales au tronc, 8 à la queue.

Scutelles : 2 gulaires, 233-237 gastrostèges, 1 anale divisée, 82-85 urostèges divisées.

DENTS. Maxillaires. $\frac{17}{20}$. Palatines, 10. Ptérygoïdiennes, 20.

Ces dernières occupent une grande étendue sur les os ptérygoïdiens, car la dernière de chaque côté correspond au niveau de l'articulation de l'atlas avec la vertèbre suivante.

La branche montante de l'os inter-maxillaire est large et assez aplatie.

COLORATION. Le caractère le plus propre à faire distinguer cette espèce de l'*Elaphe à quatre bandes* se trouve dans le système de coloration ; car la rayure, d'où ce dernier tire son nom , manque complètement ici. La teinte générale , en effet, est un brun uniforme assez foncé, noirâtre même sur un de nos exemplaires.

La face inférieure est d'un brun jaunâtre , assez vif ·à la partie anté- rieure, mais qui bientôt s'obscurcit graduellement par l'accumulation de maculatures grises, à tel point même que, sous la queue, la teinte est d'un brun noir. On ne voit, sur la tête, aucune raie ; elle est complètement brune à sa partie supérieure. Les plaques sus-labiales sont jaunâtres , mais elles offrent vers leur bord supérieur un pointillé noir , qui simule comme une apparence de bande allant de l'œil à la commissure des lèvres.

DIMENSIONS. La longueur de la tête est à peu près le double de sa largeur au niveau des tempes ; cette dernière est presque le triple de celle du mu- seau au devant des narines. Le diamètre longitudinal des yeux est égal à la moitié de l'espace inter-orbitaire. Le tronc est 54 fois aussi long et une fois et un tiers environ aussi haut qu'il est large à sa partie moyenne.

La longueur de la queue est comprise quatre fois et demie dans celle du tronc.

Dimensions du plus grand des deux individus du Musée de Paris :

Longueur totale , 1ᵐ 664. *Tête*, long. 0ᵐ 046. *Tronc* , long. 1ᵐ 33. *Queue*, long. 0ᵐ 288.

PATRIE. Cet Elaphe est originaire des Etats-Unis de l'Amérique du Nord ; un de nos échantillons provient de New-York, d'où il a été rapporté par M. Milbert ; l'autre, donné par M. Holbrook, est de Charlestown. Cet habile naturaliste ne l'ayant pas décrit, nous avons été heureux, nous con- formant d'ailleurs, au désir exprimé par Bibron, de pouvoir lui témoigner, par la dédicace de cette espèce encore inédite, la haute estime que lui mé- rite son grand et si bel ouvrage sur les Reptiles de l'Amérique sep- tentrionale.

11. ÉLAPHE TACHETÉ. *Elaphis guttatus.* Nobis.

(*Coluber guttatus.* Linné.)

CARACTÈRES. Tout le dessus du tronc couvert de grandes écailles carénées, mais peu apparentes ; beaucoup de taches sur le tronc. Sommet de la rostrale nullement rabattu sur le museau ; une

REPTILES, TOME VII.　　18.

pré-oculaire, deux post-oculaires; quatrième et cinquième sus-labiales touchant à l'œil. Scutelle anale divisée; 27 rangées longitudinales d'écailles au tronc, dont toutes les dorsales sont faiblement carénées. Des raies noires sur la région sus-céphalique et sur les tempes.

Synonymie. 1743. *Anguis e rubro et albo varius.* Catesby. Hist. Carol. Tab. 55.

1766. *Coluber guttatus.* Linn. Syst. nat. édit. 12, tom. I, pag. 385. Exclus. synonym. *Anguis.* Catesby. Hist. Carol.-Tab. 60.

1771. *Anguis e rubro et albo varius.* Catesby. Hist. Carol., pl. 55.

1771. *Le Chapelet (Colub. guttatus,* Linné). Daubenton. Dict. anim. Quad. ovip. Serp. Encyclop., pag. 602. Exclus. synonym. *Anguis.* Catesby. Hist. Carol. Tab. 60.

1788. *Coluber guttatus.* Gmelin.Syst. nat. Linn. Tom. I, part. 3, pag. 1110 , n.º 284. Exclus synon. *Anguis.* Catesby. Hist. nat. Carol. Tab. 60.

1789. *La Tachetée.* Lacépède. Hist. nat. Quad. ovip. Serp. Tom. II , pag. 329 (1).

1789. *La Mouchetée.* Lacépède. Id. T. II, p. 282,

1789. *La Tachetée.* Bonnaterre. Tabl. encyclop. méth. Ophid. pag. 19.

1790. *Zusammengedrückte natter.* Merrem. Beitr. part. 2, p. 39, pl. 11.

1802. *Coluber carolinianus.* Shaw. Gener. Zoolog. vol. III, part. 2, pag. 460 , pl. 119.

1802. *Coluber compressus.* (Donndorff). Bescht. de Lacepede's naturgesch. Amph. Tom. IV, pag. 236, pl. 36, fig. 2. (Cop. des Beytr. de Merr. part. 2, pl. 11.)

1802. *Coluber maculatus.* Latreille. Hist. Rept. Tom. IV, pag. 73 (d'après *la Tachetée* de Lacépède.)

1802. *La Couleuvre cannelée.* Latreille. Hist. Rept. Tom. IV, pag. 108, pl. en regard, fig. 2.

(1) La description de la Couleuvre tachetée de Lacépède est faite en partie d'après un individu de cette espèce, en partie d'après la figure 60 de Catesby, qui représente un Serpent très-différent.

1803. *Coluber molossus.* Daudin. Hist. Rept. Tom. VI. p. 269.

1820. *Natrix guttatus.* Merrem. Tent. syst.amph., pag. 99.

Natrix maculatus. Ejusd. loc. cit., pag. 124.

Coluber pantherinus. Ejusd. loc. cit., pag. 102.

1827. *Coluber maculatus.* Harlan. Gener. North Amer. Rept. in Journ. acad. nat. scienc. Philadelph. Vol. V, pag. 362.

Coluber molossus. Ejusd. loc. cit. pag. 363.

Coluber floridanus. Ejusd. loc. cit., pag. 360. (Suivant l'opinion d'Holbrook.)

1835. *Coluber floridanus.* Harlan. Med. and Physic. Researches. pag. 124.

Coluber maculatus. Ejusd. loc. cit., pag. 125.

Coluber molossus. Ejusd. loc. cit., pag. 126.

1837. *Coluber guttatus.* Schlegel. Ess. Physion. Serp. Tom, I, pag. 149 ; tom. II, pag. 168. Exclus. synonym. *La Couleuvre triangle.* Lacép. (*Ablabes triangulum.* Nobis.)

1842. *Coluber guttatus.* Holbrook. North Americ. Herpet. Vol. III, pag. 65, pl. 14.

1853. Baird and Girard. Catal. part. 1, pag. 78, n.º 6. *Scotophis guttatus.*

DESCRIPTION.

FORMES. Un caractère assez frappant de cette espèce est la conformation de la tête, qui est étroite , allongée et présente un volume peu considérable comparativement à celui du corps. Le museau est obtus.

ÉCAILLURE. La plaque rostrale, dont la hauteur égale les deux tiers de sa largeur, est très-peu proéminente et ne se rabat point sur le museau. Toutes les plaques sus-céphaliques sont proportionnellement moins larges, par suite même de l'étroitesse de la tête, que dans les autres Elaphes. Il n'y a qu'une plaque pré-oculaire un peu concave ; de cette concavité et du mode de jonction du bord supérieur des plaques sus-labiales avec cette plaque, avec la frénale et avec les nasales postérieure et antérieure , il résulte un petit sillon au devant de l'œil. Il existe deux post-oculaires. Le bord inférieur de l'orbite est formé par les quatrième et cinquième plaques de la lèvre supérieure. Les écailles du tronc sont ovalo-losangiques ; les dorsales présentent, dans toute l'étendue du tronc, une très-faible carène, moins apparente en avant que partout ailleurs; elles sont plus petites que les latérales qui ne sont point carénées. A la face supérieure de la squamme

18.*

terminale de la queue, il existe un petit sillon qui se prolonge même entre les deux ou trois dernières écailles caudales.

Ecailles : 27 rangées longitudinales au tronc, 6-8 à la queue.

Scutelles : 2-3 gulaires ; 216-231 ventrales ; 1 anale divisée ; 62-81 sous-caudales divisées.

Dents. Maxillaires, $\frac{18}{21}$. Palatines, 10. Ptérygoïdiennes, 19.

Ces dernières s'arrêtent à deux millimètres en avant du trou occipital.

Coloration. L'alcool altère les couleurs de cet Elaphe, dont les nuances agréablement variées chez l'animal vivant forment de jolis dessins assez exactement représentés dans la pl. 14 du 3.ᵉ vol. de l'Erpétologie de M. Holbrook, comme nous avons pu nous en assurer sur un individu donné par M. Harpert et qui a vécu dans notre Ménagerie et sur d'autres individus, dont le séjour dans la liqueur conservatrice ne remonte pas à une époque très-éloignée. La teinte générale de la face supérieure est un brun rougeâtre. Sur toute la longueur du dos et de la queue, on voit une série de taches irrégulièrement quadrilatères, séparées entre elles par des intervalles d'autant moins grands qu'ils s'éloignent davantage de la tête. Les dimensions de ces taches présentent également une diminution graduelle. Elles sont d'un brun rouge plus vif que le fond, et qui a été, avec justesse, comparé par M. Holbrook, à la couleur de poussière de brique pilée ; leur pourtour est bordé de noir. Sur les flancs, il existe une autre série de taches rougeâtres, irrégulières, qui sont plus claires que les précédentes, et qui le plus souvent n'ont pas de bordure comme elles et leur sont alternes.

Sur la tête, on remarque, constamment deux taches qui sont de la même couleur que celles du dos et qui résultent d'un double prolongement en avant de la tache dorsale la plus antérieure. Elles circonscrivent entre elles un espace ovalo-losangique dont la teinte est plus claire, puisque c'est celle du fond même ; elles se réunissent au niveau de la plaque frontale et comme elles sont bordées de brun noirâtre, il en résulte que cette plaque est toujours traversée vers sa partie moyenne par une ligne noire, dont les extrémités se prolongent sur l'occiput. En avant de celle-ci, il s'en trouve une autre de courbure et de longueur semblables, qui le plus souvent passe sur la ligne de jonction des plaques frontale et pré-frontale. Derrière l'œil, on remarque une autre tache de la même nuance que celles de la partie supérieure de la tête, entourée comme elles d'un filet noir et se portant obliquement vers l'angle de la bouche. De petites maculatures noires, irrégulières, occupent les lignes de jonction des plaques dont les lèvres supérieure et inférieure sont garnies. Les scutelles abdominales sont ou complètement blanches, ce qui est le plus rare, ou blanches dans une moitié de leur longueur et noires dans l'autre. Cette disposition des couleurs est si régulière et il en résulte une série de taches blanches et de taches noires alternes, si exactement quadrilatères, que l'abdomen offre, jusqu'à un certain point, l'aspect d'un damier, mais sous la queue, les taches noires se transforment par leur réunion en deux lignes continues, séparées entre elles par une ligne blanche médiane.

Nous possédons de jeunes *E. tachetés* dont les couleurs ont été profondément altérées par l'alcool, mais il est probable que pendant la vie, ces couleurs sont semblables à celles des adultes, car il n'existe aucune différence aux divers âges dans la forme et la disposition des taches.

DIMENSIONS. La largeur de la tête, au niveau des tempes, est à peine égale à la moitié de sa longueur, mais elle est le double du diamètre transversal du museau au devant des narines. L'espace compris entre les deux yeux est à peu près une fois plus considérable que ne l'est l'orbite mesuré de son bord antérieur au postérieur. Le tronc est, à sa partie moyenne, une fois environ plus haut qu'il n'est large. Cette épaisseur est, relativement à la longueur du tronc, dans la proportion de 1 à 51. La queue occupe à peu près le cinquième de la longueur du corps.

Dimensions du plus grand de nos individus :

Longueur totale, 1^m 086. *Tête*, long. 0^m 031. *Tronc*, long. 0^m 88. *Queue*, long. 0^m 175.

Mais ce ne sont pas là les plus grandes dimensions que cet Elaphe puisse atteindre, car M. Holbrook en a vu un qui avait près de deux mètres.

PATRIE. Tous les échantillons de cette espèce, et nous en possédons un assez grand nombre, proviennent de l'Amérique du Nord, et en particulier, des Etats-Unis. C'est de New-York, de Charlestown, de Savannah et de la Nouvelle-Orléans qu'ils nous ont été envoyés par MM. Milbert, Noisette, Ravenelle, Harpert et Holbrook. Quant à présent, dit ce dernier, je ne puis indiquer que la Caroline du Nord comme la limite septentrionale des contrées où cette Couleuvre se rencontre.

MOEURS. L'*El. tacheté*, au rapport de M. Holbrook, se voit très-communément vers le bord des chemins, le matin ou vers la brune: il se cache pendant le jour. Il est très-doux et familier ; il fréquente le voisinage des habitations où il entre quelquefois. Il est, suivant Catesby, un grand dévastateur des poulaillers.

OBSERVATIONS. M. Holbrook présente sur l'histoire de cet Ophidien quelques remarques générales utiles à enregistrer. « La Couleuvre tachetée, dit-il, semble avoir été une pierre d'achoppement pour les Erpétologistes, comme le montre l'étendue de sa synonymie. Elle est clairement décrite dans la 12.e édit. du *Syst. naturæ*, et il n'en avait été fait mention dans aucune des éditions antérieures. Linné a fait sa description d'après un spécimen fourni par Garden, et en même temps, il rapporte, avec doute, cet animal à celui que représente la fig. 60 de Catesby. Tandis qu'il s'exprime avec hésitation, d'autres ont donné hardiment cette citation comme exacte. La pl. 60 de Catesby est le *Coluber eximius* ?? De Kay, et non la *Coul. tachetée* de Linné ; mais c'est bien cette dernière qui est figurée dans la pl. 55. Il faut en rapprocher la Couleuvre décrite par Lacépède sous le nom de *la Mouchetée* ; sa description est bonne et l'on ne peut avoir de doutes sur l'animal qu'il avait en vue, car il le rapporte au *Col. guttatus* L. Il décrit encore le même Serpent sous le nom de *la Tachetée*, d'après un individu de la Louisiane ; les couleurs indiquées sont bien celles de l'espèce qui nous occupe, avec laquelle elle est identique, comme le prouve le renvoi qu'il fait à la pl. 55 de Catesby ; il dit en outre qu'elle est commune dans la Caroline et dans la Virginie.

« Latreille, à la fin de la description du *Col. molossus*, mentionne un Serpent rapporté de la Caroline par Bosc, et qu'il pense être très-voisin de *la Tachetée* ; c'est, en effet, le même animal, ainsi que la description en donne la preuve, mais comme pour augmenter la multiplicité des synonymes, il la nomme la *Couleuvre cannelée.* »

« On ne peut pas douter que le *Col. molossus* de Daudin ne soit le *Col. guttatus* L., d'après le nombre des plaques, la disposition des couleurs, etc., et surtout d'après l'indication fournie par Bosc, qu'elle a été rapportée de la Caroline ; il parle d'ailleurs de la ressemblance de cette Couleuvre avec le *Boa constrictor.* »

« Merrem, généralement très-exact, a méconnu le *Col. guttatus* et a décrit le même animal comme une espèce nouvelle sous le nom de *Coul. panthérine*, ainsi qu'on peut facilement en avoir la preuve, en se reportant à sa description concise et pleine, mais surtout à la figure qui l'accompagne, laquelle est excellente, mais évidemment faite d'après un animal décoloré par l'action de l'alcool (Pl. 11, 2.ᵉ partie.) » (*Holbrook. t. 3, p. 67.*)

12. ÉLAPHE D'ESCULAPE. *Elaphis Æsculapii.* Nobis.

Coluber Æsculapii. Host.

CARACTÈRES. Dos d'un noir verdâtre, couvert en avant d'écailles non carénées, mais en arrière, les carènes, quoique faibles, sont apparentes ; huit plaques sus-labiales ; flancs et ventre d'un gris jaunâtre.

Sommet de la rostrale nullement rabattu sur le museau ; une pré-oculaire, deux post-oculaires ; quatrième et cinquième sus-labiales touchant à l'œil. Scutelle anale divisée. Vingt-et-une rangées longitudinales d'écailles au tronc ; celles de l'arrière du dos sont seules uni-carénées, et encore très-faiblement. Point de raies noires sur la tête ; une grande tache jaune en arrière de l'angle de la bouche.

SYNONYMIE. 1621. *Anguis Æsculapio sacer.* Gesner. De Serpentibus, lib. V, in-f.º, pag. 44.

1640 ? ? *Anguis Æsculapii vulgaris.* Aldrovandi. Hist. Serp. Drac. pag. 270, cum fig.

Anguis Æsculapii niger. Ejusd. loc. cit., pag. 271 cum fig.

1657. ? ? *Anguis Æsculapii vulgaris.* Jonston. Hist. nat. Serp. Tab. 5, fig. 3. (Cop. d'Aldrovande.)

Anguis Æsculapii niger. Ejusd. loc. cit. Tab. 5, fig. 4. (Cop. d'Aldrovande.)

1693. *Anguis Æsculapii* Παρεία *Græcis.* Ray. Synops. anim. ; pag. 291.

1742. *The Common Æsculapian snake.* Owen. Charles. Nat. Hist. Serp. pl. 4, fig. 1. (Cop. d'Aldrovande.)

The black Æsculapian snake. Ejusd. loc. cit., pl. 4, fig. 2, (Cop. d'Aldrovande.)

1768. *Natrix longissima.* Laurenti. Synops. Rept. , pag. 74, n.º 145.

1779. *Coluber.* Scut. abdomin. 225, et squamar. caudal. par. 78. Scopoli Ann. II. Historico-natural; pag. 39.

1788. *Coluber flavescens.* Gmelin. Syst. nat. Linn. Tom. I , part. 3, pag. 1115. (D'après Scopoli. Ann. Hist. nat. T. II, p. 39.)

Coluber natrix var. B. Ejusd. loc. cit., pag. 1100. (D'après le *Natrix longissima* de Laurenti.)

1789. *Le Très-Long* (*Natrix longissima*, Laurenti). Bonnaterre. Tabl. encyclop. méth. Ophid., pag. 59, n.º 159.

1789. *Le Serpent d'Esculape.* Lacépède. Hist. nat. Quad. ovip. Serp. Tom. II, pag. 165, pl. 7, fig. 2.

1789. *La Couleuvre d'Esculape.* Bonnaterre. Tabl. encyclop. méth. Ophid. pag. 43, pl. 39, fig. 2. (Copiée de Lacépède.)

1790. *Coluber Æsculapii.* Host in Jacquin Collectanea Botan. chem. et histor. nat. Tom. IV; pag. 356. pl. 27 ; mais non la pl.

26 qui représente, non la femelle, mais une tout autre espèce , c'est-à-dire le *Tropidonotus torquatus, varietas nigra* (1).

1799. *Coluber luteo-striatus.* Gmelin in Der naturforsch. Tom. X, pag. 158, pl. 3. fig. 2.

1799. *Coluber Æsculapii mas.* Wolf in Sturm's Faun. Abtheil. III, Heft II, fig. *a.* (Cop. de celle de la pl. 27 du tom. IV des *Collect.* de Jacquin) (2).

1800. *Coluber Æsculapii.* Latreille. Hist. des Salamandres franç., pag. 30. (D'après Lacépède.)

1801. *Die Æsculap-natter.* Bescht. De Lacepede's naturgesch. amph. Tom. III, pag. 318, pl. 13 *a,* fig. 1. (Copie de celle de Lacépède.)

1801. *Die Æsculap-natter.* Bescht. De Lacepede's naturgesch. amph. Tom. III, pl. 13 *b,* fig. 1. (Mauvaise copie de la fig. de la pl. 27 du tom. IV des *Collectanea* de Jacquin.)

1802. *Coluber Æsculapii.* Shaw. Géner. Zoolog. Vol. III , part. 2, pag. 452. (D'après Lacépède.)

1802. *Coluber Æsculapii.* Latreille. Hist. Rept. Tom. IV , p. 54. (D'après Lacépède.)

1803. *Coluber flavescens.* Daudin. Hist. Rept. Tom. VI, p. 272. . (D'après Scopoli, Ann. hist. nat. Tom. II, pag. 39.)

1803. *Coluber Æsculapii.* Daudin. Hist. Rept. Tom. VII , p. 30, jusqu'à la fin de la page 31 (d'après Lacépède). Le reste de l'article, emprunté de Host et de Sturm, se rapporte réellement à la *Couleuvre d'Esculape* et au *Tropidonote à collier* , espèces que le second de ces deux auteurs, copiste du premier, a confondues sous le nom de *Coluber Æsculapii.*

1817. *Le Serpent d'Esculape.* Cuvier. Règne anim. 1.ʳᵉ édit. , tom. II, pag. 71. Exclus synon. *Coluber Æsculapii,* Shaw. (Esp. indéterminable.)

1820. *Coluber Scopolii.* (Colub. Scut. abd. 225, et squam. cau-

---

(1) L'*Anguis Æsculapii* de Séba, tom. II , tab. 54, fig. 2, que Host rapporte à son *Coluber Æsculapii* est un *Herpetodryas fuscus.*

(2) Wolf donne aussi, sous le nom de *Coluber Æsculapii, fem.,* la copie de la fig. de la pl. 26 du tom. IV des *Collectanea* ; mais cette figure, comme nous le disons plus haut, est celle du *Tropidonatus torquatus* , et non du *Coluber Æsculapii.*

dal. par. 78. Scopol. ann. Hist. nat. Tom. II, pag. 39). Merrem.
Tentam. Syst. Amph., pag. 104 (1).

1823. *Coluber Æsculapii.* Metaxa. Monograf. Serp. di Rom.,
pag. 37, n.º 5, et Bibliot. ital. ossia. Giornal. litter. scienc. art.
Tom. XXXII, pag. 207.

1823. *Coluber flavescens.* Frivaldszky. Monogr. Serp. Hungar.
pag. 40.

1825. *Coluber flavescens.* Bendiscioli. Monograf. Serpent. pro-
vinc. mantov. (Giorn. Fis. Brugn. Déc. 2, vol. IX, pag. 420.)

1826. *Coluber Scopoli.* Risso. Hist. nat. Eur. mérid. Tom. III,
pag. 90.

1826. *Coluber Æsculapii.* Fitzinger. Neue Classif. Rept. p. 58.

1827. *Coluber flavescens.* F. Boié. Isis. Tom. XX, pag. 536.

Coluber Æsculapii. Ejusd. loc. cit.

1828. *Coluber Æsculapii.* Millet. Faune de Maine-et-Loire ,
pag. 632.

1829. *Le Serpent d'Esculape.* Cuvier. Règne anim., 2.ᵉ édit. ,
tom. II, pag. 84.

1830. *Zamenis (Coluber Æsculapii,* Metaxa). Wagler. Syst.
amph., pag. 188. Exclus. synonym. *Colub. Æsculapii.* Lacépède.
(Esp. indéterminable.)

1832. *Coluber Æsculapii.* Andrzejowski. Nouv. Mém. Sociét.
impér. natur. Mosc. Tom. II, pag. 321, tab. 22, fig. 2. *Amphibia
nostratia.*

1832. *Coluber flavescens.* Lenz. Schlangenkund , pag. 509 ,
pl. VI.

Coluber Æsculapii. (Metaxa). Ejusd. loc. cit., pag. 517.

1837. *Coluber flavescens* (Colub. *Sellmanni* Colub. *pannonicus,*
Colub. *Scopolii,* Auct). Schinz. Faun. Helvet. in nouv. Mém.
Societ. Helvet. scienc. nat. Tom. I, pag. 142.

1837. *Coluber Æsculapii.* Schlegel. Ess. physion. Serp. Tom.
I, pag. 144 ; tom. II, pag. 130, pl. 5, fig. 1-2. Exclus. synonym.
Le Serpent d'Esculape. Lacépède. (Espèce indéterminable). *Co-*

---

(1) Merrem cite comme s'y rapportant : *Colub. Sellmanni* , Nau,
Entdeck. V. Beob. 1, 3, 260 ; *Colub. pannonicus* du même auteur. Nous
n'avons pu vérifier l'exactitude de cette synonymie, n'ayant jamais eu l'occasion de consulter l'ouvrage d'où Merrem l'a tirée.

luber Æsculapii fem. Jacq. Collectan. Tom. IV, pl. 26. (*Tropi-donotus torquatus, varietas nigra.*)

1838. *Coluber flavescens.* Ch. Bonaparte. Faun. ital. ; fig. 62 , jeune.

1840. Ch. Bonaparte; Iconog. Faun. ital., pl. 62, var. adult. et jun., pag. et pl. sans nᵒˢ. Exclus. synonym. *Coluber girundi-cus ?* Bory de Saint-Vincent (*Coronella girundica.*) *Colubro nero.* Cetti. (*Zamenis viridi-flavus , Varietas nigra*).

1840. *Calopeltis flavescens.* Ch. Bonaparte. Amph. europ. , pag. 47 et Memor real. Academ. scienc. Torin. Serie II, tom. II, pag. 431. Exclus. synonym. *Coluber girundicus ?* Bory de Saint-Vincent. (*Coronella girundica*, nobis.)

1840. *Coluber flavescens. Filippo de Filippi.* Catalog. ragion. Serp. Mus. Pav. in Bibliot. italian. Tom. XCIX, pag,

1841. *Le Serpent d'Esculape.* Cuvier. Règne anim. illust. , Tom. II, pag.

DESCRIPTION.

Formes. Le corps est allongé, peu volumineux et à peine distinct de la tête qui, chez le plus grand nombre des individus, offre une étroitesse re-marquable au niveau de la région temporale. Le museau est peu proé-minent.

Ecaillure. La plaque rostrale, dont la largeur est presque le double de sa hauteur , ne se rabat point sur le museau. La pré-oculaire est unique et légèrement concave; il y a deux post-oculaires , huit sus-labiales pré-sentant parfois quelques irrégularités, par suite de la division , soit com-plète, soit incomplète de l'une d'elles ; dans tous les cas normaux , ce sont les quatrième et cinquième qui forment la partie inférieure du limbe de l'orbite. On ne commence à distinguer les carènes des écailles dorsales que dans la seconde moitié du tronc, elles y sont d'ailleurs très-peu marquées. Il existe sur la squamme terminale de la queue un sillon qui s'observe le plus souvent à sa face supérieure.

Ecailles : Sur 23 individus de taille différente, et dont nous avons compté les rangées longitudinales des écailles du tronc, nous en avons trouvé un qui en a 25 rangées, douze qui en ont 23 , et enfin dix qui n'en ont que 21. Le nombre de ces mêmes rangées à la queue est de 6 le plus ordinai-rement; nous n'en avons trouvé 8 que quatre fois.

Scutelles : 1-2 gulaires , 214-227 gastrostèges, 1 anale divisée , 68-88 urostèges divisées.

DENTS. Elles ont été comptées sur deux têtes.

Maxillaires, $\frac{18}{23}$. Palatines, 10. Ptérygoïdiennes, 12.

La limite postérieure de ces dernières est un peu en deçà du trou occipital.

COLORATION. Il existe chez tous les individus de cette espèce une grande uniformité dans la disposition des couleurs, qui ne subissent presque aucune altération dans l'alcool, comme nous avons pu facilement le vérifier dans la Ménagerie d'après l'animal vivant, et la description suivante a été faite d'après la comparaison de plusieurs des Élaphes qui y ont vécu.

La teinte générale est un brun olivâtre uniforme en dessus, et un blanc jaune verdâtre en dessous. Sur les flancs, plus rarement sur la région dorsale, un certain nombre d'écailles et, en particulier, les plus voisines des scutelles abdominales portent, soit à leur bord supérieur, soit à leur bord inférieur, ce qui est moins fréquent, soit enfin quelquefois à l'un et à l'autre une petite tache blanchâtre. La réunion de ces fines mouchetures constitue un piqueté blanc, irrégulier, peu marqué, plus apparent sur les parties antérieures du tronc que sur les postérieures où il disparaît graduellement. Le dessus de la tête se confond tout-à-fait avec le dos par son système de coloration; on n'y remarque aucune raie noire; mais derrière la commissure des lèvres, sur les côtés de la nuque, il existe de chaque côté une tache d'un jaune assez vif. Les lèvres sont colorées à peu près de même, surtout à leur partie postérieure, car plus en avant, à la supérieure surtout, la nuance est moins vive. Une tache gris noirâtre recouvre toujours la suture des quatrième et cinquième plaques sus-labiales; une autre semblable, mais plus grande, occupe un espace irrégulier derrière l'œil.

Sur un jeune individu, nous voyons que la teinte des régions supérieures au lieu d'être uniformément brun verdâtre comme chez l'adulte, est d'un brun gris ocellé de taches brunes également, mais tirant sur le vert et disposées en séries, de façon à former sur toute la longueur du tronc un quadruple rang de lignes que leur teinte plus foncée que le reste rend bien apparentes. Le dessous est, en avant, d'un blanc jaunâtre irrégulièrement tacheté de brun et devenant vers la queue d'un gris d'acier. Nous retrouvons d'ailleurs, comme à un âge plus avancé, les taches jaunes latérales de la nuque et les lignes noires, tant de la région postérieure à l'œil que de la suture des quatrième et cinquième plaques sus-labiales. M. le prince Ch. Bonaparte indique des variétés de climat distinctes par quelques différences de coloration. Ainsi, il dit que dans les Appenins jusqu'au Metro, rivière du duché de Spolette, ce Serpent est jaunâtre, et que dans la Sicile, il offre, de chaque côté du tronc, une ligne d'un brun rouge tirant sur le noir. Nous n'avons pas eu occasion de constater ces particularités.

DIMENSIONS. Le rapport de la longueur de la tête à sa largeur , prise au niveau de la région temporale n'est pas le même pour tous les individus ; il est, en effet, de 1 à 2/3 chez ceux à tête large , tandis qu'il est de 1 à 1/2 chez ceux à tête étroite qui sont les plus nombreux. Les dimensions transversales du museau au devant des narines restent sensiblement égales chez les uns et chez les autres, il en résulte que la tête des premiers est plus conique que celle des seconds. La largeur de la région sus-inter-orbitaire est le double du diamètre longitudinal des yeux. Le tronc est 58 à 60 fois aussi long qu'il est large à sa partie moyenne. La queue est contenue au moins quatre fois et demie dans la longueur du corps et au plus, près de six fois.

L'individu le plus grand de la collection donne les dimensions suivantes :

Tête , long. 0^m,032. *Tronc* , long. 1^m,134. *Queue* , long. 0^m,279. *Longueur totale*, 1^m,45.

Cette espèce, au reste, peut atteindre une taille plus considérable ; ainsi , M. Schlegel en a vu des individus longs de 1^m,50 à 1^m,60, mais le plus ordinairement, ils ne dépassent pas 1^m à 1^m,35.

Nous ajoutons ici, en note (1), une description abrégée du Serpent dont il s'agit, et donnée par Metaxa ; elle contient quelques détails intéressants. (pag. 37, n.º 5.)

---

(1) *Couleuvre d'Esculape.* Dos d'un noir verdâtre , flancs et ventre d'un gris jaunâtre.

Aldrovandi, 270 , Anguis Æsculapii Vulgairement Saestoné.

Commune aux environs de Rome.

La tête est couverte par trois ordres d'écailles rhomboïdales en comprenant une marque postérieure. Deux lignes verticales noires s'étendent du bord inférieur de l'œil touchant à cette marque postérieure. Deux taches noires, triangulaires , se prolongent du limbe postérieur de l'œil jusqu'à la terminaison de la nuque.

Dos caréné, d'un brun marron, avec vingt-quatre rangées d'écailles carénées.

Les côtés sont d'un brun plus clair comme enfumés de gris , avec deux taches aux extrémités des plaques et des demi-plaques de la queue ; chaque écaille qui touche les plaques est bordée de blanc, et lorsque le Reptile se meut , elles prennent la forme de la lettre X. On voit là une rangée de petites écailles triangulaires blanchâtres : les écailles sont rhomboïdales plus longues et plus larges que celles du dos.

L'abdomen est brillant, d'un jaune de paille ou d'un gris cendré clair, ou bien encore d'un jaune blanchâtre couleur de soufre. Le fond des écailles est parfois pointillé de petites marques d'un noir ou d'un roux de garance parfois sans taches : la queue est souvent de la même couleur que le dos.

La longueur totale est de trois à quatre pieds ; les écailles au nombre de deux cent vingt-sept rangées transversales ; les plaques de quatre-vingts.

13. ÉLAPHE A LUNETTES. *Elaphis conspicillatus.* Nobis.
(*Coluber conspicillatus.* Boié.)

CARACTÈRES. Semblable à l'Élaphe d'Esculape, mais différent pour les couleurs et le nombre des plaques sus-labiales, qui n'est que de sept.

Plaque rostrale nullement rabattue sur le museau; une pré-oculaire; deux post-oculaires; une frénale petite, non oblongue; scutelle anale divisée; sept plaques sus-labiales. Deux lignes noires courbes, parallèles sur le museau, s'étendant jusqu'à la lèvre supérieure; une troisième ligne formant un angle, dont le sommet est dirigé en avant, et sur l'occiput, une tache noire en massue.

SYNONYMIE. 1826. *Coluber conspicillatus.* Boié. Isis, Tom. XIX, pag. 210.

1837. *Coluber conspicillatus.* Schlegel, Ess. physion. serp. T. I, pag. 150; Tom. II, pag. 171, n.º 27.

1838. *Coluber conspicillatus.* Schlegel, Fauna Japonica Rept. Pag. 85, pl. 3.

DESCRIPTION.

FORMES. La tête est assez courte et peu distincte du tronc, dont les formes sont légèrement ramassées et qui est un peu comprimé. La queue est courte.

ECAILLURE. La forme et la disposition des plaques de la tête ne nous of-

---

Ce Serpent a été regardé comme étant celui d'Épidaure, dont l'image est le symbole de la divinité protectrice, c'est pourquoi on en a orné la massue d'Esculape qui entoure son bâton. Ce Serpent, sous les consulats de Q. Fabius et de G. Brutus, fut apporté à Rome à l'occasion de la peste et vénéré dans l'île du Tibre où l'on voit encore dans les jardins de Saint-Bartholomée sa figure sculptée sur une barque en marbre.

Le Serpent d'Esculape se défend contre les attaques; il fait des efforts pour mordre, et se raidit contre la douleur, mais on parvient à l'adoucir et il perd son caractère en devenant docile à l'homme.

L'alcool altère ses couleurs, ce qui lui a fait donner plusieurs noms. Il ne faut pas le confondre avec le coluber Æsculapii de Linné, qui est une espèce américaine.

frent rien de particulier à signaler. Il y a sept plaques sus-labiales, tandis que tous les autres Élaphes en ont huit ; la troisième et la quatrième touchent à l'œil ; la frénale n'est pas oblongue, elle est irrégulièrement quadrilatère et petite. Les plaques sous-maxillaires postérieures, au lieu d'être parallèles, comme dans les espèces déjà décrites de ce sous-genre, sont disposées de façon à former un angle assez ouvert, dont le sommet est dirigé en avant. La ligne saillante des écailles dorsales médianes n'est qu'à peine indiquée et commence à se voir seulement au-delà de la première moitié du corps. La scutelle anale est divisée, ainsi que les sous-caudales. La squamme emboîtant l'extrémité de la queue ne porte pas de sillon.

Écailles : 21 rangées longitudinales au tronc, 6-8 à la queue.

Scutelle : 1-2 gulaires, 212-215 gastrostèges, 1 anale divisée, 67-70 urostèges également divisées.

DENTS. Elles ont été comptées sur deux têtes.

Maxillaires $\dfrac{16\text{-}17}{21}$; palatines 10 ; ptérygoïdiennes 13 s'étendant sur les os ptérygoïdiens jusqu'à l'articulation de l'occipital avec la première vertèbre.

PARTICULARITÉS OSTÉOLOGIQUES. Les os du nez ont la forme d'un parallélogramme assez régulier ; la branche montante de l'os inter-maxillaire, se dirige directement en haut, sans se porter en arrière ; elle est applatie et représente assez exactement un quadrilatère, dont le côté inférieur se confond avec la portion transverse de l'os.

COLORATION. M. Schlegel qui a vu des individus de cette espèce dont les teintes n'avaient pas encore été altérées par l'alcool, dit que le dessus du corps est d'un rouge de brique pâle, tirant tantôt sur le brun, tantôt sur le gris. Nous ne retrouvons des traces de cette coloration primitive que sur deux jeunes individus de la collection, et c'est plutôt encore un gris légèrement rougeâtre, qu'une nuance semblable à celle que désigne le savant erpétologiste hollandais.

Les individus adultes sont tout-à-fait gris en dessus. On voit sur toute la région dorsale, depuis la tête jusqu'à l'extrémité de la queue, des lignes noires transversales, un peu sinueuses, assez également espacées et dont les distances ne sont jamais au-dessous de 0^m005, ni au-dessus de 0^m01. Elles descendent à peine sur les flancs, qui portent eux-mêmes d'autres petites lignes noires trop courtes pour atteindre le dos et alternes avec les précédentes, mais celles d'un côté ne sont point alternes avec celles du côté opposé.

Il y a sur la tête des lignes noires courbes, dont la disposition régulière et constante doit être indiquée avec détails, car c'est du dessin formé par elles que le nom de l'espèce est emprunté.

La plus antérieure de ces lignes passant sur la jonction de la plaque rostrale et des inter-nasales vient se perdre, de chaque côté, sur les premières plaques sus-labiales.

La seconde, parallèle à la précédente, décrit comme elle une courbe dont la concavité regarde en arrière. Elle est située sur le bord postérieur de la pré-frontale et sur le bord antérieur de la frontale, au niveau de leur réunion et de celle de chacune des sus-oculaires avec la pré-oculaire correspondante; elle gagne ainsi le bord supérieur de l'orbite; elle se divise alors : une de ses branches descend directement en bas sur la troisième et la quatrième plaques sus-labiales; l'autre branche, continuant la direction oblique d'avant en arrière de la ligne dont elle provient, 'se porte au coin de la bouche.

La troisième bande enfin, représente un angle, dont le sommet atteint a partie moyenne de la plaque frontale ; chacune des branches de cet angle se dirige en arrière, parallèlement à la ligne qui va de l'œil à la commissure des lèvres et se réunit, en arrière de la tempe, à la plus antérieure des taches latérales précédemment décrites.

Il y a, comme l'a indiqué Boié, qui a, le premier, nommé ce serpent, une certaine analogie grossière, il est vrai, entre cette figure et celle qui représenterait une paire de lunettes.

Enfin, pour compléter la description de ces dessins de la tête, ajoutons que du milieu de la première ligne transversale du tronc il part une ligne noire longitudinale médiane, un peu renflée à son extrémité libre, comme une massue, et atteignant le bord postérieur des plaques pariétales.

Tout ce système de coloration, très-apparent sur les jeunes individus, tend à disparaître de plus en plus, à mesure que l'animal se développe davantage, ainsi que l'a noté M. Schlegel ; de sorte que sur un de nos individus, la teinte des parties supérieures est uniformément grise et les bandes noires de la tête sont en partie effacées.

La face inférieure d'un jaune rougeâtre est très-régulièrement marquée de taches noires quadrilatères, alternes, analogues à celles de l'*É tacheté*, et de quelques autres Serpents, de l'*Ablabès triangle*, ou du *Calopisme*, *abacure*, etc., et parfaitement apparentes à toutes les époques de la vie.

DIMENSIONS. Nous possédons des individus de différents âges, et par conséquent de tailles diverses. Celui qu'on peut regarder comme tout-à-fait adulte, à cause de la disparition presque complète des dessins noirs du tronc, est long de 0m 93 ; la *tête* est longue de 0m 025; le *tronc* de 0m 75, et la *queue* de 0m 155 ; elle égale donc le sixième de la longueur totale du corps qui est, en moyenne, 53 fois aussi long que large.

PATRIE. Cet Ophidien est originaire des îles méridionales du Japon.
C'est de ce pays que de nombreux échantillons ont été envoyés par MM.
Blomhoff, Van-Siebold et Bürger au Musée de Leyde, dont les savants
directeurs ont bien voulu donner quelques-uns au Musée de Paris.

OBSERVATIONS. Le nom Japonais de cet Élaphe signifie *serpent qui habite les rives*. On le trouve, dit M. Schlegel (*Faune du Japon*, p. 85),
dans les montagnes où il s'empare des trous creusés sur les bords des ruisseaux. Il se nourrit de petits oiseaux et d'insectes.

14. ÉLAPHE DE SARMATIE. *Elaphis Sauromates.* Nobis.
(*Coluber sauromates*, Pallas.)

CARACTÈRES. Plaque anale divisée ; plus d'une plaque préoculaire.

SYNONYMIE. 1787...? *Coluber pictus*, Guildenstaedt in Pallas
Zoograph. Rosso-asiat. Tom. III, pag. 45.

1811. *Coluber Sauromates*, Pallas Zoograph. **Rosso-asiatica.**
Tom. III, pag. 42.

1831. *Coluber squromates.* Eichwald, Zoolog. Special. Rossiæ et Poloniæ Part. 3, pag. 174.

1832. *Coluber Xanthogaster.* Andrzejowski **nouv. mem.** Societ. imp. natural. Mosc. Tom. II, pag.

1833. *Élaphe Pareyssii.* Fitzinger in Wagler Icon. et Descript.
amphib., tab. 27. (Belle figure et longue description.)

1840. *Élaphis Pareyssii.* Ch. Bonaparte. Amphib. Europ.,
pag. 50 et Memor. Real. Academ. Scienz. Torin. Ser. 2, Tom. II.

1840. *Coluber sauromates.* Nordmann, Voy. Russie mérid.
Comte Anatole Demidoff. Tom. III, pag. 345, Rept. Pl. 7.
Espèce douteuse.

Coluber sauromates. Pullus, pag. 346, pl. 6, fig. 2.

1841. *Tropidonotus sauromates.* Eichw. Faun. Caspio-Caucas.
pag. 111, pl. 25, fig. 1-2.

DESCRIPTION.

Cet Ophidien nous est inconnu, mais comme Pallas d'abord, et, après
lui, MM. Fitzinger et Eichwald l'ont décrit, en le distinguant de l'*E.*

Dione, nous en faisons également une espèce à part, très-voisine, il est vrai, de ce dernier, avec lequel elle paraît avoir une grande analogie, ce qui, outre la dénomination de l'*E. Pareyssii* donnée par Fitzinger à la couleuvre dont il est question, justifie la place que nous lui assignons, en la rangeant parmi les Élaphes.

Quant au rang précis qui lui appartient, il est difficile de l'indiquer, les caractères notés dans les descriptions de ce Serpent ne s'étendant pas jusqu'au détail qui nous a permis de distinguer entre eux l'*E. Dione*, l'*E. à quatre raies* et l'*E. rayé* et consistant dans la forme de la suture de jonction des plaques inter-nasales avec les frontales, selon que cette suture est transverso-rectiligne ou, au contraire, représente un angle obtus à sommet dirigé en avant. Il est cependant rationnel d'admettre que sa vraie place est à la suite de l'E. Dione.

Voici donc, en puisant aux sources mentionnées plus haut, la description de cette espèce qui est bien figurée dans Wagler (pl. 27) et dans la Faune Caspio-Caucasique (pl. 25.)

FORMES. Le corps est mince, peu charnu, alongé, fusiforme ; la tête un peu distincte du cou est oblongue, ovalaire, plane en dessus et légèrement arrondie latéralement au-dessus des lèvres ; le museau un peu alongé est obtus et arrondi, avec une légère excavation au-devant des yeux. Le dos est convexe et les flancs sont rendus un peu anguleux, par le redressement des gastrostèges.

ECAILLURE. La plaque rostrale est grande ; les pré-oculaires sont au nombre de trois dans l'animal décrit par Fitzinger (1), ce qui est sans doute une exception individuelle, puisqu'aucune autre espèce de ce genre n'a plus de deux plaques au-devant de l'œil. Les deux inférieures sont très-petites, la supérieure est fortement excavée. Il y en a deux à la partie postérieure du pourtour de l'orbite. Une anomalie analogue à la précédente s'observe aussi dans le nombre des plaques sus-labiales, dont l'auteur compte neuf, et non huit, comme dans les espèces voisines. De même que chez celles-ci, les écailles latérales qui sont les plus grandes, sont lisses, mais les carènes des médianes ne se voient qu'au milieu du tronc; à la nuque et vers la queue il n'en existe point. Elles forment, au dire de Fitzinger et d'Eichwald 24 séries longitudinales à la partie moyenne du dos, mais nous supposons qu'il y en a plutôt 23 ou 25, les ayant toujours trouvées en nombre impair. Quant aux scutelles abdominales, Pallas en a compté 102, ce qui pourrait bien être, une faute typographique comme le suppose M. Eichwald, puisque ce zoologiste en porte le nombre à 204 et

---

(1) Ce naturaliste dit avoir fait sa description d'après un spécimen unique rapporté à Vienne par Parreyss.

REPTILES, TOME VII.   **19.**

Fitzinger à 220. Les indications relatives aux scutelles sous-caudales con- cordent mieux entre elles, car elles portent 63 ou 64 séries. Elles sont d'ailleurs divisées, ainsi que celle de l'anus. Nous ne pouvons rien dire du système dentaire.

COLORATION. Chaque écaille du dos, jaunâtre à son pourtour, présente sur sa ligne médiane une coloration brunâtre, ce qui produit çà et là l'appa- rence de rayures brunes ; des taches transversales de la même couleur, dis- posées irrégulièrement à la partie supérieure du corps, sont entremêlées à d'autres taches jaunâtres.

La teinte générale des flancs est plus claire ; là, en effet, toutes les écailles sont blondes si ce n'est à leur partie moyenne où se remarque la ligne brune ou noirâtre déjà indiquée et dont la succession forme, d'une manière assez évidente, des stries longitudinales.

L'abdomen est d'un jaune uniforme clair, avec deux séries, suivant la description et la figure de Fitzinger, de taches de médiocre grandeur, les unes triangulaires, les autres arrondies, situées vers la jonction du ventre avec les flancs, mais qui ne sont point indiquées par M. Eichwald, si ce n'est à la face inférieure de la queue.

La partie supérieure de la tête, brune dans presque toute son étendue, devient noirâtre vers le vertex, avec une ligne noire oblongue, allant de l'œil à l'angle de la bouche.

DIMENSIONS. Selon Pallas, ce Serpent peut atteindre à une longueur de 5 pieds ou 1m,65 ; l'individu décrit par M. Eichwald avait 3 pieds 6 pouces ou 1m 166 dont 0m,22 pour la queue, qui se trouve être un peu moins du cinquième des dimensions totales.

II.e ou SECOND SOUS-GENRE DES ÉLAPHES.
COMPSOSOME. — *COMPSOSOMA* (1). Nobis.

CARACTÈRES. Tête plus ou moins distincte du corps, assez allongée, peu épaisse, plane en dessus ; tronc moins cylin- drique que dans l'autre sous-genre ; dos un peu caréné ; côtés de l'abdomen fortement anguleux, par suite du redresse- ment des gastrostèges sur les flancs ; queue généralement assez longue et robuste.

(1) Κομψός, ή, όν, élégant ; σῶμα, ατος, corps.

Aux caractères qui précèdent, on peut joindre les suivants :

Les neuf plaques sus-céphaliques ordinaires ; rostrale une fois plus haute qu'elle n'est large, à peine rabattue sur le museau ; deux nasales ; une frénale sub-oblongue , coupée obliquement en arrière , ce qui lui donne l'apparence d'un trapèze rectangle ; une pré-oculaire très-haute et concave, au-dessous de laquelle il en existe parfois une seconde très-petite ; deux post-oculaires. Huit ou neuf sus-labiales, dont les deux qui précèdent immédiatement les trois dernières touchent à l'œil. Les sous-maxillaires postérieures sont aussi longues ou plus longues que les antérieures et écartées en Λ. Écailles losangiques sub-égales entre elles, lisses ; les dorsales seules relevées d'une petite ligne saillante. Toutes les gastrotèges se redressent contre les flancs ; l'anale est entière, à part quelques exceptions individuelles dans une seule des espèces ; les urostèges sont divisées. Squamme emboîtant la pointe de la queue en forme de dé conique sans sillon. Côtés du ventre anguleux. Narine sub-circulaire, ouverte entre les deux nasales. Pupille ronde. Queue égale au cinquième ou au quart de la longueur totale.

TABLEAU DES ESPÈCES DU SOUS-GENRE

COMPSOSOME.

Pré-oculaire	unique; tête	conique, distincte du cou.	1. C. RAYÉ.
		allongée, non distincte .	3. C. A QUEUE NOIRE.
	double ; sus-labiales	neuf	2. C. A RAIES ROMPUES.
		huit.	4. C. A QUATRE LIGNES.

19.*

1. COMPSOSOME RAYÉ. *Compsosoma radiatum.* Nobis.
(*Coluber radiatus.* Schlegel.)

CARACTÈRES. Deux larges raies noires longitudinales, quelquefois interrompues sur le dessus du dos , d'un brun uniforme; régions inférieures jaunâtres.

Plaque frontale très-élargie à sa base et dont le sommet , par
comparaison , semble assez étroit, plus courte que les pariétales.
Neuf, et seulement par exception, huit plaques sus-labiales ,
dont les cinquième et sixième touchent à l'œil, ainsi que l'angle
supérieur et postérieur de la quatrième ; une seule pré-oculaire.
Les sous-maxillaires postérieures sont un peu plus longues que les
antérieures.

SYNONYMIE. Russel. Serp. des Indes. Vol. II, pag. 44, pl. 42.

1837. Schlegel. Physion. des Serp. Tom. II, pag. 135, pl. 5 ,
fig. 5-6. *Coluber radiatus.*

1847. Cantor. Catal. of the Malayan Rept., pag. 73.

DESCRIPTION.

FORMES. Le tronc, comprimé latéralement, est très-volumineux à sa
partie moyenne; il en résulte une certaine disproportion avec le volume de
la tête, dont la région temporale offre un élargissement qui la rend distincte du col; le museau est plutôt obtus que proéminent. La queue est
longue et robuste.

ECAILLURE. La plaque rostrale est heptagonale et enchâssée entre la première sus-labiale de chaque côté, les nasales antérieures et les inter-
nasales. A chacune de ces plaques correspond un des pans latéraux plus ou
moins distincts de cette rostrale.

Les inter-nasales représentent chacune un pentagone qui, par ses deux
bords antérieurs réunis en angle très-obtus , tient à la rostrale et à la nasale antérieure ; par son bord latéral interne, cette plaque est unie à sa
congénère. Elle adhère à la nasale postérieure par son bord latéral externe , et enfin aux pré-frontales par leur bord supérieur représentant tantôt une ligne horizontale , tantôt une ligne à concavité postérieure plus ou
moins prononcée.

Deux pré-frontales irrégulièrement pentagonales.

La frontale campaniforme est un pentagone à côtés d'inégales dimensions; les deux bords postérieurs se réunissent en formant un angle, dont le

sommet se place entre les deux pariétales ; elle est en rapport de chaque côté avec la sus-oculaire.

Celle-ci est également un pentagone irrégulier, dont les bords latéraux qui offrent les dimensions les plus considérables, forment l'un le bord supérieur de l'orbite et l'autre la ligne de jonction avec la frontale. En arrière, elle présente deux bords d'inégale longueur : le plus considérable s'unit au bord antérieur de la pariétale et le plus petit à la post-oculaire supérieure. En avant et en dehors, se voit le cinquième côté, qui tient au bord supérieur de la pré-oculaire.

Les deux pariétales grandes, un peu plus larges en avant qu'en arrière, présentent cinq pans de dimensions différentes. L'externe, plus ou moins irrégulier, offre de petits enfoncements pour les écailles temporales. Elles se réunissent sur la ligne médiane par leur bord interne. Des deux bords antérieurs l'interne, plus petit, forme, avec celui de l'autre plaque, un angle aigu ouvert en avant et dont le sinus reçoit le sommet de la frontale ; l'antérieur et externe plus long s'articule avec le bord postérieur de la sus-oculaire et avec celui de la post-oculaire supérieure.

La première plaque nasale représente un trapèze et la seconde un pentagone assez régulier.

La frénale est trapézoïde.

La pré-oculaire est taillée à cinq pans ; ses deux bords antérieurs forment, par leur réunion, un angle, dont le sommet est tourné en avant et qui s'articule, par ses bords, avec la frénale et avec la pré-frontale. Le bord postérieur concave de la pré-oculaire constitue la portion antérieure du pourtour de l'orbite. Elle touche en bas à la quatrième et quelquefois aussi à la troisième plaque sus-labiale et en haut à la sus-oculaire.

Les deux post-oculaires, d'inégale dimension, mais moins grandes à elles deux que la précédente, complètent le pourtour de l'orbite avec la sixième, la cinquième et quelquefois une partie de la quatrième sus-labiales.

Les écailles temporales sont de forme irrégulière.

Il n'y a à noter pour les plaques de la lèvre supérieure que les dimensions de la pénultième, qui dépasse toutes les autres.

La lame du menton est un triangle équilatéral.

Il y a dix paires de plaques sous-labiales.

Les sous-maxillaires postérieures, plus longues que les antérieures, s'écartent, en laissant entre elles un espace angulaire, dont le sommet est dirigé en avant.

Les écailles du dos losangiques, presque toutes égales entre elles, présentent, sur leur partie médiane, une arête qui s'étend de l'angle antérieur de la losange à son angle postérieur.

Ecailles : 19 rangées longitudinales au tronc, nombre conforme à celui qu'indique M. Schlegel, mais supérieur au chiffre 17 donné par M. Cantor comme normal ; 6-8 à la queue.

Scutelles : 2-3 gulaires, 206-239 gastrostéges, 1 anale entière, 84-101 urostèges divisées.

Dents. Maxillaires, $\frac{21}{27}$. Palatines, 13. Ptérygoïdiennes, 20.

Ce sont les mêmes nombres sur un individu adulte comme sur un jeune. Quant aux autres dents, la seule différence constatée chez ce dernier était qu'il y avait 25 dents seulement à chaque branche de la mâchoire inférieure et 12 palatines au lieu de 13.

Particularités ostéologiques. La comparaison des têtes osseuses d'un Compsosome à queue noire et d'un Compsosome rayé, espèces qui ont entre elles beaucoup d'analogie, démontre cependant une différence caractéristique, importante à signaler.

Elle consiste dans la direction des os intra-articulaires : se portant presque directement en bas dans le C. *à queue noire*, ils sont, au contraire, obliquement dirigés en arrière, mais surtout en dehors, dans la seconde espèce ; il en résulte que, malgré la similitude de longueur entre ces deux têtes qui ne présentent qu'une différence de deux millimètres depuis le condyle de l'occipital jusqu'à l'os inter-maxillaire, elles en offrent une très-marquée quand on mesure l'écartement qui sépare l'une de l'autre les extrémités postérieures des deux branches du maxillaire inférieur ; elle est, en effet, de 6 millimètres. On s'explique ainsi très-bien l'aspect différent de ces têtes revêtues de leurs parties molles, l'une offrant, en arrière, un élargissement qui n'existe point chez l'autre.

Coloration. Nous devons surtout nous en rapporter à la belle planche de Russel pour l'indication exacte de la coloration de cette espèce, car les teintes sont altérées chez la plupart des individus que possède notre Musée. Il nous est cependant facile de distinguer deux variétés, qui diffèrent par leur couleur générale et par la disposition de certaines lignes noires sur la tête.

— Variété A. C'est cette variété représentée par Russel, qui a surtout été décolorée. On juge cependant bien, par la nuance fauve des individus, que la coloration, comme le disent le naturaliste anglais et M. Cantor, (*Catalogue*), est un brun-clair, passant au jaunâtre sur le dessous, ainsi que sur les lèvres.

On distingue parfaitement une ligne noire, montant verticalement de la lèvre à l'œil, une autre obliquement dirigée en arrière et en bas, allant de l'œil à l'angle de la bouche, une troisième enfin qui, partant aussi du cercle oculaire, longe le bord externe de la plaque pariétale et se termine, par sa réunion avec celle du côté opposé, en une bande noire, qui parcourt transversalement l'occiput. A partir de cette ligne ou, ce qui se voit plus souvent chez les individus de notre collection, à trois, quatre ou cinq centimètres en arrière de cette ligne, on en voit commencer deux autres qui deviennent peu à peu plus larges et plus noires ; puis diminuant de volume, elles s'effacent graduellement et enfin disparaissent, après avoir plus ou moins dépassé le milieu de la longueur du corps.

De distance en distance, on voit des écailles d'un brun pâle, autour desquelles la peau est blanche, ainsi que le dit M. Cantor, et qui simulent, plutôt qu'elles ne les constituent véritablement, des interruptions dans ces raies qui sont le caractère spécial de ces Compsosomes.

De chaque côté, et un peu au-dessous de ces lignes noires, il en existe une autre, moins foncée, plus grêle, interrompue çà et là et se perdant à peu près au même niveau que les précédentes. Le reste du corps et la queue ont une teinte brune uniforme, plus claire sur les côtés que sur le dos. Le ventre est blanc.

Nous laissons dans cette variété, à cause de la disposition identique des lignes de la tête, un individu dont la coloration générale diffère cependant un peu de celle de ses congénères : il a, en effet, une teinte grisâtre, plutôt que brun-clair.

Les jeunes ne présentent pas de différences dignes d'être signalées, si ce n'est que leurs couleurs sont plus claires et que les régions inférieures, selon la remarque de M. Cantor, sont d'un blanc de perle.

— VARIÉTÉ B. Deux particularités distinguent cette variété de la précédente :

1.° La teinte générale est d'un brun beaucoup plus foncé, qui devient même gris noirâtre dans la seconde moitié du tronc et à la queue ; le dessous du corps est dans toute la partie antérieure d'un jaune vif, dont l'intensité va en diminuant vers la partie postérieure où cette nuance est peu à peu remplacée par une coloration grise à peine moins foncée que sur le dessus du corps. Des trois lignes noires signalées dans la description de la première variété, comme partant de l'œil, pour se rendre l'une à la lèvre, l'autre à l'angle de la bouche, et la troisième à l'occiput en longeant le bord externe de la plaque pariétale, nous ne trouvons plus ici que les deux premières ; il en résulte que la bande transversale de la région postérieure de la tête manque.

2.° Quant aux deux bandes dorsales noires, elles sont semblables en tout à celles de l'autre variété, si ce n'est que chacune d'elles, ainsi qu'on le voit chez un individu bien conservé, est comme bordée en dedans et en dehors, dans une partie de son étendue, de petites taches d'un jaune vif. Les deux bandes placées au-dessous de celles-ci s'interrompent après un trajet de quelques centimètres et sont remplacées par de grandes taches noires, espacées, qui ne s'étendent pas plus loin que les lignes du dos.

La ressemblance entre les individus jeunes et les adultes n'est pas aussi frappante dans cette variété que dans la précédente. Chez l'un d'entre eux cependant, elle est plus marquée que chez les autres. Le caractère le plus saillant consiste en une ligne blanche sur la partie moyenne du dos ; elle a son point de départ à un centimètre environ du bord postérieur des plaques pariétales, s'étend, en s'amoindrissant peu à peu, jusques vers l'extrémité du tronc et s'efface à une petite distance de l'origine de la queue. Elle tranche sur la teinte générale, qui est un gris brun tacheté de blanc. On distingue plus ou moins facilement, de chaque côté de cette ligne, une bande noire, qui cesse d'être visible au-delà du premier tiers de la longueur du tronc et au-dessous de laquelle il existe une série longitudinale de taches noires, ocellées, ayant à leur centre un point blanc. Cette bande interrompue commence, de même que chez l'adulte, par une ligne noire, de longueur variable.

Le dessous du corps est d'un jaune clair.

Dimensions. La largeur de la tête prise vers le milieu des tempes est à peu près égale aux deux tiers de sa longueur, à l'état adulte ; elle est un peu plus du double de celle du museau au devant des narines. Le diamètre longitudinal des yeux est égal à la moitié de la largeur de la région inter-orbitraire.

Le tronc est une fois et un tiers aussi haut, et une quarantaine de fois aussi long qu'il est large à sa partie moyenne.

La queue prend environ le quart de l'étendue longitudinale de tout le corps.

Les dimensions du plus grand de nos individus sont les suivantes :

Longueur totale 1^m,707 ; *tête* long. 0^m.042 ; *tronc* 1^m,33 ; *queue* 0^m,335.

Patrie. Les individus de notre Musée ont été rapportés de Java par Leschenault de la tour et Diard ; de Sumatra par Duvaucel ; par les naturalistes du voyage de l'Astrolabe et de la Zélée, et par M. Kunhardt, à qui nous devons en particulier les plus beaux échantillons de différents âges de notre Variété B, et enfin de Chine par Eydoux.

A ces diverses localités, nous devons ajouter les suivantes indiquées par M. Cantor, outre Java et Sumatra : la péninsule de Malacca, l'île de Pinang Singapore, la Cochinchine, la province de Tenasserim et le royaume d'Assam.

Moeurs. Le naturaliste que nous venons de citer dit que cette espèce est abondante dans les marais et dans les champs de riz, et que souvent, elle se tient aux abords des habitations où, durant le jour, elle reste cachée, et poursuit les rats pendant la nuit ; mais qu'elle est cependant diurne aussi, et fait sa proie de petits oiseaux, de lézards et de grenouilles. Elle se défend vigoureusement, dit-il encore, et pour s'élancer sur son ennemi, elle peut détacher du sol les deux tiers de sa longueur.

2. COMPSOSOME RAIES ROMPUES. *Compsosoma sub-radiatum*. Nobis.

(*Coluber sub-radiatus*. Schlegel.)

CARACTÈRES. Plaque pré-oculaire double; neuf sus-labiales, la cinquième et la sixième touchant à l'œil.

Frontale large à son extrémité antérieure, plus courte que les pariétales. Neuf plaques sus-labiales, dont les cinquième et sixième touchent à l'œil; deux pré-oculaires. Les sous-maxillaires postérieures sont plus longues que les antérieures.

SYNONYMIE. 1837. *Coluber* sub-*radiatus*, Couleuvre à raies interrompues. Schlegel. Essai sur la physion. des Serp. Tom. I. pag. 144, et tom. II, pag. 136.

1837-44. *Coluber sub-radiatus*. Schlegel. Abbildungen neuer oder unvollstanding bekannter Amphib. ; pag. 101. pl. 29 et pl. 28, fig. 7 et 8.

DESCRIPTION.

FORMES. Une remarquable analogie rapproche cette espèce de la première. Le museau de celle que nous allons maintenant décrire est cependant un peu plus effilé et les dimensions de la tête sont plus en rapport avec celles du tronc, dont le volume subit une augmentation insensible, depuis la tête jusqu'à la partie moyenne du corps et une diminution graduelle depuis ce point jusqu'à l'origine de la queue, qui est longue et robuste.

ECAILLURE. Il n'y a dans la disposition des plaques céphaliques aucune différence assez importante pour être mentionnée.

Écailles : 23 rangées longitudinales au tronc, 8 à la queue.

Scutelles : 2 gulaires, 228-238 gastrostèges, 1 anale entière, 91-93 urostèges divisées.

DENTS. Maxillaires $\frac{20}{24}$. Palatines, 12. Ptérygoïdiennes, 26.

COLORATION. La teinte générale est un brun-rougeâtre à peu près uniforme sur les régions dorsale et ventrale, augmentant d'intensité dans la portion postérieure du tronc.

La comparaison des animaux conservés dans l'alcool avec des dessins faits sur le vivant ont démontré à M. Schlegel que les teintes se rembrunissent par l'action de ce liquide, c'est ce qu'il nous est facile de constater par l'examen de la belle planche 29 des Abbildungen de ce savant naturaliste.

Contrairement à ce qui a lieu dans la Variété A de l'espèce précédente, mais comme cela se remarque dans la Variété B, il n'y a point de bande noire transversale sur l'occiput. Une petite ligne noire partant de l'œil se dirige en arrière et s'arrête à une très-courte distance de son origine. Sur les parties latérales du cou, il existe des taches noires placées les unes à la suite des autres, laissant entre elles des intervalles d'inégale dimension; elles sont le commencement d'une bande étroite, qui règne le long de chaque flanc et qui présente de fréquentes interruptions moins nombreuses dans la partie moyenne de son trajet qu'à son commencement et qu'à sa fin surtout où les taches deviennent de moins en moins apparentes, tellement même que ces bandes s'effaçant peu à peu, finissent par disparaître vers le milieu de la longueur du tronc.

Sur la région dorsale, deux autres bandes parallèles entre elles et aux précédentes, composées, dans la portion la plus voisine de la tête, de quelques petites taches noires peu marquées, mais bientôt plus apparentes, se continuent jusqu'au même point environ que les lignes latérales, en présentant comme elles des interruptions d'étendue variable et comme elles aussi se perdant par une dégradation insensible.

Les côtés de l'abdomen enfin offrent une série de taches noires de forme irrégulière, et dont l'ensemble avec les intervalles qui les séparent constitue sur chaque moitié latérale du corps, une troisième.raie interrompue ne dépassant pas les bandes du dos et des flancs.

DIMENSIONS. Les résultats fournis par la mensuration des différents diamètres de la tête sont trop conformes à ce que nous avons indiqué en parlant du Compsosome rayé, pour qu'il soit nécessaire de les énumérer ici. Le rapport de la longueur du tronc à sa largeur, au lieu d'être comme dans l'espèce que nous venons de citer de 40 à 1 est de 55 à 1 et il est une fois et un cinquième aussi haut que large, proportion à peu près semblable à celle de l'espèce qui nous sert de terme de comparaison. Comme dans cette dernière enfin, la queue prend environ le quart de l'étendue longitudinale de tout le corps.

Les dimensions de notre plus grand échantillon sont les suivantes : longueur totale 1^m,44 ; *Tête*, long. 0^m,037. *Tronc*, 1^m,12 ; *Queue*, 0^m,283.

PATRIE. Les Compsosomes raies-rompues du Musée de Paris proviennent de celui de Leyde auquel il en est redevable. « Parmi les découvertes intéressantes, dit M. Schlegel, dont l'expédition partie en 1827 de Batavie pour établir une colonie hollandaise à la Nouvelle-Guinée, a enrichi la science, grâce aux soins de MM. Macklot et Muller, il faut compter cette belle couleuvre, qui habite l'île de Timor où elle se trouve en abondance. »

C'est, en effet, à cette localité qu'appartiennent les trois individus très-semblables entre eux qui ont servi à notre description.

3. COMPSOSOME QUEUE-NOIRE. *Compsosoma melanurum.* Nobis.

(*Coluber melanurus.* Schlegel.)

CARACTÈRES. Frontale très-sensiblement plus étroite en arrière qu'en avant, plus courte que les pariétales. Neuf plaques sus-labiales dont les cinquième et sixième touchent à l'œil, ainsi que l'angle supérieur et postérieur de la quatrième ; une seule pré-oculaire. Les sous-maxillaires postérieures sont de même longueur que les antérieures.

SYNONYMIE. 1837. Schlegel. Phys. des Serpents. Tom. II, pag. 141. pl. 5, fig. 11 et 12, regarde comme de jeunes individus le *Colub. flavo-lineatus* ; Idem Abbildungen, tab. 5.

(Cette espèce ne doit pas être confondue avec le *Spilotes queue-noire* précédemment décrit.)

DESCRIPTION.

FORMES. L'ensemble général de la conformation de cette espèce la rap-proche surtout du *C. rayé*, à cause du volume assez considérable du corps relativement aux dimensions de la tête qui, alongée et non conique com-me dans l'espèce précédente, est à peine distincte du cou. Le tronc est assez comprimé; la partie médiane du dos est un peu saillante et comme légèrement carénée.

ÉCAILLURE. Aucune différence notable avec ce que nous avons indiqué en décrivant soigneusement la disposition des plaques de la tête dans la première espèce, ne s'observe dans celle-ci.

Écailles : 19-21 rangées longitudinales au tronc, 6-8 à la queue.

Scutelles : 2-3 gulaires, 214-224 gastrotèges, 1 anale entière, 57-102 urostèges divisées.

DENTS. Maxillaires $\frac{21}{25}$. Palatines, 12. Ptérygoïdiennes, 20.

Coloration. La teinte générale de cette espèce est un brun plus ou moins foncé. Quelques particularités de coloration nous semblent devoir motiver la description de trois variétés qu'on pourrait nommer variétés de climat.

— Variété A ou *Variété Javanaise*. — La coloration brune augmente d'intensité à la partie postérieure du tronc et à la queue, au point que ces régions deviennent d'un gris foncé presque noir, qui justifie tout-à-fait la dénomination par laquelle on désigne cette espèce. Sur tous nos individus, cette teinte est uniforme à l'exception d'un seul où l'on voit sur le dos deux bandes noires irrégulières, qui se détachant bien sur le fond dans les régions antérieures se perdent peu à peu, à mesure que celui-ci s'assombrit.

Sur les flancs, il existe une série de grandes taches noires au centre de chacune desquelles on en voit une autre blanche; elles disparaissent graduellement, comme les raies qui viennent d'être indiquées.

On peut considérer ces particularités comme un reste de la livrée que portent les jeunes individus, livrée que M. Schlegel a surtout décrite d'après des dessins que M. Reinwardt a fait faire sur les lieux et qu'il indique de la façon suivante : « Le beau noir foncé et très-luisant, qui occupe le dessus, passe sur les côtés du tronc au bleu d'acier ou au vert, et se confond avec la teinte blanche ou jaunâtre de l'abdomen. Une raie d'un beau jaune de citron règne le long du dos et se perd sur les parties postérieures, qui sont d'un noir brillant uniforme ; elle est accompagnée, de chaque côté des flancs, d'une suite de taches noirâtres en œil à centre blanc, qui se montrent quelquefois sous forme de bandes transversales entremêlées de points blancs irréguliers ; elles s'évanouissent également vers la queue. Les joues sont d'un blanc pur ; une raie noirâtre descend perpendiculairement des yeux vers les lèvres ; une autre se dirige obliquement vers l'angle de la bouche et est accompagnée d'une troisième d'une étendue plus considérable, qui va des plaques occipitales jusque sur les côtés du cou. »

Nous avons dû transcrire le passage qui précède, parce que sur un jeune sujet appartenant à notre Collection, nous pouvons bien vérifier la parfaite exactitude de la description quant aux taches et aux lignes noires indiquées, mais quant à ces teintes vives mentionnées par le savant erpétologiste hollandais, il n'en reste aucune trace. Nous ne retrouvons pas davantage les belles nuances rouges et bleues des joues qui ornent l'adulte; elles sont effacées par l'action de l'alcool.

Le dessous est d'un brun jaunâtre passant par degrés au noir.

— Variété B ou *Variété des îles Célèbes*. — Caractérisée par une coloration brune générale, plus foncée que dans la variété précédente, à tel point même que l'un de nos échantillons est gris noirâtre dans presque toute son étendue. Ce qui établit, en outre, une distinction, c'est l'exis-

tence de chaque côté du col d'une ligne noire, large, qui se réunit, sur sa
partie moyenne, à celle du côté opposé, en formant avec elle un angle
aigu ouvert en arrière, dont le sommet, plus ou moins prolongé, se termine à un ou deux centimètres au-delà du bord postérieur des plaques
pariétales de la tête.

— Variété C ou *Variété de Manille*. — Différente par une coloration
moins foncée et parce que la queue n'offre pas cette teinte noirâtre des
deux autres variétés et qu'elle ne porte pas, comme la dernière, des
lignes noires sur le col.

Dimensions. Tandis que dans le *Compsosome rayé* la largeur de la tête
prise vers le milieu des tempes est à peu près égale aux deux tiers de sa
longueur, elle en atteint ici la moitié à peine. Le tronc est plus comprimé
que dans l'espèce précédente, car le rapport de la longueur à la largeur
dans la partie moyenne au lieu d'être comme dans celle-ci de 40 à 1 est de
60 à 1. Le tronc est, dans le même point, une fois et un tiers aussi haut
que large. La queue n'est pas égale au quart de la longueur du corps,
mais elle occupe plus du cinquième de son étendue.

Cette espèce a des dimensions analogues à celles des deux espèces déjà
décrites. Nous trouvons ici, comme exemple de la plus grande taille, une
longueur totale de 1m,684; *tête* long. 0m,044; *tronc* 1m,278; *queue* 0m,362.

Patrie. Les dénominations par lesquelles nous avons désigné chacune
des trois variétés, ont fait connaître l'origine des individus de cette espèce.
Il nous reste donc seulement à dire que ceux de Java ont été rapportés par
Leschenault de la tour, ou donnés soit par le Musée de Leyde, soit par
M. le professeur J. Müller de Berlin, que ceux des Célèbes y ont été pris
par MM. Quoy et Gaimard, et enfin ceux de Manille par M. Souleyet.

4. COMPSOSOME QUATRE-LIGNES. *Compsosoma quadrivirgatum*. Nobis.

(*Coluber quadrivirgatus*. Boié.)

Caractères. Plaque pré-oculaire double ; les sus-labiales au
nombre de huit, dont la quatrième et la cinquième touchent à
l'œil.

Plaque frontale un peu plus étroite en arrière qu'en avant, assez
allongée et presque égale en longueur aux pariétales. Huit plaques sus-labiales, dont les quatrième et cinquième touchent
à l'œil ; deux pré-oculaires. Les sous-maxillaires antérieures
sont presque constamment aussi longues que les postérieures.

Synonymie. 1826. *Coluber quadri-virgatus.* H. Boié. Isis. Tom. XIX, pag. 209.

1837. *Coluber quadrivirgatus.* Schlegel. Essai physion. Serp. Tom. I. pag. 146 ; tom. II, pag. 147. pl. 5, fig. 15-16.

1838. *Coluber quadrivirgatus.* Schlegel. Faune Japon. Rept. pag. 84, pl. 1 (sur laquelle, par erreur, l'espèce porte le nom de *virgatus.*)

Il est important de ne pas confondre, par suite de l'analogie des noms spécifiques, le Compsosome à quatre lignes (*C. quadri-virgatus*) avec les Élaphes quatre raies (*E. quater-radiatus*) et quatre bandes (*E. quadri-vittatus.*)

DESCRIPTION.

Formes. La configuration générale a de l'analogie avec celle des autres espèces du même genre, mais la forme un peu conique de la tête la rapproche surtout de la première et de la troisième et les dimensions totales du *Compsosome à quatre lignes* sont moindres.

Ecaillure. Elle n'offre rien de spécial et qui n'ait été déjà indiqué dans les descriptions précédentes ; si ce n'est cependant que les plaques sous-maxillaires postérieures sont égales en longueur aux antérieures au lieu de les dépasser, comme dans les trois autres espèces.

Ecailles : 19 rangées longitudinales au tronc, 6 à la queue.

Scutelles : 2-3 gulaires, 195-202 gastrotèges ; 1 anale entière sur trois individus et divisée sur quatre autres ; 83-90 urostèges divisées.

Dents. Maxillaires $\frac{18}{19}$. Palatines, 12-14. Ptérygoïdiennes, 20.

Coloration. La teinte générale est un brun gris devenant parfois si intense que sur un de nos échantillons, elle est presque noire, ce qui explique le nom de *Serpent-corbeau* que les Japonais donnent à cette espèce (*Faune du Japon*). Sur les individus dont la coloration est moins foncée, on distingue bien cependant l'existence de quatre lignes noires, deux sur le dos et une sur chaque flanc, commençant à une petite distance de l'occiput et surtout apparentes à la partie antérieure du tronc. Un de ces Compsosomes, qui est noirâtre, n'offre des teintes plus claires, comme l'a noté M. Schlégel, que sous la forme de bigarrures très-fines, irrégulièrement distribuées sur la première moitié du corps et formant sur un de nos échantillons de courtes bandes blanches longitudinales.

Sur plusieurs, on observe une courte raie noire, qui partant de l'œil, se dirige en arrière, mais ne dépasse pas la commissure des lèvres. Le système de coloration des jeunes est plus clair, et l'on remarque, de distance en distance, sur la région dorsale, des taches noires irrégulières qui, plus tard, par leur fusion, forment les raies caractéristiques des adultes, comme le démontre l'examen d'un individu non encore arrivé à son entier développement et chez lequel la transformation des taches en rayure, n'est qu'incomplètement achevée.

DIMENSIONS. La longueur de la tête est un peu plus du double de sa largeur au niveau des temps, mais celle-ci n'atteint pas les deux tiers de la longueur. Le rapport de la largeur du tronc, à sa partie moyenne, comparée à sa longueur, est dans la proportion de 1 à 51; dans ce même point, il est de peu de chose plus haut que large, aussi est-il à peine comprimé et presque cylindrique, si ce n'est cependant, que comme dans les espèces précédentes, les flancs sont rendus anguleux par le redressement des gastrotèges. La longueur de la queue est comprise environ trois fois et demie dans celle du tronc.

Les dimensions de l'individu le plus grand de cette espèce sont les suivantes :

Longueur totale 1^m, 07.

Tête, long. 0,03. *Tronc*, 0,80. *Queue* 0,24.

PATRIE. Cette espèce est originaire du Japon d'où le Musée de Leyde en a reçu par MM. Blomhoff, de Siebold et Bürger. C'est à ce Musée que nous sommes redevables de ceux que possède notre collection.

MOEURS. Voici ce que dit M. Schlegel dans la faune japonaise : » Les naturalistes chinois veulent que ce Serpent habite les joncs et les broussailles et qu'il ne fasse pas de mal à l'homme ; ils ajoutent ensuite qu'il n'attaque jamais un être vivant quelconque, mais se nourrit simplement de la rosée dont les fleurs sont couvertes. »

« Il appartient au nombre des espèces rares au Japon et se tient de préférence dans les buissons et dans les haies qui bordent les chemins et les champs situés dans les hautes vallées. Il est assez leste et très-farouche, ce qui fait qu'on en prend rarement et avec difficulté. »

« Persuadés de l'innocence de ce Serpent et fidèles à la foi qui leur défend de tuer sans nécessité des êtres vivants, les paysans japonais épargnent cette couleuvre d'autant plus volontiers que la croyance populaire attribue à ces reptiles un naturel doux et paisible. »

VII.ᵉ GENRE. ABLABÈS. — *ABLABES* (1). Nobis.

CARACTÈRES. Serpents colubriformes à tête médiocre, généralement assez distincte du tronc qui est presque cylindrique ;
ventre séparé des flancs par un angle peu saillant, les gastrostèges se relevant à peine sur les côtés (2) ; museau court,
mousse et arrondi ; yeux plutôt petits ; queue peu longue ,
assez effilée ; écailles du tronc rhomboïdales, le plus souvent
courtes et toujours sans carènes.

Par suite des détails qui précèdent, et qui montrent qu'il
existe certaines analogies de conformation générale entre les
espèces comprises dans ce genre et celles qui appartiennent
aux Coronelles, il est facile de comprendre qu'il doit contenir
quelques-unes de celles que M. Schlegel a admises dans ce
dernier genre. Telles sont , en effet :

L'*Ablabes rufulus* ,

— *baliodeirus*,

qui, sous les mêmes noms spécifiques , sont décrits par ce
naturaliste comme Coronelliens.

L'*Ablabès ponctué* que M. Holbrook a inscrit dans le genre
Couleuvre, et que M. Schlegel a placé dans celui des Calamaires , diffère de ces derniers en ce qu'il n'est pas vermiforme comme eux ; qu'il a la tête plus distincte du tronc , la
queue un peu plus longue, mais surtout plus effilée.

Quant aux *Ablabès quatre-lignes* et *Ablabès triangle* que M.
Schlegel considère comme des Couleuvres, et dont le second a
reçu, de M. Fitzinger, le nom générique spécial de Calopeltis,

---

(1) Ἀβλαβής , ής, ές , innocent, qui ne nuit à personne.

(2) Une seule espèce , l'*Abl. quatre lignes* , fait exception, les gastrostèges se relevant plus sur les flancs que chez ses congénères.

ils ont un ensemble de formes qui montre leur affinité avec les espèces que nous en rapprochons.

Enfin, nous trouvons dans les collections trois Serpents Aglyphodontes Isodontiens, non encore décrits, dont la place nous semble tout-à-fait indiquée dans la coupe générique dont il s'agit. Ce sont les *Ablabès six-lignes, dix-lignes* et *rougeâtre.*

De tous les genres de cette famille des Isodontiens, il en est un seulement avec lequel les Ablabès ont une certaine ressemblance : c'est celui des *Élaphes*, mais la carène des écailles de ces derniers s'oppose à la confusion, puisque les premiers ont les écailles lisses.

Il faut maintenant laisser de côté, dans cette étude comparative, tous les autres genres de cette même famille, et d'abord, le *Gonyosome* et les *Spilotes* dont la hauteur et la compression du tronc sont les caractères distinctifs ; les *Dendrophides* aux formes sveltes et élancées, puis les *Herpétodryas*, qui rappellent un peu la conformation générale de ces derniers, quoique à un degré moins marqué et qui en diffèrent d'ailleurs par les caractères énumérés dans le chapitre qui leur est consacré, mais dont la longueur relative de la queue, et la grandeur des yeux sont des marques distinctives et très-importantes, quand on les compare aux *Ablabès.* On doit enfin, laisser encore de côté les *Calopismes* qui, en raison de leurs formes lourdes, trapues et ramassées, de la largeur de leur cou, laquelle confond entièrement la tête avec le tronc, ont une physionomie toute spéciale, et les *Rhinechis,* les seuls Isodontiens à museau pointu et construit de façon à leur permettre de creuser le sol.

SYSTÈME DENTAIRE. Les sus-maxillaires grêles, minces même à la base, courbées presque à leur base, sont égales entre elles, à l'exception de la première et de la dernière, qui sont un peu moins longues que les autres.

Les sous-maxillaires grandes et effilées aussi, augmentent

insensiblement de longueur depuis la première jusqu'à la cinquième ou la sixième, puis se raccourcissent d'abord fort peu, ou d'une manière à peine sensible, ensuite bien distinctement jusqu'à la dernière inclusivement. Ces dents ou crochets inférieurs sont comme rapprochées deux à deux ; leur pointe acérée est dirigée en arrière et un peu en dedans.

Point d'inter-maxillaires.

Les premières palatines sont un peu plus courtes que celles qui les suivent immédiatement ; à partir de ces dents, toutes les autres, ainsi que les ptérygoïdiennes, se raccourcissent graduellement jusqu'à la fin de leurs rangées, qui se terminent assez près du bout des os ptérygoïdes. Toutes ces dents sont réunies deux à deux et semblent, par cela même, comme fourchues.

Parmi les douze espèces que nous avons inscrites dans ce genre (*Prodrome* , *p.* 58), il en est quatre , ainsi que nous l'avons dit dans une note (même page), qui offrent une disposition tout-à-fait spéciale de la mâchoire inférieure , et assez importante pour motiver leur réunion en un groupe distinct.

Comme cependant ce caractère anatomique n'a peut-être pas une valeur suffisante pour motiver l'établissement d'un genre nouveau , ces quatre espèces sont considérées ici comme représentant, dans le genre auquel elles appartiennent , un sous-genre. Le nom d'*Enicognathe* sous lequel nous les désignons, rappelle la particularité du squelette dont il s'agit (1).

Nous allons donc décrire d'abord sous le nom d'Ablabès proprement dits les huit premières espèces.

Le tableau suivant montre comment on peut , à l'aide des différences bien tranchées dans le système de coloration , les distinguer entre elles,

Le sous-genre Enicognathe sera examiné séparément.

_____

(I) Voir plus loin l'étymologie de ce nom et la description de la disposition anatomique du maxillaire inférieur.

TABLEAU SYNOPTIQUE DES ESPÈCES DU SOUS-GENRE ABLABÈS.

PROPREMENT DIT.

Régions supérieures

uniformes, sans taches ni bandes { de même que le ventre . . . . 1. A. ROUSSATRE.

sur chaque gastrostège, trois points noirs . . . . . 2. A. PONCTUÉ.

ornées de bandes ou de taches {

de petites taches { noires, ainsi que sur le ventre . . . . . 3. A. ROUGEATRE.

blanches, œillées, surtout apparentes en avant. 4. A. COU-VARIÉ.

des bandes { transversales, brunes et bordées de noir. . . . 5. A. TRIANGLE.

longitudinales { moins de dix { quatre . . . . . 6. A. QUATRE-LIGNES.

six . . . . . 7. A. SIX-LIGNES.

dix . . . . . 8. A. DIX-LIGNES.

20.*

A. PREMIER SOUS-GENRE. — ABLABÈS.

1. ABLABÈS ROUSSATRE. *Ablabes rufula.* Nobis.

(*Coronella rufula*, Lichtenstein.)

CARACTÈRES. Parties supérieures et latérales d'un brun noir; lèvres et régions inférieures blanches ou blanchâtres.

SYNONYMIE. 1823. *Coronella rufula.* Lichtenstein, Yerzeichn. Doublett. Zoolog. Mus. Berl. , pag. 105.

1826. *Coluber rufulus.* (Hemprich) Fitzinger, neue. classif. Rept. , pag. 57, n.° 4.

1837. *Coronella rufula.* Schlegel, Ess. Physion. Serp. Tom. I, pag. 137 ; Tom. II, pag. 74 ; pl. 2, fig. 18-19.

1849. *Lamprophis rufulus.* Smith Illustr. of the Zool. of S. Africa, Rept. pl. 58 , texte sans pagination.

Aux caractères énoncés plus haut, on peut joindre les suivant s Les neuf plaques sus-céphaliques ordinaires ; deux nasales une frénale oblongue, une pré-oculaire , deux post-oculaires ; huit sus-labiales dont la 4.me et la 5.me bordent l'œil. Ecailles lisses, losangiques , égales entr'elles sur le dos, presque carrées et un peu plus grandes le long du bas des flancs. Gastrostèges se redressant un peu contre ceux-ci ; les urostèges divisées. Côtés du ventre anguleux. Narine s'ouvrant dans les deux plaques nasales. Pupille ronde.

DESCRIPTION.

ECAILLURE. La plaque rostrale a l'apparence d'un demi-disque , mais elle offre réellement six pans, un grand inférieurement échancré pour le passage de la langue , et cinq à peu près également petits, en rapport avec les inter-nasales, les deux nasales antérieures et les sus-labiales de la première paire.

Les inter-nasales, chacune de moitié moins développée que la rostrale, représentent des trapèzes rectangles ou sub-rectangles, dont le sommet aigu est externe et en arrière.

Les pré-frontales, qui descendent un peu de chaque côté, ont une surface deux fois plus grande que celle des plaques précédentes et sept pans inégaux.

La frontale a un bord antérieur presque rectiligne, deux postérieurs formant un angle aigu, et deux latéraux convergeant légèrement l'un vers l'autre d'avant en arrière ; les latéraux ne sont guères plus étendus que l'antérieur, mais les postérieurs sont chacun beaucoup plus courts que celui qui est en avant.

Les sus-oculaires, dont la longueur est d'un tiers moindre que celle de la frontale, ont leur bout postérieur coupé carrément et moins étroit que l'antérieur, qui forme un angle aigu ou sub-aigu s'enclavant entre la pré-frontale et la pré-oculaire.

Les pariétales, qui sont assez allongées, tiennent par un seul et même bord rectiligne à la sus-oculaire et aux deux post-oculaires. Leur bord temporal fait avec son opposé un angle aigu tronqué au sommet.

La première nasale est presque carrée et ses dimensions sont un peu moins petites que celles de la seconde, qui est un pentagone inéquilatéral.

La frénale représente un quadrilatère oblong.

La pré-oculaire est très-dilatée en hauteur, rétrécie dans sa moitié inférieure, et coupée carrément à sa partie supérieure, sur laquelle s'appuie la sus-oculaire ; sa base repose sur la troisième et la quatrième sus-labiales.

Les post-oculaires ont à elles deux une grandeur égale à celle de la pré-oculaire ; elles sont situées positivement au-dessus de la suture commune des cinquième et sixième sus-labiales.

Chaque tempe porte six squammes losangiques ou sub-losangiques.

Les huit plaques sus-labiales deviennent graduellement un peu plus grandes à partir des deux extrémités de leur rangée jusqu'au milieu de celle-ci.

Les trois premières, ainsi que la dernière, sont des trapèzes rectangles. La sixième est carrée. La quatrième et la cinquième le seraient également si leur bord supérieur ne se conformait pas à la courbure de l'œil. Enfin la septième a deux angles droits en bas et trois obtus en haut.

La plaque mentonnière est taillée en triangle équilatéral.

Les plaques sous-labiales de la première paire sont des lames allongées coupées carrément à leur extrémité antérieure et retrécies en pointe dans leur seconde moitié ; elles forment ensemble une sorte de V qui embrasse de ses branches la plaque du menton et enfonce sa base assez profondément entre les plaques sous-maxillaires antérieures. Les sous-labiales des deuxième, sixième et septième paires ressemblent à des quadrilatères oblongs; celles de la troisième ainsi que de la quatrième, à des trapèzes rectangles, dont le sommet aigu est ici en arrière et externe. Celles de la cinquième paire offrent deux angles droits en avant et un aigu entre deux obtus en arrière.

Les premières plaques sous-maxillaires sont presque rhomboïdales ; l'angle aigu qu'elles forment ensemble postérieurement est reçu tout entier entre les secondes plaques sous-maxillaires, qui sont en trapèzes isocèles et aussi longues que les précédentes.

Ecailles : 19 rangées longitudinales au tronc, 6-8 à la queue.

Scutelles : 2 gulaires, 158-177 gastrostèges, 1 anale non divisée, 55-81 urostèges.

DENTS. Maxillaires $\frac{25}{29\text{-}30}$. Palatines, 12. Ptérygoïdiennes, 29-30.

COLORATION. La couleur roussâtre, qui a fait donner à cette espèce le nom qu'elle porte ne s'observe que chez les individus altérés par l'action de la liqueur alcoolique. Son mode de coloration naturel consiste en un brun noir régnant uniformément sur le dessus et les côtés de la tête, du tronc et de la queue, et en une teinte blanche ou blanchâtre répandue sur les lèvres et sur toutes les régions inférieures du corps.

DIMENSIONS. La tête a en longueur le double ou un peu moins du double de la largeur qu'elle offre vers le milieu des tempes, largeur qui est triple de celle que présente le museau au niveau des narines.

Les yeux ont en diamètre la moitié du travers de la région sus-orbitaire.

Le tronc est seulement un peu plus haut et de 32 à 44 fois aussi long qu'il est large à sa partie moyenne.

La queue égale le quart ou le cinquième de la longueur totale, qui est de 0^m,69 chez le plus grand de nos individus.

Tête, long. 0^m 033. *Tronc*, long. 0^m 517. *Queue*, long. 0^m 14.

PATRIE. L'Ablabès roussâtre habite l'Afrique australe: c'est du Cap de Bonne-Espérance que les douze sujets que nous possédons de cette espèce ont été envoyés par Péron et Lesueur, Delalande et MM. Verreaux frères,

2. ABLABÈS PONCTUÉ. *Ablabes punctatus.* Nobis.

(*Coluber punctatus* Linnæus.)

CARACTÈRES. Tête large, aplatie; bordée en arrière par un collier jaunâtre; tronc d'un bleu noirâtre en dessus; ventre d'une couleur orange, avec trois rangées longitudinales de points; queue d'un jaune uniforme en dessous; yeux petits.

SYNONYMIE. *Coluber punctatus* Linné. Systema naturœ, t. I, pag. 376.

Little black and red snake ; Edwards, Gleanures nat, hist., t. II , pag. 291.

Le Ponctué. Daubenton, Encyclop. Méth.

1789. *La Ponctuée.* Lacépède, t. II , pag. 287.

1790. *Le Ponctué.* Bonnaterre, Ophiologie, pag. 10.

Coluber punctatus. Latreille, Hist. nat. des Rept., t. IV, part. 2, pag. 136.

Id. Gmelin, Lin. *Syst. nat.*, t. 1, pars 3, pag. 1089.

Id. Daudin, Hist. nat. des Rept., t. VII, pag. 178.

Coluber torquatus. Shaw, Gener, zool., t. III, pag. 553.

Natrix punctatus. Merrem, Tentamen, pag 136, spec. 195.

Homalosoma punctata. Wagler, Syst. der Amph., pag. 191.

1839. *Spilotes punctatus.* Swainson Cycloped. Rept., pag. 364.

1835. *Coluber punctatus.* Harlan, Med. and phys. researches, pag. 117.

1837. *Calamaria punctata.* Schlegel, Essai sur la physiono-mie des Serp., t. I, pag. 132; t. II, pag. 39.

1839. *Coluber punctatus.* Storer, Reports on the fishes, Rep-tiles and birds in Massachussets, Boston, pag. 225.

1842. *Coluber punctatus.* Holbrook. N. Americ. herpet. t. III, pag. 81, pl. 18.

1853. *Diadophis punctatus.* Baird et Girard. Catal., p. 112, n° 1.

DESCRIPTION.

FORMES. Le corps est allongé, sub-cylindrique; la queue est un peu grêle, elle est pointue. Les narines sont latérales et situées près de l'extré-mité du museau. Les yeux sont grands, à iris grisâtre et à pupille foncée.

ECAILLURE. Les plaques de la tête ne présentent rien de bien spécial ; M. Holbrook d'ailleurs les a décrites avec beaucoup de soin.

Les écailles du tronc sont disposées sur quinze rangées longitudinales ; les gastrostèges sont au nombre de 150-160, l'anale est double et il y a 50-58 urostèges.

COLORATION. Nous empruntons à M. Holbrook les détails suivants sur le système de la coloration. La tête est d'un gris noirâtre, avec une tache d'un blanc jaunâtre, de chaque côté de l'occiput, et s'unissant pour former un anneau. Les lèvres sont blanches. Le corps est, en dessus, de la même couleur que la tête, mais quelquefois il est presque noir, ou bien il est d'un brun marron finement tacheté de gris.

L'abdomen est d'un jaune rougeâtre, avec trois rangs parallèles de taches noires, qui ont à peu près la forme d'un triangle à sommet tourné en arrière : l'un de ces trois rangs court le long de la ligne médiane. Il n'est pas aussi constant que les latéraux, comme nous le voyons sur des échantillons de la collection de Paris.

La queue est de même couleur que le tronc, en dessus comme en dessous, mais sans taches.

Ce Serpent reste de petite taille.

Dimensions du plus grand individu 0m,455.

Tête, long. 0m,013. *Tronc*, 0m,35. *Queue*, 0m,092.

M. Holbrook nous apprend que cette couleuvre, qui est très-timide, vit presque toujours cachée au pied des arbres ou dans des cavités sous les pierres. Sa nourriture se compose d'insectes qu'elle poursuit de grand matin ou à la tombée de la nuit.

Elle habite les États atlantiques de l'Union, depuis le Maine jusqu'à la Floride inclusivement.

Les échantillons du Musée de Paris ont été adressés de différents points des États-Unis et entre autres de Charleston, par M. Noisette et par M. Holbrook ; de New-York par M. Milbert et par M. de Castelnau ; de Savannah par M. Désormeaux, et enfin le Musée de Leyde en a donné un échantillon recueilli aux environs de Nashville.

3. ABLABÈS ROUGEATRE. *Ablabes purpurans.* Nobis.

CARACTÈRES. Tête peu distincte du tronc, dont la teinte d'un brun rougeâtre est relevée, sur les régions latérales, par de très-petites taches foncées, formant de fines lignes obliques ; sur la nuque, un collier jaunâtre ; sur le ventre, des taches brunes, transversales, quelquefois alternes, occupant chacune une seule gastrostège et plus larges dans leur milieu qu'à leurs extrémités.

SYNONYMIE. *Couleuvre rougeâtre, Coluber purpurans.* Musée de Paris.

Malpolon. . . . . Fitzinger.

DESCRIPTION.

FORMES. La tête est courte, peu épaisse à peine distincte du tronc, qui est un peu plus haut que large.

Le ventre est plat ; les gastrostèges, assez étroites, ne remontent pas sur les flancs.

La queue est courte et grêle.

ECAILLURE. Les neuf plaques sus-céphaliques ordinaires. Les narines sont percées entre deux plaques ; la frénale est carrée ; il y a une pré-oculaire, deux post-oculaires, et le long du bord externe de chaque pariétale, on voit deux grandes temporales et de plus, deux autres moins grandes. La lèvre supérieure est protégée par huit paires de plaques sus-labiales, dont la quatrième et la cinquième touchent à l'œil.

Les écailles du tronc sont presque carrées, à peine imbriquées, et disposées sur dix-sept rangées longitudinales. On compte sur le plus grand individu de la collection 163 gastrostèges et 51 urostèges.

COLORATION. Les particularités signalées dans la diagnose suffisent pour faire connaître l'aspect général que présentent les téguments de cette espèce.

DIMENSIONS. Ce Serpent, d'après les quatre échantillons du Musée de Paris, semble ne devoir pas atteindre de grandes dimensions. Le moins petit à une longueur totale de 0m, 28 , la queue ayant 0m 05 et le tronc et la tête, ensemble 0m, 23.

PATRIE. Ces divers Ablabès ont tous été recueillis à la Mana (Cayenne) par MM. Leschenault et Doumerc.

4. ABLABÈS COU-VARIÉ. *Ablabes baliodeirus.* Nobis.

(*Coronella baliodeira.* Boie.)

CARACTÈRES. Tête à peine distincte du tronc, épaisse, à yeux assez grands. Sur la région antérieure du dos et des flancs, qui sont partout d'un brun vif uniforme, on voit de petites taches blanches, finement bordées de noir et disposées irrégulièrement en séries transversales, à des intervalles de 0m,01 environ ; régions inférieures d'un brun jaunâtre clair, sans lignes, ni taches.

SYNONYMIE. *Coronella baliodeira.* Boié. Erpét. de Java, pl. 32.

Id. Schlegel. Essai sur la Phys. des Serp. Tom. II, p. 64, pl. 2, fig. 9 et 10.

Id. Cantor. Catal., of Malayan. Rept. , p. 66.

DESCRIPTION.

FORMES. Le museau est court et très-obtus. La tête est épaisse et peu distincte du tronc, qui est un peu plus haut que large ; les gastrostèges, assez élargies, ne remontent pas sur les flancs ; le ventre est arrondi. La queue, robuste à sa base et peu distincte du tronc dans ce point, est effilée à sa pointe. Elle occupe un peu plus du quart de la longueur totale.

ÉCAILLURE. Les neuf plaques sus-céphaliques ordinaires ; il faut seulement noter le peu de longueur des inter-nasales et des frontales antérieures.

Par suite du peu d'intervalle que laissent entre eux l'œil et l'orifice de la narine, les dimensions en longueur de la frénale sont très-petites et elle est plus haute que longue.

Il y a deux pré-oculaires très-étroites. Par anomalie, un des trois sujets de notre collection ne porte qu'une pré-oculaire d'un côté, tandis que de l'autre, on en voit deux. La post-oculaire est double.

Entre la pariétale et la lèvre supérieure, on compte trois grandes temporales.

La lèvre supérieure est protégée par sept paires de plaques, dont la troisième et la quatrième touchent à l'œil.

Les écailles du tronc sont rhomboïdales, disposées sur 13 rangées longitudinales. Il y a 125-132 gastrostèges, 1 anale divisée et 65-70 urostèges.

DENTS. Les nombres ne peuvent pas être indiqués exactement.

COLORATION. Les particularités du système de coloration sont mentionnées dans la diagnose et nous n'y pouvons rien ajouter de spécial, les échantillons du Musée de Paris étant en partie décolorés par leur séjour dans l'alcool et presque complètement privés de leur épiderme. Nous ferons seulement observer que chaque écaille ainsi dépouillée est couverte d'un pointillé noir fort léger, parfaitement distinct à la loupe, et même visible dans quelques points où l'enveloppe épidermique est intacte ; de plus, chaque écaille est bordée en arrière d'un petit trait noir très-fin.

DIMENSIONS. Cette Couleuvre est de petite taille. M. Schlegel parle de 0^m,33 environ, comme mesure moyenne et nous trouvons, en effet, pour le plus grand de nos individus, une longueur totale de 0^m,38 seulement, et la queue y est comprise pour 0^m,10.

PATRIE. C'est au Musée de Leyde que celui de Paris est redevable des trois échantillons qu'il possède et qui ont été recueillis à Java.

5. ABLABÈS TRIANGLE. *Ablabes triangulum.* Nobis.

(*La Couleuvre triangle.* Lacépède.) (1).

CARACTÈRES. Régions supérieures d'un blanc de lait grisâtre, presque entièrement couvertes par une triple série de taches foncées : les unes, les plus grandes de toutes, plus larges que hautes, occupant la ligne médiane, les autres, latérales plus petites et œillées ; régions inférieures d'un blanc d'argent portant de grandes taches noires quadrilatères, disposées comme les pièces d'une marqueterie ; le plus souvent, sur la tête, une tache triangulaire.

SYNONYMIE. *Le triangle.* Lacépède. Hist. des Serp. Tom. II, pag. 331.

Coluber eximius. Dekay. Manuscrit.

Id.   Id.   Harlan. Med. and Phys. Researche, p. 123.

Id.   *Caligaster.* Id. loc. cit. , pag. 122. (2).

House Snake or Milk Snake, vulgairement ; c'est-à-dire Serp. de maison ou Serpent de lait.

Coluber guttatus. Schlegel. Essai sur la phys. des Serp. T. II, pag. 168,

1839. *Colub. eximius.* Storer Reports on the fishes, reptiles and birds of Massachussetts. Boston, pag. 227.

Outre les noms vulgaires cités plus haut, ce zoologiste mentionne les suivants : *Thunder and lightning Snake*, *chiken Snake and chequered adder*, c'est-à-dire, Serp. tonnerre et éclair et Serp. échiquier.

1842. *Coluber eximius.* Holbrook N. American Herpet. Tom. III, pag. 69, pl. 15.

Ophibolus, *Eximius* et *Clericus.* Baird et Girard. Catal., pag. 87 et 88, n.os 6 et 7.

---

(1) Quoique décrite sous un nom nouveau par M. Dekay, cette Couleuvre est, nous n'en doutons pas, la même que celle dont on trouve une description très-nette dans l'Histoire des Reptiles de M. de Lacépède, qui l'a nommée : *Le Triangle.*

(2) M. Holbrook, par l'examen des types mêmes de M. Harlan, s'est assuré qu'ils ne diffèrent pas de l'Ablabès triangle.

DESCRIPTION.

FORMES. Le corps est allongé, mais assez robuste. La queue est plutôt courte, épaisse à sa base, mais elle s'effile ensuite et se termine par une petite pointe cornée. La tête est peu distincte du tronc.

ÉCAILLURE. Les neuf plaques sus-céphaliques ordinaires ; elles sont courtes et un peu ramassées, ce qui est une conséquence du peu de longueur de la tête.

Il y a sept paires de plaques sus-labiales; la troisième et la quatrième touchent à l'œil.

Les écailles du tronc qui sont lisses et peu allongées sont disposées sur 21 rangées longitudinales. Les gastrostèges sont au nombre de 200-206. L'anale est simple et il y a 46 à 48 urostèges.

DENTS.

COLORATION. La description suivante, à part les changements que l'alcool fait subir aux couleurs, se rapporte parfaitement aux individus de la collection du Musée de Paris. Elle est la traduction du texte de M. Holbrook, qui, ayant vu l'animal vivant, a pu en décrire très-exactement la livrée.

L'*Ablabès triangle* ressemble beaucoup dans son aspect général, à l'*Élaphe tacheté* ; nous verrons cependant plus loin quelles sont les différences importantes, qui éloignent l'une de l'autre ces deux Couleuvres.

« La teinte de fond des régions supérieures est un blanc de lait tirant sur le gris et offrant souvent une nuance rougeâtre. Sur la partie antérieure de la tête, il y a quelques taches foncées, peu distinctes et de plus, une bande tranversale, également foncée, étendue de l'extrémité antérieure de l'une des plaques sus-orbitaires à l'autre et occupant environ la moitié postérieure des plaques frontales. Une autre bande, de la même teinte noirâtre, s'étend de chacune des extrémités de la précédente à l'angle de la bouche. Toute la région postérieure de la tête et la nuque sont couvertes par une grande tache foncée ; vers son bord antérieur, on voit un petit espace clair, et plus en arrière, un autre allongé, bordé de noir, en forme de V (1). Entre la grande tache foncée, dont il vient d'être question, et la bande noirâtre précédemment décrite, la teinte de fond apparait sous forme d'une bande claire, parallèle à cette dernière, et qui se prolonge de chaque côté, sur les tempes, en servant de bordure en quelque sorte à celle qui, comme nous l'avons dit, se porte de l'œil à l'angle

(1) Cette figure triangulaire, qui manque sur un sujet seulement, au Musée de Paris, est une marque distinctive que le nom spécifique donné à cette espèce par M. de Lacépède, est destiné à rappeler.

de la bouche. Les plaques labiales sont toutes bordées de noir en arrière. »

» Sur la région médiane du tronc, en dessus, il règne une série de taches ovalaires, foncées, toujours bordées de noir, et plus larges que longues, ce qui est le contraire chez l'Élaphe tacheté où elles sont longitudinales, au lieu d'être, comme ici, placées en travers. Souvent, chez l'Ablabès, elles sont tellement considérables, qu'on ne voit plus la couleur de fond que sous forme de bandes transversales; ce qui donne, jusqu'à certain point, à l'animal l'apparence d'un Serpent annelé. »

« Sur chaque flanc, il y a une série de taches irrégulièrement arrondies, plus petites et plus sombres que celles du dos, mais relevées par un point clair dans leur centre. »

« L'abdomen est d'un blanc d'argent; chaque gastrostège et chaque urostège portent une ou deux taches noires en forme de quadrilatères oblongs. Quand il n'y en a qu'une, elle occupe le milieu de la plaque; si il y en a deux, elles sont situées à ses extrémités. »

» De la disposition régulière de ces taches, il résulte que toute la surface inférieure de la Couleuvre a l'apparence d'une élégante marqueterie blanche et noire. C'est à cette particularité, qu'est due la dénomination de *Coluber Caligaster* que M. Harlan dit avoir été donnée à cette espèce par le zoologiste Say. »

De jeunes individus en très-bon état de conservation sont tout-à-fait semblables aux adultes.

DIMENSIONS. M. Storer regarde cette espèce comme l'une des plus grandes. Elle a quelquefois, dit-il, cinq pieds de longueur (mesure anglaise) et même au-delà.

Notre plus grand spécimen a une longueur totale de 1^m,6, le *Tronc* et la *Tête* ont 0^m,90. et la *Queue*, 0^m,16.

MŒURS. Cette Couleuvre est peu sauvage et s'approche sans crainte des habitations d'où le nom de *Serpent de maison* qu'on lui donne souvent, et quant à celui de *Serpent de lait* qui sert quelquefois à la désigner, il est dû à l'habitude qu'elle a de chercher à pénétrer dans la salle où l'on conserve le lait destiné à l'usage de la ferme.

PATRIE. La zône géographique de l'*Ablabès triangle* semble être bornée par le 37e degré de latitude au-dessous duquel, dans les États de l'Atlantique, M. Holbrook n'a jamais su qu'il ait été vu. Là où il manque, il est remplacé par l'Élaphe tacheté. Au nord du 37e degré, il est cependant abondant. Je l'ai vu, dit M. Holbrook, dans le Maine et à Rhode-Island. Le Docteur Storer l'a rencontré dans le Massachusets; le Docteur Dekay à New-York; le Docteur Hallowell en Pensylvanie; le Docteur Geddings dans le Maryland. A l'ouest des Monts Alleghany, cette Couleuvre a été observée par le Docteur Pickering.

Parmi les individus de différents âges que le Musée de Paris possède, les uns, sans indication plus précise, sont signalés comme recueillis aux États-Unis, par Lesueur dans l'État de Virginie. D'autres ont été pris aux environs de New-York soit par Milbert, soit par M. Henri Delaroche négociant, qui, utilisant son séjour aux États-Unis, au profit de la science, a enrichi les collections erpétologiques du Muséum d'un assez grand nombre de beaux Reptiles. Nous en avons d'autres qui ont été pris à Charleston et en particulier par M. Noisette.

OBSERVATIONS. L'espèce à laquelle celle-ci ressemble le plus, est sans contredit l'Élaphe tacheté (*Élaphis guttatus*) avec lequel, comme le fait remarquer M. Holbrook, elle a été souvent confondue. Nous ne pouvons mieux faire que de citer les passages du livre de cet habile erpétologiste où sont discutées les analogies qui les rapprochent et les différences qui les caractérisent.

Le *Coluber eximius* (Ablabes triangulum) a, dit-il, de grands rapports avec le *Coluber guttatus*, dans la disposition de son système de coloration, quoique les teintes en soient fort dissemblables, comme on l'a vu dans la description que nous venons d'en donner plus haut.

1.º La tête du *Col. eximius* est plus courte et plus arrondie en avant.

Nous ajoutons : les plaques naso-frontales et frontales antérieures sont plus larges et moins longues ; le museau est moins plane et un peu plus incliné en bas ; les yeux sont plus petits.

2.º Le corps est plus court en proportion, ainsi que la queue ; il est plus épais et le nombre des gastrostèges et des urostèges n'est pas semblable.

Nous ajoutons : les écailles qui sont complétement lisses dans le *Col. eximius*, portent au contraire, une faible carène sur le milieu du dos, et particulièrement à la région postérieure du tronc, chez le *Col. guttatus*.

3.º La disposition et les teintes du système de coloration sont entièrement différentes pendant la vie ; elles deviennent, au contraire, presque identiques dans les deux espèces après leur séjour dans l'alcool.

4.º Ces deux Couleuvres diffèrent dans leurs habitudes : la tachetée recherche les vieux arbres et les lieux ombragés, tandis que l'autre préfère les localités pierreuses et sablonneuses.

5.º Leur distribution géographique n'est pas non plus la même, l'É. tacheté étant propre aux États du Sud, et la seconde se répandant plus au Nord.

6. ABLABÈS QUATRE LIGNES. *Ablabes quadri-lineatus.* Nobis.

(*Coluber quadri-lineatus.* Pallas.)

CARACTÈRES. Tête peu distincte du tronc, courte, légèrement plane en dessus ; plaque rostrale plus large que haute, nullement rabattue sur le museau qui est obtus. Tronc mince et presque cylindrique ; abdomen convexe. Quatre séries longitudinales de taches brunes ou noirâtres en rosace à centre rougeâtre, quelquefois réunies en quatre raies : une sorte de bande en fer à cheval sur la nuque.

SYNONYMIE. *Coluber quadri-lineatus.* Pallas Zoographia Tom. III, pag. 40.

1823. *Coluber tri-lineatus.* Metaxa, monograf. Serpent. Rom. Pag, 44, en note, premier aliéna.

1835. *Coluber cruentatus.* Steven. Bullet. Societ. impér. natur. Mosc. Tom. VIII, pag. 317, pl. 9. (Var. B.)

1836. *Coluber Leopardinus.* Ch. Bonaparte. Faun. Ital. Page et pl. sans numéros. Fig. 1 (Variété B.) Fig. 2 (jeune de la variété A.)

1837. *Coluber Leopardinus.* (Fitzinger. Mus. Vienne.) Schlegel, Ess. physion. Serp. Tom. I, pag. 149 ; Tom. II, pag. 169.

1840. *Calopeltis Leopardinus.* Ch. Bonaparte. Amph. Europ. Pag. 48 et Mémor. real. Académ. Scienc. Torin. ser. II, tom. II, pag. 432.

1842. *Calopeltis Leopardina.* Nordmann. Voy. Russ. Mérid. Cte Anat. Demidoff. Tom. III, pag. 348, pl. 6, fig. 1 (très-jeune de la variété B) ; pl. 8 (variété A); pl. 9 (variété B).

DESCRIPTION.

FORMES. Les caractères les plus saillants de la conformation générale de ce Serpent, consistent dans le peu de longueur de la tête et dans la forme à peu près cylindrique du tronc.

ÉCAILLURE. Les neufs plaques sus-céphaliques ordinaires ; deux nasales ; une frénale oblongue, une pré-oculaire haute, concave ; deux póst-oculaires. Huit sus-labiales , dont la quatrième et la cinquième touchent à l'œil. Les sous-maxillaires postérieures aussi courtes que les antérieures et écartées en Λ. Ecailles lisses, sans carènes, ni la moindre ligne saillante; plus étroites sur le dos que sur les flancs. Scutelles abdominales se redressant fortement contre ceux-ci ; l'anale et les sous-caudales divisées ; squamme emboîtant le bout de la queue en forme de dé conique avec un sillon en dessous. Côtés du ventre anguleux. Narine sub-circulaire ouverte entre les deux plaques nasales. Pupille ronde.

Il n'y a dans la configuration et les rapports mutuels des plaques de la tête aucune particularité notable. Nous avons déjà dit que la pré-oculaire est concave ; rappelons , en outre , qu'elle ne se reploie pas sur la partie supérieure de la tête. Les écailles, complètement lisses partout, sont un peu plus petites à la région dorsale moyenne que sur les côtés. Les gastrostèges se relèvent à leurs extrémités vers les flancs , mais par cela même que l'abdomen offre une légère convexité , l'angle résultant de ce redressement est peu saillant.

Ecailles : 25-27 rangées longitudinales au tronc , 8 à la queue.

Scutelles : 2 gulaires , 222-244 gastrostèges , 1 anale divisée ; 75-86 urostèges également divisées.

DENTS. Maxillaires $\frac{20}{25}$. Palatines 12. Ptérygoïdiennes 15.

PARTICULARITÉS OSTÉOLOGIQUES. Les dimensions relatives des orbites sont assez considérables, et il en résulte cette brièveté de la partie antérieure de la tête déjà mentionnée.

COLORATION. Il y a deux variétés, dont les caractères différentiels, nettement indiqués par M. de Nordmann, dans les planches 8 et 9 du voyage dans la Russie méridionale et dans la Crimée , exécuté sous la direction de M. Demidoff, se retrouvent sur nos échantillons, quoique l'alcool en ait beaucoup altéré les nuances.

— VARIÉTÉ A. Pallas , à qui l'on doit la première description de cette couleuvre , l'a désignée (*Zool. Ross. asiat., pl. 3, pag. 40*), sous le nom de *Coluber quadrilineatus* ; et il lui donne pour caractères de coloration les indications suivantes , mieux applicables à la seconde variété : « Sur un fond gris cendré , on voit quatre lignes brunes , dont deux sur le dos rapprochées l'une de l'autre. » Les caractères décrits par M. de Nordmann sont un peu plus explicites : « Coloration cendrée en dessus , avec des stries longitudinales rouges , bordées de brun et placées sur les côtés d'une ligne dorsale médiane blanche. » Il signale donc et figure les taches comme ayant une coloration rouge que n'a point vue Pallas , qui les dit brunes. Peut-être cet aspect sombre n'est-il que momentané , avant la mue par exemple , ou pendant la saison froide ; mais ce qui confirme bien la description de M. de Nordmann, c'est le dessin de M. Steven et surtout l'épithète d'*ensanglantée* qu'il a cru devoir substituer à celle dont Pallas s'était servi pour désigner cette espèce. Notons enfin, relativement à la teinte sans doute variable de ces maculatures, et pour n'avoir plus à y revenir, que M. le prince Ch. Bonaparte, qui a fait figurer un individu appartenant à notre seconde variété, les a représentées d'un brun légèrement rougeâtre.

Sur le seul individu de la variété A que nous possédions et dont l'origine nous est inconnue, nous trouvons à la région supérieure, une teinte générale gris cendré. Sur la ligne moyenne du dos, une bande blanche part de l'occiput, et se prolonge jusqu'à l'extrémité de la queue, en offrant, de distance en distance, tantôt d'un côté, tantôt de l'autre, des rétrécissements dûs à ce que les stries latérales empiètent un peu sur elle. Celles-ci, présentant des irrégularités analogues, courent le long de chacun de ses bords et sont limitées, du côté de la bande médiane et en dehors, par un liseré noir, qui tranche sur leur nuance brunâtre.

Sur les flancs, on voit une série de petites bandes obliques, noires, dirigées d'avant en arrière, mais le fond sur lequel elles apparaissent offre cette différence que, contre la raie bordée de noir dont il vient d'être question, il est blanchâtre, tandis qu'au-dessous, à une petite distance, il reprend un aspect gris cendré un peu plus foncé et qui constitue la teinte générale : de là, résulte l'apparence d'une seconde ligne latérale justifiant la dénomination de *quadrilineatus* de Pallas, beaucoup plus vraie pour la variété suivante. Comme cependant cette dernière ligne n'est pas très-visible, ce qui peut tenir, au reste, à la décoloration de notre spécimen, on comprend aussi que L. Metaxa ait pu changer cette qualification en celle de *trilineatus*. « Le dos, dit-il, est d'un rouge brun, avec trois lignes parallèles blanches tirant sur le bleu et, des deux côtés de la médiane, il existe une série de taches irrégulières d'une nuance brun rouge. » Ce zoologiste comptait donc seulement la ligne moyenne et les deux qui la limitent latéralement.

La face inférieure tire sur le blanc ; elle est semée de taches brunes et bleues, qui ne se voient qu'en avant, les gastrostèges acquérant non loin de la tête, une teinte gris brun foncé. Peu de temps après que ce Serpent s'est dépouillé, ces taches brillent, dit M. de Nordmann, des plus belles couleurs métalliques bleues et violettes, avec une nuance de rose.

La tête est ornée de lignes noires. La plus apparente, semi-lunaire, à concavité postérieure, se porte d'un œil à l'autre en couvrant plus ou moins les plaques frontales antérieures et en passant immédiatement au devant du bord antérieur de la frontale et des sus-oculaires. Deux autres lignes, obliques d'avant en arrière, commencent à la partie supérieure de

REPTILES, TOME VII,   21.

chacun des bords latéraux de la frontale, courent derrière l'œil, le long de la suture de la pariétale avec la sus-oculaire, et viennent se terminer un peu au devant des commissures des lèvres.

On voit, en outre, une bande de largeur et de forme un peu variables, partir de la plaque frontale, suivre, dans toute sa longueur, la suture des pariétales, puis, au niveau du bord postérieur de celles-ci, se bifurquer et chacune de ses branches, après un assez court trajet oblique d'avant en arrière et de dedans en dehors, venir rejoindre le filet noir qui borde les taches du dos. Du bord inférieur de l'orbite, une tache, également noire, descend directement en bas sur la lèvre supérieure et sur l'inférieure ; une ou deux autres, parallèles à la précédente, se remarquent au devant d'elle.

Dans le jeune âge, on trouve très-manifestement une bande blanche sur le milieu du dos, bordée de chaque côté, par une strie brune ou rouge, en dehors de laquelle court une raie blanche, ainsi que le montre la fig. 2 de la planche de la Faune italienne, publiée par M. le prince Ch. Bonaparte.

— Variété B. C'est à cette variété que convient bien le nom de *Couleuvre Léopard* proposé par Fitzinger, et qui a prévalu sur celui donné par Pallas, parce qu'il exprime une disposition toute spéciale des couleurs dont les téguments sont revêtus. Ces couleurs forment, en effet, des taches ocellées, assez analogues à celles du mammifère que ce nom rappelle : il y a donc là une indication plus précise que celle qui est empruntée au caractère fréquemment noté de la rayure du dos.

Quoiqu'il en soit, nous avons conservé l'épithète de Pallas, parce qu'elle est antérieure à toutes les autres, et d'ailleurs, le système de coloration que la dénomination du savant naturaliste Viennois représente, ne se retrouve plus, comme nous venons de le voir, dans la variété précédente.

Ce qui frappe tout d'abord à l'examen des individus assez nombreux que nous possédons, c'est la présence, sur la région dorsale moyenne, de taches brunes, rouges sur le vivant, ou au moins d'un rouge brun, comme l'indiquent et l'ont représenté les auteurs précédemment cités. Elles sont bordées de noir. Leur forme est peu régulière : les plus antérieures représentent plus ou moins bien une ellipse, dont le grand diamètre est transversal. Bientôt, le diamètre antéro-postérieur diminue d'étendue, de sorte qu'elles offrent, dans leur milieu, une séparation qui, d'abord incomplète, ne tarde pas à se compléter ; la série des taches se dédouble donc et la ligne médiane du dos se trouve alors occupée par une bande irrégulière, d'un gris cendré, et qui paraît d'autant plus blanche qu'elle tranche davantage sur la teinte sombre des taches entre lesquelles elle est située. Celles-ci, réunies quelquefois par leur bord interne se prolongent jusqu'à l'extrémité de la queue.

Au-dessous, et sur chaque flanc, on voit une série de maculatures noires, beaucoup moins étendues que les taches dont il vient d'être question, et placées sur un fond plus obscur que la teinte générale, gris brunâtre du dos, et non interrompue entre les taches : voilà donc une seconde bande brune, et par suite, une quadruple rayure qui, sur un de nos échantillons rapporté de Crète par M. Raulin, se voit seule, les taches ayant complètement disparu sous la teinte brune foncée, bien qu'elles soient très-visibles dans les points où l'épiderme a été enlevé. Sur un autre individu, bien conservé, provenant de l'expédition scientifique en Morée, les quatre raies brunes et leurs intervalles grisâtres sont très-visibles, et comme le système général de coloration est plus clair, on distingue nettement, dans un grand nombre de points, les taches dont est couverte la région dorsale et qui, pendant la vie, devaient se voir mieux encore, surtout les dorsales, puisqu'elles étaient rouges.

L'abdomen, gris jaunâtre antérieurement, est parsemé de taches d'un bleu noir, qui envahissent promptement toute la surface inférieure de l'animal ; elles ont, au reste, complètement perdu l'aspect métallique décrit et représenté par M. de Nordmann.

Quant aux lignes noires de la tête, leur disposition est tout-à-fait semblable à celle que nous avons indiquée en décrivant l'autre Variété.

Un échantillon du Levant provenant d'Olivier, est remarquable par sa teinte générale : il est d'un brun noir, qui ne laisse que difficilement apercevoir les taches du dos et la rayure a presque tout-à-fait disparu.

Les jeunes ne présentent d'autre différence que la non-division des taches de la région médiane du dos : elles restent entières jusqu'à la terminaison de la queue ; aussi la bande claire, qui correspond a la saillie des apophyses épineuses de la colonne vertébrale, est-elle interrompue au niveau de chaque tache. Il en résulte, en outre, que les deux raies dorsales ne se voient pas bien, mais les latérales sont apparentes.

DIMENSIONS. La longueur de la tête est un peu plus du double de sa largeur au niveau des tempes, laquelle est de même un peu plus du double de celle du museau au-devant des narines. Le diamètre longitudinal des yeux, qui est plus petit que n'aurait semblé devoir le faire supposer celui de l'orbite, égale à peine la moitié de l'étendue transversale de l'espace sus-interorbitaire. La hauteur du tronc dépasse à peine sa largeur et la première de ces deux dimensions est à la longueur dans le rapport environ de 1 à 42. La longueur totale du plus grand de nos individus est de 0m,946, la longueur de la tête étant de 0m,026, celle du tronc de 0m,750 et celle de la queue de 0m,170,

21.*

Patrie. Les localités où vit ce Serpent sont assez variées. Pallas l'a trouvé dans ses voyages à travers les provinces méridionales de la Russie et au nord de l'Asie et M. de Nordmann l'a rencontré, par-ci par-là, dans la Crimée, dit-il, et principalement aux environs de Laspi sur la côte méridionale de la Péninsule. M. Cantraine, au rapport de M. Schlegel, l'a observé en Dalmatie, sur la petite île de Lissa, où il se tient dans les caves. On l'a recueilli en Morée, lors du voyage scientifique entrepris dans ce pays par la commission nommée par le gouvernement français et que dirigeait Bory de St.-Vincent. Le plus grand nombre des individus appartenant au Musée de Paris proviennent de cette dernière contrée; les autres ont été recueillis dans l'île de Crète par M. V. Raulin; un seul a été rapporté du Levant par Olivier. Metaxa décrit, en passant, dans une note de sa Monographie, un exemplaire venu de la Terre d'Otrante. En Sicile enfin, à Catane, il a été vu par M. Cantraine.

Mœurs. Le voyageur que nous venons de citer a fait dans cette dernière ville une observation singulière : elle est relative au séjour de cet Ophidien dans les maisons, tandis qu'il ne paraît pas se trouver dans les campagnes environnantes ; ce qui semblerait d'ailleurs confirmer l'exactitude de cette observation, c'est qu'il l'a pris dans des caves dans l'île de Lissa. En Dalmatie cependant, comme il le rapporte lui-même, cette Couleuvre fréquente les collines. Ses mouvements sont lestes, dit il; elle est farouche et mord ceux qui l'inquiètent.

Observations. M. Schlegel, dans son livre, a placé ce Serpent immédiatement après la *Coul. tachetée*, qui est pour nous l'*Élaphe tacheté*, se laissant guider par l'analogie qui existe entre ces deux Ophidiens. A ne considérer que le système de coloration, ce rapprochement est exact ; mais seulement pour la seconde variété qu'on pourrait nommer, à cause même de l'aspect qu'elle présente, *Variété léopardine*. Encore faut-il remarquer que le plus grand nombre des taches, au lieu de ne former qu'une seule série, comme dans cet Élaphe, en constituent deux sur presque toute la longueur du tronc, et qu'il existe, sur la région médiane du dos, une ligne blanchâtre, interrompue là seulement où les taches dorsales sont uniques ; que les latérales sont moins apparentes que dans l'espèce qui nous sert de terme de comparaison et que dans cette dernière enfin, il n'y a jamais les quatre lignes brunes qui ont servi à Pallas pour la dénomination de notre Ablabès.

7. ABLABÉS A SIX-LIGNES. *Ablabes sex-lineatus.* Nobis.

Caractères. Corps allongé, cylindrique, parcouru dans toute sa longueur par des raies noires plus ou moins régulières, au nombre de six ; une seule plaque pré-oculaire ; gastrostèges variées de noir et de blanc.

DESCRIPTION.

Cette espèce est connue au Muséum par deux individus provenant de la Chine, dont l'un nous a été procuré en 1844 par M. Léclancher et l'autre, en 1851, par M. Montigny. Un troisième, adressé également par M. Montigny, a du devenir l'objet d'une description spéciale que nous plaçons en appendice.

Le noir et le blanc sont partagés diversement sur les écailles du tronc qui, d'ailleurs, sont lisses.

Le dessus de la tête porte trois chevrons noirs prolongés. Les lèvres ou les écailles qui bordent l'ouverture de la bouche sont d'un beau blanc. Le premier chevron naît au-dessus du museau et vient se diriger en arrière, pour se prolonger le long du tronc, suivant une ligne qui correspond à la direction de la commissure des mâchoires.

Ce premier chevron, dans sa concavité intérieure, se confond avec le second ; mais celui-ci, à la hauteur de la nuque en arrière, se joint au troisième ou au plus postérieur lequel en se prolongeant donne lieu à la production des deux lignes noires médianes. Celles-ci, dans l'un des individus, au lieu d'être continues, se trouvent interrompues pour former des taches ocellées, allongées, plus ou moins régulières ; mais dont la série forme réellement une ligne double le long du milieu du dos, séparée par un fonds gris. Les autres lignes longitudinales sont plus régulières. Cependant, chez l'un des individus, au milieu de cette ligne d'un beau noir mat, on voit des taches jaunes régulières. Dans un cas, ces taches sont des représentations de petits cœurs échancrés, qui semblent enfilés comme les perles d'un collier. Dans d'autres individus, ces taches blanches forment des festons irréguliers sinueux ou en zig-zag. Sur l'un des sujets, les 175 gastrostèges sont jaunes et régulièrement bordées de noir ; chez un autre, ce sont de grandes maculatures noires, distribuées très-irrégulièrement.

Il en est de même des urostèges qui sont au nombre de 60. Nous les voyons entièrement jaunes dans toute la longueur de la queue, excepté à son origine, où les trois ou quatre premières paires sont séparées par de petits triangles noirs. Chez un autre, les raies noires se prolongent directement sous la queue, jusqu'à son extrémité la plus grêle.

Les écailles du tronc sont disposées sur 21 rangées longitudinales.

Les deux échantillons sont à peu près de même taille. L'un d'eux est long de 0^m, 62. Il faut déduire de cette longueur 0^m,09 pour la queue.

Nous regrettons de n'avoir aucun renseignement sur les mœurs de ce Serpent, dont la taille et la plus grande ouverture de la bouche doivent exiger une proie plus nourrissante que celle qui peut être fournie par les insectes qu'on dit être spécialement recherchés par d'autres espèces de ce genre.

APPENDICE.

7 *bis*. ABLABÈS A BANDES. *Ablabes vittatus*. Nobis.

Nous mentionnons ici une Couleuvre, originaire de la Chine, comme l'*Ablabès six-lignes*. Malgré certaines analogies qui, outre cette similitude d'origine, porteraient à comprendre ces différens individus sous un même nom, il y a cependant chez le spécimen unique dont il s'agit ici et que le Muséum doit à M. Montigny, quelques particularités assez notables, pour qu'il soit nécessaire de les signaler et de considérer ce Serpent comme type d'une espèce nouvelle.

1.º D'abord, les lignes noires longitudinales, dans toute l'étendue du tronc et de la queue, sont seulement au nombre de quatre; 2.º La tête est unicolore ; 3.º Les régions inférieures sont entièrement jaunâtres ; 4.º Il y a deux plaques pré-oculaires; 5.º Les sus-labiales sont au nombre de huit, la quatrième et la cinquième touchent à l'œil ; 6.º Les écailles distribuées sur 15 rangées longitudinales, sont assez ramassées et proportionnellement assez grandes.

Si l'on compare ces caractères à ceux de l'*Ablabès six-lignes*, qui porte de chaque côté du milieu du dos trois bandes noires longitudinales, prolongées sur la tête en forme de chevrons; dont les régions inférieures sont plus ou moins maculées de noir ; dont la plaque pré-oculaire est unique et les sus-labiales sont moins nombreuses, puisqu'il n'y en a que sept, la troisième et la quatrième touchant à l'œil, et dont enfin les écailles sont plus allongées, plus lancéolées, proportionnellement plus petites, puis disposées en 21 rangées longitudinales; si, disons-nous, l'on compare cette Couleuvre donnée par M. Montigny à l'espèce dite à six raies, on se rend compte de la difficulté qu'il y a pour le zoologiste à les regarder comme spécifiquement identiques.

Le type de cette espèce, qui est en très-bon état de conservation, est unique au Musée de Paris.

Sa taille est petite ; la queue entre pour un quart dans la longueur totale qui est de 0^m,48.

8. ABLABÈS DIX-LIGNES. *Ablabes decem-lineatus.* Nobis.

CARACTÈRES. Tête unicolore , confondue avec le tronc, sur la
teinte brun verdâtre duquel se détachent dix lignes noires, étendues de la nuque à l'origine de la queue ; régions inférieures d'un
brun jaunâtre , sans lignes ni taches.

DESCRIPTION.

Le caractère principal de cette espèce se tire de son système de coloration, qui ne permet de la confondre avec aucune autre de ses congénères.

Son classement, comme espèce nouvelle, avait été proposé par Bibron,
qui l'avait étiquetée, mais sans la décrire, sous les noms d'*Herpétodryas
dix lignes*.

Le volume et la lourdeur du tronc, la brièveté proportionnelle de la
queue, la grandeur peu considérable des yeux sont cependant des caractères trop peu conformes à ceux des Herpétodryas, pour que cette espèce
n'ait pas dû être rapportée à un autre genre. Or, c'est à celui des Ablabès
que convient le mieux l'ensemble des particularités caractéristiques de cet
Ophidien.

ECAILLURE. Les écailles du tronc sont disposées sur 17 rangées longitudinales. Il y a 175 gastrostèges , 1 anale double, et 78 urostèges également doubles.

DIMENSIONS. La longueur totale est de 0^m , 76.

Le tronc et la tête mesurent 0^m , 59 et la queue 0^m , 17.

PATRIE. Cet Ablabès est unique au Musée de Paris où il est conservé
depuis longtemps, sans qu'on sache dans quel pays , ni par quel
voyageur, il a été recueilli,

B. SECOND SOUS-GENRE DES ABLABÈS.
ÉNICOGNATHE. — *ENICOGNATHUS* (1). Nobis.

CARACTÈRES. *Les mêmes que ceux du sous-genre Ablabès, si ce n'est ceux qui se tirent de la conformation du maxillaire inférieur.*

La disposition anatomique sur laquelle est fondée la distinction de ce sous-genre est facile à constater, quand on écarte avec soin les parties molles qui recouvrent l'os. Elle a pu être étudiée sur une belle et grande tête de Xénopeltis, où

---

(1) De Ενιχος , singuliere, et de γνάθος , mâchoire.

Nous avons déjà parlé, à la page 28 de ce volume, d'un Serpent qui a reçu de M. Reinwardt le nom de *Xénopeltis*, à cause de la particularité remarquable qu'il y a sur le vertex une grande plaque impaire, faisant suite à la frontale moyenne et interposée aux occipitales ou pariétales , qui se trouvent ainsi rejetées en dehors et dont les dimensions sont moindres qu'à l'ordinaire.

Ce Xénopeltis a des dents inter-maxillaires, et par cela même , il a dû prendre rang dans la famille des Holodontiens. Il faut même ajouter que par le prolongement en arrière des extrémités de l'os de même nom , qui semble être la continuation des maxillaires supérieurs et par sa forme même, il donne à l'extrémité antérieure de la tête une largeur et une courbure régulière tout-à-fait caractéristiques et peut-être propres à permettre de fouir un sol mobile.

Si cependant, au lieu de donner la primauté à ce caractère qui, au reste, devait l'emporter sur tous les autres dans un mode de classification dont le système dentaire est la base essentielle, on avait, au contraire, attaché plus d'importance à la conformation de la mâchoire inférieure , le Xénopeltis aurait dû être réuni aux quatre espèces placées dans le sous-genre qui est décrit ici. De cette réunion serait résulté un genre spécial que le mot Énicognathe aurait parfaitement caractérisé.

Nous insistons sur ce point pour suppléer à ce qui n'a pas été dit à la page 28 déjà citée, où la particularité ostéologique du maxillaire inférieur n'a point été signalée.

le même caractère se retrouve, comme il est dit dans la note
ci-dessous, et sur la tête d'un Énicognathe à ventre rouge,
également préparée dans ce but. Pour les autres espèces, dont
les types sont uniques ou très-peu nombreux, elle a été reconnue par la petite dissection indiquée.

Chez tous les Serpents, chaque branche de la mâchoire inférieure, comme il est dit dans le tome VI de cet Ouvrage,
p. 127, offre deux régions principales, l'une sur laquelle les
dents sont fixées, antérieure à l'autre qui s'articule en arrière
avec l'os intra-articulaire. Cette seconde portion est reçue par
l'antérieure dans une sorte de mortaise ou d'entaillure angulaire. Chez tous les Serpents non venimeux, cette portion antérieure ou dentaire porte, vers le milieu de sa longueur, la
petite mortaise qui vient d'être indiquée, de sorte qu'il y a
en avant du point où elle est pratiquée, un nombre de dents
à peu près égal à celui des dents qui lui sont postérieures. En
d'autres termes, la série des crochets sous-maxillaires pourrait être divisée en deux portions à peu près égales par une
ligne verticale qui passerait par le sommet de l'angle qui termine en avant la petite mortaise.

Or, dans les Énicognathes, il n'en est plus de même, la
portion articulaire se prolongeant beaucoup plus en avant, la
mortaise qui en reçoit l'extrémité antérieure n'est plus située
au niveau du milieu de la série des dents sous-maxillaires,

Nous profitons de cette circonstance pour corriger une faute typographique d'où il semblerait résulter que les écailles du tronc du Xénopeltis
ne formeraient que cinq rangées longitudinales, tandis qu'elles sont, au
contraire, disposées sur quinze rangs.

Dans notre Prodrome, nous avons, avec M. Schlegel, considéré le *Xénopeltis leucocéphale*, comme n'étant que le jeune âge de la seule espèce
connue jusqu'ici, le Xénopeltis unicolore, et dans le passage dont nous
parlons (pag. 28), nous faisons dire à tort à cet Erpétologiste que ce *Leucocéphale* constitue pour lui une espèce distincte, puisqu'il la considère
avec raison, dans son *Essai*, pag. 21, comme n'étant en réalité qu'une
espèce nominale.

mais tout-à-fait à sa partie antérieure De toutes ces dents qui,
sur le maxillaire de l'Énicognathe ventre rouge soumis à notre
examen, sont au nombre de vingt-neuf pour l'un des côtés de
la mâchoire , il n'y en a que neuf au devant de la mortaise ,
les vingt autres sont supportées par la portion postérieure qui
l'emporte ainsi de beaucoup en longueur sur la précédente.

Cette disposition bizarre, qui donne à la portion dentaire de
l'os sous-maxillaire un aspect tout-à-fait particulier et très-
différent de ce qui se voit sur les autres Serpents non venimeux, est bien représentée sur la pl. 80 de l'Atlas de cet Ouvrage où le dessinateur a joint à la figure de l'*Énicognathe
annelé* ce détail anatomique emprunté à l'espèce dite É.
rhodogaster.

TABLEAU SYNOPTIQUE DES ESPÈCES DU S.-G. ÉNICOGNATHE.

Dos	à deux raies claires en longueur . . . . 3. E. DEUX-RAIES.		
	sans bandes	des anneaux transverses devant. . . 4. E. ANNELÉ.	
		pas d'anneaux; ventre à	points noirs . 1. E. TÊTE-NOIRE.
			mouchetures 2. E. VENTRE-ROUGE.

1. ÉNICOGNATHE TÊTE-NOIRE *Enicognathus Melanocephalus.* Nobis.

Coluber Melanocephalus. Linné.

CARACTÈRES. Tête d'une couleur noirâtre sur laquelle apparait la teinte plus claire du fond sous forme de petites lignes et
de petites taches régulières ; sur le bord externe de chaque gastrostège, un point noir : de l'ensemble de ces points, résulte,
de chaque côté du ventre , une ligne ponctuée ; sur le milieu du
dos , une série longitudinale de points noirs , plus ou moins
apparents et plus ou moins espacés.

SYNONYMIE. 1754. *Coluber Melanocephalus*, Lin. Mus. Ad. Frid. p. 24, pl. 15, fig. 2.

Idem, Weigel in Abh. der Hall. naturf. Ges. t. I, p. 15, n°s 7-10.

Idem, Gmelin, Syst. nat. Lin. I t. p. 1095.

La Tête-Noire, Lacépède t. II p. 275.

Couleuvre à Tête-Noire, Daudin t. VI, p. 367.

Coluber natrix Melanocephalus, Merrem, Tentamen, p. 110.

Couleuvre à tête tachetée, (Elaps Melanocephalus) Wagler, Serp. bras. Spix, p. 9, tab. II b, fig. 1.

Calamaria Melanocephala, Schlegel, Essai sur la phys. des serp. t. I, p. 131, t. II, p. 38, pl. I, fig. 30.

DESCRIPTION.

FORMES. La conformation générale de ce Serpent lui donne une certaine analogie avec ceux que nous avons rangés dans la famille des Calamariens, et l'on comprend que M. Schlegel, d'après cet ensemble de physionomie, l'ait nommé Calamar à tête noire, mais, la structure remarquable de la mâchoire inférieure est un caractère qui, dans notre système de classification, ne permet pas d'éloigner cette espèce des autres Énicognathes. La tête est d'ailleurs un peu plus distincte du tronc et la queue est plus longue et plus effilée que chez les vrais Calamaires.

ECAILLURE. Les neuf plaques sus-céphaliques ordinaires ; la nasale postérieure n'est pas traversée par l'orifice de la narine, qui n'est ouverte que dans la nasale antérieure, la frénale est presque carrée ; il y a une seule pré-oculaire, et deux post-oculaires ; huit paires de plaques sus-labiales, dont la troisième et la quatrième et quelquefois la cinquième touchent à l'œil. Les sous-maxillaires antérieures sont plus petites que les postérieures.

Les écailles du tronc forment 17 rangées longitudinales. On compte 164 à 166 gastrostèges, 1 anale double et 57 urostèges également divisées.

COLORATION. La teinte générale est un brun verdâtre, autant qu'on peut en juger par un des individus de la collection en meilleur état que les autres. Ce qu'il y a de plus caractéristique chez cette espèce se trouve suffisamment signalé dans la diagnose. Il n'est donc pas nécessaire d'y insister ici.

DIMENSIONS. L'Énicognathe tête noire n'atteint pas une grande taille. Le

plus long des trois sujets du Musée de Paris ne dépasse pas 0ᵐ , 57. La
tête et le tronc réunis ont 0ᵐ , 30 et la queue 0ᵐ , 07.

PATRIE. C'est à la Guadeloupe que ces petites Couleuvres ont été
recueillies. Elles vivent aussi au Brésil, mais nous ne connaissons pas
les échantillons que M. Schlegel dit avoir été adressés de Philadelphie à
notre Musée par Lesueur.

2. ÉNICOGNATHE VENTRE ROUGE. *Enicognathus rhodo-gaster.* Nobis.

(*Herpetodryas rhodogaster.* Schlegel.)

(L'ATLAS, pl. 80, fig. 2, tête vue en dessus.)

CARACTÈRES. Sur le ventre, des points noirs en séries transversales, régulières. Sur la tempe, une bande noire, étendue de
l'œil à la commissure des lèvres. Chez l'adulte, une teinte d'un
brun verdâtre uniforme, plus clair en dessous qu'en dessus. Dans
le jeune âge, une livrée, dont la particularité la plus remarquable est la teinte d'un beau rouge, dont le ventre et le dessous de
la queue sont couverts et qui, par places, ne laisse paraître que
les points noirs les plus externes; de plus, une bande foncée,
plus ou moins large, sur la ligne médiane du dos.

SYNONYMIE. 1837. *Herpetodryas rhodogaster*, Schlegel. Essai
sur la physion. des Serp. Tom. I, pag. 152 et Tom. II, pag. 193.

DESCRIPTION.

FORMES. Cette espèce, que M. Schlegel n'a pu décrire que d'après un
jeune individu, le seul que le Musée de Paris possédait à l'époque où cet
habile Erpétologiste l'a visité, avant l'impression de son Essai sur la physionomie des Serpents, nous est connue maintenant à l'état adulte. Un
beau spécimen adressé de Madagascar comme les deux premiers, offre tous
les mêmes caractères spécifiques, excepté cependant ceux qui étaient tirés
du système de coloration, comme nous avons eu soin de le mentionner
dans la diagnose.

Ces Serpents sont un peu moins élancés que les Herpétodryas; ils ont
en outre, la queue moins longue et moins effilée.

ECAILLURE. Les neuf plaques sus-céphaliques ordinaires. Les narines,
qui sont grandes, sont ouvertes entre deux plaques. La pré-oculaire est
unique; il y a deux post-oculaires. La lèvre supérieure est garnie de huit

paires de plaques, dont les premières sont basses et les deux dernières très hautes ; la quatrième et la cinquième touchent à l'œil. Les sous-maxillaires antérieures et postérieures sont d'égale longueur.

On compte 17 à 19 rangées longitudinales d'écailles sur le tronc , 191 à 193 gastrostèges, 1 anale double et 95 urostèges également en rang double.

Coloration, Le fait le plus important à noter et déja signalé, est la disparition complète chez l'adulte, de cette belle teinte rouge, qui recouvre toutes les régions inférieures dans le jeune âge et qui a motivé la dénomination spécifique employée par M. Schlegel.

Nous devons dire aussi que des nombreuses séries de points noirs, qui forment, sous l'abdomen et sous la queue, des lignes transversales et longitudinales, on ne voit bien distinctement que la plus extérieure, de chaque côté, chez les jeunes sujets, tant est vive la nuance d'un beau rouge, qui les recouvre et qui , bien conservée en plusieurs points chez l'un d'eux, a disparu plus ou moins dans d'autres points et s'est presque complètement effacée sur un autre spécimen également jeune.

Dimensions. Le sujet unique décrit par M. Schlegel ne mesure que 0^m,53 , c'est à peu près la taille d'un deuxième Énicognathe, reçu depuis 1837, mais l'adulte est beaucoup plus grand.

Tête et Tronc long. 0^m,68. Queue long. 0^m,26. Longueur totale 0^m,94. La queue est très-forte à sa base où elle est à peine distincte du tronc. Elle est très-robuste dans toute son étendue.

Patrie. C'est à Madagascar que MM. Quoy et Gaimard ont recueilli l'individu type de l'Herpetodryas rhodogaster de M. Schlegel. C'est dans cette même île, qu'a été pris le sujet adulte par M. Boivin, qui en a fait présent au Muséum. Le troisième provient aussi de cette localité et faisait partie d'un envoi dont l'expéditeur est resté inconnu , et qui contenait beaucoup d'animaux rares et intéressants.

3. ÉNICOGNATHE DEUX RAIES. *Enicognathus geminatus.* Nobis.

(Coluber geminatus. Oppel.)

Caractères. Tout le long du dos, jusqu'à l'origine de la queue, de chaque côté, une large bande claire de dimensions égales dans toute son étendue, se détachant sur un fond brun et séparée de la tête par une bande également claire et formant collier ; au bord externe de chaque gastrostège et de chaque urostège, un point brun, et de l'ensemble de ces points résulte, de chaque côté du

ventre et de la queue, dont la teinte est semblable à celle des bandes, une ligne festonnée brune.

SYNONYMIE. 1813. *Coluber geminatus.* Oppel. Musée de Paris.
Id. Boie. Erpétologie de Java (inédite), pl. 31.

1837. *Herpetodryas geminatus.* Schlegel. Essai sur la Physion.
des Serp. Tom. I, pag. 153 et Tom. II, pag. 194.

DESCRIPTION.

FORMES. Les formes assez élancées de ce Serpent, dont la queue est pas-
sablement longue et effilée, lui donnent quelque ressemblance avec les
Herpétodryas, dont les éloigne forcément le caractère anatomique tiré de
la conformation du maxillaire inférieur. Il a, d'ailleurs, le museau plus
court que celui des véritables Herpétodryas précédemment décrits ; la tête
est moins distincte du tronc ; l'œil est beaucoup plus petit et la queue est
proportionnellement un peu plus courte.

ECAILLURE. Les neuf plaques sus-céphaliques ordinaires ; les inter-nasales et les frontales antérieures sont à peu près aussi larges que longues.
La lèvre supérieure porte neuf paires de plaques sus-céphaliques, dont la
quatrième, la cinquième et la sixième touchent à l'œil. Entre la septième
et la huitième, qui sont moins larges que les autres, l'une des plaques temporales descend et se place entre ces deux sus-labiales. La neuvième a
une hauteur double de celle des plaques dont elle est précédée.

Les écailles du tronc sont rhomboïdales et disposées sur 17 rangées.

Il y a 163 gastrostèges ; 1 anale double et 104 urostèges également divisées.

COLORATION. Les détails énoncés dans la diagnose sont suffisants pour
faire connaître le système de coloration que nous trouvons conforme à la
description donnée par M. Schlegel d'après des individus conservés au
Musée de Leyde.

Un très-jeune sujet de notre collection a tout le dos d'une teinte claire ; la
bande brune moyenne qui, chez l'adulte, sépare l'une de l'autre les bandes claires n'étant représentée ici que par une ligne ponctuée très-fine. Le
collier, d'ailleurs existe, mais avec une petite interruption à sa partie
moyenne.

DIMENSIONS. Ce Serpent reste toujours de petite taille, comme le montrent nos exemplaires et ceux du Musée de Leyde. Le plus grand des nôtres n'a que 0^m,43 de longueur, la queue ayant 0^m,16 et le tronc 0^m,27.

PATRIE. Cette espèce habite Java. On en doit la connaissance à Leschenault qui en a rapporté trois individus, dont un très-jeune.

4. ÉNICOGNATHE ANNELÉ. *Enicognathus annulatus.*
Nobis. Espèce nouvelle.

(Voir l'Atlas, pl. 80.)

CARACTÈRES. Queue forte et robuste, égale à environ la moitié
de la longueur du tronc; sur le quart antérieur du dos, cinq doubles anneaux noirs se détachant sur un fond d'une teinte rougeâtre plus claire que le reste où se voit, jusqu'à l'extrémité de la
queue, le long de la ligne médiane, une série de taches noires en
zig-zag, d'autant plus apparentes, qu'on les examine plus près
de l'origine de la queue. Les deux tiers postérieurs de la tête
presque complètement noirs.

DESCRIPTION.

FORMES. Par les dimensions et le volume de la queue, dont il manque
même l'extrémité terminale sur l'échantillon unique du Musée de Paris,
cette espèce se distingue très-nettement de ses congénères. Il y a, en outre
cette particularité que l'œil est proportionnellement plus grand. Il faut
ajouter que la tête est un peu bombée en dessus, que le museau est obtus
large, légèrement incliné en avant.

ECAILLURE. Les neuf plaques sus-céphaliques ordinaires. La rostrale,
très-élargie, remonte sur le museau et son bord supérieur représente une
courbe très-ouverte. La frénale est petite et plus basse en arrière qu'en
avant où elle est en contact avec le bord externe de la frontale replié en
bas. La pré-oculaire est unique et grande; il y a deux post-oculaires. La
lèvre supérieure est garnie de huit paires de plaques, dont la quatrième,
la cinquième et la sixième qui est très-grande, bordent inférieurement
le cercle orbitaire. Entre les dernières sus-labiales et le bord externe
de la pariétale correspondante, on voit cinq plaques temporales de grandeur médiocre. Les sous-maxillaires antérieures et postérieures sont de
dimensions semblables.

Les écailles du tronc sont de forme losangique et disposées sur 17 rangées longitudinales.

Il y a 142 gastrostèges, 1 anale divisée et 74 urostèges également divisées. Il faut noter l'absence de l'extrémité de la queue déjà signalée.

COLORATION. La teinte générale des régions supérieures est brune, tirant un peu sur le vert. La tête, au niveau de l'extrémité postérieure des plaques sus-oculaires et frontale moyenne est d'un noir profond, qui s'étend jusque sur la nuque et n'est interrompu que sur la ligne de jonction des pariétales entre elles où se voit une teinte plus claire, qui se présente sous la forme d'une tache irrégulière à la région temporale ; elle se voit seule sur la partie antérieure de la tête. Du bord inférieur de l'orbite, il part trois taches noires, dont la moyenne, plus courte que les autres, descend directement sur la lèvre supérieure, tandis que les deux autres s'y portent obliquement, l'une se dirigeant en avant et l'autre en arrière. Sur la nuque, en arrière de la grande tache noire du vertex, la coloration claire tirant un peu sur le rougeâtre, simule une sorte de collier, étant bordée en arrière par un demi anneau noir séparé d'un autre demi anneau semblable, par un très petit intervalle occupé par la même nuance claire, dont il vient d'être question. Au-delà, et à des intervalles de plus en plus grands, et dans une longueur de 0^m,8 à 0^m,9, on voit quatre doubles demi anneaux noirs semblables au précédent. Le reste du dos et toute la queue ont une couleur brune plus sombre que la région antérieure qui vient d'être décrite. On y remarque trois séries parallèles de points noirs, qui peu apparents d'abord, deviennent successivement plus volumineux, particulièrement sur la ligne médiane où ils se transforment peu à peu en une succession de petites taches anguleuses, disposées en zig-zag.

A la région inférieure, il y a aux extrémités de chacune des gastrostèges et des urostèges, de fines maculatures noires.

Dimensions. La Tête et le Tronc mesurent ensemble 0^m,39 et la Queue, malgré sa mutilation, est longue de 0^m,20. En tout : 0^m,59.

Patrie. Le type remarquable de cette espèce nouvelle provient du Coban (Haute-Vera-Paz). Il a été acquis par le Muséum.

VIIIe GENRE. CALOPISME. — CALOPISMA (1). Nobis.

CARACTÈRES ESSENTIELS. *Corps arrondi à queue très-courte forte et robuste. Écailles lisses ; narines percées dans une seule plaque.*

---

(1) De Καλός, beau, belle, *forma insignis*, et de Λόπισμα, enveloppe, vêtement, *tunica*.

CARACTÈRES NATURELS. Huit ou neuf plaques sus-céphaliques, suivant que l'inter-nasale est entière ou divisée en deux ; chaque narine percée dans une seule nasale, à orifice longitudinal plutôt que circulaire ; une frénale s'étendant jusqu'à l'œil ; point de pré-oculaire, deux post-oculaires ; sept ou huit sus-labiales, dont la troisième et la quatrième bordent l'œil en bas ; écailles lisses, en losanges courtes, à sommet postérieur arrondi ; gastrostèges ne se redressant pas sur les flancs ; les urostèges divisées ; côtés du ventre sub-anguleux ; les narines sus-latérales, sont très-petites ; la pupille est ronde et exigüe.

Nous n'avons inscrit jusqu'ici que trois espèces dans ce genre, dont suit la division synoptique.

TABLEAU DES ESPÈCES DU GENRE CALOPISME.

Corps à	raies en long	trois sur le dos. . 1. C. ÉRYTHROGRAMME
		une bande festonnée 3. C. PLICATILE.
	taches carrées. . . . . . . 2. C. ABACURE.

---

1. CALOPISME ERYTHROGRAMME. *Calopisma erythrogrammum* Nobis.

(Coluber erythrogrammus. Palissot de Beauvois).

CARACTÈRES. Deux plaques inter-nasales. Dos brun ou noir, avec trois raies longitudinales, rouges pendant la vie, jaunâtres et blanchâtres après la mort.

SYNONYMIE. 1801. *Coluber erythrogrammus.* Palissot de Beauvois. Manuscrit.

1802. *Coluber erythrogrammus.* Latreille. Hist. Rept. Tom. IV, pag. 141.

1803. *Coluber erythrogrammus.* Daudin. Hist. Rept. Tom. VII, pag. 93, pl. 83, fig. 2. Portions du tronc vues en dessus et en dessous.

1804. *Coluber Seriatus.* Hermann. Observ. zoolog., pag. 273.

1820. *Natrix erythrogrammus.* Merrem. Tent. Syst. Amph., pag. 117, n.º 97.

1827. *Homalopsis erythrogrammus.* F. Boié. Remarques sur le *Tentamen systematis amphibiorum* de Merrem. (Isis, pag. 551; Tom. XX, pag. 528, n.º 97.)

1827. *Coluber erythrogrammus.* Harlan. Gener. North. Amer. Rept. (Journ. acad. nat. Scienc. Philadelph. vol. 5, pag. 361.)

1830. *Helicops erythrogrammus.* Wagler. Syst. Amph. pag. 170.

1837. *Homalopsis plicatilis.* Variété originaire de l'Amérique du Nord. Schlegel. Ess. physion. Serp. Tom. II, pag. 353, troisième note; pl. 13, fig. 21-22, la tête.

1842. *Helicops erythrogrammus.* Holbrook. North. Americ. Herpet. vol. 3, pag. 107, pl. 25.

1842. *Helicops erythrogrammus.* Dekay. New-York Fauna, part. III, pag. 50.

1849. *Abastor erythrogrammus.* Gray. Catalog. of snakes of the collect. British Museum, p. 78, n.º 33-1.

1853. *Idem.* Baird and Girard. Catal. part. 1, pag. 125, n.º 1.

DESCRIPTION.

ECAILLURE. La plaque rostrale, qui est beaucoup plus dilatée transversalement que verticalement, a six bords, savoir : deux latéraux soudés aux sus-labiales de la première paire, un inférieur faiblement échancré, et trois supérieurs, dont deux grands, un peu concaves, adhérant aux nasales et un petit, légèrement arqué, tenant aux inter-nasales. Les latéraux forment deux angles droits avec l'inférieur et deux obtus avec les deux grands supérieurs; le petit qui sépare ceux-ci forme aussi avec eux deux angles obtus.

Les plaques inter-nasales représentent chacune un trapèze sub-rectangle dont le sommet aigu est postérieur et externe.

Les pré-frontales sont très-élargies, chacune d'elles représente à peu près un parallélogramme oblong : par leur bord externe, elles touchent à la frénale et au sommet supéro-postérieur de la nasale par leur angle antéro-externe, puis au globe de l'œil par leur angle postéro-externe. Elles tiennent aux inter-nasales par leur pan antérieur et à la frontale ainsi qu'à la sus-oculaire par leur pan postérieur, qui, en dehors, reçoit dans une petite concavité, l'extrémité antérieure de la sus-oculaire.

Les deux bords antérieurs de la frontale sont réunis sous un angle aussi ouvert que possible ; les deux postérieurs forment ensemble un angle aigu et les deux latéraux, beaucoup plus longs qu'aucun des autres, sont presque parallèles ou à peine convergents d'avant en arrière.

Les sus-oculaires sont fort allongées et un peu moins étroites à leur bout postérieur, qui est coupé carrément, qu'en avant où elles sont légèrement arrondies.

Les pariétales sont à six pans inégaux, parmi lesquels deux temporaux également longs et un occipital très-petit ; (le bord par lequel ces plaques pariétales tiennent à la sus-oculaire, s'articule aussi avec la post-oculaire supérieure.

La plaque nasale représente à peu près un trapèze rectangle, dont le sommet aigu est supérieur.

La frénale est un parallélogramme oblong, qui s'étend jusqu'à l'œil, car il n'existe pas de pré-oculaire.

La post-oculaire d'en bas est bien moins développée que celle d'en haut, celle-ci est pentagonale, et l'inférieure quadrangulaire.

Il y a deux grandes squammes temporales oblongues, placées bout à bout, latéralement à la plaque pariétale ; la première touche en bas aux deux avant-dernières sus-labiales et tient aux deux post-oculaires par son extrémité antérieure (1) ; sous la seconde temporale, on voit deux écailles à peu près carrées, moins petites que celles qui les suivent.

Les plaques sus-labiales sont graduellement de plus en plus hautes de la première à la sixième exclusivement, mais la septième et dernière est presque de moitié moins élevée que la pénultième.

La première a la forme d'un trapèze rectangle, dont le sommet aigu est le supéro-postérieur. La seconde lui est semblable, mais parfois elle est carrée. La troisième et la quatrième ont leur base coupée à peu près carrément et leur bord supérieur brisé sous un angle extrêmement ouvert ; l'une touche à la frénale, l'autre à la post-oculaire inférieure, et toutes deux complètent l'encadrement squammeux du globe de l'œil. La cinquième plus haute que large, a quatre angles : l'inféro-postérieur et le supéro-antérieur, sont ordinairement aigus, et ce dernier s'articule presque toujours par son sommet, qui est souvent tronqué, avec la post-oculaire infé-

---

(1) Nous possédons un sujet chez lequel la seconde squamme temporale est divisée transversalement en deux pièces.

22.*

rieure. La sixième est plus large en haut qu'en bas ; enfin la septième est trapézoïde.

La lame du menton est sub-équi-triangulaire.

Nous comptons huit paires de plaques sous-labiales. Celles de la première paire forment ensemble un V dont la base pénètre entre les plaques sous-maxillaires antérieures.

Les plaques sous-maxillaires antérieures sont en rhombes à sommet antéro-externe, légèrement tronqué. Les postérieures sont moins allongées que les précédentes et presque en trapèzes isocèles.

Sur la région moyenne de la gorge, il y a deux séries parallèles composées chacune de quatre ou cinq petites squammes sub-losangiques, et sur ses parties latérales, cinq ou six rangs obliques d'écailles sub-rectangulaires.

Le dé squammeux de l'extrémité de la queue a la forme d'un cône assez court.

Ecailles : 19 rangées longitudinales au tronc , 6 à 8 la queue.

Scutelles : gastrotèges 162-178 , 1 anale divisée ; 40-55 urostèges.

DENTS. Maxillaires $\frac{16}{18-19}$. Palatines 10. Ptérygoïdiennes, 13-14

COLORATION. Après la mort, les individus conservés dans l'alcool ont pour principale couleur , sur leurs parties supérieures, tantôt un brun noir, tantôt un brun roussâtre. Le dessus de la tête est veiné de jaunâtre et le dos parcouru longitudinalement par trois raies parallèles de cette dernière teinte ; les latérales se prolongent sur la queue, où, se rapprochant peu à peu l'une de l'autre, elles finissent par se confondre ensemble.

Un blanc, plus ou moins jaunâtre, règne seul sur les deux ou trois séries d'écailles du bas des flancs. Sur les lèvres, les régions sous-maxillaires la gorge, le ventre et sous la queue, il y a des taches noires. A la tête, elles occupent le milieu de chaque plaque sus-labiale, de la lame du menton , de chacune des quatre ou cinq premières sous-labiales , des sous-maxillaires et des squammes medio-gulaires. Il y en a deux assez fortes et souvent élargies à chaque extrémité de la marge antérieure des gastrostèges et des urostèges, qui parfois en offrent une troisième au centre de leur surface.

Voici maintenant le mode de coloration des sujets vivants. Le fond de couleur des régions supérieures est d'un noir bleuâtre ; les lèvres et la gorge sont d'un jaune citron ; le ventre et le dessous de la queue d'une teinte carnée. Les taches labiales, gulaires, ventrales et sous-caudales sont bleues. Les veinures sus-céphaliques, les trois raies dorsales et les deux sus-caudales sont d'un beau rouge, ainsi que les écailles des trois séries inféro-latérales du tronc, écailles dont le bord postérieur est néanmoins d'un jaune paille.

DIMENSIONS. La tête a en longueur une fois et trois quarts la largeur qu'elle présente vers le milieu des tempes et qui est double de celle que le museau offre au-dessous des plaques nasales.

Le diamètre des yeux est égal à un peu moins de la moitié du travers de la région sus-inter-orbitaire.

Le tronc est un tant soit peu plus haut et de 33 à 42 fois aussi long qu'il n'est large à sa partie moyenne.

L'étendue longitudinale de la queue est contenue de 5 fois et demie à 7 fois et demie dans la longueur totale du corps, qui donne 1^m,285 chez le plus grand des huit sujets soumis à notre examen, soit : *Tête*, long. 0^m,03. *Tronc*, long. 1^m,085. *Queue*, long. 0^m,17.

Ce n'est cependant pas le maximum de développement auquel parvient l'espèce, car on a vu des individus longs de près de deux mètres.

PATRIE. Le Calopisme érythrogramme est originaire de l'Amérique Septentrionale : M. Milbert nous l'a envoyé de New-Yorck, M. Barabino de la Nouvelle-Orléans et M. Lherminier, ainsi que M. Noisette, de Charlestown.

MŒURS. On le trouve, dit M. Holbrook, dans les localités humides ou marécageuses ; il passe la plus grande partie du temps caché soit sous de vieux troncs d'arbres, soit sous la terre, dans des creux d'où il est souvent mis dehors par le soc de la charrue ; jamais il ne va à l'eau, mais il fréquente les bords des rivières pour y saisir au passage les gros rats qui y vivent en grand nombre.

OBSERVATIONS. Cette espèce, décrite d'abord par Latreille, puis par Daudin, sous le nom de *Coluber erythrogrammus*, que lui avait donné Palissot de Beauvois qui en a fait la découverte, a été un peu plus tard désignée par Hermann, sous celui de *Coluber seriatus*, d'après un jeune sujet qui fait aujourd'hui partie de la collection erpétologique du Musée de Strasbourg.

M. Holbrook vient d'en publier un très-beau portrait accompagné d'une excellente description à la suite de laquelle se trouvent des observations fort justes, à savoir, que Daudin a faussement attribué des écailles dorsales carénées à sa Couleuvre à raies rouges, et que M. Schlegel a commis une erreur inconcevable en signalant cette même Couleuvre comme une simple variété de climat du *Coluber plicatilis*.

A ces observations nous ajouterons que les gastrostèges de la Couleuvre érythrogramme de Daudin ne sont pas divisées en deux par une rainure longitudinale, comme l'avance cet auteur, qu'elle n'a pas une scutelle anale entière, comme il le dit aussi ; et que le nombre de dents qu'il donne à cette espèce est de beaucoup moindre que celui qu'elle possède réellement.

2. CALOPISME ABACURE. *Calopisma Abacurum* (1). Nobis.

(Helicops abacurus , Holbrook. *)*

(ATLAS, pl. 65, sous les noms de *Hydrops abacure*)

CARACTÈRES. Le dessus du corps d'un brun foncé ; de grandes taches rouges carrées, disposées régulièrement sur les flancs et sur les bords de la queue, comme des pièces de marqueterie. Une seule plaque inter-nasale. Dos noir, sans raies longitudinales.

SYNONYMIE. 1842. *Helicops abacurus.* Holbr. north Amer. Herpet. vol. 3, pag. 107 pl. 26.

1837. *Homalopsis Reinwardtii* , Schleg. Ess. Physion. Serp. t. I, pag. 173, n° 12 ; t. II, pag. 357.

1842. *Hydrops Reinwardtii*, Gray Zool. Miscell. p. 67 , et *Farancia, Drummondi. Id.* p. 68.

1849. *Farancia Fasciata* , Gray. Catal. British. Mus. p. 74 , n° 1.

1853. *Farancia abacurus*, Baird and. Girard. Catal. Part. 1, pag. 123.

DESCRIPTION.

ECAILLURE. Le bouclier céphalique du Calopisme abacure est absolument semblable à celui du Calopisme erythrogramme , à cela près, qu'il ne s'y trouve qu'une seule plaque inter-nasale au lieu de deux. Cette plaque unique, complètement circonscrite par la rostrale, les nasales et les pré-frontales, a quatre pans inégaux. (Voir pl.65 fig. 2, 3 et 4.)

Ecailles : 19 rangées longitudinales au tronc, 8-10 à la queue.

Scutelles : 3 gulaires ; 190-195 gastrostèges, 1 anale divisée ; 34-38 urostèges. (2)

DENTS. Maxillaires $\frac{17\text{-}18}{21}$. Palatines, 10-11. Ptérygoïdiennes, 19-20.

COLORATION. Dans cette espèce, lorsqu'elle est vivante, toutes les parties supérieures sont ou d'un noir bleu, ou d'un brun noirâtre, ou bien encore

---

(1) De Ἄβαξ , damier, et de οὐρά , queue.

(2) M. Schlegel signale le nombre des urostèges comme pouvant s'élever jusqu'à 54.

d'un vert-bouteille très-foncé. Les régions inférieures sont d'un beau rouge éclatant, comme nous l'avons constaté sur un individu conservé vivant pendant quinze mois dans la ménagerie du Muséum.

Cette teinte brillante s'élève sur les côtés du tronc et de la queue en forme de grandes taches carrées, tandis que la couleur du dessus du corps descend entre celles-ci en manière de bandes assez allongées qui se dirigeant, celles de droite vers celles de gauche, coupent transversalement, de distance en distance, le ventre et la face sous-caudale dans toute ou presque toute leur largeur.

C'est avec raison, que M. Holbrook compare à une marqueterie de pièces rouges et noires cette disposition des taches. Elles sont nettement limitées, et tranchent mutuellement les unes sur les autres d'une façon très-apparente, surtout à la queue d'où le nom d'Abacurus imposé par lui à cette espèce. Nous avons conservé cette dénomination a cause de son droit d'antériorité sur celle dont M. Schlegel s'est servi en la dédiant à M. Reinwardt. Les peintures ornementales dont sont bordées les murailles de Pompeia ont également servi à M. Holbrook de terme fort juste de comparaison.

Les pièces du bouclier sus-céphalique ont parfois leurs bords colorés en rouge, teinte qui se montre au contraire constamment sous la tête et sur les lèvres, dont les plaques portent chacune une tache noire, ainsi que la plupart des squammes gulaires.

Après la mort, on trouve du blanc jaunâtre partout où il existait du rouge pendant la vie.

DIMENSIONS. La tête n'a pas tout-à-fait en longueur le double de la largeur qu'elle offre vers le milieu des tempes, largeur qui est égale à un peu plus de deux fois et demie celle du museau au dessous des plaques nasales.

Les yeux ont en diamètre environ le tiers de la région sus-inter-orbitaire.

Le tronc est à peine plus haut et de 51 à 47 fois aussi long qu'il est large à sa partie moyenne.

La queue prend le neuvième ou le dixième de la longueur totale du corps, qui est de 1^m,633 chez notre plus grand sujet, soit :

Tête long, 0^m,053. *Tronc* long. 1^m,39. *Queue* long. 0^m,18.

Le Musée de Leyde en renferme un individu qui mesure 1^m,88 du bout du museau à l'extrémité caudale.

PATRIE. Le Calopisme Abacure est comme son congénère, originaire de l'Amérique du nord, mais on ne l'a encore trouvé jusqu'à présent que dans la Louisiane et la Caroline du sud, d'où il en a été rapporté des individus par M. Teinturier.

Mœurs. Il a la même manière de vivre que le Calopisme Erythro-gramme.

Observations. L'individu observé vivant à la Ménagerie n'a pris aucune sorte de nourriture, quelle que fût celle qu'on lui présentât, pendant toute la durée de sa captivité qui a été de quinze mois.

3. CALOPISME PLICATILE. *Calopisma plicatile*. Nobis.
(*Coluber plicatilis*. Linné.)

Caractères. Corps brun en dessus, avec une large bande noire à bords festonnés en dessus et en dessous, qui règne sur toute la longueur des flancs. Quatre séries longitudinales de points noirs sur les gastrostèges et deux sous les urostèges ; une seule plaque inter-nasale.

Synonymie. 1734. *Serpens Bali-Salan-Boekit, ternata*. Séba. Tom. I, pag. 92, tab. 57, fig. 5, et tom. II, pag. 53, n.º 3.

1735. *Serpens americanus, etc.* Scheuchzer. Physica sacra Tom. IV. pag. 1296, tab. 653. fig. 2.

1746. *Anguis scutis abdominalibus 128. squamis caudalibus 45*. Linné. Amænit. Academ. Tom. I, pag. 301.

1754. *Coluber plicatilis*. Linné. Mus. Adolph. Frid., pag. 23, tab. 6, fig. 1.

1758. *Coluber plicatilis*. Linné. Syst. nat. édit. 10, tom. I, pag. 213, n.º 177.

1766. *Coluber plicatilis*. Linné. Syst. nat., édit. 12, tom. I, p. 376, n.º 177.

1768. *Cerastes plicatilis*. Laurenti. Synops. Rept., p. 81, n.º 168.

1771. *Le Bali*. Daubenton. Dict. anim. quad. ovip. Serp., p. 591.

1788. *Coluber plicatilis*. Gmelin. Syst. nat. Linnæi. Tom. I, pars. 3, pl 1088, n.º177.

1789. *Le Bali*. Lacépède. Hist. Quad. ovip. Serp. Tom. II, pag. 176. pl. 9. fig. 1.

1789. *Le Bali*. Bonnaterre. Encyclop. méth. Ophiolog., p.53, pl. 9; fig. 7. (Très-mauvaise copie.)

1790. *Ketten-Natter.* Merrem. Beytr. Amphib., part. 2, p. 24, pl. 5. Exclus synonym., fig. 1 et tab. 110, tom. I. Séba.

1801. *Elaps plicatilis.*Schneider. Hist. Amph. Fasc. 2, p. 294.

1801. *Die Wickel natter.* Beschtein. Lacépède's naturgesch. Amph. Tom. III, p. 334, pl. 5. n.º 1. (Fig. cop. du *Ketten natter* des Beitr. de Merr.) Exclus synonym., fig. 1, tab. 110, tom. I; Séba.

1802. *Coluber plicatilis.* Shaw. Gener. Zool. Vol. III, part. 2, p. 466.

1802. *Coluber plicatilis.* Latreille. Hist. Rept. T. IV, p. 99.

1803. *Coluber plicatilis.* Daudin. Hist. Rept. Tom. VII, p. 193. Exclus. synonym., fig. 1, tab. 110. tom. I. Séba.

1820. *Coluber plicatilis.* Kuhl. Beitr., part. 2, p. 82.

1820. *Natrix plicatilis.* Merrem. Tent. Syst. Amph., p. 99, n.º 30. Exclus. synon., fig. 1, tab. 110, tom. I. Séba.

1826. *Pseudoeryx Daudini.* Fitzinger. neue Classif. Rept., p. 55, n.º 3.

1827. *Homalopsis plicatilis.* F. Boié. Remarques sur le *Tentamen systematis Amphibiorum* de Merrem. (Isis. Tom. XX, p. 523, n.º 30.)

1830. *Helicops plicatilis.* Wagler. Syst. Amph., p. 171. G. 19.

1831. *Dimades plicatilis.* Gray. Zool. Miscell., p. 66.

1833. *La Couleuvre Bali.* Duvernoy. Annal. scienc. nat. Tom. XXX; p.   , pl. 11, fig. 3 et 4, représentant le tube digestif.

1837. *Homalopsis plicatilis.* Schlegel. Ess. physion. Serp., Tom. I, p. 173; tom. II, p. 353, pl. 13, fig. 21-22.

Exclus. Variét. origin. de l'Amér. du Nord (*Calopisma erythrogrammum*), et synon., fig. 3, tab. 53, tom. II. Séba. (*Vipera mangonizo dicta*); fig. 10, tab. 662, tom. IV. Physica sacra Scheuchzer.

1840. *Homalopsis plicatilis.* Filippo de Filippi Catalog. ragion. Serp. Pav. Bibliot. Italian. Tom. XCXIX.

1843. *Pseuderix plicatilis.* Fitzinger. Syst. Rept. Fasc. I, p. 25.

1849. *Dimades plicatilis.* Gray. Catal. of Snakes, p. 76, n.º 29.

DESCRIPTION.

FORMES. Le Calopisme Plicatile a les yeux assez grands, le museau fort étroit et légèrement aplati en-dessus et de chaque côté, les régions pré-oculaires concaves, la face sus-céphalique parfaitement plane et réunie à angles droits avec les tempes, qui sont elles-mêmes presque tout-à-fait plates.

Sa queue, bien qu'elle soit peu forte en comparaison du tronc, n'offre pas la même gracilité que celle de l'espèce précédente.

Écaillure. La plaque rostrale a sept pans inégaux, savoir : un inférieur le plus grand de tous et fortement échancré ; deux latéraux moins longs et formant avec lui deux angles à peine ouverts ; deux, aussi étendus que les latéraux, décrivant chacun une courbe rentrante et formant ensemble un angle obtus, qui s'enclave dans les nasales ; enfin deux plus petits qu'aucun des autres, soudés également à ces dernières plaques, à droite et à gauche de cet angle.

Chaque plaque nasale est près d'une fois plus longue que large ; elle tient à la pré-oculaire du même côté par le sommet d'un angle aigu, et elle a un grand angle obtus à la partie supérieure et un petit angle rentrant entre deux saillants, à sa partie inférieure.

La plaque pré-oculaire, est trapézoïde et un peu plus haute qu'elle n'est large à sa base, qui est moins étroite que son sommet.

Les post-oculaires ont chacune cinq pans inégaux, mais la supérieure n'est pas aussi développée que l'inférieure, dont un des angles descend entre la quatrième sus-labiale et la cinquième.

La tempe est revêtue de six squammes placées, une tout-à-fait en avant, deux, l'une au-dessus de l'autre, derrière celle-ci ; au-delà, les trois autres sont également superposées ; la première est oblongue (1) et plus grande que les suivantes.

Les huit plaques sus-labiales, parmi lesquelles la quatrième et la cinquième complètent inférieurement le cadre squammeux de l'orbite, offrent graduellement moins d'élévation à partir de la pénultième, qui est moins élevée que la dernière, jusqu'à celle qui commence la rangée.

Toutes les écailles du tronc sont carrées, mais celles des flancs ont leur angle postérieur bien plus fortement arrondi que celles du dos.

Ecailles : 15 rangées longitudinales au tronc, 6 à la queue.

Scutelles : 133-139 gastrostèges, 1 anale divisée, 35-38 urostèges.

Dents. Maxillaires $\frac{15-16}{18}$. Palatines, 8. Ptérygoïdiennes, 18-19.

Coloration Les pièces de l'écaillure des sept rangs longitudinaux de la face dorsale et la moitié latéro-interne de celles des deux rangs les plus

---

(1) Cette squamme est divisée en deux parties chez un des huit ou neuf individus d'après lesquels nous faisons la présente description.

voisins de cès derniers sont, ainsi que la région sus-caudale, colorées en brun foncé ou en brun roux, plus ou moins clair et à reflets irisés. Un ruban noir ou brunâtre s'étend à droite et à gauche du tronc sur les écailles de la troisième série, sur la moitié supérieure de celles de la seconde et sur la moitié inférieure de celles de la troisième ; ces écailles ont toutes leur marge postérieure d'un blanc bleuâtre. Ce ruban, en se prolongeant sur le côté de la queue, devient de plus en plus étroit et finit même par se décomposer en une suite de taches sub-arrondies tortueuses, formant une sinuosité en zig-zag.

Le dessus de la tête est parsemé de taches noires sur un fond d'une couleur pareille à celle du dos. Une raie jaune part de l'œil pour gagner l'angle de la bouche en passant sur les quatre dernières plaques sus-labiales ; elle est surmontée d'une large bande brune ou noire, dont le bout postérieur est séparé de l'extrémité antérieure du ruban qui se déroule le long du flanc, par une ou deux écailles d'un blanc jaunâtre. Au-dessous d'elle, on voit une rangée de taches jaunes placée entre deux rangées de taches noires. Les quatre premières plaques sus-labiales sont maculées de jaunâtre et de brun sombre. Les sous-labiales ont leur centre jaune et leurs bords, moins l'inférieur, d'un noir foncé. Les lames sous-maxillaires et les squammes gulaires offrent un semis de gouttelettes brunes ou noires sur un fond d'un blanc jaunâtre.

Cette dernière teinte régnerait seule sur le reste des parties inférieures de l'animal, sans la présence de deux lignes longitudinales de points noirs sous la queue, et de quatre sous le tronc. Ces points sont situés de la manière suivante sur les pièces squammeuses de ces régions : l'un d'eux, plus gros que les autres, occupe le milieu de chaque scutelle urostège ; on en voit un plus petit à l'extrémité de chacune des scutelles gastrostèges. Le quatrième point, enfin, occupe l'angle inférieur de chacune des écailles appartenant aux deux séries qui côtoient les lames abdominales.

DIMENSIONS. La tête a en longueur un peu plus d'une fois et demie la largeur qu'elle offre vers le milieu des tempes ; cette largeur est presque quintuple de celle du museau au-dessous des plaques nasales.

Les yeux ont en diamètre la moitié du travers de la région sus-inter-orbitaire.

Le tronc est aussi haut et de 27 à 52 fois aussi long qu'il est large à sa partie moyenne.

La queue n'a que le septième ou le huitième de la longueur totale, qui est de 0m,712 chez le plus grand des individus que nous possédons (1).

_____

(1) M. le Professeur Duvernoy a fait représenter les viscères de ce Serpent dans le tom. XXX des Annales du Muséum d'Histoire naturelle, pl, 1), fig. 5-4.

Tête, long. 0ᵐ,032. *Tronc*, long. 0ᵐ,585. *Queue*, long. 0ᵐ,095.

La collection de Leyde renferme un individu qui mesure 1ᵐ,028; mais cette dimension est encore loin d'égaler celle dont parle Lacépède d'après un sujet de notre Musée national, où nous avons le regret de ne l'avoir point retrouvé. Il avait six pieds six pouces de long.

Patrie. Le *Calopisme plicatile* n'habite point Ternate dans les Indes orientales, comme l'a avancé Séba et comme l'ont répété Linné, Lacépède et plusieurs autres naturalistes. Il est originaire de la Guyane, ainsi que le prouvent les nombreux individus, venus de Cayenne et de Surinam, d'où Levaillant en a rapporté des échantillons. C'est également dans cette région de l'Amérique du Sud, que les Calopismes plicatiles des différents Musées d'Europe ont été recueillis.

Observations. Il faut que Wagler n'ait pas observé cette espèce par lui-même, car il n'aurait point commis l'erreur de la signaler comme ayant des écailles carénées (*obtusè carinatis*), quand, au contraire, leur surface n'offre pas la plus légère ligne saillante.

IX.ᵉ GENRE. TRÉTANORHINE. — *TRETANO-RHINUS* (1). Nobis.

Caractères essentiels. *Serpents à crochets lisses, égaux entre eux, à tronc arrondi, à écailles carénées, semblables sur le dos et sur les flancs; à museau mousse; à queue médiocre en longueur; à narines verticales ou percées en dessus.*

Caractères naturels. Les espèces de ce genre ont, comme la plupart des Serpents, les neuf plaques sus-céphaliques, deux nasales à droite et à gauche, l'orifice des narines s'ouvrant dans l'une d'elles. Les écailles sont losangiques, striées, mais avec une carène plus prononcée sur la rangée médiane du dos. Elles sont carrées sur les flancs et successivement de plus en plus lisses. Les gastrostèges ne s'élèvent pas beaucoup

_____

(1) De Τρητος, percé, *perforatus*, Ανῶ, en dessus, *supernè*, et ρίν, nez, *nasus*. Narines percées au-dessus du museau.

sur les côtés, de sorte que ceux-ci ne sont pas distinctement arrondis ni anguleux.

Les dents sont toutes grêles, effilées, très-serrées entre elles et comme striées sur leur longueur ; la première paraît cependant un peu plus courte que celle qui suit. Cela est encore plus marqué sur le bord de la mâchoire. inférieure ; on observe une disposition semblable pour la rangée des dents palato-maxillaires, dont le nombre est considérable ; il semble même y former trois rangées parallèles.

Nous ne rapportons qu'une seule espèce à ce genre.

1, TRÉTANORHINE VARIABLE. *Tretanorhinus variabilis.*
Nobis.

(ATLAS, pl. 80, fig. 4. La tête vue en dessus.)

CARACTÈRES. Ceux du genre deviennent seuls nécessaires.

Comme la couleur varie d'après les trois individus qui ont été rapportés à cette division, nous les avons désignés sous le nom de variable.

DESCRIPTION.

ÉCAILLURE. La plaque rostrale a cinq pans, un inférieur assez long, deux supérieurs moins étendus que lui et deux latéraux encore plus courts. Les supérieurs forment ensemble un angle obtus qui s'enclave entre les nasales antérieures. Ces latéraux, qui tiennent aux plaques sus-labiales de la première paire, forment avec l'inférieur deux angles droits.

Les inter-nasales sont fort petites, sub-équi-triangulaires et complètement circonscrites par les pré-frontales et par les quatre nasales.

Les pré-frontales, presque carrées, sont environ quatre fois plus grandes que les inter-nasales ; elles ont chacune cinq bords inégaux.

La frontale a cinq pans ; les deux latéraux, assez longs, sont droits et parallèles ; l'antérieur, moins étendu que ceux-ci, est rectiligne ou brisé sous un angle extrêmement ouvert ; les deux postérieurs aussi courts que leur opposé sont réunis sous un angle aigu.

Les sus-oculaires sont d'un tiers seulement moins allongées que la frontale, également étroites d'un bout à l'autre et coupées carrément en arrière ;

elles forment en avant un angle obtus, qui s'enfonce entre la pré-frontale et la pré-oculaire supérieure.

Les pariétales ont une longueur double de leur plus grande largeur et quatre bords, dont le temporal et son opposé forment ensemble un angle aigu, légèrement tronqué au sommet.

Les nasales antérieures presque carrées ont cependant un cinquième petit pan, par lequel elles s'articulent ensemble en avant des inter-nasales.

Les nasales postérieures sont plus petites que les précédentes, pentagones, inéqui-latérales et un peu retrécies à leur base, qui repose tantôt sur la première sus-labiale, tantôt sur la seconde, tantôt sur ces deux plaques.

La frénale est presque un parallélogramme oblong.

La pré-oculaire supérieure est un peu moins développée que l'inférieure.

La post-oculaire d'en haut est pentagone, ainsi que celle d'en bas, qui s'avance assez sous le globe de l'œil; ces deux plaques sont à peu près égales.

Il y a sur chaque tempe, outre deux squammes plus hautes que larges, irrégulièrement pentagonales, une quinzaine d'écailles peu différentes de celles du cou; ces deux squammes sont placées l'une derrière l'autre, tout-à-fait en avant et la première touche aux post-oculaires.

Les huit paires de plaques sus-labiales forment une rangée, dont la largeur est à peu près la même à partir de son extrémité antérieure jusqu'à la postérieure qui, au moyen d'une légère courbure, se redresse un peu vers la tempe.

La plaque mentonnière a trois grands bords égaux.

Il y a dix paires de plaques labiales inférieures.

Les plaques sous-maxillaires antérieures ressemblent à des rhombes, les postérieures à des triangles scalènes et sont encore plus allongées; elles reçoivent la portion terminale des premières entre elles deux, et s'écartent l'une de l'autre, dans les deux derniers tiers de leur longueur, à la manière des branches d'un Λ.

Il y a sous la gorge, un assez grand nombre d'écailles oblongues, sub-égales, rhomboïdales sur sa région moyenne et presque rectangulaires sur ses parties latérales.

Ecailles : 19 rangées longitudinales au tronc, 8 à la queue.

Scutelles : 152-158 gastrostèges, 1 anale divisée, 68-74 urostèges.

Dents. Maxillaires. $\dfrac{31}{31\text{-}32}$. Palatines, 15. Ptérygoïdiennes, 32.

Coloration. Les trois individus de cette espèce que renferme notre Musée n'ont pas un mode de coloration tout-à-fait semblable.

L'un d'eux, qui est assez jeune, offre de larges bandes noires en travers u dos et du dessus de la queue, sur un fond d'un brun grisâtre. Les faces supérieure et latérales de la tête ont cette dernière teinte, à l'exception des lèvres, qui sont noires avec des piquetures jaunes. D'autres piquetures semblables se voient sur la gorge, qui est d'une couleur châtain, ainsi que le ventre et le dessous de la queue, où l'on voit aussi, çà et là, quelques points jaunes. Enfin, le bas de chaque flanc est parcouru dans toute sa longueur par un ruban blanchâtre, au-dessous duquel règne une série de très-petites taches noires.

Chez le second sujet, évidemment adulte, les bandes transversales du dos sont, pour la plupart, divisées en deux parties, qui ne se trouvent pas toujours placées l'une en face de l'autre. C'est un brun presque noir et non pas une couleur châtain qui domine sur les régions inférieures. De plus, les rubans des flancs sont d'un gris violacé dans les deux tiers postérieurs de leur étendue, et non blanchâtres d'un bout à l'autre.

Le troisième individu, non moins âgé que le second, est en dessus d'un brun olivâtre; des taches noirâtres, de moyenne grandeur, de figure irrégulière et se tenant entre elles, constituent une sorte de chaîne sur la ligne médiane du dos; d'autres plus petites forment, au milieu de chaque côté du corps, une raie qui, partant de l'œil, va se perdre sur la queue. Les régions inférieures et les lèvres sont jaunes. On aperçoit quelques légers nuages bruns sur les gastrostèges; les urostèges en offrent de plus épais et plus serrés entre eux. Les écailles des deux séries longitudinales, qui bordent les lames protectrices du ventre ont chacune un encadrement brunâtre.

Dimensions. La tête a en longueur environ le double de sa largeur, prise vers le milieu des tempes; cette largeur est égale à deux fois et demie celle du museau au-dessous des narines.

Les yeux ont en diamètre la moitié du travers de la région sus-inter-orbitaire.

Le tronc est aussi haut et de 29 à 33 fois aussi long qu'il est large à sa partie moyenne.

L'étendue de la queue est à peu près du quart ou du cinquième de la longueur totale du corps, qui est de $0^m,673$ chez notre plus grand exemplaire.

Tête long. $0^m,023$. *Tronc* long. $0^m,470$. *Queue* long, $0^m,18$.

Patrie. Nous ignorons de quel pays cette espèce est originaire.

IX.ᵉ FAMILLE. LES LYCODONTIENS (1).

CARACTÈRES. *Serpents à crochets lisses ou sans cannelures, toujours inégaux, les antérieurs étant plus longs que ceux qui suivent, distribués en séries nombreuses sur les mâchoires et sans espaces vides entre eux. Corps cylindrique ; tête plus large en arrière que le cou.*

Nous avons emprunté le nom de cette Famille de celui du genre employé primitivement pour désigner certaines espèces de Serpents, dont les dents ou les crochets des deux mâchoires diffèrent entre eux, pour la grosseur, la force et la longueur, puisque ceux de ces crochets qui occupent la région antérieure sont semblables aux crocs des chiens et des loups.

Sous ce nom de Lycodon, indiqué dès 1827 par H. Boié, et qui a été adopté depuis par plusieurs auteurs, on avait réuni des espèces qui, selon nous, ne pouvaient rester ainsi confondues. Cependant, nous en avons conservé quelques-unes comme types sous cette même dénomination.

La plupart des Ophiologistes n'ayant pas mis la même importance que nous, soit à l'absence, soit à la présence sur les os sus-maxillaires des dents postérieures, qui sont lisses chez les uns et sillonnées chez d'autres, ou même ayant méconnu cette disposition anatomique, ces naturalistes avaient cru devoir rapprocher par la seule considération de la proportion relative des dents antérieures toutes les espèces dont les deux mâchoires portaient de longues dents en avant. Ils avaient ainsi réuni des Serpents fort distincts, car quelques-uns se trouvent aujourd'hui placés par nous dans des sous-ordres ou

---

(1) De Λύχος, loup, et de Οδους, οδοντος, dent.

des groupes différents. Ainsi, les uns ont des dents postérieures cannelées et sont des Opisthoglyphes, tandis que les autres sont et restent des Aglyphodontes. Les premiers appartiennent à la famille des Anisodontiens, ou à dents irrégulières et inégales : tels sont les Serpents que l'on trouvera décrits sous les noms génériques de Lycognathe, Scytale, Brachyruton, Oxyrhope.

Dans la série des Serpents dont nous allons maintenant nous occuper, sont compris tous ceux dont les dents sus-maxillaires postérieures ne sont pas sillonnées, avec cette circonstance particulière que tous les autres crochets sont lisses ou sans sillon à leur surface, mais que ceux qui sont situés en avant, sur l'une et l'autre mâchoire, sont beaucoup plus longs que les autres.

Ce ne sont pas, au reste, les seules particularités importantes à étudier. Il en est d'autres que l'observation comparée a fait connaître et qui nous ont paru propres à les faire distinguer et à les séparer comme appartenant à des genres différents. Ainsi, tantôt le nombre des longs crochets antérieurs varie, tantôt ils diffèrent entre eux, soit par leur proportion et leur succession relatives dans la série, soit par leur isolement, leur rapprochement réciproque, ou bien par leur situation relativement aux crochets plus grêles qui les suivent. D'autres différences sont dues à ce qu'il y a parfois un espace ou un intervalle libre, ou parce que toutes ces dents, au contraire, forment dans leur ensemble une série continue, c'està-dire sans interruption, quoique les antérieures soient constamment plus longues.

Historiquement, cette Famille avait été indiquée par H. Boié (1), mais il n'y avait inscrit que les Lycodons et même comme type, que l'espèce appelée *Audax* par Linné, laquelle étant pour nous un Opisthoglyphe, appartient à notre genre

_____

(1) Isis, 1827, p. 522

Lycognathe. Cependant tous les caractères y sont si bien exprimés, que nous croyons devoir les traduire ici: « dents de » Couleuvre, ayant des séries maxillaires presque interrom- » pues ; les mandibulaires et les maxillaires étant en devant » plus grandes, les autres étant comparativement plus petites, » ainsi que les palatines et les ptérygoïdiennes. La tête dis- » tincte du tronc, large, arquée devant les yeux. Le museau » large, obtus; la cornée convexe, la pupille arrondie en des- » sous.La queue plus courte que la moitié du corps. Les pla- » ques du ventre convexes au milieu, anguleuses sur les flancs; » les écailles rhomboïdales, entuilées , presque égales.. Le » reste comme dans les Couleuvres , etc. »

Parmi les espèces que M. H. Boié indique comme apparte- nant au genre Lycodon, outre celle qu'il a prise pour type sous le nom d'*Audax,* il cite les suivantes, originaires d'Asie.

1. Lyc. *Aulicus.* Linné, n.º 34. Kuhl. Suppl. n.º 98.
2. *Hebe,* de Daudin, n.º 13. *Nooni paragodoo.* Russel , pl. 21.
3. *Capucinus.* Russel 2, pl. 37.
4. *Subcinctus.* Reinwardt, d'après Séba, pl. 109, fig. 7. *Ophites* de Wagler.
5. U*nicolor.* Russel 2, pl. 39, qui est notre *Lycodon Aulicum.*
6. *Malignus.* Merrem, Coluber n.º 24. Russel. *Gajoo tutta ,* pl. 16.
7. *Galathea.* Daudin. n.º 170.
8. *Fuliginosus.* H. Boié. Erpétologie de Java.

M. Schlegel, dans son ouvrage sur la Physionomie des Serpents, a conservé le nom et les caractères du genre Lyco- don de Boié. Il indique particulièrement, comme note distinc- tive, plusieurs dents à l'extrémité antérieure de leurs deux mâchoires plus longues que les autres, mais il y réunit , ainsi que nous l'avons dit, plusieurs autres genres, qui ont des dents sus-maxillaires postérieures sillonnées ou cannelées sur leur longueur et appartenant pour nous à un autre sous-ordre, ce- lui des Opisthoglyphes.

Nous croyons devoir citer aussi les noms des espèces que M. Schlegel a inscrites dans son genre Lycodon, ce qui nous fournira ainsi l'occasion de faire connaître les dénominations sous lesquelles ces espèces se trouveront désignées dans le présent Ouvrage.

1. *Lycodon Hebe*, qu'il regarde comme type du genre et qui reste, en effet, notre première espèce sous le nom d'*Aulicum*.

2. *Lyc. caréné*, qui correspond à notre sous-genre *Cercaspis*, d'après Wagler.

3. *L. de Java*. d'après la description de Russel, 1, pl. 14.

4. *L. géométrique*, qui appartient à la troisième tribu ou à notre genre *Eugnathe*.

5. *L. d'Horstok*, rangé sous les n.ᵒˢ 1 et 2 dans le sous-genre *Lycophidion*.

6. *L. unicolor*. C'est notre première espèce du genre *Boédon*, première tribu.

7. *L. formosus*. Le Corail qui est un Scytalien Opisthoglyphe, g. *Oxyrhopus*.

8. *L. Clelia*, qui est de notre genre *Brachyruton*. Scytalien Opisthoglyphe.

9. *L. succinctus*. Le Demi-Anneaux de notre genre *Ophites*, cinquième sous-genre dans cette même famille.

10. *L. modestus*, auquel nous avons conservé le nom spécifique et même celui du genre comme étant voisin du *Lycodon cucullatum*.

11. *L. Nympha*, C'est un *Odontomus*, quatrième sous-genre de la tribu des Paréasiens.

12. *L. Audax*. C'est le *Lycognathus scolopax*, Opisthoglyphes, septième genre des Anisodontiens.

13. *L. petolarius*. C'est notre *Oxyrhopus* n.º 12, Opisthoglyphes, cinquième genre de la famille des Scytaliens.

Nous partageons cette famille des Lycodontiens en quatre genres principaux, qui peuvent être en quelque sorte élevés au rang de sous-familles ou de tribus. Ils comprennent plusieurs sous-genres. Le caractère essentiel de ces Lycodontiens réside

23.*

dans les proportions respectives ou plutôt dans l'inégalité pour la longueur et la distribution des dents, dont l'une et l'autre mâchoire sont armées. Ainsi, dans les uns, après les dents antérieures plus lóngues que les autres, on voit sur les gencives, un certain espace libre ou sans dents. Tantôt cet intervalle s'observe sur les deux mâchoires, tantôt sur l'une d'elles seulement.

C'est ainsi que les PARÉASIENS qui, ayant des crochets sous-maxillaires plus longs que les autres, n'ont pas là d'espace libre ou sans dents, tandis que chez les Boédoniens, qui sont dans le même cas, on trouve un autre caractère dans la longueur relative des crochets qui garnissent en avant les os sus-maxillaires.

Les EUGNATHIENS, qui n'ont pas d'espace libre derrière les crochets antérieurs de la mâchoire d'en bas, diffèrent cependant des Paréasiens parce qu'ils n'ont pas, comme ces derniers, les crochets ptérygo-palatins antérieurs plus longs que ceux qui se voient à la suite.

Enfin les LYCODONIENS, proprement dits, qui ont toujours un espace libre après les crochets plus longs qui se voient sur les branches sus-maxillaires, diffèrent des Paréasiens, parce que les crochets insérés sur la portion antérieure de leurs branches ptérygo-palatines, qui font ici l'office de mâchoires internes ou moyennes, ne sont pas plus longs que ceux qui viennent immédiatement après.

Nous aurons occasion d'indiquer par la suite, en exposant plus en détail les caractères de ces Genres ou Tribus, comment on peut rapporter à chacun d'eux plusieurs sous-genres parmi lesquels il en est un qui, considéré comme le type, lui laisse ou conserve son nom.

Pour faciliter d'avance l'étude et la classification de ce groupe d'Ophidiens, nous croyons devoir en présenter une sorte d'analyse synoptique ou de résumé dans le tableau suivant, qui ne contient, il est vrai, que quatre grandes divisions ou genres principaux.

A l'exception du premier, qui ne renferme que les espèces indiquées comme appartenant à ce genre même, les trois autres groupes sont ensuite subdivisés en sous-genres dont l'analyse se trouvera présentée dans chacun des articles correspondants.

TABLEAU SYNOPTIQUE DE LA FAMILLE DES LYCODONTIENS.

CARACTÈRES ESSENTIELS. *Aglyphodontes à crochets inégaux en force et en longueur sur l'une et l'autre mâchoire.*

			TRIBUS.
Crochets des os palatins {	égaux ; crochets sous-maxillaires. {	séparés ; ceux du haut { distincts, isolés.	2. LYCODONIENS.
		non séparés.	1. BOÉDONIENS.
		non séparés par un espace libre.	3. EUGNATHIENS,
	beaucoup plus longs en avant que ceux qui suivent.		4. PARÉASIENS,

I.ʳᵉ TRIBU. BOÉDONIENS.

SOUS-GENRE. BOÉDON. — *BOÆDON* (1). Nobis.

CARACTÈRES ESSENTIELS. *Les quatre ou cinq crochets sus-maxillaires plus longs de moitié que ceux qui les suivent, et qui sont à peu près égaux entre eux et régulièrement espacés : puis un intervalle libre ; les quatre ou cinq premiers crochets palatins plus longs ; les cinq premières dents sous-maxillaires plus longues et plus courbes.*

(1) *Boœdon,* à dents de boa.

CARACTÈRES NATURELS. Narines ouvertes entre les deux plaques nasales ; pupille vertico-elliptique. Les neuf plaques sus-céphaliques ordinaires : une frénale, une pré-oculaire, quelquefois divisée en deux pièces par le bas ; deux post-oculaires ; troisièmes sus-labiales ne touchant pas au globe de l'œil ; la quatrième et la cinquième bordant celui-ci inférieurement ; flancs ou côtés du ventre arrondis ; écailles lisses, losangiques, distinctement oblongues, graduellement moins petites depuis la ligne médiane dorsale jusqu'au bas des flancs. Gastrostèges ne s'élevant pas du côté du tronc, les urostèges divisées.

CARACTÈRES ANATOMIQUES. La tête osseuse, en y comprenant les prolongements mastoïdiens, est au moins quatre fois plus longue que large. Les os sus-maxillaires occupent un peu plus que la moitié de cette étendue. Leur tiers antérieur, qui précède l'orbite, est garni de trois ou quatre grands crochets du double plus forts que les huit ou dix autres qui suivent, dont trois sont situés sous la fosse orbitaire et cinq sous la portion d'os qui forme le tiers postérieur. Ces petits crochets sont très-rapprochés entre eux.

L'os transverse paraît excessivement court, car il se confond avec le sus-maxillaire en dessous et il semble accolé à la portion saillante du palato-ptérygoïdien. Ce dernier est garni de très-petits crochets rapprochés comme les dents d'un peigne fin. Les quatre ou cinq autres crochets, qui occupent la portion antérieure de ces mêmes os, sont deux fois au moins aussi longs que les postérieurs, ils sont très-éloignés les uns des autres.

Les dents palatines antérieures, également au nombre de cinq ou de six, sont au moins deux fois plus longues que les crochets ptérygoïdiens qui les suivent. Ces derniers sont très-serrés et nombreux ; ils décroissent successivement jusqu'aux plus postérieurs, qui sont à peine saillants tant ils sont courts.

La mâchoire inférieure est garnie, sur toute sa longueur, de dents, dont les cinq premières sont du double plus longues et plus courbées que les douze ou quinze qui suivent.

Les mastoïdiens sont, pour la longueur, semblables aux os carrés ou intra-articulaires; mais les premiers sont parallèles et se portent directement en arrière, tandis que les os carrés sont dirigés tout-à-fait en bas pour former un angle droit avec les premiers.

Cette conformation est la même dans les trois espèces dont nous avons pu observer les têtes osseuses.

Quatre espèces se trouvent inscrites dans ce genre. Voici l'indication analytique et comparée de quelques uns de leurs caractères.

TABLEAU SYNOPTIQUE DES ESPÈCES DU GENRE BOÉDON.

Tête à raies	distinctes:		trois, dont les externes se prolongent. . . . 4. RUBANNÉ.
		quatre	se prolongeant sur les flancs. . . . 2. QUATRE-RAIES.
			nulles sur les côtés du tronc . . . . 3. DU CAP.
	nulles; corps gris dessous, rougeâtre dessus. . . . . 1. UNICOLORE.

1. BOÉDON UNICOLORE. *Boædon unicolor.* Nobis.

CARACTÈRES. D'un brun rougeâtre en dessus, sans aucune raie sur la tête, ni sur le corps. Ventre d'un blanc grisâtre.

SYNONYMIE. 1827. *Lycodon unicolor.* Boié. Isis. pag. 521.

1837. *Lycodon unicolor.* Schlegel. Physion. Serp. Tom. I, pag. 142, n.° 6, et Tom. II, pag. 112.

DESCRIPTION.

FORMES. La plaque rostrale a cinq pans : un inférieur, échancré au milieu, deux latéraux n'ayant chacun que le tiers de l'étendue de celui-ci et s'articulant avec les nasales antérieures ; et deux supérieurs, une fois plus longs que les précédents, légèrement infléchis, et formant un angle aigu, dont le sommet quelquefois arrondi ou tronqué, touche aux plaques inter-nasales sans s'enfoncer entre elles. Ces dernières sont sub-triangulaires. Les pré-frontales, qui réprésentent des hexagones irréguliers, se joignent par leur plus grand côté, et les cinq autres bords, d'après l'ordre suivant lequel ils diminuent de grandeur, les mettent respectivement en rapport avec les plaques inter-nasale, frontale, frénale (1), pré-oculaire et nasale postérieure.

La frontale, qui est un peu plus longue qu'elle n'est large en avant, fi-gurerait exactement un triangle isocèle, si chacun de ses deux bords latéraux ne se brisait sous un angle excessivement ouvert en passant devant la su-ture de la sus-oculaire et de la pariétale ; cette plaque frontale touche aux pré-oculaires par le sommet de ses deux angles antérieurs. Les sus-oculaires sont oblongues et graduellement rétrécies d'arrière en avant, où elles se terminent par un petit pan oblique soudé à la pré-oculaire ; tandis qu'à leur bout postérieur elles offrent un bord transverso-rectiligne, qui, avec un autre plus petit que lui, tenant à la post-oculaire supérieure, forme un angle tantôt droit, tantôt plus ou moins obtus.

Les pariétales, qui ne sont qu'un peu plus longues qu'elles ne sont lar-ges en avant, représentent des trapézoïdes, dont le grand côté, savoir, le la-téro-temporal est légèrement curviligne, leur angle antéro-externe descend sur la tempe jusqu'à la post-oculaire inférieure.

La première plaque nasale, qui est près de moitié plus développée que la seconde, offre quatre pans inégaux, dont les deux plus petits, le posté-rieur et l'inférieur, forment un angle droit et les deux plus grands, un angle aigu reserré entre l'inter-nasale et la rostrale, au sommet de la-quelle il atteint presque par le sien. La seconde nasale a cinq côtés : trois d'entr'eux, l'antérieur, le postérieur et l'inférieur, qui repose sur les deux premières sus-labiales, forment deux angles droits ; les deux autres ou les supérieurs, dont l'un, celui qui tient à l'inter-nasale, est de moitié plus petit que chacun de ses congénères, forment un angle obtus.

La frénale est bien développée et coupée à cinq pans : un très-long, horizontal, soutenu par la deuxième et la troisième sus-labiales ; deux au-tres, chacun un peu moins long que celui-ci, formant un grand angle aigu ou peu ouvert, enclavé dans la pré-frontale et la pré-oculaire ; et les deux

_____

(1) Cependant chez quelques individus, le bord par lequel les plaques pré-frontales s'articulent avec les pré-oculaires est plus grand que celui par lequel elles tiennent aux frénales.

derniers enfin très-courts, perpendiculaires, tenant, l'un à cette dernière plaque, l'autre à la nasale postérieure.

La pré-oculaire a une forme telle, que si on la partageait transversalement en deux, vers le tiers inférieur de sa hauteur, il en résulterait une pièce sub-trapézoïde, très-petite et une carrée, fort grande, dont l'un des angles se rabat tout entier entre la pré-frontrale et la sus-oculaire et touche par son sommet à celui de l'angle antérieur et externe de la frontale.

La post-oculaire inférieure est un peu moins petite que la supérieure; celle-ci est carrée ou losangique, celle-là pentagonale, plus haute que large.

Les squammes temporales sont en losanges : l'une d'elles, de beaucoup plus grande, occupe immédiatement derrière la post-oculaire inférieure, tout l'espace compris entre la plaque pariétale et la sixième sus-labiale, ainsi qu'une portion de la septième (1) ; les autres sont disposées à sa suite sur quatre rangs un peu penchés en avant.

Il y a huit paires de plaques sus-labiales, parmi lesquelles la première et la dernière sont un peu moins hautes, la sixième et la septième au contraire un peu plus élevées que les autres. La première représente un trapèze rectangle dont l'angle aigu est le supérieur et postérieur. La seconde lui est presque semblable. La troisième est losangique et d'une largeur double ou presque double de celle de la seconde. La quatrième diffère de la troisième en ce qu'elle est moins large que son bord supérieur, qui touche à l'œil ; elle est déclive en arrière au lieu de l'être en avant, et son angle supéro-antérieur a son sommet tronqué, lequel s'articule avec la pré-oculaire. La cinquième offre cinq côtés, par deux desquels elle se trouve en rapport avec l'œil et la post-oculaire inférieure; les trois autres forment inférieurement un angle obtus en arrière et un aigu en avant. La sixième a cinq pans, dont l'inférieur et les latéraux forment deux angles droits ; elle tient par les deux autres, qui sont inégaux, à la post-oculaire inférieure et à la plus grande des squammes temporales. La septième présente deux angles droits en bas et un aigu entre deux obtus en haut. Enfin la huitième lui ressemble beaucoup.

La plaque mentonnière qui est triangulaire, a son bord antérieur distinctement moins étendu que les latéraux, qui se réunissent en formant un angle extrêmement aigu.

Il y a neuf paires de plaques sous-labiales (2).

_____

(1) Quelquefois, par suite d'un développement irrégulier, cette grande plaque temporale, la plus voisine de l'œil, est divisée en deux et même en trois pièces ; mais normalement, elle est entière.

(2) L'un de nos individus a, de chaque côté, une plaque sus-labiale de plus que les autres ; elle est losangique et placée avant la pénultième, sa troncature est oblique, au lieu d'être transverso-rectiligne.

Les plaques sous-maxillaires antérieures, qui sont plus longues et plus larges que les premières sous-labiales, ont l'apparence de losanges excessivement allongées, qui seraient tronquées en avant. Elles pénètrent de près de la moitié de leur longueur entre les sous-maxillaires postérieures. Celles-ci, quoique plus courtes que les antérieures, leur sont presque semblables, mais elles sont tronquées en arrière.

Il n'existe que deux paires de squammes entre les dernières plaques sous-maxillaires et la première scutelle gulaire. La gorge est revêtue à droite et à gauche de six rangées obliques d'écailles hexagones ayant deux longs côtés parallèles et quatre petits, égaux entre eux, dont deux sont opposés aux deux autres. Les pièces de l'écaillure sont en losanges courtes, arrondies à leur sommet postérieur.

Ecailles ; rangées longitudinales 29 ou 31 au tronc, 8 à la queue (au milieu) ; rangées transversales 220, 226, 227, 232, 234 + 55, 56, 58, 60, 65.

Scutelles : 2 ou 3 gulaires ; gastrostèges : 220, 225, 227, 230, 235 + 1 anale entière ; urostèges : 51, 54, 55, 58.

Dents maxillaires $\frac{22 \text{ ou } 23}{25}$. Palatines, 8. Ptérygoïdiennes, 21 ou 22.

COLORATION. L'épithète de bicolore conviendrait peut-être mieux à ce Serpent que celle par laquelle nous le désignons ici, d'après Boié et M. Schlegel, car, à tout âge, il offre deux couleurs principales, répandues à peu près également à la surface du corps : l'une grise dans les jeunes sujets, blanche chez les individus adultes, occupe les régions inférieures ; l'autre, d'abord noirâtre, ensuite d'un brun fauve ou roussâtre ; mais toujours plus claire au centre des écailles qu'à leur pourtour, règne sur le dessus, et les côtés de la tête, du tronc et de la queue.

DIMENSIONS. La tête a en longueur le double de la largeur qu'elle offre vers le milieu des tempes et le quadruple de celle qu'elle présente au-dessous des narines. Le diamètre de l'œil est égal à la moitié du travers de la région inter-oculaire. Le tronc a, en étendue longitudinale, de quarante et une à quarante-quatre fois sa plus grande largeur, qui équivaut à un peu plus des deux tiers de sa plus grande hauteur. La queue entre pour un peu moins, ou un peu plus du septième, dans la longueur totale de l'animal,

Le plus long de nos individus nous a donné les mesures suivantes :

Longueur totale : 0m,907. *Tête*, long. 0m,029. *Tronc*, long. 0m,768. *Queue*, long 0m,11.

PATRIE. Cette espèce est originaire de la Guinée supérieure ; du cap Lao. M. Dupont qui nous l'a procurée nous a indiqué ainsi sa provenance. Les divers sujets que nous en avons observés proviennent de la Côte d'Or.

MOEURS. L'un d'eux avait un petit rat dans l'estomac.

2. BOÉDON QUATRE-RAIES. *Boædon Lineatum*. Nobis.

CARACTÈRES. Deux raies blanches, de chaque côté de. la tête et du corps; ventre blanc.

DESCRIPTION.

FORMES. Le *Boédon Quadrilineatum*, à part son mode de coloration, qui est tout différent de celui de l'*unicolor*, se distingue de ce dernier en ce qu'il a la tête et les écailles proportionnellement un peu plus longues, et que le nombre de ses squammes temporales est réellement moindre. En effet, on ne lui en compte, de chaque côté, au lieu de quatorze à dix-huit, que de neuf à quinze, disposées de la manière suivante. Six, à peu près de même grandeur, sont placées, une immédiatement après la post-oculaire inférieure, deux, qui sont superposées, derrière la première, et trois, superposées aussi, derrière les secondes; vient en suite une série un peu oblique, qui en comprend quatre ou cinq, beaucoup moins dévelop-pées que les précédentes et entre cette série et les trois dernières de celles-ci, il s'en intercale quelquefois trois ou quatre autres plus ou moins pe-tites.

Ecailles : rangées longitudinales du tronc 29 ou 31 ; à la queue 8 ou 10 (au milieu) ; rangées transversales 216, 220, 229 + 62, 63.

Scutelles : 3 ou 4 gulaires; gastrostéges : 210, 211, 230 ; 1 anale entière, urostèges : 59, 60.

DENTS. Maxillaires $\dfrac{22 \text{ ou } 23}{25}$. Palatines, 8 ou 9 ; Ptérygoïd., 22 ou 23.

COLORATION. Ce serpent est entièrement blanc en dessous ; les parties supérieures et latérales sont colorées en gris fauve dans le jeune âge, en brunâtre à l'état adulte ; mais ces deux dernières teintes, qui ont des reflets violacés, sont toujours plus foncées sur les bords qu'au milieu des pièces de l'écaillure. La tête présente de chaque côté deux lignes blan-ches, qui s'étendent, l'une depuis le devant de la narine, jusqu'à l'angle de la bouche, en passant sous l'œil ; l'autre depuis la base de la rostrale jusqu'à la partie la plus reculée et la plus élevée de la tempe; dans son trajet, elle monte le long de cette plaque, vers le sommet de laquelle une traverse blanche l'unit à sa congénère, puis elle passe pardessus les nasales et chemine en côtoyant le sourcil. Le tronc, à droite comme à gauche est parcouru dans toute son étendue, par deux raies blanches, situées, la première vers le milieu de la hauteur du flanc, la seconde presque au bas de cette région.

DIMENSIONS. La tête a en longueur un peu plus de deux fois sa largeur, prise vers le milieu des tempes, et un peu plus de quatre fois celle qu'elle offre au-dessous des narines. Les yeux sont de la même grandeur que ceux du *Boœdon unicolor*. Le tronc, dont la hauteur est proportionnellement la même que chez cette espèce, est de quarante à quarante-trois fois et un tiers aussi long qu'il est large. La queue fait un peu plus du sixième de la longueur totale. *La longueur totale* ᵐ0,785. *Tête long.* 0ᵐ,025. *Tronc long. Queue* 0ᵐ,108.

PATRIE. Le Boédon a quatre raies habite la Côte-D'or.

MOEURS. Le Musée de Leyde en renferme un individu qui venait d'avaler un Agame, au moment où il a été pris.

3. BOÉDON DU CAP. *Boœdon Capense*. Nobis.

CARACTÈRES. Deux raies blanches de chaque côté de la tête, mais point sur le corps ; ventre blanc.

SYNONYMIE. 1831. South African quaterly Journal, n.º 5, pag. 18. Juine, by A. Smith.

1849. *Lycodon Capensis.* Andrew Smith. Illustr. of the Zoology of South Africa, pl. 5.

1837. *Lycodon Horstokii.* Schlegel. Phys Serp. Tom. I, p.   , n.º 8 ; tom. II, p. 111, pl. 4, fig. 10 et 11.

DESCRIPTION.

FORMES. Le *Boœdon Capense* a la tête, les plaques qui la revêtent et toutes les pièces de l'écaillure encore plus effilées que celles du *Boœdon quadrilineatum* ; quant à ses squammes temporales, elles sont en même nombre que chez ce dernier.

Ecailles : rangées longitudinales : tronc, 29 ; queue, 8 (au milieu) ; rangées transversales, 218, 225 gastrostèges ; 47, 53 urostèges.

Scutelles : 3 gulaires ; gastrostèges : 214, 220 ; 1 anale entière ; urostèges : 46, 51.

DENTS. Maxillaires, $\dfrac{22 \text{ ou } 25}{25}$. Palatines, 8 ; Ptérygoïdiennes, 21 ou 22.

COLORATION. Relativement au mode de coloration, le *Boœdon Capense* diffère du *Quadrilineatum*, en ce qu'il manque de raies sur les côtés du corps, et en ce que celles de couleur blanche, dont sa tête est ornée, non-seulement sont toutes quatre beaucoup plus larges que leurs analogues chez l'espèce précédente ; mais que deux d'entre elles, les supérieures, se confondent ensemble sur le dessus du bout du museau, au lieu de ne tenir l'une à l'autre que par une petite barre tracée en travers de la plaque rostrale.

DIMENSIONS. La tête a en longueur deux fois et un tiers la largeur qu'elle présente vers le milieu des tempes et cinq fois celle qu'elle offre au-dessous des narines. Le diamètre de l'œil est un peu plus grand que la moitié du travers de la région inter-oculaire. Le tronc a en étendue longitudinale de 41 à 43 fois sa plus grande largeur, La queue fait environ le septième de la longueur totale.

Longueur totale, 0^m 674. *Tête*, long. 0^m, 022. *Tronc*, long., 0^m, 567. *Queue*, long. 0^m,085.

PATRIE. Cette espèce a été trouvée dans les environs du Cap par le docteur Smith, et en Cafrerie par M. Krauss.

4. BOÉDON RUBANNÉ. *Boædon lemniscatum*. Nobis.

CARACTÈRES. Une raie fauve sur le dessus, et deux de chaque côté de la tête; ventre blanc, avec une double série de points noirs au milieu, et deux rangées de taches de la même couleur, à droite et à gauche.

DESCRIPTION.

FORMES. Cette espèce, qui est tout autrement peinte que ses trois congénères, s'en distingue non moins nettement par ses écailles presque carrées et par le nombre des rangées longitudinales, autour du tronc, qui n'est que de vingt-trois au lieu de vingt-neuf ou trente-et-une. Ses squammes temporales ne nous semblent pas différer de celles du Boédon quadrilineatum.

Ecailles : rangées longitudinales ; 23 au tronc, 8 à la queue (au milieu); rangées transversales ?

Scutelles : 5 gulaires ; gastrostèges : 196 ; 1 anale ; urostèges, 45.

DENTS. Maxillaires, $\dfrac{23 \text{ ou } 24}{25 \text{ ou } 26}$. Palatines, 8 ou 9. Ptér., 21 ou 22.

COLORATION. Ce Boédon offre un mode de coloration beaucoup moins simple que celui des trois autres espèces. Sa tête, qui est noire, présente en dessus une raie médio-longitudinale d'un blanc fauve, en plus de quatre autres de même couleur, qui en occupent les parties latérales exactement comme chez le Boæodon quadrilineatum et le Capense. Ici, ces quatre raies, sont au moins aussi élargies que chez ce dernier, et le sommet de

l'angle aigu que forment les deux supérieures descend sur la plaque rostrale, dont les côté sont noirs. Un ruban brun noirâtre, qui semble naître
de la tache foncée du crâne, s'étend sans interruption depuis la nuque jusqu'à la pointe de la queue ; il est cotoyé, à droite et à gauche, par deux
raies fauves ayant entre elles une ligne brune. Ces raies le séparent d'un
autre ruban brun noirâtre une fois plus large, occupant toute la partie latérale du corps, où règne, tout-à-fait en bas et dans la même étendue, une
raie blanche. Le ventre est blanc; on y voit, au milieu, deux rangées parallèles de très-petits points noirs et de chaque côté, une double série de
taches de la même couleur.

DIMENSIONS. *Longueur totale,* 0^m,400. *Tête,* long. 0^m,019. *Tronc,* long.
0^m,337. *Queue,* long. 0^m,044.

PATRIE. Cette espèce, dont nous ne possédons qu'un individu mal conservé, et dont nous n'avons même que la peau, a été découverte en Abyssinie par l'infortuné docteur Petit, mort pendant son voyage.

LYCODONTIENS. II.e TRIBU.—LYCODONIENS.

La seconde Tribu de cette Famille, dans laquelle nous
avons rangé les véritables Lycodons subdivisés en cinq petits
sous-genres, se trouve caractérisée par la disposition des
crochets dont sont garnis les os du palais et qui sont égaux entre eux ; tandis que ceux dont sont armées les branches de la
mâchoire supérieure sont de longueur inégale, présentant un
espace libre, ou un intervalle après les crochets les plus
longs.

Avec ces caractères généraux, tantôt les plaques qui recouvrent le dessous de la queue sont distribuées sur un seul
rang, et les écailles du reste du corps portent, comme dans
les *Cercaspis,* une ligne saillante, ou bien ces écailles sont
lisses et polies à leur surface, ainsi qu'on les observe dans les
Cyclocores. Tantôt, au contraire, les urostèges forment une
double rangée et présentent alors les mêmes particularités que
le reste des écailles lisses : ce sont les véritables *Lycodons,*

types de la Famille ; dont les écailles sont carénées, soit en totalité, comme dans le sous-genre des *Sphécodes*, soit en partie seulement comme dans les *Ophites*.

Voici, au reste, un tableau synoptique de cette analyse.

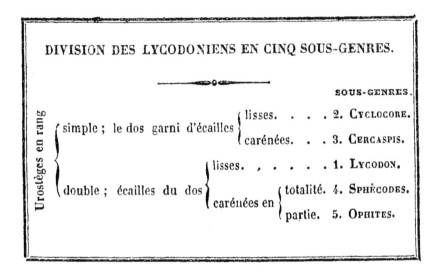

DIVISION DES LYCODONIENS EN CINQ SOUS-GENRES.

		SOUS-GENRES.
Urostèges en rang { simple ; le dos garni d'écailles { lisses.	2. CYCLOCORE.
	carénées. . .	3. CERCASPIS.
double ; écailles du dos { lisses. , ...	1. LYCODON.
carénées en { totalité.	4. SPHÉCODES.
partie.	5. OPHITES.

I.er SOUS-GENRE. LYCODON. — *LYCODON* (1).
Boié.

CARACTÈRES ESSENTIELS. *Les dents sus–maxillaires antérieures beaucoup plus longues et plus fortes que les autres, suivies d'un espace libre ou d'un intervalle sans dents. Les crochets de la mâchoire inférieure inégaux et séparés aussi par un intervalle libre ; les écailles lisses ; les urostèges en rang double. Les crochets palatins antérieurs semblables aux suivants.*

CARACTÈRES ANATOMIQUES. La tête, déprimée, est arrondie ou obtuse en avant ; elle se confond en arrière avec le tronc.

---

(1) Λυκος, chien, loup , *lupus*, et de Οδους , dent , pour indiquer les crochets qui représentent les dents canines ou laniaires qui sont beaucoup plus longues que les autres.

Les deux rangées des dents sus-maxillaires se trouvent interrompues; mais quoique dans la partie antérieure, les crochets
soient au moins du double plus longs et plus solides , surtout
vers l'échancrure que présente le bord alvéolaire , à l'endroit
où manquent les crochets, le nombre de ces crochets et leurs
dimensions varient suivant les espèces. Généralement, les plus
internes sont moins développés ; mais tantôt ces premières
dents sont situées comme en travers et sur un même plan ,
à la manière des incisives , tantôt leur implantation suit la
courbure arrondie de l'os sus-maxillaire en avant.

On observe constamment une interruption , opposée à la
précédente, dans chacune des deux rangées. de dents sous-
maxillaires. Celles-ci sont exactement coniques , mais leur
nombre et leur force varient , quelquefois il n'y a qu'une ou
deux dents très-fortes, et celles qui les précèdent sont plus
grêles; chez d'autres individus, probablement plus âgés , ces
petits crochets antérieurs n'existent pas. Ils ont peut-être
remplacé ceux qui avaient été cassés ou perdus, car ces longs
crochets font l'office d'une pince à branches pointues , pour
retenir la proie saisie,

Les crochets qui suivent l'espace libre sont généralement
en petit nombre , comme de sept à huit , car les os sus-maxillaires sont courts. Les dents palatines et les ptérygoïdiennes
sont successivement d'autant plus courtes qu'elles sont dirigées plus en arrière sur les os courbés en lyre , et ces dents
manquent ensuite complètement vers le dernier tiers de la
longueur des os ptérygoïdes.

Le crâne présente une ligne saillante syncipitale médiane ,
depuis l'occiput jusqu'aux orbites, où elle se bifurque.

Nous ne rapportons pas à ce genre, ainsi circonscrit par les
caractères que nous venons d'énoncer, toutes les espèces que
M. Schlegel y avait placées, ainsi que nous l'avons indiqué
dans les généralités sur cette Famille. Celles que nous y avons
inscrites et dont les mœurs sont absolument les mêmes ,

comme on peut le supposer d'après leurs formes et leur organisation, et surtout par la disposition des dents, sont au
nombre de six. Voici comment par l'analyse on pourra facilement arriver à leur détermination.

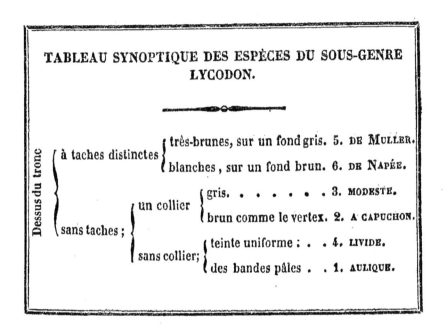

**TABLEAU SYNOPTIQUE DES ESPÈCES DU SOUS-GENRE
LYCODON.**

Dessus du tronc

à taches distinctes
- très-brunes, sur un fond gris. 5. DE MULLER.
- blanches, sur un fond brun. 6. DE NAPÉE.

sans taches;
- un collier
  - gris. . . . . . . 3. MODESTE.
  - brun comme le vertex. 2. A CAPUCHON.
- sans collier;
  - teinte uniforme : . . 4. LIVIDE.
  - des bandes pâles . . 1. AULIQUE.

1. LYCODON AULIQUE. *Lycodon aulicum.* Boié.

(*Coluber aulicus.* Linné.)

CARACTÈRES. D'un brun plus ou moins foncé en-dessus, le
plus souvent avec des bandes transversales pâles et le dessous
blanc ; quelquefois une sorte de collier plus pâle.

(Beaucoup de variétés.)

SYNONYMIE. *Variété A.* 1801. Coluber. Russ, Ind. Serp. vol.
II, pag. 42, n.° 39, pl. 39.

1825. *Lycodon unicolor.* Boié.

1826. *Lycodon unicolor.* Fitzinger. Neue classif. Rept. Pag.
57, n.° 2.

Variété B. 1735. *Serpens Americanus ex luteo et griseo*, etc.
Scheuchzer. Phys. Sac. Tom. **IV**, pag. 1296, tab. 655, fig. 6.

1754. *Coluber aulicus.* Linné. Mus. Adolph. Frid. Tom. I, pag. 29, tab. 12, fig. 2, exclus. synon. Séba I, tab. 91, fig. 5.

1758. *Coluber aulicus.* Linné. Syst. nat. Edit. 10, Tom. I, pag. 220, exclus. synon. Séb. Tom. I, tab. 91, fig. 5.

1766. *Coluber aulicus.* Linné. Syst. nat. Edit. 12, Tom. I, pag. 381, exclus. synon. Séba Tom. I, tab. 91, fig. 5.

1768. *Natrix aulica.* Laurenti. Synops. Rept. pag. 74.

1788. *Coluber aulicus.* Gmelin. Syst. nat. Linn. Tom. I, pars 3, pag. 1103, exclus. synon. Séba Tom. I, tab. 91, fig, 5.

1789. *Le Laphiati.* Lacépède. Hist. Quad. Ovip. Serp. Tom. II, pag. 298 : exclus. synonym.

1796. *Nooni Pagaroodoo.* Russel. Ind. Serp. vol. 1, pag. 26, pl. 21.

1802. *Coluber fasciolatus.* Shaw. Gener. Zool. vol. 3, part. 2, pag. 528.

— *Coluber aulicus.* Shaw. Gener. Zool. vol. 3, part. 2, pag. 434.

1802. *Die nuhni Paragudih.* Bechstein. Lacép. Amph. Tom. IV, pag. 85, pl. 9, fig. 3.

1803. *Coluber aulicus.* Daudin. Hist. Rept. Tom. VI, pag. 422, exclus. synon. Séba Tom. I, tab. 91, fig. 5.

Coluber hebe. Daudin. Hist. Rept. Tom. VI, pag. 385.

1829. *Natrix aulicus.* Merrem. Tent. Syst. Amph., pag. 106.

— *Natrix hebe.* Merrem. Tent. Syst. Amph., pag. 95.

1826. *Lycodon aulicus.* F. Boié. Isis, Tom. XIX, pag. 981.

1826. *Lycodon aulicus.* Fitzinger Neue Classif. Rept. pag. 57, n.° 2.

1830. *Lycodon aulicus.* Wagl. Syst. Amp., pag. 186 et *Lycodon hebe*, pag. 186.

1837. *Lycodon hebe.* Schlegel. Ess. Physion. Serp., pag. 142 et Tom. II, pag. 106, pl. 4, fig. 1-3.

1840. *Lycodon hebe.* Filippi de Filippo, Catal. ragion. Serp. Mus. Pav. Biblioth. Ital. Tom. XCIX, pag. 163.

1843. *Lycodon hebe.* Fitzinger. Syst. Rept. Fasc. I, pag. 27.

1847. *Lycodon aulicus.* Cantor. Catal., page 68.

Variété C. **1802.** *Coluber...* Russel. Ind. Serp. vol. 2, pag. 41, n.° 37, pl. 37.

Lycodon capucinus. Boié Erpétologie de Java (suivant Schlegel.)

1826. *Lycodon capucinus.* Fitzinger. Neue Class. Rept., pag. 57, n.° 3.

1847. *Lycodon atro-purpureus.* Cantor. Cat.

Variété D. 1796. *Gajoo-tutta.* Russel. Ind. Serp. vol. 1, pag. 22, pl. 16.

1802. *Coluber striatus.* Shaw. Géner. Zool. vol. 3 Part. 2, page 527. (D'après le *Gajoo-tutta* de Russel.)

1803. *Coluber malignus.* Daudin. Hist. Rep. Tom. VII, pag. 46. (D'après le *Gajoo-tutta* de Russel.)

1829. *Natrix malignus.* Merrem. Tent. Syst. Amph., pag. 98.

Variété E. 1837. *Lycodon Hebe. variété Javan.* Schlegel. Physion. Serp. Tom. II, pag. 108, pl. 4, fig. 4-5.

Variété F. Patza-tutta. 1804. Russel. Ind. Serp. vol. 1, pag. 34, pl. 29.

DESCRIPTION.

FORMES. Le Lycodon aulique a le bord du museau plus ou moins aminci en biseau dans sa portion recouverte par le sommet de la plaqne rostrale, au-dessous de laquelle le bout de la mâchoire supérieure présente un creux en forme de voûte.

La plaque rostrale n'a qu'un médiocre développement, et son tiers supérieur se rabat sur le dessus du museau ; elle a six pans, un large (le basilaire), deux beaucoup moins étendus, soudés aux nasales antérieures, deux notablement plus petits, articulés avec les sus-labiales de la première paire et deux autres, aussi petits que les précédents, formant un angle obtus excessivement ouvert, enclavé dans les inter-nasales. Celles-ci sont hexagones, ou en pentagones irréguliers, suivant qn'elles touchent ou non à la frénale. Les pré-frontales, plus ou moins étroites, ont cinq angles, deux droits à leur bord interne, trois obtus à leur bord externe. La frontale, formant à peu près un triangle isocèle, est plus ou moins en rapport avec le haut des pré-oculaires, selon que les sus-oculaires s'avancent ou non jusqu'aux pré-frontales. Les pariétales trapézoïdes, ont leur angle postérieur aigu, excessivement long et à côtés peu inégaux, l'antéro-externe aigu aussi, mais à côtés très-inégaux et rabattu de son sommet le long de la post-oculaire supérieure et parfois jusqu'à la post-oculaire inférieure.

La première plaque nasale serait carrée, si son bord postérieur n'était pas un peu concave et plus court que l'antérieur; la seconde est quadrangu-

24.*

laire, plus étroite en haut qu'en bas et concave en avant. La frénale représente un quadrilatère assez allongé, coupé quelquefois carrément en arrière ; mais le plus souvent d'une manière oblique, de même qu'en avant.

La pré-oculaire représente une losange, dont l'un des angles aigus, qui
est ici l'inférieur, aurait son sommet fortement tronqué ; elle se rabat par
son autre angle aigu, entre la pré-frontale et la sus-oculaire, et fort souvent même s'avance jusqu'à la frontale.

Les deux post-oculaires offrent une surface de moitié, ou au plus du tiers,
de celle de la pré-oculaire ; l'une d'elles, la supérieure, est carrée et l'autre, a quatre, cinq et même six pans inégaux.

Les tempes sont garnies de squammes carrées ou en losanges très-courtes formant cinq rangées obliques, qui, normalement, en comprennent
chacune quatre ou cinq, dont la première des deux rangées supérieures
touche aux plaques post-oculaires (1). On compte neuf plaques de chaque
côté de la lèvre supérieure. La première et la seconde représentent un trapèze ; la troisième ressemblerait aux précédentes, si l'angle postérieur,
qui s'étend jusqu'à l'œil, était moins long et moins aigu ; la quatrième et
la cinquième, qui forment la portion inférieure du cercle squammeux de
l'orbite, sont, l'une un quadrilatère de figure très-variable, l'autre, un
pentagone inéquilatéral, dont le bord le plus petit sert d'appui aux plaques
post-oculaires. La sixième a quatre ou cinq pans inégaux, mais elle est toujours plus étroite que la cinquième, et elle a moins ou plus de hauteur
qu'elle ; dans le premier cas, elle n'arrive pas jusqu'à la post-oculaire inférieure ; dans le second, elle y touche un peu, ou bien son sommet monte
derrière cette plaque.

Enfin, les septième, huitième et neuvième ont chacune cinq angles.

La plaque mentonnière est en triangle équilatéral. Les plaques sous-
labiales de la première paire sont en losange très-allongée, tronquée à la
pointe antérieure ; elles forment une sorte de chevron, dont les branches
embrassent la mentonnière, et s'emboîtent par leur moitié postérieure dans
un chevron semblable, formé par les plaques sous-maxillaires antérieures.
Celles-ci reçues à leur tour entre les sous-maxillaires postérieures, sont
moins longues que les précédentes et presque triangulaires. Il y a, derrière cette première paire de plaques sous-labiales, huit autres paires de
plaques de formes diverses.

Voici les nombres très-variables que nous ont offerts les pièces de l'é-
caillure du corps, comptées sur près de trente individus :

---

(1) Nous avons un individu chez lequel les plaques temporales de la première rangée supérieure sont soudées intimement avec celles de la seconde
sans la moindre trace de suture.

Ecailles du tronc : 17 rangées longitudinales, 150 à 200 rangées transversales, chez les mâles, 192 à 208, chez les femelles. Ecailles de la queue :
15 rangées longitudinales (à sa base) ; 50 à 80 rangées transversales chez
les mâles, 67 à 82 chez les femelles ; 175 à 200 gastrostèges chez les mâles,
180 à 207 chez les femelles ; 46 à 77 urostèges doubles chez les mâles, 60
à 80 chez les femelles.

DENTS Maxillaires $\dfrac{5+12}{5+15}$; palatines 14 ; ptérygoïdiennes 24.

Les rangées de ces dernières se terminent un peu avant l'extrémité postérieure du sphénoïde.

COLORATION. Les nombreux sujets appartenant à cette espèce que nous
avons été à même d'observer, nous ont offert de si grandes différences relativement à leur mode de coloration, que nous avons cru devoir, pour
plus de clarté dans nos descriptions, les rapporter à sept *Variétés* principales, que nous allons indiquer par des lettres alphabétiques au moyen
de l'analyse.

Ainsi, dans trois des variétés, le dessus du tronc et les flancs sont d'un
brun fauve roussâtre ou grisâtre.

Cette teinte est uniforme, ou unicolore, chez la première variété que
que nous avons décrite sous la lettre A.

Les deux variétés suivantes portent des bandes blanches en travers sur
lesquelles on remarque des taches noirâtres, ou de la couleur du fond qui
est brun. Tantôt, comme dans la variété B, ces bandes sont plus ou moins
espacées et parfaitement distinctes les unes des autres. Tantôt, comme sur
la troisième indiquée sous la lettre C, ces bandes sont rapprochées et s'a-
nastomosent de manière à former une sorte de réseau.

Les quatre autres variétés ont généralement le tronc d'un brun noirâtre
ou roux, mais varié de blanc.

Alors, on peut faire la remarque que cette teinte blanche est tantôt distribuée par larges bandes transversales, souvent ponctuées de noirâtre, qui
règnent sur toute l'étendue du dos et de la queue, mais seulement par petites
lignes sur les écailles des flancs, comme dans la variété D ; tantôt, sur la première moitié du corps seulement, comme dans la variété suivante avec un
collier blanc, maillé de brun. Nous avons inscrit celle-ci sous la lettre E.

Chez les deux dernières variétés, le blanc est distribué irrégulièrement
et par petites taches oblongues, ou par lignes sur le bord des écailles, soit
sur la surface entière du tronc, avec un collier blanc, maillé de brun : c'est
la variété F ; soit sur la moitié antérieure du corps seulement et alors il
n'y a pas de collier : c'est ce qui distingue la dernière variété G. Nous
allons faire connaître ces modifications de couleurs dans cet ordre d'énumération.

—*Variété* A. Cette première variété à laquelle appartient le Serpent figuré par Russel dans sa *Continuation of an account of indian Serpents*, pl. 39 , comprend les individus dont tout le desssus du corps est uniformément d'un brun fauve ou roussâtre et le dessous entièrement blanchâtre ; mode de coloration que nous n'avons guère observé que chez des sujets adultes, originaires du continent de l'Inde.

— *Variété* B. Celle-ci , d'après laquelle, bien évidemment, Linné a fait son *Coluber aulicus*, que Scheuchzer a représenté (*Physica sacra*) et dont Russel a donné , sous le nom de *Nooni Paragoodoo* , une figure qui est le type du *Coluber fasciolatus* de Shaw, ainsi que du *Coluber Hebe* de Daudin, paraît être la plus commune , car presque tous les Musées d'histoire naturelle en possèdent des échantillons, Nous l'avons reçue du Bengale , de la côte de Coromandel , de Manille et de l'île Bourbon.

Elle a , comme la précédente, ses parties supérieures d'un brun fauve ou roussâtre et ses régions inférieures d'un blanc sale ; mais elle offre , de plus , d'espace en espace, en travers du dos et de la queue, des bandes blanches , irrégulièrement tachetées de noirâtre , qui parfois à leurs extrémités , c'est-à-dire sur les côtés du corps , se bifurquent ou bien se dilatent en une grande tache triangulaire. Ses lèvres sont maculées de brun ou de noir sur un fond blanc, qui forme presque toujours une raie en travers de la plaque rostrale ; cette raie, surmontée d'une bande d'une teinte pareille à celle des taches labiales , se prolonge souvent de chaque côté jusque sous l'œil et même jusqu'à l'angle de la bouche.

— *Variété* C. L'ouvrage de Russel renferme aussi une représentation de cette troisième variété, qui diffère de la seconde en ce que la couleur blanche de ses parties supérieures , au lieu d'être simplement étendues en bandes transversales , plus ou moins espacées, est distribuée de manière à figurer une sorte de réseau à mailles irrégulières , au pourtour interne et externe desquelles on voit un nombre variable de petites taches d'un brun clair ou foncé. On la rencontre au Bengale et à Java.

— *Variété* D. Elle se caractérise par un fond de couleur brun-roussâtre ou noir sur lequel sont nettement imprimées, d'un bout à l'autre du dos et du dessus de la queue, à peu de distance l'une de l'autre, des bandes transversales , blanches ou grises, quelquefois ponctuées de noirâtre ; puis par les linéoles également blanches ou grises, qui sont au nombre de une ou deux sur chaque écaille des flancs et des côtés de la queue. Cette variété qui nous est venue de Manille , du Bengale et de la côte de Malabar, est le *Coluber Gajoo-tutta* de Russel , décrit par Shaw sous le nom de *Coluber striatus* et par Daudin sous celui de *Coluber malignus*.

— *Variété* E. Ici, tout le dessus de l'animal est noirâtre, avec des taches blanchâtres en travers de la première moitié du dos et de très-courtes linéoles également blanchâtres, irrégulièrement distribuées sur la seconde moitié du tronc et sur toute l'étendue de la queue; le cou est orné d'un demi collier blanc, maillé de brun très-foncé.

— *Variété* F. Il existe aussi, dans cette variété, un demi collier blanc, maillé de brun, mais il est, en général, fortement rétréci au milieu ou bien même séparé en deux par une tache noire incomplètement environnée de blanc.

Les taches des bords de la bouche sont bien marquées et très-pressées les unes contre les autres, surtout en avant; la raie blanche qui ceint le museau horizontalement est aussi très-apparente; le dessus et les côtés du corps sont semés sur un fond plus souvent noir que roussâtre, de très-petites taches oblongues ou de linéoles blanches, comme on en voit sur les régions postérieures de la *Variété* E; linéoles qui ont généralement une tendance à se grouper de façon à rappeler le dessin réticulaire qu'on remarque dans la *Variété* C. Cette *Variété* F nous a été envoyée de Manille et de Java.

— *Variété* G. Ce qui fait différer celle-ci de la précédente, c'est l'absence de collier, et des linéoles blanches sur la moitié postérieure du corps, qui reste uniformément noirâtre. On peut en voir une figure dans l'ouvrage de Russel. Tom. I, pl. 29.

DIMENSIONS. La tête a en longueur un peu plus du double de sa largeur prise en travers des tempes, largeur qui est presque d'un tiers supérieure à celle du museau au-dessous des narines et à peu près de moitié entre les plaques sus-labiales de la seconde paire et celles de la troisième.

Le diamètre de l'œil n'est pas tout à fait égal à la largeur de l'espace inter-nasal, mais il égale la moitié de la région inter-orbitaire.

Le tronc, toujours plus court dans les mâles que dans les femelles, offre une étendue longitudinale, qui est d'une trentaine à une cinquantaine de fois égale à son plus grand diamètre transversal, lequel est d'un cinquième moindre que le vertical. La queue, moins longue aussi chez les mâles que chez les femelles, représente près du quart ou du sixième de la longueur totale du corps.

Le plus grand individu que nous ayons vu n'était long en tout que de 0^m,703, c'est-à-dire, 0^m,029 pour la tête, 0^m,550, pour le tronc et 0^m,124 pour la queue.

PATRIE. Le Lycodon aulique, ainsi qu'on a déjà pu le voir précédemment, vit dans des pays fort différents et très-éloignés les uns des autres; puisqu'il est vrai qu'il habite plusieurs contrées de l'Inde, le grand archipel d'Asie et l'île Bourbon (1). Les individus que le Muséum a reçus de cette colonie y ont été recueillis par MM. Louis Rousseau et Pervillez; ceux originaires du Malabar en ont eté apportés par M. Dussumier, ceux du Coromandel par Leschenault et ceux du Bengale par Diard, Duvancel, Eydoux et M. Lamarre-Piquot.

Nous avons des exemplaires pris à Sumatra par M. le capitaine Martin, à Java par les voyageurs du Musée de Leyde, à Luçon par M. Adolphe Barrot, à Amboine par MM. Garnot et Lesson, et à Timor par Péron et Lesueur.

Mœurs. Cette espèce semble particulièrement se nourrir de petits mammifères rongeurs et insectivores, ainsi que de Lézards Geckotiens et Scincoïdiens, car l'estomac de la plupart des individus que nous avons ouverts contenaient des corps ou des portions de corps de musaraignes, de rats, de *Platydactylus guttatus*, d'*Hemidactylus frenatus* et d'*Euprepes Sebæ*.

Observations. Cette épithète d'*Aulicus* étant la première dénomination spécifique qui ait été donnée à ce Serpent, c'est par elle qu'on devra désormais le désigner, à l'exclusion de toute autre.

Nous connaissons peu d'espèces d'Ophidiens qui présentent d'aussi grandes variations individuelles que celle-ci, sous le rapport de la forme du museau, de la longueur du tronc, du nombre des pièces de l'écaillure et du mode de coloration.

2. LYCODON A CAPUCHON. *Lycodon cucullatum*. Nobis.

Caractères. Le dessus de la tête, le cou et le dessus du tronc d'un brun noirâtre; tout le dessous du corps et de la queue d'un blanc jaunâtre. Sommet de la plaque rostrale fortement rabattu sur le museau; celui de la pré-oculaire, non rabattu sur le côté du front; flancs blancs, salis de roussâtre.

Synonymie. 1837. *Lycodon modestus, variété.* Schlegel, Physion. Serp. Tom. II, pag. 120.

DESCRIPTION.

Formes. Le *Lycodon cucullatum* a le bout du museau coupé perpendiculairement suivant une ligne un peu penchée en avant. La plaque ros-

---

(1) Les habitants de Bourbon prétendent que cette espèce, aujourd'hui très-commune dans leur île, n'en est pas originaire ; mais qu'elle y a été importée de l'Inde, dans des balles de riz.

trale est grande, épaisse, plus haute que large, et rabattue en arrière de près de la moitié supérieure de sa hauteur. Au premier aspect, elle semble triangulaire, mais en l'examinant plus attentivement, on y voit en réalité cinq côtés : deux excessivement petits, soudés aux plaques sus-labiales de la première paire; un troisième beaucoup plus grand, échancré en demi-cercle au milieu pour le passage de la langue, et deux autres encore plus étendus que ce dernier, qui forment un angle aigu très - profondément enfoncé entre les inter-nasales. Celles-ci représentent un trapèze rectangle à sommet obtus, formé par le plus court et le plus long de ses quatre côtés ; elles ont leurs deux angles droits en arrière et leur sommet aigu en avant ; elles s'unissent par le plus petit de leurs quatre bords.

Les plaques pré-frontales offrent un peu plus d'étendue en travers qu'en longueur, par rapport à la tête ; chacune d'elles a six angles, deux droits au bord interne aigu et trois obtus au côté externe qui se rabat sur la région frénale.

La plaque frontale tient aux pré-frontales par un bord plus long que ceux qui l'attachent aux sus-oculaires, lesquels sont moins courts que les deux pariétaux ; elle a donc, comme on le voit, cinq côtés, qui lui forment deux angles aigus latéraux en avant, un autre angle aigu entre deux obtus en arrière.

Les sus-oculaires, oblongues, ont leur bout postérieur large et coupé carrément; l'antérieur étroit, est taillé en un petit angle aigu, engagé entre la pré-frontale et la pré-oculaire supérieure ; elles ont, de plus, un pan latéral interne, rectiligne, auquel est opposé un angle obtus, dont l'un des côtés, très-court, s'articule avec la post-oculaire supérieure, et l'autre, beaucoup plus long et infléchi, borde le haut du globe de l'œil.

Les plaques pariétales, sont oblongues, et irrégulièrement hexagones.

La plaque nasale antérieure, est en quadrilatère rectangle ; son grand diamètre est étendu de bas en haut et penché légèrement en avant. La nasale postérieure a cinq pans.

La plaque frénale serait exactement en carré long, si son bord antérieur n'était pas un peu plus haut que le postérieur, et si celui-ci, qui touche à la pré-oculaire inférieure, n'était pas coupé un peu obliquement d'avant en arrière.

La pré-oculaire inférieure est pentagone et un peu moins petite que la supérieure, qui est sub-rectangulaire (1).

Les deux plaques post-oculaires sont chacune quadrangulaire ou sub-

---

(1) Nous avons déjà dit plus haut, que chez les espèces de ce groupe, les deux pré-oculaires qui existent normalement de chaque côté, se trouvent parfois soudées sans la moindre trace de suture.

pentagone, mais l'inférieure est un peu plus développée en hauteur que la supérieure.

Il y a onze paires de squammes temporales : trois grandes, allongées, irrégulièrement quadrangulaires ou pentagonales, et huit petites, de figure à peu près losangique.

On compte huit plaques de chaque côté de la lèvre supérieure. Elles augmentent graduellement de grandeur depuis la première jusqu'à la pénultième inclusivement, la dernière étant un peu moins développée que la précédente.

La première de ces plaques sus-labiales est pentagone oblongue, moins haute antérieurement que postérieurement ; La seconde et la troisième représentent chacune un trapèze rectangle, dont le sommet aigu est supérieur et postérieur.

La quatrième et la cinquième ont deux angles droits en bas et trois obtus ou un aigu et deux obtus en haut, où toutes deux touchent à l'œil. Par leur extrémité supérieure, elles s'articulent, la quatrième avec la pré-oculaire inférieure, la cinquième avec la post-oculaire inférieure, quelquefois sans même laisser la moindre trace de suture. La sixième représente un trapézoïde. La septième est pentagonale et la huitième sub-trapézoïde.

Neuf paires de plaques, non compris la mentonnière, qui est en triangle équilatéral, recouvrent la lèvre inférieure. Celles de la première paire, considérées séparément, sont longues, coupées carrément en avant, acutangles en arrière et élargies au milieu, où, de chaque côté, on leur voit un sommet obtus. Elles se touchent dans la seconde moitié de leur longueur, qui s'enfonce entre les plaques sous-maxillaires antérieures; mais dans leur première moitié, elles s'écartent au contraire l'une de l'autre, de manière à former un V, dont les branches embrassent deux des côtés de la mentonnière.

Les plaques sous-maxillaires antérieures sont oblongues, irrégulièrement pentagonales et plus grandes que les sous-labiales de la première paire, et que les sous-maxillaires postérieures, qui ont chacune l'apparence d'un trapèze isocèle. Derrière ces dernières plaques, il y a deux paires de squammes sub-rhomboïdales, à la suite desquelles viennent trois scutelles gulaires, commencement de la série des grandes lames élargies du desssous du corps.

Les pièces de l'écaillure de la gorge sont sub-rectangulaires, arrondies à leur angle postéro-interne, et disposées, de chaque côté, sur cinq ou six rangs obliques.

Ecailles du tronc: 17 rangées longitudinales, 208 rangées transversales. Ecailles de la queue 15 rangées longitudinales (à sa base) et 93 rangées transversales.

Scutelles : il y a deux plaques gulaires, 20 gastrostèges, 1 anale, 90 urostèges.

DENTS: 16 sus-maxillaires ; 16 palatines, 30 Ptérygoïdiennes.

COLORATION. La tête est, en dessus et sur les côtés, d'un brun noirâtre; teinte que présentent aussi, excepté à leur pourtour, qui est grisâtre, les pièces de l'écaillure des régions supérieures du tronc et de la queue.

Ces deux parties du corps, dont le dessous, ainsi que celui de la tête est uniformément blanchâtre, ont les écailles de leurs régions latérales d'un blanc sali de roussâtre.

DIMENSIONS. La tête n'est pas deux fois plus longue que large vers le milieu des tempes. L'œil a en diamètre le tiers de la région sus-inter-orbitaire. Le tronc a en hauteur plus du tiers de la largeur du ventre, et en longueur, soixante-trois fois cette même largeur, qui est un peu moindre que celle du dos ; car la région dorsale est assez fortement arrondie. La queue forme à peu près le quart de la longueur du corps.

L'individu par' lequel cette espèce nous est connue est long de 1ᵐ,051.

Tête, long. 0ᵐ,03. *Tronc*, long. 0ᵐ,765. *Queue*, long. 0ᵐ,256.

PATRIE. Il a été rapporté du Hâvre Dorey, à la Nouvelle Guinée, par MM. Garnot et Lesson.

OBSERVATIONS. M. Schlegel nous semble avoir commis une double erreur relativement à ce Serpent: c'est d'abord de l'avoir considéré comme spécifiquement semblable à son *Lycodon modestus* ; puis d'avoir cru en reconnaître la figure dans celle de la *Couleuvre ikahèque* de l'Erpétologie du voyage de la Coquille, prétendue Couleuvre qui est un Ophidien venimeux, que l'auteur de l'Essai sur la Physionomie des Serpents y a même décrit sous le nom de *Naja Elaps*.

3. LYCODON MODESTE. *Lycodon modestum*. S. Müller.

CARACTÈRES, Brun ou d'une teinte café au lait en dessus ; une sorte de collier blanchâtre ; le dessous d'un blanc jaunâtre sans taches.

Sommet de la plaque rostrale faiblement renversé sur le museau ; celui de la pré-oculaire non rabattu sur le côté du front. Dessus du corps fauve, dessous blanc ; un double demi-collier blanc et brun.

SYNONYMIE. 18 . *Lycodon modestus*. Salomon Müller. Manuscrit.

1837. *Lycodon modestus.* Schlegel. Physion. Serp. Tom. I, pag. 143, lig. 21, et tom. II, p. 119, pl. 4, fig. 16-17.

DESCRIPTION.

FORMES. Si l'on en excepte le mode de coloration, une petite dissemblance ostéologique et une légère différence dans le nombre des dents ptérygoïdiennes, le Lycodon modeste ne se distingue de celui à capuchon que par la hauteur beaucoup moindre de sa plaque rostrale, dont le sommet, en effet, loin de s'enfoncer entre les inter-nasales jusqu'au dernier tiers de leur longueur, ne va pas même au-delà du premier. Toutefois, cette plaque n'est pas semblable par sa forme à celle de son analogue chez les deux espèces précédentes, car on lui compte deux côtés de plus, c'est-à-dire sept en tout, dont les deux supérieurs ne forment pas non plus un angle aussi aigu que dans le *Lycodon Mulleri* et le *cucullatum*. En outre, la plaque frénale du *Lycodon modestum* est plus régulièrement rectangulaire que celle de ce dernier, attendu qu'elle se termine carrément, au lieu d'être coupée un peu obliquement en arrière (1).

Quant à la dissemblance ostéologique eutre le *Lycodon cucullatum* et le *modestum*, et qui est relative à celle que présente extérieurement le bout de leur museau, elle consiste en ce que l'os inter-maxillaire est plus distinctement en pyramide triédrique et que les nasaux sont moins pointus en avant et plus élargis en arrière chez le premier que chez le second de ces Serpents.

Ecailles du tronc : 17 rangées longitudinales ; 202 rangées transversales. Ecailles de la queue : 6 rangées longitudinales (au milieu) ; 96 rangées transversales.

Scutelles : 3 gulaires ; gastrostèges 200 ; 1 anale ; urostèges, 85.

DENTS. 14 ou 15 sus-maxillaires ; 18 sous-maxillaires ; 16 palatines ; 25 ptérygoïdiennes.

COLORATION. Ce Serpent, entièrement blanc dans la moitié inférieure de sa hauteur, aurait aussi toute sa moitié supérieure d'une seule et même teinte, d'un brun fauve ou café au lait, si son cou n'était orné de deux larges demi-colliers, l'un blanc, et l'autre, qui est le postérieur, d'un brun pâle.

DIMENSIONS. La tête a en longueur le double de sa largeur prise en tra-

_____

(1) L'individu de cette espèce que renferme notre Musée n'a pas les pré-oculaires divisées transversalement en deux pièces, ce qui est sans doute une anomalie, car le mode de division existe chez ses trois congénères.

vers des tempes ; cette largeur est elle-même double de celle du museau au niveau des narines. Le diamètre de l'œil est égal à la moitié de la ligne médio-transversale de la région inter-orbitaire. Le tronc, qui porte en largeur les deux tiers de sa hauteur, a une longueur 57 fois et demie égale à cette même largeur. La queue entre juste pour le quart dans la totalité de la longueur du corps, qui est de 0m,718, et qui se décompose comme il suit :

Tête, long. 0m,020. *Tronc*, 0m,518. *Queue* 0m,180.

Patrie. Le Lycodon modeste a été trouvé à Amboine par MM. Garnot et Lesson, ainsi que par M. Salomon Müller.

4. LYCODON LIVIDE. *Lycodon lividum.* S. Müller.

Caractères. Brun livide sur toutes les parties supérieures et latérales du corps et d'un brun sale plus clair en dessous.

Sommet de la plaque rostrale à peine rabattu sur le museau ; celui de la pré-oculaire non renversé sur le côté du front. Corps d'un brun sombre en dessus, d'un brun mélangé de roussâtre sur les côtés et d'une teinte jaunâtre en dessous. Pas de collier.

Synonymie. 18 . *Lycodon lividus.* Salom. Müller. Manuscrit.

DESCRIPTION.

Formes. La plaque rostrale, qui est si développée en hauteur dans le *Lycodon cucullatum*, mais qui est successivement moins élevée chez le *Mulleri* et le *modestum*, est aussi d'un degré plus courte dans le *lividum*.

En effet, cette plaque, chez le Lycodon modeste, a encore son angle supérieur assez aigu, et le haut de celui-ci assez distinctement couché en arrière ; cet angle, chez le Lycodon livide, est, au contraire, excessivement ouvert et à peine rabattu de son sommet sur le bout du museau. Celui-ci est d'ailleurs proportionnellement plus large dans le *Lycodon lividum* que dans le *Lycodon modestum*, et en outre, tronqué verticalement, et non suivant une ligne oblique d'avant en arrière. La plaque rostrale elle-même, bien qu'elle ait cinq pans dans ces deux espèces, n'a cependant pas la même forme chez toutes deux, attendu qu'elle a l'apparence d'un triangle chez le Lycodon modeste et celle d'un demi disque chez le Lycodon livide.

Les inter-nasales ont leur bord latéro-interne un peu moins court ; mais les autres plaques du vertex et celles des faces latérales de la tête du *Lycodon lividum* ressemblent à celles du *Lycodon modestum*. Seulement, nous ferons remarquer que l'individu d'après lequel nous avons décrit la première espèce , n'a qu'une pré-oculaire de chaque côté , tandis que celui d'après lequel nous décrivons la seconde en présente deux qui sont la supérieure, distinctement trapézoïde , l'inférieure à peu près carrée.

Comme les squammes temporales du *Lycodon lividum* diffèrent à plusieurs égards de celles de ses trois congénères, nous allons en donner la description complète. Leur nombre est de onze de chaque côté ; trois : une petite, sub-rectangulaire , précédée d'une plus grande , sub-rectangulaire aussi , et suivie d'une beaucoup plus développée affectant la figure d'un triangle scalène, forment une rangée le long de la plaque pariétale ; au-dessous de la première de cette rangée, il y en a une très-petite , oblongue , sub-trapézoïde, placée devant une plus dilatée en travers , irrégulièrement hexagone ; au-dessous de la seconde, il y en a deux superposées de moyenne grandeur, à cinq ou six pans inégaux ; et au-dessous de la troisième, quatre groupées en losange et offrant chacune quatre, cinq ou six côtés et une dimension à peu près pareille à celle des deux précédentes.

Ecailles du tronc : 17 rangées longitudinales ; 199 rangées transversales. Ecailles de la queue : 6 rangées longitudinales (au milieu) ; 86 rangées transversales.

Scutelles : 3 gulaires ; 196 gastrostèges ; 1 anale ; 72 urostèges.

DENTS. 14 ou 15 sus-maxillaires ; 18 sous-maxillaires ; 16 palatines ; 25 ptérygoïdiennes.

COLORATION. Cette espèce a la tête, le dos et la queue d'un brun sombre, qui se mélange de roussâtre sur les parties latérales du corps ; en dessous , une teinte jaunâtre règne seule d'un bout à l'autre.

DIMENSIONS. Le tronc porte en longueur 52 fois celle de sa largeur qui, relativement à la hauteur, est la même que dans l'espèce précédente.

Longueur totale, 0^{m}56. *Tête*, et *Tronc*, long. 0^{m}42. *Queue*, long. 0^{m}14.

PATRIE. Cette espèce a été découverte dans l'île de Pulo-Samao , par M. Salomon Müller. Le Musée de Leyde possède les seuls individus qu'il y ait recueillis et que nous avons étudiés. Notre collection nationale en a reçu un autre de ce même Musée, qui en avait d'abord adressé en communication un spécimen.

5. LYCODON DE MULLER. *Lycodon Mülleri*. Nobis.

CARACTÈRES. Le dessus et les côtés du tronc à taches brunes, conjuguées par bandes transversales ; le dessous du tronc blanc, excepté à la queue, dont les urostèges sont piquées de brun.

Sommet de la plaque rostrale assez fortement rabattu sur le museau, et celui de la pré-oculaire sur le côté du front ; tête veinée de blanc sur un fond brun noir ; dessus et côtés du corps de cette dernière couleur, avec de nombreuses bandes transversales d'une teinte grise, chacune plusieurs fois alternativement dilatée et retrécie de l'une de ses extrémités à l'autre.

DESCRIPTION.

FORMES. Cette espèce diffère de la précédente par la disposition et la figure de plusieurs de ses plaques céphaliques, par le nombre des pièces squammeuses de ses lèvres et de ses tempes, et par son mode de coloration.

Ici, la portion de la plaque rostrale qui se rabat sur le museau ne s'avance guères entre les inter-nasales que jusqu'à la moitié de leur longueur, tandis qu'elle en atteint le dernier tiers chez le *Lycodon cucullatum*.

La plaque frontale a ses bords latéraux aussi longs et non plus courts que l'antérieur, qui lui-même, au lieu d'être droit, forme un angle excessivement ouvert.

La frénale a son extrémité postérieure coupée obliquement d'arrière en avant, ce qui est exactement le contraire chez l'espèce décrite précédemment.

La pré-oculaire inférieure représente un trapèze rectangle et la supérieure un trapézoïde, dont l'un des deux angles aigus, rabattu sur le front, adhère, par l'un de ses côtés, au bout antérieur de la sus-oculaire, bout qui est coupé carrément, au lieu d'être acutangle, comme chez le Lycodon à capuchon. Ce dernier n'a que huit paires de plaques sus-labiales et neuf sous-labiales, tandis qu'on compte neuf des unes et dix des autres au *Lycodon Mülleri*. Enfin, chez cette espèce, le nombre des squammes temporales, qui n'est que de onze chez sa congénère sus-nommée, s'élève à quinze, attendu qu'il en existe quatre au lieu de deux dans la rangée qui borde la plaque pariétale, et que deux autres forment, au-dessous de cette rangée, un quatrième rang vertical, en considérant, comme le premier, celui qui est placé à l'arrière de la tempe.

Écailles du tronc : 17 rangées longitudinales, 210 rangées transversales. Écailles de la queue : 7 rangées longitudinales (au milieu de sa longueur), 118 rangées transversales.

Scutelles : 3 gulaires, 204 gastrostèges, 1 anale, 115 urostèges en rang double.

DENTS : 15 ou 16 sus-maxillaires, 18 ou 19 sous-maxillaires, 15 palatines, 25 ptérygoïdiennes.

COLORATION. Ce Serpent a toutes les régions supérieures et latérales du corps agréablement peintes de blanc et de brun foncé disposé par taches arrondies et réunies. Cette dernière couleur domine sur le dessus de la tête et sur les tempes, où le blanc forme de petites lignes serpentantes et ramifiées à peu près de la même manière que celles qui indiquent les cours d'eau sur une carte de géographie.

Le long de la mâchoire supérieure, le brun noir est déposé sur le blanc par taches isolées, d'autant plus grandes qu'elles sont plus voisines des angles de la bouche. Si l'on considère le brun-noir comme étant la couleur du fond sur le tronc et sur la queue, le blanc, qui est là, finement piqueté de brunâtre, le fait paraître gris; il s'y trouve distribué par bandes transversales au nombre de plus de cent; non-seulement ces bandes s'élargissent brusquement à leurs extrémités, mais elles offrent aussi une dilatation de figure sub-losangique à chacun des trois points de leur étendue qui correspondent au dos et aux flancs. Tout le dessous du corps est d'un blanc pur, à l'exception du menton où l'on remarque une légère marbrure brunâtre.

DIMENSIONS. La longueur de la tête est égale à deux fois la largeur qu'elle offre vers le milieu des tempes ou à quatre fois celle qu'elle a au niveau des narines. L'œil a en diamètre presque la moitié de l'étendue transversale de la région inter-orbitaire.

Le tronc, dont la largeur, à sa partie moyenne, égale les deux tiers de sa hauteur, présente une longueur soixante-quatorze fois plus grande que cette même largeur. La queue fait les deux septièmes de la longueur totale du corps, qui est de 0m,558, chez l'unique individu de cette espèce, que nous ayons encore vu.

Tête long. 0m,015. *Tronc* long. 0m,385. *Queue* long, 0m,158.

PATRIE. Ce Serpent est originaire de Java.

OBSERVATIONS. Il a été donné au Muséum par le célèbre professeur de Berlin, auquel nous la dédions.

6. LYCODON DE NAPÉE. *Lycodon Napei*. Nobis.

CARACTÈRES. Tout le dessus du tronc d'une couleur brun rougeâtre, avec de grandes taches dorsales blanches, arrondies, distribuées à peu près à des intervalles égaux, de quatre à cinq fois plus larges que les taches elles-mêmes; le dessous du tronc d'un beau blanc pur, mais entremêlé de brun sur les flancs.

DESCRIPTION.

Nous avons trouvé cette espèce désignée sous ce nom dans la collection, sans aucun indice de son origine, ni du donateur. Sa taille est moitié moindre de celle du Lycodon de Müller, avec lequel elle a quelque analogie. Outre la grande ressemblance apparente pour le fond de la teinte que présentent le dessus du tronc et même la région inférieure, il y a cette remarquable différence que le dessous de la queue est dans l'individu que nous avons sous les yeux, d'un blanc de lait et non parsemé de petites taches brunes, comme dans l'espèce dite de Müller, et que le dessus de la tête est ici sans aucune tache, tandis qu'elle est, dans l'individu décrit précédemment, bariolée ou veinée de blanc sur un fond rougeâtre.

Nous n'avons aucun renseignement sur ce Serpent, dont l'étiquette portait seulement le signe ♂ et un point de doute sur l'origine, de l'écriture de notre collaborateur Bibron.

II.ᵉ SOUS-GENRE. CYCLOCORE. — *CYCLOCORUS,* Nobis.

CARACTÈRES ESSENTIELS. *Mâchoires et dents des Lycodons ; écailles lisses ; mais les urostèges en rang simple.*

CARACTÈRES NATURELS. Les trois ou quatre crochets antérieurs de l'une et l'autre mâchoire sont isolés et vont successivement en croissant de longueur et de force, et le dernier surtout avant l'intervalle libre. Les narines s'ouvrent dans la première des deux plaques nasales. La pupille est arrondie, comme nous avons cherché à l'indiquer par le nom (1); la plaque frénale est courte ; il y a deux pré-oculaires et deux post-oculaires. On compte huit labiales supérieures, dont trois, à compter de la troisième en rang, forment la bordure inférieure de l'orbite.

Nous n'avons rapporté qu'une espèce à ce sous-genre, c'est la suivante.

---

(1) De Κυκλος, arrondi en cercle, et de Κόρη, la pupille.

1. CYCLOCORE RAYÉ. *Cyclocorus lineatus.* Nobis.
(*Lycodon lineatus*, Reinhardt.)

CARACTÈRES. Dessus du corps d'un brun marron, avec une bande étroite, noirâtre tout le long de la région vertébrale.

SYNONYMIE. 1843. *Lycodon lineatus.* Th. Reinhardt. Kongel. Danske Videnskab. Selskabs. Naturvidensk. og. Mathemat. Afhandl. Tom. X, pag. 241, tab. 1, fig. 7-9.

DESCRIPTION.

FORMES. La plaque rostrale, dont la surface est semi-circulairement, concave dans la moitié inférieure de sa hauteur, s'applique presque verticalement contre le devant du bout du museau, sans nullement se rabattre sur sa face supérieure.

Elle semble hemi-discoïde, bien qu'elle soit réellement coupée à sept pans ; un grand, le basilaire, ayant au milieu une échancrure curviligne pour le passage de la langue, et six à peu près de moitié plus petits, presque égaux entre eux, formant cinq angles excessivement ouverts et s'articulant : deux avec les inter-nasales, deux avec les nasales antérieures, deux avec les sus-labiales de la première paire.

Les inter-nasales sont en pentagones irréguliers ; trois de leurs angles : les deux postérieurs et l'interne antérieur, sont droits ; tandis que les deux autres sont très-ouverts.

C'est par un de leurs deux plus grands côtés qu'elles s'articulent ensemble et par l'autre avec les pré-frontales ; le moins étendu de tous les unit aux nasales postérieures et les deux plus petits, après celui-ci, les mettent en rapport avec la rostrale et les nasales antérieures.

Les pré-frontales, dont une portion angulaire se rabat sur les régions frénales, ont six pans inégaux.

La frontale est une plaque oblongue, limitée antérieurement par une ligne transversale brisée à angle excessivement ouvert, et latéralement par deux autres lignes droites, presque parallèles ou à peine convergentes entre les sus-oculaires, mais qui, au-delà de celles-ci, forment un angle aigu, enclavé dans les pariétales.

Les sus-oculaires, fort allongées, ont chacune six côtés inégaux : celui qui borde la frontale est beaucoup plus étendu qu'aucun des cinq autres.

Les pariétales, dont la longueur est presque double de leur plus grande largeur, ont l'apparence de trapézoïdes, chacune d'elles ayant quatre pans inégaux, dont les deux plus grands forment en arrière un très-long angle aigu parfois irrégulièrement arrondi à son extrémité terminale (1) ; l'un de leurs trois autres angles, qui est très-ouvert, touche par son sommet à la pointe postérieure de la frontale, le second, qui n'est que médiocrement obtus, s'enclave entre cette dernière plaque et la sus-oculaire, et le troisième, qui est droit, s'abaisse un peu sur la tempe, le long de la post-oculaire supérieure.

Les plaques nasales antérieures sont losangiques et les postérieures pentagones inéquilatérales, moins étroites à leur base qu'à leur sommet, avec lequel s'unit le plus petit des cinq bords des inter-nasales.

La plaque frénale, qui pour la grandeur est intermédiaire à la pré-oculaire supérieure et à la pré-oculaire inférieure, offre cinq petits angles irréguliers ; parfois elle semble en présenter un sixième, son bord inférieur, qui s'appuie sur la seconde sus-labiale et sur la troisième, étant brisé à angle excessivement ouvert (2). Cette frénale reçoit, entre elle et la seconde nasale, l'angle aigu de la portion latérale et externe des pré-frontales.

Les deux plaques pré-oculaires, qui sont d'inégale dimension, ne bordent le devant de l'œil que dans les trois quarts ou les quatre cinquièmes supérieurs de sa hauteur.

Les deux post-oculaires se ressemblent à peu près par la grandeur et ne descendent guère plus bas que les pré-oculaires. La supérieure est tantôt quadrangulaire, tantôt pentagone, tandis que l'inférieure paraît avoir constamment cette dernière forme.

Nous comptons, de chaque côté de la tête, dix squammes temporales dissemblables entre elles par la dimension, mais ayant presque toutes cinq angles, dont rarement un seul, le plus souvent deux et même trois sont aigus. Quant à leur mode d'arrangement, voici ce que nous remarquons : trois de ces dix squammes, une très-petite comparativement à ses congénères, une, au moins deux fois plus grande que celle-ci, et une encore plus développée surtout en longueur, forment une rangée tout le long du bord externe de la plaque pariétale. Une quatrième et une cinquième, de

---

(1) Le dessin de M. Th. Reinhardt représente ce long angle aigu des pariétales, tronqué carrément à son sommet, ce qui n'existe certainement pas chez l'un ni chez l'autre des deux individus que nous avons maintenant sous les yeux.

(2) M. Reinhardt donne seulement quatre côtés à cette plaque frénale, qui sans doute n'a effectivement que ce nombre chez l'individu observé par lui, en raison de l'anomalie qu'il offre de n'avoir pas sa plaque pré-oculaire divisée en deux pièces.

25.*

moyenne grandeur, placées l'une devant l'autre, occupent l'espace compris entre les deux premières de la rangée dont nous venons de parler et les plaques sus-labiales numéros six, sept et huit. Enfin les cinq dernières composent, au-dessous de la troisième squamme de la rangée susdite, deux séries, qui en comprennent, l'antérieure deux, et la postérieure trois.

La lèvre supérieure a huit paires de plaques ; en exceptant la quatrième et la sixième, qui sont chacune un peu moins développées que les deux entre lesquelles elles se trouvent situées, elles augmentent graduellement de grandeur depuis la première, qui est assez petite, jusqu'à la septième, qui est, au contraire, fort grande. Quant à la dernière, elle a une dimension distinctement moindre que la pénultième. La plaque mentonnière présente trois côtés à peu près égaux, dont deux s'enclavent tout entiers dans les plaques sous-labiales de la première paire. Ces plaques, qui sont assez étroites, ne dépassent que fort peu la mentonnière en arrière.

Les plaques sous-maxillaires antérieures ont une longueur double et les postérieures une longueur triple de leur plus grande largeur, qui est la même pour toutes ; les premières ne pénètrent guère entre les postérieures que du dernier quart de leur étendue longitudinale, tandis qu'elles reçoivent entre elles deux plus du tiers postérieur de la longueur des plaques sous-labiales de la première paire. Relativement à leur forme, les antérieures sont des pentagones irréguliers, attendu qu'elles ont cinq côtés très-inégaux, qui forment, tout-à-fait en avant, un angle aigu entre deux obtus et, tout-à-fait en arrière, un angle aigu en dedans et un obtus en dehors. Quant aux sous-maxillaires postérieures, elles forment ensemble un grand chevron ; entre ses branches, on voit une squamme losangique, suivie d'une autre squamme hexagone ; derrière celle-ci, il s'en trouve une troisième en trapèze isocèle, ayant son grand côté curviligne. Au-delà, commence la série des gastrostèges.

Ecailles du tronc: 17 rangées longitudinales, 156 rangées transversales. Ecailles de la queue : 5 rangées longitudinales (au milieu de sa longueur), 44 à 47 rangées transversales.

Scutelles : 2 gulaires, 154 à 156 gastrostèges, 1 anale, 40 à 44 urostèges entières ou non divisées.

DENTS. Maxillaires $\frac{3 \text{ ou } 4 + 12\text{-}13}{3 \text{ ou } 4 + 17\text{-}18}$. Palat., 15-16. Ptérygoïdiennes, 25.

Les rangées de ces dernières dents se terminent au niveau de l'extrémité postérieure du sphénoïde.

COLORATION. Une teinte brune, tirant sur le marron, occupe les parties supérieures et les régions latérales. Le dos est parcouru dans toute sa longueur par une bande noirâtre, qui prend naissance à la tête et va se perdre sur la queue.

Les gastrostèges et les urostèges sont jaunes au milieu et d'un brun noir de chaque côté. Nous croyons apercevoir une grande tache brune, à peu près semi-circulaire, à la nuque et de légères marbrures de la même couleur sur les plaques craniennes.

DIMENSIONS. La tête a en largeur, vers le milieu des tempes, les trois cinquièmes de sa longueur et au moins le double du travers du museau, mesuré au-dessous des narines. Le diamètre de l'œil est égal à la distance qui existe entre l'une des narines et le bord antérieur de l'orbite du même côté. Le tronc est une trentaine de fois aussi long qu'il est large à sa partie moyenne, où son diamètre vertical l'emporte fort peu sur son diamètre transversal. Chez l'un des deux individus que nous possédons, la queue est contenue cinq fois et un quart et chez l'autre, six fois et un sixième dans la longueur totale du corps. Le plus grand a 0m,458, la tête ayant 0m,020, le tronc 0m,353 et la queue 0m,085.

PATRIE. C'est à M. Liautaud et à M. Adolphe Barrot que le Muséum est redevable de ces deux Serpents, recueillis par eux à Manille, d'où provient également le sujet d'après lequel l'espèce a été décrite pour la première fois, par M. Th. Reinhardt, dans le Tom. X des Mémoires de la Société royale de Copenhague.

III.e SOUS-GENRE. CERCASPIS. — *CERCASPIS.* Wagler (1).

CARACTÈRES ESSENTIELS. *Mâchoires et dents des Lycodons ; mais les écailles du dos et des flancs portant chacune une carène ou ligne saillante ; les urostèges en rang simple.*

On voit que ce genre, parfaitement caractérisé par Wagler, diffère en effet par deux particularités des Lycodons, qui ont les écailles lisses, et les plaques sous-caudales distribuées par paires. Les narines s'ouvrent dans la première des deux pla-

---

(1) Κερκος, *cauda*, la queue, et de Ασπίς, *clypeus*, un bouclier protecteur.

ques nasales, comme dans les Sphécodes ; mais ceux-ci ont deux rangées d'écailles sous la queue. Il faut ajouter de plus ici, que la plaque frénale est fort allongée. Si l'on compare ensuite les crânes, on voit que le dessus est beaucoup plus convexe et que les os ptérygo-palatins sont moins courbés en lyre que dans les Lycodons, qui n'ont pas le dos et les côtés garnis de trois lignes saillantes : une médiane plus marquée et deux latérales plus faibles.

1. **CERCASPIS CARÉNÉ.** *Cercaspis carinatus.* Wagler.

(*Hurria carinata.* Kuhl.)

CARACTÈRES. Corps noir, marqué de distance en distance, de taches blanches, dilatées en travers.

SYNONYMIE. 1820. *Hurria carinata.* Kuhl. Beitr. zool. und vergleich. anat., pag. 95.

1827. *Lycodon*, n.º 6. H. Boié Isis, p. 517.

1830. *Cercaspis carinatus.* Wagler. Syst. Amph., pag. 191.

1837. *Lycodon carinatus.* Schlegel. Physion. Serp. Tom. I, pag. 142, et Tom. II, pag. 109, pl. 4, fig. 6-7.

1843. *Cercaspis carinata.* Fitzinger. Syst. Rept. Fasc. I, pag. 27.

DESCRIPTION.

FORMES. La plaque rostrale, qui semble être en triangle équilatéral, a néanmoins sept pans ; un grand échancré au milieu pour le passage de la langue ; deux, beaucoup moins étendus, formant un angle aigu enclavé dans les inter-nasales ; deux autres à peu près de même longueur que les précédents et soudés aux nasales antérieures, et enfin il y en a deux plus petits, articulés avec les sus-labiales de la première paire. Cette plaque rostrale, qui se rabat du tiers supérieur de sa hauteur sur le bout du museau, est presque perpendiculaire dans ses deux autres tiers.

Les plaques inter-nasales ont chacune cinq angles, deux droits en arrière, deux obtus en avant, entre lesquels il y en a un aigu, qui a son côté externe plus court que l'interne.

Les pré-frontales ne s'abaissent nullement sur les régions frénales et, quoiqu'elles paraissent carrées, elles ont bien réellement sept bords. C'est par le plus long qu'elles s'articulent ensemble ; trois plus petits les unissent respectivement à la nasale postérieure, à la pré-oculaire et à la sus-oculaire, et les trois autres, à peu près égaux entre eux, les mettent en rapport avec la frénale, l'inter-nasale et la frontale. Cette dernière plaque présente cinq côtés, deux postérieurs, deux latéraux et un antérieur, qui est un peu plus long que chacun des quatre autres.

Les sus-oculaires sont deux lames oblongues, graduellement rétrécies d'arrière en avant et taillées à six pans inégaux.

Les pariétales, qui ont une longueur presque double de leur plus grande largeur, représentent tantôt des hexagones, tantôt des heptagones irréguliers, selon que leur bord, en rapport avec les squammes temporales, suit une ligne légèrement arquée ou qu'il se brise sous un angle, toujours excessivement ouvert.

La première plaque nasale est en trapèze isocèle, dont le plus court des deux côtés inégaux, est le postérieur ou celui qui limite la narine en avant. La seconde nasale, qui a un peu plus de hauteur et un peu plus de largeur que la première, a six pans, un très-grand, l'antérieur, et cinq moins grands et inégaux entre eux.

La frénale, généralement longue, mais parfois cependant assez courte, se présente tantôt comme un quadrilatère oblong, tantôt comme un trapèze, tantôt comme un pentagone irrégulier.

La pré-oculaire est petite et toujours à cinq pans à peu près égaux.

Les deux post-oculaires, qui ont chacune un développement un peu moindre que la plaque précédente, sont irrégulièrement, la supérieure pentagonale, l'inférieure hexagonale.

Nous comptons sur chaque tempe treize squammes disposées de la manière suivante : une se trouve placée intermédiairement à la plaque post-oculaire inférieure et aux septième et huitième sus-labiales ; les douze autres sont disposées, trois par trois, en quatre colonnes penchées en avant, qui s'appuient, les deux premières, sur la neuvième et la dixième plaques sus-labiales, les deux dernières sur deux squammes, qui sont placées l'une derrière l'autre à la suite des plaques de la lèvre supérieure. Ces squammes temporales sont toutes losangiques, ou à peu près losangiques et presque de même dimension, à l'exception d'une seule, la première ou la plus élevée de la dernière colonne.

Le nombre des plaques sus-labiales est de dix de chaque côté. Il y a entre elles cette principale différence, que celle qui commence la rangée, et que les quatre qui la terminent ne sont pas, comme les cinq autres, distinctement plus dilatées dans le sens transversal que dans le sens longitudinal de la mâchoire. Puis on remarque que la première est petite, à proportion des suivantes ; que la deuxième, la troisième et la quatrième, qui s'élève jusqu'au milieu du devant de l'œil , augmentent graduellement de hauteur ; que la cinquième , justement à cause de sa position au-dessous du globe oculaire, est plus courte que la quatrième et que la sixième, mais un peu plus haute que les septième , huitième et neuvième , qui le sont elles-mêmes aussi un peu plus que la dixième.

La lèvre inférieure offre dix paires de plaques de même que la supé-rieure. Celles de la première paire sont en losange très-allongée, dont l'an-gle aigu antérieur , aurait son sommet fortement tronqué ; elles se tou-chent dans la moitié postérieure de leur longueur, tandis qu'en avant, elles s'écartent de manière à former une sorte de V entre les branches duquel se trouvent reçus deux des trois côtés égaux de la plaque mentonnière, qui est très-peu développée.

Les plaques sous-labiales des deuxième , troisième et quatrième paires, dont la grandeur s'accroît par degrés , sont , par rapport à la mâchoire, plus larges que hautes ; le contraire a lieu pour celles des septième , hui-tième, neuvième et dixième paires, qui contrairement aussi aux précéden-tes , diminuent graduellement de dimension d'avant en arrière. Quant à celles de la sixième paire, elles sont beaucoup plus petites que celles entre lesquelles elles se trouvent placées et à peu près aussi larges que longues.

Il existe trois paires de plaques sous-maxillaires placées l'une après l'autre , comme à l'ordinaire ; celles de la paire antérieure offrent la même figure, mais un peu plus de développement que les premières pla-ques sous-labiales , qui s'enfoncent entre elles deux de toute la moitié postérieure de leur longueur. Ces plaques sous-maxillaires de la pre-mière paire pénètrent elles-mêmes par leur tiers postérieur entre celles de la seconde paire, qui sont un peu moins longues que les précédentes et qui ont l'apparence de trapèzes isocèles arrondis à trois de leurs sommets. Enfin les plaques sous-maxillaires de la troisième paire , qui sont aussi courtes que celles de la seconde, et irrégulièrement hexagonales forment généralement un chevron ayant sa base engagée entre les sous-maxillaires de la seconde paire , et dont les branches embrassent une squamme qua-drangulaire , immédiatement après laquelle commence la série des scu-telles du dessous du corps.

Il y a encore sous la mâchoire inférieure, deux autres plaques dont nous n'avons pas parlé ; elles occupent, l'une à droite, l'autre à gauche, un certain espace circonscrit par les cinquième, sixième et septième sus-labiales , par l'une des secondes sous-maxillaires et par trois des écailles gulaires ; elles offrent chacune cinq angles , deux droits en avant et un aigu très-grand , entre deux obtus, assez petits, en arrière. Les écailles qui revêtent les côtés de la gorge ont l'apparence de losanges, mais elles sont réellement hexagones et disposées sur quatre ou cinq séries longitudinales.

Ecailles du tronc : 19 rangées longitudinales, 196 à 200 rangées transversales. Ecailles de la queue : 17 rangées longitudinales (à la base), 64 à 66 rangées transversales.

Scutelles : 188 à 200 gastrostèges, 1 anale tantôt double, tantôt simple, 60 à 63 urostèges en rang simple.

Dents. Maxillaires $\frac{5+10}{5+14\cdot15}$. Palatines, 15. Ptérygoïdiennes, 32.

Les rangées de ces dernières dents se terminent un peu au-delà du niveau de l'articulation sphenoïdo-occipitale.

Coloration. Cette espèce, ou du moins les deux individus conservés dans l'alcool par lesquels elle nous est connue, sont d'un noir bleuâtre avec d'énormes taches blanches, qui occupent d'espace en espace toute la largeur de la face inférieure du corps. A ces taches, il en correspond d'autres de la même couleur, mais beaucoup moins grandes, irrégulières et parfois peu apparentes, disposées transversalement sur le dos et le dessus de la queue. Le dessous de la tête est entièrement blanc.

Dimensions. La tête a une longueur à peu près quadruple de la largeur que présente le museau au-dessous des narines, largeur qui est égale aux trois septièmes de celle qu'offre le crâne vers le milieu des tempes. L'œil a en diamètre la moitié de la dimension transversale de l'espace internasal ou le tiers de celle de la région inter-orbitaire. Le tronc, dont la hauteur est d'un peu plus d'un quart supérieur à la largeur, offre une longueur de quarante-sept à cinquante-deux fois égale à cette dernière.

La queue fait un peu moins de la sixième partie de la longueur totale du corps, qui a 0^m,708 chez un de nos individus.

Tête long. 0^m,025. *Tronc* long. 0^m,56. *Queue* long. 0^m,123.

Patrie. Le Cercaspis caréné n'a encore été trouvé qu'à Ceylan; nos deux exemplaires proviennent des récoltes zoologiques faites en cette île, par Leschenault de la Tour. Ce sont les individus cités par H. Boié, sous le nom d'*Hurria carinata*.

IV.ᵉ SOUS-GENRE. SPHÉCODE. — *SPHECODES.* Nobis. (1).

CARACTÉRES ESSENTIELS. *Toutes les écailles du dessus du corps carénées; les urostèges distribuées sur deux rangées; les narines percées dans une seule plaque; d'ailleurs, tous les caractères des Lycodons.*

Ce genre diffère essentiellement des Ophites, également à urostèges doubles, par deux particularités; la première, c'est que les carènes que portent les écailles sont beaucoup plus saillantes et peuvent être reconnues sur toute la longueur du tronc et non pas seulement sur la région postérieure, et puis ensuite que les narines sont ouvertes dans la première des deux plaques nasales et non entre elles deux; que la plaque frénale est courte.

Nous ne rapportons au reste qu'une seule espèce à ce type, qui est un sous-genre parmi les Lycodoniens, mais à écailles carénées, plusieurs autres portant des écailles entièrement lisses à sa surface.

1. SPHÉCODE BLANC ET BRUN. *Sphecodes albo-fuscus.* Nobis.

CARACTÈRES. Corps entièrement blanchâtre en dessous, et offrant en dessus des bandes transversales de la même couleur alternant avec d'autres bandes d'un brun roussâtre.

DESCRIPTION.

FORMES. La plaque rostrale s'applique verticalement contre le devant du bout de la mâchoire supérieure; elle a sept côtés, un grand inférieure-

---

(1) Σφηκωδης, qui a la taille effilée : d'où le Sphex, insecte hyménoptère a tiré son nom.

ment échancré au milieu, deux, chacun de moitié moins étendu que le précédent, articulés avec les nasales antérieures, deux encore plus courts formant un angle très-ouvert en rapport avec les inter-nasales, et deux
excessivement petits soudés aux sous-labiales de la première paire.

Les plaques inter-nasales ont cinq pans.

Les pré-frontales, dont la superficie est plus que double de celle des inter-nasales, sont un peu moins longues que larges. Chacune d'elles, quoique se trouvant en rapport avec sept plaques différentes, n'offre bien distinctement que cinq côtés à peu près égaux ; par trois de ces pans, elle
touche à celle du côté opposé à l'inter-nasale et à la frontale, et les deux
autres forment un angle aigu, qui se rabat entre la sus-oculaire et la pré-
oculaire d'une part, et la nasale postérieure et la frontale d'une autre part.

La plaque frontale est en pentagone assez aigu en arrière.

Les plaques sus-oculaires sont oblongues et graduellement plus étroites
depuis leur extrémité postérieure, qui est coupée carrément, jusqu'à l'antérieure, qui s'engage entre la pré frontale et la pré-oculaire.

Les pariétales représentent des hexagones irréguliers.

La plaque nasale antérieure est distinctement moins développée que la
postérieure et située un peu plus bas ; elle représente un trapèze rectangle, dont le sommet aigu est supérieur et en avant.

La nasale postérieure a six côtés inégaux.

La pré-oculaire est une plaque pentagone, d'une hauteur double de sa
largeur, coupée carrément en haut et en bas et présentant un angle très-
ouvert en avant.

Les deux post-oculaires sont l'une et l'autre quadrangulaires et un peu
plus hautes que larges ; mais la supérieure est moins petite que l'inférieure.

Les squammes des tempes sont très-dissemblables entre elles pour la
forme et pour la grandeur. Nous en remarquons d'abord deux, fort développées surtout longitudinalement, placées l'une devant l'autre, le long de
la plaque pariétale, puis, sous la première, il y en a une troisième moins
longue et plus large en avant, mais ayant aussi cinq pans. Nous en comptons ensuite quatre autres, irrégulièrement quadrangulaires ou pentagonales, inégalement plus courtes que les précédentes et dont deux, placées
bout à bout derrière la troisième, la séparent des deux autres, qui sont superposées. Enfin, tout-à-fait en arrière, il y a cinq écailles losangiques ou
sub-losangiques, moins petites que celles du cou formant une rangée verticale, une sorte de petite colonne, qui appuie sa base sur l'angle de la bouche
et dont le sommet touche à l'extrémité terminale de l'une des plaques pariétales.

Il faut aussi noter que toutes ces plaques temporales ont leur surface parfaitement unie, ainsi que celles de la gorge et de la nuque; tandis que les écailles du tronc sont relevées d'une carène médio-longitudinale.

On compte huit sus-labiales de chaque côté. La première est la moins développée de toutes; après elle, c'est la seconde et la quatrième, ensuite la huitieme, puis la troisième et la sixième ; la cinquième et la septième sont les plus grandes. La forme de ces plaques sus-labiales est aussi très-variable.

La plaque mentonnière a trois bords, dont l'antérieur est un peu plus long que les deux qui s'enfoncent entre les sous-labiales de la première paire. Ces plaques ressemblent à deux triangles scalènes joints par leur plus petit côté et fortement tronqués au sommet de leur angle aigu le plus long, qui est dirigé en avant. Celles de la seconde paire sont rectangulaires. Celles de la troisième, de la quatrième et de la cinquième augmentent graduellement de grandeur, et représentent des trapèzes rectangles, à sommet aigu dirigé en arrière et en bas. Celles de la sixième sont encore plus développées que les précédentes. Celles de la septième sont rhomboïdales et beaucoup plus petites que les plaques de la sixième, mais seulement un peu plus grandes que celles de la huitième et dernière qui ressemblent à des quadrilatères oblongs, coupés carrément en arrière et obliquement en avant.

Les plaques sous-maxillaires antérieures ont l'apparence de rhombes tronqués à leur sommet de devant; elles sont plus allongées que les sous-labiales de la première paire, qui s'enfoncent entre elles de plus de la moitié de leur longueur. Les sous-maxillaires postérieures sont plus longues que les antérieures; ce sont des triangles scalènes unis ensemble par le plus petit de leurs trois côtés, et leur angle aigu le plus long est dirigé en arrière. Ces plaques logent entre elles deux petites squammes oblongues, puis il y a trois scutelles gulaires, commençant la série des gastrostèges. De chaque côté de la gorge, on voit quatre ou cinq rangées obliques d'écailles sub-hexagones.

Écailles du tronc : 17 rangées longitudinales; 254 rangées transversales. Écailles de la queue : 8 rangées longitudinales (au milieu de sa longueur), 196 rangées transversales.

Scutelles : 3 gulaires, 256 gastrostèges, 1 anale double, 208 urostèges doubles.

DENTS. 6 ou 7 + 8 + 2 sus-maxillaires; sous-maxillaires, en nombre incertain; 12 palatines ; 36 ptérygoïdiennes.

COLORATION. Une teinte blanchâtre règne seule sur les parties inférieures et forme, en travers du dos et du dessus de la queue, des bandes alternant avec d'autres bandes d'un brun roussâtre.

Dimensions. La tête a en longueur un peu moins du double de sa largeur prise vers le milieu des tempes; cette largeur est d'un quart plus grande que celle du museau au niveau des narines. L'œil a un diamètre égal à la moitié de l'étendue transversale de la région inter-orbitaire. Le tronc est une soixantaine de fois aussi long, mais à peine plus haut qu'il est large à sa face ventrale, qui est un peu moins étroite que la dorsale. La queue entre pour près du tiers dans la totalité de la longueur du corps.

Longueur totale : 0^m,623. *Tête,* long. 0^m,013. *Tronc,* long. 0^m,396. *Queue,* long. 0^m,214.

Patrie. Le seul individu de cette espèce que nous ayons encore vu, appartient au musée de Leyde, où il a été envoyé de l'île de Sumatra.

Mœurs. Son estomac contenait un scincoïdien.

V.ᵉ SOUS-GENRE. OPHITES. — *OPHITES* (1). Wagler.

Caractères essentiels. *Ecailles carénées sur la moitié postérieure du tronc seulement ; urostèges sur une double rangée ; narines percées entre deux plaques.*

Caractères anatomiques. Les os sus-maxillaires garnis en avant de trois ou quatre crochets allant successivement en augmentant de longueur et précédant un espace libre, dont la courbure est concave; puis l'os maxillaire supérieur, qui est court, prend une convexité sur le bord de laquelle on n'aperçoit que cinq ou six crochets très-rapprochés entre eux.

La mâchoire inférieure est garnie en avant, sur chaque branche, de trois crochets bien développés, suivis d'un espace libre; puis de dix autres crochets de moitié plus courts. Les ptérygo-palatins, par leur écartement et leur courbure, représentent une lyre évasée, et chacun se trouve garni d'une quarantaine de petits crochets très-serrés.

---

(1) Wagler a emprunté ce nom de celui d'un Serpent ainsi désigné par Lucain, *Bellum Civicum*, IX.

La seule espèce rapportée à ce genre était rangée dans celui des Lycodons par H. Boié; mais Wagler, en la séparant sous cette nouvelle dénomination générique, fait remarquer que la plupart des écailles postérieures du dos sont carénées, qu'il n'y a point de plaque pré-oculaire, que celle du frein est allongée; que les yeux sont petits, et que les écailles rhomboïdales sont comme tronquées à l'extrémité; nous ajoutons que l'orifice des narines se remarque entre deux plaques nasales. La description de l'espèce inscrite fait connaître les autres particularités.

1. OPHITE DEMI-ANNELÉ. *Ophites subcinctus.* Wagler.

(*Lycodon subcinctus.* H. Boié.)

CARACTÈRES. Corps brun offrant un nombre variable de larges anneaux blancs ou blanchâtres.

SYNONYMIE. 1734. *Serpens Guineensis*, etc. Séba. Tom. I, pag. 134, tab. 83, fig. 3.

— ? *Anguiculus Americanus*, etc. Séba. Tom. I, pag. 173, tab. 109, fig. 7.

1801. *Coluber*..... Russel. Ind. Serp. vol. 2, pag. 44, pl. 41.

1802? *Coluber Platyrhinus.* Shaw. Gener. Zool. vol. 3, Part. 2, pag. 468.

1827. *Lycodon subcinctus.* H. Boié. Isis. Tom. XX, pag. 551.

1829. *Natrix Platyrhinus.* Merrem. Tent. Syst. Amph. pag. 134 (d'après la fig. 3, tab. 83, Tom. I, de Séba.)

1830. *Ophites subcinctus.* Wagler. Syst. Amph., pag. 186.

1837. *Lycodon subcinctus.* Schlegel. Physion. Serp. Tom. I, pag. 143 et Tom. II, pag. 117, pl. 4, fig. 14-15.

1843. *Ophites subcinctus.* Fitzinger. Syst. Rept. Fasc. I, p. 27.

1847. *Lycodon Platyrhinus.* Cantor. Catal., pag. 69.

DESCRIPTION.

FORMES. La plaque rostrale est en triangle équilatéral, bien qu'elle ait réellement six côtés, un très-grand avec une échancrure au milieu servant de passage à la langue, deux, chacun de moitié moins étendu, articulés avec les nasales antérieures, deux plus courts, formant un angle obtus, soudés aux inter-nasales, et deux encore plus petits en rapport avec les sus-labiales de la première paire. Elle est appliquée verticalement contre le bout du museau ; sa surface est creusée en forme de voûte, dans la moitié inférieure.

Les plaques inter-nasales, qui ne sont pas plus longues que larges, ont cinq pans peu inégaux entre eux.

Les pré-frontales se rabattent un peu sur les régions frénales. Au premier aspect, elles paraissent losangiques et leurs angles aigus touchent par leur sommet, l'un à l'œil et l'autre à la suture médio-longitudinale des inter-nasales ; mais en les examinant avec plus d'attention, on reconnait qu'elles ont réellement sept pans inégaux.

La plaque frontale, dont la largeur antérieure est égale à sa longueur, perd presque graduellement cette largeur en allant en arrière, elle a six angles, dont le postérieur est le plus aigu.

Les sus-oculaires sont petites, sub-oblongues, rétrécies d'arrière en avant; elles ont cinq côtés inégaux.

Les pariétales sont oblongues, à six pans, rétrécies d'avant en arrière.

La plaque nasale antérieure ressemble à un trapèze rectangle, dont le sommet aigu est divisé en avant et en haut. La postérieure, qui, en avant, est plus haute que l'antérieure, parait triangulaire, mais elle a réellement six côtés.

La frénale représente une lame oblongue, coupée carrément à son extrémité postérieure, qui est plus étroite que son bout antérieur (1).

La post-oculaire inférieure est moins petite que la supérieure, et l'une et l'autre sont des pentagones irréguliers.

Il y a, sur chaque tempe, neuf squammes losangiques ou pentagones disposées trois par trois sur un nombre égal de rangs obliques, parallèles au bord externe de la pariétale ; les squammes de chacun de ces rangs offrent d'autant moins de longueur qu'ils sont plus éloignés de cette dernière plaque.

On compte huit paires de sus-labiales, qui, à l'exception de la quatrième, laquelle est plus courte que la troisième et la cinquième, augmentent graduellement de hauteur, depuis la première jusqu'à l'avant-dernière inclusivement. La dernière offre une dimension moindre que celle qui la précède immédiatement. La première de ces plaques sus-labiales, qui représente un pentagone irrégulier, est oblongue, ainsi que la huitième, tandis que toutes les autres sont au contraire plus hautes que larges.

_____

(1) L'espèce unique de ce genre manque de plaques pré-oculaires.

La plaque mentonnière est petite et coupée à trois pans, dont l'antérieur est distinctement plus étendu que chacun des deux autres. On compte neuf paires de plaques sous-labiales.

Les plaques sous-maxillaires de la première paire sont rhomboïdales, tronquées à leur sommet antérieur et presque une fois aussi étendues que les deuxièmes sous-labiales, qui s'y enclavent de près des deux tiers postérieurs de leur longueur. Les sous-maxillaires de la seconde paire sont plus courtes que celles de la première et tantôt en triangles isocèles, tantôt en triangles scalènes. Derrière elles, il y a deux ou quatre petites squammes de figure variable, puis commence immédiatement la série des scutelles du dessous du corps.

Les écailles gulaires, dont il y a cinq ou six rangées obliques de chaque côté, sont des rectangles oblongs, ou des hexagones presque toujours arrondis à leurs sommets.

Ecailles du tronc : 17 rangées longitudinales, 208 à 214 rangées transversales. Ecailles de la queue : 15 rangées longitudinales (à sa base), 74 à 80 rangées transversales.

Scutelles : 208 à 214 gastrostèges, 69 à 74 urostèges.

DENTS. Maxillaires, $\dfrac{5 + 7\text{-}8}{5 + 11\text{-}12}$. Palatines, 15. Ptérygoïdiennes, 24-25.

Les rangées de ces dernières dents se terminent au niveau de l'articulation sphenoïdo-occipitale.

COLORATION. Ce serpent a le corps entouré d'anneaux blancs, sur un fond d'un brun roussâtre ou noirâtre, très-foncé sur le dessus et les côtés, mais extrêmement lavé de blanchâtre en dessous. Ces anneaux, dont nous avons compté treize à vingt-six chez les divers individus soumis à notre examen, sont très-apparents dans les jeunes sujets, mais ils s'effacent plus ou moins avec l'âge, particulièrement sur la queue et l'arrière du tronc, d'où ils finissent même par disparaître tout à fait. Presque toujours, l'un de ces anneaux forme un collier autour du cou et couvre la totalité ou la presque totalité des tempes.

DIMENSIONS. La tête a en longueur deux fois et un tiers sa largeur prise au milieu des tempes, largeur qui est de deux cinquièmes moindre que celle du museau mesuré au-dessous des narines. Les yeux ont un diamètre égal à la moitié du travers de la région inter-nasale, ou au tiers de celui de l'espace inter-orbitaire. Le tronc offre une étendue longitudinale de quarante-six à soixante-deux fois égale à son plus grand diamètre vertical, lequel est environ d'un cinquième moindre que le transversal. La queue fait du cinquième au sixième de la totalité de la longueur de l'animal. Le plus grand des sept individus, tous femelles, que renferme notre Musée nous a donné les mesures suivantes.

Longueur totale 0^m,857 ; *Tête*, long. 0^m,026. *Tronc* long, 0^m,678 ; *Queue* long, 0^m,153.

Patrie. Cette espèce se trouve au Bengale et à Java. Nous possédons un individu donné par M. Gernaert comme provenant de la Chine.

Mœurs. L'estomac de l'un de nos individus contient un Scincoïdien du genre *Euprepes.*

LYCODONTIENS. — IIIe TRIBU. EUGNATHIENS.

CONSIDÉRATIONS GÉNÉRALES

SUR CETTE TRIBU DES LYCODONTIENS,

Correspondante au genre Eugnathe, subdivisé en cinq sous-genres.

Les EUGNATHIENS (1) sont essentiellement caractérisés par ce fait que les branches de leur mâchoire inférieure ont bien les crochets antérieurs du double au moins en force et en longueur de ceux qui les suivent, mais sans laisser un aussi grand intervalle libre que celui qui se voit sur la mâchoire supérieure, comme dans les deux genres Boéodon et Lycodon. En outre, l'espace que laissent entre elles les extrémités antérieures des os sus-maxillaires, relativement à ce qui se voit dans ces deux genres, est considérable, parce qu'il n'y a là aucun crochet. Toutes les dents ptérygo-palatines sont à peu près égales et uniformément espacées, et les os qui les supportent sont moins évasés en lyre.

---

(1) Ce nom est celui du genre principal, il n'en diffère que par la désinence, l'étymologie étant la même (bonnes mâchoires).

Les sous-genres réunis dans cette tribu peuvent être rapportés à deux divisions principales, caractérisées par la forme générale du tronc, probablement en rapport avec leur manière de vivre. Les uns paraissent destinés à se tenir le plus habituellement sur les branches des arbres , si l'on en juge d'après leur forme svelte et élancée, qui n'offre cependant pas l'extrême gracilité des véritables *Dendrophiles*. Cependant , leur tronc est plus ou moins comprimé, n'ayant en travers que la soixante-dixième ou la quatre-vingt-dixième partie de la longueur totale dont la queue, qui est très-déliée, ne forme guère que le quart. Leurs narines sont aussi plus ouvertes et presque tout-à-fait latérales.

Les sous - genres qui appartiennent au second groupe , destinés à vivre le plus ordinairement sur la terre , ou les *Géophiles,* ont le tronc à peine plus haut que large et plus épais dans sa partie moyenne qu'aux deux extrémités. Cependant, la coupe transversale du tronc, dans son plus grand diamètre, serait à peine la cinquantième portion de la longueur totale. Généralement, la région ventrale est plus plate que chez les précédents, formant un angle plus ou moins distinct sur les flancs. Leur queue est conique et courte, proportionnellement à la longeur du tronc; elle représente au plus la sixième partie de son étendue. La tête s'arrondit sur les côtés; mais en dessus, elle est déprimée, surtout en avant, et postérieurement, elle est plus large que le cou. Comme le museau est élargi en avant, sa plaque, dite rostrale, est très-dilatée en travers, mais par son bord inférieur seulement, car en dessus, elle s'avance en angle plus ou moins ouvert, dont le sommet se rabat un peu sur le dessus du museau. Les narines ouvertes au haut du museau par deux orifices de moyenne étendue, sont dirigées obliquement vers le ciel , ainsi que les yeux et latéralement à fleur du crâne.

I. A la première division, celle des *Eugnathiens arboricoles* ou *dendrophiles*, nous rapportons les espèces dont les écailles à la partie supérieure du tronc, quoique plus grandes et de forme hexagone, sont lisses ou non carénées. Nous les désignons sous le nom du sous-genre *Lamprophis* établi par M. Fitzinger, parce que les écailles qui garnissent les flancs sont losangiques. Nous laissons à une autre division le nom de *Hétérolépis* que lui a donné M. Smith, parce que les écailles de la région moyenne du dos, quoique plus développées que celles des flancs, sont également à six pans et portent chacune deux carènes, séparées entre elles par une rainure; tandis que les écailles qui recouvrent les flancs sont ovales et un peu enfoncées de chaque côté d'une ligne saillante, qui en occupe la région moyenne.

II. Les *Eugnathiens humicoles* ou *Géophiles*, dont nous venons d'indiquer les caractères tirés surtout de la situation des yeux et des narines, comparée à ce qui se voit dans les espèces qui vivent sur les arbres, se divisent en trois sous-genres : le premier, qui est le principal, auquel nous réservons le nom d'*Eugnathe*, comprend les espèces à écailles lisses, mais non brillantes et les narines percées entre les deux plaques nasales, comme on les retrouve également dans les *Alopécions* dont les flancs sont anguleux et les *Lycophidions* qui sont remarquables par le poli brillant de leurs écailles et parce que leurs narines sont percées dans la première des deux plaques nasales.

Toutes ces espèces ont d'ailleurs leurs plaques sous-caudales, ou les urostèges distribuées sur une double rangée.

Voici un tableau synoptique destiné à indiquer les cinq sous-genres qui se rapportent au genre des Eugnathes proprement dits.

26.*

DIVISION SYNOPTIQUE DES EUGNATHIENS EN SOUS-GENRES.

				SOUS-GENRES.
Écailles du dos	différentes des autres, et	lisses.		5. LAMPROPHIS.
		carénées.		4. HÉTÉROLÉPIDE
	semblables aux autres ; narines	entre deux plaques; flancs	arrondis.	1. EUGNATHE.
			anguleux.	3. ALOPÉCION.
		dans une plaque; écailles brillantes		2. LYCOPHIDION.

I.er SOUS-GENRE. EUGNATHE. — *EUGNATHUS.* Nobis (1).

CARACTÈRES ESSENTIELS. *Corps allongé, épais, cylindrique, à flancs arrondis ; tête aussi large que le tronc, couverte de très-grandes plaques ; écailles du dos semblables aux autres ; narines arrondies percées entre deux plaques.*

CARACTÈRES NATURELS. Les gastrostèges très-larges et fort courtes d'avant en arrière font occuper à cette région du ventre près du tiers de la circonférence, de sorte qu'elles s'étendent sur les flancs, mais en participant à sa rondeur. Toutes les écailles sont lisses ou sans carène ; leur forme, quoique losangique, est principalement arrondie en arrière.

La queue est allongée, cylindrique et se termine en pointe. Les urostèges sont en double rang et à peine plus larges que les autres écailles dont elles ont la forme.

Ce sous-genre et ceux que nous en rapprochons, parce que nous le considérons comme un chef de tribu, est principalement caractérisé par la distribution des crochets de l'une et de

---

(1) De Εὐ, bien forte, bien constituée, et de Γναθος, mâchoire inférieure.

l'autre mâchoire. Ainsi, en premier lieu, relativement à la supérieure, il faut noter que l'espace qui existe entre les premières dents, au devant du museau, est large et tout-à-fait libre ; puis à la mâchoire inférieure, il y a cette particularité que les crochets les plus antérieurs sont du double plus forts que ceux qui viennent ensuite, et qu'il n'y a pas d'intervalle entre ces crochets, comme cela se voit dans les Lycodons.

Nous avons indiqué aussi la manière dont les narines se trouvent placées et comme percées entre la plaque nasale en arrière et le devant de la seconde nasale, en offrant là un orifice tout-à-fait circulaire. On pourrait aussi reconnaître qu'en général la surface du corps n'est pas lisse et polie, comme le sont les écailles dans les Lycophidions, dont ils diffèrent encore par un museau moins long, par l'étendue des yeux et par la conformation du menton, qui est moins épais. Leur bouche paraît comme étranglée au-dessous des orbites.

Au reste, nous ne laissons dans ce genre qu'une espêce, unique jusqu'ici, mais suffisamment distincte de celles que nous avons réparties dans les quatre autres sous-genres qui suivent, savoir : 1.º Les *Lycophidions* qui sont, comme nous l'avons dit, des Eugnathes, dont l'écaillure est brillante et dont les narines sont percées dans une seule plaque ; 2.º Les *Hétérolepis*, et 3.º les *Lamprophis*, remarquables par la différence que présentent les écailles de la rangée moyenne du dos, qui sont plus grandes que les latérales, lisses chez les premiers et cannelées ou carénées chez les seconds ; et 4.º enfin les *Alopécions*, remarquables par l'angle que forment sur les flancs les écailles gastrostèges en se joignant aux latérales ; ce qui rendrait la coupe transversale de leur tronc comme triangulaire par le bas, avec la région supérieure arrondie.

1. EUGNATHE GÉOMÉTRIQUE. *Eugnathus geometricus.* Nobis.

(*Coluber geometricus.* Boié.)

CARACTÈRES. Deux bandes divergentes d'un blanc jaunâtre sur chaque tempe ; dessus de la tête marqué de deux lignes noirâtres formant un grand angle aigu, dont le sommet s'appuie sur le museau.

SYNONYMIE. *Coluber geometricus.* Boié Mus. Lugd. Batav. Manuscrit.

1827. *Coluber geometricus.* Schlegel. Isis. Tom. XX, pag. 192.

1837. *Lycodon geometricus.* Schlegel. Ess. Physion. Serp. Tom. I, pag. 142 ; Tom. II, pag. 111.

1849. *Lycodon geometricus.* Smith. Illustrations of the Zool. of south Africa, pl. 22, texte sans pagination.

DESCRIPTION.

FORMES. Cette espèce a le museau perpendiculairement coupé à son extrémité terminale, qui est large, faiblement convexe en dessus et fortement arrondie au-dessous des narines.

ECAILLURE. La plupart des plaques céphaliques sont légèrement imbriquées et ont, en général, le sommet de leurs angles arrondi.

La rostrale a sept pans ; un grand semi-circulairement échancré pour le passage de la langue, deux moins grands, en rapport avec les nasales de la paire antérieure, et quatre plus petits, dont deux s'articulent avec les premières sus-labiales et deux avec les inter-nasales.

Ces dernières plaques, presque trapézoïdales, sont presque de moitié moins grandes que les pré-frontales.

Les pré-frontales ont chacune sept pans ; c'est par le plus grand qu'elles se touchent.

La frontale est oblongue, coupée carrément en avant, rétrécie en angle obtus en arrière.

Les sus-oculaires dépassent à peine la frontale en avant, tandis que celle-ci les déborde d'une manière notable en arrière ; elles sont légèrement rétrécies à leur extrémité antérieure, qui forme un petit angle subaigu, enclavé entre la pré-frontale et la pré-oculaire.

Les pariétales sont à peu près trapézoïdes et rabattent sur les tempes leur angle antéro-externe, de façon que son sommet touche à la post-oculaire inférieure.

La première nasale représente tantôt un carré, tantôt un trapèze régulier ; la seconde est sub-hémidiscoïde et concave.

La frénale a la forme d'un parallélogramme oblong un peu rétréci en avant.

La pré-oculaire est peu développée et pentagone, de même que la post-oculaire inférieure, mais la supérieure est en trapèze ; quelquefois ces deux plaques post-oculaires sont soudées ensemble sans présenter la moindre trace de suture.

La première plaque sus-labiale, qui est en trapèze rectangle, sert d'appui à la nasale antérieure et à une portion de la postérieure ; la seconde, est un pentagone inéquilatéral ; elle est plus haute que large, et soutient l'autre portion de la nasale postérieure et l'extrémité antérieure de la frénale ; la troisième est trapézoïde, elle supporte la plus grande partie de la frénale, toute la pré-oculaire et touche ordinairement au globe de l'œil par le sommet de son angle aigu, qui alors est un peu tronqué ; la quatrième, également trapézoïde, touche aussi le globe de l'œil, mais c'est par son bord supérieur ; la cinquième est plus étendue en hauteur qu'en largeur ; elle a cinq pans inégaux par deux desquels elle atteint le pourtour de l'orbite et la post-oculaire inférieure ; la sixième a de même cinq pans inégaux, dont un l'unit aussi à la post-oculaire inférieure et un autre à l'une des squammes temporales ; la septième est pentagone et la huitième à peu près carrée.

La plaque mentonnière est en triangle sub-équilatéral ; les sous-maxillaires antérieures sont rhomboïdales très-allongées ; les postérieures ont à peu près la même figure, mais elles sont plus courtes.

Les plaques sous-labiales sont au nombre de huit paires.

Les pièces de l'écaillure du corps prennent graduellement un peu plus de développement à mesure qu'elles s'éloignent de la ligne médio-dorsale pour se rapprocher des côtés du ventre, où leur forme, de même que sur la queue, tient plus du carré que de la losange.

Écailles du tronc : 23 ou 25 rangées longitudinales, et 199 à 204 lames transversales. Écailles de la queue : 19 ou 21 rangées longitudinales, et 53 à 55 rangées transversales.

Scutelles : de 199 à 202 gastrostèges, 1 anale entière, de 50 à 52 urostèges doubles (femelles).

Dents. Maxillaires, $\dfrac{5+16-18}{26}$. Palatines, 12-13. Ptérygoïdiennes, 26-30.

Les rangées de ces dernières dents ne se terminent qu'au niveau de l'articulation du crâne avec l'atlas,

DIMENSIONS. La tête et la queue entrent dans la totalité de la longueur de ce Serpent, l'une pour la vingt-sixième, l'autre pour la sixième partie et demie. La tête a en largeur, au-dessous des narines, près du tiers, et au milieu des tempes, presque les deux tiers de sa propre longueur. La queue, à sa base, a un diamètre transversal égal au neuvième de son étendue longitudinale.

Le tronc, dont la largeur au milieu est d'un cinquième moindre que sa hauteur, a une longueur vingt-neuf ou trente fois plus grande que cette même largeur.

Le diamètre des yeux est précisément égal à la moitié de l'étendue transversale de la région inter-orbitaire, étendue qui est égale à celle d'une ligne droite tirée du milieu du bord antérieur d'une orbite au bout du museau.

COLORATION. Un blanc jaunâtre colore le museau; il est largement et irrégulièrement maculé de brun-marron, sur les lèvres et sous la tête; il forme le long de chaque tempe, deux bandes bordées de noirâtre, qui partant l'une du dessus, l'autre du dessous de l'œil, vont se terminer, la supérieure sur le côté de la nuque, l'inférieure, vers le coin de la bouche. La bordure interne des bandes sus-temporales est une ligne qui va s'unir à angle aigu avec celle du côté opposé sur le milieu du chanfrein. La surface cranienne est d'un brun fauve tirant sur le roussâtre, de même que les parties supérieures et latérales du corps; chaque flanc est parcouru dans toute son étendue, par une raie d'une teinte moins claire que celle du fond. Il y a trois raies semblables sur le dos.

Les scutelles du premier tiers de la région inférieure sont jaunâtres, marquées de taches roussâtres, tandis que toutes les autres ne le sont que sur leurs bords et le reste de leur surface est roussâtre.

La figure donnée par M. Smith (pl. 22) ne montre pas les lignes du dos qui sont cependant indiquées dans la description de ce naturaliste; mais il n'en mentionne que deux. Elles sont, dit-il, peu apparentes, et ne vont pas au-delà du milieu du tronc.

Les jeunes sujets ont une élégante livrée représentée sur cette même planche.

Le plus grand des deux sujets de cette espèce que nous avons observés nous a donné les mesures suivantes. *Longueur totale*, 0m,955. *Tête*, long, 0m,035. *Tronc*, long, 0m,770. *Queue*, long, 0m,150.

PATRIE. Tous deux appartiennent à notre Musée national, où, nous les avons trouvés notés comme provenant du voyage de Péron et Lesueur, mais sans nulle indication du pays dans lequel ils ont été recueillis par ces naturalistes. D'après M. le docteur A. Smith, cette espèce vit au Cap de Bonne-Espérance.

II.ᵉ SOUS-GENRE. LYCOPHIDION. — *LYCO-PHIDION* (1). Fitzinger.

CARACTÈRES ESSENTIELS. *Les mêmes que ceux des Eugnathes; mais toutes les écailles brillantes et comme polies à la surface, et les narines percées dans la première plaque nasale.*

CARACTÈRES NATURELS. Narines ouvertes dans la première des deux plaques nasales; pupilles vertico-elliptiques. Les neuf plaques sus-céphaliques ordinaires; une frénale, une pré-oculaire rabattue au devant de la sus-oculaire, deux post-oculaires. Huit plaques à la lèvre supérieure, la troisième touchant par un de ses angles au globe oculaire, la quatrième et la cinquième le bordant inférieurement.

Ecailles lisses, brillantes, comme polies, rhomboïdales sur les flancs, losangiques et toutes de même grandeur sur le dos; urostèges en rang double.

La tête des Lycophidions a une certaine longueur; celle de la portion pré-orbitaire y est comprise pour près d'un tiers; le dessus en est entièrement plat, les côtés, en arrière des orbites, sont perpendiculaires et peu renflés; les lèvres, au contraire,le sont beaucoup sous leurs plaques des trois premières paires, et la région oculaire, la pré-oculaire et la frénale forment ensemble un plan très déclive.

Le tronc, dont la largeur est un peu moindre que la hauteur, est à sa face ventrale aussi large que sur la région dor-

____

(1) Cette dénomination nous paraît vouloir signifier petit Serpent ayant la forme d'un Lycodon.

sale, mais celle-ci est arrondie, tandis que le ventre est tout-
à-fait plat, ce qui en rend les côtés assez fortement anguleux.
Les parties latérales ou les flancs ne sont que très-légèrement
convexes. Les narines ont leurs ouvertures externes médiocres, ovalaires, intérieurement valvulées et pratiquées tout
entières dans la première plaque nasale qui est un tant soit
peu concave au-dessous de son orifice et beaucoup plus développée que la seconde, dont la surface offre une dépression
si peu prononcée que quelquefois elle paraît tout-à-fait
plane.

Les yeux sont très-grands et à trou pupillaire arrondi quand
il est dilaté, mais vertico-elliptique lorsqu'il ne l'est point.

La bouche est longuement fendue et le bord libre de la lèvre supérieure légèrement convexe dans la moitié postérieure
de son étendue. Le bout du museau, dont le dessous offre une
cavité en forme de croissant, s'avance un peu au-delà du
menton, qui est plat ou presque plat.

Les pièces pariétales du bouclier céphalique sont fort élargies en avant, pointues en arrière, les sus-oculaires très-
courtes, les inter-nasales médiocres, les pré-frontales très-développées et rabattues sur les régions frénales. La frontale
représente un grand triangle sub-équi-latéral. La première
plaque nasale, considérablement dilatée en travers dans sa
portion antérieure, s'enfonce par un angle aigu entre la première sus-labiale et la rostrale et s'avance par un autre angle
aigu jusqu'au sommet de cette dernière. La frénale est oblongue et fortement anguleuse à son bord inférieur.

La pré-oculaire se rabat de près de sa moitié supérieure sur
le côté du front pour se placer entre la pré-frontale d'une
part et la sus-oculaire et la frontale d'une autre part. La
post-oculaire supérieure est moins grande que l'inférieure.

Chaque tempe est garnie de six grandes squammes losangiques composant ensemble un triangle sub-équi-latéral.

La bande que forment, de chaque côté, les huit plaques sus-labiales, va en s'élargissant à partir de la première jusqu'à la troisième, dont un des angles touche au globe oculaire ; puis elle se rétrécit à l'endroit de la quatrième et de la cinquième ; elle s'élargit ensuite de nouveau pour ne plus se rétrécir qu'à son extrémité terminale.

A la lèvre inférieure, il y a également huit paires de plaques d'inégale grandeur.

Les plaques sous-maxillaires de la seconde paire sont un peu plus courtes que celles de la première et nullement écartées l'une de l'autre. Il y a un sillon gulaire bien distinct.

Les écailles du corps semblent avoir été polies, tant leur surface est lisse et brillante ; celles du dos et de la queue représentent assez exactement des losanges, tandis que sur les flancs, elles paraissent plutôt rhomboïdales ; celles qui, de chaque côté, forment la série la plus voisine du ventre sont carrées, arrondies au sommet de leur angle postérieur et un peu plus grandes que les autres.

Les gastrostèges, bien que fort élargies, n'ont qu'une très-petite portion de leur étendue transversale qui, à droite et à gauche, se redresse contre le bas des flancs.

Il en est de même pour les urostèges, qui sont toutes divisées longitudinalement en deux parties. L'écaille en dé conique dans laquelle s'emboîte la pointe de la queue est très-peu développée.

Il existe un petit tubercule au milieu du bord antérieur de l'ouverture buccale de la trachée-artère ou de la glotte.

Nous n'avons maintenant à rapporter à ce genre que les deux espèces suivantes, pour l'une desquelles il a été récemment établi par M. Fitzinger ; mais nous ignorons quels sont les caractères qu'il lui a assignés, le premier et le seul fascicule qui ait encore paru du nouveau *Systema Reptilium* de cet Erpétologiste, contenant simplement la liste des genres d'Ophidiens qu'il admet, avec l'indication de leurs espèces types.

TABLEAU SYNOPTIQUE DES ESPÈCES DU SOUS-GENRE LYCOPHIDION.

ESPÈCES.

5.ᵉ sus-labiale {s'arrêtant au niveau du bord inférieur de l'orbite. 1. L. D'HORSTOK.

{longeant un peu le bord postérieur de l'orbite . 2. L. DEMI-ANNELÉ.

1. LYCOPHIDION D'HORSTOK. *Lycophidion Horstokii.* Fitzinger.

(*Lycodon Horstokii,* Schlegel.)

CARACTÈRES. Dessous du corps blanc ; dessus et côtés bruns ou noirs avec une tache ou une bordure d'un blanc bleuâtre à l'arrière de chaque écaille.

SYNONYMIE. 1837. *Lycodon Horstokii.* Schlegel. Physion, Serp. Tom. I, pag. 142 et Tom. II, pag. 111, pl. 4, fig. 10 et 11. Exclus. *Var. à bandes transversales. (Lycophid. semi-cinctum.* Nobis.)

1843. *Lycophidion Horstokii.* Fitzinger Syst. Rept. Fasc. I, pag. 27.

DESCRIPTION.

FORMES. La plaque rostrale, excessivement élargie à sa base, est coupée à cinq pans, deux fort petits tenant aux sus-labiales de la première paire, un considérablement plus grand, le basilaire, décrivant une ligne concave et deux, au moins aussi étendus que ce dernier, formant un angle obtus, dont le sommet touche aux inter-nasales. Celles-ci sont petites et représentent des trapèzes. Les pré-frontales sont, au contraire, très-développées, pentagones inéquilatérales ; leur angle externe et postérieur est rabattu entre la pré-oculaire et la frénale.

La frontale, également fort grande, est presque triangulaire, mais son bord antérieur est à trois pans.

Les sus-oculaires, quoique courtes à proportion de celles de la plupart des autres serpents, sont néanmoins oblongues, rétrécies antérieurement et à cinq pans inégaux.

Les pariétales sont d'énormes plaques trapézoïdes dont l'angle anterieur et externe est abaissé sur la tempe ; elles se joignent par leur côté le plus grand après celui que bordent trois des squammes temporales.

La plaque nasale antérieure représente un trapèze, dont l'angle aigu, enclavé entre l'inter-nasale et la rostrale, touche par son sommet à celui de cette dernière. La nasale postérieure, dont la dimension est plus de deux fois moindre que celle de l'antérieure, est hexagone.

La frénale est grande et triangulaire ; son angle obtus s'enfonce entre la seconde et la troisième sus-labiales. La pré-oculaire, qui a sa moitié supérieure rabattue sur le côté du front, est pentagone inéquilatérale et plus étendue transversalement que dans le sens longitudinal de la tête.

La post-oculaire supérieure représente un trapèze régulier ou rectangle, et la post-oculaire inférieure un hexagone équilatéral, qui descend un peu plus bas que le niveau du bord inférieur de l'œil.

Les plaques sus-labiales sont au nombre de huit paires.

La plaque mentonnière représente un triangle équilatéral. Il y a huit paires de plaques sous-labiales.

Les sous-maxillaires de la première paire sont pentagones inéquilatérales ; celles de la seconde paire aussi, mais elles sont un peu moins longues que les précédentes, et le sommet de leur angle postérieur est arrondi.

Ecailles du tronc : 17 rangées longitudinales; de 180 à 187 rangées transversales. Ecailles de la queue : 15 rangées longitudinales; de 34 à 39 rangées transversales.

Scutelles : de 185 à 197 gastrostèges, de 52 à 52 urostèges.

DENTS. Maxillaires, $\dfrac{8 + 16.}{?}$ Palatines, 15-16. Ptérygoïdiennes, 29-30.

COLORATION. Cette espèce nous a offert, relativement au mode de coloration, deux variétés distinctes.

— *Variété. A.* Le museau est d'un gris jaunâtre, piqueté de noir, et le reste de la tête, en dessus et sur les côtés, est comme saupoudré et très-finement vermiculé de blanc sur un fond d'un brun lie de vin. Tout le dessous de l'animal est blanc, tandis que les parties supérieures et latérales du tronc et de la queue sont d'un assez beau noir purpurescent, avec une petite tache d'un blanc nacré ou bleuâtre sur la pointe postérieure de chacune de leurs écailles.

— *Variété. B.* Celle-ci diffère de la précédente en ce que la tête est à peu près complètement dépourvue de linéoles blanches, et que chaque écaille du corps offre, au lieu d'une simple petite tache d'un blanc bleuâtre, une bordure plus ou moins large de la même couleur.

DIMENSIONS. La tête a en largeur, mesurée sous les narines, environ le tiers, et au milieu des tempes, à peu près la moitié de la totalité de sa longueur. Le diamètre des yeux est égal à la moitié de la hauteur du crâne, prise à leur aplomb. Le tronc est une fois et deux tiers aussi haut, et quarante-neuf ou cinquante fois aussi long qu'il est large vers le milieu de son étendue. La queue, chez l'un des deux individus que nous avons observés, entre pour la septième partie et demie environ, et chez l'autre, seulement pour un peu plus de la dixième partie dans la totalité de la longueur du corps.

Cette espèce paraît être du nombre de celles qui n'acquièrent que de faibles dimensions : Voici, en effet, celles du moins petit de nos deux sujets.

Longueur totale : $0^m,367$. Tête, long. $0^m,014$. Tronc, long. $0^m,305$. Queue, long. $0^m,048$.

PATRIE. Ce Lycophidion habite l'Afrique australe : les deux sujets susmentionnés ont été recueillis en Cafrerie, l'un par le docteur Smith, qui a bien voulu nous le communiquer, l'autre par M. Horstok, qui en a fait don au Musée des Pays-Bas, d'où il nous a été obligeamment envoyé pour servir à notre travail.

OBSERVATIONS. L'une des figures que M. Schlegel a données de la tête de cette espèce est fautive, en ce que les deux plaques nasales y sont représentées comme n'en formant qu'une seule, et que la première et la seconde sus-labiales y sont confondues ensemble, ce qui réduit les plaques de la lèvre supérieure au nombre de sept, au lieu de huit qui existent bien réellement de chaque côté dans la nature.

2. LYCOPHIDION DEMI-ANNELÉ. *Lycophidion semicinctum.* Nobis.

CARACTÈRES. Dessus et dessous du corps bruns ; des bandes roussâtres en travers du dos ; scutelles ventrales et sous-caudales à bordure blanchâtre.

SYNONYMIE. 1837. *Lycodon Horstokii. Var. à bandes transversales..* Schlegel. Physion. Serp. Tom. II, p. 112.

DESCRIPTION.

FORMES. Le Musée des Pays-Bas renferme un petit Serpent qui a été regardé par M. Schlegel comme une variété du Lycophidion d'Horstok , mais qui nous semble devoir en être séparé, attendu que plusieurs de ses plaques céphaliques n'ont ni la même forme, ni les mêmes proportions que leurs analogues chez l'espèce précédente, de laquelle il diffère assez notablement aussi par son mode de coloration.

En effet , le *Lycophidion semi-cinctum* a ses plaques pariétales proportionnellement un peu moins allongées que celles du *Lycophidion Horstokii* ; le sommet de sa rostrale, au lieu d'être pointu , est fortement tronqué ; sa post-oculaire supérieure est située distinctement plus haut, et l'inférieure est plus courte ; aussi cette dernière , loin de descendre jusqu'au dessous du niveau du bord inférieur de l'œil, s'arrête-t-elle beaucoup au-dessus ; ceci est naturellement cause que la cinquième sus-labiale offre plus de hauteur que chez l'espèce précédente , puisqu'elle s'élève le long du bord postérieur de l'orbite pour rencontrer la post-oculaire inférieure à laquelle elle sert d'appui ; enfin, les sus-labiales de la première paire ne touchent pas aux nasales postérieures qui, par cette raison, sont pentagones et non hexagones.

Voici les nombres que nous ont donnés les pièces de l'écaillure :

Ecailles du tronc : 17 rangées longitudinales ; 183 rangées transversales.

Ecailles de la queue : 15 rangées longitudinales ; 53 rangées transversales.

Scutelles : 192 gastrostèges ; 52 urostèges.

COLORATION. Ce petit Ophidien a pour fond de couleur un brun pourpre, partout ailleurs que sur la tête, qui présente une teinte olivâtre. On lui voit, en travers du dos , un certain nombre de bandes irrégulièrement formées par le groupement plus ou moins compact de taches roussâtres , bandes qui ne sont séparées les unes des autres que par de courts intervalles. Les scutelles du ventre et celles de la queue ont leur marge postérieure blanchâtre.

DIMENSIONS. Il n'est long que de 0m,283.

Tête, long. 0m,012. *Tronc*, long. 0m225, *Queue,* long. 0m,046.

PATRIE. Cette espèce est originaire du même pays que sa congénère ; l'unique exemplaire par lequel nous la connaissons, a été envoyé du Cap de Bonne-Espérance au Musée royal de Leyde, qui a bien voulu nous le communiquer pour qu'il nous fût possible d'en faire la description.

III.ᵉ SOUS-GENRE. ALOPÉCION. — *ALOPECION*. Nobis (1),

CARACTÈRES ESSENTIELS. *Semblables aux deux sous-genres qui précèdent; mais ils diffèrent de l'un, par les côtés du ventre qui sont anguleux, et de l'autre, parce que les narines sont per-cées entre deux plaques: puis, par les particularités suivantes.*

CARACTÈRES NATURELS. Les neuf plaques sus-céphaliques ordinaires; deux nasales; une frénale s'étendant sous la pré-oculaire, celle-ci non divisée; deux post-oculaires; troisième sus-labiale touchant le devant de l'œil, la quatrième et la cinquième le bordant inférieurement. Ecailles lisses non ca-rénées, oblongues, losangiques, égales entre elles, excepté celles du bas des flancs qui sont un peu plus larges que les autres. Urostèges divisées. Narine ouverte entre les deux na-sales; pupille vertico-elliptique. Côtés du ventre un peu an-guleux.

ALOPÉCION ANNULIFÈRE. *Alopecion annulifer*. Nobis,

CARACTÈRES. Corps blanchâtre en dessus avec des taches et des anneaux noirs irréguliers sur le dos, formant une série de chaque côté et distribuées deux par deux sur le dos; un demi collier blanc sur la nuque et deux bandelettes longitudinales noires sur le cou.

DESCRIPTION.

FORMES. Le bout du museau étant fortement aminci en bizeau, la pla-que rostrale, qui en garnit le dessus et le dessous, dans la presque totalité

_____

(1) De Αλωπεκιας , Alopécie, nom d'une maladie qui, faisant tomber le poil des animaux, rend leur peau lisse.

de sa largeur, est réellement pliée à la manière d'une feuille de papier, en deux parties inégales ; l'inférieure est la plus petite et très-concave, la supérieure offre quatre pans, deux fort courts soudés aux sus-labiales de la première paire et deux excessivement longs formant un angle très-ouvert, dont les côtés sont bordés par les nasales antérieures et les inter-nasales. Ces dernières, qui sont trapézoïdes, ont par conséquent chacune quatre bords inégaux, dont les deux plus grands forment un angle aigu légèrement curviligne, enclavé entre la pré-frontale et la nasale antérieure et touchant par son sommet à la nasale postérieure.

Les pré-frontales ont six pans inégaux : le plus long est celui par lequel ces plaques se joignent. La frontale est une demi fois plus longue qu'elle n'est large en avant, où elle est coupée carrément ; elle conserve cette largeur jusqu'au point où, dépassant les sus-oculaires, elle se rétrécit brusquement en angle aigu pour s'enfoncer entre les pariétales.

Les sus-oculaires sont une fois plus longues que larges ; elles seraient assez exactement rectangulaires, si leur bord antérieur, par lequel elles s'unissent aux pré-oculaires, n'était pas distinctement oblique.

Les pariétales ont cinq côtés inégaux : un grand, par lequel elles tiennent ensemble, un second, beaucoup plus long, bordé par les squammes temporales ; deux plus courts que le premier, en rapport, l'un avec la frontale, l'autre avec la sus-oculaire et la post-oculaire supérieure ; et un encore plus petit par lequel elles se terminent en arrière. En dehors, elles se rabattent fortement sur les tempes.

La plaque nasale antérieure est oblongue, sub-rectangulaire et plus grande que la nasale postérieure. Celle-ci a cinq pans inégaux.

La frénale représente un trapèze rectangle, dont l'angle aigu, le plus long des quatre, est resserré entre la pré-oculaire et la troisième sus-labiale ; les deux autres côtés de cette plaque frénale touchent à la nasale postérieure et à la portion descendante de la pré-frontale.

La plaque pré-oculaire est losangique.

Les trois post-oculaires, dont l'inférieure est située presque sous l'œil, sont irrégulièrement pentagonales et à peu près de même grandeur.

Il y a six paires de grandes squammes temporales ; l'une d'elles, placée immédiatement derrière la post-oculaire du milieu, en précède deux autres, qui sont superposées, de même que les trois dernières placées à la suite de celles-ci.

La bande des neuf plaques sus-labiales va en s'élargissant depuis la première jusqu'à la troisième inclusivement. Puis elle se rétrécit entre celle-ci et la septième ; elle devient ensuite graduellement plus étroite jusqu'à la dernière.

La plaque mentonnière est en triangle sub-équilatéral. Nous comptons dix paires de plaques sous-labiales. Celles de la première paire sont fort allongées, très·pointues en arrière, tandis qu'elles sont tronquées à leur extrémité antérieure. Elles s'enfoncent de près de la moitié de leur longueur entre les plaques sous-maxillaires antérieures, qui sont rhomboïdales, plus larges et au moins aussi longues que les premières sous-labiales. Les sous-maxillaires postérieures, dont le développement est moindre que celui des antérieures, sont deux lames oblongues, coupées obliquement aux deux bouts.

On voit une double rangée formée par huit squammes losangiques, entre les plaques sous-maxillaires postérieures et la première scutelle gulaire. Les côtés de la gorge sont revêtus chacun de six ou sept séries obliques d'écailles oblongues, hexagonales.

Ecailles : rangées longitudinales, 25 au tronc, 8 à la queue (au milieu) ; rangées transversales, 198+68.

Scutelles : gulaires 3; gastrost. 196 ; 1 anale (entière); urost. 72 (divisées).

DENTS. Maxillaires. $\dfrac{6+9}{22 \text{ ou } 25}$. Palatines, 11 ou 12. Ptérygoïdiennes, 19 ou 20.

COLORATION. Ce Serpent est tout blanc en dessous et d'un gris bleuâtre en dessus et latéralement, avec des mouchetures noires sur les flancs et des taches annuliformes de la même couleur et d'inégale grandeur sur le dos, où les plus petites de ces taches constituent une série de chaque côté, et les plus grandes en occupent le milieu, disposées deux par deux, côte à côte, ou bien obliquement par rapport à la ligne transversale du corps. Il existe un demi collier blanchâtre en travers de la nuque. Deux bandelettes, noires à leurs bords, grisâtres au milieu, s'étendent longitudinalement et parallèlement sur la partie supérieure du cou ; deux autres forment sur chaque tempe un chevron, qui s'appuie par son sommet sur la commissure des lèvres, et dont les branches se dirigent, l'une vers l'œil, l'autre vers l'occiput, où elle touche à une figure de fer à cheval tracée sur les plaques pariétales.

Celles-ci offrent, en outre, ainsi que les autres pièces du bouclier sus-céphalique, des linéoles noirâtres diversement courbées, quelques petits cercles irréguliers, et celles d'entre elles, dites les pré-frontales, sont marquées chacune d'une tache rectangulaire. Le menton et les bords de la bouche sont maculés de brun.

Tel est du moins le mode de coloration, que nous offre le seul individu par lequel l'espèce nous est connue.

DIMENSIONS. Sa longueur totale, qui est de 0m,402, se décompose comme il suit. *Tête* long, 0m,02. *Tronc* long, 0m,315. *Queue* long, 0m,087.

La tête a en longueur le double de sa largeur prise vers le milieu des

tempes et un peu plus de quatre fois celle du museau à l'aplomb des narines. Les yeux ont un diamètre presque égal à la moitié du travers de la
région inter-orbitaire. Le tronc est quarante et une fois aussi long qu'il est
large vers sa partie moyenne. La longueur de la queue est près du cinquième de celle de tout le corps.

PATRIE. Nous ignorons de quel pays provient ce petit Ophidien, qui
nous a été envoyé en communication par M. le docteur Smith.

IVe SOUS-GENRE. HÉTÉROLÉPIDE. — *HETE-ROLEPIS* (1). Smith.

CARACTÈRES ESSENTIELS. *Eugnathes à écailles du dos plus
grandes que les autres, hexagonales et à double carène.*

CARACTÈRES NATURELS. Narines ouvertes entre les deux
plaques nasales; pupille sub-elliptique. Les neuf plaques sus-
céphaliques ordinaires; une frénale courte; une pré-oculaire
non rabattue entre la sus-oculaire et la pré-frontale; deux
post-oculaires (accidentellement soudées ensemble sans trace
de suture). Huit sus-labiales, la troisième touchant par un de
ses angles au globe de l'œil, la quatrième et quelquefois la
cinquième bordant celui-ci inférieurement. Ecailles de la série médio-dorsale hexagones, bi-carénées; les autres moins
grandes, elliptiques ou losangiques, unicarénées; scutelles
sous-caudales en rang double.

Ce genre se fait particulièrement remarquer par son mode
d'écaillure, qu'on retrouve toutefois chez divers Serpents arboricoles de plusieurs des familles suivantes ou déjà étudiées.
Les pièces qui la composent présentent entre elles des dissemblances plus grandes qu'on n'en observe généralement.

Ainsi, les écailles de la rangée médiane du dos, outre
qu'elles ont plus de développement que les autres, sont hexa-

---

(1) Ετερος, qui n'est pas fait de la même manière, *dissimilis*, et de
Λητις, écaille.

27.*

gones et relevées chacune de deux carènes que sépare un certain intervalle en forme de gouttière, tandis que celles des
flancs sont elliptiques et légèrement concaves de chaque côté
de l'unique arête, fortement prononcée, qui en parcourt la ligne
médio-longitudinale. Les écailles des deux séries latérales à la
médiane sont uni-carénées comme celles des flancs, mais moins
petites et en losanges, à angle antérieur tronqué et à angle
postérieur et externe distinctement arrondis. Les écailles
composant les deux rangées qui bordent les gastrostèges,
l'une à droite, l'autre à gauche, ressemblent à celles des
deux séries dorsales dont nous venons de parler, à ces deux
différences près, que leur carène est beaucoup moins élevée et
que c'est leur angle externe qui est arrondi au sommet.
Ce sont de petites squammes hexagones, uni-carénées, qui
revêtent la nuque, et d'autres régulièrement losangiques,
également uni-carénées, qui garnissent la queue en dessus et
latéralement. Les scutelles du dessous du corps, ou les gastrostèges étant excessivement élargies, le débordent à droite
et à gauche et se redressent à angle droit pour s'appliquer
contre le bas de ses régions latérales.

Comme le dos est beaucoup plus étroit que le ventre, qui
est tout-à-fait plat, et comme les flancs sont assez élevés et
très-faiblement cintrés en travers, il en résulte que la coupe
verticale du tronc présente assez exactement la figure d'un
triangle qui aurait deux de ses côtés très-légèrement convexes
et un peu plus étendus que le troisième, et dont l'angle formé
par ces deux mêmes côtés serait fortement tronqué au
sommet.

Le contour de la tête est horizontal et représente à peu près
un ovale légèrement infléchi de chaque côté, à l'aplomb des
orbites. Elle est assez longue et de plus en plus déprimée
d'arrière en avant. La fente de la bouche est droite, si ce n'est
à ses extrémités où elle se recourbe vers la nuque. Les yeux
à trou pupillaire à peine plus haut que large, sont de moyenne

grandeur et légèrement penchés l'un vers l'autre, attendu que les régions qui correspondent aux orbites offrent une certaine déclivité.

Les ouvertures externes des narines sont, au contraire, directement tournées vers l'horizon et un peu en arrière ; elles sont vertico-elliptiques, baillantes, très-grandes et circonscrites chacune par deux plaques dont une, la postérieure, est moins large, mais plus haute que l'antérieure.

Les lames du bouclier sus-céphalique offrent toutes un certain développement, à l'exception des sus-oculaires, qui sont courtes, bien que les pré-oculaires ne se rabattent pas sur les côtés du front, et leur permettent de s'avancer jusqu'aux pré-frontales

Les frénales sont d'une petite dimension, de même que les deux post-oculaires qui se voient à droite et à gauche, lorsqu'elles ne sont pas soudées ensemble, sans la moindre trace de suture, ainsi que cela a lieu quelquefois, tantôt d'un seul côté, tantôt des deux à la fois. •

Les tempes sont garnies chacune de six à neuf écailles peu inégales en grandeur.

La plaque rostrale offre, dans la moitié inférieure de sa hauteur, un enfoncement semi-circulaire.

Il y a, sur l'une et sur l'autre lèvres, huit paires de plaques, dont la troisième et la quatrième supérieures font partie du cercle squammeux des orbites ; celles de la seconde paire inférieure constituent une sorte de chevron dans les branches duquel s'enclave la mentonnière et dont la base, longue et très-pointue, s'enfonce dans un second chevron à peu près pareil au premier, qui est formé par les plaques sous-maxillaires antérieures ; celles-ci s'emboîtent aussi dans un écartement angulaire que présentent en avant les sous-maxillaires postérieures, qui offrent un autre écartement angulaire en arrière et sont plus courtes que celles qui les précèdent immédiatement.

L'ouverture buccale de la trachée-artère n'a rien de particulier.

Ce genre, qui a été établi par le docteur Smith, ne comprend encore que deux espèces, l'une et l'autre originaires
d'Afrique.

Les Hétérolépides sont évidemment des Serpents qui habitent les arbres, mais pas exclusivement, car la largeur de
leur ventre, plus grande que celle du dos, est un indice certain
qu'ils doivent aussi pouvoir aisément ramper sur le sol ; peut-
être faut-il les considérer, parmi les Eugnathiens, comme les
analogues de ceux tels que le *Tropidonotus sauritus* de la famille des Syncrantériens, qui font le passage des espèces purement dendrophiles, comme le *Leptophis margaritiferus*, aux
espèces riveraines, telles que le *Tropidonotus natrix*, lesquelles conduisent aux vraies aquatiques, comme le *Tropidonotus quincunciatus*.

D'après l'état actuel de nos connaissances, nous sommes
véritablement dans l'impossibilité d'établir, d'une manière
certaine, les caractères qui distinguent les deux espèces de
ce genre. Nous avons cru devoir cependant adopter, pour les
désigner, les noms proposés par M. Smith. Voilà pourquoi nous
laissons en blanc la diagnose de la première espèce, dont le
nom de *bi-carénée* conviendrait à l'une et à l'autre, puisque
cette désignation rentre dans le caractère essentiel du genre
Hétérolépide.

1. HÉTÉROLÉPIDE A DEUX CARÈNES. *Heterolepis*
bicarinatus.

(*Heterolepis Poensis ?* Smith.) (1).

CARACTÈRES.

SYNONYMIE. 1845. *Lycodon bicarinatus.* Schlegel. Mus. Lugd.
Batav.

---

(1) Voyez relativement à cette dénomination le dernier paragraphe de
cet article ayant pour titre : OBSERVATIONS.

DESCRIPTION.

Formes. La plaque rostrale de cet Hétérolépide a sept pans, dont le plus grand, le basilaire, est sémi-circulairement échancré ; deux autres moins étendus, tenant aux nasales antérieures, et deux moins développés formant un angle très-ouvert, enclavé dans les inter-nasales; deux enfin excessivement petits s'articulant avec les sus - labiales de la première paire.

Les inter-nasales sont pentagones, inéquilatérales et un peu élargies.

Les pré-frontales offrent six côtés.

La frontale a six bords, ceux de droite et de gauche sont un peu moins étendus que chacun des quatre autres, qui forment, les deux antérieurs, un angle obtus, les deux postérieurs, un angle aigu.

Chacune des sus-oculaires est oblongue et à six pans inégaux.

Les pariétales ressemblent à des trapézoïdes et sont rabattues sur la tempe par leur angle antérieur et externe, dont le sommet touche à la post-oculaire inférieure.

La première nasale est presque carrée. La frénale est très-petite, à quatre angles, dont un seul aigu, en arrière ; la pré-oculaire est seulement un peu plus développée que la précédente ; elle est en trapèze presque régulier. Lorsque les deux plaques post-oculaires ne se confondent pas en une seule, ainsi que cela a lieu quelquefois, la supérieure est quadrangulaire et toujours moins petite que l'inférieure, qui a cinq côtés inégaux.

Les plaques sus-labiales de la première paire sont oblongues, trapézoïdes, et celles de la seconde en trapèzes. Celles de la troisième paire ont six bords. Celles de la quatrième paire ont cinq côtés inégaux. Celles de la cinquième paire sont plus développées que celles de la quatrième et représentent un rectangle oblong, un peu moins haut en arrière qu'en avant. Celles de la sixième paire diffèrent des plaques de la cinquième, en ce que leur bord supérieur, au lieu d'être rectiligne, fait un angle obtus, dont le côté postérieur est plus long que l'antérieur. Celles de la septième paire sont en trapèzes rectangles et beaucoup plus petites que les précédentes, mais un peu moins que les huitièmes et dernières qui sont des parallélogrammes oblongs.

La plaque mentonnière est en triangle équilatéral et de moyenne grandeur.

Les sous-labiales de la première paire sont en losanges très-allongées. Dans leur moitié postérieure, elles se touchent, et en avant, elles s'écartent en forme de V pour embrasser deux des trois côtés de la mentonnière.

Elles pénètrent entre les premières sous-maxillaires qui leur ressemblent assez exactement, et qui pénètrent entre les secondes sous-maxillaires. Celles-ci sont plus courtes que les précédentes, trapézoïdes et un peu écartées l'une de l'autre à leur extrémité terminale. Immédiatement derrière elles, se trouvent deux squammes suivies de la première scutelle gulaire.

Les plaques sous-labiales de la seconde paire représentent des rectangles, celles de la troisième des trapèzes et celles de la quatrième des quadrilatères oblongs, placés en travers de la lèvre et plus étroits à leur extrémité inférieure qu'à la supérieure. Celles de la cinquième paire, qui sont les plus développées de toutes, ont cinq côtés inégaux. Enfin, celles des trois dernières paires, dont la dimension est graduellement moindre, sont subrhomboïdales, quoique beaucoup plus dilatées en long qu'en travers.

Les écailles de la gorge sont disposées, de chaque côté, sur sept rangées obliques.

Les squammes hexagones de la série médio-dorsale ont leurs quatre pans latéraux égaux entre eux, mais un peu plus étendus que leur bord antérieur et que le postérieur, qui, eux aussi, sont de même largeur.

Ecailles du tronc : 15 rangées longitudinales, 261 rangées transversales. Ecailles de la queue : 6 rangées longitudinales (au milieu de sa longueur). 108 rangées transversales.

Scutelles : 5 gulaires, 250 gastrostèges, 1 anale, 105 urostèges doubles.

DENTS. 9+26 sus-maxillaires, 42 sous-maxillaires, 20 palatines, 36 ptérygoïdiennes.

COLORATION. Les parties inférieures, ainsi que les lèvres, sont d'un blanc jaunâtre; les régions sus-céphaliques sont d'un brun olivâtre et le dessus et les côtés du reste du corps d'un brun noir; toutefois comme la peau est d'un assez beau blanc entre les écailles, il suffit qu'elle soit légèrement distendue pour que celles-ci offrent chacune un encadrement de cette couleur.

DIMENSIONS. La tête, dont toute la portion située en avant des yeux fait près de la troisième partie, a en longueur un peu plus du triple de la largeur qu'elle présente en travers des tempes, laquelle est près de deux fois plus grande que celle du museau au-dessous des narines.

L'espace inter-orbitaire mesuré traversalement offre une étendue égale à celle de la ligne qu'on tirerait directement du bord antérieur d'une orbite à l'extrémité rostrale. L'œil a en diamètre la moitié de la largeur de la région inter-nasale.

Le tronc, vers le milieu de son étendue, est de moitié plus haut qu'il n'est large à sa face dorsale, qui est d'un quart plus étroite que le ventre.

Sa longueur égale environ soixante-treize fois la plus grande largeur de la face ventrale.

La queue entre pour quatre fois et six dixièmes dans la longueur totale de l'animal.

Voici la longueur respective des principales parties du sujet mâle, qui a servi à notre description.

Longueur totale 1^m,098. *Tête* long. 0^m,029. *Tronc* long. 0^m,83. *Queue* long. 0^m,239.

Patrie. Cet individu, qui appartient au Musée de Leyde, y a été envoyé de la côte de Guinée. Son estomac renferme un Scincoïdien du genre *Euprepes.*

Observations. Nous trouvons dans les *Illustrations of the zoology of south Africa* de M. Smith, à la suite de la description de l'espèce qu'il a nommée *Heterolepis capensis*, et que nous décrivons ci-après sous ce nom, l'indication et la description sommaire d'un autre Hétérolépide conservé dans la collection du Musée Britannique, et que, d'après son origine, il nomme *Poensis*, le Serpent dont il s'agit ayant été recueilli dans l'île de Fernando-Po (golfe de Guinée, près de la côte du Benin).

Nous nous trouvons malheureusement dans l'impossibilité de comparer entre elles ces deux espèces. Nous ne connaissons ni l'une ni l'autre ; la *Bicarénée*, a été rendue au Musée de Leyde auquel elle appartient, dès que Bibron en eut achevé la description qui vient d'être donnée plus haut, et le *Poensis* n'est pas connu au Musée de Paris.

Il nous semble cependant qu'il y a quelques raisons de croire que le spécimen de Londres signalé sous le nom de *Poensis* par M. Smith, et celui de Leyde qui y est nommé *Lycodon bi-carinatus*, appartiennent à une seule et même espèce. C'est pour cette raison que nous avons placé en tête de l'article consacré à notre second Hétérolépide, au-dessous du nom adopté par nous, les noms de *Heterolepis Poensis*, Smith, mais avec un point de doute.

Voici les analogies que nous constatons :

Dans l'une et l'autre descriptions, il est dit que la plaque frénale est petite, que les couleurs en dessus sont d'un brun ou d'un vert noirâtre, que les régions inférieures sont d'un blanc jaunâtre. Il n'y est fait mention d'aucune tache ou particularité quelconque dans le système de coloration. On compte dans les deux descriptions 15 rangées longitudinales d'écailles, et les différences dans le nombre des gastrostèges et des urostèges sont peu marquées. Pour le *Poensis*, en effet, M. Smith dit 256 grandes plaques sous le ventre, 67 doubles sous la queue, et dans notre description on lit : 250 gastrostèges et 105 urostèges doubles. Le Lycodontien du Musée de Leyde a une longueur de 1^m,098, la queue entrant dans ces dimensions pour la cinquième partie environ, puisqu'elle a 0ᵐ,259, Le Serpent décrit par M. Smith a 34 pouces anglais, c'est-à-dire un peu moins de 1 mètre et la queue est le cinquième de la longueur totale, car elle a 7 pouces anglais.

Enfin, ce dernier a été recueilli dans le golfe de Guinée, dans l'île de Fernando-Po, et l'espèce conservée à Leyde est originaire de la côte de Guinée, sans que sa provenance soit plus spécialement désignée.

2. HÉTÉROLÉPIDE DU CAP. *Heterolepis Capensis*. Smith.

CARACTÈRES. Régions supérieures d'un jaune rougeâtre maculé de rouge-brun ; les inférieures d'un blanc verdâtre nuancé de jaune ; tête un peu tronquée en avant ; scutelles inter-sous-maxillaires grandes ; plaque frontale grande, hexagonale, large en avant, pointue en arrière (1).

SYNONYMIE. 1849. *Heterolepis Capensis*. Smith. *Illustrations of the zoology of south Africa*. Pl. 55, texte sans pagination.

DESCRIPTION.

FORMES. La tête est ovalaire, un peu plus large que le cou; le museau est tronqué ; le dos est légèrement saillant sur la ligne médiane; les flancs sont convexes et le ventre est plat; la coupe du tronc serait sub-triangulaire.

ECAILLURE. La plaque pré-oculaire est verticale, plus haute que large ; la frénale est quadrangulaire. La frontale moyenne est grande et a six angles peu prononcés ; son bord antérieur est très-large, et en arrière, elle est pointue. Les plaques pariétales ou occipitales sont grandes, de même que la première temporale, qui borde en arrière la post-oculaire inférieure.

Des deux paires de plaques sous-maxillaires, c'est l'antérieure qui est la plus longue.

Il y a sept paires de plaques sus-labiales et huit à la lèvre inférieure.

L'extrémité de la queue est emboîtée dans une petite squamme cornée.

Quant aux écailles du tronc, qui sont disposées sur quinze rangées et toutes carénées, il n'y a rien à en dire qui n'ait été exprimé dans la diagnose du genre, dont le nom exprime la particularité remarquable offerte par les grandes écailles bi-carénées de la ligne médiane du dos.

---

(1) Cette diagnose est la traduction de la phrase latine placée par M. A. Smith en tête de sa description, qui va nous servir de guide en l'absence du Serpent.

On compte 241 gastrostèges, 64 paires d'urostèges.

COLORATION. Les traits essentiels de cette partie de l'histoire du Serpent qui nous occupent, sont signalés dans les caractères placés en tête de cet article, car il n'y a aucune tache, bande ou ligne à mentionner.

DIMENSIONS. La longueur du tronc est, en mesures anglaises, de 17 pouces 1/2, et celle de la queue de 3 pouces 4 lignes.

PATRIE. Ces Serpents habitent les districts de la colonie du Cap de Bonne-Espérance où, d'après M. Smith, ils sont rares,

V.ᵉ SOUS-GENRE. LAMPROPHIS. — *LAMPRO-PHIS* (1). Fitzinger.

CARACTÈRES ESSENTIELS. *Toutes les écailles du milieu du dos lisses, hexagones et beaucoup plus grandes que celles des flancs qui sont losangiques.*

CARACTÈRES NATURELS. Narines s'ouvrant entre les deux plaques nasales; yeux très-grands, à pupille vertico-elliptique, les neuf plaques sus-céphaliques ordinaires; une frénale oblongue, une pré-oculaire non rabattue entre la sus-oculaire et la pré-frontale, deux post-oculaires; troisième sus-labiale ne touchant pas au globe de l'œil, la quatrième et la cinquième bordant celui-ci inférieurement. Écailles lisses; celles de la série médio-dorsale grandes, hexagones, les autres plus petites, losangiques, oblongues; urostèges en rang double.

Chez les Lamprophis, comme dans le genre suivant, les squammes de la série médio-dorsale sont hexagones et plus développées que les autres pièces de l'écaillure; mais elles manquent de carènes, aussi bien que celles-ci, qui sont d'égale grandeur sur les côtés du tronc, et qui, au lieu d'être les unes elliptiques et les autres losangiques, offrent toutes cette dernière forme.

(1) De Λαμπρος, brillant, éclatant, et de Οφις, Serpent.

Ces serpents, ainsi que tous les Dendrophiles par excellence, ont des yeux énormes et dirigés tout-à-fait de côté vers l'horizon; le diamètre vertical de leur pupille est distinctement plus grand que le transversal. Leur tête, considérée dans son ensemble, rappelle celle des Dendrophides, des Leptophides et des autres genres essentiellement arboricoles, qui appartiennent à différentes familles. Si l'on compare cette tête à celle des Hétérolépides, on trouve qu'elle est plus allongée; que les régions qui entourent l'œil sont beaucoup moins déclives ou presque verticales; que l'angle formé par les régions frénales de chaque côté, en s'unissant au chanfrein, n'est que faiblement arrondi au lieu de l'être très-fortement; que les plaques frontales, pariétales, sus-oculaires et frénales sont plus longues et par conséquent plus étroites, et que celles dites pré-oculaires et post-oculaires descendent beaucoup plus bas sur la lèvre supérieure, ce qui leur donne une plus grande hauteur.

Les Lamprophis ont le tronc très-comprimé et au même dégré de haut en bas, d'où il résulte que leur dos qui est arrondi, et leur ventre, qui est tout-à-fait plat, et anguleux latéralement, sont aussi étroits l'un que l'autre, tandis que dans les Hétérolépides, le dos est notablement moins large que la région ventrale. Comme chez ces derniers, les gastrostèges se redressent à angle droit contre le bas des flancs. Il n'existe pas de tubercule à l'extrémité antérieure de l'ouverture de la trachée-artère.

Nous ne rapportons à ce genre que trois espèces. Elles se distinguent aisément par leur coloration qui est très-différente.

Ainsi, l'une d'elles, l'*Aurore* (n.° 2), porte une raie dorsale jaune, qui ne se voit pas dans les deux autres; mais celle nommée *L. modeste* (n.° 1) porte une ligne noire sous les tempes qui ne se retrouve pas dans la troisième espèce, le *non orné*, dont la couleur est brune ou noirâtre; tandis qu'elle est d'un gris ardoisé sur le dos, dans l'espèce n.º 1 de ce même genre.

Nous croyons inutile, en raison de ces particularités bien évidentes, de faire connaître les trois espèces par un tableau analytique.

1. LAMPROPHIS MODESTE. *Lamprophis modestus*. Nobis.
(Dipsas modestus. Schlegel.)

CARACTÈRES. D'une même teinte grise, uniforme sur le dos et sur les flancs; le dessous du ventre blanc; tempes marquées en dessous d'une ligne noire.

SYNONYMIE. 1845. *Dipsas modestus*. Schlegel. Mus. Lugd. Batav.

DESCRIPTION.

FORMES. La fente de la bouche est un peu ondulée, c'est-à-dire que la ligne qui suit le bord libre de la lèvre supérieure est légèrement concave au-dessous de la région frénale, et assez distinctement convexe en arrière de l'œil. Le bout du museau déborde un peu celui de la mâchoire inférieure, qui est très-aplati. La plaque rostrale a cinq pans, deux excessivement petits tenant aux sus-labiales de la première paire, un grand faiblement échancré pour laisser sortir la langue, et deux encore plus grands formant un angle ouvert, dont le sommet sub-arrondi touche aux internasales. Ces plaques sont des trapèzes réguliers.

Les pré-frontales se rabattent un peu sur les régions frénales; chacune a sept angles, cinq obtus et deux droits, qui sont les internes. Elles sont soudées ensemble par le plus grand de leurs sept bords.

La frontale est oblongue et coupée carrément en avant, d'où elle s'étend, sans perdre en quelque sorte de sa largeur, jusqu'à l'extrémité postérieure des sus-oculaires; mais arrivée là, elle forme brusquement un petit angle sub-aigu, qui s'enclave entre les pariétales. Ces dernières sont trapézoïdes ou à quatre côtés inégaux.

Les nasales forment à elles deux un quadrilatère oblong, dont le bord supérieur est fortement concave. La frénale représente aussi un quadrangle assez allongé, mais graduellement un peu rétréci d'arrière en avant.

La pré-oculaire est une lame sub-quadrangulaire, très-haute et fort étroite de la base au sommet. Les deux post-oculaires, par leur jonction, offrent à peu près la même forme et la même dimension que la pré-oculaire. Les plaques sus-labiales de la première paire ressemblent à des trapèzes sub-rectangles ; celles de la seconde sont pentagones inéquilatérales beaucoup plus développées que les précédentes et un peu moins petites que celles de la troisième paire, qui ont aussi cinq côtés inégaux ; celles de la quatrième n'en offrent que quatre, et leur dimension est moindre que celle des plaques qu'elles suivent immédiatement ; celles de la cinquième paire sont fort étroites et tellement longues que, non seulement elles bordent toute la portion inférieure du cercle orbitaire, mais qu'elles s'étendent jusque sous les plaques de la quatrième paire ; celles de la sixième ne diffèrent pas de celles de la seconde ; les plaques de la septième sont oblongues et à quatre angles ; enfin celles de la huitième et dernière sont en parallélogrammes oblongs.

La mentonnière est grande et en triangle équilatéral ; deux de ses côtés sont emboîtés tout entiers dans un chevron formé par les sous-labiales de la première paire, lesquelles ressemblent chacune à une petite bandelette pointue en arrière. Le chevron formé par les premières sous-labiales s'enfonce lui-même de sa moitié postérieure entre les deux premières plaques sous-maxillaires, qui sont écartées en V dans leur moitié antérieure, tandis qu'elles se touchent dans le reste de leur étendue ; elles pénètrent, à leur tour, mais moins profondément que les précédentes, entre les plaques de la seconde paire, qui sont moins longues que les autres. Celles-ci sont suivies de deux paires de squammes sub-losangiques ; puis commence immédiatement la série des scutelles du dessous du corps.

La dimension des plaques sous-labiales, qui s'accroît graduellement à partir de la seconde paire jusqu'à la quatrième inclusivement, va au contraire en décroissant depuis la cinquième jusqu'à la huitième et dernière.

Les écailles latérales de la région gulaire sont des rectangles allongés, disposés par rangées obliques.

Les squammes hexagones de la série médio-dorsale ont leurs quatre bords latéraux égaux entre eux et respectivement un peu plus grands que l'antérieur ou le postérieur. L'écaille terminale de la queue est en forme d'étui cylindrique, d'une certaine longueur.

Ecailles du tronc : 15 rangées longitudinales, 252 rangées transversales. Ecailles de la queue : 3 rangées longitudinales (au milieu de son étendue), 104 rangées transversales.

Scutelles : 4 gulaires, 244 gastrostèges, 99 urostèges doubles.

Dents. Maxillaires, $\dfrac{8 + 17\text{-}18}{26\text{-}27}$. Palatines, 13-14. Ptérygoïdiennes, 18.

Coloration. Une teinte uniforme, d'un gris fauve, règne sur le dessus et les côtés du corps. Tout le dessous est blanc; la tête présente de faibles piquetures brunes ou roussâtres sur les parties latérales, et une bande noirâtre le long du bas de chaque tempe.

DIMENSIONS. La tête a une longueur double de la largeur qu'elle offre vers le milieu des tempes, et presque triple de celle qu'elle présente au-dessous des narines; la distance qui existe à partir du bord antérieur d'une orbite jusqu'au coin correspondant de l'extrémité rostrale est plus courte que l'étendue transversale de l'espace inter-orbitaire. Les yeux ont un diamètre égal au travers de la région inter-nasale. Le tronc, dont la largeur est de deux cinquièmes moindre que la hauteur, vers sa partie moyenne, a une longueur quatre-vingt-cinq fois plus grande que cette même largeur. La queue fait un peu plus de la quatrième partie de la totalité de l'étendue longitudinale du corps.

Longueur totale : 0,^{m}581. *Tête*, long. 0,^{m}014. *Tronc*, long. 0,^{m}437. *Queue*, long. 0,^{m}13.

PATRIE. L'unique exemplaire de cette espèce que nous ayons encore vu appartient au Musée de Leyde, qui l'avait reçu de la côte de Guinée, par les soins de M. Pel....

2. LAMPROPHIS AURORE. *Lamprophis aurora*. Fitzinger.

CARACTÈRES. Une raie ou bande longitudinale jaune dans la ligne médiane du dos. Une série de grandes écailles lisses de forme hexagonale, différentes de celles des flancs, qui sont losangiques.

SYNONYMIE. 1735. *Serpens acontias* etc. Séba. Tom. II, pag. 82, tab. 78, fig. 3.

1754. *Coluber aurora*. Linné. Mus. Adolph. Frider. pag. 25, tab. 19, fig. 1.

1755. *Coluber pseudo-acontias*. Klein. Tentamen Herpet. p. 28, n.º 19.

1758. *Coluber aurora*. Linné. Syst. Nat. Edit. 10, Tom. I, pag. 219, n.º 216.

1766. *Coluber aurora*. Linné. Syst. Nat. Edit. 12, Tom. I, pag. 379, n.º 216.

1768. *Cerastes aurora*. Laurenti Synops. Rept., pag. 82.

1771. *L'Aurore*. Daubenton. Anim. Quad. Ovip. Serp., p. 590.

1788. *Coluber aurora*. Gmelin. Syst. Nat. Linnœi. Tom. I, part. 3, pag. 1098.

1789. *Couleuvre aurore.* Lacépède. Hist. Quad. Ovip. et Serp., Tom. II , pag. 98 et 296.

1789. *L'Aurore.* Bonnaterre. Ophiol. Encyclop. Méth. , p. 53.

1802. *Couleuvre aurore.* Latreille. Hist. Rept. , Tom. IV , pag. 172.

1802. *Coluber aurora.* Shaw. Gener. Zool. vol. 3, Part. 2, pag. 544,

1802. *Coluber aurora.* Bechstein de Lacepede's naturgesch. Amphib. Tom. IV , pag. 77. (Non la figure, qui est celle d'une tout autre espèce de Serpent.)

1803. *Coluber aurora.* Daudin. Hist. Rept. Tom. VII, pag. 5.

1820. *Natrix aurora.* Merrem. Syst. Amphib., pag. 97.

1826. *Duberria aurora.* Fitzinger. Neue classif. Rept. pag. 56, n.º 19.

1827. *Lycodon aurora.* Boié. Isis. Tom. XX , pag. 523, n.º 21.

1837. *Coronella aurora.* Schlegel. Ess. Physion. Serp. Tom. I, pag. 137 et Tom. II , pag. 75 , pl. 2 , fig. 20-21.

1843. *Lamprophis aurora.* Fitzinger. Syst. Rept. Fasc. 1, p. 25.

1849. *Lamprophis aurora.* A. Smith. Illustr. of the Zool. of South. Africa. Appendix , p. 19.

DESCRIPTION.

ECAILLURE. La plaque rostrale ne se rabat nullement sur le museau ; bien qu'elle soit un peu moins haute que large, elle a l'apparence d'un demi-disque heptagonal , étant taillée à sept pans , dont un très-grand, qui est le basilaire, et six beaucoup plus courts que celui-ci et peu iné-gaux entre eux, lesquels se trouvent en rapport avec les inter-nasales, les nasales antérieures et les sus-labiales de la première paire.

Les inter-nasales ont cinq angles inégaux et sont un peu plus larges que longues.

Les pré-frontales ont également plus de largeur que de longueur; leur portion interne est coupée carrément et l'externe taillée en un angle aigu que bordent, en avant, la seconde nasale et la frénale , puis en ar-rière , la sus-oculaire et la pré-oculaire.

La frontale leur est semblable , mais elle est beaucoup plus grande; sa longueur l'emporte sur sa largeur et c'est postérieurement, que se trouve situé son angle aigu.

Les sus-oculaires, sont assez allongées , leur bout postérieur est droit , et moins étroit que l'antérieur, qui est en angle aigu et enclavé entre la pré-frontale et la pré-oculaire.

Les pariétales, presquetrapézoïdes, oblongues et fortement rétrécies d'avant en arrière, descendent un peu sur la tempe, le long de la post-oculaire supérieure.

La nasale antérieure est carrée et à peu près égale à la postérieure, qui a cinq angles.

La frénale, presque de moitié plus petite que l'une ou l'autre des nasales ou que la pré-oculaire, a cinq bords peu inégaux, dont deux s'appuient sur la seconde et la troisième sus-labiales.

La pré-oculaire a cinq angles; elle est un peu plus haute que large; aussi ne s'élève-t-elle jamais au-dessus du bord surciliaire.

Les deux post-oculaires sont de même grandeur et tantôt quadrilatères tantôt pentagonales; en général, celle d'en bas ne descend pas jusqu'au niveau inférieur du globe de l'œil.

Nous avons trouvé la parfaite représentation des plaques du dessus de la tête sur la planche lithographiée n.° 11, fig. 20 et 21 de M. Schlegel.

Chaque tempe est revêtue de six squammes losangiques également grandes, qui sont placées: trois, l'une au-dessus de l'autre, tout-à-fait en arrière; deux, superposées aussi, au milieu; et une en avant, ou en contiguité avec la plaque post-oculaire inférieure.

Il y a huit paires de plaques sus-labiales.

Les trois premières sont en trapèzes sub-rectangles et graduellement un peu plus développées; le sommet aigu de la troisième touche assez souvent au globe oculaire. La quatrième, quelquefois carrée, d'autres fois de même forme que les précédentes, est toujours moins haute que celle qui la précède et que les deux qui la suivent immédiatement. La septième, qui est la plus grande, a deux angles aigus en bas et trois obtus en haut. La huitième et dernière est oblongue, trapézoïde et moins étendue en surface que la pénultième.

Il y a également huit paires de plaques sous-labiales, sans compter la mentonnière qui est équitriangulaire. Celles de la première paire forment un V dont les branches embrassent la mentonnière et dont la base s'enfonce entre les sous-maxillaires antérieures.

Les sous-maxillaires postérieures diffèrent des précédentes en ce qu'elles sont un peu moins longues et moins pointues en arrière.

Il n'existe que de deux à quatre rangs de squammes en avant de la première des scutelles du dessous du corps,

Ecailles : rangées longitudinales 25 au tronc, 19 à la queue (à sa base); rangées transversales 174 à 185 + 43 à 57.

Scutelles : 2 ou 3 gulaires; 170 à 180 gastrostèges; 38 a 53 urostèges.

Dents maxillaires : $\dfrac{16\ \text{à}\ 18}{20}$. Palatines, 10 ou 11. Ptérygoïdiennes, 23.

COLORATION. Une bande d'un jaune orange règne sur la ligne médiane du dessus du corps depuis le bout du museau jusqu'à l'extrémité de la queue.

Les couleurs indiquées sur la planche citée de Séba, montrent assez bien la raie longitudinale jaune du milieu du dos ; mais elle serait beaucoup plus large que ne pourrait le faire supposer la forme des écailles de cette région.

Chez les jeunes sujets, les écailles sur lesquelles passe cette bande sont bordées de noir en arrière et celles des autres parties du tronc et de la queue sont brunâtres, ornées au milieu d'une tache jaunatre dilatée en travers. Avec l'âge, le noir des écailles des trois séries médio-dorsales s'affaiblit sensiblement et le brunâtre des autres pièces de l'écaillure, devient plus clair et envahit plus ou moins la teinte jaunâtre de leur partie centrale. Tout le dessous de l'animal est blanc.

DIMENSIONS. La tête a une longueur double de sa largeur, prise vers le milieu des tempes et un peu plus de trois fois celle qu'elle offre au-dessous des narines. Les yeux ont en diamètre la moitié du travers de la région inter-orbitaire. Le tronc n'est qu'un peu plus haut, mais de trente-deux à trente-huit fois aussi long qu'il est large à sa partie moyenne. La queue entre pour moins du huitième dans la totalité de la longueur du corps.

Le plus long de nos individus nous donne les mesures suivantes ; mais il en existe un, d'un quart environ plus grand, dans la collection du *King's college* de Londres.

Longueur totale 0m,66. *Tête*, long. 0m,025. *Tronc*, long. 0m,55. *Queue* long. 0m,085.

PATRIE. Cette espèce n'a jusqu'ici été trouvée que dans les contrées de l'Afrique voisines du Cap de Bonne-Espérance où M. Smith dit qu'elle n'est pas abondante.

MŒURS. Un des sujets appartenant à notre Musée avait un *Phyllodac-tylus porphyreus* dans l'estomac. En raison de ces habitudes nocturnes, ce Lamprophis porte dans la colonie du Cap le nom de Serpent de nuit.

3. LAMPROPHIS NON ORNÉ. *Lamprophis inornatus.* Nobis.

CARACTÈRES. Le dessus du corps et les flancs d'un brun rous-sâtre ; pas de bande ni de raie jaune le long du dos, ni ligne noire sous les tempes.

DESCRIPTION.

ÉCAILLURE. Nous avions désigné d'abord cette espèce ainsi que la précédente ou l'*Aurore*, sous le nom générique de faux Lycodon (*Pseudo Lycodon*), lorsque nous avons reconnu que M. Fitzinger avait déjà indiqué cette dernière comme devant être rangée dans le genre Lamprophis.

Ce Serpent est facile à distinguer du L. *Aurore*, car outre qu'il offre un tout autre mode de coloration, il en diffère :

1.º En ce que ses plaques inter-nasales sont en trapèzes sub-rectangles et d'une largeur à peu près égale à leur longueur, au lieu d'être pentagonales et excessivement dilatées en travers ;

2.º En ce que ses frénales ressemblent, non à de très-petites pièces à cinq angles à peu près égaux, mais à des lames trois fois plus longues que larges, dont l'extrémité antérieure est coupée carrément et la postérieure obliquement.

Ecailles : rangées longitudinales 23 au tronc, 10 à la queue (au milieu) ; rangées transversales 179 +56.

Scutelles : 2 ou 3 gulaires ; 169 gastrostèges ; 1 anale non divisée ; 54 urostèges.

DENTS. Maxillaires. $\dfrac{18}{20 \text{ ou } 21}$. Palatines, 10 ou 11. Ptérygoïdiennes, 17.

COLORATION Les trois individus de cette espèce que nous avons observés ont les côtés du corps d'un brun roussâtre clair et le dessus à peu près de la même teinte, mais plus foncée et comme glacée de violâtre. Toutes leurs régions inférieures sont d'un blanc sale.

DIMENSIONS. La longueur de la tête est le double de sa largeur à la région temporale et presque le quadruple de celle qui sépare les narines. L'œil a un diamètre égal à la moitié de la ligne transversale de la région inter-orbitaire. Le tronc est trente-cinq fois aussi long et seulement un peu moins haut qu'il n'est large vers le milieu de son étendue. La queue est contenue près de six fois dans la longueur totale du corps.

Longueur totale, 0^m,711. *Tête* long, 0^m,027. *Tronc* long. 0^m,553. *Queue* long. 0^m,131.

PATRIE. Cette espèce, de même que sa congénère, est originaire des environs du Cap de Bonne-Espérance.

MOEURS. L'estomac de l'un des individus que nous avons examinés contenait des débris d'un *Chamæleo pumilus*.

28.*

LYCODONTIENS. IV.ᵉ TRIBU.—PARÉASIENS (1).

Ce petit groupe est établi d'après la disposition des mâchoires, dont les branches supérieures étant très-courtes et
sous-courbées, produisent sur les joues ou les parties latérales de la bouche de ces Serpents, une sorte de gonflement,
qui donne à leur physionomie une assez grande ressemblance,
une apparente analogie avec celle des Dipsas, qui ont aussi la
tête courte et la bouche comme tordue sur les bords labiaux.

C'est surtout sur la particularité très-remarquable de la
conformation et des usages présumés des crochets des branches ptérygo-palatines que cette subdivision est établie. Ces
crochets palatins étant plus longs que ceux qui les suivent,
deviennent ainsi un supplément très-actif des dents sus-
maxillaires, dont ils remplissent le rôle, pour retenir la proie
au moment où elle est saisie.

Le caractère essentiel de ce groupe est donc la longueur remarquable et insolite des crochets dont sont armés en avant
les os palatins proprement dits.

Nous n'avons inscrit qu'un petit nombre d'espèces dans
cette tribu; mais elles se distinguent tellement entre elles par
leur conformation, qu'il nous a paru nécessaire de les diviser
en quatre sous-genres.

L'un d'eux, en particulier, diffère de la plupart des Lycodontiens, parce que les scutelles qui recouvrent le dessous de
la queue n'étant que sur un simple rang, elles lui forment là
comme une sorte de bouclier protecteur, ce que nous avons
cherché à indiquer par le nom d'*Aplopelture*. Dans les trois
autres sous-genres, les urostèges sont distribuées deux par

---

(1) Ce nom de tribu est emprunté de celui du genre principal.

deux, ou sur un double rang, mais tous les trois diffèrent par les dents. Ainsi chez les *Paréas* proprement dits, les crochets sus-maxillaires antérieurs sont successivement plus longs de devant en arrière et de forme conique, également espacés entre eux et sans intervalle libre. Dans les *Odontomes*, ainsi que le nom l'indique, ces mêmes crochets, qui augmentent aussi successivement de longueur, sont applatis et comme coupants sur leur tranche, mais cette forme ne s'observe que sur les trois premiers, après lesquels il vient un espace libre sur la gencive suivi d'autres crochets simples et égaux entre eux. Enfin, nous rapportons à cette petite tribu un sous-genre bien remarquable par la conformation de la mâchoire supérieure, qui offre dans sa partie moyenne deux petits crochets isolés en avant et en arrière par un espace libre précédés antérieurement par cinq crochets coniques, irréguliers pour la longueur, et suivis de trois autres, dont le premier est plus long que ceux qui viennent ensuite. C'est ce qui nous a fait désigner ce sous-genre sous le nom de *Dinodon*.

TRIBU DES PARÉASIENS.

CARACTÈRES. *Lycodontiens à crochets des os palatins antérieurs plus longs.*

SOUS-GENRES.

Urostèges
- simples, semblables aux gastrostèges. . . . . . . 2. APLOPELTURE.
- doubles; dents
  - antérieures plus courtes et
    - coniques. 1. PARÉAS.
    - plates. . 4. ODONTOME.
  - intermédiaires, deux longues . . . 3. DINODON.

I.ᵉʳ SOUS-GENRE. PARÉAS. — *PAREAS* (1). Wagler.

CARACTÈRES ESSENTIELS. *Les os sus-maxillaires très-courts, courbés en rondache convexe et garnis de cinq ou six crochets également espacés ; mais croissant de longueur en arrière ; les branches maxillaires inférieures, ainsi que les os palatins, armés en avant de crochets beaucoup plus longs que ceux qui les suivent et sans interruption. Urostèges en rang double.*

Wagler a si bien établi les caractères de ce genre que nous ne croyons mieux faire qu'en traduisant ses propres expressions que voici. « Sa tête est celle d'un Dipsas, mais plus
» courte, avec les joues renflées ; le museau est très-court ;
» les bords des mâchoires sont arqués: les orifices des narines,
» qui se voient à l'extrémité du museau, sont percés au mi-
» lieu d'une plaque. Les yeux assez grands se rapprochent
» du bord du front ; leur pupille est vertico-elliptique ; le
» menton est revêtu et comme cuirassé par de très-grandes
» plaques ; celles des mâchoires sont comme rétrécies. La to-
» talité du corps est très-longue, fusiforme et comprimée,
» et comparativement, la queue un peu courte. Les écailles
» dorsales sont rhomboïdales et lisses ; mais celles de la ligne
» médiane, formant trois séries, sont un peu plus grandes que
» les autres, à plusieurs pans et carénées. »

Ce sous-genre a été établi d'après la forme et la disposition des mâchoires, dont les supérieures sont très-courtes et sous-courbées ou convexes en dessous. Les Serpents qu'on y rap-

---

(1) Nom donné par Lucain à une espèce de Serpent d'après Wagler, qui cite *Bellum civicum*, lib. ix. Nous trouvons aussi ce nom grec dans Aristophane et dans Plutarqne Παρέας, et dans Actius, lib. iv, serm. i.

porte n'offrent pas en avant des crochets plus longs comme dans les Boédons, les Lycodons et les Eugnathes. Ils présentent, en outre, cette particularité que leurs crochets peu nombreux vont en augmentant successivement de longueur en arrière, cependant ils sont également espacés entre eux, mais le bout antérieur du museau paraît comme privé de dents. Cette mâchoire supérieure, grosse et peu développée, semble avoir fait gonfler les joues, et ils ont, par cela même, quelque ressemblance avec les Dipsas, parmi lesquels ils ont même été rangés, quoiqu'ils n'aient pas, comme ces derniers, des dents cannelées en arrière. D'ailleurs, ils ont plus de rapports avec les véritables Lycodontiens, parce que leur mâchoire inférieure porte en avant des crochets plus longs que ceux qui les suivent.

Nous rangeons deux espèces dans ce groupe. Quant aux détails descriptifs, nous joignons à notre texte ceux que nous ont fait connaître Wagler et H. Boié, qui les avait observées l'une et l'autre à Java. Kuhl les avait décrites sous le nom d'*Amblycéphale*, genre auquel Boié a ajouté le Dipsas de Mikan.

Ces deux individus que nous avons eus sous les yeux diffèrent entre eux et par les couleurs et surtout parce que les premiers ont les écailles de la région supérieure du tronc plus grandes et portent une ligne saillante ou une sorte de carène, et que dans l'autre, ces mêmes écailles médianes sont lisses.

1. PARÉAS CARÉNÉ. *Parcas carinata*. Wagler.
(*Dipsas carinata*. Reinwardt.)

CARACTÈRES. Les écailles médio-dorsales légèrement carénées ; des bandes noirâtres transversales sur le dessus et les côtés du corps qui sont d'un fauve tirant sur le jaune ; deux raies noires partant du bord postérieur de chaque œil pour se rendre sur la nuque en convergeant l'une vers l'autre.

SYNONYMIE. 1810. *Dipsas carinata*. Reinwardt. In mus. Lugd. Batav.

1828. *Amblycephalus carinatus*. H. Boié. Bijdrag. Natuur-kund. Wetenschapp. Verzam. Door. Van Haal, W. Vrolik en Muld. Tom. III, pag. 251. (D'après Kuhl).

1828. *Amblycephalus carinatus*. Boié. Isis. Tom. XXI, p. 1035.

1830. *Pareas carinata*. Wagler. Syst. Amph., pag. 181.

1837. *Dipsas carinata*, Schlegel. Ess. Physion. Serp., Tom. I, pag. 163 ; Tom. II, pag. 285 ; pl. 11, fig. 26-28.

1842. *Dipsas carinata*. Schlegel. Abbild. Amph., pag. 135, pl. 45, fig. 10-12 (1).

DESCRIPTION.

ECAILLURE. La plaque rostrale est plus haute qu'elle n'est large à sa base ; son sommet ne se rabat point en arrière , et elle offre six pans iné-gaux, savoir : deux très-petits formant un angle obtus en rapport avec les inter-nasales; deux non moins courts, perpendiculaires et parallèles, adhé-rant aux sus-labiales de la première paire ; deux assez longs, convergents l'un vers l'autre de bas en haut et soudés aux nasales. Enfin un dernier, qui est le basilaire, moins étendu que ces derniers, et profondément échancré.

Les inter-nasales ont chacune quatre bords,

Les pré-frontales sont un peu moins longues que larges et taillées à six pans inégaux dont les trois plus petits s'articulent avec la frénale, la pré-oculaire supérieure et la sus-oculaire.

La frontale a six bords peu inégaux entre eux. Les antérieurs forment toujours un angle assez ouvert ; mais les postérieurs en forment un obtus ou un aigu, suivant que les latéraux sont parallèles ou convergents d'a-vant en arrière.

Les sus-oculaires sont assez allongées et coupées obliquement à chacune de leurs extrémités dont la postérieure est tantôt aussi étroite, tantôt plus large que l'antérieure.

Les pariétales, dont la plus grande largeur est égale aux trois quarts de leur longueur, se terminent postérieurement par un angle aigu sub-arrondi ou légèrement tronqué au sommet ; celui de leurs pans qui tient à la sus-oculaire ne borde pas, comme d'ordinaire, tout l'arrière de cette plaque au-quel adhère aussi une des squammes temporales.

La nasale est fort grande et carrée ou en trapèze sub-rectangle.

La frénale est pentagone ou hexagone inéquilatérale et à peu près de moitié moins développée que la nasale.

---

(1) L'une de ces figures (la 10.ᵉ) est incorrecte, en ce qu'elle représente les dents sus-maxillaires comme diminuant de longueur d'avant en arrière; tandis que c'est exactement le contraire dans la nature.

Le cercle squammeux de l'orbite se compose, outre la plaque sus-oculaire, dont nous avons déjà parlé, de deux pré-oculaires, de deux post-oculaires et de deux sous-oculaires ; cependant ces dernières manquent quelquefois, mais alors leur place se trouve toujours occupée par un prolongement de la pré-oculaire et de la post-oculaire inférieures, de telle sorte
qu'aucune des sus-labiales ne peut jamais s'élever jusqu'au globe de l'œil.

Chaque tempe est revêtue de dix à quinze squammes polygonales d'inégale grandeur et de forme très-irrégulière, parmi lesquelles on en remarque ordinairement trois, oblongues et plus grandes que les autres, qui
constituent une espèce de demi cercle derrière celui que forment les deux
post-oculaires et la portion postérieure de la sus-oculaire.

La lèvre supérieure porte sept ou huit paires de plaques, dont la dernière est toujours très-longue et fort étroite ; la pénultième, quoique de
moitié moins allongée que celle-ci, est pourtant oblongue, tandis que
toutes les précédentes sont plus hautes que larges et à peu près aussi élevées l'une que l'autre, à l'exception de la première, qui est distinctement
plus courte que les quatre ou cinq suivantes.

La plaque du menton, est très-petite; son pan antérieur est légèrement
arqué et beaucoup plus long que les deux autres, qui forment ensemble
un angle très-ouvert.

Il y a huit paires de plaques sous-labiales si variables, quant à leur configuration, que, sur six individus, nous n'en trouvons pas deux chez lesquels elles se ressemblent exactement.

Dans l'intervalle qui sépare la rangée de droite de la gauche, il y a six
plaques sous-maxillaires, puis une scutelle gulaire bordée, de chaque côté, par une grande squamme. Les six plaques sous-maxillaires, offrent
une surface de plus en plus étendue d'avant en arrière, et sont toutes distinctement dilatées en travers et taillées à plusieurs pans inégaux, dont le
latéral interne est oblique, au lieu d'être, comme d'ordinaire, parallèle à
la ligne médio-longitudinale de la gorge.

Ecailles : 15 rangées longitudinales au tronc, 6 à la queue.

Scutelles : 3 gulaires, 163-175 gastrostèges, 1 anale entière, 64-72 urostèges divisées.

DENTS. Maxillaires $\dfrac{5}{20\text{-}23}$. Palatines, 3. Ptérygoïdiennes, 18-20.

COLORATION. Le dessus et les côtés du corps sont transversalement, d'un
jaune-fauve, souvent marqué d'une multitude de très-petits points bruns,
et coupés par de nombreuses bandes noirâtres, quelquefois en zigzags
et composées de taches plus ou moins étroites, plus ou moins voisines
les unes des autres. Sur la nuque, il y a deux raies noires longitudinales
qui se prolongent, en divergeant, jusque aux yeux. La tête est piquetée

de noirâtre sur ses quatre faces ; la supérieure et les latérales sont fauves ,
tandis que l'inférieure est jaunâtre , de même que le ventre et le dessous
de la queue , où l'on voit une fine piqueture noirâtre , outre une double ou
une triple série soit de linéoles , soit de fort petits points de la même
couleur.

DIMENSIONS. La tête a en longueur le double de la largeur qu'elle offre
vers le milieu des tempes et le quadruple de celle du museau au niveau
des narines.

Les yeux ont en diamètre un peu plus de la moitié du travers de la région sus-inter-orbitaire.

Le tronc est à peu près deux fois aussi haut et 50 à 60 fois aussi long
qu'il est large à sa partie moyenne.

La queue entre au moins pour le cinquième, au plus pour le quart, dans
la longueur totale du corps , qui donne 0^m,543 chez notre plus grand
exemplaire, soit : *Tête*, long, 0,^{m}018. *Tronc*, long 0^m,405. *Queue,* 0^m,12.

PATRIE. Le *Pareas carinata* est un Serpent Javanais que notre Musée
possède.

MŒURS. L'estomac d'un des sujets que nous avons ouverts était rempli
de petits mollusques gastéropodes sans coquilles , à moitié digérés.

Boié dit avoir souvent trouvé des individus de cette espèce sous les
écorces des arbres.

2. PARÉAS LISSE. *Pareas lœvis*. Nobis.

CARACTÈRES. Toutes les écailles lisses, la queue très-courte ;
des bandes transversales obliques noires , également espacées ,
sur un corps comprimé et brusquement terminé à la hauteur du
cloaque par la queue beaucoup plus grêle. Des bandes noires
obliques transversales.

SYNONYMIE. 1827. H. Boié , pag. 520. *Amblycephalus lœvis*.
1837. *Dipsas lœvis*. Schlegel. Essai Phys. Serpents. Tom. I ,
pag. 164. Tom. II , pag. 287, pl. 11, fig. 24-25.

D'après l'Erpétologie de Java, non publiée, de Boié.

Nous avons trouvé l'individu que nous décrivons isolé dans un
bocal sans indication d'origine et avec deux étiquettes, dont l'une
portait le nom d'*Amblycephalus lœvis*, qui est un nom de genre
de Kuhl et de H. Boié , et l'autre indiquait la disposition des
écailles et leur nombre 3+156. 1+40. 15+6. , ces chiffres se

rapportant, suivant leur ordre d'énumération, aux gulaires, aux gastrostèges, à l'anale, aux urostèges, aux rangées longitudinales du tronc, puis à celles de la queue.

La forme de ce petit Serpent est absolument la même que celle de l'espèce précédente. La tête est courte, grosse, et par cela même très-distincte du cou, qui est étroit et légèrement comprimé. Le reste du tronc va continuellement en grossissant jusqu'au cloaque. La coupe en serait elliptique.

Les bandes noires obliques, transversales, qui entourent complètement le tronc, nous avaient fait penser que ce Paréas serait peut-être le Dipsas de Dieperinck de M. Schlegel, dont il compare la tête à celle du Naja-Bongare, et dont il trouve la disposition des couleurs analogue à celle de la couleuvre Corais. Les autres détails nous ont cependant prouvé que l'espèce que nous signalons ici est tout-à-fait différente, quoiqu'elle se trouve rapprochée dans la physionomie des Serpents de notre savant Ophiologiste des *Dipsas boa* et *carinata*, puisque comme nous l'avons dit, il la nomme *Dipsas lœvis*.

Quant au Dipsas boa, il est rangé par nous dans le genre voisin sous le nom d'*Aplopelture*, à cause de la rangée unique que présentent ses urostèges.

Afin d'offrir plus de détails sur ce Serpent, nous allons donner ici la traduction de l'article de M. H. Boié, publié en allemand dans le journal l'*Isis*, comme nous l'avons indiqué dans la synonymie.

Amblycéphale de Kuhl. Dents de couleuvre; les maxillaires peu nombreuses, fixées dans des os courts. Les supérieures sont comprimées et ne sont pas égales; les inférieures sont d'abord en avant très-longues et serrées, puis les autres décroissent en forme de cœur. Les ptérygo-palatines sont petites. La tête est distincte, très-élevée, plate en dessus, couverte de plaques tronquées sur le devant. Le museau, extrêmement tronqué, est large et vertical. Les yeux sont élevés, proéminents, rapprochés du bout du museau; la pupille est verticale et rétrécie. Les narines sont petites. Le dessous de la gorge est revêtu de plaques rangées transversalement. Le tronc est comprimé; il y a trois séries de plaques ou de plus grandes écailles sur la carène dorsale;

les autres écailles des flancs sont entuilées. La queue est mince, pointue et plate en dessous ou comprimée, et les urostèges forment une double rangée.

II.ᵉ SOUS-GENRE. APLOPELTURE. — *APLOPEL-TURA*. Nobis (1).

CARACTÈRES. Ceux des Paréas et des Lycodontiens en général. Ils sont tirés de la forme du corps qui est grêle, très-allongé, de la tête qui est courte, grosse comparativement et à lèvres comme gonflées en dessus et latéralement ; le museau est arrondi ; les écailles sont lisses ; les dents augmentent de longueur de devant en arrière ; mais le caractère particulier, comme nous avons cherché à l'indiquer par le nom du genre, est que le dessous de la queue est revêtu de plaques simples ou distribuées sur une seule rangée.

APLOPELTURE BOA. *Aplopeltura Boa*. Nobis.
(*Amblycephalus Boa*. H. Boié.)

CARACTÈRES. Parties supérieures et latérales d'un gris pourpre ; flancs offrant chacun une vingtaine de taches roses pendant la vie, grises ou blanches après la mort.

SYNONYMIE. 1828 *Amblycephalus Boa*. H. Boié. Bidrag. natuurk. wetenschapp. verzam. door von Haal, W. Vrolik en Mulder, Tom. III, pag. 249 et 251.

1828. *Amblycephalus Boa*. H. Boié. Isis. Tom. XXI, p. 1035.

1837. *Dipsas Boa*. Schlegel. Ess. Physion. Serp. Tom. I, pag. 163 ; Tom. II, pag. 284 ; pl. 11, fig. 29-30.

---

(1) Des trois mots grecs ʮρα, la queue ; πελτη, petit bouclier, et de Aπλοος, simple, par allusion aux urostèges ou plaques sous-caudales simples ou sur un seul rang.

DESCRIPTION.

Ecaillurê La plaque rostrale, dont le sommet ne se rabat point sur le museau, est distinctement plus haute qu'elle n'est large à sa base, qui présente une profonde échancrure ; elle tient aux inter-nasales par deux pans très-courts, réunis sous un angle obtus, et aux sus-labiales de la première paire par deux autres tout aussi petits ; par les deux derniers, elle adhère aux nasales.

Les inter-nasales sont pentagones inéquilatérales et assez dilatées en travers.

Les pré-frontales, presque aussi longues que larges, ont six bords inégaux (1).

Les deux pans latéraux de la frontale sont longs et parallèles, les quatre autres sont beaucoup moins étendus.

Les sus-oculaires sont aussi allongées que la frontale et moins étroites en arrière qu'en avant.

Les pariétales, dont la longueur n'excède pas leur plus grande largeur, ont chacune l'apparence d'un triangle équilatéral, bien qu'elles aient réellement, comme d'ordinaire, cinq côtés inégaux.

La nasale est grande, pentagonale, inéquilatérale, sub-oblongue et rétrécie à son extrémité postérieure, qui, se glissant entre les deux frénales, se trouve en contiguité avec la pré-oculaire du milieu.

Les frénales sont irrégulièrement pentagones ou hexagones.

Les pré-oculaires, presque toujours au nombre de trois, les post-oculaires tantôt au nombre de trois, tantôt au nombre de deux, ainsi que les sous-oculaires, sont toutes taillées à cinq ou six pans inégaux.

Il y a, sur chaque tempe, dix à douze squammes de figure et de grandeur très-variables.

Les quatre premières plaques sus-labiales sont plus hautes que larges, la cinquième et la sixième à peu près aussi larges que hautes, et les trois dernières très-distinctement plus dilatées dans le sens longitudinal que dans le sens transversal de la lèvre.

La lame du menton est fort petite et très-élargie : aussi son angle postérieur est-il extrêmement obtus et les deux latéraux sont très-aigus.

Nous comptons dix paires de plaques sous-labiales.

Six énormes plaques polygones, inéquilatérales et disposées sur trois rangs transversaux, occupent tout l'espace compris entre les sous-labiales au-devant de la première gastrostège.

---

(1) Nous possédons un individu qui, au lieu de n'avoir que deux préfrontales, en a trois, une médiane et deux latérales.

Ecailles : 13-15 rangées longitudinales au tronc , 4 à la queue.

Scutelles : 3 gulaires, 152-156 gastrostèges, 1 anale entière, 88-106 uros-tèges en rang simple.

C'est même en raison de ces plaques simples sous-caudales, que Boié a eu l'idée de donner à cette espèce de nom de *Boa*, pour indiquer cette conformité d'organisation.

DENTS. Maxillaires $\dfrac{5}{?}$. Palatines ? Ptérygoïdiennes, ?

COLORATION. Notre unique exemplaire de l'Aplopelture Boa étant en partie décoloré, nous allons reproduire ici la description que M. Schlegel a donnée du mode de coloration de l'espèce, d'après plusieurs individus parfaitement conservés.

« La couleur dominante est un gris pourpre. Les flancs sont ornés d'une
» vingtaine de taches roses, bordées de noir , très-élargies , irrégulières et
» déchiquetées ; ces taches, quelquefois confluentes sur le dos, descendent
» sous l'abdomen. La lèvre supérieure, qui est de la même teinte , offre
» une bande foncée au-dessous de l'œil. Le tout est marqué d'innombra-
» bles marbrures brunes , entremêlées de taches et de points noirs , de
» telle sorte que l'ensemble de la coloration imite celle de l'écorce des ar-
» bres, et cela, plus particulièment, chez les sujets où les taches roses sont
» le moins prononcées. L'iris est moitié bleu, moitié rouge. Les jeunes ont
» les couleurs plus foncées que les adultes. L'esprit de vin fait disparaître
» le rose, auquel succède du gris ou du blanc.

DIMENSIONS. La tête a en longueur près d'une fois et demie la largeur qu'elle offre vers le milieu des tempes , largeur qui est le double de celle du museau au niveau des narines.

Les yeux ont en diamètre environ les deux tiers du travers de la région sus-inter-orbitaire.

Le tronc est une demi-fois plus haut et 64 fois aussi long qu'il est large à sa partie moyenne.

La longueur de la queue est contenue à peu près trois fois et demie dans la totalité de l'étendue du corps.

Le sujet qui donne ces diverses proportions , mesure 0m,473 du bout du museau à l'extrémité caudale, soit :

Tête long. 0m,015. *Tronc* long. 0m,32. *Queue* 0m,138.

Le Musée de Leyde en renferme un , dont la longueur totale est de 0m,569.

PATRIE. L'Aplopelture Boa habite l'île de Java.

MOEURS. H. Boié rapporte , d'après les chasseurs Javanais qu'il avait avec lui pendant son séjour à *Tapos* , que cette espèce fréquente volontiers les toits des habitations des indigènes pour y chercher sa nourriture ; mais il ne dit point en quoi elle consiste.

III.e SOUS-GENRE. DINODON. — *DINODON* (1) Nobis.

CARACTÈRES ESSENTIELS. *Os sus-maxillaires garnis de dents coniques ; d'abord en avant, de quatre ou cinq crochets augmentant successivement de grosseur, suivis d'un espace libre, après lequel il y a deux crochets rapprochés l'un de l'autre, suivis d'un autre intervalle et de trois autres crochets, dont le premier est aussi fort que le quatrième ou le cinquième antérieur.*

CARACTÈRES NATURELS. Narines s'ouvrant entre les deux plaques nasales ; pupille vertico-elliptique. Les neuf plaques syncipitales ordinaires ; une frénale oblongue s'étendant jusqu'à l'œil ; une pré-oculaire non rabattue entre la sus-oculaire et la pré-frontale ; deux post-oculaires ; la troisième plaque sus-labiale touchant l'œil qui est bordé en dessous par la quatrième et la cinquième.

Ecailles lisses, sub-hexagones au dos où celles de la série médiane sont un peu plus grandes. Les urostèges en rang double.

1. DINODON BARRÉ. *Dinodon cancellatum.* Nobis.

CARACTÈRES. Dessus du corps noir, avec des bandes transversales d'un blanc roussâtre.

DESCRIPTION.∣

FORMES. La plaque rostrale, quoiqu'elle paraisse triangulaire, a bien réellement sept pans : un grand, le basilaire, échancré semi-circulaire-

(1) Ce nom a été imaginé par Bibron, d'après l'examen de l'individu confié par M. Smith. Il semble composé de Δὶ, par le milieu, de chaque côté, *utrinque*, et de Ὀδὸς, édenté.

ment au milieu ; deux moins longs formant un angle obtus enclavé dans les inter-nasales ; deux à peu près de même étendue que les précédents, mais légèrement infléchis et soudés aux nasales antérieures ; et deux enfin presque de moitié plus courts que ces derniers, faiblement infléchis aussi et articulés avec les sus-labiales de la première paire. Cette plaque couvre, de sa moitié supérieure, le dessus du bout du museau, dont elle prend la convexité et, de sa moitié inférieure, elle en protège le devant, qui n'est point vertical, mais légèrement proclive, présentant un enfoncement de-mi-circulaire.

Les plaques inter-nasales sont des pentagones irréguliers.

Une portion des pré-frontales se rabat presque verticalement sur la ré-gion frénale ; elles sont plus larges que longues et représentent des hepta-gones irréguliers.

La frontale est en triangle sub-équilatéral.

Les sus-oculaires sont rétrécies d'arrière en avant, où elles offrent un petit angle aigu à côtés égaux, engagé entre la pré-frontale et la pré-oculaire.

Les pariétales ont six bords inégaux, par le plus étendu desquels elles adhèrent ensemble.

La plaque nasale antérieure est un trapèze rectangle, dont le sommet aigu est l'antéro-supérieur. La nasale postérieure a six pans.

La plaque frénale, dont la pointe touche à l'œil, représente presque exactement un très-long triangle isocèle.

La pré-oculaire est unique et s'appuie sur la frénale ; elle ressemble as-sez à un trapèze rectangle. La post-oculaire supérieure est moins petite que l'inférieure, mais l'une et l'autre sont pentagonales.

Le nombre normal des squammes temporales nous paraît être de neuf de chaque côté, que l'on peut, d'après leurs différentes dimensions, dis-tinguer en une grande, deux moyennes et six petites : la grande, qui est un rectangle, est suivie d'une moyenne et côtoie le bord externe de la pariétale(1).

Il y a huit paires de plaques sus-labiales, dont la hauteur s'accroît depuis la première jusqu'à la sixième inclusivement; mais celle-ci est un peu plus élevée que la septième qui, elle-même, l'est plus que la huitième. Les troi-sième, quatrième et cinquième touchent à l'œil.

La plaque mentonnière semble avoir son bord antérieur un peu plus étendu que chacun des deux autres, qui s'enclavent en entier dans les

---

(1) C'est seulement d'un côté que le sujet d'après lequel nous faisons cette description, n'a que deux squammes temporales le long de la plaque pariétale ; de l'autre côté, ce qui est sans doute une anomalie, il y en a une très-petite entre les deux grandes.

plaques sous-labiales de la première paire. Ces plaques de la lèvre inférieure sont au nombre de dix paires.

Les plaques inter-sous-maxillaires antérieures ont quatre pans, deux antérieurs, dont l'un est de moitié plus petit que l'autre, et deux latéraux, très-grands, formant un angle aigu, dont le sommet est dirigé en arrière. Les postérieures sont moins développées, mais elles le sont plus que les sous-labiales de la première paire ; chacune d'elles a la forme d'un trapèze isocèle. A leur suite, se voient trois paires de squammes à cinq ou six angles irréguliers ; puis commence immédiatement la série des scutelles du dessous du corps.

Les écailles de la gorge, dont on compte cinq rangs obliques de chaque côté, sont oblongues et irrégulièrement hexagonales.

Ecailles : rangées longitudinales : 17 au tronc; 6 à la queue; rangées transversales, 195 + 70.

Scutelles : 2 gulaires; gastrostèges 194; 1 anale; urostèges 168.

Dents. Maxillaires, $\dfrac{7+3+2 \text{ ou } 3}{19 \text{ ou } 20}$. Palatines, 14 ou 15 + 25.

Coloration. Sur un fond noir, on voit une cinquantaine de barres d'un blanc fauve ou roussâtre, en travers du dos, et une vingtaine seulement, en travers du dessus et des côtés de la queue. Les flancs sont marqués d'une nombreuse suite de grandes taches noires, dans les intervalles desquelles, la coloration est un mélange de gris et de brunâtre. Les pièces du bouclier sus-céphalique sont noirâtres et leurs sutures d'une teinte jaunâtre, ou semblable à celle qui règne seule sur les lèvres. La nuque est noire ainsi que la région post-oculaire, car on y voit une tache triangulaire. Les tempes sont coupées obliquement de haut en bas et d'avant en arrière, par une large bande noire, placée entre deux autres bandes d'une teinte pareille à celle des bandes du dessus du corps. Le dessous de la tête et tout le ventre seraient uniformément d'un blanc jaunâtre, sans les piquetures noires dont le ventre est clair-semé dans sa moitié postérieure. C'est à peine si ce même blanc jaunâtre apparait à travers les nombreuses et grandes taches noires et irrégulières, qui couvrent la face inférieure de la queue.

Dimensions. La tête a en longueur le triple de sa largeur, prise au dessous des narines, et qui est la moitié de celle de la région temporale. Les yeux ont en diamètre le tiers du travers de la région inter-orbitaire. La plus grande largeur du tronc est égale aux deux tiers de sa plus grande hauteur, et elle est à la longueur dans le rapport de 1 à 46. La queue est contenue près de six fois dans la longueur totale, qui est de 0m,843.

Elle se décompose ainsi : *Tête*, long. 0m,034. *Tronc*, long. 0m,627. *Queue*, long. 0m,182.

Patrie. Nous ignorons le pays d'où cette espèce est originaire ; nous n'en avons encore observé qu'un individu, qui nous a été communiqué par le docteur Smith.

IV.ᵉ SOUS-GENRE. ODONTOME. — *ODONTOMUS.* Nobis (1).

Caractères essentiels. *Dents antérieures tranchantes, plus courtes que celles qui suivent au nombre de trois, sur la convexité interne inférieure de l'os sus-maxillaire. Après un espace libre, une série de petits crochets d'égale longueur.*

Caractères naturels. Corps très-grêle et très-comprimé; tête petite, large et courte, mais plus grosse que le cou, à museau obtus et à bouche très-fendue.

Les deux espèces rapportées jusqu'ici à ce genre sont faciles à distinguer l'une de l'autre. La première présente sur toutes la longueur du tronc en dessus, une série de grandes taches brunes, et la seconde est marquée en travers de bandes blanches fendues en deux à leur extrémité libre ; sur les flancs, on voit des taches brunes entre ces bandes. Les deux espèces de ce genre sont originaires des Indes-Orientales.

1. ODONTOME NYMPHE. *Odontomus nympha.* Nobis.

Caractères. Tout le dessus du corps portant de quarante à cinquante grandes taches brunes, arrondies, plus larges en travers.

Troisième plaque sus-labiale formant la moitié ou presque la moitié de la portion de la bordure squammeuse du dessous de l'œil.

---

(1) Ce nom signifie dents coupantes : il correspond à celui de *Tomodon*, donné par nous à un genre d'Opisthoglyphes Anisodontiens; mais les deux espèces comprises ici n'ont pas les dents de derrière cannelées.

Synonymie. 1734. ? *Serpens ex Guineâ*, etc. Séba. Tom. I , pag. 174 , tab. 110 , fig. 3.

1735. ? *Serpens argoli*, etc. Séba. Tom. II , pag. 67 , tab. 66, fig. 1.

Serpens argoli altera. Séba. Tom. II , pag. 67 , tab. 66 , fig. 2.

1796. *Coluber katla vyrien.* Russel Ind. Serp. Vol 2, pag. 42 , pl. 36 et 37. (jeune âge.)

1803. *Coluber nympha.* Daudin. Hist. Rept. Tom. VI, p. 244 , pl. 75, fig, 1. (Cop. Russel,)

1820. *Hurria nympha.* Merrem. Tent. Syst. Amph. , pag. 93, n.º 4.

1827. *Lycodon nympha.* Boié. Isis, Tom. XX, pag. 522, n.º 4.

1837. *Lycodon nympha.* Schlegel. Essai physion. Serp. Tom. I , pag. 143 , n.º 11 et Tom. II , pag. 120.

1843. *Nympha* (*Colub. nympha* Daudin.) Fitzinger. Syst. Rept. Fasc. I , pag. 27.

DESCRIPTION.

Formes. La plaque rostrale est plus large que haute; elle a six côtés , non compris le basilaire, qui est le plus grand et, comme d'ordinaire, échancré au milieu : deux de ces six côtés, les plus petits, tiennent aux sus-labiales de la première paire ; deux , un peu moins petits que les précédents, s'unissent aux nasales antérieures ; et les deux autres , seulement un peu plus grands que ces derniers , forment un angle ouvert, qui 'se rabat en arrière pour s'enclaver dans les inter-nasales. Les deux plaques ainsi nommées représentent chacune ordinairement un trapèze rectangle , quelquefois un trapézoïde. (1)

Les plaques pré-frontales, plus larges que longues , s'abaissent un peu , chacune de son côté, sur les régions frénales. Elles ont cinq pans.

La frontale est oblongue , elle offre antérieurement un pan tantôt rectiligne, tantôt brisé sous un angle excessivement ouvert, postérieurement, un petit angle aigu et , latéralement, deux très-longs bords , qui au lieu de marcher parallèlement se rapprochent un tant soit peu l'un de l'autre d'avant en arrière.

Les sus-oculaires sont assez allongées et moins étroites à leur extré-

(1) Chez un de nos individus, ces plaques ont, par exception, cinq côtés ; le bord par lequel elles tiennent à la nasale , qui est habituellement rectiligne , étant brisé sous un angle excessivement ouvert.

29.*

mité postérieure, qui est coupée carrément, qu'en avant où elles forment un petit angle sub-aigu à côtés inégaux, articulés, l'un avec la pré-oculaire, et l'autre avec la pré-frontale.

Les pariétales ont leur extrémité terminale coupée carrément ; l'angle sous lequel est brisé leur bord latéral externe est excessivement ouvert, et leur angle latéral et antérieur ne se rabat que fort peu sur la tempe, ou de manière à ne se trouver en rapport qu'avec la post-oculaire supérieure.

La seule plaque nasale qui se voit de chaque côté est oblongue et coupée à six pans, deux assez longs tenant, l'un à l'inter-nasale, l'autre à la première sus-labiale, un court adhérant à la rostrale et trois encore plus courts que celui-ci s'articulent respectivement avec la pré-frontale, la seconde sus-labiale et la frénale qui lui est à peu près semblable.

La pré-oculaire représente, soit un carré, soit un trapèze.

La post-oculaire supérieure est pentagone et de moitié moins grande que l'inférieure ; celle-ci est hexagone et d'une hauteur ordinairement double, quelquefois triple de sa largeur.

Les squammes temporales sont disposées, de chaque côté, sur cinq rangs presque perpendiculaires, un peu penchés en avant, et qui s'appuient, le plus antérieur sur la cinquième et la sixième sus-labiales, le suivant sur la septième, et les trois autres sur autant d'écailles placées à la suite de la série des plaques de la lèvre supérieure.

Le premier de ces cinq rangs en comprend tantôt deux, tantôt trois, hexagones et très-allongées ; la seconde en contient deux, rarement trois, hexagones aussi, mais plus courtes que les précédentes, et les trois derniers, chacun trois offrant l'apparence de losanges, bien qu'elles aient réellement six bords, de même que les autres.

La lèvre supérieure porte sept paires de plaques, qui augmentent graduellement de hauteur depuis la première jusqu'à la troisième ; la quatrième et la cinquième n'ont pas plus d'élévation que la troisième, mais le sixième en a plus et la septième moins.

Il y a huit paires de plaques sous-labiales. Celles de la première paire forment ensemble un chevron, entre les branches duquel s'enclave la mentonnière, qui est en triangle presque régulier. Celles de la sixième paire ont deux angles droits en avant et un aigu entre deux obtus en arrière. Celles de la septième sont trapézoïdes et celles de la huitième et dernière sub-rhomboïdales.

Les plaques sous-maxillaires, qui sont très-développées et d'une longueur double de leur largeur, représentent deux parallélogrammes tronqués au sommet de l'un de leurs angles antérieurs. Les sous-maxillaires de la seconde paire sont de moitié moins grandes que les précédentes ; ce sont des trapèzes isocèles. Elles sont suivies de quatre squammes hexagones formant un carré derrière lequel se trouve la première scutelle gulaire. Chacun des côtés de la gorge est revêtu de cinq ou [six séries obliques d'écailles hexagonales, oblongues.

Ecailles : rangées longitudinales, tronc 13; queue 6 (au milieu); rangées transversales 205 à 243 + 70 à 87.

Scutelles : 3 gulaires; gastrostéges 204 à 248; une anale double; 70 à 87 urostèges en double rang.

Dents. Maxillaires $\dfrac{10\ ou\ 11}{20}$. Palatines? 12; Ptérygoïd. 30.

Coloration. L'Odontome nymphe est comme coiffé d'une grande calotte d'un brun noir ou roussâtre, qui d'ordinaire, s'arrête aux plaques sus-labiales ; alors celles-ci, sont blanches, mais quelquefois elle descend jusqu'au bord libre de la lèvre supérieure. En général, le cercle squammeux de l'orbite est, intérieurement, d'une couleur plus intense que celle de la région sus-cranienne. La nuque offre en travers une bandelette blanche, dont les extrémités se dilatent assez pour couvrir toute la surface des tempes. Ce Serpent, lorsqu'il est très-jeune, présente de quarante à cinquante taches sub-orbiculaires, d'un brun pareil à celui de la tête, constituant une série unique, étendue depuis le dessus du cou jusqu'à la pointe de la queue. Ces taches, dont le diamètre transversal est tel qu'elles descendent un peu sur les côtés du corps, diminuent graduellement de grandeur, à mesure qu'elles se rapprochent de l'extrémité caudale. Elles sont nettement et régulièrement séparées l'une de l'autre par des intervalles d'un blanc, non moins pur que celui qui règne seul sous la tête et sur les parties inférieures et latérales du tronc et de la queue. Mais avec l'âge, ces intervalles d'un si beau blanc se maculent peu à peu davantage du même brun que celui des grandes taches, particulièrement à l'arrière du corps, où l'on n'en voit plus la moindre trace.

Dimensions. La tête a en longueur un peu plus de deux fois la largeur qu'elle offre en travers des tempes, ou un peu plus de trois fois celle qu'elle a au niveau des narines. Les yeux ont un diamètre égal à la moitié de l'étendue transversale de la région inter-oculaire. Le tronc, dont la hauteur ' vers sa partie moyenne, n'est pas tout à fait d'un tiers plus grande que sa largeur, a une longueur qui varie, suivant les individus, entre cinquante-neuf fois et soixante-dix-neuf fois cette largeur.

La queue entre pour le cinquième ou un peu moins du cinquième dans la longueur totale du corps, laquelle chez le moins petit des cinq sujets que nous avons maintenant sous les yeux, est de 0,^{m}533. La tête, le tronc et la queue donnent respectivement les mesures suivantes :

Tête long: 0^m,013. *Tronc long.* 0^m,405. *Queue* 0^m,115.

PATRIE. Le Bengale est jusqu'ici la seule contrée de l'Inde d'où nous ayons reçu l'*Odontomus nympha*.

2. ODONTOME PEU ANNELÉ. *Odontomus sub-annulatus.* Nobis.

CARACTÈRES. Troisième plaque sus-labiale ne formant qu'une très-petite portion de la bordure squammeuse du dessous de l'œil.
SYNONYMIE. *Dipsas sub-annulata.* Mus. Lugd. Batav.

DESCRIPTION.

FORMES. Cette espèce diffère de l'Odontome nymphe : 1.º en ce que, chez elle, la troisième sus-labiale étant moins large, s'avance à peine sous l'œil, au lieu de former la moitié ou presque la moitié de la portion inférieure du cercle orbitaire ; 2.º en ce que l'une des deux squammes temporales les plus voisines de l'orbite, l'inférieure, est beaucoup plus haute, de sorte qu'elle est moins allongée que dans l'espèce précédente ; 3.º en ce que le tronc est un peu plus comprimé et que le nombre de ses rangées longitudinales d'écailles est de quinze et non de treize ; 4.º enfin, en ce que le mode de coloration des diverses parties du corps est tout autre.

Ecailles : rangées longitudinales ; tronc, 15 ; queue, 4 (au milieu) ; rangées transversales 225 + 105.

Scutelles : 3 gulaires ; gastrostèges 225 ; 1 anale ; urostèges, 105.

DENTS. Maxillaires, $\dfrac{10 \text{ ou } 11}{20}$. Palatines ? 12. Ptérygoïdiennes ? 30.

COLORATION. Cette espèce, ou du moins l'individu par lequel elle nous est connue, a le museau comme marbré de brun et de fauve ; teintes qui se montrent aussi sur le reste de la face supérieure de la tête, où le fauve servant de fond au brun, celui-ci forme un quadrilatère en travers de la plaque frontale, deux bandelettes sur les sus-oculaires, qu'elles dépassent en arrière, et un long triangle isocèle, dont la base correspond au bout postérieur des pariétales et le sommet à celui de la frontale. Les tempes et les lèvres sont blanchâtres, celles-ci uniformément, mais les tempes sont maculées de brun violacé. Une grande tache brunâtre, bordée de fauve en avant, couvre le dessus du cou. Celle-ci est suivie d'une quinzaine de taches, de moitié plus petites et séparées l'une de l'autre par autant de bandes transversales blanches, bifides à chacune de leurs extrémités. A partir de la fin de cette série de taches brunâtres alternant avec des bandes blanches, le dos présente jusqu'à son extrémité postérieure, ainsi que tout le dessus de la queue, une double rangée de taches d'un brun roussâtre ayant chacune une étendue qui égale les espaces, d'abord de sept ou six écailles réunies, puis de six ou cinq ; ensuite de cinq ou quatre, enfin de quatre ou trois seulement. Ces intervalles peu considérables que laissent ces taches entre elles sont d'une teinte blanche, jaspée du même brun et cette teinte descend sur les côtés du corps, où, il y a d'un bout à l'autre, une suite de ces marques moins dilatées, mais de la même couleur que celles du dos. Le dessous de la tête est blanc. Le ventre l'est aussi dans le premier quart de sa longueur ; mais dans les trois autres, ses scutelles, ainsi que les urostèges sont colorées, en gris brun, excepté pourtant à leur bord postérieur, qui est blanchâtre, et à chacune de leurs extrémités latérales, qui est blanche, avec une petite tache d'un brun roussâtre.

DIMENSIONS. La tête a en longueur un peu plus du double de sa largeur prise vers le milieu des tempes, et à peu près le triple de celle qu'elle offre au niveau des narines. Le diamètre de l'œil est la moitié du travers de la région inter-orbitaire.

La largeur du tronc est à sa longueur dans le rapport de 1 à 84 environ ; elle est égale aux deux tiers de sa plus grande hauteur. La queue égale le quart de la longueur totale.

Longueur totale, 0^m,600. *Tête*, long, 0^m,014. *Tronc*, long, 0^m,442. *Queue*, long, 0^m,154.

PATRIE. L'Odontome peu annelé habite l'île de Sumatra.

L'unique exemplaire que nous ayons encore observé appartient au Musée de Leyde.

X.ᵉ FAMILLE. LES LEPTOGNATHIENS (1).

CARACTÈRES ESSENTIELS. *Serpents à queue conique et pointue ; à tête confondue avec le tronc pour la largeur ; à dents
palatines distinctes ; mâchoires étalées en lames minces, étroites
et faibles.*

Ce nom, qui désigne l'un des genres nombreux de ce groupe,
nous a paru propre à indiquer certaines particularités de l'organisation des Serpents que cette famille réunit. Il énonce,
en effet d'avance, leur genre de nourriture, car leurs deux
mâchoires ou l'une d'elles, étant très-faibles et garnies généralement de crochets minces et grêles, ces Ophidiens sont
réduits à ne saisir que de très-petits animaux, les seuls qu'ils
puissent facilement retenir et avaler.

On conçoit que la brièveté ou la faiblesse des mâchoires
doivent se dénoter extérieurement et au premier aspect, d'a-
bord, d'après le peu de longueur de la tête, ensuite par la
fente exigüe de leur bouche, dont l'ouverture ne permet qu'un
abaissement médiocre ou de haut en bas. La dilatation externe
des mâchoires, dans leur écartement réciproque et transversal,
se trouve d'ailleurs encore bornée, comme nous avons pu nous
en assurer, en étudiant l'organisation de la tête osseuse. On
remarque surtout l'excessif raccourcissement de la pièce intermédiaire, dite os transverse, destinée à unir de l'un et de
l'autre côté, les ptérygo-palatins à l'os sus-maxillaire. Il en
résulte que la protraction déterminée le plus ordinairement
par cette pièce, qui ne peut véritablement recevoir ici le nom
de transverse est réduite en longueur puisqu'elle fait suite

_____

(1) De Λεπτός, mince, grêle, et de γνάθος, mâchoire.

à l'axe de l'os sus-maxillaire , ce qui rend sa résistance en arrière plus réelle et plus solide, et qu'elle s'oppose ainsi au reculement de cette sorte de charriot mécanique et mobile qui s'opère d'une façon si notable dans la plupart des Serpents à longues mâchoires, car au moment même où ces os s'écartent de haut en bas , ils s'éloignent l'un de l'autre pour dilater la bouche verticalement et tout à la fois en travers et en dehors.

Le peu d'étendue en longueur de ces mêmes os maxillaires supérieurs donne à la physionomie de la tête un aspect tout particulier , en ce que les parties latérales et antérieures de la fente de la bouche paraissent comme un peu gonflées dans la région des joues. Cette apparence a été très-probablement cause que la plupart des Ophiologistes, et M. Schlegel en particulier , ont rangé quelques-unes de ces espèces dans le genre *Dipsas*; mais pour nous , les véritables Dipsas sont des Serpents venimeux ou dont les crochets situés sur l'extrémité postérieure des os sus-maxillaires sont cannelés sur leur longueur ; en un mot, ce sont de véritables Opisthoglyphes.

L'un des genres de la Famille dont nous nous occupons est des plus remarquables , soit par la forme et la situation, soit surtout par la brièveté des os de la mâchoire supérieure. Nous le désignons ici sous le nom de *Dipsadomore* des Indes. Il est des plus anciennement connus ; car dès l'année 1755 , il avait été pour ainsi dire considéré comme le type des *Dipsas*, par Scheuchzer, et ensuite par Laurenti.

C'est dans ce groupe, dont les mâchoires sont si faibles et les crochets dont elles sont armées si grêles et si peu nombreux, que nous avons réuni les Serpents dont la tête est à peine distincte du tronc par son peu de largeur. Ces reptiles, par cette structure même, sont forcés de ne rechercher pour leur alimentation, que des mollusques nus , des larves d'insectes , des vers annelides et même des œufs de Reptiles et ceux des oiseaux : généralement toute matière organisée vivante, qui ne peut opposer qu'une vaine ou trop faible résistance.

Au moment même où la victime se sent saisie à l'improviste, pressée entre les mâchoires, elle y reste accrochée et retenue, malgré ses efforts, par les pointes recourbées dont l'un et l'autre os maxillaires sont armés, ainsi que les os de la voûte palatine. En vain, cette proie vivante se débat-elle pour se soustraire à ces étreintes poignantes, les crochets acérés viennent pénétrer davantage dans d'autres points de la surface molle des chairs, jusqu'à ce que l'animal épuisé n'offre plus d'obstacle à l'acte de la déglutition.

Ainsi que nous l'avons dit, en faisant connaître la structure de la bouche dans les Ophidiens, les mâchoires représentent un appareil comparable à celui des cardes, dont les pointes nombreuses, saillantes sur deux lames opposées, sont destinées à étirer les fils de laine ou de coton qui doivent être employés dans nos manufactures.

Quoique ce mécanisme soit à peu près le même chez toutes les espèces de Serpents, il offre cependant quelques particularités dans cette famille des Leptognathiens. Elles nous ont même servi à en établir les caractères précis qui les font distinguer de toute la série des autres Serpents qui n'ont aucune dent cannelée, c'est-à-dire de tous les Aglyphodontes.

Voici, en résumé, ces caractères : D'abord, la tête étant à peu près de la même grosseur que le tronc, chez toutes les espèces, il en résulte que l'ampleur de la bouche, dans le sens de la longueur ou de devant en arrière se trouve considérablement diminuée ; d'autre part, la brièveté des os sus-maxillaires, ainsi que celle des pièces qui doivent leur transmettre le mouvement, tels que les os carrés et surtout les transverses, s'opposent à la dilatation ou à l'écartement transversal ; mais c'est surtout la faiblesse relative des os de la mâchoire supérieure, qui en constitue la particularité vraiment essentielle et tout-à-fait caractéristique. Ces os sont constamment grêles et peu solides. Il faut enfin noter la ténuité et l'uniformité des crochets qui garnissent toutes les parties solides de la bouche.

Ce sont ces considérations qui nous ont autorisé à établir la famille que nous allons étudier et à laquelle nous avons rapporté douze genres, distingués entre eux par la nature et la conformation des os sus-maxillaires.

Premièrement, on peut reconnaître que ces os sont chez les uns amincis en une sorte de lame plate, tantôt située horizontalement, de manière que leur bord interne, tourné vers le correspondant du côté opposé, représente une sorte de mâchoire transversale semblable à celle de quelques vers annelides ; tantôt cette lame osseuse est placée de champ et les crochets plus ou moins nombreux qui garnissent la tranche inférieure, sont dirigés vers le gosier ou le plancher inférieur de la bouche.

Les six premiers genres sont ainsi rapprochés, d'après la forme comprimée des os de la mâchoire supérieure.

Secondement, les six autres genres, chez lesquels les os sus-maxillaires, courts et faibles, ont à peu près une egale épaisseur dans toute leur étendue, présentent une différence notable, par ce que chez l'un d'eux, les os qui constituent la mandibule interne supérieure, que l'on nomme Ptérygo-palatine, sont excessivement élargis dans le sens horizontal, tandis que chez les cinq autres, ces os sont de la largeur ordinaire.

Telle est la distinction première et tout-à-fait anatomique, qui nous a servi, en cette circonstance, pour rapprocher entre elles les espèces de ce groupe, n'ayant pas trouvé de caractères extérieurs qui eussent pu produire un meilleur résultat.

On conçoit en effet que, d'une part, la faiblesse et la gracilité des mâchoires indiquent d'avance la nature de l'alimentation. De plus, il y a ici, cette autre particularité : c'est que ces os plats réduits en une sorte de lame mince, élargie et située horizontalement ou sur le plat, exigent un tout autre mécanisme dans la manière dont la proie est pour ainsi dire *appréhendée*, au moment où elle est saisie ; car les crochets portés sur le bord interne tendent à se rapprocher de l'un et de l'autre côté et peuvent ainsi exercer l'office d'une pince à griffes.

Nous avons remarqué, outre des différences dans la conformation générale du corps, une largeur diverse dans ces mêmes os sus-maxillaires plats : tantôt ils sont, relativement, fort étroits, comme dans les *Leptognathes* (5) pris pour types de cette famille, que nous désignons en changeant seulement la terminaison du nom de genre ; tantôt, au contraire, ces lames osseuses sont très-dilatées dans toute leur étendue, comme chez les *Pétalognathes* (1) ; ou elles le sont beaucoup plus dans la région postérieure, ainsi que nous les offrent les *Dipsadomores* (2). Nous avons donc rapproché ces trois premiers genres, dont les numéros sont destinés à indiquer l'ordre sérial.

Dans les trois autres genres, dont les os sus-maxillaires représentent encore une sorte de lame, ces os sont posés dans une situation verticale sur la tranche ou sur la face la moins large.

Leurs mœurs sont différentes, et jusqu'à un certain point, inscrites d'avance ou indiquées par la disposition des ptérygo-palatins et par le nombre des crochets qui garnissent les pièces osseuses de la bouche. Ces crochets sont très-nombreux dans les *Cochliophages* (4) et les *Hydrops* (5) ; mais chez les premiers, les os ptérygo-palatins forment une ligne droite, tandis qu'elle est arquée chez les seconds. Enfin, chez les *Rachiodons* (6) qui offrent, comme leur nom l'indique, de véritables dents formées par les apophyses épineuses inférieures de la colonne vertébrale, les crochets manquent en grande partie sur les os des mâchoires. Ces Serpents paraissent appelés à avaler des œufs, dont la coquille calcaire n'est réellement brisée que lorsqu'ils sont parvenus dans l'œsophage.

Tous les autres Leptognathiens ont les os de la mâchoire supérieure grêles, mais à peu près d'égale épaisseur sur toute leur étendue. Il n'en est pas de même des ptérygo-palatins, qui font l'office d'une seconde mâchoire interne, car cette pièce osseuse offre une largeur extraordinaire dans le genre que nous avons cru devoir désigner, en raison de cette particularité, sous le nom de *Platyptéryx* (7). Dans les autres genres, ces os n'offrent rien de semblable; seulement ils sont de forme variable, ainsi que le bout antérieur de la tête qui constitue une sorte de museau pointu. Dans les *Sténognathes* (8), par exemple: ou bien, ces os s'éloignent l'un de l'autre en ligne droite, comme les deux branches d'un compas droit ou d'un V renversé, tandis qu'ils sont courbés en dehors dans les *Ischnognathes* (9).

Chez les espèces qui ont le museau mousse ou arrondi, on a remarqué une disposition singulière dans les os sus-maxillaires qui sont comme tordus sur eux-mêmes, et paraissent ainsi formés de deux portions, dont les crochets n'ont pas la même direction : ce sont pour nous des *Stremmatognathes* (12). Les deux derniers genres ont des os sus-maxillaires droits, mais les crochets dont ils sont garnis varient pour leur direction, car ils sont portés obliquement en dedans chez les *Brachyor-rhos* (10) et directement en arrière dans les *Streptophores* (11).

Le tableau synoptique suivant présente l'analyse de cette classification.

TABLEAU SYNOPTIQUE DES SERPENTS AGLYPHODONTES *LEPTOGNATHIENS.*

Les os sus-maxillaires

- **plats : en lame**
  - **horizontale**
    - **larges, dilatés** — dans toute leur longueur . . . . 1. PÉTALOGNATHE.
    - davantage en arrière . . . . . . 2. DIPSADOMORE.
    - **étroits; corps comprimé, à des plus épais** . . . . 3. LEPTOGNATHE.
  - **verticale; ptérygo-palatins**
    - **droits, courts; crochets nombreux** . . . . 4. COCHLIOPHAGE.
    - **arqués; crochets**
      - très-nombreux . . . . . 5. HYDROPS.
      - peu nombreux . . . . . 6. RACHIODON.
- **linéaires; ptérygo-palatins**
  - **plats, très élargis surtout dans la branche postérieure** . . 7. PLATYPTÉRYX.
  - **pointu; os du palais**
    - droits, évasés en V . . . . 8. STÉNOGNATHE.
    - courbés en dehors . . . . 9. ISCHNOGNATHE.
  - **museau**
    - **rond; sus-maxillaires**
      - **droits; crochets en**
        - dedans . . . . 10. BRACHYORRHOS.
        - arrière . . . . 11. STREPTOPHORE.
      - comme tordus sur eux-mêmes . . . 12. STREMMATOGNATHE.

I.ᵉʳ GENRE. PÉTALOGNATHE. — *PETALOGNA-THUS* (1). Nobis.

CARACTÈRES ESSENTIELS. *Les os qui correspondent à la mâ-choire supérieure et externe étalés en lames minces, larges, égales dans toute leur longueur, fort courts et situés horizonta-lement, et ayant leurs crochets dirigés en arrière.*

CARACTÈRES NATURELS. La conformation singulière des os sus-maxillaires, qui sont excessivement aplatis horizontale-ment et étalés comme des lames très-minces, à peu près d'é-gale largeur sur toute leur étendue, nous a suggéré l'idée de donner à ce genre un nom qui pût servir à le désigner et à le faire distinguer de plusieurs des Serpents de cette famille chez lesquels les os de la mâchoire supérieure très-grêles, ne sont pas aussi aplatis en lames horizontales, mais larges et à peu près d'égale épaisseur.

Le bord externe de ces os dont la ténuité est extrême, sou-tient la joue et complète en même temps, dans la tête osseuse, la partie inférieure du cadre de l'orbite.

Deux autres genres offrent aussi les os en lame mince, mais cette lame est plus dilatée en arrière dans les *Dipsado-mores*, et au lieu d'être large, elle est fort étroite, au moins comparativement, dans les *Leptognathes*.

Les crochets longs et grêles qui garnissent le bord interne sont dirigés en même temps en dedans et en bas, et leurs pointes libres, très-acérées, sont dirigées vers la gorge, ou en arrière.

Les os ptérygo-palatins se réunissent régulièrement en avant comme un A ou en V renversé, mais fort allongé, dont les branches sont droites et non courbées en lyre, c'est-à-

(1) Πέταλον, lame mince et de Γνάθος, mâchoire. Mâchoire en lame.

dire parallèlement élargies dans leur région moyenne. Les crochets longs et pointus, qui garnissent leur tranche inférieure, sont assez distincts ou séparés entre eux ; ils vont en diminuant de longueur de devant en arrière. Nous en avons compté plus de vingt, dont les dix antérieurs sont les plus longs.

On reconnaît sur le dessus de la tête les huit plaques situées autour de l'écusson central ou plaque frontale, qui complète le nombre habituel de neuf. Il y a deux nasales, entre lesquelles s'ouvrent les orifices externes des narines, dont le pourtour est à peu près circulaire et reste étalé, comme saillant. La plaque frénale, qui est un peu allongée, vient toucher le bord de l'œil, de sorte qu'il n'y a point de pré-oculaire. Les lames labiales supérieures, au nombre de sept, rarement de six, touchent le bord inférieur de l'orbite par la quatrième ou la cinquième.

Les écailles du tronc sont lisses ; mais comme dans plusieurs autres genres et en particulier dans celui des Leptognathes, celles de la ligne dorsale médiane sont à six pans et plus grandes que les autres, qui sont carrées ou losangiques.

Les gastrostèges sont comme dans les Leptognathes, assez étroites ou ne se relèvent pas sur les flancs, et les urostèges sont doubles, ou forment deux rangées.

La pupille paraît être celle d'un Serpent nocturne, car sa fente est linéaire dans le sens vertical.

Il n'y a encore qu'une seule espèce inscrite dans ce genre.

Voici sa description et son histoire complète.

PÉTALOGNATHE NÉBULEUX. *Petalognathus nebulatus.* Nobis.

(Coluber nebulatus. Linné.)

CARACTÈRES. Parties supérieures et latérales jaspées de blanchâtre et de roussâtre ou de grisâtre et de noirâtre, avec ou sans

bandes transversales d'un brun rouge ou noirâtre. Corps annelé
de noir sur un fond d'un blanc-jaune en dessous, d'un gris uniforme en dessus et de chaque côté.

SYNONYMIE. 1734. *Serpens africana, ab Hottentotis Sibon dicta.*
Séba. Tom. I, pag. 22, tab. 14, fig. 4.

1735. *Serpens americana versicolor.* Séba. tom. II, pag. 30,
tab. 29, fig. 3.

1735. *Serpens americanus* etc. Scheuchzer. Phys. Sacra. Tom.
IV, pag. 1532, tab. 748, fig. 8.

1746. *Anguis.* Linné. Amœnit. Academ. Tom. I, p. 304, n.º 32.

1754. *Coluber nebulatus.* Linné. Mus. Adolph. Frid, pag. 32,
tab. 24, fig. 1.

1758. *Coluber sibon.* Linné. Syst. Nat. Edit. 10. Tome I,
pag. 222, n.º 264.

Coluber nebulatus. Ejusd. loc. cit. n.º 265.

1766. *Coluber sibon.* Linné. Syst. Nat. Edit. 12, Tom. I, p. 383,
n.º 264.

Coluber nebulatus. Ejusd. loc. cit. n.º 265.

1768. *Cerastes nebulatus.* Laurenti. Synopsis. Rept. pag. 83,
n.º 174, (d'après Linné.)

1771. *Le nébuleux.* Daubenton. Dict. Anim. Quad. Ovip. Serp.
pag. 657 (d'après Linné.)

Le Sibon. Ejusd. loc. cit. pag. 679 (d'après Linné.)

1782. *Coluber nebulatus.* Weig. Abb. der Hall. naturf. Ges.
Tom. I, pag. 32, n.º 44-45.

1783. *Coluber nebulatus.* Mus. Linck. Tom. I, pag. 75.

1788. *Coluber Sibon.* Gmelin Syst. Nat. Linné. Tom. I, Pars. 3,
pag. 1107, n.º 264.

Coluber nebulatus. Ejusd. loc. cit. n.º 265.

1789. *La Nébuleuse.* Lacépède. Hist. Nat. Quad. ovip. Serp.
Tom. II, pag. 307 (d'après Linné).

Le Sibon. Ejusd. loc. cit., pag. 271.

1789. *Le Sibon.* Bonnaterre. Encyclop. Meth. Ophiol., p. 35,
mais non la fig. qu'il y rapporte, pl. 19, n.º 35.

Le Nébuleux. Ejusd. loc. cit. pag. 36, pl. 20, fig. 38,
Cop. du Mus. Adolph. Frid. de Linné.

1790. *Wolken natter.* Merrem. Beitr. Helt. I, pag. 31, pl. 8.

REPTILES, TOME VII.   30.

1802. *Coluber nebulatus*. Shaw. Gener. Zool. vol. 3, Part. 2 , pag. 476 : exclus. *Serpens Ceilonica*. Séba. Tom. I, tab. 100, fig. 4. (c'est un Opisthoglyphe , qui est notre Lycognathe scolopax *Coluber scolopax* Klein , Lycodon *audax* Schlegel.)

   Coluber sibon. Ejusd. loc. cit. , pag. 507 (d'après Linné.

1802. *Coluber sibon*. Latreille. Hist. Rept. T. IV, p. 164.

   Coluber nebulatus. Ejusd. loct. cit., pag. 177.

1802. *Die sibon natter*. Bechstein de Lacepede's naturgesch. Amph. Tom. IV , pag. 39, pl. 4, fig. 2.

   Die Wolken natter. Ejud. loc. cit. Tom. IV , pag. 96.

1803. *Coluber sibon*. Daudin. Hist. Rept. Tom. VI, p. 435.

   Coluber nebulatus. Ejusd. loc. cit. Tom. VI , pag. 413.

1820. *Coluber Nebulatus*. Merrem. Tent. Syst. Amph., p. 104 : Exclus. synon., *Colub. Zeylanicus* , Gmel. (*Lycognathus scolopax* , nobis.)

   Coluber sibon. Ejusd. loc. cit. , pag. 130.

1820. *Coluber nebulatus*. Kuhl. Beitr., Zool. , pag. 88.

1826. *Sibon nebulatus*. Fitzinger. neue Classif. Rept. , p. 60.

1827. *Dipsas nebulata*. F. Boié. Isis. tom. XX, p. 550, n.° 10.

1837. *Dipsas nebulata*. Schlegel. Ess. physion. Serp. Tom. I, pag. 162 ; Tom. II , pag. 275 , pl. 11, fig. 14-15.

1840. *Dipsas nebulata*. Filippi de Filippo Catal. ragion. Serp. Mus. Pav. (Bibliot. Italian. Tom. XCXIX.)

DESCRIPTION.

FORMES. La plaque rostrale a sept pans inégaux : deux sont soudés aux sus-labiales; deux adhèrent aux inter-nasales ; deux sont fixés aux nasales; enfin , le septième, qui est plus étendu, offre une échancrure pour laisser passer la langue.

Les inter-nasales peu développées , mais élargies , sont irrégulièrement pentagones, pour se joindre d'une part entre elles ; puis aux deux nasales ; enfin à la rostrale et à la pré-frontale.

Les pré-frontales sont quatre fois plus grandes que les inter-nasales et quoiqu'elles paraissent carrées, elles ont cinq bords inégaux par lesquels elles se joignent entre elles , puis elles sont en contact avec le globe de l'œil et la seconde nasale et par l'un de ces bords, un peu concave , elles touchent l'une des plaques sus-oculaires,

La frontale offre aussi cinq pans irréguliers.

Par son extrémité antérieure, qui est la moins large, la sus-oculaire est en rapport avec la pré-frontale. Les pariétales, à peu près aussi longues que larges en avant, ont leur bord temporal un peu sinueux elles adhèrent aussi à la post-oculaire supérieure par le pan qui touche la sus-oculaire.

La première plaque nasale, aussi large que longue, a la forme d'un trapèze. La seconde, au contraire, plus longue a cinq pans inégaux. La frénale est en carré un peu allongé; à défaut de pré-oculaire, elle se joint à la pré-frontale pour border avec elle le globe de l'œil en avant. Les post-oculaires à cinq pans sont peu étendues.

Il y a cinq à sept squammes temporales irrégulières; l'une d'elles, un peu plus grande, touche seule les écailles post-oculaires.

La première des sept plaques sus-labiales est trapézoïde; la deuxième et la troisième sont carrées à angles droits, cependant un peu plus larges en travers. La quatrième est de même forme, mais un peu plus obtuse du côté qui touche à l'œil et à la plaque frénale. La cinquième, qui borde l'œil aussi, est deux fois plus longue que celle qui la précède. La sixième, plus haute que celles entre lesquelles on la voit, est coupée carrément par le bas et présente en haut trois pans inégaux, pour se joindre à la post-oculaire et à deux des squammes temporales. La septième et dernière est un trapézoïde oblong.

La plaque mentonnière est petite, triangulaire, un peu dilatée en travers.

Il y a huit plaques sur la lèvre inférieure. Les deux premières se joignent en V pour s'enclaver par leur base réunie en avant entre les plaques sous-maxillaires; elles sont pentagonales et allongées.

Les plaques sous-maxillaires antérieures forment par leur jonction une sorte de lame sub-elliptique échancrée en avant qui, par derrière, s'enclave entre les sous-maxillaires suivantes; celles-ci se trouvent séparées par des écailles élargies, qui varient beaucoup pour la forme et l'étendue.

Il y a, sur toute la longueur du tronc, 15 rangées d'écailles et 4 ou 6 à la queue. Ces écailles ne sont pas toutes semblables, ainsi que l'a dit M. Schlegel, celles du milieu du dos étant plus développées que les autres et hexagones, au lieu d'être losangiques.

On compte trois ou quatre plaques gulaires moyennes et 173 à 182 gastrostèges; une anale et 73 à 101 urostèges.

Les dents maxillaires sont ainsi distribuées $\frac{12 \text{ à } 14}{20 \text{ à } 22}$. Palat., 8 ou 10. Ptérygoïdiennes, 16 ou 18.

COLORATION. Elle varie, et sous ce rapport, on distingue quatre variétés.

1.° *Variété A.* Ici, le dessus et les côtés sont jaspés de blanc sale et de

30.*

roussâtre et tout le dessous d'un blanc sale également est irrégulièrement marqué de taches d'un brun rouge , qui sont espacées en avant ou sur la première moitié du ventre et beaucoup plus rapprochées sur la seconde et très-pressées sous la queue.

2.° *Variété* B. De plus que chez la précédente , il y a de larges bandes en zig-zag d'un brun rouge incomplètement bordées de blanc sur le dessus du corps. Ces bandes se prolongent sur les côtés du ventre et de la queue , qui est d'un jaune pâle piqueté de brun rubigineux.

3.° *Variété* C. Elle diffère de la précédente, en ce que la jaspure est grise ou noirâtre et que les bandes flexueuses sont d'un brun noir , ainsi que les bordures des plaques labiales et les piquetures du dessous du corps.

4.° *Variété* D. Cette quatrième a, pour fond de couleur, un gris uniforme clair et le dessous blanc , faiblement lavé de jaune. Il y a , autour du tronc et de la queue, des bandes d'un beau noir d'ébène ornées d'un feston blanc ; elles forment une suite de près de cinquante anneaux parmi lesquels plusieurs sont ouverts tantôt du côté du dos, tantôt sur les flancs et même sous le ventre. Cette jolie variété provient du Mexique.

Dimensions. La tête est des deux tiers environ plus longue que large , au moins entre les tempes, car le museau, au-devant des narines, n'a que le tiers de cette dernière largeur. Les yeux ont également en longueur les deux tiers de l'espace que laissent entre elles les orbites. Le tronc est de 45 à 60 fois plus long qu'il n'est large dans son milieu. La queue forme plus du tiers de la longueur totale qui est 0^m,647 chez le plus grand des sujets que nous avons pu examiner. La *Tête* a 0^m,017. Le *Tronc* 0^m,480. La *Queue* 0^m,150.

Patrie. Surinam était jusqu'ici le seul pays où l'on eût rencontré cette espèce ; mais nous venons de dire qu'elle se trouve aussi au Mexique, le très-bel individu de la *Variété* D ayant été recueilli dans cette contrée par les soins de M. Ghuisbreght.

Observations. L'estomac des deux sujets que nous avons ouverts renfermait plusieurs petites Vaginales, Gastéropodes terrestres, voisins des Limaces.

II.ᵉ GENRE. DIPSADOMORE. — *DIPSADOMO-RUS* (1). Nobis.

Caractères essentiels. *Os sus-maxillaires très-courts en*

_____

(1) De Διψάς-άδος , nom très-ancien d'un Serpent dont on a dit que la morsure déterminait, chez les personnes piquées, une soif inextinguible; et de Ὅμορος , qui est voisin, *confinis* , pour indiquer les rapports de formes avec les vrais Dipsas.

*lames minces et horizontales, un peu plus larges en arrière et
comme sous-courbés ; à crochets nombreux, dont la pointe est
dirigée en dedans et en haut.*

CARACTÈRES NATURELS. Corps allongé, étroit, comprimé, à
ventre plat ; mais plus mince que le dos, qui est saillant en
toit et couvert, sur la ligne moyenne, de grandes plaques à
six pans, plus larges que longues, formant une série longitudinale dilatée en travers ; les écailles latérales, de forme
rhomboïdale, distribuées sur treize rangs ; toutes sont lisses.

La tête est grosse et courte, à joues gonflées ; les yeux sont
très-gros. Les dents antérieures des branches sous-maxillaires
sont beaucoup plus longues que celles qui les suivent.

Une particularité que nous avons observée dans la forme
des os sus-maxillaires, d'ailleurs très-plats, comme chez les
Pétalognathes, c'est qu'ils sont d'abord sous-courbés, portant intérieurement, ou du côté interne opposé à la joue, des
crochets dirigés en dedans du palais. Mais ces mêmes os, ainsi
très-minces et en lame, sont appelés à compléter parfaitement
en dessous le bord de l'orbite, et en outre cette lame, par son
extrémité postérieure, s'élargit en un appendice sur lequel
l'angle postérieur de l'orbite rencontre un point d'appui ou
de résistance. Ce qui nous aurait fourni l'idée de désigner ce
Serpent sous le nom de *Ptérognathe* ou de mâchoire prolongée
en aile, si l'ancien nom de *Dipsas*, donné par les auteurs, ne
nous avait fait préférer celui qui se trouve destiné à rappeler
'affinité de ce Serpent avec le véritable Dipsas, qui est un
Opisthoglyphe.

Par une circonstance fâcheuse pour la science, ce même
Serpent a été aussi désigné sous le nom de Bucéphale, qui se
trouve être celui d'un genre et qui ne peut convenir à l'espèce, car ce mot employé comme dénominations générique et
spécifique, donnerait lieu à des méprises.

Ce Serpent a le dessus du crâne revêtu, comme c'est la disposition la plus ordinaire, des huit plaques paires rangées au

tour d'un écusson central. Les autres lames n'offrent rien de particulier, la tête étant courte, bombée en dessus et n'ayant en longueur que deux fois sa largeur.

La bouche est garnie de crochets très-courbes, un peu inégaux, ce qui est rare dans ce groupe, mais nous en avons remarqué quelques-uns qui étaient de moitié plus longs que les autres.

Nous n'avons pu inscrire qu'une seule espèce dans ce genre, c'est le Dipsadomore Indien dont la description va suivre.

1. DIPSADOMORE INDIEN. *Dipsadomorus Indicus.*

(*Dipsas Indica.* Laurenti.)

(Voyez l'Atlas, pl. 67, sous le nom d'*Amblycéphale bucéphale.*)

Caractères. Parties supérieures d'un fauve ou d'un brun rougeâtre, avec des bandes transversales d'une teinte plus claire, au-dessous de chaque extrémité desquelles il existe une tache argentée. Une rangée de points blancs décrivant un demi-cercle pour se rendre d'un coin de la bouche à l'autre, en passant sur la nuque.

Synonymie. 1734. *Serpens Lusitanis cobra de capello dicta, seu vipera naja, cœlonica fœmina.* Séba. Tom. I, pag. 71, tab. 43, fig. 4.

1735. *Dipsas Surinamensis*, etc. Scheuchzer. Phys. Sacra. Tom. IV, pag. 1296, tab. DCLIV, fig. 5.

1768. *Dipsas indica.* Laurenti. Synops. Rept. pag. 90, n.° 196, d'après la fig. précitée de Séba.

1801. *Furchterliche natter* (*Coluber atrox.* Linné.) Beschtein. La cépéde's naturgesch. Amph. Tom. III, pl. 7, fig. 1. (cop. de la fig. de Séba. précitée.) Bechstein, par une erreur inconcevable et d'après Gmelin, donne cette figure comme la représentation du *Coluber atrox* de Linné, qui est un Trigonocéphale (Solénoglyphe.

1802. *Coluber bucephalus.* Shaw. Gener. Zool. Vol. III, part. 3, pag. 422, pl. 109. (Descript. et fig. cop. de Séba.)

1810. *Bungarus bucephalus.* (*Coluber bucephalus.* Shaw.) Oppel. Ann. Mus. d'hist. nat. Tom. XVI, pag. 392.

1811. *Bungarus bucephalus.* Oppel. ord. Fam. Gatt. Rept. p. 70.

1820. *Coluber bucephalus.* Merrem. Tent. Syst. Amph. p. 128, n.° 138 (d'après la fig. de Séba précitée) : Exclus synonym., fig. 5, tab. 43 , tom. I , Séba. (Pl. 43 , fig. 4 et 5.)

1822. *Dipsas bucephala.* Schinz. Thierr. eingeth. nach dem Bau der Thier. als Grund. ihr. naturgesch. und der Vergleich. anat. von Cuvier, Tom. II, pag. 117.

1827. *Dipsas bucephala.* F. Boié. Isis. Tom. XX, p. 549, n.° 1. (D'après Shaw, qui n'a lui-même connu ce Serpent que par la figure qu'en avait donnée Séba et que nous venons d'indiquer.)

1830. *Dipsas* (d'après le *Dipsas indica* de Laurenti.) Wagler. Syst. Amph., p. 181.

1837. *Dipsas bucephala.* Schlegel. Essai sur la Phys. des Serpents. Tom. I, pag. 162 et Tom. II, pag. 281, pl. 11, fig. 16 et 18.

DESCRIPTION.

La plaque rostrale touche aux inter-nasales sans se rabattre sur le museau. Si elle n'était échancrée par le bas, elle représenterait un triangle à côtés égaux.

Les plaques inter-nasales, comparées aux autres lames sus-céphaliques sont les plus petites. Par un pan fort court, elles se joignent; par deux autres très-longs, elles adhèrent à la plaque nasale.

Les pré-frontales, un peu moins longues que larges, ont six côtés inégaux par lesquels: 1.° elles se joignent ; 2.° en haut, elles s'unissent à la pré-oculaire et à la sus-oculaire ; 3.° par quatre autres bords, elles s'affrontent à la frénale , à la frontale et à la nasale comme à l'inter-nasale.

La frontale a cinq pans: un antérieur, deux en arrière plus courts et deux latéraux plus longs.

Les plaques sus-oculaires fort élargies en arrière représentent des triangles scalènes ; cependant elles ont six pans, dont trois, très-petits, sont soudés à la pré-oculaire, à la pré-frontale et à la post-oculaire supérieure.

Les pariétales, rétrécies et tronquées en arrière, sont presque aussi longues qu'elles sont larges en avant. Leur bord temporal décrit en arrière une courbe rentrante.

La plaque nasale unique est en trapèze presque rectangle , dont le sommet aigu est en dessus et en avant.

Il y a deux pré-oculaires, l'une très-grande et carrée, l'autre, qui la surmonte, est fort petite et trapézoïde. La post-oculaire inférieure a quatre ou cinq pans ; elle est moins grande que la supérieure, qui en a six.

Il y a, sur chaque tempe, six à huit squammes d'inégale grandeur, dont une ou deux adhèrent aux plaques post-oculaires.

Les cinq premières des neuf sus-labiales sont plus hautes que larges ; la sixième et la septième ont une hauteur et une largeur à peu près égales ; mais la huitième et la neuvième sont beaucoup plus longues en travers ou dans le sens de l'os qu'elles recouvrent.

La plaque mentonnière est triangulaire et assez développée en travers. Le nombre des plaques sous-labiales est considérable ; car il n'y en a pas moins de quinze.

On compte de six à huit plaques sous-maxillaires polygones, élargies, formant un double rang suivi de la série des gastrostèges. La gorge a, de chaque côté, trois ou quatre rangs d'écailles en parallélogrammes oblongs.

Tous ces détails relatifs à l'écaillure sont très-bien représentés sur la pl. 67 de l'Atlas de cet ouvrage.

Il y a treize rangées d'écailles le long du tronc et quatre à cinq à la queue On trouve après les cinq gulaires 190 à 200 gastrostèges, une anale entière et 100 urostèges divisées.

Les dents maxillaires $\dfrac{11 \text{ ou } 12}{15 \text{ ou } 16}$. Les Palatines, 7. Les Ptérygoïdiennes ?

COLORATION. Le dessus et les côtés du tronc et de la queue sont ou d'un brun fauve ou d'un brun rougeâtre, avec des bandes transversales plus claires et même un peu jaunâtres, particulièrement sur les régions inférieures obscurcies de roussâtre. Il y a une tache d'un beau blanc d'argent au-dessous de chaque bout des bandes en travers, et leurs bords sont également et finement piquetés de blanc, qui se voit au centre de chaque écaille labiale supérieure, d'un angle de la bouche à l'autre, en passant sur la nuque. Le dessus et les côtés de la tête ont des macules brun rouge, liserées de blanc sur un fond roux fauve.

DIMENSIONS. La tête est une fois et demie plus longue que large dans son milieu. Les yeux sont à peu près de la moitié de l'espace inter-orbitaire supérieur. Le tronc est de 50 à 75 fois plus long que large. La queue est du quart du tronc, qui est de 0m,775 chez le plus grand individu. La *Tête*, 0m,020. Le *Tronc*, 0m,570. La *Queue*, 0m,185.

Cette espèce n'a encore été trouvée que dans l'île de Sumatra.

III.ᵉ GENRE. LEPTOGNATHE. — *LEPTOGNA-THUS* (1). Nobis.

CARACTÈRES ESSENTIELS. *Les os sus-maxillaires minces , en lame étroite , située horizontalement, mais courbée en dehors sous la joue; garnis de crochets nombreux à pointes dirigées en dedans vers le palais, ou à la rencontre de celles du côté opposé.*

CARACTÈRES NATURELS. Corps très-long, comprimé, grêle ; tête courte à crâne convexe en dessus , de moitié aussi large que long ; os de la mâchoire supérieure minces , déjetés en dehors sous l'œil, quoique courbés ou convexes en dessous et garnis en dedans, à l'opposé de la joue, de crochets serrés , nombreux, dont les pointes aiguës sont courbées et dirigées vers le palais. Orbites très-grandes proportionnellement.

D'après cette organisation, on voit que ce genre se rapproche des deux autres qui précèdent ; mais ici, la lame osseuse, quoique plate et horizontale, est comparativement très-étroite, et les crochets ont une autre direction.

Ecailles lisses ; celles de la série médiane du dos hexagonales et plus grandes que les latérales, qui sont losangiques ou rhomboïdales. Les gastrostèges ou plaques ventrales ne remontent pas sur les flancs ; les urostèges sont distribuées deux par deux. Le ventre et le dessous de la queue sont convexes.

Les neuf plaques sus-céphaliques ordinaires ; une seule nasale ; point de frénale ; une seule pré-oculaire grande, quelquefois surmontée d'une autre plus petite ; deux ou trois post-oculaires. Dix ou onze plaques sus-labiales , dont trois ou quatre concourent à garnir le bord inférieur de l'orbite.

---

(1) Λεπτός , mince, délié, grêle , et Γναθος , mâchoire, par allusion à l'extrême minceur des os sus-maxillaires.

Narines sub-ovalaires, grandes. le plus souvent ouvertes dans une seule plaque. Pupille vertico-elliptique, ce qui ferait supposer que ces Serpents cherchent leur nourriture pendant la nuit.

Nous rapportons trois espèces à ce genre.

Celles que nous avons cru devoir y inscrire proviennent des régions les plus chaudes de la Guyane, du Mexique et de Surinam. Deux de ces Leptognathes sont remarquables par les grandes taches d'un brun marron foncé qu'ils offrent sur un fond blanc de lait, et le troisième, par des marques irrégulières, brunes, sur un fond d'un gris sale.

Voici comment on pourrait les distinguer entre elles par l'analyse : les deux premières sont très-grêles et fort longues; leur tête est bien distincte du cou; leur queue excessivement déliée est prolongée en pointe; la troisième a le corps plus gros, moins comprimé, quoique son dos soit mince et incliné en toit.

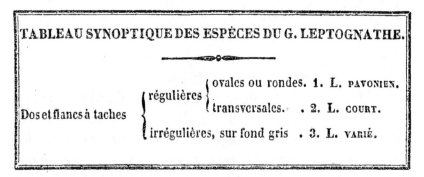

TABLEAU SYNOPTIQUE DES ESPÈCES DU G. LEPTOGNATHE.

Dos et flancs à taches	régulières	ovales ou rondes. 1. L. PAVONIEN.
		transversales. . 2. L. COURT.
	irrégulières, sur fond gris . 3. L. VARIÉ.

1. LEPTOGNATHE PAVONIEN. *Leptognathus pavoninus* (1). Nobis.

(*Dipsas pavonina*. Cuvier.)

CARACTÈRES. Corps fauve ou blanchâtre; coupé en dessus et sur les côtés par des taches transversales, élargies, d'un brun marron.

_____

(1) De paon, semblable à un paon.

Deux plaques pré-oculaires ; les sous-labiales jointes entre elles, seulement pour la première paire.

SYNONYMIE. 1829. *Dipsas pavonina.* Cuvier. Manuscrit. Musée de Paris.

1837. *Dipsas pavonina.* Schlegel. Essai phys. Serp, Tom. I, pag. 162, et Tom. II, pag. 280.

DESCRIPTION.

La plaque rostrale a sept pans inégaux ; par deux de ces côtés, qui sont petits, elle se joint aux deux premières sous-labiales ; par deux autres moins courts et réunis, elle est en rapport avec les inter-nasales ; par deux plus longs aux nasales et enfin le pan inférieur, qui est le plus grand, est échancré en demi-cercle pour le passage de la langue.

Les inter-nasales dilatées en travers sont des trapèzes, dont le sommet aigu est externe et en arrière. Les pré-frontales sont le double en surface des inter-nasales avec sept pans inégaux en longueur, qui servent à les unir à la nasale, à la sus-oculaire et aux pré-oculaires supérieures et inférieures.

La frontale, à peu près aussi longue que large, a cinq bords : un antérieur, deux postérieurs et deux latéraux.

Chaque sus-oculaire se joint en arrière avec la post-oculaire supérieure ; en devant, elle s'unit avec la pré-frontale et la pré-oculaire ; deux autres pans la joignent à la pariétale et à la frontale.

Les pariétales sont courtes, très-élargies en avant et tronquées derrière.

La nasale est pentagone, quoiqu'elle paraisse être en carré un peu allongé.

La pré-oculaire supérieure est deux fois plus petite que l'inférieure, et elle a quatre pans inégaux. Il y a tantôt deux, tantôt trois post-oculaires.

On compte, sur chaque tempe, trois ou quatre grandes plaques oblongues, irrégulièrement polygonales et sept à huit petites presque semblables aux écailles du cou.

Il y a dix ou onze plaques sus-labiales ; la dernière est la plus longue ; les cinq ou six premières sont plus hautes que larges et les quatre ou cinq autres ont une largeur et une hauteur presque égales.

La plaque mentonnière a son bord antérieur cintré et les deux latéraux plus courts.

On compte douze paires de plaques sous-labiales, presque toutes sont de même grandeur. Les premières se joignent derrière la mentonnière ; les cinq suivantes presque rectangulaires, sont suivies des six dernières, dont les formes sont très-variables,

Sous le menton, entre les branches de la mâchoire inférieure, il y a six plaques à peu près égales en étendue, mais de forme variable; les deux antérieures sont sub-triangulaires; les deux médianes presque carrées, et les deux postérieures pentagonales. Ces dernières sont situées avant la première gulaire.

On trouve, sur la longueur du tronc, 13 à 15 rangées d'écailles et 4 à la queue; 3 gulaires, 214 à 220 gastrostèges, 1 anale entière et 128 à 145 urostèges divisées, ou sur un double rang.

Nous n'avons pu nous assurer que du nombre des dents sus-maxillaires qui est de 18, la tête que nous avons fait préparer étant altérée et en mauvais état.

Coloration. Le museau et les tempes sont blancs avec quelques nuances roussâtres. Les plaques frontales, pariétales et sus-oculaires, le pourtour de l'orbite et la portion correspondante de la lèvre supérieure sont d'un brun marron. Cette même couleur forme des taches plus ou moins ovalaires et liserées de blanc pur sur le tronc et la queue, dont le fond est fauve ou blanchâtre. Ces taches distribuées sur la longueur varient en nombre depuis 26 jusqu'à 40, et leur étendue est moindre en arrière qu'en avant où elles sont plus allongées, tandis qu'elles sont, au contraire, dilatées en travers dans la région postérieure. Toutes ces taches descendent jusqu'au bas des flancs; quelques-unes même se joignent tout-à-fait sous le cou; la plus voisine de la nuque y forme une sorte de calotte brune qui s'étend sur la tête.

Il y a des exemplaires chez les quels on observe une double série de taches ovalaires, tout-à-fait en arrière du tronc et sur la queue.

Dimensions. La tête est d'un tiers plus longue que large dans son milieu. Les yeux ont en diamètre un peu plus de la moitié de l'espace inter-orbitaire. Le tronc est 80 à 106 fois plus long qu'il n'est épais au milieu, et la queue est du tiers de la longueur totale qui est de 0^m,666. La *tête* 0^m,010; le *tronc* 0^m,428; la *queue* 0^m,228.

Ce Leptognathe pavonien se trouve dans les Guyanes française et hollandaise.

2. LEPTOGNATHE COURT. *Leptognathus brevis.* Nobis.

Caractères. Corps alternativement cerclé de blanchâtre et de blanc marron et non de taches arrondies sur le dos.

Deux plaques pré-oculaires; la première paire des sous-labiales réunies et non celles de la seconde.

DESCRIPTION.

Formes. Comme le corps est beaucoup plus court que dans l'espèce précédente, le nombre des gastrostèges et des urostèges est considérablement diminué. Le mode de coloration est aussi fort différent.

Dimensions. Le tronc relativement à sa largeur ne la dépasse que de 65 fois seulement et la queue forme un peu moins du tiers de la longueur totale chez l'unique exemplaire que nous possédons, cette longueur totale est de 0^m,592. La *Tête* a 0^m,016. Le *Tronc*, 0^m,272. La *Queue*, 0^m,116.

Ecaillure. Il y a 15 rangs d'écailles sur la longueur du tronc et 4 à la queue seulement. En dessous, on compte trois gulaires, 190 gastrostèges, une anale entière et 103 urostèges divisées.

Coloration. Les principaux caractères tirés de la couleur sont donnés par la trentaine de larges anneaux d'un brun marron que sépare les uns des autres une zône blanchâtre ou d'un blanc fauve généralement plus étroite sous le ventre que sur le dos où l'on n'observe pas les taches isolées qui existent le long du tronc.

Patrie. Ce Leptognathe provient du Mexique.

3. LEPTOGNATHE VARIÉ. *Leptognathus variegatus.*

(*Dipsas variegata.* Schlegel.)

Caractères. Corps varié de noir et de brun rouge, avec des bandes larges, transversales, d'un brun plus foncé: ventre jaune, bordé de taches carrées noirâtres.

Une seule plaque pré-oculaire ; les secondes écailles sous-labiales réunies entre elles, ainsi que les premières.

Synonymie. 1845. *Dipsas variegata.* manuscrit du Musée de Leyde. (Schlegel.)

DESCRIPTION.

Ecaillure. Il n'y a qu'une seule plaque pré-oculaire, au lieu de deux qui s'observent dans les espèces précédentes. Celle qui les remplace avec une portion de la pré-frontale est petite, fort étroite, mais cependant aussi haute que la nasale.

Les sus-oculaires moins longues aussi chez ce Leptoghathe ne se portent pas non plus derrière les orbites. Les première et seconde plaques sous-labiales se joignent entre elles, ce qui n'a pas lieu chez les autres.

Il n'y a que quatre plaques sous-maxillaires au lieu de six : les deux antérieures sont plus grandes que les postérieures après lesquelles commence la série des gulaires et des gastrostèges.

Les rangées d'écailles longitudinales du tronc sont au nombre de 15 et de 4 à la queue. On voit 5 gulaires, 192 gastrostèges, 1 anale entière et 88 urostèges divisées, ou sur deux rangs.

DENTS. Nous ne connaissons que le nombre des crochets maxillaires qui est de $\dfrac{11 \text{ ou } 12}{18 \text{ à } 20}$.

COLORATION. Le dessus du corps présente une suite de larges bandes d'un brun rubigineux, situées en travers et séparées entre elles par des écailles plus pâles, variées de jaune, de blanchâtre, de gris et de roussâtre. Le ventre est jaune et porte, de chaque côté, une série de taches carrées noires ou noirâtres, correspondant aux extrémités des bandes brunes transversales. Le dessous de la queue est marbré de jaune et de noir.

DIMENSIONS. La tête est presque deux fois aussi longue qu'elle est large au milieu des tempes. Les yeux n'ont en diamètre que la moitié du travers de la région inter-orbitaire. Le tronc est à peu près 78 fois aussi long qu'il est épais au milieu, et la queue a un peu plus du quart de la longueur totale qui est, chez l'un de nos exemplaires, de 0m,798. La *Tête* a 0m,018. Le *Tronc* 0m,588, et la *Queue* 0m,192.

PATRIE. Ce Leptognathe varié provient de Surinam. Nous n'en avons observé que deux individus : l'un au Musée de Leyde, l'autre à la collection du Muséum où il a été déposé par le célèbre voyageur Levaillant.

OBSERVATIONS. Ce Serpent se nourrit de Mollusques gastropodes appartenant au groupe des pulmonés terrestres sans coquille apparente.

IVe GENRE. COCHLIOPHAGE.—*COCHLIOPHAGUS*. Nobis (1).

CARACTÈRES ESSENTIELS. *Les os sus-maxillaires très-minces, formant une lame plate, mais située de champ ou verticalement.*

(1) De Κοχλιας, limaçon à coquille ; et de φαγος, mangeur, vorace.

Les os ptérygo-palatins courts et droits ou non arqués ; tous les crochets de la bouche nombreux, faibles et dirigés en bas avec la pointe en arrière.

CARACTÈRES NATURELS. Corps légèrement comprimé dans la région qui suit la tête, puis à peu près cylindrique ; à écailles lisses, grandes, comme ovalaires, un peu plus larges et hexagones dans la rangée médio-dorsale. Gastrostèges larges, plates, formant en largeur près du tiers de la circonférence ; mais ne se relevant pas sur les flancs.

Os sus-maxillaires plats, courts et minces, ne dépassant pas l'orbite ; à crochets peu courbés et dirigés obliquement en arrière. Les ptérygo-palatins très-écartés entre eux en arrière, rapprochés et presque parallèles en avant, armés de crochets nombreux, serrés et distribués sur deux ou trois rangées.

La faiblesse des mâchoires, le petit nombre de crochets dont sont garnis les petits os sus-maxillaires indiquent que le Serpent, dont nous allons faire la description, doit se nourrir d'animaux mollusques et non de petits vertébrés qui leur offriraient trop de résistance. Les intestins, en effet, contenaient des débris de coquilles et une sorte de grosse limace des Indes.

Nous ne rapportons à ce genre qu'une seule espèce.

Les pariétales ont chacune une longueur un peu inférieure à la plus grande largeur des deux plaques réunies. Celui de leurs bords qui adhère à la sus-oculaire descend le long de la post-oculaire supérieure.

La première nasale est une grande plaque trapézoïde, dont le pan antérieur est plus long que celui qui lui est opposé. La seconde est hexagone, plus haute que large et près de moitié de la précédente. Elle enfonce sa base entre les deux premières sus-labiales.

La frénale, en quadrilatère oblong, fait naturellement partie du cercle orbitaire, parce qu'il n'y a pas de pré-oculaire.

Il y a trois ou quatre post-oculaires. La plus élevée est moins petite que les autres. Elles forment ensemble une portion du cercle qui s'avance un peu sous l'œil.

La tempe n'est recouverte en devant que par une seule grande squamme à plusieurs angles inégaux; elle est jointe à deux ou trois des post-oculaires; il y a, derrière elle, sept à huit écailles qui varient par l'étendue et par la forme.

Chaque rangée de plaques sus-labiales est formée de dix squammes. Les huit premières sont plus hautes que larges; l'avant-dernière est régulière, et la dernière plus large que haute. Les quatrième et cinquième sus-labiales s'élèvent jusqu'à l'œil, ce qui n'est point pour les sixième et septième qui en sont empêchées par les deux post-oculaires inférieures.

La plaque mentonnière curviligne en avant est plus longue par ce pan que par les latéraux.

Il y a dix paires de plaques sous-labiales : la première paire forme, par sa réunion, une sorte de V qui pénètre par l'angle entre les premières plaques sous-maxillaires.

COCHLIOPHAGE INÉQUIBANDES. *Cochliophagus inæquifasciatus.* Nobis.

CARACTÈRES. Dos marqué en travers de bandes d'un brun noir, très-élargies sur le premier quart de sa longueur, fort étroites sur le reste de son étendue. Ventre blanc, sans taches.

DESCRIPTION.

ECAILLURE. La plaque rostrale, quoiqu'elle paraisse triangulaire, est à cinq pans inégaux; le plus grand, c'est-à-dire le basilaire, est échancré circulairement; deux de ses côtés tiennent en avant aux nasales; par un des plus courts, elle touche aux inter-nasales et par les deux plus petits, elle s'unit aux sus-labiales de la première paire. Cette plaque rostrale ne se renverse pas sur le museau par son sommet.

Les inter-nasales, un peu élargies, ont cinq bords inégaux; un grand, soudé à l'une des pré-frontales; un, légèrement flexueux, tient par devant à la nasale; un moins long, par lequel elles se joignent, un fort court, adhérant à la rostrale et un encore plus petit, qui s'articule avec la nasale postérieure.

Les pré-frontales ont une étendue presque double de celle des internasales

La frontale est hexagone; sa longueur est à peu près égale aux dimensions qu'elle offre dans le point où elle est le plus large.

Les sus-oculaires sont allongées, moins étroites en arrière que par devant où elles ne s'attachent qu'à la pré-frontale; leur extrémité postérieure s'enclave entre la pariétale et la post-oculaire supérieure.

Les plaques sous-maxilaires antérieures sont trapézoïdes et à peu près aussi longues que larges; les postérieures sont un peu plus courtes et plus larges, taillées à six ou sept pans inégaux.

On voit derrière elles, et à leur suite, trois rangées longitudinales d'écailles gulaires; elles sont à quatre angles, mais oblongues, et quelques-unes sont plus grandes que les autres. Celles-ci sont placées le long des plaques sous-labiales.

La plaque ou grande écaille qui protège l'extrémité de la queue est en forme de cône un peu allongé.

Le tronc est recouvert sur sa longueur par 15 rangées d'écailles; il y en a six sur la queue; 3 gulaires; 174 gastrostèges; 1 anale non divisée, et 61 urostèges.

DENTS. Les maxillaires sont au nombre de $\frac{12}{21}$. Il y a 9 palatines et 15 ptérygoïdiennes.

COLORATION. Le dessus du corps et les côtés sont d'une teinte de feuille morte ou brun fauve. On voit, sur le dos, six ou sept grandes taches très-élargies et irrégulières, d'un brun noirâtre, puis une trentaine de petites raies transversales, étroites, de la même teinte; quinze autres bandes, à la suite des précédentes, couvrent le dessus de la queue. La tête est livide; le museau saupoudré d'une nuance roussâtre qui se retrouve sur la lèvre supérieure et les tempes. Les plaques pariétales sont marbrées de brun, ainsi que presque toutes les plaques du vertex. Une tache arrondie, d'un brun marron, environnée de blanchâtre, recouvre l'occiput.

Tout le dessous est d'un blanc jaunâtre, avec une série de taches brunes, même sous la queue.

DIMENSIONS. La tête est une fois et demie plus longue que large. Les yeux ont un diamètre un peu plus grand que la région inter-orbitaire. Le tronc est 43 fois à peu près plus long qu'il n'a d'épaisseur au milieu. La queue n'a guère que le cinquième de la longueur totale, qui est de 0^m,395 chez le seul sujet que nous ayons pu mesurer.

REPTILES, TOME VII: 31.

La *tête* a 0^m,014 ; le *tronc*, 0^m,355 ; et la *queue*, 0^m,076.

PATRIE. L'individu que nous nous sommes procuré chez M. Verreaux, est le seul que nous possédions. C'est avec doute que nous le signalons comme provenant du Brésil ; mais il est très-certainement originaire de l'Amérique méridionale.

Son tube intestinal contenait une énorme vaginule:

V.ᵉ GENRE. HYDROPS. — *HYDROPS* (1).
Wagler.

CARACTÈRES ESSENTIELS. *Mâchoire supérieure en lame mince, située verticalement ; les os ptérygo-palatins arqués ou réciproquement évasés et courbés en fer à cheval, garnis d'un très-grand nombre de petits crochets faibles.*

CARACTÈRES NATURELS. Le Serpent qui constitue ce genre, participe en même temps : 1.º des *Élaps*, par sa forme allongée, cylindrique, ainsi que par la disposition des couleurs formant des bandes ou des anneaux transverses qui partagent toute la longueur de son corps ; 2.º aussi, de certains Serpents aquatiques, comme les *Homalopsis*, par la conformation de la tête, et par la position des narines et des yeux sur le devant de la tête et en dessus.

Les auteurs, en effet, l'ont rapporté à ces deux genres, dont il diffère cependant par l'absence des dents cannelées ou venimeuses.

La tête osseuse est excessivement courte, car à peine est-elle de moitié plus longue que large ; le museau est mousse, arrondi, mais non déprimé. Les os sus-maxillaires très-faibles, suivent la courbure antérieure de la face ; ils supportent des

---

(1) Nom composé de celui d'Υδρος, Serpent d'eau que nous avons rapporté à la famille des Opisthoglyphes, et de ὂψ, apparence, *facies*.

crochets courbes, en petit nombre, huit ou neuf bien distincts et qui vont en augmentant successivement de longueur
de devant en arrière, tellement que les plus postérieurs ont à
peu près en longueur le double de ceux qui sont placés tout-
à-fait en avant. Ils sont implantés verticalement sur les os,
mais leur courbure propre dirige leurs pointes tout-à-fait en
arrière, comme dans le plus grand nombre des Serpents, et
non comme dans la plupart de ceux qui appartiennent à cette
famille des Leptognathiens.

Les os ptérygo-palatins sont, par leur opposition dans la
région moyenne, un peu évasés en parabole ou en fer à cheval, et garnis d'un si grand nombre de crochets qu'ils semblent
former une ligne continue, dont on peut à peine distinguer
les pointes.

Les branches de la mâchoire inférieure, de la longueur de
la tête, qui est courte, ne sont armées de petits crochets
que dans la moitié antérieure de leur étendue et les os qui
forment ces branches sont très-grêles.

Quand on examine le dessus de la tête de l'animal, on voit
qu'elle est très-plate. Les plaques qui la garnissent offrent
cette particularité qu'on n'y distingue pas de pièce frénale;
que la nasale tient à sa congénère et qu'elle offre une fente
perpendiculaire au dessous de la narine. La plaque pré-oculaire
touche à la nasale ; en arrière de l'œil, on en voit deux.

Les écailles qui recouvrent le tronc sont lisses et quadrangulaires ou en losanges très-courtes. Les gastrostèges ne remontent pas sur les flancs, et le ventre est plat.

Nous avons reconnu la forme ronde de la pupille. Nous avions
rapporté d'abord à ce genre, avec l'espèce qui y reste inscrite en raison de la faiblesse de sa mâchoire, une autre espèce, qui en avait été rapprochée sous le nom d'*Homalopsis
plicatilis;* mais cette dernière, ayant les mâchoires fortement
développées, a dû prendre rang, comme nous l'avons vu

31.'

précédemment, dans le genre *Calopisme* de la famille des Isodontiens.

HYDROPS DE MARTIUS. *Hydrops Martii.* Wagler.

CARACTÈRES. Corps annelé de brun ou de noir. Quatrième plaque sus-labiale bordant l'œil inférieurement ; la septième entière comme toutes les autres.

SYNONYMIE. 1824. *Elaps Martii.* Wagler. Novæ species Serpent. Brasil. pag. 3 , tab. 2 , fig. 1, 2-2 *a* junior.

Elaps triangularis. Ejusd. loc. cit. pag. 5, tab. 2*a*, fig. 1.

1830. *Hydrops triangularis.* Wagler. Syst. Amph., pag. 170.

Hydrops Martii. Ejusd. loc. cit.

1831. *H. Martii.* Gray. the Zool. Miscell., p. 67.

1837. *Homalopsis Martii.* Schlegel, Ess. Physion. Serp. Tom. I, pag. 173 ; Tom. II, pag. 356 ; pl. 13, fig. 19-20.

1840. *Homalopsis Martii.* Filippo de Filippi. Catalog. Ragion. Serp. Mus. Pav. (Bibliot. Italian., Tom. XCXIX.)

1843. *Hydrops Martii.* Fitzinger. Syst. Rept. Fasc. I , p. 25.

1849. *Idem.* Gray. Catal. of Snakes , pag. 75, n.° 27.

DESCRIPTION.

FORMES. L'Hydrops de Martius a les yeux petits , le museau assez large et légèrement arrondi en dessus, les régions pré-oculaires non concaves , et les tempes bombées.

Sa queue, quel que soit son dégré de longueur, est toujours très-pointue.

ÉCAILLURE. La plaque rostrale, dilatée en travers, serait quadrilatère, si son bord inférieur n'était doublement échancré et le supérieur en angle fort ouvert.

L'inter-nasale , moins longue que large, est une losange régulière, circonscrite par les nasales et les pré-frontales. Ces dernières ont six pans.

La frontale , oblongue, a en devant deux bords réunis en angle obtus , deux en arrière joints en angle aigu , et deux latéraux presque parallèles ou très-peu convergents d'avant en arrière.

Les sus-oculaires, allongées et à peine rétrécies en avant, sont en arrière coupées carrément ; et en devant, elles s'enclavent entre la pré-frontale et la pré-oculaire.

Les pariétales deux fois plus longues que larges ont cinq pans inégaux,
dont l'antérieur tient à la fois à la sus-oculaire et à la post-oculaire supérieure, et dont le bord temporal s'unit en angle aigu avec un autre qui touche à la première écaille placée sur le milieu du cou.

Les nasales sont en triangles scalènes tronqués sur l'extrémité de l'angle
que forment les bords par lesquels ces plaques se joignent vers le milieu
du museau.

La pré-oculaire trapézoïde s'unit à la nasale par le sommet aigu de l'un
de ses quatre angles.

Il y a trois squammes temporales qui se suivent le long de la pariétale,
la première, oblongue et plus petite que les suivantes, se joint en avant
aux deux post-oculaires; la seconde est hexagone; la troisième forme un
quadrilatère rectangle.

Les quatre premières des huit plaques sus-labiales sont égales en hauteur; la cinquième est moins élevée que la quatrième; mais la sixième
l'est plus et la septième encore davantage, tandis que la huitième est moins
haute. La première et la seconde beaucoup plus hautes que larges, sont en
trapèzes rectangles, ainsi que la troisième, qui est oblongue. La quatrième
est coupée carrément en bas, mais en haut, trois petits pans servent à
l'unir à la pré-oculaire, au globe de l'œil et à la post-oculaire inférieure.
La cinquième est trapézoïde et rétrécie par le haut où elle se joint à la post-
oculaire inférieure; la sixième, étroite dans le sens de sa hauteur, tient à
la post-oculaire inférieure et à la première squamme temporale; la septième, moins élargie à sa base qu'à son sommet, adhère par un angle obtus aux deux premières squammes temporales; enfin la huitième et dernière, qui est pentagone, touche aussi à la seconde temporale.

La plaque mentonnière est en triangle régulier.

Il y a huit paires de plaques sous-labiales.

Les premières plaques sous-maxillaires, plus longues que larges, ont
deux côtés presque parallèles; en devant, un bord en angle obtus, à côtés
inégaux; et un autre en arrière s'unissant avec les côtés interne et externe
au moyen d'un angle très-écarté.

Les sous-maxillaires postérieures, aussi longues que les précédentes, deviennent de plus en plus étroites d'avant en arrière, et se terminent tout
à fait en pointe, en s'écartant l'une de l'autre comme les branches d'un Λ
renversé; elles laissent entre elles un certain espace rempli par une paire
de squammes losangiques assez effilées.

La gorge est recouverte de quatre rangs obliques d'écailles sub-rhomboïdales; on voit, sur sa ligne médiane, un carré de quatre squammes losangiques, à la suite duquel viennent deux ou trois scutelles gulaires moins
dilatées en travers que les gastrostèges.

Les écailles du dos sont en losanges et celles des flancs carrées, mais les unes et les autres sont, en arrière, légèrement arrondies.

La squamme qui enveloppe le bout de la queue est un dé conique obtusément pointu.

Il y a 15 rangées longitudinales au tronc, 6 à la queue ; 157-161 gastrostèges ; 1 anale divisée, et 45-66 urostèges.

M. Schlegel annonce qu'il a compté 172 gastrostèges, et quelquefois 40 urostèges.

Dents Maxillaires $\frac{15}{17}$; palatines 8; ptérygoïdiennes 17.

Coloration. L'Hydrops de Martius est entouré de bandes très-serrées, soit noires, soit d'un brun roux, ou comme d'acier foncé dont le nombre varie de 44 à 51 autour du tronc et de 10 à 18 autour de la queue. Ces bandes, plus larges sous le ventre que sur le dos, forment ou des anneaux complets, ou des zônes ouvertes en haut ou en bas, ou même des demi-cercles alternant à gauche avec les extrémités de ceux du côté droit. Dans leurs intervalles, la teinte est d'un brun gris ou roussâtre en dessus. Le dessous est d'un blanc assez pur ou lavé de brun, de gris et de roux.

Le dessus de la tête est, chez certains individus, tout-à-fait noirâtre ; chez d'autres, on voit des taches noires ou brunes sur un fond fauve, jaunâtre ou blanchâtre.

Les plaques des lèvres sont d'une couleur plus ou moins claire au milieu et d'une teinte foncée sur leurs bords.

Dimensions. La tête est à peu près une fois et demie plus longue que large au milieu des tempes. Les yeux égalent le tiers de l'espace interorbitaire.

Le tronc est de 34 à 44 fois aussi long que large dans son milieu.

La queue forme le cinquième, ou près du quart de la longueur totale du corps, qui est, chez le plus grand des sept individus que nous avons maintenant devant nous, de 0^m,556.

Tête long. 0^m.015. *Tronc* long. 0^m,426. *Queue* long, 0^m,115.

Patrie. Surinam et le Brésil sont encore les seules contrées de l'Amérique méridiouale où l'on ait trouvé cette espèce, dont le Musée national possède plusieurs individus.

Le crâne de l'un de nos exemplaires provenait de M. Leydet.

Observations. Wagler, qui avait d'abord regardé ce Serpent comme venimeux, l'a décrit et fait représenter dans le grand ouvrage de Spix et Martius, une première fois sous le nom d'*Elaps Martii*, et une seconde sous celui d'*Elaps triangularis*, espèces, prétendues distinctes, d'après lesquelles il a plus tard établi son genre *Hydrops*.

Nous ne voyons pas que ce savant Erpétologiste bavarois ait cité, ainsi que l'avance M. Schlegel, ni la figure 2 de la planche 64 du Tome II de Séba, ni le *coluber Nicandri* de Merrem, comme se rapportant à ses *Elaps de Martius* et *triangulaire* : d'ailleurs, cette citation eût été inutile, car la figure mentionnée est d'une trop mauvaise exécution pour qu'on puisse affirmer qu'elle représente réellement un *Hydrops Martii*, et nul ne pourrait assurer que ce soit telle espèce plutôt que telle autre qui porte la dénomination de *Coluber Nicandri*, dans le *Tentamen systematis amphibiorum*, tant est vague la phrase par laquelle cet Ophidien s'y trouve caractérisé.

Parmi les remarques critiques faites par M. Fitzinger (1) sur le travail de Wagler relatif aux Serpents du Brésil, il en est une qui n'est nullement fondée, à savoir que l'*Elaps Martii* de ce dernier serait spécifiquement semblable à l'*Elaps annulatus* de Schneider. Bien certainement, il n'en est point ainsi, car Schneider dit positivement que son *Elaps annulatus* a huit plaques sus-céphaliques et vingt scutelles sous-caudales; tandis que l'*Elaps Martii* de Wagler offre sept des unes et au moins quarante des autres.

VI.ᵉ GENRE. RACHIODON. — *RACHIODON* (2).
Jourdan.

CARACTÈRES ESSENTIELS. *Dents sus-maxillaires très-grêles et en très-petit nombre; graduellement moins courtes d'arrière en avant, où elles manquent complétement. Apophyses épineuses inférieures d'un certain nombre de vertèbres saillantes dans le pharynx perçant l'œsophage et recouvertes d'une couche d'émail.*

CARACTÈRES NATURELS. Ce genre que M. A. Smith avait cru complétement privé de dents sus-maxillaires, et qu'il avait

(1) Isis (1826), pag. 887.

(2) De Ραχις colonne vertébrale, et de Οδους-Οδοντος dent, pour indiquer la particularité de la présence des apophyses sous-épineuses du corps des vertèbres qui font l'office de dents.

dû, par cela même, considérer comme tout-à-fait distinct, sous le nom de *Anodon*, a été, en raison même de cette circonstance, étudié plus particulièrement par M. Jourdan, qui a communiqué ses observations curieuses sur ce sujet en 1834 à l'Académie des siences de Paris.

D'abord, il a constaté la présence de sept à huit crochets très-courts et tous de même longueur, mais à peine sensibles par l'application et le frottement du doigt sur les gencives. En outre, il a reconnu une particularité bien remarquable de la colonne vertébrale : c'est l'existence de trente dents des plus singulières, formées chacune par la saillie de l'apophyse épineuse inférieure du corps de la vertèbre. Il y en a vingt-deux courtes et à extrémité tranchante, dont la portion libre est recouverte d'une sorte d'émail. Ces éminences proviennent des vertèbres qui suivent la tête, depuis la troisième jusqu'à la vingt-quatrième. Les huit autres, plus grosses, à tubercules plus gros et semblables à la couronne des dents canines, sont aussi revêtues d'une couche de matière éburnée. Tous ces tubercules, faisant l'office de véritables dents, forment saillie dans la région antérieure du canal digestif; les premières pénètrent, par leur petite pointe tranchante, dans la région pharyngienne et les huit autres dans le conduit œsophagien. Tous ces tubercules sont dirigés obliquement en avant à l'inverse de ce qui existe ordinairement dans les autres Serpents chez lesquels généralement les pointes des dents maxillaires sont inclinées en arrière.

On conçoit maintenant le rapport qui existe dans cette particularité des dents sus-maxillaires si peu développées et des tubercules sous-vertébraux faisant l'office des dents, car on a observé que ces sortes de Serpents recherchent spécialement pour leur nourriture les œufs des oiseaux, même ceux d'un assez grand diamètre; qu'ils les avalent sans en briser la coque, de manière à les faire pénétrer dans leur large gosier, où, en avançant par l'acte péristaltique de la déglutition, la coquille se trouve comme limée ou usée d'abord par les saillies tranchantes des apophyses sous-vertébrales, qui agissent comme une lame coupante; puis engagés davantage dans la cavité œsophagienne, les gros tubercules écrasent la partie affaiblie, et d'autres, plus pointus, pénètrent dans l'intérieur de la coquille pour la briser et en faire sortir le contenu, qui est alors digéré.

Le fait de la présence des débris d'œufs dans le tube intestinal et les habitudes de ces animaux, qui recherchent les œufs à coquille calcaire, étaient connus, mais on n'avait pas indiqué la particularité qu'a si bien fait connaître M. Jourdan et dont nous avons cité le travail dans la synonymie.

Nous avons fait préparer un squelette du *Rachiodon Scaber*, pour décrire d'après nature les singularités que ce Serpent offre dans sa structure.

D'abord, tout l'appareil des mâchoires est d'une faiblesse ou d'une gracilité extrême. Les os sus-maxillaires atteignent au plus, en arrière, l'angle postérieur de l'orbite et vers cette extrémité seulement, nous observons, de l'un et de l'autre côté, deux petits crochets très-courts, dont la pointe cependant est dirigée en arrière. L'os transverse, à peu près de même longueur que le sus-maxillaire, est mince comme un fil et semble se continuer avec la portion postérieure de l'os ptérygo-palatin qui ne porte aucun crochet. Le palatin proprement dit est grêle au milieu et assez large à sa jonction vers la partie antérieure du palais.

L'os intra-articulaire, porté sur une longue apophyse mastoïdienne ou temporale, se dirige tout-à-fait en arrière, de sorte que les deux pièces réunies égalent la longueur du crâne et doivent permettre un grand évasement ou élargissement du gosier.

La mâchoire inférieure, deux fois plus longue que la moitié du crâne, est très-faible et ne porte que quatre ou cinq petits crochets, vers le tiers antérieur, au point correspondant à peu près à celui où l'on voit en haut, sur l'os sus-maxillaire, deux ou trois petits crochets.

Ce sont surtout les éminences rachidiennes ou les apophyses sous-épineuses des vertèbres antérieures de l'échine qui présentent un véritable intérêt par la destination évidente et bien particulière que la nature leur a donnée, comme nous l'avons dit plus haut.

Les trois ou quatre premières vertèbres, celles qui suivent la tête, ne portent pas de côtes; mais ensuite ces côtes devenant très-longues et correspondant à chaque vertèbre, on peut en compter seize sur le corps ou la partie centrale épaisse au devant de la quelle ces apophyses sous-épineuses sont peu saillantes, mais comme tranchantes et forment une série continue.

A compter de la quatorzième ou de la quinzième, ces apophyses deviennent de plus en plus larges et se couvrent d'émail sur une surface convexe et ovalaire. Il y en a sept qui ont cette forme; mais ensuite ces mêmes apophyses sous-épineuses, encore revêtues d'émail, s'avancent en pointes dirigées en avant ou du côté de la tête, par conséquent en sens inverse de la direction que les œufs doivent suivre lorsqu'ils parcourent l'œsophage. Nous avons compté sept de ces épines émaillées qui percent et pénètrent l'œsophage pour agir directement sur les coquilles.

Ce genre si remarquable, comme nous venons de l'indiquer, d'une part, à cause de la faiblesse des os maxillaires et le petit nombre des crochets dont ils sont armés, et en outre, par les dents réelles, qui ont été observées à la partie inférieure du corps d'un assez grand nombre des vertèbres, a été connu, au moins dans l'une des espèces, par la plupart des naturalistes qui ont écrit d'après Linné.

L'espèce principale avait été regardée comme une Couleuvre du genre *Coluber;* elle fut ensuite désignée par Wagler et par M. Fitzinger sous le nom générique de *Dasypeltis,* comme pour indiquer le grand nombre de plaques ventrales ou de gastrostèges qui se trouvaient ainsi plus rapprochées ou condensées. Cette particularité n'existe réellement pas.

Cependant, voulant distinguer ce genre, comme nous venons de le dire, en raison de cette particularité remarquable de la faiblesse des mâchoires et des organes supplémentaires que la nature lui a concédés, nous avons adopté le nom de *Rachiodon* proposé d'abord par M. Jourdan, quoique M. Owen ait cru devoir le désigner aussi sous celui de *Deirodon*, ce qui signifie dents au cou.

Les trois espèces qui se trouvent décrites ici sont faciles à distinguer comme il suit.

TABLE SYNOPTIQUE DES ESPÈCES DE RACHIODON.

Corps	à taches noires sur fond..	roux .1.	R. RUDE.
		jaune 2.	R. D'ABYSSINIE.
	sans taches, brun, à ventre blanc. 3.		R. SANS TACHES.

---

1. RACHIODON RUDE. *Rachiodon Scaber.* Jourdan.

(Coluber scaber. Linné.)

(ATLAS. Pl. 81, fig. 3, pour les apophyses dentaires de la colonne vertébrale.)

CARACTÈRES. Dessus et côtés du corps tachetés de noir sur un fond brun roussâtre.

SYNONYMIE. 1754. *Coluber scaber.* Linnæi mus. Adolph. Frider. pag. 36. tab. 10, fig. 1. (Originale.)

1758. *Coluber scaber.* Linné. Syst. nat. Edit. 10, tom. I, pag. 223.

1766. *Coluber scaber.* Linné. Syst. nat. Edit. 12, tom. I, pag. 384.

1771. *Le Serpent âpre.* Daubenton. Dict. anim. quad. ovip. et Serp. Encyclop. méth. pag. 589. (D'après Linné.)

1788. *Coluber scaber.* Gmelin. Syst. nat. Linn. tom. I, pars 3, pag. 1109.

1789. *La Rude.* Lacépède. Hist. Quad. ovip. et Serp. Tom. 2ᵉ pag. 198. (D'après Linné.)

1789. *L'Apre.* Bonnaterre. Ophiol. Encyclop. méth. pag. 22, fig. 43. (Cop. Linn.)

1790. *Rauhe natter.* Merrem. Beitr. Part. 1, pag. 34, pl. 9. (Fig. origin.)

1801. Die *Rauhe natter.* Bechstein de Lacépède naturgesch. Tom. III, pag. 374, pl. 21, fig. 1. (Cop. Merr.)

1802. *Coluber scaber.* Shaw. Gener. Zool. vol. III, part. 2, pag. 494. (D'après Linné et Merrem.)

1802. La *Couleuvre rude.* Latreille. Hist. nat. Rept. Tom. IV, pag. 77. (D'après Linn.)

1803. *Coluber scaber.* Daudin. Hist. Rept. Tom. VI, pag. 263. (D'après Linné et Merrem.)

1820. *Natrix scaber.* Merrem. Tent. syst. amph. pag. 126.

1826. *Coluber scaber.* Fitzinger. Neue classif. Rept. pag. 58, n.º 56.

1829. *Anodon typus.* André Smith. Zool. Journ. vol. IV, pag. 443. (Description originale, mais avec une erreur sur l'absence des dents.)

1830. *Dasypeltis scabra.* Wagler. Syst. amph. pag. 178.

1833. *Rachiodon scaber.* Jourdan. Journal le Temps, n.º du 13 juin 1833 ou 34?

(Voir l'analyse que nous en avons donnée, tom. VI du présent ouvrage, page 160 et suivantes.)

1837. *Tropidonotus scaber.* Schlegel. Physion. Serp. tom. II, pag. 328, pl. 12, fig. 12-13. (Originales.)

1843. *Tropidonotus scaber.* Reinhardt Kongel. Danske videnskab. selsk. naturvidensk. og mathem. Tom. X, pl. 1, fig. 24. (Le crâne.)

1843. Bachtold, Unter suchungen uber die Gistwerkzeuge der Schlangen. (Dissert. 4.º Tübingen. Prœs. Rapp.)

1843. *Dasypeltis scabra.* Fitzinger. System. Rept. Fasc. I, pag. 27.

1849. *Idem.* A. Smith. Illustrations of the zool. of South Africa, appendix, pag. 20.

DESCRIPTION.

Écaillure. La plaque rostrale est bombée au milieu et creusée d'une sorte de rigole demi-circulaire près de sa base ; elle a sept pans inégaux : un en bas peu étendu, fortement échancré en croissant ; deux en haut, chacun plus court que le précédent, formant un angle ouvert, enclavé dans les inter-nasales ; et deux à droite deux à gauche, chacun encore plus court que les derniers, tenant à la nasale et à la première sus-labiale.

Les plaques inter-nasales, aussi grandes que les pré-frontales, ne descendent pas sur les côtés du museau ; elles sont trapézoïdes à angles irréguliers.

Les pré-frontales élargies sont pentagonales. La frontale n'est guère plus longue que large en avant, où elle présente un bord transversal droit ou légèrement curviligne, brisé sous un angle excessivement ouvert. Deux de ses côtés, qui tiennent aux sus-oculaires, sont faiblement convergents, et les deux postérieurs placés entre les pariétales forment un angle aigu.

Les sus-oculaires une fois plus longues que larges sont en arrière coupées très-obliquement et moins étroites que par devant où elles se terminent par un angle sub-aigu, engagé entre la pré-frontale et la pré-oculaire.

Les pariétales, rétrécies d'avant en arrière, et dont la largeur n'est guère que du quart de leur longueur, sont des trapézoïdes, dont les longs côtés sont réunis par derrière en angle aigu. L'angle antérieur et externe de ces plaques pariétales ne se rabat pas sur la tempe, comme dans l'espèce suivante ou le *Rachiodon Abyssinien.*

La plaque nasale est oblongue à cinq bords : un inférieur s'appuyant sur les deux premières sus-labiales ; un antérieur tenant à la rostrale ; un postérieur ordinairement plus court que ce dernier, et touchant à la pré-oculaire, attendu qu'il n'y a pas de frénale ; et deux supérieurs formant un angle tantôt ouvert, tantôt sub-aigu, en rapport avec l'inter-nasale et la pré-frontale.

La pré-oculaire, très-haute, est presque rectangulaire. La post-oculaire supérieure est moins grande que l'inférieure ; toutes les deux sont irrégulièrement pentagonales ou hexagonales et comme cintrées en arrière.

Il y a sur les tempes, entre la plaque pariétale et les trois dernières sus-labiales, des squammes pentagones oblongues, disposées sur trois rangs obliques; sur le premier, on en compte trois ou quatre, sur le second, quatre ou cinq et sur le troisième, cinq ou six.

La lèvre supérieure porte sept paires de plaques, dont les quatrième, cinquième et surtout les deux dernières sont plus développées que les autres. Les deux premières sont en trapèze rectangle ; la troisième ressemble à la précédente, mais en avant, son angle supérieur est aigu. Les quatrième et cinquième, plus larges que longues, ont chacune deux angles droits en bas et trois obtus en haut. Les sixième et septième sont à peu près trapézoïdes.

La plaque mentonnière est en triangle isocèle ; ses deux côtés antérieurs égaux, les moins longs sont les postérieurs.

Il y a six paires de plaques sous-labiales. Les deux dernières sont carénées comme les écailles du cou, dont elles ne diffèrent réellement que par un moindre développement.

Les sous-maxillaires antérieures sont deux énormes plaques oblongues trapézoïdes, fortement rétrécies d'avant en arrière; elles s'enfoncent de la moitié de leur longueur entre les sous-maxillaires qui les suivent et qui sont beaucoup moins développées. Leur forme est un trapèze rectangle. Immédiatement derrière ces plaques, commence la série des scutelles du dessous du corps, dont les trois premières sont tellement élargies qu'elles ne laissent de place entre elles et les plaques sous-labiales que pour deux squammes gulaires, très-longues, mais excessivement étroites, placées l'une à la suite de l'autre.

Il y a 25 rangées longitudinales d'écailles sur le tronc; 8 ou 10 à la queue vers le milieu, 5 gulaires, 190-214 gastrostèges, 1 anale (entière), 43-52 urostèges.

DENTS. Les maxillaires sont remarquables par leur nombre très-restreint; qui est $\frac{4}{4}$. Palatines, 10. Il ne paraît point y avoir de ptérygoïdiennes.

Le dessin donné par M. Reinhardt (*loc. cit.* pl. 1, fig. 24,) représente quatre dents sur l'extrémité postérieure de chaque os sus-maxillaire et sous-maxillaire.

COLORATION. Le dessus et les côtés sont d'un brun roussâtre moins clair chez les adultes que chez les jeunes sujets; mais chez les individus conservés dans l'alcool, qui ont perdu leur épiderme, ce fond de couleur au lieu d'être d'un brun roussâtre est gris ou d'un gris blanchâtre. Le bout du museau, le chanfrein et les régions frénales sont marbrés de noirâtre et présentent, en outre, de très-petites veinules de la même couleur sur les parties qui sont de la même teinte claire du fond. Des veinules semblables existent sur les plaques sus-labiales, qui portent vers leur jonction chacune une tache noire. La tempe est coupée au milieu et obliquement par une bande noire. Sur l'arrière de la tête, sont tracés deux chevrons (ou figures en A), de la même couleur, dont le sommet de l'un touche à la pointe terminale de la plaque frontale, et le sommet de l'autre à l'extrémité des pariétales. Les branches du premier chevron, assez étroites, se terminent aux angles de la bouche, et celles du second, très-élargies, se dirigent vers les extrémités postérieures de la mâchoire supérieure. On voit, tout le long du dos et de la queue, soixante à quatre-vingts taches noires, anguleuses, irrégulières et très-variables, placées fort près les unes des autres. Ces taches sont quelquefois parfaitement distinctes et séparées; tantôt elles se touchent de manière à former sur tout le dos, ou sur une partie seulement de son étendue, une sorte de bande en zigzag; parfois quelques-unes ou plusieurs d'entre elles offrent au milieu comme une sorte de découpure presque circulaire à travers laquelle on aperçoit la teinte brun roussâtre du fond. Il y a aussi des taches noires sur les côtés; mais celles-ci, qui correspondent soit aux intervalles des taches dorsales, soit à ces taches elles-mêmes auxquelles elles s'unissent quelquefois, sont allongées, légèrement flexueuses et plus ou moins profondément déchiquetées sur leurs bords.

Le dessous du tronc et de la queue est d'un blanc sale, orné ou non orné, de chaque côté, de deux rangées de taches noires, pointillées de blanc; celles de ces taches qui composent la rangée interne sont à peu près carrées et faiblement marquées, tandis que sur la rangée externe elles sont oblongues et beaucoup plus prononcées. Certains individus ont le menton piqueté de noir.

DIMENSIONS. La longueur de la tête est près du double de sa largeur dans son milieu et triple de celle du museau. Le diamètre des yeux est de la moitié de l'espace inter-orbitaire. Le tronc est de 40 à 54 fois plus long qu'il n'est large vers son milieu. La queue n'a que la sixième et même la neuvième partie de la longueur du corps.

Les mesures suivantes ont été prises sur le plus grand des neuf sujets qui ont servi à notre description.

Longueur totale : 0^m,851. *Tête*, long. 0^m,027. *Tronc*, long. 0^m, 722. *Queue*, long. 0^m,102.

PATRIE ET MŒURS. La pointe australe de l'Afrique est la patrie de cette espèce, qu'on rencontre assez communément dans la campagne, aux environs du Cap, et quelquefois même, à ce qu'il paraît, dans l'intérieur des habitations, où l'on assure qu'elle s'introduit pour aller dérober, dans les poulailliers et les colombiers, les œufs qui sont, comme nous l'avons dit plus haut, sa principale, si ce n'est son unique nourriture. De là le nom d'*Erjervreter* (mangeur d'œufs) par lequel les colons hollandais du Cap désignent ce Serpent, ainsi que nous l'apprend M. Smith (*loc. cit.*) dans les quelques lignes qu'il consacre à ce Serpent, dans sa grande Zoologie illustrée.

M. Schlegel dit avoir reconnu dans l'estomac de ce Serpent des œufs d'oiseau à demi digérés.

OBSERVATIONS. Linné semble être le premier, qui ait eu l'occasion d'observer ce singulier ophidien, auquel il a refusé des dents et qu'il a signalé, par erreur aussi, comme ayant la tête aplatie ; car aucun autre Serpent n'a, au contraire, cette partie du corps proportionnellement plus épaisse. La figure que ce célèbre naturaliste avait jointe à la courte description de son *coluber scaber* fut la seule originale qu'on possédât de cette espèce jusqu'en 1790, époque à laquelle Merrem, dans le premier fascicule de ses *Beitraege*, en publia une nouvelle, très-supérieure à la première. Depuis lors, il n'en a point paru d'autre. L'unique description qui eût été donnée, d'après nature, jusqu'à ce jour, du *Coluber scaber* de Linné, est celle fort abrégée que renferme l'Essai sur la physionomie des Serpents, par M. Schlegel.

M. Smith l'avait bien aussi décrit, mais c'est à M. Jourdan, de Lyon, qu'on doit la connaissance exacte des particularités anatomiques de ce Leptognathien, comme on peut le voir par l'analyse que nous avons donnée de son mémoire cité dans la synonymie de cette espèce et qui est insérée, par extrait, dans le sixième volume du présent ouvrage, page 160 et suivantes.

2. RACHIODON D'ABYSSINIE. *Rachiodon Abyssinus.* Nobis.

(ATLAS pl. 81, fig. 1 et fig. 2, pour la tête vue en dessus.)

CARACTÈRES Dessus et côtés du corps tachetés de noir sur un fond jaune.

DESCRIPTION.

ÉCAILLURE. Les différences qui existent entre le *Rachiodon Abyssinus* et le *Scaber*, en ce qui concerne les plaques sus-céphaliques, sont les suivantes.

Dans le premier, la plaque sus-oculaire n'a pas, comme dans le second, les deux extrémités à peu près de niveau avec le bord supérieur de l'œil ; car elles s'abaissent fortement l'une en devant, l'autre en arrière de cet organe, aussi la marge latérale externe de cette plaque se trouve-t-elle décrire une courbe plus grande dans le *Rachiodon Abyssinus*, que chez le

Scaber. La plaque pré-oculaire du *Rachiodon Abyssinus* est distinctement moins haute que celles du *Scaber*; la post-oculaire inférieure est aussi située plus bas, c'est-à-dire qu'au lieu de s'arrêter un peu au-dessus du niveau du bord inférieur de l'œil, elle s'avance même un peu sous celui-ci. Il résulte de là que la quatrième plaque sus-labiale sur laquelle s'appuie la post-oculaire inférieure, est plus courte dans le Rachiodon d'Abyssinie que chez le Rach. rûde. Dans le premier, le sommet de l'angle externe et antérieur des plaques pariétales se rabat fortement sur la tempe; ce qui n'a pas lieu dans le second. Enfin, chez le *Rachiodon Abyssinus*, les trois rangs obliques des squammes qui revêtent chacune des régions temporales entre la plaque pariétale et les trois dernières sus-labiales, ne se composent, le premier, que de deux pièces au lieu de trois ou quatre, le second, que de deux ou trois au lieu de quatre ou cinq, et le troisième, que de quatre ou cinq au lieu de cinq ou six, comme chez le *Rachiodon Scaber*.

Les écailles du tronc sur la longueur, sont au nombre de 25 rangées, et de huit au milieu de la queue.

Il y a cinq gulaires, 222-260 gastrostèges, 1 anale entière, 48-50 urostèges.

DENTS. Non seulement, les dents du *Rachiodon* d'*Abyssinie* sont plus longues et plus fortes que celles du *Scaber*; mais il en a davantage, c'est-à-dire trois de plus à la mâchoire d'en haut et deux au moins à celle d'en bas.

Dents maxillaires $\frac{7}{6-7}$. Palatines, 10, et pas de Ptérygoïdiennes.

COLORATION. On retrouve, chez le *Rachiodon* d'*Abyssinie*, des taches noires de la même forme et distribuées de la même manière que chez le *Scaber*; mais le fond sur lequel elles reposent, au lieu d'être un brun-roussâtre, comme dans cette dernière espèce, est une teinte jaune, très-vive autour des parties colorées en noir et qui forme un dessin vermiculaire fort élégant sur les régions céphaliques. Le blanc sale ou grisâtre qui règne à la face inférieure du corps, chez le *R. rûde* est remplacé par un jaune pâle, chez celui d'*Abyssinie*.

DIMENSIONS. *Longueur totale*, 0m,755. *Tête*, long, 0,m023. *Tronc*, long, 0m,642. *Queue*, long, 0m,090.

PATRIE. L'un des deux individus de cette espèce que possède le Muséum a été recueilli en Abyssinie par l'infortuné Cartin-Dillon; l'autre faisait partie des collections formées pendant l'expédition scientifique aux sources du Nil blanc exécutée sous la direction de M. d'Arnaud.

3. RACHIODON SANS-TACHES. *Rachiodon inornatus.* Smith.

CARACTÈRES. Dessus et côtés du corps uniformément d'un brun fauve; jaunâtre en dessous.

Ecailles du dos marquées vers leur pointe de deux points blanchâtres; quatre ou cinq écailles temporales lisses; écailles occipitales courtes, un peu carénées.

SYNONYMIE. *Dasypeltis inornatus.* Smith. Illustr. of the zoology of south Africa, pl. 73, montrant l'animal entier, la tête vue en dessus, en dessous et de profil, et les apophyses épineuses émaillées des vertèbres telles qu'elles se voient 1.º par l'œsophage, et 2.º sur le squelette dépouillé des parties molles.

DESCRIPTION.

FORMES. La tête est petite, sub-quadrangulaire, plate en dessus, ou faiblement convexe; ses faces latérales sont presque perpendiculaires; le bout du museau est large et arqué antérieurement. Le corps est long, un peu étroit, d'un diamètre à peu près égal dans toute son étendue; le dos est légèrement en carène et le ventre arrondi. La queue est courte, assez épaisse à sa base; elle va en s'amoindrissant jusqu'à sa pointe.

ECAILLURE. Chez le *Rachiodon* sans taches, la carène des écailles du bas des flancs est très-forte, comme sur le reste du corps, mais à peine dentelée, tandis qu'elle l'est très-profondément dans ses deux congénères.

Voici les points essentiels relativement à l'écaillure sus-céphalique et que signale M. Smith, dont la description nous sert à compléter celle que Bibron avait faite d'après des individus envoyés en communication au Musée de Paris.

La plaque frontale présente en avant une largeur à peu près égale à sa longueur; d'ailleurs, elle est courte, comme le sont toutes les plaques du vertex; c'est ainsi que la largeur des frontales antérieures est presque le double de leur longueur. Les pariétales sont sub-ovalaires; elles ne présentent véritablement un angle qu'en avant.

La plaque nasale, assez grande, se termine en arrière par un angle aigu; la narine est percée vers son extrémité antérieure.

Il y a une seule plaque pré-oculaire; on voit habituellement trois post-oculaires. Il est accidentel qu'il n'y en ait que deux.

On compte huit paires de plaques sus-labiales, et le même nombre à la lèvre inférieure.

Les écailles forment 25 rangées longitudinales au tronc, (M. Smith dit 24), 10 à la queue.

Parmi les scutelles, il y a 4 gulaires, 211-213 gastrostèges, 1 anale entière, 80-85 urostèges divisées.

Dents. Maxillaires $\frac{7}{5\text{-}6}$. Palatines, 10. Ptérygoïdiennes, nulles.

Les dents maxillaires, dit M. Smith, sont petites, coniques, et ne se voient que vers les angles de la bouche.

Les dents rachidiennes sont au nombre de sept; chacune fait une saillie d'une demi-ligne environ dans l'œsophage, dont elle traverse les tuniques. Leur pointe est émaillée. Sur le spécimen décrit par le savant zoologiste anglais, et dont la longueur est de deux pieds cinq pouces (mesure anglaise), ces dents commencent exactement à deux pouces un quart de l'extrémité postérieure de la mâchoire d'en bas.

Coloration. Cette espèce a toutes ses parties supérieures et latérales d'un brun fauve uniforme; ses régions inférieures sont blanches.

Patrie. Elle nous est connue par deux individus provenant du Cap de Bonne-Espérance, qui appartiennent, l'un à M. le D.r Smith; l'autre au Musée de Leyde.

Ce Serpent, dit M. Smith, vit dans les districts sud-est de la colonie du Cap et dans le pays des Caffres. On le trouve souvent caché sous les écorces d'arbres, qu'il y a toujours intérêt pour le naturaliste, ajoute-t-il, à soulever, car on y trouve bien des matériaux précieux pour les collections.

A l'espèce que nous venons de décrire et au Rachiodon rûde, M. Smith en ajoute une troisième qu'il nomme *Dasypeltis faciatus (sic)*, et qui a été trouvée à Sierra-Leone. Autant qu'on en peut juger par la description qu'il en donne et particulièrement, d'après le système de coloration, cette espèce serait distincte de celle que que nous avons nommée *Rachiodon d'Abyssinie*. Il y aurait donc, en réalité, quatre espèces dans ce genre.

Aux observations que nous avons consignées dans les considérations générales relatives à ce genre, et écrites avant que nous eussions connaissance de celles de M. Smith, on peut joindre, comme les confirmant, de même qu'elles viennent à l'appui des idées de M. Jourdan, les remarques faites par le zoologiste anglais sur les usages des dents rachidiennes et sur le but de l'absence presque complète des dents maxillaires.

32.*

VII.ᵉ GENRE. PLATYPTÉRYX. — *PLATYPTERIX* Nobis. (1).

CARACTÈRES ESSENTIELS. *Os de la mâchoire supérieure à peu près aussi larges que hauts , mais les ptérygo-palatins excessivement élargis dans la région postérieure.*

CARACTÈRES NATURELS. Ainsi que nous avons cherché à l'exprimer par le nom imposé à ce genre , le caractère qui nous a frappé de suite en examinant la tête osseuse , c'est l'excessive largeur de la portion ptérygoïdienne des os palatins.

Cette sorte de mâchoire supérieure interne offre une lame concave, dont le bord externe, plus épais et saillant , semble ainsi former une véritable gouttière, tandis que le bord interne, comme tranchant et dirigé en dedans , se trouve garni dans toute sa longueur de très-petits crochets courbés , dont les pointes sont dirigées en arrière.

La portion palatine ou antérieure de ces os pairs et symétriques se joint à angle aigu ou en Λ, V renversé et allongé au devant du palais, de sorte qu'ici , comme dans le genre précédent, les os ptérygo-palatins suivent une ligne droite , mais en s'écartant beaucoup l'un de l'autre en arrière et ne représentent pas une sorte de courbe régulière dont les deux branches simulent, comme dans la plupart des Serpents , les montants d'une lyre.

Les dents sus et sous-maxillaires coniques et médiocrement fortes se raccourcissent graduellement, à partir , les unes du

---

(1) De Πλατὺς , large, élargi, plat, et de Πτέρυξ , aile ; pour indiquer la grande dilatation ou la largeur des parties postérieures des os ptérygoïdiens.

milieu, les autres du tiers antérieur de l'étendue de leurs rangées jusqu'à leur extrémité. Il n'y a pas de dents inter-maxillaires. Celles qui garnissent les os ptérygo-palatins deviennent de moins en moins courtes.

D'ailleurs, la tête ne présente aucune particularité notable dans les plaques qui la recouvrent. Deux nasales , une seule plaque soit en avant, soit en arrière de l'œil. Parmi les six lames sus-labiales, la troisième et la quatrième bordent l'œil en dessous.

Les écailles du tronc sont lisses, en losange sur le dos , un peu plus grandes et comme carrées sur les côtés. Les gastros-tèges ne se relèvent pas sur les flancs , et les urostèges sont divisées comme dans la plupart des autres genres de cette famille des Leptognathiens. Les côtés du ventre sont arrondis. La pupille est ronde, et les narines s'ouvrent entre deux plaques.

Une seule espèce semble appartenir à ce genre , au moins quant à présent.

PLATYPTÉRYX DE PERROTÉT. *Platypteryx Perroteti.* Nobis.

CARACTÈRES. Corps brunâtre en dessus ; d'un gris blanchâtre en dessus; deux bandes brunes latérales et deux sous le ventre réunies en une seule sous la queue.

DESCRIPTION.

ECAILLURE. La plaque rostrale, qui est très-petite, est presque carrée.

Les inter-nasales, aussi petites que la rostrale, ont chacune cinq pans ; deux par lesquels elles se soudent à la rostrale et trois plus longs, dont les uns se joignent entre eux , et deux les unissent à la frontale et aux nasales.

Les pré-frontales, oblongues et à sept pans inégaux, sont à peu près quatre fois plus grandes que les inter-nasales. Deux de ces pans, très-petits, s'unissent à la sous-oculaire et à la troisième sus-labiale , deux moins courts se terminent à l'œil et à l'inter-nasale; un extrêmement étendu s'applique sur la frénale. Enfin, un dernier moins long que le précédent, s'unit au bord correspondant de l'autre plaque dans la ligne médiane.

La plaque frontale, très-grande, a trois angles égaux ; ses bords sont tous les trois arqués légèrement. Les sus-oculaires, semblables pour l'étendue aux inter-nasales, ont cinq angles irréguliers : contrairement à ce qui a lieu ordinairement, elles sont très-courtes ; elles sont moins étroites en arrière qu'en devant où elles ne tiennent qu'aux pré-frontales.

Les pariétales se terminent en arrière par un angle aigu ; celui de leurs bords qui est dirigé en avant et en dehors, est droit ; il se porte vers la tempe, derrière la post-oculaire.

Les nasales sont fort petites : la première est presque carrée et la seconde pentagonale. La frénale, plus développée, surtout selon sa longueur, offre quatre angles. La post-oculaire, du tiers de l'étendue de la sus-oculaire, est en trapèze sub-rectangle.

Il y a six squammes temporales de chaque côté. L'une d'elles très-longue et fort étroite est enclavée entre la pariétale et les quatrième et cinquième sus-labiales. Les cinq autres plus courtes que la première occupent à la suite un espace triangulaire.

Les deux premières des six sus-labiales sont petites, tandis que les quatre qui suivent sont grandes et inégales, car la cinquième est plus développée que les trois autres, et la sixième et dernière moins que la troisième et encore moins que la quatrième. La troisième sus-labiale s'élargit graduellement d'avant en arrière ; elle est de même forme que les pariétales et fait partie de l'entourage de l'œil où elle s'unit à la pré-frontale, ce qui empêche la frénale d'y arriver, car ici, il n'y a pas de plaque pré-oculaire. La quatrième sus-labiale borde également l'œil.

La plaque mentonnière est moins grande que la rostrale, plus longue que large et pentagone.

Il y a sept paires de plaques sous-labiales. Les plus remarquables sont la deuxième et la troisième, qui sont fort longues et tellement étroites qu'elles pourraient être considérées comme linéaires.

Les deux seules plaques sous-maxillaires sont réellement très-grandes ; elles sont presque en triangles scalènes, mais en devant, leur sommet est tronqué, tandis que par derrière, leur angle est fortement arrondi. Derrière ces deux plaques, on voit une grande squamme à cinq côtés, puis commence immédiatement la série des scutelles inférieures.

Il y a cependant, le long des cinq dernières plaques sous-labiales, une série de quatre écailles allongées.

Le tronc est revêtu de 15 rangées d'écailles longitudinales, on en compte six sur la queue. Quatre gulaires ; 143 à 144 gastrostèges, une anale simple et 16 à 26 urostèges.

DENTS. Maxillaires $\dfrac{25 \text{ ou } 26}{23 \text{ ou } 24}$. Palatines, 12 à 13. Ptérygoïdiennes, 28.

COLORATION. Tout le dessus du corps est de couleur de terre de Sienne brûlée et les parties inférieures d'un blanc grisâtre. Il règne sur les côtés deux bandes d'un brun noirâtre, qui se prolongent depuis la gorge jusqu'à l'orifice du cloaque ; elles se réunissent et se confondent pour atteindre le bout de la queue. Plus haut, sur les flancs, on en voit une autre semblable. Sur le dos, il y a trois séries parallèles de gouttelettes brunes et espacées. Le dessus de la tête est marbré de brun et de fauve. Il y a une petite tache noirâtre sur l'œil et une deuxième plus grande en arrière, une troisième sur chaque tempe et enfin, une quatrième sur les deux côtés de la nuque.

DIMENSIONS. La tête n'a, en longueur, que le double de sa largeur. Le diamètre des yeux égale le quart de l'entre-deux des orbites. Le tronc est trente-trois à trente-six fois plus long qu'il n'est épais au milieu ; la queue en occupe à peu près le douzième. La longueur totale est de 0m,488 chez l'un des sujets examinés ; l'autre est plus court. La tête est longue de 0m,016 ; le tronc 0m,432 ; queue 0m,040.

Ce Serpent a été découvert dans les monts Nilgherry (Indes-Orientales), par le voyageur Perrotet, et sous le nom duquel nous désignons cette espèce.

VIII.e GENRE. STÉNOGNATHE. — *STENOGNATHUS* (1). Nobis.

CARACTÈRES ESSENTIELS. *Les os sus-maxillaires à peu près d'égale épaisseur ; les ptérygo-palatins droits, évasés en V renversé ; les os de la tête rapprochés en avant, pour former un museau pointu.*

CARACTÈRES NATURELS. Corps cylindrique, peu comprimé, à écailles lisses, carrées sur les flancs, losangiques et non

---

(1) De ςτενός, *angustus*, *arctus*, étroit, faible, et de Γνάθος, mâchoire.

hexagones sur la ligne dorsale moyenne ; gastrostèges larges dans le sens de la longueur, formant près du tiers de la circonférence du tronc ; urostèges sur un rang double.

Tête quatre fois plus longue que large, à museau pointu ; le dessus du crâne plane dans toute l'étendue des fosses temporales. Les os sus-maxillaires presque droits, étroits et grêles, non déprimés, à crochets nombreux, serrés, rapprochés entre eux, ayant une courbure peu marquée et leur pointe dirigée en arrière.

Les ptérygo-palatins longs et droits, peu élargis en avant, où ils sont réunis en angle fort aigu , et se trouvent garnis d'un grand nombre de crochets sur toute leur longueur.

Narines grandes, circulaires, s'ouvrant dans la première plaque nasale ; yeux grands, à pupille ronde.

Nous n'avons jusqu'ici rapporté à ce genre que l'espèce suivante, qui n'était pas encore décrite et dont nous avons pu observer deux individus.

Ce genre a quelques rapports avec celui qui suit ou les *Ischnognathes*, qui ont les écailles du corps carénées et non lisses et polies, et les crochets beaucoup plus espacés entre eux.

STÉNOGNATHE MODESTE. *Stenognathus modestus*. Nobis.

CARACTÈRES. Seule espèce connue, dont le corps est d'un brun rougeâtre en dessus et sur les côtés.

DESCRIPTION.

ECAILLURE. La plaque rostrale est extrêmement petite, concave, triangulaire, plus haute que large à sa base, qui est légèrement échancrée. Les inter-nasales, à peu près carrées, ne sont pas plus développées que la rostrale.

Les pré-frontales sont grandes, à cinq pans inégaux, qui s'unissent à l'inter-nasale et au bord de l'œil par deux d'entre eux qui sont très-courts ; deux autres très-longs servent à les réunir et à les joindre à la frontale et à la sus-oculaire. Enfin, par un dernier bord, cette plaque pré-frontale s'appuie sur la frénale.

La plaque frontale oblongue, est curviligne en avant ; par-derrière , deux de ses bords se joignent à la suture commune de la sus-oculaire et de la pariétale. Les sus-oculaires , moins longues que les précédentes , sont coupées carrément par leurs bouts, dont l'antérieur est de moitié moins large que l'autre.

Les pariétales , d'un tiers plus longues que la frontale , se rétrécissent graduellement. Par un de leurs côtés, elles tiennent aux sus-oculaires ; ce pan descend le long de la post-oculaire supérieure. La première plaque nasale est en grande partie percée par le trou des narines ; elle serait carrée, si par le bas, qui forme un angle obtus, elle ne pénétrait entre les deux premières sus-labiales. La seconde nasale, plus haute et plus etroite, est un trapèze rectangle, qui s'appuie par le bas sur la deuxième sus-labiale.

La frénale très-longue est un quadrilatère à peu près régulier. Les post-oculaires sont pentagonales , mais celle d'en haut est un peu moins petite que l'inférieure.

Chaque tempe est recouverte, le long des pariétales , par une grande squamme oblongue, qui touche aux post-oculaires et celle-ci est suivie d'une autre, encore plus allongée, qui se trouve parfois divisée en deux portions inégales et l'on voit au-dessous quatre écailles losangiques au-devant desquelles on en observe une qui a cinq angles.

Les quatre premières plaques sus-labiales , dont le nombre total est de huit, sont moins développées que les quatre autres. La première est en trapèze, la seconde pentagonale et la troisième en carré, ainsi que la quatrième ; ces deux dernières se trouvent situées au-dessous et au-devant de la frénale. La cinquième sus-labiale , à cinq bords inégaux , s'applique par le plus long sur la frénale ; par les deux plus courts, elle touche le bord de l'œil et la sus-labiale qui la précède. La sixième est quadrangulaire , plus dilatée cependant en bas que par le haut, qui borde l'œil et soutient la base de la post-orbitaire inférieure. La septième sus-labiale, aussi haute que large, est pentagone. La huitième plus allongée est un quadrilatère oblong, dont le bord supérieur , au lieu d'être rectiligne, offre un angle extrémement ouvert.

La plaque mentonnière est petite ; c'est un triangle considérablement élargi. Il y a , de chaque côté , huit lames sous-labiales.

Il n'y a que deux plaques sous-maxillaires qui forment ensemble un grand disque à dix pans. Immédiatement derrière ces plaques, il se trouve un carré de quatre squammes élargies que deux ou trois scutelles gulaires séparent de la première gastrostège.

On voit sous la gorge, une triple série oblique d'écailles oblongues , à quatre ou cinq pans.

Il y a 15 rangées longitudinales d'écailles sur le dos et six sur la queue ; 3 gulaires ; 162 à 165 gastrostèges, 1 anale non divisée et 50 à 54 urostèges.

Dents. Maxillaires $\frac{35}{30}$. Palatines, 20. Ptérygoïdiennes, 26.

Coloration. Les deux individus de cette espèce que nous avons eu occasion d'observer ont les écailles du dos et des flancs d'un brun rougeâtre au centre et plus sombre au pourtour. Sur l'un, le dessus de la tête est un mélange de ces deux teintes et sur l'autre, d'un brun olivâtre. Chez tous les deux, le dessous de la tête, les gastrostèges et les urostèges sont d'un brun jaunâtre ou verdâtre assez foncé.

Dimensions. La tête a en longueur un peu plus du double de sa largeur entre les tempes et cette longueur est quadruple de la largeur du museau. Les yeux sont énormes ; leur diamètre est près de moitié de l'espace inter-orbitaire. Le tronc est trente-quatre à trente-sept fois aussi long que large dans son milieu. La queue fort déliée, est un peu moindre du sixième, car chez l'un, dont la longueur totale est de 0^m,453. La *Tête* a 0^m,017, le *Tronc* 0^m,349 et la *Queue* 0^m,067.

Patrie. Ce Serpent est originaire de Java.

IXe GENRE. ISCHNOGNATHE. — *ISCHNOGNA-THUS* (1). Nobis.

Caractères essentiels. *Os sus-maxillaires faibles, mais non aplatis : les ptérygo-palatins comme courbés sur eux-mêmes en dehors ; mais rapprochés en devant pour former avec les mâchoires un museau mince et pointu.*

Caractères naturels. Ce genre, d'après la faiblesse, l'allongement et le peu de matière osseuse qui entre dans la composition des os maxillaires, tant supérieurs qu'inférieurs, a le plus grand rapport avec celui que nous avons nommé *Sténognathe*, mais il en diffère surtout par ses écailles qui sont

---

(1) De Ισχνος, grêle, délié, menu ; et de Γναθος, mâchoire, pour indiquer l'extrême minceur des os qui forment les mâchoires.

carénées et par la disposition ainsi que par le petit nombre comparé des crochets qui sont ici très-distincts, ou séparés les uns des autres. D'ailleurs, les ptérygo-palatins, quoique droits et à peu près parallèles dans la région postérieure, éprouvent une courbure, qui semble suivre la partie correspondante de l'orbite, en rapprochant les deux pièces entre elles, ce qui n'a pas lieu dans le genre *Sténognathe*. Son crâne est aussi un peu moins long; la cavité des orbites est plus distincte, surtout par sa courbure postérieure. Ici, elle occupe à peu près le tiers de la longueur totale. Le dessus de la boîte osseuse est tout-à-fait plane, et non convexe, avec une ligne saillante en arrière.

Les écailles, comme nous venons de le dire, sont munies d'une ligne saillante; elles sont allongées et comme fendues ou bifides à leur pointe postérieure. Les gastrostèges se relèvent un peu sur les flancs, quoique les côtés du ventre soient arrondis. Les narines ovales, sont dirigées de devant en arrière; elles paraissent garnies d'une petite valvule.

Ce Serpent, décrit et figuré par M. Holbrook, se trouve dans l'Amérique au nord, tandis que le Sténognathe n'a été recueilli jusqu'ici qu'à Java.

ISCHNOGNATHE DE DEKAY. *Ischnognathus Dekayi.* Nobis.

(Tropidonotus Dekayi. Holbrook.*)*

CARACTÈRES. Le dessus du corps d'un gris olivâtre; une bande sur le dos d'un blanc jaune, avec des taches noires de chaque côté; gastrostèges d'un blanc gris, portant chacune en dehors deux petits points noirs.

SYNONYMIE. 1842. Holbrook. North Americ. Herpetology, t. VI, pag. 53, pl. 14.

1842. Dekay. Fauna Newyork. Reptiles pag. 46, pl. 14, fig. 30.

1853. Baird and Girard. Catal. north Am. p. 135. *Storeria Dekayi. (Trop. ordinatus,* Storer ? Report, p. 223).

DESCRIPTION.

Ecaillure. La plaque rostrale paraît d'abord être à trois pans presque égaux , mais on peut y distinguer sept pans irréguliers. Le plus grand de tous est échancré pour le passage de la langue ; deux moins longs sont joints aux nasales ; deux plus courts et obtus sont enclavés dans les nasales et enfin, deux plus petits encore se joignent aux premières sus-labiales.

Les inter-nasales, moins étendues d'un tiers que les pré-frontales, sont des trapèzes rectangles, dont l'angle externe et postérieur est aigu.

Les pré-frontales, moins longues que larges, ont cinq côtés inégaux.

La frontale offre en avant un premier bord à peu près droit, deux latéraux presque parallèles et aussi longs que le précédent ; deux postérieurs réunis, plus courts que l'antérieur.

Les sus-oculaires sont deux fois plus longues que larges et à peine plus étroites en avant que derrière ; leur extrémité antérieure est coupée obliquement pour former un angle obtus, qui s'enclave entre la pré-frontale et la pré-oculaire.

Les pariétales sont allongées, mais rétrécies d'avant en arrière où elles ont chacune une pointe tronquée et tiennent par un de leurs bords à la sus-oculaire, en longeant la post-oculaire supérieure.

L'unique nasale est soudée à la frénale, ces deux plaques, ainsi réunies, forment un quadrilatère oblong dans le milieu duquel est pratiquée la petite fente verticale au-dessous de la narine. Cependant, quelquefois, ces plaques sont distinctes et alors la première est oblongue et la seconde ne l'est pas.

La pré-oculaire ne paraît pas divisée ; cependant elle l'était, peut-être accidentellement, dans deux sujets que nous avons étudiés ; tandis que chez les cinq autres, elle est entière et représente une plaque plus haute que large et à cinq pans inégaux, dont le plus grand est le postérieur ; les deux plus petits sont l'un en bas et l'autre en haut. Les deux antérieurs sont moyens en proportion et réunis en angle obtus.

Les post-oculaires ont cinq bords ; elles sont plus longues que larges. Dans quelques exemplaires, ces plaques sont confondues ou d'un côté seulement ou des deux côtés.

Il y a trois squammes aux tempes : une fort grande pentagone ou hexagone oblongue, deux petites presque en losanges, situées l'une au-dessus de l'autre derrière la première qui touche elle-même aux post-oculaires comprises entre la pariétale et les trois dernières sus-labiales.

Les sept plaques sus-labiales sont à peu près égales en hauteur ; les trois premières et la cinquième sont pentagones ainsi que les quatrième et cinquième, qui sont cependant quelquefois carrées ou rectangulaires ; la septième est trapézoïde.

La plaque mentonnière a trois côtés égaux.

Il y a sept paires de plaques sous-labiales. Les premières sont réunies en **V**, qui pénètre en arrière entre les plaques sous-maxillaires antérieures, qui sont une fois plus longues que larges. Les postérieures, longues et rétrécies, sont un peu en trapèze et disposées de manière à laisser entre elles un grand espace angulaire dans lequel sont logées trois squammes gulaires après lesquelles la série des gastrostèges commence immédiatement, mais il y a trois rangées obliques d'écailles oblongues, irrégulièrement hexagones, de chaque côté de la gorge.

On compte, sur la longueur du tronc, 15 à 17 rangées d'écailles et 6 à 8 à la queue. Il y a 3 ou 4 gulaires, 120 à 140 gastrostèges et 39 à 58 urostèges.

Dents. Maxillaires $\frac{16}{18}$. Palatines, 9 ou 10. Ptérygoïdiennes, 17 ou 18.

Coloration. Il y a deux variétés, dont la coloration est analogue à celle de certains Tropidonotes ou d'autres serpents ripicoles, dont les écailles sont, comme ici, en losanges allongées avec une carène, et légèrement échancrées à leur extrémité libre.

Variété **A**. La tête, en dessus, est d'un brun clair tirant sur l'olivâtre et plus ou moins vergeté de noir. Il n'est pas rare de trouver cette couleur noire recouvrir presque entièrement les plaques pariétales. En général, on voit une tache noire sur quelques unes ou sur la plupart des lames labiales, principalement sur celles qui sont situées sous l'œil. Un trait noir coupe aussi ordinairement la tempe de haut en bas à peu près au-dessus de l'angle de la bouche.

Les parties supérieures et latérales sont d'un gris olivâtre, excepté sur le milieu du dos et de la queue où règne une bande un peu jaunâtre, cotoyée par une série de taches noires simple ou double, Tout le dessous du corps serait uniformément blanchâtre sans les piquetures noires qui se voient sur les bords externes des gastrostèges.

Variété **B**. Sur un individu, nous avons remarqué une tache nummulaire, une sorte de disque d'un brun sale sur les côtés du cou et une autre semblable sur la nuque. La bande dorsale jaune et les taches qui la bordent sont moins prononcées que dans l'autre variété. Les côtés du ventre sont fortement jaspés de noir et non simplement piquetés.

Dimensions. La tête a plus du double en longueur qu'en largeur. Les yeux ont presque en diamètre la moitié de l'étendue de l'espace inter-orbitaire. Le tronc est 31 à 42 fois aussi long qu'il a d'épaisseur dans son milieu. La queue fait près du cinquième de la longueur totale du corps qui est de 0^m,372.

Tête, 0^m,012. *Tronc,* 0^m,286. *Queue,* 0^m,074.

PATRIE. L'Ischnognathe de Dekay est originaire de l'Amérique du nord : on le trouve, à ce qu'il paraît, dans une grande étendue de ce Continent. Nous l'avons reçu aussi du Mexique. Nous savons par M. Holbrook qu'on l'a observé dans divers états de l'Union, à la Louisiane, dans le Massachussets, dans le Michigan, dans l'Etat de New-York. M. Holbrook dit que ce Serpent se tient de préférence dans les lieux où l'herbe est abondante et qu'il se nourrit de gros insectes.

Nous avons pu constater qu'il est ovo-vivipare.

X.e GENRE. BRACHYORRHOS. — *BRACHYORRHOS* Kuhl (1).

CARACTÈRES ESSENTIELS. *Os sus-maxillaires faibles, mais non en lame, suivant une ligne droite, garnis de crochets obliques, qui se portent en dedans ; des os palatins arrondis en avant pour former la courbure arrondie du museau.*

CARACTÈRES NATURELS. C'est en raison de la faiblesse ou du peu de développement des mâchoires, qui sont ici grêles, allongées en ligne droite que nous avons rapproché ce genre de ceux dits *Sténognathe* et *Ischnognathe.*

Comme chez ces derniers, la tête est allongée, conique ou pointue en avant ; le crâne est, en effet, quatre fois plus long que large. Les os sus-maxillaires sont linéaires, mais légèrement comprimés et courbés sur leur longueur ; leur tranche inférieure est garnie de petits crochets égaux, inclinés par leur pointe en dedans, mais implantés verticalement. Les os ptérygo-palatins sont tout à fait droits, rapprochés en avant sous un angle aigu et garnis de crochets nombreux sur toute

(1) De Βραχύς , *brevis,* court, et de Ὀρρος , *uropygium, cauda,* queue

leur étendue. La mâchoire inférieure est grêle, armée aussi de crochets nombreux, peu courbés et légèrement inclinés en arrière ; ils règnent sur les deux tiers du bord antérieur.

Le tronc est cylindrique, un peu plus épais cependant dans la région moyenne. Il est revêtu d'écailles lisses, presque carrées à peu près égales entre elles. Les gastrostèges ne se relèvent pas jusque sur les flancs, qui sont arrondis. Les urostèges, comme c'est le propre de tous les genres de cette Famille, sont distribuées sur deux rangs.

BRACHYORRHOS BLANC. *Brachyorrhos albus.* Kuhl.
(*Coluber albus.* Linné.)

CARACTÈRES. Corps d'un bleuâtre terne, roussâtre sur les flancs; régions inférieures blanchâtres, excepté sous la queue, dont les bords sont roussâtres.

SYNONYMIE. 1754. *Coluber albus.* Linné. Mus. Adolph. Frid. , pag. 24, tab. 14, fig. 2.

1758. *Coluber albus.* Linné. Syst. nat. Edit. 10, tom. I, p.

1766. *Coluber albus.* Linné. Syst. nat. Edit. 12, tom. I , pag. 378, n.º 190.

1768. *Anguis alba.* Laurenti. Synopsis Rept., pag. 73. n.º 143.

1771. *Le Blanc.* Daubenton. Anim. Quad. ovip. Serp. (Encyclop. méth., pag. 592).

1788. *Coluber albus.* Gmelin. Syst. nat. Linn. Tom. I. part. 3, pag. 1093, n.º 190.

1789. *La Blanche.* Lacépède. Hist. Quad. ovip. Serp. Tom. II, pag. 183 (d'après Linné.)

1790. *Stumpfschwanzige natter.* Merrem. Beitr. II , pag. 30 , tab. 7. (Descript. et fig. originales.)

1802. *Coluber albus.* Latreille. Hist. Rept. Tom. IV, pag. 145. (D'après Linné.)

1802. *Coluber brachyurus.* Shaw. Gener. Zool. Vol. III , pag. 470.

1803. *Coluber albus.* Daudin. Hist. Rept. Tom. VII , p. 49. (D'après Linné.)

1820. *Natrix albus.* Merrem. Tent. Syst. Amph., pag. 94.

1820. *Coluber brachyurus.* Kuhl. Beitrage II, Abtheil, pag. 89.

.... *Brachyorrhos albus.* Kuhl. Erpét. de Java, non publiée. C'est le synonyme indiqué par M. Schlegel.

1827. *Brachyorrhos albus.* F. Boié. Isis. Tom. XX. p. 519.

Brachyorrhos Kuhlii. Ejusd. loc. cit. Erpét. de Java, pl. 23, fig. 1.

1828. *Atractus trilineatus.* Wagler. Isis, 1828, pag. 741, tab. 10, fig. 1-4.

Brachyorrhos Kuhlii. Ejusd. loc. cit.

1837. *Calamaria brachyorrhos.* Schlegel. Essai physion. Serp. Tom. I, pag. 131, et tom. II, pag. 33, n.º 6, pl. 1, fig. 21-23.

DESCRIPTION.

Écaillure. La plaque rostrale est petite, un peu plus haute que large à la base et quoiqu'elle paraisse triangulaire, elle a réellement cinq pans.

Les inter-nasales, aussi grandes chacune que la rostrale, sont en triangle équilatéral. Les pré-frontales, moins longues que larges, ont sept pans inégaux ; par trois, qui sont les plus grands, elles s'unissent à la pré-oculaire et aux secondes ainsi qu'aux troisièmes sus-labiales ; deux petits les joignent à la sus-oculaire et à la seconde nasale ; les deux moins courts les unissent en partie entre eux et à la frontale.

Cette frontale est hexagone, à pans inégaux. Les sus-oculaires, deux fois plus longues que larges, sont coupées carrément en devant et se terminent en arrière par une pointe fort obtuse.

Les pariétales sont en apparence deux losanges allongées, dont l'un des sommets est aigu, mais fortement tronqué.

Les nasales sont toutes les deux petites. La première est en trapèze et la seconde en pentagone.

C'est une portion descendante de la pré-frontale qui remplace la frénale.

La pré-oculaire est un quadrilatère oblong en hauteur, plus étroit à sa base qu'au sommet qui touche à la sus-oculaire.

Les deux post-oculaires sont égales en surface ; l'une est presque carrée et l'autre a cinq ou six pans.

Indépendamment d'un certain nombre d'écailles semblables à celles qui garnissent le cou, chaque tempe est recouverte de deux squammes en quadrilatère oblong, qui bordent la pariétale; elles sont séparées l'une de l'autre par une écaille lozangique. La première de ces deux grandes temporales, un peu moins longue que la seconde, touche en avant les postoculaires.

Les plaques sus-labiales augmentent successivement en hauteur depuis la première jusqu'à la sixième inclusivement, car la septième est de moitié moins élevée que celle qui la précède.

La plaque mentonnière a trois bords, dont les latéraux sont plus courts que l'antérieur.

Il y a sept paires de lames sous-labiales.

Il n'y a qu'une seule paire de plaques sous-maxillaires; elles sont très-grandes. Leur forme est celle d'une ellipse, dont le bout serait tronqué en avant; elles sont séparées des premières gastrostèges par quatre ou cinq rangs transversaux de squammes un peu en losange.

Il y a 17 rangées d'écailles longitudinales au tronc; 11 ou 13 à la queue.

DENTS. Maxillaires $\frac{20\text{-}22}{18}$. Palatines, 12 à 14. Ptérygoïdiennes, 30.

COLORATION. Linné avait nommé ce Serpent *Albus*, probablement par ce que l'individu unique qu'il avait eu occasion d'observer était décoloré par suite de son long séjour dans la liqueur; mais tout le dessus de son corps est d'un brun schisteux irisé de bleuâtre; les côtés sont roussâtres, surtout par le bas, qui passe au blanc jaune sur les régions inférieures, excepté sur les bords des urostèges, qui sont d'un brun marron sur les côtés et en dedans.

Les jeunes sujets, d'une teinte plus claire en dessus, ont trois raies plus foncées, quelquefois interrompues de distance en distance.

DIMENSIONS. La tête est un peu plus de deux fois plus longue que large au milieu des tempes. Les yeux n'ont en longueur que le tiers de l'espace inter-orbitaire. Le tronc est 25 à 27 fois plus long que large dans son milieu, et la queue n'a guère que le huitième ou même le douzième de la longueur totale qui est de 0m,507.

Tête, 0m,016. *Tronc*, 0m,447. *Queue*, 0m,044.

PATRIE. Le *Brachyorrhos albus* s'est rencontré à Amboine et à Java où l'ont recueilli Leschenault et puis Lesson et Garnot qui nous en ont transmis plusieurs individus.

XI.ᵉ GENRE. STREPTOPHORE. — *STREPTOPHO-RUS* (1). Nobis.

CARACTÈRES ESSENTIELS. *Les os sus-maxillaires faibles, à peu près aussi larges que hauts et droits. Les ptérygo-palatins simples ou non élargis considérablement en arrière ; tous les crochets simples, dont la pointe est dirigée en bas et en arrière du côté du pharynx.*

CARACTÈRES NATURELS. Corps très-grêle, mince, allongé à queue conique ; le derrière de la tête ou la nuque constamment d'une autre couleur, plus pâle que le vertex ou le cou, et formant ainsi une sorte de collier. Tête courte, petite, à museau arrondi, de même grosseur en arrière que le tronc qui est cylindrique comme dans les Calamariens. Mâchoire supérieure étroite et dont les os ne dépassent pas l'orbite.

Les os ptérygo-palatins sont plats, droits, séparés on non, réunis entre eux en avant et non courbés en lyre. Crâne trois fois plus long que large, à sommet arrondi.

Ecailles du corps en losange allongée, fortement uni-carénées et paraissant comme striées. Gastrostèges ne se redressant pas jusques sur les flancs, dont la surface, par cela même, est cylindrique.

Les narines sont grandes, à orifice à peu près circulaire, pratiqué entre deux plaques nasales. Les yeux grands ; la pupille est allongée, elliptique dans le sens vertical.

Les quatre espèces rapportées à ce genre peuvent être d'abord distinguées entre elles par leur couleur ou par ce qu'elles

---

(1) De Στρεπτόφορος, *torquatus,* qui a un cercle autour du cou, de Στρεπτός, un collier, et de φορός, qui porte.

n'ont pas de taches distinctes, comme l'une d'elles, qui est celle dite de *Séba* et qui porte sur le tronc de grandes marques noires, arrondies et souvent transverses. Elle a le ventre blanc.

Lés trois autres n'ont pas de taches.

L'espèce dite à *deux bandes* porte, sur les bords externes des gastrostèges, deux lignes ou raies blanches avec une raie noire au milieu du ventre.

Chez les deux autres, les plaques ventrales, autrement dites les gastrostèges, sont d'une même teinte, tantôt grise, avec la gorge noire, telle est celle dite S. *de Droz*; tantôt d'un blanc pur, comme celle que nous désignons sous le nom spécifique de S. *de Lansberg*.

TABLEAU SYNOPTIQUE DES ESPÈCES DU GENRE STREPTOPHORE.

Tronc	avec de grandes taches noires, arrondies		1. S. DE SÉBA.
	sans taches; gastrostèges	unicolores { grises; gorge noire	2. S. DE DROZ.
		d'un blanc pur. .	3, S. DE LANSBERG.
		noires au milieu, bords blancs.	4. S. DEUX BANDES.

1. STREPTOPHORE DE SÉBA. *Streptophorus Sebœ.* Nobis.

CARACTÈRES. Une grande tache noire sur tout le dessus de la tête; une autre grande carrée sur le cou; entre ces taches, un collier. D'autres taches sur le tronc et les flancs; ventre blanc, sans taches.

Sept plaques sus-labiales, dont la troisième et la quatrième touchent à l'œil.

SYNONYMIE. 1734. Séba. T. I, pag. 20, pl. 11, fig. du bas, à droite. *Serpentula Ceylonica.*

33.*

DESCRIPTION.

ECAILLURE. La plaque rostrale, paraissant triangulaire, a cependant sept pans inégaux, un grand, échancré, livrant passage à la langue ; deux soudés aux nasales antérieures ; deux plus courts, réunis sous un angle obtus qui se place entre les nasales ; deux encore plus petits, joints aux premières sus-labiales. Cette plaque rostrale ne se rabat point en haut sur le museau, et elle porte en bas, et sur le milieu, un enfoncement semi-circulaire.

Les inter-nasales sont fort petites, en trapèze sub-rectangle, dont le sommet aigu se dirige en dehors et en arrière.

Les pré-frontales, quatre fois plus grandes que les inter-nasales, ont trois longs côtés presque égaux entre eux, et trois fort courts, qui touchent à la nasale postérieure, à la sus-oculaire et au globe de l'œil.

La frontale a cinq bords, l'un en avant, qui est curviligne, deux latéraux un peu convergents ; et deux postérieurs réunis ; ceux-ci sont d'un tiers moins étendus que l'antérieur.

Les sus-oculaires oblongues sont coupées carrément à leurs deux bouts, et sont un peu moins étroites en arrière que par devant.

Les pariétales, d'un tiers plus longues qu'elles ne sont larges, touchent à la sus-oculaire par un de leurs bords qui longe la post-oculaire supérieure ; par un des côtés qui côtoient la tempe, et par leur bord interne, elles se joignent sous un angle aigu, dont le sommet est fort tronqué.

La première plaque nasale serait carrée, si elle n'était en arrière fortement entamée par le trou des narines. La seconde a cinq angles inégaux ; quoique aussi haute que la précédente, elle est moins large, un peu concave.

La frénale est un quadrilatère oblong, qui s'étend jusqu'à l'œil, parce qu'il n'y a pas de pré-oculaire. Les deux post-oculaires, fort étendues, sont étroites, surtout la supérieure, et allongées dans le sens vertical.

Sur la tempe, on voit une grande squamme oblongue, contiguë aux post-oculaires ; elle en précède deux autres oblongues aussi et superposées, qui sont moins développées, et qui s'appuient sur la dernière sus-labiale. Derrière ces trois squammes, il y a deux rangs verticaux, chacun composé de trois écailles plus grandes que celles du cou, mais qui ne sont pas carénées comme ces dernières.

Parmi les sept plaques sus-labiales, la troisième et la quatrième touchent à l'œil ; elles deviennent graduellement plus hautes, à partir de la première, jusqu'à la sixième inclusivement ; tandis que la septième est moins élevée, quoique plus longue que celle qui la précède immédiatement.

La plaque mentonnière a trois côtés, dont les deux postérieurs sont moins longs que l'antérieur.

Il y a huit paires de plaques sous-labiales. Les premières sont réunies derrière la mentonnière en formant un V à branches très-écartées, qui s'enfonce en arrière entre les plaques sous-maxillaires antérieures. Celles-ci sont des carrés, tronqués en devant, un peu arrondis derrière. Les sous-maxillaires postérieures, moins longues que les précédentes, sont coupées carrément en devant; en arrière, elles ont un angle aigu et laissent là, entre elles, un espace occupé par la portion antérieure d'une grande écaille pentagone. Cette squamme se trouve immédiatement suivie de la première gastrostège.

La gorge présente, à droite et à gauche, deux ou trois rangées obliques d'écailles presque carrées, cependant un peu plus longues que larges.

Il y a, sur la longueur du tronc, 17 rangées d'écailles et 6 à la queue; 4 plaques gulaires; 131 à 138 gastrostèges et de 44 à 56 urostèges.

DENTS. Maxillaires, $\frac{16}{19}$. Palatines, 7 à 8. Ptérygoïdiennes, 20.

COLORATION. Le dessous et les côtés de la tête et du cou sont d'un beau noir. Il s'élève des lèvres, vers l'occiput, un demi collier d'une teinte blanchâtre. Toutes les plaques des lèvres sont plus ou moins encadrées de noir. Le dessus du tronc et les flancs, ainsi que la queue, sont d'une couleur de chair ou d'un brun roussâtre, mais on voit sur le dos et sur le dessus de la queue, une double série de taches noires, qui parfois se transforment en bandes transversales. Le ventre, le dessous de la tête et de la queue sont d'un blanc jaunâtre, rarement tacheté de noirâtre.

DIMENSIONS. La tête est du double plus longue qu'elle n'est large entre les tempes. Le diamètre des yeux est du tiers de l'espace qu'occupe l'intervalle des orbites. Le tronc est de 33 à 42 fois plus long qu'il n'est épais dans son milieu. La queue est de quatre à cinq fois plus courte que le reste du corps qui, chez le plus grand spécimen, a 0m,318.

Tête, 0m,010, *Tronc*, 0m,247. *Queue*, 0m,061.

PATRIE. Le Streptophore, que nous venons de faire connaître, est originaire du Mexique. La collection du Musée possède quelques individus dont les couleurs sont bien conservées.

OBSERVATIONS. Ce Serpent n'a encore été décrit par aucun auteur, mais on en trouve une représentation ou plutôt une image reconnaissable, malgré la mauvaise exécution de la gravure, dans le Trésor du célèbre pharmacien d'Amsterdam.

2. STREPTOPHORE de DROZ. *Streptophorus Drozii.* Nobis.

CARACTÈRES. Le dessus du corps tout-à-fait brun, avec un collier occipital jaune; en dessous, la gorge et la mâchoire inférieure noires, séparées par ce collier, ou par une raie transversale blanche.

Sept plaques à la lèvre supérieure; la quatrième touche l'œil.

DESCRIPTION.

ECAILLURE. Il y a dans cette espèce, comme chez celle qui précède, sept plaques sus-labiales, mais c'est la quatrième seulement, et sans le concours de la troisième, qui complète le cadre de l'orbite. La troisième sus-labiale est plutôt un carré, qu'un trapèze. La quatrième touche en avant la frénale par son angle supérieur et la post-oculaire inférieure s'avance beaucoup sous le globe de l'œil.

Il y a 19 rangées d'écailles sur la longueur du tronc, 9 à la queue, 4 gulaires, 143 gastrostèges, une anale non divisée et 51 urostèges.

DENTS. Maxillaires $\dfrac{18}{23\text{-}24}$. Nous ne connaissons pas le nombre des palatines ni des ptérygoïdiennes.

COLORATION. Le dessus du corps et les flancs sont de couleur de suie foncée, à l'exception des tempes et de la région occipitale, qui ont une teinte jaunâtre; tout le dessous est d'un jaune brun.

DIMENSIONS. La tête est près de deux fois plus longue qu'elle n'est large entre les tempes. Les yeux n'ont en long que le tiers de l'intervalle des orbites entre eux. Le tronc est près de 38 fois plus long qu'il n'est épais.

La queue est à peu près du cinquième de la totalité du corps, qui est de 0^m,279, la tête ayant 0^m,011, le tronc, 0^m,214, et la queue, 0^m,054.

PATRIE. Ce petit Serpent nous a été envoyé de la Nouvelle-Orléans par M. DROZ.

3. STREPTOPHORE DE LANSBERG. *Streptophorus Lansbergi.* Nobis.

(Calamaria Lansbergii. Schlegel.*)*

CARACTÈRES. Tout le dessus du corps d'un noir bleuâtre, avec les tempes, le derrière de la tête et la lèvre supérieure d'un blanc sale. Les gastrostèges d'un beau blanc pur.

Huit plaques sus-labiales, dont la quatrième et la cinquième touchent le bord de l'orbite.

SYNONYMIE. *Calamaria Lansbergii.* Schlegel. Musée de Leyde.

DESCRIPTION.

ECAILLURE. Cette espèce a, comme nous venons de l'indiquer, une paire de plaques sus-labiales de plus que les Streptophores dont la description précède.

Ici, au moins dans l'exemplaire objet de notre examen, la sixième sus-labiale du côté droit touche l'œil, mais il est facile de reconnaître que c'est accidentellement, la post-oculaire inférieure manquant absolument à droite.

Cette lame sus-labiale, que cette espèce nous montre en plus, est la troisième de la rangée. Elle représente un trapèze rectangle, dont le sommet aigu est en haut et en arrière. Quant aux deux qui la précèdent et aux cinq qui la suivent, elles ressemblent aux deux premières et aux cinq dernières de l'espèce dite de Séba.

Dans le Streptophore, qui fait le sujet de cet article, la plaque frénale est un peu plus allongée, mais la post-oculaire inférieure est au contraire plus courte, de sorte qu'elle ne se prolonge point du tout sous l'œil.

Il y a 19 rangées d'écailles le long du tronc, 8 à la queue, 4 gulaires, 138 gastrostéges et 44 urostéges.

DENTS. Nous n'avons pas eu la possibilité d'en compter le nombre.

COLORATION. Les plaques pariétales, la nuque, la lèvre supérieure et les tempes sont d'un blanc pâle, nuagé de brun roux. Les autres régions de la tête sont d'un noir bleu, ainsi que le dos, les flancs et le dessus de la queue. Toutes les parties inférieures du corps seraient blanches uniformément, si les urostéges n'étaient bordées de noirâtre.

DIMENSIONS. La tête a une longueur double de sa largeur. Les yeux ont le tiers de l'espace inter-orbitaire. Le tronc est trente-neuf fois à peu près aussi long qu'il est large ; la queue n'est guère que la sixième partie du corps qui, en totalité, a 0^m,327.

Tête, 0^m,012. *Tronc,* 0^m,255. *Queue,* 0^m,060.

PATRIE. Un spécimen de cette espèce, que nous avons étudié, appartient au Musée de Leyde où il a été envoyé de Caracas par M. Lansberg.

Le Musée de Paris en possède maintenant un exemplaire.

4. STREPTOPHORE DEUX-BANDES. *Streptophorus bifasciatus*. Nobis.

CARACTÈRES. Tout le dessus du tronc d'un noir foncé, avec un collier blanc; toutes les gastrostèges noires dans leur milieu et bordées de blanc, formant ainsi deux bandes blanches latérales.

Six plaques sus-labiales, dont la troisième et la quatrième touchent à l'œil.

DESCRIPTION.

FORMES. Ce Serpent est plus svelte, plus élancé que les autres Streptophores, comme on peut s'en assurer par ses dimensions.

ECAILLURE. Par les écailles de la tête, il ne diffère pas de la première espèce. Il a, le long du tronc, 19 rangées d'écailles, 6 à la queue; 3 gulaires, 145 gastrostèges, une anale simple et 89 urostèges.

DENTS. Nous n'en connaissons pas le nombre.

COLORATION. Le noir profond et le blanc pur sont les couleurs essentielles. Ainsi, le dessous de la tête, et le cou, qui semble entouré d'un collier, sont d'un beau blanc, de même que les côtés du ventre et de la queue où il forme une belle bande latérale. Le noir couvre toutes les autres régions.

DIMENSIONS. La tête est deux fois aussi longue que large; les yeux ont en longueur le tiers de l'espace inter-orbitaire; le tronc est à peu près quarante-sept fois aussi long qu'il est épais. La longueur totale du corps est de 0m,347.

Tête, 0m,009. *Tronc*, 0m,271. *Queue*, 0m,067.

PATRIE. Ce Serpent provient du Mexique. L'exemplaire que possède notre Musée a servi à la description que nous venons d'en faire.

XII.e GENRE. STREMMATOGNATHE — *STREMMATOGNATHUS* (1). Nobis.

CARACTÈRES ESSENTIELS. *Mâchoire supérieure grêle, mais comme tordue sur elle-même par le mode d'implantation des*

_____

(1) De Στρέμμα-ατος, *tortuosus*, ce qui est tortu, et de Γνάθος, mâchoire.

crochets, dont la série antérieurement est dirigée en bas et en
dehors, et offrant postérieurement des crochets, dont les pointes
sont en dedans.

Caractères naturels. Il n'est pas étonnant que les Ophiologistes, et Oppel le premier, aient placé ce Serpent avec les
Bongares. On reconnaît, en effet ici, un corps très-comprimé
avec des écailles médianes plus larges sur le dos. Comme cependant la région dorsale n'est pas en carène, et comme
d'ailleurs, il manque des crochets cannelés en avant des os
sus-maxillaires, cet Ophidien n'appartient pas à notre groupe
des Protéroglyphes. Aussi, malgré ces analogies extérieures,
nous avons dû l'en séparer, pour suivre l'ordre des familles
naturelles.

Ce Stremmatognathe, car nous n'en connaissons qu'une
espèce, a la tête courte, arrondie. Le crâne mis à nu paraît
être deux fois plus long que large. Le museau est tout-à-fait
mousse ou arrondi.

Les os sus-maxillaires, quoique faibles et minces, semblent
formés de deux portions qui ont, sur leur longueur, des direc-
tions différentes ou comme torses sur elles-mêmes. La première qui est antérieure, placée en avant de l'orbite, porte
des crochets courbes, mais dirigés un peu en dehors et en
bas, avec une rainure externe, qui donne probablement attache
à des fibres musculaires. L'autre portion, qui commence sous
l'orbite, est, au contraire, couchée horizontalement, et les
dents ou les petits crochets qu'elle supporte, sont dirigés en
dedans, de sorte que cette mâchoire semble avoir été tordue
sur elle-même, comme nous avons voulu l'indiquer par le
nom assigné à ce genre, qui d'ailleurs se rapproche de tous
ceux de la famille des Leptognathiens, dont les mâchoires
sont grêles, faibles et courtes et les crochets nombreux et fort
déliés.

Les écailles du tronc sont lisses, généralement sub-rhomboïdales; mais celles de la région dorsale moyenne sont plus

grandes que les autres , hexagones et plus larges transversalement.

Les gastrostèges ne s'étendent pas jusque sur les flancs et comme dans la plupart des autres genres de ce groupe , les urostèges sont distribuées sur un double rang. La totalité du ventre est transversalement arquée.

Nous ne rapportons au genre Stremmatognathe que l'espèce suivante, dont la description complètera les détails qui seraient inutiles ici.

STREMMATOGNATHE DE CATESBY. *Stremmatognathus Catesbyi.* Nobis.

(*Coluber Catesbyii.* Weigel.) (1).

CARACTÈRES. Des bandes noires, coupant transversalement le dessus et les côtés du corps, sur un fond fauve ou blanchâtre.

SYNONYMIE. 1735. *Dipsas zeilonica, etc.* Scheuchzer. Phys. sacra, tom. IV. pag. 1494, tab. 739, fig. 8.

— *Vipera isebequensis.* Ejusd. loc. cit., pag. 1311, tab. 660, fig. 6.

1803. *Coluber compressus.* Daudin. Hist. Rept. Tom. VI , pag. 247.

1810. *Bungarus leucogaster.* Oppel. Musée de Paris.

1820. *Natrix compressus.* Merrem. Tent. Syst. Amph., p. 107, (D'après Daudin.)

— *Coluber Catesbeii.* Ejusd. loc. cit.. pag. 128.

1827. *Dipsas Catesbyi.* F. Boié. Isis. Tom. XX , pag. 550 , n.º 9.

Dipsas compressus. Ejusd. loc. cit., pag. 550, n.º 11.

1830. *Dipsas (Coluber Catesbyii.* Weigel.) Wagler. Syst. amph., pag. 181.

1837. *Dipsas Catesbyii.* Schlegel. Essai physion. Serp. Tom. I, pag. 162 ; tom. II, pag. 279, pl. 11, fig. 21-23.

---

(1) Meyer. Zool. Arch. Vol. II, pag. 55 et 66 , d'après M. Schlegel et Merrem.

1840. *Dipsas Catesbyii.* Filippo de Filippi. Catal. ragion. Serp. Mus. de Pav. (Bibliot. ital. Tom. XCIX.)

DESCRIPTION.

ECAILLURE. La plaque rostrale, quoique ayant sept pans, a l'apparence d'un triangle. Les inter-nasales sont des trapèzes rectangles, dont le sommet aigu est en arrière et en dehors.

Les pré-frontales un peu élargies ont six pans inégaux; par les trois plus petits, elles tiennent à la nasale, à la frénale et à la pré-oculaire supérieure. La frontale est hexagone; ses bords antérieurs sont réunis sous un angle très-court et sont plus longs que les postérieurs; les deux latéraux convergent d'avant en arrière.

Les sus-oculaires ont la même longueur que la frontale; elles sont de moitié plus larges devant qu'en arrière; elles sont coupées à leur bout antérieur presque carrément et soudées à la pré-oculaire supérieure.

Les pariétales, tronquées en arrière, sont là plus larges qu'en avant où elles se joignent à la frontale. Celui de leurs bords qui touche la sus-oculaire adhère aussi à la post-oculaire supérieure.

La plaque nasale fort grande et oblongue, serait en trapèze rectangle, si par un cinquième pan, elle ne venait rejoindre la pré-frontale. La frénale est tantôt trapézoïde, tantôt presque carrée et toujours près de moitié plus petite que la nasale.

Les pré-oculaires sont aussi hautes que la frénale, mais de moitié plus étroites. L'inférieure est à quatre pans irréguliers; la supérieure pentagonale : son bord antérieur et celui qui tient à la sus-oculaire forment un angle sub-aigu, dont le sommet est contigu à l'un de ceux de la frontale.

Il n'y a, le plus souvent, que deux post-oculaires; mais quelquefois trois ou quatre : elles sont, dans ce cas, d'autant plus hautes que leur nombre est moindre.

L'espace compris entre la plaque pariétale et les trois dernières sus-labiales est rempli par trois ou cinq squammes, dont une seule, toujours assez développée et allongée, vient toucher aux post-oculaires.

Les six premières plaques sus-labiales sont pentagones, presque d'égale étendue et à peu près aussi longues que larges. Les septième et huitième sont plus élevées en hauteur qu'en travers; l'une est moins grande que l'autre.

La mentonnière est triangulaire; ses pans latéraux sont plus courts que l'antérieur.

On compte dix paires de plaques sous-labiales. Celles de la première paire se joignent derrière la mentonnière et forment un V dont la pointe ne s'enfonce pas entre les sous-maxillaires antérieures, qui seraient carrées si elles n'étaient pas un peu rétrécies en avant. Les postérieures, un peu plus courtes, mais aussi larges que les précédentes, ont cinq ou six pans inégaux; elles sont séparées de la première scutelle gulaire par une ou deux paires de squammes, moins grandes qu'elles, mais à peu près de la même forme.

Il n'y a que 13 rangées d'écailles sur la longueur du corps et 4 à la queue, 3 ou 4 gulaires, 162 à 174 gastrostèges, 1 anale simple et 82 à 90 urostèges doubles.

DENTS. Maxillaires, $\dfrac{18}{25}$. Palatines, 8 à 9. Ptérygoïdiennes, 14 ou 15.

COLORATION. Le bout du museau est marbré de blanc et de noir; une bande, d'un blanc assez pur, quelquefois roussâtre, se rend d'un bord de la bouche à l'autre, en passant sur le chanfrein; une sorte de calotte noire recouvre la tête en dessus et descend des deux côtés de l'œil, pour y former une grande tache quadrangulaire.

Le cou est entouré d'un demi-collier fauve dans lequel se confond le blanc uniforme que présente la seconde moitié de la lèvre supérieure.

La gorge et les régions sus-céphaliques seraient complètement blanches, sans la présence de plusieurs taches noires situées ordinairement, deux sur le menton, deux sur les plaques sous-maxillaires et une vers l'arrière des branches de la mâchoire inférieure.

Le tronc et la queue sont coupés transversalement, en dessus et sur les côtés, par une suite de bandes noires en nombre variable de trente-cinq à quarante-deux, dont les intervalles fort étroits sont d'une teinte qui varie d'un blanc fauve à un brun rougeâtre.

Le ventre est blanc, avec ou sans piquetures noires.

En général, les bandes du dessus de la queue se prolongent en dessous par leurs extrémités.

DIMENSIONS. La longueur de la tête égale à peu près deux fois sa largeur en travers des tempes. Les yeux ont en diamètre la moitié de l'intervalle que laissent entre eux les orbites. Le tronc est de cinquante à soixante fois aussi long qu'il est large dans son milieu. La queue est du quart ou du cinquième de la longueur totale qui est de 0m,538 chez le plus grand individu, dont la *tête* mesure 0m,013; le *tronc* 0m405; la *queue* 0m,120.

PATRIE. Nous avons reçu ce Serpent, dont nous avons plusieurs exemplaires, de Cayenne et de Surinam.

OBSERVATIONS. C'est sous la responsabilité de Merrem, de Wagler et de M. Schlegel, que nous le signalons comme étant le *coluber Catesbyi* de Weigel, ne connaissant pas l'ouvrage dans lequel ce dernier auteur paraît l'avoir ainsi désigné.

XI.ᵉ FAMILLE. — LES SYNCRANTÉRIENS.

CONSIDÉRATIONS PRÉLIMINAIRES

SUR CETTE FAMILLE.

CARACTÈRES. *Serpents dont toutes les dents sont lisses, dis-tribuées sur une même ligne, mais avec les dernières plus lon-gues, sans intervalle libre au devant d'elles.*

Le caractère essentiel de cette Famille est indiqué par l'é-tymologie même du nom que nous avons employé pour la désigner. (1).

Toutes les espèces qui s'y rapportent avaient été rangées et devaient, en effet, être confondues avec les Couleuvres qui formaient seules un genre, lequel comprenait auparavant presque les deux tiers de l'ordre entier des Serpents. Linné n'avait indiqué, pour la plupart des Ophidiens, que le genre *Coluber.*

On n'avait pas alors remarqué les particularités que pré-sentent les dents lisses des Serpents que nous avons nommés Aglyphodontes à cause du caractère anatomique essentiel tiré de l'absence du sillon. Ces particularités nous ont paru assez importantes, pour permettre la division de ce Sous-Ordre en douze Familles. Nous en avons déjà étudié dix. Les deux der-nières, qu'il nous reste à passer en revue, sont fondées sur une disposition remarquable du système dentaire.

Elle consiste en ce que les dernières dents, celles qui occu-pent l'extrémité postérieure de la série sus-maxillaire sont beaucoup plus longues et plus robustes que celles qui les précèdent. Si elles n'en sont pas séparées par un espace libre

---

(1) **De** Συν ensemble. *Cum* ; et de Κραντηρες, dents postérieures, *pos-tremi dentes.*

ou par un intervalle qui en romprait la série , ce sont des *Syncrantériens*. Si, au contraire, ainsi que cela s'observe dans la famille suivante, il y a une interruption au devant de ces grandes dents, nous aurons à étudier d'autres Serpents que nous avons nommés, à cause de cette particularité, les *Diacrantériens*. Nous avons fait figurer cette double disposition sur la première planche, n.⁰ˢ 8 et 9 , dans notre Prodrome inséré dans les Mémoires de l'Académie des sciences , tome XXIII. Nous en reproduisons la copie dans les planches qui font partie de l'ATLAS du présent Ouvrage. (Pl. 76, fig. 4 et 5.)

Pour arriver à déterminer et à classer les Serpents si nombreux qui sont de véritables Couleuvres, et dont la conformation extérieure offre malheureusement trop peu de prise quand on veut s'en servir pour établir un arrangement systématique convenable, on est heureux de pouvoir prendre pour base des caractères anatomiques. On les rencontre dans les combinaisons du système dentaire , qui sont très-variables chez les Aglyphodontes, mais fort constantes dans chaque grand groupe de ce Sous-Ordre.

Nous avons insisté à plusieurs reprises , et en particulier aux pages 188 et suivantes de ce présent volume, sur les différences bien tranchées que présente l'appareil dentaire dans chacune des douze familles des Aglyphodontes. Nous ne nous arrêterons donc pas à reproduire l'énumération de ces particularités distinctives des Syncrantériens comparés aux autres Serpents colubriformes.

Nous ne dirons rien ici de particulier sur les mœurs et les habitudes de ces Serpents, car elles sont les mêmes que celles de la plupart des Ophidiens non venimeux, ou qui appartiennent au grand sous-ordre des Aglyphodontes.

La plupart de ces Serpents sont terrestres et , comme nous venons de le dire, aucun n'est armé de venin, Beaucoup d'espèces habitent de préférence les lieux herbeux et les bords des eaux douces dans lesquelles elles nagent, souvent à la superficie, en distendant par l'air leur long poumon qui , gonflé ainsi, les fait surnager, en même temps qu'elles jouissent à un haut degré de la faculté de se diriger par les flexuosités variables et volontaires de leur longue échine ; quelques-unes peuvent même plonger longtemps et se mettre ainsi en embuscade dans les eaux courantes pour s'y procurer une nourriture qui consiste en petits poissons et d'autres animaux vertébrés. Les especes de certains genres préfèrent les lieux secs et les terrains sabloneux.

Dans l'un des genres, dont le corps et la queue sont très-allongés, on a reconnu des mœurs analogues à celles des Dendrophides et des Herpétodryas, avec lesquels en effet, les auteurs avaient placé plusieurs espèces , parce qu'elles se tiennent ordinairement sur les branches, qu'elles entourent de leurs replis, ou dans les arbrisseaux, cachées sous le feuillage où elles restent très-longtemps immobiles pour y épier leur proie.

Quatre genres et plus de quarante espèces sont rapportés à cette Famille, dont nous présentons ici la distribution d'après la méthode analytique.

TABLEAU SYNOPTIQUE DE LA FAMILLE DES SYNCRANTÉRIENS.

CARACTÈRES. *Serpents Aglyphodontes, à crochets postérieurs en série continue avec ceux qui les precèdent et sans intervalle entre eux.*

Queue	médiocre; écailles	carénées ou à ligne saillante . . . 2. TROPIDONOTE.
		lisses; museau	arrondi, peu allongé. 3. CORONELLE.
			tronqué et très-court. 4. SIMOTES.
	très-longue et formant près de la moitié du tronc. . . 1. LEPTOPHIDE.	

Ier GENRE. LEPTOPHIDE.—*LEPTOPHIS* (1). Bell.

CARACTÈRES ESSENTIELS. *Serpents à crochets dentaires sans sillons , formant une série continue, mais les postérieurs plus longs que les autres ; ayant le corps étroit et la queue très-longue.*

On reconnaît ces Serpents d'après ces indications. mais nous pouvons y ajouter d'autres détails. Ils sont, en général, très-grêles et fort longs : leur cou est mince en avant, de sorte que la tête, qui est longue elle-même, paraît un peu élargie en arrière. Les flancs et la queue étant un peu comprimés, font paraître le ventre anguleux en ce que ses gastrostèges semblent s'y joindre brusquement et que les urostèges , distribuées sur deux rangs, paraissent également se redresser.

Les écailles sont plus ou moins obliques, lisses chez quelques espèces, carénées chez d'autres.

Les plaques sus-crâniennes sont au nombre de neuf, comme chez la plupart des Serpents. La rostrale est plus large à sa base et à peine rabattue sur le museau. La frontale moyenne se termine en arrière en un angle plus ou moins obtus , mais en avant, elle est élargie. Il y a une naso-frénale et une naso-rostrale , entre lesquelles l'orifice des narines est percé ; une pré-oculaire, deux ou trois post-oculaires , neuf sus-labiales , dont la cinquième et la sixième , et quelquefois la quatrième touchent à l'œil. Les plaques inter-maxillaires de la mâchoire inférieure sont au nombre de quatre; celles de la paire antérieure sont généralement moins longues que les postérieures.

C'est avec les *Dendrophides* que les espèces de ce genre ont le plus de rapports ; mais elles en diffèrent parce que leurs

_____

(1) De Λεπτος , grêle, *gracilis*, et de Ο'φίς , serpent.

crochets dentaires ne sont pas absolument semblables entre eux. C'est cependant en raison de cette analogie, surtout pour les deux espèces dites *queue lisse* et *émeraude* que Boié, et par suite M. Schlegel, avaient inscrit ces deux espèces parmi les *Dendrophides*, et que M. Reinhardt y a placé également l'espèce que nous désignons, d'après lui, sous le nom de *Chenonii*. Le genre Leptophide, outre les trois espèces dont il vient d'être question et deux *Herpétodryas* nommés par M. Schlegel, l'un *perlé* et l'autre *Dipsas*, en renferme quatre de plus. Il devient un groupe assez naturel, excepté pour l'une des espèces, dont les formes sont plus lourdes et dont la tête est à peine distincte du cou : c'est le *Leptophis margaritiferus* qui lie les Leptophides aux Tropidonotes.

Ce genre a été fondé par M. Th. Bell, et voici le résumé du travail que ce savant naturaliste a inséré dans le *Zool. journal*, t. ii, p. 522, sous ce titre : *On Leptophina a group of Serpents comprising the genus Dryinus of Merrem and a newly formed Genus proposed to be named Leptophis.*

« Parmi les genres qui ont été établis, par suite du démembrement du grand genre *Coluber* de Linné, aucun, dit M. Bell, n'est plus naturel que le genre *Dryinus* de Merrem ; mais en examinant quelques autres Couleuvres de Linné, dont la conformation et le genre de vie sont analogues, je trouve entre elles et ces *Dryinus* assez d'affinités pour les placer dans une même division générale; quoique, sans le moindre doute, elles puissent être considérées comme génériquement distinctes des vrais *Dryinus*. C'est pour ces différents Serpents que je propose le nom de *Leptophis*. »

Les détails que M. Bell donne sur ce groupe des Leptophiniens *(Dryinus* et *Leptophis)* faisant connaître des particularités intéressantes sur ce dernier genre; nous continuons cet extrait.

« Tous les Serpents compris dans ces deux genres, dit-il, vivent dans les bois, et s'enroulant sur les branches des ar-

REPTILES, TOME VII,   34.

bres, ils glissent de l'une sur l'autre avec élégance et rapidité. Leurs habitudes, la gracieuse légèreté de leurs formes, l'éclat des reflets métalliques des téguments de quelques uns d'entre eux et les teintes brillantes et changeantes de quelques autres, les placent parmi les espèces les plus intéressantes de l'ordre des Ophidiens. Leur nourriture se compose de grands insectes, de jeunes oiseaux *etc.*, que les dimensions remarquables de leur tête, la largeur de leur bouche et la grande dilatabilité du cou et du tronc leur permettent d'avaler, malgré la petitesse apparente du diamètre de ces parties dans l'état de repos. »

« Par leurs caractères généraux, les deux genres composant ce groupe sont très-étroitement unis. Le corps est extrêmement long en proportion de sa largeur ; la queue atteint à plus de la moitié de la longueur du tronc, et dans quelques espèces, elle lui est égale ; la tête est large et longue. La principale différence entre les deux genres consiste dans la forme du museau. Dans les *Dryinus*, la mâchoire supérieure dépasse l'inférieure, et elle est considérablement amincie vers l'extrémité libre qui, dans quelques espèces, est distinctement pointue, relevée et mobile. Dans les *Leptophides*, le museau est obtus et la mâchoire supérieure dépasse à peine l'inférieure. »

A ces différences, nous ajoutons cette autre très-importante, que les espèces rangées dans notre méthode, sous le nom de *Dryinus*, appartiennent au sous-ordre des Ophidiens opisthoglyphes, tandis que les *Leptophides* font partie de celui des Aglyphodontes et sont classés dans la famille des Syncrantériens.

C'est également cette disposition du système dentaire qui éloigne ces Serpents d'arbres, que nous nommons *Leptophides* avec M. Th. Bell, des autres espèces arboricoles Aglyphodontes, comprises dans le genre *Dendrophide* ; ces dernières, en raison de l'égalité de longueur et de volume de leurs dents sus-maxillaires, ayant dû prendre place dans la famille des Isodontiens, où elles constituent, comme nous l'avons vu, le premier groupe.

A son genre *Leptophide*, M.Th. Bell rapporte quatre espèces:

1.° Le *Lept. purpurascens (Oxybelis æneus)?*

2.° Le *Lept. Ahætulla* que nous conservons sous le nom de *Lept. liocercus.*

5.° Le *Lept. æstivus* qui devient l'*Herpetodryas æstivus.* (Isodontien.)

4.° Le *Lept. Mancas* qui, comme le pense Wagler, ne paraît être autre chose que le *Maniar* de Russel, lequel est lui-même rapporté, avec raison, par M. Schlegel, au *Dendrophis pictus.*

De ces quatre espèces, une seule fait donc partie du genre Leptophide tel que nous le délimitons : c'est le *Coluber Ahætulla* de Linné ou *liocercus* du Prince de Neuwied, et elle devient le type autour duquel nous groupons plusieurs autres espèces.

Wagler, qui a adopté ce genre, n'y range que le *Coluber Ahætulla* auquel il rapporte comme synonymes: *Col. Richardii*, Bory de St.-Vincent, et *Col. liocercus*, Neuwied.

M. Schlegel n'admet pas le genre Leptophide. Du *Leptophis ahætulla* ou *liocercus* que Wagler, à l'exemple de Bell, a rangé dans ce genre, il fait un Dendrophide qu'il place en tête de ce dernier genre.

Il en est de même de notre *Leptophide émeraude* qui, pour lui, est un Dendrophide.

Quant à notre *Leptophide perlé*, M. Schlegel le considère comme un Herpétodryas.

Il en est de même pour notre *Leptophide olivâtre* qu'il place dans ce dernier genre un peu vague, en lui donnant, comme désignation spécifique, le nom d'*Herpetodryas dipsas*, destiné à rappeler certaines analogies avec les Dipsadiens.

Les observations qui précèdent expliquent pourquoi nous plaçons ici l'espèce que M. Reinhardt a nommée *Dendrophis Chenonii* et qu'il a le premier fait connaître.

Enfin, trois autres espèces qui appartiennnent à ce groupe sont nouvelles.

34.*

TABLEAU SYNOPTIQUE DES ESPÈCES DU GENRE LEPTOPHIDE.

Écailles du tronc.

- carénées; frénale
  - nulle; point de carènes sur les écailles de la queue . . . . 1. L. QUEUE-LISSE.
  - apparente; (écailles à carènes)
    - à peine saillantes; des mouchetures jaunes . . . . . 4. L. PERLÉ.
    - très-fortes; post-oculaires
      - deux; bandes
        - distinctes . . . . . 5. L. DEUX-BANDES.
        - nulles; sus-labiales
          - huit . 2. L. MEXICAIN.
          - neuf . 3. L. ÉMERAUDE.
      - trois; plaque frénale
        - touchant à l'œil . 7. L. VERTÉBRAL.
        - n'y touchant pas . 6. L. TACHES-BLANCHES.
- lisses ou non carénées; plaque anale
  - double et sur le tronc
    - des bandes. . . . . . 8. L. BANDES LATÉRALES.
    - pas de bandes. . . . . 9. DE CHENON.
  - simple ou non divisée. . . . . . . 10. L. OLIVATRE.

I. ESPÈCES A ÉCAILLES CARÉNÉES.

1. LEPTOPHIDE QUEUE-LISSE. *Leptophis liocercus.* Neuwied.

(Coluber ahœtulla, Linnæus.*)*

CARACTÈRES. Pas de plaque frénale. Ecailles du tronc carénées, celles de la queue lisses.

SYNONYMIE. 1734. Séba. Thesaurus. Tom. II, pl. 20.

1754. *Coluber Ahœtulla.* Linnæus. Mus. Adolph. Frid. pag. 35, pl. 22 , fig. 3.

Dans cet ouvrage, l'auteur renvoie à ses *Amœnitates Academicœ* Tom. I, pag. 115 et à son *Systema naturæ* p. 34 , n.° 14.

1768. *Natrix Ahœtulla.* Laurenti. *Synopsis Reptiliun.* p. 79.

1771. *Le Boiga.* Daubenton. quad. ovip. Serp. Enc. Méthod.

1789. *Le Boiga.* Lacépède. Quadr. Ovip. et Serp. Tom. II , p. 223 , pl. 11 , fig. 1 (1).

1802. *La Couleuvre Boiga.* Latreille. Hist. des Rept. Tom. IV, pag. 112.

1802. Shaw. General Zool. Tom. III , part. 2 pag. 550.

1803. *La Couleuvre Boiga.* Daudin. Rept. Tom. VII , p. 63 , pl. 84 , tom. III part. 2.

1824. *Coluber Richardii.* Bory de Saint-Vincent. Ann. des Sc. natur. Avril. p. 408.

1824. *Coluber liocercus.* Neuwied. Abbild. zur. Naturg. Bras. , Livr. XIV , pl. 4.

1826. *Leptophis ahœtulla.* Bell. (Th.) Zool. Journ. Tom. II , pag. 328.

1830. *Leptophis ahœtulla.* Wagler. Syst. Amph. pag. 183, Gen. 58.

1831. *Ahœtulla.* . . . . . Gray. Synopsis. Rept. pag. 16.

---

(1) On peut citer comme un des morceaux les plus élégants de notre littérature la brillante description que M. de Lacépède a faite de ce beau Serpent.

1837. *Dendrophis liocercus*. Schlegel. Phys. des Serp. Tom. I, pag. 156 et Tom. II, pag. 224.

1848. *Dendrophis liocercus*. Guichenot. Fauna Chilena. Reptiles. pag. 88. (Historia de Chile por Cl. Gay.)

DESCRIPTION.

FORMES. La légéreté des formes, la longueur et la gracilité de la queue déjà signalées par Linné (Mus.), font de ce Serpent le type le plus remarquable du genre.

Les yeux sont grands ; le museau est assez court et horizontal. La fente de la bouche est un peu ondulée vers les commissures des lèvres.

ECAILLURE. L'absence de la plaque frénale est le caractère si essentiellement distinctif, qu'il pourrait suffire à lui seul pour s'opposer à toute confusion entre cette espèce et ses congénères.

Il y a, de plus, dans la conformation et dans la disposition des autres plaques de la tête, des particularités utiles à signaler.

Ainsi, les frontales antérieures beaucoup plus larges que longues, sont fortement rabattues sur les faces latérales du museau où elles occupent, chacune de son côté, la place de la plaque frénale et descendent jusqu'aux sus-labiales, qui sont fort basses, surtout les trois ou quatre premières, à cause de l'étendue de l'espace occupé par ces pré-frontales et par les fronto-nasales, qui repoussent en bas les deux nasales entre lesquelles la narine est percée. Au delà de ces quatre premières sus-labiales, il y en a deux plus hautes, qui touchent à l'œil, et enfin, le nombre de neuf est complété par trois autres plaques.

Les sus-oculaires sont un peu bombées et leur bord interne arrondi est en contact avec le pan latéral correspondant de la frontale moyenne, lequel est légèrement concave. L'extrémité postérieure de cet écusson central présente un angle obtus.

Les pariétales, peu développées, et à pan externe oblique d'arrière en avant et de dehors en dedans, sont séparées des lames sus-labiales par trois plaques temporales formant ensemble un triangle à sommet antérieur.

Il y a une pré-oculaire concave, deux et quelquefois trois post-oculaires.

Les écailles du tronc sont carénées, et disposées sur 15 rangées longitudinales ; celles de la queue, au contraire, sont lisses.

Gastrostèges : 161-167 ; 1 anale double ; urostèges : 148-150 également divisées.

Toutes ces plaques des régions inférieures forment une sorte de carène dans le point où elles se plient pour gagner soit les flancs, soit les côtés de la queue.

COLORATION. Linnæus, dans son langage élégant et concis, a donné une excellente représentation des couleurs de ce Serpent à reflets métalliques, lorsqu'il a dit (Mus.) : D'une couleur verte et dorée très éclatante ; écailles du dos noires à leur pointe, d'où résulte, par la réunion de ces maculatures, l'apparence de lignes noires transversales ; une bande noire traversant l'œil.

Tel est, en effet, le système de coloration d'un certain nombre d'individus de cette espèce, mais ce n'est pas celui que le Prince de Neuwied a décrit et et figuré que nous trouvons exact pour d'autres échantillons qui sont, comme le dit l'illustre voyageur, d'un gris-brunâtre en dessus, ayant l'extrémité antérieure des écailles vertes, avec les carènes des écailles dorsales plus foncées que tout le reste et enfin, avec le dessus de la tête d'un vert clair.

M. Schlegel signale, un *L. Liocercus* rapporté du Chili pour le Musée de Paris par M. d'Orbigny et qui est d'une belle teinte verte uniforme. On pourrait, à l'exemple du savant Ophiologiste de Leyde, considérer ce Serpent comme le type d'une variété de climat.

DIMENSIONS. Ce Serpent a quelquefois plus d'un mètre. Le fait le plus important est la longueur proportionnelle de la queue relativement au tronc qui est lui-même grêle et très-allongé. Nos mensurations sont presque complètement d'accord avec celles du Prince de Neuwied, car il indique la queue comme ayant les sept douzièmes de la longueur totale et nous trouvons sur les nombreux échantillons de notre collection, qu'elle en occupe les deux tiers.

PATRIE. Nous possédons un grand nombre d'exemplaires, qui nous ont été adressés de l'Amérique du Sud, les uns du Chili, par M. d'Orbigny (*Variété verte*), d'autres de Cayenne et quelques-uns du Brésil par MM. de Castelnau et Emile Deville. Nous en avons reçu de la Trinité et M. Plée en a envoyé de la Martinique.

MŒURS. Ce Serpent se met en embuscade sur les branches où il attend les oiseaux, et tous les petits vertébrés grimpeurs. Il se nourrit aussi de Reptiles.

Wagler et M. Schlegel ont trouvé dans le ventre de ce Leptophide plusieurs débris reconnaissables d'oiseaux tels que ceux d'un Pluvier et d'un Tangara.

OBSERVATIONS. Ainsi que le fait remarquer M. Schlegel, ce Serpent désigné d'abord sous le nom de *Ahœtulla* par Linné est de la même espèce que celui qui est représenté dans Séba (Tom. II, pl. 20.) et qui a été successivement rapporté à différents genres. C'est, en définitive, le même

Ophidien que celui qui a été nommé plus tard Boiga par nos auteurs français.

M. le Prince de Neuwied l'a très-bien représenté d'après l'individu qu'il
a donné au Musée de Leyde.

M. Gray, dans son *Synopsis of Rept.* p. 16, en a constitué le type d'un
genre sous le nom de Ahætulla et Wagler, qui a adopté le nom de *Leptophis* proposé par M. Th. Bell y a conservé cette espèce, à l'exemple de
ce savant Erpétologiste anglais.

2. LEPTOPHIDE MEXICAIN. *Leptophis mexicanus.* Nobis.

CARACTÈRES. Ecailles à fortes carènes sur le tronc et sur la
queue; deux post-oculaires; huit paires de plaques sus-labiales;
teinte d'un vert à reflets métalliques, très-analogue à celle du
Leptophide queue lisse. (1)

DESCRIPTION.

FORMES ET ECAILLURE. La ressemblance entre ce Leptophide et celui
qui vient d'être décrit est très-frappante, si l'on s'en tient à la conformation générale. Quand on l'examine avec attention, on découvre cependant
des différences fort notables et qui démontrent que ces deux Serpents appartiennent à des espèces parfaitement distinctes.

1.º Ici, les écailles de la queue sont carénées comme les écailles du
tronc; ce caractère, qui est commun aux six espèces du genre placées à la
suite de la première est donc, relativement à celle-ci, un caractère important.

2.º De plus, la plaque frénale ne manque pas et présente les dimensions ordinaires.

3.º Puis, au lieu de neuf paires de plaques sus-labiales, il n'y en a que
huit dans le *L. mexicain.* C'est également un bon moyen de distinction
relativement au *Leptophide émeraude* où l'on en compte neuf; mais en
outre, il y a, chez ce dernier, une particularité qui manque dans notre nouvelle espèce : nous voulons parler du contact qui a lieu chez le *L.émeraude,*
entre les extrémités du bord antérieur de la frontale moyenne avec l'ex-

_____

(1) Chez cette espèce, comme chez toutes celles qui suivent, dans ce
genre, on voit une plaque frénale. Son absence chez le *L. queue lisse* est
donc une exception remarquable qui a dû être signalée dans la diagnose.

trémité supérieure des pré-oculaires repliées sur la face supérieure du museau.

4.° Les écailles du tronc sont moins grandes, en losanges moins allongées, et par suite, moins obliques que celles du *Leptophide queue lisse*, qui, d'ailleurs en a deux rangées longitudinales de plus, car il en a 17 et le *L. mexicain* en a 15 seulement. On compte chez ce dernier 157-169 gas-trostèges, une anale divisée et 138-154 urostèges sur un double rang.

5.° Une dernière dissemblance enfin, démontre que l'espèce décrite ici est distincte de celle qui la précède et de celle qui la suit : c'est la différence d'origine. Tandis, en effet, que la première est de l'Amérique du Sud et l'autre de la côte de Guinée, la nouvelle a été recueillie au Mexique.

COLORATION. Les reflets métalliques de la belle teinte verte qui colorent les téguments, rappellent le brillant systéme de coloration des *Leptophides queue lisse* et *émeraude*. Derrière la téte, il part, de chaque côté, une ligne noire interrompue, qui ne tarde pas à disparaître.

DIMENSIONS. Le sujet le plus long porte 1m,26 et la *queue* occupe presque le tiers de la longueur totale, car elle a 0m,46 ; la *téte* et le *tronc* ont ensemble 0m,80.

PATRIE. Les deux individus qui représentent cette espèce nouvelle au Musée de Paris proviennent du Mexique. Ils ont été l'un et l'autre acquis par l'Administration.

3. LEPTOPHIDE ÉMERAUDE. *Leptophis smaragdinus.*
Nobis.
(Dendrophis smaragdinus. Boié.*)*

CARACTÈRES. Ecailles à fortes carènes sur le dos et sur la queue; deux post-oculaires; teinte d'un vert brillant, uniforme, sans bandes.

SYNONYMIE. *Dendrophis smaragdinus*, Boie. Erpétologie de Java (manuscrit).

1837. *Dendrophis smaragdina*, Schlegel, Physion. des Serp. t. I, p. 158 et t. II, p. 237.

DESCRIPTION.

FORMES. Cet Ophidien est svelte, élancé; la queue est longue et très-déliée. La tête est plus épaisse et le museau plus long que dans l'espèce précédente. Les yeux, comme dans cette dernière, sont très-grands, si même ils ne le sont davantage.

ECAILLURE. Le bord antérieur de la frontale moyenne est fort large et il touche, par chacune de ses extrémités, à la pré-oculaire, qui se replie sur la face supérieure de la tête. Les fronto-nasales sont plus longues d'avant en arrière que les frontales antérieures.

Il y a neuf paires de plaques sus-labiales et deux post-oculaires.

Les écailles sont carénées, allongées, losangiques et disposées sur le tronc en 15 rangées longitudinales.

On compte 159 gastrostèges, une anale double et 154 urostèges également divisées.

COLORATION. Quand l'épiderme est détruit, la couleur est un beau vert émeraude plus foncé vers les flancs que partout ailleurs.

Il y a, en outre, des reflets métalliques encore visibles quand l'enveloppe épidermique est intacte, mais alors l'animal est d'un vert plus foncé, comme nous pouvons le constater sur un échantillon bien conservé.

M. Schlegel indique de petites bigarrures blanches, qui se voient quelquefois sur les côtés du cou. Nous ne les trouvons pas.

DIMENSIONS. L'exemplaire le plus long du Musée de Paris a 0m,89 en y comprenant la queue, dont l'étendue est de 0m,35.

PATRIE. Le Musée de Paris n'a possédé pendant long-temps qu'un seul individu originaire de la côte de Guinée et portant une ancienne étiquette ainsi conçue : Couleuvre cyanée (Coluber cyaneus). Séba II, XLIII, 2. Dernièrement, on a reçu de M. Aubry-Lecomte, qui a fait un envoi très-intéressant d'animaux du Gabon (juillet 1853), un spécimen moins grand que celui dont nous venons de faire connaître les dimensions, mais en très-bon-état de conservation.

L'exemplaire, qui a servi de type à Boié faisait partie de l'ancien Cabinet de Leyde, qui depuis, en a reçu de la Côte-d'Or.

Cette espèce, comme on le voit par les détails qui précèdent, est donc originaire de la côte occidentale d'Afrique.

OBSERVATIONS. M. Schlegel a bien constaté la disposition des dernières dents sus-maxillaires et qui est commune à tous les Serpents que nous avons, par cela même, rapportés à la famille des Syncrantériens. Cet habile zoologiste indique aussi le développement d'un des lobes de la glande salivaire.

4. LEPTOPHIDE PERLÉ. *Leptophis margaritiferus.* Nobis.

CARACTÈRES. Ecailles du tronc à carènes peu saillantes et portant chacune une tache d'un jaune vif se détachant sur un fond d'un brun verdâtre : d'où résulte, sur les régions supérieure et latérales du tronc et de la queue, une élégante moucheture.

SYNONYMIE. 1837. *Herpetodryas margaritiferus,* Schlegel. Essai sur la Physionomie des Serp. t. I, p, 151 et t. II, p. 184.

DESCRIPTION.

Cette espèce se distingue des deux précédentes, outre les caractères énoncés dans la diagnose et ceux que nous indiquons plus loin, par la forme plus cylindrique du tronc qui est, en même temps, un peu plus court et plus ramassé.

La tête est épaisse, légèrement bombée en dessus, assez distincte du tronc. Les yeux sont grands.

Il n'y a rien de particulier à noter relativement aux plaques sus-céphaliques, si ce n'est qu'elles sont assez peu developpées.

La frénale est basse, la frontale antérieure se repliant, par son extrémité externe, sur la face latérale du museau.

On compte neuf paires de plaques sus-céphaliques, dont la quatrième contribue à peine à former le bord orbitaire inférieur, qui est presque exclusivement constitué par les cinquième et sixième plaques.

Les sous-maxillaires antérieures, au lieu d'être un peu moins longues que les postérieures, comme dans les espèces précédentes, leur sont égales.

M. Schlegel a compté 19 rangées longitudinales d'écailles; nous n'en trouvons que 17. Il y a 115 gastrostèges environ, une anale double et 113 urostèges également divisées.

COLORATION. On peut dire, avec M. Schlegel, qui a le premier décrit cette espèce, d'après un individu alors unique au Musée de Paris, (p. 184), que le joli dessin dont elle est ornée la rend tout-à-fait remarquable et en fait une des plus belles parmi les Serpents d'arbre. Les mouchetures jaunes qui sont en nombre égal à celui des écailles, puisque chacune de celles-ci en porte une, donnent à cette livrée, ainsi perlée de jaune sur les teintes sombres du fond, un aspect élégant qui rappelle, par sa disposition générale, le plumage de la pintade. Le desus de la tête est d'un brun jaunâtre. Le bord postérieur de chaque gastrostège et de chaque urostège est plus ou moins bordé d'un brun foncé, qui se détache sur la nuance vert-jaunâtre des régions inférieures.

DIMENSIONS. Ce Serpent est d'une taille à peu près égale à celle des deux premières espèces ; la queue est égale à la moitié de la longueur totale de l'animal.

PATRIE. L'individu type de l'*Herpetodryas perlé*, de M. Schlegel, a été adressé de New-York par M. Barabino. Depuis, nous en avons reçu deux beaux échantillons, pris par M. A. Morelet, dans le Peten (Amérique centrale), et quatre autres originaires, les uns du Mexique, les autres de la Nouvelle-Orléans. M. Duchassaines en a recueilli un à Panama.

5. LEPTOPHIDE A DEUX BANDES. *Leptophis bi-vittatus.* Nobis.

CARACTÈRES. Ecailles à carènes bien apparentes ; deux plaques post-oculaires. Sur la ligne médiane du dos, deux bandes noires commençant à un décimètre environ en arrière de la tête et séparées, dans toute leur longueur, par un petit intervalle où se voit la couleur du fond.

DESCRIPTION.

FORMES. Par toute leur conformation, les Serpents que nous rangeons dans cette espèce, se rapportent bien au genre Leptophide. Le corps est assez grêle et la queue longue.

La tête est distincte du tronc ; elle est un peu bombée sur le vertex et le museau est légèrement incliné en bas.

ECAILLURE. Les neuf plaques sus-céphaliques ordinaires ; aucune n'offre des particularités qui méritent d'être spécialement signalées. Il faut dire cependant que la largeur de la plaque frontale moyenne diminue peu de son bord antérieur à son extrémité postérieure où elle se termine en un angle obtus. L'œil est bordé, en arrière, par deux post-oculaires. De plus, il y a, de chaque côté des pariétales, quatre grandes plaques temporales disposées sur deux rangs. On compte neuf paires de sus-labiales, dont la quatrième atteint l'œil par son angle supérieur et postérieur, mais la portion inférieure du cercle squammeux de l'orbite est surtout formée par les cinquième et sixième. Les sous-maxillaires antérieures sont plus courtes que les postérieures.

Les écailles du tronc forment 17 rangées longitudinales.

Il y a 152 gastrostèges, 1 anale double et 109 urostèges également divisées.

COLORATION. La teinte générale des parties supérieures est un vert brunâtre élégamment relevé, dans la première moitié du tronc environ, par de petites lignes jaunes très-fines qui, occupant les bords de la moitié antérieure de la losange que représente chaque écaille, forment un nombre considérable de petites taches jaunes angulaires, à sommet antérieur.

Dans le premier décimètre environ de la longueur du dos, on voit des stries transversales irrégulières formant de petites bandes interrompues. Au delà, l'aspect change, car à partir de ce point, deux bandes d'un brun foncé commencent ; elles sont assez larges et séparées, dans toute leur étendue, par un petit intervalle où paraît la couleur plus claire du fond. Elles se continuent jusqu'au bout de la queue.

Il faut noter enfin qu'au niveau du milieu du tronc, on voit apparaître sur chaque flanc, une ligne fine de la même nuance que les deux bandes médianes et se prolongeant comme elles jusqu'à la pointe de la queue.

Derrière l'œil, il y a une large tache noire.

Le bord libre de chaque gastrostège est plus ou moins complètement bordé de noir. Rien de semblable ne se voit sur les urostèges.

DIMENSIONS. Le plus grand de nos échantillons est long de 0m,68, ainsi répartis : 44 pour la tête et le tronc, et 24 pour la queue.

PATRIE. C'est dans la Nouvelle-Grenade (Amérique du Sud), que ces Serpents ont été trouvés. Le Muséum en possède trois parfaitement identiques et dont deux ont bien conservé leurs couleurs. Le troisième est un peu plus altéré, mais on remarque cependant très-bien sur ses téguments toutes les particularités du systême de coloration que nous avons décrites plus haut.

6. LEPTOPHIDE TACHES BLANCHES. *Leptophis albo-maculatus*. Nobis.

CARACTÈRES. Carènes des écailles extrêmement prononcées sur toutes les rangées longitudinales du tronc et de la queue ; yeux très-grands ; sur toute la longueur du dos et de la queue, deux séries latérales et parallèles de taches blanches.

DESCRIPTION.

FORMES. Par l'ensemble de sa conformation, cet Ophidien se rapproche des Leptophides déjà décrits. Cependant, les flancs et les côtés de la queue sont plus arrondis et la queue est proportionnellement moins longue.

ECAILLURE. Les neuf plaques sus-céphaliques ordinaires. La plaque frontale moyenne est large en avant et peu rétrécie en arrière où elle se termine en un angle obtus. Il y a trois post-oculaires et neuf paires de plaques sus-labiales. La quatrième, par son angle supérieur et postérieur, touche à l'œil, mais le bord squammeux orbitaire est presque complètement formé inférieurement par les cinquième et sixième plaques de la lèvre. Au-delà, ces plaques ont plus de hauteur que celles qui les précèdent. Les sous-maxillaires postérieures sont plus longues que les antérieures.

On compte 17 rangées longitudinales d'écailles, 160 gastrostèges, 1 anale double et 74 urostèges également divisées.

COLORATION. Autant qu'on peut en juger, d'après le seul individu que la Collection possède, la teinte générale des parties supérieures est un brun verdâtre foncé. Il n'y a pas de taches sur le vertex; la lèvre supérieure est jaunâtre et surmontée de chaque côté, derrière l'œil, d'une petite bande noire.

A un décimètre environ en arrière de la tête, on voit apparaître, de chaque côté du dos, de petites taches blanches irrégulières, occupant, sur trois ou quatre écailles, les points par lesquels ces écailles se touchent; elles sont bordées de noir. Elles sont fort régulièrement espacées, séparées entre elles par un espace d'un centimètre environ et elles se continuent jusqu'à l'extrémité de la queue. Sur la ligne médiane, il y a une série de petites lignes transversales noires, flexueuses, régulièrement espacées et séparées par un intervalle d'un demi-centimètre seulement, de sorte que leur nombre est double de celui des taches ocellées qui viennent d'être décrites.

En dessous, la teinte est d'un vert olive à peine marqué de noir, mais dans les points où l'épiderme s'est détaché, on voit de nombreuses maculatures aux extrémités de chacune des plaques de la région inférieure, et le milieu de chaque gastrostège porte un petit trait longitudinal noir.

DIMENSIONS. Le tronc et la tête ont une longueur de 0m,57 et la queue de 0m,18. En tout 0m,75.

PATRIE. Le type de cette espèce que nous n'avons pu rapporter à aucune de celles qui sont décrites par les auteurs provient de Java, et le seul échantillon par lequel elle nous est connue a été donné à notre Musée par l'illustre professeur J. Müller de Berlin.

7. LEPTOPHIDE VERTÉBRAL. *Leptophis vertebralis.* Nobis.

CARACTÈRES. Une seule plaque pré-oculaire, la frénale tenant lieu de l'inférieure et s'étendant jusqu'à l'œil, dont elle contribue ainsi à former en avant le cercle squammeux orbitaire (1). Une ligne claire sur le milieu du dos, coupée, à intervalles égaux et réguliers, par une série de points noirs.

DESCRIPTION.

FORMES. Entre cette espèce et la précédente, on remarque certaines analogies de conformation ; cependant la queue est ici d'une longueur proportionelle un peu plus considérable, la léte un peu plus épaisse et l'œil un peu plus grand.

ECAILLURE. C'est surtout par la forme bizarre de la plaque frénale que le *Leptophide vertébral* se distingue de tous ses congénères. Cette plaque, en effet, se prolonge, d'une manière insolite, au devant de la pré-oculaire unique, pour venir s'étendre jusqu'à l'œil, en tenant la place de la seconde pré-oculaire. Il y a trois post-oculaires. On compte neuf paires de plaques sus-labiales, dont la quatrième et la cinquième touchent à l'œil et dix paires de sous-labiales. Les sous-maxillaires antérieures sont plus larges et plus courtes que les postérieures. Les écailles du tronc portent des carènes bien apparentes ; elles sont allongées et disposées sur 17 rangées longitudinales.

Il y a 165 gastrostèges, 1 anale double et 104 urostèges également divisées.

COLORATION. Outre les caractères déjà indiqués, ce nouveau Leptophide offre des particularités distinctives.

---

(1) Dans le tableau synoptique de la division des espèces, nous avons opposé au *Leptophide vertébral* le *L. taches-blanches*, par ce caractère que sa plaque frénale ne touche pas à l'œil. Il est à peine nécessaire de faire observer que ce caractère, employé pour faciliter la construction du tableau, est commun à tous les Leptophides autres que le *vertébral*. Or, de même que l'absence de cette plaque, chez le *L.*, *à queue lisse*, constitue un caractère essentiellement distinctif, on peut attacher de l'importance, comme moyen de classification, à la disposision spéciale de la frénale chez le *L. vertébral.*

Ainsi, sur un fond d'un brun verdâtre, on voit courir sur toute la ligne médiane du dos, depuis l'occiput, une série de petites taches noires occupant à peine la largeur de deux écailles et disparaissant un peu au delà de l'origine de la queue. Elles sont séparées entre elles par un intervalle de 0^m,008 environ et coupent ainsi très-régulièrement une ligne dorsale plus claire que le fond et qui paraît même blanche dans les points où l'épiderme manque. Aucune autre tache ne se voit sur les régions supérieure et latérales du tronc, dont la région inférieure, au contraire, qui est d'un jaune brunâtre, porte une série de bandes grisâtres irrégulières, qui occupent le bord antérieur ou adhérent de chaque gastrostège et de chaque urostège. De plus, chacune de ces grandes plaques, tant du ventre que de la queue, est marquée, à ses deux extrémités, d'un point noir. Ces points, au reste, commencent à être visibles seulement au delà du premier quart du tronc. C'est également à partir de ce point, que la bordure sombre du bord antérieur devient apparente. Il n'y a pas de taches sur la tête, mais au-dessus de la lèvre, qui est d'une couleur claire, on voit, de chaque côté, une petite bande noire étendue de l'œil à la commissure.

DIMENSIONS. La longueur totale du seul échantillon de cette espèce nouvelle, dont il devient le type, est de 0^m,84, ainsi répartie :

Tête et Tronc, long. 0^m,57. Queue, long. 0^m,27.

PATRIE. Ce Serpent a été pris à Manille par M. Liautaud, chirurgien-major de la frégate la Danaïde, et qui en a fait présent au Muséum.

II. ESPÈCES A ÉCAILLES LISSES.

8. LEPTOPHIDE BANDES-LATÉRALES. *Leptophis lateralis.* Nobis.

Sur un fond d'un brun verdâtre, de petits traits blancs occupant irrégulièrement l'un des bords des écailles, et en nombre variable suivant les individus ; sur chaque flanc, une bande jaune étendue le plus souvent de la tête à l'extrémité de la queue, mais quelquefois interrompue vers le milieu de la longueur du tronc.

DESCRIPTION.

FORMES. Cette espèce, un peu moins élancée que les précédentes, s'en distingue aussi par le volume proportionnel moins considérable des yeux. Le museau est un peu incliné en bas, vers son extrémité antérieure.

ECAILLURE. Les neuf plaques sus-céphaliques. La frontale, moins effilée que dans la plupart des Leptophides, a une largeur presque égale en avant et en arrière, où elle se termine en un angle obtus; elle est un peu moins longue que les sus-oculaires. Les pariétales sont courtes et ramassées; la frénale est presque carrée; il y a une seule pré-oculaire haute et deux post-oculaires.

On compte huit paires de plaques sus-labiales, dont la quatrième et la cinquième touchent à l'œil et neuf à la lèvre inférieure; la cinquième est la plus grande de toutes. Les sous-maxillaires antérieures sont beaucoup moins longues que les postérieures.

Les écailles qui sont lisses, sont disposées sur 19 rangées longitudinales.

Gastrostèges : 161-166; anale double, urostèges également divisées : 91-95.

COLORATION. Le trait le plus saillant dans la disposition des teintes, est la présence sur chaque flanc d'une bande jaunâtre claire qui, sur tous nos échantillons, à l'exception d'un seul, se prolonge depuis la tête jusqu'à l'extrémité de la queue. Elle n'occupe pas complètement la largeur des écailles qui forment les quatrième et cinquième rangs au-dessus des grandes plaques inférieures, dont elle est quelquefois séparée par de petites linéoles blanches, dans cette région, formant un dessin fort élégant en suivant régulièrement les bords latéraux des écailles d'une même rangée, lesquelles se trouvent ainsi avoir chacune une bordure blanche ovalaire, interrompue à ses deux bouts. Ces mêmes petites linéoles sont également répandues d'une façon irrégulière et en nombre variable sur le dos, et en relèvent ainsi plus ou moins la teinte brun-verdâtre assez foncée.

A chaque extrémité des gastrostèges, on remarque un point noir; tantôt ces points sont accompagnés de mouchetures noires; tantôt, au contraire, les régions inférieures sont d'un brun jaunâtre uniforme.

DIMENSIONS. *Tête* et *Tronc*, 0^m,57. *Queue*, 0^m,23. *Long. totale*, 0^m,80.

PATRIE. Les types de ce Leptophide, dont nous n'avons trouvé la description dans aucun auteur, ont été adressés de Madagascar au Muséum. Ils sont au nombre de quatre.

9. LEPTOPHIDE DE CHENON. *Leptophis. Chenonii.*
Nobis.

(Dendrophis Chenonii Reinhardt.*)*

CARACTÈRES. Teinte générale d'un vert clair, quelquefois rele-

REPTILES, TOME VII. 35.

véé par de petites taches jaunes régulièrement disposées sur le milieu du bord externe des écailles.

Synonymie. 1843. *Dendrophis Chenonii*, Reinhardt, Beskrivelse af nogle nye slangearter (Det Konglike Danske videnskabernes selskabs Naturvidenskabelige og Mathematiske afhandlinger, t. X, p. 246, tab. 1, fig. 13 et 14.

DESCRIPTION.

Formes. La conformation générale de ce Serpent justifie parfaitement le rang que M. Reinhardt lui a assigné parmi les espèces arboricoles. Si nous ne le laissons pas avec les Dendrophis, c'est qu'il n'est pas Isodontien comme ces derniers.

En raison de la disposition du système dentaire, il a dû prendre place dans la famille des Syncrantériens, et parmi ceux-ci, dans le genre Leptophide, qui réunit les Serpents d'arbre rapportés à ce groupe.

Ecaillure. Les particularités distinctives tirées de la conformation des plaques du vertex sont peu nombreuses.

La plaque frontale moyenne est allongée et assez étroite, parce que les sus-oculaires sont larges et il en résulte que les bords latéraux de la frontale avec lesquels ils sont en contact par leur bord interne et convexe sont, au contraire, concaves.

Les pariétales sont étroites.

Il y a une pré-oculaire et deux post-oculaires.

La frénale, plus longue que haute, représente un parallélogramme régulier.

On compte neuf paires de plaques sus-labiales dont la quatrième, par son angle supérieur et postérieur, ainsi que la cinquième et la sixième touchent à l'œil ; dix paires de sous-labiales et deux de sous-maxillaires de longueur presque semblable.

Les écailles du tronc sont lisses et disposées sur 15 rangées longitudinales. Le nombre des gastrostèges, compté par M. Reinhardt sur quatre individus, a varié de 164 à 177 et par nous, sur trois échantillons, a été de 165 à 171. L'anale est double et nous trouvons 110-115 urostèges également ment divisées ; M. Reinhardt a noté 108-126.

Coloration. Le naturaliste Danois a indiqué seulement la teinte verte de ce Serpent dont il dit dans la diagnose : *Corpore toto lœte viridi.* Il y a cependant une particularité remarquable du système de coloration qui consiste en un semis très-régulier de petites taches jaunes. Elles sont toutes placées sur le milieu du bord externe de l'écaille où l'on n'en voit qu'une, si ce n'est sur la rangée médiane, dont les écailles en portent une de chaque côté. Elles forment, par leur ensemble, des lignes longitudinales ponctuées. Chez le seul individu où nous les voyons, elles ne dépassent pas la première moitié du tronc. Tout le reste est uniformément vert. Les régions inférieures sont plus claires et l'on n'y voit aucune tache, ni aucune bande, de même que sur la tête.

DIMENSIONS. La longueur totale du plus grand spécimen est de 0^m,93, la *tête* et le *tronc* ayant 0^m,66 et la *queue* 0^m,27.

PATRIE. Ce grand Leptophide a été acquis par Bibron en Hollande, comme étant le *Dendrophide de Chenon*, ainsi que l'indiquait, au reste, une étiquette fixée à l'animal à l'époque de l'acquisition et qu'on a conservée. La description qui précède, faite d'après nature, convient en tout point à celle de M. Reinhardt. Il n'y a donc pas de doute sur l'identité de ce sujet avec les types du zoologiste Danois, qui nous apprend que cette espèce habite la côte de Guinée. L'origine du spécimen dont je viens de parler n'est pas connue; mais les deux autres que le Musée de Paris possède, ont été recueillis en Afrique, l'un par M. D'Arnaud pendant l'expédition au Nil blanc qu'il commandait, et l'autre au Cap de Bonne-Espérance par M. Jules Verreaux.

10. LEPTOPHIDE OLIVATRE. *Leptophis olivaceus*. (1)
Nobis.

(Herpetodryas dipsas, Schlegel.*)*

CARACTÈRES. Plaque anale simple; teinte générale d'un vert olive foncé et uniforme en dessus, et d'un jaune brunâtre en dessous, beaucoup plus foncé en arrière que dans la région antérieure.

SYNONYMIE. 1837. Herpetodryas dipsas, Schlegel. Essai sur la physion. des Serp., t. I, p. 153, et t. II, p. 197.

DESCRIPTION.

FORMES. La phrase suivante de M. Schlegel explique le classement qu'il a adopté pour ce Serpent : « Il rappelle par ses formes, dit-il, l'Er-

---

(1) Nous avons substitué cette épithète à celle de *Dipsas* par le motif qui, plusieurs fois dans cet ouvrage, nous a guidés pour de semblables changements, les dénominations génériques ne pouvant pas, en bonne nomenclature, être employées comme noms spécifiques.

35.*

pétodryas caréné, mais il a la tête plus large qu'à l'ordinaire, et par cette raison, assez semblable à celle des Dipsas, genre dont il se distingue en ce que ses grands yeux ont une prunelle orbiculaire. » Ces remarques sont parfaitement justes; mais cette espèce arboricole, malgré les analogies de sa conformation générale avec les Herpétodryas, ne peut pas être laissée dans ce groupe qui appartient, comme nous l'avons vu, à la famille des Isodontiens. Quant au nom spécifique proposé par le savant Erpétologiste Hollandais, nous avons expliqué, dans la note qui précède, pourquoi nous ne l'avons pas accepté.

Le corps est un peu comprimé; l'abdomen est assez convexe et revêtu de bandes extrêmement larges.

ECAILLURE Les neuf plaques sus-céphaliques ordinaires. Les écailles du tronc lisses et lancéolées sur le cou, deviennent très-larges sur les parties postérieures en prenant une forme carrée ou hexagone. Elles sont disposées sur 13 rangées longitudinales.

On compte 194 gastrostèges, 1 anale non divisée et 130 urostèges doubles.

COLORATION. Nous reproduisons les indications données par M. Schlegel d'après l'échantillon du Musée de Paris et qui est le type de l'espèce. Elles sont, d'ailleurs, très-exactes.

« Un beau noir (ou plutôt une teinte olivâtre foncée) occupe tout le dessus; le dessous de la queue est plus clair et cette teinte pâlit encore, à mesure qu'elle s'avance vers la tête où elle forme des marbrures souvent très-fines et disposées par taches. La teinte de fond des régions inférieures, laquelle est d'un jaune d'ocre brunâtre, devient alors très-apparente, en occupant l'abdomen et le dessous de la tête jusqu'aux lèvres et en se prolongeant sur les côtés du cou, sous la forme de larges taches triangulaires.

DIMENSIONS. Ce Serpent est très-grand. Sa *longueur totale* est de 1^m,83, ainsi décomposée : *Tête et Tronc* 1^m,26, *Queue* 0^m,57.

PATRIE. C'est aux Célèbes que MM. Quoy et Gaimard ont recueilli le bel et grand Ophidien que M. Schlegel a le premier décrit en le considérant, avec raison, comme le type d'une espèce nouvelle.

Il est encore unique dans notre Musée.

II.ᵉ GENRE. TROPIDONOTE. — *TROPIDONOTUS.* Kuhl (1).

CARACTÈRES ESSENTIELS. *Les mâchoires longues, les crochets de la supérieure formant une série longitudinale continue, quoique les derniers, ou les postérieurs, soient généralement plus forts et plus longs à peu près de moitié, et jamais cannelés; les écailles du dos, et le plus souvent celles des flancs, portant une ligne saillante ou une sorte de carène. Queue médiocre pour la longueur.*

Les véritables caractères de ce genre, tels que nous venons de les exprimer, sont faciles à reconnaître. D'abord, comme chez toutes les Couleuvres syncrantériennes, les crochets lisses ou sans cannelures qui sont tous semblables pour la courbure et pour la forme, restent disposés sur les os maxillaires et principalement à la mâchoire supérieure, en une rangée continue. Quoique leur longueur relative ou réciproque varie suivant l'âge et les espèces, on remarque constamment que les deux ou trois derniers crochets sont du double plus longs et plus gros que ceux qui les précèdent.

C'est, au reste, ce que nous avons cherché à indiquer en donnant à la famille dans laquelle ce genre se trouve très-notablement inscrit, le nom de *Syncrantériens*, indiquant qu'il y a de grosses dents postérieures faisant suite, sans intervalle, à celles qui leur sont antérieures.

Cette particularité les distingue des Serpents compris dans la Famille suivante, caractérisée par un espace intermédiaire libre, par le défaut d'un ou de deux crochets de la série et

_____

(1) De Τροπὶς-ἰδος, *carina*, ligne saillante du milieu, carène, et de Νωτος, *dorsum*, dos.

ensuite par la présence, au-delà de cet intervalle, de trois ou quatre dents toujours plus longues que les antérieures ; car souvent même leur longueur est le double. Nous avons cherché à exprimer par le terme composé de *Diacrantériens* ce fait anatomique. Nous verrons, en effet, dans cette dernière famille, que plusieurs espèces, analogues par les écailles carénées et désignées comme des Tropidonotes ou Natrix par les auteurs, doivent être, pour la plupart, considérées comme des Amphiesmes en particulier.

Quoique ce nom assez expressif de *Tropidonotes* ait été donné par Kuhl pour désigner plusieurs espèces du Japon, nous avons dû cependant séparer celles-ci , comme Boié en avait déjà fait connaître la nécessité, parce que la carène des écailles ne peut suffire.

M. Schlegel, s'en tenant aussi à ce seul caractère, avait rapproché dans ce genre un assez grand nombre d'espèces qui devaient être transportées dans d'autres familles, ainsi que nous l'indiquons à la fin de ces considérations préliminaires sur ce genre, car M. Schlegel n'a pu véritablement les caractériser que par une sorte d'instinct heureux qu'il possède, pour distinguer par la physionomie des espèces qui semblaient lui indiquer , au premier coup d'œil , leur analogie réelle.

Comme ces Ophidiens sont les Couleuvres qui se rencontrent le plus ordinairement dans nos climats , ils sont, par cela même, le plus généralement connus.

Leur corps est allongé , cylindrique , insensiblement plus gros vers la région moyenne. Leur tête plate est longue , principalement à cause des mâchoires qui permettent une forte dilatation de la bouche et qui se trouvent donner par suite une grande largeur à l'occiput ; aussi, le cou implanté entre les extrémités postérieures de ces mâchoires qui dépassent le crâne, est-il en apparence plus étroit ; mais il grossit ensuite insensiblement en arrière , il devient ainsi un peu conique et ne tarde pas à se confondre avec le reste du tronc.

Les narines sont situées vers le bout d'un museau arrondi ; elles sont rapprochées l'une de l'autre et leur pertuis est presque vertical.

Les yeux sont également assez relevés au-dessus des bords labiaux, généralement un peu saillants et courbés , ce qui donne à la fente de la bouche, qui est d'ailleurs très-étendue , une sorte d'obliquité , surtout quand les branches de la mâchoire inférieure s'écartent, en se séparant l'une de l'autre , vers la symphyse du menton.

La queue, le plus souvent prolongée en pointe , varie pour la longueur. Quoique plus courte chez les mâles, elle est, à sa base, à peu près du même diamètre que le tronc. Les urostèges sont constamment distribuées sur deux rangs et par conséquent toujours doubles.

La plupart habitent les lieux humides et le voisinage des eaux où ils nagent avec facilité, le plus souvent à la surface ; aussi quelques auteurs les ont-ils désignés sous le nom de *Natrix* , ou sous celui de Serpents d'eau. C'est même ce qui a donné lieu à beaucoup d'erreurs ou à des fautes des classification , comme nous aurons à le faire connaître dans la synonymie de quelques espèces qui, sur la simple indication de Serpents d'eau , ont été rapportées aux genres *Hydrus , Hydrophis ,* *Enhydris*, dont elles sont très-distinctes.

Nous avons eu occasion d'en observer nous-même dans de petits courants d'eaux chaudes et même dans les Pyrénées, au fond des torrents provenant de la fonte des glaces. Ces Couleuvres restaient, tantôt blotties sous les pierres , tantôt roulées et cachées en partie dans le sable ou dans la vase pour saisir au passage les batraciens et les petits poissons qui sont entraînés par le courant, et dont ils font le plus ordinairement leur nourriture principale.

On trouve un assez grand nombre de Tropidonotes dans l'Amérique du Nord , et M. Holbrook, dans sa belle et savante *Erpétologie*, en décrit dix.

Ce sont les suivants : 1, *Fasciatus*, Linnæus ; 2, *Sipedon* , id.; 3, *Erythrogaster*, Shaw ; 4, *Taxispilotus*, Holbrook ; 5 , *Niger*, id. ; 6, *Rigidus,* Say ; 7, *Sirtalis*, Linnæus ; 8 , *Ordinatus*, id. ; 9, *Leberis*, id.; 10, *Dekayi,* Holbrook.

Quelques observations préliminaires sur ce sujet, avant la description des espèces, nous paraissent indispensables.

Nous devons dire d'apord que le *Tropidonote de Dekay* (n.° 10) inscrit pour la première fois par M. Holbrook dans les cadres zoologiques n'a pas pu être conservé par nous dans ce genre, ni même dans la famille des Syncrantériens. Il a déjà été décrit précédemment (p. 507), car il est devenu , dans la famille des Leptognathiens, le type du genre Ischnognathe, qui ne comprend encore que cette espèce (*Ischnognathus Dekay).*

Quant au Tropidonote à taches régulières (*T. Taxispilotus H.*, n.° 4*)*, nous ne le possédons pas, et comme la diagnose que ce zoologiste en donne est presque uniquement fondée sur le systême de coloration, il nous est difficile de le classer d'une manière sûre et complètement satisfaisante. Nous nous bornerons donc à donner un extrait de la description de M. Holbrook, après avoir fait connaître toutes les autres espèces.

Les *Tr. sipedon, erythrogastre* et *noir* (n.ᵒˢ 2, 3 et 5), malgré les différences du systême de coloration, ne nous paraissent pas pouvoir être conservés comme espèces particulières , vu l'absence de caractères spécifiques suffisamment distinctifs. Ils nous semblent ne constituer que des variétés du Tr. à bandes *(Tr, fasciatus n.° 1).* Nous cherchons à le démontrer dans la description de ce Serpent.

Nous trouvons dans la collection des représentants du *Tr. rigide*, (n.° 6) et du *Tr. sirtalis* ou *bi-ponctué* (n.° 7*)* , mais nous ne croyons pas qu'il y ait lieu d'éloigner de ce dernier le *Tr. ordinatus* (n.° 8), qui n'en est qu'une variété.

Les caractères du *Tr. leberis* ou *septem-vittatus* de Say (n.° 9) nous paraissent suffisants pour faire admettre cette espèce que le Musée de Paris possède.

Nous rapportons encore au genre Tropidonote une autre Couleuvre des Etats-Unis que Linnæus a, le premier, nommée *Coluber sauritus*, Elle est rangée par M. Holbrook dans le genre Leptophide, mais nous pensons, avec M. Schlegel, que ce Serpent, malgré ses formes assez élancées, appartient moins à ce genre qu'à celui des Tropidonotes.

Enfin, les Collections renferment deux autres Serpents américains, dont les caractères généraux sont trop analogues à ceux des Syncrantériens, qui forment le genre très-naturel dont il s'agit, pour qu'ils aient pu être placés ailleurs.

L'un de ces Ophidiens offre, dans l'aspect comme tuberculeux des plaques du menton, une particularité suffisante pour qu'il puisse devenir le type d'une espèce nouvelle à laquelle nous donnons un nom qui rappelle ce caractère. Elle devient pour nous le Tropidonote à barbe *(Tr. pogonias)* Il y a deux individus parfaitement semblables.

L'autre espèce nouvelle que nous établissons d'après l'examen de deux sujets d'âge différent, pourrait presque devenir le type d'un genre nouveau sans ses analogies frappantes avec les vrais Tropidonotes, car elle présente la même disposition dans les pièces de l'écaillure situées autour de l'œil que les *Couleuvres fer à cheval* et *à raies parallèles*, rangées par nous, à cause de cette particularité, et à l'exemple de Wagler, dans le genre *Périops* de la famille des Diacrantériens. Contrairement à tous les autres Tropidonotes, celui-ci a l'œil bordé en dessous de deux scutelles situées au-dessus des sus-labiales.

Nous le nommons Tropidonote Cyclopion *(Tr. Cyclopion)*.

En résumé, nous décrivons donc *sept* Tropidonotes de l'Amérique du Nord, et de plus, un huitième en appendice.

On trouvera encore dans ce groupe une espèce qui n'avait jamais été décrite ; c'est le Tropidonote demi-bandes, originaire des îles de l'Océanie.

Les autres sont déjà connus et ont été rangés par M. Schlegel dans ce vaste genre qui renferme en outre, dans son Essai, plusieurs espèces que nous avons dû en détacher, en raison de la disposition de leur système dentaire. Tels sont d'abord ses *Tr. chrysargos, rhodomelas , sub-miniatus, tigrinus* et *stolatus*, qui constituent la plus grande partie de notre genre Amphiesme dans la famille des Diacrantériens. Son *Tr. scaber* est, comme on l'a vu, le type du genre Rachiodon de la famille des Leptognathiens. (T. VII, p. 491.)

Quant aux espèces dites par Daudin, *Coluber umbratus* et *Coluber mortuarius,* et dont le savant zoologiste de Leyde fait des *Tropidonotes,* nous ne savons pas suffisamment les distinguer des variétés que nous avons admises dans le Tropidonote à quinconces, dont M. Schlegel , d'ailleurs , les rapproche , pour que nous puissions les inscrire dans notre cadre.

Nous avons éprouvé un certain embarras, quand nous avons voulu signaler chaque espèce de ce genre par un caractère particulier, facile à saisir. Toutes , en effet, se ressemblent par leur conformation générale et par les caractères qui les ont fait réunir sous un même nom. Ainsi, toutes ont la série continue des crochets sus-maxillaires, dont les derniers ou les postérieurs sont plus longs que les autres , et chez toutes , la forme des écailles qui recouvrent la région supérieure du tronc, a une grande analogie ; elles sont, d'ailleurs, constamment relevées d'une saillie longitudinale que l'on nomme une carène, et cette suite de lignes exubérantes produit, le long du dos, une série de cannelures ou des lignes de stries enfoncées.

En dehors de ces caractères, il est difficile d'en trouver d'autres très-importants , qui soient spéciaux aux espèces , et qui permettent de les distinguer entre elles.

Pour arriver à leur détermination , nous avons cependant pu nous servir de quelques particularités tirées de l'écaillure de la tête ou du tronc et de la distinction des couleurs. C'est ce que montre le tableau synoptique mis en regard de cette page et que nous avons dû en séparer en raison du nombre des espèces que ce genre réunit.

TABLEAU SYNOPTIQUE DES ESPÈCES DU GENRE TROPIDONOTE.

CARACTÈRES ESSENTIELS. *Crochets sus-maxillaires postérieurs plus longs et sur une même ligne ; écailles carénées.*

Les écailles en arrière du tronc à carènes

- très saillantes ; avec une plaque frénale
  - unique ; sus-labiales
    - touchant le bord de l'œil. . . . . . 8. **T. RUDE.**
    - surmontées par les sous-oculaires . 7. **T. CYCLOPION.**
  - double ; menton
    - à tubercules saillants . . . . . 6. **T. POGONIAS.**
    - lisse ; rangées d'écailles en long
      - dix-neuf . . . . 9. **T. LEBERIS.**
      - vingt-trois. . . . 5. **T. A BANDES.**

- faibles ; frénale
  - distincte ; anale
    - simple ; deux points jaunes sur le dessus de la tête . . 10. **T. BI-PONCTUÉ.**
    - simple et une seule plaque nasale . . . 16. **T. ARDOISÉ.**
    - double ; inter-nasale
      - sept et
        - un collier jaune et quelquefois noir . . 1. **T. A COLLIER.**
        - distinctes . . 3. **T. CHERSOÏDE.**
        - sans collier ; raies du dos
          - grandes taches . . 2. **T. VIPÉRIN.**
          - nulles ; gastrostèges à
            - deux points latéraux . 15. **T. VIBAKARI.**
      - plus de sept
        - huit ; rangs des écailles en long
          - dix-neuf ; post-oculaires
            - quatre . . 4. **T. HYDRE.**
            - trois. . 11. **T. SAURITE.**
          - quinze ; tronc
            - unicolore. . 19. **T. PEINTURÉ.**
            - à demi-anneaux . 20. **T. DEMI-BANDES.**
        - neuf ; sous-labiales bordant l'œil
          - deux ; terminées en pointe au sommet. . . . 14. **T. EN QUINCONCE.**
          - avec des points nombreux. . 17. **T. SPILOGASTRE.**
          - trois ; à gastrostèges
            - distinctes . 18. **T. RUBANNÉ.**
            - sans points ; bandes
              - nulles. . 13. **T. TRIANGULIGÈRE.**
  - nulle . . . . 12. **T. DES SEYCHELLES.**

(En regard de la page 554).

1. TROPIDONOTÉ A COLLIER. *TROPIDONOTUS NATRIX*, vulgairement LA COULEUVRE A COLLIER.

(Natrix torquata. Gesner. *)*

CARACTÈRES. Le dessus du tronc et les côtés d'un gris-bleu plombé, avec des taches quadrilatères noires; les gastrostèges à taches noires alternantes ou continues : une sorte de collier de plaques d'un jaune pâle ou blanchâtre s'élevant sur la nuque, suivi ou bordé en arrière de grandes taches noires jointes, ou réunies sur la tête, et qui, quelquefois, existent seules.

SYNONYMIE. *Natrix* des anciens auteurs. Priscien, au 6.ᵉ siècle, dit que ce mot latin, quand il indique un Serpent, reste masculin et féminin. Lucain, en effet, écrit : *Natrix violator aquœ.*

1621. Gesner. De Serpent. nat. pag. 110, *Natrix torquata.* Pline indique aussi le nom de *Colubra.*

1684. *Hydrus* seu *Natrix.* Rob. Sibbald. Prodromus Hist. Scotiæ illustratæ.

1693. Ray. Synopsis animal. pag. 334.

1734. Séba. Thesaurus. Tom. II, pl. IV. pag. 2 et 3, CVI et CIX. Le corps ouvert. *Serpens indigena communis.*

1749. Linné. Amœnit. Acad. t. I, pag. 116, n.º 33.

1764. Id. Museum. Adolph. Frid. I. 27. pl. 21 fig. 2.

1788. Id. Gmel. Syst. nat. pag. 1100. *C. Natrix.*

1768. Laurenti. Synopsis Reptil. pag. 75, n.º 149. *Natrix vulgaris.*

1778. Gronovius. Zoophylac. I. pag. 23, n.º 113.

1781. Van Lier. Slange. n.º 1. pag. 34 et pl. 5.

1783. Boddaert. Nova act. Acad. Cæsar. VII. p. 24, n.º 30.

1784. Daubenton. Dict. encycl. Erpét. *Couleuvre à collier.*

1789. Lacépède. Quad. ovip. II. p. 147. pl. 6, n.º 2.

1802. Shaw. Gener. zool. tom. VII. p. 446. *Ringed Snake.*

1802. Daudin. Hist. nat. Rept. VII. pag. 34, pl. 82, n.º 1.

1801. Latreille. Rept. in-18. tom. IV, pag. 38.

1832. Lenz. Schlangentunde. pag. 485. *Coluber natrix.*

1837. Schlegel. Phys. Serp. t. I. 166, n.º 1, t. II. 303. *Tropidonotus natrix.*

1840. Prince Bonaparte pag. 172 et 173. Fauna. ital.
1831. Eichvald. Zool. specialis. *natrix et Trop. ater.*
1841. Id. Fauna Caspio-caucasica. p. 106, pl. 22, fig. 1-2.
1840. Nordmann. Fauna pontica. Var. *nigra* tab. 11 et var.
colchica tab. 12, n.º 1. T. III. pag. 350.

DESCRIPTION.

Cette espèce de Couleuvre est la plus commune dans nos contrées et dans presque toute l'Europe. Nous en avons même reçu des individus de l'Asie et de l'Afrique. Elle recherche généralement les lieux humides parce qu'elle fait sa principale nourriture des grenouilles, des mulots, des rats, qu'elle recherche en se jetant dans les eaux, à la surface desquelles on la voit nager rapidement en imprimant à toute la longueur de son corps des sinuosités et des inflexions successives. Nous en avons cependant recueilli souvent au premier printemps, loin des eaux et au bas de très-hautes murailles exposées au soleil. Elles y étaient endormies, après être sorties des intervalles laissés entre les pierres, et formant des cavités où elles étaient restées engourdies pendant les quatre ou cinq mois d'hiver. Nous croyons devoir faire remarquer cette particularité, parce que les lieux dont nous parlons étaient fort secs, entourés de fortifications et sans aucun amas d'eau.

La tête est distincte du tronc, large en arrière; cette largeur est surtout remarquable chez les vieux individus. M. le Prince Ch. Bonaparte a très-bien représenté cette particularité dans sa Faune. Les narines, percées entre deux plaques, sont grandes et un peu dirigées en haut. Les neuf plaques sus-céphaliques ordinaires, un peu ramassées. On compte une pré-oculaire, trois post-oculaires; sept paires de sus-labiales, dont la troisième et la quatrième touchent à l'œil.

La carène des écailles n'est pas très-saillante. Elles sont disposées, comme dans le plus grand nombre des Tropidonotes, sur 19 rangées longitudinales. Il y a 163 à 172 gastrostèges, 1 anale double et 60 à 68 urostèges également divisées.

Coloration. Les couleurs du fond même de la peau varient considérablement chez les divers individus que nous avons pu observer vivants ou déposés dans les liqueurs conservatrices. On les a distingués comme autant de variétés et Daudin en indique neuf auxquelles nous pourrions en ajouter plusieurs autres; mais chez toutes, les marques d'un jaune plus ou moins pâle, ou tout-à-fait blanches, qui occupent la nuque et qui sont suivies d'une ou deux grandes plaques accolées, d'un noir tranché, lesquelles existent quelquefois seules, sans collier jaune, caractérisent suffisamment cette espèce qui a été reconnue, comme nous venons de l'indiquer dans la synonymie, par la plupart des naturalistes. Cependant M. de Nordmann, tab. 11 de la *Fauna pontica*, donne la figure d'une variété *nigra* dont le dos est, en effet, noir sur le dos, piqueté de points blancs, surtout dans le quart antérieur, ainsi que sous les urostèges et chez lequel le collier jaune ne se retrouve pas. Est-ce une espèce distincte?

Quoique les taches noires, disséminées d'une manière plus ou moins régulière sur les flancs, soient quelquefois brunes, jaune sale ou d'un brun plus ou moins rougeâtre, le dessous du ventre est en grande partie noir, cu d'un brun foncé, avec des taches blanchâtres ou jaunes. Toujours le noir s'y trouve distribué tantôt sur une même bande continue, mais à bords découpés carrément, tantôt par plaques carrées, alternant en travers, dans leur situation respective, ou tout-à-fait irrégulières. Voilà ce que nous avons pu observer le plus souvent. (1)

M. Schlegel pense que la plupart de ces variétés, dans la teinte et la distribution des couleurs, proviennent peut-être de la différence des températures des lieux où on les a observées. D'après nos propres remarques, nous pensons que ces modifications de teinte ne tiennent pas à ces circonstances, parce que sur une trentaine d'individus vivants à la même époque, qui ont passé sous nos yeux et dont nous avons pu suivre longtemps les habitudes, nous n'avons jamais trouvé deux individus absolument semblables. Parmi ceux du nord de la France, en particulier, nous en avons vus, dont la teinte générale était presque bleue, immédiatement après leur dépouillement naturel de l'épiderme qui s'était renouvelé quatre ou cinq fois. Au reste, nous pouvions jusqu'à un certain point, hâter ou déterminer ces époques de mue, en leur fournissant à volonté, et à des intervalles de temps plus ou moins prolongés, l'eau dans laquelle nous les forcions de séjourner pendant quelques heures ; ou bien, au contraire, nous retardions la mue en les privant d'eau, et en quelques jours, cette surpeau était comme salie; elle prenait une teinte plus grise.

Généralement les individus mâles sont plus petits, plus agiles et mieux colorés que les femelles. Leur queue est aussi plus courte, quoique plus grosse à la base.

---

(1) Gesner décrit si bien ce Serpent auquel il donne le nom de *Natrix torquata* que nous croyons devoir transcrire ce qu'il dit de ses couleurs. « *Colore, cineres sunt. Nota eorum insignis in collo maculæ candidantes et pallidæ, torquis instar, non tamèn absolventis circulum inter utrasque maculas in summo cervicis angustum est interstitium duarûm fortè squamularûm. Maculæ nigræ post torquem sunt.*

DIMENSIONS. La longueur des individus varie beaucoup : on a vu de vieilles femelles qui avaient atteint plus d'un mètre. Un très-beau spécimen rapporté de Sicile par Bibron a 1^m,58, la queue est comprise dans ce chiffre pour 0^m,29. Le plus grand nombre n'a jamais que la moitié et même le tiers de cette taille. On conçoit que leur diamètre suive les mêmes proportions, de trois centimètres à 0^m,015 et même à 0^m,01 seulement. Nous avons cependant des individus pris en France et dont le tronc, avec la tête, a 1^m, et la queue 0^m,25.

OBSERVATIONS. Il nous est plusieurs fois arrivé quand, au premier printemps, nous rencontrions de grosses femelles endormies à l'ardeur du soleil, de remarquer dans un sillon longitudinal qui règne alors le long de leur dos, par suite de leur abstinence d'hivernation pendant laquelle elles ont beaucoup maigri, de remarquer, disons-nous, une humeur fluide comme huileuse. Cette sorte d'huile porte une odeur désagréable et infecte. Les doigts s'en imprègnent si fortement qu'il devient très-difficile de s'en débarrasser. Au reste, souvent aussi, au moment où l'on saisit ces reptiles, il laissent sortir par le cloaque non seulement les matières fécales et la bouillie claire des urines, mais une humeur très-puante, fournie par une glande anale particulière. Ces émanations sont probablement destinées à les protéger, en dégoûtant les oiseaux de proie et les animaux carnassiers qui répugnent alors à en faire leur nourriture.

Ces Couleuvres se trouvent assez souvent non loin des habitations, au moins pendant la belle saison. Elles profitent des tas de pailles rassemblées en meules, près des grandes cultures, pour s'y introduire et y déposer leurs œufs, qui sont réunis ordinairement en chapelet ; le nombre de ces œufs varie de 9 à 15. Ils sont joints entre eux par une matière gluante qui, lorsqu'elle est desséchée, forme une sorte de ligament flexible et un peu élastique. La coque de ces œufs est molle et blanche.

On en trouve souvent dans les fumiers des grandes basses-cours des fermes : ils ont donné lieu, dans les campagnes, à un préjugé qui est véritablement excusable, et en voici la raison. Comme il n'est pas rare que de vieux coqs, par on ne sait quelle circonstance, qui parait liée à l'affaiblissement de leurs organes génitaux, pondent des sortes d'œufs ou de coques molles, comme membraneuses, sur lesquelles il semble manquer la matière calcaire qui donne de la solidité aux œufs de poules, on a trouvé quelquefois de ces petits œufs qu'on nomme *hardés* et qui avaient été évidemment pondus par des coqs. Si l'on examine leur contenu, jamais on n'y trouve que de la glaire ou une sorte d'albumine épaisse, sans germe et sans vitellus. D'un autre côté, cependant, des œufs à peu près semblables pour le volume et la mollesse de l'enveloppe, mais qui provenaient véritablement de la Couleuvre à collier, comme on a pu s'en assurer, en observant le développement du germe, ayant été trouvés dans les mêmes circonstances on les a considérés comme étant les mêmes que les œufs *hardés* pondus par les vieux coqs. De là, comme on le comprend, est née la croyance que ces mâles âgés pouvaient produire des Serpents.

Un autre préjugé bien plus répandu, parce que le fait a été, dit-on, fort souvent vérifié et parce que des auteurs graves, de grands et célèbres naturalistes l'ont consigné comme réel, dans leurs ouvrages, c'est que ce Serpent, qui aimerait beaucoup le lait, emploie quelque procédé pour se rapprocher des vaches pendant leur sommeil. Il saisirait alors un des pis de la mamelle et y resterait suspendu en entourant la cuisse de l'animal des replis de son corps. Ainsi transporté, le Serpent, suivant cette tradition, suce et tête à loisir le lait; ce qui même ne déplaît point aux vaches; elles sembleraient même l'appeler dans certains cas. Or, comme nous avons cherché à le démontrer ailleurs (1), il y a de grandes difficultés anatomiques et physiologiques nécessaires à rappeler ici qui s'opposent à ce qu'on admette la possibilité d'un pareil manège.

D'abord, quand on examine la structure des pièces osseuses qui constituent le pourtour de la bouche d'un Serpent, ce qu'il est surtout facile de faire chez celui-ci, on reconnaît 1.° que ses deux mâchoires sont munies d'une série longitudinale de dents pointues, acérées, courbées en crochets, dont toutes les pointes sont dirigées en arrière vers la gorge; 2.° que os palatins et ptérygoïdiens forment une seconde paire de mâchoires supérieures internes armées de la même manière et même d'un plus grand nombre de dents présentant encore une disposition semblable. Par conséquent, cette première circonstance que le mamelon serait saisi entre les deux mâchoires, deviendrait la perte inévitable du Serpent, et par suite déterminerait une très-grave inflammation de la mamelle de la vache. Car tous ces crochets, courbés dans le même sens et en arrière, deviendraient autant d'hameçons qui, pénétrant dans les chairs, ne pourraient en être extraits que par autant de déchirures, dont l'effet pernicieux serait comparable à celui que produirait une lame de scie à dents aiguës, bien distinctes et qui ne se trouveraient pas sur le même plan.

Il faut se rappeler aussi que pour opérer la succion, au moins telle que l'exercent les mamifères lorsqu'ils tètent, il faut que le vide puisse s'opérer dans la bouche, dont la cavité est fermée par les lèvres, les joues, la base de la langue, l'épiglotte et par le voile du palais. C'est dans ce but évidemment, que les arrière-narines s'ouvrent derrière le voile du palais, chez les mammifères, au devant du pharynx; la respiration peut alors s'exécuter librement après chaque mouvement de succion et pendant que la gorgée de liquide remplit encore la cavité de la bouche.

(1) Voir tome **VI**, pages 159 et suivantes,

Or, tout cela est impossible chez les Serpents. Leurs narines s'ouvrent directement dans la bouche ; il n'y a pas de lèvres charnues en avant, pas de luette ou de voile du palais en arrière, pas d'épiglotte et de plus, la glotte ou l'orifice par lequel l'air pénètre dans les voies aériennes est aussi placée dans la bouche. Enfin, la langue elle-même, étroite et linéaire, ne pourrait s'appliquer sur la mamelle pour la faire appuyer sur le palais hérissé d'ailleurs de cette sorte de carde à pointes aiguës, dont nous venons d'indiquer la composition, si admirablement disposée pour retenir la proie qui ne peut être avalée qu'en une seule pièce, sans jamais être découpée par morceaux.

Patrie. La collection du Muséum réunit un très-grand nombre d'individus de cette espèce de Tropidonote. Tous offrent des différences dans la distribution des couleurs et surtout pour les taches. La plupart sont parvenus des pays éloignés, parce qu'on devait supposer qu'ils étaient différents de ceux qu'on rencontre dans nos départements. Cependant, ils offrent presque tous le caractère essentiel de la tache plus ou moins jaune des tempes, suivie d'une marque noire à l'origine du cou, mais quelques-uns et en particulier le grand spécimen de Sicile déjà cité, n'a que les taches noires. Plusieurs ont été recueillis en Italie, en Sardaigne, en Dalmatie. Nous en avons reçus d'Alger, de la Morée, de la Sicile, du Levant et même de la Norwège. Ce Serpent paraît commun aux environs de Berlin.

2. TROPIDONOTE VIPÉRIN. *Tropidonotus Viperinus.* Schlegel.

(*Coluber Viperinus.* Latreille.)

Caractères. Corps d'un gris verdâtre ou d'un jaune sale, portant au milieu du dos une suite de taches brunes ou noirâtres, très-rapprochées, ou unies entre elles, et formant une ligne sinueuse ; les flancs ornés de taches isolées, en losange, dont le centre est d'une teinte verdâtre.

Synonymie. 1768. Laurenti. Synops. Rept., pag. 89. *Coronella tessellata.*

1802. Latreille. Rept. Tom. IV, pag. 49, fig. 4 , planche sans n.º, en regard de la pag. 32.

1803. Daudin. Rept. Tom. VII, pag. 125.

1820. Merrem. Syst. amph., pag. 126, n.º 127.

1820. Mikan. d'après M. Schlegel. T. II. p. 325.

1823. Metaxa. Monograph., pag. 34. *Coluber gabinus.*

1825. Frivaldszky. Monogr., pag. 46.

1837. Schlegel Phys. Serp. Tom. I, pag. 169, n.° 17; tom. II, p. 325 , pl. 12, fig. 14 et 15. *Tropidonote vipérin.*

1840. Bonaparte (Charles) Iconogr, Fasc. 11. *Natrix gabina.* voir *T. chersoïdes.*

1830. Wagler. Syst. amph., pag. 179. G. 47 , cite pour synonymes de la *Coronella tessellata* de Laurenti l'*Hydrus* de Pallas et le *Coluber viperinus* de Daudin comme le jeune âge du Natrix *chersoïdes* ou *ocellata* recueillie en Espagne par Spîx et indiquée comme venant du Brésil, ainsi que le *Natrix lacertina* et le *Bahianensis.*

M. Schlegel , d'après des individus adressés au Musée de Leyde, qui portent des raies dorsales jaunes, avait cru devoir les rapporter à la Couleuvre vipérine; mais ceux que possède notre Muséum, et qui proviennent du Levant , forment véritablement une espèce distincte, qui sera pour nous l'*Ocellata* ou le *Chersoïde* décrite séparément dans l'article suivant.

DESCRIPTION.

Le nom de Vipérine qui a été donné à cette Couleuvre par Latreille , semble avoir été suggéré par cette particularité que cette espèce offre , sur la ligne moyenne du dos, une série de taches brunes ou noirâtres , soit contiguës, soit tout-à-fait liées entre elles, et présentant ainsi une ligne ondulée , soit, ainsi que l'auteur le dit, formant une raie en zig-zag noirâtre, comme cela se remarque chez la vipère.

Cette ressemblance est telle, que j'ai été moi-même victime de cette analogie en saisissant imprudemment le *Pelias Berus* qui m'a fait à la main droite des piqûres suivies d'assez graves accidents , dont je donne le récit à l'article relatif à cette espèce vénénifère.

Depuis, en comparant trois individus à peu près de même grosseur, appartenant cependant aux trois genres différents de la *Vipère aspic*, du *Pelias Berus* et du *Tropidonote vipérin*, il nous aurait été difficile de les distinguer , si nous n'avions pu, comme naturaliste , reconnaître ces espèces à certains caractères essentiels : 1.° la Vipère et le Pélias , à leurs crochets antérieurs sillonnés, saillants et perforés ; et 2.° la première, à son vertex entièrement revêtu de petites écailles en recouvrement; la deuxième, aux plaques qui occupent la portion antérieure du front, et 3.° la dernière, enfin, aux grandes plaques et surtout à l'écusson central qui garnissent toute la portion supérieure du crâne.

La tête n'est pas très-distincte du tronc ; le museau est épais. Les neuf plaques sus-céphaliques ordinaires. Les narines sont grandes et percées entre deux plaques. Il y a une pré-oculaire et quelquefois deux ; toujours deux post-oculaires. La lèvre supérieure est protégée par sept paires de plaques, dont la troisième et la quatrième touchent à l'œil.

La carène des écailles n'est pas fort saillante. Elles sont disposées sur 19 rangées longitudinales. On compte 151 à 154 gastrostèges ; l'anale est double ; il y a 53 à 55 urostèges également divisées.

CoLoration. Au reste, tous les individus qui doivent être rapportés à cette espèce de Tropidonote n'ont pas, comme nous avons dû l'indiquer dans la diagnose, la série sinueuse et continue de taches noires, qui rampe sur le dos. Quelquefois, ces taches sont tout-à-fait distinctes et séparées. Les marques noires qui sont situées, soit dans les échancrures sinueuses, soit latéralement dans les interstices des taches, se retrouvent presque constamment. Il y a, en outre, sur les flancs, des taches transversales noirâtres qui, dans quelques variétés, sont plus grises ou d'une teinte verdâtre dans leur centre.

Chez la plupart des individus, on remarque sur les parties latérales et postérieures de la tête, les lignes obliques qui, partant de derrière l'orbite, se réunissent en V sur la nuque. Cette particularité donne encore à ces Serpents plus d'analogie avec les vipères.

Les gastrostèges sont jaunes et plus ou moins couvertes de taches d'un noir bleuâtre, et disposées en séries plus ou moins régulières.

Dimensions. Le plus grand sujet du Muséum est long de 0m,67, dont 0m,11 pour la queue.

Patrie. Le Tropidonote vipérin se trouve dans le midi de la France, assez souvent dans les environs de Paris, où nous l'avons rencontré plusieurs fois. On l'a reçu de Sardaigne, d'Espagne et d'Algérie.

Nous regardons comme une espèce distincte, dont la description va suivre, le *Tropidonote chersoïde* ou *ocellé*, que les auteurs ont ainsi désigné, à cause de ses taches ocellées sur les flancs.

3. TROPIDONOTE CHERSOIDE. *Tropidonotus chersoïdes vel ocellatus*. Wagler.

(*Natrix cherscoïdes* et *ocellata*. Wagler.)

Caractères. Corps brun verdâtre en dessus, avec deux raies

larges, longitudinales et parallèles, d'un jaune pâle sur le dos, séparées entre elles par une bande noire. D'ailleurs, la plus grande
ressemblance pour les flancs et le dessous du ventre avec la
Tropidonote vipérin.

SYNONYMIE. 1823. Frivaldszky. Mon. Serp. Hungariæ, p. 46.

1824. *Natrix cherseoïdes et ocellata.* Wagler. Serp. Brasil. p.
29-32. tab. 10. fig. I ; tab. 11. fig. I.

1827. Sturm. Mikan. Faun. Rept. *Coluber tessellatus,* fig.

1829. Cuvier. Règne animal. Tom. II, pag. 84. *La Vipérine.*

1830. *Tropidonotus cherseoïdes et ocellatus.* Wagler. Syst.
amph., pag. 179.

1837. Schlegel. Ess. phys. Serp. II, pag. 326. Variété du
Viperinus.

DESCRIPTION.

Comme nous venons de l'indiquer à l'article précédent , et comme a eu
soin de le faire remarquer M. Schlegel, ce Serpent a la plus grande analogie de forme et de mœurs avec la Couleuvre vipérine , dont elle ne semblerait être qu'une simple variété de climat. Cependant, en France et dans
le nord de l'Allemagne, on ne rencontre pas des individus avec la raie
noire continue sur le dos et les deux longues raies blanches qui la bordent
ne sont pas alors indiquées.

Il paraît, ainsi que nous l'avons dit ailleurs, que le docteur Spix ayant
recueilli ce Serpent en Espagne, et l'ayant ensuite rapporté avec ceux qui
provenaient réellement du Brésil, a donné lieu aux descriptions de Wagler
et aux figures que ce zoologiste a fait dessiner sur les planches 10 et 11 ,
sous les noms de Natrix *cherseoïdes* et *ocellata,* variétés *bivittata,* ce qu'il
a reconnu plus tard dans une note 2 de la page 179 de son *Systema Amphibiorum.*

COLORATION. Les flancs et le dessous du ventre varient tellement pour les
taches, qu'il faudrait en faire un grand nombre de variétés, comme cela se
voit, au reste, dans l'espèce dite *Vipérine.* Nous ne donnons donc comme
caractère spécifique que la présence des deux raies longitudinales blanches.

PATRIE. Les individus que possède notre Musée national proviennent
de l'Algérie, de l'Italie et des régions méridionales de la France.

Il est évident pour nous, comme pour M. Schlegel, que c'est ce même
Serpent trouvé dans les régions les plus méridionales de l'Europe que
Laurenti a fait connaître le premier sous le nom de *Coronella tessellata*
et que M. Fitzinger a également reconnu dans le Musée de Vienne comme

36.*

provenant de la Carinthie, de la Hongrie. de l'Autriche et de l'Italie ; M. Mikan , en Bohême, MM. Metaxa et le prince Bonaparte, en Italie. Wagler , dans le second cahier de son Iconographie, la décrit sous le nom de *Gabina* et comme un *Natrix*.

Les individus de notre Musée ont été recueillis, les uns en Espagne , près d'Algésiras , par MM. Quoy et Gaimard ; d'autres proviennent de la Morée, par Bory St.-Vincent, ou de Rome ; enfin , de la côte d'Alger , par M. Guichenot

OBSERVATIONS. Il est difficile de dire si c'est au *Tr. vipérin* ou au *Tr. chersoïde* qu'appartient le Serpent recueilli sur les bords de la mer Caspienne par M. Ménétriés qui lui a donné le nom de *Coluber vermiculatus*, ou si ce n'est pas plutôt, comme le suppose M. de Nordmann , le *Tropidonote hydre*.

Nous répétons que les variétés, pour la distribution des taches , sont si nombreuses parmi ces Tropidonotes rapportés au *Viperinus* et au *Chersoïdes,* qu'il devient fort embarrassant de les caractériser et de les rapporter à l'un plutôt qu'à l'autre. Nous nous bornons donc à indiquer sous la seconde dénomination, les individus qui portent les deux raies longitudinales plus ou moins marquées par leur pâleur.

Nous avons examiné les têtes osseuses des trois espèces de *Natrix* , *Viperinus* et *Chersoïdes*, Toutes sont semblables dans la conformation des pièces solides, dans la forme et la proportion des crochets, dont les trois ou quatre postérieurs des sus-maxillaires sont plus longs et surtout dans l'obliquité interne de la série des dents sous-maxillaires, les palatins s'étendant en arrière jusqu'au coude qui va rejoindre la triple articulation des os maxillaires avec l'os carré ou intra-maxillaire.

4. TROPIDONOTE HYDRE. *Tropidonotus hydrus.*
Fitzinger.

(Coluber hydrus. Pallas.*)*

CARACTÈRES. Trois pré-oculaires , quatre post-oculaires; régions supérieures d'un brun-olive, le plus souvent ornées de taches noires, régulièrement disposées en quinconce ; les régions inférieures jaunâtres, tachetées de noir.

SYNONYMIE. 1811. *Coluber hydrus.* Pallas, zoographia Rosso-Asiatica, t. III, pag. 36.

Idem. Rathke Beitrage zur fauna der Krym. (Mem. des sa-

vants étrangers de l'Académie des sciences de Saint-Pétersbourg, t. III, pag. 306, pl. 1, fig. 1-7.

1837. *Idem.* Krynicki, p. 55.

1831. *Tropidonotus tantalus* et *gracilis*, Eichwald, Zoologia
specialis, t. III, pag. 173.

1840. *Tropidonotus hydrus*, de Nordmann, Faune pontique
(Voyage dans la Russie méridionale sous la direction du Comte
A. Demidoff), t. III, pag. 349, pl. 10.

1841. *Idem.* Eichwald. Fauna caspio-caucasica, pag. 110,
pl. 24, fig. 1-3.

DESCRIPTION.

D'après l'ensemble de sa conformation, cette Couleuvre se rapproche
beaucoup de nos Tropidonotes à collier et viperin dont elle a les habitudes.

Les quatre squammes post-oculaires et la différence d'origine sont les
meilleurs motifs de son classement dans un groupe spécial.

Les écailles sont carénées, un peu bifurquées à leur extrémité libre et
disposées sur 19 rangées; les plus rapprochées des gastrostèges sont lisses.
On compte 167 à 180 gastrostèges, 1 anale double et 62 à 65 urostéges
également divisées.

DENTS. En examinant les têtes des deux individus provenant l'une du
Levant, par Olivier, et l'autre de la Perse, nous avons reconnu, outre le
caractère distinctif et très-évident des Syncrantériens, une disposition
toute particulière des os ptérygo-palatins, qui constituent une seconde
mâchoire supérieure interne très-allongée, du double de l'externe en étendue; c'est que la portion palatine ou antérieure se trouve comme coudée
ou portée en dehors au point de sa jonction avec les os ptérygoïdiens, et
que les deux os réunis sont garnis, de chaque côté, de trente crochets au
moins, courbés en demi cercle, quoiqu'ils soient très-grêles.

COLORATION. M. Nordmann et M. Eichwald insistent sur les différences
que présentent souvent les couleurs de ce Serpent, lesquelles varient suivant l'âge; ce qui rend la détermination de cette espèce difficile.

C'est à cette cause et aux différences individuelles, qu'il faut attribuer,
selon ces zoologistes, la formation d'espèces purement nominales établies
aux dépens de l'*Hydre*. M. Eichwald d'abord, le reconnaît pour les espèces qu'il avait nommées *Tr. tantalus* et *gracilis*, et que Fitzinger avait
déjà supposé ne pas représenter des types distincts. L'auteur de la faune

Caspio-caucasique pense qu'il en est de même pour les *Coluber reticula-latus* et *Ravergieri* de M. Ménétriés.

Les taches noires, indiquées dans la diagnose, constituent la particularité la plus remarquable du système de coloration. « Quelquefois, dit M. de Nordmann, qui a joint à son texte une très-belle planche, les taches manquent et le dessous du corps apparaît, surtout après la mue du printemps, d'un rouge de sang, plus souvent encore, d'un jaune plus ou moins intense avec des taches noires.

Dimensions. Le plus grand des échantillons du Musée de Paris a une longueur totale de 0^m,87 ainsi répartis :

Tête et *Tronc,* 0^m,70. *Queue,* 0^m,17.

M. Eichwald indique des dimensions à peu près égales (2 pieds 9 pouces de longueur totale, la queue ayant 5 pouces 5 lignes).

Patrie. « Elle habite les rivages de la mer Caspienne, le voisinage de l'embouchure des fleuves qu'elle reçoit, et les îles environnantes. » (Eichwald.)

« Très-commun, dit M. de Nordmann, dans toute la Russie méridionale ; poursuit les espèces de *Gobius* sur la plage d'Odessa. »

Nos échantillons proviennent du voyage du naturaliste que nous venons de nommer, et de ceux d'Olivier dans le Levant, et d'Aucher-Eloy en Perse.

5. TROPIDONOTE A BANDES. *Tropidonotus fasciatus.*
Linnæus.

(Vipère brune. Catesby?)

Caractères. Tête distincte du tronc, qui est épais et assez long, queue médiocre. Plusieurs variétés, par suite des différences offertes par le système de coloration, qui est, en général, foncé, marqué de taches latérales dans deux variétés ; de bandes longitudinales dans une troisième, et uniforme dans deux autres, dont l'une est, en dessous, d'un rouge de cuivre.

Synonymie. 1754. *The brown viper* Catesby. The natural history of Carolina pl. 45. (1)

1766. *Coluber fasciatus,* Linnæus. Syst. nat. 12 a. édit. p. 378.

---

(1) Voyez au paragraphe intitulé : *Observations,* les motifs qui nous portent à considérer, avec M. Holbrook, cette prétendue vipère comme identique à ce Tropidonote.

1788. *Idem.* Linnæus. Syst. nat, edente Gmelin, t. I, pars 1, p. 1094.

1802. *La Couleuvre à stries*, *(Coluber porcatus)*. Latreille, d'après Bosc, Hist. nat. des Rept. t. IV, p. 82, pl. en regard, fig. 1.

1803. *Idem.* Daudin. Hist. nat. des Rept, t. VI, p. 204.

1803. *Idem.* Bosc. Nouv. dict. d'hist. nat., t. VI, p. 392.

1835. *Coluber porcatus.* Harlan. Medical and physical resear-ches. p. 119.

1842. *Trepidonotus fasciatus.* Holbrook. North American her-petology, t. IV, p. 25, pl. 5.

1842. *Idem.* Dekay. Newyork Fauna, Rept. (Extra-limital) p. 47, d'après Holbrook.

1853. *Nerodia fasciata*, Baird and Girard, Catalogue, p. 39, n.º 2.

Voyez, pour compléter la synonymie, les indications données sur ce sujet, en tête des articles consacrés à chacune des varié-tés de ce Tropidonote.

DESCRIPTION.

Par l'ensemble de ses formes, ce Serpent est bien un Tropidonote. La tête est assez large et distincte du cou ; les lèvres sont un peu renflées ; les narines sont petites et les yeux légèrement dirigés en haut.

Il y a une pré-oculaire, trois post-oculaires ; huit paires de plaques sus--labiales, dont la quatrième seule touche à l'œil, la post-oculaire inférieure se prolongeant plus ou moins en avant à la région sous-orbitaire.

Toutes les écailles du dos sont carénées et un peu bifurquées à leur ex-trémité postérieure ; mais ce sont surtout celles de la région postérieure du tronc et de la queue, dont la carène est la plus saillante.

Dans toutes les variétés, si ce n'est dans celle à raies longitudinales, où l'on compte 21 rangées, il y en a 23. Le nombre le plus ordinaire de ces rangées, dans le genre Tropidonote, étant de 19, nous avons pris cette dif-férence comme caractère distinctif dans le tableau synoptique des espèces.

Gastrostèges 137 à 144 ; anale double ; urostèges 60 à 65 également di-visées.

COLORATION. Les distinctions établies entre plusieurs Tropidonotes par M. Holbrook, sont surtout fondées sur les différences du système de co-loration. Nous les aurions admises avec ce savant Erpétologiste, en tenant compte également des particularités relatives à la distribution géographique et qu'il a énumérées avec tant de soin, si nous avions retrouvé ces différences aussi tranchées que M. Holbrook les indique. Comme, au contraire, à l'identité des autres caractères spécifiques chez tous ces Tropidonotes, il nous a paru se joindre un peu de confusion dans les couleurs, surtout pour le *Tr. à bandes* et pour le *Sepedon*, nous avons cru plus convenable de les classer seulement comme types de variétés.

Le *Tropidonote à bandes* proprement dit, a pour caractères principaux, selon l'Erpétologiste que nous citons, de présenter sur les flancs une suite de trente taches environ, d'une teinte rouge, oblongues ou triangulaires, séparées les unes des autres et non réunies sur la région dorsale par des bandes transversales.

Ire Variété dite TROPIDONOTUS SEPEDON. Holbrook.

(*Coluber Sipedon*. (1) Linnæus, d'après Kalm.)

CARACTÈRES. Corps foncé en dessus avec une rangée, sur chaque flanc, de taches sub-quadrangulaires, d'un brun rougeâtre, réunies par une bande transversale d'un blanc sale, bordée de noir.

SYNONYMIE. 1767. *Coluber Sipedon*. Linnæus. Syst. nat., 12. édit. Tom. I, p. 379, n.° 217.

1771. *Le Sipède*. Daubenton. Quadr. ovip. Encycl. méth.

1788. *Coluber Sipedon*. Linnæus. ed. Gmelin. Syst. nat. T. I , pars. 3, p. 1098, n.° 217.

1789. *Le Sipède*. Lacépède. Quadr. ovip et Serp. T. II. p. 305.

1789. Idem. Bonnaterre. Ophiologie, p. 63.

1802. *La Couleuvre Sipède*. Latreille. T. IV, p. 177.

1802. *Coluber Sipedon*. Shaw. Tom. III, part. II, p. 496.

1803. *La Couleuvre Sipedon*. Daudin. Rept. T. VII, p. 148.

1820. *Coluber Sipedon*. Merrem. Tentamen, p. 124, n.° 122.

Tous les auteurs cités jusqu'ici se sont bornés à reproduire la phrase caractéristique de Kalm, complétement insuffisante, pour

---

(1) Gesner, *De Serp.* p. 118 118 , dit que le nom de Σηπεδων , qu'il traduit par *putredo* , indiquait, chez les Grecs, un Serpent dont la morsure produisait la pourriture.

permettre de distinguer cette Couleuvre de tout autre espèce,
(*Coluber fuscus cum* 144 *scutis abdominalibus, caudalibus,* 73).
Daudin seul a cru retrouver ce Sépedon, mais les quelques indications contenues dans son livre sont également trop vagues. M.
Holbrook avoue lui-même (p, 31) qu'il est bien difficile de reconnaître l'Ophidien qui est pour lui le Sépédon d'après la description que Kalm en a donnée, à moins, dit-il, que ce naturaliste
n'ait précisément pris pour type un individu à bandes transversales à peine visibles, comme cela arrive souvent.

Ce sont les zoologistes américains qui ont véritablement éclairé
l'histoire de ce Serpent. C'est à M. Harlan, et spécialement à M.
Holbrook, qu'il faut recourir pour en prendre une connaissance
exacte.

Il y a lieu de penser, avec ce dernier zoologiste, que M. Harlan en a parlé dans deux passages de ses *Medical and physical*
researches, p. 114 et 124 sous les noms de *Coluber Sipedon* et de
Coluber cauda schistosus.

1839. *Coluber Sipedon*. The watter-adder, H. Storer. Reports
on the Fishes, Reptiles and Birds of Massachusetts, p. 228.

1832. *Tropidonotus Sipedon*. Holbrook. North Amer. Herpet.
Tom. IV, p. 29, pl. 26.

DESCRIPTION.

Nous avons déjà dit que, ni d'après l'examen des individus que nous
croyons pouvoir rapporter à la Couleuvre Sépédon, ni après la lecture attentive de l'article qui lui est consacré dans l'Erpétologie de M. Holbrook,
nous ne trouvons des caractères spécifiques suffisamment distinctifs. Les
particularités ne résident que dans la disposition des couleurs.

COLORATION. Les teintes s'altérant dans l'alcool, nous empruntons à M.
Holbrook la description qu'il en donne et dont voici la traduction.

La tête est foncée en dessus. Les mâchoires ont une teinte olive, nuan-
cée de jaune et relevée par des lignes noires sur les sutures des plaques
labiales.

Les régions supérieures sont d'un brun foncé. Sur chaque flanc, on voit
une série de grandes taches sub-quadrangulaires, d'un brun rougâtre s'é-
tendant jusqu'aux gastrostèges. Du bord supérieur de chacune de ces
taches, il part une bande claire, transversale, qui la réunit à la tache

correspondante du côté opposé. Ces bandes sont bordées de noir, en avant et en arrière. Elles sont fort belles dans le jeune âge, mais chez l'adulte , elles ne sont pas toujours très-apparentes, si ce n'est quand l'animal vient de se dépouiller de son épiderme, car alors on les retrouve constamment, au moins sur la ligne médiane.

La description de M. Storer diffère de celle-ci, en ce qu'il ne parle pas de ces bandes, dont il fait mention seulement comme livrée du jeune âge.

La gorge est d'un blanc sale ; le fond de la couleur de l'abdomen est le même, mais il est souvent nuancé d'un brun rougeâtre , avec de petites lignes sinueuses de la même teinte foncée.

DIMENSIONS, Le plus grand individu de cette variété est long de 1m,09 , dont 0m,84 pour la tête et le tronc et 0m,25 pour la queue.

PATRIE. Il faut noter que M. Holbrook regarde le *Sipedon* comme étant en quelque sorte le *Tropidonote à bandes* du Nord ; le Serpent auquel il réserve exclusivement ce dernier nom, se rencontrant plus particulièrement dans les Etats du Sud. Au reste, la zóne d'habitation du Sépédon est fort étendue, car ce zoologiste dit qu'il est commun dans les eaux stagnantes ou peu rapides des Etats du Nord et du centre de l'Union, et il l'a vu sur les côtes depuis le New-Hampshire jusqu'au Delaware.

Deux spécimens du Musée de Paris, qui se rapportent évidemment à cette Variété, nous ont été adressés , l'un de Charleston, par M. Holbrook, et l'autre de New-York, par Milbert.

MOEURS. Les habitudes du Sepedon ne diffèrent pas de celles du Tropidonote à bandes proprement dit ; comme lui, il recherche pour sa nourriture les grenouilles, les crapauds et les poissons. On le trouve ordinairement dans les lieux humides ou près des ruisseaux, des petites rivières, des lacs ou des mares, et souvent il se place sur les branches qui pendent audessus de l'eau.

II.e VARIÉTÉ dite TROPIDONOTUS ERYTHROGASTER.
Holbrook.

(*Coluber erythrogaster.* Shaw.)

CARACTÈRES. Régions supérieures couleur de poussière de brique pilée, avec une nuance verdâtre sur les flancs ; l'abdomen et le dessous de la queue d'une teinte rouge cuivrée.

SYNONYMIE. 1802. *Coluber erythrogaster*, Shaw, General Zoology, Tom. III, p. 458,

Antérieurement, Catesby avait signalé cette Couleuvre (*The natural history of Carolina, Florida and the Bahama islands* , 1731-1754, tom. II, p. 46). Il l'a désignée sous le nom : *Serpent à ventre de cuivre* (*copperbellied Snake.*)

M. Holbrook nous apprend que le nom vulgaire est *Ventre de cuivre* (*Copper-belly*).

DESCRIPTION.

Le Muséum a reçu, il y a plusieurs années, de Savannah (Etats-Unis) , par les soins de M. Désormeaux, une Couleuvre qui offrait la particularité suivante inscrite de la main de Bibron sur l'étiquette du bocal : « Tout le dessous du corps et les lèvres d'un beau rouge. »

Par son système dentaire et par tous ses autres caractères , elle a dû prendre rang dans le genre Tropidonote. L'examen que nous en avons fait, ainsi que d'un autre spécimen, qui a comme cet échantillon type , le dos unicolore et le ventre sans aucune tache , et malheureusement décoloré comme chez le précédent, nous a montré la plus frappante analogie avec le Tropidonote à bandes.

Aussi, en l'absence de caractères distinctifs suffisants et n'en trouvant pas non plus qui soient tranchés, après la lecture comparative de la description donnée par M. Holbrook, nous pensons que ce Serpent ne peut être inscrit que comme représentant une *Variété.*

CoLoration. Les indications fournies par la diagnose sont les seules qu'il y ait à donner, en raison de l'absence complète de bandes ou de taches sur toutes les parties du corps.

Patrie. « Jamais, dit M. Holbrook, je n'ai entendu parler de la présence de ce Serpent dans les Etats situés au nord de la Caroline du Sud. On le trouve dans ce dernier Etat, dans la Géorgie, l'Alabama et les rives septentrionales du golfe de Mexico. Le professeur Green possède un spécimen pris fort à l'ouest, car il provient du comté d'Amity , dans la Louisiane. »

Outre notre Couleuvre de Savannah , celle que nous avons également mentionnée déjà , a été prise aux environs de la Nouvelle-Orléans par M. de Givry qui en a fait présent au Muséum.

Moeurs. L'analogie la plus grande se retrouve encore, relativement au Tropidonote à bandes, quand on étudie le genre de vie des Couleuvres à ventre rouge qui habitent les mêmes localités, mais en moins grand nombre, et qui recherchent les mêmes proies.

III.ᵉ Variété dite TROPIDONOTUS NIGER. Holbrook.

(North American Herpetology. t. IV ; p. 37 , pl. 9.)

Caractères. Régions supérieures d'un brun foncé, quelquefois presque noires ; la gorge d'un blanc de lait ; l'abdomen et le dessous de la queue couleur d'ardoise plus ou moins relevée au milieu par du blanc.

DESCRIPTION.

Ici encore, de même que pour les deux variétés précédentes, nous ne voyons pas de motifs suffisants pour considérer ce Tropidonote noir, dont le Muséum possède un spécimen, comme le type d'une espèce spéciale.

Nous sommes d'autant plus disposés à le considérer comme une simple variété, que d'autres Couleuvres sont quelquefois privées de même des particularités du système de coloration qui leur sont habituelles et sont toutes noires. Tels sont, par exemple, le Tropidonote à collier (*Tropidonotus natrix*) et le Zamenis vert et jaune (*Zamenis viridi-flavus*) de la famille des Diacrantériens.

Coloration. On a, dans la diagnose, une description suffisante des couleurs.

Dimensions. C'est ce Tropidonote qui, dans cette espèce, nous offre la plus grande taille. Il a une longueur totale de 1ᵐ,19 ainsi répartis :
Tête et Tronc, 0ᵐ,92. *Queue*, 0ᵐ,27.

Patrie. « Ce Tropidonote, dit M. Holbrook, semble être particulièrement un animal du Nord, car jusqu'ici, il n'a jamais été vu dans la Pensylvanie, quoiqu'il soit abondant dans les Etats de la Nouvelle-Angleterre où il est connu sous le nom de Serpent d'eau. »

Il ajoute : « Cet animal, dans le New-Hampshire, représente le Tropidonote à bandes du sud et le Tropidonote Sipedon des Etats du milieu. »

Le dessin donné par ce Zoologiste est fait d'après un bel échantillon pris aux environs de Cambridge et que lui avait adressé M. H. Storer de Boston.

La localité précise du spécimen du Musée de Paris n'est malheureusement pas indiquée ; on sait seulement qu'il provient des Etats-Unis d'où il a été rapporté avec beaucoup d'autres Reptiles par M. Richard, qui a fait une grande partie des beaux dessins de l'Erpétologie de M. Holbrook.

IV.ᵉ Variété. A CINQ RAIES LONGITUDINALES.
Schlegel.

CARACTÈRES. Sur le dos et sur l'origine de la queue, trois larges raies jaunes, longitudinales, parallèles, et sur chaque flanc, une bande semblable, se détachant toutes sur un fond d'un brun noirâtre, qui couvre également les gastrostèges et les urostèges, si ce n'est sur la région médiane, qui est parcourue par un large ruban jaune, à bords parallèles chez l'adulte. Chez les jeunes sujets, il est constitué par une série longitudinale de triangles jaunes, parfaitement réguliers, à sommet antérieur, et dont les dimensions augmentent depuis la tête jusqu'au milieu du tronc, puis diminuent ensuite, à partir de ce point jusqu'au cloaque. Au delà, sous la queue, la forme triangulaire est moins apparente.

DESCRIPTION.

En l'absence de bons caractères spécifiques, qui permettent de distinguer cet Ophidien du Trop. à bandes, nous restons dans la même incertitude que M. Schlegel, qui pense que ces Couleuvres, qu'il a vues dans notre Musée, sont peut-être les types d'une espèce particulière. Les particularités suivantes viendraient à l'appui de cette opinion. Elles sont relatives à deux caractères tirés de l'écaillure. Tandis que chez tous les individus rapportés aux trois premières *Variétés*, il y a 23 rangées longitudinales d'écailles, nous n'en trouvons ici que 21. De plus, au lieu de trois post-oculaires, ces Serpents n'en ont que deux.

PATRIE. Les trois individus que nous possédons ont été adressés de la Nouvelle-Orléans par M. Barabino.

Dans le jeune âge, tous les Tropidonotes à bandes, même ceux qui proviennent de la variété noire, se ressemblent par leur système de coloration, dont le trait distinctif consiste en taches latérales, plus ou moins nettement réunies par des bandes transversales.

Nous trouvons dans cette conformité d'apparence des jeunes sujets un motif de plus, pour ne considérer tous les Tropidonotes qui viennent d'être décrits dans cet article que comme des variétés.

OBSERVATIONS. Peut-être faut-il rapporter au *Tropidonotus fasciatus* le *Wampum snake* de Catesby représenté sur la pl. 58 de son ouvrage.

Cette figure est bien peu reconnaissable, aussi faut-il noter que Linnæus ne l'a citée qu'avec doute. Il nous paraît fort difficile de croire avec M. Holbrook que ce Wampum, à teintes bleues magnifiques et qui, contrairement à ce qu'on observe chez les Tropidonotes, a les écailles lisses, soit notre Calopisme erythrogramme.

Nous sommes bien plus de l'avis de cet habile naturaliste, quand il rapporte à notre Tropidonote la *Vipère brune* de Catesby, car il motive ainsi son opinion : « Je crois, dit-il, pag. 27, qu'il faut le considérer comme étant le même, parce que cette vipère brune de Catesby a probablement été dessinée d'après un spécimen dont les particularités du systême de coloration n'étaient pas bien apparentes, comme cela arrive souvent chez les vieux individus vers l'époque où la mue va se faire. Il n'y a alors entre le Tropidonote à bandes et cette Vipère d'autre différence que celle qui se tire de l'absence des crochets à venin dont l'animal est armé sur le dessin de Catesby. Il ne faut, au reste, attacher aucune importance à la présence des dents sur ce dessin, et à ce que Catesby rapporte du danger des blessures que ce Serpent peut faire, car il en dit autant de sa Vipère noire (*Heterodon niger*) qui n'est point venimeuse. »

« Une autre raison, ajoute M. Holbrook, de croire à l'identité de la Vipère brune et du Tropidonote à bandes, c'est que, après un séjour de douze ans dans la Caroline et la Virginie, Catesby signale cette Vipère comme étant commune dans ces deux pays. Or, aucun des Serpents qui y sont un peu abondants ne peut être comparé à cette Vipère brune, si ce n'est le Tropidonote dont il s'agit. C'est là, d'ailleurs, l'opinion du professeur Gedding, qui pense comme moi, à cet égard, d'après les nombreuses occasions qu'il a eues d'examiner avec soin cette Couleuvre. »

On voit, d'après ces-détails dans lesquels il nous a semblé nécessaire d'entrer pour motiver notre manière de voir, pourquoi nous ne pensons avec M. Schlegel que la *Vipère d'eau* de Catesby (*Water viper*), figurée pl. 43, soit la représentation du *Tropidonote à bandes* et pourquoi, par conséquent, nous ne mentionnons pas ici toutes les synonymies qui se rattachent à cette Vipère et qui nous semblent mieux convenir au *Trigonocéphale piscivore* qui nous paraît être le même que notre *Trigonocéphale arlequin* (Tr. Histrionicus)? ou que l'un des autres Serpents compris dans ce genre.

6. TROPIDONOTE POGONIAS. *Tropidonotus Pogonias.*
(Nobis.)

CARACTÈRES. Toutes les écailles fortement carénées et formant des lignes longitudinales saillantes sur toute la longueur du dos

et de la queue. Les cinq plaques sous-maxillaires antérieures marquées de points saillants tuberculeux. Corps d'un gris sale, à
taches brunes irrégulières foncées, formant latéralement des
bandes transversales sur les flancs, vers la partie moyenne du
tronc.

DESCRIPTION.

Cette espèce nous paraît nouvelle ou non décrite.

Elle a les plus grands rapports, par les écailles du dos et du dessus de
la queue avec le Tropidonote à bandes. Les trois individus, de très-grandes
dimensions, que nous en avons examinés, proviennent aussi de l'Amérique septentrionale.

Ce qui nous a porté à les distinguer, ce sont les tubercules très-singu-
liers qui font saillie sous le menton et sur les cinq pièces de la région antérieure de la gorge, d'abord sur la plaque impaire triangulaire ou la mentonnière, mais qui n'a que cinq ou six de ces tubercules, puis sur les deux
premières sous-labiales à forme ovale, allongée, pointues aux deux bouts,
et enfin sur les grandes plaques losangiques ou sous-maxillaires antérieures
qui, par leur rapprochement, laissent entre elles le sillon gulaire. On en
voit aussi quelques-uns, mais qui sont moins apparents, sur les deux
ou trois premières plaques sous-labiales. Chez un de nos individus, toutes
les plaques de la tête sont comme ridées et offrent, par cela même, un
aspect tout particulier.

Comme ces tubercules saillants sont très-caractéristiques, nous nous en
sommes servis pour désigner l'espèce qui semble ainsi porter une sorte de
barbe malade ou une mentagre ; (πυγωνιας barbu).

Nous nous sommes assurés sur les têtes osseuses que par les crochets, ce
sont bien des Syncrantériens.

Nous devons ajouter comme caractères dont il faut tenir note, quoiqu'ils
n'aient pas une très-grande importance, parce qu'ils ne montrent pas des
différences bien tranchées comparativement au Tropidonote à bandes,
qu'il y a une pré-oculaire et trois post-oculaires, qui forment presque complètement le bord inférieur de l'orbite, car des huit paires de plaques sus-
labiales, la quatrième seulement touche à l'œil par une petite portion de
son bord supérieur.

Les écailles du tronc, qui sont fortement carénées, surtout à la région
postérieure du tronc et sur la queue, sont bifurquées à leur extrémité postérieure et sont disposées sur 27 rangées longitudinales. Ce nombre de
rangées longitudinales, l'un des plus considérables qu'on trouve dans le
genre Tropidonote, est un bon caractère distinctif du Pogonias.

On compte 140 à 142 gastrostèges , 1 anale double ; et 75 urostèges également doubles.

COLORATION. Nos échantillons sont assez décolorés et sur un fond d'une teinte passée, qui était probablement un brun verdâtre, comme il est possible de le voir encore dans quelques points ; on remarque des taches brunes, transversales et dilatées sur les flancs et qui rappellent l'aspect général du Tropidonote à bandes.

DIMENSIONS. Le plus grand de nos trois échantillons a une longueur totale de 1ᵐ,06, ainsi répartis.

Tête et Tronc , 0ᵐ,81. *Queue,* 0ᵐ,25.

PATRIE. Nous avons déjà dit que le Pogonias est originaire de l'Amérique du Nord,

OBSERVATIONS. Les analogies entre ce Serpent et le Tropidonote à bandes sont si nombreuses que nous le considérons avec une certaine hésitation comme le type d'une espèce nouvelle. Peut-être n'est-il qu'une variété de sexe ou d'âge de ce Tropidonote. Cependant, en présence de cette similitude remarquable chez trois individus, il était indispensable de la signaler d'une façon toute particulière.

7. TROPIDONOTE CYCLOPION. *Tropidonotus cyclopion* (1).
Nobis.

CARACTÈRES. Deux plaques sous-oculaires au-dessus du bord supérieur des lames sus-labiales et complétant ainsi, avec les post-oculaires, la pré-oculaire et la sus-oculaire ou surciliaire, le cercle squammeux de l'œil à la formation duquel les sus-labiales, contrairement à ce qui a lieu d'ordinaire, ne contribuent pas. Narines ouvertes, de chaque côté, dans une seule plaque nasale ; vingt-neuf rangées longitudinales d'écailles.

DESCRIPTION.

Si, au premier abord, on est tenté de considérer cette Couleuvre américaine comme identique au Tropidonote à bandes dont, comme le Pogonias il a le port et la physionomie, on voit bientôt, par l'examen des ca-

(1) De Κυκλωπιον, le cercle qui entoure la pupille, ce que l'on nomme vulgairement le blanc de l'œil, par allusion à l'entourage de l'œil par les scutelles.

ractères qui viennent d'être énoncés dans la diagnose, qu'il en diffère réellement et peut-être même plus encore que ce Pogonias.

Nous ne nous arrêterons donc pas à détailler les autres particularités de ce Serpent.

Il a les neuf plaques sus-céphaliques ordinaires, mais un peu ramassées; sept paires de sus-labiales.

Les écailles du tronc sont carénées; elles le sont plus fortement à la région postérieure et sur la queue. Il est remarquable qu'elles soient disposées sur 29 rangées longitudinales, le nombre le plus ordinaire de ces rangées étant de 19 et ne se trouvant que par exception de 23 ou seulement de 15.

Gastrostèges, 144; anale double; urostèges, 65 également divisées.

COLORATION. L'un de nos échantillons, qui est de petite taille, et dont l'identité avec le plus grand est complète en tout point, a tout-à-fait perdu ses couleurs. L'autre, d'un brun verdâtre foncé, présente sur le dos des bandes noires sinueuses, transversales et formées par de petites taches juxta-posées, qui occupent chacune une petite portion seulement de l'écaille sur laquelle elle se dessine. Ces bandes sont d'ailleurs plus ou moins interrompues, et quelquefois peu visibles.

Les régions inférieures sont, en avant, inégalement maculées de brun; en arrière, et surtout sous la queue, c'est surtout cette teinte sombre qui devient la couleur de fond et la nuance claire n'apparaît plus que sous l'aspect de taches jaunâtres, bien nettement circonscrites, de forme et de grandeur variables.

DIMENSIONS. Le plus grand spécimen a une longueur totale de 1m,13, ainsi répartis :

Tête et *Tronc*, 0m,89. *Queue*, 0m,24.

PATRIE. Cet individu provient de la Nouvelle-Orléans. L'autre est d'origine inconnue.

8. TROPIDONOTE RUDE. *Tropidonotus rigidus.* Holbrook.
(*Coluber rigidus.* Say.)

CARACTÈRES. Narine ouverte dans une seule plaque et surmontant une fente verticale de cette même plaque ; régions supérieures d'un brun uniforme ; ventre d'un jaune brunâtre ; sur le milieu de chaque gastrostège, deux taches noires oblongues, disposées de façon à former deux lignes longitudinales et parallèles.

REPTILES, TOME VII.   37.

SYNONYMIE. 1825. *Coluber rigidus.* Say. Journ. Acad. nat. Scien. Philad. Tom. IV, pag. 239.

1835. *Idem*, Harlan. Phys. and Med. researches, pag. 118.

1842. *Tropidonotus rigidus.* Holbrook. North. Amer. Herpet. Tom. IV, pag. 39, pl. 10.

DESCRIPTION.

FORMES. La tête est presque confondue avec le tronc, qui est robuste et arrondi. Les narines ont leur orifice interne dirigé en dehors et en haut.

ECAILLURE. Les neuf plaques sus-céphaliques ordinaires. Il faut noter : la forme de la frontale moyenne, qui est large proportionnellement à sa longueur, et qui est à peine plus étroite en arrière, où elle se termine en pointe obtuse, qu'à son extrémité antérieure ; l'étroitesse du bout antérieur des sus-oculaires ; enfin, les petites dimensions des fronto-nasales, en raison de la grandeur de la nasale, qui est unique de chaque côté et percée d'une ouverture située près du bout du museau et au-dessous de laquelle on voit une fente verticale.

On compte : une pré-oculaire sillonnée chez le plus grand de nos individus, ce qui expliquerait comment M. Holbrook a pu croire que cette plaque est double, tandis qu'elle est réellement simple et trois post-oculaires derrière lesquelles il y a une grande plaque temporale triangulaire, à sommet antérieur, et suivie de deux ou trois autres plus petites.

Il y a, sur la lèvre supérieure, sept paires de plaques, dont la troisième et la quatrième touchent à l'œil.

Les écailles du tronc sont en rhombes ; leur extrémité postérieure est bifurquée. Elle sont fortement carénées sur la région supérieure du dos. Sur les flancs, elles sont en rhombes plus courts et à carènes moins fortes, et même, de chaque côté, celles des deux rangs les plus voisins des gastrostèges sont lisses. Elles sont disposées sur dix-neuf rangées longitudinales.

Il y a 135 à 136 gastrostèges, 1 anale double et 51 urostèges également divisées.

COLORATION. La livrée de cette espèce est des plus simples et parfaitement identique sur nos échantillons à celle du serpent représenté par M. Holbrook. En ajoutant aux particularités énoncées dans la diagnose, que les taches de la région inférieure ne se prolongent pas sous la queue, on a dit tout ce qu'il est essentiel de savoir pour pouvoir distinguer ce Tropidonote.

DIMENSIONS. M. Holbrook mentionne une longueur totale, qui se rapproche assez de celle de notre plus grand spécimen, car il indique 21 pouces (mesure anglaise), et nous trouvons 0ᵐ,66, qui se décomposent ainsi : *Tête* et *Tronc* 0ᵐ,53. *Queue* 0ᵐ,13.

PATRIE. Les deux Tropidonotes rapportés à cette espèce, et que le Musée de Paris possède sont, l'un, le plus grand, des environs de New-York, d'où Milbert l'a envoyé, et l'autre, le plus petit, de la Caroline, et c'est M. Lherminier qui en a fait présent.

Les sujets que M. Holbrook a étudiés avaient été pris dans la Louisiane et dans l'Etat du Mississipi où il suppose l'espèce abondante, tandis que, au contraire, elle est extrêmement rare, dit-il, dans les environs de Philadelphie.

9. TROPIDONOTE LEBERIS. *Tropidonotus leberis.* Holbrook.

(*Coluber leberis.* Linnæus.)

CARACTÈRES. Tête médiocre, allongée, sub-ovale, plus large en arrière que le cou ; régions supérieures d'un brun olive foncé, avec trois bandes noires ; sur chaque flanc, une bande d'un jaune clair ; sur les régions inférieures, dont la teinte générale est jaunâtre, deux bandes foncées parallèles. En tout, cinq bandes sombres, trois en dessus, deux en dessous, et deux bandes claires sur les flancs, d'où l'épithète de *Septemvittatus* employée par Say.

SYNONYMIE. 1758. *Coluber leberis.* Linnæus. Syst. Nat. 10ᵃ Edit. Tom. I, pag. 216.

1766. *Idem.* 12ᵃ Edit. Tom. I, pag. 375.

1788. *Idem.* 13ᵃ Edit. Edente Gmelin. Tom. I, pars. 3, p. 1086. (Cette espèce est indiquée dans le *Systema naturæ* comme venimeuse. Elle porte comme diagnose cette phrase : *Fasciæ lineares nigræ*, d'après Kalm).

1802. *Vipère loberis.* (sic) Latreille. Hist. nat. des Rept. Tom. IV, p. 8 (d'après Linnæus).

1802. *Coluber leberis.* Shaw. General Zoology. Tom. III, part. 2, p. 433. « Cette couleuvre, dit-il, est signalée par Linnæus comme venimeuse, mais le docteur Gray, dans son travail sur les Amphibies, publié dans les Transactions philosophiques, considère le fait comme douteux. »

1803. *Idem.* Daudin. Hist. Nat. des Rept. Tom. VI, p. 218.

37.*

(D'après Linnæus.) Par conjecture, il rapporte à cette espèce une vipère du Musée de Paris et dont nous ne pouvons pas reconnaître l'identité.

1825. *Coluber septem-vittatus.* Say. Th. Descr. of three new species of Coluber inhabiting the United-states. Journ. of the Academy of Natur. Sciences of Philadelphia. Tom. IV, part. 2, pag. 240.

1835. *Idem.* Harlan. Med. and. Phys. Researches. p. 118.

DESCRIPTION.

Formes. Le corps est allongé, un peu étroit ; la tête, peu distincte du tronc, est courte. La queue est longue et peu robuste.

Les neuf plaques sus-céphaliques ordinaires. Deux nasales, entre lesquelles la narine est percée. Il y a deux plaques pré-oculaires précédées d'une frénale assez grande, qui manque chez un de nos individus, si l'on considère la pré-oculaire prolongée en avant, comme tenant lieu de cette plaque ; ou bien, au contraire, on peut dire que la pré-oculaire inférieure manque et qu'elle est remplacée par un prolongement en arrière de la frénale. On compte sept paires de sus-labiales ; la troisième et la quatrième touchent à l'œil.

Ecaillure. Les carènes des écailles sont très-saillantes sur la partie postérieure du tronc et sur la queue. Elles sont disposées sur 19 rangées longitudinales et présentent une petite bifurcation à leur extrémité libre.

Gastrostèges : 143 à 146 ; anale double ; urostèges également divisées, 79 à 81.

Coloration. Voici, comment M. Say indique les particularités du système de coloration. Nous traduisons ici sa description, parce qu'elle donne une notion très-exacte de la situation respective des lignes longitudinales qui constituent le caractère essentiel de cette couleuvre. « Une ligne noire, dit-il, occupe la série des écailles de la région vertébrale et une portion de la série qui, de chaque côté, est contiguë à la médiane. Une autre ligne, semblable à la précédente, occupe la cinquième rangée longitudinale des écailles et une partie de la quatrième à droite, comme à gauche. Une bande noirâtre, quelquefois plus large que les précédentes, recouvre la moitié de la largeur de la neuvième rangée et le bord externe correspondant des gastrostèges. Une raie jaune se voit sur l'autre moitié des écailles de la neuvième rangée et s'étend sur presque toute la largeur de celles qui forment la huitième. »

« Les régions inférieures sont jaunes et parcourues par deux lignes noirâtres, parfaitement régulières et situées parallèlement de chaque côté de la ligne médiane. Elles résultént de la disposition symétrique de taches carrées. Elles s'arrêtent au cloaque. »

DIMENSIONS. Le plus long des Leberis du Muséum a 0m,59, la *Tête* et le *Tronc* ayant 0m,43 et la *Queue*, 0m,16.

PATRIE. Les trois spécimens ont été adressés de la Caroline, (Charleston) en particulier, par MM. Lherminier, Holbrook et Richard.

Il paraît, d'après M. Holbrook, que cette Couleuvre est abondante aux Etats-Unis et spécialement dans la Pensylvanie, dans les Etats de Michigan, de New-Jersey, de l'Ohio et de New-York.

MŒURS. Comme les autres Tropidonotes, celui-ci est un Serpent d'eau. On possède, à cet égard, des observations directes d'un naturaliste américain, M. Peale.

OBSERVATIONS. Le nom de Leberis ayant été appliqué par Linnæus à un Serpent qu'il supposait venimeux et son opinion ayant été admise, mais sans contrôle, par la plupart des naturalistes jusqu'à Shaw, qui a rappelé les doutes de Gray à cet égard, il nous semble important de présenter ici les remarques intéressantes de M. Holbrook. Nous devons surtout les mentionner parce qu'elles motivent l'emploi que nous avons fait, avec ce naturaliste, du nom de *Leberis* pour désigner l'espèce dont il s'agit.

« Je suis heureux, dit-il, de pouvoir réintégrer dans le Catalogue des Reptiles de l'Amérique du Nord et à la place qui lui convient, cette espèce longtemps méconnue, car je n'ai pas le moindre doute qu'elle représente le *Coluber Leberis* de Linnæus, comme on peut le voir par les détails qui suivent : »

« Kalm qui a, le premier, découvert cet Ophidien et en a donné la diagnose abrégée reproduite par Linnæus, a résidé peu de temps dans le Delaware et dans la Pensylvanie d'où il s'est rendu dans le Canada. Or, le seul Serpent marqué de lignes foncées (*fasciæ lineares nigræ*) qu'on ait, jusqu'ici, trouvé dans la portion du continent américain où il a voyagé est la Couleuvre dont il s'agit. »

« A la vérité, Kalm regarde cet animal comme venimeux et en cela, il a été suivi par un certain nombre de naturalistes bien excusables, au reste, car ils n'avaient jamais vu ce Serpent. Ses observations d'ailleurs ont été superficielles. On lui a dit que les morsures étaient vénéneuses et il l'a cru. La même erreur a été commise par Catesby relativement à l'Hétérodon noir, que sur une semblable assertion, il a représenté dans son ouvrage comme armé de crochets à venin. »

« Il faut ajouter qu'on n'a encore trouvé aucune espèce de Solénoglyphe dans le pays parcouru par Kalm, à l'exception du Serpent à sonnettes et du *Copperhead* (Trigonocéphale cenchris), et l'Erpétologie de ces contrées est peut-être mieux connue que celle de toutes les autres parties des Etats-Unis. »

« Quoique le nom proposé par Say soit très-convenable pour désigner cette espèce, il ne peut être conservé, celui donné par Linnæus ayant le droit d'antériorité. »

Au reste cette dénomination empruntée aux anciens, n'a pas une signification précise.

10. TROPIDONOTE BI-PONCTUÉ. *Tropidonotus bi-punctatus*. Schlegel.

(*Coluber sirtalis et ordinatus*. Linnæus.) (1)

CARACTÈRES. Plaque anale simple; corps d'un brun verdâtre, tantôt uniforme et foncé, tantôt, et c'est ce qui se remarque le plus souvent, d'une teinte moins sombre et parsemée de taches noires régulièrement disposées, avec une ou trois raies longitudinales plus ou moins apparentes; le dessus de la tête brun, avec deux points jaunes réunis sur la ligne de jonction des plaques pariétales; sur les flancs, qui sont légèrement bleuâtres, des taches noires en séries interrompues; les gastrostèges d'un brun jaunâtre unicolore, avec un petit point noir à chacune de leurs extrémités costales.

SYNONYMIE. 1731-1754. *Green Spotted Snake* (Serpent vert tacheté). Catesby The nat. Hist. of Carolina. Tom. II, pl. 53.

1766. *Coluber ordinatus*. Linnæus. Syst. naturæ, 12ₐ Edit. Tom. I, p. 379. (*Parvus, cœrulescens, nigro maculato nebulosus; latera serie punctorum nigrorum.*)

1766. *Coluber sirtalis*. Linnæus. Syst. nat., 12 édit. Tom. I, pag. 383. (*Vittæ tres viridi-cœrulescentes in corpore fusco tenui striato*) D'après Kalm.

1784. *Le Sirtale*. Daubenton. Encyclop. méthodique.

1784. L'*Ibibe*. Idem.

1788. *Coluber ordinatus*. Linnæus. Syst. Nat. Edente. Gmelin. Tom. I, Pars. 3, pag. 1097. *Coluber sirtalis*. Idem, p. 1097.

---

(1) On verra plus loin les motifs qui nous ont engagés à rapporter au Tropidonote bi-ponctué les synonymes qui se rattachent à l'une et à l'autre des Couleuvres que Linnæus a nommée *sirtalis et ordinatus*. Le premier de ces noms est ancien; mais très-vague.

1789. L'*Ibibe* et le *Sirtale*. Lacépède. Quad. ovip. et Serp. Tom. II, pag. 311 et 323.

1802. *La Couleuvre sirtale. La Couleuvre ibibe (Coluber or-dinatus.) La Couleuvre bi-ponctuée* (fondée, selon M. Holbrook, sur l'examen d'une sirtale rapportée de la Caroline par Bosc). Latreille. Hist. nat. des Rept. T. IV, p. 69, 70 et 85.

1802. *Sirtal snake.* Shaw. Gener. Zool. Tom. III, part. 2, pag. 535.

1803. *La Couleuvre ibibe.* (*Coluber ordinatus*) considérée comme la même que la *Bi-ponctuée* de Latreille ; *La Couleuvre sir-tale.* Daudin. Hist. nat. des Rept. Tom. VII, p. 181 et p. 146.

1820. *Coluber Hurria ordinatus* et *Coluber natrix sirtalis.* Merrem. Tentamen. pag. 93 et 132.

1826. *Coluber ordinatus.* Fitzinger. neue Classification der Rept. , p. 58, n.º 58.

1835. *Coluber sirtalis* et *Coluber ordinatus.* Harlan. Medical and physical researches , p. 116 et 113.

1837. *Tropidonotus bi-punctatus.* Schlegel. physion. des Serp. Tom. I, pag. 168 et Tom. II, pag. 320.

1839. *Coluber sirtalis* et *Coluber ordinatus.* Storer, Reports on the Fishes , Reptiles and Birds of Massachusetts, p. 221 et 223.

1842. *Tropidonotus sirtalis* et *Tropidonotus ordinatus.* Holbrook North American Herpet. Tom. IV, p. 41 et 45, pl. 11 et 12.

1842. *The striped snake, Tropidonotus tænia.* Dekay. New-York fauna, Reptiles , pag. 43, pl. 13, fig. 27 représentant une seule ligne dorsale et portant, de chaque côté de cette bande médiane, deux séries de taches noires alternes. (Ces particularités se rapportent aux caractères du *Tr. ordinatus* donnés par M. Holbrook.

Le nom de *Coluber tænia* est emprunté à Schœpff qui, dans son Voyage en Amérique, Tom. I, p. 496, décrit cette Couleuvre comme ayant trois bandes jaunes sur un fond brun noirâtre.

1853. *Eutainia sirtatis* et *ordinata.* Baird and Girard. Catal., pag. 30 et 32,

DESCRIPTION.

FORMES. En voyant M. Holbrook séparer si positivement l'une de l'autre les deux Couleuvres, dont nous venons de présenter la synonymie et qu'il considère comme différentes, surtout parce que, dit-il, les deux points des pariétales se remarquent toujours chez la Bi-ponctuée et ne se retrouvent jamais chez l'autre, nous avons un peu hésité à confondre sous un même titre tous les synonymes qui se rapportent à ces deux Serpents.

Nous devons dire cependant que, malgré les nombreux éléments de comparaison fournis par les riches collections du Muséum, nous ne pouvons pas faire deux groupes distincts parmi ces Tropidonotes.

Nous avons, en effet, des échantillons qui, par leurs trois lignes jaunes longitudinales, et par les deux petites taches du vertex, ressemblent, de la manière la plus frappante, à l'animal représenté sur la planche 2 de l'Erpétologie de M. Holbrook, avec cette dénomination : *Tropidonotus sirtalis*, ce qui est, pour lui, le synonyme de *bi-punctatus*.

D'un autre côté, il y en a quelques-uns qui, avec des séries de taches noires très-apparentes, et une ligne dorsale moins sombre que le fond et à peine visible, se rapportent à la pl. 12 du même ouvrage. Nous serions donc tentés de considérer, avec l'auteur, ces derniers comme représentant le *Tropidonotus ordinatus*. Nous ne pouvons cependant pas admettre cette identité, car de même que les autres, ces spécimens portent la double petite tache occipitale qui, selon les indications du savant naturaliste Américain, sont la marque distinctive du Sirtale.

Serait-ce donc que le véritable *Coluber ordinatus* serait inconnu au Musée de Paris?

Nous ne pouvons pas le croire, quand, abstraction faite de la particularité des deux petites taches du vertex, nous comparons quelques-uns de nos spécimens au *Tr. ordinatus* de là pl. 12 de M. Holbrook.

On voit qu'il y a là une certaine difficulté pour les zoologistes, qui voudraient laisser figurer dans leurs cadres ces deux Serpents comme types d'espèces distinctes. Cet embarras, dont on trouve la preuve dans les ouvrages de M. Schlegel et de M. Dekay, est bien justifié par l'étude attentive de tous les échantillons de notre Musée.

On ne peut pas, en effet, grouper dans deux catégories bien distinctes ces Serpents, de manière à réunir, d'une part, les individus à trois bandes claires sur un fond uniforme, et d'autre part, ceux à séries longitudinales de taches noires, avec une bande médiane peu apparente, car ces différences ne sont pas très-nettement tranchées.

Il importe même de noter ici que M. Storer et M. Holbrook décrivent chez le Sirtale des taches noires petites, il est vrai, mais nombreuses et alternes comme les taches plus grandes du *Trop. ordinatus*. Il y a là, une analogie de plus.

Il est donc permis de conclure de tout ce qui précède que l'on peut, à défaut de véritables caractères spécifiques, et en présence des différences peu tranchées du système de coloration, considérer les *Coluber sirtalis* et *ordinatus* comme appartenant à une seule même espèce.

Pour compléter, relativement au système de coloration, ce qui a été dit plus haut sur ce sujet, nous ajouterons que chaque gastrostège porte à l'une et à l'autre de ses extrémités un point noir assez volumineux, se présentant souvent avec l'apparence d'une tache demi-circulaire. Ils forment, de chaque côté, une série longitudinale.

Les jeunes sujets ont tous sur le dos, des taches noires en série régulière. La ligne claire médiane ne se voit pas toujours et sur aucun, on ne remarque les lignes latérales. Du reste, les taches noires des extrémités et les deux petites maculatures jaunes du vertex ne manquent jamais.

Telles sont les particularités qui nous sont offertes par trois individus rapportés du Texas par M. Trécul et de Savannah par M. Harpert.

Patrie. M. Holbrook admet, relativement à la distribution géographique, une différence que nous nous bornons à énoncer ne pouvant pas la vérifier sur nos individus, puisqu'il ne nous est pas possible de les rapporter à l'une plutôt qu'à l'autre des espèces qu'il décrit. « Le *Trop. ordinatus*, dit-il, habite les Etats du Sud et ne dépasse pas au Nord le Maryland où même sa présence n'est pas bien démontrée. Le Sirtale, au contraire, se trouve dans tous les Etats Atlantiques depuis le Maine, jusqu'à la Floride inclusivement; il habite aussi les pays situés à l'Ouest des monts Allegbany.»

Nos échantillons proviennent de la Virginie et des environs de Charleston et de New-York. Ils ont été adressés par M. Poussielgue, par M. Noisette et par Milbert. M. Plée en a envoyé un beau spécimen de la Martinique.

11. TROPIDONOTE SAURITE. *Tropidonotus saurita* (1).

(*Coluber saurita*. Linnæus.)

Caractères. Corps grêle et très-long, surtout dans la région

---

(1) Ce Serpent, dit Lacépède, a beaucoup de rapports avec les lézards gris et les lézards verts, non-seulement par les nuances de ses couleurs, mais encore par son agilité, et voilà pourquoi il a été nommé *Saurite*, du mot grec Σαυρος, lézard.

de la queue; le dessus du tronc d'un brun foncé, avec trois lignes longitudinales d'un jaune verdâtre, dont une est médiane; le dessous du corps, sans taches et d'une même teinte, est pâle dans toute son étendue.

SYNONYMIE. 1731. Catesby. Carolin. Tom. II, pag. 50. *Ribbon Snake* (Serpent ruban).

1766. Linnæus. System. naturæ édit. 12. Tom. I, pag. 385. *Coluber saurita.*

1771. Daubenton. Encyclop. méthod.

1789. Bonnaterre. Ophiol., pag. 58, pl. 73, n.° 15.

Idem. Lacépède. Quad. Ovip. Serpents, pag. 308. *Le Saurite.*

1802. Latreille. Rept. in-18. Tom. IV, pag. 178.

1802. Shaw. Zool. gener. Tom. III.

1803. Daudin. Rept. Tom. VII, pag. 104, pl. 81, un tronçon.

1820. Merrem. Tentam. Syst. Amph. p. 122, n.°15. *Natrix saurita.*

1825. Say. Rocky mountains. I. pag. 389. *Coluber Proximus.*

1826. Fitzinger. Neue classif. der Rept., pag. 59, n.° 68. *Coluber saurita.*

1827. Harlan. Journ. acad. natur. scien. Philad. Tom. V, part. 2, pag. 229.

1835. Harlan. Med. and phys. researches, pag. 115 et 116. *Coluber saurita* et *proximus.*

1837. Schlegel. Phys. Serp. Tom. I, pag. 169, n.° 15. Tom. II, pag. 323. *Tropidonotus saurita.*

1839. Storer. Rept. Massachussets, pag. 329.

1842. Holbrook. North. Americ. Herpet. Tom. III. pl. 4. *Leptophis sauritus.*

—Dekay. New-York. Fauna Ribbon Snake. *Leptophis saurita.* Rept., pag. 47, pl. 11, fig. 1.

1853. Baird and Girard. Catal. Rept. North. Amer., pag. 24, 129. *Eutainia saurita, Faireyi, proxima.*

DESCRIPTION.

Cette espèce de Tropidonote s'éloigne, jusqu'à un certain point, de la plupart de celles du même genre, parce qu'elle est, proportionnellement à ses diamètres, beaucoup plus grêle, et qu'en arrière, sa tête est presque de la même grosseur que le cou, qui est plus aminci lui-même que les autres régions du tronc. La queue est aussi très-longue, très-effilée ; elle forme plus du quart et même près du tiers de l'étendue générale du corps. On s'explique ainsi pourquoi M. Holbrook en a fait un Leptophide.

Sans certains rapports qu'on remarque entre cette Couleuvre et les Tropidonotes, portant sur la forme de la tête, la position des narines, les petites dimensions des yeux, dont nous avons été frappés nous-mêmes, comme M. Schlegel, nous l'aurions rangée dans le premier genre de la famille des Syncrantériens, mais en la laissant parmi les Tropidonotes, on peut la considérer, avec celui dit des Seychelles, comme établissant, en quelque sorte, le passage des Leptophides aux Tropidonotes.

Les trois caractères indiqués dans la diagnose font aisément distinguer ce Serpent de ses congénères.

COLORATION. Le dessus du corps est brun, avec trois lignes longitudinales étroites, d'une couleur claire, dont l'une est médiane. Le dessous de la tête est entièrement d'un brun foncé, car la ligne du milieu ne commence qu'à la nuque. Il y a cependant deux petits traits jaunes au devant de l'œil et un autre derrière, un peu plus bas.

Nous voyons, sur quelques-uns de nos exemplaires, de petits points jaunes sur chaque plaque occipitale analogues à ceux du Tropinodote biponctué. M. Holbrook dit, à ce sujet, qu'il les a toujours vus chez les individus recueillis dans les États du Sud; mais qu'ils manquent parfois chez ceux des États du Nord. Quelquefois, ajoute-t-il, ce point est double sur chacune des deux plaques ; mais cela est rare.

Il est vrai, comme le dit ce naturaliste, que le trait jaune, situé au dedevant de l'œil, donne à ce Serpent une physionomie particulière.

Le Muséum en possède plusieurs individus ; ils sont en très-bon état de conservation, mais tous ont été, à ce qu'il paraît, altérés dans la couleur des raies et des gastrostèges, qui sont d'une teinte jaune, tandis que Catesby et la plupart des observateurs, comme Palissot de Beauvois et Bosc, disent que ces mêmes parties sont de couleur verte plus ou moins foncée.

DIMENSIONS. Cet Ophidien peut, à ce qu'il paraît, atteindre une longueur de quatre pieds (mesure anglaise). Aucun de nos échantillons n'est aussi grand. Nous n'en avons pas qui dépassent un mètre; les dimensions de la queue égalent à peu près le tiers de la longueur totale.

PATRIE. Nous avons fait préparer les têtes de deux individus, dont l'un provenait de M. Ghuisbreght, indiqué comme recueilli à Oaxaca, dans le Mexique et un autre de la Nouvelle-Orléans. L'un des exemplaires qui ont servis à notre description, avait été adressé de New-York par M. Milbert.

Mœurs. On dit que ce Serpent, qui est très-répandu dans toute l'Amérique du Nord, grimpe avec assez de facilité sur les branches des arbres, et que souvent, il se tient en embuscade sous les écorces des platanes, derrière lesquelles il s'abrite. Nous apprenons de plus, par M. Dekay, la particularité intéressante que, outre les gros insectes dont il se nourrit, il recherche les grenouilles et les crapauds, ce qui prouve que, comme les Tropidonotes, il aime les lieux humides et le bord des eaux.

Observations. C'est probablement par suite de quelque erreur, que nous trouvons dans la diagnose de M. Schlegel (page 169) l'indication de raies longitudinales noires sur un brun foncé; ces lignes étant jaunâtres, ou comme l'ont observé les auteurs qui ont parlé des individus qu'ils avaient observés vivants, d'une teinte verdâtre claire, ainsi que M. Schlegel le dit lui-même (Tome II, pag. 321). Ce zoologiste croit que le Serpent décrit par les naturalistes américains sous le nom de *Eutainia Faireyi*, est une variété de la présente espèce. Relativement à l'identité du *Coluber proximus* de Say, il est d'accord avec M. Holbrook.

12. TROPIDONOTE des SEYCHELLES. *Tropidonotus Seychellensis*. Nobis.

(*Psammophis Seychellensis*. Schlegel.)

Caractères. Dessus du corps d'un brun foncé avec des taches alternativement blanches et brunes; une bande blanchâtre, bordée de noir, naissant de la commissure de la bouche et s'étendant le long du cou. Museau un peu tronqué à l'extrémité d'une tête plate, longue et conique, un peu excavée sur la ligne médiane ; pas de plaque frénale; corps grêle ; queue longue.

Synonymie. 1837. Schlegel. *Psammophis Seychellensis*. Phys. Serp. Tom. I, pag. 155, n.° 4; tom. II, pag. 212.

DESCRIPTION.

La forme assez élancée de ce Serpent et la longueur proportionnelle de sa queue le rapprochent de l'espèce précédente, et ainsi que nous l'avons dit à propos de ce dernier, on aurait pu placer en tête du genre Tropidonote, le *Saurite* et le *Trop. des Seychelles*, comme établissant une sorte de transition des Serpents arboricoles aux Serpents qui fréquentent les eaux et leur voisinage.

La tête a cela de particulier que le museau est un peu tronqué et semble en quelque sorte coupé carrément, par suite de la direction peu oblique de la plaque rostrale et surtout parce qu'elle ne se rabat nullement sur le museau.

L'œil est petit.

La particularité la plus intéressante fournie par l'étude des plaques de la tête est l'absence de la frénale. Ce Serpent est le seul, parmi les Tropidonotes, chez lequel cette plaque manque. Aussi, avons-nous pu nous servir avec avantage de ce caractère dans la construction du tableau synoptique, comme nous en avons déjà fait usage pour la distinction des Leptophides, qui ont tous cette plaque, à l'exception du *Leptophide queue-lisse*, que par cela même, il est toujours facile de distinguer de ses congénères.

Il y a une pré-oculaire, trois post-oculaires; neuf paires de plaques sus-labiales, dont les quatrième, cinquième et sixième touchent à l'œil.

Toutes les écailles du tronc portent une faible carène, qui est très-peu apparente sur celles de la queue. Elles sont disposées sur 17 rangées longitudinales.

Gastrostèges, 187-198; anale double; urostèges, 104, également divisées.

Coloration. L'échantillon donné par Dussumier est malheureusement le seul dont les teintes ne soient pas complétement altérées.

On remarque, sur le dos, comme l'a noté M. Schlegel, de petites maculatures blanches et d'autres presque noires se détachant sur un fond d'un brun foncé, mais ces points noirs et blancs ne nous paraissent pas aussi nombreux que le dit ce zoologiste. Les régions inférieures, qui sont jaunâtres, sont abondamment marbrées de brun-noirâtre.

Nous trouvons très-apparentes, sur l'exemplaire en bon état de conservation, deux raies noires séparées par une bande blanche fine et un peu ondulée; elles commencent à l'extrémité du museau, occupent le bord supérieur des plaques sus-labiales, passent sous l'œil et vont se perdre sur les côtés du cou.

Dimensions. Les spécimens du Musée de Paris, mesurés par M. Schlegel, ont l'un 0^m,73 pour la tête et le tronc et 0^m,31 pour la queue, et l'autre 0^m,49, plus 0^m,18. Ce sont des proportions analogues que nous trouvons sur le nouvel échantillon plus grand que les autres. Sa longueur totale est de 1^m,11 ainsi répartis :

Tête et *Tronc*, 0^m,79. *Queue*, 0^m,32.

Patrie. Les sujets rapportés par Péron et Lesueur sont tout-à-fait décolorés par leur long séjour dans l'alcool et peut-être par leur exposition à l'effet de la lumière. Sur l'un des bocaux, nous trouvons une ancienne étiquette de la main de l'un de ces voyageurs portant, avec un numéro d'ordre, les lettres I. S. Leur signification est démontrée par ce fait qu'un échantillon de la même espèce a été rapporté par Dussumier des îles Seychelles. Cette identité d'origine a servi à M. Schlegel pour la dénomination spécifique de ce Serpent. Depuis cette époque, la Collection s'est enrichie d'un nouveau spécimen, acquis à Londres, en 1845, par Bibron.

OBSERVATIONS. C'est sur l'examen de deux individus que M. Schlegel a établi cette espèce qu'il avait rangée, d'après la physionomie, dans le genre Psammophis ; mais nous nous sommes assurés qu'ils ont les dents postérieures plus longues que celles qui les précèdent, sans aucun intervalle libre, ces dents allongées n'ayant pas de rainures. Ce sont donc bien pour nous des Syncrantériens et des Tropidonotes, comme d'ailleurs, les écailles carénées du dos semblaient l'indiquer.

13. TROPIDONOTE A TRIANGLES. *Tropidonotus trianguligerus.* Schlegel.

CARACTÈRES. Corps brun, un peu verdâtre en dessus ; entièrement jaune ou blanchâtre sous la longueur du tronc ou avec quelques taches marbrées, plus ou moins foncées, irrégulières, quelquefois formant de simples bordures noirâtres aux gastrostèges ; museau long et conique ; des taches triangulaires sur les flancs.

SYNONYMIE. *Tropidonote à taches en triangles.* Schlegel. Essai sur la Phys. des Serpents. Tom. I, pag. 167 et Tom. II, pag. 311, pl. 12, fig. 1, 2 et 3.

DESCRIPTION.

Le tronc est assez long ; la tête est distincte du tronc ; elle est plane en dessus, et présente une certaine épaisseur. Les yeux sont grands.

Les neuf plaques sus-céphaliques ordinaires. Les narines comme chez la plupart des Tropidonotes, sont percées entre deux plaques. L'œil est bordé en avant par une pré-oculaire, en arrière par trois post-oculaires et en dessous par les quatrième, cinquième et sixième plaques de la lèvre supérieure, qui en a neuf paires.

Les écailles du tronc à carène assez saillante, sont disposées sur 19 rangées longitudinales. M. Schlegel, qui donne aussi ce nombre comme étant le plus habituel, indique cependant les nombres exceptionnels 17 et 23.

Les gastrostèges, peu étendues d'avant en arrière, remontent sur les flancs. On en compte 141, l'anale est divisée et il y a 88 urostèges doubles.

COLORATION. Les individus qui appartiennent évidemment à cette espèce sont tellement décolorés par leur long séjour dans la liqueur, que nous sommes obligés de nous en rapporter à M. Schlegel, qui a eu sous les yeux de très-bonnes figures faites sur le vivant et qui lui ont été fournies par MM. Reinwardt et Boié.

Voici comment il indique cette coloration, dont nous retrouvons cependant des traces bien évidentes sur un sujet donné à notre Musée par celui de Leyde. « Ce Tropidonote inédit est remarquable par les larges taches en triangle et d'un rouge vermillon qui ornent ses flancs. Elles sont le plus souvent séparées par quelques plaques noires et s'évanouissent à mesure qu'elles approchent des parties postérieures. Le dessus est d'un vert olivâtre foncé ; le dessous d'un jaune d'ocre avec des bandes abdominales quelquefois marbrées ou bordées de brun ; quelques individus offrent cependant des taches très-obsolètes, et j'en ai vu sur lesquels on pouvait à peine découvrir les traces de ce dessin. »

« Les couleurs s'effacent en grande partie après la mort: le rouge se ternit, le vert devient gris noir et le jaune passe au brunâtre. »

« Les petits ressemblent à leurs parents sous le rapport des teintes. »

Enfin, ajoute, M. Schlegel, ce Serpent est particulièrement reconnaissable à deux raies noires, qui bordent les plaques au-dessous de l'œil.

DIMENSIONS. Le savant naturaliste hollandais qui a fondé cette espèce et qui nous sert ici de guide donne les chiffres suivants $0^m,84$ plus $0^m,31$.

Notre plus grand spécimen est long de $0^m,90$ seulement, le *tronc* et la *tête* ayant $0^m,61$, et la *queue*, $0^m,29$.

PATRIE. Reinwardt et Boié ont trouvé ce Serpent à Java, où il habite les ruisseaux et les champs inondés dans le voisinage de Buitenzorg.

Il se nourrit de grenouilles.

Outre le sujet donné par le Musée de Leyde, nous en possédons un rapporté de Java par Diard, et un troisième par M. Kunhardt, de Lima-Poulou (Sumatra).

Sur la tête osseuse du spécimen recueilli par Diard, nous avons constaté les véritables caractères d'un Aglyphodonte Syncrantérien, c'est-à-dire que les os maxillaires supérieurs portent en arrière des crochets, qui sont plus longs que les autres, quoique rangés sur la même ligne.

14. TROPIDONOTE QUINCONCE. *Tropidonotus quincunciatus*. Schlegel.

(*Hydrus palustris*. Schneider.)

Caractères. Corps très-gros, d'un brun verdâtre en dessus, avec des rangées de taches grises ou noires, allongées, distribuées régulièrement en quinconces, quelquefois réunies par raies en longueur; les gastrostèges jaunes, ayant souvent une bordure noire, et l'une d'elles présentant antérieurement une dilatation externe de forme triangulaire. Deux petites lignes noires obliques, sous et derrière l'œil; quatrième et cinquième sus-labiales touchant l'œil par leur bord supérieur terminé en pointe.

Synonymie. 1792. Schneider. Hist. nat. et litt. Amphib, Fasc. I, pag. 249. *Hydrus palustris*.

1800. Russel. Serp. ind. Tom. II, pag. 25, pl. 20. Paragodoo, et pl. 14, ad., pag. 28, pl. 33. Neelikoea.

1802. Shaw. Gener. zoology. Tom. III, p. 1, pag. 569. *Marsh-Hydrus*.

1802. Latreille. Rept. in-18. Tom. IV, pag. 203. *Enhydris piscator*, 205. E. *Palustris*, p. 20.

1803. Daudin. Rept. Tom. VII, pag. 140. Couleuvre treillissée. *C. anastomosatus*, d'après le Neelikoea. Russel, pag. 38, pl. 33 et pl. 14, adulte, et pag. 176, *La Coul. Bramine*, d'après la pl. 20 de Russel *Paragodoo*.

1827. Merrem. Syst. Amph. Tent., pag. 122, n.ᵒˢ 114, et 124, n.º 121. *Natrix piscator et Natrix palustris*.

1829. Gravenhorst. Vergl. ubersicht. *Col. Melanozostus*, pag. 402.

1834. Reuss. Ad. Museum Senckenberg. *Col. Hippus*, pag. 150, pl. 9, fig. 2.

1837. Schlegel. Tom. I, pag. 167, n.º 2. Tom. II, pag. 307. *Col. quincunciatus*, pl. 12, fig. 4 et 5.

Oppel. *Coluber funebris*. Manuscrit, sur le bocal qui contient l'un des individus.

DESCRIPTION.

Plaque rostrale non rabattue sur le museau. Narines ouvertes entre la nasale et la post-nasale. Plaque pré-oculaire plus haute que la frénale et remontant un peu sur la région supérieure de la tête. Trois plaques post-oculaires ; le long du bord externe de la pariétale, deux grandes plaques temporales, dont la postérieure l'emporte sur l'antérieure en longueur et en largeur. Derrière les pariétales, sur la ligne médiane et dans le petit angle rentrant qu'elles forment entre elles, une écaille plus grande que celles qui l'environnent, simulant une sorte de plaque occipitale. Neuf plaques sus-labiales, dont la quatrième et la cinquième touchent l'œil dans une très-petite étendue, leur extrémité supérieure se terminant en pointe ; les trois dernières sont beaucoup plus grandes que celles qui les précèdent ; deux plaques sous-maxillaires, dont les postérieures sont du double plus longues que les antérieures.

Coloration. Les marques les plus notables et à ce qu'il paraît les plus constantes, puisqu'elles sont indiquées par les auteurs qui ont pu observer cette espèce, consistent en lignes noires obliques sur un fond gris, qui se voient sur les côtés de la face, la première au-dessous de la région moyenne inférieure de l'orbite et la seconde en arrière. Une troisième ligne, plus courte, est située entre les précédentes, mais cette dernière n'est pas constante, car nous ne la retrouvons pas chez la plupart des individus que nous possédons. Ces trois lignes se rendent obliquement de haut en bas et de devant en arrière, vers une bande qui longe la partie postérieure de la mâchoire pour se porter vers la ligne médiane du cou, en se rapprochant de celle du côté opposé, dont elle reste cependant séparée par un intervalle gris où l'on voit deux autres bandes noires longitudinales, plus ou moins prolongées sur le dos et le plus souvent dans toute son étendue.

Les gastrostèges sont tellement larges, qu'elles occupent un grand tiers du diamètre du tronc. Elles sont fort aplaties. Les flancs sont garnis de plaques ou de très-grandes écailles blanches et séparées, à des intervalles à peu près égaux, par de grandes taches noires, quadrilatères, au-dessus desquelles il s'en trouve d'autres plus petites sur deux rangées, disposées réellement en trois bandes interrompues, mais dont l'ensemble constitue comme des allées distribuées en quinconce.

Cependant quelquefois, ces taches, au lieu d'être distinctes, se trouvent réunies et forment alors des raies longitudinales. C'est alors, comme le fait observer M. Schlegel, le *Coluber melanozostus* de M. Gravenhorst.

D'autres fois, la réunion en travers de ces taches a déterminé la distinction en deux autres espèces désignées sous les noms de *funebris* et de *sinuatus* par Oppel et par Reinwardt.

REPTILES, TOME VII.　　　　　**38.**

Nous croyons, en effet, avec M. Schlegel que ces dénominations appartiennent à des espèces purement nominales.

Voici, d'ailleurs, et d'après nos échantillons, la description des trois *Variétés* qu'il est convenable d'établir dans cette espèce.

Variété A. Le long de chaque flanc, une série de grandes taches noires; sur le dos, des taches également noires, à peu près rondes, plus ou moins nombreuses et distinctes les unes des autres. Le *Coluber funebris* d'Oppel présente ce système de coloration d'une manière très-nette. C'est aussi à cette variété que se rapportent les individus chez lesquels cet ensemble de taches est un peu moins apparent.

Variété B. Comme dans la précédente, il y a, le long de chaque flanc, une série de taches noires, mais plus grandes et presque quadrilatères et plus espacées les unes des autres. Sur le dos, on voit de grandes taches blanches, bordées de noir, formant en quelque sorte un triangle allongé dont la base est externe et le sommet, qui est interne, atteint presque la ligne médiane ; mais au delà du premier tiers du corps, ces taches deviennent moins apparentes.

Les individus qui appartiennent à cette variété sont originaires des Philippines.

Variété C. Les régions supérieures et latérales du tronc, jusqu'à l'origine de la queue, sont parcourues par cinq lignes noires, dont les latérales offrent un peu plus de largeur que les trois du milieu. Entre chacune de ces bandes noires, on voit une fine raie blanche en zig-zag, formée par une série longitudinale de petites lignes blanches, qui bordent successivement le côté externe d'une écaille, puis le côté interne de l'écaille qui suit. Dans cette variété, comme dans celle que nous avons décrite sous la lettre A, le bord adhérent de chacune des gastrotèges est noir, tandis que dans la variété B, le ventre est tout à fait unicolore.

Quant à la coloration générale on peut dire que la teinte de fond, chez tous les individus, à quelque variété qu'ils appartiennent, est un brun verdâtre plus ou moins foncé. Chez tous, on voit deux petites raies noires, l'une partant du bord inférieur de l'œil et allant rejoindre le bord libre de la lèvre inférieure, au niveau de la sixième ou septième écaille sus-labiale ; l'autre, née de l'angle antérieur et externe de la pariétale, se dirige obliquement en arrière, vers la huitième ou la neuvième plaque sus-labiale.

Nous devons ajouter que les différences dans la disposition des couleurs sont tellement nombreuses, que malgré la distinction nous venons de chercher à établir entre trois types assez bien définis, il est difficile de faire rentrer exactement chaque spécimen dans l'une ou l'autre de ces variétés, en raison de petites particularités que présentent quelques individus et qui auraient presque nécessité la formation de variétés nouvelles.

DIMENSIONS. Cés Serpents sont les plus grands et les plus volumineux des Tropidonotes. Le diamètre transversal du tronc peut atteindre jusqu'à 0m,035 ou 0m,040 et la longueur totale excède quelquefois un mètre.

PATRIE. La collection nationale possède un assez grand nombre d'individus de cette espèce. La plupart proviennent des Indes du Malabar, du Bengale, de Pondichéry et des Philippines.

Nous en avons obtenu un par échange du Musée de Marseille dont l'origine réelle nous est inconnue. Tous ces échantillons nous ont offert, comme nous l'avons dit, de grandes différences dans les couleurs.

Parmi les individus rapportés de la Cochinchine par Diard, nous avons pu en choisir un pour faire préparer une tête osseuse, qui nous a offert tous les caractères du genre.

MŒURS. Russel donne des détails sur le genre de vie des individus qu'il a recueillis dans les environs de Bombay et de Calcutta. Ces Serpents, comme tous ceux de ce genre, recherchent les lieux inondés ; l'un d'eux contenait un poisson qu'il a rendu au moment où il fut saisi.

OBSERVATIONS. M. Duvernoy a décrit et figuré les glandes salivaires et les muscles des mâchoires de cette espèce de Serpent dans le Tome XXVI des Annales des sciences naturelles, pl. 7, fig. 1 et 2.

15. TROPIDONOTE VIBAKARI. *Tropidonotus vibakari.* Boié.

CARACTÈRES. Corps grêle, à tête peu distincte du cou pour la largeur ; queue longue, se terminant insensiblement en pointe ; écailles ovales, allongées, très-peu carénées; dessus du tronc d'un brun clair, quelquefois avec une raie dorsale plus foncée ; gastrostèges fort pâles, sans taches, du tiers de la largeur du corps ; chacune marquée en dehors, près des flancs, d'un point brun allongé.

SYNONYMIE. 1826. *Tropidonotus vibakari.* Boié. Isis, 1826, pag. 207.

1826. *Idem.* von Siebold, pag. 207. Fauna Japonica, tab. 5.

1837. *Idem.* Schlegel, des Physion. Serp. Tom. I, pag. 168, n.º 10 ; Tom. II, pag. 316.

DESCRIPTION.

La tête est peu épaisse, à peine distincte du tronc ; le museau est large et obtus ; les yeux sont petits. La queue est grêle. C'est, d'ailleurs, un Serpent de petite taille.

Les neuf plaques sus-céphaliques ordinaires. Les fronto-nasales et la

38.*

frontale moyenne sont très-peu développées ; cette dernière se termine, en arrière, par un angle très-obtus. Les narines, percées entre deux plaques, sont grandes.

L'œil est bordé en avant, par une pré-oculaire, en arrière, par trois post-oculaires; et en bas, par les troisième et quatrième plaques de la lèvre supérieure, qui en a sept.

Les écailles qui ont une forme allongée, sont à peine carénées ; elles sont disposées sur 19 rangées longitudinales.

Gastrostèges 145-151 ; anale double ; urostèges 66-69 également divisées.

CoLORATION. L'altération des teintes de nos échantillons nous force à reproduire ici la courte description que M. Schlegel a donnée dans les termes suivants :

« La couleur dominante est un brun jaunâtre très-pâle ; le dessous est plus clair. On voit quelquefois une raie dorsale foncée. Un demi-collier blanc orne les côtés du cou. Les lèvres offrent la même teinte et sont bordées de brun. »

« Les petits ont le dessus plus foncé et les côtés de l'abdomen ornés d'une série de petites taches en forme de points. »

Ces points ne manquant chez aucun de nos trois échantillons, nous nous sommes servis de ce caractère pour distinguer cette espèce dans le tableau synoptique.

Nous ne trouvons pas la raie foncée du dos que l'auteur de l'Essai mentionne dans son texte.

DIMENSIONS. Nous lisons dans ce livre les chiffres suivants qui représentent la taille des plus grands individus choisis dans une trentaine qui ont été vus par M. Schlegel, 0m,43 plus 0m,16. Notre spécimen le plus long a 0m,45. (*Tête* et *Tronc* 0m,34. *Queue* 0m,11.)

PATRIE. Le Musée de Leyde a reçu ce Serpent du Japon, par les soins de M. de Siebold. On en a donné trois pour notre Collection.

16. TROPIDONOTE ARDOISÉ. *Tropidonotus schistosus.*
Schlegel.

(*Coluber schistosus.* Daudin.)

CARACTÈRES. Tronc d'un gris plombé ou ardoisé en dessus ; ventre jaune; tête courte, conique ; yeux petits; narines rapprochées et dirigées en dessus d'un museau déclive sur les côtés, percées dans une seule lame et à plaque fronto-nasale, ou in-

ter-nasale, unique et triangulaire ; écailles à carènes médiocrement saillantes.

SYNONYMIE. 1801. *Chittce*. Russel. Serp. des Indes. T. II, pl. 4.
1803. *Coluber schistosus*. Daudin, Rept., Tom. VII, pag. 132.
1837. *Tropidonotus schistosus*. Schlegel. Phys. Serp. Tom. I,
n.° 13, pag. 168; Tom. II, pag. 319.

DESCRIPTION.

Ainsi que le fait remarquer M. Schlegel, ce Serpent est bien un Tropidonote, puisqu'il a les écailles fortement carénées, quoique la figure citée
de Russel les montre lisses, ce qui a été cause que Daudin qui n'en a parlé
que d'après la représentation que le zoologiste anglais en a laissé dans son
bel ouvrage, a laissé cette espèce dans le genre Couleuvre.

Tout l'ensemble de sa conformation, d'ailleurs, le peu de longueur de
la queue, et la situation des narines prouvent bien que cet Ophidien doit
avoir le même genre de vie que ses congénères.

Il a la tête courte, mais prolongée en avant et assez étroite, de sorte que
les narines, qui offrent la particularité d'être ouvertes dans une seule plaque,
sont rapprochées vers la ligne médiane. L'espace qui les sépare est peu
considérable, parce qu'il n'y a qu'une inter-nasale ou fronto-nasale, dont
la forme est triangulaire.

La frontale moyenne est courte, aussi large en arrière qu'en avant, ses
bords latéraux étant parallèles; les deux postérieurs se réunissent en un
angle obtus.

Il y a une pré-oculaire, trois post-oculaires, huit à neuf paires de sus-
labiales. Par suite de cette irrégularité que nous n'avons observée chez aucun autre Tropidonote, ce sont ou les 3.ᵉ et 4.ᵉ, ou les 4.ᵉ et 5.ᵉ qui touchent à l'œil.

Les écailles que Russel a dites lisses (p. 5.) ont une carène, qui n'est
pas très-prononcée. Elles sont disposées sur 19 rangées longitudinales. On
compte 147 à 150 gastrostèges, 1 anale double et 67 à 72 urostèges également divisées.

COLORATION. Ainsi que le nom spécifique semble destiné à le faire connaître, ce Serpent est d'une couleur ardoisée ou bien d'un gris plombé
uniforme, plus foncé vers le dos qui fait une saillie en dos d'âne; les flancs
offrent une série interrompue de petites lignes noires ; le ventre est d'une
teinte plus pâle tirant sur le jaune, sans aucune tache.

Dans les individus observés par M. Schlegel, il existait une petite raie
noire derrière l'œil, ce que nous n'avons pu reconnaître chez ceux

qui, comme ceux du Musée de Leyde, provenaient du Bengale et même sur les échantillons reçus des Philippines où ils ont été recueillis par MM. Sganzin, Milius et Lamarre-Piquot.

Dimènsions. Le plus grand de nos échantillons a une longueur totale de 0ᵐ,77, la *Tête* et le *Tronc* y étant compris pour 0ᵐ,62 et la *Queue* pour 0ᵐ,15.

Patrie. C'est des Indes-Orientales, du Bengale et de Pondichery, en particulier, et des îles Philippines que le Muséum a reçu les Tropidonotes ardoisés qui font partie de nos Collections. Ils lui ont été adressés par Leschenault, par MM. le baron Milius, Lamarre-Piquot et Moquier.

Des échantillons parfaitement identiques aux précédents ont été rapportés de Madagascar par M. Sganzin auquel le Muséum est redevable d'un grand nombre de Reptiles, très-intéressants, recueillis dans cette île.

17. TROPIDONOTE SPILOGASTRE. *Tropidonotus spilogaster*. Boié.

Caractères. Corps en dessus de couleur grise, avec des taches noires et des raies plus pâles sur le dos ; tout le dessous d'un blanc jaunâtre, portant de nombreux points noirs.

Synonymie. 1826. Boié. Isis. tom. XXI, p. 559.

1837. Variété du *Tropidonote quinconce*. Schlegel. Phys. des Serp. T. II, pag. 309.

1839. *Idem*. Eydoux et Gervais. Voy.ᵉ de la Favorite, Tom. V, Zool., pl. 28, p. 69.

DESCRIPTION.

Ce Serpent, considéré par M. Schlegel comme ne représentant qu'une variété de climat (des Mariannes) du *Tropidonote quinconce* en est réellement bien distinct. D'abord, il se trouve dans d'autres localités que les Iles Mariannes, et de plus, il présente des caractères qui se remarquent sur tous nos échantillons et qui permettent de le prendre, à l'exemple de Boié, pour le type d'une espèce particulière.

Ainsi, les plaques sus-labiales, quoiqu'elles soient au nombre de neuf paires, ainsi que chez le Tropidonote quinconce, ne sont pas disposées de la même façon, relativement à l'œil. Tandis, en effet, que chez ce dernier, deux de ces plaques ne font partie de la bordure squammeuse de l'œil que par leur extrémité supérieure terminée en pointe, ici, au contraire, comme c'est le cas le plus ordinaire, la cinquième et la sixième atteignent l'œil par leur bord supérieur, qui est rectiligne, et en outre, la quatrième touche un peu à l'œil par son angle supérieur et postérieur.

La constance du semis de points qui couvrent les gastrostèges est une particularité bien caractéristique.

La tête est distincte du tronc et le museau est obtus. Les yeux sont de moyenne grandeur. Les neuf plaques sus-céphaliques ordinaires. La frontale moyenne est courte et large, surtout à son bord antérieur. Il y a deux pré-oculaires, trois post-oculaires.

Les écailles portent une carène assez saillante. Elles sont disposées sur 19 rangées longitudinales.

Gastrostèges 150 à 156 ; anale double ; urostèges 75 à 92 également divisées.

Coloration. Le trait principal et qu'il importe de signaler tout d'abord, consiste dans la présence, sur chaque gastrostège, de plusieurs séries de points noirs se détachant sur un fond jaunâtre. Les plus externes forment sur l'une et sur l'autre des extrémités de chacune de ces grandes plaques, une double rangée régulière, qui s'étend depuis la tête jusqu'au cloaque. Sur le milieu des gastrostèges et entre ces quatre lignes ponctuées, il se trouve plusieurs autres points irrégulièrement disposés ; de sorte que le ventre offre un grand nombre de piquetures noires, qui se retrouvent, sous la queue, mais avec beaucoup plus d'irrégularités.

En dessus, la teinte générale est un gris plombé, relevé par des bandes longitudinales plus claires et plus ou moins apparentes, selon les individus. On voit, en outre, des taches noires, assez régulièrement espacées et formant par leur ensemble des bandes en long, mais interrompues. Une tache blanche orne la nuque et quelquefois sur le cou, il y a deux autres taches également blanches.

Dimensions. Notre plus grand spécimen est long de 0m,91. La *Tête* et la *Tronc* ont 0,m65 et la *Queue* 0m,26.

Patrie. Nous n'avons pas reçu le *Trop. spilogastre* des Mariannes, mais nous en avons de Manille. Il faut citer d'abord l'individu rapporté par MM. Eydoux, et Souleyet, qui a servi à la description et au dessin donné par M. Gervais dans le Voyage de la Favorite. Des échantillons nombreux ont été recueillis dans la même localité par MM. Adolphe Barrot, Busseuil et Perrottet.

18. TROPIDONOTE RUBANNÉ. *Tropidonotus vittatus.* Schlegel.

(*Coluber vittatus.* Linnæus.)

CARACTÈRES. Tronc grêle, très-allongé, régulièrement partagé en noir et en blanc, le long du dos, par trois lignes noires et deux blanches, et en dessus, par des bandes transversales noires, qui bordent le tiers postérieur des gastrostèges blanches en diminuant successivement de largéur de dehors en dedans.

SYNONYMIE. 1726. Scheuchzer. Biblia sacra. Tab. 661, fig. 8.

1734. Séba. Thesaur. Tom. II, pl. 45, n.º 5, et pl. 60, n.ᵒˢ 2-3.

1754. Linné. Mus. Adolph. Frid., pl. 18, fig. 2.

1778. Gronovius. Zoophyl. Tom. I, pag. 23, n.º 119.

1783. Boddaert. Nov. act. Acad. curios. T. VII, p. 21, n.º 17.

1784. Daubenton. Diction. Encycl. Erpét. Le *Moqueur* (1).

1788. Gmelin. Syst. nat., n.º 1098.

1789. Lacépède. Tom. II, pag. 300.

1801. Russel. Serp. Indes. Tom. II, pl. 35.

1802. Shaw. Gener. Zoology. Tom. III, pag. 533.

1802. Latreille in-18. Rept. Tom. IV, pag. 175.

1803. Daudin. Rept. Tom. VII, pag. 130. Couleuvre rubannée.

1820. Merrem. Syst. Amph., pag. 119, n.º 183. C. Natrix vittatus.

1837. Schlegel. Phys. Serp. I, pag. 168, n.º 12. Tom. II, pag. 318.

DESCRIPTION.

Par l'ensemble de ses formes, cette espèce se rapporte bien au genre Tropidonote. La régularité de ses couleurs ne permet de la confondre avec aucune autre.

COLORATION. Quoique ce Serpent ne porte que deux teintes, le noir et le

---

(1) Séba ayant dit que cette sorte de Serpent produit un sifflement comme railleur (cavillatorium), qui semble inviter les passants à admirer sa beauté, qui est en effet très-remarquable, Daubenton a traduit ce mot.

blanc, elles se trouvent si admirablement et symétriquemet distribuées sur les diverses parties du corps, qu'il en résulte des dessins et des contours des plus agréables à l'œil, ainsi que nous allons essayer de le faire connaître. Avant de parler des lignes blanches distribuées sur le fond noir qui revêt tout le dessus de la tête, et dont nous aurons à décrire particulièrement les contours symétriques, nous dirons d'abord que toute la longueur du dos est parcourue par des bandes noires et blanches. Celle du milieu est étroite, comparativement aux deux latérales, qui ont le double de sa largeur et se trouve longée par deux larges bandes blanches.

Les bandes noires latérales sont tranchées sur le blanc en ligne droite en dedans, mais en dehors, sur le bord qui touche les plaques ventrales ou les gastrostèges, il règne un feston blanc étroit, dans chacune de ses sinuosités, il encadre une tache noire large ou plutôt élargie. Cette tache se continuant elle-même comme une bordure mince le long de chaque gastrostège, dans près des deux tiers de son étendue elle reste d'un beau blanc. Il résulte, de cette dispositon, des bandelettes transversales régulières, noires et blanches, du plus agréable effet.

Il survient un changement à la queue : comme les urostèges sont doubles, chacune d'elles porte une petite marque noire triangulaire, bien distincte, dont la base est en avant, et chacun de ces petits triangles noirs diminue successivement, en proportion régulière, jusqu'à l'extrémité de la queue, qui se termine insensiblement en pointe.

Chez quelques individus, les lignes noires du dos se continuent jusqu'à la dernière extrémité de la queue. Chez d'autres, les petits triangles noirs se joignent entre eux sur la ligne médiane et forment ainsi une raie ondulée noire, étroite, médiane, enveloppée de blanc ou d'une sorte de petit feston, dont les concavités diminuent imperceptiblement jusqu'à la dernière extrémité.

Quant aux lignes sinueuses de la tête, qui sont blanches sur un fond noir, leur distribution n'est pas toujours la même. Nous trouvons constamment le bord orbitaire encadré de blanc et chacune des écailles labiales également bordée de noir. On voit, sur la région moyenne du vertex, deux points blancs rapprochés, mais bien distincts sur un fond noir ; puis sur la nuque, une double ligne sinueuse, symétrique, simulant, en quelque sorte, de doubles accolades opposées, mais réunies entre elles par leur point moyen de jonction réciproque. Il vient ensuite une ligne courbe blanche ou jaunâtre dans la concavité de laquelle se trouve enclose la partie antérieure élargie de la grande tache noire de la nuque, qui semble produire la ligne noire médiane du dos.

Il faut observer avec soin la surface des écailles du dessus du tronc pour y reconnaître la ligne saillante, longitudinale, ou la carène qui caractérise les Tropidonotes sur la série des écailles blanches en particulier. On ne la distingue bien que sur celles des écailles dont l'épiderme a pris une teinte grise. On la voit mieux sur la longueur des écailles tout-à-fait noires.

PATRIE. Séba indique ce Serpent comme originaire de l'Amérique méridionale. Il le désigne sous le nom de Terregone. M. Schlegel cependant l'a reçu de Java par centaines ; il a su qu'il fourmillait dans les lieux inondés, près des lacs et des rivières. Séba, comme cela lui est si souvent arrivé, a donc commis ici une erreur relative à la patrie de ce Serpent. Il existe dans nos collections une très-belle variété de cette espèce de Tropidonote. Tous viennent de Java, et nous avons reçu du Musée de Leyde des échantillons également recueillis dans cette île.

La tête osseuse de l'un des individus de cette espèce nous a offert une particularité bien notable dans l'arrangement des crochets qui garnissent les os ptérygo-palatins ; au lieu d'être bien distincts et séparés les uns des autres, ils se trouvent ici entremêlés avec d'autres au nombre de trois ou quatre, de manière à constituer une sorte de brosse, dont les pointes sont divergentes.

OBSERVATIONS. Nous avons cherché à connaître la raison qui avait porté Daubenton à désigner ce Serpent sous le nom de *Moqueur*, et nous l'avons trouvée dans la note que Séba a jointe à la figure, d'ailleurs fort mal enluminée, qu'il en a donnée et que nous traduisons ici : « Cette sorte de Serpent produit un sifflement comme *railleur* (*Cavillatorium*), tout-à-fait trompeur, qui semble inviter les passants à contempler sa beauté » ; puis il ajoute : « Parmi les Serpents, celui-ci est des plus remarquables par sa grâce et par ses belles formes. »

19. TROPIDONOTE PEINTURÉ. *Tropidonotus picturatus.* Schlegel.

CARACTÈRES. Tête et cou de couleur améthiste ; les côtés du cou presque blancs, avec deux raies noires et une autre derrière l'œil ; le dessus du corps d'un brun schisteux noirâtre, le dessous d'un jaune citron pâle ; les gastrostèges bordées de rougeâtre avec une tache brune vers les flancs ; quinze rangées longitudinales d'écailles.

SYNONYMIE. 1837. Le *Tropidonote varié.* Schlegel. Physion. Serp. Tom. I, pag. 107, n.° 8 ; tom. II, pag. 314, n.° 8, pl. 12, fig. 8-9.

DESCRIPTION.

Ce Serpent a été, pour la première fois, décrit par M. Schlegel, qui lui a donné le nom spécifique indiqué par M. Müller. Le Musée de Leyde en possédait cinq individus recueillis à la Nouvelle-Guinée près la baie Lobo. C'est d'après l'un de ces exemplaires qu'a été exécutée, sur les lieux mêmes, une belle figure par feu Van-Oort, qui accompagnait les voyageurs hollandais. Un exemplaire a été donné par le Musée de Leyde à celui de Paris, mais déjà nos Collections en possédaient un individu rapporté par MM. Quoy et Gaymard, et M. Schlegel a reconnu son identité avec le Tr. peinturé. Nous avouons que dans l'état d'altération des couleurs, il nous aurait été difficile de bien déterminer cet exemplaire. Nous avons, au reste, constaté que c'est un Syncrantérien.

Le caractère le plus important que nous fournisse ce Tropidonote est tiré du petit nombre des rangées longitudinales d'écailles. Il est le seul dans le genre, qui n'en ait que quinze rangs. Les carènes de ces écailles ne sont pas fort saillantes.

Gastrostèges, 136 à 158; anale double, urostèges, 66 à 70, également divisées.

On compte huit paires de plaques sus-labiales, dont la quatrième et la cinquième touchent à l'œil.

Les pariétales sont fort larges. Il y a deux pré-oculaires et trois post-oculaires.

COLORATION. En raison du mauvais état de conservation de nos spécimens, nous ne pouvons donner d'autres détails sur les couleurs que ceux qui ont été indiqués par M. Schlegel. Ils sont suffisamment signalés dans la diagnose.

DIMENSIONS. Ce Serpent est de petite taille, 0ᵐ,48, la queue ayant 0ᵐ,12.

PATRIE. Nouvelle-Guinée.

20. TROPIDONOTE DEMI-BANDES. *Tropidonotus semi-cinctus.* Nobis.

CARACTÈRES. Dos brun cendré, à bandes transversales d'un noir foncé, plus larges que le fond de la teinte, mais se touchant sur la ligne médiane et s'arrêtant sur les flancs, pour se confondre complètement sur la queue. Les gastrostèges très-larges occupant plus de la moitié de la circonférence du tronc, presque sans taches au milieu, mais marquées en dehors et sur leur tiers postérieur, d'une large bande noire.

DESCRIPTION.

Cette espèce, qui nous paraît tout-à-fait nouvelle, a été recueillie par MM. Lesson et Garnot à la Nouvelle Guinée et par M. Jules Verreaux en Australie.

La tête est peu longue, le museau plutôt court ; les yeux sont grands, à pupille ronde. Les plaques de la tête, comme cela se remarque ordinairement chez les Tropidonotes, sont assez ramassées. Il y a deux pré-oculaires, trois post-oculaires et huit paires de sus-labiales, dont les 3e, 4e et 5e touchent à l'œil. Les écailles du tronc sont très-grandes et toutes sont carénées comme dans l'espèce précédente ; elles sont disposées sur 15 rangs longitudinaux.

Gastrostèges 160 ; anale double ; urostèges 46 sous la queue mutilée du plus grand individu, qui est long de 1m,08, la queue ayant 0m,20 mais elle est tronquée. Sur un jeune individu, elle entre pour le tiers dans la longueur totale. Le tronc a en diamètre plus de 0m,035 dans sa région moyenne ; il n'a guère que 0m,02 dans la partie antérieure et surtout près de la tête avec laquelle le cou se confond.

Coloration. Tout le dessus du crâne est d'un brun foncé ; mais le pourtour de la lèvre supérieure est d'un blanc jaune, sans aucune tache. Toute la partie inférieure est de la même teinte, ainsi que toutes les gastrostèges qui suivent au nombre de douze et il n'y a là encore qu'une légère maculature latérale se présentant comme des points qui vont successivement en augmentant d'étendue, de manière à former le tiers des bandes noires transversales indiquées dans la diagnose.

La queue est très-longue et pointue et les urostèges en double rang qui restent également très-larges, quoique diminuant successivement d'étendue, ne laissent plus voir de partie moyenne blanche ou jaune. Comme les taches noires se touchent, on ne voit plus sur les côtés que des taches jaunes arrondies.

Observations. Nous n'avons aucun renseignement particulier sur ce Serpent. Comme les écailles et toute l'organisation sont celles d'un Tropidonote, il est très-présumable que ses habitudes sont les mêmes que celles des espèces du même genre et qu'il recherche le voisinage des eaux où se rencontrent les animaux dont il fait sa nourriture.

Nous nous sommes assurés que c'est bien un Syncrantérien.

APPENDICE. (Extrait de M. HOLBROOK.)

TROPIDONOTE A TACHES RÉGULIÈRES. *Tropidonotus taxispilotus.* Holbrook.

1843. North American Herpet. Tom. IV, p. 35, pl. 8.

CARACTÈRES. Tête sub-ovale allongée, couverte en dessus de grandes plaques ; corps allongé ; mais épais ; d'un brun chocolat clair, avec une triple série de taches noires sub-quadrangulaires et oblongues.

DESCRIPTION.

La plaque frontale est très-régulièrement quadrilatère ; les sus-orbitaires sont oblongues, à pointe obtuse en avant. Les pariétales sont larges, arrondies, et portent, en arrière, des échancrures irrégulières. Il y a, de chaque côté, deux grandes plaques temporales. Les fronto-nasales sont en triangle à sommet tronqué. La narine est ouverte entre deux plaques nasales quadrilatères. L'œil est bordé en avant par une pré-oculaire en parallélogramme, et en arrière, par deux post-oculaires de grandeur presque égale. Les plaques sus-labiales complètent en bas le cercle squammeux de l'orbite ; ces plaques de la lèvre supérieure sont au nombre de huit paires.

Les narines sont grandes et ouvertes en dehors et un peu en haut, près de l'extrémité du museau.

Les écailles du tronc sont hexagonales et fortement carénées, échancrées à leur bout postérieur ; la queue est épaisse à sa base, sub-triangulaire et longue.

Quelquefois, les taches du tronc se réunissent, en formant des bandes transversales.

Les plaques des régions inférieures sont d'un blanc sale, couvertes dans leur milieu d'un semis très-fin de petites mouchetures noires. Quelquefois, on voit un point noir à l'une et à l'autre extrémité de chacune de ces plaques.

M. Holbrook n'a jamais vu que deux échantillons de cette espèce ; il les avait reçus de la partie de la Caroline du Sud voisine de la mer et des environs de la rivière Altamaha en Géorgie.

Nous avons inscrit, dans notre Prodrome, sous le nom de TROPIDONOTE DE JAURÈS, *Tropidonotus Jauresi*, un Serpent rapporté par cet officier supérieur de la marine, à la suite du voyage de la frégate *la Danaïde*.

En l'examinant de nouveau, nous lui trouvons une assez grande analogie avec le *Tropidonote bi-ponctué*, dont il se rapproche aussi par la présence de deux petits points jaunes sur le vertex.

Il s'en éloigne cependant en ce que le dos est parcouru par deux traits noirs peu apparents, situés, l'un à droite et l'autre à gauche de la ligne médiane. On doit noter, en outre, l'absence des points noirs sur les extrémités des gastrostèges. Les deux individus types sont d'ailleurs plus grands et plus volumineux que le *bi-ponctué*.

Comme cependant ils n'offrent pas de caractères spécifiques suffisamment tranchés, et comme leur système de coloration, d'ailleurs, est fort altéré, nous nous bornons à signaler ici ces Couleuvres comme ne rentrant bien dans aucune des espèces décrites. Toutefois, il n'est guère possible, contrairement à ce que nous avions cru d'abord, de leur assigner un rang spécial. De nouveaux échantillons seraient nécessaires pour démontrer qu'ils appartiennent bien réellement à une espèce distincte.

Une difficulté de plus provient de l'ignorance où nous sommes relativement à la patrie de ces Ophidiens.

Nous indiquons ici quelques synonymies qui ont été omises dans la description des espèces.

TROPIDONOTE A COLLIER. 1817 et 1830. Cuvier. R. anim. 1.re édit. Tom. II, pag. 70, et 2.e édit. Tom. II, pag. 84.—1820. Merrem. Tent. pag. 124. — 1823. Metaxa (L.) Monogr. de Serp. de Roma, pag. 33. —1826. Risso. Eur. mérid. Tom. III, pag. 90. — 1828. Millet. Faune de Maine-et-Loire. Tom. II, pag. 623. (Cette espèce est figurée dans la Faune française, pl. 17, fig. 1.) — 1830. Wagler, pag. 179, p. 47. — 1833. Metaxa (T.) Mem. Zool. mediche, pag. 33. — 1841. Guichenot. Explor. de l'Alg. Rept. pag. 20.

TROPIDONOTE VIPÉRIN. 1817 et 1830. Cuvier. R. anim. 1.re édit. Tom. II, pag. 70, et 2.e édit. Tom. II, pag. 84. — 1826. Risso. Eur. mérid. Tom. III, pag. 90.—1828. Millet. Faune de Maine-et-Loire. Tom. II, pag. 624. — 1841. Guichenot. Explor. de l'Alg. Rept. pag. 21.

III.ᵉ GENRE. CORONELLE. — *CORONELLA.*
Laurenti.

CARACTÈRES. *Serpents à crochets sus-maxillaires plus longs et sur la même ligne que les autres, sans intervalle ; à tronc allongé ; queue médiocre ; écailles lisses ; museau arrondi et peu allongé.*

Ce genre diffère de celui des *Tropidonotes* en ce que ses écailles ne sont pas carénées, ou ne portent pas des lignes saillantes. Les espèces ont généralement la tête médiocre, ou relativement à celles des genres voisins, plutôt petite et peu distincte du tronc qui est cylindrique, et un peu plus gros au milieu. Les yeux sont petits, à pupille ronde. La queue est courte et presque aussi grosse à sa base que le tronc lui-même.

Après avoir comparé les grandes squammes qui recouvrent le dessus du crâne, nous y voyons les neuf plaques ordinaires. La plaque rostrale remonte sur le museau en pointe plus ou moins obtuse. La frontale moyenne est un peu plus large que longue. Les narines sont ouvertes entre deux plaques. Parmi les lames sus-labiales, deux touchent à l'œil par leur bord supérieur.

Tel qu'il est constitué, ce genre comprend, outre les espèces qui sont des Coronelles pour Laurenti et pour M. Schlegel : d'abord, l'*Herpetodryas Getulus* de M. Schlegel, et en le plaçant ici, nous sommes d'accord avec M. Holbrook ; puis la *Coronelle de Say* qui n'est, en définitive, qu'une variété très-constante de la précédente, mais fort distincte par la coloration, et enfin, l'espèce que M. de Blainville a désignée et décrite sous le nom de *Coluber Californiœ.*

Wagler a fondé sur la *Coronella austriaca seu lœvis* et avec celle qui a été désignée sous le nom de *Girundica*, le genre

Zacholus qui signifie *colérique*; mais il nous a été impossible de l'adopter, les caractères n'étant autres que ceux employés par Laurenti pour son genre *Coronelle*.

Maintenant ce genre, tel que l'a établi M. Schlegel dans son *Essai sur la physionomie des Serpents*, se trouve ici tout-à-fait démembré; mais nous avons conservé pour type la *Couleuvre lisse*, à l'exemple de Laurenti.

Voici la liste des espèces que nous en retirons et que nous faisons suivre du tableau synoptique de celles qui y restent inscrites.

1.° *Coronella venustissima*. C'est pour nous, un Serpent Opisthoglyphe Sténocéphalien, du genre Erythrolampre n.° 3.

2.° *C. Merremii*. C'est bien un Aglyphodonte; mais un Diacrantérien, du genre Liophis n.° 3.

3.° *C. Reginæ* et 4.° *C. Cobella*. Il en est de même pour ces deux espèces n.ᵒˢ 2 et 1.

5.° *C. Baliodera*. Isodontien du genre Ablabès n.° 4.

6.° *C. Chilensis*. Opisthoglyphe, Dipsadien, du genre Dipsas n.° 4.

7.° *C. Rhombeata*. Opisthoglyphe, Platyrhinien, du genre Hypsirhine n.° 1.

8.° *C. Rufescens*. Opisthoglyphe, Dipsadien, du genre Hétérure n.° 1.

9.° *C. Rufula*. Isodontien. Première espèce du genre Ablabès.

10.° *C. Aurora*. Lycodontien, du genre Lamprophis n.° 2.

11.° *C. Octo-lineata*. Syncrantérien, du genre Simotès n.° 7.

12.° *C. Russellii*. Syncrantérien, du genre Simotès n.° 1.

TABLEAU SYNOPTIQUE DES ESPÈCES DU GENRE CORONELLE.

Plaque anale

double; la rostrale
  - large; sus-labiales au nombre de { sept. . . . , . . 1. C. LISSE.
  - { huit. . . . . . 2. C. BORDÈLAISE.
  - étroite. . . . . 3. C. GRISON.

simple; la rostrale
  - non rabattue sur le museau. . . . . 7. C. DE CALIFORNIE.
  - rabattue; { à anneaux { géminés. . . . . 6. C. ANNELÉE.
  - { simples. . . . . 4. C. A CHAINE.
  - { sans anneaux ; ponctuée. . . . . 5. C. DE SAY.

I. ESPÈCES A PLAQUE ANALE DOUBLE.

1. CORONELLE LISSE. *Coronella lœvis seu Austriaca.* Laurenti.

(*Coluber Austriacus*. Linnæus.)

CARACTÈRES. Corps d'un brun jaunâtre, à surface luisante, avec des marbrures noirâtres, le plus souvent disposées en deux séries longitudinales, parallèles ; le dessus de la tête offrant des lignes noires, régulières ; le dessous du ventre varie pour les couleurs, qui sont le plus souvent marbrées de gris.

SYNONYMIE. 1766. Linnæus. *Coluber Austriacus*. Syst. nat. 12 édit.

1768. Laurenti. *Coronella Austriaca*. Synopsis. Rept. pag. 84. n.º 184, pl. 5, fig. 1.

1788. Linné et Gmelin. *Coluber Austriacus*. Syst. nat., pag. 1114.

1789. Lacépède. La Lisse. *Col. lœvis*. Quad. Ovip. Tom. II, pag. 158, pl. 2, fig. 2.

1802. Shaw. General. Zoology. Tom. III, pag. 515.

1804. Daudin. Hist. Rept. Tom. VII, pag. 19. *La Couleuvre lisse.*

1823. Metaxa. Serpent. Roma. Monographia, pag. 39 et 40.

1823. Frivaldszky. Monogr. Serpent. Hungariæ, pag. 39.

1830. Wagler. *Zacholus Austriacus*. Syst. Amph., pag. 190.

1832. Lenz. Schlangenkunde, pl. VII, fig. 10, pag. 505-508.

1837. Schlegel. Phys. Serp. Tom. II, pag. 65. *Coronella lœvis.*

1840. Bonaparte (Ch.) Faun. ital.. Fasc. I. *Coluber Austriacus.* Fig. mas, Fæmina et juv.

DESCRIPTION.

FORMES. Cette Couleuvre, qui ne paraît jamais atteindre une grande taille, comparativement à quelques-unes des espèces de notre pays, a le corps cylindrique, la tête petite et peu distincte du tronc, la queue courte, très-forte à sa base et les yeux petits.

ÉCAILLURE. Les neuf plaques sus-céphaliques ordinaires. On peut cependant noter les particularités suivantes : 1.° la rostrale se rabat beaucoup sur le museau où elle a la forme d'une petite plaque triangulaire à sommet aigu ; 2.° les inter-nasales sont petites et représentent des triangles, dont la base est en arrière ; 3.° les sus-oculaires sont courtes et l'extrémité postérieure de la frontale moyenne les dépasse ; 4.° les pariétales présentent en avant un angle qui vient se loger entre la frontale moyenne et la sus-oculaire du côté correspondant ; 5.° il y a sept paires de plaques sus-labiales, la troisième et la quatrième touchant à l'œil.

Les écailles du tronc sont lisses, rhomboïdales et disposées sur dix-neuf rangées longitudinales.

Gastrostèges : 160 à 164 ; 1 anale double ; urostèges 60 à 64, également divisées.

COLORATION. Les régions supérieures sont d'un brun verdâtre, quelquefois à peine tachetées de noir, le plus souvent cependant, ornées de maculatures noires formant, avec plus ou moins de régularité, deux séries longitudinales et parallèles, plus apparentes à la région antérieure du tronc que partout ailleurs.

Les régions inférieures sont plus claires ; mais souvent très-obscurcies par des marbrures noires, qui leur donnent même quelquefois une teinte fort sombre.

Sur la tête, on voit des lignes et de petites taches noires assez régulières et presque toujours une petite bande également noire derrière l'œil.

DIMENSIONS. Le plus grand de nos nombreux échantillons a une longueur totale de 0ᵐ,62, ainsi répartis : *Tête et Tronc*, 0ᵐ,49. *Queue*, 0ᵐ,13.

PATRIE. Cette espèce habite l'Europe centrale et méridionale. Le Musée de Paris, et en particulier la Ménagerie, en ont reçu de différentes parties de la France. Nous en avons aussi des spécimens rapportés d'Odessa, par M. de Nordmann, et de Sicile par Bibron qui avait fait dans ce pays de riches et intéressantes collections pour notre Etablissement national.

OBSERVATIONS. Cette espèce est ovo-vivipare ; nous en avons eu plusieurs fois la preuve à la Ménagerie. C'est un fait, au reste, qui a été observé par un assez grand nombre de naturalistes.

Les jeunes ont généralement la portion postérieure de la tête presque noire et le dos marqué de taches noires, très-régulièrement distribuées, en séries longitudinales.

39.*

2. CORONELLE BORDELAISE. *Coronella Girundica.* Nobis.

(*La Couleuvre Bordelaise.* Daudin.)

CARACTÈRES. Le dessus du corps d'un gris cendré, avec des bandes transversales d'écailles noires ; ventre jaunâtre, avec des taches noires en formes de quadrilatères plus ou moins réguliers.

SYNONYMIE. 1804. Daudin. Tom. VI, pag. 432.

1804. *Gallicus.* Hermann. Observat. Zoolog. Tom. I, p. 281.

1817. Cuvier. Règne animal. Tom. II, pag. 70.

1820. *Coluber.* Merrem. Tent. syst. amph. n.° 6, pag. 108-61.

1840. *Coluber Riccioli* ? Bonaparte (Ch.) Fauna.

DESCRIPTION.

M. Schlegel confond cette espèce avec la *C. lisse* ; mais elle en diffère cependant : 1.° par le nombre de ses plaques sus-labiales, qui est de huit et non de sept ; 2.° par la forme de sa plaque rostrale, qui, le plus habituellement, remonte à peine sur le museau où elle se termine par un angle très-obtus ; tandis que dans la *Lisse*, cette plaque remonte beaucoup plus et se termine par un angle aigu ; 3.° par son système de coloration, parce que dans la Bordelaise, il y a une série unique de taches noires sur le dos et que dans la lisse, comme nous l'avons dit, les taches plus petites sont placées sur deux rangées parallèles ; du moins, cela se voit sur la partie antérieure du tronc ; 4.° Enfin, comme l'a noté Daudin, la plupart des plaques du ventre et de la queue sont à moitié noires et disposées soit alternativement, soit dans des sens opposés.

Les écailles sont lisses, hexagones ou rhomboïdales, imbriquées, disposées sur 21 rangées ; on a compté 174 à 190 gastrostèges et 62 à 64 urostèges sur chaque rang double. La queue semble se terminer en une pointe cornée.

DIMENSIONS. Dans l'individu que Daudin a décrit, la longueur était d'un pied neuf pouces, et la queue avait cinq pouces et demi. Le plus grand du Musée de Paris a 0^m,72, dont 0^m,57 pour la *Tête* et le *Tronc* et 0^m,15 pour la *Queue*.

PATRIE. C'est dans le midi de la France que ce Serpent paraît habiter de préférence. On ne le trouve pas aux environs de Paris. Il a quelquefois été adressé vivant à la Ménagerie.

On voit dans la collection du Muséum des échantillons originaires des environs de Toulon, d'Algérie et d'Athènes et les donateurs sont MM. Mercier, le professeur Laurent, M. Guichenot et M. Domnando.

3. CORONELLE GRISONNE. *Coronella cana.* Nobis.

(*Coluber canus.* Linnæus.)

CARACTÈRES. Corps d'un brun rouge, avec quatre grandes rangées de taches œillées, au moins dans le jeune âge ; dans l'état adulte, la couleur est d'un gris olivâtre ou brun, plus ou moins foncé. La plaque anale est double et la rostrale étroite.

SYNONYMIE. 1735. *Ammobates Africanus ex Guinea.* Séba. Thes. Rer. Nat. Tom. II, tab. 3, fig.

1778. *Coluber canus.* Linné. Mus. Adolph. Frid., I, pag. 31, tab. 11, fig. 1.

1784. *Le Grison.* Daubenton. Encyclop. Méth.

1789. *Idem.* Lacépède. Quad. ovip. et Serp. Tom. II, p. 193.

1790. *Coluber canus.* Merrem. Beitrage III, pag. 15, pl. 1.

1802. *Coluber Ammobates.* Shaw. Gener. Zool. III, pag. 481.

1804. *La Couleuvre Grison.* Daudin. Rept. VI, pag. 359.

1802. *Idem.* Latreille. Rept. Tom. IV, pag. 147.

1837. *Coluber canus.* Schlegel. Ph. Serp. tom. II, p. 155, n° 17.

1840. Smith (Andrew) Illustr. of the Zool. Africa, pl. 14 à 17.

Cette espèce a été ainsi nommée par Linné. Il a dit, en parlant d'elle, que son tronc est blanchâtre avec des bandes brunâtres, séparées, transverses, sur les côtés desquelles on voit épars deux points de blanc de neige, mais M. Schlegel et aussi plus particulièrement M. Smith, donnent des indications plus exactes sur les modifications remarquables que subit le système de coloration.

DESCRIPTION.

Les caractères les plus saillants de cette espèce consistent :

1.° Dans la forme de la tête, qui est plus allongée que chez les autres Coronelles ; 2.° dans celle de la plaque rostrale, qui est étroite à sa base et qui paraît par cela même haute, avec des bords parallèles depuis la base jusqu'à leur réunion supérieure en un angle très-obtus ; 3.° dans les dimensions des deux premières plaques sous-maxillaires, qui sont beaucoup plus longues que celles qui viennent ensuite.

Cette espèce étant originaire du Cap, M. Smith, qui l'a observée vivante et figurée, a pu aussi très-bien la décrire et nous allons présenter ici l'extrait de ses observations.

Coloration. Après avoir donné, en regard de la pl. 14, une diagnose latine et la synonymie, M. Smith dit :

« *Adulte.* Pl. 14. Couleur en dessus, d'un brun noirâtre profond, en dessous d'un violet noirâtre, livide et pâle ainsi que les deux ou trois rangs les plus inférieurs des écailles des flancs, excepté leur extrémité libre qui est de la couleur du dos. Le bord postérieur de chacune des gastrostèges et des urostèges est plus clair que le reste de la plaque, il est demi-transparent et a un aspect comme nacré. Les yeux sont d'un brun foncé.

Telles sont les couleurs le plus habituelles et les particularités les plus fréquemment observées, chez les adultes; mais chez beaucoup d'individus, la couleur des régions supérieures est plus claire et chez beaucoup d'autres, elle est au contraire plus foncée, et même d'un noir brillant.

Cet éclat varie du plus au moins dans chaque spécimen.

« *Variété* A.—Pl. 15. Couleur. La tête, le dos et les côtés sont d'un brun verdâtre, varié de taches d'un brun noirâtre disposées sur trois ou quatre rangs longitudinaux, un de chaque côté, les deux autres tantôt réunis, tantôt séparés dans presque toute l'étendue de la ligne médiane du dos. Quand ces taches sont réunies, de manière à former un rang irrégulier, les points de jonction sont l'angle antérieur et interne d'une tache de l'un des côtés, avec l'angle interne et postérieur de l'une des taches de l'autre côté, ce qui donne à ces taches l'apparence d'une marqueterie; elles ressemblent, dans leur arrangement, à deux rangs de cases noires d'un échiquier. Ces taches sont ou d'une couleur uniforme dans toute leur étendue, ou elles portent de petites marques ou des lignes dentelées d'une couleur blanche, ou d'un blanc jaunâtre. La région inférieure des flancs et la face inférieure ont une teinte intermédiaire entre la couleur paille et un jaune rougeâtre. »

Les plaques abdominales et en particulier celles qui sont éloignées de la tête sont marquées de brun. Le bord postérieur des plaques abdominales est demi-transparent et brillant.

L'extrémité libre des écailles de la région inférieure des flancs est de la même couleur que le dos.

Il a quelques petites taches sur les parties latérales de la tête.

« *Variété* B.— Pl. 16. Couleur. Le dos et la région supérieure des flancs sont d'une teinte orangée rougeâtre ; elle est plus foncée dans quelques points que dans d'autres.

Les parties ainsi colorées sont traversées par de larges barres irrégulières d'un brun rouge pâle et terminées à leur extrémité externe par du brun-noirâtre foncé.

La région inférieure des flancs est d'une teinte orangée, un peu rougeâtre, ombrée d'un rouge-brun et traversée dans le sens vertical par les extrémités des bandes transversales dont il vient d'être question plus haut, lesquelles, en descendant ainsi sur le bas des flancs, deviennent plus claires et sont marquées, à leur extrémité qui avoisine les gastrostèges, par une tache d'un jaune citron, souvent accompagnée d'une petite tache foncée.

Les régions inférieures tiennent le milieu entre le jaune et la teinte de la terre de Sienne. Les gastrostèges sont tachetées, ainsi que les côtés de la tête.

« *Jeune* (1). Pl. 17. Couleur. En dessus, d'un brun-jaunâtre pâle, avec des taches quadrangulaires et des bandes longitudinales d'un brun-orangé foncé, irrégulièrement ondulées et dentelées ; la plupart de ces taches sont plus foncées sur leurs bords que dans le reste de leur étendue et en dehors de cette teinte plus sombre, il y a généralement un bord étroit d'un blanc de perle.

Les côtés de la tête, le bas des flancs et les régions inférieures sont d'un blanc de perle.

Les flancs portent également des taches, ainsi que l'abdomen.

Les taches des régions supérieures et latérales sont disposées chez quelques individus sur quatre rangs réguliers ; chez d'autres, elles n'en forment que deux, un de chaque côté, et chaque tache a la forme d'un sablier placé transversalement. »

A la suite de cette description des variétés, Smith ajoute qu'il existe de très-nombreuses différences parmi les individus, lesquelles peuvent être cependant assez facilement rapportées à chacun des trois types des variétés qu'il admet dans cette espèce.

Il en est de même aussi pour les jeunes, qui présentent des dissemblances entre eux.

Chacune de ces races qu'il a représentées, sont considérées, dit encore Smith, comme des espèces distinctes tant par les indigènes du Cap, que par les Européens qui y sont fixés, et la variété figurée dans la pl. 14, est connue dans la colonie sous le nom de *Serpent noir*.

Mœurs. Les adultes, et les individus d'âge moyen, se trouvent généralement dans les plaines sèches et spécialement dans celles dont le terrain est meuble et sablonneux et porte, çà et là, de petits arbrisseaux.

---

(1) Il donne les synonymes qui se rapportent au jeune âge et destinées pour les auteurs qui les ont employées à désigner de prétendues espèces particulières.

Les jeunes se trouvent communément sur les petits tertres souvent pierreux, qui avoisinent les plaines.

Les adultes et ceux d'âge moyen se cachent dans les trous qu'ils rencontrent ou dans les terriers, excepté quand la faim ou le désir de se placer dans les lieux frappés par le soleil les force à en sortir, et si alors ils sont découverts, ils s'enfuient promptement vers les retraites les plus voisines. Il arrive souvent cependant, qu'ils se laissent approcher sans paraître éprouver de la crainte. En pareille circonstance, ce serpent montre beaucoup de hardiesse, et si on l'attaque, il se prépare au combat, en élevant perpendiculairement la tête et le cou au-dessus du tronc. Alors ces reptiles font sortir la langue hors de la bouche et l'y font rentrer avec une grande rapidité. Quand l'animal a pris la fuite, il arrive souvent qu'il se retourne et se prépare à la défense contre son agresseur.

La force des adultes est grande lorsqu'ils viennent à se contracter.

DIMENSIONS. D'après M. Smith, la taille ordinaire de ce Serpent est de cinq à six pieds (mesure anglaise) quand il est adulte; mais il n'est pas rare de trouver des individus qui ont même plus de sept pieds de longueur.

Notre plus grand échantillon a une *longueur totale* de 1m,93. *Tête* et *Tronc*, 1m,63. *Queue*, 0m,30.

PATRIE. Nos échantillons sont originaires du Cap de Bonne-Espérance.

II. ESPÈCES A PLAQUE ANALE SIMPLE.

4. CORONELLE LA CHAINE. *Coronella Getulus.* Nobis.
(*Coluber getulus.* Linnæus.)

CARACTÈRES. Corps un peu comprimé latéralement, où il devient anguleux; en dessus, d'un noir bleuâtre, avec des bandes transversales jaunes, formant une sorte de chaîne ou de chapelet par leur réunion sur les parties latérales; le ventre est jaunâtre avec des taches carrées noires.

SYNONYMIE. 1743. Catesby. Hist. of Carolina. *Chain-Snake*, pl. 52. *Anguis annulatus.*

1735. Séba. Thesaurus natural. Tom. II, pl. 53, fig. 1.

1778. Linné. Systema naturæ. edit. 12, part. 1, pag. 382. *Col. getulus.*

1788. Ed. de Gmelin, pag. 1106.

1789. Lacépède. Quad. ovip. Tom. II, pag. 300, *La Chaîne*.

1802. Shaw. Gener. Zool. Tom. III, pag. 467.

1802. Latreille. Rept. Tom. III, pag. 88.

1803. Daudin. Rept. Tom, VI, pag. 314, pl. 77. 1.

1826. Fitzinger. N. clas. Rept., p. 56. *Pseudelaps*.

1829. Peale. Cont. Macl. Lyc. I, pl. 5.

1835. Harlan. Med. and phys. Researches, p. 122. *Col. getulus*.

1837. Schlegel. Phys, Serp , Tom. II , p. 198. *Erpetodryas*, n.° 18.

1842. Holbrook. North Amer. Herpet. Vol. III , pag. 95 , pl. 21. *Coronella*.

1853. Baird and Girard. Catal. of Rept., pag. 85, n.° 4. *Ophibolus getulus*.

DESCRIPTION.

Formes. Cette espèce et les deux suivantes sont les plus grandes du genre. Elle appartient bien plus, par tout l'ensemble de ses caractères, au genre Coronelle qu'au genre Herpétodryas où M. Schlegel l'a placée.

La tête est petite, à museau court et arrondi, peu distincte du tronc, qui est à peine plus haut que large ; la queue est courte, robuste à sa base et terminée en une pointe aiguë, emboîtée dans un étui squammeux. Les yeux sont petits.

Ecaillure. Les neuf plaques sus-céphaliques ordinaires. La frontale moyenne, qui est large, se termine, à son extrémité postérieure, en un angle aigu. La frénale est petite. Il y a une pré-oculaire, deux post-oculaires ; sept paires de plaques sus-labiales, dont la troisième et la quatrième touchent à l'œil, et huit paires de sous-labiales.

Les écailles du tronc sont lisses, courtes, rhomboïdales, disposées sur 21 rangées longitudinales.

On compte 209 gastrostèges, 1 anale simple et 48 urostèges.

Coloration. « Le *Getulus*, dit M. Holbrook, est un de nos plus beaux Serpents, et ses couleurs sont très-remarquables. » Comme cet habile Erpétologiste a eu souvent occasion de voir cette Couleuvre vivante, nous lui emprunterons l'indication des détails qui sont moins apparents lorsque l'animal a séjourné dans l'alcool. On n'a plus alors que l'ensemble du système de coloration caractérisé ici par les grandes taches claires en anneau qui se dessinent très-nettement sur la teinte générale. « Celle-ci , sur toutes les régions supérieures, est brillante et du plus beau noir de corbeau. La plaque rostrale est blanche à son centre et sur chaque plaque du vertex, on voit une ou plusieurs petites taches d'un blanc de lait ; celles de la plaque frontale moyenne forment une petite barre transversale. »

Le tronc est orné de bandes transversales ou anneaux blancs, à peu près à égale distance, et au nombre de vingt-deux environ. Ces anneaux sont étroits et formés de petites taches analogues à celles dont nous donnons une indication détaillée dans la description de la *Coronelle de Say*. Dans l'espèce dont il s'agit ici, ces taches occupent, sur deux rangées transversales et contiguës des écailles du tronc, les points les plus rapprochés de la ligne de contiguité, et se confondant ainsi, forment les bandes claires. Chacune de ces bandes, en arrivant sur les flancs, se bifurque ; l'une de ses branches va rejoindre d'un côté le prolongement antérieur de la bifurcation de la bande suivante et l'autre de ses branches se réunit à la fourche postérieure de la bande qui la précède. De là, résulte une ligne sinueuse latérale, continue, qui, avec les portions transversales, constitue la série des anneaux. Elle se renfle de distance en distance, à sa partie inférieure et forme, sur le ventre, une série de taches blanches, alternes avec les bandes transversales du dos. Dans tout le reste de leur étendue, les régions inférieures sont à peu près de la même teinte, si ce n'est qu'elles sont plus brillantes encore et nuancées de violet.

DIMENSIONS. Le plus grand spécimen du Musée de Paris a une longueur totale de 1m,35, la tête et le tronc ayant 1m,18, et la queue 0,17.

PATRIE. On peut voir dans la description de l'espèce suivante qu'un des motifs qui peuvent la faire considérer comme distincte de celle-ci, est la prolongation beaucoup plus au nord de sa zône d'habitation. La Coronelle chaîne reste plus confinée dans les Etats méridionaux de l'Union. Elle paraît, selon les indications de M. Holbrook, ne pas dépasser, comme limite septentrionale, l'état de New-York au Sud et s'étendre jusqu'à la Floride.

Nos échantillons ont été adressés de la Caroline, par M. Lherminier; de la Virginie, par M. Poussielgue; de New-York, par Milbert ; et enfin, le Musée a un spécimen de la Collection de Bosc. M. Holbrook dit que Daudin s'est trompé en assignant la Louisiane comme patrie à cette Coronelle.

OBSERVATIONS. Cette Couleuvre porte, aux Etats-Unis, le nom vulgaire de Serpent chaîne, Serpent tonnerre, Serpent roi. Il y passe pour être l'ennemi le plus acharné du *Crotale*. Quoique M. Holbrook l'ait vu une fois avaler un de ces Serpents venimeux avec lequel il était enfermé dans une cage, et que la même observation ait été faite une autre fois par le docteur Binney, M. Holbrook ne sait rien de positif sur cette inimitié proverbiale.

5. CORONELLE DE SAY. *Coronella Sayi*. Holbrook.
(*Coluber Sayi*. Dekay.)

CARACTÈRES. Régions supérieures d'un bleu noirâtre, nuancé de violet ; sur chaque écaille et sur chaque grande plaque du ventre et de la queue, une tache de blanc de lait.

SYNONYMIE. Coluber Sayi. Dekay (manuscrit).

1842. *Coluber Sayi*. Dekay. Fauna. New-York. Rept., p. 41.

1842. *Coronella Sayi*. Holbrook. North. Amer. Herpet. Tom. III, pag. 99, pl. 22. (Exclus. Syn. *Coluber Sayi*. Schlegel, et voyez les Observations à la fin de cet article.)

1853. *Ophibolus Sayi*. Baird and Girard. Cat. of Snakes, pag. 84, n.º 3.

DESCRIPTION.

La conformation générale de ce Serpent est très-analogue à celle de l'espèce précédente ; quoique les caractères qu'on en peut tirer ne soient pas très-saillants, on peut dire, avec M. Holbrook, que la tête de la *C. de Say* est un peu plus petite que celle de la *C. Chaîne;* que le corps est plus court et la queue plus longue en proportion.

Il résulte de cette ressemblance, que les caractères fournis par les plaques de la tête ne sont pas assez tranchés pour qu'il y ait lieu d'insister sur cette partie de la description.

Les écailles du tronc sont lisses, disposées sur 19 à 21 rangées ; la plaque anale est simple.

COLORATION. C'est surtout d'après les différences remarquables des couleurs que ce Coronellien peut être considéré comme le type d'une espèce distincte.

Il n'y a plus ici cette disposition régulière des taches qui représentent, jusqu'à un certain point, les anneaux d'une chaine dans la Coronelle décrite dans l'article précédent.

En dessus, comme en dessous, mais avec la différence habituelle des teintes des régions supérieure et inférieure, la Coronelle de Say est d'un bleu noirâtre nuancé de violet, pendant la vie. Sur ce fond, on voit se détacher un grand nombre de taches blanches, qui offrent cette particularité, qu'il n'y en a jamais qu'une seule sur chaque pièce de l'écaillure. Sur les

gastrostèges, elles en occupent toute l'étendue comprise entre le bord antérieur et le postérieur, mais leurs dimensions transversales sont très-variables ainsi que leur situation. Il en résulte une grande irrégularité dans la
position respective des portions blanches et des portions bleu-noirâtres de
l'abdomen. Sous la queue, c'est vers les extrémités externes des urostèges
que sont placées les taches blanches.

Sur les écailles du dos et des flancs, la tache n'occupe qu'une petite
place. Leur position varie beaucoup sur chacune d'elles. Si elles en occupent le centre, elles paraissent isolées ; elles deviennent confluentes, au
contraire, quand c'est sur les points de contact des écailles qu'elles sont
placées. On comprend comment il peut résulter de cet arrangement que
ces petites marques forment tantôt des taches plus grandes quand elles sont
ainsi quatre par quatre ; tantôt de petites barres sinueuses, soit en long,
soit en travers, si auprès de cette agglomération, il s'en trouve une ou deux
autres, et qu'il y ait ainsi contact entre elles.

C'est bien par une disposition analogue des portions blanches des écailles du tronc que sont formées les lignes de la Coronelle chaîne ; mais la
différence principale consiste en ce que, dans cette dernière espèce, les
taches sont beaucoup moins nombreuses et sont disposées avec une extrême régularité.

De petites mouchetures se voient sur la tête de la C. de Say, et chaque
plaque sus-labiale et sous-labiale est noire à son bord antérieur et à son
bord postérieur.

DIMENSIONS. Le plus grand échantillon de notre Musée est long de 1m,42,
la *tête* et le *tronc* ayant 1m,24 et la *queue* 0m,18.

PATRIE. Ici encore, il se trouve des motifs de considérer le Coronelle
dont il s'agit comme distincte de la précédente.

Voici, en effet, ce que M. Holbrook dit à ce sujet. « Leur distribution
géographique est très-différente. La Coronelle de Say se trouvant à 7 ou 800
milles plus loin dans le Nord des Etats-Atlantiques de l'Union que la Coronelle chaîne. Si ces deux Couleuvres, dit-il, ne constituaient que des
variétés, on devrait s'attendre à les rencontrer toutes deux dans les mêmes
localités. »

Nous ferons observer à cette occasion, que malgré l'importance assez
réelle de cette particularité relative à ce que les zoologistes nomment l'*Ha-
bitat*, elle peut cependant quelquefois être négligée comme caractère spécifique. C'est ainsi, par exemple, sans parler d'un assez grand nombre de
Reptiles, dont la distribution géographique est quelquefois très-variable,
que dans le genre Tropidonote, comme on l'a vu, nous avons dû ne pas
nous y arrêter pour le classement de certaines Couleuvres rapportées à ce
genre, et qui sont, pour plusieurs Erpétologistes, les types d'espèces dis-

tinctes. Nous avons, en effet, négligé cette considération, quand par tous leurs autres caractères, elles nous semblaient devoir prendre rang seulement comme variété du *Tropidonote à bandes.*

Les échantillons de la *Coronelle de Say* conservés au Musée de Paris, ont été adressés de la Louisiane, par M, Teinturier, ou en particulier de la Nouvelle-Orléans.

OBSERVATIONS. En comparant la description que M. Schlegel a donnée dans son *Essai*, tom. II, pag. 157, de l'espèce nouvelle à laquelle il a imposé le nom de *Couleuvre de Say*, on voit qu'elle est fort différente de la Coronelle décrite dans cet article.

Les différences sont, d'après les termes mêmes du savant Erpétologiste de Leyde ; 1.º l'égalité en longueur de toutes les dents ; 2.º la présence d'une carène sur les écailles et celles de notre Coronelle sont complètement lisses ; 3.º la forme particulière du museau ; et 4.º les particularités du système de coloration.

Ces deux derniers caractères nous font supposer que cette Couleuvre n'est peut-être pas nouvelle, comme le pense M. Schlegel, et qu'il serait possible qu'elle appartînt, dans la famille des Isodontiens où son système dendaire doit lui faire prendre place, à l'espèce dite Pituophis blanc et noir (*Pituophis melanoleucus*), et au genre Rhinechis, dont les Pituophis constituent un sous-genre. (Tome VII, page 233.)

On comprend, d'après ce qui précède, pourquoi, contrairement à ce que M. Holbrook a fait dans son Erpétologie, nous ne citons pas dans la synonymie de la Coronelle de Say, le *Coluber Sayi*, de M. Schlegel.

6. CORONELLE ANNELÉE. *Coronella doliata.* Holbrook.
(Coluber doliatus. Linnæus.)

CARACTÈRES. D'une couleur rouge écarlate, avec vingt-deux paires d'anneaux noirs, séparés, à chaque paire, par un intervalle d'un blanc pur.

SYNONYMIE. 1766. *Coluber doliatus.* Linnæus. Syst. Nat. Edit. 12. Tome I, pag. 379.

1771. L'*Annelé.* Daubenton. Encyclop. Méth.

1788. *Coluber doliatus.* Linn. Gmelin. tom. I, pars 3 , p.1096.

1789. L'*Annelée.* Lacépède. Quadr. Ovip. Serp. Tom. II, pag. 294.

1802. *La Couleuvre annelée.* Latreille. Rept. Tom. IV, p. 126.

1803. *La Couleuvre cerclée.* Daudin. Hist. Rept. Tom. VII, pag. 74.

1827. *Coluber doliatus.* Harlan. Journ. Philad. Tom. V, p. 362.
1837. *Coronella coccinea.* Schlegel. Essai sur la physion. des Serp. Tom. I, pag. 135. Tom. II, pag. 57.

1842. *Coronella doliata.* Holbrook. North Americ. Herpet. Tom. III, pag. 105, pl. 24.

1853. *Ophibolus doliatus.* Baird and Girard. Catal., p. 89, n° 8.

DESCRIPTION.

Formes. Ce Serpent, par sa conformation générale, se rapproche des autres Coronelliens. Il a, en effet, la tête peu distincte du tronc, qui est cylindrique, assez court et terminé par une queue peu prolongée, robuste à sa base et finissant en pointe assez aiguë ; ses yeux sont petits.

Il se distingue cependant très-nettement de tous ses congénères par son remarquable système de coloration et par d'autres caractères tirés de la disposition de ses écailles.

Ecaillure. La première particularité à noter est la direction très-oblique de devant en arrière de la portion inférieure de la plaque rostrale : d'où résulte un peu de proéminence du museau ; la mâchoire supérieure étant plus prolongée en avant que les os sous-maxillaires.

Il faut mentionner, en outre, la largeur, en même temps que la briéveté de la plaque frontale moyenne et les petites dimensions des pariétales.

Il y a une pré-oculaire, deux post-oculaires, sept paires de plaques sus-labiales, dont la troisième et la quatrième touchent à l'œil et neuf à dix paires de sous-labiales.

Les écailles sont lisses, rhomboïdales et disposées sur 21 rangées longitudinales.

On compte 196 gastrostèges, 1 anale simple et 58 urostèges doubles.

Coloration. Les anneaux noirs géminés, qui sont la particularité la plus remarquable de la livrée de cette espèce, s'altèrent peu dans l'alcool, mais il n'en est pas de même de la teinte générale qui, d'écarlate qu'elle est pendant la vie, devient plus ou moins blanchâtre par l'action de la lumière et de la liqueur conservatrice.

Pour avoir une idée exacte des belles teintes de ce Serpent, il faut donc se reporter au texte de M. Holbrook qui l'a vu vivant, et qui dit : « La moitié antérieure de la tête est d'un rouge clair ; l'autre moitié est d'une teinte noire, qui, le plus souvent, se confond avec le premier anneau. Le tronc est écarlate, cerclé par vingt-deux anneaux géminés, d'un noir de jais

et séparés l'un de l'autre, dans chaque paire, par un espace étroit, de couleur blanche. Ces anneaux noirs n'entourent pas toujours complétement le
tronc, mais le plus souvent, ils se réunissent l'un à l'autre sur la ligne médiane à la région inférieure qui, partout ailleurs, est blanche. »

Les jeunes ne diffèrent pas des adultes, si ce n'est peut-être par une
régularité plus parfaite.

DIMENSIONS. La plus grande *Coronelle annelée* du Musée de Paris a une
longueur totale de 1^m,02 ainsi répartis: *Tête* et *Tronc*, 0^m,87 ; *Queue*,
0^m,15.

PATRIE. Nous avons des individus pris à la Nouvelle-Orléans et donnés
par M. de Givry. D'autres ont été adressés du Mexique et en particulier
d'Oaxaca par M. Guisbreght et l'on a acquis un très-bel exemplaire originaire du Coban (Vera-Paz) dans la République de Guatemala.

OBSERVATIONS. Nous nous rangeons à l'avis de M. Holbrook en considérant cette Coronelle comme se rapportant au *Coluber doliatus* de Linnæus
suivi dans cette détermination par tous les zoologistes cités dans la synonymie.

Il ne nous a donc pas été possible de conserver à cette espèce le nom de
Coronelle écarlate (*Coronella coccinea*) proposé par M. Schlegel, qui reconnait lui-même qu'elle pourrait bien être la même que celle dont on
trouve l'indication dans le *Système de la nature* du célèbre naturaliste
Suédois.

7. CORONELLE DE LA CALIFORNIE. *Coronella Cali-*
forniæ. Nobis.

(*Coluber Californiæ.* De Blainville.)

CARACTÈRES. D'un brun noir, avec de grandes raies ou taches
jaunes entre deux bandes longitudinales de même couleur ;
queue noire en dessous ; plaque anale simple ; rostrale non rabattue sur le museau.

1835. Blainville. Nouvelles annales du Muséum. Tom. **IV**, pl.
27, n.° 1, pag. 292.

DESCRIPTION.

Nous donnons l'analyse de la description de M. de Blainville, complétée
par les détails que nous a fournis l'observation de cette Couleuvre.

Tête grosse, déprimée à museau court, obtus; queue courte, conique et aiguë; narines latérales, échancrant deux nasales et touchant à la fronto-nasale; yeux médiocres.

ECAILLURE. Ecailles petites, losangiques, entuilées et parfaitement lisses, disposées sur 25 rangées longitudinales. Les gastrostèges sont assez larges et ne remontent pas sur les flancs. On en compte 226; l'anale est simple et il y a 58 urostèges.

COLORATION. Couleur d'un brun noir, jaunâtre en dessous, une grande ligne jaune interrompue, parcourant tout le milieu du dos; sur les flancs, un semis de taches jaunes simulant plus ou moins des bandes irrégulières.

DIMENSIONS. Longueur 0^m,59, dont 0^m,10 pour la queue.

L'auteur fait observer que les dents sus-maxillaires postérieures sont plus longues que les autres. Cette disposition anatomique, constatée également par nous, a motivé le classement de cette espèce parmi les Syncran-tériens, et par tout l'ensemble de sa conformation, elle ne pouvait être placée, parmi les genres de cette famille, que dans celui des Coronelles.

Ce Serpent a été rapporté de la Californie par M. Botta, correspondant de l'Institut, alors voyageur du Muséum.

L'échantillon type est unique.

IV. GENRE. SIMOTÈS. — *SIMOTES*. Nobis.

CARACTÈRES. *Corps cylindrique, de même grosseur de la tête à la queue, qui est conique et fort pointue. Museau très-court, comme tronqué, à plaque rostrale très-fortement repliée sur le museau, où elle se termine en pointe. Ecailles lisses ou sans carène; les mâchoires courtes, peu dilatées; à bouche petite; les dents sus-maxillaires sur une même rangée et dont les posté-rieures sont plus longues.*

Notre collaborateur Bibron avait cru devoir, avec raison, séparer du genre des Coronelles ou des Couleuvres, l'espèce indiquée dans les auteurs par le nom de Russel, qui l'avait déjà désignée sous la dénomination malaise de *Katla-tutta* dans son bel ouvrage, car c'est ainsi qu'on appelle ce Serpent sur la côte de Coromandel.

Bibron avait été frappé de la forme et de la direction de la plaque rostrale, qui est oblongue et conique, et se relève sur le front de manière à simuler un cône, dont la base serait en bas, sur le milieu du bord labial. Provisoirement, sans doute, il avait indiqué cette particularité comme propre à devenir le caractère essentiel du genre qu'il avait désigné sur l'un des bocaux avec le nom de *Conorhina*. Il ne nous a pas paru possible de le conserver, car ce n'est pas véritablement en cône que le museau se présente. C'est une sorte de front retroussé obliquement; ayant un peu de ressemblance avec ce qu'on retrouve chez les *Hétérodons* de la famille des Diacrantériens.

Les espèces réunies sous le nom que nous croyons meilleur parce qu'il n'exprime qu'une apparence (1), doivent être séparées des nombreux Serpents colubriformes, dont tous les crochets sus-maxillaires sont à peu près de même longueur et à égale distance les uns des autres. Ici, en effet, comme dans les trois premiers genres de la famille des Syncrantériens, les dernières dents de la mâchoire supérieure sont, le plus souvent, au moins du double plus longues que celles qui les précèdent, sans laisser cependant entre elles un espace libre, comme dans la famille suivante, celle des Diacrantériens.

Les Simotès ont généralement le corps grêle, long, cylindrique, avec une queue conique, diminuant insensiblement vers la pointe et formant à peine la cinquième ou la sixième partie de la longueur totale.

Leurs écailles sont lisses, ce qui sert surtout à les distinguer des Tropidonotes, qui les ont carénées; leurs gastrostèges larges en travers, mais courtes et très-serrées entre elles, correspondent à peu près au tiers de la circonférence du tronc.

La tête est petite, à peine plus large que la portion du cou qui la supporte et avec laquelle elle se confond.

_____

(1) Σιμοτης , *simitas* (Plaute), *aspectus nasi retusi*, aspect d'un visage camard , *simus*, camus.

Les plaques syncipitales sont peu distinctes et en raison de la brièveté des mâchoires, l'orifice de la bouche doit se trouver borné et rétréci. C'est en cela surtout que les Simotès diffèrent des Xénodons, mais surtout des Hétérodons, qui ont les crochets postérieurs isolés sur leur rangée et dont la tête large et assez longue, offre ainsi plus d'ampleur pour l'écartement des mâchoires; par suite, ces derniers ont aussi la plaque rostrale plus large et elle est proportionnellement moins allongée. Or, ces particularités d'organisation, contrairement à ce qui s'observe chez les Simotès, doivent permettre aux Hétérodons d'avaler de petits animaux vertébrés, et ils n'en sont pas réduits à se nourrir d'insectes, comme les Serpents aux quels nous les comparons.

Les couleurs varient dans les espèces. Pendant la vie, leurs teintes sont, dit-on, très-vives. La plupart, en effet, portent des taches transversales distribuées par séries sur le dos; d'autres offrent des raies ou des lignes en long, ce qui permet de distinguer les espèces en deux groupes.

Parmi celles que nous rapportons à ce genre, deux seulement avaient été décrites et figurées. L'une d'elles, dont Russel a fait dessiner deux individus, a été inscrite par Daudin, sous le nom de Couleuvre Russélie, et placée par M. Schlegel dans le genre Coronelle. L'autre, plus anciennement connue, est la seule de ce genre qui soit originaire de l'Amérique du Nord, les autres provenant des Indes. MM. Schlegel et Holbrook l'ont placée avec les Hétérodons mais elle en diffère cependant par les dents postérieures non séparées des autres par un intervalle, et par la conformation de la bouche, qui est petite et par cela même peu dilatable; elle a donc dû être séparée de ces derniers, quoique la disposition de la plaque rostrale soit à peu près semblable et qu'il y ait un grand rapport de physionomie entre elles et les vrais Hétérodons.

Les sept espèces que nous avons réunies sous le nom de Simotès sont faciles à distinguer les unes des autres,

Nous devons faire observer qu'il existe une petite différence dans la manière dont le genre Simotès est composé ici et dans notre Prodrome.

Quoique le nombre des espèces soit le même, nous en décrivons maintenant une nouvelle qui n'est pas mentionnée dans ce Mémoire : c'est le Simotès trois-marques (*Simotes trinotatus*). Une autre, au contraire, qui y était inscrite, le Simotès arrosé (*Simotes aspersus*) Nobis, ne peut pas être conservée. Frappés de l'analogie du système de coloration de cet Ophidien et de celui que nous avons rangé dans la famile des Calamariens, sous le nom de *Oligodon sub-griseum* (Voyez pag. 57 de ce tome VII), nous avons de nouveau examiné avec soin le système dentaire. Nous nous sommes ainsi convaincus que les individus considérés par nous comme les types de cette espèce nouvelle de Simotès n'ont pas de dents au palais et que, par conséquent, ils doivent rentrer dans l'espèce du genre Oligodon, à laquelle leur système de coloration, d'ailleurs, les rattache de la façon la plus évidente.

Voici un tableau synoptique propre à permettre la distinction des sept espèces.

TABLEAU SYNOPTIQUE DES ESPÈCES DU GENRE SIMOTÈS.

Dos à
- raies en long
  - trois pâles, une médiane, deux latérales 6. S. TROIS-RAIES.
  - huit, dont deux au cou. . . . . . 5. S. HUIT-RAIES.
- bandes transverses
  - continues
    - noires
      - isolées, distinctes 1. S. DE RUSSEL.
      - réunies 2 à 2. . 7. S. ÉCARLATE.
    - blanches, liserées de noir 4. S. BANDES-BLANCHES
  - par taches conjointes
    - trois . . . 3. S. TROIS-MARQUES.
    - deux. . . 2. S. DEUX-MARQUES.

40.*

1. SIMOTÉS DE RUSSEL. *Simotes Russelii.*

(*Coluber Russelius.* Daudin.)

CARACTÈRES. Tronc cylindrique, très-grêle, de même grosseur partout, excepté à la queue qui est courte et conique. Le dessous du ventre sans taches; dos partagé par des bandes noires, dentelées, bordées de blanc.

SYNONYMIE. 1796. *Katla tutta.* Russel. Serpents de la côte de Coromandel. Pl. 35 et 38, pages 41 et 43.

1802. *Coluber arnensis.* Shaw. Gener. Zool. Tom III, part. 2, pag. 526, d'après la pl. 38 de Russel, où il n'y a pas de bandes sur la tête et où celles du tronc sont plus larges et moins nombreuses.

1803. *Couleuvre Russélie.* Daudin. Hist. des Rept. Tom. VI, p. 395, pl. 76, n.º 2, copiée de Russel.

1820. *Idem.* Merrem. Tentam. , pag. 98.

1837. *Coronella Russelii.* Schlegel. Physionomie des Serpents. Tom. I, pag. 137. Tom. II, pag. 79, n.º 14.

DESCRIPTION.

Les six premières espèces que nous rapportons à ce genre se ressemblent beaucoup entre elles par la forme générale et par les taches, qui sont rangées en travers sur le dos.

Celle dont nous parlons d'abord est véritablement la même que Russel a figurée et dont l'image a été reproduite par madame Daudin. Elle se distingue surtout par les bandes transversales noires et très-nombreuses, bordées de blanc, qui se voient, à des intervalles égaux, sur toute la longueur du dos.

Nous ferons remarquer seulement que la tête n'est pas plus large que le cou avec lequel elle se confond, et comme les mâchoires sont courtes et que l'ouverture de la bouche est petite, cette région offre la plus grande analogie avec celle d'un lézard scincoïdien.

Il faut noter, comme étant la particularité la plus intéressante, la forme tout-à-fait singulière de la plaque rostrale, qui par sa portion supérieure se rabat très-fortement sur le bout du museau et représente, dans cette région, un triangle à sommet aigu, dirigé en arrière, et qui s'enfonce entre les plaques fronto-nasales ou inter-nasales, dont les dimensions d'avant en arrière, sont, par suite de cette disposition, peu étendues vers la ligne médiane, où elles se touchent seulement par le sommet des triangles qu'elles représentent. En raison de son épaisseur, cette plaque, en se repliant, donne une apparence singulière, à l'extrémité du museau, qui, au lieu d'être arrondie, comme à l'ordinaire, présente un bord droit et semble, en quelque sorte, coupée carrément.

La plaque frontale moyenne est très-courte et fort large. Les pariétales sont également ramassées et à bord externe légèrement arrondi.

Il y a une pré-oculaire, deux post-oculaires, sept paires de sus-labiales, dont les troisième et quatrième touchent à l'œil.

Les écailles du tronc sont lisses, de forme rhomboïdale et distribuées en 17 rangées longitudinales.

Gastrostèges 190 ; 1 anale ; urostèges divisées 47.

Coloration. Les lignes régulières, qui ornent le dessus du crâne, sont d'abord un bandeau antérieur, qui s'étend d'un œil à l'autre ; celle qui vient ensuite est dirigée obliquement à droite et à gauche, de manière à former un chevron, dont la pointe antérieure, très-aiguë, arrive jusque sur le milieu de l'écusson central ou plaque frontale moyenne et ses deux extrémités libres se prolongent sur les côtés du cou. Dans l'un des individus, chez lequel les couleurs ont été le moins altérées, nous voyons, dans le milieu de l'écartement des branches du chevron, une tache pyramidale noire, ou d'un brun foncé, ayant la pointe en avant, puis sur le cou, un second chevron, beaucoup plus évasé, toujours d'une teinte noire, liserée de blanc devant et derrière.

Sur toute la longueur du dos, à des intervalles à peu près égaux, règne la série des lignes transversales noires, bordées de blanc, au nombre de quarante-huit et probablement en nombre variable, car Russel n'en a représenté que quarante et Daudin parle de vingt à quarante ; ce sont les mêmes nombres que M. Schlegel indique.

Dimensions. L'individu décrit par Russel n'avait que huit pouces anglais ; le nôtre a une longueur totale de $0^m,75$ et sa queue est fort courte, comme le dit le naturaliste anglais, car elle n'est comprise dans cette étendue que pour $0^m,10$.

Patrie. Cette espèce provient des Indes orientales ; selon Russel, elle se trouve communément au Vizagapatam. Il l'a figurée deux fois, à la pl. 35 sous les noms indiens de Katla-tutta et à la pl. 38 sans nom. Comme il a dit que ce Serpent lui a été adressé d'Arnée, Shaw a créé, à l'aide de cette dénomination géographique, l'épithète *Arnensis* pour désigner la Couleuvre dont il s'agit. Russel fait observer que si les deux Ophidiens représentés sur les pl. 35 et 38 n'appartiennent pas à la même espèce, ils ont du moins une très-grande ressemblance.

Manille : Eydoux et Souleyet.

Russel a reconnu la disposition caractéristique du système dentaire de nos Syncrantériens, car il dit que les dernières dents postérieures de chaque côté de la mâchoire d'en haut sont plus longues que les autres.

2. SIMOTÈS DEUX MARQUES. *Simotes bi-notatus.* Nobis.

CARACTÈRES. Corps cylindrique, à peu près de même grosseur de la tête à la queue qui est courte, conique, très-pointue. Le dessus du corps brun-jaunâtre, à écailles lisses, comme carrées ; le dessus du dos partagé à des intervalles à peu près égaux de deux à trois centimètres, par deux petites taches rhomboïdales rapprochées et comme réunies en X par leur angle interne.

DESCRIPTION.

Ce petit Serpent offre la plus grande analogie par ses dimensions, ses formes générales et par toutes ses apparences extérieures avec l'espèce précédemment décrite ; mais il en diffère par la forme des plaques de la tête et par son système de coloration.

Notons d'abord les particularités distinctives de l'écaillure du vertex et du museau. Ainsi, comparé au Simotès de Russel, on voit que la portion de la plaque rostrale repliée sur le museau, est moins grande et terminée par un angle moins aigu. Il résulte des dimensions moindres de cette rostrale, que les fronto-nasales ou inter-nasales sont plus étendues d'avant en arrière. Sa plaque frontale moyenne est moins large et plus longue. Ses yeux sont moins petits et sa mâchoire inférieure est plus courte.

COLORATION. Sur le dessus de la tête, on remarque trois chevrons successifs comme emboîtés successivement les uns dans les autres. Ces chevrons sont blancs, bordés de noir, comme dans l'espèce que nous avons nommée *Albo-cinctus*; mais ici ces marques sont tout autres.

Le premier chevron, l'antérieur, est le plus petit ; il enveloppe le bout du museau, s'étend sur la lèvre supérieure et [s'arrête à l'œil, en avant ; mais en bas, il se joint à la partie élargie du second chevron, qui s'avançant sur l'écusson central, s'élargit en dehors et recouvre la commissure des mâchoires, en se confondant avec le chevron antérieur. Le troisième chevron blanc, toujours liséré de noir ou de brun, est plus pointu en avant. En arrière, il se recourbe pour se joindre à la branche du côté opposé ; mais celle-ci rentre en dedans sur la ligne moyenne ; son milieu est très-blanc et le tout représente ainsi un cœur de carte à jouer, dont l'échancrure serait en bas ou en arrière.

Les autres marques qui règnent sur le dos sont deux petits carrés noirs en dehors, gris au centre, qui se joignent par la portion la plus anguleuse de manière à représenter le chiffre 8 posé en travers et dont les bouts, au lieu d'être arrondis, seraient carrés.

Il y a bien quelques petites taches sur les flancs ; elles sont distribuées sur une même ligne, à certains intervalles, dont la plupart correspondent les uns au-dessous des taches conjuguées et les autres à l'espace compris entre ces marques doubles.

Les gastrostèges au nombre de 181 ne portent aucune marque. Tout le dessous du corps est d'une teinte blanche uniforme, ne laissant distinguer que les étroites et nombreuses squammes qui les forment. Nous avons compté 41 urostèges doubles.

PATRIE. L'individu que nous venons de faire connaître a été rapporté des côtes du Malabar par M. Dussumier en 1838. Nous l'avions d'abord regardé comme une variété de la Couleuvre Russélie ; mais les détails donnés plus haut ne laissent pas de doute sur la valeur des différences spécifiques.

3. SIMOTÈS TROIS MARQUES. *Simotes tri-notatus.* Nobis.

CARACTÈRES. Corps plus volumineux que celui de tous les autres Simotès, un peu comprimé, confondu avec la tête et à queue courte et robuste ; à ventre plat et à gastrostèges étroites. Sur chaque flanc, une série de taches d'un brun foncé, bordées en haut par une ligne courbe noire, à concavité inférieure et réunie par une série médiane de taches de la même nuance, également bordées de noir et assez exactement hexagonales. Toutes ces taches très-régulièrement disposées ont une longueur de $0^m,016$ à $0^m,018$ et sont séparées entre elles par des intervalles égaux de $0^m,03$.

DESCRIPTION.

La disposition de la plaque rostrale est tout-à-fait remarquable. Sa moitié supérieure est très-fortement repliée sur le museau où elle représente un triangle parfaitement régulier, à sommet postérieur aigu. Il résulte de cette conformation que le museau qui est court semble, en quelque sorte, coupé carrément. En raison de la brièveté de la tête, les neuf plaques dont sa face supérieure est recouverte sont courtes et ramassées.

Les narines sont grandes et percées entre deux plaques. La plaque frénale est carrée. Il y a deux pré-oculaires et deux post-oculaires.

On compte huit paires de sus-labiales, dont les quatrième et cinquième touchent à l'œil.

On voit entre les mâchoires une paire de grandes plaques, suivies de trois autres paires de plaques beaucoup plus petites.

Les écailles du tronc, qui ont une forme rhomboïdale peu allongée, sont disposées sur 21 rangées longitudinales.

Les gastrostèges, qui sont étroites, parfaitement horizontales dans leur partie moyenne et relevées sur les flancs, forment un angle dans le point où elles se redressent. Elles sont au nombre de 189 ; l'anale est simple, non divisée. La queue, dont la partie inférieure est plate, porte 49 paires d'urostèges.

COLORATION. La teinte générale est d'un brun jaunâtre, très-finement piqueté de brun plus sombre. C'est cette seconde teinte que présente la triple série de taches des régions supérieures, lesquelles sont surtout rendues apparentes par leur pourtour noir que borde un fin liseré blanchâtre.

La tête est unicolore, on voit cependant au dessous de l'œil une tache d'un brun foncé. Il part de l'occiput une tache de cette même teinte, qui se divise, pour se porter de chaque côté du cou, sous la forme d'une grande tache brune bordée de noir, irrégulièrement ovalaire, à bord postérieur ondulé et bordé de noir. La longueur de cette tache depuis son origine, jusqu'à l'extrémité de chacun de ses prolongements latéraux, est de $0^m,04$ environ.

Les gastrostèges sont jaunes, marbrées de brunâtre, très-peu nombreuses à la région antérieure. Ces marbures deviennent tellement abondantes vers les régions postérieures, que la teinte claire finit par disparaître complètement. L'angle que forment, de chaque côté, les plaques inférieures en se repliant en haut est rendu très-apparent par un trait jaune qui parcourt, à droite, comme à gauche, cette ligne anguleuse dans toute son étendue.

DIMENSIONS. Notre spécimen a une longueur totale de $0^m,77$; la *Tête* et le *Tronc* ayant $0^m,66$ et la *Queue* $0^m,11$.

PATRIE. L'échantillon, type de cette espèce nouvelle, dont nous n'avons trouvé nulle part la description, est unique au Musée de Paris où il a été adressé de Chine par M. Gernaert, à qui cet établissement est redevable d'un assez grand nombre d'animaux recueillis dans ce pays.

4. SIMOTÈS BANDES BLANCHES. *Simotes albo cinctus.* Nobis.

(Atlas, pl. 82, fig. 1.)

CARACTÈRES. Semblable en apparence au Simotès de Russel, mais au lieu de bandes transversales noires bordées de blanc, des lignes transverses blanches, liserées de noir et les gastrostèges marquées chacune, à certains intervalles rapprochés et réguliers, de deux petits carrés noirs.

DESCRIPTION.

La conformation générale de cet Ophidien est fort analogue à celle du Simotès trois-lignes. Comme ce dernier, il a le tronc un peu plus haut que large ; les régions inférieures, tout-à-fait planes, sont réunies aux latérales par une ligne anguleuse.

La plaque rostrale se rabat fortement sur le museau par sa moitié supérieure, qui se termine en arrière par un angle très-aigu. Les neuf plaques sus-céphaliques ordinaires, courtes et ramassées, comme chez les espèces précédentes, mais surtout comme chez la première et la troisième. La frénale est haute et carrée. Il y a une pré-oculaire et deux post-oculaires, mais ce qui caractérise surtout cette espèce, outre son élégant système de coloration, c'est la présence sur la quatrième sus-labiale de deux petites plaques sus-oculaires. Il en résulte qu'il n'y a que la cinquième des huit plaques de la lèvre supérieure, qui touche à l'œil.

Les écailles du tronc, qui sont lisses, sont disposées sur 19 rangées longitudinales.

Gastrostèges : 175 ; 1 anale ; urostèges, 47 paires.

COLORATION. Ce petit Simotès est très-régulièrement orné de lignes, qui sont actuellement d'un beau blanc ; mais qui peut-être étaient rouges pendant la vie de l'animal, comme cela arrive pour le Simotès écarlate quand il est conservé dans l'alcool.

Voici d'ailleurs l'indication de l'apparence extérieure de cette jolie Couleuvre. C'est sur un fond brunâtre, que l'on remarque les bandes blanches qui ornent le dos, au nombre de dix-huit. Ces lignes transversales, bordées de noir devant et derrière, sont un peu dilatées dans la région médiane du dos.

Entre ces bandes, qui sont très-régulièrement espacées, et séparées par un intervalle de 0ᵐ,015, leur propre largeur étant de 0ᵐ,003 à 0ᵐ,004, on voit une double ligne noirâtre, transversale, ondulée. Ces demi-anneaux géminés très-fins et peu apparents, sont également éloignés des bandes blanches auxquelles ils sont interposés.

Le dessus de la tête offre, au devant des yeux, une bande blanche, qui s'élargit en se terminant à la lèvre supérieure ; puis on voit un chevron blanc, arrondi, en fer à cheval, blanc, liseré d'une ligne noire, étroite. Le sommet de ce chevron occupe l'intervalle des yeux, mais il se prolonge et s'élargit considérablement sur les côtés du cou, pour se joindre par une courbe inférieure et régulière à la première des dix-huit bandes transversales, la seule qui soit ainsi liée, toutes les autres étant isolées et indépendantes les unes des autres.

Les gastrostèges nous ont offert un caractère notable ; quoiqu'elles soient très-nombreuses, fort petites et rapprochées, et sans taches dans la région moyenne, on voit ici, à des intervalles à peu près égaux, et sur la portion la plus voisine des flancs, une série de petites taches carrées, noires, distribuées le plus souvent deux à deux, de manière que chacune des bandes transverses blanches aboutit à l'une de ces taches, et qu'il y en a le plus souvent deux autres paires, l'une à droite et l'autre à gauche, entre les deux bandes.

DIMENSIONS. Notre Simotès n'est long que de 0ᵐ,25. Le *Tronc* et la *Tête* ont 0ᵐ,21 et la *Queue* 0ᵐ,04.

PATRIE. L'échantillon type, unique jusqu'à ce jour, dans la collection du Muséum, provient des Indes-Orientales, d'où il a été rapporté par M. Lamarre-Piquot.

5. SIMOTÈS A HUIT RAIES. *Simotes octolineatus.* Nobis.

(*Elaps octo-lineatus.* Schneider.)

(Atlas, pl. 82, fig. 5.)

CARACTÈRES. Fond de la couleur d'un jaune pâle, parcouru en dessus par huit raies longitudinales d'un brun foncé rougeâtre et souvent par six seulement ; toujours les deux médianes très-larges, réunies entre les yeux ; une bande transversale brune, passant sur les yeux et sinueuse en avant ; derrière chaque œil, une ligne brune, semi-lunaire ; entre les lignes brunes du tronc, la teinte du fond paraît sous forme de lignes jaunes étroites ; tout le dessous jaune, sans aucune tache.

SYNONYMIE. 1801. *Elaps octo-lineatus.* Schneider. Hist. Amph. Fasc. II , pag. 299.

1803. *Couleuvre à huit raies.* Daudin. Hist. Rept. Tom. VII, pag. 17.

1837. *Coronelle à huit raies.* Schlegel. Phys. Serp. Tom. I, pag. 137. Tom. II , pag. 77, n.° 13.

On trouve indiquée dans cet ouvrage, la pl. 38 de Russel comme se rapportant à l'espèce dont il s'agit, mais elle représente, comme nous l'avons dit, le Simotès de Russel et nous ne trouvons dans cette grande et belle iconographie aucune figure relative à cette espèce.

DESCRIPTION.

Ce Serpent, qu'avait reconnu Schneider dans la collection de Bloch à Berlin , et dont on ignorait l'origine, vit dans les Indes.

Ce nom de huit raies donne une idée fausse; car ce nombre ne se trouve que sur un de nos échantillons. Les autres , qui lui sont parfaitement identiques pour tout le reste , n'ont que six lignes, comme on va le voir par la description qui suit.

La conformation générale de ces Simotès est semblable à celle des autres espèces. La tête est courte, épaisse et confondue avec le tronc, qui est à peu près de même grosseur partout, excepté à la queue qui est conique et médiocrement longue. Il est légèrement comprimé latéralement et les gastrostèges forment une ligne faiblement anguleuse, en se relevant vers les flancs.

Comme chez les autres Simotès , la plaque rostrale, très-large à sa base est fortement relevée sur le museau où elle se termine en arrière par un angle aigu.

Les neuf plaques sus-céphaliques ordinaires. La narine est percée entre deux nasales. Il y a une frénale , une pré-oculaire , deux post-oculaires.

Une particularité assez rare se remarque chez ce Serpent ; elle est relative à la position anormale de l'une des plaques temporales , qui présentant à son bord inférieur un angle aigu , s'enclave, par cet angle, entre les cinquième et sixième sus-labiales. Celles-ci se trouvent, par cela même, écartées l'une de l'autre et ne se touchent plus que par un point vers le bord de la lèvre. Ces plaques, d'ailleurs , sont au nombre de six paires ; la troisième et la quatrième touchent à l'œil.

Les écailles du tronc sont lisses et forment 17 rangées obliques.

Les gastrostèges, qui sont nombreuses, varient de 172 à 186 ; l'anale est simple ; il y a 51 à 53 urostèges doubles.

Coloration. La tête est jaune, en dessus, comme en dessous ; sur le devant, on voit une bande oblique brune, plus large en avant et se portant sur les orbites qu'elle traverse pour se terminer, de chaque côté, à la lèvre supérieure. Plus en arrière et sur les côtés du cou, on voit une double bande oblique, brune, un peu en croissant, à concavité dirigée en avant et plus large en bas où elle s'étend sur le cou, en passant derrière la commissure des lèvres.

Les raies longitudinales moyennes sont les plus larges ; elles sont séparées entre elles par une ligne jaune, étroite ; mais cette ligne jaune ne commence que sur la nuque, de sorte que les deux larges raies brunes se joignent en avant et se prolongent en une pointe, qui s'étend jusque sur l'écusson central, occupant ainsi l'espace que laissent en divergeant les deux raies collatérales qui se portent sous le cou. Des deux autres raies, qui longent chaque flanc, la plus inférieure est de moitié plus étroite que celles du milieu. Ces six raies, en diminuant successivement de largeur, arrivent jusqu'à l'extrémité de la queue.

Sur un de nos échantillons, le seul où elle paraisse, la troisième bande brune latérale, beaucoup plus étroite que les autres et moins foncée, court le long de la ligne anguleuse formée par le redressement des gastrostèges.

Les régions inférieures jaunes, sont complétement unicolores.

Dimensions. Notre plus grand spécimen a une longueur totale de 0^m,51, la *Tête* et le *Tronc* ayant 0^m,42 et la *Queue* 0^m,09.

Patrie. Le Simotès qui se rapporte complétement par ses huit lignes à la description parfaite que Schneider a donnée de cette espèce a été adressé de Singapoure (Indes-Orientales) par M. Fontanier. Un autre à six lignes, a été rapporté du Bengale par Duvaucel. Le Muséum, en outre, en a reçu trois également à six lignes, de M. Kunhardt, qui les avait recueillis à Sumatra.

6. SIMOTÈS A TROIS LIGNES. *Simotes trilineatus*. Nobis.

Caractères. Le dessus et le dessous du corps d'un brun foncé rougeâtre, avec une ligne dorsale médiane jaune et une autre ligne festonnée bordant les flancs et l'extrémité correspondante des gastrostèges.

DESCRIPTION.

Cette espèce dont nous ne trouvons aucune indication dans les auteurs, a été déposée au Muséum comme receuillie sur le continent de l'Inde par Diard. Bibron l'avait inscrite sous le nom de *Conorhine* qui , comme nous l'avons dit, correspond au genre que nous nommons aujourd'hui Simotès.

Comme ses congénères , ce Serpent a la tête confondue avec le tronc ; elle est courte, épaisse et le museau est un peu incliné en bas. Le corps est grêle , de même grosseur partout et peu comprimé.

La portion de la plaque rostrale rabattue sur le museau est un peu moins grande que chez les autres Simotès.

Les narines sont percées entre deux plaques. Il y a une frénale, une pré-oculaire et une post-oculaire ; sept paires de plaques sus-labiales, dont les troisième et quatrième touchent à l'œil.

Les écailles du tronc sont lisses, un peu lancéolées et distribuées sur 17 rangées longitudinales.

Gastrostèges : 145 ; anale simple ; urostèges doubles : 54.

Coloration. Nous avons peu de détails à ajouter aux caractères présentés dans la diagnose. Cependant , il y a quelques particularités à indiquer pour les raies qui tranchent seules sur le fond brun-rougeâtre du reste du corps. Ainsi , la ligne médiane du dos ne commence à être distincte que sur le cou. Elle est d'abord fort étroite ; puis elle s'élargit sensiblement et quoique restant jaune en dehors , le milieu présente de petites taches brunes , mais sur la queue, où cette ligne jaune continue de s'étendre jusqu'à sa pointe , la teinte n'est plus altérée dans le milieu.

Quant aux lignes latérales festonées , elles sont plutôt blanches que jaunes ; elles bordent, comme nous l'avons dit, l'extrémité libre et extérieure des gastrostèges ; mais elles s'effacent un peu sur les bords de la queue, dont les dimensions sont plus considérables que dans les autres espèces. Cette ligne latérale, du côté de la tête, se recourbe en dedans régulièrement sur le cou , mais sans rejoindre la ligne médiane qu'elle dépasse en avant.

Les écailles sus-labiales sont blanchâtres , surtout en arrière , vers la commissure.

Patrie. Nous avons déjà dit que ce Simotès est originaire des grandes Indes, où il a été recueilli par Diard.

7. SIMOTÈS ÉCARLATE. *Simotes coccineus.* Nobis.

(*Coluber coccineus.* Blumenbach.)

(Atlas. pl. 82, fig. 2.)

Caractères. Corps très-mince, cylindrique, ou de même grosseur depuis la tête jusqu'au cloaque ; tête à museau conique ; queue courte, très-pointue ; les gastrostèges d'un blanc d'argent sans taches, courtes et larges ; des bandes transversales noires, réunies deux à deux ; mais se joignant entre elles, presque carrément, sur les flancs et dans l'intervalle desquelles se voient, de chaque côté, des taches noires carrées ou arrondies.

SYNONYMIE. 1531. Herrare (d'après Blumenbach.) Hist. des Indes-Occident. *Madres de Hormigas.*

1780. Catesby. Hist. Carol. pl. 60. Bead-Snake (1).

1786. Blumenbach. Magaz. Lichtenstein et Voigt. Vol. V, pag. 10, pl. 5.

1788. Linné. Gmelin. Syst. nat. pag. 1097. *Coluber coccineus.*

1801. Latreille. Rept. in-18. Tom. IV, pag. 138, fig. pag. 86, n.º 2. *Couleuvre écarlate.*

1803. Daudin. Rept. Tom. VII, pag. 43, pl. 83, fig. 1.

1820. Merrem. Tent. Syst. Amphib. pag. 145, n.º 11. *Elaps coccineus.*

1826. Audubon. Birds, pl. 52. *Harlequin Snake ?*

1827. Harlan. Journal Acad. Scien. Philad. Tom. V, pag. 356. *Col. coccineus.*

1835. *Idem.* Physic. and med. Researches. A. 119 idem.

1837. Schlegel. Phys. Serp. Tom. I. pag. 141, et Tom. II, pag. 102. n.º 3, pl. 3, fig. 15 et 16.

1842. Holbrook. North. Amer. Herpet. Tom. III, pag. 125, pl. 30. *Rhinostoma coccineus.*

1853. Baird and Girard. Catal. of Rept. North. Amer. pag. 113. *Rhinostoma coccineus.*

DESCRIPTION.

La forme générale de ce Simotès est absolument la même que celle qui distingue les espèces de ce genre et que nous avons indiquée. La tête est

---

(1) D'après la conformation générale du Serpent représenté par Catesby et surtout d'après la tête, nous pensons bien que c'est notre Simotès. Il faut cependant reconnaître, avec M. Holbrook, combien le coloriage de cette planche est défectueuse et représente imparfaitement la Couleuvre dont il s'agit. Aussi cet auteur hésite-t-il, dans la détermination, entre cette Couleuvre et l'Elaps Fulvius. (North. Amer. Herpet. Tom. III, à la suite de l'article consacré à la description de cette dernière espèce.)

petite, sans aucune apparence de cou ou de rétrécissement en arrière. Les yeux sont petits ; la queue est courte ; le museau est pointu et comme conique, et c'est à cette espèce qu'on aurait pu très-convenablement appliquer le nom générique de *Conorhine*, provisoirement indiqué par Bibron, pour désigner certaines espèces de notre collection, ainsi que nous l'avons dit précédemment page 525.

Cette conformation du devant de la tête et de la plaque rostrale en particulier, expliquent aussi le rapprochement fait par M. Schlegel entre cette espèce et les Hétérodons. Nous devons dire cependant que dans notre méthode de classification, il ne pouvait être accepté par nous, puisque les *Hétérodons* sont des Diacrantériens. La tête d'ailleurs est moins dilatable et le tronc plus arrondi que chez les Serpents rapportés à ce dernier genre.

Quant au Rhinostome, dont les caractères, donnés par M. Fitzinger, qui a établi cette coupe générique, conviendraient assez à notre Serpent ; c'est un genre que nous n'avons pu adopter en raison des analogies très-grandes, qui rapprochent la Couleuvre écarlate des autres Simotès.

La plaque rostrale est grande, épaisse et repliée sur le museau où elle se termine en arrièrre par un angle pointu, au lieu de former, en se repliant une ligne horizontale, comme dans les autres Simotès ; elle représente dans le point où elle change de direction, le sommet un peu arrondi d'un cône.

La frontale moyenne est très-large en avant, et par suite les sus-orbitaires sont étroites. Les narines sont percées entre deux plaques. Il y a une pré-oculaire ; deux post-oculaires et six sus-labiales de chaque côté, dont la seconde et la troisième touchent à l'œil.

Les écailles sont lisses, distribuées sur 19 rangées au tronc et sur 6 à la queue.

Les gastrostèges sont larges et non anguleuses dans le point où elles se replient pour monter vers les flancs ; on en compte 176 : ce grand nombre tient à ce que leur étendue d'avant en arrière est peu considérable. Il y a 43 paires d'urostèges. Les nombres donnés par M. Holbrook se rapprochent beaucoup de ceux-ci, savoir : 188 et 39.

COLORATION. Ce Serpent, dont notre Musée possède un assez grand nombre d'individus, provenant tous de l'Amérique du Nord, semble avoir été très-altéré dans le fond de sa couleur, qui était sans doute d'un rouge vermillon pendant la vie, ainsi que son nom spécifique l'indique ; mais par suite de son immersion prolongée dans l'alcool, sa teinte générale est d'un jaune pâle, cependant la distribution des taches, qui se voient sur le dos, est tout-à-fait conforme à celle qu'indiquent les auteurs. Ainsi, on voit le long du dos, à des intervalles à peu près égaux, des bandes noires, transversales, réunies deux à deux en laissant entre elles, un petit espace peut-être jaune pendant la vie ; mais ces bandes lorsqu'elles sont parvenues sur les flancs, se réuuissent, les postérieures aux antérieures de la série suivante, de manière à encadrer tous les larges espaces laissés libres entre les anneaux géminés qui se trouvent ainsi entourés par une sorte de bordure.

On voit en outre, sur les flancs, une série de taches noires, plus ou moins arrondies, dont la plupart correspondent au bas des barres transversales. Toutes les gastrostèges sont d'une même teinte, sans taches, et M. Holbrook nous apprend que pendant la vie elles sont d'un blanc d'argent.

Il faut noter enfin que la partie antérieure de la tête est jaune, avec une bande transversale noire, justement derrière les yeux.

PATRIE. La zône géographique de cette espèce est fort limitée, dit M. Holbrook, car il peut indiquer avec certitude dans les Etats-Atlantiques seulement, l'étendue de pays comprise depuis le trente-quatrième degré de latitude jusqu'au golfe du Mexique.

Nos échantillons, en effet, proviennent soit de Charleston (dans la Caroline du Sud), d'où ils nous ont été envoyés par M. le professeur Holbrook, par M. Ravenel et par M. Noisette, soit de l'Etat de Virginie où M. Poussielgue a recueilli un jeune individu, qui, de même qu'un autre, plus jeune encore, démontre l'idendité parfaite du système de coloration à tous les âges. Enfin, nous avons deux beaux échantillons trouvés aux environs de la Nouvelle-Orléans.

MŒURS. Le *Serpent écarlate*, dit M. Holbrook, est très-timide, et vit presque toujours caché : rarement, il se déplace à moins qu'il ne soit poursuivi ou que, pressé par la faim, il recherche sa nourriture, qui se compose, essentiellement, de différentes espèces de Sauterelles, comme on le sait par Palissot de Beauvois et par le savant auteur de l'Erpétologie de l'Amérique du Nord.

XII.ᵉ FAMILLE. — LES DIACRANTÉRIENS.

CONSIDÉRATIONS PRÉLIMINAIRES

SUR CETTE FAMILLE.

CARACTÈRES ESSENTIELS. *Serpents dont tous les crochets sont lisses ; mais les deux derniers sus-maxillaires sont plus longs et séparés de ceux qui les précèdent par un espace sans crochets.*

Le nom sous lequel nous désignons cette famile est destiné à indiquer la particularité que présentent ces Serpents dans la longueur, la distribution et la forme des dents qui garnissent les os de leur mâchoire supérieure.

Ces crochets, tous lisses ou sans rainure sur leur courbure antérieure, sont cependant différents entre eux, d'abord, par la disproportion relative de leur longueur, car les derniers ou les postérieurs sont plus volumineux et souvent de moitié plus longs que ceux qui les précèdent ; ensuite, ils en sont évidemment distincts ou séparés par un espace libre ou un intervalle qui semble les isoler. C'est ce que nous avons cherché à dénoter en composant ce mot de *Diacrantériens* (1), propre à caractériser ces espèces comme appartenant à une famille bien distincte dans le sous-ordre des Aglyphodontes.

Ce sous-ordre, malheureusement très-nombreux, offre par cela même, de grandes difficultés pour la distinction des espèces, car les formes apparentes des Serpents qu'il comprend, leur physionomie, ainsi que leurs mœurs, étant les mêmes pour un assez grand nombre, ils ne présentent plus assez de caractères pour faciliter une classification systématique.

_____

(1) De Διά, séparément, *seorsìm*, *separatìm*, et de Κραντῆρης, dents postérieures, *postremi dentes*.

C'était une grande difficulté qui nous a beaucoup embarrassés, et nous avons été heureux, M. Bibron et moi, de pouvoir faire emploi d'un caractère aussi positif que celui qui est fourni par le système dentaire, pour obtenir un arrangement que nous regardons aujourd'hui comme très-naturel.

Quoique les Naturalistes qui nous ont précédé dans cette étude des Serpents, aient réellement reconnu et noté chez certaines espèces, des dents postérieures plus longues que les autres et placées sur la même rangée, ou série longitudinale, que celles qui garnissent les os sus-maxillaires, ils n'avaient pas cru devoir les séparer ou les étudier à part dans les classifications des genres parmi lesquels ils avaient réuni les Couleuvres en général, comme les Tropidonotes, les Coronelles, les Homalopsis, les Psammophis.

Cependant, cette particularité remarquable dans la distribution et l'arrangement des dents, a un but et nous paraît liée à la manière de vivre de ces Serpents ou du moins à l'acte de la préhension et à la faculté qu'ils ont de retenir plus fortement leur proie. Celle-ci se trouve ainsi arrêtée d'une manière beaucoup plus solide et assurée, lorsque déjà elle est parvenue vers l'arrière-bouche, dans l'acte de l'*intropulsion*, malgré sa résistance naturelle.

Nous trouvons donc, dans la présence de plusieurs dents plus longues et plus grosses, placées tout-à-fait en arrière, le moyen de séparer ou de distinguer entre eux deux groupes principaux, très-voisins, en deux familles naturelles.

Dans l'une d'elles, ces dernières dents ou crochets sus-maxillaires postérieurs forment une série continue, ce sont nos *Syncrantériens*. Dans l'autre, qui réunit les genres, et, par cela même, les espèces nombreuses que nous allons faire connaître ici, la série longitudinale des dents supérieures se trouve interrompue, parce qu'il y a, comme nous le répétons,

un intervalle ou un espace libre entre les longues dents postérieures et celles qui les précèdent et qui sont plus courtes.

Nous avons divisé ces Serpents Diacrantériens en dix genres
bien distincts.

L'un d'eux peut être reconnu, à la première inspection, d'a-
près la forme bizarre de son museau, qui est tronqué obliquement, relevé sur le front en forme de coin triangulaire, et
porte une arête, une sorte de carène médiane. C'est celui qui
a été désigné sous le nom de *Hétérodon* (n.° 10.)

Dans les neuf autres genres, réunis dans la même famille,
le museau est arrondi, comme il l'est, au reste, dans presque
toutes les Couleuvres. Formant un groupe des espèces dont
les écailles des flancs, comme celles du dos, portent une ligne
saillante qu'on nomme une carène, nous avons pu les séparer pour en former, par ce motif, deux autres genres qui, avec
certaines particularités, nous ont offert surtout une notable
différence dans la position des yeux, ces organes étant rapprochés entre eux et presque verticaux dans les *Hélicops* (n.° 8),
tandis qu'ils sont éloignés l'un de l'autre et latéraux dans le
genre que nous désignons sous le nom nouveau d'*Amphiesme*
(n.° 7).

Dans toutes les espèces comprises dans les genres suivants,
les écailles du dos étant lisses chez les uns et carénées chez
les autres, les flancs ne sont jamais recouverts que par des
écailles lisses. Elles varient, il est vrai, pour la forme, car
tantôt elles sont allongées, ou plus étroites en travers, et tantôt à peu près carrées, rhomboïdales ou arrondies.

Les genres, dont toutes les écailles des flancs sont allongées,
nous ont offert cette particularité que dans l'un, celui des
Zaménis, (n.° 4), la plaque sus-orbitaire ou surciliaire déborde l'œil en dehors et forme ainsi une sorte de saillie, tandis
que dans les deux autres genres, d'ailleurs analogues par la
forme allongée des écailles des flancs, la plaque sus-orbitaire
n'offre rien de spécial à noter. Tels sont les *Uromacres* (n.° 6),

41.*

dont la queue est très-longue, ainsi que leur nom l'indique,
et les *Xénodons* (n.º 9), chez lesquels la queue conserve à peu
près ses rapports ordinaires avec la longueur du tronc, dont
elle est le cinquième au plus. Il y a, en outre, d'autres caractères distinctifs pour les Xénodons, mais il est inutile de
les énumérer ici.

D'après la marche analytique que nous venons d'indiquer,
il reste quatre genres, dont les écailles sont lisses et carrées
sur les flancs et dont le museau est arrondi. Parmi eux, il en
est un bien remarquable, parce que son dos est relevé et
comme saillant en toit, ce qui donne au tronc l'apparence
d'avoir été comprimé. En raison de cette conformation, nous
avons nommé ce genre *Stégonote* (n.º 3).

Dans les trois derniers, le dos est arrondi, comme dans la
plupart de nos Couleuvres; mais chez l'un d'eux, la tête est
très-large en travers, et surtout, l'occiput semble porté sur une
sorte de cou ou de rétrécissement de l'échine. Tel est le genre
que Wagler a nommé *Périops* (n.º 2), remarquable surtout
par la présence, au-dessus des plaques sus-labiales, de petites
squammes sous-oculaires. Chez les autres, la tête est à peu
près de la même largeur que le cou qui la supporte, et il n'y a
pas de plaques sous-oculaires, mais la queue est fort courte
dans le genre *Liophis* (n.º 5), et au contraire, relativement
au tronc, elle est longue dans les *Dromiques* (n.º 1), qui se
trouvent ainsi placés à la tête de la famille.

Le tableau synoptique suivant aidera beaucoup dans la
classification analytique, car la série des numéros rétablit à
peu près l'ordre naturel que l'exigence ou la marche du système semble avoir dérangé.

TABLEAU SYNOPTIQUE DES GENRES DE LA FAMILLE DES DIACRANTÉRIENS.

CARACTÈRES. *Toutes les dents lisses ; les postérieures plus longues , isolées ou séparées des autres par un intervalle libre.*

A museau

- obtus, relevé en dessus et comme anguleux . . . . 10. HÉTÉRODON.
- rond ; écailles des flancs
  - carénées ; yeux
    - latéraux , éloignés l'un de l'autre . . . . 7. AMPHIESME.
    - verticaux et rapprochés . . . . . 8. HÉLICOPS.
  - lisses
    - allongées; surciliaires
      - saillantes au-dessus de l'orbite . . 4. ZAMÉNIS.
      - ordinaires; queue
        - très-longue . . 6. UROMACRE.
        - ordinaire . . . 9. XÉNODON.
    - carrées; dos
      - comprimé, en toit saillant . . . . . 3. STÉGONOTE.
      - rond ; tête
        - distincte du cou ; sous-oculaires. 2. PÉRIOPS.
        - peu distincte; queue
          - longue . 1. DROMIQUE.
          - courte . 5. LIOPHIS.

I.er GENRE. DROMIQUE. — *DROMICUS* (1). Nobis.

CARACTÈRES ESSENTIELS. *Corps allongé, à queue longue, à écailles lisses, carrées, courtes, distribuées en séries peu obliques ; occiput de même largeur que le cou.*

Parmi les Ophidiens Aglyphodontes, dont les deux grosses dents sus-maxillaires postérieures sont plus longues que celles qui les précèdent, et s'en trouvent séparées par un intervalle libre, ce genre se distingue par plusieurs autres particularités.

D'abord, les écailles du tronc ne portent pas une ligne saillante médiane, ou une carène, telle qu'on l'observe dans plusieurs genres, tels que les Hélicops, les Amphiesmes et dans quelques Hétérodons, qui ont d'ailleurs le museau retroussé et anguleux. On peut remarquer, en outre, que la surface du tronc est tout-à-fait lisse et polie, que les écailles sont quadrilatères, courtes et entuilées, et il faut noter enfin l'étendue proportionnelle de la queue, comparativement aux espèces du genre Liophis.

Cette réunion d'espèces, que nous avons cru devoir rapprocher, constitue un genre spécial. La plupart, comme nous le verrons en les étudiant successivement les unes après les autres, avaient été distribuées dans plusieurs autres groupes.

Ainsi au genre Dromique, appartiendront les espèces que

---

(1) De Δρομικὸς, bon coureur.

Ce genre a été établi par Bibron dans l'Histoire de l'île de Cuba, de M. Ramon de la Sagra, publiée en 1843, en collaboration avec feu Cocteau, son ami.

différents naturalistes, et en particulier M. Schlegel, avaient placées les unes, tels que les *D. coureur* et *rayé* avec les Herpétodryas et les autres, comme les *D. de Temminck*, des *Antilles* et de *Plée*, parmi les Psammophis.

Le premier motif qui nous a fait éloigner ces Serpents du rang que M. Schlegel leur avait assigné est la disposition et la structure du système dentaire. Les vrais Psammophis, en effet, sont pour nous des Opisthoglyphes Anisodontiens, et ceux dont il est ici question sont, au contraire, des Aglyphodontes, car ils n'ont pas les dents cannelées en arrière. Les deux espèces que nous avons dû séparer du genre Herpétodryas, pour les ranger dans celui des Dromiques, bien que tous soient Aglyphodontes, ne pouvaient rester dans le premier de ces deux genres, puisque les Herpétodryas n'ont pas les dernières dents séparées des autres crochets par un intervalle sans dents, ou par un espace libre.

Ce caractère, fourni par les dents, n'a pas échappé à l'habile Erpétologiste de Leyde qui, à-propos de l'Herpétodryas rayé, a bien soin d'indiquer que la dernière dent de la mâchoire supérieure dépasse celles qui la précèdent, mais n'attachant pas à cette particularité de l'organisation la même importance que nous, il a cru devoir s'en tenir aux apparences physionomiques, d'après ses idées particulières, qui ont été la base de sa classification.

Il y a cependant des différences assez tranchées que Bibron a énumérées, ainsi qu'il suit, dans l'Histoire des Reptiles de l'île de Cuba que nous avons indiquée en note, lorsqu'il a dit : « Les Dromiques ne ressemblent à l'*Herpétodryas carinatus*, type de ce groupe générique établi par Boié, ni par l'ensemble de leur conformation extérieure, ni par la structure de leur tête, ni par leur système dentaire, ni par leur mode d'écaillure, ni même par leur manière de vivre. En effet, les Dromiques n'ont, comparativement aux Herpétodryas, que des formes médiocrement sveltes et le corps peu comprimé, c'est-à-dire que, sous ce rapport, ils se rapprochent davantage des Couleuvres proprement dites. Leur tête, dont les os, en général, ne sont pas aussi minces, et les mastoïdiens, en particulier, aussi courts, est distinctement plus étroite, surtout vers le museau, qui n'est non plus ni si large, ni si obtus au bout; leurs yeux, au lieu d'offrir un volume énorme, sont d'une moyenne grandeur; leurs dents, sans être très-fortes, ne présentent ni la gracilité, ni l'acuité de celles des Herpétodryas, et la dernière ou les deux dernières dents de chaque rangée de la mâchoire supérieure sont constamment plus longues que les autres, ce qui ne s'observe pas chez les Herpétodryas. Leurs écailles, outre qu'elles sont toutes dépourvues de carènes, n'affectent pas cette disposition en séries obliques si évidente dans ces derniers. Enfin, les Dromiques dont la reptation, à ce qu'il paraît, est des plus rapides, ne quittent guère le sol, recherchent de préférence, pour en faire leur proie, les reptiles et les petits mammifères terrestres; tandis que les Herpétodryas, qui se nourrissent principalement d'oiseaux et de Batraciens anoures dendrophiles, se tiennent habituellement sur les arbres, le long des branches desquels ils montent, descendent, se glissent sans efforts apparents, grâce à la souplesse dont jouissent toutes les parties de leur corps grêle et excessivement allongé. » (*Loco citato, p.* 221.)

Nous avons réuni dans ce genre dix espèces qui ont entre elles tant de rapports naturels, que ne trouvant pas assez de caractères, très-nettement distinctifs et comparables, dans les particularités qui auraient pu servir à les mieux caractériser, nous avons eu recours à l'indication fournie par les taches et les couleurs, ainsi qu'on le verra dans le tableau synoptique qui suit.

TABLEAU SYNOPTIQUE DES ESPÈCES DU GENRE DROMIQUE.

Dos
- à taches ou raies
  - raies
    - quatre
      - jaunes, étroites ; ventre jaune. . . . . . . 1. D. COUREUR.
      - en avant, puis trois, deux et une. . . . . . 10. D. TRISCALE.
    - moins de quatre
      - trois et
        - bordées de noir. . . . . . . 2. D. RAVÉ.
        - la médiane comme double. . . . . 4. D. DES ANTILLES.
      - moins de trois
        - deux ; des taches noires. . . . . 5. D. DE PLÉE.
        - une médiane, très-large. . . . . 6. D. DE TEMMINCK.
  - taches ou marques variées
    - noires
      - distinctes. . . . . . . 8. D. VENTRE-ROUX.
      - réunies en chevron. . . . 9. D. ANGULIFÈRE.
    - jaunes sur un fond noir. . . . . 7. D. DEMI-DEUIL.
- sans taches ni raies ; une ligne noire derrière chaque œil. . . 5. D. UNICOLORE.

Quelques observations doivent être faites sur ce tableau pour en faciliter l'usage.

Ainsi, le *Dromique coureur* qui est placé en tête des espèces à raies n'est pas constamment rayé, et c'est même ce motif qui nous a engagés à décrire trois *Variétés*. Celle où les régions supérieures sont parcourues par quatre lignes étant cependant la plus commune et la plus généralement répandue dans les Antilles et dans l'Amérique du Sud, il nous a semblé qu'il était convenable de la prendre pour type.

Le *Dromique des Antilles* (n.º 4), groupé parmi les espèces à trois raies, est rangé dans cette catégorie, surtout d'après la description de M. Schlegel, qui en a sans doute vu plus d'échantillons que nous. Les nôtres, qui sont en petit nombre, sont généralement unicolores. L'un d'entre eux, cependant, comme on peut le voir dans l'article que nous consacrons à cette espèce, se rapproche par son système de coloration des spécimens du Musée de Leyde.

Il faut enfin noter que le *Dromique unicolore* (n.º 3), bien qu'il ne porte pas de raies longitudinales, ni de taches proprement dites, et que par cela même, il se distingue bien de ses congénères, a cependant quelquefois la teinte brune uniforme de ses régions supérieures, relevée par de petites linéoles noires.

1. DROMIQUE COUREUR. *Dromicus cursor.* Nobis.
(*La Couresse.* Rochefort.)

CARACTÈRES. Corps d'un brun rougeâtre en dessus, parcouru, le plus souvent, par quatre raies longitudinales jaunes, étroites ; deux dorsales et deux latérales, quelquefois bordées de blanc ; gastrostèges jaunes.

SYNONYMIE. 1658. *Couresse* ou *Coureresse.* Rochefort. Hist. nat. Ant., pag. 127.

1789. *La Couresse.* Lacépède. Hist. quadr. ovip. et Serp. Tom. II, pag. 281, pl. 14, fig. 2.

1790. *La Couresse.* Bonnaterre. Encycl. méth. Ophiol., pag. 27, pl. 42, fig, 3.

1798. *Coluber fugitivus.* Donndorf (J. A.) Zoologische beytrage. Tom. III, pag. 206, n.º 29.

1801. *Die Laufnatter.* Beschtein. Lacepede's naturg. Amphib. vol. 4, pag. 55, tab. 6, fig. 2.

1802. *Coluber cursor.* Shaw. Gener. zool. vol. 3, part. 2, pag. 510.

1802. An X. *Coluber cursor.* Latreille. Hist. Rept. Tom. IV, pag. 125.

1803. An XI. *Coluber cursor.* Daudin. Hist. Rept. Tom. VI, pag. 41, et Tom. VIII, pag. 404, n.º 68.

1818. *Coluber cursor.* Moreau de Jonnès. Journ. de Phys. Septembre, pag. 133, cah. 88.

1820. *Idem.* Merrem. Tentamen. Syst. Amphib., pag. 113, n.º 78.

1837. *Herpetodryas cursor.* Schlegel. Physion. des Serp. Tom. I, pag. 153; Tom. II, pag. 199.

1843. Dromique coureur. *Dromicus cursor.* Cocteau et Bibron. Erpét. de Cuba. (Hist. polit. et nat. de cette île, par M. Ramon de la Sagra, pag. 225.)

DESCRIPTION.

Le museau est obtus. Plaque rostrale semi-circulaire supérieurement, à peine oblique, non rabattue sur sa face supérieure, qui est assez manifestement dirigée en bas ; mâchoires de même longueur, plaques frontale et pariétale d'étendue semblable, à peine rétrécies en arrière ; ces dernières sont souvent échancrées à leur bord externe auquel tiennent deux grandes plaques temporales. Huit paires de plaques sus-labiales, dont la quatrième et la cinquième seules touchent à l'œil. Plaque frénale un peu plus haute que longue ; sous-maxillaires postérieures, de même longueur que les antérieures.

Les écailles du tronc, tout-à-fait lisses, sont losangiques et leurs dimensions transversales tendent d'autant plus à se rapprocher de celles du diamètre antéro-postérieur qu'elles sont plus éloignées de la tête.

Ecailles : 17 rangées longitudinales au tronc ; sur 26 individus, un seul, appartenant à la variété B, n'en porte que 15 ; 4-6 à la queue.

Gastrostèges : 136-145 dans la deuxième variété, et 181-193 dans la première et la troisième ; 1 anale divisée ; 100-113 urostèges également divisées.

DENTS. Maxillaires $\frac{21\text{-}23}{23\text{-}26}$. Palatines 15. Ptérygoïdiennes 23-25. Ces dernières s'étendent jusqu'à l'articulation de l'occipital avec l'atlas.

PARTICULARITÉS OSTÉOLOGIQUES. La face supérieure de la tête est assez plane et l'espace compris entre le bord antérieur de la cavité orbitaire et la branche transversale de l'os inter-maxillaire n'égale pas tout-à-fait le tiers de la longueur totale de la tête.

COLORATION. Les différences offertes par les nombreux individus que la collection renferme et qui proviennent de différents pays sont assez tranchées pour autoriser l'établissement de trois variétés.

Variété A. Dans cette première catégorie, nous plaçons les individus auxquels conviennent la description fort incomplète, il est vrai, de Lacépède et celle beaucoup plus exacte de M. Schlegel.

Le fond des régions supérieures est variable ; c'est-à-dire que la teinte brune dont elles sont revêtues, offre des nuances intermédiaires du brun fauve jusqu'au brun-noirâtre ; mais on y voit toujours, et c'est là, ce qui caractérise la variété dont il s'agit, quatre lignes ponctuées blanc-jaunâtres étendues depuis l'occiput jusqu'à l'extrémité de la queue.

Deux de ces lignes, formées chacune par une seule rangée de points, sont situées à l'endroit où la face supérieure du dos s'incline pour se confondre avec les flancs. Les deux autres, beaucoup plus latérales, et constituées par deux rangées de points, si ce n'est à la queue, règnent un peu au-dessus du niveau de la jonction des flancs et de l'abdomen.

En dessous, l'animal est d'un brun-jaunâtre, relevé seulement par des maculatures bordant l'une et l'autre extrémité de chaque gastrostège et de chaque urostège, s'étendant, çà et là, jusque vers la ligne médiane.

Dans le jeune âge, on trouve, de très-bonne heure, sur un fond uniformément brun, les premières traces des lignes blanches tirant sur le jaune.

C'est de la Martinique, d'où provenait le type décrit par Lacépède, qu'ont été envoyés quelques-uns des échantillons appartenant à cette première variété. Les autres ou sont d'origine inconnue, ou ont été recueillis soit à Cayenne, soit à la Guadeloupe, soit enfin à New-York.

La différence dans le système de coloration est indépendante du climat, car un individu, adressé des Etats-Unis, rentre dans la seconde variété.

Variété B. Le type de celle-ci a été fourni par le nombreux envoi de M. Ramon de la Sagra et a été décrit par Bibron dans l'Erpét. de l'île de Cuba.

A la Havane, en particulier, il en a été pris un individu, qui rentre dans cette catégorie, ainsi qu'un autre, originaire de New-York. Nous empruntons à l'ouvrage cité la description suivante : « Un beau noir d'ébène et un jaune, passant parfois à l'orangé, sont les deux seules teintes qu'on observe à la surface du corps. Quelquefois, le premier règne seul sur toutes les parties supérieures de ce Serpent ; mais le plus souvent, il y sert de fond de couleur au second qu'on voit former une bandelette étroite, de chaque côté du dessus de la tête, deux séries latérales et parallèles de petites taches sur la moitié postérieure de l'animal et un petit encadrement autour de la plupart des écailles de la moitié antérieure du tronc, un certain nombre d'autres restant entièrement noires, et cela par places en losanges, à petite distance les unes des autres, sur le milieu du dos. Le jaune est la teinte qui domine à la face inférieure du corps où le noir est simplement étendu en bordure transversale sur la marge postérieure de toutes les scutelles ventrales et sous-caudales » (P. 226.)

Dans cette variété, comme dans la précédente, la tête porte quelques maculatures blanc-jaunâtres irrégulières. Elles se présentent sous la forme de petites lignes chez les jeunes sujets, dont la face inférieure est d'une teinte semblable, disparaissant successivement, plus ou moins, sous la couleur noire, dont se teignent les gastrostèges et les urostèges. Le dos est d'un noir uniforme.

Variété C. Un seul individu, adressé du Brésil et dont tous les caractères spécifiques font un véritable *D. coureur*, ne doit former qu'une variété.

Bibron a dit, il est vrai, que M. Schlegel a signalé à tort l'animal dont il s'agit, comme se trouvant dans cette contrée de l'Amérique méridionale. Nous ne trouvons cependant, d'après un minutieux examen comparatif, à côté de toutes les ressemblances, qu'une forme un peu plus carrée du museau, dont la plaque rostrale a une direction tout à fait verticale. Quant à la coloration. voici ce qui s'observe. Sur un fond uniformément brun et très-analogue à la teinte propre aux individus de la première variété, il règne, tout le long de la région dorsale, au lieu des lignes d'un blanc-jaunâtre ponctuées, deux lignes noires circonscrivant dans leur intervalle une bande brune, un peu plus foncée que le reste du corps et chaque flanc porte une autre bande, qui se distingue également de la teinte générale par une nuance un peu plus obscure. Le ventre est jaunâtre, avec des maculatures foncées aux extrémités des gastrostèges et des urostèges, comme dans la variété A. La tête est partout, à sa face supérieure, de même couleur que le tronc.

DIMENSIONS. La tête a, en longueur, environ le double de sa largeur prise vers le milieu des tempes ; cette largeur est une fois plus considérable que celle du museau, au devant des narines. D'un des côtés de la région sus-orbitaire à l'autre côté, il existe un espace qui n'est pas tout à fait le double de celui qu'occupe le diamètre longitudinal des yeux. La hauteur du tronc, à sa partie moyenne, en dépassse un peu la largeur ; surtout dans les variétés A et C où il est moins arrondi que dans la variété B ; aussi dans cette variété, la longueur totale, sans y comprendre la queue, est-elle à sa largeur moyenne dans le rapport de 36 ou 37 à 1, tandis que, pour les deux autres, elle est comme 48 à 1.

Dans la première et la troisième variétés encore, la queue est comprise, en moyenne, trois fois et demie environ dans la longueur totale, elle n'en est donc pas le tiers ; mais elle en est plus du quart. Elle est proportionnellement plus allongée dans la deuxième.

Dimensions du plus grand de nos individus : *Tête*, long 0,024 ; *Tronc*, long 0m,60 ; *Queue*, long 0m,26. Dimensions totales, 0,884.

PATRIE. Les détails donnés dans la description des variétés ont déjà fait connaître que cette espèce est surtout commune aux Antilles. C'est à MM. Keraudren, Plée et Alex. Rousseau que sont dûs les échantillons de la Martinique ; à M. L'herminier ceux de la Guadeloupe ; à M. Ramon de la Sagra ceux de Cuba ; à M. Phil. de Poey ceux de la Havane, en particulier. M. Robert en a recueilli à Cayenne. Les individus reçus de New-York proviennent de Milbert, celui du Brésil de M. Vauthier. Deux de ces Dromiques un jeune et un adulte, tout à fait conformes à la première variété, proviennent de Delalande, qui les avait rapportés de Rio. Nous avons dit enfin, que pour quelques-uns de nos échantillons, nous n'avons de renseignements ni sur l'origine, ni sur les noms des donateurs.

MŒURS. Le trait le plus saillant du genre de vie de cette espèce est la rapidité de sa reptation à laquelle Rochefort a emprunté la dénomination sous laquelle il l'a désignée. « Elle est aussi timide que peu dangereuse, dit Lacèpède ; elle se cache ordinairement lorsqu'elle aperçoit quelqu'un ou s'enfuit avec tant de précipitation que c'est de là que vient son nom de *Couresse* ou *Coureresse*. » M. Moreau de Jonnès confirme ces faits en disant, dans sa Monographie : « Les habitudes de ce reptile sont celles d'un animal timide, faible et dépourvu de tout moyen de défense. C'est dans la fuite qu'il cherche toujours sa sûreté ; et le besoin d'échapper à ses ennemis lui fait contracter une rapidité de locomotion, dont les autres Ophidiens des Antilles n'offrent aucun exemple. »

Ce même observateur réfute l'opinion vulgaire que la Couresse attaque et combat victorieusement le Trigonocéphale fer de lance.

2. DROMIQUE RAYÉ. *Dromicus lineatus.* Nobis.
(*Coluber lineatus.* Linnæus.)

CARACTÈRES. Tronc brun terne, avec trois lignes longitudinales plus foncées et bordées de noir, naissant de la tête et se
prolongeant jusqu'à l'extrémité du corps.

SYNONYMIE. 1735. Séba. Thes. Tom. II, pl. 1, fig. 9. *Serpens
Xequipiles.* pl. 2, n.º 4. *Serp. Lemniscata*, pl. 9, n.º 2? pl. 12,
n.º 3, pl. 42, n.º 5 jeune, représentant la femelle du Chayque
suivant Lacépède et Daubenton.

1735. Scheuchzer. Phys. sacra. Tom. IV, tab. DCCXV, n.º 2, Ex
Mus. Link, n.º 53.

1754. *Coluber lineatus.* Linné. Mus. Ad. Frid. pag. 30, tab. 12,
fig. 1 et tab. 20, fig. 1.

1784. Daubenton. Quad. ovip. Serp., pag. 668.

1789. *La Rayée.* Lacépède. Hist. nat. Serp. Tom. II, p. 215.

1802. Latreille. Rept. Tom. IV, pag. 151. *Idem.*

1804. Daudin. Hist. des Rept. Tom. VII, pag. 25. *La Couleuvre rayée.*

1802. Shaw. Gener. Zool. Tom. III, pag. 529.

1820. Merrem. Tent. Syst. Amph., pag. 112, n.º 75. *Natrix
lineatus.*

1837. *Herpetodryas lineatus.* Schlegel. Essai sur la Phys. des
Serpents. Tom. II, pag. 191.

DESCRIPTION.

FORMES. Serpent de petite taille, dont la tête, peu volumineuse et étroite,
se distingue à peine du tronc, qui est presque cylindrique et d'un diamètre un peu plus considérable à sa partie moyenne que vers ses extrémités.
Le museau est court, obtus, arrondi, légèrement incliné en bas, et un peu
recouvert par l'extrémité de la plaque rostrale, qui se termine en angle obtus. La queue est longue et effilée. Les yeux proportionnellement paraissent assez grands et les lignes de jonction du plan supérieur de la tête avec
les plans latéraux sont arrondies.

ECAILLURE. La plaque frontale moyenne, quoique ne dépassant pas en longueur les pariétales, semble allongée, sans doute parce qu'elle est, le plus souvent, étroite.

Il y a huit paires de sus-labiales peu élevées, dont les quatrième et cinquième touchent à l'œil. La frénale est un peu plus longue qne haute. Les sous-maxillaires postérieures ont la même longueur que les antérieures.

Toutes les écailles sont lisses; les moyennes ont moins de largeur que les latérales. La forme en est losangique et de plus en plus rapprochée du quadrilatère vers les régions postérieures.

Écailles : 19 rangées longitudinales au tronc, 4-6 à la queue.

Scutelles : 1 gulaire, 163-166 gastrostèges, 1 anale divisée, 72-82 urostèges également divisées. Tels sont les nombres fournis par six individus et très-analogues à ceux donnés par Linné ; mais sur les huit que nous possédons, il y en a deux originaires de Santa-Cruz, rangés par Bibron dans cette espèce, et qui diffèrent assez notablement des autres, par le nombre des rangées longitudinales des écailles du tronc, lequel n'est que de 17, et par celui des gastrostèges et des urostèges, dont on compte 197-208 et 53-66.

DENTS. Maxillaires $\frac{22}{29}$. Palatines, 13. Ptérygoïdiennes, 28, s'étendant au-delà de l'articulation de l'occipital avec la première vertèbre.

PARTICULARITÉS OSTÉOLOGIQUES. La face supérieure du crâne est un peu bombée ; il en résulte une légère inclinaison de son extrémité antérieure que la branche montante de l'os inter-maxillaire vient rejoindre en se dirigeant très-obliquement d'avant en arrière et un peu de bas en haut. La cavité orbitaire a des dimensions assez grandes. La largeur de os frontaux est à leur longueur dans le rapport de 2 1/2 à 4 : ils ne sont donc pas larges.

COLORATION. La teinte générale est brune ; quand l'épiderme est enlevé, elle est d'un gris blanchâtre. Le trait caractéristique et qui a motivé la dénomination spécifique de cet Ophidien, c'est la présence constante sur toute la longueur de l'animal, depuis l'extrémité du museau, jusqu'à celle de la queue, d'une ligne médiane, d'une nuance plus foncée, assez large, chez certains individus, pour former une véritable bande. Moins considérable que dans le *Dromique de Temminck*, ce dessin rappelle cependant beaucoup celui de cette dernière espèce. La bande, de chaque côté, est bordée d'une fine raie noire consistant en une série de petites taches longitudinales situées sur la partie moyenne des écailles qui les supportent.

Deux lignes latérales noires, beaucoup plus étroites que celle du milieu, si ce n'est cependant sur la tête où elles sont larges, commencent au niveau des narines, se continuent derrière l'œil et se prolongent jusqu'à la terminaison de l'appendice caudal.

C'est ce système de coloration que Linnæus a dépeint dans les termes

suivants, *in Mus. Ad. Fr. p.* 30: *Truncus supra cærulescens, lineis lon-
gitudinalibus fuscis quatuor. Area fusco-cærulescens, longitudinalis,
inter lineas duas intermedias longitudinaliter dorsum excurrit.*

Il résulte de la disposition des lignes sur la tête, que sa partie médiane
paraît plus foncée et se trouve entourée par une teinte plus claire, qui la
sépare des régions latérales foncées comme elles. Les lèvres, ainsi que les
parties inférieures, sont d'un brun-jaunâtre parfaitement uniforme.

Dimensions. La longueur de la tête est le double de sa largeur au niveau
des tempes; cette dernière est, elle-même, une fois plus considérable que
celle du museau au devant des narines. Le diamètre longitudinal des yeux
est un peu plus de la moitié de l'espace transversal sus-inter-orbitaire.

Entre la hauteur et la largeur du tronc mesurées à la partie moyenne,
la différence est peu considérable. Cette largeur est à la longueur, à peu
près dans le rapport de 1 à 47.

La queue est sensiblement égale au quart de la longueur de l'animal,
ce qui rentre dans les mensurations de Linnæus, qui dit: *Cauda 1/3 seu 1/4
totius.*

Cette proportion n'est plus la même sur les deux échantillons de Santa-
Cruz déjà signalés. Leur queue, en effet, est plus courte et n'atteint guère
que le sixième des dimensions totales. La similitude complète des caractères spécifiques et la très-grande analogie du système de coloration ne nous
semblent pas permettre, malgré ces différences, d'établir une espèce nouvelle. Nous nous y croyons d'autant moins autorisés que les deux individus dont il s'agit, nous paraissent fort jeunes et que nous n'en avons pas
de plus âgés provenant de la même localité.

Dimensions du plus grand de ces Dromiques : *Tête,* long 0^m,018. *Tronc,*
long 0^m,442. *Queue,* long 0^m,156. En tout, il a 0^m,616.

Patrie. Le *Dr. rayé* a été trouvé à la Guyanne par M. Schombourg, à
Surinam par Leschenault de la Tour et Doumerc.

C'est à M. A. D'Orbigny que le Muséum est redevable des exemplaires
recueillis à Santa-Cruz.

Nous trouvons sur l'étiquette d'un bocal l'indication de l'Amérique du
Nord, mais comme il n'y a pas de nom de voyageur, nous donnons cette
origine avec doute.

Nous ne possédons pas la variété de climat provenant du Brésil, indiquée par M. Schlegel et qui a cela de particulier, suivant ses expressions,
que « les trois raies sont moins distinctes, interrompues et composées d'un
grand nombre de taches, particulièrement sur les bords des raies, ce qui
en augmente le nombre et le porte au double. Les écailles sont souvent bordées de noir : cette disposition des teintes forme un dessin fort joli. » Les
ndividus types de cette Variété ont été adressés au Musée de Leyde par

REPTILES, TOME VII.   42.

ceux de Vienne et de Berlin. L'un portait le nom de *Coluber Chamissonii* c'est la dénomination que M. Wiegmann avait donnée à une Coronelle qui pàrait être le Dromique de Temminck.

L'autre était étiqueté comme *Coluber moniliger*.

3. DROMIQUE UNICOLORE. *Dromicus unicolor*. Nobis.

CARACTÈRES. Corps d'un brun uniforme, pointillé de noir, plus pâle en dessous ; une petite ligne brune derrière l'œil ; le pourtour de la bouche plus pâle.

DESCRIPTION.

FORMES. Tête peu distincte du corps, dont la forme est à peu près cylindrique, par suite du peu de saillie des gastrostèges dans le point où elles se relèvent vers les flancs. Le volume du tronc, après avoir augmenté graduellement jusqu'à la région médiane, diminue insensiblement au-delà de ce point.

Le museau, un peu obtus, est faiblement incliné en bas ; il est court et la plaque rostrale ne se rabat pas sur son extrémité terminale.

La queue est longue et effilée.

ECAILLURE. La plaque frontale moyenne est médiocrement allongée et un peu plus courte que les pariétales.

Il y a huit paires de sus-labiales, dont les troisième, quatrième et cinquième touchent à l'œil. Cette dernière et surtout celles qui la suivent sont hautes. Les sous-maxillaires postérieures sont plus longues que les antérieures.

Ecailles : Rangées longitudinales au tronc 17 ; à la queue 4-6.

Scutelles : 1 gulaire, 168 gastrostèges ; 1 anale divisée ; 115-122 urostéges également divisées ou en rang double.

DENTS. Maxillaires $\frac{13}{19}$. Palatines, 8. Ptérygoïdiennes, 20 ne s'étendant pas sur les os qui les supportent, au-delà de la crête très-peu saillante que l'occipital présente à sa face inférieure, au devant de son articulation avec l'atlas. Elles sont petites et serrées.

PARTICULARITÉS OSTÉOLOGIQUES. La tête, dans son ensemble, paraît longue et étroite. Ce sont les os frontaux surtout qui contribuent à cette conformation, car leur longueur est le double de leur largeur à la partie moyenne. Le museau proportionnellement est court ; il n'y a, en effet, du bord antérieur de l'orbite, à l'extrémité antérieure de la tête, que le quart à peine de l'espace compris entre le trou occipital et la lame transverse de l'os inter-maxillaire, dont la branche montante, très-frêle, vient rejoindre presque verticalement les os du nez, qui forment, avec les os frontaux, un plan un peu oblique de haut en bas.

COLORATION. Le nom même par lequel nous désignons cette espèce indique l'uniformité de teintes qui la caractérise. Une nuance brune revêt toutes les parties supérieures. Elle est relevée par un pointillé noir très-fin, visible seulement sur deux de nos individus, et formant des lignes transversales en zig-zag, comme par portions d'anneaux distincts. Un brun jaunâtre règne sur les régions inférieures. Enfin, la coloration des lèvres est un peu plus claire que celle du reste de la tête, et il y a une petite ligne foncée derrière l'œil. Un jeune sujet a les plaques céphaliques noirâtres, relevées par quelques lignes jaunes.

DIMENSIONS. Le moins petit de nos échantillons, et qui, vu sa petite taille, n'est peut-être pas complètement adulte, a une longueur totale de 0^m,85, ainsi répartis : *Tête* long 0^m,02. *Tronc* 0^m,35. *Queue* 0^m,18.

Sur deux autres individus, on constate, comme sur celui-ci, que la queue est à peu près égale au tiers des dimensions longitudinales.

PATRIE. Nous ignorons complétement l'origine de ce Serpent.

4. DROMIQUE DES ANTILLES. *Dromicus Antillensis*. Nobis.

(*Psammophis Antillensis*. Schlegel.)

CARACTÈRES. Corps d'un brun-jaunâtre presque uniforme, ou avec trois lignes brunes foncées, dont celle du milieu plus étroite est comme double ; les gastrostèges jaunes, avec quelques taches noires, irrégulières.

SYNONYMIE. 1837. *Psammophis Antillensis*. Schlegel. Essai sur la Physion. des Serp. Tom. I, p. 155 et Tom. II, p. 214, n.° 5.

DESCRIPTION.

Tête conique, peu distincte du tronc, dont la forme est allongée et dont le volume va en augmentant jusque vers la région moyenne et semble ensuite diminuer graduellement.

Le museau est conique et un peu pointu à son extrémité ; la plaque rostrale ne se rabat pas sur la région supérieure ; elle est presque demi-circulaire en dessus et oblique dans toute sa hauteur d'arrière en avant.

La plaque frontale, médiocrement allongée, est plus courte que les pa-

42.*

riétales , qui sont elles-mêmes un peu rétrécies en arrière et à leurs bords externes, par lequel elles se joignent aux trois grandes plaques temporales.

On compte huit paires de lames sus-labiales, dont les troisième, quatrième et cinquième touchent à l'œil. Cette dernière et les trois qui la suivent sont plus élevées. La plaque frénale est, le plus ordinairement, aussi haute que longue. Les sous-maxillaires postérieures sont plus longues que les antérieures. L'abdomen est assez convexe et les flancs ne sont pas anguleux. La queue est longue et effilée.

Les écailles sont losangiques et de plus en plus quadrilatères , vers la région postérieure du tronc ; toutes sont lisses et un peu plus petites au milieu que sur les côtés.

Ecailles : rangées longitudinales au tronc 19 ; un seul spécimen n'en a que 17 ; à la queue 4-6.

Scutelles : 1 gulaire ; gastrostèges, 175-192 ; 1 anale divisée; 155-138 urostèges également divisées.

Dents. Maxillaires, $\dfrac{20\text{-}22}{25\text{-}25}$; palatines, 12-13 ; ptérygoïdiennes, 35-38, s'étendant , sur les os qui les supportent , jusqu'au niveau de l'articulation de l'occipital et de l'atlas. Les petites différences entre les nombres ci-dessus sont établies par l'examen comparatif de deux têtes.

Coloration. Rien de bien tranché ne se remarque dans les teintes de cette espèce, dans laquelle il serait peut-être possible de reconnaître cependant deux *Variétés,* en admettant comme propre à l'une d'elles la description de M. Schlegel indiquée dans les termes suivants : « Un brun-jaunâtre occupe le dessus ; le dos est orné de trois raies étroites et noirâtres , dont la médiane est composée de deux lignes fines et serrées ; on voit sur les flancs deux autres raies plus larges et constituées par un grand nombre de petits points ; elles se prolongent sur les côtés de la tête , en passant par l'œil. »

L'autre variété serait caractérisée par la teinte uniformément brune de toutes les parties supérieures et par l'absence presque complète des taches et des lignes noires dont il vient d'être question , ce qui s'applique, en particulier, à un mâle. Comme cependant, sur l'un de nos individus qui se rapproche assez du type de l'Erpétologiste Hollandais , nous ne retrouvons qu'imparfaitement les caractères énoncés par lui, et comme il dit que le dessin, tel qu'il l'a décrit n'est bien apparent que sur les très-jeunes sujets, ce qu'il ne nous est pas donné de constater par nous-mêmes , manquant d'échantillons du premier âge, nous croyons devoir nous en tenir à la description contenue dans le passage cité , sans admettre des variétés constantes.

Notons enfin que les parties inférieures sont jaunes, avec quelques maculatures noires, irrégulières, plus ou moins apparentes.

Dimensions. La tête n'a pas tout-à-fait, en longueur, le double de sa largeur, prise vers le milieu des tempes, laquelle est un peu plus de deux fois et demie aussi considérable que celle du museau au devant des narines et c'est par suite de cette différence, qu'il est conique. D'un des côtés de la région sus-inter-orbitaire à l'autre, il y a un espace plus que double du diamètre longitudinal des yeux.

La hauteur du tronc, à sa partie moyenne, en dépasse un peu la largeur, qui est à sa longueur, la queue non comprise, dans le rapport, en moyenne, de 1 à 45.

La queue égale à peu près le tiers de la dimension totale de l'animal, car elle y est comprise un peu plus de trois fois et même chez un sujet, elle est beaucoup plus longue et il ne s'en faut guère qu'elle en égale la moitié.

Dimensions du plus grand de nos individus : *Tête,* long 0^m,028; *Tronc,* 0^m,750 ; *Queue,* 0^m,370 ; *Longueur totale,* 1^m,148.

Patrie. C'est de la communauté d'origine de tous les individus compris dans cette espèce, que M. Schlegel a emprunté le nom de *Antillensis* par lequel il l'a désignée et que nous conservons, bien que l'un de nos individus, sans nom de donateur, il est vrai, soit indiqué comme provenant de l'Amérique du Sud. Tous les autres ont été recueillis aux Antilles, à St.-Jago, dans l'île de Cuba, par M. Coris, à S.te Croix et à St.-Thomas par M. Richard, à la Guadeloupe par M. Donzelot et à la Martinique par M. Plée, mais les échantillons de ces deux dernières localités ont été donnés au Musée de Leyde.

5. DROMIQUE DE PLÉE. *Dromicus Pleii.* Nobis.

Caractères. Écailles lisses, quadrilatères ; deux raies dorsales noires, parallèles, quelquefois réunies, sur les régions antérieures, par de petites lignes noires transversales, ondulées ; une série de taches en avant sur les flancs ; une ligne noire, ponctuée, de chaque côté, à l'extrémité des grandes plaques des régions inférieures.

DESCRIPTION.

Formes. Tête allongée, un peu conique, à peine distincte du corps, qui est assez arrondi, par suite de la convexité de l'abdomen et de la forme peu anguleuse des gastrostèges, dans le point où elles se redressent vers les flancs. -

Le museau est court, quoique contribuant par sa conformation à la forme un peu conique de toute la tête. -

La queue est assez longue et effilée.

ÉCAILLURE. La plaque rostrale se replie à peine sur le museau. La plaque frontale est allongée, de même longueur que les pariétales, dont le bord externe tient à trois temporales d'inégale dimension, les deux premières étant beaucoup plus petites que la troisième.

Il y a neuf paires de sus-labiales, dont les cinquième et sixième touchent l'œil.

La frénale est plus longue que haute.

Les sous-maxillaires postérieures sont plus longues que les antérieures.

Les écailles du tronc, losangiques en avant, se rapprochent de plus en plus du quadrilatère, vers les parties postérieures; elles sont toutes lisses et plus petites sur la ligne médiane que latéralement.

Écailles : Rangées longitudinales au tronc 17, à la queue 4-6,

Scutelles : 1 gulaire, 163-187 gastrostèges, 1 anale divisée, 91-93 urostèges également divisées.

DENTS. Maxillaires $\frac{21}{23}$. Palatines, 13. Ptérygoïdiennes, 21, s'étendant sur les os qui les supportent jusqu'à l'articulation de l'occipital avec l'atlas.

COLORATION. La teinte générale des parties supérieures est un brun uniforme peu foncé, en général, presque noir cependant sur un de nos individus. A une très-petite distance de l'occiput, et de chaque côté de la ligne médiane, commencent deux bandes noires, étroites, parfaitement parallèles, si ce n'est tout-à-fait en arrière et sur la queue où elles vont en se rapprochant, et éloignées l'une de l'autre, sur le dos, de 0^m,006 à 0^m,010, suivant les individus. De distance en distance, mais à de courts intervalles, elles sont réunies par de petites lignes, en zig-zag, noires, bordées de blanc en avant, visibles, seulement à la région antérieure et nulles sur quelques-uns de nos échantillons. Plus en dehors, sur les flancs, il existe des taches noires, irrégulières, qui, au-delà de la première moitié du tronc, constituent, par leur disposition en série, une ligne prolongée seulement jusqu'à l'origine de la queue.

En outre, au bord antérieur des extrémités de chaque gastrostège et de chaque urostège, on voit une petite tache noire : de l'ensemble de toutes ces maculatures, résulte une bande ponctuée, occupant à droite et à gauche, sur toute la longueur de l'animal, la ligne de jonction des scutelles et de la plus basse des rangées longitudinales d'écailles.

La coloration brune semble un peu plus claire que partout ailleurs, immédiatement en dehors du dessin formé, sur la ligne médiane, par les rayures longitudinales et transversales dont il est question plus haut.

En dessous, c'est par exception que l'on remarque une bordure postérieure noire sur les gastrostèges, qui sont, ainsi que les urostèges, d'un brun jaunâtre plus ou moins foncé, suivant que la teinte des parties supérieures est, elle-même, plus ou moins sombre.

Les lèvres se détachent nettement par la couleur jaunâtre des plaques labiales qui sont entourées de noir et le dessous de la tête est marbré de noir et de jaune.

Dimensions. La longueur de la tête a environ le double de la largeur qu'elle présente au niveau des tempes, laquelle est presque le triple de celle du museau au devant des narines. Le diamètre antéro-postérieur de l'œil est, à peu de chose près, égal à la moitié de l'espace sus-orbitaire. Le tronc est 46 à 48 fois aussi long que large à sa partie moyenne et dans ce point, la hauteur ne dépasse la largeur que de 0^m,003. La queue est comprise trois fois et demie à quatre fois dans la longueur totale.

Dimensions du plus grand de nos individus : *Tête* long. 0^m,03. *Tronc* 0^m,71. *Queue* 0^m,25. En tout 0^m,99.

Patrie. C'est en l'honneur de M. Plée qui a adressé ce Serpent de la Martinique qu'il a reçu le nom par lequel nous le désignons. M. Beauperthuis en a recueilli dans la province de Vénézuela dans la Colombie ; et le Musée en a acquis un échantillon provenant du Mexique.

6. DROMIQUE DE TEMMINCK. *Dromicus Temminckii*. Nobis.
(*Psammophis Temminckii*. Schlegel.)

Caractères. Dos brun parcouru par une large bande médiane, d'un brun plus foncé, quelquefois même noire et bordée, de chaque côté, par une ligne ponctuée blanche, visible surtout en avant ; sur chaque flanc, une bande d'un brun plus clair que la médiane et plus ou moins apparente. Sur toutes les écailles qui ne sont pas recouvertes par ces rayures, une fine moucheture noire.

Synonymie. 1835. *Coronella Chamissonii*. Wiegmann Nova acta, XVII, pars. 1, p. 246, pl. 19. Sous ce nom, Wiegmann a représenté le Dromique de Temminck, car c'est à l'espèce dédiée à Chamisso par Hemprich que la description se rapporte.

1837. *Psammophis Temminckii.* Schlegel. Essai sur la phys. des Serp. Tom. I, p. 156 et Tom. II, p. 218, pl. 8, fig. 14 et 15.

1848. *Idem.* Guichenot. Fauna Chilena. (Hist. de Chile por Cl. Gay. Zool. Tom. II, pag. 83.

DESCRIPTION.

FORMES. Tête légèrement effilée en avant, à peine distincte du tronc, qui, bien qu'il soit un peu comprimé, semble cependant presque cylindrique. Il est un peu plus volumineux à sa partie moyenne que partout ailleurs. L'abdomen est convexe et les flancs sont arrondis. La queue est longue et effilée.

ECAILLURE. La plaque rostrale ne se rabat pas sur le museau. La plaque frontale moyenne est, le plus souvent, assez allongée. Elle est de même longueur que les pariétales, qui sont en contact, par leur bord externe, avec des temporales petites et irrégulières, au nombre de cinq ou six.

Il y a huit paires de plaques sus-labiales, dont les quatrième et cinquième touchent à l'œil et dont les trois dernières sont de moyenne grandeur.

La frénale est aussi haute que longue.

Les plaques sous-maxillaires postérieures sont de même longueur que les antérieures.

Les écailles, plus petites à la partie moyenne du tronc que sur les côtés, sont toutes lisses, de forme losangique, mais de plus en plus quadrilatères, à mesure qn'elles s'éloignent davantage de la tête.

Elles sont disposées sur 19 rangées longitudinales au tronc et sur 6 à la queue.

Gastrostèges : 179 à 196 ; anale double; urostèges : 100 à 122 paires.

DENTS. Maxillaires, $\frac{10\text{-}18}{15\ 20}$; palatines, 7-10; ptérygoïdiennes, 13-15.

Tels sont les résultats fournis par la numération des dents sur deux têtes sur l'une desquelles ces organes étant moins volumineux sont en plus grand nombre. Les os ptérygoïdiens en sont garnis, sur l'une et sur l'autre, seulement jusqu'au niveau de la crête transversale dont est relevée la face inférieure de l'occipital, à une petite distance au devant de son articulation avec l'atlas.

PARTICULARITÉS OSTÉOLOGIQUES. La face supérieure de la tête est à peu près plane, si ce n'est tout à fait en avant où l'extrémité des os du nez s'incline très-faiblement en bas, pour venir rejoindre la lame montante un peu oblique de l'os inter-maxillaire, dont la branche transversale est renflée, à sa partie moyenne, en un petit tubercule mousse. Les os frontaux sont, proportionnellement, assez longs et leur largeur, à leur partie moyenne, où ils sont un peu rétrécis, est égale à la moitié de leur longueur.

COLORATION. Teinte brune sur la partie supérieure du tronc, dont la région moyenne, ainsi que celle de la queue, sont parcourues, dans toute leur étendue, par une bande régulière, d'une largeur insensiblement décroissante, occupant de trois à cinq rangées longitudinales d'écailles, là où elle est le plus large, et une seulement à l'extrémité de la queue. Elle se détache sur la nuance générale par une coloration d'un brun foncé et presque noir chez quelques sujets et particulièrement sur ses limites latérales. Elle est bordée, de l'un et de l'autre côté, d'une ligne ponctuée blanche, qui, très-visible en avant, l'est surtout sur la tête où elle part, le plus habituellement, de la narine.

Chaque flanc porte une autre bande brune, un peu plus claire que la précédente cependant et inégalement apparente selon les individus. Elle se prolonge jusqu'au bout de l'appendice caudal. En outre, chaque écaille, dans les parties non recouvertes par ces rayures, présente, à peu d'exceptions près, une fine moucheture noire.

La partie inférieure du tronc est d'un brun-jaunâtre, offrant des différences individuelles dépendant de ce que les gastrostèges sont tachetées de noir, tantôt à leurs extrémités seulement, tantôt dans une plus ou moins grande étendue de leur bord postérieur, tantôt enfin sur toute leur surface. Les plaques sus-labiales sont d'un blanc-jaunâtre quelquefois bordé de noir en haut ; elles constituent, par leur ensemble, une bande qui tranche, comme celle dont nous avons déjà parlé, sur la couleur brune de la tête et lui donnent un agréable aspect.

Dans le jeune âge, il n'y a pas de différence avec ce qui vient d'être décrit chez l'adulte ; seulement la teinte générale est plus claire.

DIMENSIONS. La tête n'a pas tout-à-fait, en longuéur, le double de sa largeur prise vers le milieu des tempes, laquelle est deux fois et demie aussi considérable que celle du museau au devant des narines d'où résulte la forme conique précédemment indiquée. D'un des côtés de la région inter-orbitaire à l'autre, il y a un espace plus considérable que le diamètre longitudinal des yeux, mais il n'en est pas le double.

La hauteur du tronc, à sa partie moyenne, en dépasse un peu la largeur, qui est à sa longueur, la queue non comprise, dans le rapport, en moyenne, de 1 à 44. La queue est comprise un peu plus de trois fois et demie dans la longueur totale, elle n'en est donc pas le tiers, mais elle en est plus du quart.

Dimensions du plus grand de nos individus : *Tête*, long 0^m,030 ; *Tronc*, long 0^m,740 ; *Queue*, 0^m,305 ; *Longueur totale*, 1^m,075.

Sur cet exemplaire en particulier, la queue a des dimensions plus considérables que sur les autres sujets.

Patrie. Cette espèce est originaire du Chili et nous n'en avons reçu des échantillons que de ce pays. Nous les devons à M. Gay, à MM. Gaudichaud et d'Orbigny qui nous en ont adressé de Valparaiso ; à Lesson et Garnot, à M. Niboux, qui faisait partie de l'expédition de la Vénus. C'est de Talkahueno, ou Talcaguno qu'en ont rapporté MM. les Docteurs Hombron et Jacquinot, à la suite de leur voyage sur l'Astrolabe et la Zélée. Enfin, c'est de cette même contrée de l'Amérique méridionale que proviennent les individus acquis à des marchands d'objets d'histoire naturelle.

7. DROMIQUE DEMI-DEUIL. *Dromicus leucomelas.* Nobis.

Caractères. Le plus souvent, des taches blanches ou jaunes sur un fond noir ; quelquefois, cependant, ces taches sont peu apparentes et l'on ne voit que des maculatures brunes.

DESCRIPTION.

Formes. La tête est conique et par sa largeur au niveau des tempes, elle est assez distincte du tronc, qui est peu comprimé latéralement et presque cylindrique, les gastrostèges ne formant point un angle en se relevant vers les flancs.

La queue est robuste et effilée.

Ecaillure. La plaque rostrale est plane, légèrement oblique de bas en haut et d'arrière en avant, nullement rabattue sur la face supérieure. La plaque frontale est large, à peu près de même longueur que les pariétales, qui sont elles-mêmes courtes et larges, et au bord externe desquelles tiennent trois grandes temporales. Huit paires de sus-labiales, dont les troisième, quatrième et cinquième touchent à l'œil ; cette dernière et les trois suivantes sont hautes.

La frénale est un peu plus longue que haute.

Les plaques sous-maxillaires postérieures sont plus longues que les antérieures.

Les écailles du tronc sont toutes lisses, plus petites à la région médiane que latéralement. Leur forme losangique passe graduellement à une forme quadrilatérale, de la région antérieure à la postérieure. Elles sont disposées sur 19 rangées longitudinales au tronc et 6 sur la queue.

Gastrostèges, 191-203 ; 1 anale divisée ; 115-144 urostèges également divisées.

Dents. Maxillaires $\frac{19}{22}$. Palatines, 12. Ptérygoïdiennes, 32. Ces dernières, très-petites et très-serrées, se prolongent jusqu'à l'articulation de l'occipital avec l'atlas.

COLORATION. Les différences offertes par les individus qui, par tous leurs caractères, doivent être rangés avec cette espèce, obligent à décrire séparément deux variétés.

VARIÉTÉ A. C'est à celle-ci que convient surtout la dénomination de *D. demi-deuil*. Sur un fond brun foncé et même noir des parties supérieures, comme le montre un des sujets de la collection, des taches blanches, irrégulières, de grandeur variable, occupant rarement la ligne médiane, sont disséminées sur les deux tiers environ du tronc qui, dans le reste de son étendue, a une teinte uniforme, si ce n'est cependant au niveau de la ligne moyenne, où se voit une étroite bande noire, d'autant moins apparente, que la nuance générale est plus sombre.

La région inférieure est, en avant, d'un brun jaunâtre, abondamment piqueté de petits points noirs au niveau de la mâchoire inférieure et de la gorge ; il est parsemé de taches semblables, de plus en plus nombreuses à partir de ce point jusqu'au milieu du tronc ; puis il finit par être complétement caché par elles, de sorte que la dernière moitié du ventre et toute la face inférieure de la queue sont d'un brun noirâtre et même noires.

Les pièces du bouclier céphalique sont brunes.

Nous pensons devoir rattacher à cette variété un individu tout-à-fait dépouillé de son épiderme, dont les quelques parcelles qui en restent sont brunes ; mais ses téguments, ainsi denudés, sont d'un gris brun uniforme que relèvent à peine de petites taches linéaires noires, irrégulièrement disposées et occupant d'ordinaire l'un des bords des écailles.

Les parties inférieures, d'un brun jaunâtre, sont piquetées de petits points noirs qui, acquiérant plus de volume vers le tiers postérieur du tronc, constituent deux bandes. Toutes les gastrostèges, depuis l'origine de cette double ligne, sont plus couvertes par cette teinte noire, ainsi que les urostèges.

VARIÉTÉ B. Les individus appartenant à cette seconde variété seraient complétement noirs, si tout-à-fait en avant, à la région inférieure, on ne voyait un peu de brun jaunâtre en partie caché par de nombreuses maculatures noires.

JEUNE AGE. Nous ne savons pas exactement à quelle variété rapporter de jeunes individus d'un brun peu foncé. Le caractère le plus remarquable de leur coloration est une ligne dorsale médiane noire, dont il reste quelques traces sur un de nos individus adultes. De chaque côté de la tête, derrière l'œil, on voit une bande foncée, qui devient de moins en moins apparente, à mesure qu'elle s'éloigne de son origine. Le ventre, mais surtout la face

inférieure de la queue, sont parsemés de petites taches foncées, assez régulières.

DIMENSIONS. Sur les sujets adultes, la longueur de la tête est à sa largeur, au niveau des tempes, dans le rapport de 5 à 3, cette largeur est le
triple de celle du museau au devant des narines, et d'un des côtés de la
région sus-inter-orbitaire à l'autre, il existe un espace égal à deux fois et
demie le diamètre longitudinal des yeux. La largeur des différentes parties de la tête est moins marquée chez les sujets de plus petite taille. Chez
les uns et chez les autres, la hauteur et la largeur du tronc, à la partie
moyenne, sont comme 22 est à 18 ou comme 15 est à 12.

La queue offre à peu près le tiers, en général, de la longueur totale ; elle
en a cependant la moitié chez le plus grand de nos individus, dont voici
les dimensions : *Tête* long. 0m035. *Tronc* 0m,835. *Queue* 0m,420. Longueur totale 1m,29.

PATRIE. C'est d'un point très-circonscrit des Antilles, que provient cet
Ophidien, car ce n'est que de l'île Marie-Galande, de la Guadeloupe et
de la Basse-Terre, en particulier, que nos échantillons nous ont été adressés par M. Hotessier, par le général Donzelot et par M. Bauperthuis, qui
a pris deux individus dans la rivière des Gallions de la Basse-Terre.

8. DROMIQUE A VENTRE ROUX. *Dromicus rufiventris.* Nobis.

(*Coluber rufiventris.* Mus. de Berlin.)

CARACTÈRES. Corps brun en dessus, avec des taches transversales, plus ou moins distinctes, réunies en arrière pour former
une ligne ou bande étendue jusqu'au bout de la queue ; des taches
de rouille sur les gastrostèges.

DESCRIPTION.

FORMES. La tête est peu distincte du corps qui, après avoir graduellement augmenté de volume, jusqu'a sa partie moyenne, va en diminuant, à
partir de ce point.

La queue est longue, robuste et assez effilée.

Le museau est légèrement conique, assez court, non recouvert en dessus
à son extrémité par la plaque rostrale, qui est presque semi-circulaire supérieurement et oblique, dans toute sa hauteur, de bas en haut et d'arrière
en avant.

ECAILLURÉ. La plaque frontale est à peu près de même longueur que les pariétales, qui ne s'étendent pas loin, en arrière, et dont le bord externe est en rapport avec quatre ou cinq temporales de petite dimension.

Huit paires de sus-labiales, dont les troisième, quatrième et cinquième touchent à l'œil; cette dernière et les trois qui la suivent sont élevées.
⊢ La frénale est aussi haute que longue. Les plaques sous-maxillaires postérieures sont plus longues que les antérieures.

Ecailles : 23 rangées longitudinales au tronc, 8 à la queue.

Gastrostèges 211-216, 1 anale divisée et 118-119 urostèges également divisées.

DENTS. Nous n'avons pas pu en compter le nombre, mais nous avons constaté les dimensions plus considérables des deux dernières dents du maxillaire supérieur, séparées par un petit intervalle de celles qui les précèdent.

COLORATION. Les deux seuls individus de cette espèce que nous possédions sont assez décolorés; on peut cependant encore reconnaître que la teinte des parties supérieures est un brun presque uniforme, plus foncé en arrière qu'en avant, et sur lequel se détache, par une coloration plus intense, une série de maculatures transversales. D'abord bien distinctes, elles finissent par se confondre, à partir du milieu du tronc et elles forment, par cette réunion même, une assez large bande médiane prolongée jusqu'à l'extrémité de la queue. Ces taches commencent à une très-petite distance de la tête : à partir de ce point, elles sont bordées, de l'un et de l'autre côté, par une ligne fine d'un brun semblable, et qui prenant naissance au bord postérieur de la narine, peut être suivie plus ou moins loin.

Les bandes transversales sont séparées, là où on les distingue bien nettement, par des espaces à peu près égaux à elles-mêmes et d'une nuance plus claire et rendus apparents encore par de petits traits blancs, dont beaucoup d'écailles sont bordées.

C'est à l'aspect des régions inférieures, qu'est empruntée la dénomination employée au Musée de Berlin pour désigner cette espèce et que nous avons conservée, quoiqu'elle ne constitue pas un caractère très-saillant. Les gastrostèges, d'un brun jaune, ne commencent à présenter qu'à partir de la région moyenne, à peu près, un pointillé d'abord couleur de rouille, puis de plus en plus fauve et abondant, occupant spécialement le bord supérieur de chaque scutelle. A partir de l'anus, la région inférieure est, toute entière, d'un brun plus foncé.

La tête est, en dessus et en dessous, d'une teinte assez claire, brun verdâtre, avec un léger dessin noir sur la plaque frontale et de petites taches blanches, irrégulières, sous la mâchoire inférieure.

DIMENSIONS. La longueur de la tête est un peu moins du double de sa largeur prise au niveau des tempes, et dans ce point, elle est précisément trois fois plus large que le museau au devant des narines. D'un des côtés de la région inter-orbitaire à l'autre, il y a, sur le plus grand de nos sujets, dont les yeux sont remarquablement petits, un espace triple de leur diamètre antéro-postérieur. Chez l'autre, la proportion n'est plus la même, elle est comme 7 : 5.

Il n'y a pas une différence très-marquée, à la partie moyenne, entre la largeur et la hauteur du tronc ; cette dernière est cependant un peu plus considérable. La queue est comprise trois fois et un tiers dans la longueur totale.

Dimensions du plus grand de nos individus : *Tête* long. 0^m,026. *Tronc* 0^m,635. *Queue* 0^m,285. Longueur totale 0^m,946.

Patrie. L'un de nos échantillons donné par le Musée de Leyde à celui de Paris, est originaire du Brésil ; l'autre, acheté à Londres, par notre collaborateur Bibron, ne porte pas d'indication de pays.

9. DROMIQUE ANGULIFÈRE. *Dromicus angulifer*. Nobis.

Caractères. Sur le dos, des taches noires, allongées, réunies en chevrons anguleux, et laissant entre elles des intervalles inégaux.

Synonymie. 1843. *Dromique angulifère* et *Coluber cantherigerus*, Couleuvre porte-chevrons. Bibron. Erpétologie dans l'Hist. phys. polit. et natur. de l'île de Cuba, de M. Ramon de la Sagra, p. 222, et Atlas, pl. 27.

La seconde dénomination, qui ne se trouve qu'au bas du dessin, doit être remplacée par celle de Dromique angulifère.

DESCRIPTION.

Formes. Le corps est arrondi en dessus, faiblement aplati en dessous, à peine anguleux au niveau du redressement des gastrostèges vers les flancs, et un peu comprimé de chaque côté. Il est plus étroit que la tête, immédiatement derrière l'occiput, et il augmente graduellement de grosseur ; mais à partir du milieu du tronc, il va en diminuant jusqu'à l'extrémité de la queue qui est très-effilée et qui entre pour près du tiers dans la longueur totale de l'animal.

La tête a la forme d'une pyramide quadrangulaire arrondie à son sommet et dont les deux faces latérales sont distinctement moins larges que la supérieure et l'inférieure.

Le museau, un peu obtus, est très-légèrement incliné en bas et la plaque rostrale se rabat à peine sur son extrémité supérieure; elle est assez échancrée à son bord inférieur et présente une direction faiblement oblique de bas en haut et d'arrière en avant ; de cette inclinaison et de la petite saillie de la lèvre supérieure en avant de l'inférieure, il résulte que l'extrémité de la tête semble taillée en biseau.

ÉCAILLURE. La plaque frontale est plus courte que les pariétales ; toutes les trois sont étroites en arrière; au bord externe de celles-ci tiennent deux grandes plaques temporales.

Huit paires de sus-labiales, dont les troisième, quatrième et cinquième touchent à l'œil.

Cette dernière est très-haute, de même que les suivantes, sur lesquelles elle l'emporte cependant par ses dimensions.

La frénale est aussi haute que longue, et les sous-maxillaires antérieures sont plus courtes que les postérieures.

Les écailles du tronc, parfaitement lisses, ont quatre angles dirigés, l'un en avant, l'autre en arrière, et les deux derniers latéralement; sur les trois quarts antérieurs de l'étendue du tronc, ces écailles sont plus dilatées en long qu'en large ; mais sur le quart postérieur, leur largeur égale leur longueur, et sur la queue, le diamètre transversal finit par l'emporter sur le longitudinal.

Écailles : 17 rangées longitudinales au tronc ; 4-6 à la queue.

Gastrostèges : 165-177 ; 1 anale divisée ; 107-122 urostèges également divisées.

DENTS. Maxillaires, $\frac{13\text{-}15}{18}$. Palatines, 8-9. Ptérygoïdiennes, 21-22, s'étendant un peu au delà de la première vertèbre.

PARTICULARITÉS OSTÉOLOGIQUES. Toute la face supérieure de la tête est légèrement bombée ; l'extrémité antérieure des os du nez est un peu dirigée en bas à la rencontre de la branche montante de l'os inter-maxillaire qui est presque verticale. De l'extrémité du museau au bord antérieur de l'orbite, il y a un intervalle égal au tiers de la longueur totale de la tête.

COLORATION. Cette espèce offre en dessus, sur un fond d'un brun fauve ou roussâtre, des taches noires plus ou moins allongées, réunies pour la plupart deux à deux, de manière à constituer une série dorsale de chevrons ou d'angles aigus, laissant entre eux des intervalles très-irréguliers ; la région inférieure est uniformément jaunâtre. C'est de la disposition des taches, que le nom de ce Dromique a été emprunté.

DIMENSIONS. La tête a, en longueur, presque le double de sa largeur prise vers le milieu des tempes; cette largeur est triple de celle que le museau présente au devant des narines. D'un des côtés de la région inter-orbitaire à l'autre côté, il existe un espace qui est à peu près le double du diamètre longitudinal des yeux. Il n'y a pas de différence notable entre la hauteur et la largeur du tronc, mesurées à sa partie moyenne. Sa longueur totale, sans y comprendre la queue, est à sa largeur moyenne dans le rapport de 36 ou de 38 à 1. La queue représente à peu près exactement, en moyenne, le tiers de cette longueur.

Le plus grand individu de la Collection offre, ainsi que Bibron l'a indiqué dans l'*Erpét. de Cuba*, les dimensions suivantes :

Tête, long. 0^{m}033. *Tronc*, long. 0^m,760. *Queue*, long. 0^m,385. Dimensions totales : 1^m,178.

PATRIE. M. Ramon de la Sagra a fait don au Muséum d'un assez grand nombre d'individus de cette espèce, provenant tous de l'île de Cuba, sans désignation précise de localité ; un seul, provenant de la collection de Cocteau, est indiqué comme originaire de la Havane, en particulier.

10. DROMIQUE TRISCALE. *Dromicus triscalis.* Nobis.

(*Coluber triscalis.* Linnæus.)

CARACTÈRES. Dos d'un gris verdâtre, à quatre raies comme dorées en avant, puis distribuées successivement en trois, en deux et enfin n'en formant plus qu'une seule, qui se prolonge au-dessus de la queue.

SYNONYMIE. 1766. *Coluber triscalis.* Linnæus. Systema nat. , 12.e édit., p. 385.

1788. *Idem.* Linnæus. Gmelin. Syst. nat. Tom. I , pars 3 , pag, 1110.

1789. Lacépède. Hist. nat. des Serpents , édit. in-12. Tom. I , pag. 387 ; 4.º, tom. II , pag. 199.

1801. Latreille. Hist. nat. Reptiles, in-18. Tom. IV, p. 103.

1803. La *Couleuvre triscale.* Daudin. Rept. Tom. VI , p. 377.

M. Schlegel, dans une note placée à la fin de la description des espèces du genre Couleuvre, tom. II, Phys. des Serpents, p. 172, cite comme une bonne figure qui représenterait la Couleuvre triscale de Linnæus Séba, tom. II, tab. 38, n.º 3; ce dessin ne nous semble pas avoir beaucoup de rapport avec les Serpents que nous avons inscrits sous ce dernier nom.

DESCRIPTION.

Nous avons retrouvé dans la Collection deux individus qui portaient encore pour ancienne étiquette le nom de *Couleuvre triscale* ou à trois échelons. C'est sur l'une d'elles que nous avons pu, d'après la tête osseuse préparée, reconnaître les deux gros crochets postérieurs de la mandibule séparés des autres par un espace libre, mais ces Serpents sont tellement décolorés, soit par leur long séjour dans l'alcool, soit par leur exposition prolongée à la lumière, que nous avons dû nous en rapporter, pour les teintes, à la description faite d'abord par M. de Lacépède, et qui a été copiée par la plupart des auteurs.

Formes. La tête est assez distincte du tronc ; le museau est effilé, peu épais ; les yeux sont de moyenne grandeur.

Ecaillure. Les neuf plaques sus-céphaliques ordinaires, très-ramassées; la rostrale remonte à peine sur le museau.

Les narines sont petites et percées entre deux plaques.

La frénale est carrée. Il y a une pré-oculaire haute, qui se replie un peu sur la face supérieure du museau et deux post-oculaires.

On compte huit paires de plaques sus-labiales ; les cinq premières, surtout les quatrième et cinquième sont plus basses que les trois dernières. Les sous-maxillaires antérieures sont plus longues que les postérieures.

Les écailles sont lisses, rhomboïdales et disposées sur 17 rangées longitudinales.

Il y a 193-195 gastrostèges, 1 anale double et 84 paires d'urostèges.

Coloration. La diagnose qui est la reproduction de la courte description donnée par M. de Lacépède, renferme les seuls détails que nous puissions présenter sur les teintes dont cette Couleuvre était ornée pendant la vie.

Dimensions. *Tête* et *tronc*, 0m,40. *Queue*, 0m,105. *Longueur totale*, 0m,505.

Patrie. Nous ignorons l'origine des deux anciens exemplaires du Muséum. Linnæus, dans sa douzième édition, dit que cette Couleuvre habite les Indes, et Gmelin, dans la treizième, ajoute qu'on la rencontre aussi dans l'Amérique du Sud.

II.ᵉ GENRE. PÉRIOPS. — *PERIOPS* (1). Wagler.

CARACTÈRES ESSENTIELS. *Des scutelles sous-oculaires placées au-dessus des sus-labiales ; corps allongé, arrondi, à écailles des flancs lisses et non oblongues ; mais à peu près carrées ; tête très-distincte du cou, qui est étroit et comme aminci.*

Le nom donné à ce genre indique une particularité remarquable en ce qu'elle lui est tout-à-fait spéciale ; car chez tous les autres Diacrantériens, le bord inférieur de l'œil touche aux plaques de la lèvre supérieure qui s'étendent jusque-là, tandis qu'ici, les scutelles sous-oculaires complètent le cercle squammeux de l'orbite avec les pré-oculaires et les post-oculaires.

La tête des espèces de ce genre est assez large en arrière, quoique elle soit allongée, mais comme le tronc commence ensuite par une portion un peu effilée, elle s'en distingue de suite. La queue est médiocre en longueur. Les écailles qui recouvrent les flancs sont lisses ; cependant celles qui sont correspondantes à la région moyenne du dos, surtout en arrière, sont légèrement carénées ou comme pliées sur la longueur, ce qui produit un peu de saillie.

Les narines sont percées dans deux plaques. Le dessus de la tête est revêtu de neuf plaques comme à l'ordinaire, chez l'une des espèces, mais l'autre en porte assez souvent onze, ce qui est rare chez les ophidiens. Les sus-labiales, comme nous l'avons dit, sont séparées du bord de l'œil par de petites squammes caractéristiques du genre. Les plaques sous-maxil-

---

(1) De Περί, autour, *circà*, et de Ωψ, œil, *oculus*, à cause des plaques qui bordent en dessous le pourtour du globe oculaire.

laires antérieures sont plus courtes et plus larges que les postérieures.

Ce genre, établi par Wagler, ne diffère réellement pas beaucoup de ceux près desquels il est placé. Il ne réunit que les deux espèces que nous y rangeons.

C'est, comme on l'a vu précédemment (Tom. VII, p. 576), une disposition analogue du cercle squammeux de l'orbite, qui nous a déterminés à considérer le *Tropidonote cyclopion* comme le type d'une espèce distincte.

La Couleuvre à raies parallèles offre, le plus souvent, dans le nombre des plaques de la tête et du museau des différences notables quand on la compare à la Couleuvre fer-à-cheval, mais elle a cependant trop de rapport avec cette dernière, dans tout l'ensemble de son organisation, pour qu'on puisse l'en séparer génériquement. M. Schlegel les a rapprochées, l'une et l'autre, des espèces qui forment, dans notre méthode, le genre Zaménis très-peu différent du genre Périops.

Ces deux Couleuvres ont le museau un peu incliné en bas, et les yeux grands, à pupille ronde. Elles se distinguent d'ailleurs très-nettement par les caractères énumérés dans la description de chacune d'elles.

Comme il n'y a que deux espèces qui puissent être inscrites dans ce genre, il est facile de les distinguer. L'une a la plaque qui précède l'orifice du cloaque simple ou unique; c'est celle que nous avons inscrite sous le n.º 1, dite *fer-à-cheval*. La seconde a cette plaque double ou divisée, c'est le n.º 2 ou *P. à raies parallèles*

1. PÉRIOPS FER-A-CHEVAL. *Periops hippocrepis* (1).
Wagler.
(*Coluber hippocrepis*. Linnæus.)

CARACTÈRES. Plaque anale double ou divisée; plaque frénale unique; neuf paires de plaques sus-labiales; écailles lisses.

---

(1) Linnæus donne ainsi l'explication de ce nom (Mus. Ad. Frid.) « *Occiput fascia arcuata instar ferri equini inflexa.* »

43.*

SYNONYMIE. 1754. *Coluber hippocrepis.* Linnæus. Mus. Ad. Frid., p. 36, tab. 16, fig. 2.

1766. *Idem.* Idem. Syst. nat. Edit. 12, Tom. I, p. 388.

1768. *Natrix hippocrepis.* Laurenti. Synopsis Reptilium, p. 77, n.° 155.

1778. Le *Fer à cheval.* Daubenton. Encyclop. méth.

1788. *Coluber hippocrepis.* Linnæus. éd. Gmelin. Tom. I, part. 3, p. 1117.

1789. Le *Fer-à-cheval.* Lacépède. Hist. Quadr. ovip et Serp. Tom. II, p. 320.

1801. *Idem.* Latreille. Hist. Rept. Tom. IV, p. 130.

1802. *Coluber hippocrepis. Horseshoe snake.* Shaw, Gen. Zoology. Tom. III, part. 2, p. 518.

1803. Le *Fer à cheval.* Daudin. Hist. Rept. Tom. VI, p. 249.

1820. *Coluber hippocrepis.* Merrem. Tentamen, pag. 105, n.° 50.

1820. *Natrix Bahiensis.* Wagler. Spix. Serp. Bras., pl. 10, fig. 2, mais ce Serpent que Wagler lui-même a rapporté plus tard à cette espèce et qu'il reconnaît n'avoir pas été pris au Brésil, avait été recueilli en Espagne.

1827. *Couleuvre.* . . . . Geoffroy St.-Hilaire. Description de l'Egypte, pl. 4, fig. 3.

1830. *Periops hippocrepis.* Wagler. Syst. amph. , pag. 189, n.° 77.

1832-1841. *Coluber hippocrepis.* Prince Ch. Bonaparte. Fauna ital., pl. sans n.° et texte sans pagination.

1837. *Coluber hippocrepis.* Schlegel. Essai sur la phys. des Serp.. Tom. I, p. 149, et tom. II, pag. 164, pl. 6, fig. 15 et 16.

18.... *Périops fer à cheval.* Guichenot. Reptiles. (Exploration scientifique de l'Algérie, p. 19.)

DESCRIPTION.

FORMES et ÉCAILLURE. Cette espèce est extrêmement facile à distinguer de la suivante, non-seulement par les caractères indiqués dans la diagnose, mais par le système de coloration. Comme le Périops à raies parallèles, celui-ci a la tête longue, large, et le museau manifestement incliné en bas.

Les frontales antérieures sont larges et rabattues sur la région frénale. Les plaques temporales, au nombre de seize, sont petites.

Les écailles sont longues, très-obliques, entuilées et émoussées à leur pointe, lisses, disposées sur 27 rangées longitudinales; 246 gastrostèges; anale double; urostèges 98.

Les gastrostèges remontent un peu sur les flancs; la queue est assez forte, peu longue, plate en dessous, ainsi que le ventre.

Coloration. Les teintes varient beaucoup, cependant le fond de la peau paraît d'une couleur jaune terne ou d'un brun rougeâtre, avec des taches noires ou foncées sur les régions supérieures du tronc; ces taches sont presque carrées sur les flancs.

Le dessus de la tête est marqué de lignes transversales, qui sont surtout les seules bien remarquables dans les jeunes individus. Souvent, on voit sur la tête une raie courbe en ellipse, dont Linné s'est servi pour désigner cette espèce sous le nom de *fer-à-cheval*, mais elle n'est pas constante.

Le dessous du ventre, dans les individus adultes., est fortement tacheté de noir.

Au reste, chez les nombreux exemplaires que la Collection du Muséum renferme, nous observons plusieurs variétés. Le plus souvent, la tête est brune chez les grands individus adultes, et, nous en avons possédé de vivants plusieurs fois; on y voit deux ou trois chevrons bordés de jaune, mais avec une ligne brune intermédiaire. Ces chevrons sont ouverts en arrière et plus ou moins arrondis en avant.

Fréquemment, le dos porte une série de marques rhomboïdales, plus larges en travers, d'une teinte brune, encadrée de lignes jaunes.

Dans les jeunes individus rapportés d'Alger par M. Hipp. Lucas, et surtout chez l'un d'eux, le fond de la peau est d'un gris cendré. Les taches dorsales, qui forment une série longitudinale, sont brunes et arrondies. Le dessous du tronc n'a aucune tache, excepté sur les bords des gastrostèges. Le collier en fer-à-cheval est plus marqué sur la nuque et s'étend un peu sous le cou.

Dimensions. Le plus grand spécimen de la Collection a une longueur totale de 1^m,66, le *tronc* et la *tête* ayant 1^m,30, et la *queue* 0^m,36. Les individus que la Ménagerie a possédés ne dépassaient pas un mètre.

Patrie. Ces Serpents se trouvent très-communément en Italie, en Espagne, sur les bords de la Méditerranée, en Sardaigne, aux environs de Gibraltar. Ils sont communs dans le nord de l'Afrique, en Algérie, aux environs de Tunis, et même en Egypte.

Linnæus dit, et beaucoup de zoologistes ont répété, d'après lui, que cette Couleuvre est américaine, tandis qu'elle est réellement originaire de l'Eu-

rope méridionale et du nord de l'Afrique. Cette erreur du grand naturaliste provient peut être, comme le fait remarquer M. le prince Ch. Bonaparte, d'une fausse indication fournie par un marchand, qui espérait sans
doute donner ainsi plus de valeur à ce Serpent.

OBSERVATIONS. Nous ne savons pas quelle espèce Linnæus a voulu désigner par les noms de *Coluber domesticus*; aussi n'avons-nous pas pu,
contrairement à M. Schlegel, la rapporter au *Fer-à-cheval*.

Il nous reste également quelque incertitude sur le *Coluber diadema* de
Bonelli, cité par Gené.

2. PÉRIOPS RAIES PARALLÈLES. *Periops parallelus.*
Wagler.

(*Couleuvre à raies parallèles*, Et. Geoffroy St.-Hilaire).

CARACTÈRES. Plaque anale simple ou non divisée; neuf, et le
plus souvent, onze plaques sus-céphaliques (1); trois frénales; dix
ou douze paires de sus-labiales; écailles du milieu du dos à carènes peu saillantes, mais d'autant plus distinctes, qu'on les examine plus loin de la tête. Toutes les autres écailles lisses, et c'est
à tort que Wagler a mentionné les écailles lisses comme l'un des
caractères du genre Périops, les carènes dans cette espèce étant
très-évidentes.

SYNONYMIE. 1809. *Couleuvre à raies parallèles.* Geoffroy. Description de l'Egypte. Pl. 8 des Reptiles, fig. 1 et 1'.

1827. Reptiles d'Egypte, in-8.º, pag. 89. *La Couleuvre à raies
parallèles.*

---

(1) Snr cinq exemplaires, dont trois ont vécu à la Ménagerie, ce nombre est de onze, par l'addition d'une paire supplémentaire de fronto-nasales qui manque sur le type de M. Geoffroy et sur un jeune individu rapporté par M. Botta, à l'époque de son voyage sur les bords de la Mer rouge,
avec un autre sujet plus grand, chez lequel cette paire de plaques se voit
très-nettement. Chez un des échantillons à onze plaques, il y en a une douzième très-petite entre le bord antérieur de la frontale et les fronto-nasales. Chez un autre enfin, recueilli à Sfax, ce sont des frontales antérieures
qui sont en supplément, et en outre, il y a, au devant de la frontale moyenne, de très-petites plaques, au nombre de trois.

Ces différentes anomalies, qui sont fort rares chez les Serpents, se retrouvent aussi pour les plaques sus-labiales et constituent un caractère
particulier de cette espèce.

1837. Schlegel. Phys. Serpents. Tom. II, pag. 163. *Coluber Cliffordii*, pl. 6, fig. 13-14.

DESCRIPTION.

La tête est longue ; le museau très-manifestement incliné en bas, est mousse, large, d'une largeur égale depuis son extrémité antérieure jusqu'aux yeux ; la bouche est très-largement fendue.

Cette espèce, comme le dit M. Schlegel, peut être distinguée de toutes les Couleuvres par la disposition des plaques de la tête. Il est, en effet, bizarre de les trouver, le plus souvent, au nombre de onze (1).

Quand l'écaillure sus-céphalique présente cette disposition, qui est presque normale, tant elle est fréquente, elle est composée des neuf plaques ordinaires, et en outre, d'une paire de fronto-nasales supplémentaires, la paire habituelle étant d'ailleurs plus petite qu'à l'ordinaire. Ou bien, ce sont les frontales antérieures, qui sont doubles, comme on le voit sur un jeune sujet de la collection.

La frontale moyenne est séparée anormalement, à son bord antérieur, chez un sujet, par une petite plaque supplémentaire, des frontales antérieures. Chez un autre, qui est celui à quatre frontales antérieures, ces plaques supplémentaires sont au nombre de trois.

Les sujets adultes ont douze paires de plaques sus-labiales et, contrairement à ce qui se voit d'ordinaire chez les Ophidiens, il n'y en a que dix chez les jeunes individus.

Les squammes temporales sont très-nombreuses et semblables aux écailles du cou.

Des trois frénales, deux sont placées l'une au devant de l'autre, et la troisième, superposée à ces dernières, est un peu reployée sur la région sus-céphalique.

Les écailles du tronc sont très-obliques et disposées sur 29 à 31 rangées longitudinales ; celles de la partie médiane du dos sont plus pointues et plus allongées que les latérales, dont elles diffèrent, en outre, par la carène, qui les surmonte, et qui est d'autant plus apparente, qu'on examine les écailles plus loin de la tête. Il faut ajouter qu'on les voit mieux sur les jeunes sujets que chez les adultes. Le corps est allongé, la queue est forte et très-peu effilée, plate en dessous.

Les gastrostèges ne remontent pas sur les flancs ; elles sont au nombre de 223-241 ; l'anale est unique, non divisée. Il y a 70-74 urostèges.

(1) Il y en a onze également, mais cette disposition est tout-à-fait normale dans les *Pituophis* (Isodontiens, tom. VII, p. 252).

COLORATION. Le fond de la couleur est d'un gris verdâtre ou brunâtre , avec des taches brunes, très-prononcées, formant trois séries longitudinales; une dorsale ou médiane, composée de taches plus larges en travers, comme à trois dents devant et derrière et deux latérales. Ces taches sont parcourues par de petites lignes noires, courtes et parallèles ; de là, sans doute, le nom qui a servi à M. Geoffroy pour désigner cette espèce.

Le ventre est blanchâtre et les gastrostèges sont très-larges. Nous ne trouvons pas le trait noir bordant la jonction de ces plaques ventrales, dont parle M. Isidore Geoffroy. Peut-être ont-elles été altérées par l'alcool dans lequel ce Serpent est conservé.

DIMENSIONS. La longueur totale du plus grand des sept individus que la Collection possède est de 1m,40.

PATRIE. Cette espèce est originaire d'Egypte. M. Geoffroy a déposé dans le Musée l'exemplaire qui lui a servi de type.

M. le docteur Clot-Bey, qui a plusieurs fois enrichi notre Ménagerie des Reptiles, nous en a adressé trois beaux sujets, qui ont vécu assez longtemps. Il s'en est trouvé deux individus, l'un adulte, l'autre jeune, dans les envois faits par M. Botta pendant son voyage sur les bords de la mer Rouge. Enfin, M. Spina, consul à Sfax (régence de Tunis), y a recueilli un exemplaire de petite taille, que nous avons cité pour les anomalies de ses plaques sus-céphaliques.

III.ᵉ GENRE. STÉGONOTE. — *STEGONOTUS* (1). Nobis.

CARACTÈRES ESSENTIELS. *Corps comprimé, à dos élevé, formant une ligne en saillie continue ; écailles des flancs lisses, presque aussi larges que longues ; museau arrondi.*

Ce genre se distingue, au premier aspect, de tous ceux qui ont été rangés dans la même famille, dont le caractère essentiel est tiré des longues dents lisses terminant la rangée de l'os sus-maxillaire, et séparées des autres par un petit espace li-

---

(1) De Στέγος , un toit, *tectum*, et de Νῶτον , le dos. *Dorsum, terga,* dos en toit.

bre. Il est remarquable par la forme particulière du tronc, qui est comprimé, de sorte que le dos paraît faire une saillie comme tranchante.

Il diffère encore par la largeur particulière de la tête et du museau, ce qui semble avoir entraîné, par suite, l'écartement des yeux et le peu de différence entre la largeur et la longueur de la plaque frontale moyenne, enfin par le peu de volume du cou, qui est plus mince que le reste du tronc.

Par tout l'ensemble de son organisation, cet Ophidien a des rapports de ressemblance avec le grand genre, maintenant démembré des *Herpetodryas*, tel que M. Schlegel l'a constitué. Aussi a-t-il envoyé l'individu que nous décrivons sous le nom d'*Herpétodryas Mülleri*, qui lui avait été donné au Musée de Leyde, mais la plupart des Herpétodryas de l'auteur de la *Physionomie des Serpents* sont pour nous, comme on l'a vu, des Isodontiens ou des Syncrantériens, et c'est parmi les premiers que nous avons conservé ce nom de genre Herpétodryas.

Le Serpent dont il s'agit ici doit donc devenir, parmi les Diacrantériens, le type d'un genre distinct pour lequel il était nécessaire de créer un nom nouveau.

Nous avons fait préparer la tête osseuse de l'espèce unique qui nous a été adressée pour notre Musée par celui de Leyde. Nous allons la faire connaître.

Vu en dessus, le crâne est très-large, surtout dans la région des orbites, dont les fosses sont très-excavées, mais non fermées en arrière. Les quatre frontaux réunis forment une losange pointue en avant et un peu tronquée derrière. Les frontaux antérieurs sont triangulaires et les postérieurs presque carrés. Les sutures longitudinale et transversale qui les joignent forment une ligne saillante en croix.

C'est derrière les orbites que se trouve la plus grande étendue transversale du crâne, et des angles orbitaires postérieurs, naissent deux lignes saillantes, qui viennent se joindre et se confondre sur la saillie moyenne de l'occiput. Les mastoïdiens sont parallèles au crâne, arrondis et courts, à peu près de la longueur cependant des intrà-articulaires, qui sont plus larges à cette extrémité qu'ils ne le sont dans le point par lequel ils se joignent aux autres os des mâchoires.

L'os sus-maxillaire est long, courbé sur lui-même en avant. Il s'étend jusqu'à la hauteur de l'angle sus-orbitaire postérieur. Les premiers crochets, ceux qui correspondent à la courbure antérieure de cet os sus-maxillaire sont très-grêles, au nombre de quatre ou cinq, qui vont en croissant de longueur de dedans en dehors. Il semble qu'il existe là un petit intervalle. Il vient ensuite quatorze ou quinze crochets, qui augmentent successivement de force ou plutôt de longueur, car ils restent grêles. Enfin, on voit l'intervalle caractéristique qui précède les deux ou trois derniers crochets, dont la pointe est tout-à-fait dirigée en arrière.

Les os ptérygo-palatins sont excessivement dilatés et étendus en largeur. Ils offrent en dedans une rainure très-prononcée; les transverses sont larges et si courts, qu'ils sont à peine distincts. Ils semblent accolés au sus-maxillaire, comme une apophyse entre les deux os. Les crochets du bord libre des palato-ptérygoïdiens sont grêles et très-nombreux; nous avons pu compter dix-neuf palatins et vingt-huit ptérygoïdiens; en tout, quarante-sept.

La base du crâne, en dessous et entre les orbites, présente un large et long sillon.

STÉGONOTE DE MULLER. *Stegonotus Mülleri.* Nobis.

(*Herpetodryas Mülleri.* Musée de Leyde.)

CARACTÈRES. Tout le dessus du corps d'un brun fauve; la queue plate en dessous et comme triangulaire.

DESCRIPTION.

La tête est distincte du cou par une plus grande largeur de l'occiput, et généralement, la partie antérieure du tronc est plus étroite que la postérieure.

Quand on étudie les plaques du vertex, on voit que la rostrale est large à sa base et arrondie dans la région frontale. Il y a deux fronto-nasales carrées, un peu arrondies en devant; deux frontales antérieures, larges, un peu rabattues sur le frein et échancrées en arrière; une frontale aussi large que longue et qui, par cela même, paraît courte; elle est coupée carrément en avant et finit en pointe obtuse. Les deux sus-oculaires forment un angle rentrant, entre la frontale et les pariétales et, plus large en arrière sur les post-oculaires. Les pariétales sont larges, très-longues, et se terminent en pointe arrondie.

Les narines sont percées entre deux plaques. On voit deux plaques en avant sur le bord de l'œil. Les plaques sus-labiales sont au nombre de huit, dont la quatrième et la cinquième touchent à l'œil, comme dans les *Zamenis*.

Les gastrostèges sont au nombre de 220; les urostèges, dont nous avons compté une centaine, sont en rang double.

Dimensions. Le *tronc* et la *tête* ont une longueur de 1^{m}002 et la *queue* de 0^m,030. *Longueur totale* : 1^m,032.

Patrie. Nous ne connaissons pas d'autres descriptions de cette espèce, originaire de Java, et qui nous a été donnée, en 1845, par le Musée de Leyde comme provenant du savant professeur J. Müller, de Berlin.

IVe GENRE. ZAMÉNIS. — *ZAMENIS* (1). Wagler.

Caractères. *Corps allongé, égal, arrondi, à écailles oblongues, lancéolées, lisses ; tête oblongue, carrée, à plaques surciliaires saillantes sur l'orbite ; écusson central étroit.*

Le corps est cylindrique ; les écailles qui le recouvrent sont

(1) De Ζαμενης, véhément, irascible, *vehemens, iracundus.*

toutes semblables et en grand nombre. Les formes sont assez élancées ; la queue est longue.

A l'exemple de Wagler, qui a fondé ce genre, nous l'adoptons en y plaçant quelques espèces, qui ont entre elles assez d'analogie pour pouvoir être ainsi rapprochées, mais ce ne sont pas absolument les mêmes que celles qui y ont été rapportées par ce zoologiste. Nous prenons, il est vrai, comme lui, la *Couleuvre verte et jaune* pour type, mais sa seconde espèce appartient à notre famille des Isodontiens, où elle est décrite sous le nom d'*Elaphe d'Esculape* (Tom. VII, p. 278.) Nous admettons de plus, dans ce groupe, trois autres espèces.

Nos Zaménis sont donc : 1.º La Verte et Jaune *(Z. viridiflavus)* ; 2.º la C. à bouquets *(Z. florulentus)* ; 3.º la C. à rubans *(Z. trabalis)* qui, quoique moins élancée que la première, lui ressemble cependant beaucoup ; 4.º le Tyria de Dahl *(Z. Dalhii)* de Fitzinger, placé par M. Schlegel parmi les Psammophis, mais à tort, car il n'appartient pas, comme les Serpents qui doivent seuls conserver ce nom au sousordre des Opisthoglyphes : c'est au contraire un Aglyphodonte ; 5.º enfin, un Serpent qui ne peut rentrer dans aucune des espèces déjà décrites et que nous nommons Zaménis mexicain.

M. Schlegel, au reste, justifie bien la réunion que nous proposons ici pour ces différentes espèces, si ce n'est la quatrième, car il décrit les trois premières, les unes à la suite des autres, dans son vaste genre Couleuvre.

Quant aux *Couleuvres fer-à-cheval* et à *raies parallèles* qu'il en rapproche, nous avons vu, dans l'étude du genre précédent, les motifs qui doivent faire adopter le genre Périops. La principale différence qui en distingue les Zaménis est surtout l'absence des plaques sous-oculaires qui, étant constantes chez les Périops, leur ont valu le nom par lequel Wagler les a désignés le premier.

De plus, on ne retrouve dans aucune des espèces de Zaménis , l'une ou l'autre des particularités suivantes , et qui sont propres à la *Couleuvre à raies parallèles*, savoir : trois plaques frénales, des plaques sus-céphaliques supplémentaires , des carènes sur les écailles médianes du dos, et enfin une plaque anale double.

Du reste, les analogies de conformation sont très-frappantes, et cependant la tête est moins distincte du tronc que chez les Périops.

Le tableau synoptique suivant dirige dans la distinction des espèces que nous avons pu distribuer dans ce genre, d'après le nombre des plaques qui bordent la lèvre supérieure , la forme de la plaque rostrale et la distribution des couleurs.

TABLEAU SYNOPTIQUE DES ESPÉCES DU GENRE ZAMÉNIS.

Vertex

à petites lignes jaunes, formant des dessins variés . . . 1. Z. VERT ET JAUNE.

sans lignes; rostrale

saillante sur le devant du front . . . 2. Z. A RUBANS.

non saillante

à bandes le long du corps. 5. Z. MEXICAIN.

sans bandes ; cou à taches

œillées . . 3. Z. DE DAHL.

nulles . . 4. Z. A BOUQUETS.

1. ZAMÉNIS VERT ET JAUNE. *Zamenis viridi-flavus.*
Wagler.

CARACTÈRES. Le dos et les flancs d'un vert foncé avec le centre des écailles en général tacheté de jaune ; les gastrostèges d'un jaune pâle et quelques points noirs.

SYNONYMIE. C'est une des espèces qui se rencontrent le plus ordinairement dans tout le midi de l'Europe , tellement que Daubenton l'a fait connaître sous le nom de *Couleuvre commune.* C'est dans les diverses contrées de l'Italie, qu'elle a été le plus souvent décrite par les auteurs.

1640. *Anguis Æsculapii niger.* Aldrovandi. Serp. Lib. I, cap. 16, p. 263, fig. en regard de la page 270.

1653. *Anguis Æsculapii vulgaris.* J. Jonston. Hist. Serp. I, lib. I; tit. 2, cap. 15, p. 22, tab. 5, fig. 3.

Ces deux figures , dont la première est beaucoup plus reconnaissable que la seconde, sont reproduites par Ruysch (H.) 1718. *Theatrum animalium.* Tom. II, avec le texte de Jonston.

1768. *Natrix gemonensis?* Laurenti. Synopsis, p. 56.

1777. *Colubro uccellatore.* Cetti. Histoire de Sardaigne. Tom. III. pag. 41.

1778. *Couleuvre commune.* Daubenton. Encyclop. méthodique.

1789. *Couleuvre verte et jaune.* Lacépède. Serpents. II, p. 137, fig., pl. 6, n.º 1.

1789. *Couleuvre commune.* Bonnaterre. Ophiologie, p. 28 , n.º 60, pl. 38, fig. 3.

1802. *Coluber atro-virens.* Shaw. General Zoology. Tom. III, part. 2, p. 449.

1802. La *Couleuvre verte et jaune.* Latreille. Hist. Rept. Tom. IV, p. 88.

1803. *Idem.* Daudin. Hist. Rept. Tom. VI, p. 292, et *Coluber personatus,* tom. VIII, p. 324. pl. C, fig. 2, jeune.

1817 et 1830. La *Verte et Jaune.* Cuvier. Règne anim. 1.re éd. Tom. II, p. 70, et 2.e édit., Tom. II, p. 84.

1820. *Coluber atro-virens.* Merrem. Tent. Syst. amph. p. 110, n.º 69.

1823. *Coluber.* . . . . Frivaldsky. Serp. Hungariæ, p. 43.

1823. *Coluber atro-virens.* Metaxa (L.). Monografia de Serpente di Roma, p. 36. (Vulg. Il Milordo, il bello).

1828. *Couleuvre verte et jaune.* Millet. Faune de Maine-et-Loire. Tom. II; p. 631.

Couleuvre glaucoïde. Idem, même ouvrage, préface, p. 16.

1830. *Zamenis viridi-flavus et personatus.* (juvenis). Wagler. Syst. Amphibior. p. 188, gen. 73.

1832-1841. *Coluber viridi-flavus.* (Colubro verde e giallo). Prince Ch. Bonaparte. Fauna, pl. sans n.º et texte sans pagination.

1833. *Coluber atro-virens.* Metaxa (Telem.) Mem. zool.-mediche, p. 35.

1837. *Couleuvre verte et jaune.* Schlegel. Essai physion. des Serp. Tom. I. pag. 148, et tom. II, p. 160, pl. 4, fig, 11 et 12.

1848. *Couleuvre glaucoïde.* Delalande (l'abbé). Annales de la Société académique de Nantes, 9.ᵉ vol. de la 2.ᵉ série, page 236, avec une fig. Le Directeur du Séminaire de Nantes, au Musée duquel cette Couleuvre appartient, ayant bien voulu nous adresser les échantillons de M. l'abbé Delalande, déjà reconnus par M. Millet pour appartenir à sa Couleuvre glaucoïde, nous avons pu nous assurer de leur identité parfaite avec la Verte et Jaune.

DESCRIPTION.

FORMES. Cette Couleuvre qui, comme le dit avec raison M. Millet, est une des plus belles de l'Europe, a le tronc cylindrique et svelte et la queue effilée ; la tête est assez épaisse et le museau un peu obtus.

ÉCAILLURE. La plaque rostrale, plus haute que large, remonte un peu sur le museau. Les pariétales sont plus grandes et plus rabattues sur les régions temporales que chez le Zaménis de Dahl.

Il y a huit paires de plaques sus-labiales, dont les quatrième et cinquième touchent à l'œil, qui est grand et bordé en avant par deux pré-oculaires et par deux post-oculaires en arrière.

Les narines sont tout-à-fait latérales et percées entre deux plaques.

Les sous-maxillaires des deux paires médianes sont de même grandeur.

Les écailles du tronc sont fort allongées et disposées sur 19 rangées longitudinales ; les latérales sont plus grandes que les médianes.

Gastrostèges : 198 à 202; une anale double; urostèges : 110 à 112 divisées.

COLORATION. Les mouchetures jaunes, dont toutes les régions supérieures sont couvertes et qui donnent à l'animal un aspect fort élégant, forment sur la tête de petits dessins réguliers et très-constants. Celles de la partie antérieure du tronc sont réunies et rassemblées en petites bandes transversales, irrégulières, tandis qu'au-delà du premier tiers environ, cette apparence cesse et elles représentent plutôt alors des lignes longitudinales interrompues, qui deviennent d'autant plus manifestes, qu'on les examine plus près de la queue où, chaque linéole jaune occupant toute la longueur de l'écaille, il résulte de leur contiguité des lignes sans interruption.

Les régions inférieures sont jaunes, avec une tache et un trait noir et quelquefois rougeâtre aux extrémités de chaque plaque.

— VARIÉTÉ NOIRE. *Varietas carbonaria*. Bonaparte. Elle a été prise quelquefois pour une espèce distincte. Ainsi, le *Coluber carbonarius* de M. de Schreibers n'est pas autre chose que l'espèce dont il s'agit. M. Emile Blanchard en avait rapporté de Sicile un individu vivant chez lequel on voyait encore, sous la teinte brune foncée des téguments, quelques mouchetures jaunes, et particulièrement à la tête; mais un autre beau sujet, recueilli en Egypte, et qui est encore vivant, est du plus beau noir d'ébène.

Les jeunes sont toujours reconnaissables aux dessins jaunes dont leur tête est ornée et qui ressemblent tout-à-fait à ceux qui se remarquent chez les adultes, mais ils n'ont point de taches jaunes, et les moins âgés portent de petites bandes transversales peu apparentes d'une teinte brunâtre. Ces particularités sont fort bien indiquées sur les planches de la Faune du prince Ch. Bonaparte.

DIMENSIONS. Cette Couleuvre peut atteindre une assez grande taille. Il y en a qui ont 1m,50 ou 1m,60. Le plus grand nombre reste un peu au-dessous. Voici les mesures des nombreux échantillons de taille ordinaire que le Muséum possède :

Tête et Tronc, 0m,90. *Queue*, 0m,35. *Longueur totale*, 1m,25.

PATRIE. Ce Serpent ne se trouve pas aux environs de Paris, mais il est assez commun en Bretagne, en Bourgogne et dans tout le midi de la France, puis en Italie, d'où MM. Constant Prévost et Blanchard, ainsi que Bibron en ont rapporté des spécimens. Nous en avons aussi de Sardaigne et de Morée. Il est, dit le prince Bonaparte, le plus commun de ceux qui vivent dans les environs de Rome, et il pénètre même jusque dans l'enceinte de la ville. M. l'abbé Ranzani nous en a envoyé de cette dernière localité. Enfin, Olivier en a recueilli pendant son voyage dans le Levant.

OBSERVATIONS. Sa teinte verte et jaune et la vivacité de ses mouvements le font souvent remarquer; mais aussi, comme la plupart des Serpents, il devient la victime de la crainte qu'il fait naître par toute sorte de préjugés. On sait bien qu'il n'est pas venimeux, mais on croit qu'aimant le lait, il profite du moment où les vaches sont endormies dans les pâturages et dans les étables, pour s'attacher à leurs mamelles, et sucer le lait, ce qui en fait tarir bientôt la source ou la sécrétion. Il en résulte que la plupart des passants les poursuivent et les font périr. Le vrai est que ces Ophidiens recherchent les petits animaux vertébrés. On assure que, dans certaines circonstances, on les aurait entendus produire une sorte de sifflement à l'aide duquel ils pouvaient attirer les oiseaux. Nous n'en avons vu des individus vivants que dans nos Ménageries, et jamais nous n'avons pu apprendre qu'ils aient produit d'autres sons que ceux qui proviennent d'une sorte de souffle, dont la résonance est due à la vitesse avec laquelle il s'échappe de la trachée-artère, produisant alors un bruit analogue à celui que ferait de l'air sortant avec force d'un tuyau de plume ou d'un chalumeau de paille.

Ce sont des Serpents voraces, mais qui refusent souvent la nourriture en captivité, où ils conservent un naturel farouche.

2. ZAMÉNIS A RUBANS. *Zamenis trabalis*. Nobis.
(*Coluber trabalis*. Pallas.)

CARACTÈRES. Corps d'un brun verdâtre, marqué de séries longitudinales plus pâles; jaunâtre en dessous.

SYNONYMIE. Il faut citer en premier lieu Pallas, puis M. de Nordmann dans le tome III du Voyage dans la Russie méridionale de M. Demidoff. Sa description contient la plupart des détails qui nous ont été transmis par Pallas, et ceux que lui a fait connaître à lui-même l'étude attentive de cette Couleuvre.

1769. *Coluber caspius*. Iwan. Voy. en Rus. t. I, p. 317, pl. 21.

1788. *Coluber caspius*. Linnæus. Syst. nat. éd. Gmelin. T. I, pars 3, p. 1112, n.° 298.

Pallas. Zoographia Russo-asiatica. Tom. III, p. 42, n.° 38.

REPTILES, TOME VII, 44.

Il faut, selon M. Eichwald, rapporter ici le *Coluber thermalis* et le *Coluber acontistes* de Pallas.

1826. *Hierophis caspius*. Catalogue. Fitzinger.

1827. Boié. Isis 1827, p. 538. *Hæmorrhois trabalis*.

1840. De Demidoff. Voyage en Russie. Tom. III, Nordmann, pag. 344. Rept., pl. 5.

1841. Eichwald. Fauna caspio-caucasica, p. 113.

DESCRIPTION.

Voici la traduction de l'article de Pallas inséré dans sa Zoographie (Histoire des animaux à sang froid observés dans la Russie asiatique). En Russie, on le nomme *Sheltopus*, ce qui signifierait à ventre jaune (*flaviventris*). M. de Nordman écrit *Geltopous*.

« C'est une de nos plus grandes espèces de Serpents, mais elle varie beaucoup par la couleur du dos et par le nombre de plaques ventrales, quoique l'on n'ait pas pu établir la comparaison sur un très-grand nombre d'individus. On le rencontre dans tout le désert de la Tartarie, depuis le Borystène jusqu'à la mer Caspienne, et même dans la Chersonèse taurique; cependant il paraît se plaire davantage dans les déserts les plus arides et les plus chauds, et il y choisit, pour se retirer, les galeries dans les lieux escarpés et rocailleux pratiquées par les rats. Ce Serpent sort de cette tannière de temps à autre, mais il s'y réfugie à l'approche de l'homme; il ne craint pas le cheval et alors il se retire plus lentement dans son trou. Si le danger est trop menaçant, il se contourne en cercle, et ainsi disposé, il lance en avant comme un trait la partie antérieure de son corps. On l'a même vu se jeter sur les lèvres des chevaux et les mordre. D'ailleurs il ne fait pas de mal quand on ne l'irrite pas. »

« Il atteint jusqu'à cinq pieds de longueur. Par la tête, il ressemble à la Couleuvre à collier jaune. Son museau est obtus, à quatre pans. On voit au palais deux crêtes dentées. Les mâchoires n'ont qu'un rang de dents simples peu saillantes au-delà des gencives. La langue, très-longue, est noire. Le tronc est arrondi, devenant cependant un peu plus épais vers le milieu. Les écailles sont oblongues, un peu convexes, lisses, sans carènes; celles des côtés sont ovales, à peine plus grandes que les autres, les plaques du ventre ont varié en nombre depuis 199 à 210. Et de même pour celles du dessous de la queue de 52 à 74 paires. La plaque anale est double. »

A ces détails, nous pouvons ajouter les suivants :

La tête, assez épaisse, est un peu concave au niveau de l'occiput. La plaque rostrale est assez manifestement bombée ; il en résulte que le museau est plus pointu que dans les autres espèces de ce genre.

Comme dans les autres Zaménis, la plaque pré-oculaire supérieure beaucoup plus grande que celle qui est située au-dessous, est un peu excavée ; il y a deux post-oculaires. La lèvre supérieure porte, de chaque côté, huit plaques ; les quatrième et cinquième touchent à l'œil.

Les écailles du tronc forment 19 rangées longitudinales.

COLORATION. Le dessus de la tête est d'un gris cendré, plus ou moins foncé ; le bord des mâchoires pâle ou jaune, avec les sutures ou des taches brunes. Sur le cou ou sur la nuque, ou sous l'œil, on voit des taches de même teinte foncée. Le dessus du corps est d'un gris cendré. Le plus souvent, on voit, le long des écailles, une petite ligne d'un jaune pâle, ce qui leur donne une apparence striée et même quelquefois on distingue trois de ces stries. La couleur du ventre est toujours d'un jaune pâle, plus ou moins foncé ; quelquefois cette teinte est salie par des points épars d'une teinte livide ou marquée de lignes brunâtres. » Cette description convient tout-à-fait aux animaux que nous avons sous les yeux.

DIMENSIONS. « Le plus long individu que j'aie vu, avait au tronc, dit Pallas, 4 pieds 2 pouces, et la queue neuf pouces sept lignes ; la tête deux pouces trois lignes ; mais j'ai pu voir une dépouille d'épiderme de cinq pieds, et même j'ai appris de témoignages dignes de foi qu'on avait observé en Crimée un individu de sept pieds. » M. Eichwald ne croit pas que cette espèce puisse atteindre de semblables dimensions.

Un de nos plus grands échantillons, rapporté par M. de Nordmann, a une longueur totale de 1^m,42; la *tête* et le *tronc* ayant 1^m,02, et la *queue* 0^m,40.

PATRIE. Ce voyageur a fait présent au Muséum de deux beaux sujets pris à Odessa. Nous en avons un que M. Aucher Eloy a recueilli en Perse.

Un bel individu, conservé depuis longtemps dans les Collections avec une étiquette faisant connaître qu'il provient des Indes-Orientales, appartient bien évidemment à ce groupe par tous ses caractères, quoiqu'il y ait lieu de supposer une erreur dans cette indication. Il faut cependant noter que contrairement à ce qui s'observe chez tous les autres Zaménis à rubans, celui-ci porte sur la première moitié du corps environ, des lignes transversales brunes, un peu sinueuses, résultant de ce que cinq ou six écailles d'un même rang transversal, sont de distance en distance, tout-à-fait noires ou tachetées de noir.

OBSERVATIONS. Ainsi que nous l'avons dit, à propos de l'Elaphe Dione

44.*

(Tome VII, page 248), l'espèce que M. Schlegel a décrite sous le nom de *Coluber trabalis*, tom. IJ, pag. 167, n'est pas le Zaménis dont il s'agit ici mais bien cet Elaphe, qui vit dans les mêmes contrées.

3. ZAMÉNIS DE DAHL. *Zamenis Dahlii.* Nobis.

(*Coluber*..... Savigny.)

CARACTÈRES. Corps long, grêle, un peu anguleux vers les flancs des taches œillées sur le cou ; huit plaques sus-labiales ; la rostrale aplatie et non saillante, à peine plus haute que large.

SYNONYMIE. 1809. Savigny. v. Egypte. suppl. pl. 4.

Tyria Dahlii. Fitzinger. class. Vien. p. 60.

1837. *Psammophis Dahlii.* Schlegel. Phys. Serp. T. II, pag. 215, n° 6, pl. 8, fig. 12-13.

1840. *Tyria Dahlii.* Ch. Bonaparte, Faune, pl. sans n°, texte sans pagination.

DESCRIPTION.

Cette espèce a beaucoup de rapport avec celle que Geoffroy a trouvée en Egypte et à laquelle il a donné le nom de *Couleuvre à bouquets.* Elle se rencontre en effet dans cette partie de l'Afrique et en Dalmatie. Nous en avons reçu des individus de ces diverses régions.

La tête est moins épaisse que dans les deux espèces précédentes. Le museau est mousse et la plaque rostrale est aplatie, tandis qu'elle est bombée dans les deux Zaménis auxquels nous comparons celui-ci. Cette plaque est d'ailleurs à peine plus haute que large et remonte très peu sur le museau. Il y a deux pré-oculaires ; l'inférieure est fort petite, la supérieure plus grande se place, par son extrémité sus-céphalique, entre la frontale antérieure et la sus-orbitaire ; l'œil est également bordé en arrière par deux squammes. On compte huit sus-labiales, dont les 4.ᵉ et 5.ᵉ touchent à l'œil.

Les écailles du tronc forment 19 rangées longitudinales.

Gastrostèges : 214 à 216 ; anale double ; urostèges : 124 à 126 également divisées.

COLORATION. Ce serpent est en dessus d'un gris verdâtre foncé et même rougeâtre ; le dessous du corps est d'une teinte pâle, jaunâtre, uniforme, sans taches. On voit sur les parties latérales et antérieures du tronc des taches brunes, arrondies et bordées de jaune pâle, et qui sont l'un des caractères distinctifs de cette espèce. C'est également une particularité utile à noter que la coloration en jaune clair des squammes pré-oculaires et postoculaires, formant une bordure incomplète à l'œil.

On pourrait presque considérer comme constituant une variété, un des exemplaires recueillis en Perse par Aucher-Eloy. Ses régions supérieures, au lieu de présenter une teinte uniforme, comme chez tous les autres individus, sont ornées, sur le milieu du dos, de taches noires, transversales, occupant six à sept écailles et comme dentelées à leur bord antérieur. Ces taches régulièrement espacées, sont séparées par des intervalles de 0ᵐ,01 environ. Au-delà du milieu du tronc, elles diminuent d'étendue et sur le commencement de la queue, elles ne forment plus qu'un point noir et enfin elles disparaissent.

De la première tache, il part une ligne noire, qui se prolonge jusqu'au bord postérieur des plaques pariétales.

En avant, mais seulement dans le premier tiers du tronc, les flancs portent de petites taches noires, régulièrement opposées d'un côté à l'autre et qui alternent avec les taches plus grandes du milieu, mais elles perdent beaucoup plus promptement leur régularité que ces dernières.

De plus, chaque gastrostège porte un point noir à l'une et à l'autre de ses extrémités, sur son bord antérieur.

Cet exemplaire offre, du reste, tous les caractères propres à l'espèce à laquelle il appartient.

DIMENSIONS. Les individus adultes atteignent presque un mètre d'étendue. Le plus grand de la collection a une longueur totale de 0ᵐ,075, la *tête* et le *tronc* ayant 0ᵐ,058 et la *queue*, 0ᵐ017.

PATRIE. Le Muséum possède le type de Savigny? Le Musée de Leyde en a donné plusieurs échantillons recueillis en Dalmatie par M. Cantraine. La Commission scientifique de Morée en a rapporté plusieurs sujets et l'on en a reçu d'Athènes, en particulier, par les soins de M. Domnando. Enfin, Aucher-Eloy en a recueilli deux spécimens en Perse et l'un des deux offre les particularités du système de coloration que nous avons fait connaître plus haut avec les détails nécessaires.

4. ZAMÉNIS A BOUQUETS. *Zamenis florulentus.* Nobis.

(*Couleuvre à bouquets.* E. Geoffroy Saint-Hilaire.)

CARACTÈRES. D'un gris jaunâtre en-dessus, avec un grand nombre de taches arrondies et comme rosacées ; mais peu distinctes et se présentant souvent sous forme de petites bandes transversales.

SYNONYMIE. 1809. *Couleuvre à bouquets*. Geoffroy, descript. de l'Egypte, pag. 67, pl. 8, fig. 1.

1837. Coluber florulentus, Schlegel. Phys. des Serp. Tom. II, p. 166.

DESCRIPTION.

La tête est plate en dessus et peu épaisse, avec le museau rabattu et mousse, la plaque rostrale est aussi large que haute, remontant à peine sur le museau et finissant en pointe de chaque côté des premières sus-labiales ; les narines, dont les orifices sont placés près du museau, sont percées entre deux plaques.

Il y a, de chaque côté de la lèvre supérieure, neuf plaques, dont les cinquième et sixième touchent à l'œil.

Les écailles du tronc sont lisses et un peu lancéolées ; elles forment 21 rangées sur la longueur du tronc.

Gastrostèges : 207 à 225 ; anale double ; urostèges : 92 à 96, également divisées.

COLORATION. La description donnée par Et. Geoffroy Saint-Hilaire (Rept. d'Egypte) est très exacte et se rapporte aux sujets conservées dans l'alcool comme à ceux que la Ménagerie possède en ce moment.

« Elle présente, sur un fond brun-verdâtre, de petites raies transversales, noirâtres, très rapprochées les unes des autres et fort nombreuses, principalement dans la partie moyenne du corps. Ces raies sont généralement perpendiculaires à l'axe du corps et très régulières sur le dos, mais elles deviennent un peu obliques, et en même temps, un peu irrégulières sur les flancs. La tête est d'un brunâtre uniforme. Tel est le système de coloration des parties supérieures. »

« Les inférieures, sont entièrement blanchâtres, à l'exception de la région antérieure, et surtout de la région moyenne du corps où l'on voit, à chacune des extrémités des plaques abdominales, une petite tache noire, plus ou moins prononcée. » (p. 32, pl. 8, fig. 2 et 2′).

Un exemplaire, en très bon état de conservation, rapporté de Sfax par M. Spina présente les particularités suivantes : Sur un fond d'un brun clair, on voit, à la région supérieure, depuis l'occiput, jusqu'à l'origine de la queue, une série parfaitement régulière de taches noires, transversales, représentant chacune un parallélogramme très régulier, à bords droits et dont la largeur égale l'espace occupé sur un rang transversal par huit écailles, sur lesquelles chacune de ces taches est située. Leur hauteur correspond aux dimensions longitudinales d'une écaille. Elles sont séparées par un intervalle de 0m,01 à peu près. Sur la queue, elles se transfòrment en une suite médiane de petites lignes étroites. Les taches sont bordées, en avant et en arrière, par une nuance d'un brun foncé.

Sur toute la longueur de chaque flanc et de chaque côté de la queue, on voit une série de taches noires plus petites que les médianes, et qui leur sont très régulièrement alternes ; puis sur les gastrostèges, vers les extrémités latérales de ces grandes plaques, et à leur bord postérieur, une série de taches, dont les unes, alternes avec celles des flancs, sont correspondantes par conséquent à celles du dos, et dont les autres, alternes avec celles-ci, correspondent, par la même raison, à celles des flancs, puisque l'alternance de ces trois séries longitudinales de taches est d'une régularité parfaite. Partout ailleurs, les régions inférieures sont d'un blanc jaunâtre, et en particulier sous la queue, dont les urostèges sont complétement unicolores.

5. ZAMÉNIS MEXICAIN. *Zamenis mexicanus*. Nobis.

CARACTÈRES. Sur un fond d'un brun jaunâtre clair, les régions supérieures portent, dans la première moitié du tronc, de nombreuses petites taches d'un brun noirâtre, disposées en avant sous forme de larges demi-anneaux pointillés, et sur la seconde moitié du tronc, ainsi que sur la queue, en quatre larges bandes brunes, deux sur la ligne médiane, séparées par une ligne d'un brun jaunâtre et une de chaque côté ; régions inférieures presque complètement unicolores. Neuf plaques sus-labiales.

DESCRIPTION.

Par tout l'ensemble de sa conformation, cette Couleuvre a des rapports de ressemblance assez frappants avec le Zaménis vert et jaune ; elle a cependant la tête un peu plus épaisse.

Le museau est plane ; les yeux sont de moyenne grandeur à pupille ronde.

Les neuf plaques sus-céphaliques ordinaires ; la plaque rostrale un peu bombée remonte sur le museau, en formant un angle obtus. La frontale moyenne a peu de largeur pour sa longueur, ce qui paraît tenir aux dimensions assez considérables des sus-oculaires.

Les narines sont percées entre deux plaques. La frénale, un peu concave d'avant en arrière, est plus longue que haute.

Il y a neuf sus-labiales, dont les cinquième et sixième touchent à l'œil et cette sixième est plus haute que toutes les autres, surtout que celles qui la précèdent.

Les écailles du tronc sont lisses ; en avant, elles sont étroites et allongées mais plus grandes en arrière où elles sont en losanges plus courtes. Elles sont disposées sur 17 rangées longitudinales.

Les gastrostèges remontent à peine sur les flancs ; il y en a 189 ; l'anale est double et la queue porte 134 paires d'urostèges.

COLORATION. Dans son tiers antérieur et sur sa région supérieure, le tronc porte de petites taches nombreuses, d'un brun-noirâtre, disposées de façon à former six demi-anneaux au niveau desquels la couleur du fond disparaît presque, et bordés, en avant comme en arrière, par une bande transversale du même brun foncé. Entre ces anneaux pointillés, il y a des espaces d'étendue semblable où, les taches étant bien moins nombreuses, la teinte jaune-brunâtre du fond se voit mieux. Au-delà, ces taches ne sont plus arrangées avec la même régularité, mais bientôt, on les voit se grouper de manière à constituer des bandes longitudinales, qui acquièrent rapidement une netteté parfaite. Elles sont bien délimitées à partir du milieu du tronc environ et se prolongent jusqu'au bout de la queue. Elles sont au nombre de quatre : une sur chaque flanc et deux plus larges sur le milieu du dos, séparées par une ligne étroite, de la couleur du fond.

Il y a, derrière chaque œil, une petite bande noire, qui va rejoindre la bordure antérieure du premier anneau, laquelle forme une sorte de collier foncé.

Les plaques sus-céphaliques sont d'un brun-jaunâtre et bordées de noir.

Les dix ou douze premières gastrostèges sont d'un brun jaunâtre clair et uniforme ; ensuite et jusque vers le milieu du tronc, elles portent une tache foncée à chacune de leurs extrémités. Au delà, et précisément au niveau de l'origine des bandes longitudinales des régions supérieures et latérales, elles sont tout-à-fait unicolores, ainsi que les urostèges.

DIMENSIONS. L'échantillon unique a une longueur totale de 1m, 22 ainsi répartis : *Tête* et *Tronc*, 0m, 82, *Queue*, 0m, 40.

PATRIE. Il a été adressé par M. Dubois, chirurgien de la marine, qui l'a recueilli au Cap Corrientes (Mexique.)

V.ᵉ GENRE. LIOPHIDE. — *LIOPHIS* (1). Wagler.

CARACTÈRES ESSENTIELS. *Corps médiocre en longueur ; tête de la largeur du cou, à museau arrondi ; écailles lisses, courtes, hexagones ; queue courte.*

CARACTÈRES NATURELS. Les neuf plaques sus-céphaliques de petite dimension ; les pariétales, en particulier, étroites en arrière ; deux nasales ; une frénale ; une pré-oculaire assez haute et légèrement élargie en avant , quand elle n'est pas double ; deux post-oculaires ; huit sus-labiales ; les temporales grandes ; la plaque rostrale un peu rabattue sur le museau , qui est court et obtus.

Les écailles lisses, presque égales entre elles, forment sur le tronc dix-sept ou dix-neuf rangées longitudinales.

Les gastrostèges sont redressées sur les flancs, mais elles ne forment là qu'un angle faiblement marqué , de sorte que le tronc est à peu près cylindrique. Les urostèges sont en rang double. La queue est ronde, assez courte, plus ou moins robuste, terminée par une squamme pointue.

Les espèces de ce genre sont originaires du nouveau Continent et particulièrement de l'Amérique du Sud. Nous n'avons jusqu'ici rapproché dans ce groupe que quatre espèces qu'il est facile de distinguer par les marques qui se trouvent sur le dos et sur la queue. Ainsi, les unes ont des taches carrées noires sur le dos. C'est d'abord l'espèce dite de *la Reine*, et celle qu'on a nommée *Doubles-Anneaux*, sur le dos de laquelle on voit des bandes noires, rapprochées deux à deux. Les deux autres espèces se reconnaissent à ce que le dessus du

---

(1) De Λεῖος, lisse, et de Oφις , Serpent ; dénomination tirée de l'absence des carènes sur les écailles du tronc.

tronc est, dans l'une, d'un brun foncé, presque tout noir, avec quelques lignes arquées d'écailles blanches simulant la lettre C , distribuées irrégulièrement , et que dans l'autre espèce , le fond de chaque écaille dorsale est ovale et blanchâtre : c'est ce qu'indique le tableau suivant :

TABLEAU SYNOPTIQUE DES ESPÈCES DU GENRE LIOPHIDE.

Dos :
- à taches noires
  - en doubles anneaux. . . . . . 4. L. DOUBLES-ANNEAUX.
  - carrées, sur fond jaune. . . . 2. L. DE LA REINE.
- brun ou noir ; à
  - demi-cercles blancs en C. . 1. L. COBEL.
  - taches ovalaires , jaunes. . 3. L. DE MERREM.

1. LIOPHIDE COBEL. *Liophis Cobella.* Wagler.
(*Coluber cobella.* Séba.)

CARACTÈRES. Dessus du corps d'un brun plus ou moins foncé , jaunâtre en dessous, avec des taches carrées noires ; la plupart des écailles bordées de noir et de blanc, formant ainsi des lignes arquées, irrégulières, en forme de la lettre C.

SYNONYMIE. 1735. Scheuchzer. Phys. sacra. Tom. IV, p. 1493 tab. 738, fig. 6 et p. 1311, tab. 660, fig. 5.

1736. Séba. Thes. Tom. II, pl. 2, fig. 5 et 6 , nomme *cobellas* deux Serpents qu'il désigne comme mâle et femelle. C'est avec raison que M. Schlegel regarde ces planches comme abominables.

1749. *Col. scutis abdomin.* CL. *caud.* LIV. *Serpens cobella dicta americana.* Hast (Barth. Rud.) Amphibia. Gyllenborgiana. Linn. Amœnit. acad. Tom. I.er, p. 531, n.o 4 et p. 117.

1749. *Id. Anguis scut. abdom.* CL, *sq. caud.* LIV. Balk (Laur.) Mus. princ. in Amœnit. acad. Tom. I.ᵉʳ, p. 583, n.º 28.

Id. *Col. scut. abdom.* CL. *sq. caud.* L. Sund (Mi.) Surinamensia Grilliana in Amœnit. acad. Tom. Iᵉʳ, p. 531, n.º 4.

1754. *Col. cobella.* Linnæus Mus. Ad. Frid., p. 24.

1763. *Col. scutis abdomin.* CLI *et squamar. caud. paribus* LI. Gronovius. Mus. ichthyolog. Amph. anim. Hist. zool. de Serpentibus, p. 65, n.º 32.

1763. *Col. scutis abdom.* CLXIII *et squam. caud. paribus* LV. Gronovius. Zooph. Amph. Serp., p. 23, n.º 115.

1768. Laurenti Syst. Amph., p. 82, n.º 172. *Cerastes cobella.* (C'est une des nombreuses variétés.)

1783. Weigel. abbild der naturf. ges. 1. p. 17, n.º 12.

1789. Lacépède. Hist. des Serpents. Tom. II, p. 248, pl. 12, fig. 1. *Le Cenchrus.* Tom. II, in-12, p. 171. *Le Cobel.*

1790. Bonnaterre. Encycl. ophiologie, p. 22, n.º 44, pl. 41, fig. 2 ; discute sur l'étymologie du nom de *Cenchrus.*

1790. Merrem. Beitrage zur naturg. der Amphib. in-4.º. fasc. 1, pl. 4, et 1820. Id. Tentamen. Syst. Amphib., p. 97, n.ᵒˢ 17. *Coluber eenchrus,* et p. 102, n.º 41. *Coluber cobella.*

1791. Boddaert. Nova act. acad. Cæsar. Tom. VII, pag. 19, n.º 9.

1798. Donndorff. Zool. Beyt. Zur XIII ausgabe des. Linn. Natur. syst. Tom. III, p. 202, n.º 9. *Col. cenchrus. Nonne idem cum cobella ? ait auctor.*

1801. Schneider. Hist. nat. et litt. Amphib. Vol. II, pag. 296. *Elaps cobella.*

1802. Latreille. Rept. in-12. Tom. IV, pag. 171. *La Couleuvre cenchrus.*

1802. Shaw. Gener. Zool. Tom. III, p. 493.

1803. Daudin. Hist. nat. Rept. Tom. VII, pag. 139. (Schlegel cite la page 87, mais c'est une autre espèce.)

1830. Wagler. Syst. amphib., pag. 138. *Liophis cobella.*

1837. Schlegel. Phys. Serpents. Tom. I, p. 135, et tom. II, pag. 62, n.º 5, pl. 1, fig. 4.5. *Coronella cobella.*

DESCRIPTION.

La tête est petite, à peine renflée au niveau des tempes et, par suite, peu distincte du tronc ; le museau est court, mais très légèrement conique. Les plaques céphaliques ont des dimensions médiocres. Les yeux sont généralement petits.

La rostrale n'est pas rabattue sur le museau ; la frontale est un peu plus courte que les pariétales et les sous-maxillaires postérieures sont moins longues que les antérieures. La queue est courte.

La conformation générale de ce Serpent offre, dans son ensemble, quelques particularités qui le distinguent du Liophis de la Reine ; il a, en effet, la tête moins élargie au niveau des tempes et par suite moins distincte du tronc. Les yeux sont proportionnellement plus petits ; les mensurations faites sur sept individus, dans chaque espèce, et pris au hasard, établissent que le diamètre longitudinal de l'orbite qui, dans le *L. Reginæ*, égale souvent les deux tiers de l'espace sus-inter-orbitaire et, en tout cas, n'en est pas moins de la moitié, n'atteint pas cette dimension, le plus ordinairement, dans le *L. Cobel* et même lui est fréquemment inférieur. La queue enfin est plus courte et le port est plus lourd.

Ecaillure. Il faut encore noter, comme distinction, que les plaques de la tête sont un peu plus grandes, dans leur ensemble, qu'elles ne le sont dans la Régine ; il y a, en outre, quelques différences de détail à mentionner : ainsi, dans le Cobel, la plaque frontale, au lieu d'avoir la même longueur que les pariétales , n'atteint pas tout-à-fait leurs dimensions et les sous-maxillaires postérieures sont aussi longues et non pas plus petites que les antérieures.

Ecailles : 17 rangées longitudinales au tronc, 4 à la queue ; 146-161 gastrostèges ; 1 anale divisée et 50-70 urostèges également divisées. (1)

Dents. Maxillaires $\frac{22}{23\text{-}24}$. Palatines 12-14, ptérygoidieunes 27-28, s'étendant sur les os qui les supportent jusqu'au niveau de l'articulation de la première vertèbre avec la seconde.

Coloration. Gmelin, dans son édition du *Syst. nat.*, et Merrem, *in Beytr.*, ont indiqué, le premier, six aspects, et le second , cinq sous les-

_____

(1) Linné, *in Mus. Ad. Fr.*, dit, en parlant de la Coul. dont il s'agit, qu'il n'y en a pas, à l'exception du *Col. Natrix*, dont les squammes et les scutelles varient plus en nombre. Notre numération qui a porté sur dix individus n'est pas conforme à cette remarque, car les variations sont moins étendues que pour le L. Régine.

quels se présente le système de coloration du Serpent dont il s'agit.

Voici la traduction du passage de Gmelin :

1.° Tantôt cendré, avec de petites lignes obliques, blanches.

2.° Tantôt brun en dessus, avec des lignes obliques noires ; blanc en dessous, avec des taches qui donnent aux parties inférieures l'aspect d'une marqueterie blanche et brune.

3.° Tantôt gris en dessus, à bandelettes blanches en dessous, avec les écailles latérales blanches rayées de brun.

4.° Tantôt à bandelettes en dessous; brun en dessus, avec des lignes un peu plus claires, d'abord obliques, se réunissant ensuite en angle.

5.° Tantôt à bandelettes en-dessous ; d'une teinte brune générale en-dessus, et çà et là des écailles dorsales bordées de blanc.

6.° Tantôt enfin à bandelettes noires en dessus, avec des lignes obliques plus claires; blanc en dessous, avec des bandelettes transversales brun-noirâtre.

En comparant les nombreux individus du Musée de Paris avec les textes de ces deux naturalistes, et celui de Merrem qui a été traduit par Daudin, dans l'article de la *Coul. Serpentine,* il ne nous paraît pas possible d'admettre comme constantes les différences qui y sont signalées. La similitude, entre ces divers échantillons, n'est pas complète, il est vrai, mais les dissemblances ne sont pas assez fixes, à notre avis, pour motiver la division de l'espèce en plusieurs variétés. Il nous semble plus simple et en même temps plus clair, de nous borner à une description unique où soient mentionnées, avec soin, les particularités distinctives.

La teinte générale des parties supérieures est un brun d'intensité variable, souvent grisâtre, ce qui se voit surtout dans les points où l'épiderme est enlevé, pouvant même aller jusqu'au noir. Sur cette nuance du fond, il se détache quelquefois des bandes transversales, irrégulières, d'un brun plus clair.

Ce qui frappe surtout l'attention de l'observateur, ce sont de petites lignes blanches recourbées, simulant par leur forme, comme l'a parfaitement indiqué Linné, la lettre C. Elles occupent une portion du pourtour des écailles dorsales et latérales, quelquefois de celles dont la coloration est d'un brun moins foncé ; souvent, il y en a deux sur chacune d'elles, et alors elles sont opposées. Elles manquent sur un certain nombre d'échantillons. Quand elles existent, elles sont tantôt rares, tantôt nombreuses et, dans ce dernier cas, elles sont dispersées irrégulièrement, ou au contraire, groupées avec régularité et occupent les bords homologues de toutes les écailles d'une rangée transversale. Cette disposition se reproduisant à des distances à peu près égales, il en résulte, principalement sur les parties antérieures du dos de l'animal, une série de lignes ponctuées blanches, symétriquement espacées. Ces lignes commencent sur les flancs et les unes, alternes avec celles du côté opposé, s'arrêtent sur la ligne médiane et les autres, situées sur un même plan, se joignent et traversent ainsi la région supérieure dans toute son étendue.

Sur quelques individus, mais sur l'un en particulier, acquis à un marchand et dont l'origine n'est pas connue, ces lignes s'élargissent beaucoup sur les faces latérales, par suite de la disparition complète, par places, de la nuance brune sur les trois ou quatre rangées longitudinales d'écailles les plus rapprochées des scutelles. Il en résulte que la couleur blanc-jaunâtre de ces écailles forme des triangles, dont la base repose sur les extrémités relevées des gastrostèges, et qui se continuent, par leur pointe, avec les lignes dont il vient d'être question. Entre ces triangles, la teinte de fond se prolonge sous forme d'angles dont le sommet se trouve resserré par les bases des triangles entre lesquels elle passe pour aller constituer les taches abdominales que nous indiquerons plus loin.

Notons enfin, que sur un assez grand nombre d'échantillons, beaucoup de pièces de l'écaillure soit en dessus, soit latéralement, portent une maculature sur un point quelconque de leur pourtour.

La tête est brune supérieurement, quelquefois variée de brun foncé et de brun plus clair. Nous n'y trouvons pas, derrière chaque œil, la ligne plombée, indiquée par Linné comme étant, avec les petits arcs de cercle blancs précédemment mentionnés, un des caractères auxquels ce Serpent peut être facilement reconnu.

Toute la région inférieure est d'un blanc-jaunâtre, en grande partie couvert de taches d'un brun semblable à celui de la face dorsale. Ces taches, situées sur les parties latérales, ne dépassent pas la ligne médiane. Elles sont le plus généralement alternes et, par exception seulement, placées sur un même plan et réunies alors en bandes transversales. De leur forme en parallélogramme assez régulier, et de leur arrangement, par suite duquel tout l'abdomen est divisé en espaces à peu près égaux et nettement circonscrits, les uns jaunes et les autres bruns, il résulte, suivant la remarque de Gmelin, l'aspect d'une marqueterie. Entre ce système de coloration et celui de la face ventrale, bien moins régulier, il est vrai du *L. Reginæ*, il y a quelque analogie, mais ce qui établit une différence fort tranchée et très-importante à noter, à cause de sa constance, c'est l'absence, à la région sous-caudale, dans cette dernière espèce, de taches qui ne manquent jamais, dans ce point, sur le *L. Cobel* et dont il y a seulement à dire, qu'elles ont moins de régularité que celles de l'abdomen.

L'analogie entre les individus jeunes et les adultes est extrême. Tantôt, les lignes ponctuées blanches sont bien apparentes sur tout le dos, tantôt, au contraire, on ne voit que des bandes transversales d'un brun plus clair que la teinte générale. Il y enfin identité dans le dessin de l'abdomen.

Dimensions. La largeur de la tête, au niveau de la région temporale, dépasse de 0ᵐ, 001 à 0ᵐ, 002 la moitié de sa longueur, quand elle ne lui est pas légèrement inférieure, ce qui, au reste, est rare. Certe largeur est un peu plus du double de l'espace compris entre les narines ; celui qui existe à la face supérieure de la tête, entre les orbites, tantôt égale, tantôt dépasse un peu le double du diamètre longitudinal de l'œil, qui est plus court, relativement à la longueur de la tête, que dans le *L. Régine*. Il y a peu de différence entre la largeur et la hauteur du tronc, à sa partie moyenne, et c'est celle-ci qui l'emporte presque toujours de 0ᵐ,002 à 0ᵐ, 003.

La queue est environ le cinquième de la longueur totale ; tantôt un peu plus, tantôt un peu moins. Dimensions du plus grand de nos individus. *Tête* : long. 0ᵐ, 028, *Tronc* 0ᵐ, 560, *Queue* 0ᵐ, 140. Longueur totale : 0ᵐ, 728.

Patrie. Cette espèce parait être abondante dans la Guyane, où M. Schombourg en a recueilli des échantillons, sans indication précise de localité. Ceux de Leschenault et Doumerc ont été pris à Surinam ; ceux de MM. Keraudren, Leprieur, Poiteau et Banon à Cayenne, et ceux de M. de Castelnau dans la Guyane anglaise. Il est probable que plusieurs individus, notés comme étant d'origine inconnue, appartiennent aux mêmes contrées. On en trouve aussi dans l'Amérique du Nord. Nous en avons reçu de Philadelphie et de New-York par les soins de Lesueur et de Milbert.

Observations. Un bocal portant une ancienne étiquette ainsi conçue : Couleuvre cenchrus, *Coluber cenchrus* et de plus, cette autre étiquette : *Coronella Cobella*. Origine ? contient un animal très décoloré qui a le plus grand rapport avec la Cobelle et en particulier, avec des individus rapportés de Cayenne par M. Leprieur en 1838.

Il va sans dire que l'examen du système dentaire a démontré, que ce Serpent doit être rangé dans la division des Aglyphodontes Diacrantériens.

Tous les caractères tirés des plaques de la tête sont, ainsi que nous nous en sommes assurés, semblables à ceux de la Cobelle. Enfin, l'ensemble de l'animal est celui de cette Couleuvre.

Malgré la décoloration, on voit, à la face supérieure, près de la tête, des lignes transversales rappelant celles d'un brun plus clair qu'on remarque souvent dans cette espèce, mais tout l'animal est presque jaune, et les taches blanches, s'il en existait, ont disparu. Vers l'anus, on retrouve quelques traces des taches alternes de la région inférieure ; elles sont d'ailleurs indiquées, quoique vaguement, sur le dessin de Lacépède.

Comme dans la Cobelle, il y a 17 rangées longitudinales d'écailles, et, ainsi que le dit Lacépède, il y a 155 gastrostèges ; quant aux urostèges, nous en comptons quelques unes de plus.

Cette Couleuvre est donc bien le Cobel ; aussi avons-nous cru devoir relever la synonymie du *Cenchrus*, laquelle est placée en tête de cet article.

2. LIOPHIDE DE LA REINE. *Liophis reginœ.* Wagler.

(*Coluber reginœ* Linnæus.)

CARACTÈRES. Régions supérieures d'un gris bleuâtre ; des taches noires carrées sur les gastrostèges, qui sont jaunes ; d'autres taches sur les flancs ; des marques blanches sur le cou, derrière la bouche.

SYNONYMIE. 1735. Scheuchzer. Biblia sacra. 628 A, pl. 738, fig. 6, pl. 746; fig. 2.

Id. Séba. Thes. Tom. II, pl. 17, fig. 3 , paraît être un jeune individu ; pl. 35, fig. 4. exacte, mais mal coloriée.

1754. Linnæus. Mus. Adolph. Frid., pl. 13, fig. 3, p. 24.

1788. Gmelin. Syst. nat. Tom. III, p. 1096, n.º 207.

1789. Lacépède. Quad. ovip. Serpents. Tom. II, p. 187 ; et la *Violette*, p. 367, pl. 8, fig. 1.

1802. Shaw. General Zoology. Tom. III, pag. 521.

1802. Latreille. Rept. Tom. IV, p. 145 et 98.

1803. Daudin. Rept. Tom. VII, p. 172.

1820. Merrem. Tent. Syst. amph., p. 115, n.º 88. *Natrix reginœ.*

1830. Wagler. Syst. amph., p. 188. *Liophis reginœ.*

1837. Schlegel. Phys. Serp. Tom. I, p. 135, et tom. II, p. 61, n.º 4. *Coronella reginœ.*

DESCRIPTION.

FORMES. Cette espèce ne paraît jamais atteindre les dimensions des individus appartenant aux deux suivantes. Ses formes sont un peu plus sveltes, ce qui tient au volume assez peu considérable du tronc et à ce que l'appendice caudal est plus long et plus délié.

ECAILLURE. Ecailles : 17 rangées longitudinales au tronc ; 4-6 à la queue ; 154-173 gastrostèges ; 1 anale divisée ; 47-79 urostèges également divisées.

DENTS. Maxillaires , $\frac{24}{30}$. Palatines, 8. Ptérygoïdiennes, 29 ; se prolongeant, sur les os qui les supportent, jusqu'au niveau de l'articulation de la première vertèbre avec la deuxième.

COLORATION. La teinte générale des parties supérieures est brune , ainsi que l'a noté Linné, le premier descripteur de la *Regine : Suprà ex violaceo fuscus*, dit Gmelin. C'est cette particularité que Lacépède a voulu exprimer en désignant, par l'indication de sa couleur , l'individu type de l'espèce connue, depuis lui, sous le nom de *Couleuvre violette*. Des échantillons apportés assez récemment du Brésil et de la Nouvelle-Grenade nous montrent que cette coloration peut être bleu-verdâtre , tirant même quelquefois sur le bleu, car le derme a une nuance bleuâtre là où l'épiderme est enlevé. Sur les animaux qui sont complétement privés de cette enveloppe, on observe cette couleur seule ou relevée de taches noires irrégulières. On comprend donc comment M. Schlegel dit que le Serpent dont il est question est bleu-grisâtre. Quant à ces taches , elles ne sont pas constantes : non mentionnées par l'auteur du *Syst. nat.*, elles manquent , ou du moins semblent manquer presque entièrement, lorsque l'enveloppe épidermique est intacte ; quand elle est détruite, au contraire , elles sont plus apparentes. Parmi ces maculatures, il en est cependant qui ne disparaissent jamais : situées sur les flancs, au niveau de leur jonction avec la région dorsale, à partir du milieu de la longueur du tronc environ, celles-ci constituent, de chaque côté, en se réunissant les unes aux autres , une ligne noire, étroite, mais bien visible, continuée, sans interruption, jusqu'à l'extrémité de la queue. Cette marque distinctive ne fait défaut que sur deux ou trois de nos nombreux échantillons.

Une tache vert-jaunâtre , obliquement située derrière chaque œil et indiquée par Linné, se voit sur quelques individus, mais elle manque sur beaucoup d'autres. Il en est de même pour des taches anguleuses, de teinte semblable à celle de la précédente et qui occupent les parties latérales du cou et se confondent, par en bas, avec la couleur de l'abdomen. Ces taches sont parfaitement indiquées sur la fig. du *Mus. Ad. Fr*, et sont mentionnées par M. Schlegel.

Presque tous nos exemplaires portent, en-dessous, mais sur l'abdomen seulement, de nombreuses taches noires irrégulières, la région gulaire et la face inférieure de la queue étant toujours, selon la juste remarque de Linné, complètement blanchâtres, ainsi que cela se voit sur la fig. qu'il a

REPTILES, TOME VII. 45.

donnée et sur celle du *N. semi-lineata* de Wagler. Les lèvres sont d'un blanc-jaunâtre.

— *Jeune âge.* Les jeunes ont quelquefois, pour livrée, un pointillé blanc très-abondant, et qui couvre toute la région dorsale ; d'autres sont d'un brun violacé uniforme, ou relevé par de petites maculatures noires. La présence des taches jaunâtres derrière les yeux et de celles d'une teinte brun foncé qui, chez l'adulte, se voient sur l'abdomen, n'est pas constante ; mais quand ces dernières existent, elles ne se montrent jamais ni sous la gorge, ni sous la queue.

Un individu, originaire de la Mana, s'il n'était unique et s'il pouvait être comparé à d'autres, donnerait sans doute lieu à l'établissement d'une variété, mais peut-être la coloration brun-foncé de la région supérieure légèrement piquetée de blanc çà et là et la teinte rougeâtre des parties inférieures que nous observons, ne sont-elles que le résultat de différences individuelles. Dans ce spécimen, d'ailleurs, la face inférieure de la queue est, comme la gorge, d'une teinte uniforme et sans aucune des taches foncées de l'abdomen et les lignes latérales de la moitié postérieure du tronc et de l'appendice caudal sont apparentes.

Deux échantillons provenant de la Nouvelle Grenade et dont l'un a été reçu de M. J. Goudot, offrent quelques différences avec l'espèce actuelle. Ainsi leur tête a un peu plus d'épaisseur, est légèrement plus allongée et, par suite, les pièces du bouclier céphalique sont moins courtes ; mais l'examen ne pouvant porter que sur deux exemplaires, l'un évidemment jeune, l'autre non encore adulte peut-être, et des caractères vraiment spécifiques nous échappant, nous ne nous croyons pas autorisés à fonder une espèce nouvelle. Cette division ne serait d'ailleurs pas justifiée par les particularités du système de coloration. On voit une teinte brune assez foncée sur les parties supérieures. Leur région moyenne, dans ses deux tiers postérieurs, porte une bande d'une nuance plus obscure bordée, de chaque côté, par une fine ligne noire, laquelle manque sur le plus petit de ces animaux. Il y a deux taches latérales noires, derrière l'occiput, mais à part ces petites différences, nous ne voyons pas de dissemblance notable. Ici, comme dans l'espèce type qui vient d'être décrite, on voit, à partir du milieu du tronc, jusqu'à l'extrémité de la queue, de chaque côté, une ligne noire, seulement elle est un peu plus apparente. On retrouve enfin, en dessous, le dessin noirâtre irrégulier, et il manque également et sous la gorge et sous la queue. Ce n'est pas non plus une variété de climat puisque, à la Nouvelle Grenade, M. J. Goudot a aussi recueilli un jeune Ophidien qui se rapporte tout-à-fait au *L. Régine.*

Variété. L'analogie remarquable qui se remarque entre les représentants de cette espèce et deux Serpents adressés, l'un de la Venezuela par

M. Beauperthuis, et l'autre par M. J. Goudot de la Nouvelle Grenade, ne nous permet pas, malgré les particularités de leur robe, d'en faire une espèce distincte. Nous nous bornons donc, quant à présent, à les considérer comme formant une *variété*, jusqu'à ce que l'observation comparative d'un plus grand nombre d'individus soit venu confirmer ou infirmer ce rapprochement.

En voici la description :

La partie moyenne des régions supérieures porte, dans toute sa longueur, une assez large bande brune qui, constituée, à son origine, vers la tête, mais dans une très petite étendue, par des taches un peu espacées, va en se rétrécissant, à mesure qu'elle avance vers l'extrémité de la queue. De chaque côté de cette bande, il y a une fine ligne brun-jaunâtre, bordée elle-même par une rayure brune comme la bande médiane. Au-dessous, les flancs sont d'un brun-jaunâtre ainsi que le ventre et la face inférieure de la queue où l'on ne voit aucune tache. Derrière la tête, il y a un collier noir et une ligne de la même nuance s'étend des coins de la bouche à l'extrémité du museau, en longeant le bord supérieur des plaques sus-labiales qui sont d'un brun jaune clair. Le reste de la tête est uniformément brun en dessus, et brun-jaunâtre en dessous.

Dans le jeune âge, le système de coloration ne diffère que par une interruption un peu plus prolongée, en avant, de la bande médiane qui, dans son premier tiers, n'est formée que de maculatures brunes sur une couleur de fond blanc-jaunâtre, plus claire que chez l'adulte. Il en est de même des lignes brunes latérales, qui ne consistent d'abord qu'en un pointillé brun. Du reste, la ressemblance est parfaite entre les deux âges.

Dimensions. La tête est courte, car bien qu'au niveau des tempes, elle n'offre pas un élargissement très marqué ; sa largeur, dans ce point, dépasse un peu la moitié de sa longueur ; elle est environ deux fois et demie aussi considérable que l'intervalle qui sépare les narines l'une de l'autre. L'œil est grand, puisque son diamètre antéro-postérieur est presque égal aux deux tiers de l'espace inter-orbitaire.

La différence entre la largeur et la hauteur du tronc, à sa partie moyenne, est peu marquée, celle-ci, en effet, ne l'emporte que de 0,001 à 0,002 sur la largeur qui est, en moyenne, à la longueur totale, dans le rapport de 1 à 38. La queue, sur un certain nombre de nos sujets, n'est pas tout-à-fait le tiers de cette longueur ; elle est plus courte chez d'autres où elle n'en dépasse pas le quart.

Dimension du plus grand spécimen : *Tête*, long. 0^m, 02 ; *tronc*, 0^m,435 *queue*, 0^m, 180 ; Longueur totale 0^m,635.

Ces chiffres démontrent que la description de Linné *in Mus. Ad. Fr.* a

45.*

été faite d'après de jeunes individus, la grosseur du corps étant comparée par lui au volume d'une plume d'oie et sa longueur estimée une palme.

PATRIE. C'est avec surprise que nous tronvons l'Inde indiquée comme origine par Gmelin, qui signale aussi, il est vrai, l'Amérique du Sud. C'est de cette dernière contrée seulement que presque tous nos échantillons proviennent. Cependant M. Donzelot en a recueilli de jeunes individus à la Guadeloupe, et la patrie de quelques uns est inconnue. Nous en avons reçu de la Guyane et, en particulier, de Surinam et de la Mana, par les soins de Leschenault et Doumerc. M. Goudot nous en a adressé de la Nouvelle Grenade, M. Bauperthuis de la Venezuela, M. Claussen, M. Schombourg et M. Menestriés du Brésil et enfin M. A. d'Orbigny de la province de Buenos-Ayres.

3. LIOPHIDE DE MERREM. (1) *Liophis Merremii*. Wagler.

(*Coluber Merremii*. Prince Max. de Neuwied.)

CARACTÈRES. Le dessus du tronc à grandes écailles rhomboïdales, dont le centre porte une marque ovalaire, jaune ou blanche, bordée de noir dans l'état adulte ; ou bien des anneaux, les uns gris ou noirs, les autres blancs ou de couleur abricot ; ventre jaune, à taches irrégulières, noires ; dans le jeune âge, des anneaux noirs.

SYNONYMIE. 1735. Scheuchzer. Biblia sacra, p. 746, fig. 2.

---

(1) Contrairement à l'usage que nous avons adopté de donner à chaque espèce le nom qui a, le premier, servi à la désigner, nous conservons pour celle-ci la dénomination du prince de Neuwied. Nous aurions été tentés de la nommer *L. Chiametla* , parce que ce nom de pays a été imposé par Séba (T. II, pl. 61, n.° 1.), à un Serpent que les auteurs rapportent à l'espèce actuelle ; mais nous y avons renoncé, doutant que ce rapprochement soit exact. Ce célèbre Collecteur ne s'est d'ailleurs servi d'aucune appellation particulière pour désigner le n.° 4, pl. 36, t. II , représentation assez fidèle de notre Ophidien. L'épithète de *meleagris* empruntée à Linné qui l'a appliquée, selon toute probabilité, au même animal que celui dont il s'agit, aurait été convenable si, à cause de l'aspect analogue à celui du plumage de la pintade, et qu'elle est destinée à rappeler, elle n'était trop exclusive, car elle ne convient qu'à l'une des variétés. En continuant, comme le prince Maximilien, à dédier l'espèce à Merrem, nous tranchons toute difficulté, sans rien préjuger. Nous imitons, au reste, M. Schlegel, qui a également donné la préférence à ce nom sans motiver ce choix.

1735. Séba. Thes. rer. natur. Tom. II, pl. 36, fig. 4. *Vip. cœrulea* ; pl. 57, fig. 2. *Serpens iztog.*; pl. 61, n.º 1.

1754. *Coluber meleagris* ? Linnæus. Mus. Ad. Frid. p. 27.

1802. Shaw. Gener. Zool. Tom. III, p. 2, pag. 440, pl. 2, et 480. *Coluber meleagris, C. perlatus.*

1820. Neuwied. Beitr. und Abbild. zur. naturg. Bras., p. 368 , Livr. 8, pl. 1, fig. 1. *Col. Merremii.*

Ibid. pag. 37, pl. 1, fig. 3, *Coluber doliatus. C. dictyodes.*

Ibid. pl. 1. fig. 2. *Col. poecilogyrus.*

Ibid. pl. 1, fig. 1. *Coluber collaris pullus et adultus.*

1823. Lichtenstein. Catal. p. 104, n.º 72. *Coluber alternans.*

1824. Spix. Serpentes Brasiliæ , p. 14. *Natrix chiametla et Natrix Forsteri*, p. 16.

1830. Wagler. Nat. Syst. Amph. p. 187, G. 72 . *Liophis Merremii. Dictyodes* et *Chiametla an doliatus ?*

1834. Reuss. (Adolph.) Museum Senkenberg. II; p. 145, pl. 8, fig. 1. *Coluber bicolor.*

1837. Schlegel. Essai phys. Serp. Tom. I , pag. 135, tom. II, pag. 58, pl. 2, fig. 6, 7 et 8, la tête. *Coronella Merremii.*

1848. *Coronella Merremii.* Guichenot. Rept. (Hist. de Chile por Cl. Gay). p. 78.

DESCRIPTION.

FORMES. Le tronc est à peu près tout d'une venue avec la tête et avec la queue, dont l'origine n'est indiquée par aucune différence de volume ; d'ailleurs, elle est plutôt courte et son extrémité est peu effilée. Il résulte de cet ensemble un port assez lourd ; aussi n'est-on pas surpris que le prince Maximilien de Neuwied ait dit, en parlant de la *Couleuvre à anneaux tachetés*, qui représente une de nos *variétés* ; qu'elle n'est pas du nombre des agiles.

La tête est un peu plus volumineuse que dans les deux espèces précédentes ; les yeux sont légèrement dirigés en haut.

ÉCAILLURE. Les plaques du vertex sont petites. Le sommet de la rostrale est plus ou moins rabattu sur le museau ; la frontale n'égale pas tout-à-fait en longueur les pariétales.

Les sous-maxillaires antérieures èt postérieures ont des dimensions semblables.

Nous devons, avant de parler des écailles du tronc, faire ici une observation préliminaire, sans anticiper cependant sur ce que nous aurons à dire plus loin. Elle porte sur l'appui que les différences dans le nombre des gastrostèges et des rangées longitudinales des écailles du tronc sembleraient prêter à la distinction établie par plusieurs naturalistes, et d'abord par le prince de Neuwied. Ils ont, en effet, admis des espèces différentes là où nous ne trouvons, avec M. Schlegel, que des variétés. On compte constamment, il est vrai, 163-177 gastrostèges et 19 rangées d'écailles chez les individus appartenant à l'espèce nommée par le prince, *Coluber poecilogyrus*, et seulement 138-164 des premières et 17 rangées dans la variété dont il a fait la *Couleuvre de Merrem*; ce sont les mêmes nombres chez celle qui porte, dans Wagler, la dénomination de *N. Forsteri*. Or, nos remarques ultérieures montreront que, malgré son importance, ce caractère ne suffit pas pour établir plus d'une espèce.

Ecailles : Variétés dites *C. Merremii*, *N. Forsteri*. 17 rangées longitudinales au tronc; 4-6 à la queue; 138-164 gastrostèges; 1 anale divisée; 46-63 urostèges également divisées; un seul individu n'en porte que 58.

Variété dite *C. poecilogyrus*. 19 rangées longitudinales au tronc; 4-6 à la queue; 163-177 gastrostèges; 1 anale divisée; 57-63 urostèges également divisées.

DENTS. Maxillaires, $\frac{16\text{-}21}{21\text{-}23}$. Palatines, 10, Ptérygoïdiennes, 21, s'étendant jusqu'au niveau de l'articulation de la première vertèbre avec la suivante.

PARTICULARITÉS OSTÉOLOGIQUES. Sur l'une des deux têtes qui servent à notre étude, nous remarquons, ce qui n'existe pas chez l'autre, que le point de jonction des lames transverse et montante de l'os inter-maxillaire présente un léger renflement, qui donne un peu de saillie à l'extrémité antérieure du museau. Nous notons, d'après M. Schlegel, que les vertèbres de la queue ont des apophyses transverses très-larges et une double série d'apophyses épineuses inférieures.

COLORATION. Les différences offertes par le système de coloration des nombreux échantillons de cette espèce rassemblés dans le Musée de Paris, sont tellement tranchées, qu'on s'explique, jusqu'à un certain point, la confusion établie par les auteurs qui ont fait, en quelque sorte, autant d'espèces qu'il y a de variétés dans les couleurs, ainsi que l'a démontré M. Schlegel. Cet habile zoologiste, retrouvant la même physionomie dans les animaux dont les noms sont empruntés aux teintes et aux dessins du tronc, a établi que c'est seulement à des sujets d'âges différents et non à des animaux spécifiquement distincts que s'appliquent les dénominations de *Col. doliatus*, *poëcilogyrus (pullus et adultus)*, *collaris et Merremii* du prince de Neuwied. Il approuve d'ailleurs le renvoi fait par Wagler lui-même, de l'espèce décrite par lui et figurée *in Serp. Bras.* sous le nom de *Natr. Chiametla*, à celle dont il est ici question et à laquelle ce dernier avait aussi rapporté la *Coul. de Merrem.* Ce qui prouve l'exactitude de cette synonymie, c'est la conformité des caractères de tous les individus disséminés dans ces divers groupes.

Quant à l'hypothèse émise par l'auteur de l'*Essai,* sur la cause qui produirait ces différences curieuses, on ne peut nier que plusieurs faits militent en sa faveur. Ainsi, ce sont, en général, les animaux les plus volumineux , ceux, par conséquent, qui doivent être les plus âgés, dont la représentation se trouve dans la fig. 1, pl. 1, de la 8.ᵉ livr. des Abbildungen, sous le nom de *Col. Merremii ;* la fig. 5 de la même pl. *(Col. doliatus),* indique, avec une grande exactitude, l'apparence des échantillons les plus petits, et c'est bien enfin généralement aux sujets, dont les dimensions sont intermédiaires à celles des précédents, que convient la pl. 4 consacrée au Serpent nommé par le prince, *Col. poëcilogyrus.*

Tous les individus passent-ils cependant par cette série de métamorphoses ? C'est ce dont il est permis de douter , quand on voit des sujets de tailles diverses et même des individus certainement jeunes offrir par fois les mêmes teintes que les plus volumineux. Ces faits porteraient donc à admettre des variétés individuelles non dépendantes de l'âge.

Quoiqu'il en soit, comme les plus grands se rapportent tous au type de la *Coul. de Merrem,* et le plus grand nombre des plus petits à celui de la *Coul. cerclée,* on peut regarder le système de coloration de la première comme plus spécialement propre à l'adulte , et la disposition des couleurs de la seconde comme une livrée du jeune âge. Il est permis de supposer , d'après les différences des dimensions, qu'il survient, pendant l'accroissement, les modifications décrites et figurées par le prince de Neuwied comme propres à l'espèce à anneaux variés (*C. poëcylogyrus*) qu'il a représentée à deux âges différents.

Il faut, au reste, reconnaître avec M. Schlegel, qu'il y a des variétés qui établissent assez incomplètement, il est vrai, le passage entre les systèmes de coloration si différents que nous allons indiquer, en rapportant chacun d'eux à l'espèce, sous le nom de laquelle il a été décrit par les auteurs.

En définitive, nous restons dans le doute, on le voit, sur l'influence que l'âge exercerait constamment, selon M. Schlegel, sur les couleurs de ce Serpent.

Si donc, nous guidant en partie d'après cette donnée, nous commençons par l'examen des individus que leur volume doit faire regarder comme étant parvenus à leur entier développement , nous trouvons le type bien caractérisé de la Couleuvre représentée d'une façon très-exacte par le prince de Neuwied sous le nom de *C. Merremii,* puis avec des teintes plus

sombres sous celui de *Natr. Chiametla*, par Wagler , et enfin par Séba ,
pl. 56, fig. 4. C'est à tort cependant que le peintre y a donné à l'animal une
teinte bleue qui dépare un dessin d'ailleurs assez satisfaisant (1).

Voici, pour la *première variété*, ce que montre une observation exacte
et comparative :

Toutes les écailles du dos et de la région supérieure de la queue sont entourées par une bordure brun foncé et le plus souvent même tout-à-fait
noire, d'une largeur variable suivant les individus, et laissant, au centre
de chaque écaille, un espace dont cette largeur même détermine l'étendue,
tantôt irrégulier, tantôt assez exactement circulaire. La nuance de ce point
central tranche plus ou moins vivement avec celle du pourtour , suivant
qu'elle est d'un jaune verdâtre vif ou d'un vert bronze plus sombre. Entre
ces deux extrêmes, il y a des intermédiaires, mais qui ne modifient guère
l'aspect général.

Le plus ordinairement, chaque pièce de l'écaillure est complétement
entourée, si ce n'est cependant sur le rang le plus voisin des gastrostèges
et des urostèges, qui est quelquefois entièrement semblable aux parties
inférieures, puis sur le rang qui est au-dessus, lequel est brun ou noir seulement sur le bord contigu à la rangée qui le surmonte. La tache annulaire
est d'ailleurs sur un même sujet, également large dans tous ses points. Il
y a néanmoins quelques exceptions : ainsi, il peut arriver que sur une
rangée longitudinale et cela, dans les deux tiers postérieurs de l'animal,
toutes les écailles n'ayant qu'un petit point central non envahi par l'entourage, il y ait l'apparence d'une ligne noire, d'autant plus distincte que
les écailles des deux rangées supérieures paraissent plus claires, les bords
contigus de ces dernières n'étant point bordés. La même anomalie se reproduit de l'autre côté du dos et de là résultent des sortes de rayures disposées avec régularité. Mais il faut bien le noter, ce qui frappe le plus habituellement, dans l'ensemble du dessin, c'est l'aspect comme piqueté du
Serpent, dont toutes les parties supérieures sont couvertes de mouchetures
d'un vert variant, nous l'avons dit, du jaunâtre au bronze, et se détachant,
plus ou moins, sur le fond noirâtre ou noir.

Un de nos sujets, par la petitesse et la teinte blanchâtre des maculatures
qui ne forment qu'un pointillé très fin, rappelle, mieux encore que les
autres, la robe de la pintade prise pour terme de comparaison par Linné
dans la description de la *Couleuvre méléagre*.

Le dessus de la tête est brunâtre, avec de petites lignes noires, soit au

---

(1) Nous nous sommes déjà expliqués sur l'incertitude où nous laisse
l'examen attentif de la fig. 1 de la pl. 61 représentant le serpent Chiametla.

milieu, soit sur les bords des plaques. Toute la face inférieure est d'un jaune facilement altérable par l'alcool, ainsi que les nuances claires du dos. Chaque gastrostège est finement bordée de noir à son bord postérieur, dans une étendue variable.

C'est ici le lieu de parler d'une Couleuvre qui, décrite par Wagler, *in Serp. bras.*, sous le nom de *Natrix Forsteri* et rapportée par lui à son genre Liophis, *(Syst. amphib.)* n'est pas mentionnée par M. Schlegel. Nous possédons plusieurs individus originaires du Brésil, et dont les caractères conviennent tout à fait à la description de Wagler, ils sont parfaitement reconnaissables dans la fig. 1 de la pl. 4, qui y est annexée. Or, ces caractères sont inutiles à rappeler, car ce sont ceux de l'espèce que nous décrivons en ce moment, mais comme le système de coloration, quoique manquant des taches spéciales à la variété miliaire, se rapproche un peu plus de cette variété que de la suivante, nous devons, avant de passer à celle-ci indiquer les particularités relatives aux couleurs du *Natr. Forst.* que nous ne pouvons pas conserver comme espèce distincte. Voici, au reste, la traduction du passage contenu *in Serp. bras.*, et qui suffit pour faire connaître ce qu'il nous importe de savoir : « Tout le corps est, en-dessus, d'un brun-olivâtre, sans taches ; les écailles des régions antérieures sont quelquefois bordées de blanc ; les lèvres, le dessous de la mâchoire et la région gulaire sont, ainsi que tout le ventre et la face inférieure de la queue, d'un brun-jaunâtre, le plus habituellement sans maculatures. » Nous ne connaissons pas la localité précise du Brésil où ces Ophidiens ont été recueillis, mais l'auteur que nous citons, dit que l'espèce habite la province et près de la ville de Bahia.

Le *deuxième* système de coloration, dont nous ayons à nous occuper est celui des Serpents rangés, par le Prince de Neuwied, dans l'espèce qu'il a nommée *Coluber poecilogyrus* ou C. *à anneaux tachetés* et dont il a donné une très belle figure. La décoloration assez manifeste de nos échantillons, surtout si nous les comparons au dessin, est la preuve que les nuances délicates de ce joli animal s'altèrent par l'action de l'alcool, comme l'a noté l'auteur. (1)

Depuis la tête, jusqu'à l'extrémité de la queue, la région supérieure est couverte d'anneaux interrompus au bas des flancs, car tout l'abdomen et tout le dessous de la queue sont d'un jaune-abricot uniforme. Ces anneaux dont la longueur comprend trois, quatre ou cinq rangées transversales,

_____

(1) Telle est la traduction française faite par le prince lui-même du mot *poecilogyrus* qui, étant dérivé du grec ποίκιλος, diversifié, γυρός, courbé (d'où le mot *gyrus* tour, rond, circuit, cercle) signifie plutôt *à anneaux variés* expression qui s'applique d'ailleurs très bien à l'aspect de l'animal.

d'écailles et dont les dimensions sont à peu près égales sont, alternativement, soit de la nuance des régions inférieures, soit d'un gris de lin plus
ou moins intense. Outre la teinte principale, il y a du noir sur un point
du pourtour de chacune des écailles. Moins considérables sur les écailles
des rangées moyennes de l'anneau, que sur celles des rangées terminales
antérieure ou postérieure, ces maculatures forment ainsi, au point de
jonction des anneaux, une bande noire, qui détermine, d'une façon assez
tranchée, leurs limites respectives. Si, par ses couleurs et par leur disposition, qui donne au tronc un aspect annelé, cette variété, dépendante ou
non de l'âge, question déjà débattue, diffère de la variété précédente, elle
s'en rapproche par la constance des taches noires, puisque chaque pièce
de l'écaillure en porte une, dans une étendue variable. Que maintenant,
comme nous en avons un ou deux exemples, les cercles perdent de leur
régularité, que les taches noires, déjà si nombreuses, envahissent davantage le périmètre et la surface des écailles et deviennent enfin le fond de
la couleur, au lieu de n'en être que l'accessoire, et la dissemblance sera
déjà moins marquée. Elle ne résidera plus que dans la nuance qui se détache sur ce fond obscur, laquelle, d'ailleurs, ne présente plus alors une
opposition de teintes aussi tranchée que celle dont les sujets les moins
volumineux, dans cette variété, nous offrent les exemples les plus mar-
quants.

Toutes les plaques de la tête et des lèvres sont irrégulièrement bordées
et mouchetées de noir, et celles des tempes surtout en sont presque complètement couvertes.

Quant à la *troisième variété*, ses représentants sont, pour le Prince de
Neuwied, des sujets non encore adultes de l'espèce qu'il nomme *Coluber
poecilogyrus*, et dont nous venons de parler. La justesse de ce rapprochement est prouvée par la conformité des caractères spécifiques. Or, les
différences du système de coloration qui sont ici regardées, avec raison,
comme des modifications apportées par l'âge, étant très marquées, on
conçoit que celles qui ont été signalées entre les deux premières variétés
puissent également provenir de la même cause.

Si nous confrontons les plus grands échantillons de cette variété avec
les individus les plus petits, parmi ceux auxquels convient la diagnose
placée en tête de la description de l'espèce, nous trouvons entre eux et les
précédents l'analogie la plus manifeste et nous nous étonnons de ce que le
Prince de Neuwied qui en a donné une figure portant l'indication de *Coluber doliatus* ne s'en soit pas tenu à la première opinion que lui avait
suggérée l'examen comparatif de divers exemplaires rapportés par lui et
n'ait pas appliqué un seul et même nom à sa *Coul. à anneaux tachetés*
et à sa *Coul. cerclée.* « Cette Couleuvre (*Col. poecilogyrus pullus*), dont

les couleurs s'altèrent un peu, a, dit-il, (*Recueil de pl. color. des anim. du Brés.*), beaucoup de ressemblance, quant à la disposition de ses anneaux avec le *Col. doliatus* et j'aurais pris cette dernière espèce pour un jeune individu de la première, si elle n'avait eu les dents beaucoup plus grandes les plaques antérieures canaliculées plus longues en apparence, la tête plus effilée, plus allongée et encore plus déprimée, l'œil plus grand et le corps plus élancé. » Ces différences, qui nous échappent presque entièrement ne sont, en tout cas, pas assez importantes pour motiver l'établissement d'une espèce nouvelle, fondée sur l'observation d'individus non encore arrivés à leur entier développement. Tenons-nous en donc à une seule description pour l'une et l'autre de ces deux prétendues espèces.

Tout le tronc et toute la queue des individus qui représenteraient le *Coluber doliatus* portent en dessus une série d'anneaux, dont le plus antérieur, celui qui est en arrière de la tête, est toujours noir, et dont le second est d'un blanc-jaunâtre. Les suivants sont alternativement de l'une ou de l'autre de ces nuances. Les anneaux clairs, fréquemment remplacés par deux taches un peu alternes sont souvent, sur les échantillons de petite taille, de même largeur que les foncés et ne sont pas interrompus ; ils se continuent sur la face inférieure, qui reste blanchâtre. Les seconds se continuent aussi, mais moins complétement, de sorte que les gastrostèges et les urostèges reproduisent l'aspect cerclé de la région dorsale, mais avec moins de régularité, d'autant plus que souvent les taches noires inférieures sont alternes, non seulement entre elles ; mais avec les bandes noires du dos. Celles-ci n'offrent d'autre différence, suivant les dimensions des individus, que d'être d'un noir profond chez les moins grands et de prendre, chez ceux qui acquièrent une taille plus considérable, une teinte légèrement brun-rouge, ce que montre le dessin du Prince de Neuwied, mais cette particularité ne se retrouve pas sur nos *spécimens* où l'alcool a sans doute effacé ce caractère. Le dessus de la tête est généralement d'un brun-clair, avec les lèvres jaunes.

DIMENSIONS. La longueur de la tête, comparée à sa largeur, au niveau des tempes, est peu considérable ; car, en moyenne, elle ne dépasse que de la moitié cette largeur, dont l'espace compris entre les narines est environ le tiers. L'espace inter-orbitaire égale ou dépasse un peu le double du diamètre longitudinal de l'œil. Entre la hauteur et la largeur du tronc mesurées à sa partie moyenne, la différence à l'avantage de la première n'est que de $0^m,002$ à $0^m,003$. Sa longueur est, en moyenne, à sa largeur la plus considérable, comme 57 est à 1 et la queue y est comprise de quatre fois et demie à cinq fois et demie.

Dimensions du plus grand de nos individus : *Tête*, long. 0,055 ; *Tronc*, 0,79 ; *Queue*, 0,175. Longueur totale : 1 mètre.

Patrie. C'est dans l'Amérique du Sud que cette espèce habite. Elle se rencontre surtout au Brésil et, en particulier, dans la province de Bahia, ainsi que dans les provinces voisines, au rapport de Spix, *in Serp. Bras* (Wagler). Le Prince Maximilien en a trouvé depuis le Rio de Janeiro jusqu'à l'Espirito-Santo et il a remarqué qu'elle devient plus rare quand on se porte davantage au Nord. Nos échantillons Brésiliens ont été reçus de MM. Freycinet, Aug. St-Hilaire, Langsdorff, Gallot, Leschenault et Doumerc, Guillemin, Vautier, Gaudichaud, Clossen, de Castelnau et Deville ; ceux de Santa-Cruz et de Monte-Vidéo sont dûs à M. A. d'Orbigny. M. Gay en a rapporté du Chili, M. Fréminville de la Guyane et M. Leprieur spécialement de Cayenne.

Moeurs. « Ce Serpent se plaît, dit le Prince de Neuwied, dans les prairies humides, marécageuses, à proximité de l'eau, dans l'herbe des marais, ce qui lui a valu le nom de *Cobra d'agoa* ou Serpent d'eau, mais il se tient aussi dans les terrains sablonneux. »

4. LIOPHIDE DOUBLES-ANNEAUX. *Liophis bi-cinctus.* Nobis.

(Coluber bi-cinctus, Hermann.*)*

Caractères. Trente à trente-cinq anneaux noirs ou bruns, rapprochés deux à deux et disposés par paires, mais isolés et formant autour de la queue des cercles complets, tandis qu'ils sont incomplets sur le tronc ; gastrostèges tachetées de noir.

Synonymie. 1804. *Coluber bi-cinctus,* Hermann, Observationes zoologicæ, édit. de Hammer, p. 276.

1837. *Xenodon bi-cinctus,* Schlegel, Essai phys. des Serp. t. I. p. 140 et t. II, p. 95, n.º 8.

DESCRIPTION.

Formes. Cette espèce, qui peut parvenir à une plus grande taille que les précédentes, a le port lourd, l'abdomen assez plat et, par suite, la ligne de jonction avec les flancs manifestement anguleuse. Le tronc est un peu comprimé et la queue courte.

La tête est déprimée et légèrement renflée au niveau des tempes et cependant peu distincte du tronc.

Ecaillure. Les plaques céphaliques sont petites, surtout la frontale, qui est plus courte que les pariétales, ramassée, aussi large que longue et dont le bord postérieur se termine par un angle à peine saillant et excessivement obtus; plaque rostrale faiblement rabattue sur le museau ; yeux petits, séparés en bas des plaques sus-labiales, par deux plaques supplémentaires, et bordés en avant par deux pré-oculaires et non par une seule, comme dans les autres espèces du même genre; inter-sous-maxillaires postérieures habituellement plus courtes que les antérieures.Tronc un peu comprimé, anguleux à sa jonction avec l'abdomen qui est plat. Queue peu effilée, dépassant à peine le quart de la longueur totale. Anneaux noirs ou d'un brun de café, disposés par paires sur toute l'étendue du corps, mais remplacés, au ventre, par des maculatures.

Ecailles : 19 rangées longitudinales au tronc, 6 à la queue; 168-170 gastrostèges, 1 anale entière, 69-89 urostèges divisées. Les chiffres suivants sont donnés par Hermann : 170+35.

DENTS Maxillaires $\frac{14-15}{17}$; palatines 8-9; ptérygoïdiennes 16-17, se prolongeant, sur les os qui les supportent, jusqu'au niveau de l'articulation du crâne avec la première vertèbre et ne s'étendant pas tout-à-fait jusqu'à ce point sur un autre échantillon.

COLORATION. L'action de l'alcool sur les teintes de cette espèce paraît assez manifeste, car les expressions dont M. Schlegel se sert pour les décrire conviennent bien, il est vrai à un individu provenant du Musée de Leyde et à un autre, dont l'origine et le donateur sont inconnus, mais ne sont plus aussi exactes relativement à un bel échantillon dont les nuances sont à peine altérées. Ces différences, au reste, sont peu importantes au fond, à cause de l'analogie extrême que présentent, dans leur ensemble, nos trois exemplaires. Cette analogie consiste dans la présence, sur toute la longueur du corps, depuis la partie postérieure de la tête, jusqu'à l'extrémité de la queue, de trente à trente-cinq doubles anneaux fort rapprochés l'un de l'autre, et par cela même disposés par paires et géminés. Entre chacune de ces paires on voit un intervalle assez considérable. Les anneaux ont une largeur un peu irrégulière, en ce qu'ils couvrent soit deux, soit trois rangées transversales d'écailles. Ils sont noirs chez notre Liophide le mieux conservé, ce qui est d'accord avec la description de Hermann; mais sur les deux autres ils sont, pour nous servir des mêmes termes que M. Schlegel, d'un brun de café.

Ils se rapprochent, en se confondant le plus souvent au niveau de l'angle de l'abdomen, et se continuent plus ou moins manifestement sur cette région, dont presque toutes les scutelles portent chacune une tache de dimensions variables, de la même teinte que les anneaux. La queue, au contraire, est bien plus manifestement cerclée, les urostèges ne portant aucune maculature entre les anneaux qui sont complets.

A la région supérieure, chaque paire est bordée en arrière et en avant d'une ligne d'un brun clair, qui fait mieux ressortir encore leur propre nuance sur la teinte générale. Cette teinte, suivant Hermann, est d'un blanc tirant moins sur le jaunâtre que sur le rose pâle : assertion vraie pour les individus décolorés, mais inexacte pour ceux qui ne le sont point. Sur notre beau spécimen, en effet, cette teinte est d'un brun pur et vif, plus foncé en dessus qu'en dessous et cette même coloration occupe le petit intervalle qui sépare l'un de l'autre les deux anneaux géminés. Elle se retrouve également à la tête où l'on ne voit que deux petits prolongements du premier anneau vers les yeux.

Dimensions. La largeur de la tête, au niveau de la région temporale, dépasse de 0^m,002 à 0^m,003, la moitié de sa longueur; elle est un peu plus du double de l'espace compris entre les narines ; celui qui existe à la face supérieure de la tête, entre les orbites, dépasse de 0^m,002 le double du diamètre longitudinal de l'œil, qui est relativement plus petit que dans les autres espèces du même genre. Le tronc, à sa partie moyenne, est un peu plus haut qu'il n'est large. La queue offre à peu près le quart de la longueur totale.

Dimensions du plus grand de nos exemplaires. *Tête*, long. 0^m,03. *Tronc*, 0^m,63. *Queue*, 0^m,25. En tout, 0^m,91. Les deux autres sont plus petits et se rapprochent de la taille indiquée par Hermann *(Longitudo sesquipedalis)*.

Patrie. La plupart des Musées, dit M. Schlegel, en parlant de cette espèce, en possèdent des individus , mais ils sont tous d'origine inconnue. Nous pouvons en dire autant pour deux de nos échantillons qui sont sans indication de pays, mais le troisième, remarquable par sa taille et par son bel état de conservation, provient de Surinam. Comme les autres espèces du même genre, celle-ci appartient donc à l'Amérique du Sud.

VI.ᵉ GENRE. UROMACRE. — *UROMACER* (1).
Nobis.

CARACTÈRES ESSENTIELS. *Corps excessivement allongé, surtout dans la région de la queue, recouvert de longues écailles en losanges et tout-à-fait lisses; ne différant des Dryines que par les dents sus-maxillaires postérieures qui ne sont pas ici cannelées.*

CARACTÈRES NATURELS. Neuf plaques sus-céphaliques; deux nasales plus ou moins allongées, entre lesquelles se voit l'ouverture de la narine obliquement dirigée de haut en bas et d'avant en arrière; deux frontales antérieures larges, renversées à angle droit sur les côtés et se prolongeant jusqu'au bord supérieur des plaques sus-labiales; une frontale moyenne à peu près de même longueur que les pariétales. Une frénale petite. Une pré-oculaire verticale d'abord, puis rabattue, à angle droit, par son extrémité supérieure élargie, sur la face horizontale de la tête, laquelle est nettement distincte des faces latérales; deux post-oculaires, dont l'inférieure est la plus petite. Lèvre supérieure à bord libre légèrement courbé et plus particulièrement convexe au-dessous de l'œil, qui est en contact inférieurement avec la quatrième et la cinquième des huit plaques qu'elle supporte. Sous-maxillaires postérieures plus longues que les antérieures. Ecailles lisses. Gastrostèges à bord postérieur convexe et représentant une série de courbes telles que les extrémités de ces scutelles, redressées angulairement contre contre les flancs, sont plus antérieures

_____

(1) De μαϰρος, grande, ούρα, queue, à cause des dimensions remarquables de l'appendice caudal. Comme le nom de *macrurus* a été donné par Bloch à un genre de poisson, nous désignons, par le même nom retourné, les Serpents qui font le sujet de cet article.

que dans leur portion moyenne; anale et urostèges divisées. Tête plane, déprimée et allongée. Tronc grêle, plus haut que large. Queue remarquablement longue et effilée , occupant à elle seule presque la moitié de la longueur totale de l'animal.

A l'ensemble de ces caractères, on voit quelles différences saillantes existent entre ce genre et les autres de la même famille, qui offrent comme lui, la disposition remarquable du système dentaire caractérisée par l'allongement de la dernière dent sus-maxillaire ou des deux dernières et par l'écartement ou l'intervalle qui existe entre elles et le reste de la série à laquelle elles appartiennent.

La forme de la tête plane et déprimée , l'allongement du museau, surtout dans l'espèce que nous nommons, à cause de cette particularité, *Uromacre à nez pointu*, suffiraient déjà, en effet , pour la faire distinguer , si la longueur singulière de la queue, la gracilité du tronc, l'aplatissement de l'abdomen et la forme anguleuse de ses bords dans le point où les gastrostèges, à bord antérieur convexe, se redressent vers les flancs, ne constituaient , par leur réunion , un ensemble de caractères dénotant un genre de vie spécial et n'indiquaient que des Serpents ainsi orgarnisés doivent vivre le plus habituellement sur les arbres.

Il n'y a que deux espèces rapportées à ce genre , et d'après ce qui précède, il est très-facile de les distinguer des autres Diacrantériens. Nous ne croyons pas devoir les comparer à chacun des autres genres. Nous rappellerons particulière-ment que d'après les dents, les Uromacres s'éloignent des Serpents d'arbre qui, tels que les Dryines, sont des Opisthogly-phes et non des Aglyphodontes.

1. UROMACRE DE CATESBY. *Uromacer Catesbyi.* Nobis.

(*Dendrophis Catesbyi.* Schlegel.)

(ATLAS, pl. 83, fig. 2. La tête.)

CARACTÈRES. Museau médiocrement allongé, arrondi à son extrémité ; teinte générale d'un vert bleuâtre, plus foncée en dessus et plus jaunâtre en dessous, mais une raie blanchâtre sur les flancs, bordée de noir en avant.

SYNONYMIE. 1837. Schlegel, Essai sur la Phys. des Serpents, Tom. I, p. 156. Tom. II, pag. 226 n° 2. *Dendrophis Catesbyi,* d'après les individus mêmes de notre Muséum.

DESCRIPTION.

FORMES. Tronc effilé, mince, surtout à sa partie antérieure où il est distinct de la tête, qui a une conicité assez manifeste ; il est un peu comprimé latéralement et l'abdomen, sensiblement plane, est anguleux au niveau de sa jonction avec les flancs. La queue est très longue et effilée ; elle est plane, en-dessous, comme l'abdomen.

ECAILLURE. Losangiques et lancéolées en avant, les écailles du tronc qui, nulle part, ne sont très imbriquées, deviennent de plus en plus quadrilatérales à mesure qu'elles s'éloignent de la tête et conservent cette dernière forme jusqu'à l'extrémité terminale de la queue. Elles forment 17 rangées longitudinales au tronc, 4 à la queue. On compte, 171-176 gastrostèges, 1 anale divisée, 182-199 sous-urostèges également, divisées.

DENTS. Maxillaires, $\frac{17}{23}$; Palatines, 8 ; ptérygoïdiennes, 22, s'étendant jusqu'au niveau de l'articulation de l'occipital avec la première vertèbre.

PARTICULARITÉS OSTÉOLOGIQUES. Ce qu'il y a de plus intéressant à constater, dans l'examen du crâne de cet Ophidien, c'est la disposition de la branche montante de l'os inter-maxillaire à laquelle cette épithète ne convient plus ici, car au lieu de se diriger de bas en haut, elle se porte directement en arrière et, par sa réunion avec les os du nez, elle continue le plan horizontal de la face supérieure du crâne, bordé à son extrémité antérieure, très amincie, par la lame transversale de cet os. Rien de bien frappant dans les dimensions longitudinales n'est à noter.

COLORATION. L'épiderme est presque partout détruit sur nos deux sujets

REPTILES, TOME VII.   46.

et il ne reste, dans ces points, que la teinte bleue des téguments. Là cependant où l'enveloppe épidermique n'est pas détruite, on peut constater, avec M. Schlegel, que le dessus est d'un beau vert d'herbe offrant une légère teinte de brun ; que le vert bleuâtre, dont le dessous est orné, passe au jaune sur les parties antérieures de l'animal et que ces deux teintes sont séparées, de chaque côté, par une ligne ponctuée blanche, bordée de noir en avant et qui ne s'étend guère au-delà du cloaque. Les lèvres ont une teinte plus claire que le reste de la tête.

DIMENSIONS. La largeur de la tête, au niveau des tempes, est à peine égale à la moitié de sa longueur et elle est deux fois et demie aussi considérable que l'intervalle des narines. L'espace inter-orbitaire est un peu plus du double du diamètre antéro-postérieur de l'orbite. A la partie moyenne du tronc, sa largeur, qui est à ses dimensions longitudinales comme 1 est à 68, représente les deux tiers de sa hauteur. La queue est égale aux neuf dixièmes environ de la longueur du tronc depuis le bout du museau jusqu'à l'anus.

Mensuration du plus grand de nos individus : *Tête*, long. 0^m,021 ; *tronc* 0^m,606 ; *queue*, 0^m,563. Longueur totale 1^m, 19.

PATRIE. Cette espèce est originaire d'Haïti d'où elle a été rapportée au Muséum par M. le docteur Alexandre Ricord.

OBSERVATIONS. M. Schlegel a décrit dans son Essai deux Serpents portant le nom de Catesby, comme dénomination spécifique. L'un, le *Dendrophis de Catesby* a été cité dans la synonymie placée en tête de cet article parce que c'est la même espèce.

L'autre, le *Dryophis de Catesby* décrit dans l'Essai, Tom. II, p. 252 et figuré dans le recueil de planches publié ultérieurement par M. Schlegel pl. 36, avec une explication, p. 114 du texte, représente un Opisthoglyphe que nous décrivons plus loin sous le nom de *Oxybelis fulgidus*, conservant ainsi à cet Ophidien l'épithète employée d'abord par Daudin pour rappeler l'éclat de ses couleurs.

2. UROMACRE A NEZ POINTU. *Uromacer oxyrhynchus.* Nobis.

(ATLAS, pl. 83, fig. 1.)

CARACTÈRES. Tête plus étroite que dans l'espèce précédente ; museau plus long et plus pointu ; corps d'une teinte violette chatoyante en avant, sur le dos, et d'une nuance très pâle et grisâtre en arrière ; bleuâtre en dessous.

DESCRIPTION.

Formes. Tronc effilé, très mince en avant, ce qui, malgré le peu de largeur de la tête, le fait paraître plus étroit que l'occiput. Il est un peu comprimé latéralement et tout l'ensemble de ses formes le rapproche de l'espèce qui vient d'être décrite.

Écaillure. Les plaques inter-nasales forment, par leur réunion, un triangle équilatéral, dont la base est dirigée en arrière et le sommet en avant. Plaque rostrale longue, horizontalement située au-dessous des précédentes sur lesquelles elle ne se rabat point ; nasales antérieures et postérieures plus basses et moins allongées que dans *l'Uromacre de Catesby.*

Les écailles losangiques lancéolées et très-allongées dans le premier tiers du tronc, arrivent graduellement à une forme de plus en plus quadrilatérale, à mesure qu'elles occupent les régions plus postérieures. Elles forment 19 rangées longitudinales au tronc, 4 à la queue ; il y a 192 gastrostèges, 1 anale divisée et 166 urostèges également divisées.

Dents. Ne possédant qu'un seul individu de cette espèce, nous nous sommes bornés à constater le caractère distinctif du groupe des Diacrantériens auquel nous rapportons cette espèce et consistant dans la présence, à l'extrémité terminale des maxillaires supérieurs, de deux dents plus longues que les autres et séparées de celles qui les précèdent par un espace vide.

Particularités ostéologiques. Nous ne doutons pas, en raison de la ressemblance de conformation, que la branche supérieure de l'inter-maxillaire n'offre la même dispositon que dans l'autre Uromacre et comme le museau est plus prolongé en avant, la portion osseuse située au devant de l'orbite doit être proportionnellement plus longue.

Coloration. La destruction complète de l'épiderme sur l'échantillon unique renfermé dans la collection du Musée de Paris et le défaut de toute description antérieure faite d'après un spécimen en bon état de conservation, car c'est une espèce inédite, nous obligent à mentionner seulement les belles teintes lilas et chatoyantes du derme sur la région antérieure du dos et la nuance gris de lin de la région postérieure ; l'aspect bleuâtre du ventre en avant et la coloration plus grise du reste des parties inférieures. On voit très distinctement sur les flancs, au niveau de leur jonction avec l'abdomen, une ligne ponctuée, blanche, occupant presque toute la largeur des deux rangées inférieures d'écailles et cessant un peu au delà du cloaque. La tête paraît devoir être bleuâtre et il y a tout lieu de penser, d'après l'éclat des parties profondes de l'enveloppe tégumentaire, qu'elle

46.*

devait être très-élégamment ornée quand elle était revêtue de son épiderme.

DIMENSIONS. La tête, comme nous l'avons dit, est étroite, aussi présente-t-elle, au niveau des tempes, des dimensions en largeur qui ne sont que le tiers de sa longueur totale et qui sont le double de l'intervalle des narines. L'espace inter-orbitaire est une fois aussi considérable que le diamètre antéro-postérieur de l'orbite. Il y a seulement 0ᵐ,002 de différence entre la largeur et la hauteur du tronc mesurées à son milieu.

La largeur du tronc, à sa partie moyenne, est à sa longueur dans le rapport de 1 à 93 et elle n'est dépassée par la hauteur que de 0ᵐ,002. La queue est égale aux six dixièmes environ des dimensions longitudinales du tronc, depuis le bout du museau jusqu'à l'anus.

Mensuration de notre spécimen : *Tête* long. 0ᵐ,023, *Tronc* 0ᵐ,695, *Queue*, 0ᵐ,510. Longueur totale 1ᵐ,228.

PATRIE. L'Uromacre oxyrhynque est originaire du Sénégal.

VII.ᵉ GENRE. AMPHIESME. — *AMPHIESMA* (1). Nobis.

CARACTÈRES. *Corps allongé, à museau arrondi, non relevé; toutes les écailles du tronc carénées; yeux latéraux.*

Ces notes suffisent pour distinguer ou séparer les espèces rangées dans ce groupe, car la plupart, comme on peut le voir par le tableau synoptique de la familles de Diacrantériens, ont les écailles des flancs ou même celles du dos lisses ou sans carènes. En effet, parmi celles qui portent une ligne saillante sur chaque lame écailleuse, il n'y a que quelques *Hétérodons* qui offrent la même particularité, mais ici le museau est relevé en coin triangulaire à angles bien prononcés.

(1) De αμφιεσμα, vêtement, *vestimentum*, équivalent du mot *stolatus*, en robe, qui sert à désigner l'espèce type de ce genre établi aux dépens du genre Tropidonote, dont celui-ci s'éloigne par la disposition de son système dentaire.

Enfin, les *Hélicops*, dont toutes les écailles des flancs sont aussi complétement carénées, ont une physionomie différente, parce que leurs yeux ne sont pas situés sur les côtés de la tête, mais sur la région supérieure, de sorte qu'ils paraissent verticaux.

Il y a six espèces du genre Amphiesme. Celle qui a servi, pour ainsi dire, de type, et dont nous avons emprunté, par cela même, le nom, pour en former celui qui les réunit génériquement, est le Serpent que la plupart des auteurs ont appelé le *Chayque* en français, reproduisant ainsi la dénomination de *Chayquarona* indiquée par Séba. Il avait été regardé comme un Tropidonote, parce qu'on n'avait tenu aucun compte du caractère que nous traduisons par le mot *Diacrantérien*.

Les autres espèces ont été également considérées par différents naturalistes comme des Tropidonotes, ainsi que nous l'indiquons dans les synonymies. Il faut reconnaître, au reste, que par leur conformation générale et par leurs habitudes, les Amphiesmes sont, parmi les Diacrantériens, les Serpents analogues à ceux qui, dans la famille des Syncrantériens, constituent le genre Tropidonote.

Le tableau synoptique suivant facilite la détermination des espèces.

TABLEAU SYNOPTIQUE DES ESPÈCES DU GENRE AMPHIESME.

Dos

vert foncé
- à deux raies jaunes, entrecoupées de bandes noires. . . . . 1. A. EN ROBÊ.
- sans raies; ventre
  - rose-pourpre ; flancs à taches noires et jaunes. . . . . . 6. A. TACHES DORÉES.
  - jaune
    - à lignes de points noirs ; cou rouge. . . . . . 3. A. COU ROUGE.
    - taches
      - jaunes sur le cou et l'occiput. . . . . 5. A. TÊTE-JAUNE.
      - noires, arrondies, irrégulières au dos. . . . . 2. A. PANTHÈRE.

rouge ; une raie médiane noire; points noirs sur les flancs. . . . . 4. A. ROUGE-NOIR.

1. AMPHIESME EN ROBE. *Amphiesma stolatum.* Nobis.
(*Coluber stolatus,* Linnæus).

CARACTÈRES. Dessus du corps d'un brun d'olive foncé, réticulé par deux lignes jaunes qui parcourent la plus grande partie du tronc et de la queue et entrecoupées par des bandes noires ; des taches blanches sur leurs points d'intersection ; gastrostèges le plus souvent marquées d'un point noir à leurs extrémités.

SYNONYMIE. 1735. *Chayquarona ?* Séba , Thes. Des différentes figures citées par les auteurs, il n'y a véritablement que la fig. 1, tab. 9, t. II, qui ait quelque analogie avec le Serpent dont il s'agit ici et encore est-il douteux quelle se rapporte à cette espèce. Nous pensons même que cette figure est plutôt celle de notre *Dromique rayé* (Coluber lineatus), Lin. ou *Chayque* de Daubenton et Lacépède, et dont on trouve la représentation sur la planche 14, n° 21 (Encyclopédie).

1754. *Coluber stolatus* Linnæus, Mus. Ad. Frid. p. 26, t. 22, fig. 1.

1766. *Idem.* idem. Syst. Nat. Edit. 12, Tom. 1, p. 379.

1768. *Coluber stolatus.* Laurenti. Synopsis Reptil. p. 95 , CCVIII. Il cite le Musée d'Adolph. Fréd. tab. 22, fig. 1.

1788. *Coluber stolatus.* Gmelin. Syst. nat. Lin. T. I. pars 3, p. 1098. 219.

1789. *Le Chayque ?* Lacépède. Hist. natur. des Serp. 4° T. 2. p. 107.

Ce nom a été formé par les premières syllabes du nom de *Chayquarona* indiqué par Séba, comme donné par les Portugais, Tom. II. pl. 9, n° 1 ; mais c'est un tout autre Serpent que Séba compare, en raison des taches noires du cou, aux trous des branchies chez les Lamproies.

1790. *Le Chayque.* Bonnaterre. Tabl, encyclop. et méthod. des trois règnes de la nat. Ophiol. p. 52. n.° 137, pl. 14. f. 21, qui n'est pas du tout la copie de Séba.

1796. *Wanna pam* et *Wanna cogli.* Russel. Ind. Serp. Tom I p. 14 et 15, pl. 10 et 11.

Neer Pamboo. Id. Tom. II, p. 17, n.° 15 B. Jeune ind. ?

1802. *Stolated snake*. Shaw. Gener. Zoology. vol. 3. part. II. p. 542. Cite Séba, Tom. II, pl. 14, n.° 1 et 3, qui représentent bien une même espèce, mais différemment coloriée.

An X. *Vipère chayque. Vip. Stolata*. Latreille. Hist. natur. des Rept. Tom. IV, p. 1.

An XI. La Couleuvre Chayque. Daudin. Hist. natur. des Rept. T. 7. p. 161.

1820. *Col. Natrix stolatus*. Merrem. Syst. der. Amphib. p. 123.

1837. *Tropidonotus stolatus*. Schlegel. Essai sur la physion. des Serp. partie 1, p. 168, n.° 11 et part. 2, p. 317.

DESCRIPTION.

Formes. Tête un peu élargie en arrière et, par cela même, assez manifestement distincte du tronc, qui est presque cylindrique et dont le volume, après avoir graduellement augmenté jusqu'à la partie moyenne, va ensuite en diminuant jusqu'à l'origine de la queue, dont les dimensions sont médiocres et qui est effilée.

Le museau est court, obtus, faiblement incliné en bas, à son extrémité antérieure, surtout chez les jeunes sujets, sur laquelle se rabat, à peine, la plaque rostrale.

Ecaillure. La plaque frontale offre parfois la forme d'un triangle scalène à sommet dirigé en arrière, mais presque toujours celle d'un pentagone, dont les deux côtés postérieurs, qui sont les plus courts, constituent, par leur réunion, un angle obtus plus ou moins ouvert ; elle est égale en longueur aux pariétales, qui sont contiguës, par leur bord externe, à des temporales de formes et de dimensions assez irrégulières. Il y a huit, et anormalement, sept paires de plaques sus-labiales, dont la troisième, par son angle supérieur et postérieur, puis les quatrième et cinquième touchent à l'œil. La pré-oculaire est unique et haute ; on voit quatre post-oculaires sur un seul de nos nombreux échantillons. La frénale est à peu près quadrilatère.

Ecailles lozangiques, lancéolées, très obliques, toutes carénées à l'exception de celles des deux rangées les plus voisines des gastrostèges et des urostèges ; elles sont disposées sur 19 rangées longitudinales au tronc, 4-6 à la queue ; 153-150 gastrostèges ; 1 anale divisée ; 52-87 urostèges également divisées.

Dents Maxillaires, $\dfrac{21\text{-}24}{27}$; Palatines, 9-15; ptérygoïdiennes, 27-31, s'étendant jusqu'à une ligne horizontale fictive, qui couperait par le milieu l'apophyse épineuse inférieure de la seconde vertèbre.

Particularités ostéologiques. Le plan à peu près horizontal de la face supérieure du crâne est terminé en avant par de petits os du nez, qui formant chacun un triangle rectangle constituent, par leur réunion, un quadrilatère à angles bien accusés. L'angle antérieur de ce quadrilatère est uni à la branche montante de l'os inter-maxillaire laquelle représente un triangle isocèle joint par sa base à la lame transversale, et obliquement dirigé de haut en bas et d'avant en arrière. Le diamètre antéro-postérieur de l'orbite, comparé aux dimensions longitudinales de la tête, est plus petit que dans les autres espèces du même genre où il en représente le tiers, tandis qu'ici, il en occupe seulement un peu plus du quart.

Coloration. La teinte générale des parties supérieures est un brun olivâtre assez foncé sur lequel se détache, de chaque côté de la ligne médiane une bande jaune commençant, sur certains sujets, comme l'a fait représenter Russel, à quelque distance de la tête, et beaucoup plus en avant chez d'autres. Elles se prolongent presque jusqu'à l'extremité de la queue et sont réunies, de distance en distance, sur une grande partie du tronc, par de petites bandes transversales et noires s'étendant à droite et à gauche vers les extrémités relevées des gastrostèges. En examinant avec soin les individus appartenant à cette espèce, et nous en possédons beaucoup, on voit, malgré la décoloration qu'ils ont subie, des taches blanches ressortant sur les lignes dorsales jaunes. Elles occupent, ainsi que l'a figuré Russel, et que l'a noté M. Schlegel, le centre de section des raies longitudinales et des bandes transversales.

Sur presque aucun de nos échantillons, si ce n'est sur un, où cette particularité est assez manifeste, quoique incomplète, nous ne retrouvons ce que l'auteur de l'histoire des Serpents de l'Inde décrit et a fait représenter comme des bandes blanches horizontales plus larges que celles qui courent le long du dos. Nous en disons autant des lignes blanches interrompues des flancs dont il parle. Nous devons seulement noter, avec M. Schlegel, que souvent, les écailles du tronc sont bordées de blanc. Il serait donc possible qu'à l'état frais, il résultât du rapprochement de ces petits traits blanchâtres, chez quelques individus, les apparences signalées par le naturaliste anglais, mais qu'il a bien reconnu, lui-même, n'être pas constantes, puisqu'elles manquent sur la planche 11 où est figuré un *Amphiesma stolatum*, qu'il donne comme une simple variété.

Le dessus de la tête est généralement d'un brun olivâtre uniforme, quelquefois cependant, les pièces du bouclier céphalique sont plus ou moins régulièrement bordées de noir. Le plus souvent, on remarque, en avant et en arrière de l'œil, une tache verticale, de la même nuance, et une ou deux autres, au-dessous de l'œil, se prolongeant toutes sur les plaques sus-labiales, qui sont d'une couleur moins foncée que celle du reste de la tête et même d'un brun-jaunâtre. Cette même teinte claire se retrouve sur toute la région inférieure où l'on remarque, presque sans exception, une double série de points noirs situés, avec régularité, au niveau de la jonction de chaque gastrostège avec celle qui la suit, et dans sa portion relevée vers les flancs. Ces points s'étendent plus ou moins loin, mais alors même que ces lignes ponctuées sont le plus longues, elles s'arrêtent toujours à une certaine distance du cloaque.

VARIÉTÉ. Les détails qui précèdent justifient l'épithète par laquelle on désigne cette espèce depuis Linnæus. C'est bien, en effet, une sorte de robe ronde ou d'étole que semblent former les bandes de colorations diverses qui ornent les régions supérieures.

Comme cette espèce a été connue la première et le plus souvent figurée, nous avons dû la prendre pour type du genre, en formant avec son nom vulgaire celui qui signifie en grec le vêtement ou l'habillement long ou robe.

Deux individus, rapportés du Malabar par M. Dussumier, quoique appartenant par tous leurs caractères à cette espèce en diffèrent cependant un peu par l'absence, sur la première moitié du tronc environ, des deux raies jaunes qu'on ne commence à apercevoir qu'au de-là du milieu du corps. Toute la partie antérieure est donc d'un brun olivâtre uni. Sur l'un des deux cependant, on distingue, mais vaguement, les petites taches rondes et blanches du dos et les premiers linéaments des lignes longitudinales jaunes. La taille de ces Serpents, comparée à celle de plusieurs autres qui portent déjà la robe, montre bien que nous n'avons très-probablement pas affaire à de jeunes sujets. Il n'en est peut-être pas de même d'un échantillon originaire de Pondichéry et qui offre une complète uniformité de teintes; mais nous ne devons pas omettre de mentionner un spécimen plus petit que le précédent, et évidemment très-jeune, reçu de la même localité, car il est, en tout point, semblable aux adultes : d'où il semble résulter que ce n'est pas une variété d'âge.

Ce n'est pas non plus une variété de climat, puisque au Malabar, comme à Pondichéry, on a recueilli des individus auxquels peut se rapporter exactement notre description.

DIMENSIONS. La tête a, en longueur, tout au plus le double de sa largeur prise vers le milieu des tempes ; cette largeur est le triple, surtout chez les sujets les plus volumineux, de celle du museau au devant des narines : d'où la conicité assez évidente de la tête. D'un des côtés de la région inter-orbitaire à l'autre côté, il y un espace à peine une fois plus considérable que le diamètre longitudinal des yeux.

La différence entre la hauteur et la largeur du tronc, à sa partie moyenne n'est que de 0^m002 à 0^m.003.

La queue est comprise quatre à cinq fois dans la longueur du corps.

Dimensions du plus grand de nos individus : *Tête* long. 0^m,025 ; *Tronc* 0,53 ; *Queue* 0,175. Longueur totale : 0,73.

PATRIE. Cet Ophidien vit dans diverses parties de l'Inde où il est désigné sous différents noms ; les individus que Russel a fait connaître sous ceux de *Wanna pam* et de *Wanna cogli* provenaient de Rajamundrough.

A Pondichéry, il se nomme *Caliaucouty, Catou virien, Jouney virien* ainsi que l'indiquent les étiquettes des bocaux contenant des individus pris par M. Moquier et par M. Bélanger, dans les environs de cette ville où il a été aussi recueilli par Leschenault de la Tour. M. Dussumier et M. Fontanier en ont envoyé de la côte du Malabar, Leschenault de l'île de Ceylan, Duvaucel du Bengale, et M. Reynaud de Calcutta, en particulier. Cette espèce vit aussi à la Chine et dans les îles Philippines d'où le Muséum en a reçu de M. Eydoux et de M. Challaye ; et enfin des individus donnés par M. Perrotet sont originaires aussi des Indes-Orientales, mais ne portent pas d'indication plus précise.

OBSERVATIONS. Linnæus, (Mus. Ad. Frid.) dit, à propos du *Coluber stolatus : Tela mobilia ad basin maxillarum affixa , ut vix vulnerari valeat hostes, solum cibos veneno inficere.* Or, dès 1789, Ed. W. Gray' dans un travail ayant pour titre : *Obs. sur la classe d'Anim. nommés par Linnæus amphibies* et inséré (Philos. transact, of Lond. vol. 79, part. 1), avait dit : j'ai examiné plusieurs échantillons de cette espèce et je suis convaincu qu'elle n'est pas venimeuse. Cette observation a été conconfirmée, quelques années après, par Russel. C'est donc à tort que Latreille, tout en émettant des doutes sur le danger des blessures faites par les dents du Reptile qui nous occupe, le nomme Vipère *Vipera stolata.* Rien, en effet, dans le système dentaire, ne motive l'assertion de Linnæus, comme le prouve la place occupée par ce Serpent dans notre grande division des Aglyphodontes. On ne peut attribuer cette erreur qu'à l'apparence des longues dents postérieures non sillonnées, qui font de ce Serpent un Diacrantérien.

On croit encore aux Indes, qu'il est très venimeux, ainsi que l'indique une note de M. Bélanger sur un bocal adressé par lui et contenant un joli individu de fort petite taille. Il est parfaitement reconnaissable à l'ensemble de tous ses caractères d'écaillure et de coloration. Il habite les jardins.

2. AMPHIESME PANTHÈRE. *Amphiesma tigrinum*. Nobis.
(Tropidonotus tigrinus, Boié.)

CARACTÈRES. Dos marqué de taches noires, arrondies, sur un fond verdâtre; plaques labiales bordées de noir; un collier blanchâtre, également bordé d'un noir mat.

SYNONYMIE. 1826. *Tropidonotus tigrinus*, Boié(H.) Isis, p. 206.

18.. Tropidonote panthère, *Tropidonotus tigrinus*, Schlegel, Faune du Japon, p. 85, pl. 4.

1837. *Idem*, idem, Essai sur la physion. des Serp. t. I, p. 168, n.° 9 et t. II, p. 315.

DESCRIPTION.

FORMES. Tête à peine conique et peu distincte du tronc, qui est presque cylindrique et dont le volume est à peu près uniforme dans toute son étendue. La queue est peu longue et effilée.

Le museau est court, assez obtus, à peu près plane, chez les sujets adultes et la plaque rostrale ne se rabat point sur sa face supérieure.

ECAILLURE. Plaque frontale large, à bords latéraux presque parallèles et à bords supérieurs réunis en un angle obtus, très-largement ouvert en avant. Elle est un peu plus courte que les pariétales, dont le bord externe touche à deux grandes temporales.

On compte sept paires de plaques sus-labiales, dont les troisième et quatrième touchent à l'œil; deux pré-oculaires, quatre post-oculaires, par anomalie et très-rarement.

La frénale est à peu près quadrilatère, mais son bord supérieur est plus ou moins oblique de haut en bas et d'avant en arrière.

Ecailles carénées, excepté peut-être celles qui avoisinent les gastrostèges; disposées sur 19 rangées longitudinales au tronc, sur 6 à la queue.

Il y a 154-161 gastrostèges, 1 anale divisée, 75-82 urostèges également divisées.

DENTS. Maxillaires, $\frac{25}{27}$; palatines, 16; ptérygoïdiennes, 23, s'étendant jusqu'à l'extrémité postérieure de l'apophyse épineuse inférieure de la seconde vertèbre.

PARTICULARITÉS OSTÉOLOGIQUES. Les os frontaux sont larges, comparativement à leur longueur et il en résulte que, par leur réunion, ils forment un quadrilatère. Les os du nez sont un peu bombés ; ils ont chacun la forme d'un triangle équilatéral et constituent ensemble une figure semblable à celle des os dont il vient d'être question, mais beaucoup plus petite et obliquement dirigée. Ce quadrilatère porte en avant un de ses angles, qui est rejoint par la branche montante de l'os inter-maxillaire, laquelle est très-oblique de bas en haut et d'avant en arrière.

COLORATION. La description des couleurs ayant été faite par M. Schlegel sur des individus très-nombreux et conservés depuis bien moins longtemps dans l'alcool que ceux qui servent à notre étude, puisque ceux-ci proviennent du Musée de Leyde et des envois déjà assez anciens de M. Siebold ou de M. Bürger, nous empruntons aux savants erpétologistes hollandais Boié et Schlegel les détails suivants appréciables encore, pour la plupart, sur nos échantillons.

« Après le changement de la peau, dit M. Schlegel, les parties supérieures offrent un brun couleur de bronze, tantôt plus clair, tantôt plus foncé, nuancé, dans quelques individus, de jaunâtre et, dans d'autres, tirant sur l'olivâtre. On voit, selon les exemplaires, tantôt une ou deux, tantôt trois ou quatre rangées de larges taches orbiculaires et d'un noir foncé, qui règnent le long des parties supérieures. Ces taches sont quelquefois en œil, quelquefois irrégulières, ou même confluentes, particulièrement sur les parties antérieures. Le sommet de la tête est d'une teinte assez foncée et on observe des bordures noires aux plaques labiales; absolument comme dans le Tropidonote à collier, la nuque est ornée d'un large collier blanchâtre ou jaunâtre, bordé par derrière d'une bande transversale d'un noir profond. » *(Faune du Japon, p.* 86.)

Les parties inférieures sont, en avant, d'un brun jaunâtre sur lequel n'apparaît d'abord qu'une double rangée de taches noires plus ou moins irrégulièrement arrondies, occupant l'une et l'autre extrémité des gastrostèges. A celles-ci il vient bientôt s'en joindre d'autres situées sur divers points des scutelles, et qui ne tardent pas à devenir assez nombreuses pour faire disparaître la teinte primitive, de sorte que la plus grande partie de l'abdomen et de la face inférieure de la queue est d'un brun-noir foncé, ou même complétement noir.

Il n'y a pas, dans le jeune âge, des différences importantes à noter.

M. Schlegel dit, dans la *Faune du Japon,* mais sans donner d'indicatons plus précises, qu'on observe, dans le grand nombre d'individus envoyés au Musée de Leyde par M. Bürger, plusieurs variétés assez jolies. Nous mentionnons seulement le fait, sans nous y arrêter, attendu qu'il y a uniformité de teintes et de taches dans tous nos spécimens.

DIMENSIONS. La tête n'a pas tout-à-fait, en longueur, le double de sa largeur prise vers le milieu des tempes; cette largeur est un peu plus de

la moitié de celle du museau au devant des narines. D'un des côtés de la
région sus-inter-orbitaire à l'autre, il y a un espace, qui est environ le
double du diamètre longitudinal des yeux. Il y a $0^m,002$ à $0^m,003$ de différence entre la hauteur et la largeur du tronc mesuré, comparativement à
sa partie moyenne. La queue est comprise quatre fois ou quatre fois et
demie dans la longueur totale.

Dimensions du plus grand de nos individus : *Tête,* long. $0^m,05$, *Tronc,*
$0^m,69$. *Queue,* $0^m,20$. Longueur totale : $0^m,92$.

PATRIE. Tous les Serpents rapportés à cette espèce sont originaires du
Japon où ils paraissent se trouver en abondance. C'est au Musée de Leyde
que celui de Paris est redevable des échantillons qu'il possède.

MŒURS ET OBSERVATIONS. « Cet animal, dont nous venons de donner
la description, porte au Japon deux noms divers, savoir *Torano Kutsinaha*
(Serpent Panthère) et *Midsu Kutsinaha* (Serpent d'eau) : le premier de
ces noms exprime l'analogie qu'a la robe de ce Serpent avec celle de la
panthère; le second se rapporte à sa manière de vivre et confirme qu'il a
les mêmes habitudes que la Couleuvre à collier si commune dans toute
l'Europe (1). »

Il fréquente, suivant M. de Siebold, les étangs, les ruisseaux, les champs
de riz inondés et les lieux marécageux revêtus d'un tapis de plantes aquatiques, telles que le *Nelumbium speciosum, Caladium esculentum, Sa-
gittaria edulis,* etc. Il fait la chasse aux grenouilles et aux crapauds et se
tient ordinairement dans des trous ou sous les racines des arbres. En na-
geant, il élève la tête, ce qui le distingue assez des Serpents marins, qui
nagent ordinairement la tête baissée. » (Schlegel *F. du Jap. p.* 86.)

3. AMPHIESME A COU ROUGE. *Amphiesma subminiatum.* Nobis.

(*Tropidonotus subminiatus.* Reinwardt.)

CARACTÈRES. [Dessus d'une teinte brun-verdâtre, variée de

---

(1) M. Schlegel regarde cette espèce, qui est pour lui un Tropidonote,
comme extrêmement analogue au *Trop. natrix* qu'elle paraît, dit-il, remplacer au Japon. Les caractères tirés de la disposition des dents de la
mâchoire supérieure, et exprimés dans la diagnose du genre Amphiesme,
ne laissent cependant pas de doute sur la nécessité de séparer l'une de
l'autre ces deux espèces et de les ranger dans des genres différents, appartenant à des familles distinctes, (Syncrantériens et Diacrantériens).

noir ; dessous jaunâtre avec deux lignes de points noirs ; peau du cou d'un rouge vermillon ; une tache noire sur la nuque ; derrière, un collier jaunâtre.

SYNONYMIE. 1837. *Tropidonotus subminiatus*. Schlegel. Essai sur la phys. des Serp. Tom. I, pag. 167 , n.° 7, et tom. II , pag. 313.

Dans cet article, on trouve cité Séba. Thes. Tom. II , pl. 19, n.ºs 3 et 4 . mais nous pensons que ces figures représentent plutôt de jeunes individus de l'espèce dite *Hypsirhina rhombeata* (Opisthoglyphes.)

DESCRIPTION.

FORMES. La tête est courte, un peu conique, légèrement bombée, assez distincte du tronc, qui est presque cylindrique et terminé par une queue médiocrement longue et fort effilée. Le museau est court, un peu conique , et la plaque rostrale se rabat à peine sur son extrémité antérieure.

ECAILLURE. La frontale est un peu plus courte que les pariétales , dont le bord externe tient à des plaques temporales le plus habituellement au nombre de trois. Il y a huit, et anormalement, sept paires de plaques suslabiales, dont la troisième, par son angle supérieur et postérieur, et la quatrième, ainsi que la cinquième, touchent à l'œil. La pré-oculaire est haute et unique. La frénale à peu près quadrilatère.

Les écailles sont disposées sur 19 rangées longitudinales au tronc , et sur 6 à la queue.

Gastrostèges : 132-159 ; 1 anale divisée ; 66-74 urostèges également divisées.

Sur un de nos sujets, par exception, les dix urostèges qui suivent les deux premières paires sont entières, et au delà , la disposition normale reparaît.

DENTS. Maxillaires , $\frac{25}{29}$. Palatines, 14. Ptérygoïdiennes, 29 , s'étendant jusqu'au-delà de l'articulation de la première vertèbre avec la seconde.

PARTICULARITÉS OSTÉOLOGIQUES. La face supérieure du crâne est légèrement bombée. Il est à peine renflé au niveau des caisses, et les os du nez , qui sont un peu inclinés en bas rejoignent, par l'angle antérieur du quadrilatère résultant de leur réunion , la branche montante de l'os intermaxillaire, dont la direction est un peu oblique de bas en haut et d'avant en arrière.

COLORATION. Comme pour l'*Amphiesme à taches dorées*, nous sommes

obligés de nous en rapporter aux indications fournies par les figures coloriées, pendant la vie, par les soins de MM. Reinwardt et Boié, et d'après
lesquelles M. Schlegel a fait une description qui doit être roproduite ici ,
l'action de l'alcool ayant malheureusement fait disparaître les caractères
principaux du système de coloration.

« Le beau brun rougeâtre, noirâtre ou verdâtre des parties supérieures,
dit-il, est toujous entremêlé de rouge vermillon sur le cou, teinte qui occupe la peau et les bords des écailles qui revêtent ces parties. La tête et la
nuque sont verdâtres; cette teinte se trouve séparée par une tache noire du
collier, qui est d'un jaune verdâtre, très-large dans les jeunes et qui rejoint
les lèvres. » Cette tache et ce collier sont très-apparents sur deux sujets
dont un est fort jeune. Il n'en est pas de même sur tous les individus
adultes. Nous retrouvons, mais pas constamment, des taches noires rondes
et en zig-zag qui, selon M. Schlegel, ornent le dos. Nous voyons aussi
quelquefois les écailles bordées de blanc , et nous constatons encore , avec
lui, que le dessous est jaunâtre, et garni, de chaque côté, d'une rangée
de points noirs. Ajoutons enfin, avec notre auteur, que la teinte dominante de cette espèce varie extrêmement, que les petits, qui sont plus
foncés, offrent des couleurs beaucoup plus vives et que le rouge et le jaune,
comme nous n'en avons que trop la preuve, passent après la mort.

Il faut mentionner la présence non constante, il est vrai, de deux lignes
généralement assez peu visibles, formées de points blancs, espacés d'un
centimètre environ et courant, plus ou moins loin, des deux côtés du
dos.

La dernière particularité à noter est l'existence constante d'une ou deux
raies noires de forme et de largeur variables, qui descendent du bord inférieur de l'œil en suivant à peu près le bord des plaques sus-labiales.

DIMENSIONS. La tête est assez courte ; elle n'a pas, en longueur, des dimensions doubles à la largeur qu'elle offre, au niveau des tempes ; celle-ci
égale deux fois et demie environ la largeur du museau au devant des narines. Le diamètre antéro-postérieur de l'orbite dépasse un peu la moitié
de l'espace inter-orbitaire. Entre la hauteur du tronc, qui n'a guère plus de
0^m,015 et la largeur, il y a 0^m,002 à 0^m,003 de différence.

La queue est comprise quatre fois, ou près de cinq fois, dans la longueur
totale.

Dimensions du plus grand de nos individus : *Tête* long. 0^m,025 ; *tronc*
0^m,48 ; *queue* 0^m,13. Longueur totale 0,635.

PATRIE. C'est de l'Archipel indien que proviennent presque tous les individus de cette espèce. Bosc en a donné deux de Java , d'où en a envoyé
Leschenault ; M. Reynaud, M. Méder en ont adressé de Batavia en particulier. Un très jeune échantillon a été pris par M. Kunhardt sur les

bords du Padang, dans l'île de Sumatra. Nous croyons devoir rapporter à ce groupe un spécimen qui a été donné par M. J. Verreaux, comme originaire du Cap. Il offre, en effet, tant d'analogie avec les Serpents auprès desquels nous le rangeons, que sa place nous semble tout-à-fait indiquée parmi les *Amphiesmes à cou rouge.*

4. AMPHIESME ROUGE ET NOIR. *Amphiesma rhodomelas.* Nobis.

(*Tropidonotus rhodomelas.* Schlegel.)

CARACTÈRES. Dessus du corps d'un rouge de brique, avec une raie dorsale plus brune ou noire, bifurquée sur la nuque ; une série de points noirs sur les flancs.

SYNONYMIE. 1837. *Tropidonotus rhodomelas,* Schlegel. Essai sur la physion. des Serp. t. I, p. 167, n.° 4 et t. II, p. 310, pl. 12, fig. 10 et 11.

Dans cet article, l'*Erpétologie de Java* inédite, de Boié, est citée, pour la pl. 29.

DESCRIPTION.

FORMES. La tête est courte, un peu conique, assez distincte du tronc qui, comme dans les espèces précédentes, est à peu près cylindrique et terminée par une queue courte et effilée. Le museau est court et la plaque rostrale ne se rabat pas sur sa face supérieure.

ECAILLURE. La frontale est assez large; elle est un peu plus courte que les pariétales, qui sont bordées en dehors chacune par deux plaques temporales. Il y a sept paires de plaques sus-labiales, dont les troisième et quatrième touchent à l'œil ; une pré-oculaire haute, deux post-oculaires seulement, par anomalie. La frénale est petite, à bord supérieur oblique de haut en bas et d'avant en arrière.

Les écailles forment 19 rangées longitudinales au tronc, 6 à la queue.

Gastrostèges : 124-130; 1 anale divisée, 45-47 urostèges également divisées.

DENTS. La collection ne possédant qu'un échantillon adulte de cette espèce, les dents n'ont pas pu être comptées, mais on s'est assuré que la dernière sus-maxillaire est plus longue que celles qui la précèdent et qu'elle en est séparée par un notable intervalle.

REPTILES, TOME VII. 47.

COLORATION. C'est aux indications fournies par les planches de l'Erpétologie de Java et mentionnées par M. Schlegel qu'il faut avoir recours,
pour se faire une idée exacte des couleurs vives de ce Serpent. Sur nos
exemplaires, en effet, on ne retrouve plus le beau rouge de brique des parties supérieures, ni le rouge pâle du dessous, ni enfin la nuance jaune de
l'iris dont parle le savant Erpétologiste hollandais. Ce qui n'a point disparu, c'est une bande médiane, assez étroite, occupant toute la longueur du
tronc et de la queue, élargie sur la nuque et bifurquée de façon que ses
deux pointes descendent sur les côtés du cou et se terminent à une très-
petite distance des commissures des lèvres. On voit, en outre, sur les flancs,
une suite de petits points noirs, dont sont ornées toutes les scutelles abdominales et caudales. La teinte générale est un gris légèrement rougeâtre
en dessus et un blanc jaunâtre inférieurement.

Un jeune sujet ne nous offre aucune différence avec ce qui se voit sur
l'adulte.

DIMENSIONS. La tête n'est que d'un tiers plus longue qu'elle n'est large
au niveau des tempes; sa largeur, dans ce point, est le triple de celle du
museau au devant des narines, ce qui explique la conicité assez apparente
de la tête. D'un des côtés de la région inter-orbitaire à l'autre côté, il
existe un espace qui est à peine le double du diamètre longitudinal des
yeux. La différence entre la largeur et la hauteur du tronc, à sa partie
moyenne, est de 0^m,003. La queue est comprise un peu plus de cinq fois
et demie dans la longueur totale.

Dimensions du plus grand de nos individus : *Tête*, long. 0^m,024. *Tronc*,
0^m,446. *Queue*, 0^m,100. En tout : 0^m,570.

PATRIE. Le Muséum est redevable de deux échantillons de cette espèce
rare, les seuls qu'il possède, à la générosité du Musée de Leyde qui les
avait reçus de Java. L'un est adulte et l'autre plus jeune.

5. AMPHIESME TÊTE JAUNE. *Amphiesma flaviceps*. Nobis.

CARACTÈRES. Dos brun-verdâtre foncé, sans raies; ventre
jaune; avec des taches jaunes sur le cou et l'occiput.

DESCRIPTION.

FORMES. Il y a une grande analogie, pour la conformation générale,
entre ce Serpent et la Couleuvre à collier. La tête est plus allongée que
dans les autres Amphiesmes; elle est un peu conique, et la plaque rostrale
ne se rabat point sur son extrémité.

Ecaillure. La plaque frontale est large, plus courte que les pariétales, qui sont bordées en dehors, chacune par deux grandes temporales. Il y a huit paires de plaques sus-labiales, dont les 4ᵉ et 5ᵉ touchent l'œil ; deux pré-oculaires. La frénale est petite, à bord supérieur oblique de haut en bas et d'avant en arrière.

Les écailles forment 19 rangées longitudinales au tronc, 6 à la queue.

On compte 126 gastrostèges, 1 anale divisée, 57 urostèges, également divisées. La saillie formée par la carène des écailles médianes et en particulier de celles qui occupent exactement le milieu du dos et de la queue, surtout à partir du deuxième tiers du tronc, constitue une toute petite crête.

La tête de l'individu de notre Musée provenait de Bornéo. Sa longueur totale était de 71 centimètres, à savoir, 3 centimètres pour la tête, 53 pour le tronc et 15 pour la queue.

Dents. Les dents n'ont point été comptées, l'exemplaire étant unique; mais on a constaté, à l'extrémité postérieure de la mâchoire d'en haut, l'existence d'une dent non sillonnée, mais plus longue que celles qui la précèdent, et dont elle est séparée par un certain intervalle.

Coloration. Le dessus est d'un vert olivâtre foncé, le dessous d'un jaune d'ocre, avec des bandes abdominales quelquefois marbrées ou bordées de brun.

Les teintes d'un brun verdâtre de l'animal, et qui sont plus foncées en dessus qu'en dessous, ne sont relevées par un jaune un peu plus clair que derrière la tête et sur les côtés du cou, au-delà d'une tache foncée qui, limitée ainsi à ses bords antérieur et postérieur par une teinte plus claire, simule une sorte de collier.

Sous la tête et sous la gorge, on retrouve également du jaunâtre.

Patrie. L'échantillon unique de cette espèce que le Muséum possède, provient de Bornéo, et a été donné au Musée de Paris par celui de Leyde.

6. AMPHIESME A TACHES DORÉES. *Amphiesma Chrysargum.* Nobis,

(*Tropidonotus Chrysargus.* Boié.)

Caractères. Des taches noires et jaunes distribuées par bandes sur les flancs. Ventre couleur de rose pourprée.

Synonymie. 1837. *Tropidonote à taches dorées, Tropidonotus*

47.*

Chrysargos. Schlegel. Essai sur la physion. des Serp. T. I,
p. 167, n° 6; et T. II. p. 312, pl. 12, fig. 6. et 7.

L'auteur cite les pl. 27 et 28 de l'*Erpétologie de Java*, non pu-
bliées.

DESCRIPTION.

FORMES. La tête est un peu renflée au niveau des tempes, et par cela
même, assez distincte du tronc; qui est à peu près cylindrique et terminé
par une queue effilée, médiocrement longue. Le museau est court, obtus,
plane, et la plaque rostrale ne se rabat point sur sa face supérieure.

ECAILLURE. La frontale est presque de même longueur que les pariétales, dont le côté externe tient le plus habituellement à deux grandes
plaques temporales.

Il y a neuf paires de plaques sus-labiales, dont la quatrième, par son
angle supérieur et postérieur, la cinquième, puis la sixième touchent à
l'œil.

Un seul individu, de plus petite taille que les autres et non encore
adulte, ne porte que huit paires de ces plaques. La pré-oculaire unique
est haute. La frénale est à peu près quadrilatère.

Les écailles forment 19-21 rangées longitudinales au tronc et 6 à la
queue.

On compte 152-156 gastrostèges, 1 anale divisée, 72-81 urostèges, également divisées.

DENTS. Maxillaires, $\frac{31}{32}$; palatines, 19; ptérigoïdiennes, 34, s'étendant
un peu au-delà de l'articulation de la première vertèbre avec la seconde.

PARTICULARITÉS OSTÉOLOGIQUES. Dans cette espèce, comme dans l'*Amphiesme Panthère*, le crâne est assez bombé et arrondi, ce qui n'a pas
lieu dans l'*Amphiesme en robe*. Les os du nez réunis forment un quadrilatère joint, par son angle antérieur, à la branche montante de l'os inter-
maxillaire, laquelle est un peu oblique de bas en haut et d'avant en arrière.

COLORATION. Les couleurs et le caractère principal de coloration, d'où est
tiré le nom distinctif de cette espèce, ont subi une altération telle que,
pour en avoir une idée exacte, nous devons recourir à la description de
M. Schlegel, car nous sommes privés du secours que lui ont fourni et des
dessins faits sur le vivant, appartenant au Musée du Pays-Bas, et les

planches de l'ouvrage encore inédit, qu'il cite souvent sous la dénomination d'*Erpétologie de Java*

Là, où l'épiderme existe encore, nous voyons que la teinte est d'un
vert olivâtre plus ou moins foncé sur les parties supérieures et sur la tête.
Chez les individus originaires de Java, nous voyons de chaque côté du dos,
au niveau de sa jonction avec les flancs, une série de petites taches blanches,
peu distantes les unes des autres, et s'étendant presque jusqu'à la l'extrémité de la queue, et qui sont les restes des taches dorées. Pour les autres
détails, nous nous bornons à transcrire le passage suivant de l'*Essai sur
la Physion. des Serp.* « De nombreuses bandes transversales occupent les
flancs; elles sont composées de taches noires, quelquefois réunies au bout
supérieur par une raie longitudinale, et ornées d'une tache jaune d'or. Le
dessous, dit encore l'auteur, est couleur de rose pourpre et la ligne médiane, jaune.

Ces teintes vives ont disparu pour faire place à un brun jaunâtre, plus
ou moins maculé par un pointillé noir; mais nous retrouvons les traces de
cet autre caractère : « On voit souvent aux bords latéraux des lames abdominales des marbrures d'un bleu-noir et une suite de points de la même
teinte. Les jeunes offrent des teintes plus claires, et ont le cou orné d'un
collier blanc qui se joint à la lèvre supérieure; il est bordé de deux larges
taches noires. »

Les points blancs ne se voient pas sur des individus originaires des Célèbes, et peut-être, si la coloration était mieux conservée, y aurait-il lieu
d'admettre une variété ; tous les autres caractères d'ailleurs se retrouvent
sur ces échantillons.

DIMENSIONS. La longueur de la tête n'est pas tout-à-fait le double de sa
largeur au niveau des tempes, laquelle est deux fois et demie environ
ausssi considérable que celle du museau au devant des narines. Le diamètre longitudinal de l'orbite est presque égal aux deux tiers de l'espace
inter-orbitaire. Il n'y a que $0^m,003$ à $0^m,004$ de différence entre la hauteur
et la largeur du tronc, mesurées à sa partie moyenne. La queue est comprise de quatre fois, à quatre fois et demie, dans la longueur totale du
corps.

Dimensions du plus grand de nos individus : *Tête* long. $0^m,032$; *Tronc*,
0,66 ; *Queue*, 0,195. Longueur totale, 0,887.

PATRIE. Cet Amphiesme a d'abord été recueilli exclusivement à Java,
d'où le Musée de Leyde en a reçu de nombreux échantillons, dont quelques-uns ont été cédés à celui de Paris. Depuis, MM. Quoy et Gaimard
en ont trouvé dans l'île des Célèbes.

MŒURS. On lit dans l'ouvrage de M. Schlegel, le passage suivant extrait
des manuscrits de Kuhl : « Il habite les forêts primitives, à la cîme de la

montagne Magmédon , où il se tient sur les tronçons de vieux arbres abattus. Nous l'avons aussi trouvé dans les forêts près de Kapang. »

VIII.ᵉ GENRE. HÉLICOPS (1). — *HELICOPS.* Wagler.

CARACTÈRES ESSENTIELS. *Corps allongé , à queue longue, pointue, couvert d'écailles carénées ; à museau arrondi et non prolongé , à yeux rapprochés, situés au-dessus de la tête.*

CARACTÈRES NATURELS. Huit plaques céphaliques seulement, l'espace compris entre les narines n'étant occupé que par une lame de forme triangulaire , équilatérale , et dont le sommet dirigé en avant répond à celui de la plaque rostrale. Une nasale unique de chaque côté , grande , irrégulièrement quadrilatérale, offrant vers son bord interne, et par conséquent, plutôt en dessus que latéralement , l'ouverture circulaire de la narine. Cet orifice se prolonge en dehors en une fente étroite jusqu'au point de jonction de la plaque nasale avec les suslabiales qui sont au nombre de huit. Une frénale ; une préoculaire étroite ; deux post-oculaires. Ecailles du tronc rhomboïdo-lancéolées et carénées. Scutelle anale et urostèges divisées. Pupille circulaire. Formes assez ramassées ; queue dont la longueur dépasse le plus souvent le tiers de celle de l'animal, mais n'en atteint que rarement la moitié.

Genre de vie aquatique comme celui des Homalopsis et des Tropidonotes. — Patrie : Amérique.

---

(1) Ἑλικωψ, *qui limis oculis tuetur*, dit Wagler ; mais dans l'Illiade ελικωψ, indique ayant les yeux noirs. *Oculis nigris præditus.* Nom emprunté à la physionomie que donne à ces Serpents la direction de leurs yeux, qui regardent non pas directement en dehors, mais obliquement en haut.

OBSERVATIONS. Wagler a rangé dans ce genre, fondé par lui, deux espèces : *Coluber erythrogrammus* (Daudin) et *Col. plicatilis* (Linné). Par leur système dentaire, elles n'appartiennent pas à la famille des Aglyphodontes. L'une, en effet, est maintenant, dans notre classification, le *Calopisme erythrogramme*, et l'autre l'*Hydrops plicatile*. Nous pouvions donc conserver dans ce groupe seulement deux des espèces que Wagler lui-même y a placées, le *Coluber angulatus* (Lin.) et le *Coluber carinicaudatus* (Neuw.) Quant à celle qu'il a nommée *Natrix aspera*, elle ne constitue qu'une variété de l'Hélicops anguleux. Une espèce nouvelle et encore inédite (*H. de Leprieur*) trouve ici sa place naturelle.

La disposition remarquable du système dentaire, qui nous a fait intercaler ce genre dans la famille des Diacrantériens, ne nous a pas permis de considérer, à l'exemple de M. Schlegel, les espèces dont il se compose, comme des Homalopsis, puisque les Serpents pour lesquels nous réservons cette dénomination générique, ont des crochets sus-maxillaires postérieurs sillonnés et sont par conséquent des Opisthoglyphes.

Voici un tableau qui pourra servir à la détermination des trois espèces rapportées à ce genre.

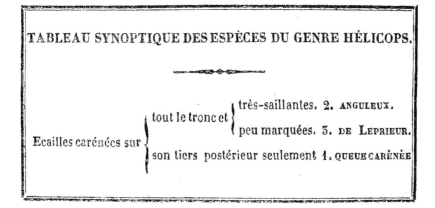

TABLEAU SYNOPTIQUE DES ESPÈCES DU GENRE HÉLICOPS.

Ecailles carénées sur — tout le tronc et — très-saillantes. 2. ANGULEUX. — peu marquées. 3. DE LEPRIEUR. — son tiers postérieur seulement 1. QUEUE CARÉNÉE

1. HÉLICOPS A QUEUE CARÉNÉE (1). *Helicops carini-caudus*. Wagler.

CARACTÈRES. Ecailles du tiers postérieur du tronc et sur toute la queue portant une forte carène, de sorte que toute la partie postérieure parait pronfondément sillonnée.

SYNONYMIE. 1825. *Coluber carinicaudus*, Couleuvre à écailles de la queue carénées. Maximilian Prinzen von Wied-Neuwied Abbildungen zur naturgesch. Bras. Livr. 11, pl. 3.

1830. *Helicops carinicaudus*, Wagler, syst. Amph. p. 170.

1833. *Idem*, idem, Descript. et Icones Amphib. tab. 7.

1837. *Homalopsis à queue rude*, H. *carinicauda* Schlegel. Essai sur la phys. des Serp., Tom. I, p. 172 et Tom. II, p. 350 pl. 13, fig. 17 et 18.

DESCRIPTION.

FORMES. Cette espèce a, dans son ensemble, le plus grand rapport, pour la conformation générale, avec ses congénères. La téte, plus distincte du tronc que chez l'*Hélicops de Leprieur*, est cependant un peu moins large en arrière que ne l'est celle de l'Hélicops anguleux. La queue est plus courte que dans les deux autres espèces.

ECAILLURE. Les plaques pariétales sont moins effilées à leur extrémité postérieure, qu'elles ne le sont dans l'H. de Leprieur ; elles sont irrégulièrement elliptiques, quoique polygonales et plus longues que la frontale, qui va en s'élargissant, avant de se terminer en pointe. Les plaques temporales ont des dimensions moyennes.

Les écailles sont lisses dans les deux tiers antérieurs du tronc, carénées dans le tiers postérieur et dans toute la longueur de la queue où chaque rangée longitudinale offre, par cela même, une saillie très prononcée.

Sur le seul exemplaire que le Musée possède de cette espèce, quelques scutelles sous-caudales, les 3e, 4e, [5e, 6e et 7e sont entières, toutes les autres étant divisées. C'est une anomalie individuelle, car Wagler dit que

---

(1) C'est seulement comme traduction du nom latin que nous préférons cette dénomination à celle de M. Schlegel ; car en nommant l'espèce dont il s'agit H. *à queue rude*, ce savant naturaliste a bien indiqué l'aspect particulier qui résulte de la saillie des carènes dont les écailles de la queue sont revêtues.

toutes ces scutelles sont divisées ; elles sont d'ailleurs ainsi représentées dans la figure qu'il en a donnée et dans celle qui accompagne la description du prince Maximilien.

Les écailles forment 19 rangées longitudinales au tronc, 6 à la queue.

Il y a 135 gastrostèges, 1 anale divisée, 64 urostèges également divisées, à l'exception de quelques unes. Wagler dit pour les premières 137-148 et pour les secondes, 50-55, M. Schlegel, pour le plus grand des deux individus sur lesquels la numération a été faite, donne les chiffres suivants : 149-72.

DENTS. Maxillaires $\dfrac{19}{22}$. Palatines 11. Ptérygoïdiennes 25. Ces dernières s'étendent sur les os qui les supportent jusqu'au delà de l'articulation du crâne avec la première vertèbre, et forment deux séries parfaitement parallèles, assez écartées l'une de l'autre.

COLORATION. L'échantillon du Musée de Paris est si semblable aux deux dessins coloriés précédemment cités et il y a entre ceux-ci une telle analogie, que nous ne pouvons mieux faire que de traduire presque en entier le passage où Wagler indique les teintes de cette espèce.

« La tête, le tronc et la queue, dit-il, d'un brun-noirâtre en dessus, légèrement lavé d'olivâtre, sont sans taches. Les écailles de la dernière rangée longitudinale portent de petites maculatures noires peu apparentes (très bien représentées dans l'ouvrage du prince Maxim.) Une assez large bande jaune s'étend de l'un et de l'autre côté du tronc, au niveau de la jonction du flanc et de l'abdomen, depuis la tête jusqu'à l'anus. Toute la région sous-maxillaire est de la même couleur. Les scutelles abdominales et les sous-caudales, ont une teinte d'un jaune plus clair que celle des bandes latérales dont il vient d'être question ; elles portent chacune des taches un peu arrondies, semblables à des gouttes noires, régulièrement disposées, au nombre de deux sous la queue et de trois sur une grande partie de l'abdomen où elles forment trois séries longitudinales. La série du milieu cependant n'apparaît guère avant la vingtième scutelle et disparait à une certaine distance en avant du cloaque. » Il faut, au reste, ajouter, comme cela se voit sur notre individu, et comme l'a noté M. Schlegel, que souvent là où ces trois taches existent, elles se confondent et se transforment en tache unique occupant toute la partie moyenne de la scutelle.

Wagler ajoute : la langue est noire, plus claire à sa base, les iris sont d'un brun-jaunâtre.

Nous ne trouvons pas d'indications sur le jeune âge.

DIMENSIONS. La largeur de la tête, au niveau de la région temporale, dépasse un peu les deux tiers de sa longueur ; elle est, presque cinq fois plus considérable que l'espace compris entre les narines ; celui qui existe à la face supérieure de la tête, entre les orbites, est le double du diamètre longitudinal de l'œil. La différence est presque nulle entre la hauteur et la largeur du tronc à sa partie moyenne.

La queue, dans notre spécimen, a une longueur comparative plus considérable qu'à l'ordinaire, car elle mesure 0m,195, le tronc portant 0m,560 ce qui établit entre ces deux portions du corps le rapport de 2, 3 à 1 ; tandis que le prince Maximilien dit que ce rapport est de 4 à 1. Il est environ de 5 et presque de 6 à 1 dans les mensurations données par M. Schlegel et par Wagler. Quoiqu'il en soit, voici les dimensions de notre Hélicops : *Tête*, long 0,028 ; *Tronc*, 0m,560 ; *Queue*, 0m,195. Longueur totale , 0,783.

Patrie. Le Brésil est le pays où cette espèce a été trouvée pour la première fois par le prince de Neuwied et où elle a été le plus fréquemment prise, mais elle habite aussi d'autres localités. Ainsi le seul spécimen que nous possédions a été envoyé de Cayenne par M. Mélinon.

« J'ai trouvé cette Couleuvre caractéristique, dit le prince Maximilien, assez loin vers le sud du Brésil, dans les grands bois des bords de la rivière d'Itapemirim, mais elle y parait être rare, ne l'ayant rencontrée qu'une fois. » Celle qu'a décrite Wagler venait de la province de Bahia et le Musée de Leyde en a reçu de la province de Saint Paul qui est un peu plus méridionale que la précédente.

2. HÉLICOPS ANGULEUX. *Helicops angulatus.* (1)
Wagler.

(*Coluber angulatus.* Linnæus).

Caractères. Toutes les écailles du tronc portant une carène très saillante, ce qui fait paraître le tronc comme anguleux.

Synonymie. 1735. Séba. Thesaur. Tom. II, pl. 24 n° 2, et pl. 29 n° 2, mal coloriées ; d'après Schlegel.

Scheuchzer. Bibl. sacra. pl. 360. B.— 630, n° 3, — 737, n° 3.

1754. Linné. *Col. angulatus.* Mus. Adolph. Frid. p. 23, pl. 15, n° 1.

1788. System. naturæ Gmelin p. 1093.

_____

(1) Linnæus explique ainsi cette dénomination. *Truncus tectus squamis carinatis, scriebus novem-decim, hinc angulatus apparet quasi totidem angulis.* (Mus. Ad. Frid. p. 23.)

1790. Merrem. Beïtrage der Amphib. in-4° pag. 32 fasc. 2 pl. 6. Eckige Natter.

1800. Daudin. Rept. Tom. VII. p. 209. Couleuvre anguleuse de Daubenton, Lacépède, Latreille.

1820. Spix. Wagler, Serpents du Brésil pl. 13. p. 37. *Natrix aspera.*

1820. Merrem. Syst. Amph. p. 122, n° 113. *Col. natrix, Coluber angulatus.*

1830. Wagler. Naturliches syst. amph. p. 171. g. 19. *Helicops angulatus.*

1837. Schlegel. Phys. Serp. Tom. I. pag. 172, n° 9. Tom. II. p. 351 pl. 13. f. 24-25. *Homalopsis angulatus.*

DESCRIPTION.

FORMES. La conformation générale est fort analogue à celle des autres espèces comprises dans ce genre. La tête est courte, un peu élargie au niveau de l'extrémité postérieure des mâchoires et, par cela même, assez distincte du tronc.

ECAILLURE. Les plaques pariétales sont courtes, à bord externe très obliquement dirigé d'avant en arrière et de dehors en dedans et, par conséquent, elles sont beaucoup plus étroites à leur extrémité postérieure qu'à l'antérieure. Elle sont égales en longueur à la frontale, dont les deux bords latéraux sont parallèles et qui se termine en arrière, par un angle obtus.

Les écailles du tronc sont toutes carénées, excepté cependant, sur bien des échantillons, celles du rang le plus inférieur de chaque côté. La rangée du milieu est celle où la saillie est la plus apparente. Elles forment 19 rangées longitudinales au tronc, 4-6 à la queue.

Il y a 108-126 gastrostèges, 1 anale divisée, 64-90 urostèges.

DENTS Maxillaires$\frac{17\text{-}18}{20\text{-}19}$; Palatines, 10; ptérygoïdiennes 15-21, s'étendant sur les os qui les supportent jusqu'au niveau du trou occipital chez l'individu d'où provient la première des deux têtes qui ont servi à cette numération et seulement jusqu'au niveau de la ligne saillante de la face inférieure de l'occipital sur la tête où ces dents ptérygoïdiennes sont moins nombreuses.

PARTICULARITÉS OSTÉOLOGIQUES. Les vertèbres, dit M. Schlegel, sont très larges et offrent des apophyses assez prononcées. Les côtes sont longues et attachées dans une direction peu oblique.

COLORATION. Les premiers mots de cette phrase de Linnæus *(Mus. Ad.*

Frid. p. 24) Color fuscus, seu griseo fuscus, fasciis plurimis nigris, justifient la distinction de deux variétés dans cette espèce, l'une assez franchement brune, l'autre d'un brun gris-verdâtre, avec certaines maculatures particulières. La différence entre elles est même assez tranchée, pour que **Wagler** ait décrit, comme une espèce particulière, sous le nom de *Natrix aspera* (Coul. âpre) un individu appartenant à notre variété **B** et qu'aucune différence spécifique ne nous autorise, ainsi que **M.** Schlegel l'avait déjà fait remarquer avec raison, à inscrire dans nos Catalogues sous un nom spécial.

— *Variété* A. La teinte de fond est un brun jaune-rougeâtre, quelquefois violacé, moins vif en dessus qu'en dessous où il doit être, pendant la vie, plus franchement rouge, comme nous le montre un individu desséché originaire de la province de Venezuela, lequel n'ayant pas été soumis à l'action de l'alcool a mieux conservé ses nuances primitives.

Tout le corps de l'animal, depuis la tête, jusqu'à l'extrémité de la queue, est en quelque sorte entouré d'anneaux au nombre de trente à cinquante et dont la couleur est un brun-rougâtre plus ou moins foncé. Ils sont habituellement bordés, dans une étendue variable, d'un brun beaucoup plus intense, quelquefois même noirâtre. Ils sont, le plus souvent, interrompus sur la ligne médiane, en-dessous, et comme ils sont obliquement placés et à peu près parallèles entre eux, il en résulte que leurs portions abdominales, dont l'une peut être considérée comme le commencement de l'anneau et l'autre comme sa fin, n'occupent pas un même plan transversal, mais constituent des taches alternes. La forme de ces taches est presque en parallélogramme, excepté cependant sur un de nos échantillons, où elles sont irrégulières dans leur forme et dans leur disposition et d'un noir pur.

Ces anneaux offrent encore cette particularité qu'ils sont beaucoup plus larges sur le dos que sur les flancs où ils vont en se rétrécissant d'une façon notable avant de se continuer avec leurs deux portions soit sous-ventrales, soit sous-caudales. Il résulte de cette disposition qu'ils simulent en dessus plutôt de grandes taches irrégulièrement elliptiques et obliques, se terminant inférieurement, de l'un et de l'autre côté, par une tache quadrilatérale et qu'ils n'ont pas, au premier aspect, une apparence annulaire, qui est pourtant bien réelle et dont l'indication simplifie la description.

Sur un sujet originaire du Brésil, ce sont cependant de véritables taches se terminant sur les flancs et séparées des maculatures noires qui couvrent en partie l'abdomen et en totalité la région sous-caudale. Cette distinction est nettement établie, parce que la teinte jaunâtre des régions inférieures se continuant un peu sur les flancs, elle est, dans cette région, bordée inférieurement par le dessin noir du ventre et de la queue et en haut par la couleur plus foncée des parties supérieures et par l'extrémité des taches. Il en résulte, de l'un et de l'autre côté, l'apparence d'une bande assez étroite, qui frappe par son système particulier de coloration.

Il n'est pas rare de voir, au delà du premier tiers du tronc, les anneaux réunis entre eux, dans la région moyenne, en dessus, par une tache oblique, de la même nuance, se dirigeant du bord inférieur de l'un de ces anneaux au bord supérieur de celui qui le suit immédiatement.

Sur tous nos exemplaires, si ce n'est sur un seul, la face supérieure de la tête est d'un brun-olivâtre, ainsi que l'a représenté Merrem (*Beitr. fasc II pl. VI*) et le plus souvent sans aucune tache. Chez quelques uns, au contraire, on voit une bande noirâtre simulant, jusqu'à un certain point, un fer à cheval, dont la partie moyenne occupe l'espace compris entre les yeux et dont les branches s'étendent, à partir de ces organes, jusqu'aux angles de la bouche.

Le premier anneau présente toujours un angle antérieur qui vient se loger dans le petit intervalle que laissent entre eux, vers leur extrémité terminale, les bords internes des deux plaques pariétales, en arrière desquelles leur couleur, qui est un peu plus claire que partout ailleurs, forme, ainsi que l'a noté M. Schlegel, une sorte de collier.

La région gulaire et les lèvres sont d'un brun jaunâtre et sans maculatures.

— **Variété B.** Nous admettons cette variété, parce que les collections renferment un échantillon brésilien dont le dessin qui porte le nom de *Natrix aspera* (Serp. bras.) de Wagler est la représentation très-exacte.

Entre cet animal et les exemplaires qui appartiennent à la première variété, il n'y a pas, il est vrai, de différences très-importantes. On retrouve, en effet, les particularités principales précédemment indiquées; mais ce qui établit une distinction, c'est la teinte générale, qui est beaucoup plus sombre dans la Variété B. Elle est, suivant les expressions même de Wagler, d'un brun-cendré, en dessus, comme en dessous, avec des taches d'un blanc jaunâtre sur les flancs, au niveau et autour de la jonction des taches dorsales à peine apparentes sur le fond, tant celui-ci est foncé, avec les maculatures de l'abdomen, lesquelles sont tout-à-fait noires, irrégulièrement alternes jusqu'à l'anus, puis transversales sous la queue et complètent ainsi les anneaux.

— **Jeune âge.** Un jeune sujet est entièrement semblable aux adultes de la variété **A**.

Un autre, de taille un peu moindre, offre, relativement à tous les individus de l'espèce qui fait l'objet de cet article, des différences de coloration assez tranchées, pour qu'on puisse croire qu'il appartient à une variété dont le Muséum ne posséderait pas de représentant à l'état adulte. Quoiqu'il en soit, ce petit Ophidien est caractérisé : 1.° par une bande médiane, brun-noirâtre, étendue depuis l'occiput jusqu'à l'extrémité de la queue, continue dans son premier tiers et, à partir de ce point, formée de taches peu distantes les unes des autres ; 2.° par deux bandes latérales identiques à la précédente, mais dont les taches ne se confondent pas avec celles de cette dernière. Le fond est un brun assez foncé, en dessus comme en dessous, où l'on ne voit aucun dessin.

DIMENSIONS. La largeur de la tête, au niveau de la région temporale, dépasse à peine, en moyenne, les deux tiers de sa longueur. Les narines étant très-rapprochées l'une de l'autre et tout-à-fait en dessus, l'espace qui les sépare a très-peu d'étendue ; celui qui existe à la face supérieure de la tête, entre les orbites, est le double du diamètre longitudinal de l'œil. Le tronc est presque aussi large que haut à sa partie moyenne.

La queue, chez la plupart de nos individus, est comprise dans la longueur totale de trois fois et un tiers, à trois fois et demie ; chez deux seulement, elle n'y est comprise que deux fois et demie. C'est la mensuration habituelle, qui se rapproche le plus de celle de M. Schlegel. Les dimensions les plus ordinaires de cette espèce varient entre 0^m,48 et 0^m,60. Un seul échantillon dépasse sensiblement la taille de ses congénères, c'est celui dont voici les dimensions :

Tête, long. 0^m,036. *Tronc*, 0^m,540. *Queue*, 0^m,260. Longueur totale : 0^m,836.

PATRIE. Un certain nombre d'individus sont d'origine inconnue ; mais ils doivent provenir de l'Amérique méridionale, puisque tous les autres représentants de cette espèce ont été adressés de différents points de cette contrée et, entre autres, de la province de Venezuela par M. Bauperthuis, de Cayenne par M. Mélinon, de la Guyanne anglaise par M.M. de Castelnau et Deville et du Brésil par M. Poyer. C'est ce dernier pays qui a fourni l'échantillon d'après lequel la Variété B. a été établie. « La Couleuvre âpre, dit Wagler, habite la province de Bahia où elle paraît commune. » Enfin, M. Plée a trouvé à la Martinique le jeune individu qui semblerait appartenir à une variété spéciale, ainsi que nous l'avons dit plus haut, mais dont nous ne connaîtrions pas l'état adulte.

3. HÉLICOPS DE LEPRIEUR. *Helicops Leprieurii*. Nobis.

ATLAS, pl. 68. Sous le nom d'*Uranops Sévère*.

CARACTÈRES. Tronc garni, dans toute sa longueur, d'écailles à carènes peu saillantes.

DESCRIPTION.

Forme. La seule particularité que cette espèce présente dans sa conformation générale consiste en un léger élargissement du museau, d'où il résulte que la tête, presque aussi large en avant qu'en arrière, est à peine distincte du tronc.

Ecaillure. Les plaques pariétales dépassent d'un tiers environ la longueur de la frontale, qui est plus étroite à sa partie antérieure qu'à la partie postérieure, mais qui au-delà de cet élargissement, se termine en pointe. Les plaques temporales sont grandes. Les écailles sont carénées dans toute la longueur du tronc et de la queue, leur carène est médiocrement saillante; celles de la queue sont un peu plus apparentes que toutes les autres.

Un des caractères essentiellement distinctifs de cet Hélicops se tire de l'aspect des carènes qui sont moins prononcées que dans les autres espèces du même genre.

Il y a 118-130 gastrostèges, 1 anale divisée, 68-83 urostèges également divisées.

Les écailles forment 19 rangées longitudinales au tronc, 4-6 à la queue.

Dents. Maxillaires $\frac{20}{26}$. Palatines, 10. Ptérygoïdiennes, 28; ces dernières forment deux séries exactement parallèles, assez distantes l'une de l'autre, et elles s'étendent sur les os qui les supportent, à peu près jusqu'au niveau de l'articulation du crâne avec la première vertèbre.

Coloration. La teinte générale des parties supérieures est sombre : c'est un brun tantôt rougeâtre, tantôt, au contraire, tirant un peu sur le vert-bronze, comme nous le montrent les nombreux individus que le Muséum possède.

Sur ce fond, on distingue, mais le plus souvent avec difficulté, trois séries de taches noires, dont les plus apparentes occupent les flancs et la troisième, la ligne médiane. Leur forme est irrégulière, leur volume assez peu considérable et l'espace que chacune occupe est à peu près égal à celui qui les sépare. La série du milieu manque quelquefois, ou bien est remplacée par deux séries de taches plus petites, parallèles et peu distantes l'une de l'autre. Cette dernière disposition est constante chez les jeunes sujets où ces maculatures se confondent souvent en dehors avec celles des flancs.

Les régions inférieures sont noirâtres et relevées par de nombreuses taches transversales, d'un brun jaunâtre, assez irrégulièrement disposées ; elles n'occupent d'ordinaire qu'une gastrostège ou qu'une urostège, qu'elles recouvrent tantôt en totalité, tantôt dans la moitié seulement de sa longueur. Sous la gorge, elles forment des bandes transversales régulières, soit continues, soit composées de petites taches rapprochées, dont on trouve toujours une sur chacune des plaques sous-maxillaires antérieures et postérieures. Le dessus de la tête est d'une nuance uniforme, semblable à celle du tronc. Sur la lèvre supérieure, on voit une petite bande longitudinale jaunâtre.

JEUNE AGE. Outre l'arrangement particulier déjà indiqué des taches dorsales, qui sont plus apparentes que chez les adultes, parce que la coloration générale est plus claire, il y a, derrière la tête, un collier jaunâtre, complété par une bande transversale inférieure et que viennent rejoindre, derrière la commissure des lèvres, les bandes dont elles sont ornées. Il n'y a du reste, rien de spécial à noter.

DIMENSIONS. La largeur de la tête à la région temporale est égale à la moitié de sa longueur et elle ne dépasse que de 0m,002 à 0m,003 la largeur qu'elle présente en avant, au niveau des yeux. Comme les narines sont très-rapprochées et regardent en haut, elle est, au contraire, plus du triple de l'espace qui sépare ces ouvertures ; entre les orbites, à la face supérieure de la tête, il y a un intervalle qui est le double du diamètre longitudinal de l'œil. La différence est à peine marquée entre la hauteur et la largeur du tronc à sa partie moyenne. La queue, en général, n'est pas tout-à-fait le tiers de la longueur totale.

Dimensions du plus grand individu de la collection : *Tête*, long. 0m,03 *Tronc*, 0,53 ; *Queue*, 0,26. Longueur totale, 0,82.

PATRIE. Cette espèce est originaire de l'Amérique du Sud. C'est du Brésil que M. Poyer a adressé le plus bel échantillon. Nous en avons reçu un de Bahia, provenant de M. Lemelle Deville. Les autres viennent de Cayenne et ont été donnés par M. Leprieur et par M. Banon.

IX.ᵉ GENRE. XÉNODON. — *XENODON*. Boié (1).

CARACTÈRES. *Corps à écailles lisses, allongées, distribuées par lignes obliques plus lâches sur le cou; tête large, à museau arrondi; à plaque rostrale plus large que haute.*

Ce genre a été adopté d'abord par Wagler ; puis, à son exemple, par la plupart des Ophiologistes modernes. Il ne diffère guère de celui qu'on a appelé Hétérodon, que par ce que dans ce dernier, la plaque rostrale est anguleuse, car les dents sont à peu près les mêmes.

M. Schlegel avait parfaitement signalé le caractère de nos Diacrantériens, en parlant de ce genre et en indiquant le grand crochet qui termine la série des dents de l'os sus-maxillaire. Il cite également la forme trapue du tronc, la largeur de la tête, la brièveté du museau, les grandes dimensions et la fente de la bouche.

Cet auteur a rangé néanmoins dans ce genre plusieurs espèces dont les dents postérieures plus longues, étant cannelées, sont par nous distribuées dans le sous-ordre des Opisthoglyphes. Telles sont celles nommées *modeste* ou *inornée*. Une autre est pour nous un *Dryophilax (Olfersii)* de la famille des Dipsadiens. L'espèce dite *bicinctus,* ou à anneaux géminés, devient, dans notre classification, un Liophis, en raison de la forme de ses écailles (Tom. VII, p. 716).

Deux autres espèces de M. Schlegel sont le *Xenodon purpurascens* et le *X. Michahelles*. Le premier, dont on trouve une très-belle figure dans les *Abbildungen* de ce savant zoologiste (pl. 14), est une espèce dont on lui doit la description. Nous ne la connaissons pas, mais d'après les détails donnés par M.

(1) De Ξένος, inusité, étrange. Alienus, et de Οὐδὸς=οδοντος, dents.

Schlegel (Essai, p. 90, et Abbild., p. 47), il y a tout lieu de penser que cette Couleuvre est bien réellement un Xénodon.

Quant à son *Xenodon Michahelles*, il a toutes les dents égales entre elles, et nous l'avons précédemment décrit (tom. VII, p. 227), d'après les dénominations primitives, sous le nom de Rhinechis à échelons *(Rhinechis scalaris)* dans la famille des Isodontiens.

Nous ne laissons donc dans le genre Xénodon que trois des espèces que l'auteur de la Physionomie des Serpents y a inscrites, et ce sont celles qui sont désignées sous les noms de *Sévère*, de *Tête rayée*, d'*Enfumé* ou de *Typhlus*.

Wagler, dans son *Systema der Amph.*, 1830, p. 171, admet une seule espèce dans le genre *Xenodon*, c'est le *Xenodon inornatus*, qui est pour nous un Opisthoglyphe (Dryophilax inornatus.)

Ensuite, dans le genre qui, dans sa classification, vient après le Xénodon et qu'il nomme *Ophis*, il range le *Coluber severus* de Linné, le *Merremii de Spix*, le *Coluber rabdhocephalus* du prince de Neuwied, lequel devient notre deuxième espèce, le *Coluber saurocephalus* du même naturaliste, et que nous considérons comme désignant le Xénodon sévère.

Le tableau synoptique suivant permet facilement la distinction des cinq espèces que nous avons rapportées à ce genre.

TABLEAU SYNOPTIQUE DES ESPÈCES DU GENRE XÉNODON.

Anale { double; écailles { lisses, en rangées { très-obliques; tête { plate et courte . . . . . 1. X. SÉVÈRE

un peu allongée . . . . 2. X. TÊTE VERGETÉE.

peu obliques . . . . . . 3. X. ENFUMÉ.

carénées; teinte verte, uniforme . . . . . 5. X. VERT.

unique; des plaques sous-orbitaires . . . . . 4. X. GÉANT.

1. XÉNODON SÉVÈRE. *Xenodon Severus.* Boié.

(*Coluber Severus.* Linnæus.)

CARACTÈRES. Fond de la couleur et de la plupart des écailles , jaune brunâtre, avec des taches plus ou moins allongées ou arrondies, d'un brun foncé; tronc plat en dessous, à dos saillant et flancs anguleux.

SYNONYMIE. 1734. Thes. T. II., pl. 21. n.º 1 et T. I.. pl. 85, fig. 1. ?

1735. Scheuchzer. Bib. Sacra. pl. 660 , fig 7.

1754. Linnæus Mus. Adolph. Frid. , pl. 8, fig. 1, p. 25.

1756. Gronovius. Mus. Ichth. amphib. T. II, pag. 67. Zoophyl. p. 24, n.º 123.

1766. *Coluber severus.* Linnæus. Syst. Nat. Edit. 12. T. I. p. 379.

1768. *Cerastes severus.* Laurenti Syn. p. 84.

1784. L'*Hébraïque*, Daubenton. Encycl. Méth.

1788. *Coluber severus.* Linnæus. Syst. Nat. Edit. 13. Ed. Gmelin. T. I., pars 3, p. 1097, n.º 212.

1789. L'*Hébraïque.* Lacépède. Quadr. Ovip. et Serp. T. I, p. 106.

1790. L'*Hébraïque.* Bonnaterre. Ophiologie. Encycl. p. 40, pl. 13 fig. 19. Copiée de Linnæus.

1820. Merrem. Tent. Syst. Amph., pag. 95., n.º 11. *Coluber versicolor*, p. 145., n.º 15.

1825. Princ. de Neuwied, Beitrage Amph. *Coluber Saurocephalus.* p. 359 , pl. II., fig. 6., *currucuicui.*

1827. Boié. Isis. p. 230. *Xenodon æneus.* p. 541.

1830. Wagler. System. Amphib. p. 172. *Ophis severus.*

1837. Schlegel. Phys. Serp. T. I, p. 138. T. II. p. 83, pl. III, fig. 1-5. *Xénodon sévère.*

1840. F. de Filippi. Bibl. ital. T. 99. p. 179.

DESCRIPTION.

Ce serpent varie pour la couleur et pour la taille, comme cela se remarque chez beaucoup d'espèces. Les jeunes individus, dans le premier âge, portent une sorte de livrée méconnaissable chez ceux qui ont pris de grandes dimensions. Nous en avons la certitude d'après les échantillons conservés dans nos collections, et la preuve par les figures ou représentations que nous avons citées dans la Synonymie qui précède.

M. Schlegel croit que Linné, qui a le premier employé le nom spécifique, adopté par les naturalistes, y a été porté parce qu'il a reconnu une sorte de physionomie sévère dans les individus à tête raccourcie et à sourcils ou à plaques sus-orbitaires saillantes, en même temps que des lèvres épaisses.

La totalité du tronc est un peu aplatie du côté du ventre et légèrement saillante dans la région supérieure ou vertébrale ; et comme les angles que forment les séries des écailles latérales ne sont pas tout-à-fait droits, il en résulte une sorte de compression latérale qui donnerait à la coupe transversale une tranche à cinq pans.

ÉCAILLURE. Les écailles du tronc, qui n'offrent aucune ligne saillante, sont de forme rhomboïdale allongée, et disposées par rangées longitudinales, dont le nombre est le plus souvent de 21. Les gastrostèges, très-larges, varient de 136 à 145, et les urostèges, distribuées par paires, de 30 à 40

Les plaques du vertex sont courtes et ramassées. Les plaques sus-labiales sont au nombre de sept et anormalement de huit, c'est un des caractères propres à distinguer ce Xénodon du suivant, qui en a toujours huit.

COLORATION. Les couleurs varient. Le fond de la peau, ou du plus grand nombre des écailles, est d'une teinte d'un brun-jaunâtre, sur laquelle on voit des bandes irrégulières, le plus souvent fourchues et à bifurcations antérieures ; elles sont d'un brun-rougeâtre, et habituellement bordées de jaune tirant sur le blanc.

Dans quelques individus, le dos est même marqué de petites taches arrondies. L'une des bandes antérieures, celle qui est le plus près de la tête, semble provenir de l'écusson central ; souvent les bords sont plus pâles ou même blanchâtres. Une ligne transversale foncée, signalée, avec raison, par Linnæus, comme un caractère constant, se voit entre les yeux et un peu avant. L'extrémité antérieure du museau est aussi d'une teinte plus sombre.

Les régions inférieures sont plus ou moins tachetées ou marbrées de brun.

DIMENSIONS. Nous avons des individus dont la taille est de près d'un mètre et dont la circonférence, dans la partie moyenne du tronc, serait de $0^m,10$. La queue, qui se termine en pointe, ne forme guère que le cinquième de la longueur.

PATRIE. Ce Serpent provient des parties chaudes de l'Amérique du Sud , et la collection du Muséum en possède un grand nombre d'individus. Nous en avons eu un vivant à la Ménagerie et dont la belle coloration nous a servi pour la description.

OBSERVATIONS. M. Schlegel a vérifié, en faisant l'ouverture de quelques-uns de ces Serpents , l'exactitude des assertions des observateurs qui les ont vus dans les pays où ils vivent, et qui ont dit qu'ils recherchent principalement pour nourriture les Reptiles Batraciens ; il a , en effet , trouvé dans l'estomac des débris osseux , provenant de crapauds et de grenouilles.

2. XÉNODON TÊTE VERGETÉE. *Xenodon rhabdocephalus.* Boié.

(Coluber rhabdocephalus (1). Prince de Neuwied.)

CARACTÈRES. Tête triangulaire, plate en dessus, à bandes transversales situées en sens alternativement inverse, plus larges à l'un des bouts et plus étroites à l'autre ; le dessous du corps brun jaunâtre, marbré de brun et de jaune.

Cette espèce que M. Schlegel regarde à tort comme étant celle que M. Duvernoy a fait connaître anatomiquement, n'est pas la même, car elle n'a pas de cannelure sur les crochets sus-maxillaires postérieurs; elle n'appartient donc pas certainement à notre sous-ordre des Opisthoglyphes comme nous en avons acquis la certitude.

SYNONYMIE. 1825. Maxim. Princ. de Neuwied. Beitrage Amph. Liv. x. pl. 3. pag. 355.

1819. Wagler. Spix. Serp. Brasil. pl. xii, pag. 47. *Ophis Merremii.*

1830. Wagler, naturliches syst. pag. 172. Gen. 24. *Ophis rhabdocephalus.*

1827. Boié. Isis pag. 541. *Xenodon œneus. Ocellatus.* Variétés?

1837. Schlegel. Phys. Serp. t. I. pag. 139. t. II, p. 87, n.º 2, pl. III. f. 10-11.

1840. F. de Filippi. Bibl. ital. t. XCIX, pag. 180.

---

(1) De Ρ'αϐδος bâton et de Κεφαλή tête, pour indiquer les vergetures de la tête.

DESCRIPTION.

FORMES. Le corps est comprimé et d'une longueur proportionnelle plus considérable que chez le Xénodon qui vient d'être décrit, et les gastrostèges sont moins larges. La tête est moins large, moins déprimée et un peu moins courte. La queue est courte.

ECAILLURE. La plaque rostrale remonte à peine sur le museau. Quoique les plaques du vertex aient une très-grande analogie, par leurs formes et par leur disposition avec celles du Xénodon sévère, elles sont cependant un peu moins ramassées.

Les sus-labiales sont toujours au nombre de huit. Les écailles du tronc sont lisses et, comme dans la première espèce, sont disposées obliquement; elles forment aussi 19 à 21 rangées. Le nombre des gastrostèges peut aller jusqu'à 180.

COLORATION. Il est difficile de donner une description bien nette de la disposition des couleurs, laquelle, sans être identique à celle qui se voit chez le X. sévère offre cependant certaines analogies. Nous retrouvons, au reste, sur nos exemplaires, les dessins reproduits sur les deux belles planches de l'ouvrage du Prince Maximilien, et l'on voit que le système de coloration consiste esssentiellement en une série longitudinale de grandes taches occupant les régions supérieures d'où elles s'étendent sur les flancs. La forme de chacune d'elles est irrégulière, mais elles se ressemblent. Tantôt, elles sont d'un brun clair, qui se détache sur les teintes plus foncées des parties environnantes, et elles sont bordées de noir ; tantôt, au contraire, elles ne se distinguent de la nuance sombre du fond que par une bordure claire, qui entoure complétement chacune d'elles. Souvent la première tache, celle qui est la plus voisine de l'occiput, a la forme d'un chevron à sommet dirigé en avant et du milieu de cet angle, part une ligne claire, prolongée jusqu'à la tache suivante.

La tête porte des lignes sombres, qui ont motivé la dénomination spécifique de cette espèce.

Enfin, les régions inférieures sont plus ou moins tachetées de noir.

PATRIE. Cette espèce est originaire de l'Amérique méridionale, principalement du Brésil. Le Musée des Pays-Bas l'a reçue de Surinam. Delalande a rapporté du Brésil un très-bel échantillon. Nous en avons aussi de Santa-Fé-de-Bogota, rapportés par M. B. Lewy et d'autres envoyés de Cayenne par Leprieur.

OBSERVATIONS. M. Schlegel, qui a fait des recherches anatomiques sur ces deux serpents, a trouvé chez celui-ci l'estomac et les intestins beaucoup moins gros, le foie plus allongé, quoique également divisé en deux lobes, la boîte crânienne plus grande et plus solide.

3. XÉNODON ENFUMÉ (1). *Xenodon Typhlus*. Schlegel.
(*Coluber Typhlus*. Linnæus.)

CARACTÈRES. Dessus du corps d'une teinte uniforme d'un bleu terne ou verdâtre, dessous d'une teinte jaune pâle; partie moyenne du tronc arrondie et non anguleuse.

SYNONYMIE. 1766. *Coluber Typhlus*. Linnæus. Syst. nat. Edit. 12, p. 378.

1788. *Idem*. Linnæus. Gmelin. Syst. natur. 1094.

1789. La *Couleuvre typhie*. Lacépède. Hist. nat. Serp. t. II. p. 382.

1802. *Idem*. Latreille. Hist. nat. Rept. t. IV. p. 77.

1804. *Idem*. Daudin. Hist. Rept. t. VII. p. 135.

1837. *Xénodon enfumé*. Schlegel. Phys. Serp. t. I. p. 140, t. II. p. 94.

1840. F. de Filippi. Bib. Ital. t. XCIX, p. 180.

DESCRIPTION.

FORMES. Par sa conformation générale, ce Serpent se rapproche assez des Liophis. Il a le corps arrondi et non comprimé, contrairement à ce qui se voit chez le *Xénodon à tête vergetée*. La tête est moins large et moins déprimée que celle du *Xénodon sévère*; mais la queue est à peu près aussi courte que chez ses congénères.

ECAILLURE. Un des caractères distinctifs, importants, se tire de la disposition des écailles, qui sont courtes ou peu allongées et dont les rangs longitudinaux n'offrent presque pas d'obliquité, surtout si l'on compare cette espèce aux deux précédentes; ces rangs sont au nombre de 19.

---

(1) Nous sommes embarrassés pour traduire l'expression latine employée par Linnæus dans la désignation de cette espèce, laquelle prise dans le sens d'*aveugle* ne conviendrait pas à un Serpent dont les yeux sont parfaitement développés et très-apparents. Si, par allusion à ses teintes sombres, on emploie, par analogie, l'épithète de *enfumé*, dont M. Schlegel s'est servi, on fait usage d'une dénomination plus convenable.

bizarre que Daubenton, suivi par les zoologistes français, ait transformé en *ty...* le mot *typhlus* qu'on trouve dans la 12ᵉ édition du système de la nature.

Les gastrostèges remontent à peine sur les flancs. On en compte 136-148; l'anale est double et il y a 50-56 urostèges divisées.

Quant aux plaques du vertex, dont les dimensions ne sont pas très-considérables, quoique leur forme ne soit pas très-ramassée, il n'y a rien de particulier à en dire. La lèvre supérieure porte de chaque côté huit plaques, dont les quatrième et cinquième touchent à l'œil.

COLORATION. Ce Serpent est unicolore. Aucune tache ne relève la teinte sombre des régions supérieures, qui sont d'un brun verdâtre, ni la nuance plus claire du ventre et des urostèges.

DIMENSIONS. Ce Xénodon est comparable pour la taille au Rhabdocéphale; il est moins volumineux que le *Sévère,* qui est lui-même bien loin d'atteindre la grande taille du Géant.

Nous trouvons pour l'un de nos exemplaires : *Tête* et *Tronc,* 0m,40. *Queue,* 0m,12.

PATRIE. Le Muséum a reçu plusieurs individus de Cayenne provenant de Leprieur, de Poiteau et de M. de St.-Amand. Il paraît qu'on en a recueilli à Surinam, car celui qui a servi à la description de M. Schlegel lui avait été donné par M. le docteur Canzius, comme provenant de Démérary.

OBSERVATIONS. Lacépède, d'après l'individu qui a servi à sa description, avait bien indiqué la couleur verte foncée uniforme du dos et le ventre jaune, mais il parle de deux rangées de points noirâtres sur le bas des flancs, et c'est ce que répète Latreille. Or, Daudin croit qu'il s'agit d'une espèce différente, et, en effet, il est question dans l'article de Lacépède d'écailles carénées, tandis que chez le *Xenodon typhlus,* elles sont lisses, comme Daudin l'a noté.

4. XÉNODON GÉANT. *Xenodon gigas.* Nobis.

CARACTÈRES. Plaque anale unique ; sur un fond d'un brun jaunâtre, de grandes taches noires, dont la forme est celle d'une ellipse plus ou moins régulière et transversale, séparées les unes des autres par une bande noire.

DESCRIPTION.

FORMES. Par la grande taille à laquelle il peut parvenir, ce Serpent se distingue de ses congénères. Il a d'ailleurs toute la physionomie d'un Xénodon, en prenant pour type bien caractérisé de ce genre le Xénodon sévère. Comme ce dernier, en effet, il a la tête large, déprimée et le museau court et arrondi, et la queue est courte.

Écaillure. La plaque rostrale est très large et très haute, de sorte qu'elle remonte sur le museau en formant un angle à sommet arrondi.

Les plaques nasales, entre lesquelles la narine est percée, sont très-peu distantes l'une de l'autre, de sorte que l'orifice nasal est petit et de plus, au lieu d'être circulaire, il a la forme d'une fente verticale. Les fronto-nasales sont presque circulaires. Les frontales antérieures se replient en dehors sur la frénale, qui est grande.

Il y a deux pré-oculaires ; la supérieure est très grande et vient se porter par son extrémité supérieure, sur le vertex où elle s'interpose à la frontale antérieure et à la sus-orbitaire, qui ne se touchent que dans une petite étendue. La post-oculaire est double et au-dessous de l'œil, on voit deux plaques sous-orbitaires surmontant les sus-labiales.

La frontale moyenne, fort courte et ramassée, est aussi large que longue et comme elle se termine en arrière par un bord presque droit, il en est résulté que sa forme est à peu près celle d'un quadrilatère un peu plus étroit cependant en arrière qu'en avant.

La longueur des pariétales est égale à celle de la frontale moyenne et des frontales antérieures réunies. Elles forment ensemble un carré presque parfait.

La lèvre supérieure porte huit paires de plaques dont aucune, par suite de la présence des sous-oculaires précédemment indiquées, ne touche à l'œil.

Les écailles du tronc sont régulièrement quadrilatères et par conséquent aussi larges que longues. Elles forment, sur le tronc, 19 rangées longitudinales et 6 à 8 sur la queue.

Gastrostèges : 153 à 161 ; une anale simple ou unique et 60 à 82 paires d'urostèges.

Coloration. La teinte générale est en dessus un brun jaunâtre agréablement nuancé par la couleur plus claire de l'extrémité antérieure d'un grand nombre d'écailles. De grandes ellipses noires occupent toute la largeur du dos et des flancs. Leur diamètre antéro-postérieur diminue graduellement, depuis les premières jusqu'aux dernières. La même diminution se remarque pour les espaces clairs qui les séparent et qui sont tous coupés transversalement, si ce n'est tout-à-fait vers la fin du tronc, par une bande noire, ondulée, et qui résulte de la réunion de taches irrégulières que porte chacune des écailles d'une même rangée horizontale.

Derrière l'œil, commence une bande noire, qui se prolonge sur les côtés du cou et sur les flancs jusqu'à la quatorzième gastrostège. Les sus-labiales et plus particulièrement les dernières, sont finement bordées de noir à leur bord postérieur. Une bande noire, étroite, semi-circulaire, à convexité dirigée en avant, court sur le bord postérieur des pariétales et de deux grandes écailles qui les accompagnent de chaque côté.

Chaque gastrostège, dans les trois quarts antérieurs du tronc, porte trois gros points noirs, deux latéraux et un médian. Par leur ensemble, ces points forment trois séries longitudinales, régulières et parallèles. Elles s'éteignent peu à peu et finissent par disparaître.

DIMENSIONS. Le plus grand de nos trois exemplaires a une longueur totale de 2^m,27 ainsi répartis : *Tête* long. 0^m, 07. *Tronc*, 1^m, 74 ; *Queue*, 0^m,46.

PATRIE. C'est de l'Amérique du Sud que ces beaux Serpents si remarquables par leur grande taille et par leur système de coloration ont été rapportés. Le Muséum les a reçus de M. A. d'Orbigny qui les a pris dans la province de Corrientes. (Confédér. du Rio de la Plata.)

5. XÉNODON VERT. *Xenodon viridis.* Nobis.

CARACTÈRES. Ecailles carénées ; teinte verte uniforme.

DESCRIPTION.

FORMES. Le tronc, presque cylindrique, se termine par une queue courte, effilée, dont la pointe est emboîtée dans une squamme conique et pointue. La tête est assez épaisse et courte et un peu plus grosse que le tronc. Par tout l'ensemble de sa conformation et par ses écailles carénées, ce serpent offre une assez grande analogie avec les Amphiesmes, mais il se rapproche davantage des Xénodons par les proportions des dernières dents sus-maxillaires.

ECAILLURE. Les neuf plaques sus-céphaliques ordinaires. La rostrale a une largeur double de sa hauteur ; elle remonté sur le museau. Les narines sont très grandes et percées entre deux plaques.

Il y a deux pré-oculaires, trois post-oculaires, et de chaque côté, sept sus-labiales, dont les troisième et quatrième touchent à l'œil.

Les écailles, qui portent une carène assez saillante, sont disposées sur 25 rangées longitudinales au tronc et sur 8 à la queue. Il y a 147 à 155 gastrostèges ; l'anale est double et l'on compte 37 à 58 paires d'urostèges.

COLORATION. Elle est d'une simplicité extrême, car les régions supérieures sont d'un vert uniforme assez vif, sans aucune tache, si ce n'est cependant sur l'un de nos exemplaires adultes chez lequel on voit, sur le cou, une ou deux lignes obliques.

Ce sont sans doute quelques restes de la livrée du *jeune âge* caractérisée par de fines lignes noires transversales et ondulées bordées de vert clair en arrière et en avant.

Les régions inférieures, chez les jeunes sujets, comme chez l'adulte, sont d'un jaune verdâtre uniforme.

Dimensions.

Patrie. Les trois exemplaires que le Muséum possède, lui ont été procurés par M. Adolphe Delessert, qui les avait rapportés des Indes-Orientales.

X.ᵉ GENRE. HÉTÉRODON. — *HETERODON* (1). Latreille.

Caractères essentiels. *Diacrantériens à museau relevé, obtus, anguleux et caréné, en forme de coin ; tête plus ou moins distincte du tronc, qui est anguleux.*

Ce genre, dont la première espèce, désignée sous ce nom a été recueillie dans l'Amérique du Nord par Palissot-Beauvois, se trouve décrit d'abord comme distinct des Couleuvres par Latreille ; mais Catesby avait déjà figuré deux de ces Serpents à museau pointu et relevé, dont la forme constitue surtout le caractère essentiellement distinctif. Il est conique, triangulaire et protégé, à son extrémité, par une grande plaque rendue anguleuse au moyen de la carène médiane qui s'étend verticalement sur sa face supérieure.

Les espèces, réunies sous cette dénomination, se rapportent à deux sections différentes d'abord par l'apparence des écailles. Elles sont carénées dans les unes, et celles-ci habitent les régions septentrionales de l'Amérique. Elles sont lisses et polies, au contraire, chez les autres, qui toutes ont été recueillies dans l'Amérique du Sud.

---

(1) De Ετεροιος , dissemblable, différent, et de οδουτος, dent. Ce nom a été donné à un genre de mammifère cétacé, à celui d'un poisson plagiostome, et à un genre de Mousses, voisin du *Bryum.*

Au reste, les deux premières espèces, celles qui ont les écailles carénées, sont véritablement semblables pour la forme et ne sont peut-être que des variétés sexuelles l'une de l'autre. Le dessus du corps de l'une étant entièrement d'une couleur brun foncée et même noire ; et l'autre, qui est beaucoup plus commune, à ce qu'il paraît, puisqu'elle a été décrite par la plupart des auteurs, n'a que des taches noires distinctes sur le dos ; mais la forme de leur museau est absolument la même. Au reste, nous indiquons dans la description des espèces les motifs qui peuvent faire admettre ou rejeter une distinction spécifique.

Parmi les trois autres espèces, qui ont la superficie des écailles lisses, l'une des plus grandes est remarquable, parce que la plaque anale, celle qui précède et recouvre le cloaque transversal, est formée d'une seule pièce, tandis qu'il y en a deux chez les autres.

Le tableau synoptique qui suit, donne d'ailleurs une idée nette de cet arrangement systématique.

M. Schlegel a rapproché, dans ce genre, quelques espèces que nous n'avons pas dû y inscrire. Ainsi, nous avons reconnu que l'Hétérodon n.º 2 ou Rhinostoma a les dents postérieures cannelées, et que c'est, par conséquent, un Opisthoglyphe ; il appartient à la famille des Scytaliens. Quant à l'espèce désignée sous le nom de *Coccineus*, c'est un Syncrantérien que nous avons placé, sous le n.º 7, dans le genre *Simotès* (Tom. VII, p. 637.)

TABLEAU SYNOPTIQUE DES ESPÈCES DU GENRE HÉTÉRODON

Ecailles
- carénées ; dessus du tronc
  - noir, sans taches. . . 2. H. NOIRATRE.
  - tacheté de noir. . . . 1. H. LARGE-NEZ.
- lisses ; anale
  - double ; sus-labiales
    - touchant l'œil. . 4. H. MI-CERCLÉ.
    - n'y touchant pas. 5. H. DE D'ORBIGNY.
  - unique. . . . . 5. H. DE MADAGASCAR.

---

1. HÉTÉRODON LARGE-NEZ. *Heterodon platyrhinus.*
Latreille.

CARACTÈRES. Corps recouvert d'écailles carénées sur un fond de couleur rouge ; pâle sur le dos, avec des taches carrées d'un brun-rougeâtre ; le devant de la tête traversé par une bande noire, puis par une autre bande anguleuse de chaque côté ; flancs avec une rangée de taches ovales.

SYNONYMIE. 1750. Catesby. Tom. II, pag. et pl. 56. *Hog-nose snake.*

1766. Linnæus. System. nat. edit. 12. pag. 375. *Coluber Simus.*

1784. Daubenton. Encyclopéd. méth. *Le Camus.*

1788. Linné. Gmelin. Syst. natur. pag. 1086. *Coluber Simus,* d'après Garden.

1789. Lacépède. Rept. Quad. ovip. Serpents Tom. II, p. 84. *Le Camus.*

1800. Latreille. Rept. Tom. IV, p. 32, fig. 1, 2, 3. *Heterodon platyrhinos.*

1804. Daudin. Rept. Tom, VII, pag. 133; fig. la tête Tom. V pl. 60. 28.

1818. Say. Amer. journ. of. sciences Tom. I., pag. 261. Coluber.

1820. Merrem. Syst. ampl. tentamen, Coluber simus.

1830. Wagler. natural. System. Amphib. pag. 171. Heterodon.

1835. Harlan. Medic. phys. Research., pag. 120. Coluber Heterodon.

1836. Troost. Ann. Lyc. New-York. Tom. III, p. 188. Heter. annulatus. var.

1837. Schlegel. Phys, Serp, Tom. I, p. 140. Tom. II, p. 97 pl. 3, fig. 20, 21, 22.

1839. Storer. Reports of Massachussets pag. 131. H. Platyrhinos.

1840. Filip. de Filippi. Biblioth. ital. Tom. XCIX. p. 181.

1842. Holbrook. North Amer. Herpet. Tom. IV, pag. 57, Heterodon simus.

1853. Baird and Girard. Catal. of north Amer. Rept., pag. 59, n.° 5.

DESCRIPTION.

FORMES. Cette espèce, originaire de l'Amérique du Nord, paraît atteindre de grandes dimensions. La tête est remarquable par la carène ou la saillie médiane de la plaque rostrale, qui est elle même relevée avec des bords tranchants, ce qui indique un Serpent fouisseur et l'a fait distinguer dans le pays sous le nom de *Groin de cochon* (Hog-nose snake)

L'ouverture de la bouche est courbe, à plaques sus-labiales très grandes et augmentant successivement d'étendue de devant en arrière, surtout pour les quatre dernières.

ECAILLURE. Outre ce qui vient d'être dit de la rostrale, dont nous donnons une description détaillée dans l'article relatif à l'Hétérodon noir, il faut noter la présence des plaques sous-orbitaires superposées aux sus-orbitaires; puis l'anomalie des plaques du vertex, résultant de ce qu'il y a une petite plaque impaire placée entre les fronto-nasales. Il faut surtout rappeler que chez certains individus qui, pour M. Holbrook, appartiennent à l'espèce qu'il décrit comme distincte, sous le nom d'*Heterodon simus,* il y a

d'autres petites squammes irrégulières, en nombre variable, situées autour
de cette écaille longitudinale et médiane, qui est ainsi séparée des plaques
ordinaires du vertex, au milieu desquelles elle se trouve. Les écailles sont
lancéolées, obliques et disposées sur vingt-cinq rangées longitudinales. Le
nombre moyen des gastrostèges est de trente-six; la plaque anale est
double. La queue forme environ la septième partie de la longueur totale.

COLORATION. Ce Serpent varie beaucoup pour les couleurs, suivant l'âge
des individus. Lorsque l'animal est vivant, ou conservé depuis peu de temps,
le dessus du corps paraît, sur un fond rouge plus ou moins intense, avoir
des taches irrégulières, mais qui en se décolorant, passent du gris au brun
très-foncé, en même temps que le fond devient rose. Les marques du
dessus de la tête sont à peu près les mêmes sur les nombreux individus que
nous avons sous les yeux, savoir: une bande noire qui, placée entre les orbites, les traverse obliquement, pour se terminer vers la commissure de la
bouche ; puis, en arrière de celle-ci, une autre bande, tantôt isolée à droite
et à gauche, tantôt unie à celle du côté opposé, de manière à former un
chevron, qui se prolonge sur le cou où elle s'élargit beaucoup.

Cependant il est quelques individus qui ont tout le vertex de couleur
noire. Le dessous du tronc est noirâtre ou d'un gris cendré-sale, ponctué
de noir.

OBSERVATIONS. L'*Heterodon simus* de M. Holbrook, déja distingué en
1766 dans la première édition du *Systema naturæ* de Linnæus, nous paraît
comme à M. Schlegel, une simple variété, ainsi que celui que MM. Baird
et Girard ont fait connaître dans l'ouvrage sur l'*Exploration de la vallée
du grand lac Salé* par Stanbury sous le nom d'*Heterodon nasicus*, p. 352.

La difficulté de saisir de bons caractères spécifiques différentiels, autres
que la disposition des petites plaques du vertex, entre les espèces que M.
Holbrook décrit comme distinctes, sous les noms de *Heterodon platyrhinos* et de *Heterodon simus*, est donc la raison qui nous a fait confondre
ces Ophidiens dans un même groupe spécifique, tout en tenant compte des
observations du savant Erpétologiste Américain, dont le livre est d'un si
grand secours pour l'étude des Reptiles du continent septentrional du Nouveau-Monde.

PATRIE. Presque tous proviennent de l'Amérique du Nord et de Charleston par MM. Noisette et Holbrook ; de Virginie par M. de Poussielgue;
de New-York par Milbert ; de Savannah par MM. Harpert et Désormeau.
Cependant M. Plée nous en a adresssé de la Martinique.

2. HÉTÉRODON NOIR. *Heterodon niger.* Troost.
(*Vipera Nigra.* Catesby.)

CARACTÈRES. Tronc revêtu d'écailles carénées, tout-à-fait noi‑râtre ou cendré foncé en dessus, sans aucune tache, d'un jaune sale en dessous ; les gastrostèges jaunes, bordées en arrière d'une ligne noirâtre ; tête triangulaire et élargie en arrière.

SYNONYMIE. 1743. Catesby. Hist. nat. Carol. t. II, p. et pl. 44. *Vipera nigra.*

1802. Shaw. Gener. zool. t. III, pag. 377 pl. 102. *Coluber ca‑codæmon.*

1803. Daudin. Hist. natur. Reptiles, tom. V page 342. *Scytale niger.*

1820. Merrem. Tentamen, p. 149. *Pelias niger.* P. ater.

1827. Harlan. Journ. Acad. nat. Sc. Philad. t. V, p. 367. *Scytale niger.*

1835. *Idem.* Phys. and med. researches. pag. 120. *Coluber thraso* et *Scytalus niger,* pag. 130.

1836. Troost. Ann. Lyc. natural history New-York's, t. III, pag. 186. *Heterodon niger.*

1837. Schlegel. Essai phys. Serp. t. II, pag. 100. *Variété* de l'*Heterodon platyrhinos.*

1842. Holbrook. N. America Herpet. t. IV, p. 63, pl. 16. *Heterodon niger.*

1853. Baird et Girard. Catalogue, pag. 55. *Idem.*

DESCRIPTION.

FORMES. La tête est large, aplatie, et cet élargissement peut être augmenté pendant la vie, comme Catesby l'a dit et comme nous l'apprend aussi M. Holbrook parce qu'il a été témoin du fait. C'est ce qui explique l'exagération apparente du volume de la tête dans le dessin donné par le premier de ces naturalistes, lequel a été souvent reproduit, et dans celui qui accompagne le texte de M. Holbrook.

Le corps est assez long, mais ramassé, épais, arrondi en dessus et plat

REPTILES , TOME VII.   49.

en dessous. La queue est médiocrement longue, mince et pointue à son extrémité.

Ecaillure. Les plaques du vertex sont courtes et ramassées et particulièrement les pariétales, qui sont presque circulaires. C'est surtout la plaque rostrale qui est remarquable par sa conformation. Elle représente assez exactement une pyramide triangulaire, dont le sommet pointu est dirigé en avant et un peu en haut. La plus grande de ses trois faces est inférieure; les deux autres, qui regardent en haut et en dehors, sont séparées de la face inférieure par une ligne anguleuse et elles sont également séparées l'une de l'autre par une ligne médiane, longitudinale et saillante. Le bord postérieur de chacune des faces de cette pyramide, qui est emboîtée sur l'extrémité du museau, est échancré. A la face inférieure, cette échancrure rend plus facile la sortie de la langue et celle des faces supérieures leur permet de mieux s'accomoder à la convexité du museau sur laquelle elles sont appliquées.

Comme dans l'espèce précédente, il y a une plaque médiane, impaire, située derrière la rostrale, dont elle continue la saillie par la petite carène qui la surmonte; elle est au devant de la frontale moyenne et entre les frontales antérieures et les fronto-nasales. De même aussi, les sus-labiales sont surmontées par des squammes qui, avec la sus-orbitaire, les pré-oculaires et les post-oculaires complètent le cadre squammeux placé autour de l'œil. Toutes ces petites plaques sont, de chaque côté, au nombre de douze. Il y a huit plaques sus-labiales toutes quadrilatéres, augmentant de volume jusqu'à la septième qui est la plus développée.

Les écailles du tronc sont plus grandes que celles du cou; elles portent toutes une carène qui, comme M. Holbrook le fait remarquer avec raison, est un peu moins apparente que chez l'*Hétérodon large-nez*. Elles sont disposées sur 25 rangées longitudinales.

Gastrostèges 130-136; plaque anale double; urostèges : 42-50.

Coloration. La disposition des teintes est tellement simple que nous n'avons rien à ajouter à ce que nous en avons dit dans la diagnose.

Dimensions. La longueur ce ce Serpent ne paraît pas aller au-delà de 0m,60 à 0m,70.

Patrie. C'est dans l'Amérique du nord que l'on trouve cet Hétérodon, comme celui que nous avons décrit dans l'article précédent. Nous en avons reçu un de la Louisiane par les soins de M. Teinturier, deux de New-York par ceux de Milbert, et M. Harpert nous en a adressé un de Savannah.

Voici, au reste, ce que M. Holbrook dit relativement à la distribution géographique de l'*Hétérodon noir*.

« On le trouve rarement au nord au-delà de la Pensylvanie, mais c'est un des Serpents les plus communs au sud de la Caroline et de la Géorgie. Je l'ai également reçu de l'Alabama et de la Louisiane et l'on peut penser qu'il se rencontre aussi dans les comtés de l'Ouest, d'après le témoignage du professeur Troost, qui l'a recueilli dans le Tenessee. » L'auteur que nous citons s'appuie sur cette délimitation de la zône d'habitation de cette Couleuvre, pour la considérer comme type d'une espèce distincte en y joignant il est vrai d'autres caractères, dont le plus important, au reste, est tiré du système de coloration. Il ne généralise pas complétement cette remarque et l'applique à ce qui s'observe dans certains Etats de l'Union. Ainsi, dans la Caroline, l'*Hétérodon large-nez* est commun dans les districts du nord tandis qu'il n'a jamais été dit qu'on y ait trouvé l'*Hétérodon noir*, mais l'opposé est vrai pour les côtes atlantiques où ce dernier est commun, l'autre, au contraire, y étant rare.

Mœurs. Bien que le genre de vie de l'Hétérodon noir ait de l'analogie avec celui du Serpent auquel nous le comparons, il ne recherche cependant pas, comme ce dernier, les localités pierreuses, humides et ombragées, il préfère, au contraire, les terrains secs, stériles et où croissent les pins. De même que l'*Hétér. large-nez*, il peut élargir la tête et le cou, en faisant entendre, comne Catesby l'a dit et comme M. Holbrook le répète après lui, un horrible sifflement, en même temps qu'il prend une attitude menaçante. Sa couleur sombre, son aspect sinistre et farouche ont donné lieu à cette croyance vulgaire qu'il est venimeux. Catesby le représente même comme ayant des armes aussi redoutables que celles du Serpent à sonnettes. C'est cependant un animal dont la piqure n'offre aucun danger et qui ne se nourrit que de petits reptiles ou d'insectes.

Observations. Nous ne sommes pas parfaitement convaincus, même après l'examen attentif des descriptions si complètes données par M. Holbrook dans les articles consacrés aux *Heterodon Simus*, *Platyrhinos* et *niger*, que ce dernier ne soit pas simplement une variété noire de l'*H. platyrhinos* dont nous n'avons pas osé détacher l'*H. simus*, comme on l'a vu dans l'article précédent.

Toutefois, en terminant l'histoire de ces Hétérodons de l'Amérique du nord, et afin de montrer que nous ne repoussons pas systématiquement la distinction des trois espèces, qui nous paraissent avoir entre elles de grandes analogies, il nous semble utile de rappeler les particularités qui ont engagé M. Holbrook à les considérer comme différentes les unes des autres.

Ainsi : 1.º il trouve dans le genre de vie des dissemblances que nous venons de mentionner plus haut.

2.º Les latitudes sous lesquelles ces espèces vivent ne sont pas absolument les mêmes, quoique toutes habitent les Etats de l'Union.

49.

3.° **Enfin**, en laissant de côté, ce que les diagnoses de ce naturaliste ont de commun pour chacun de ces Hétérodons relativement à la conformation du museau, voici les différences qu'elles présentent, mais nous devons dire que celles qui ont trait au système de coloration pour le premier et pour le troisième, ne sont pas toujours facilement appréciables.

1. *Heterodon simus.* Une plaque impaire entre les frontales, entourée par six ou huit écailles plus petites ; corps gris en dessus, avec une série vertébrale de taches noires, soit sub-quadrangulaires, soit arrondies, ou de barres transversales ; queue d'un brun clair.

2. *Heterodon niger.* Tout l'animal noir en dessus et d'une teinte plus claire en dessous.

3. *Heterodon platyrhinos.* Corps grisâtre ou d'un gris jaunâtre en dessus, soit avec de grandes taches noires ou barres transversales, soit avec des taches oblongues de la même teinte.

3. HÉTÉRODON DE D'ORBIGNY. *H. Dorbignyi.* Nobis.

CARACTÈRES. Corps recouvert d'écailles lisses ou sans carènes ; le dessus portant trois séries longitudinales, régulièrement espacées, de taches noires, bordées de blanc ; l'œil bordé en dessous par des sous-oculaires, qui le séparent des sus-labiales.

DESCRIPTION.

FORMES. Le port de ce Serpent est assez lourd ; le tronc est volumineux proportionnellement à sa longueur ; la queue est courte, mais effilée à sa pointe. La tête est courte, triangulaire, à peine distincte du tronc. Les yeux sont de moyenne grandeur.

ECAILLURE. Comme chez les deux espèces précédentes, il y a ici une disposition particulière des plaques du vertex qui sont au nombre de dix, par suite de la présence, sur la ligne médiane, d'une petite plaque impaire placée entre les frontales antérieures.

La plaque rostrale est tout-à-fait caractéristique par sa forme en pyramide triangulaire, dont la portion supérieure porte une carène médiane très saillante à laquelle fait suite la plaque dont nous venons de parler.

La frontale moyenne est large, courte et arrondie à son bord postérieur.

Les pariétales sont très petites, beaucoup plus larges en avant qu'en arrière. Les sus-orbitaires sont courtes et larges.

Les narines sont percées entre deux plaques, dont la postérieure est suivie d'une petite frénale.

Comme dans les Hétérodons de l'Amérique du Nord, les plaques sus-labiales ne touchent pas à l'œil, car elles sont surmontées par une plaque sous-oculaire, qui complète le cercle squammeux de l'orbite avec une pré-oculaire unique et grande, et avec deux post-oculaires dont l'inférieure se porte en bas et en avant.

Les sus-labiales sont au nombre de sept, et vont successivement en augmentant de hauteur depuis la première jusqu'à la sixième inclusivement. La septième, plus petite, est séparée de la précédente dans une partie de sa hauteur par l'une des plaques temporales, qui pénètre entre ces deux plaques par son bord inférieur qui est angulaire.

Toutes ces plaques temporales, au reste, ont de grandes dimensions et sont peu nombreuses.

Les écailles sont lisses, très obliques et forment 21 rangées longitudinales.

Gastrostèges : 141 ; anale double; urostèges 38 également divisées.

Coloration. Le fond de la couleur est un brun jaunâtre clair. Il est plus ou moins couvert de taches sombres, disposées sur trois séries longitudinales, entre lesquelles, quand elles sont très grandes, la teinte plus claire du fond n'apparaît que sous la forme de lignes flexueuses qui, se croisant régulièrement au niveau de l'intervalle des taches médianes, entourent chacune de celles-ci d'une bordure ovalaire. Quant aux taches latérales du dos, elles sont plus hautes que larges, et par cela même, s'étendent jusque sur les flancs.

Quand, au contraire, le volume des taches est moindre, cette disposition des teintes du fond n'est plus aussi apparente, et n'offre plus l'élégante régularité que nous venons d'indiquer.

La tête est brune, avec des lignes régulières d'un brun jaune clair. Une petite bande transversale se porte du bord antérieur de l'un des orbites à l'autre. Un petit dessin se voit derrière cette bande et il part, de chaque côté, une ligne courbe à concavité postérieure, qui passe derrière l'œil ; puis une autre un peu plus loin, oblique en dehors et en arrière, qui passe derrière la commissure de la mâchoire. Sur la nuque enfin, il y a une ligne claire médiane, qui se bifurque.

En dessous, il y a des taches noires en parallélogrammes qui occupent la hauteur des gastrostèges, ne dépassent pas la ligne médiane, et sont alternes d'un côté à l'autre. Sur un de nos exemplaires, elles se réunissent pour former un large ruban noir médian.

Dimensions. Le plus grand individu a une longueur de 0m,48 ainsi distribués, pour la *Tête* et le *Tronc* 0m,41, et pour la *Queue* 0m,07.

Patrie. Ce Serpent est originaire de l'Amérique du Sud. Il a été rapporté soit de Buenos-Ayres et de Montevideo par M. A. d'Orbigny, qui nous apprend qu'on l'y connait sous le nom de *Vipère Yarara* ; soit du Brésil, sans autre indication plus précise, par Auguste Saint-Hilaire, ou par M. Dupré; soit enfin de Sainte-Catherine, par M. Gaudichaud.

OBSERVATIONS. Cette espèce nouvelle et la suivante, avaient été déterminées par Bibron, qui les avait désignées par les noms sous lesquels nous les faisons connaître. Leur description devait entrer dans la rédaction du grand ouvrage de M. d'Orbigny où il a fait connaître les résultats de son voyage. Cependant cette description n'a jamais paru et une planche très exacte représentant ces deux Hétérodons, avec des détails très précis sur la conformation des plaques du vertex, sont également restées inédites.

On voit par tous les détails qui précèdent, et sans qu'il soit nécessaire d'y insister davantage, pourquoi nous ne considérons pas, avec M. Schlegel, ces Ophidiens comme de simples variétés de l'*Hétérodon large-nez.*

4. HÉTÉRODON MI-CERCLÉ. *Heterodon semi-cinctus.* Nobis.

CARACTÈRES. Tronc à écailles lisses ou non carénées, portant en dessous des bandes transversales, noires, irrégulières en largeur ; mais cependant à peu près également espacées, ne se prolongeant pas sous le ventre et formant une série assez régulière de demi-anneaux; en dessous, un large ruban noir médian ; pas de plaques sous-orbitaires et les sus-labiales touchant à l'œil.

DESCRIPTION.

FORMES. Cet Hétérodon est un peu plus ramassé que le précédent, et a quelques analogies dans sa conformation, et aussi par son système de coloration, avec les Elaps. La tête est courte, confondue avec le tronc. Les yeux sont petits. La queue a peu de longueur et se termine en une pointe obtuse.

Le museau d'ailleurs, comme celui des trois Hétérodons qui viennent d'être décrits, est terminé en une pointe saillante et relevée, résultat de la conformation singulière et tout-à-fait caractéristique de la plaque rostrale chez les Diacrantériens groupés dans le genre très-naturel dont nous faisons maintenant l'histoire.

ECAILLURE. Derrière la plaque rostrale, on voit la plaque médiane impaire, déjà signalée dans les espèces précédentes ; elle est très-petite, par suite de la longueur considérable de la carène de la rostrale, laquelle pé-

nètre entre les frontales antérieures, presque jusqu'à leur bord postérieur, que ne dépasse cependant pas, en arrière, la petite plaque médiane.

La frontale moyenne est beaucoup plus allongée en arrière que chez
l'Hétérodon de d'Orbigny, et elle se termine par un angle assez aigu, qui
se loge entre les pariétales, dont les dimensions sont très-peu considérables.

Au lieu de sept plaques sus-labiales, comme dans l'espèce qui vient d'être
décrite, il y en a huit, de plus en plus hautes jusqu'à la septième inclusivement, et dont les quatrième et cinquième touchent à l'œil, car il n'y a
pas au-dessous d'elles des sous-orbitales, mais la quatrième ne l'atteint
que par un angle aigu que forme son extrémité supérieure. La préoculaire
est unique; il y a deux post-oculaires; la seconde se dirige en bas et en
avant.

La narine est percée entre deux plaques; la postérieure est petite et
suivie d'une frénale assez grande.

Les temporales sont plus nombreuses et moins grandes que chez l'Hétérodon de d'Orbigny.

Les écailles sont lisses, et disposées sur dix-neuf rangées longitudinales.

Gastrostèges : 154 ; anale double; urostèges : 36, également divisés.

COLORATION. La teinte générale est d'un jaune blanchâtre qui peut bien
avoir été rouge pendant la vie, car ainsi décolorée elle rappelle les couleurs
des Elaps conservés dans nos collections.

Sur ce fond, on voit se détacher, d'une façon régulière, des demi-anneaux
noirs, qui ont une largeur à peu près égale de 0^m,006 à 0^m,008, et séparés
entre eux par des intervalles clairs de même étendue; seulement, il arrive, de distance en distance, qu'un trait noir, irrégulier, réunit deux de ces
anneaux. De fines vermiculatures noires occupent les bords des sus-labiales
et le bout du museau, mais au-delà, on voit deux bandes noires, obliques
de haut en bas et d'arrière en avant, et qui passent sur l'œil. D'autres petits
traits noirs, très-fins, se voient au devant du premier demi-anneau, qui
est le plus large de tous.

Le dessous du ventre est noirâtre et le plus souvent, avec une bande noire
médiane continue, mais n'occupant que la région moyenne des gastrostèges et s'arrêtant sur la plaque anale. Les urostèges ont, au contraire, des
bandes transversales noires, qui se joignent aux supérieures et qui forment
ainsi des anneaux complets, mais fort espacés, au nombre de cinq à
sept.

Dimensions. Longueur totale du plus grand de nos individus, 0^{m}42 ainsi répartis : *Téte* et *Tronc* 0^m,36 ; *Queue* 0^m,06.

Patrie. Cet Hétérodon a été trouvé dans l'Amérique du Sud par M. A. d'Orbigny, qui en a rapporté au Muséum trois échantillons recueillis à Buenos-Ayres et à Santa-Cruz.

Observations. Nous avons dit, dans l'article précédent, que le nom employé ici pour désigner ce Serpent avait été proposé par Bibron, qui avait été chargé de la description des Reptiles, restée inachevée dans le voyage de M. d'Orbigny.

5. HÉTÉRODON DE MADAGASCAR. *H. Madagascariensis.* Nobis.

(Atlas. pl. 69, sous le nom de *Leiohétérodon de Sganzin.*)

Caractères. Corps couvert d'écailles rhomboïdales, lisses. Les flancs marqués de taches transversales, qui atteignent les gastrostèges en laissant en bas des espaces triangulaires blancs ; la rostrale peu proéminente, à carène peu saillante ; pas de plaque supplémentaire sur le vertex ; plaque anale unique.

DESCRIPTION.

Formes. Par sa conformation générale, ainsi que par sa grande taille, ce Serpent Diacrantérien s'éloigne un peu de ses congénères. Cependant, en raison de la forme de la plaque rostrale, il ne peut pas être placé dans un autre genre que celui des Hétérodons. Le tronc, pour sa grande taille, est robuste ; il se termine par une queue courte. La tête est un peu moins ramassée que chez les espèces précédentes ; il en est de même pour les plaques du vertex.

Ecaillure. La rostrale, quoique se présentant sous la forme de pyramide triangulaire propre aux Hétérodons, se termine cependant en une pointe un peu obtuse et la carène qui la surmonte n'offre pas une saillie très-prononcée. De plus, il n'y a pas la pièce médiane impaire, dont il a été question dans les espèces précédentes.

Les fronto-nasales ont des dimensions longitudinales plus étendues que les frontales antérieures, qui se rabattent assez fortement sur la région du frein, de sorte que la frénale est moins haute qu'elle n'est longue.

La frontale moyenne est large, terminée en arrière par un angle très-obtus; elle est un peu plus courte que les sus-oculaires, qui ont elles-mêmes une grande largeur. Il en est de même pour les temporales, qui proportionnellement sont courtes et dont l'angle antérieur et externe descend sur la région temporale où l'on voit un assez grand nombre d'écailles de petites dimensions, à l'exception de deux d'entre elles, qui longent le bord externe de la pariétale et qui ont une forme différente, la première étant un triangle à sommet antérieur et la seconde un quadrilatère.

Il y a huit plaques sus-labiales, dont les quatrième et cinquième touchent à l'œil.

Les écailles du tronc sont lisses et disposées sur 23 rangées longitudinales.

Gastrostèges : 209 ; anale simple ; urostèges : 68 divisées, mais il y a cela de remarquable, que les quatre ou cinq qui suivent l'anale sont simples comme elle.

COLORATION. Les parties supérieures sont d'un brun rougeâtre fort rembruni vers la fin du tronc et sur la queue par la prédominance du noir qui, en avant, forme seulement une bordure aux écailles qui restent claires dans leur centre. Il y a de plus, sur chaque flanc, une série de taches noires réunies les unes aux autres de façon à simuler un long ruban sinueux, qui présente, de distance en distance, et à des intervalles réguliers et assez rapprochés, des prolongements perpendiculaires sur les flancs.

Il n'y a ni raies, ni bandes, ni taches sur la tête, qui est d'un brun rougeâtre uniforme.

Les régions inférieures ne portent qu'un petit nombre de taches noires de dimensions très-peu considérables.

Une *Variété* est complétement sans taches. Sa teinte générale est un fond brun jaunâtre. Elle provient, comme le type, de Madagascar et elle a été donnée par le même voyageur.

DIMENSIONS. L'individu à taches noires est grand, car il a une longueur totale de 1m,57, la *Tête* et le *Tronc* y entrant pour 1m,29 et la *Queue* pour 0m,28. L'échantillon *unicolore* qui se rapporte par tous ses caractères à l'espèce dans laquelle nous le rangeons est plus petit. Sa taille cependant montre que ce n'est pas un jeune individu.

PATRIE. Ces Hétérodons proviennent de Madagascar où ils ont été trouvés, l'un, le grand, par M. Bernier et l'autre, par M. Boivin.

OBSERVATIONS. Le nom de Léiohétérodon inscrit sur la planche 69 de notre Atlas ne peut pas être conservé, car il indique un caractère commun aux trois dernières espèces du genre Hétérodon proprement dit et il n'y a pas de motifs réels pour subdiviser ce genre, comme nous l'avions cru d'abord.

APPENDICE.

Nous rattachons ici au genre Hétérodon une espèce que nous avons indiquée dans notre Prodrome sous le nom de *Lycognathus diadema*, famille des Anisodontiens, du sous-ordre des Opisthoglyphes, mais en plaçant à la suite une note destinée à faire connaître qu'il venait d'être constaté par nous que ce Serpent est un *Hétérodon*. C'est donc un Aglyphodonte de la famille des Diacrantériens.

Par la forme particulière de son museau, il se rapproche surtout des Hétérodons; il présente cependant quelques particularités qui motiveraient presque l'établissement d'un genre spécial.

La plaque rostrale rappelle tout-à-fait celle des *Simotès*. Comme chez ces Syncrantériens, elle est épaisse, très-fortement repliée sur le museau, dont elle occupe la face supérieure, jusqu'aux frontales antérieures, en s'interposant aux fronto-nasales. Dans le point où elle se replie, elle forme une ligne droite et tranchante, et c'est là ce qui distingue surtout ce Serpent des vrais Hétérodons si remarquables par la forme en pyramide triangulaire de leur plaque rostrale.

Cette espèce est donc, parmi les Diacrantériens, le type d'un groupe analogue à celui des Simotès de la famille des Syncrantériens.

Nous ne la décrivons ici que d'une façon provisoire, en quelque sorte, sous le nom de Hétérodon Diadème.

6. HÉTÉRODON DIADÈME. *Heterodon Diadema.* Nobis.

CARACTÈRES. Le dessus de la tête présentant une sorte de dessin régulier et symétrique continu; offrant d'abord, au-devant des yeux, de chaque côté, deux croissants réunis en arrière sur la ligne moyenne, qui précèdent une tache irrégulièrement arrondie, dont le centre ovale est incolore et dont la portion postérieure médiane se prolonge sur la nuque; plaque rostrale fortement repliée sur le museau en formant, dans le point où elle se replie, une ligne droite et tranchante.

DESCRIPTION.

FORMES. La tête est à peine distincte du tronc; les yeux sont petits, presque verticaux. La bouche peu dilatable; les narines sont tout-à-fait latérales.

La queue est très-courte et conique, et si on l'observait séparée du corps, on pourrait croire qu'elle provient d'un Scinque.

ECAILLURE. La plaque rostrale a une disposition toute particulière que nous avons indiquée plus haut; on dirait un peu, en raison de sa forme, une langue de chien renversée sur le museau. Elle est remarquable par son développement relatif aux fronto-nasales, qui sont petites et déjetées sur les côtés.

Une frénale, trois pré-oculaires, deux post-oculaires.

Il y a huit sus-labiales; la cinquième touche à l'œil, les quatre premières sont très-étroites.

Les écailles sont lisses, peu allongées, disposées sur 19 rangs longitudinaux; 163 gastrostèges; une anale double et 34 paires d'urostèges. Les gastrostèges sont très-larges, repliées sur les flancs, de sorte que le ventre est plat et bordé de chaque côté d'une ligne saillante.

COLORATION. Ce Serpent porte, dans toute la longueur du dos, des taches transversales, régulièrement espacées qui, sur l'individu que nous observons, sont comme rouillées, mais qui étaient peut-être noires. Cette série de marques dorsales larges se trouvent alterner avec deux autres taches plus petites, situées à droite et à gauche dans leur intervalle. Tout le dessous du corps est blanc et sans taches. On voit, derrière l'œil, une tache noire, oblique, qui se dirige en arrière, vers la commissure des mâchoires.

DIMENSIONS. Longueur totale 0ᵐ,38; *Tête* et *Tronc*, 0ᵐ,33; *Queue*, 0ᵐ05.

PATRIE. Ce Serpent provient de l'Algérie et du désert de l'ouest de l'Afrique Septentrionale. Il nous [a été rapporté en 1850, et donné à notre Muséum par M. Schousboe. Un individu vient du voyage d'Aucher Eloy en Perse.

FIN DE LA PREMIÈRE PARTIE DU TOME VII ET DE L'HISTOIRE
DES SERPENTS NON VENIMEUX.

AMIENS.—IMPRIMERIE DE DUVAL ET HERMENT, PLACE PÉRIGORD, N.º 3.